U0155979

LOUIS I. KAHN
COMPLETE WORK 1935-1974

路易斯·康
建筑作品全集

陈瑾羲 尚晋 编

辽宁美术出版社

图书在版编目（CIP）数据

路易斯·康：建筑作品全集 / 陈瑾羲，尚晋编．--
沈阳：辽宁美术出版社，2024.4
ISBN 978-7-5314-9539-0

Ⅰ．①路… Ⅱ．①陈… ②尚… Ⅲ．①建筑设计－作
品集－美国－现代 Ⅳ．① TU206

中国国家版本馆 CIP 数据核字 (2023) 第 168125 号

出 版 人：彭伟哲
出 版 者：辽宁美术出版社
地　　址：沈阳市和平区民族北街 29 号
邮政编码：110001
发 行 者：辽宁美术出版社
印 刷 者：天津联城印刷有限公司
开　　本：830mm×650mm 1/8
印　　张：57.5
字　　数：250 千字
出版时间：2024 年 4 月第 1 版
印刷时间：2024 年 4 月第 1 次印刷
选题策划：薛业凤　李　鑫
项目统筹：付　龙
责任编辑：梁晓蛟
美术编辑：高　璇
责任校对：郝　刚
书　　号：ISBN 978-7-5314-9539-0
定　　价：798.00 元
订购电话：024-83830366

E-mail：lnmscbs@163.com
http：//www.lnmscbs.cn
图书如有印装质量问题请与出版部联系调换
出版部电话：024-23835227

B
B
E
C
D
B
C
C
B
B
B
6
Delaware

路易斯 · 康
—— 一位现代的古典传承者

“一千个人眼中就有一千个哈姆雷特。”正如莎士比亚所言，当建筑师们解读路易斯 · 康时，也会有各种各样的理解。一方面，读者的经历不同，看待路易斯 · 康及其作品时，会从中得出不同的自身感悟；另一方面，康的作品的多义性和复杂性，也确为多样解读提供了空间。

路易斯 · 康，一名杰出的、知名的、跨越现代主义和后现代主义时期的建筑师，深刻影响了诸多建筑师，后人对其作品的分析浩如烟海。有人认为，康的作品中采用的简洁几何形体具有标志性和识别性，且其成长的 20 世纪上半叶，正值现代主义流行之际，因而康从本质上而言，应是一位现代主义建筑师。有的评论则指出，康在宾夕法尼亚大学所受的布扎（Beaux-Arts）系统训练，以及 20 世纪 20 年代和 20 世纪 50 年代的欧洲之行，使得康实则深受古典主义的影响，这在康的欧洲旅行中通过绘画反映出的思考中可见一斑。他的作品同样说明了这一点，如金贝尔艺术博物馆（1972）对拱形的运用与古罗马的拱顶存在关联，理查德医学研究中心（1962）中的实体高塔，参照了意大利圣吉米尼亚诺镇的塔楼群。康自己在 1972 年回忆意大利之行对金贝尔艺术博物馆的影响时也写道：“我的脑海中充满了罗马的伟大之处，以及令人印象深刻的拱顶，虽然我（那时）尚不能把握，但它总在那里不断闪回。”

诚然，用一种标签化的方式、非现代即古典的视角来看待康，或者任何一位杰出的建筑师，都既不真实也不准确。对康的影响来源是多元的。康是一位来自波罗的海的爱沙尼亚移民，在美国这个“新大陆”长大，接受了来自大西洋彼岸法国巴黎美院建筑教学体系的训练，不可避免地在 20 世纪 20 年代在一种类似于寻根的意大利、希腊之行中受到感召，并于 20 世纪 50 年代折返欧洲接受了建筑的时空洗礼。20 世纪上半叶的现代主义教会了建筑师使用轻薄的墙体、流动的空间以及简洁的方盒子，使得建筑从厚重的外壳、分割的房间和繁复的装饰中解放出来，这是一种基于经济和技术理性的必要结果。但康的欧洲之行，却让他在亚平宁半岛和爱琴海强烈的光影下，徜徉在古罗马废墟、雅典卫城以及那些中世纪和文艺复兴城镇中时，强烈地感受到体量和塑性之美，以及一种超越时空的永恒性。

很难臆测，永恒性的感召对一位雄心勃勃的建筑师而言会有多大的吸引力，也不能妄言，作为一名美洲“新大陆”的东欧移民，康对于稳定感以及身份归属会有怎样的想法。但我们能看到的是，康在他的多元源泉中，找到了一个联系的支点——简洁而永恒的几何体量。早在古埃及、古希腊和古罗马，几何形体就因其蕴含的比例、对世界规律和法则的体现，以及区别于自然的人工痕迹，被运用在建筑这一人造工程中。像金字塔采用的四棱锥，教堂穹顶采用的半球形，都是纯粹的几何形。在文艺复兴时期，几何学在建筑和城市设计中的运用达到了一个巅峰，如米开朗琪罗在罗马卡比托广场设计中采用了梯形和椭圆形，极大地发挥了几何形状对空间感知的作用。现代主义也拥抱了几何体量，尤以简洁的方形，几无装饰，被认为是现代主义的标志性语言之一。尽管在不同时期，建筑学中的几何形状具有不同的象征、隐喻和符号含义，但抽象的几何形状确实跨越了时空，成为蕴含多义表征的形式载体。

康的作品大量采用了几何形状。像耶鲁大学美术馆（1953）、埃克塞特学院图书馆（1971）、印度管理学院（1974）、耶鲁大学英国现当代艺术研究中心（1977）、孟加拉国国会大厦（1982）

等建筑中，康都运用了矩形、等边三角形、圆形等几何形状，并把它们巧妙地组合在一起。耶鲁大学美术馆的体量是简洁的方盒子，室内有圆柱状的混凝土交通筒，屋顶则是标志性的三角形。印度管理学院和孟加拉国国会大厦采用几何形状组成塑性的实体体量，再由减法操作掏挖出圆形或是三角形的窗洞。埃克塞特学院图书馆具有面向中庭的圆形开口，耶鲁大学英国现当代艺术研究中心的中庭则有圆形的混凝土桶。在塑性体量营造方面，康采用了砖石、混凝土这样具有体量感的材料，在掏挖的形状中有意识地运用光线突出虚空，使得虚、实几何形状都极为清晰，辅以光影，产生对比强烈、直击人心的体验效果。

康的空间结构同样清晰。像特伦顿犹太人公共浴室（1955）、埃克塞特学院图书馆、孟加拉国国会大厦都采用了向心性的布局。理查德医学研究中心、萨尔克生物研究所（1963）采用了由组团单元构成线性结构的模式。罗切斯特唯一神教堂（1962）、印度管理学院则由几种空间结构复合组成。这些都可在本书中找到更为详尽的分析。

康的作品的几何形式、空间结构，以及虚实对比的材料，如同交响乐般在空间的艺术中构成相辅相成的回响。光透过虚空，点亮空间，投下实体的阴影，既是催化剂，亦是点睛之笔，给体验者带来具有精神性、静态而又永恒的身心感受。这种穿越时空的永恒感动，被包裹在朴素简洁的外表下，即是康作为一个现代的古典传承者的写照。

2021 年是路易斯 · 康 120 周年诞辰，也是梁思成先生 120 周年诞辰。他们都毕业于宾夕法尼亚大学，都对后来的建筑师产生了重要影响。在今年整理《路易斯 · 康：建筑作品全集》出版中文版具有重要的意义。这本书在建筑师所处的时代，能够跳脱现代主义的框架，连接历史传承古典，并带给人永恒的艺术感受，这是一种先见之明式的展望未来。阅读本书，也会给我们身处当代中国的建筑师许多启示，不仅是专业知识方面的，也包括如何基于本土、思考未来，成为优秀的当代建筑师。

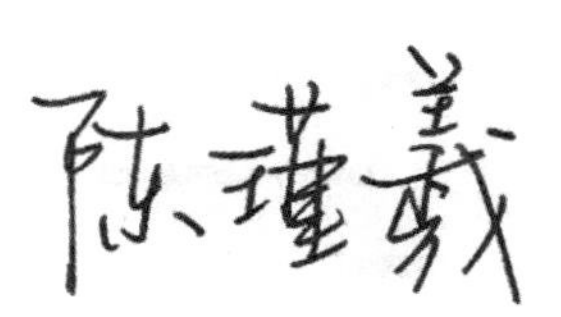

2021 年 8 月 25 日 北京

目录

城市发展（1682—1926 年）

费城，宾夕法尼亚州

“城市是这样一个地方：当一个小男孩穿越其中，他所见的事物也许会指引他一生的方向。”

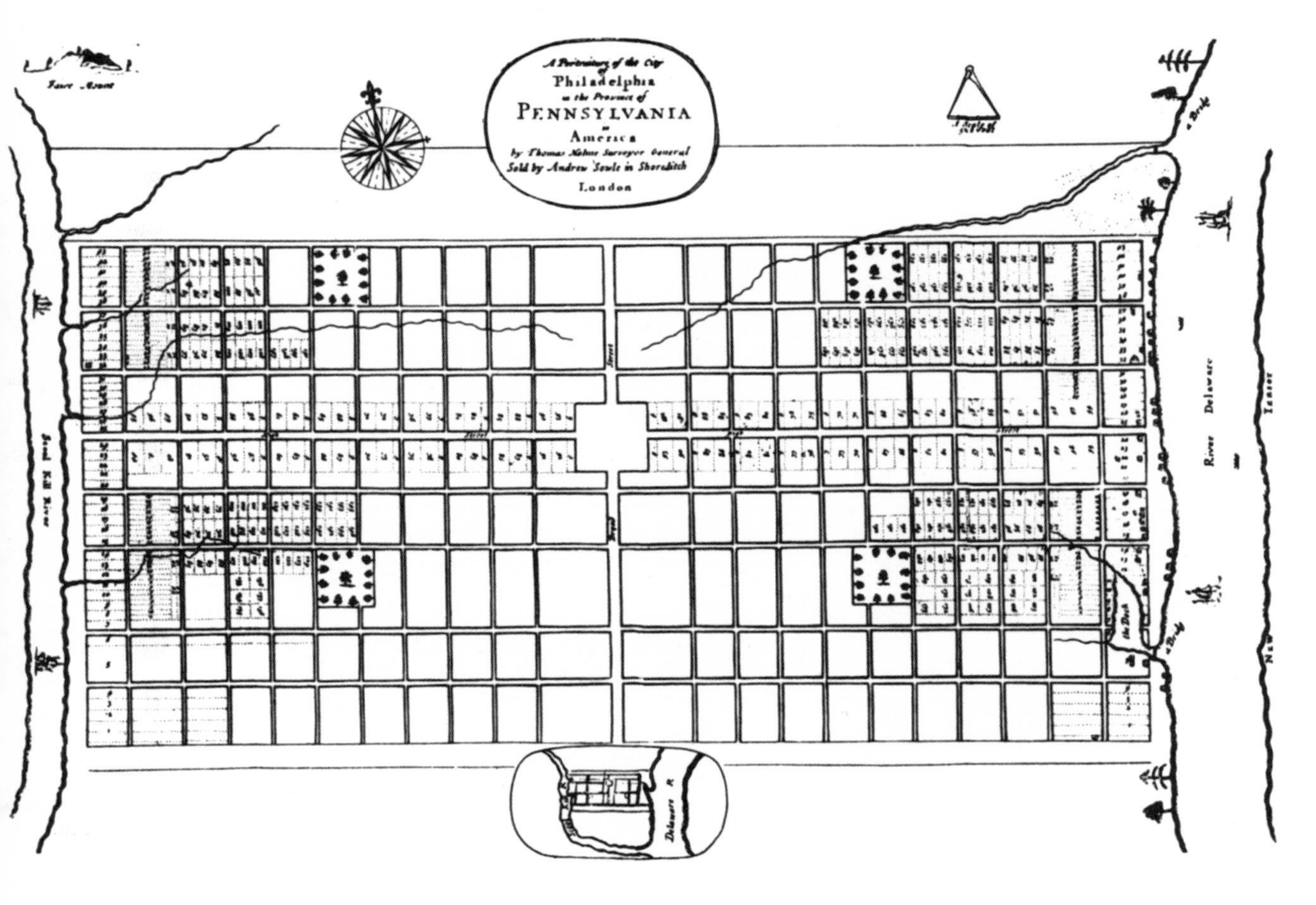

CID. 1

1682 年地图。

正如威廉·佩恩（William Penn）所设想的那样，费城将成为“兄弟之情的城市”。威廉·佩恩的总测量师托马斯·霍姆（Thomas Holme）在他所选定的平坦土地上做出了规划，这个地段位于特拉华河（Delaware River）和斯库尔基尔河（Schuylkill River）交会处形成的半岛中最狭窄的部分。规划平面的东西主干道连接这两条河，被称为商业街（High Street），后来又被称为市场街（Market Street），而南北主干道被称为宽街(Broad Street)。在这两个干道的交界处，威廉佩恩设置了一个服务于公共建筑的广场，后来被称为佩恩广场（Penn Square）。在每个四分之一圆处他都设置了方形的公园，就是今天我们所知道的洛根广场（Logan Square）、里滕豪斯广场（Rittenhouse Square）、华盛顿广场（Washington Square）和富兰克林广场（Franklin Square）。规划平面的东西道路以树命名，而南北道路则以编号命名。

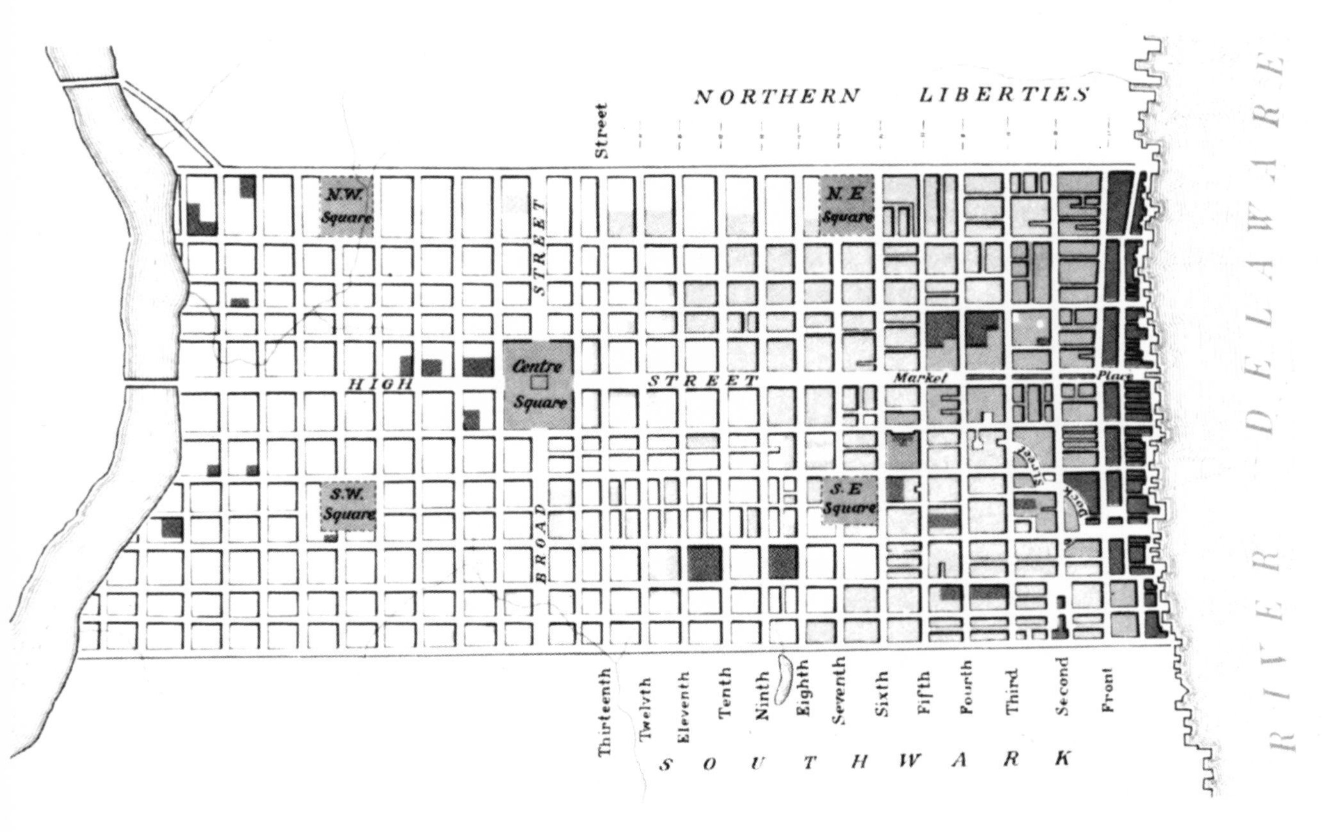

CID. 2

1776 年地图。

在《独立宣言》（*The Declaration of Indepenence*）签署的那一年，为了显现美国东部城市的发展水平，安德鲁·伯纳比（Andrew Burnaby）在其1760 年的著作《美国中部移民聚集地游记》（*Travels Through the Middle Settlements*）中是这样描绘这个城市的：“有将近两英里的长度和四分之三英里的宽度……大约三千所房屋……大石头铺砌的路面……秀丽的巨大联排别墅……精神病患者的医院……8 个或 10 个宗教场所……3 个图书馆……一个学院……一个贵格会（Quaker）学校的房子。”美国最早的艺术院校之一——宾夕法尼亚美术学院（Pennsylvania Academy of the Fine Arts）于 1805 年建立。

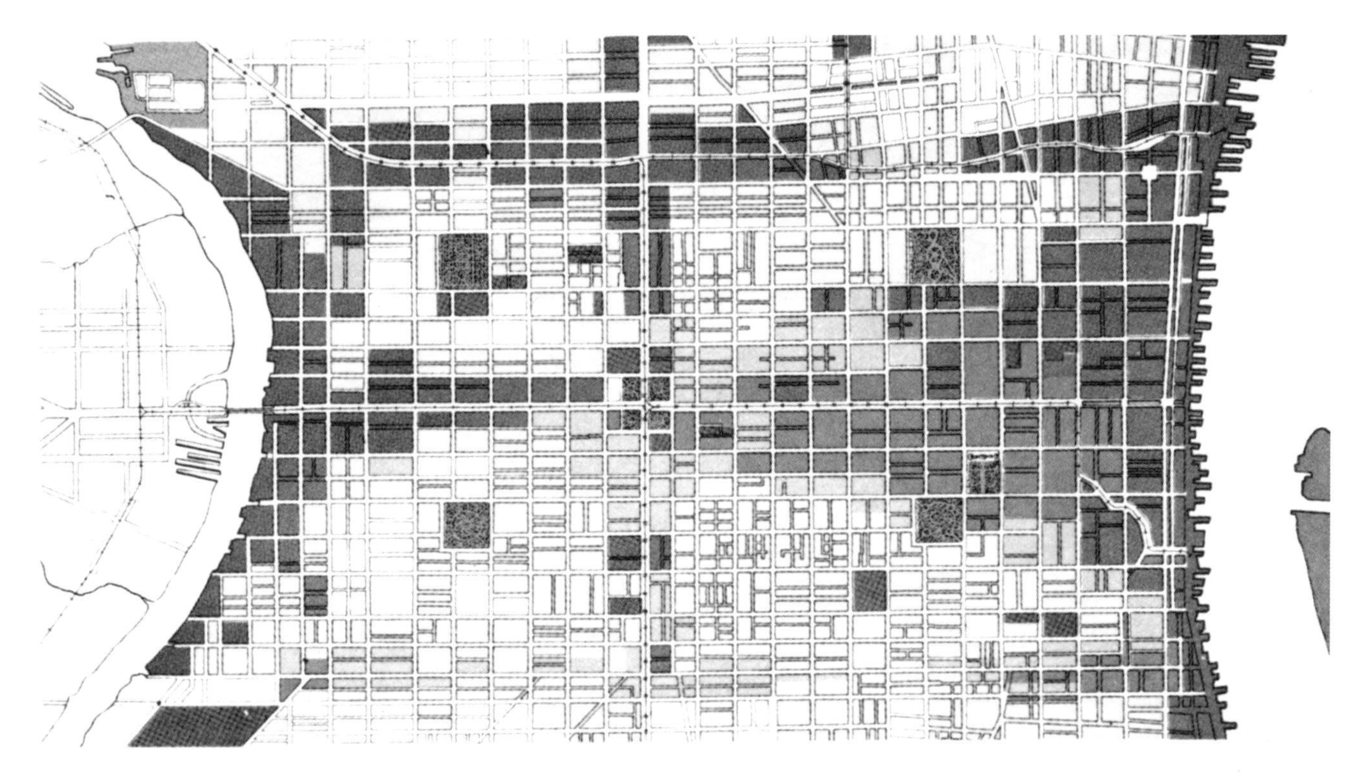

CID. 3

1876 年地图。

这个地图展示了美国独立百年博览会（Centennial Exposition）举办那一年的费城。在博览会上，费城被确定为大都会中心。市政厅于 1871 年到 1898 年间在佩恩广场建成。设计师是小约翰·麦克阿瑟（John McArthur,Jr.）。

宾夕法尼亚州铁路和后来的雷丁铁路的高架轨道延伸到城市中心，为城市带来了新的活力，同时也产生了新的问题。

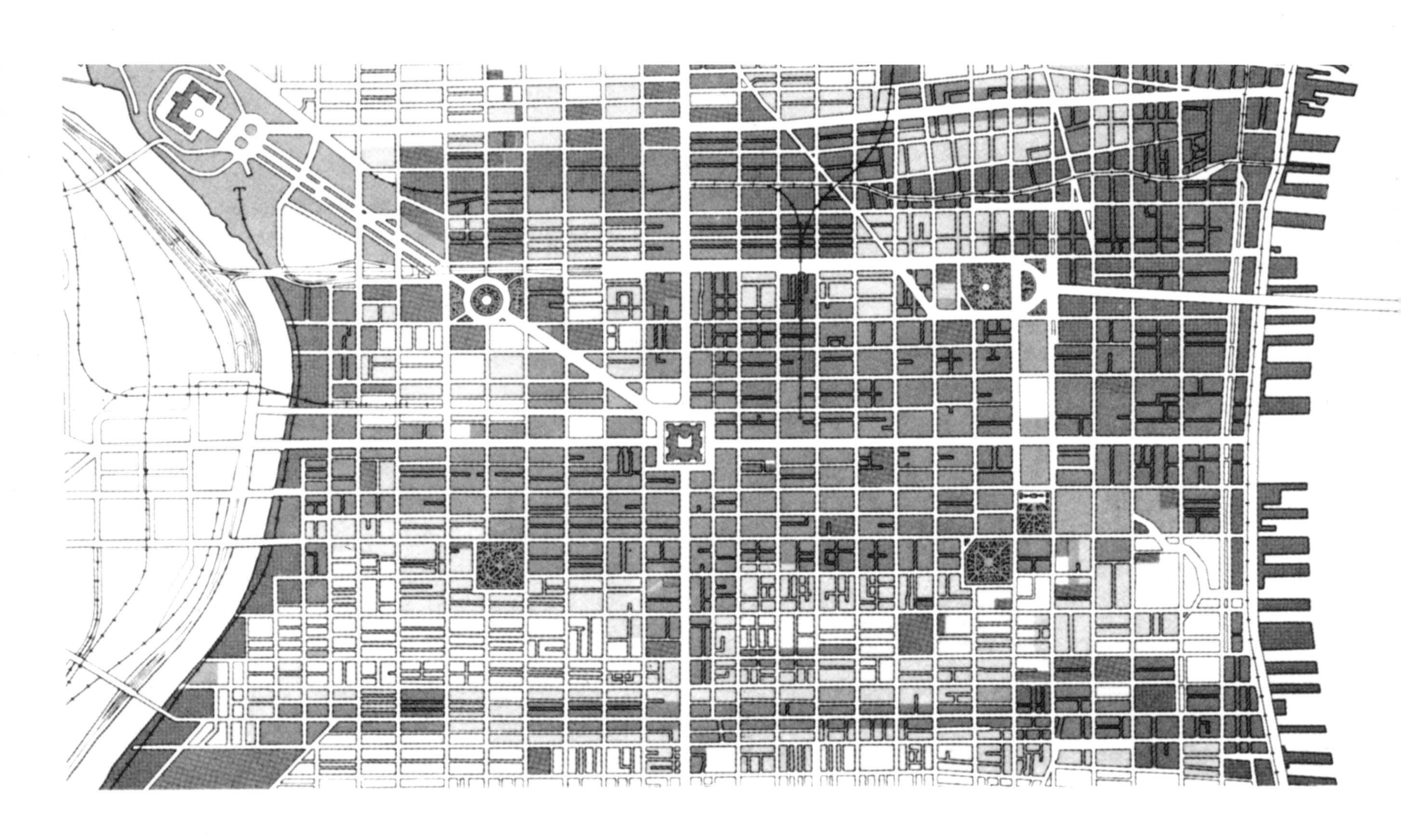

CID. 4

1920 年地图。

1917 年，格雷贝尔（J. Greber）根据保罗·克雷特（Paul P. Cret）的设计建造了本杰明·富兰克林公园大道（Benjamin Franklin Parkway）。它延伸到费尔蒙特公园（Fairmont Park），将费城艺术博物馆（Philadelphia Museum of Art）和洛根广场与佩恩广场连接起来。

本杰明·富兰克林大桥（Benjamin Franklin Bridge）跨越特拉华河，于 1926 年完工［设计师克雷特和工程师拉尔夫·莫杰斯基（Ralph Modjeski）］。富兰克林大桥将斯库尔基尔和特拉华高速公路与蔓藤街（Vine Street）连接，并因此造成了城市中心的拥挤。

理性城市规划（1937—1948 年）

费城，宾夕法尼亚州

市中心的发展受到宾夕法尼亚州（Pennsylvania）和雷丁（Reading）铁道的制约。20 世纪 30 年代大萧条以后，虽然郊区有了一定程度的扩张，却仅有少数新建筑建成。从 1930 年到 1932 年，奥斯卡 · 斯托诺罗夫（Oscar Stonorov）刚从巴黎抵达费城，乔治 · 霍韦（George Howe）和威廉 · 莱斯卡兹（William Lescaze）便设计了后来成为费城现代建筑历史的里程碑之一的费城储蓄基金协会（Philadelphia Savings Fund Society）办公楼。斯托诺罗夫和莱斯卡兹都曾在瑞士苏黎世联邦理工学院求学，那时国际现代建筑学会（CIAM）的发起人之一卡尔 · 墨泽（Karl Moser）担任教授。斯托诺罗夫从 1925 年到 1928 年在那里学习。莱斯卡兹于 1919 年毕业。

康在 1930 年结识霍韦之后，在《丁字尺俱乐部杂志》（*T—square Club Journal*）上表示："我们必须学习汽船的个性是如何赋予的，或者寻找纽约的商业建筑上与大教堂相同的绝对独立性和虔诚。"这是他第一个发表的声明。从 1932 年 3 月到 1933 年 12 月，他组织并且领导了建筑研究小组（Architectural Research Group）。这是一个由约 30 名自由建筑师和工程师构成的组织，在其中他们共同研究城市规划、清除贫民窟和改善住房条件的问题，并提出旨在运用新施工方法的住房项目。作为这个小组的设计师，康于 1933 年提出了贫民窟再利用项目（Slum Block Reclamation）。

1934 年，他在美国建筑师协会（AIA）完成注册，并成为独立设计师。

1937 年，康在费城住房管理局（Philadelphia Housing Authority）担任咨询建筑师，并于 1939 年在美国住房管理局（US Housing Authority）担任咨询建筑师。

1940 年夏，康接受了耶鲁大学建筑学院教授乔治 · 霍韦的邀请，成为合伙人。

1941 年年末奥斯卡 · 斯托诺罗夫也加入他们。1942 年 2 月，霍韦被任命为华盛顿特区建设管理局的主管建筑师，离开了事务所。

提出理性城市规划的组织称自己为"少壮派"（Young Turks），因为他们正在尝试改造费城，即"大费城运动"（Greater Philadelphia Movement）。康提出的理性城市规划立足于勒 · 柯布西耶（Le Corbusier）和皮埃尔 · 让纳雷（Pierre Jeanneret）在 1922 年发的"当代城市"（Une Ville Contemporaine）计划和 1925 年发表的"瓦赞规划"（Plan Voisin）中的基本原则。这个规划作为住房展览的一部分在纽约当代艺术博物馆（Museum of Modern Art）、宾夕法尼亚美术学院和费城艺术联盟（Art Alliance of Philadelphia ）展出。

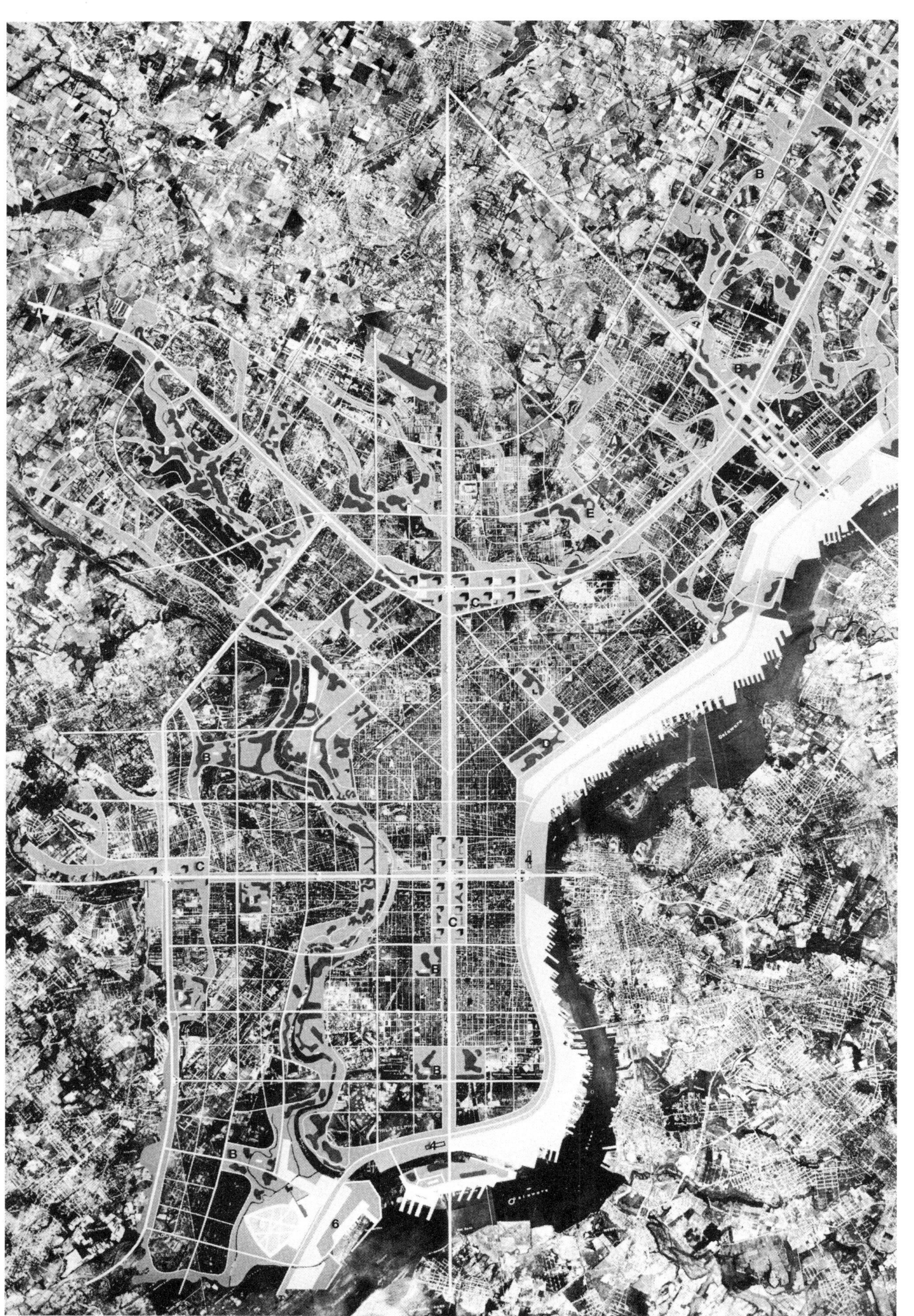

RCP. 1

理性城市规划，1939 年绘。

两百万人城市的设计。方案是画在玻璃上，并叠加在航拍照片上的。

“A”为超级居住区和小学；

“B”为去中心化的文化中心和高中；

“C”为商业中心和游乐园；

“D”为工业区和运输区；

“E”为市民中心和主要文化中心；

“1”为超级工业公路；

“2”为高架高速路和地铁；

“3”为主要街道；

“4”为铁路终点站；

“5”为客运码头；

“6”为主要机场。

中城区开发方案——北三角区（1945—1948 年）

费城，宾夕法尼亚州

康与一位女性先后在 1943 年和 1944 年合写了文章《城市规划为什么是我们的责任》和《你与你的邻里》。他们在文中确立了 1947 年由商会和市民城市规划理事会主办的“更美好的费城展”（The Better Philadelphia Exhibition）的基本原则。1945 年，康和斯托诺罗夫研究了北三角区。1947 年，他们提出了该地的再开发规划。

康非常谦逊地解释了自己在此次展览以及与同事合作的其他项目中的作用。关于斯托诺罗夫的作用，他说道：“无疑她能教你工作。她的大图一目了然，让你想去深化这些方案，”但是“我的追求，是无法用斯托诺罗夫的方式实现的”。

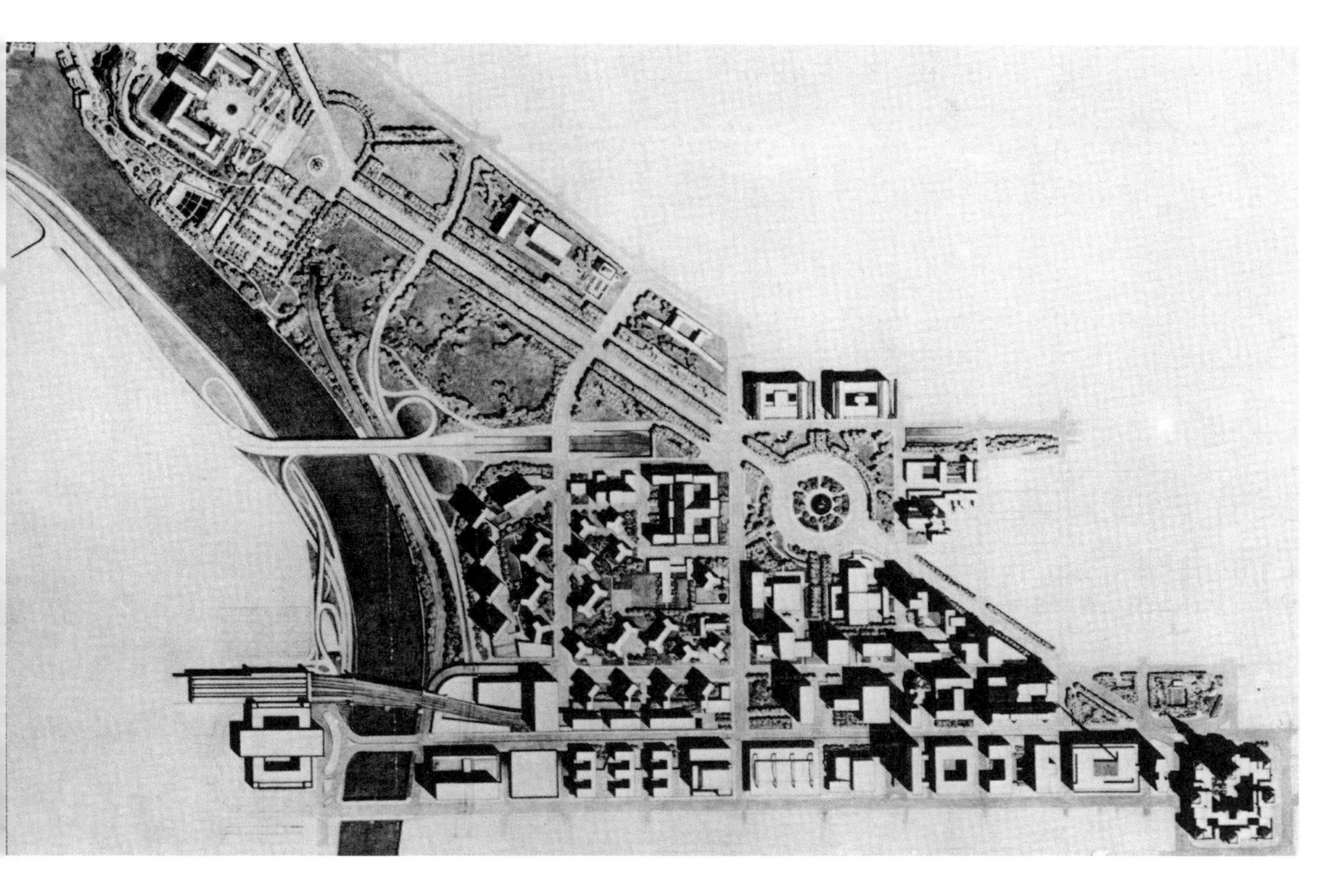

MDN. 1

规划方案，展示了由斯库尔基尔河、市场街和富兰克林大道构成的北三角区。再开发方案主要内容如下：

1. 将费尔芒特公园（Fairmount Park）延伸到富兰克林大道和斯库尔基尔河之间的洛根广场；
2. 用一座桥连接蔓藤街和斯库尔基尔快速路；
3. 拓宽蔓藤街，并在洛根广场建一条地下通道；
4. 用从城市中心通往第 30 街火车站的地下路取代“宾夕法尼亚州铁路高架”；
5. 用公寓楼和住宅取代斯库尔基尔的河两岸在蔓藤街与宾夕法尼亚州肯尼迪大道之间蔓延到第 20 街的贫民窟；
6. 在洛根广场南边建一座带有游乐场的市民中心，并将它延伸到市场大街；
7. 在市场大街上组织交通和商业活动。

该规划只是“更美好的费城展”上由斯托诺罗夫设计的模型局部。这个 30 英尺 ×14 英尺的比例模型是由 13 块翻转板构成的。板的一面展示的是现状，另一面是费城中城区的再开发方案。康画了下面这些草图，以寻找“我的追求”。后来他对这些草图的意义轻描淡写，并说道：“哦，我做这些研究是为了‘更美好的费城展’。”

注：本书计量单位均为英制尺寸，1 英尺 ≈0.305 米，1 英寸 ≈0.0254 米，为保持资料原貌，全书不再另行换算为公制尺寸。

MDN. 2

透视草图，1948 年绘，在斯库尔基尔河对岸“从第 30 街上的宾夕法尼亚州火车站向东看（北三角区）”。

公寓

MDN. 3

透视草图，1947年绘，“在斯库尔基尔河沿岸向北看公寓（楼）”，有如住房与河岸之间的一道高墙。

MDN. 4

透视草图，1947年绘，“从圣克莱门特教堂（St. Clement's Church）向西看公寓楼”［位于第20街的拱桥街（Arch Street）和赛马街（Race Street）之间］，下方为被住房包围的中心绿地。

MDN. 5

透视草图，“向西看宾夕法尼亚州大道（Pennsylvania Boulevard）与拱桥街之间的公寓楼”。

MDN. 6

透视示意草图，1947 年 1 月 16 日绘，“沿斯库尔基尔河向北看美术馆”。蔓藤街以桥相连，前景中为丫形公寓楼。

市民中心

MDN. 7

透视草图，1948 年绘，“从洛根圆形广场对面看市民中心”。自然科学研究院在左，富兰克林研究所（Franklin Institute）在右侧喷泉后。

MDN. 8

透视草图，1947 年绘，在第 20 街对面“从圣克莱门特教堂向东看市民中心”。自然科学研究院在左，办公楼在中间的音乐学院之后，联邦大厦在右。

MDN. 9

透视草图，1947 年绘，面向音乐学院，“从自然科学研究院与联邦大厦之间的雕像广场向东看市民中心”。

MDN. 10

透视草图，展示了：

“市民中心的内部空间，左——自然科学研究院；右——联邦大厦；背景为音乐学院。”

MDN. 11

透视草图，“从圣克莱门特教堂附近的植物园（Nursery Yard）向西看”，背景为公寓楼。

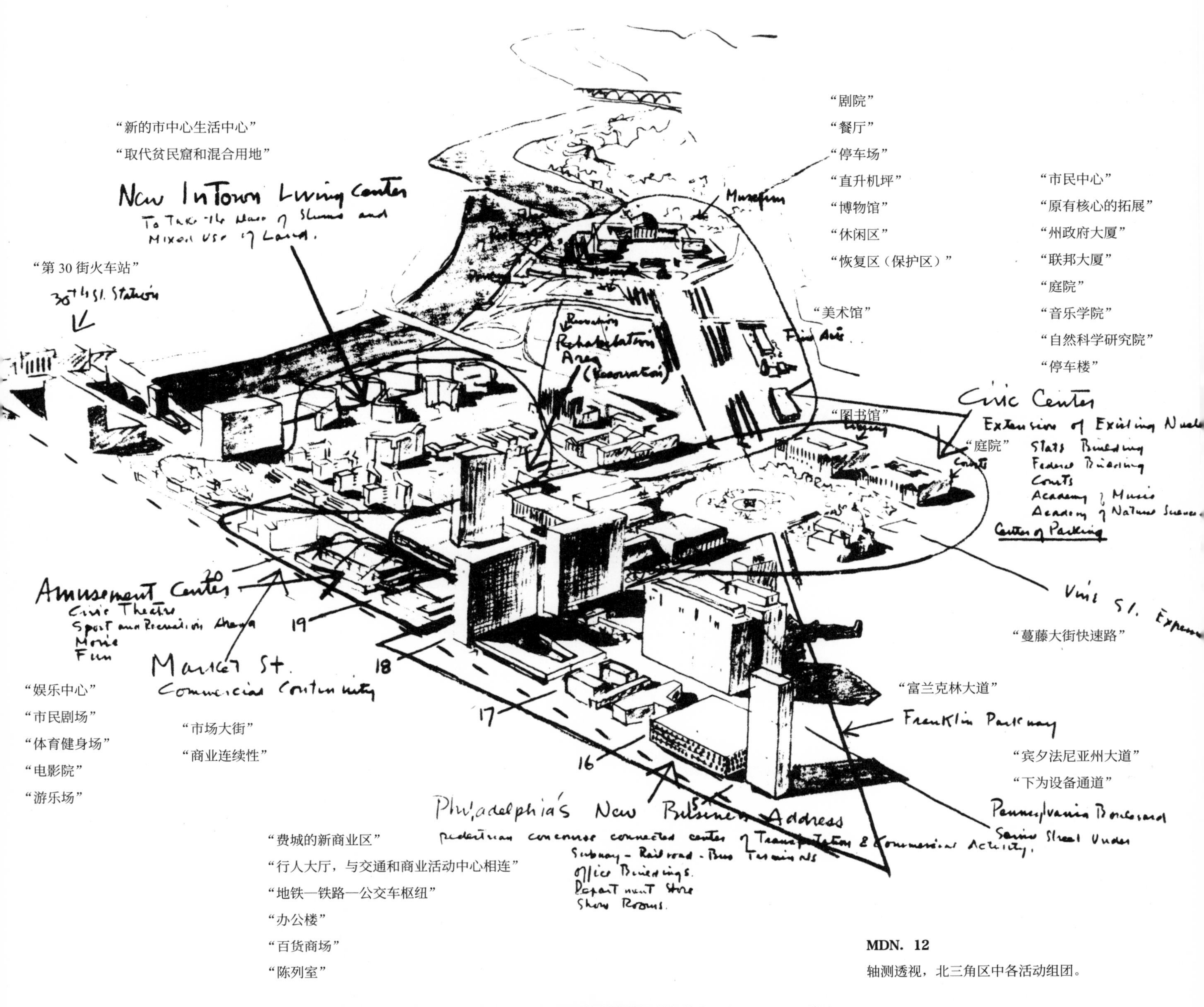

MDN. 12

轴测透视，北三角区中各活动组团。

MDN. 13

透视草图，1948 年绘，展示了“郊区车站（Suburban Station，处于市场街，在第 16 街和第 17 街之间）大厅入口前的庭院”。

视点是行人广场，北视图，视图的左和右是车站终点站。

MDN. 14

透视草图，“从宾夕法尼亚州大道看社区法院和办公室组团”。

在第19街和洛根环岛（Logan Circle）上向北看去，望向费城自由图书馆（Philadelphia Free Library）和费城家庭法院（Philadelphia Family Court）的建筑物。

宾夕法尼亚【约翰·菲茨杰尔德·肯尼迪（John F.Kennedy）】大道

MDN. 15

透视草图，展示了“从第20街向西看宾夕法尼亚州大道的景象”。

在大道末端是第30街车站，左边是商业建筑，右边是架起的公寓楼。

MDN. 16

透视草图，“从宽街向西看宾夕法尼亚州大道”。左边是费城新办公地址（Philadelphia’s New Business Address），右边是办公楼组团。前景是富兰克林公园大道的起点。

MDN. 17

透视草图，在宾夕法尼亚州大道“从第 20 街向东眺望到市政厅”。

右下角是游乐场。

MDN. 18

规划草图，展示了：

1．市场街连接了市政厅和第 30 街车站之间的商业区。

2．车站终点站和行人广场处于宾夕法尼亚州大道和拱桥街之间地铁的正上方。

3. 垂直于斯库尔基尔河的一排公寓塔楼（如“更好的费城展”中所提，没有设为封闭的高墙。参照 MDN．3）。公寓楼河岸上的公园腾出空间，使其一直延伸到位于北三角形区域中心的一组小公寓楼。

4. 洛根环岛以南的市民中心与南部的行人广场相连，西与富兰克林研究所相连，东与圣彼得斯大教堂和圣保罗大教堂（Cathedral Basilica of Saints Peters and Paul）相连，北隔着洛根环岛是家庭法院和自由图书馆。

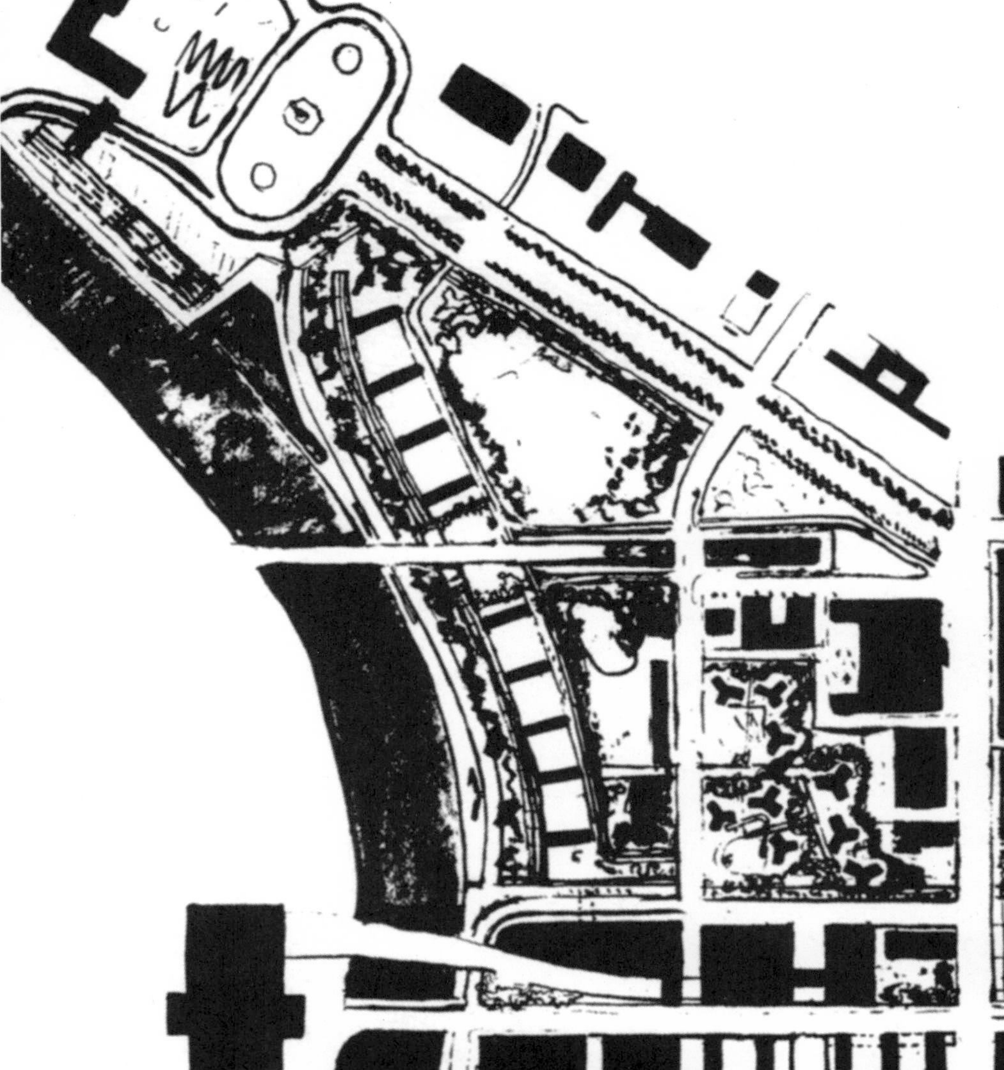

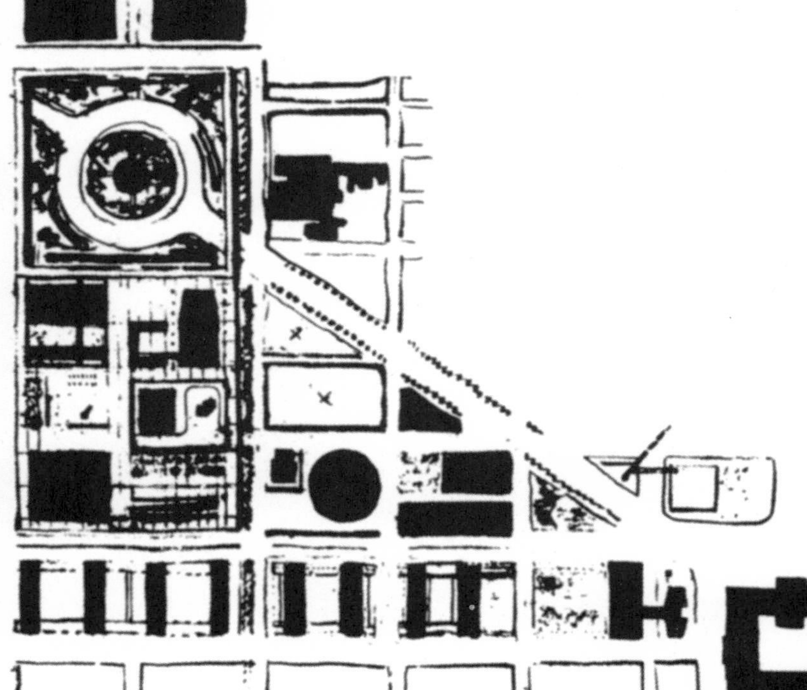

中城区开发方案——交通（1952—1953 年）

费城，宾夕法尼亚州

作为费城再开发局（Philadelphia Redevelopment Authority）的咨询建筑师，康分析中城区的交通问题，并提出了交通流线规划。

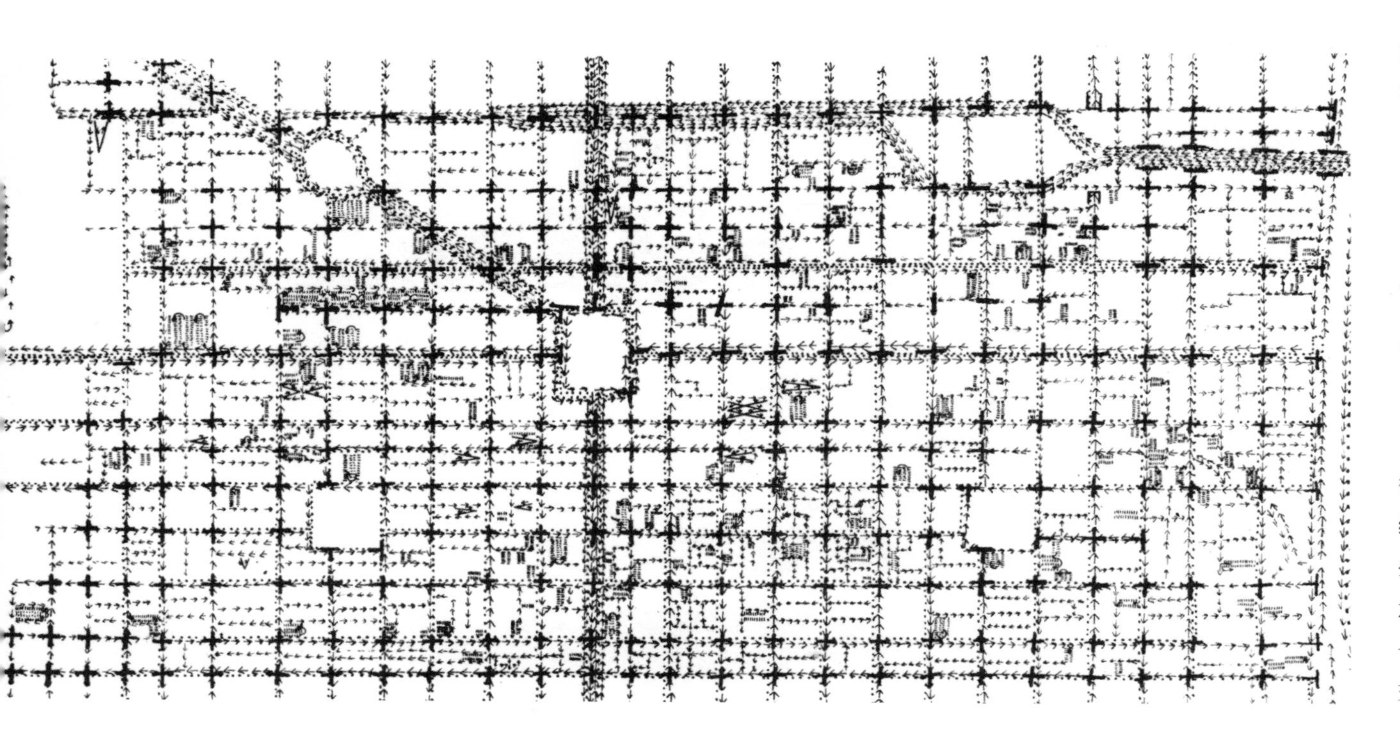

MDT. 1

中城区规划，展示了现有的交通流线。

···· 缓慢的“断续”车流；

→ 快速的“前进”车流；

停车；

车库；

路口。

“这类五十年前的图纸会以点的形式呈现所有的街道——没有箭头、没有叉形。代表断断续续流线的标志很好地表达了送货车和马车的交通。这些交通工具在前往市中心以外的目的地时，会随意选择路径。他们的装卸、运输和停车等活动进一步限制了交通流线。另外，高密度的路口也使交通不便。”

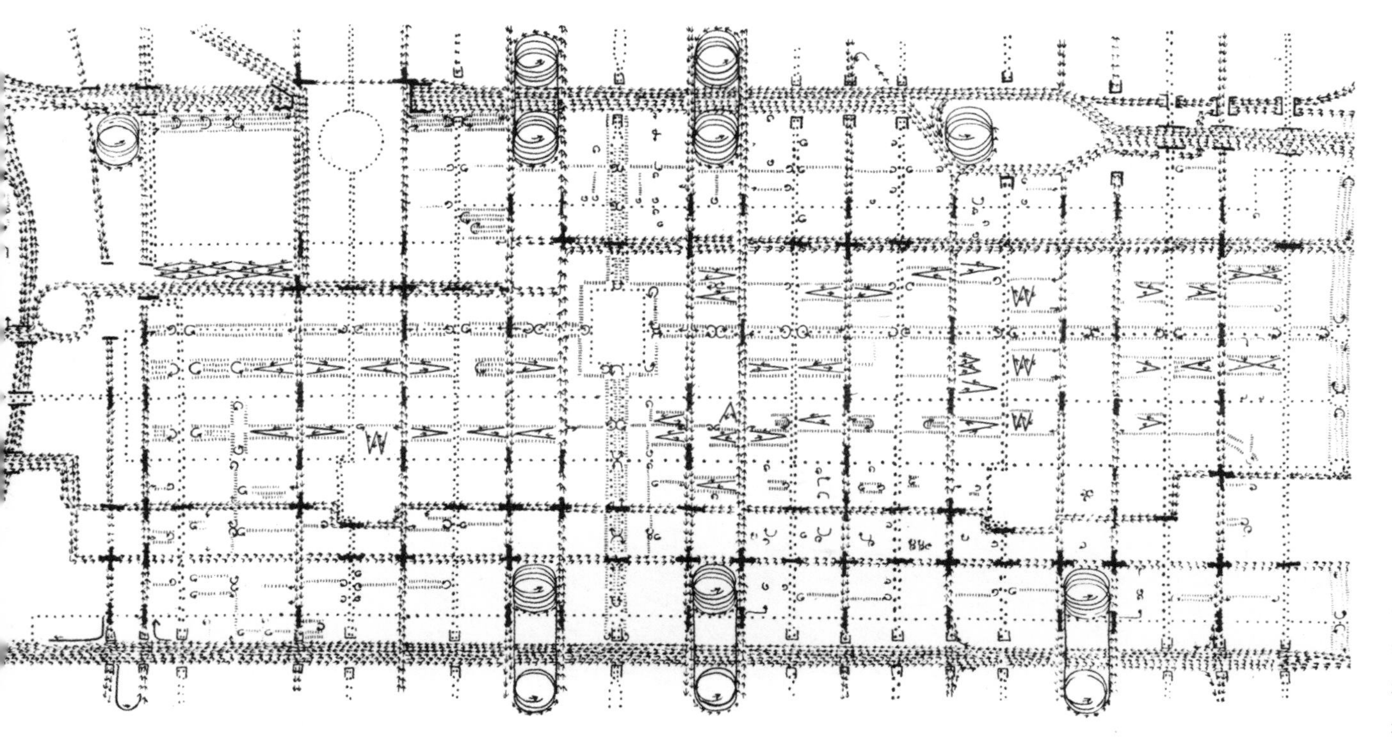

MDT. 2

中城区规划，展示了提出的交通流线规划。

“流线系统是为了秩序和便利，而非单纯的速度设计。现有的断续、通行、停止和前进交通的混杂使得所有的街道同样低效。对不同目的和意图的交通进行有序的区分可以促进交通，从而鼓励而非阻止私家车进入市中心。”

“架设高速公路的区域就像河流。这些河流需要港口。临时街道就像需要码头的运河。”

“新增的流线标志表示的是位于蔓藤高速公路和伦巴德（Lombard）高速公路下盘旋的街道或市政车库。这些节点，连同特拉华高速公路和斯库尔基尔高速公路一起塑造了费城中城区。主要的城市内部街道——在市政厅交会的宽街和市场街被改造成线性的码头。也就是说，在这些街道上的摩天大厦、银行和百货商店都设置了机动车入口和停车的地方。”

“这个规划会在所有‘前行’街道以外的街道为货车提供停泊对接的空间。”

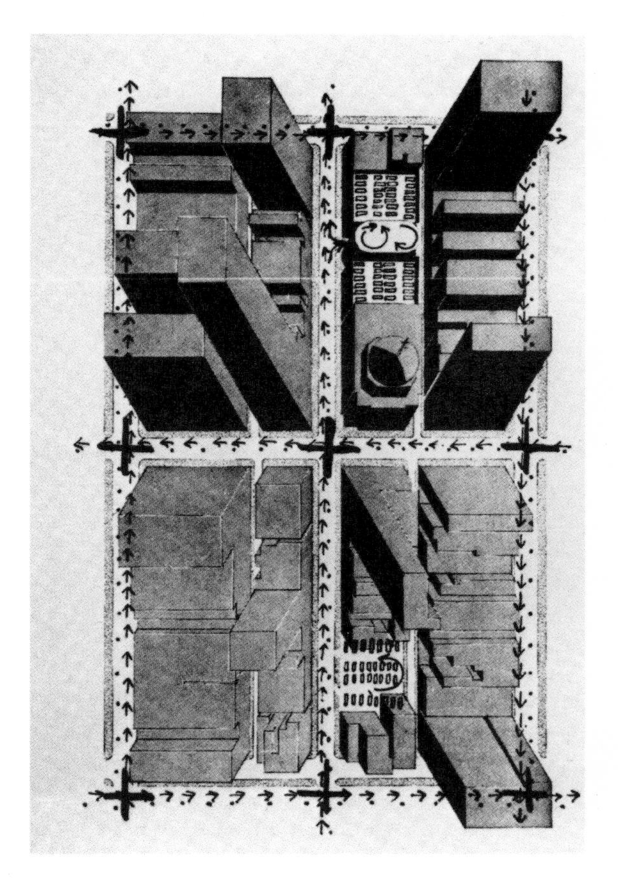
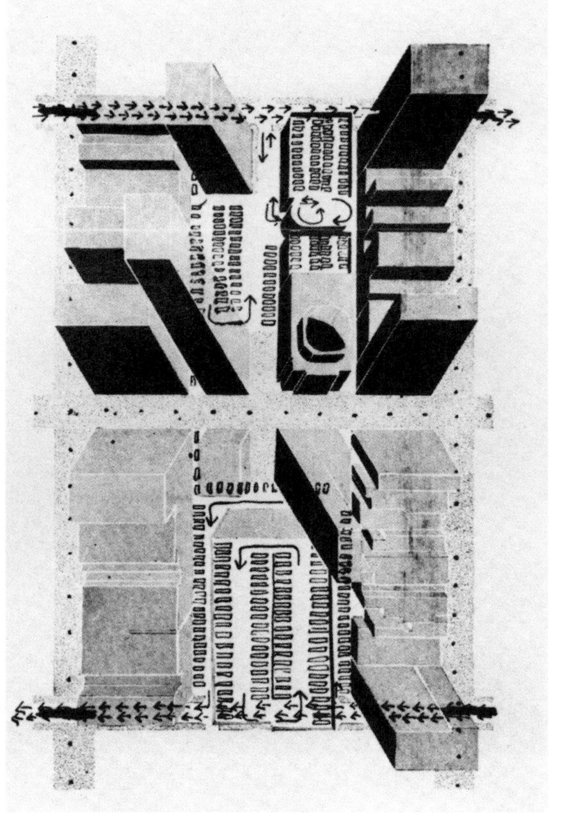

MDT. 3

对现有 4 个街区的“港口”的细节研究。

“在市中心现有街块的细节，展示了主要购物街之间的次要街道出现停车场和车库的趋势，以及交通的混杂和十字路口的高密度。”

MDT. 4

4 个街区的“港口”的方案提出。

“方案将街道中混合的各种流线分开，建立了仅用于断续流线和仅用于前行的街道。停泊对接的区域中，通行流线被剥离，单纯为在主要购物街的建筑物送货、装载和提供停车位，这扩大了目前分布在次要街道上的停车空间。”

MDT. 5

透视草图，展示了作为“码头”的市场街。

“汽车可以进入这些区域——而不会像今天的规划方案那样被排除出去。分区会自然地根据街道上的移动类型而进行。建筑的形式会反映移动的类型。”

MDT. 6

透视草图，展示了作为“长廊”的切斯纳特街（Chestnut Street）。

“切斯纳特街这条有单条电车线的行人道几乎成了一个 60 英尺的长廊。可以种植树木或建造遮阴棚来遮阳，而人们跨越长廊时自由曲折的流线使商店的设计摆脱了目前线性的限制。”

“购物就是漫步。漫步也是休息——在阴影中、在人行道的咖啡店里，看着花园中雕刻家的展览。购物街当中不会有‘前行’的车流。人们会在商业点会面。这个长廊不仅引发了新的灵感，还使旧的甚至古老的商业创意焕发出新的色彩。现在购物区就成了交通海洋中的孤岛。”

MDT. 7

透视草图，展示了从特拉华河向西看中城区（彩色图片在438页）。

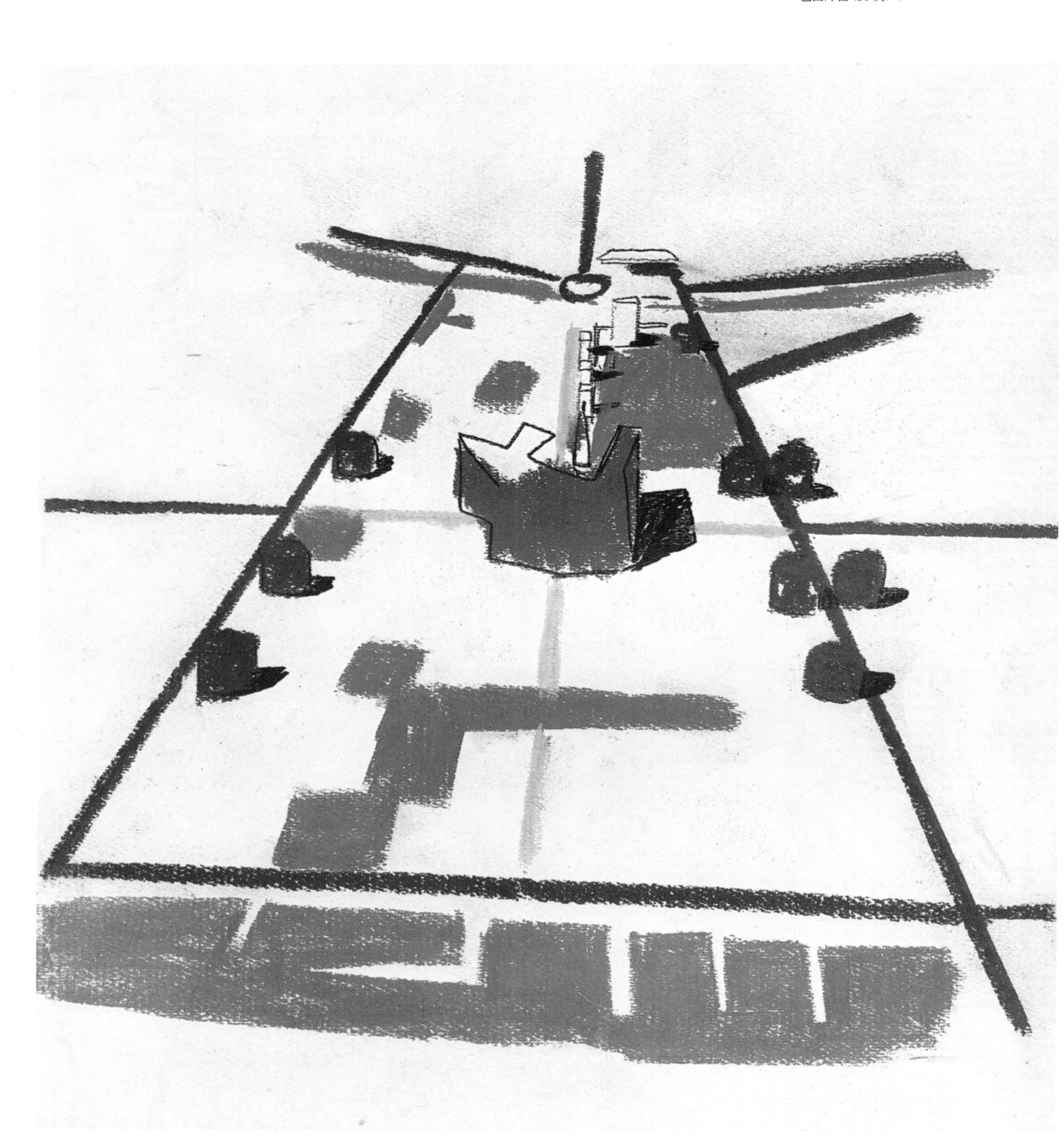

中城区开发方案——宾夕法尼亚中心（1952—1953 年）

费城，宾夕法尼亚州

“宾夕法尼亚中心（Pennsylvania Center）处于城镇中部的一块异常大的土地，在拆除旧的宽街车站和高架铁轨后建造了宾夕法尼亚广场。”

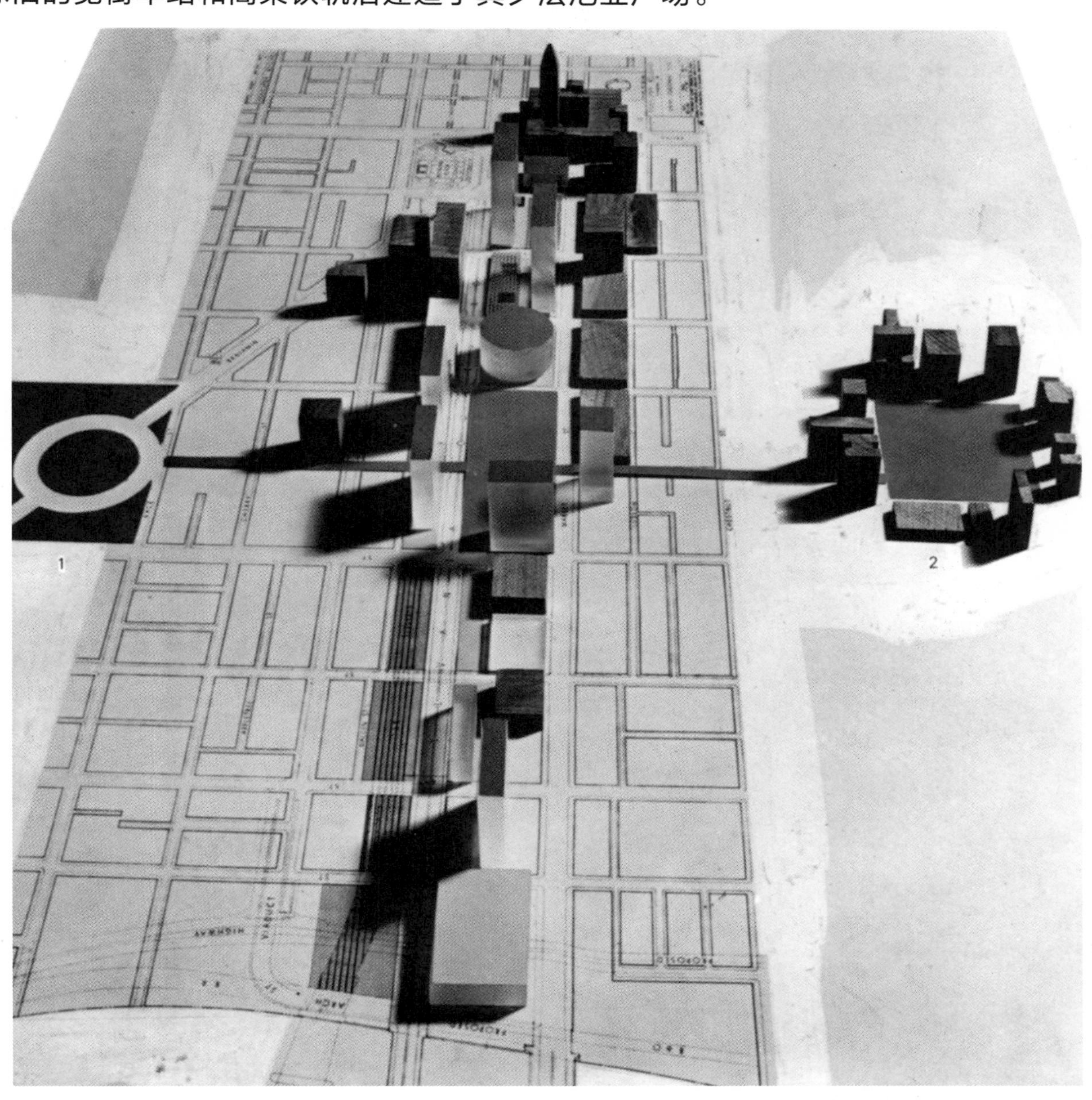

MDP. 1

比例草模，展示了宾夕法尼亚中心的东视图，在市场街和宾夕法尼亚大道之间，视点是斯库尔基尔河（同 1947 年 12 月 3 日的总体发展规划），方案由路易斯·康提出。康在作为罗马美国学院（American Academy of Rome）的常驻建筑师一年后，于费城再开发局担任咨询建筑师。

“1”为洛根广场；

“2”为里滕豪斯广场。

方案中位于第 18 街和第 20 街之间的公园，通过第 19 街向左连接了洛根广场，向右连接了里滕豪斯广场，这再一次表达了康将费尔芒特公园通过富兰克林大道延伸至里滕豪斯广场的意图。早前，在 1947 年“更好的费城展”中展示的规划方案中，该地段是一个游乐园。

宾夕法尼亚中心平面的绘制是基于以下理念：

宾夕法尼亚中心从市政厅向西延伸至第 30 街，跨越斯库尔基尔河，沿着新的宾夕法尼亚大道将郊区车站区域和第 30 街车站的新开发区联系在一起。宾夕法尼亚中心以这种方式激活市场街的南部的房地产活动。目前市场街的南部已经不算作中城区的一部分了。

公园位于第 18 街和第 20 街之间，作为从市场街到宾夕法尼亚大道之间的开放空间，将北面的洛根广场和南面的里滕豪斯广场连接起来。这会连接里滕豪斯广场的市区住宅中心，并激活洛根广场附近的市民文化中心。

保留了因拆除高架铁轨区域而产生的开放空间的开放性。

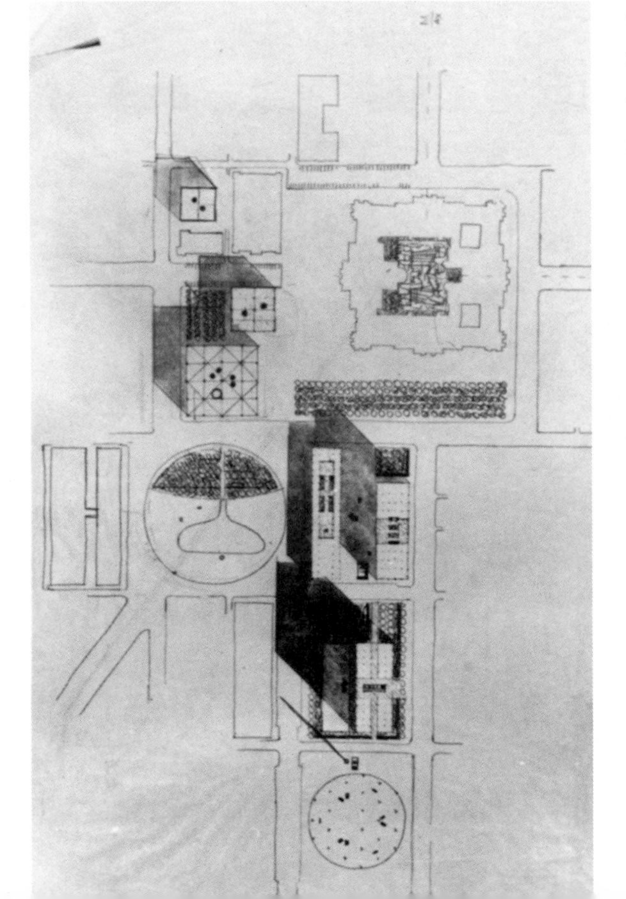

MDP. 2

平面草图，展示了宾夕法尼亚广场一直延伸到市政厅以北的拱桥街，位于富兰克林公园大道和宾夕法尼亚州广场交界处的圆形公园，位于第 15 街和第 17 街之间的三座办公大楼，以及位于第 17 街和第 18 街之间的圆形建筑，可容纳公交车站、酒店和百货商场、宾夕法尼亚中心的全部。

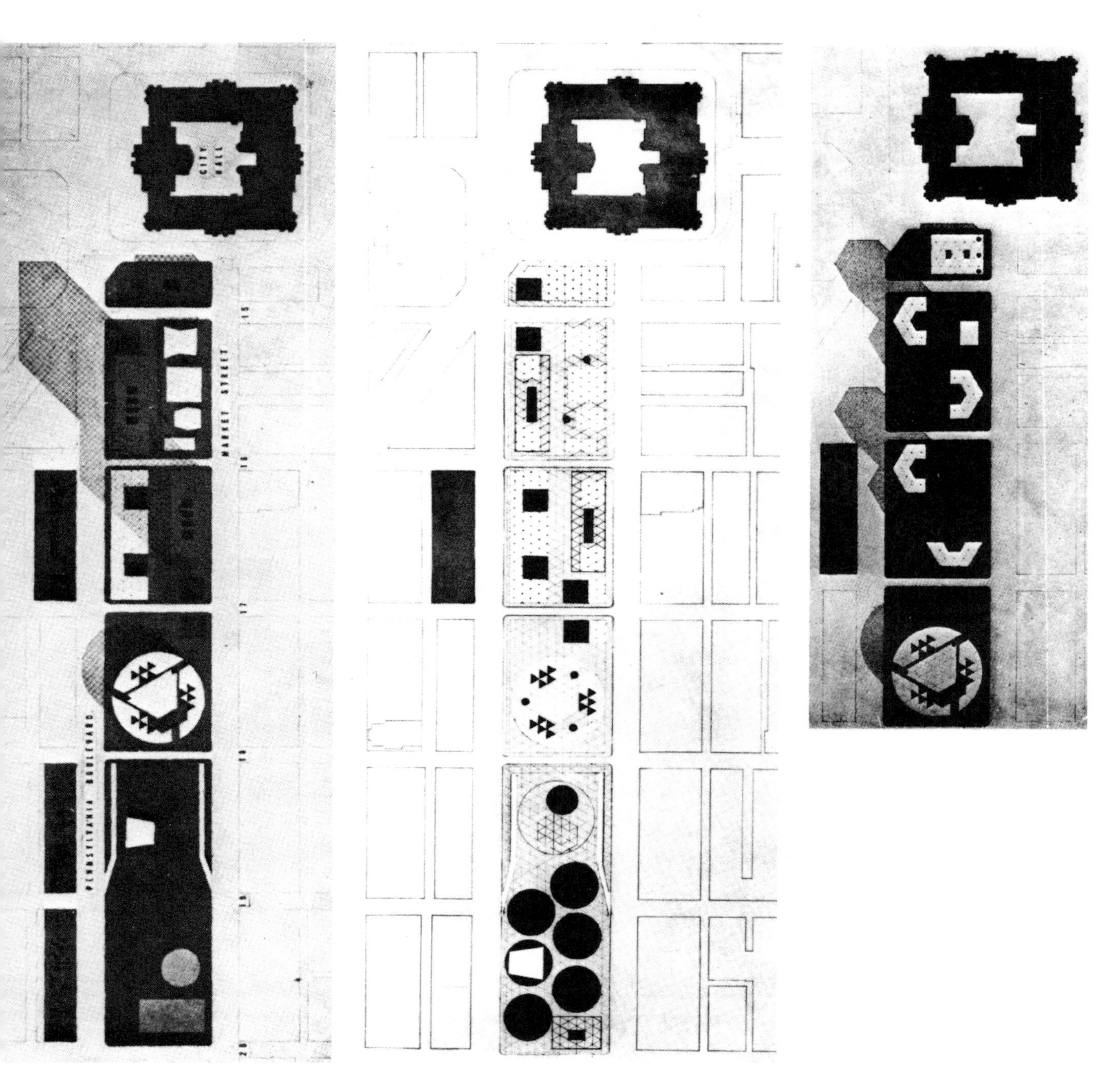

MDP. 3

滨海广场（Esplanade）规划，展示了位于市场街和宾夕法尼亚大道之间的宾夕法尼亚中心，位于市政厅的西侧，一直延伸到第 20 街。

康在这里设计了第 15 街和第 17 街之间的两座塔楼，将地面的大部分留作长廊。

MDP. 4

滨海广场规划，展示了基于三角网格的研究。

MDP. 5

滨海广场规划，展示了宾夕法尼亚中心（截至第 18 街），图中在第 15 街到第 17 街之间有 4 个办公大楼。

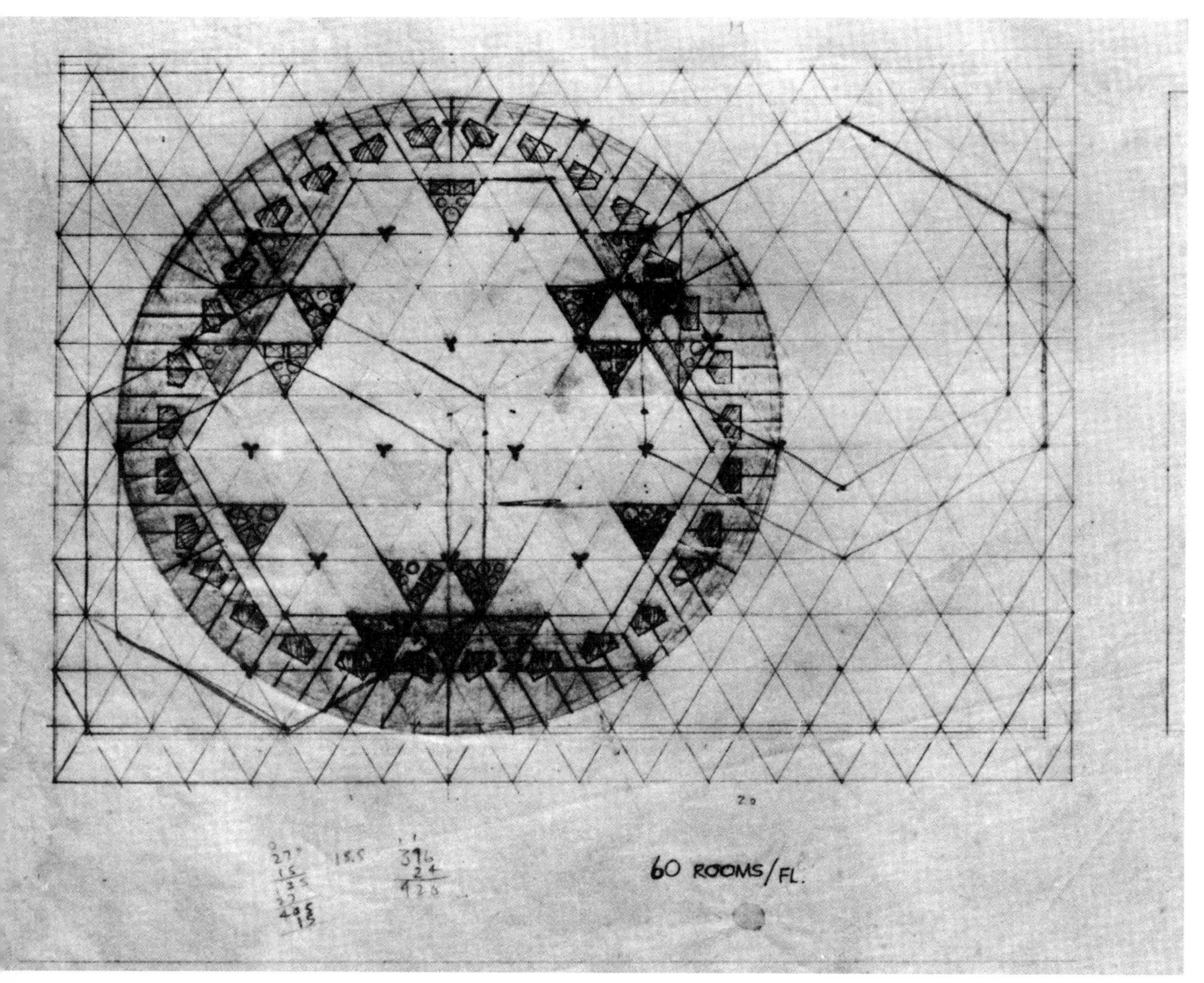

MDP. 6

平面草图，基于三角网格，这是为了位于第 17 街和第 18 街之间的圆形酒店设计的。

“这个方案中位于第 17 街和第 18 街的圆形平面的玻璃大楼有 270 英尺的直径，它在地下一层的站台层设置了一个公交车站，通过新公园的坡道与交通连接。建筑的一楼是酒店的入口和百货商场的入口，其中酒店位于圆形平面的边上，而百货商场占据了建筑中间的核心部分。酒店和百货商场的结合降低了空调和施工的成本。在市政府附近的低矮建筑为费城最有标志性的景观的出现创造了条件。与站台层同样高度的、位于街道之下的 80 平方英尺的公园是露天的，并与建筑物所在的平台相连。在一个低矮的遮阳顶下有一个个独立的商店，使人们可以从市场街自由地前往到宾夕法尼亚大道。”

中城区开发方案——城市大厦（1952—1957年）

费城，宾夕法尼亚州

康提出了两个相关的城市大厦方案：第一个是1952—1953年，他作为费城再开发局的咨询建筑师，延续了中城区发展规划中的交通和宾夕法尼亚中心的研究。第二个实施于1956—1957年，是市政大楼（Municipal Administrative Building），展示了康对三角结构垂直桁架的探索。这是为了表达混凝土在这种结构中的潜能。这些研究由通用阿特拉斯水泥公司（Universal Atlas Cement Co. ）赞助。

自1947年起，安妮·廷（Anne G. Tyng）就任康的助理，负责了许多四面体空间网格的研究。

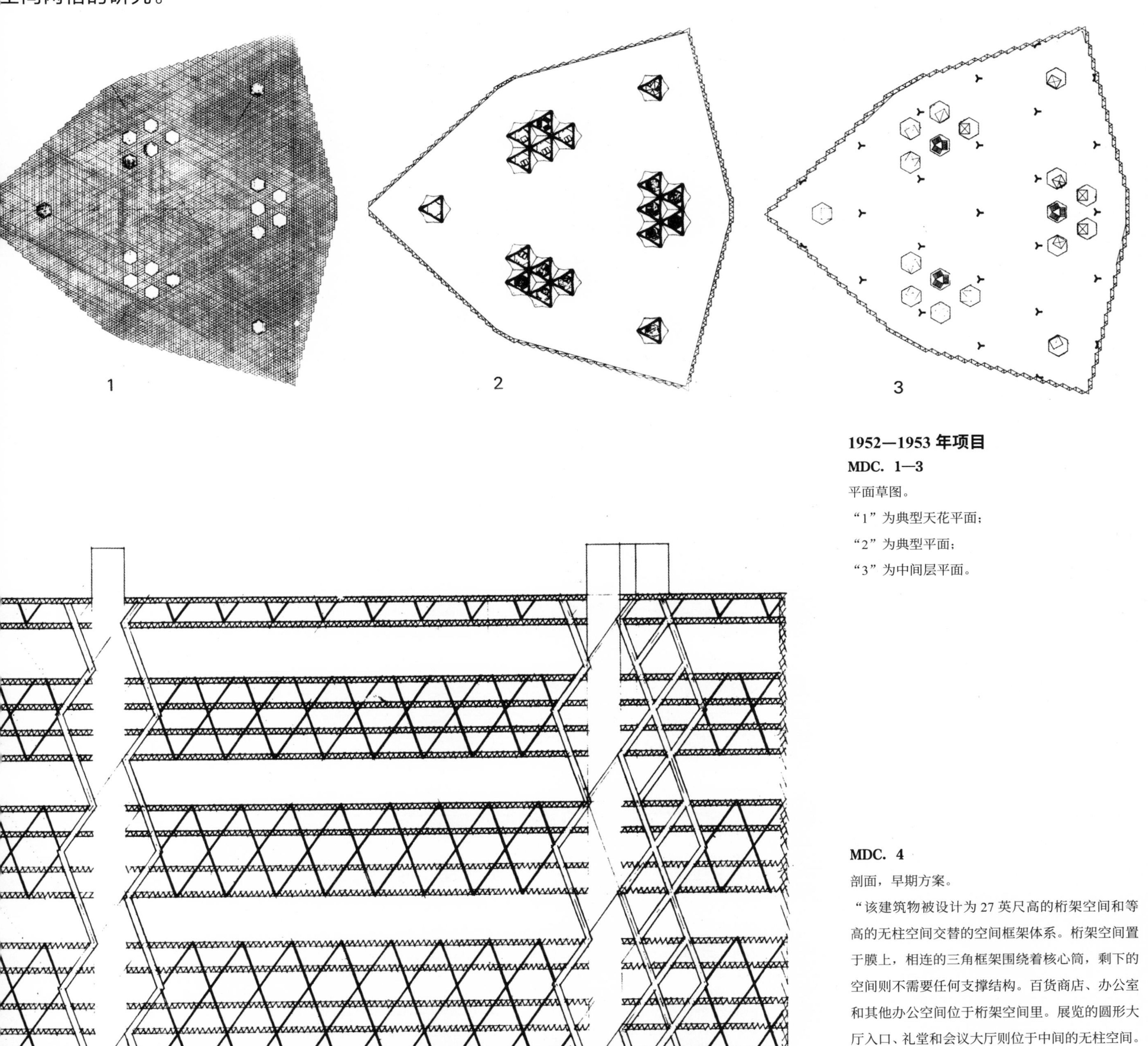

1952—1953 年项目

MDC. 1—3

平面草图。

“1”为典型天花平面；

“2”为典型平面；

“3”为中间层平面。

MDC. 4

剖面，早期方案。

“该建筑物被设计为27英尺高的桁架空间和等高的无柱空间交替的空间框架体系。桁架空间置于膜上，相连的三角框架围绕着核心筒，剩下的空间则不需要任何支撑结构。百货商店、办公室和其他办公空间位于桁架空间里。展览的圆形大厅入口、礼堂和会议大厅则位于中间的无柱空间。这两种空间都是27英尺高，可以拆分成两层。”

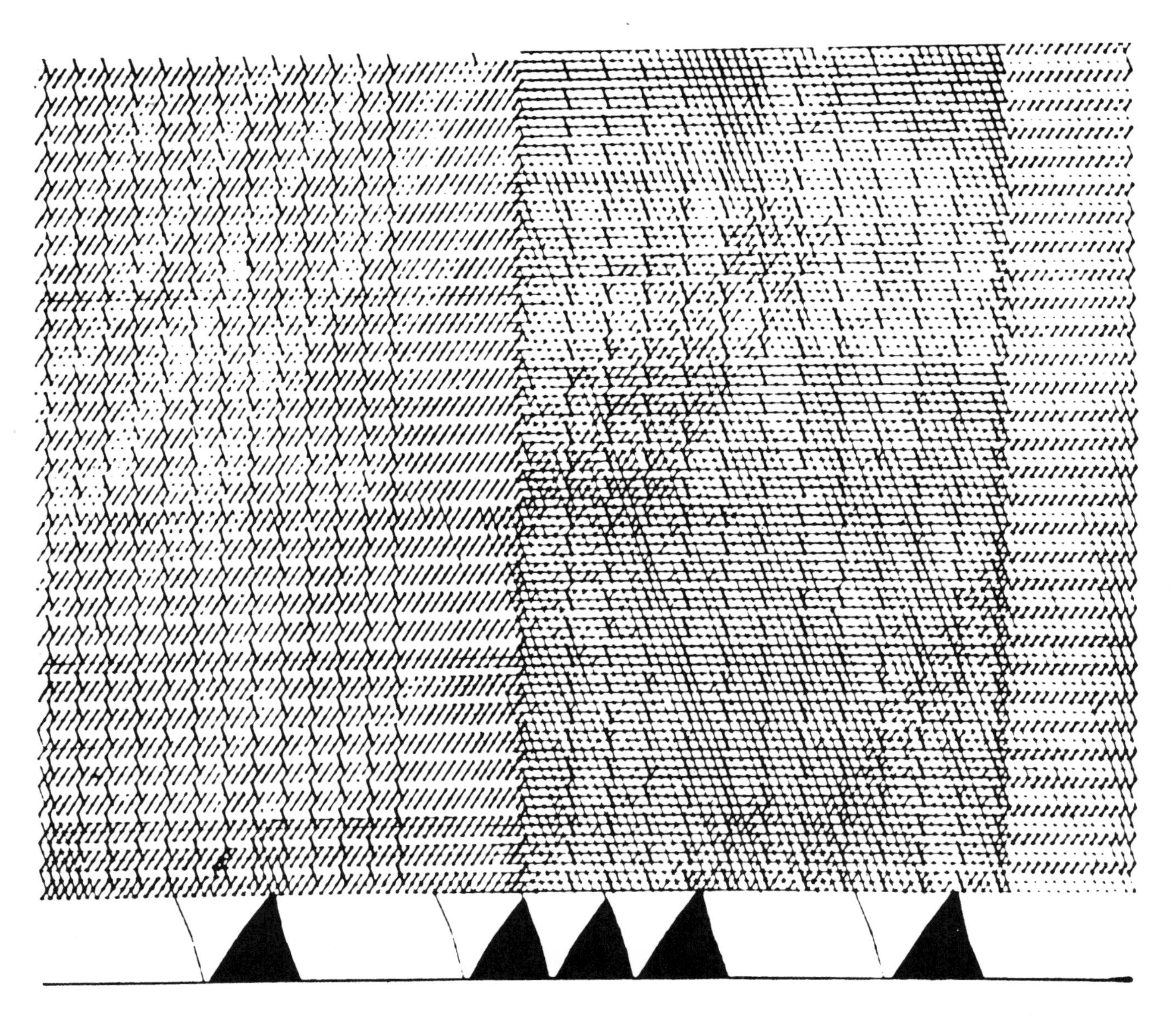

MDC. 5

立面。

“通常来说一个大厦的立面单纯起围护作用，与建筑的结构概念无关。立面迎着日光、风和雨，可以被认为是结构的开始，它能够阻挡或接收阳光，或者成为抵抗风的支撑体系，从而成为概念中不可或缺的一部分，这有助于建设得更统一、更有秩序。在这个大厦中，结构构件通过起伏营造出风吹日晒的各种条件。”

MDC. 6

模型示意图，展示了六边形地面、天花板结构以及 6 个主要平面。

“这个模型仅仅展示了整体的结构而省略了夹层。穿过该结构的垂直竖井的样式是规则的。考虑管道等设备时，还会出现额外的竖井。现在，图中仅仅表达了电梯井和一些管道的预留空间。”

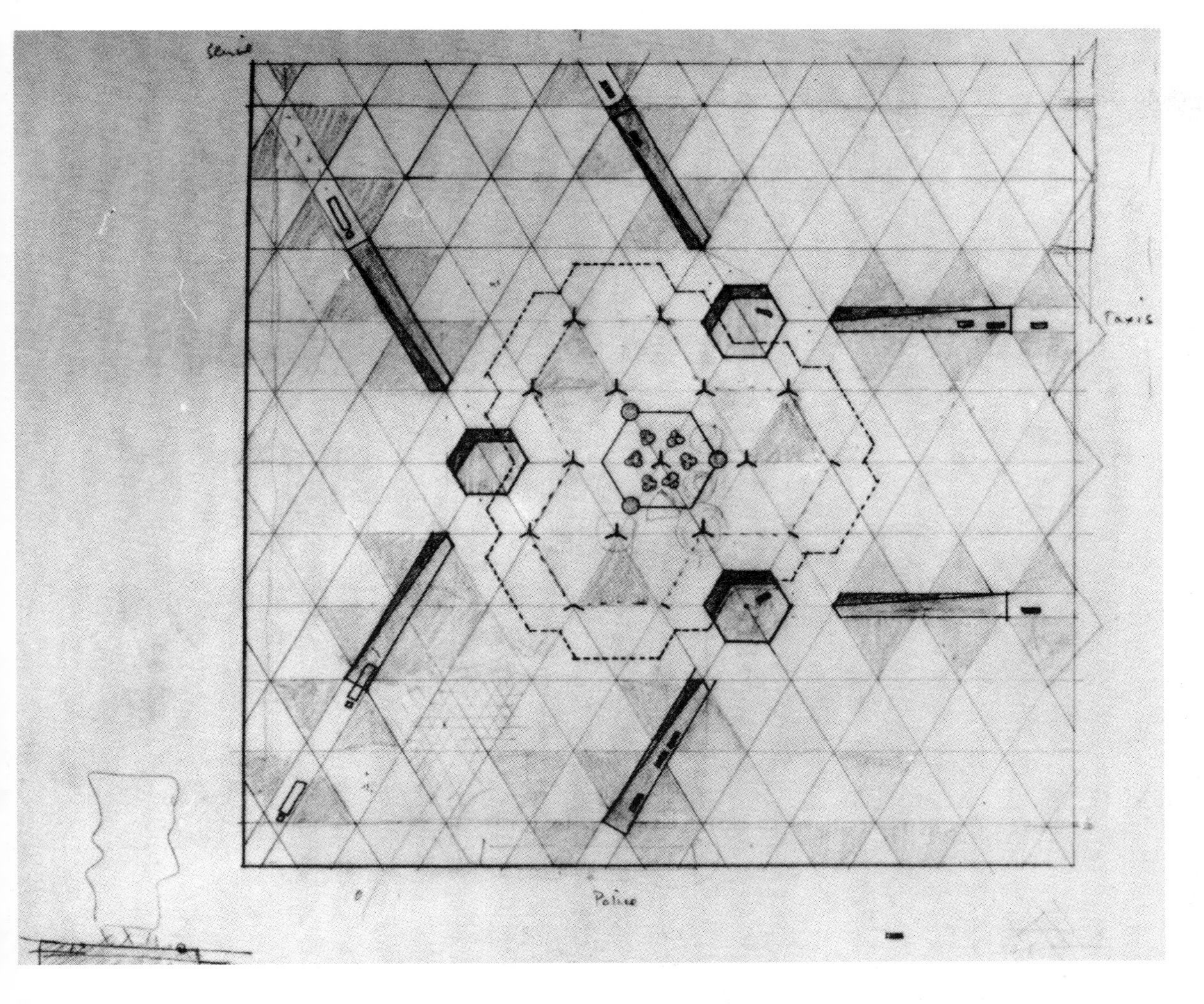

MDC. 7

街道标高平面的草图，以及图左下角的立面草图。3 个六边形区域在中间重合的部分形成设备井。在六边形的 3 个连接点有 6 个通往地下入口的坡道。

“会议厅和展览空间被放在无自然光照的地方。这些公共空间通常需要更大的空间，表明建筑需要更大的占地面积。在平面中，这 3 个六边形区域各占 2 万平方英尺，使同一层中 3 个六边形都被用到的地方有高达 6 万平方英尺的总面积。”

MDC. 8

立面。

“健康部、娱乐部、区划部和公共工程部展览入口的天花高度分别是 21 英尺和 33 英尺。一般工作空间或者更大的部门则有 21 英尺高，在夹层还有一些小的办公室。这相当于 18 层楼高度的结构体，除开公共空间也可以容纳大约 50 万平方英尺的空间。”

“在哥特时期，建筑师使用实心的石头建造，现在我们可以使用空心的石头了。这些由结构构件定义的空间同这些构件本身一样重要。这些空间的尺度变化非常大：从保温板的空隙，让空气、光和热量循环的空腔，到可以走进甚至居住的空间。这种想要积极地表达结构设计中空隙的欲望，在空间框架的演化中一览无遗。形式的试验来自对自然更深入的了解和对秩序的不断追求。”

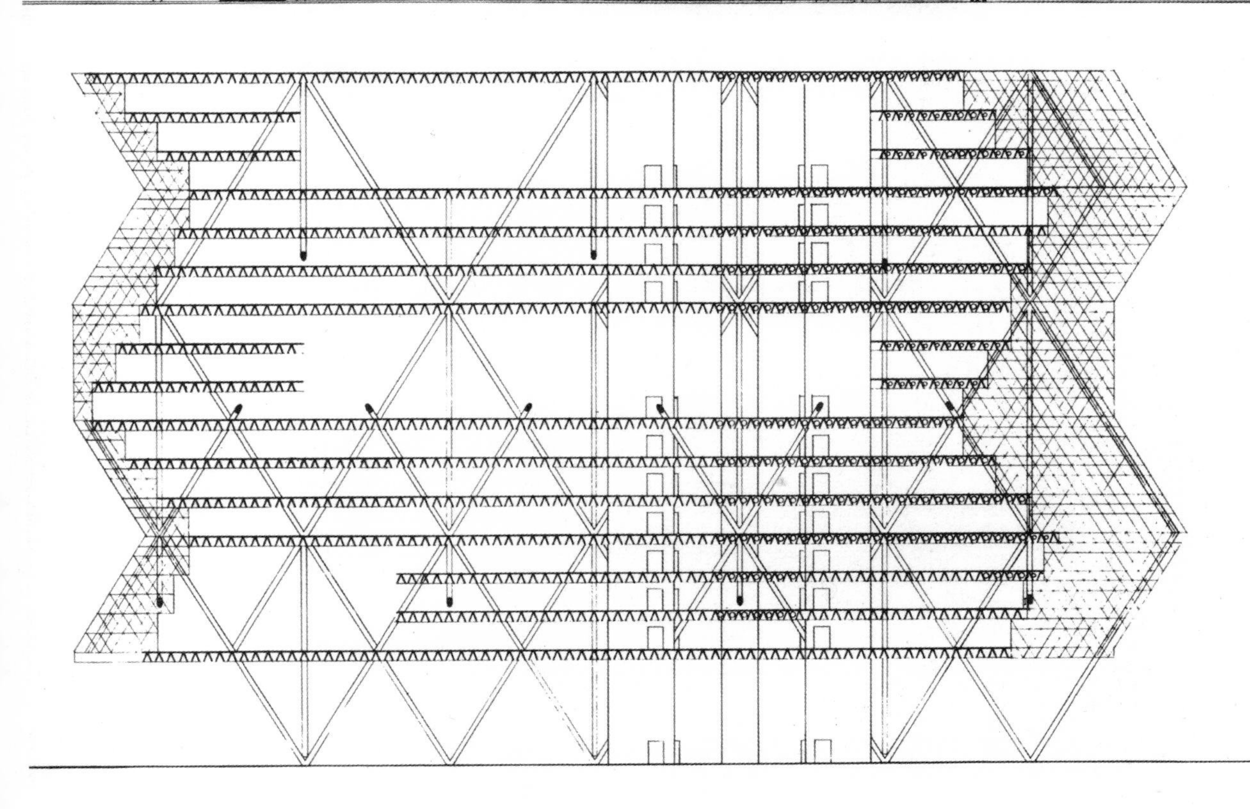

MDC. 9

剖面，展示了不同高度的各个空间。

“预制、预应力的混凝土支柱形成三角框架，每 36 英尺汇集在一个点上。主要楼层为了适应支柱的角度在这里转换。在总高度为 216 英尺的建筑中，有 6 个主要楼层。每个这样的楼层都可以细分为 3 个楼层，每个细分楼层之间相隔 12 英尺。主要楼板之间的两个夹层强化了框架。”

“在地板结构的八面体空间中，空调管道和线路管道裸露在外。将混凝土四面体上方的楼板置于吸音的保温板上，天花板的样式本身就是隔声的。空气导管是沿着结构模块设置的、间隔 3 英尺的圆形管道，在浇筑天花板结构时安装到位。它们的开口向天花板，空气碰到板后则被过滤。这种连续的机械系统为空间的灵活划分提供了可行性。”

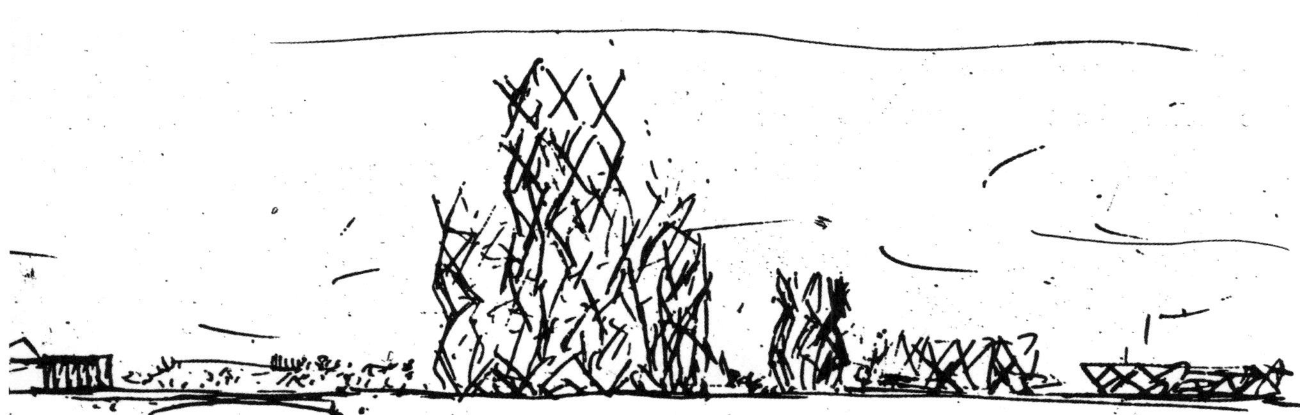

MDC. 10
透视草图，1953 年绘。

MDC. 11
概念草图，大厦。
“建筑空间的力量会使这些城市的各类机构更有分量。但是我感到人们对于一个拱廊城市的渴望是不变的：在这里，喷泉会歌唱、男孩会遇到心仪的女孩；在这里，城市会对远方的来客展示它的魅力；在这里，维护我们民主理想的党派和组织可以在礼堂中碰面、交流。”

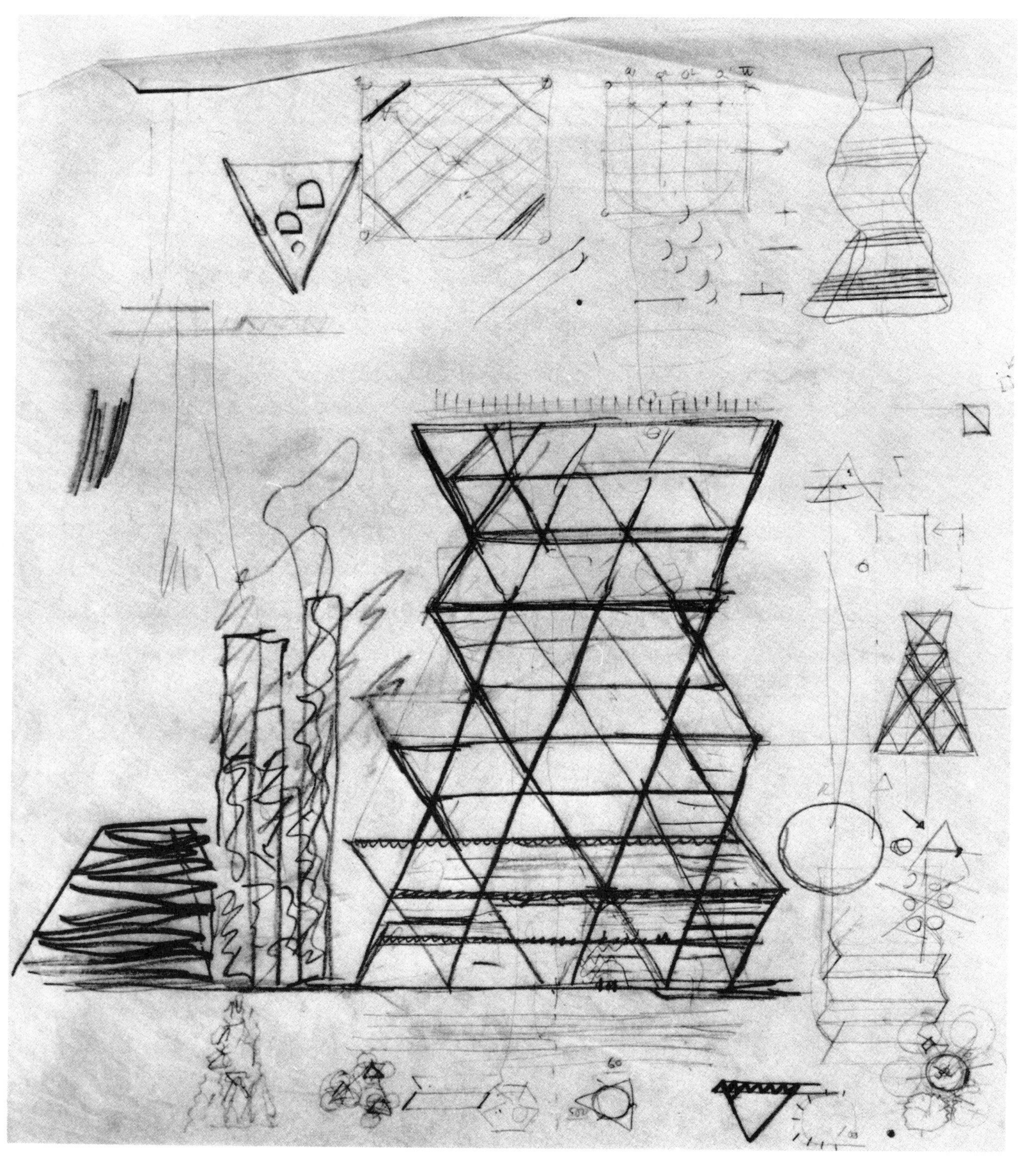

MDC. 12
平面和立面草图。
“这个大厦是对由三角结构部件形成垂直桁架的一种实验和探索。这种结构是为了抵抗风力。在这种高度的大厦中，重力的要素反而是次要的。这种结构与通常用于应对风力的横梁式多层建筑形成了对比。这个空间框架的大厦表达了三维构造的无限可能性，同时表明要将结构形式与功能空间结合，这需要勤恳的工作和对设备要求的丰富知识。这是对在垂直方向扩展三角形空间框架系统，抵抗风力的垂直桁架的探索。”

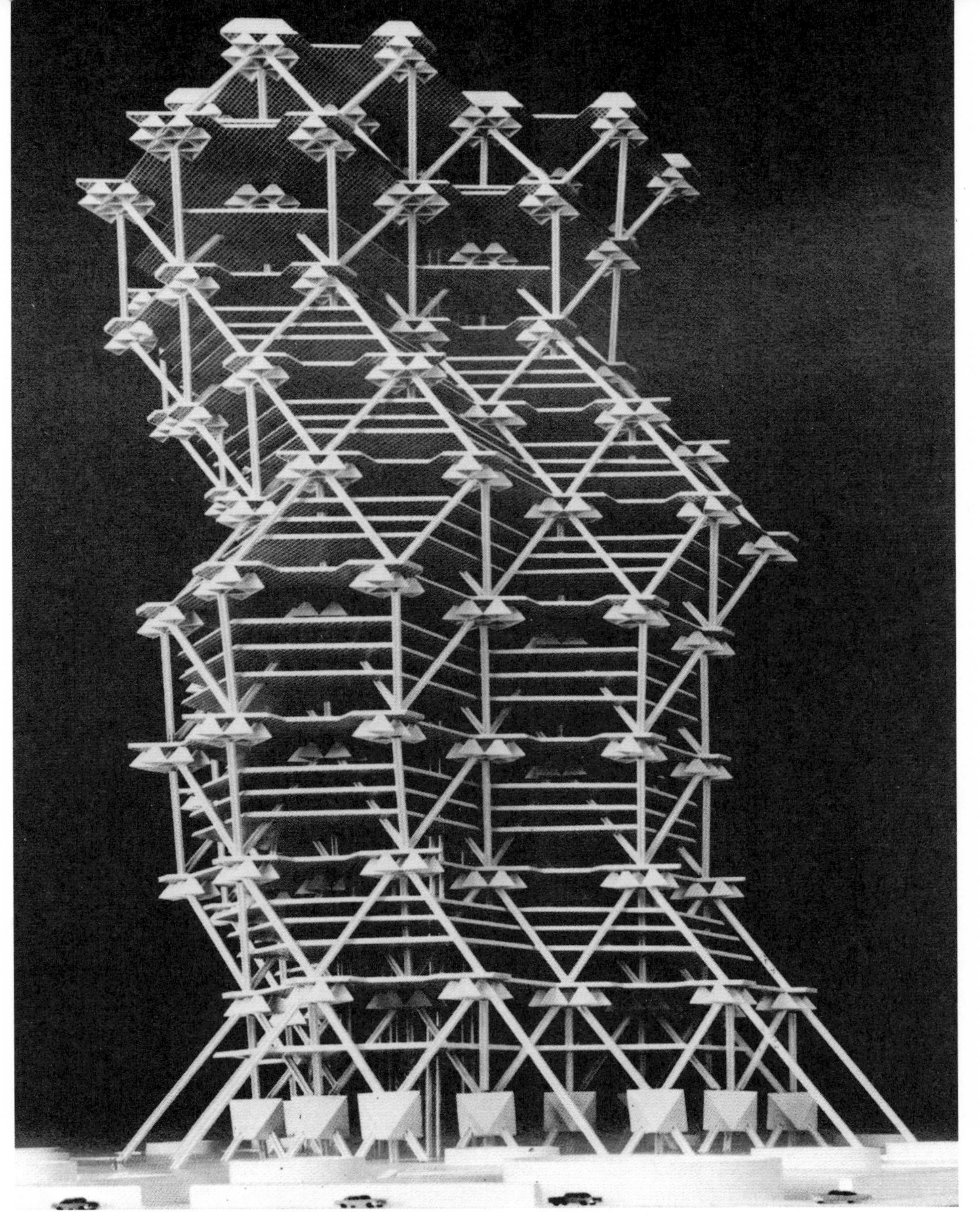

MDC. 13

模型示意图，展示了垂直交点处的柱头。

“形成三角框架的混凝土支柱每 66 英尺就会汇集到一点上。在 616 英尺的高度中一共出现 9 个这样的交会点。这些交会点的柱头有 11 英尺长，它们也是服务设施的空间。在三角构造中最小的元素，是地板上的 3 英尺长的四面体，水平方向的光和空气在这里通过。在这 300 万平方英尺的空间中，天花的高度从 8 英尺到 55 英尺，功能从办公室、公共空间到会议室都有。为了遮阳和支撑玻璃板，固定的铝制脚手架覆盖了整个外表。”

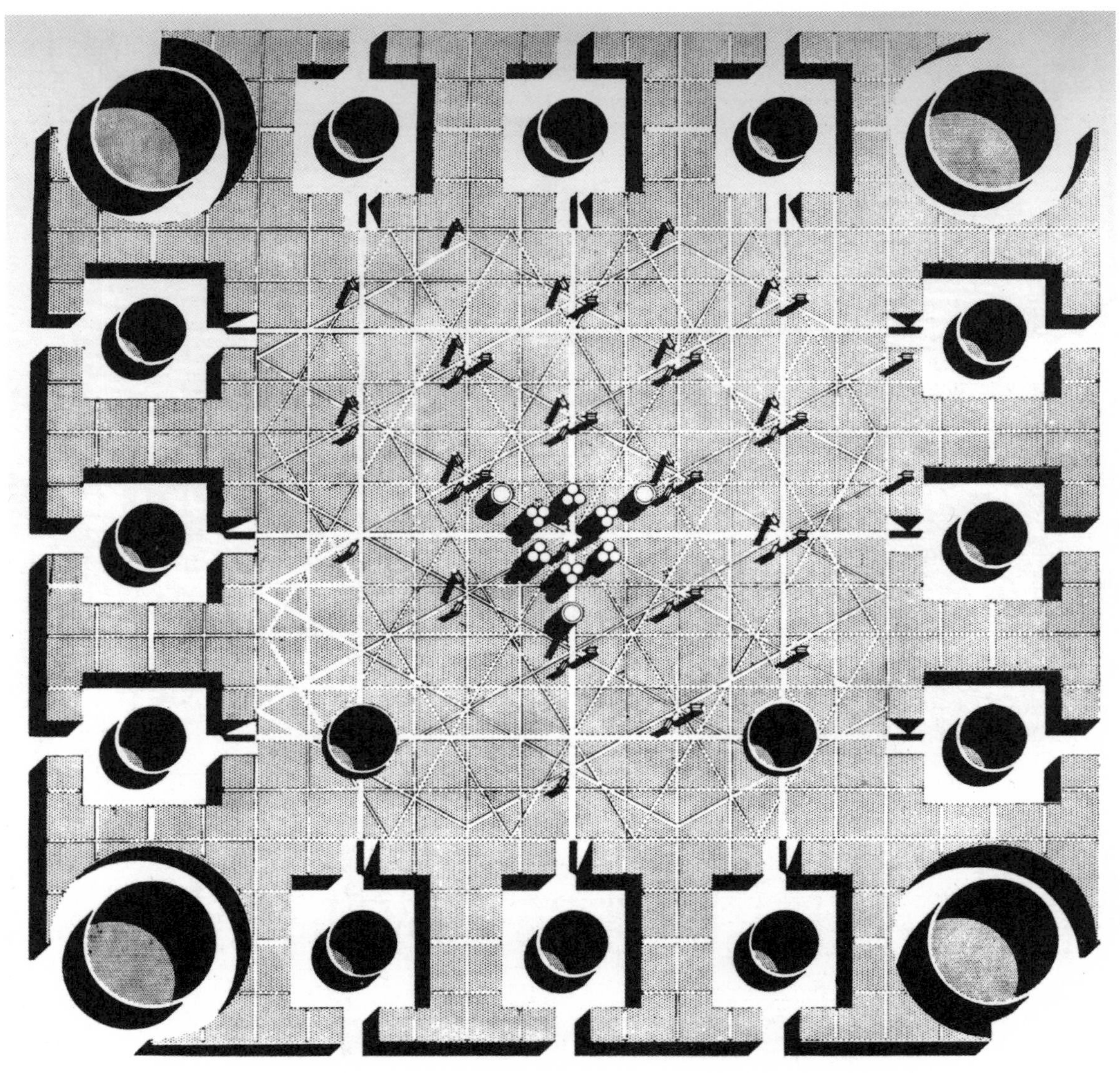

MDC. 14

广场平面。

“这个 700 平方英尺的广场有 3 个不同标高的楼层，分别是与街道齐平的商场大堂、二楼的行人广场以及地下的停车与后勤层。在广场的两个对角处有两个直径 80 英尺的停车场入口坡道。广场其余的两个角有相似的开口，作为出租车和公交车的落客点。这些开口为地下带来了阳光和空气。在广场每边都有 3 个更小的通风井，与商店对齐，直接通往上方的商业大堂。广场中设有自动扶梯连通各层。广场上的马赛克设计出自大厦中的四面体在正方形广场上的投影。”

“街道和建筑处于城市之中，其结构包含越发复杂而重要的服务设施。这个广场，或者说塔楼的建筑平台，表明这个街道在空间和结构上‘想要’拥有与建筑一样的组织方式。”

“这个广场是方案概念的一环——它在其中扮演的是街道和塔楼之间的媒介。”

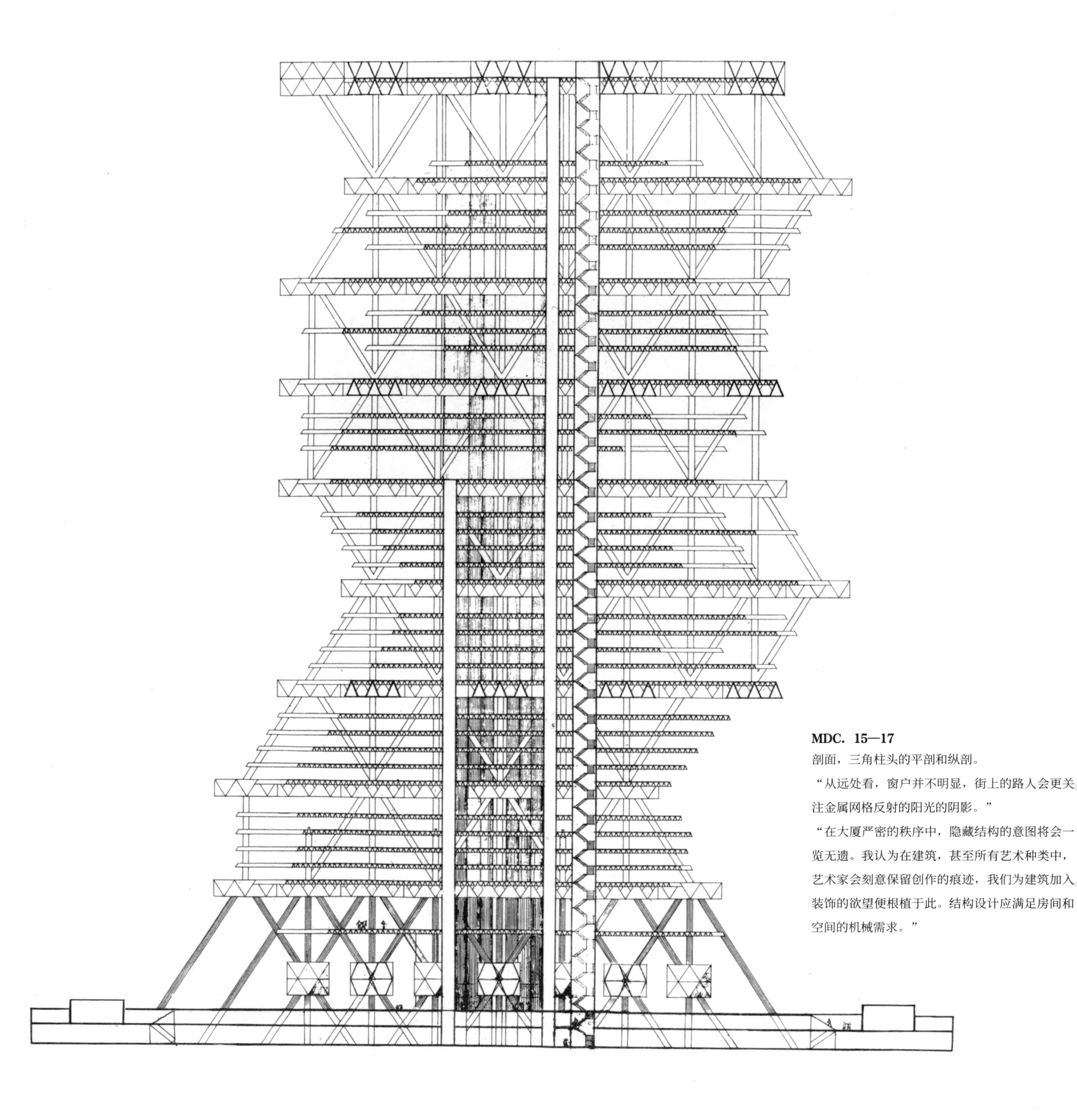

MDC. 15—17

剖面，三角柱头的平剖和纵剖。

“从远处看，窗户并不明显，街上的路人会更关注金属网格反射的阳光的阴影。”

“在大厦严密的秩序中，隐藏结构的意图将会一览无遗。我认为在建筑，甚至所有艺术种类中，艺术家会刻意保留创作的痕迹，我们为建筑加入装饰的欲望便根植于此。结构设计应满足房间和空间的机械需求。”

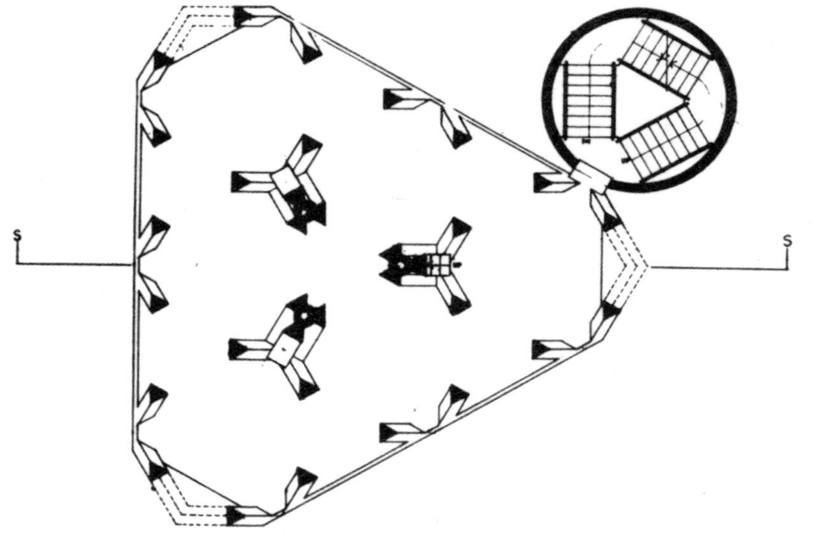

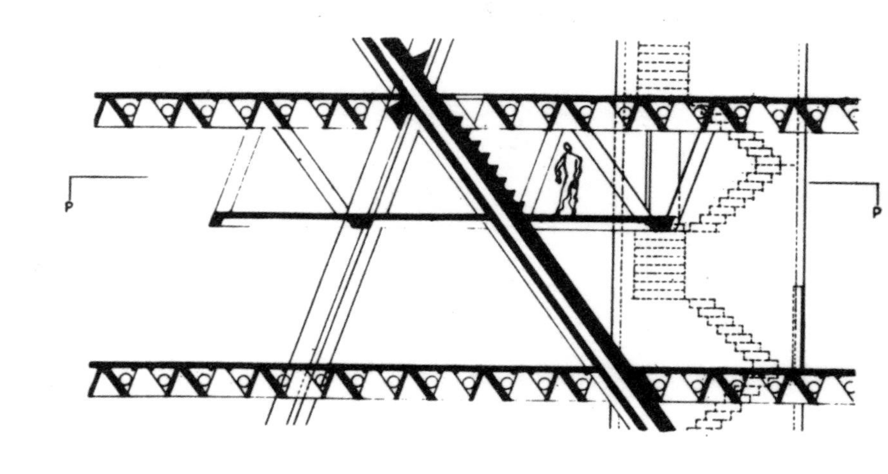

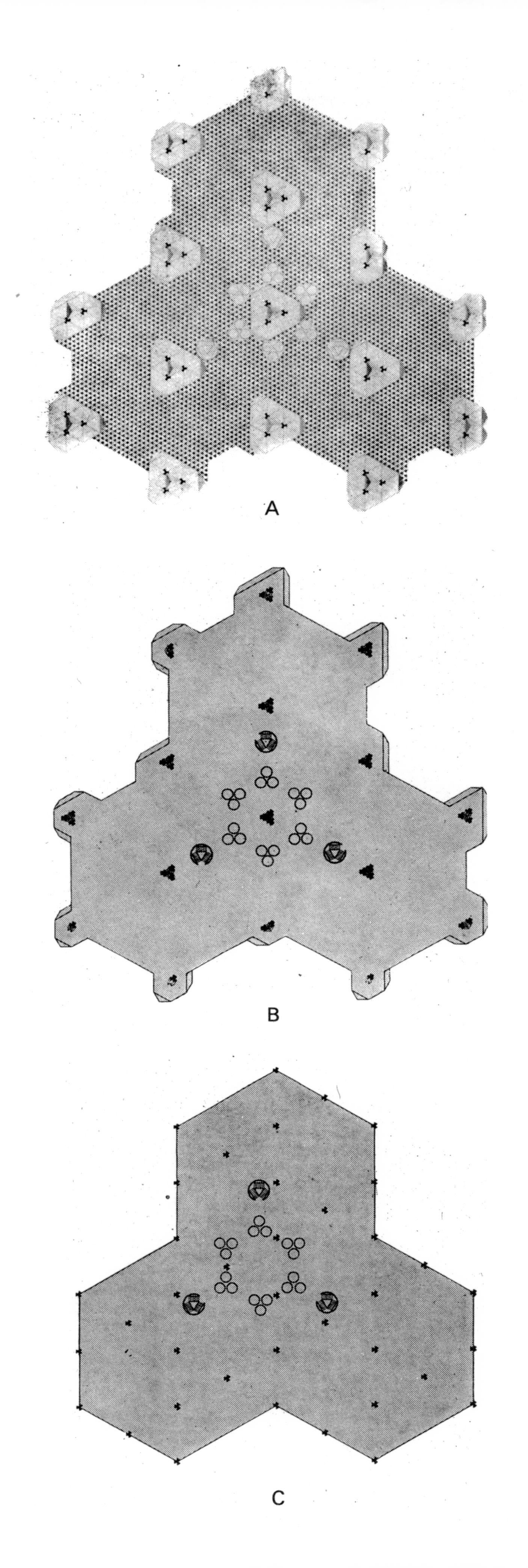

MDC. 18

平面，1956年版。

“A”为典型天花平面；

“B”为典型平面；

“C”为中间层平面。

“这些平面不是完全上下对齐的，而是依据结构的变化有一个三角的转换。整个系统由立柱系统的交叉框架和交叉结构支撑。”

“在这个阶段的平面图仍未对空间进行细分。”

中城区开发方案——公民广场（1956—1957 年）

费城，宾夕法尼亚州

1954 年，康辞去在费城再开发局的职务，以个人身份继续研究中城区的开发方案。公民广场是他方案的一部分，它坐落于市政府的东面，胡桃街（Walnut Street）和赛马街之间。

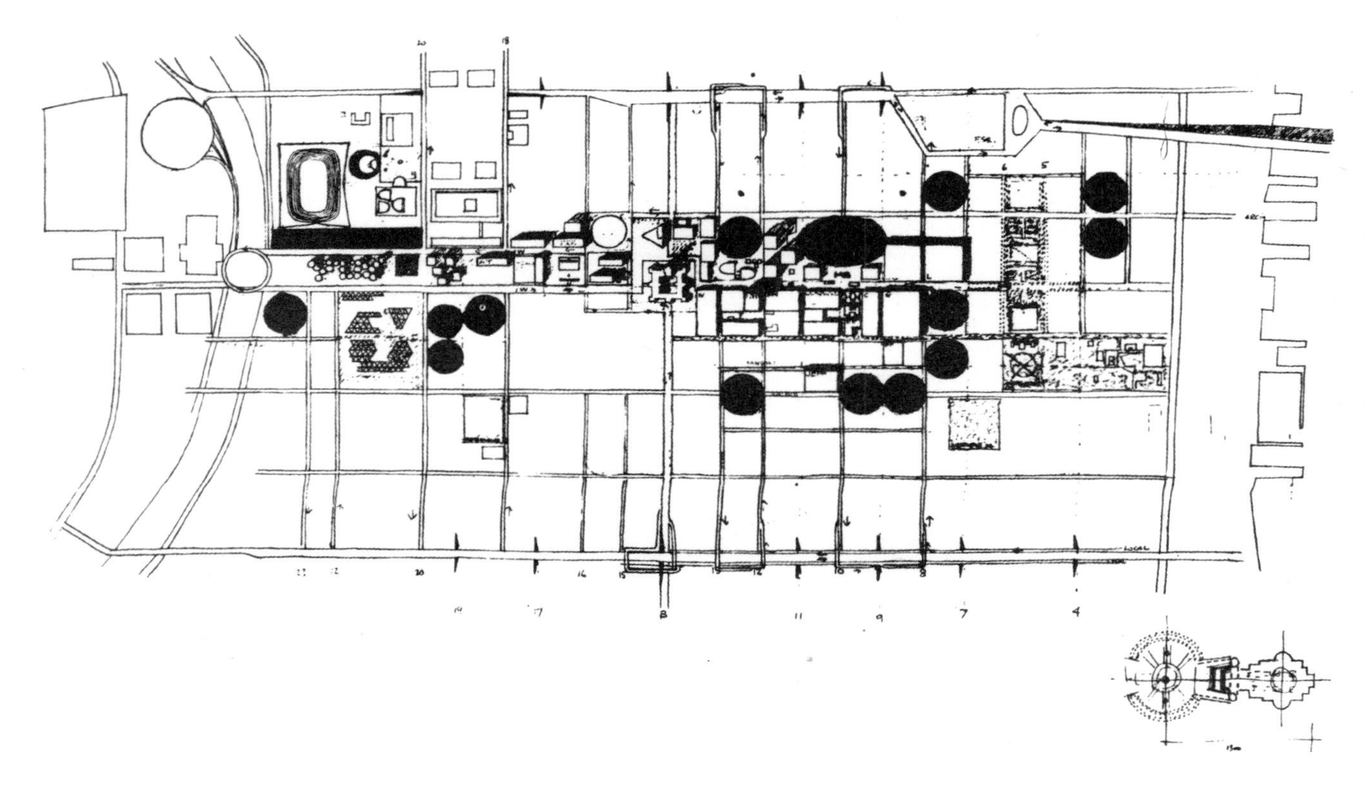

MDF. 1

平面，早期方案。

“市中心（Center City）对人群有聚集作用。”

“只有集合了文化中心、学术中心、商业中心、运动中心、健康中心和市民中心的城市论坛，才会激发城市新的活力。”

“卡尔卡松（Carcassonne）是根据防御需求设计的。现代的城市要根据其交通的秩序自我更新。”

“没有车流的商业街会更加舒适，但保留车流则会使得街道的行人道更加合理。”

MDF. 2

透视草图，1956 年绘，北视图，左边展示的是市政府，右边为特拉华河。

“左右两边的建筑分别用于人的活动和高架桥。它们形式上的区别使城市发展更有逻辑，企业也能找到合适的安置点。这种布局巧妙地避免了交通对城市的破坏。在某种意义来说，车辆的规划是城市发展规划中最困难、最关键的环节。”

MDF. 3
透视草图，西视图，望向市政府，早期方案。
方案中的平台作为行人广场，平台上有圆形的孔，为下方的市场街东补充光照。

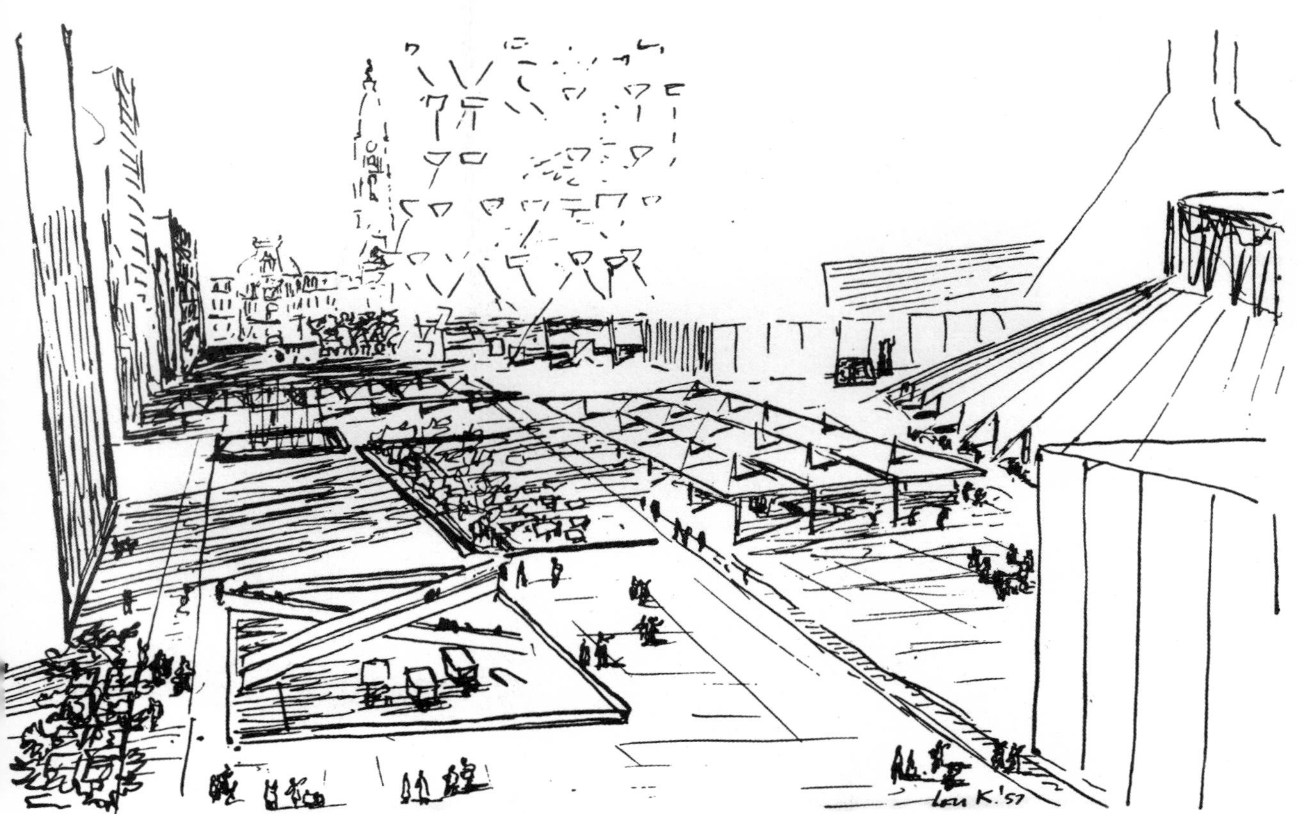

MDF. 4
透视草图，西视图，望向市政府，1957 年版本。双层的市场街东，底层为停泊点，上层为行人广场。在长方形的缺口有行人坡道。梯台形的百货商店和灯罩状的运动场在图右侧。
“一个中心并不需要很大。现在它比从前的村庄绿地复杂得多。现在整个综合体都在步行范围之内。区域中的人行道进一步扩大了步行范围。”
“中心就是城市的大教堂。”
“去中心化会分离并摧毁这座城市。那些远离中心的购物中心只能被称为‘购物’的场所。真正的购物活动不能远离城市的核心。”

MDF. 5—6
平面，立面和透视草图，展示了建筑体量的生成。

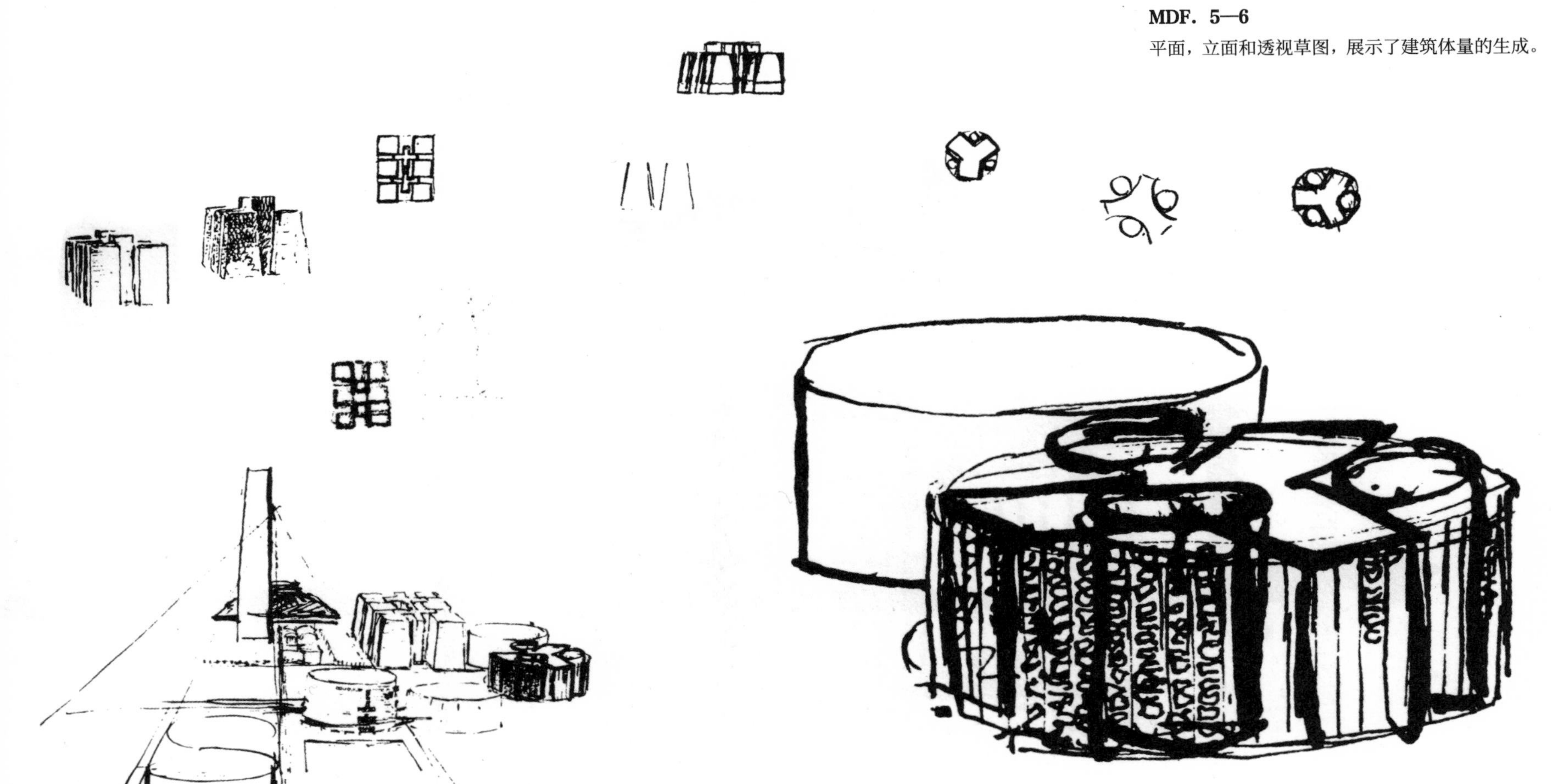

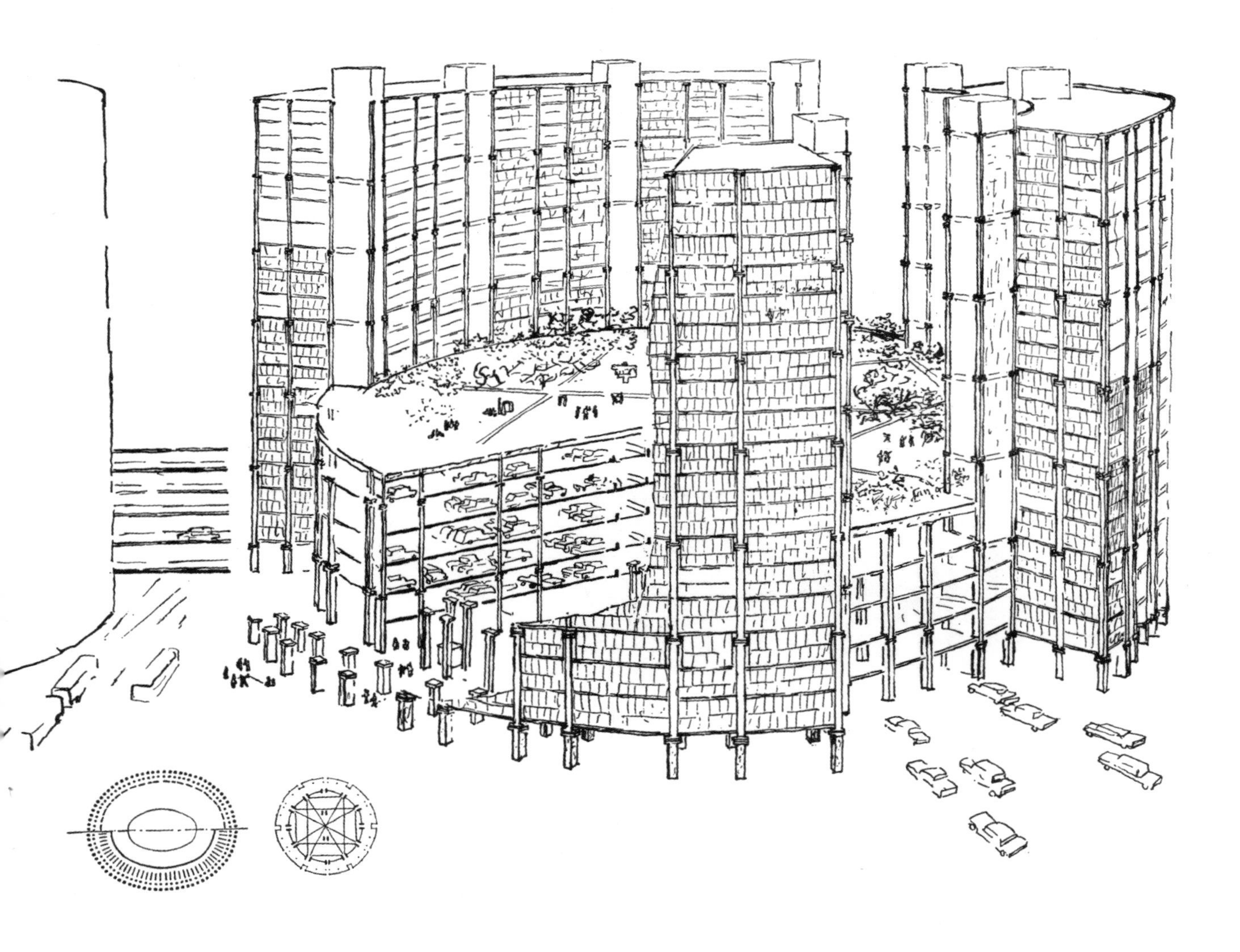

MDF. 7

透视草图，展示了“码头”的细节——巨大的市中心入口。

每个码头都能容纳1500辆车。左下角是码头与古罗马斗兽场的尺度对比。

“巨大的汽车停泊区和大楼成为给游客带来第一印象的地标。特殊的地段要求建筑师设计一个多功能综合性建筑。临街楼层作为市场，有采光的外环作为酒店或办公室，内环则用作储存。在外环和内环核心之间的塔楼的主体部分，有盘旋向上的道路和停车空间。购物建筑的重要性堪比环绕中世纪城市的城墙。”

“没有城墙的‘卡尔卡松’，没有入口的城市，漫无终点的运动。”

MDF. 8

透视草图，北视图，1957年绘，市政府（图左）、特拉华河（图右）。

“人的活动的建筑。”

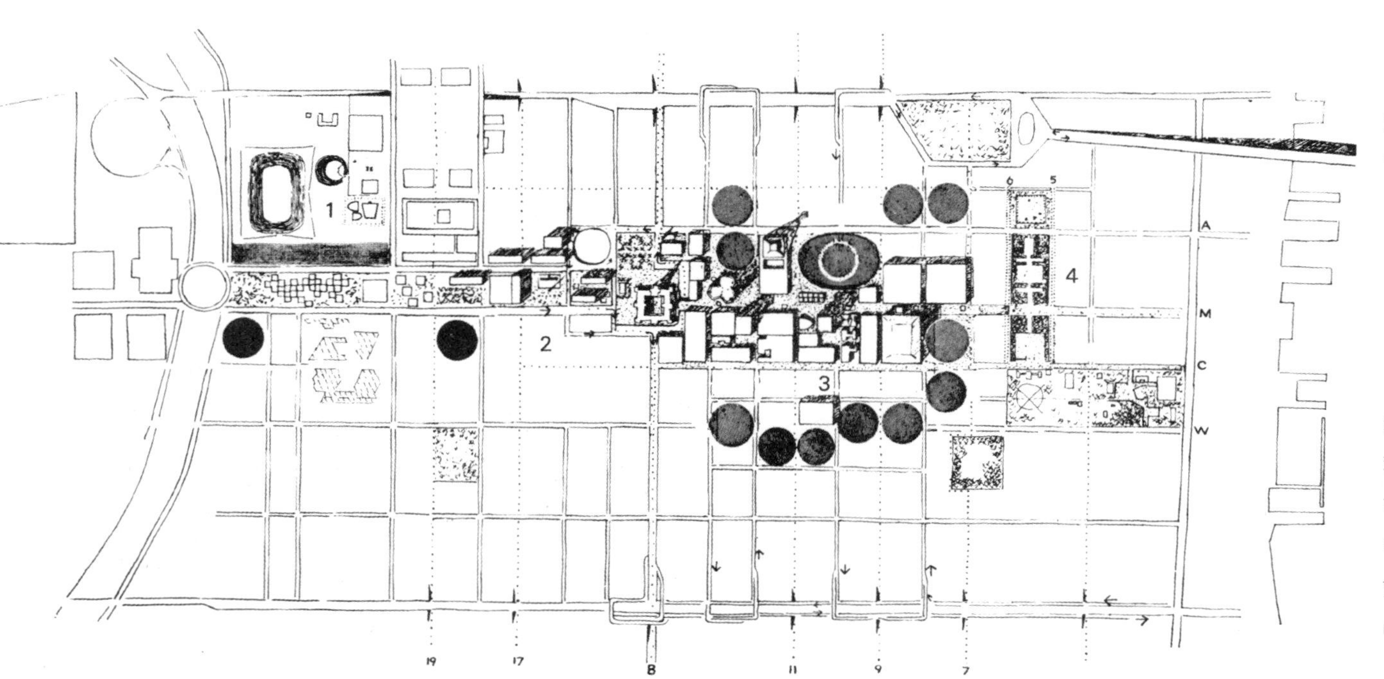

MDF. 9

中城区规划草图。

“1”为南三角区；

“2”为宾夕法尼亚中心；

“3”为城市广场；

“4”为独立商场。

“人们应该好奇，是什么赋予了费城特性？我仍然认为费城是让人想起壁炉和狗的城市——友好和善，这是不应被抹掉的。费城的另一个特点是市中心紧密聚集。广场依然在维持市中心的地位中发挥作用，但我认为目前中心缺乏统一的特性，而由于市场街东部的活力，呈现出比宾夕法尼亚中心更大的潜力。”

中城区开发方案——市场街东部（1961—1962 年）

费城，宾夕法尼亚州

1960 年，费城城市规划委员会（Philadelphia City Planning Commission）重新聘用康为咨询建筑师。格雷厄姆基金会（Graham Foundation）赞助康继续开发方案。在市场街东部开发方案中，他将整个中城区的交通都纳入了考虑范围。

MDM. 1

立面和透视草图，展示了从刺槐街（Locust Street）向北的视图。

“一个想要成为建筑的街道，这些新的空间会从设计中跳脱出来。前行和断续的车流分离，形成了运动的秩序，更有利于购物活动的发生。”

“快速公路像需要港口的河流，街道像需要码头的运河。”

“机动车完全颠覆了城市的形态，我认为是时候将人车活动的建筑分离了。在市中心架高建筑中包含的街道，几乎成了一种建筑，一个能够容纳市政管道设施空间的大楼，使维护时的交通不受干扰。”

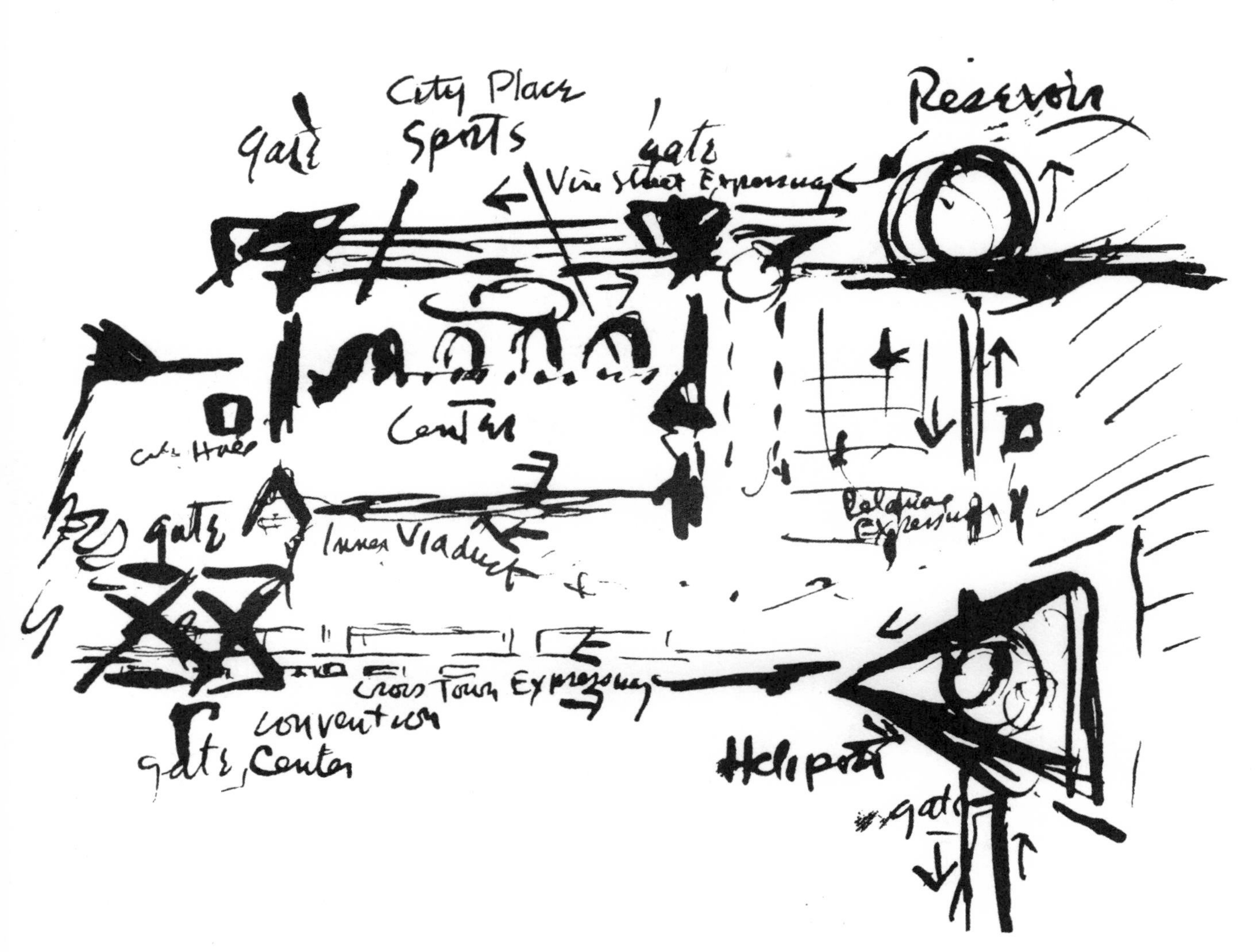

MDM. 2

规划草图，展示了设计概念。

右上角为喷泉的水库，右下为直升机场，全区均有大门。

“桥梁和高速公路直接通往体育场和竞技场。在体育场底下是新的运动、健康部或娱乐中心。屋顶会有泳池等花园设施来容纳更多的人。这样交通系统便进入了整个建筑，使得这个地段真正成为城市的门户。这个巨大的体量与商场紧密相连。”

MDM. 3

剖面草图，展示了高架桥、体育馆、高速公路、仓库和体育馆下方的车辆。

“在商场西侧的建筑会与东侧的不同，西侧更高、东侧更矮。在大体量的建筑中有更多空间可以利用。车库会成为体育馆的隔墙，这样解放了体育馆。上方的光透过多个空间，能营造神秘的感觉。”

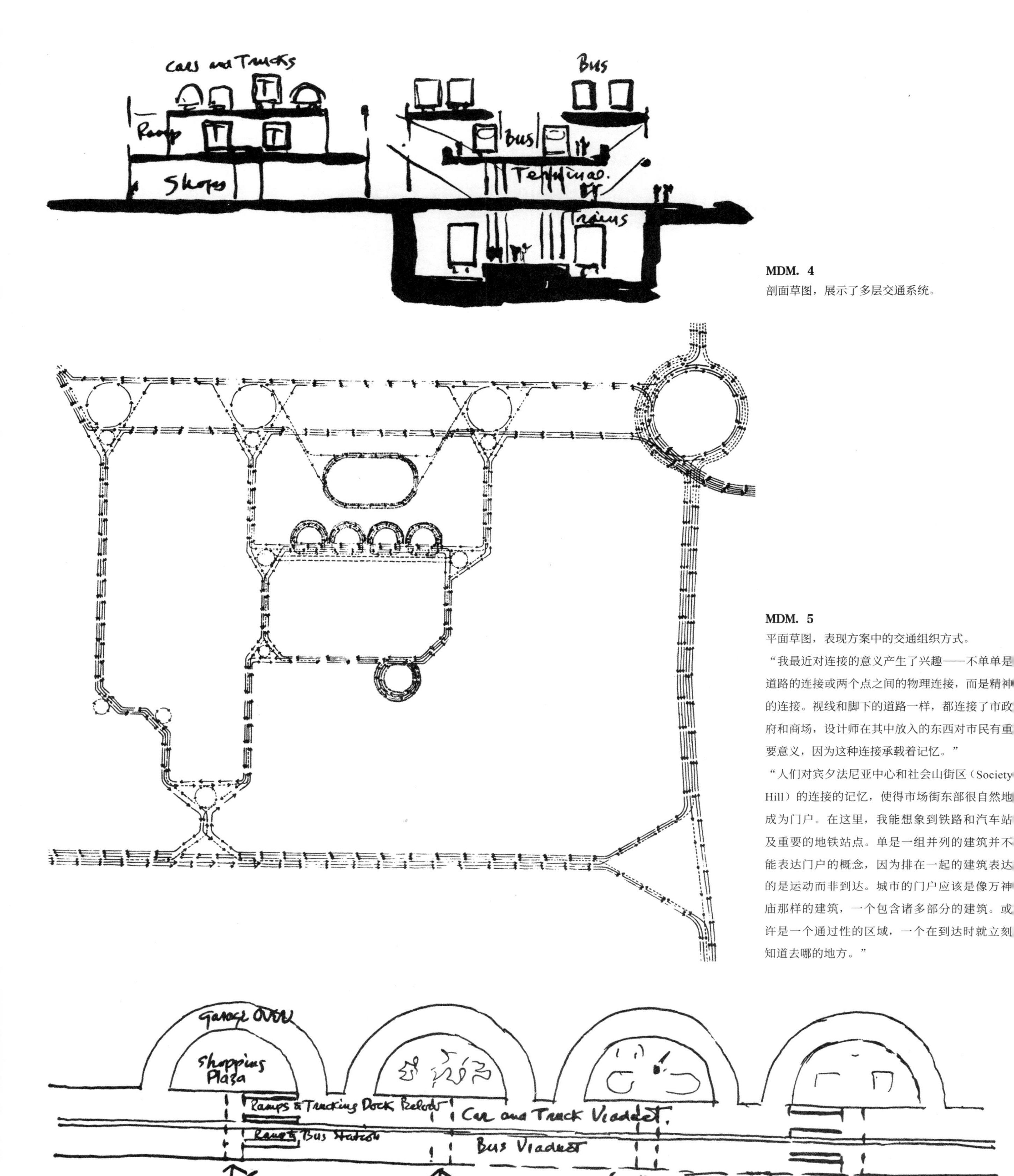

MDM. 4

剖面草图，展示了多层交通系统。

MDM. 5

平面草图，表现方案中的交通组织方式。

“我最近对连接的意义产生了兴趣——不单单是道路的连接或两个点之间的物理连接，而是精神的连接。视线和脚下的道路一样，都连接了市政府和商场，设计师在其中放入的东西对市民有重要意义，因为这种连接承载着记忆。”

“人们对宾夕法尼亚中心和社会山街区（Society Hill）的连接的记忆，使得市场街东部很自然地成为门户。在这里，我能想象到铁路和汽车站及重要的地铁站点。单是一组并列的建筑并不能表达门户的概念，因为排在一起的建筑表达的是运动而非到达。城市的门户应该是像万神庙那样的建筑，一个包含诸多部分的建筑。或许是一个通过性的区域，一个在到达时就立刻知道去哪的地方。”

MDM. 6

平面草图，航站楼。

“高架的建筑表达了关于街道运动模式的全新概念，它分离了巴士那样断断续续的运动和汽车那样的前行运动。”

MDM. 7

立面草图，航站楼，北视图，市场街视点。

MDM. 8

透视草图，北视图，刺槐街视点，1962 年绘，市政府（图左），码头（图右下）。

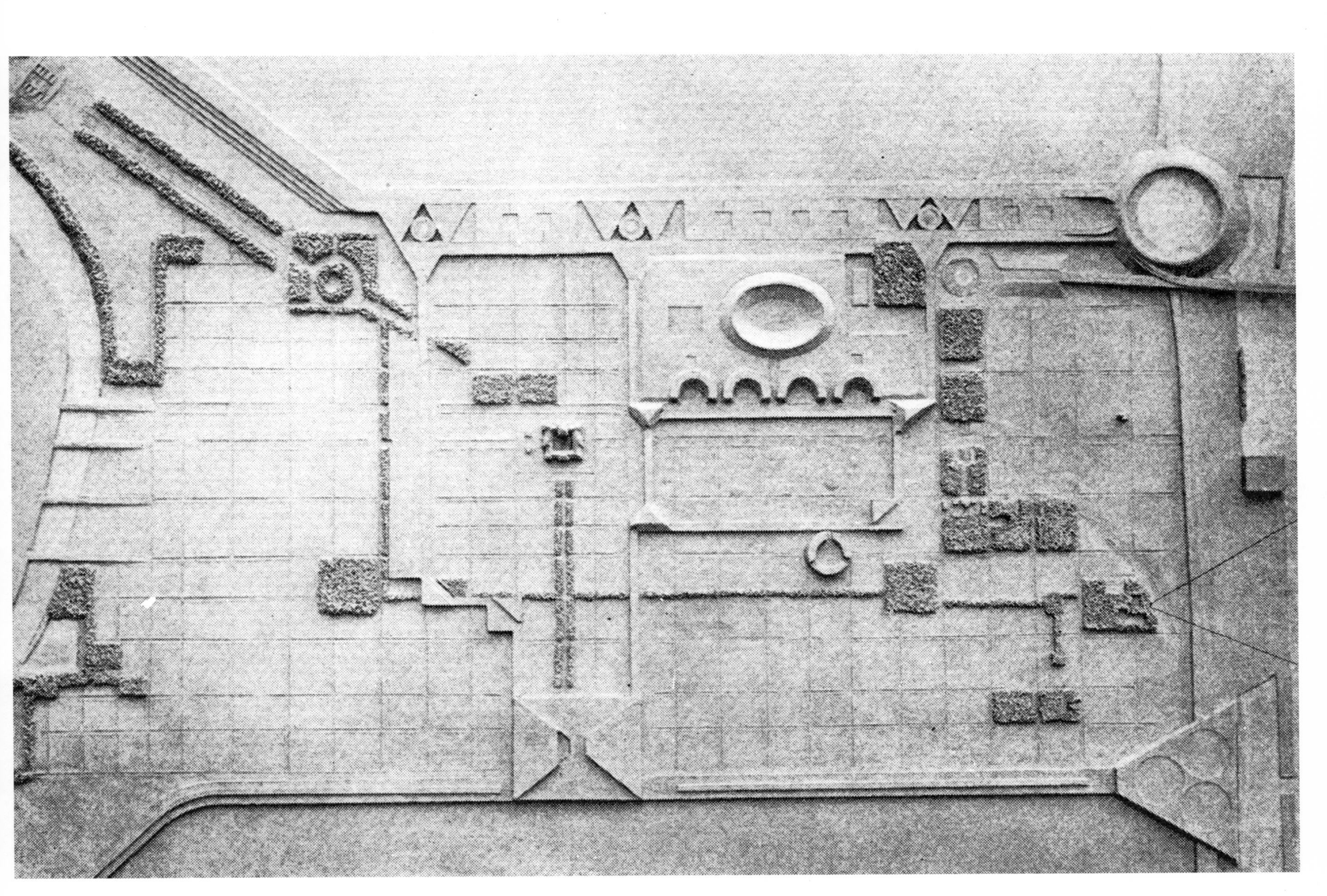

MDN. 9

模型的平面视图，展示了再发展区域的方案。方案与威廉·佩恩的规划有相同的城市边界。

“高架建筑中的到达点，在内部的车库，在外围的酒店与百货商店，以及在地面层的购物中心。”

公共住房方案——坦普尔和波普拉（1949—1952 年）

费城，宾夕法尼亚州

1945 年，费城的立法机关（State Legislature）授权当地再开发局（Local Redevelopment Authority）发行债券，以资助重建二战后的城市。但直到 1949 年美国国会（U. S. Congress）拨款 5 亿美金时，再开发局才真正开始再开发工作。在向联邦提出的东波普拉（East Poplar）再开发计划因过于片面被拒后，费城城市规划委员会（PCPC）执行董事埃德蒙·培根（Edmund Bacon）将康任命为费城西南坦普尔和波普拉（Southwest Temple and Poplar）地区总体再开发项目的首席协调规划师。肯尼斯·戴（Kenneth Day）、路易斯·麦卡利斯特（Louis McAllister）和安妮·廷（Anne Tyng）作为协调建筑师，克里斯托弗·唐纳德（Christopher Tunnard）作为项目的咨询景观建筑师。

西南坦普尔再开发区在西侧以宽街为界；东侧以铁路（第 9 街）为界；南侧以吉拉德大道（Girard Avenue）为界；北侧以哥伦比亚大道（Columbia Avenue）为界。波普拉再开发区西侧以宽街为界 ；东侧以第 5 街为界；南侧以春天花园街（Spring Garden Street）为界；北侧以吉拉德大道为界。波普拉区域以第 9 街为界，分为东西两个部分。

PHT. 1
地图，展示了费城拟再开发的区域。

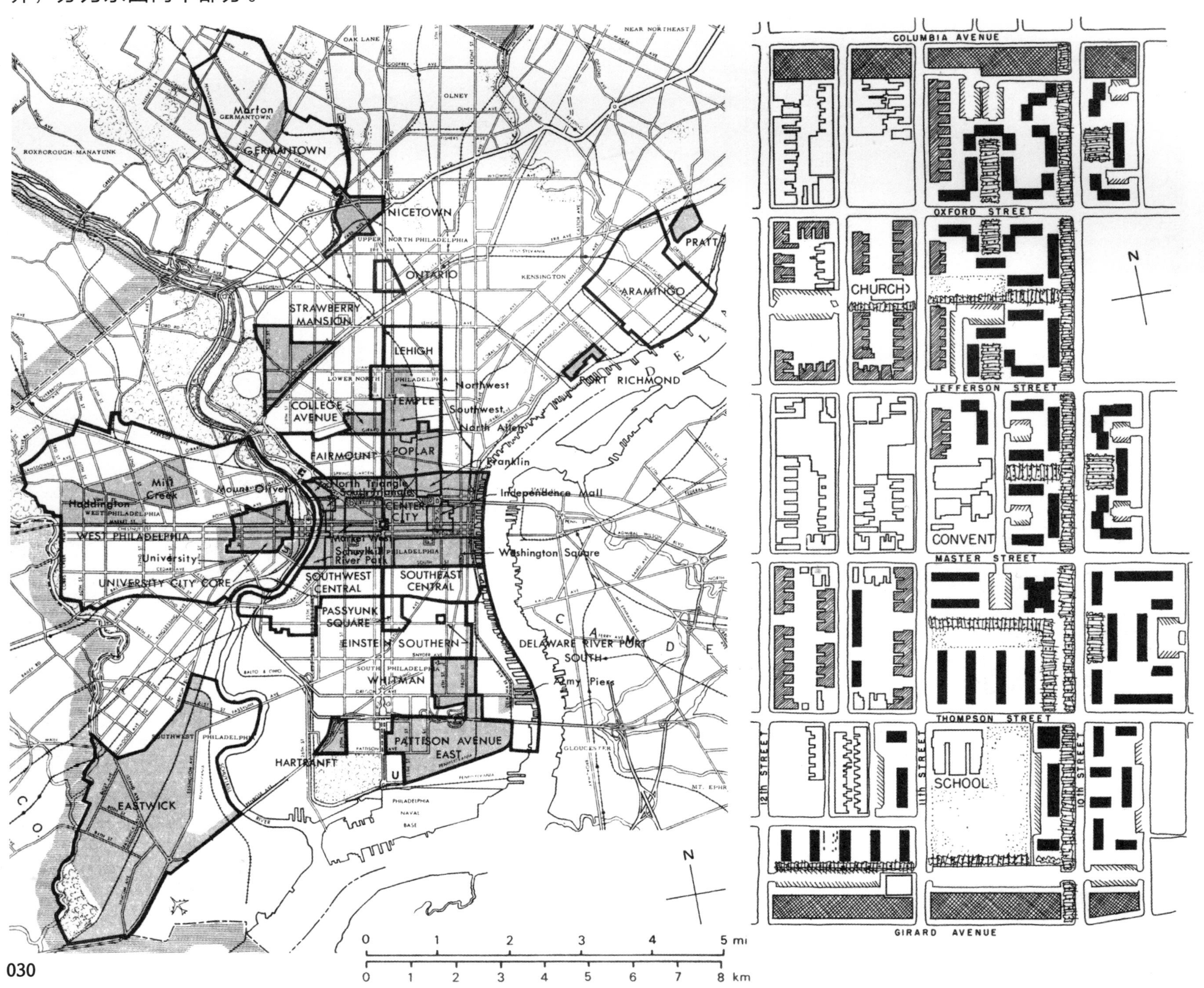

PHT. 2

西南坦普尔区规划，展示了方案中：

1. 一个区域在主街有退后，形成了连接各个区域的连续阴影漫步道，这是贯穿整个项目的要素；
2. 主街的人行横道穿过房屋区；
3. 主要结构模式的连续性；
4. 远离漫步道的停车空间，可以从次要街道进入；
5. 与漫步道平行的后巷，被设计为绿色步道，作为次要轴线。

商业；

新建住宅；

修复后的住宅；

无须修复的住宅；

绿化区域。

PHT. 3

透视草图，有行道树的人行横道或景观道路终端的教堂成为焦点。

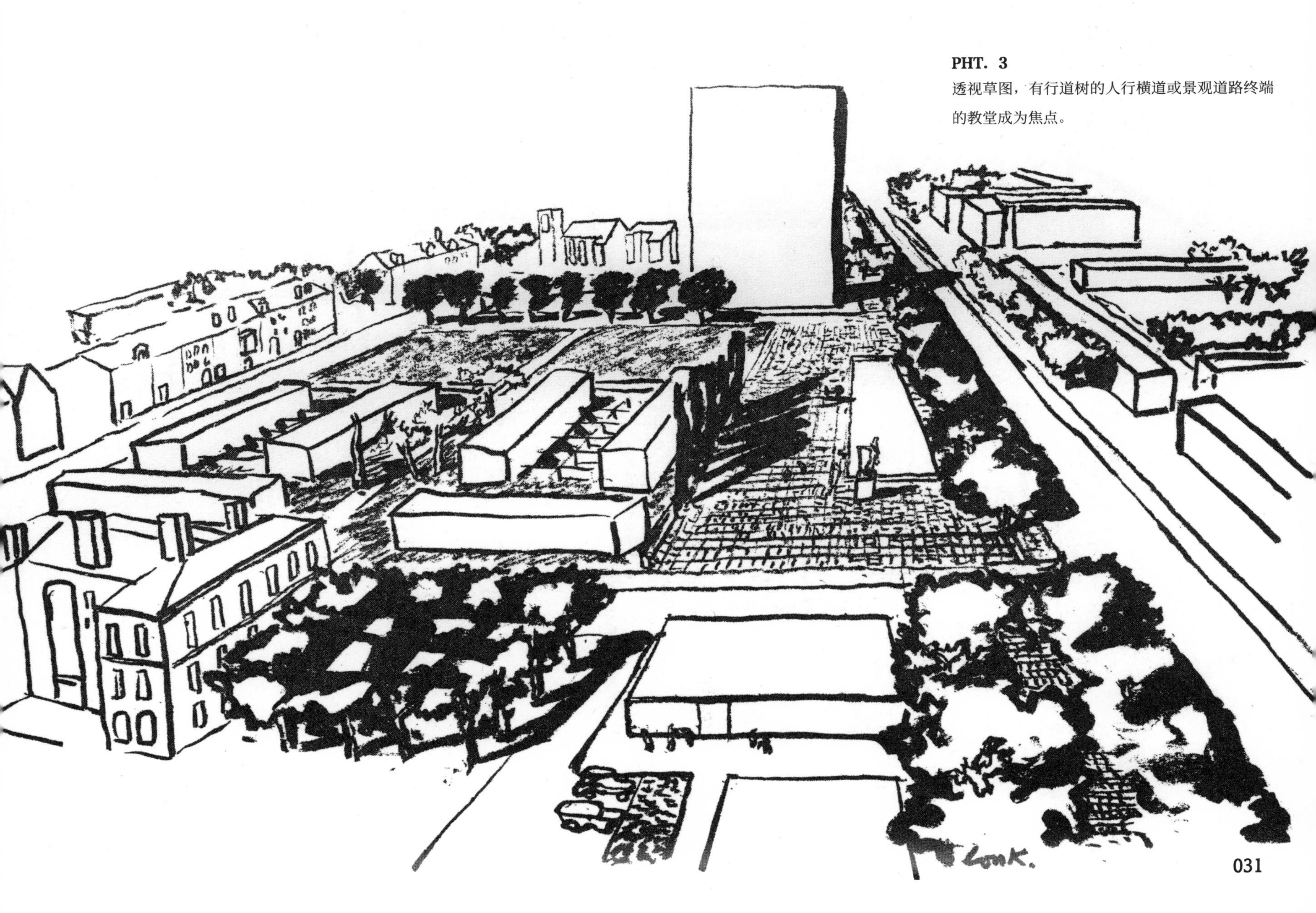

路易斯·康和肯尼斯·戴、路易斯·麦卡利斯特、道格拉斯·布赖克（Douglas Braik）、安妮·廷作为费城城市规划委员会（PCPC）的咨询建筑师向费城再开发局提交了再开发区域的规划方案。方案涵盖的区域在东南以费城森林公园（Pennypack Park）为界；西北以罗斯福大道（Roosevelt Avenue）为界；西南以罗恩街（Rhawn Street）为界；东北以霍姆大街（Holme Avenue）为界。这个方案包含了文娱区、商业区和1002个单元的居住区。

PHP. 1

地段平面草图。

“如图，这些关于联排屋的研究表明：曾由费城东北部地区的施工人员使用的联排屋系统是有所改善的。”

“在方格网街道系统中联排屋的建设使得原地段中的树木、水流和地形完全改变。联排屋正面朝向有停车位的街道，后巷与十字路口的连接处是住宅的车库入口。唯一的绿化是房屋正面的露台草坪。在图中的各种类型的断头路是根据地形调整的。”

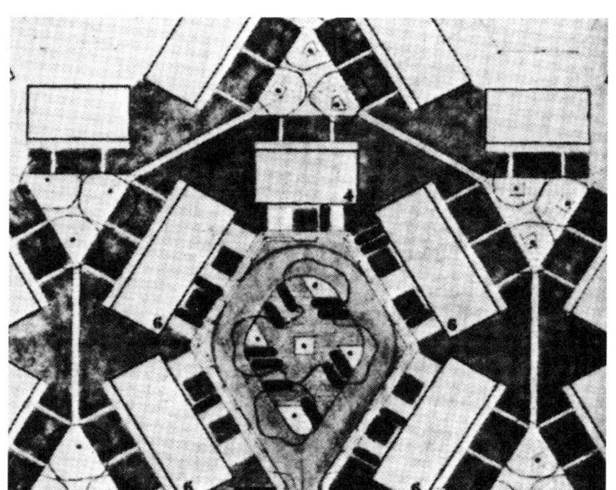

PHP. 2

平面草图，“港口组团”。

PHP. 3

透视草图，“港口组团”，1953 年绘。

PHP. 4

透视草图，展示了“港口组团”之间的空间。

港口入口的原则被应用于街道系统之中，使得方案能很好地适应场地中的地形、排水、树木保护和停车，使建筑组团呈现出更好的形象和更高的私密性。车库和港口上的正门将房屋后院完全打开，成为户外活动场所。

公共住房方案——米尔克里克（1951—1962 年）

费城，宾夕法尼亚州

米尔克里克（Mill Creek）再开发方案。

米尔克里克曾经是贫民窟开发区，位于斯库尔基尔河西面，哈弗福德大道（Haverford Avenues）和吉拉德大道之间。

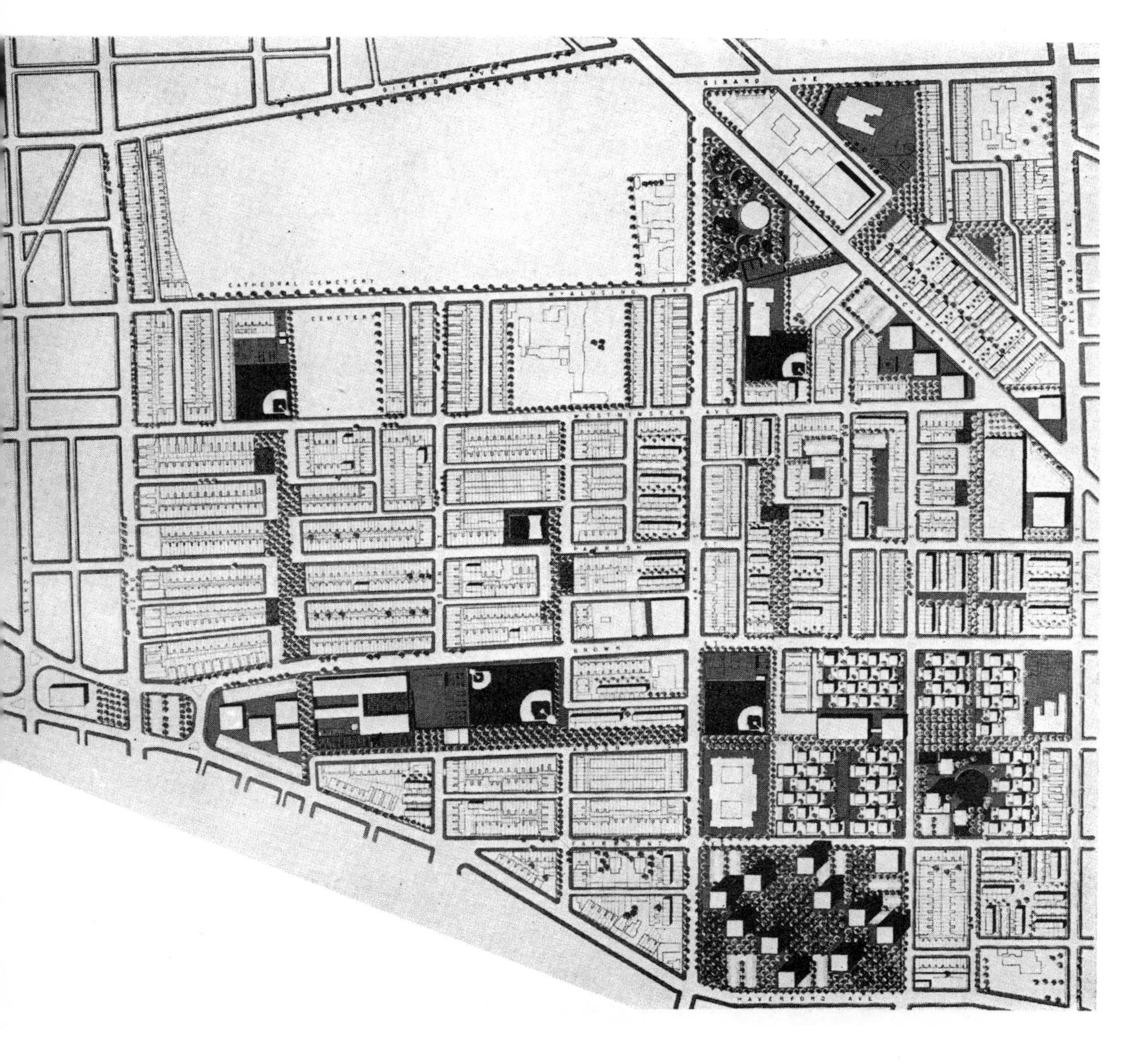

PHM. 1

方案区域规划，图右下为米尔克里克“卫城”（Acropolis）。

康和他的父母都在社会山附近的贫困环境中长大，因此清楚贫民窟的样子：“贫民窟有着最团结的邻里社区，这里的人比任何地方都有更多善意。因此，任何再开发项目都必须源自这个社区，必须寻找将这个社区紧密联结在一起的东西，并且保留它。”

住房管理局委派康的助理肯尼斯·戴、路易斯·麦卡利斯特、安妮·廷和克里斯托弗·唐纳德进行米尔克里克公共住房的规划工作，康随之将这些想法转译为以下设计原则：

1. 试图使用单个大体量的项目解决贫民窟的问题是不可能的。工作应当分为多个部分开展，由多个当地部门共同执行。
2. 希望尽可能避免令现有居民流离失所。
3. 在画任何图之前，应在当地征询居民建议。
4. 当地的教堂、学校和俱乐部应当保留下来，以保护邻里的社会结构。
5. 应当雇用城市设计经验丰富的建筑师，与当地建筑师和建造商合作，共同打造与城市的其他部分和谐的区域。
6. 历史的痕迹不应被抹除，它代表的是代与代之间的传承。

基于以上原则，他们决定从整体的统一规划开始。在方案中，他们提议：

1. 将中央的阿斯彭街（Aspen Street）转化为绿色漫步道。这条漫步道在边上连接了教堂和社区服务，在两端连接着购物商场。
2. 在阿斯彭街的十字路口创造一系列带有娱乐广场的交叉漫步道，这将在完善人行步道的同时连接新旧部分。

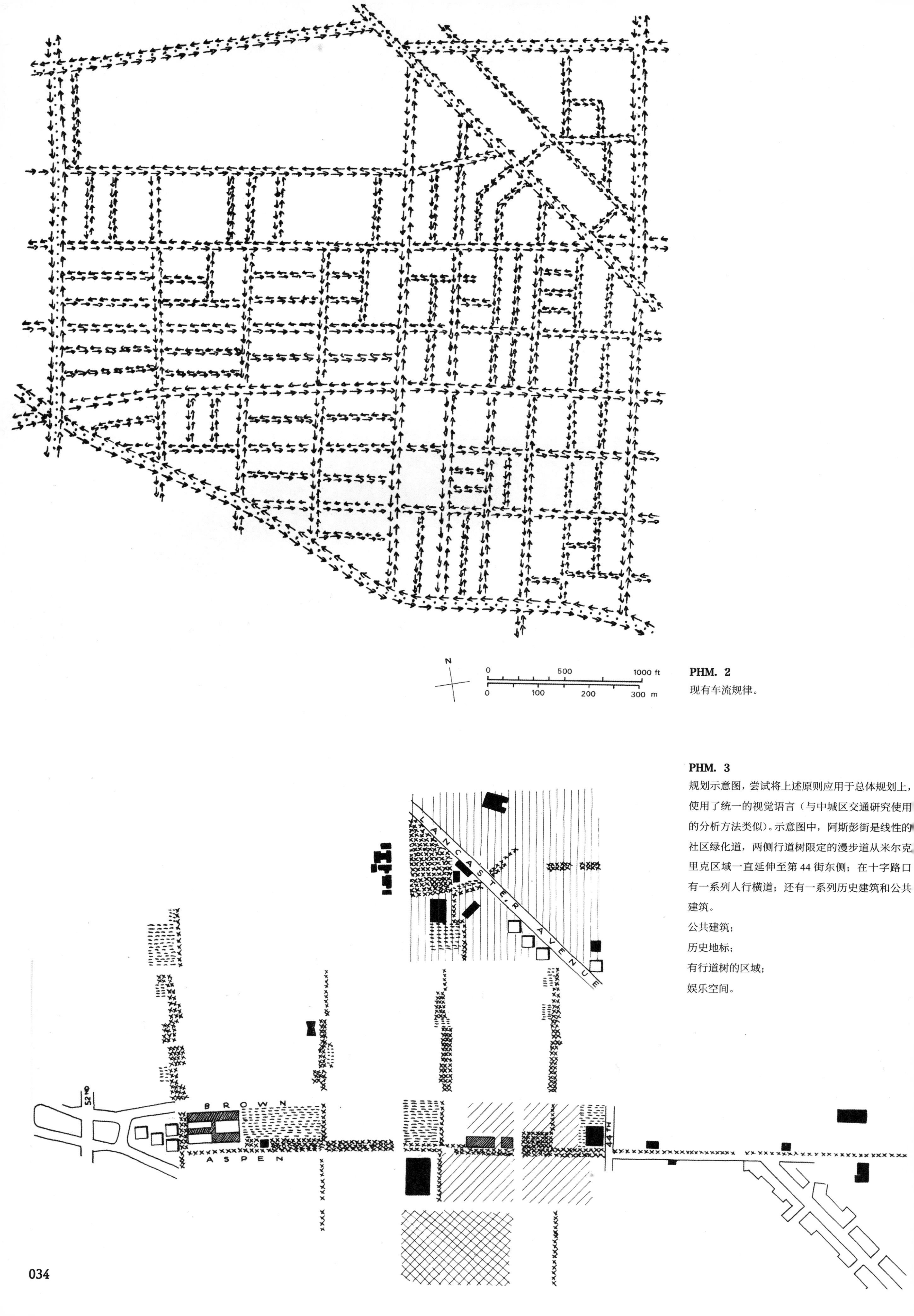

PHM. 2
现有车流规律。

PHM. 3
规划示意图，尝试将上述原则应用于总体规划上，使用了统一的视觉语言（与中城区交通研究使用的分析方法类似）。示意图中，阿斯彭街是线性的社区绿化道，两侧行道树限定的漫步道从米尔克里克区域一直延伸至第 44 街东侧；在十字路口有一系列人行横道；还有一系列历史建筑和公共建筑。
公共建筑；
历史地标；
有行道树的区域；
娱乐空间。

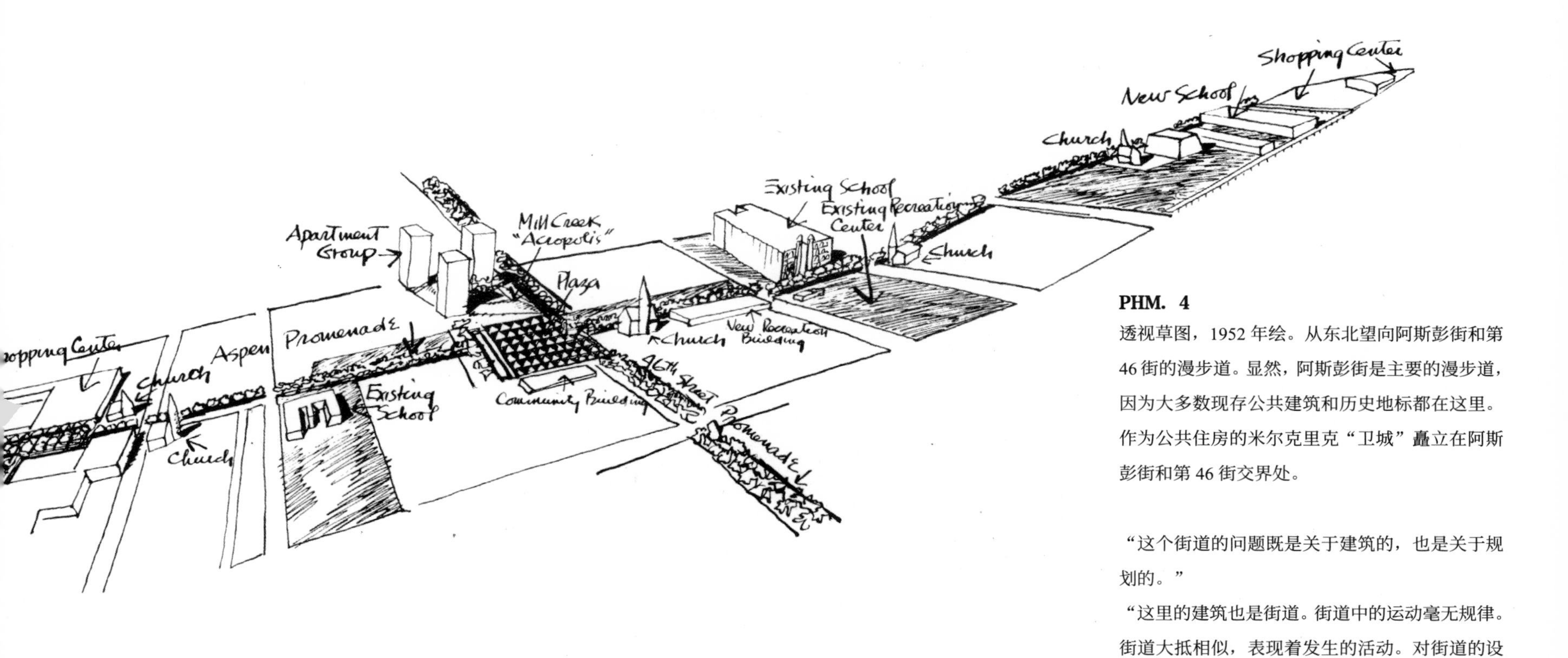

PHM. 4

透视草图，1952 年绘。从东北望向阿斯彭街和第 46 街的漫步道。显然，阿斯彭街是主要的漫步道，因为大多数现存公共建筑和历史地标都在这里。作为公共住房的米尔克里克“卫城”矗立在阿斯彭街和第 46 街交界处。

“这个街道的问题既是关于建筑的，也是关于规划的。”

“这里的建筑也是街道。街道中的运动毫无规律。街道大抵相似，表现着发生的活动。对街道的设计就是对运动的设计。”

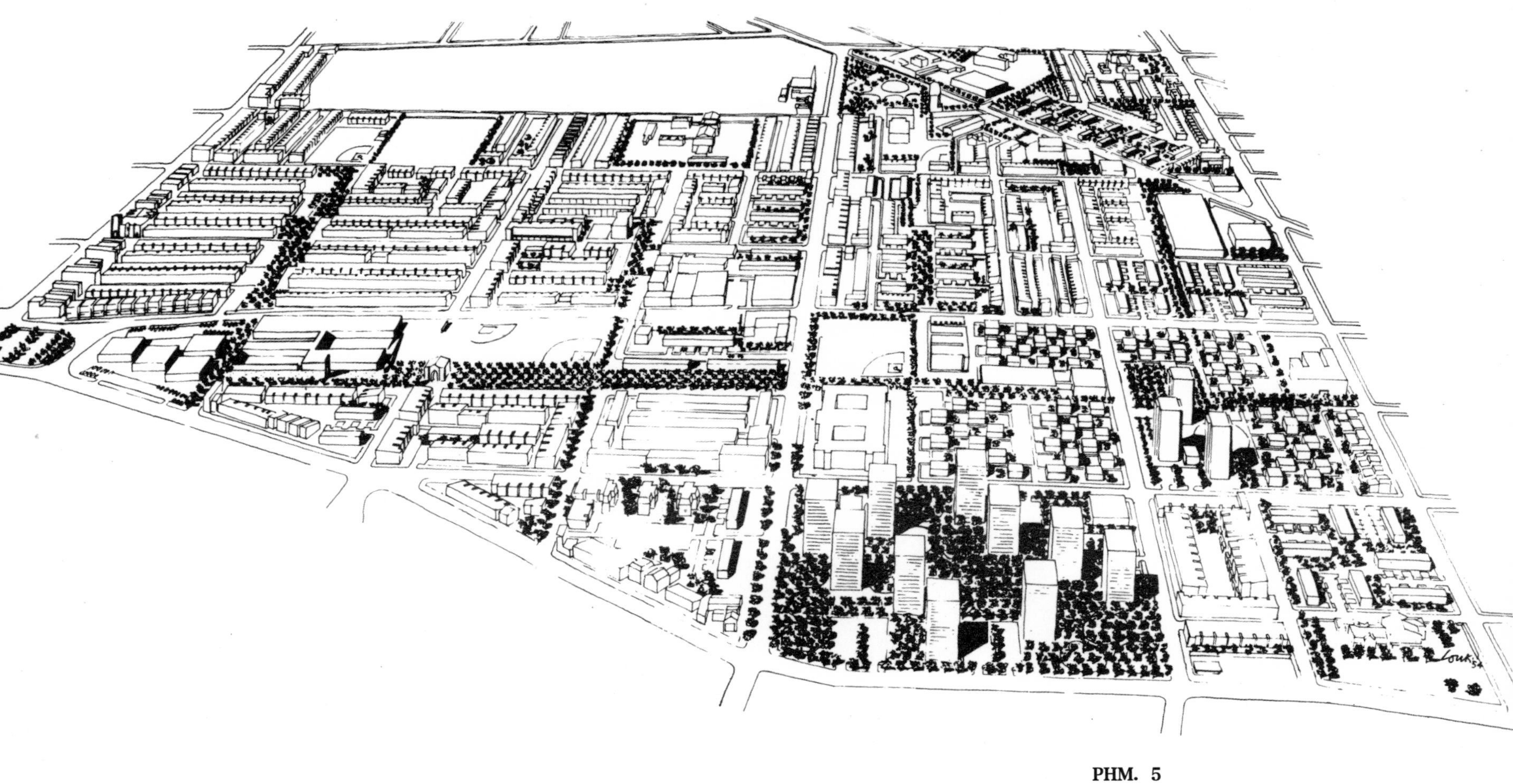

PHM. 5

米尔克里克再开发区域方案透视图。第 52 街（图左），第 44 街（图右），吉拉德大道（图上），哈弗福德大道（图下）。

公共住房规划方案的地段以第 44 街和第 48 街为界，在布朗大道（Brown Avenue）和哈弗福德大道之间（见 PHM．1）。

PHM. 6

透视草图，1954 年绘，漫步道。

住房规划方案第一阶段：1952—1954 年。

在提出米尔克里克地区的再开发规划方案之后，康继续将关于邻里的原则应用于位于阿斯彭街和费尔芒特大道之间、第 44 街和第 46 街之间的“卫城”。

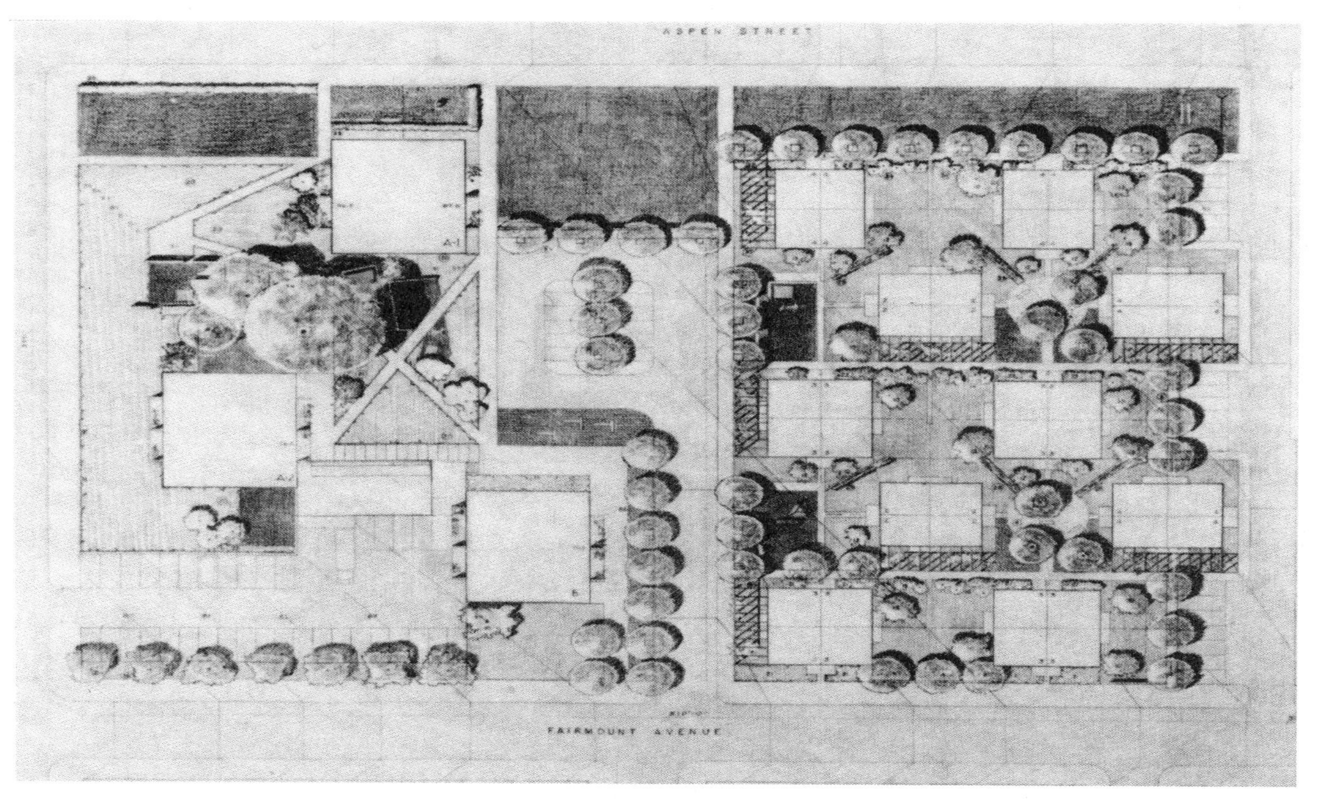

PHM. 7

地段平面，景观方案，1952 年 4 月 17 日绘。米尔克里克住房规划第一阶段的地段是坡地，最高点在东北角（高于海平面 94 英尺），最低点在西南角（高于海平面 79 英尺）。场地在东西方向 510 英尺，在南北方向 350 英尺。方案拟把这个区域设计为漫步区，沿着地段东西方向有一条绿化空间贯穿。

平面包含 3 个公寓塔楼（A1、A2 和 B），每座 16 层高，占据了地段的左半边；右半边为 10 个两层建筑形成的组团，每个建筑包含 4 个单元。塔楼可以容纳 178 户，共有 15 个一居室、88 个两居室和 75 个三居室。两层的建筑组团可容纳 40 户，共有 8 个两居室、16 个三居室和 16 个四居室。

房屋的排布形成了中央的庭院。共有 3 个专门用于停车的区域：两个分别面向公寓楼和房屋组团，还有一个在二者之间。

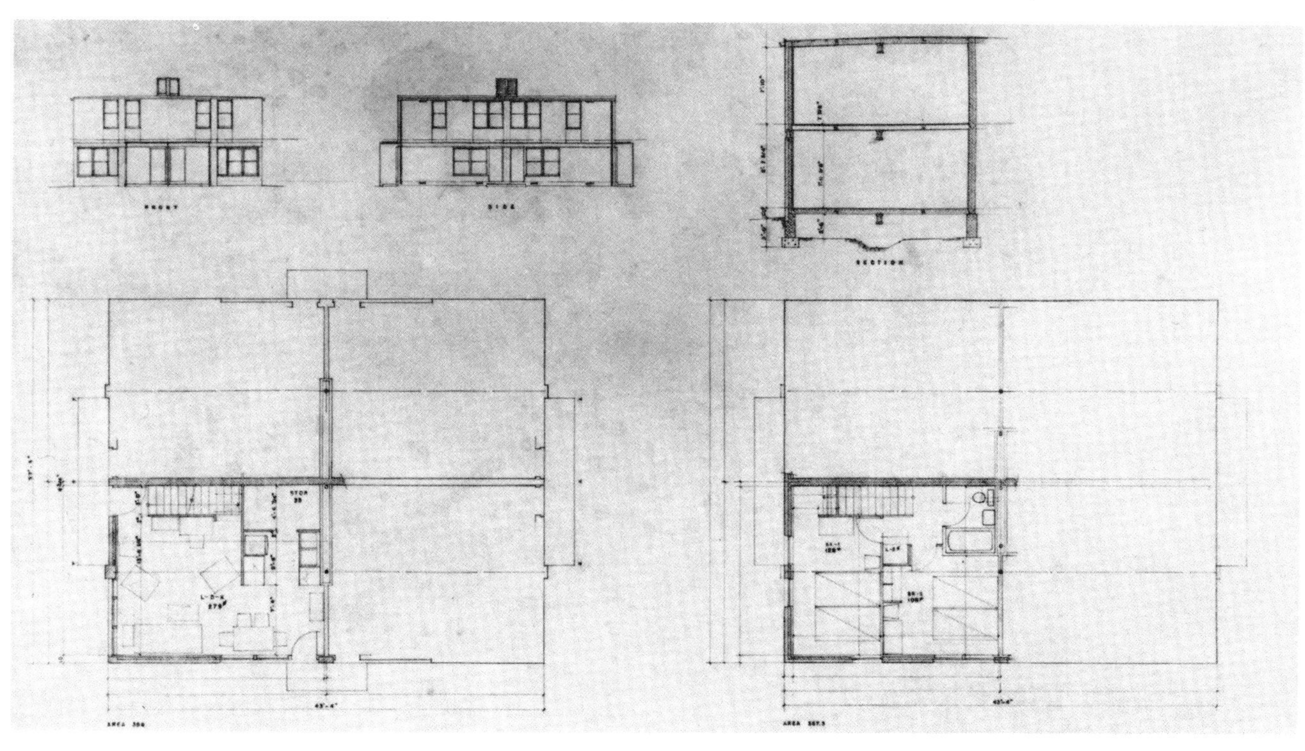

PHM. 8

剖面和平面，1952 年 4 月 17 日绘，展示了典型一层和二层平面、正立面和侧立面，以及一个 43 英尺 4 英寸 ×37 英尺 6 英寸的两居室的剖面。总建筑面积为 713.3 平方英尺。

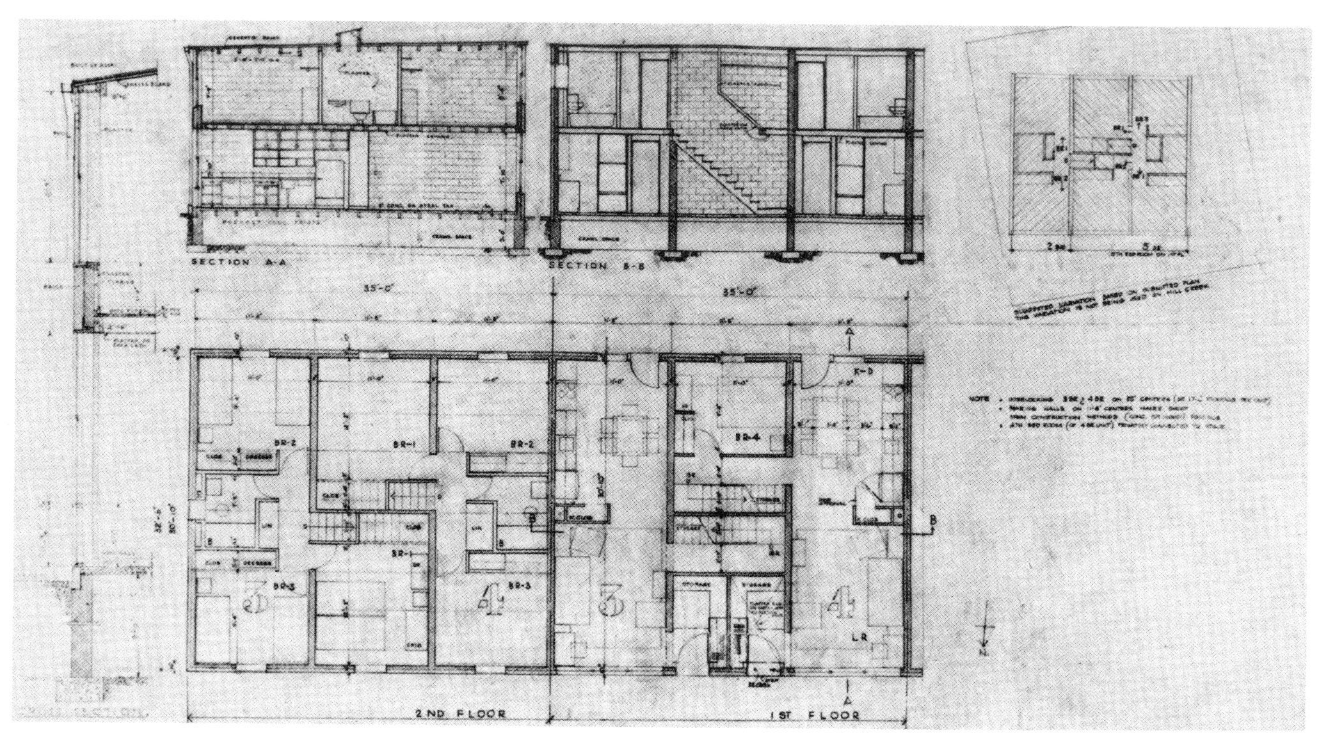

PHM. 9

剖面和平面，1952 年 7 月 12 日绘，展示了一层和二层平面、剖面和剖面细部，为费城住房管理局使用。平面和剖面展示了即将在地段建成的两层三居室、四居室住宅。

PHM. 10

三层建筑的西视图。摄于 1975 年 9 月，展示了裸露在外的（黄色）砖块和预制钢筋水泥混凝土梁。在门和窗外部看不到日照和雨水的处理设备。康后来的项目中关于结构元素的精细化设计，在这里都能看到痕迹。康经常表达对旧工业建筑的喜爱，他认为那样的结构与这里一样清晰明确。

PHM. 11

典型平面，公寓楼，南北方向 66 英尺 10 英寸，东西方向 63 英尺 4 英寸。中心的服务后勤和周边的居住空间构成了平面。这种组织方式使用了非承重的分割结构，独立于支撑系统的双轴构架存在，为一居室、两居室和三居室单元的组合提供了可能性。

“1”为一居室单元；

“2”为两居室单元；

“3”为三居室单元。

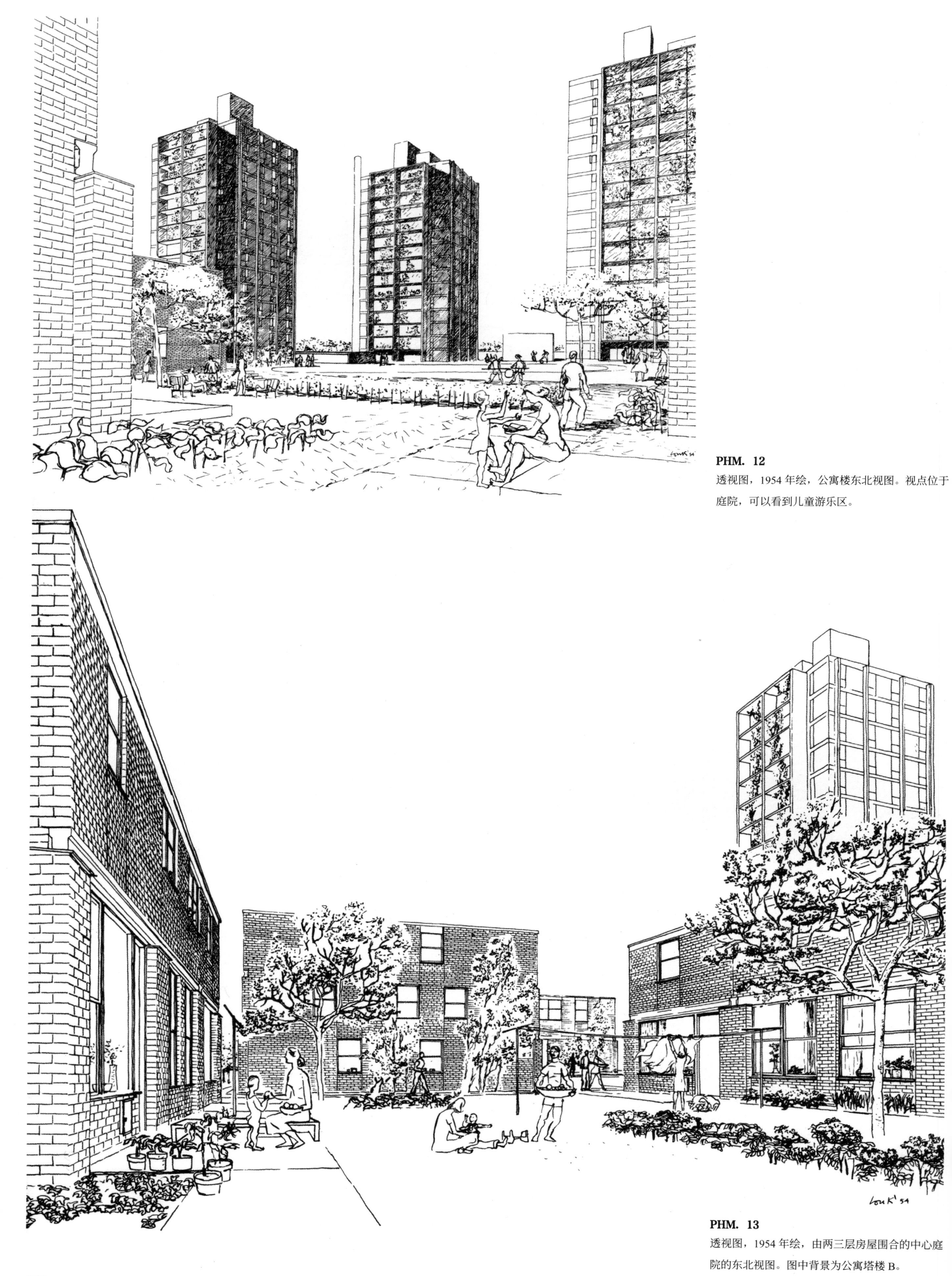

PHM. 12

透视图，1954 年绘，公寓楼东北视图。视点位于庭院，可以看到儿童游乐区。

PHM. 13

透视图，1954 年绘，由两三层房屋围合的中心庭院的东北视图。图中背景为公寓塔楼 B。

住房规划方案第二阶段：1959—1962 年。

路易斯·康在没有前任助理的帮助下，仍为费城住房管理局设计并建造了米尔克里克的第二阶段住宅。此时沃尔特·亚历山德罗尼（Walter E. Alessandroni）任费城城市规划委员会（PCPC）执行董事，凯斯特胡德公司（Keast & Hood）作为结构顾问，乔治·巴顿（George E. Patton）任景观建筑师。当时，康的办公室位于费城第20 街南 138 号。

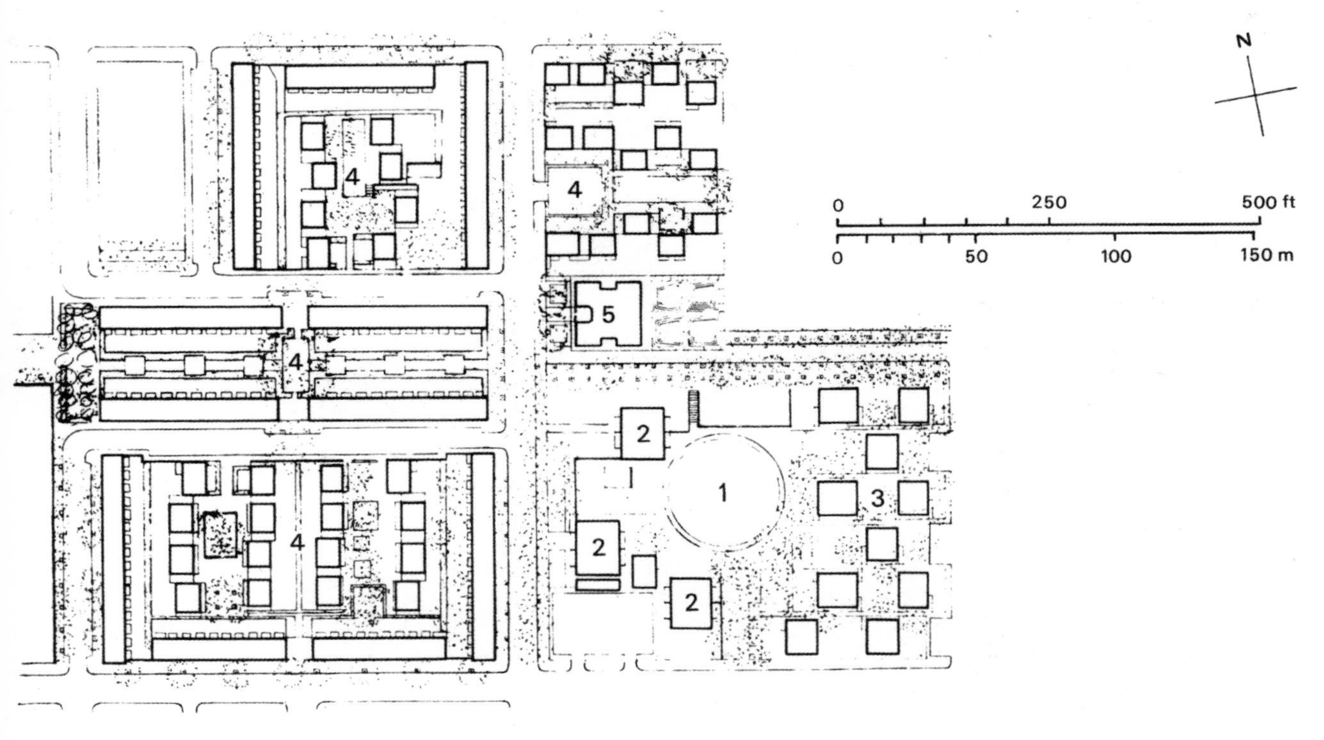

PHM. 14
总平面图，展示了米尔克里克住房规划的第一和第二阶段：第二阶段的地段位于布朗街和费尔芒特大道之间，紧邻第一阶段住宅。
“1”为儿童游乐区；
“2”为公寓塔楼，第一阶段；
“3”为四边形建筑，第一阶段；
“4”为联排别墅，第二阶段；
“5”为社区中心，第二阶段。

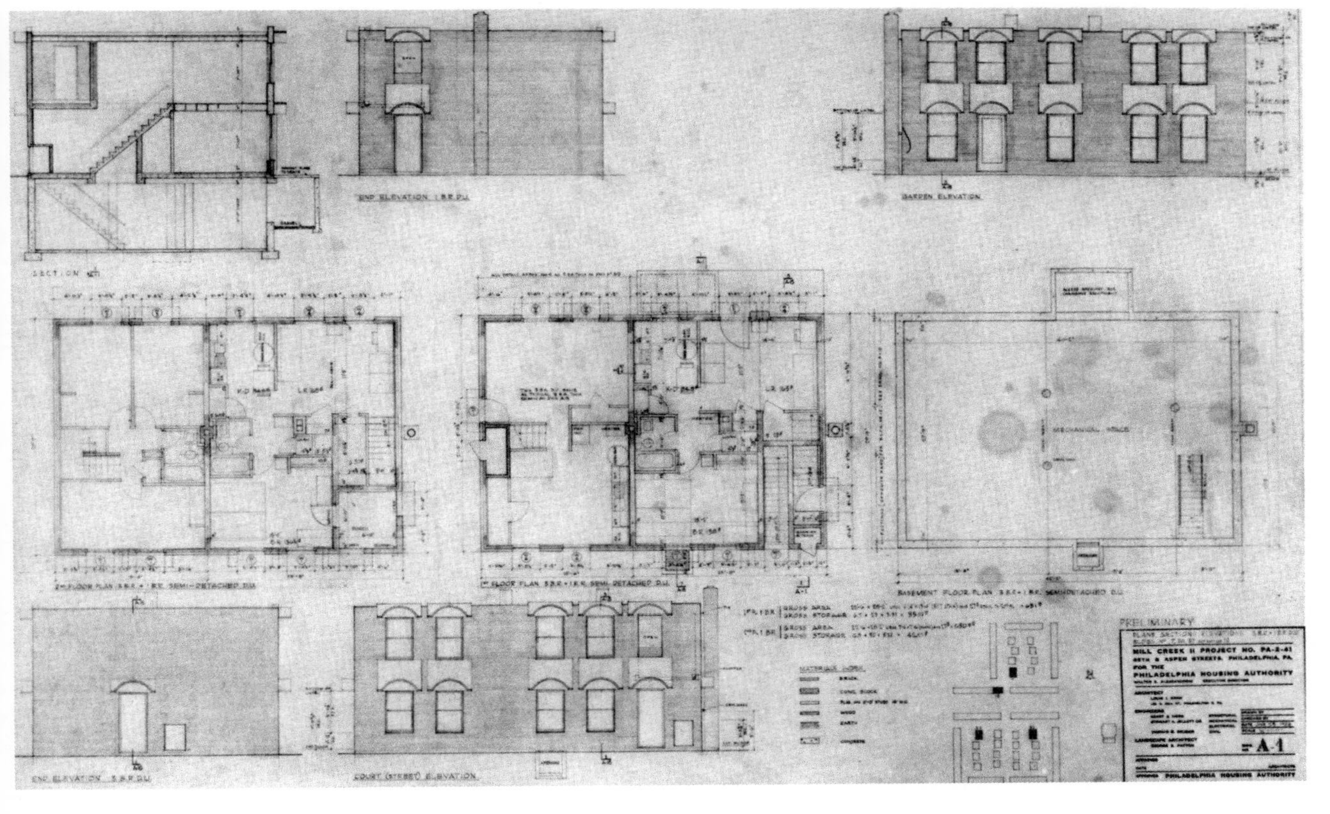

PHM. 15
一居室和三居室组合双联房屋的平面、立面和剖面，1958 年 6 月 23 日绘，展示了在裸露的红砖墙上，法式窗外有用于遮阳的拱形混凝土构件。

PHM. 16
立面草图，展示了两层和三层的双联房屋单元，可以看到用于遮阳的拱形混凝土构件和倾斜屋面上的烟囱。

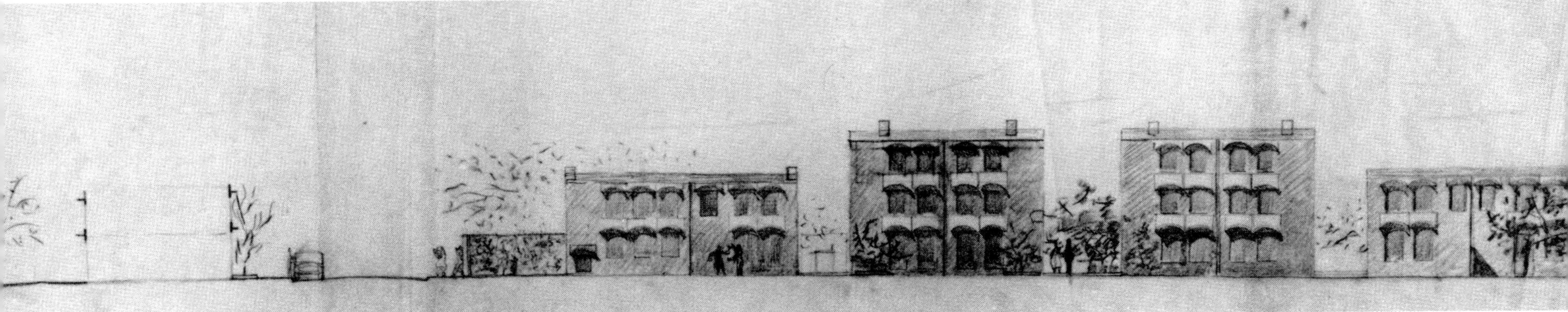

PHM. 17

透视草图，展示了从阿斯彭漫步廊（Aspen Promenade）向西看。

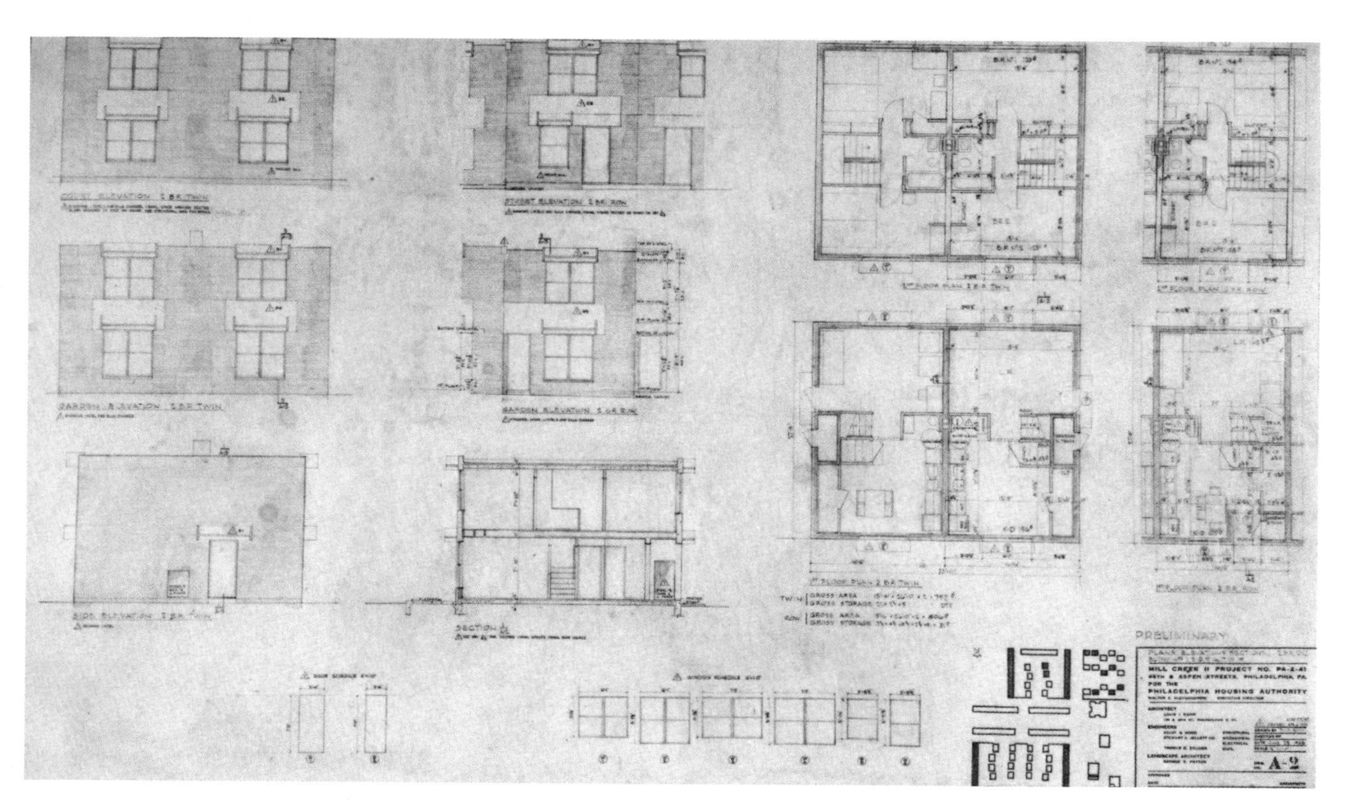

PHM. 18

两个两居室组合的双联房屋的平面、立面和剖面，1959 年 6 月 23 日绘，展示了遮阳混凝土构件。

PHM. 19

透视图，1961 年 10 月绘，从第 46 街向东看，展示了由两层和三层的双联房屋单元形成的“港口”。

PHM. 20
公寓塔楼（建于 1954 年），视线从西侧出发，穿过第二阶段的双联房屋和联排房屋。背景中可以看到第一阶段的四边形房屋。
结构要素、窗户形态和遮阳构件的比例和形态被精心控制，展示了康对于结构清晰性的强调。

康设计并建造了住房规划第二阶段中的社区中心，位于阿斯彭漫步廊和第 46 街交会的街角。

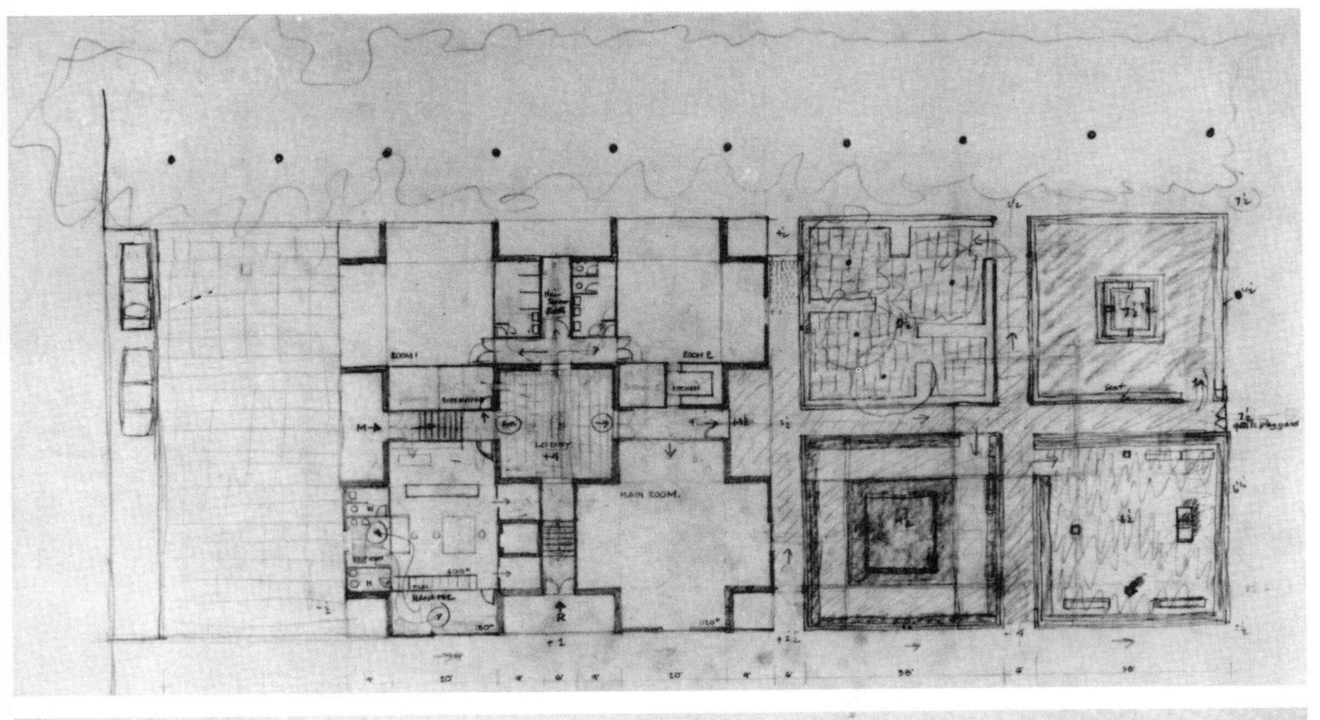

PHM. 21
平面草图，1958 年 10 月 8 日绘，展示了社区中心和游乐区（左侧为第 46 街）。
这个项目可以视为康为马丁研究所（Martin Research Institute，1955—1957 年）和犹太社区中心-特伦顿（Jewish Community Center-Trenton，1954—1959 年）所作的研究结果——探索了交通空间和服务空间、开放空间和封闭空间的图底关系。

PHM. 22
南立面研究，右边展示了游乐区。

PHM. 23
南立面研究。这些立面研究与他在《论坛报评论》报社（Tribune Review Press）所做的相似——研究如何将光引入更深处，及如何防止眩光。

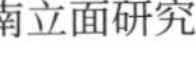

PHM. 24
东立面研究，中期方案，图左侧展示了引向游乐区的台阶。

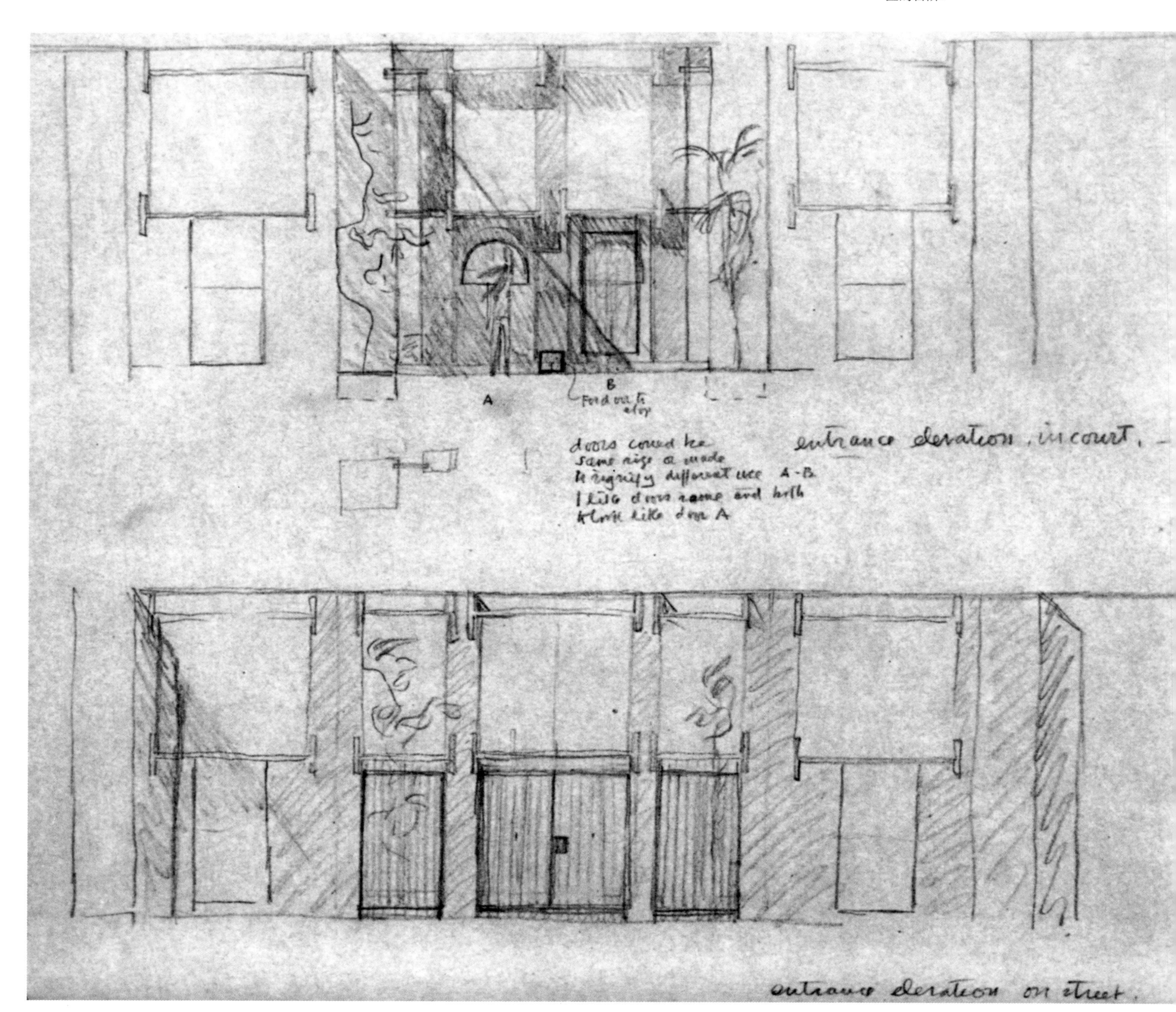

PHM . 25—26
立面研究。
“庭院中的入口立面”，“门口可以同样大小，也可略有不同，用以表示不同的用途，A－B”，“我喜欢门口有相同的形式，并且都与A门相同”，“街道上的入口立面”。

PHM. 27
模型视图，从西侧看，展示了面向第46街的入口和社区中心建筑背后的游乐区。

MEETING ROOM Nº 1 - 870º
MEETING ROOM Nº 3 - 870º
KITCHEN
LOBBY
LOUNGE
PORTICO
STORAGE
MECHANICAL
JANITOR
COUNTER, WITH FILES AND SAFE UNDERNEATH
MANAGEMENT OFFICE - 870º
MEETING ROOM Nº 2 - 870º
3" PLANKS

PHM. 28
实际首层平面。

PHM. 29
顶棚反射图。展示了钢筋混凝土梁的“风车”排布。每个承重砖墙末端的凸出砖墩支撑横梁。这种结构布置在每个大方形空间的天花板上都留有一个小的方形开口，并且在四角还有一个窗户或门的开口。跨度的大小允许建造真正的砖墩和预制梁。“有意义的空间和结构。”

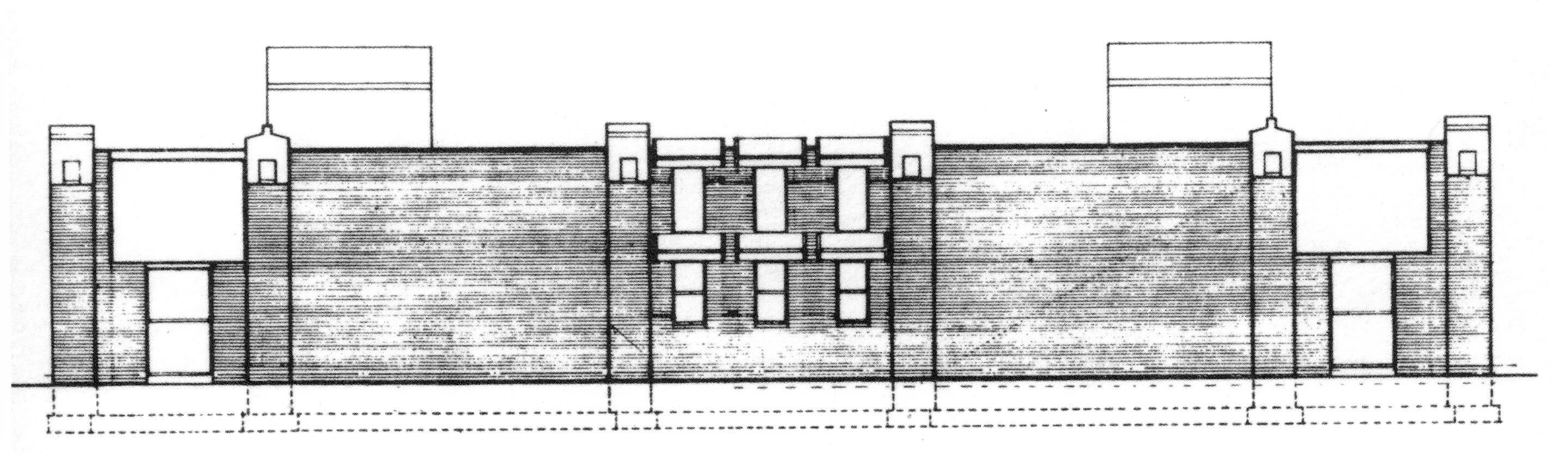

PHM. 30
东立面，面向游乐区。

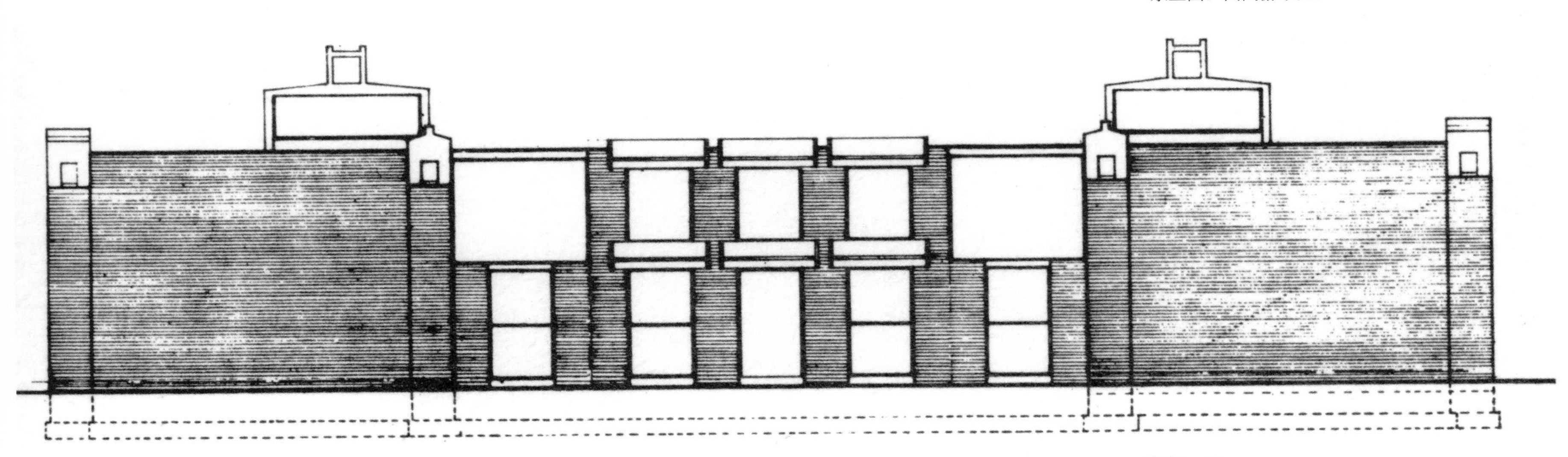

PHM. 31
南立面，面向公寓塔楼。

PHM. 32
4个正在建的广场之一的内部透视。展示了砖墩、预制钢筋混凝土梁和天花板。

PHM. 33
社区中心景象，从东看，展示了钢筋混凝土墙和游乐区的沙坑。

亚哈瓦以色列会众堂（1935—1937 年）

费城，宾夕法尼亚州

这个教堂会众堂是康第一个独立完成的项目，并于 1937 年建成。它取代了费城北部第 16 街两个现有的联排房屋。

AIC. 1
西南视角，展示了会众堂的巨大体量，在第 16 街的联排房屋中颇为突出。照片摄于 1986 年。

AIC. 2
西北视角，展示了入口处的砖墙立面和楼梯间的小窗、侧边通道灰泥墙的门厅（二楼）、阳台和入口大厅的大窗户。左侧有一个单独的楼梯间，在图中看不到，是专门用于直接连接门厅和侧边通道的。照片摄于 1975 年。

这个建筑有两层高，一层包含一个带有楼梯间的入口大厅、一个多功能大厅和位于后部的管理员住房；二层包括门厅、一个两层高的合唱团祈祷大厅，以及能提供更多座位的阳台。

在关于路易斯·康的书中，文森特·斯库利（Vincent Scully）写道：“这个建筑没有缺陷。一个砖做的外壳包裹了两个面……另一边有侧院，提供了更大的空间。康在这里停止用砖，转而在涂有灰泥的墙上使用简单的、带有平檐口的大面积窗户。材料的交叉……暗示了墙面的功能。”

AIC. 3

西北后院视点，展示了侧边通道带有砖墩的灰泥墙，暗示了建筑中的3个重要部分：图右的入口、二楼门厅和阳台，图中的多功能大厅和祈祷大堂（在4个砖墩之间有巨大的高窗），以及图左后部的管理员宿舍和楼上的唱诗席。左侧的金属楼梯直接连接了后院和唱诗席。照片摄于1986年10月。

AIC. 4

东南视点，展示了后部在屋顶梁正下方有玻璃砖条的灰墙立面、管理员宿舍的入口和窗户，以及在角落处的金属楼梯。照片摄于1986年。

奥瑟住宅（1939—1943 年）

蒙哥马利县，宾夕法尼亚州

杰西 · 奥瑟（Jesse Oser）的住宅是第一个在以前 B. 斯泰森（B.Stetson）的资产——梅尔罗斯公园（Melrose Park）上建造的房子。

奥瑟住宅坐落在树木繁茂的山坡上，人可以从外部直接进入南面的地下车库，也可以进入西面带花园的客餐厅。外墙使用的粗磨石和涂油隔板进一步强调了建筑和场地的关系。内部的墙面和天花板多以蜡木胶作为完成面，用于镶板和嵌入式家具，剩下的部分则在表面抹灰。项目平面的紧凑布局体现了康这个时期的特点。

尽管这个房子是康在作为乔治 · 霍韦和奥斯卡 · 斯托诺罗夫的助理时完成的，但康被认为是项目的责任建筑师。这点在杰西 · 奥瑟在 1947 年给康写的一封关于屋顶漏水问题的信中可以看出。

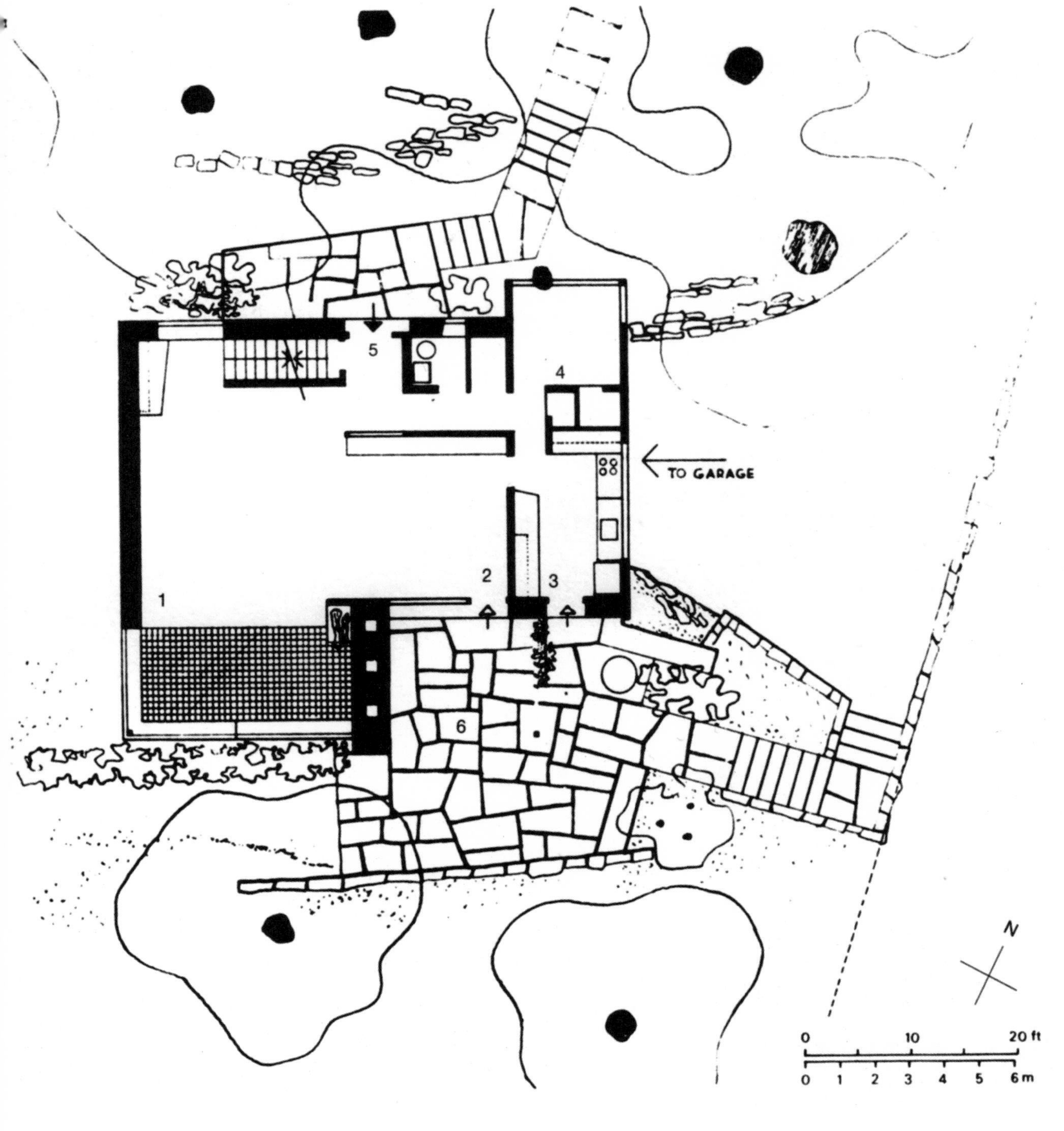

OSH. 1

环境和底层平面。

“1”为客厅；

“2”为餐厅；

“3”为厨房（底下为车库）；

“4”为多功能房间：客卧、用人房、游乐、学习；

“5”为主入口；

“6 ”为后院。

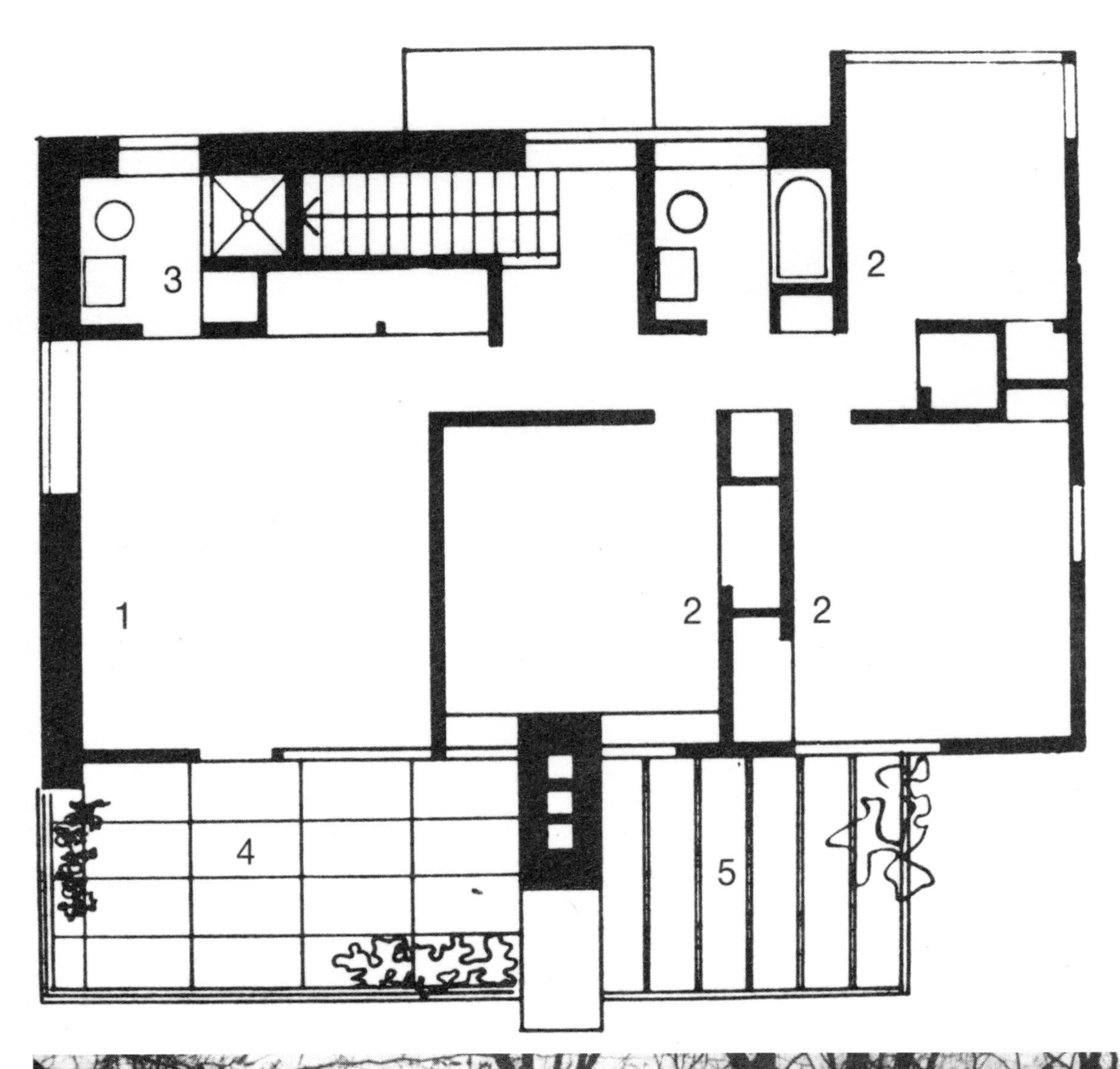

OSH. 2

二层平面。

“1”为主卧；

“2”为次卧；

“3”为卫生间；

“4”为阳台；

“5”为凉棚架。

OSH. 3

北部视图，展示了主入口、车库、厨房和多功能房间。

OSH. 4

南部视图，展示了后院、阳台、凉棚架，以及卧室的立面。

OSH. 5

西南视图，向客厅和阳台望去。

OSH. 6

东南视图，展示了厨房和餐厅的入口，图片左侧是壁炉和客厅。

埃赫里住宅（1947—1948 年）

蒙哥马利县，宾夕法尼亚州

哈利·埃赫里（Haryy A. Ehle）先生和夫人的住宅由路易斯·康和他的助手亚伯·索伦森（Abel Sörrenson）设计并建造，项目位于桑树巷（Mulberry Lane），下梅里恩镇（Lower Merion Township）。

康在和斯托诺罗夫终止合作（1947 年）之后，到 20 世纪 60 年代初期，设计了埃赫里住宅（Ehle House）、汤普金斯住宅（Tompkins House）、杰尼尔住宅（Genel House）、威斯住宅（Weiss House）、罗斯曼住宅（Rossman House）、谢尔曼住宅（Sherman House），以及弗鲁希特住宅（Fruchter House）。这段时间他任耶鲁大学（Yale University）的首席建筑评论家。

瓦尔特·格罗皮乌斯（Walter Gropius）在哈佛传授的功能主义原则和马塞尔·布罗伊尔（Marcel Breuer）设计的房屋，对康这个时期的作品有影响。但在后期的作品中，我们可以发现他自己建筑观点的典型特点的发展。这些特点包括：

（1）紧凑型平面的倾向；

（2）服务后勤空间成为平面空间中的“引力区”，但这个特点在此时仍未涉及建筑结构的层面；

（3）使用楼板和横梁控制光照，在威斯住宅和后来的平卡斯精神病治疗医院（Pincus Psychiatric Therapy Hospital）中可以看到；

（4）对于纪念性的倾向：首次见于杰尼尔住宅花园和汤姆金斯住宅餐厅墙面的特殊装饰。在 1944 年康发表了名为“纪念性”的文章，标志了这种倾向性。

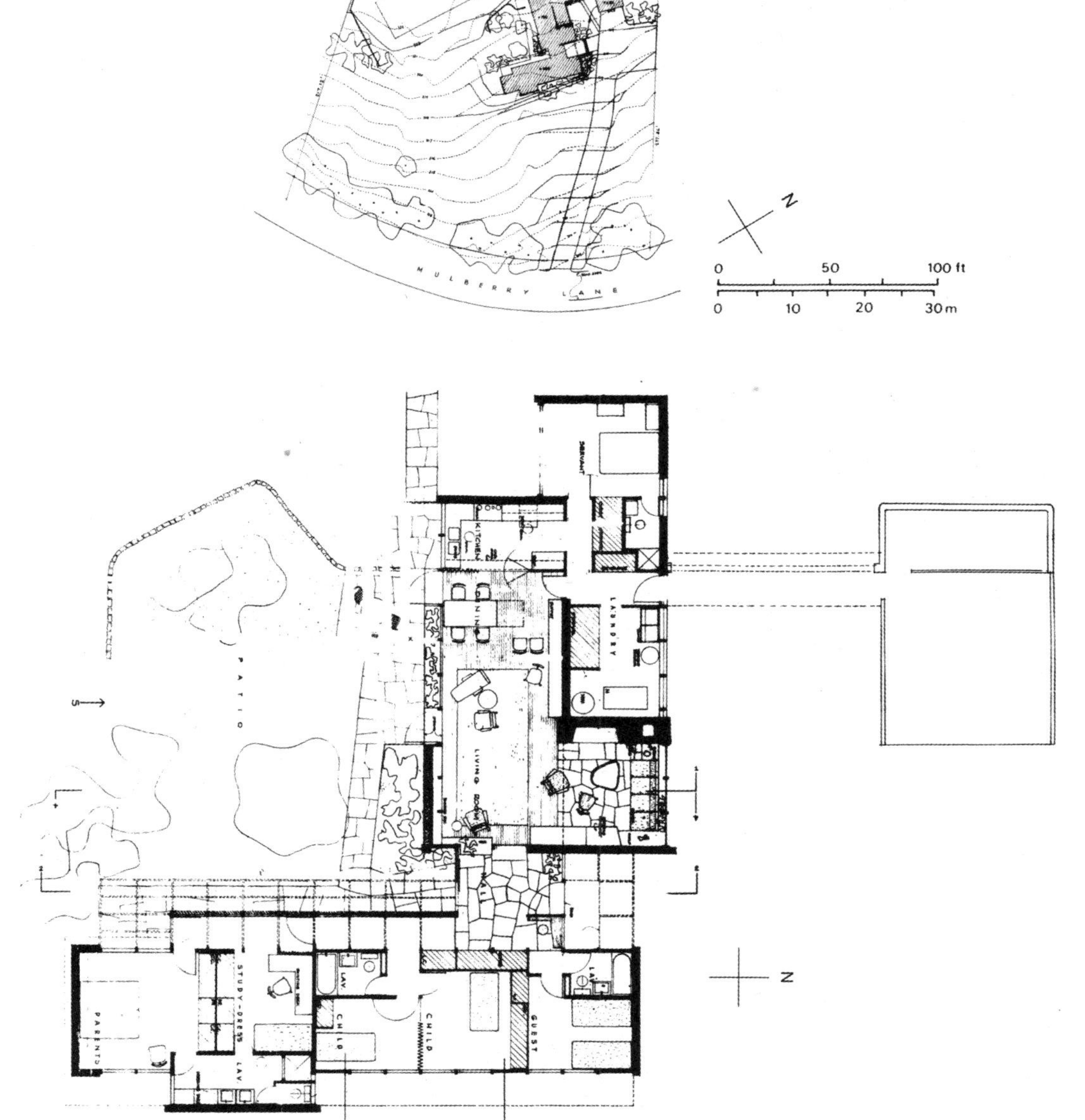

第一版方案

EHH. 1

底层场地平面，1947 年 6 月 1 日绘，展示了位于北角的房子和西角的游泳池。场地位于桑树巷，带有坡度（海拔 309 英尺到 342 英尺）。

EHH. 2

首层平面，修改于 1947 年 9 月 19 日，展示了房屋由入口大厅分割为两个部分。西侧包括客厅、餐厅、厨房、洗衣房、用人房等功能，面积为 1488 平方英尺。东侧包含主卧及配套的学习空间和衣帽间、两个孩子的卧室，以及一个客卧，面积 794 平方英尺。入口大厅和被遮挡的两个部分（生活和就寝）之间的通道共占 294 平方英尺。

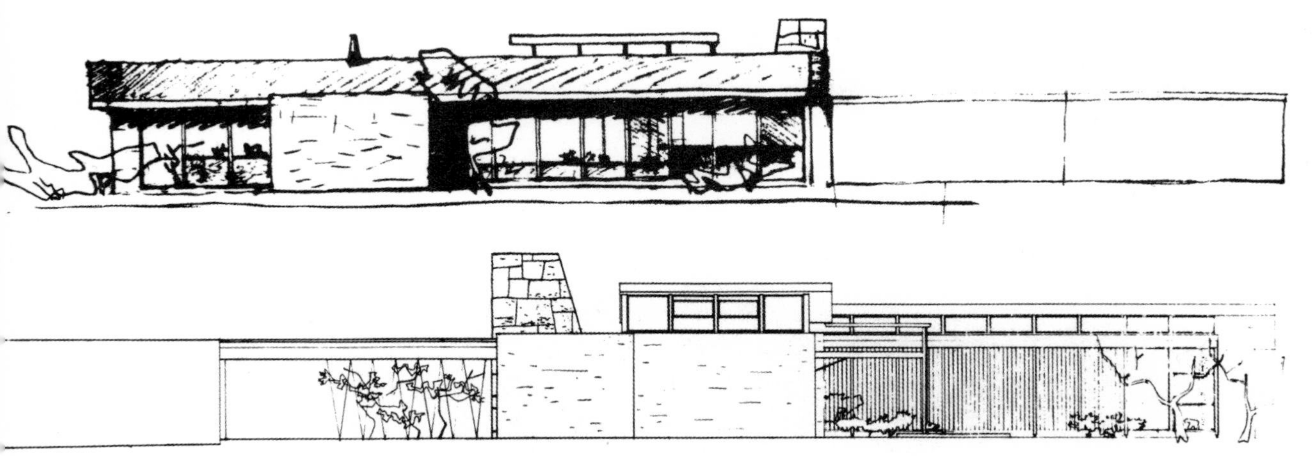

EHH. 3

东立面草图，1947 年 5 月 17 日绘，展示了就寝区域；右侧为车库。

EHH. 4

西立面，展示了车库（图左）、生活区域（图中）和就寝区域（图右）。

EHH. 5

北立面草图，1947 年 5 月 17 日绘，展示了就寝区域（图左）和生活区域（图右）。

EHH. 6

东西方向剖面，向南看，展示了小孩卧室（图左）、入口大厅（9 英尺高，图中）和客餐厅（图右）。

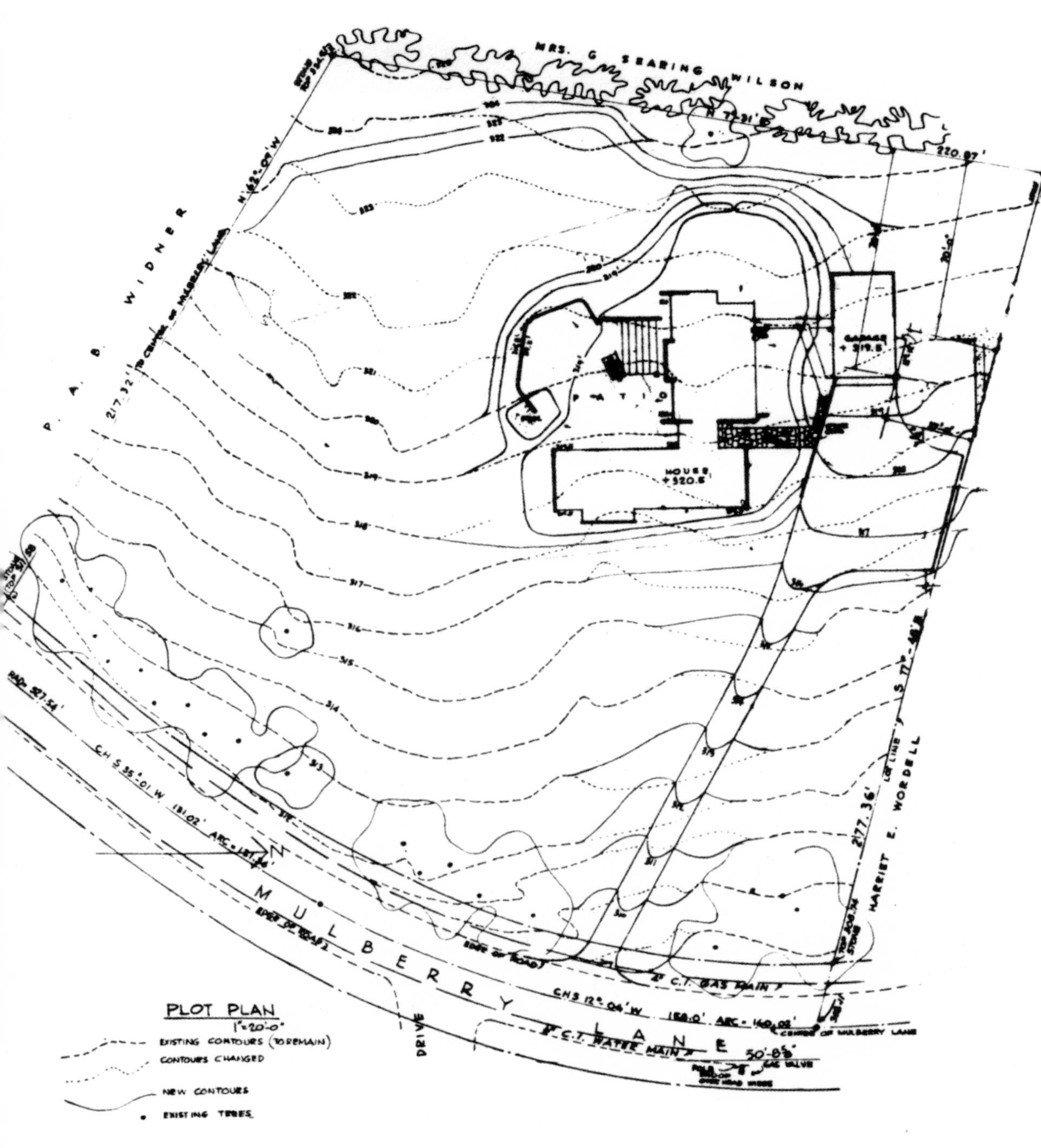

第二版方案

EHH. 7

总平面图，1948 年 1 月 24 日绘（1948 年 3 月修改），修改后的平面仍在原来的位置，并且与桑树巷连接的通道得以保留。

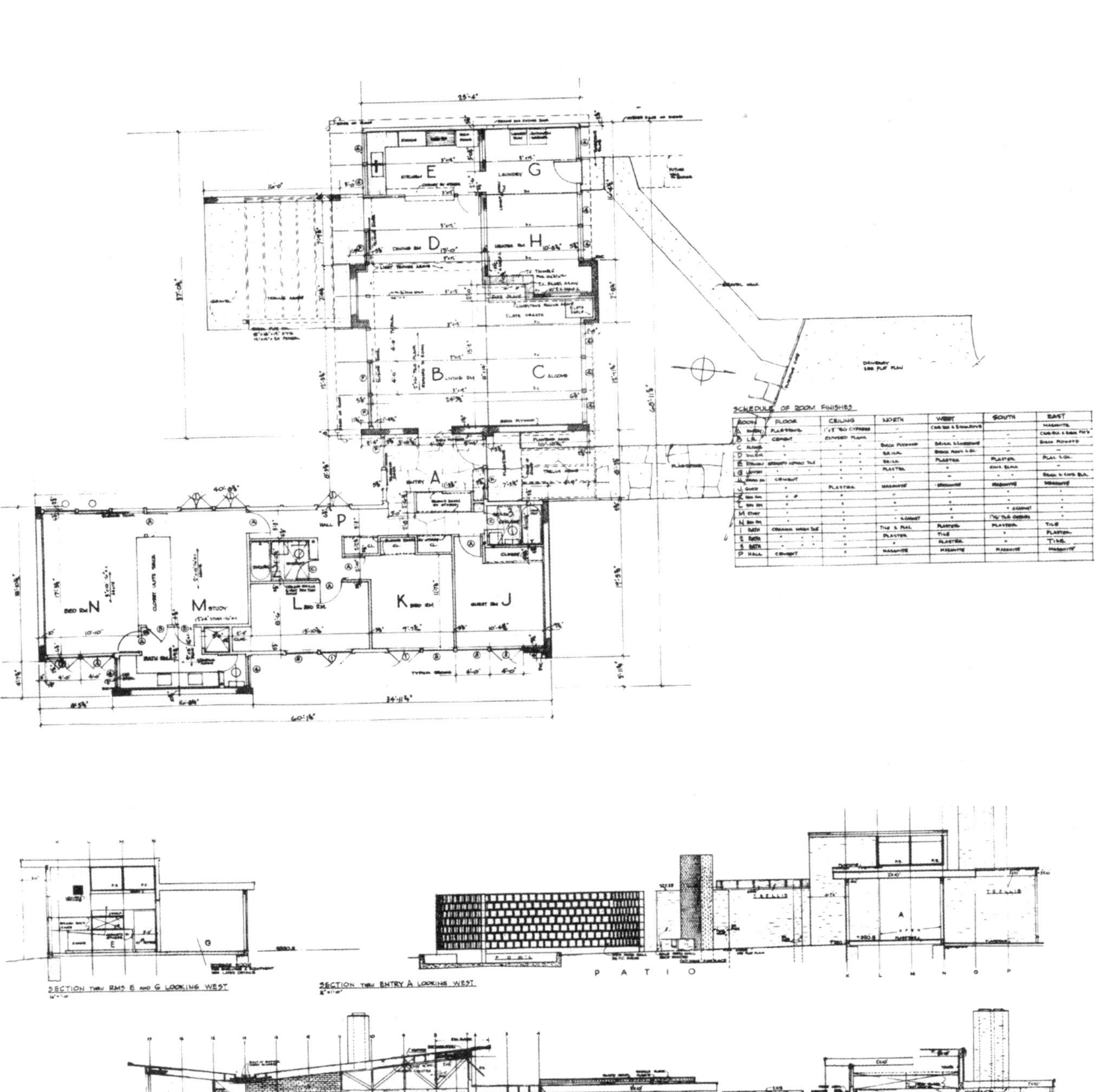

EHH. 8

一层平面与室内装修日程表，1948 年 5 月 2
日；施工图，与第一版方案有相同的概念，房
分为生活和就寝两个部分。用人房从生活区
除，并且在餐厅的南面增加了花园门廊的功能。
“F”“J”“L”不详。

“A”为入口；
“B”为居住；
“C”为凹室；
“D”为餐厅；
“E”为厨房；
“G”为洗衣房；
“H”为锅炉房；
“I”为客房；
“K”为卧室；
“M”为书房；
“N”为卧室。

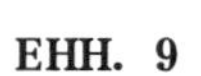

EHH. 9

剖面，1948 年 1 月 24 日绘（1948 年 3 月 10 日
改），施工图。

EHH. 10

透视草图，1948 年 5 月 19 日绘，从南面望向生
活区域的花园门廊；右侧是就寝区域。

汤普金斯住宅（1947—1949 年）

费城，宾夕法尼亚州

温斯洛·汤布金斯（Winslow T. Tompkins）夫妇的住宅，设计和建造于德国镇（Germany Town）的阿帕洛根路（Apalogan Road）和校舍巷（School House Lane）。

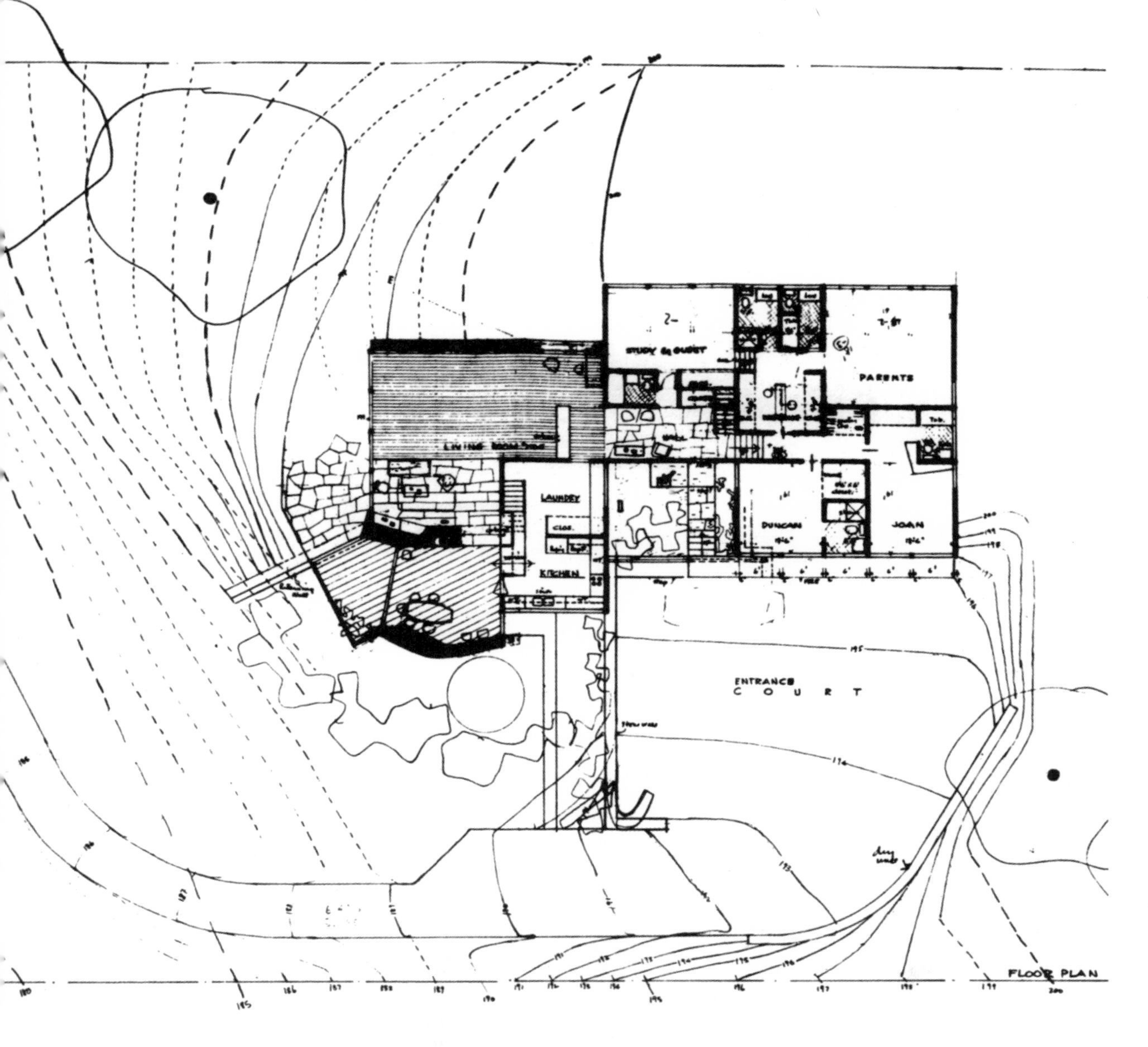

第一版方案

TOH. 1

总图和一层平面图，1948 年 6 月 12 日绘。

在倾斜的地段中的最低点，临近街道的部分，海拔 180 英尺，而在地段中部则是 200 英尺。这个房屋包括了两个部分：西南的生活区域和东北的就寝区域。入口广场强调了两个部分的分隔。生活区域包括面向西南的起居室、壁炉、餐厅以及面向东南的厨房—洗衣间（与地下室相连）。就寝区域包括主卧及衣帽间、洗手间和书房。客房面向西北；儿童房紧邻入口大厅，面向东南。

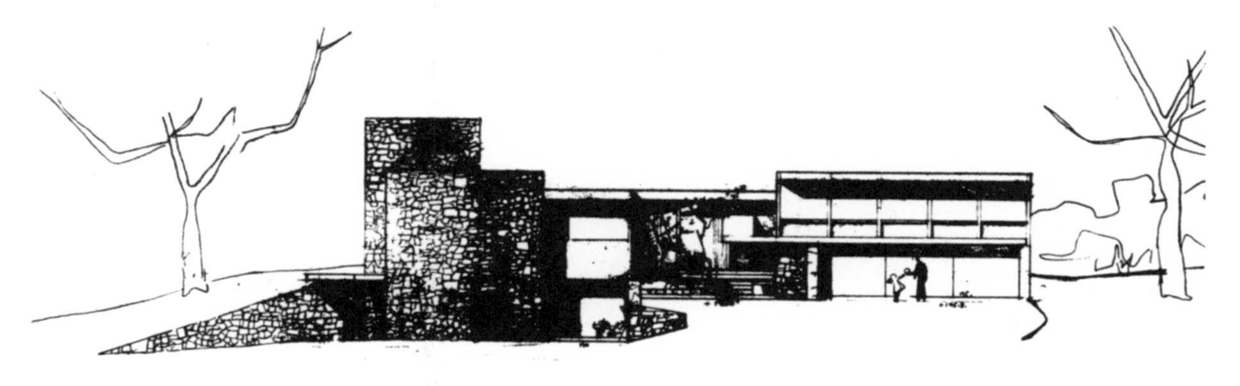

TOH. 2

东南入口立面，1948 年 6 月 12 日绘，展示了餐厅和壁炉外部自然石墙的“纪念性”。壁炉从地下层（海拔 190 英尺 6 英寸）升起。右侧是在车库以上的儿童房。

TOH. 3

西南立面草图，中期方案。左侧展示了庭院，中间展示了起居室，右侧展示了在餐厅前由“纪念性”石墙支撑的阳台。

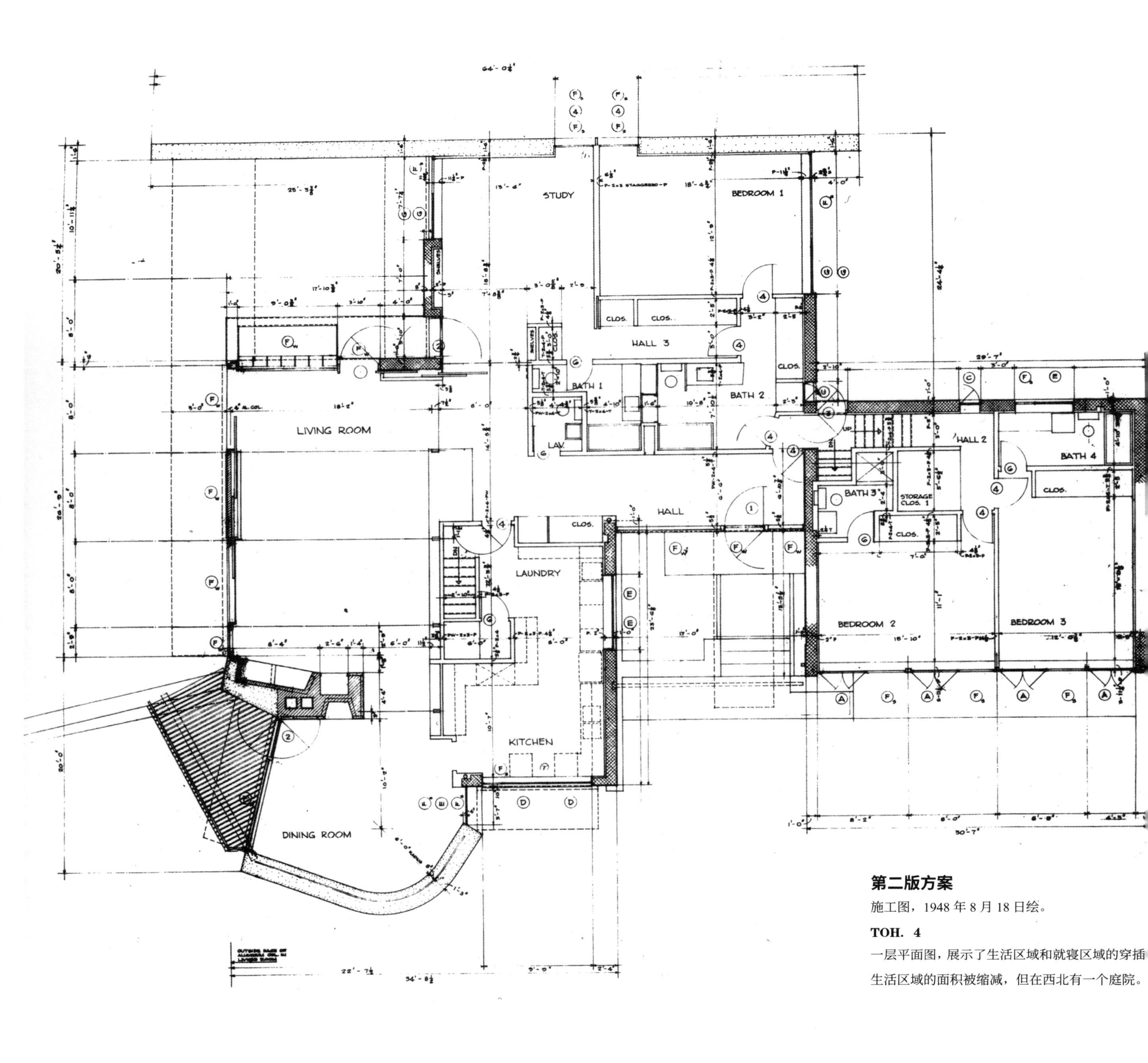

第二版方案

施工图，1948年8月18日绘。

TOH. 4

一层平面图，展示了生活区域和就寝区域的穿插

生活区域的面积被缩减，但在西北有一个庭院。

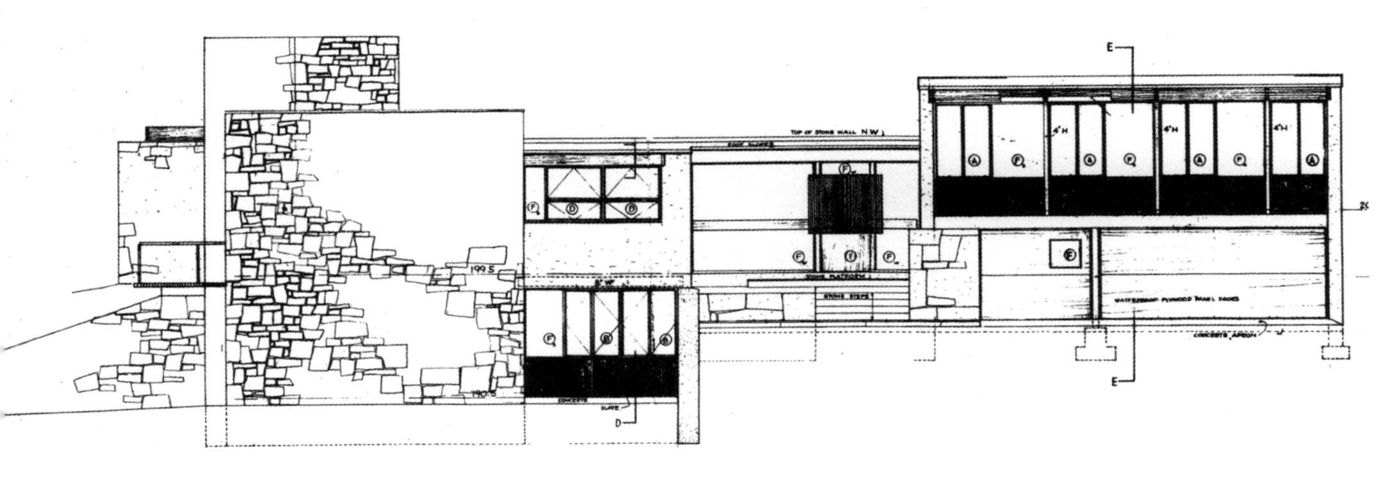

TOH. 5

东南立面。

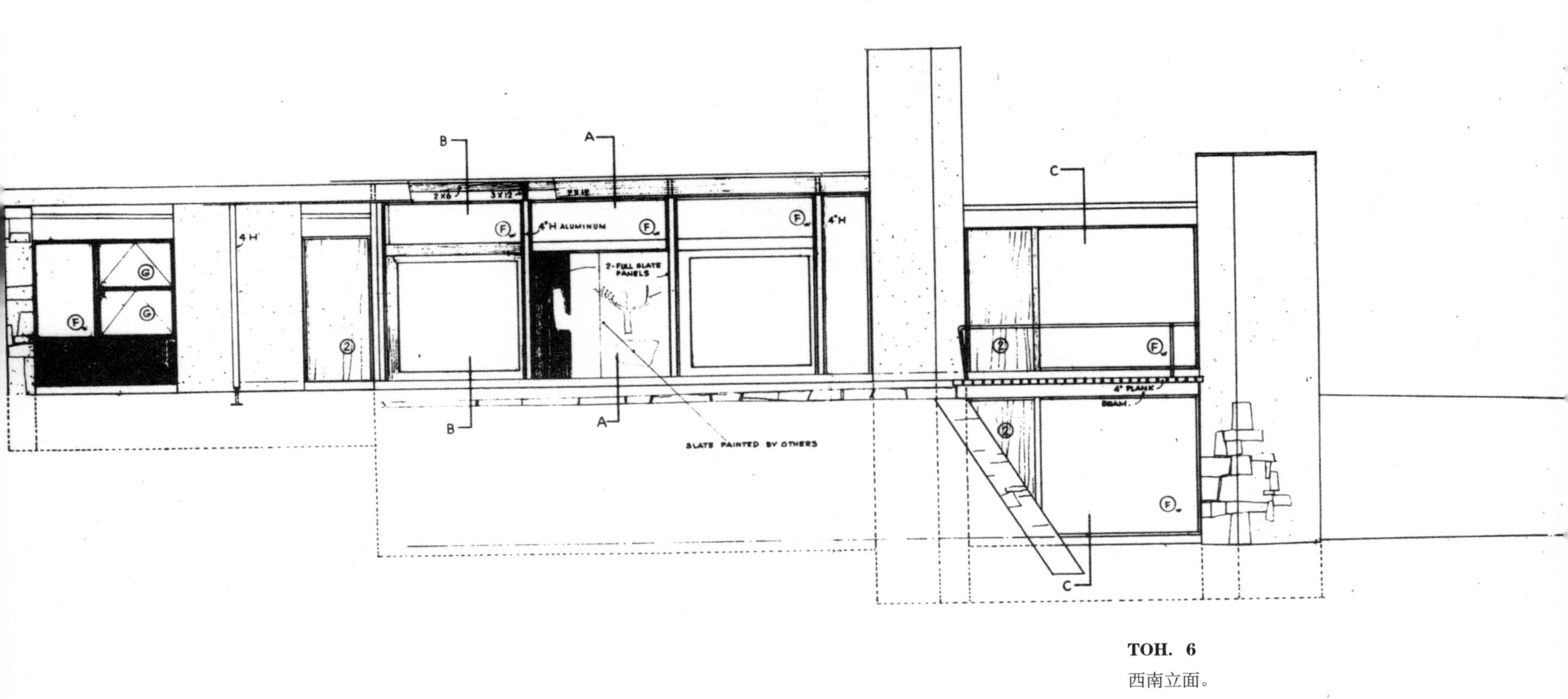

TOH. 6

西南立面。

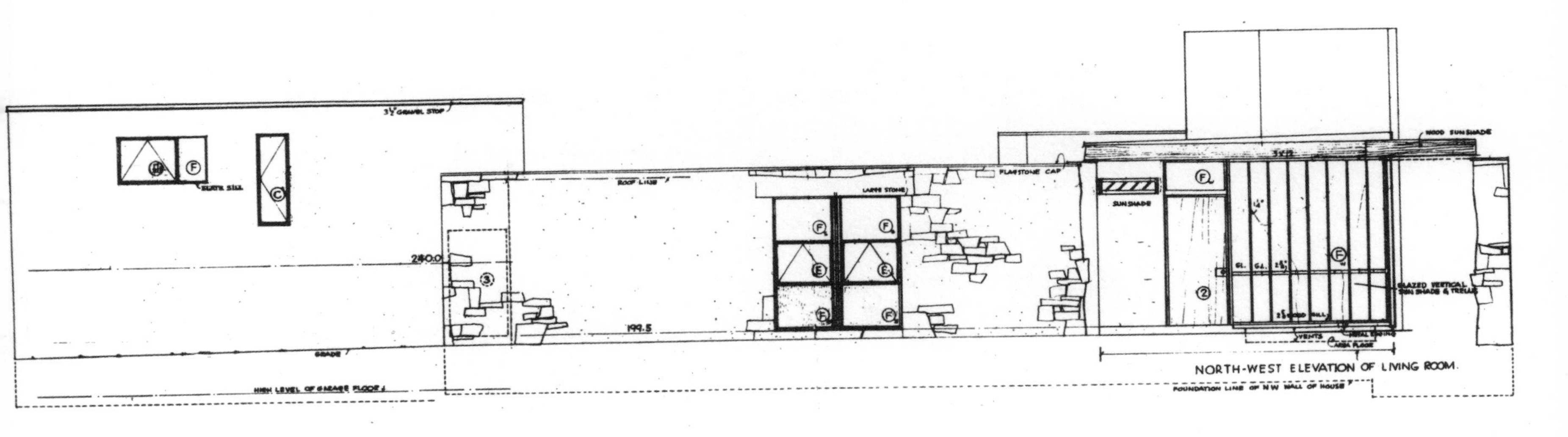

TOH. 7

西北立面。

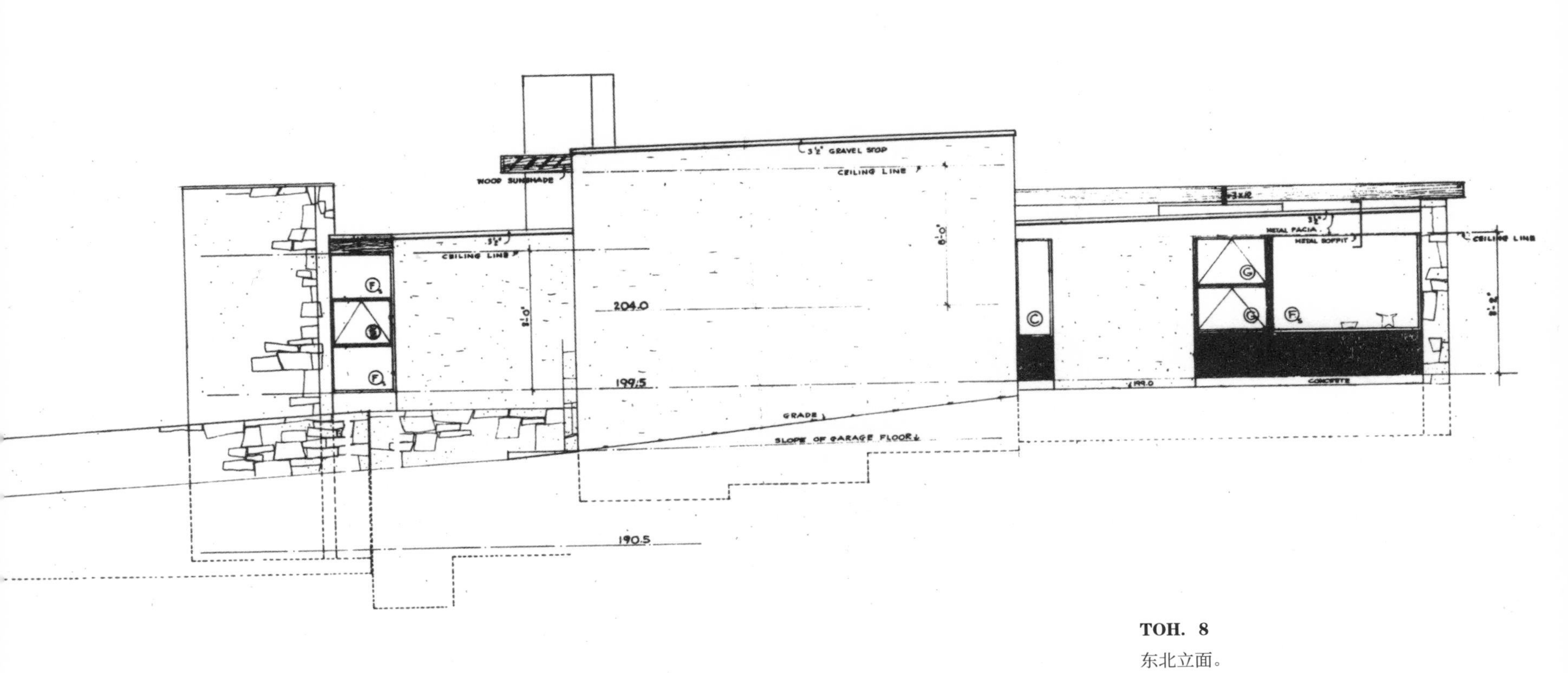

TOH. 8

东北立面。

杰尼尔住宅（1948—1950 年）

蒙哥马利县，宾夕法尼亚州

萨姆尔·杰尼尔（Samual Genel）夫妇的住宅，位于兰开斯特大道（Lancaster Avenue）的西南角和下梅里恩镇，印第安溪道（Indian Creek Drive）。

第一版方案

GEH. 1

总图和一层平面，展示了位于倾斜地段最高点（海拔 251 英尺，倾斜至 227 英尺）的房子。房子的入口在东南连通了印第安溪道，并且拥有 4 个停车位。房屋包括两个部分——生活区域和就寝区域，它们由入口大堂相连。生活区域包括起居室、餐厅、厨房、洗衣间和用人房。就寝区域包括主人房、带厕所的儿童房。总面积（包括地下室）为 2715 平方英尺。

第二版方案

GEH. 2

南立面草图，展示了卧室以下的车库。

插图草图展示了：

“木墙的 3 英寸细节”；

“接收滑动护套和窗扇的开槽”；

“中间铝框格”。

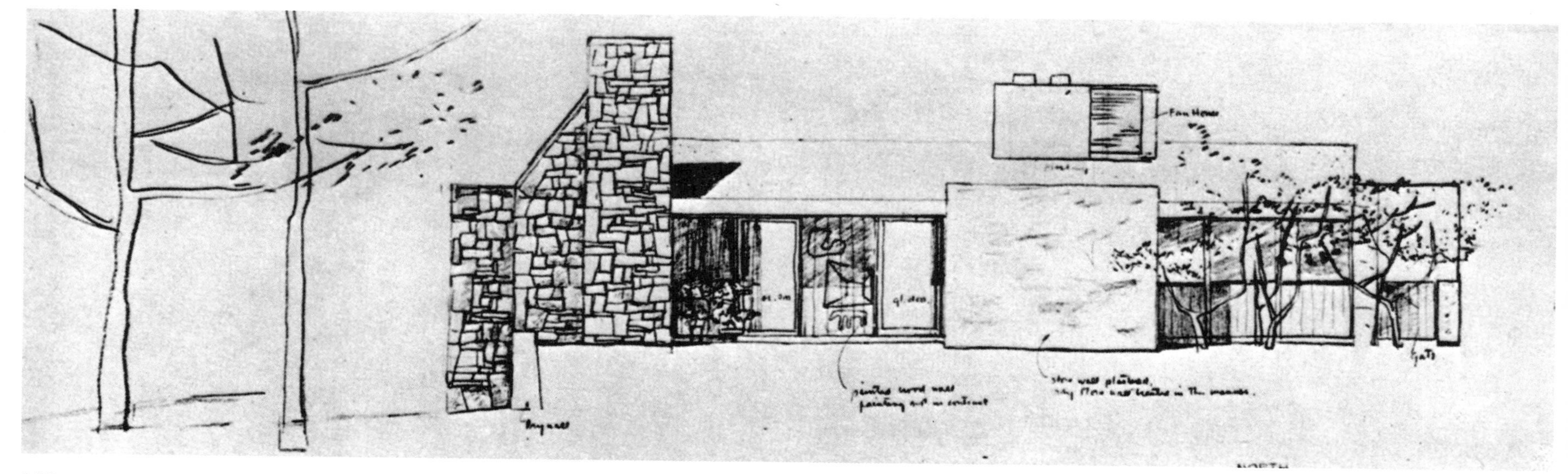

GEH. 3

北立面草图，展示了左侧壁炉具有“纪念性”的自然石墙。从左到右的笔记：

“干墙”；

“上漆的木墙”；

“上釉的门”；

“抹灰石墙，仅这种方式处理过的石墙”；

“通风机室”；

“大门”。

GEH. 4
东立面草图，展示了主入口。

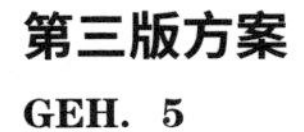

第三版方案

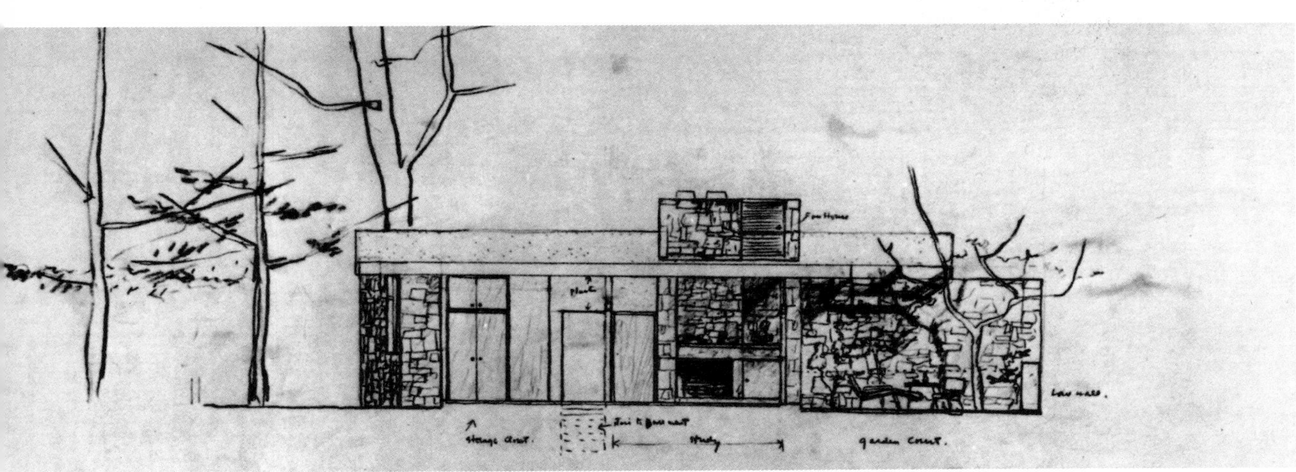

GEH. 5
剖面。
从左到右的笔记：
“储物柜”；
“石膏”；
“前往地下室的楼梯”；
“书房”；
“通风机室”；
“花园庭院”；
“矮墙”。

GEH. 6
剖面。
从左到右的笔记：
“门”；
“铝制平开窗”；
“厨房洗衣间”；
“自然坡度”；
“2 英尺椴木板”；
“餐厅”；
“可去除门板”；
“上釉的门”；
“内置屋顶—保温层和2英寸厚木板上的砾石”；
“4（英尺）×8（英尺）单层椴木板”；
“起居室”；
“砖”。

第四版方案

GEH. 7
南立面。

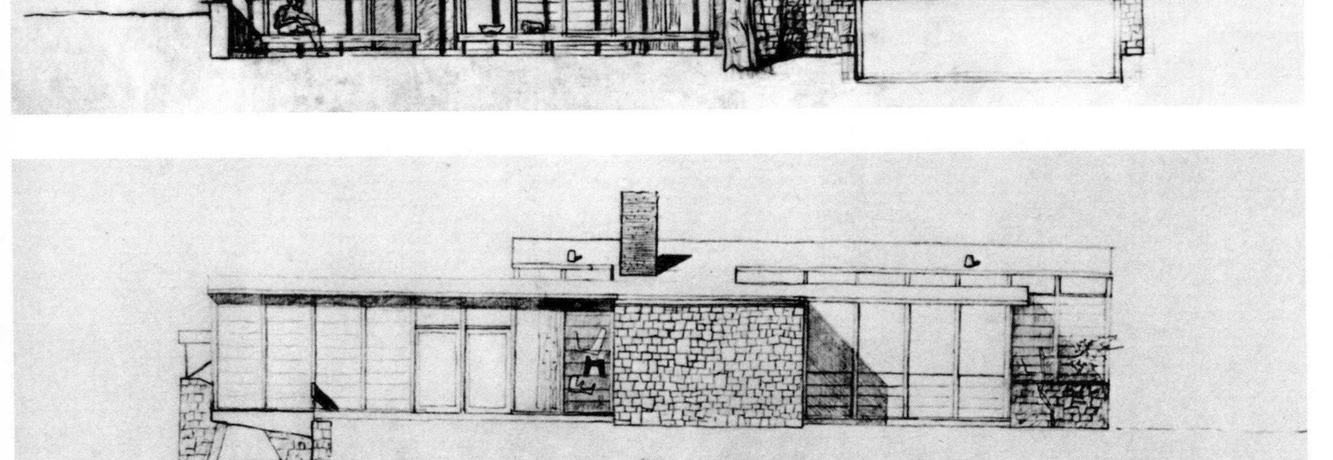

GEH. 8
北立面。

GEH. 9

西立面。

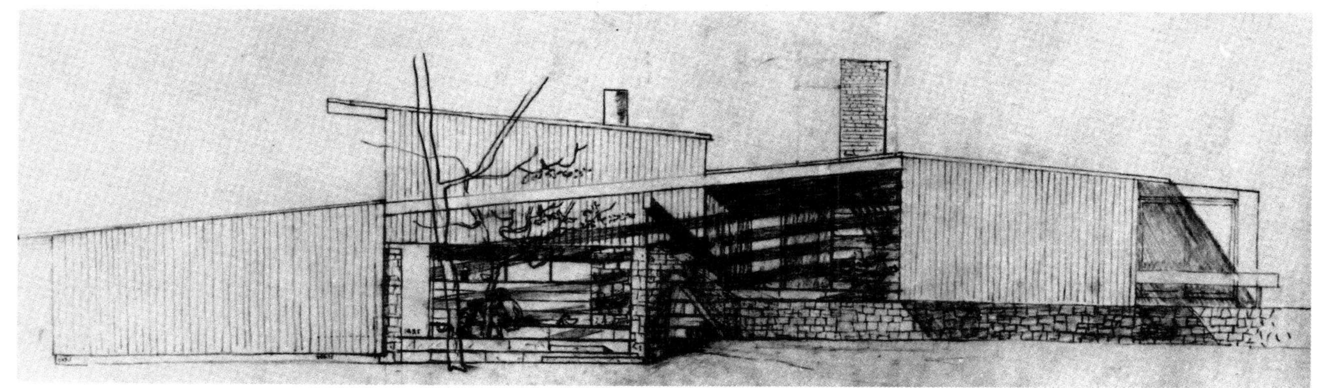

GEH. 10

东立面。

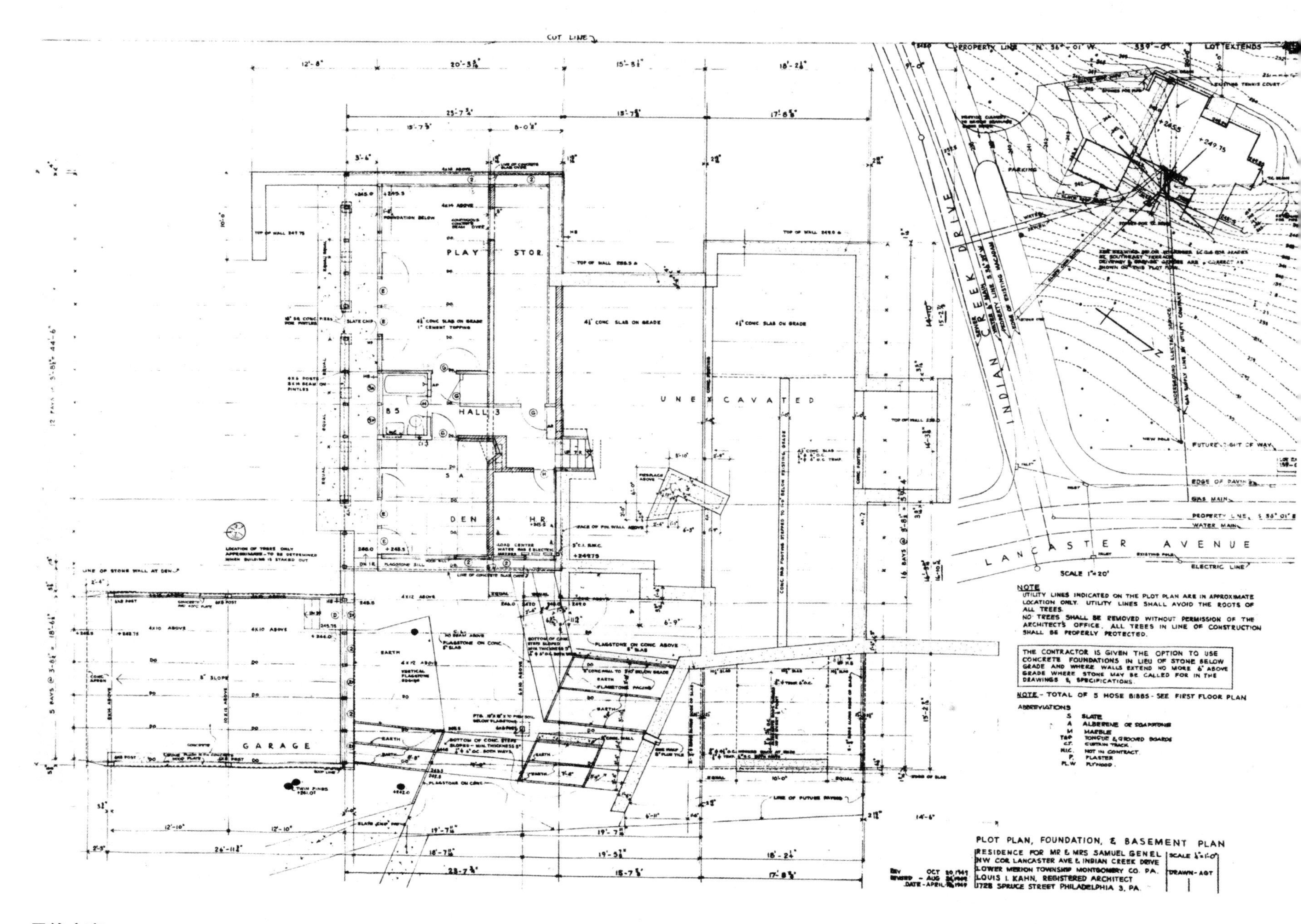

最终方案

施工图，1949 年 4 月 18 日绘，1949 年 8 月 24 日和 1949 年 10 月 20 日修改。

GEH. 11

总平面图，地基和地下室平面。

房子仍然位于场地最高点附近，但朝向有略微的调整，以增加车库。

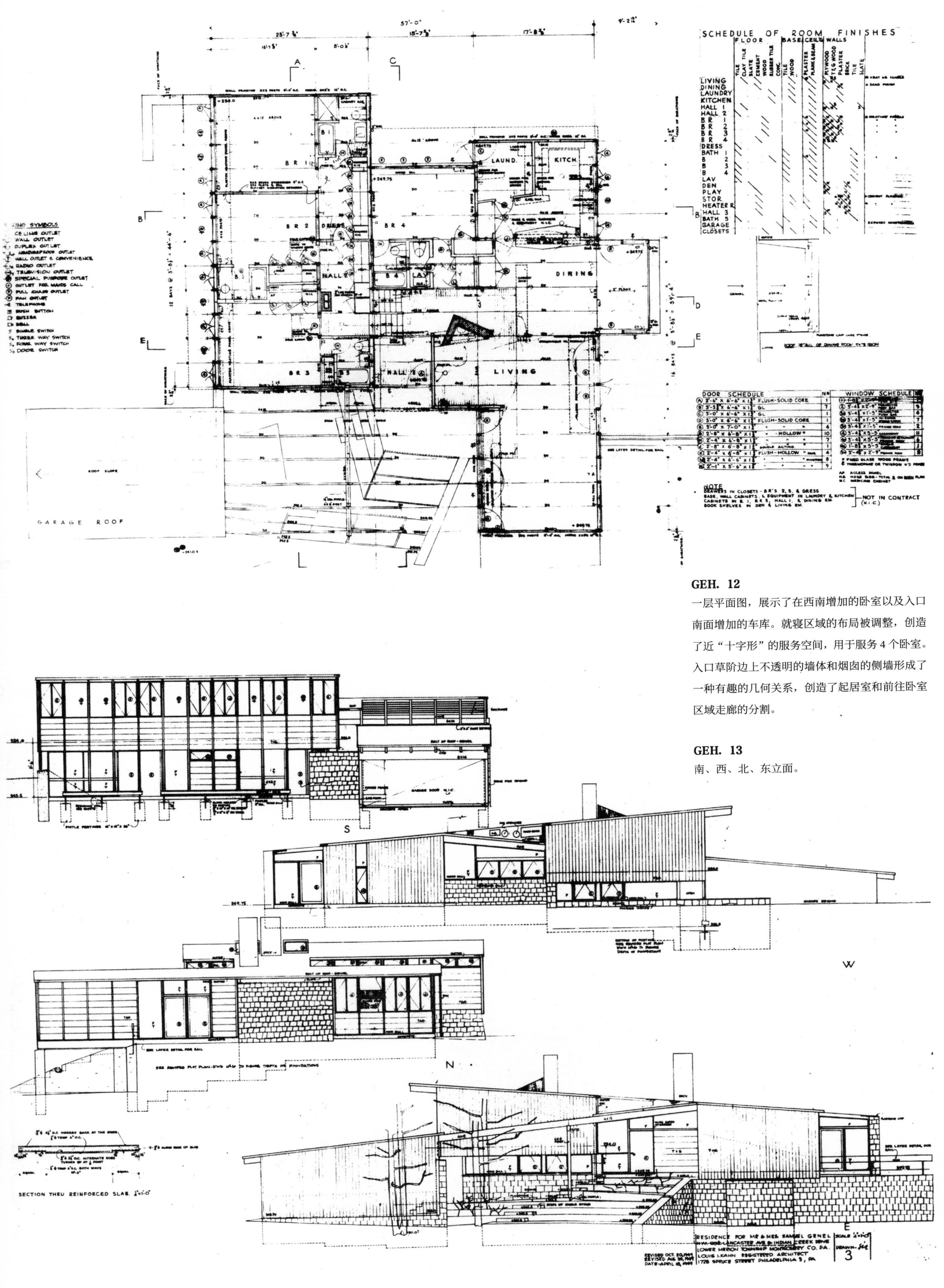

GEH. 12

一层平面图，展示了在西南增加的卧室以及入口南面增加的车库。就寝区域的布局被调整，创造了近“十字形”的服务空间，用于服务4个卧室。入口草阶边上不透明的墙体和烟囱的侧墙形成了一种有趣的几何关系，创造了起居室和前往卧室区域走廊的分割。

GEH. 13

南、西、北、东立面。

GEH. 14

剖面。

A—A，剖到卧室，向北看，右侧是入口和起居室；

B—B，剖到厨房和卧室，向东看，右侧是车库；

C—C，剖到卧室，入口大厅和台阶，向左看；

D—D，剖到餐厅，停在连接卧室和地下室的楼梯，向东看；

E—E，剖到卧室，地下室，入口大厅和起居室，向西看；

F—F，剖到卧室，走廊，向北看。

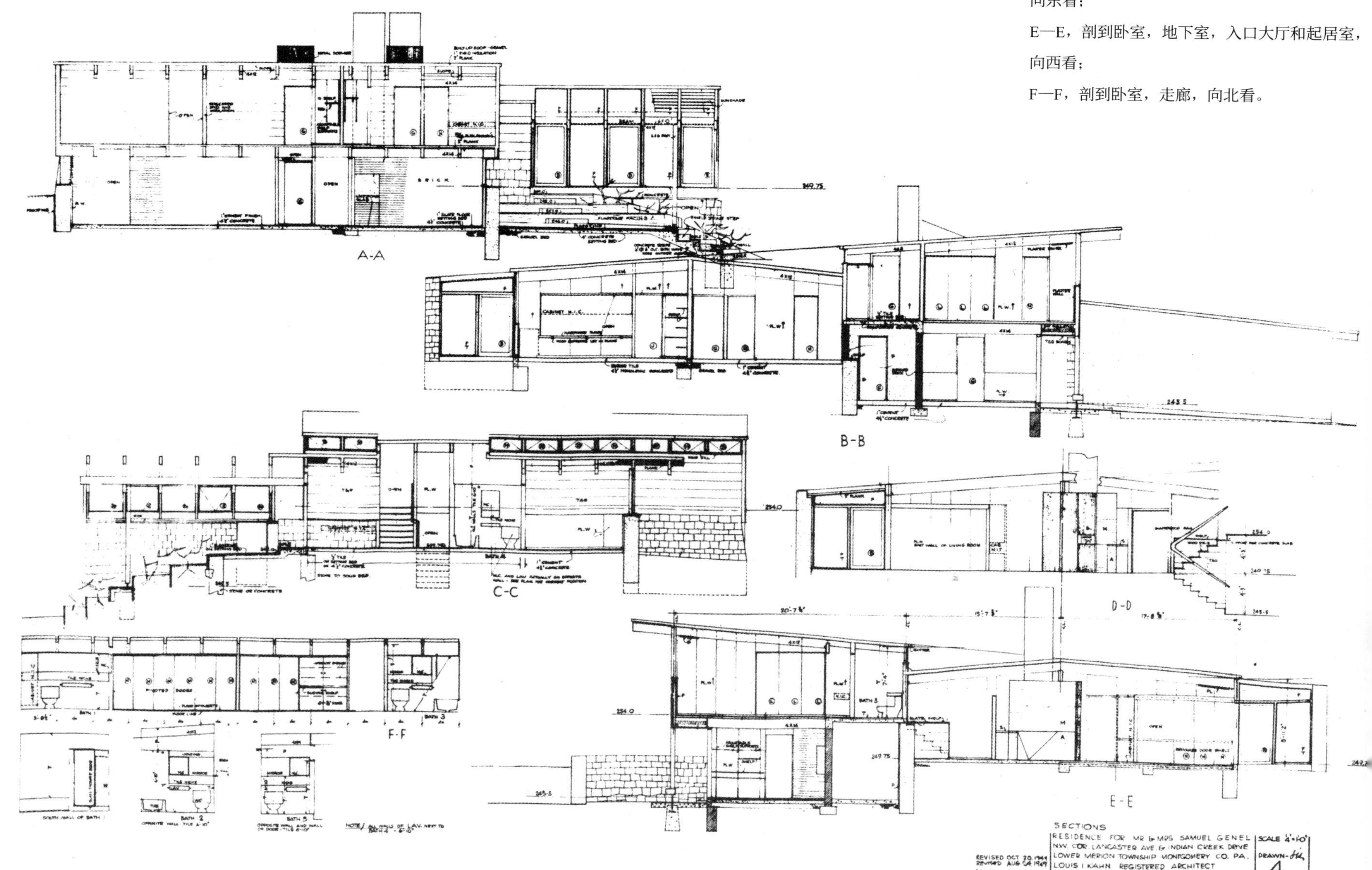

GEH. 15

北立面草图，左侧展示了起居室，中部展示了餐厅和厨房，右侧展示了拟设的小棚。

“可能在这些边界后面设立一个小棚。”

“提议在建筑西侧加建以获得更具私密性的庭院空间。庭院包括的功能有发电、晾晒，以及花园工具的储物，路易斯·康。”

GEH. 16

东北视图，展示了庭院和在低层的室外休息区域。此区域位于起居室和餐厅的角部附近。

威斯住宅（1948—1950 年）

蒙哥马利县，宾夕法尼亚州

莫顿·威斯（Morton Weiss）夫妇的住宅，设计并建造于白厅路（White Hall Road），东诺里顿镇（East Norriton Township）。

这个作品是康将 20 世纪 50 年代这组住宅中应用的概念阐明最成功的一个（参见埃赫里住宅，第 50 页）。

威斯住宅建成后立刻受到广泛好评。康获得了美国建筑师协会费城分会（AIA Philadelphia Chapter）的“建筑设计优质奖”和房屋建筑商协会（Home Builder’s Association）“卓越住宅设计奖”。

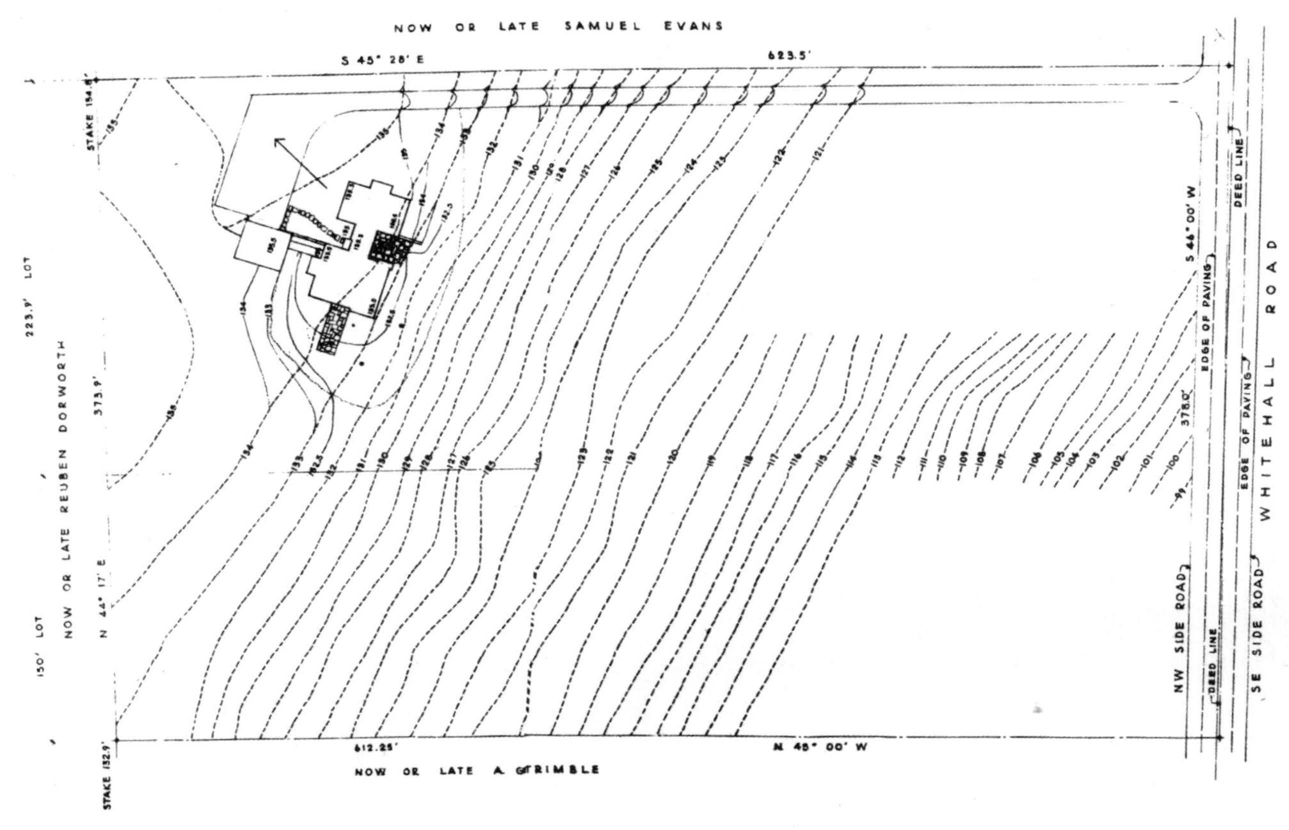

WEH. 1

总平面图，1948 年 3 月 2 日绘，展示了位于南侧和 36 英尺倾斜的长方形场地的最高角的房子。建筑连接白厅路，而在东南侧则有平行于东北边界的通路。

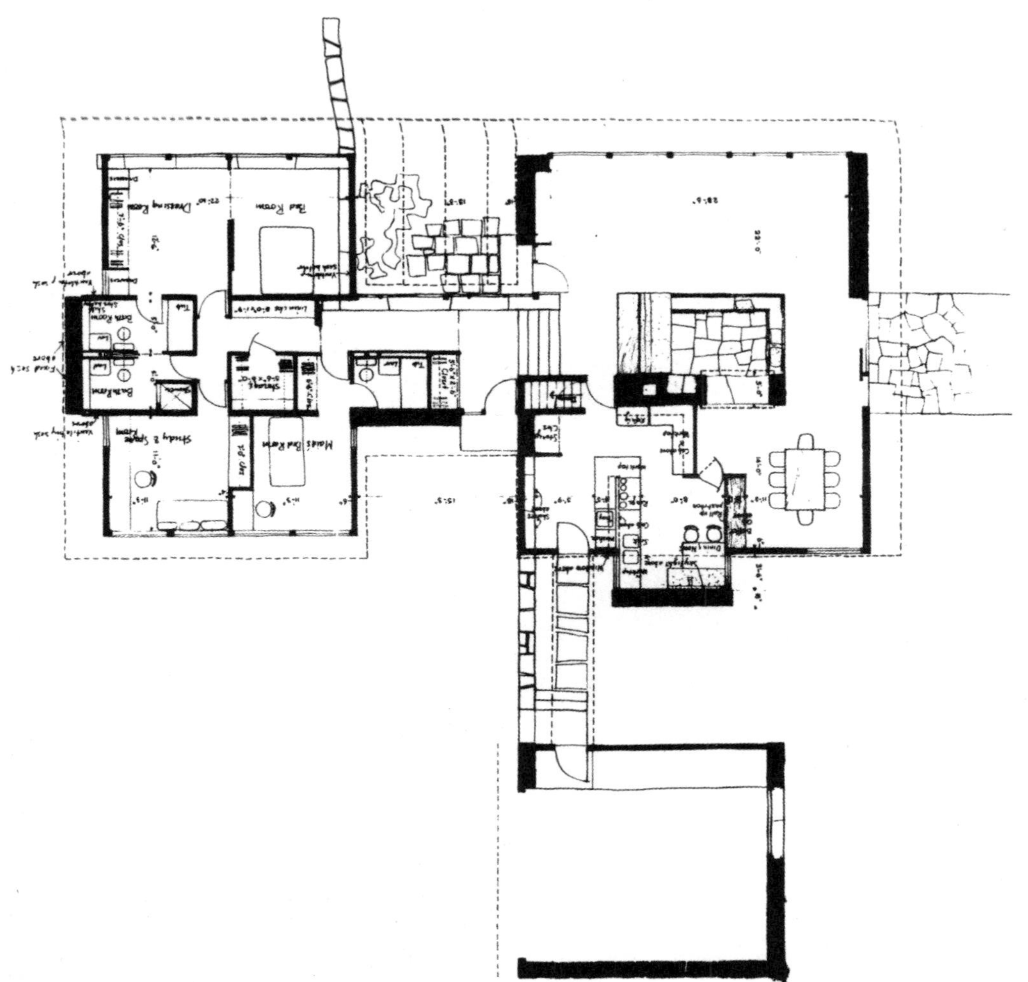

WEH. 2

一层平面图，早期版本，展示了就寝、居住和车库区域，前两者被入口大厅分割，后两者被带顶的通道分割。

平面上的标记暗示出家具的位置和通风窗扇的位置。服务空间围绕一条主干组织，包括下沉的壁炉，而不包括厨房。在此书的第一版中，康如此描述：“服务空间的纪律、空间的自由。”

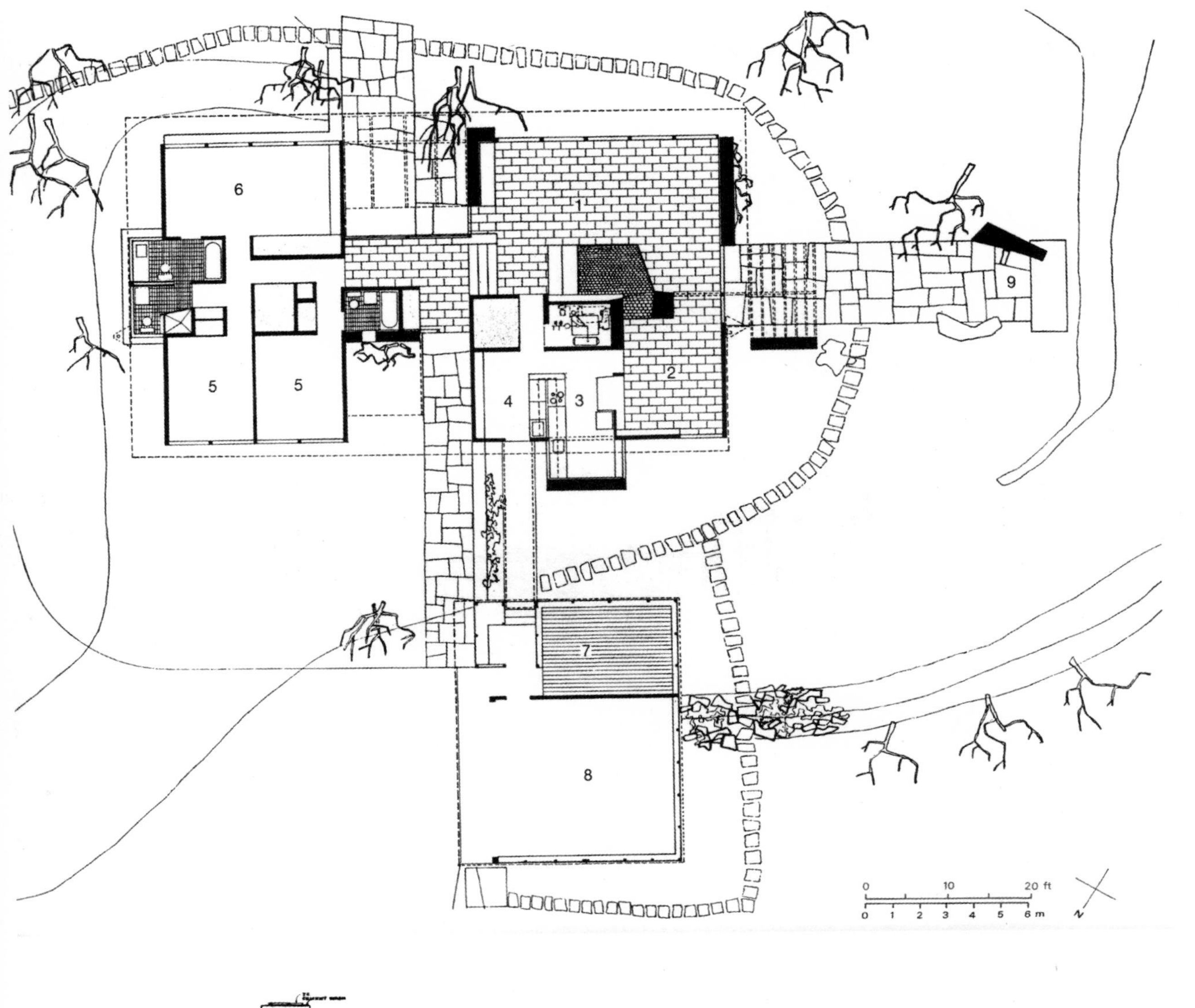

最终版本

WEH. 3

一层平面图，展示了周边的花园。

“1”为起居室；

“2”为餐厅；

“3”为厨房；

“4”为公用设施；

“5”为卧室；

“6”为主卧；

“7”为储物和工作室；

“8”为车库；

“9”为室外壁炉。

地下室被临近车库的储物和工作室替代。

施工图，1948 年 6 月 23 日绘； 1948 年 8 月 9 日修改，安妮·廷绘制。

WEH. 4

南立面，左侧展示了起居室，右侧展示了主卧。通过在柱子和横梁屋顶结构的立柱之间插入双悬垂面板，客厅的大开口已成为一种照明控制手段。双悬垂面板的一面是椴木，而另一面是玻璃，这带来了更多光线的变化。

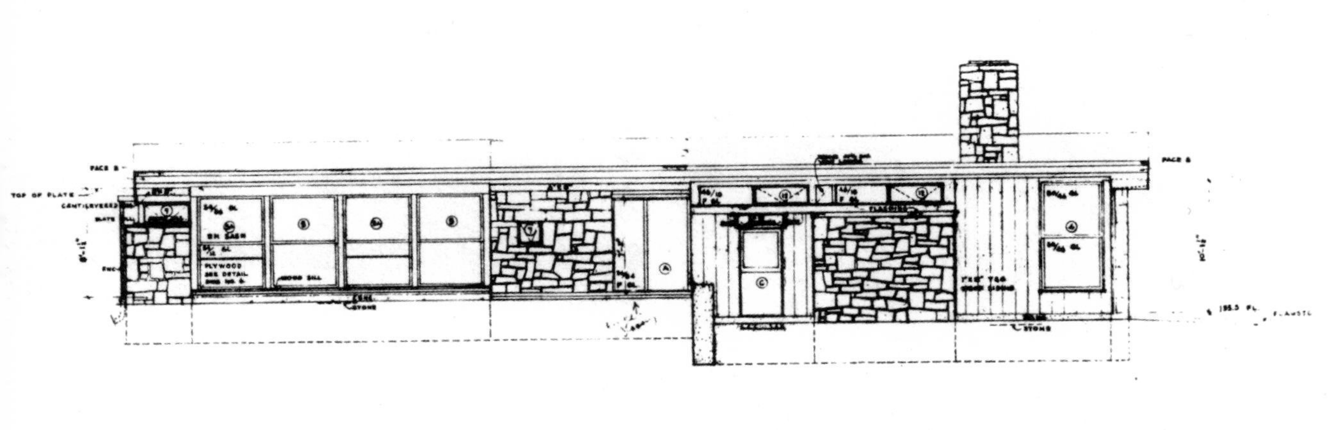

WEH. 5

北立面，包含通往车库的带顶通道的剖面，左侧展示了卧室；右侧展示了厨房和餐厅。

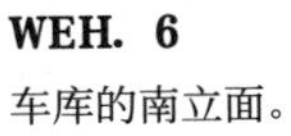

WEH. 6

车库的南立面。

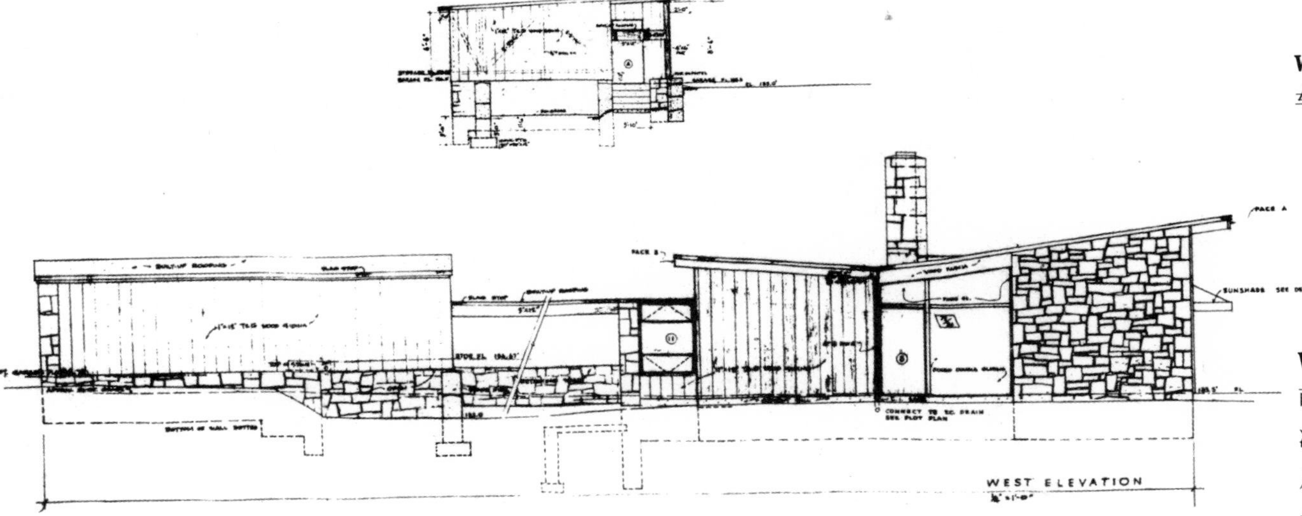

WEH. 7

西立面，左侧展示了车库，右侧展示了房屋。凉棚架的存在暗示了服务空间主干的连续性——从起居室天然石墙的开口延续到餐厅的木制墙板。凉棚架在此立面中没有展示。

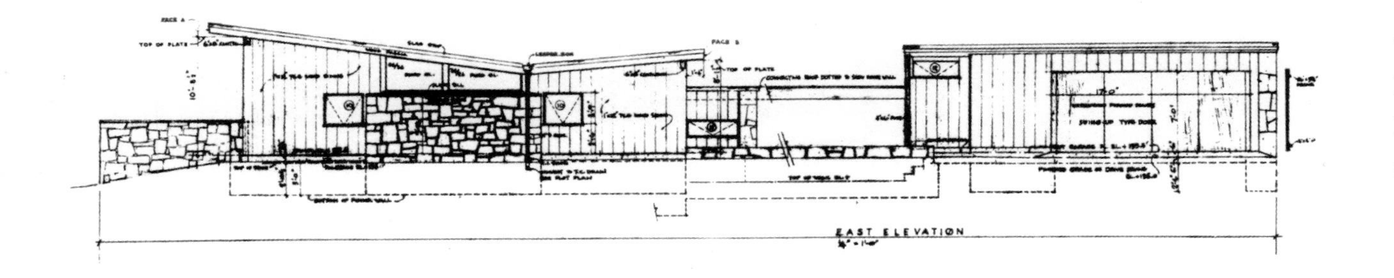

WEH. 8
东立面，左侧展示了房屋，右侧展示了车库及带顶通道；低矮的自然石墙和卧室的木制墙板共同表达了服务空间主干在东面的终结。

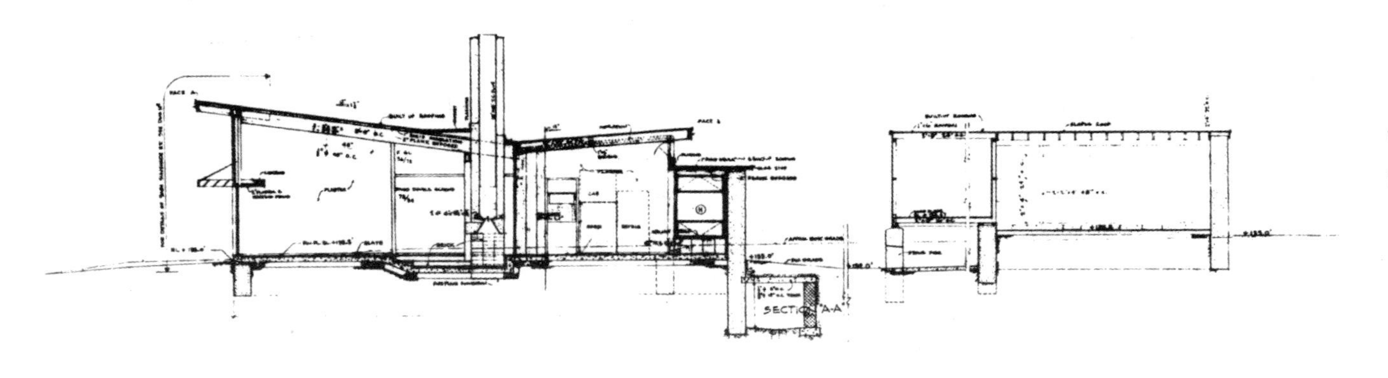

WEH. 9
剖面 A—A，剖到起居室、厨房和车库，向西看。

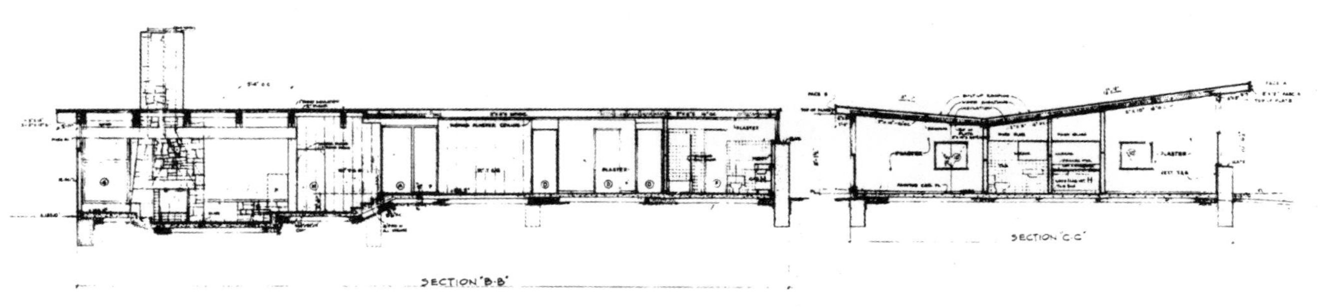

WEH. 10
剖面 B—B，剖到服务空间，向北看。

WEH. 11
剖面 C—C，沿着服务空间主干剖到就寝区域，向东看。

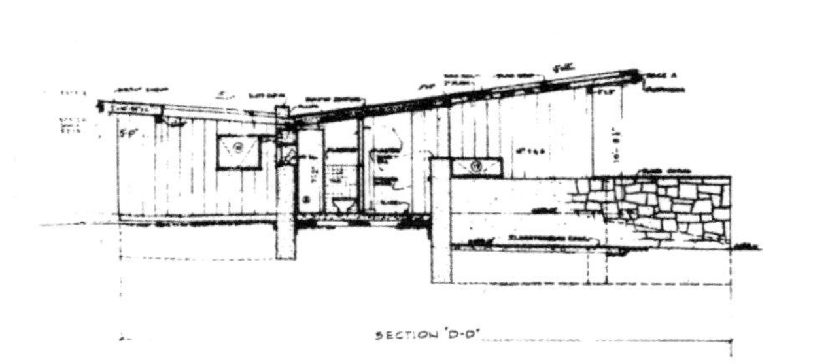

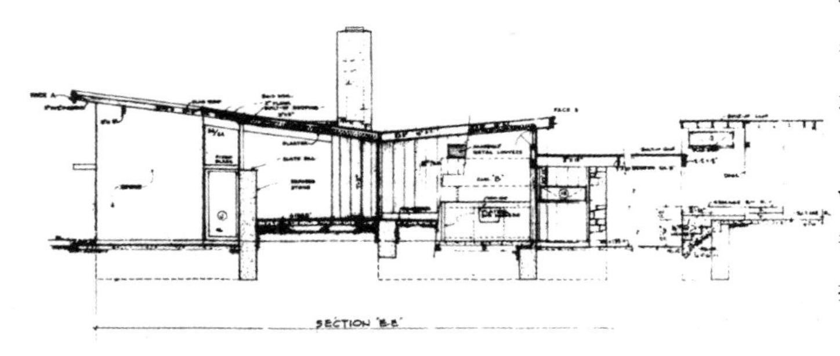

WEH. 12
剖面 D—D，剖到居住区域和就寝区域之间的通道，向东看。

WEH. 13
剖面 E—E，剖到入口大厅、公共设施间以及连接车库的带顶通道，向西看。

WEH. 14
橱柜设计的剖面和立面。

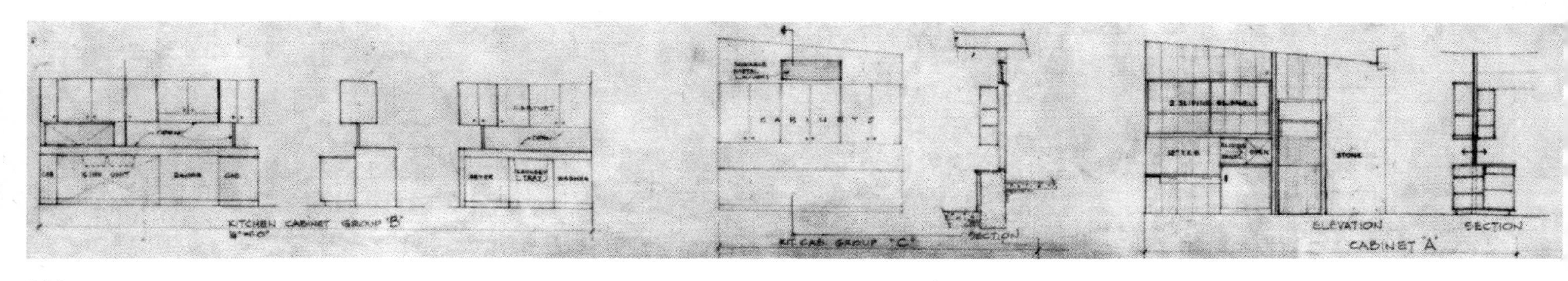

Stone layed by
The sense of god and
dynamite
The circumstantial and
The portrait of each stone

WEH. 15

草图。

“有一种关于石头的信仰。”

“这些石头是按照神性、每块石头的正面和侧面特征来铺砌的。”

康于1973年为此书画下这幅草图。

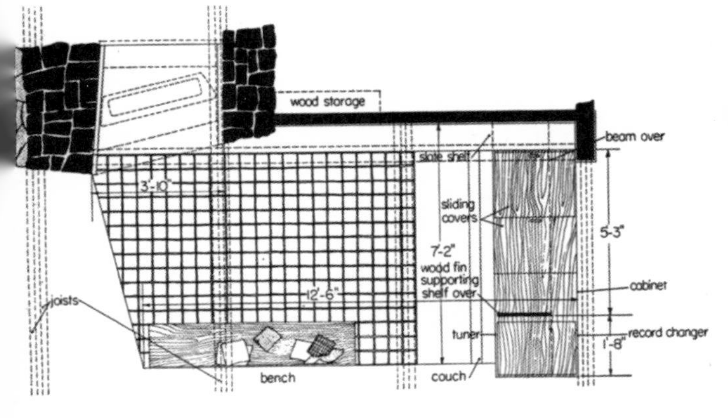

WEH. 16

细部平面，壁炉，下沉休息区，家具和天花构造。

WEH. 17

细部立面，铺砌天然石材的壁炉和有抽象图案的壁画，共同影响着房屋的设计。

大约在1950—1951年，康再次来到希腊和埃及，任罗马美国学院的主持建筑师。他在地中海各地绘制了许多草图，主要有雅典卫城、金字塔、卡纳克神庙（Karnak）、哈德良别墅（Hardrian’s Villa）、石墙和壁画等。这些草图成为他对1955年后期威斯住宅壁画研究的基础。他和安妮·廷在建筑的主人居住了几年之后才完成壁画。

WEH. 18

展示了双面开口的壁炉。同时服务于后侧的餐厅和前侧的起居室。

WEH. 19

壁炉的景观，下沉休息空间，家具和为壁画预留空间的空白墙板。

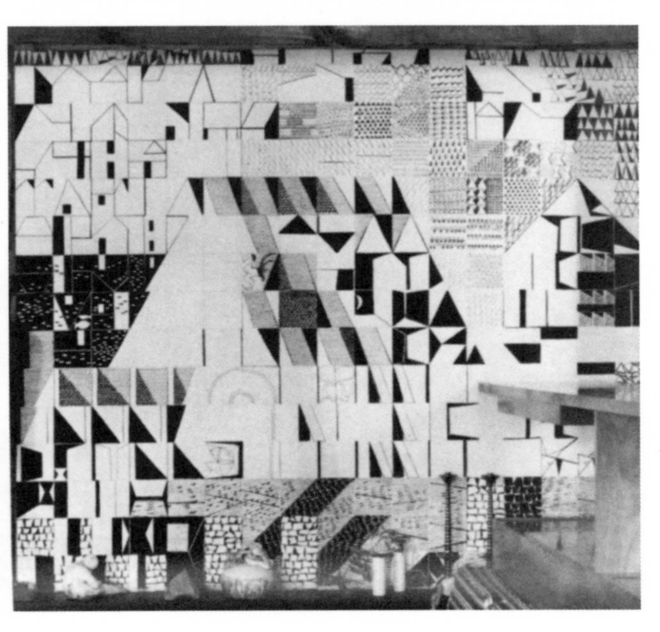

WEH. 20

展示了起居室和威斯先生的工作区域。

WEH. 21

展示了壁画，摄于1975年9月。

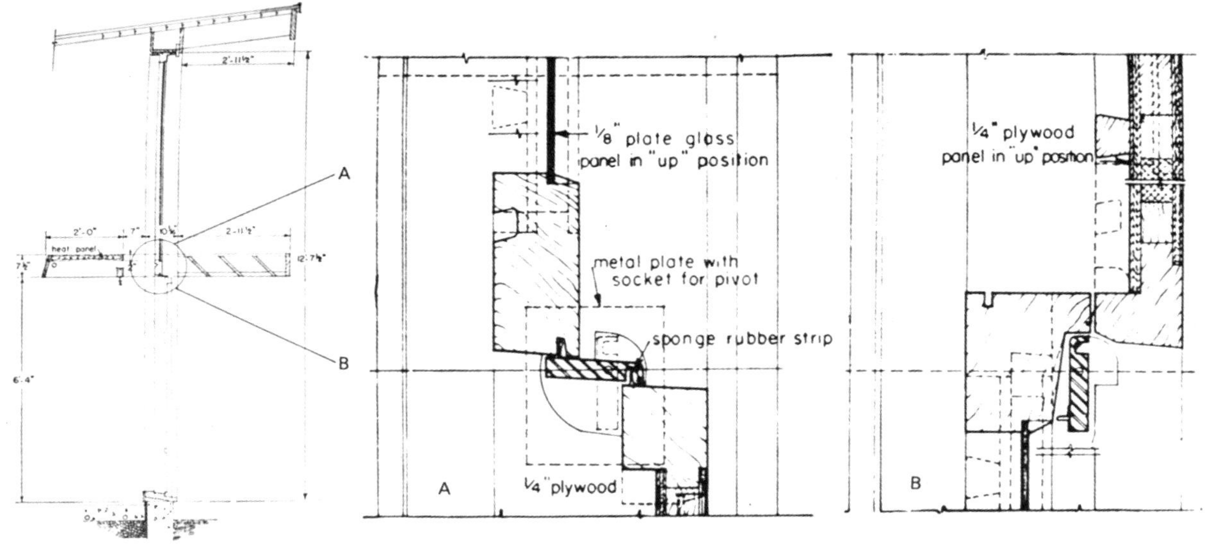

WEH. 22—24

南立面主要由一排巨大的双悬窗组成，其中一扇有玻璃，另一扇有胶合板。

通常，胶合板位于顶部，以消除天空的眩光并突出景观。当玻璃面板在顶部时，倾斜的铝制挡风雨条作为遮盖，覆盖了由内部窗框升高到外部窗框上方引起的裂缝。

作为光和热控制的另一种手段，沿中间开口分布着遮阳板和热反射板。

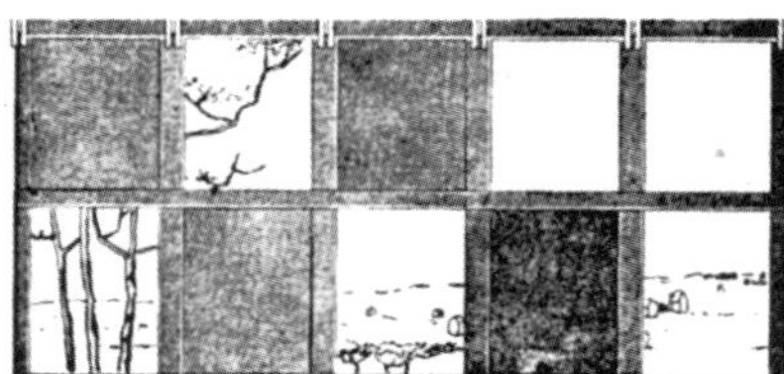

WEH. 25—27

立面分析图，展示了在白天和夜间窗墙可能的变化：夜晚玻璃面板在顶部的时候，天空似乎变成室内的一部分。

WEH. 28

从南面看，左边是客厅，右边是主卧。

WEH. 29

从西北望向餐厅的窗户，右边是花园的壁炉。

康让服务区主干的框架突出至前花园的高地上，这个花园用微缩古代石墙的形式限定了这个空间的使用。

WEH. 30

从西南看，前景是花园壁炉，左侧是车库。

费城精神病医院（1949—1953 年）

费城，宾夕法尼亚州

康曾与奥斯卡·斯托诺洛夫一起在 1945—1946 年为费城精神病医院进行增建和改建。他与医院顾问伊莎多·罗森菲尔德（Isadore Rosenfield）一起设计并建造了平卡斯治疗大楼（Pincus Therapy Building，1949—1950 年）和塞缪尔·拉德比尔大楼（Samuel Radbill Building，1950—1953 年）。

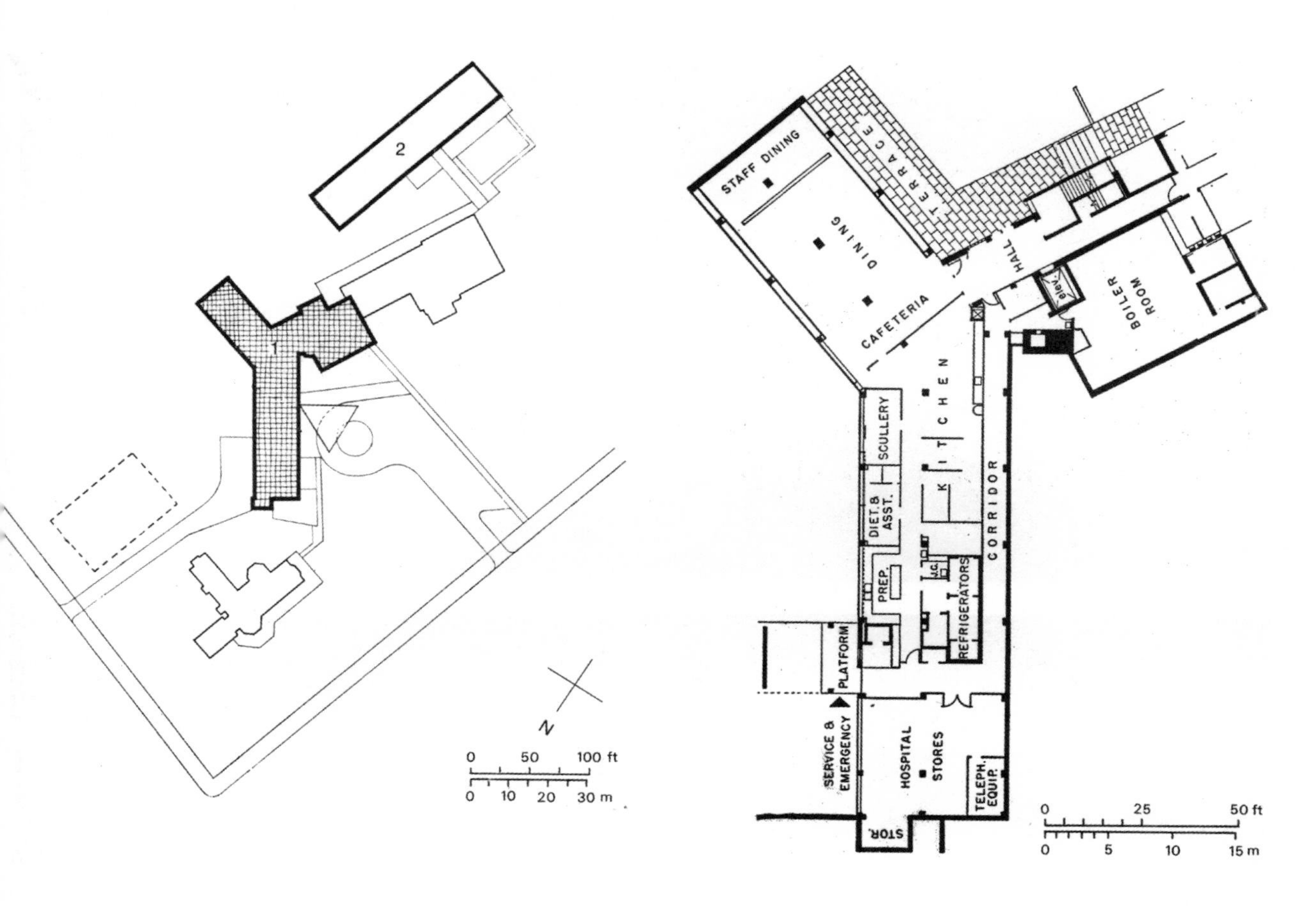

PPH. 1

总平面图。

“1”为塞缪尔·拉德比尔大楼；

“2”为平卡斯治疗大楼。

塞缪尔·拉德比尔大楼

PPH. 2

地下室平面图，展示了面向平卡斯治疗大楼的餐厅。

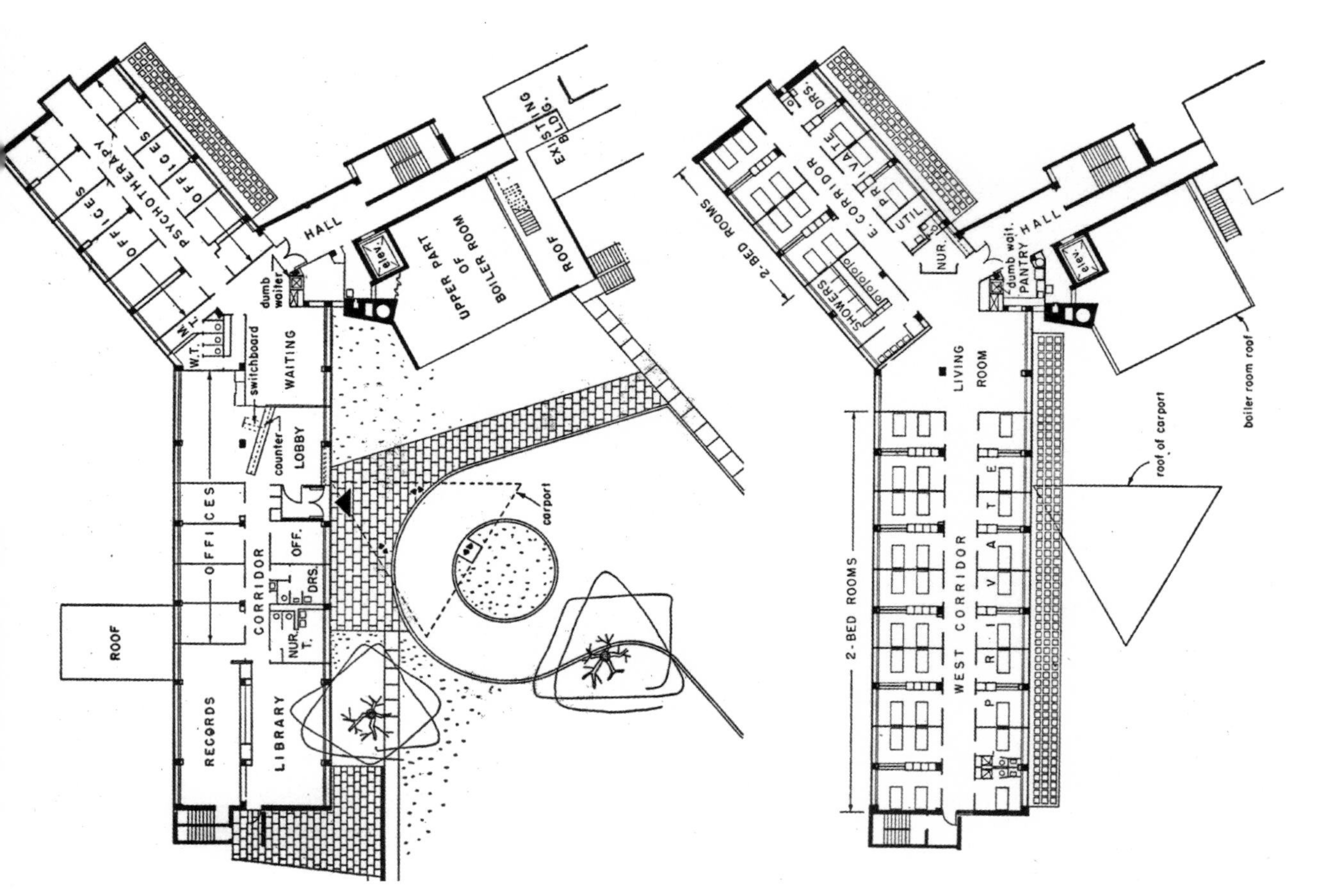

PPH. 3

一层平面图。

每个区域都有适当的开窗。一楼行政和公共房间没有安全防护和大面积玻璃区域；二楼固定窗格和安全屏与金属框架百叶窗交替使用（护理）；三楼高条形小窗户（电击治疗）由于病人一直处于被密切监视下，小窗户可以进行筛选。在外部走廊，两条 12 英寸宽的玻璃板沿着天花板和地板照亮走廊，病人有时会在无人照料的情况下在这里行走。

PPH. 4

二层平面图，一居室和两居室的 41 张床（在现有建筑 71 张床的基础上增加）。

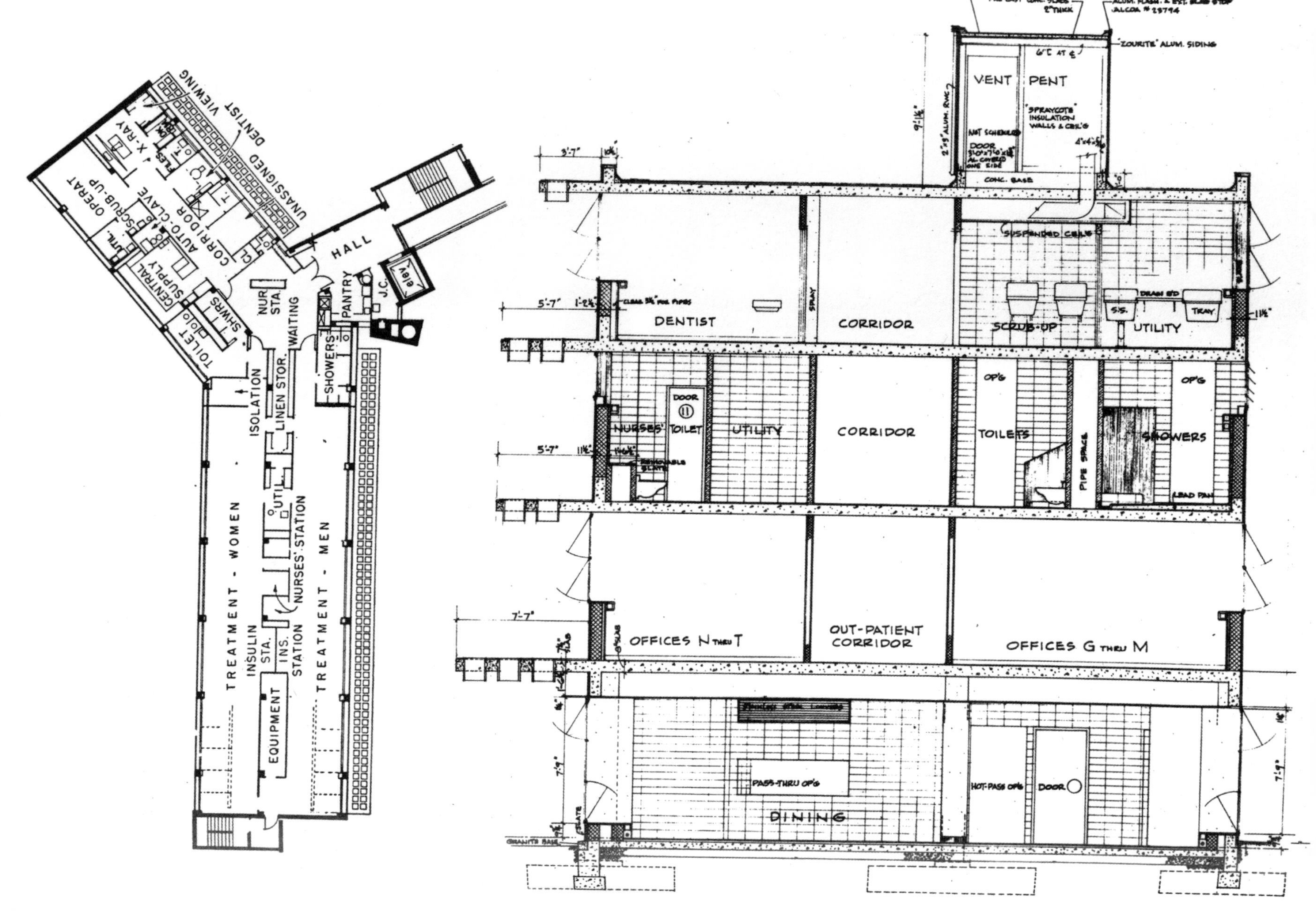

PPH. 5

三层平面图。

PPH. 6

剖面 A—A。

展示了作为透光遮阳板的悬挑部分。

PPH. 7

从北看，展示了混凝土和板岩立面。

内部托架为 16 英尺 ×20 英尺和 22 英尺 ×20 英尺。端部托架仅为 10 英尺 ×20 英尺，以减少楼板的弯曲运动。

PPH. 8

从北看，私人楼区域，一楼有办公室，二楼有卧室，三楼有电击治疗室。右边是平卡斯治疗大楼的北端。

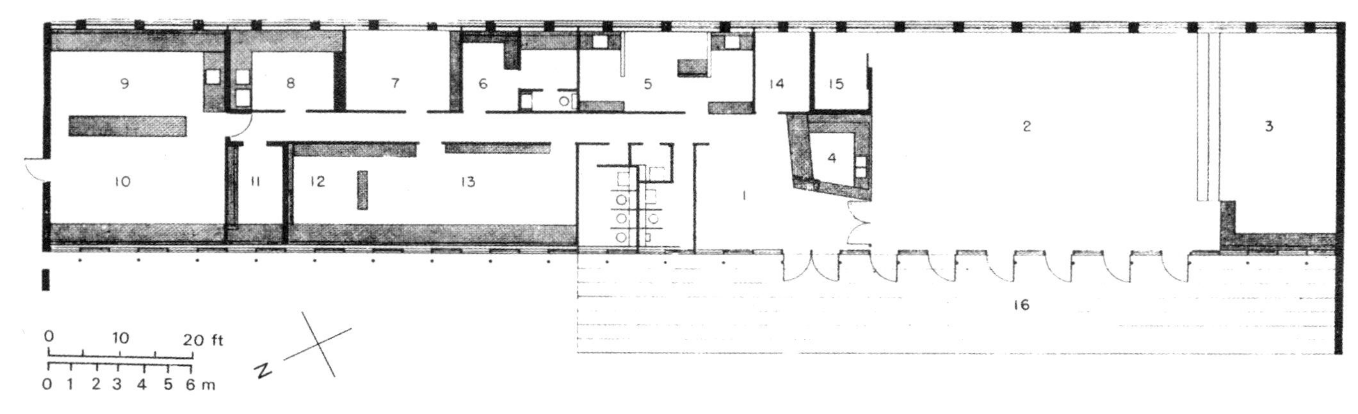

PPH. 9

一楼平面图，展示了娱乐和职业治疗区域。

“1”为大厅；

“2”为多功能室；

“3”为舞台；

“4”为食堂和礼品店；

“5”为理发美容店；

“6”为主管办公室；

“7”为编织室；

“8”为陶瓷室；

“9”为木工室；

“10”为金属加工室；

“11”为打字室；

“12”为美术和手工艺室；

“13”为缝纫室；

“14”为机械设备室；

“15”为储存室；

“16”为露台花园室。

PPH 10
多功能室。
该建筑是由条形柱和裸露的钢桁架构成的。舌槽式木板天花板、组合式屋顶和未抹灰的煤渣块隔墙。头顶高的隔断和连续的13英尺高的天花板使宽敞的工作室可以轻松地自主管控。产生噪声的房间在天花板上有隔板。

PPH. 11
从西南看，花园立面。
双层悬挂的窗户，一扇是木头，另一扇是玻璃——与上面的固定玻璃和下面的桦木门组成的面板交替。
“一个房间可以迅速地满足不同的功能需求是一种心理资产，因为它满足了人们对多样性的自然渴望。百叶窗和门都开着，休闲区与室外露台融为一体。随着百叶窗和门的关闭，患者在夜晚看到的是一堵镶板墙，给人安全感。只有上面的窗户需要窗帘，而且很安全，这些窗帘在病人够不着的地方。”

耶鲁大学美术馆（1950—1953 年）

纽黑文，康涅狄格州

根据斯卡利（V. Scully）的说法，康由耶鲁大学建筑系系主任乔治·豪（George Howe，1950—1954 年任职）推荐，接受了耶鲁大学美术馆和设计中心的委托。任务是将建筑学院设在耶鲁艺术画廊大楼内，直到保罗·鲁道夫完成位于约克街对面和美术馆西北的艺术和建筑大楼。

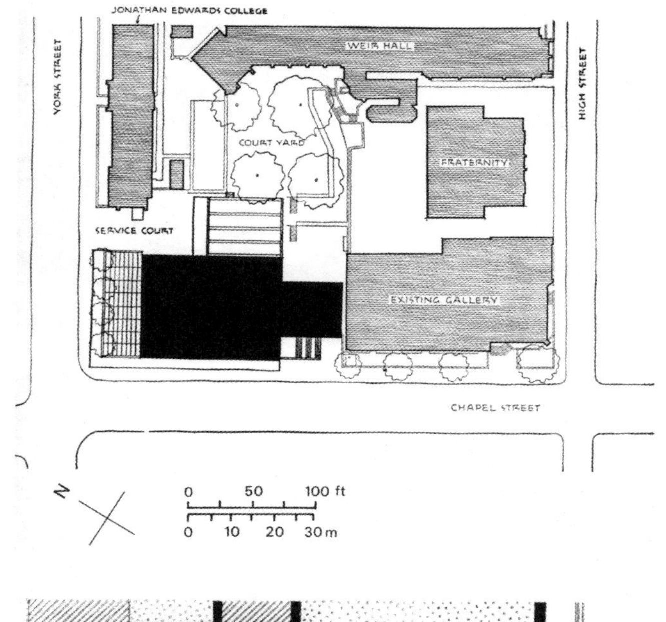

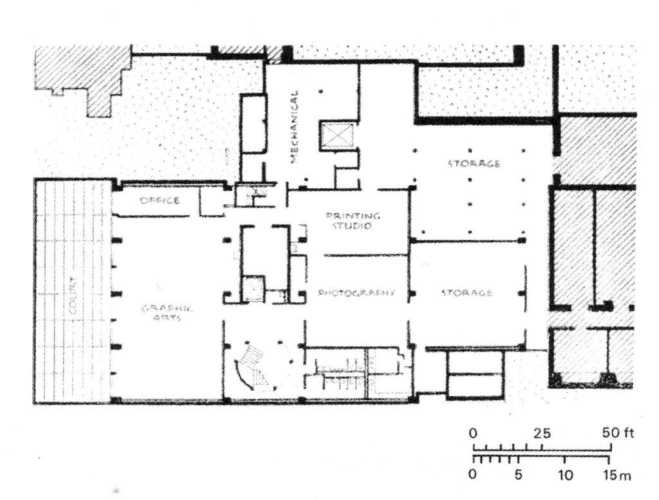

YAG. 1

总平面图，展示了黑色的耶鲁艺术画廊。耶鲁大学英国艺术与研究中心就在教堂街对面、美术馆的西南方向，那是康设计和建造的最后一个项目（1969—1974 年）。

下面的平面图展示了建筑学院占据上层两层时的空间使用情况。

YAG. 2

地下室平面图，可容纳印刷、图形艺术和摄影工作室。

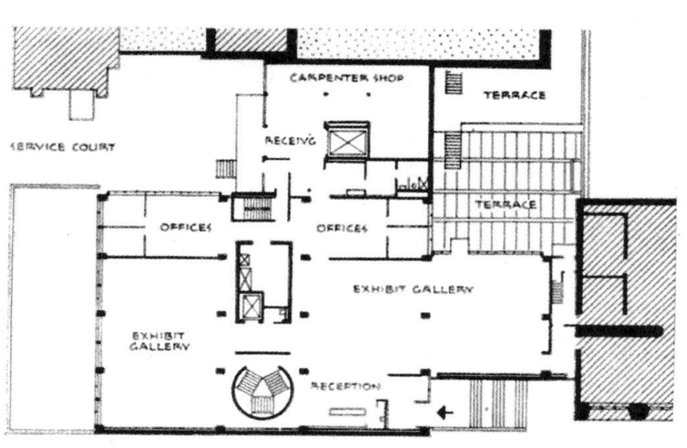

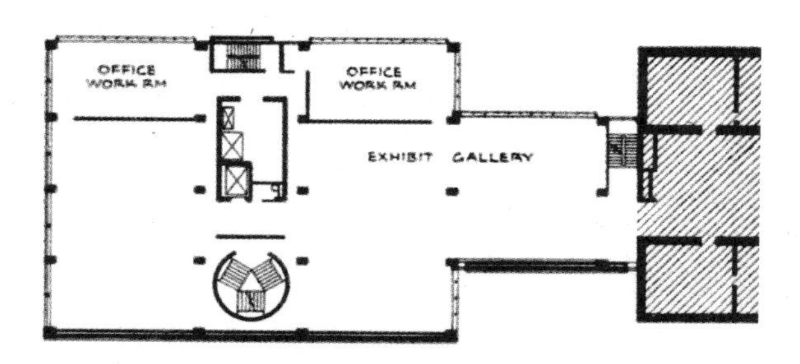

YAG. 3—4

一层和二层平面图，可设展览。

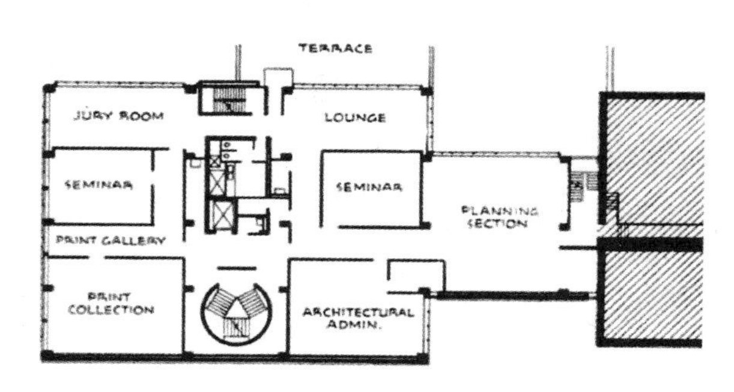

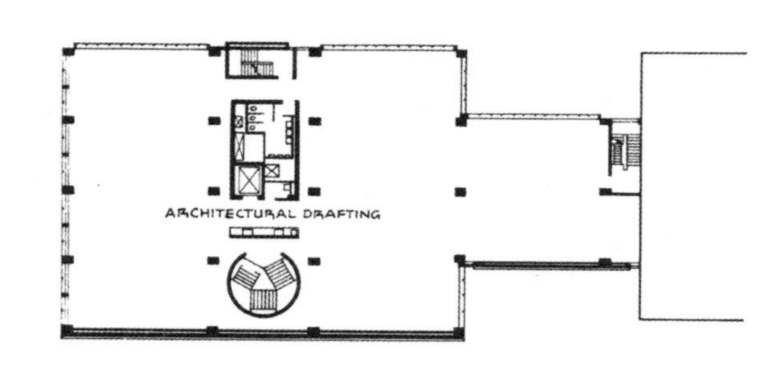

YAG. 5—6

三层和四层平面图，可设建筑学院。

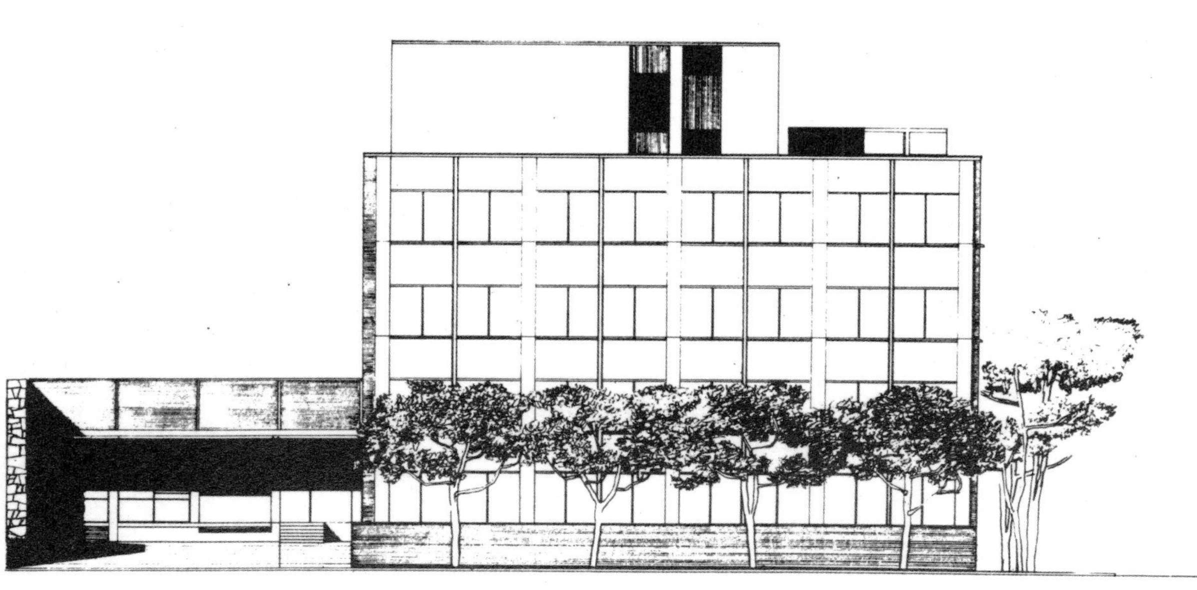

YAG. 7

约克街一层立面，展示了服务区在左侧，上方有露台。建筑物的这一面朝向艺术和建筑大楼。

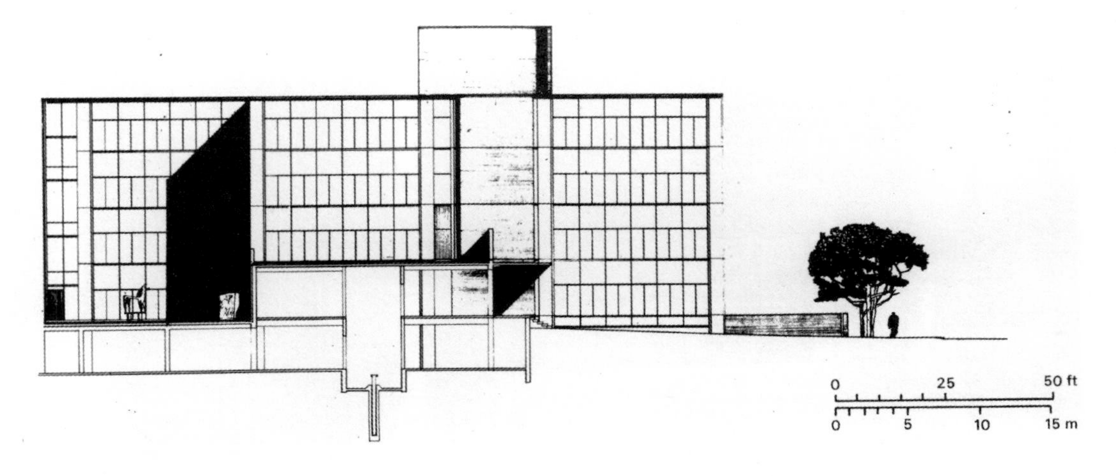

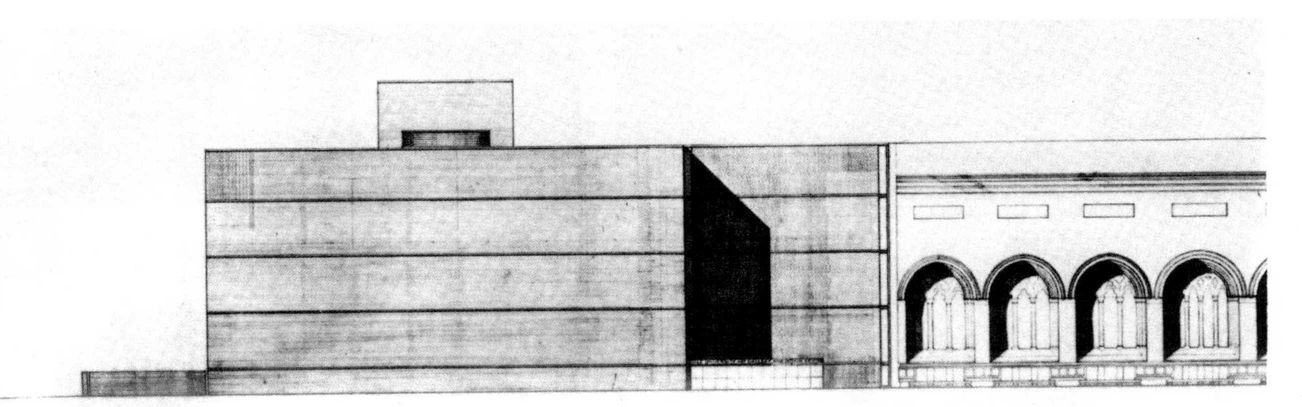

YAG. 8

东北立面，展示了穿过地下室和一楼服务区的剖面。

YAG. 9

教堂街一侧的立面，1951 年 8 月 14 日绘（1951 年 9 月 25 日修改），展示了中央的隐蔽入口和右侧的现有美术馆。砖墙上石条带的投影暗示了楼层的划分。

YAG. 10

剖面。早期版本，展示了带拱顶的天花板结构。该项目最初是一个简单的混凝土梁结构。梁之间悬挂着拱顶，以隐藏服务设备的管线。1956 年华盛顿大学图书馆项目也使用了类似的无方向天花板。

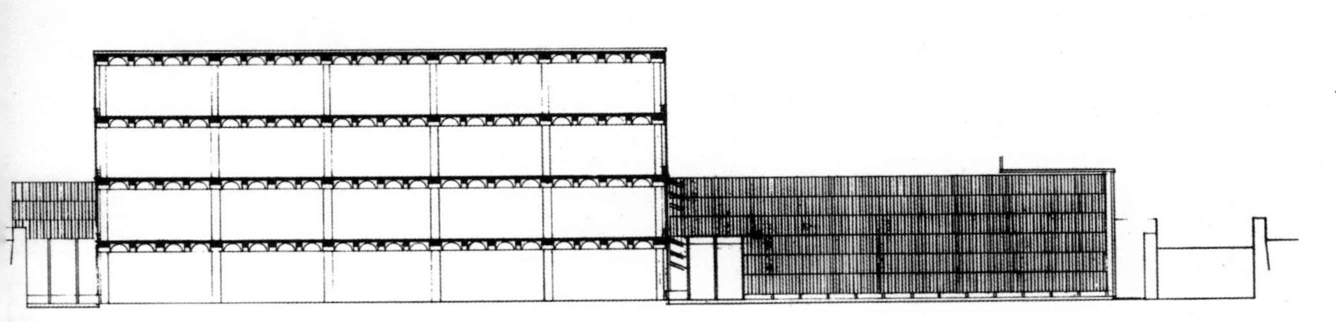

YAG. 11

透视图，左边是陈列室，右边是露台，展示了没有拱顶的顶楼天花板。

“秩序是设计在秩序中的形式。形式从建造系统里慢慢浮现出来。建造是生长的。秩序是一种创造力。在设计中是手段——在何地，是什么，何时，用多少。空间的本质反映了它想要成为什么。”

“礼堂是一个斯特拉迪瓦里斯（Stradivarius）时尚女装，还是一个耳朵？”

“礼堂是指挥家演奏巴赫或巴托克曲调的创造性乐器，还是一个会议大厅？”

“空间的本质是旋转和以某种方式存在的意愿，设计必须紧紧遵循这种意愿。”

因此，有条纹的马不是斑马。

火车站在是一个火车站之前，它是一座建筑。它想成为一条街道，它应街道的需要生长，它应移动的时序生长。

玻璃窗的轮廓交会在一起。

通过本质——为什么？

通过秩序——是什么？

通过设计——如何？

形式是从形式固有的结构元素中产生的。

当出现如何构建圆顶的问题时，就不会想到圆顶。

内尔维（Nervi）设计拱门；

富勒（Fuller）设计圆顶。

莫扎特的作曲是设计：

它们是秩序的练习——直觉。

设计鼓励更多的设计。

设计的意象来源于秩序。

图像是记忆—形式。

风格是秩序：

同样的秩序造就了大象，造就了人。

它们是不同的设计，源于不同的愿望，源于不同的环境。

秩序并不意味着美。

相同的顺序造就了矮人和阿多尼斯（Adonis）。

设计不是在创造美。

美来自选择、亲密、融合和爱。

艺术是一种形式，让生活有秩序。

秩序是无形的。

这是一个创造性意识的层次，它永远在提升。

层次越高，设计就越多样化。

秩序支持融合。

想要将空间变成什么，建筑师可能会发现陌生感。

他将从秩序中汲取创造性的力量和自我批评的力量，以形成这种陌生感。

美将进化。

YAG. 12

透视图。

主入口区域位于教堂街的凹龛内，因此西南立面保持空白。

YAG. 13

浇混凝土前的天花板视图，展示了可重复使用的金属形式。

“在一个重要的方面，过去的建造者比现在要轻松得多，他们不用担心管道、风道、水道和数不清的机械管。”

YAG. 14

展厅视图。

“人们可能会觉得，只有那些逃避自我、需要石膏和墙纸来获得情感安全感的人，才会在这座建筑里感到不舒服……在这个空间里，没有室内设计师的空间。”

设计了三种类型的墙板，都是5英尺宽的，这样可以方便地适应阁楼的空间安排。两种尺寸的房间由简单的面板分隔，其中一个是中空的，用作回风管道。第三种是“弹簧单高跷”（Pogo Stick）面板，面板的顶部和底部都装有弹簧支架。它可以压在任何可用的地方，作为展示背景或大面积房间的局部划分。

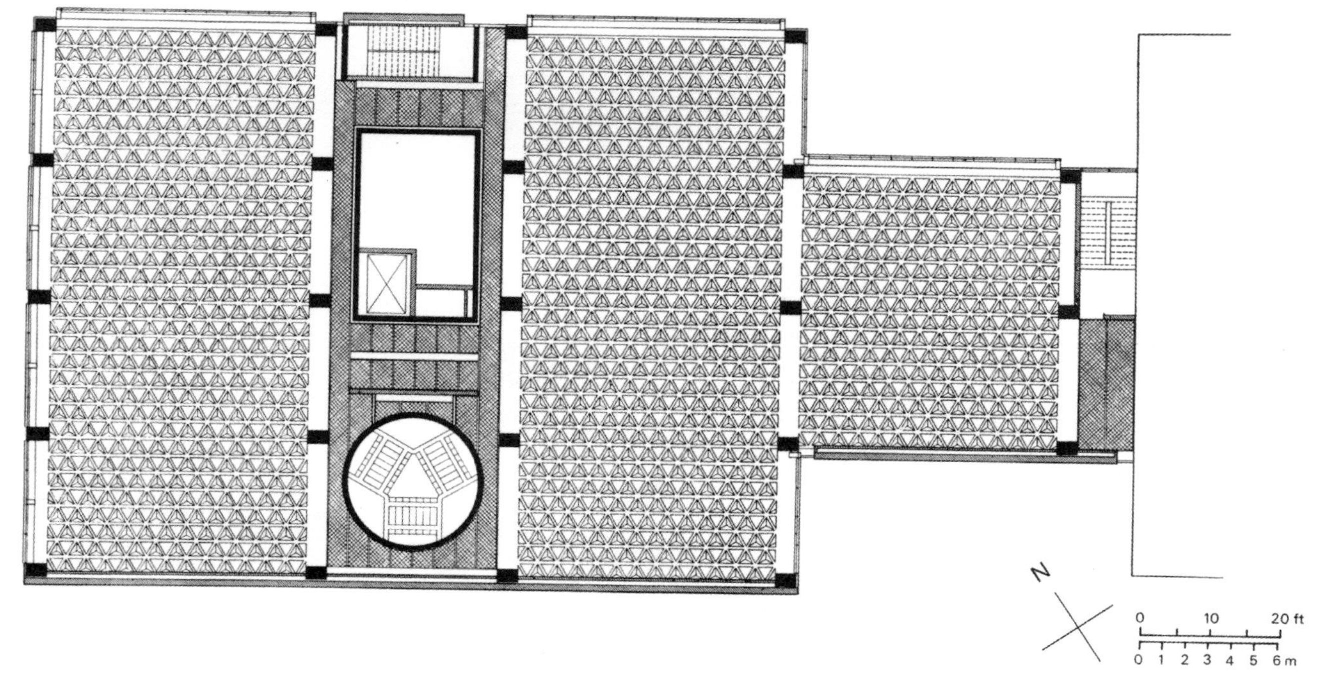

YAG. 15

反射天花板图，最终的结构概念。

艺术馆的楼面结构源自由四面体元素组成的空间框架。四面体连接处的剪切问题要求对设计进行修改。结果是一个带有倾斜的格栅和连续水平空隙的结构，其中包含电道和气流分配管道。

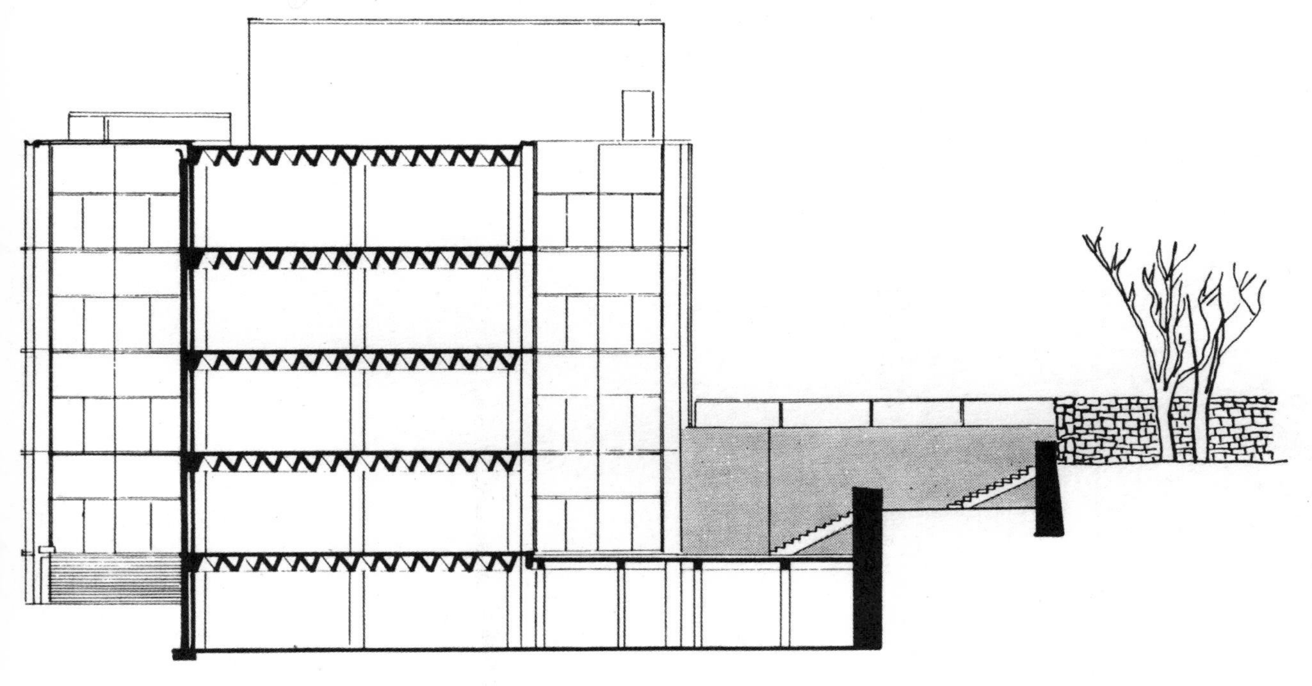

YAG. 16

横剖面，右侧是后院的露台。

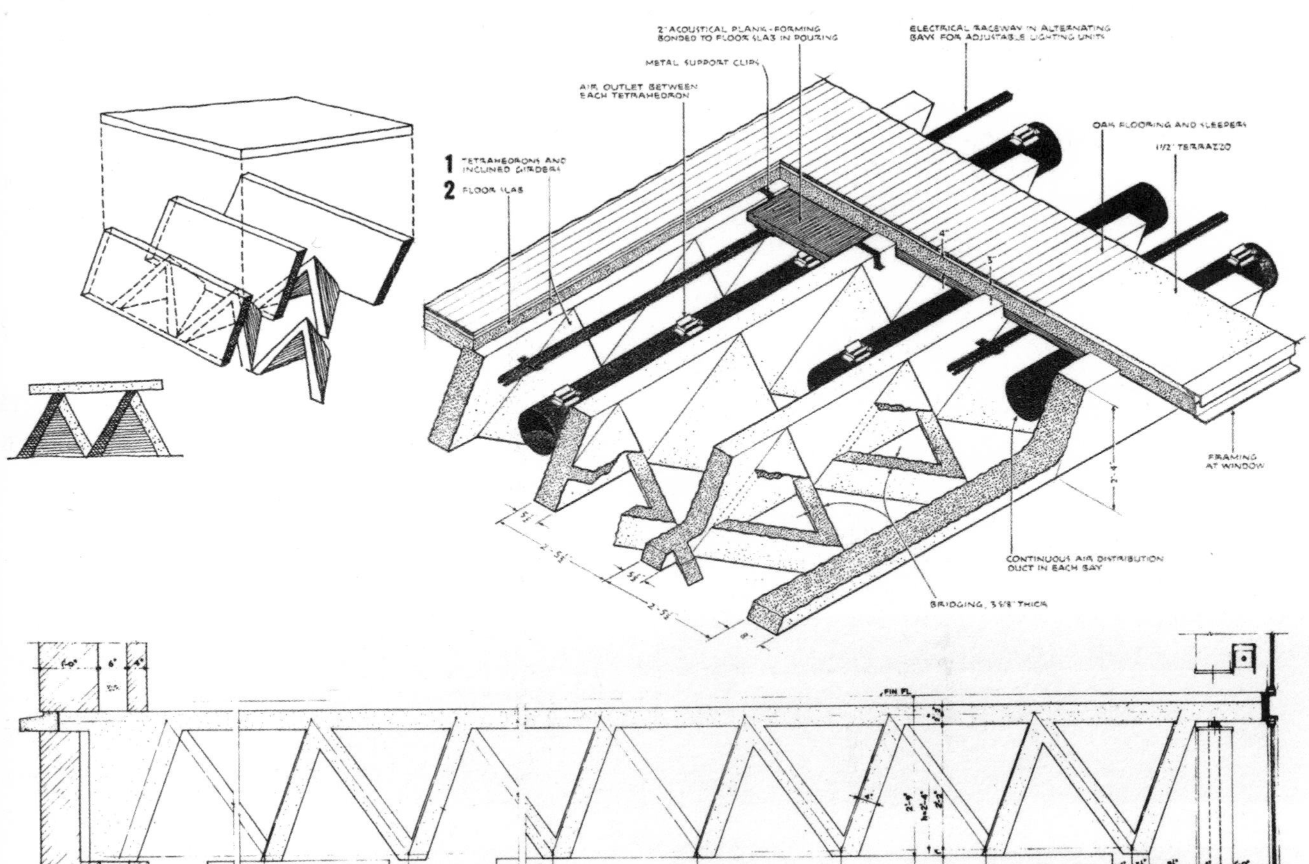

YAG. 17

等轴测图。

空气分配系统提供了均匀的通风，因为穿过每个机架的圆形管道通过管道顶部的小开口向三角形的空隙输送少量的空气（最高20立方英尺/分钟）。每个开口都配有一个双百叶窗式风门，用于单独控制。供应管道由中央核心的管道提供。电缆管道能放入可调照明单元。天花板上的装置使下面的展览空间可以完全灵活地布置。

YAG. 18

天花板的细部平面和剖面图，1952年4月18日绘。混凝土楼板结构跨度40英尺。31英寸深，有一个4英寸厚的顶板。

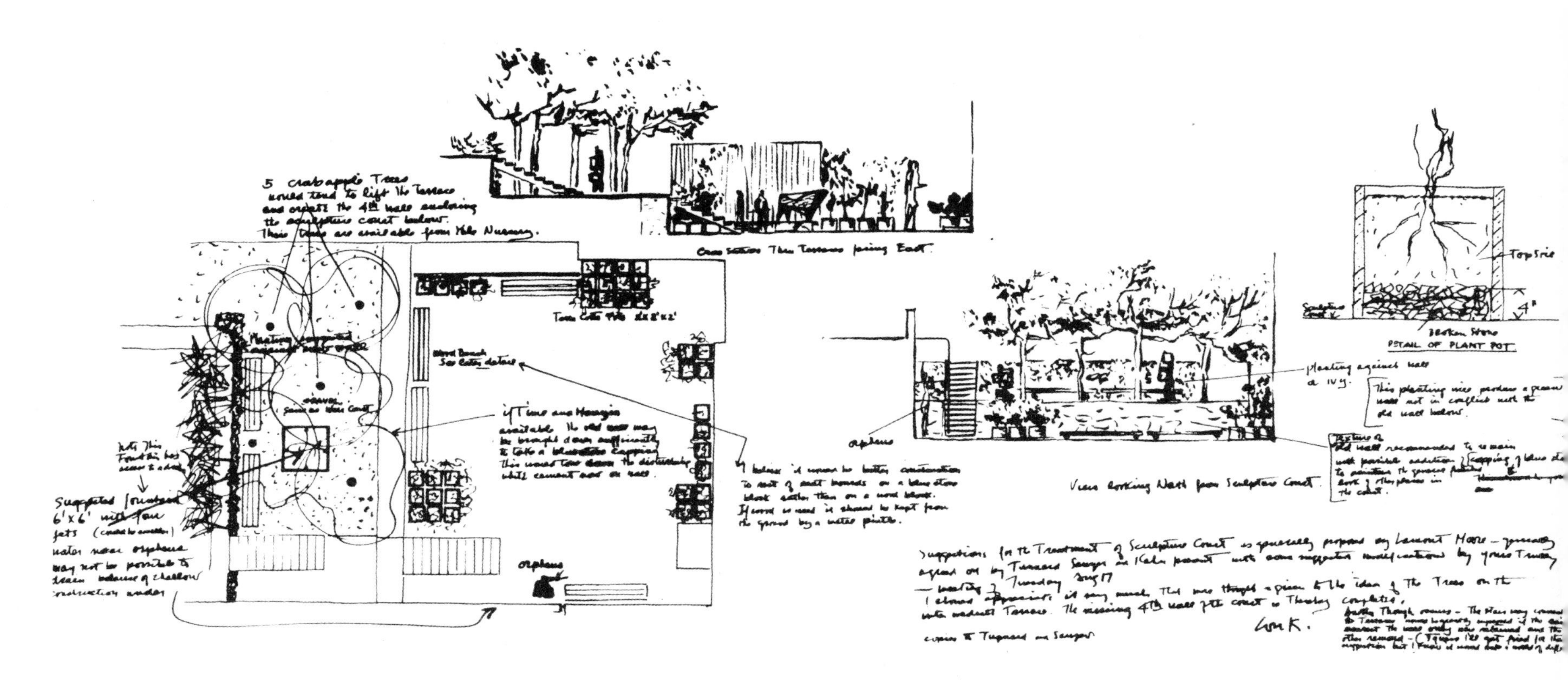

YAG. 19

关于雕塑庭院的平面图、剖面图和细节。

“1954 年 8 月 22 日，致亲爱的拉蒙特。

横剖面，穿过露台，朝东。

5 棵海枣树将抬高露台，并带来第四堵围墙，包围下方的雕塑庭院。这些树可从耶鲁苗圃（Yale Nursery）获得。

套管尺寸 2 英尺 ×2 英尺 ×2 英尺。

建议植物背靠新墙。

砾石，和威尔庭院（Weir Court）一样。如果有足够的时间和金钱，可以拆除旧墙，用一个蓝色的石头封顶。这样可以淡化现在墙壁上令人不安的白水泥。

木质长椅。

后面看到细节。

我认为最好是把座位板放在青石上，而不是放在木块上。如果使用木材，应该用金属销与地面保持距离。

建议喷泉 6 英尺 ×6 英尺，有 4 个喷口（可以更小）。

注意这个喷泉有排水。

俄耳甫斯像（Orpheus）附近的水可能无法排出，因为地下有浅层建筑。

花盆细节。

靠墙或常春藤种植。

植物将产生一个绿色的墙，不会与下面的旧墙冲突。

从雕塑庭院向北看。

建议保留旧墙的纹理，并可添加（覆盖蓝色的石头），使它和其他庭院的外貌保持一致。

对雕塑庭院的处理建议一般由拉蒙特·摩尔（Lamont Moore）提出，唐纳德（Tunnard）一般也同意。索格（Sauger）和康提出了一些有意义的修改。

8 月 17 日星期二会议。

如果能多考虑一下中间梯田上的树，我会很感激的。这样的话，缺失的第四堵墙就被补齐了。

另一个想法出现了——如果只保留最靠近墙的栏杆，另一条栏杆被移走，连接露台的楼梯将会得到极大的改善——（我想我会因为这个建议被解雇，但我知道这将使世界变得不同。）

抄送给唐纳德和索格。

路易斯·康。”

YAG. 20
东北立面视图。

YAG. 21
主入口视图。砖墙上石条带的投影暗示了楼层划分。

德·沃尔住宅（1954—1955年）

蒙哥马利县，宾夕法尼亚州

为韦伯·德·沃尔夫妇（Mr. and Mrs. Weber）设计的住宅在蒙哥马利大道（Montgomery Avenue），斯普林菲尔德镇（Springfield Township）。

康在这里继续他的研究——由一系列的方形单元组成的房子，通过在它们之间设置一道长长的挡土墙，这个项目表达了“居住”和“就寝”区域的明显分离。

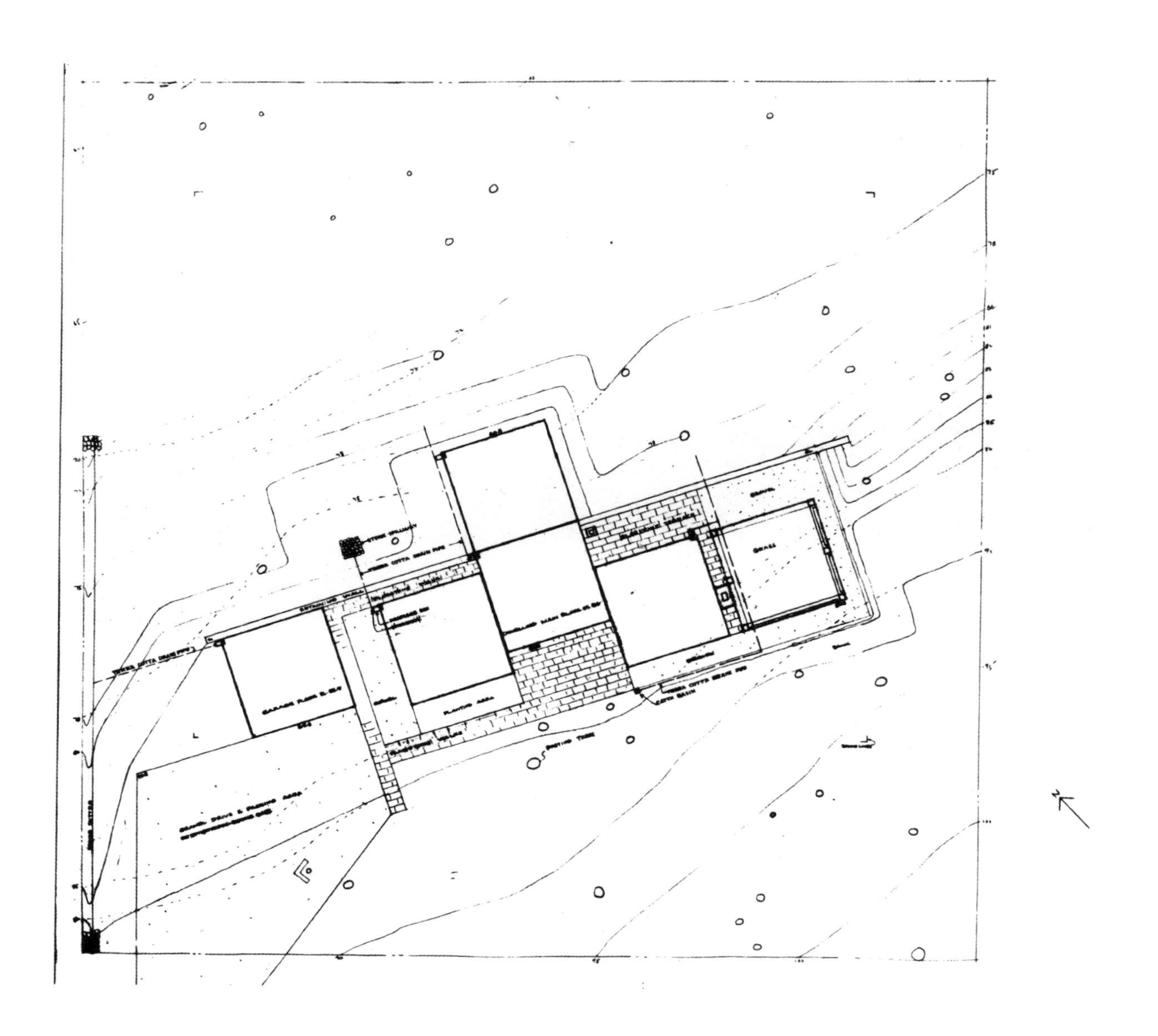

VOH. 1

平面图，早期的版本，展示了由6个正方形单元组成的房子。它位于近乎正方形地块的中间，没有破坏现有的树木，并遵循倾斜地面的自然轮廓（北角高于海平面58英尺，南角高于海平面102英尺）。从蒙哥马利大道到住宅的道路位于地块的西侧，车库就在那里。

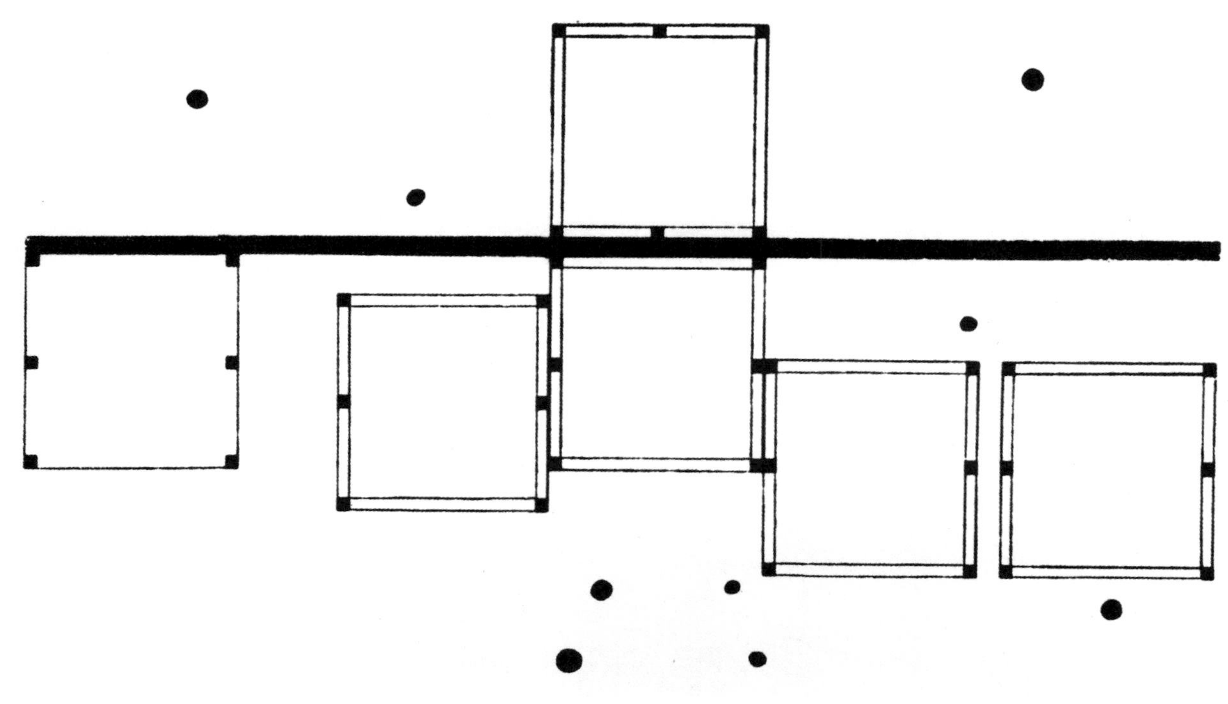

VOH. 2

示意图。

该住宅由6个24平方英尺的区域组成，并沿挡土墙排列。

“到广场有6个18英寸正方形砖墩，屋顶托梁是成对的2英寸×12英寸，彼此成60°倾斜。”

“厨房要变成客厅。卧室本身想成为一个小房子。汽车就是有轮子的房间。”

“在寻找房子空间的本质时，在聚集在一起之前，理论上它们可能不会彼此分隔一段距离。预先确定的整体形式可能会抑制对于不同空间的期望。”

“不加反思地接受建筑诠释，可能会掩盖对真实本质和更高秩序的探寻。”

“建造的秩序应该意味更多样化的设计，以解释空间渴望成为什么样的，并在表达楼层、服务、太阳、风和雨这些永恒的问题时表现出多样性。”

VOH. 3—4

西立面和东立面，早期版本，展示了挡土墙的一部分。

VOH. 5

南立面，早期版本，左侧是车库，右侧是无顶的花园广场。

“桥墩之间的空间由砖洞墙和玻璃围成。空腔墙的砖以非支撑的方式铺设，以区别于砖支撑墩。空心的‘小房子’插在桥墩上没有保护的地方。其中一个在每个方形屋顶区域的顶部是开放的，作为屋顶排水沟，并有一个出水口用于喷水。”

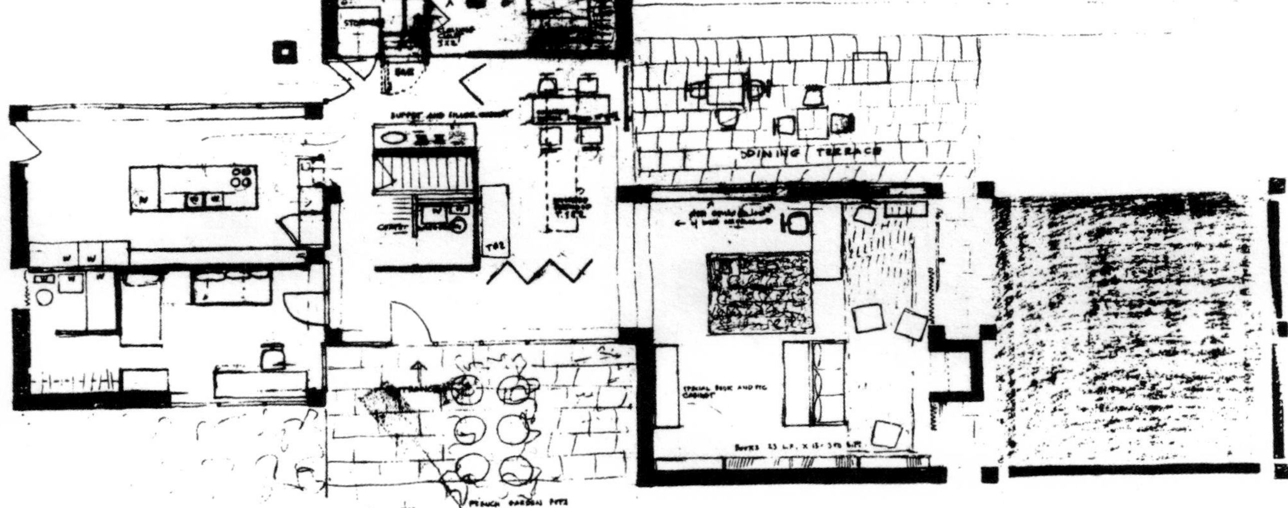

VOH. 6

北立面，早期版本。

挡土墙从两间卧室单元的下方穿过。

VOH. 7

一层平面草图，展示了 4 个广场的“生活”块，北面没有卧室块。

浅浅的南庭院被两排“法式花园花盆”划分为入口部分和客厅前的中性区。

通往地下室的楼梯还没有在办公室和两间卧室单元之间的柱间服务区找到最终位置。

壁炉位于客厅的方形单元外，使花园广场与“生活”单元分隔，从而丰富了客厅与花园庭院的视觉联系。草图上的注释指的是家具和橱柜。

参照

PE 3—1955
CA 7/1960
AY 9—1960

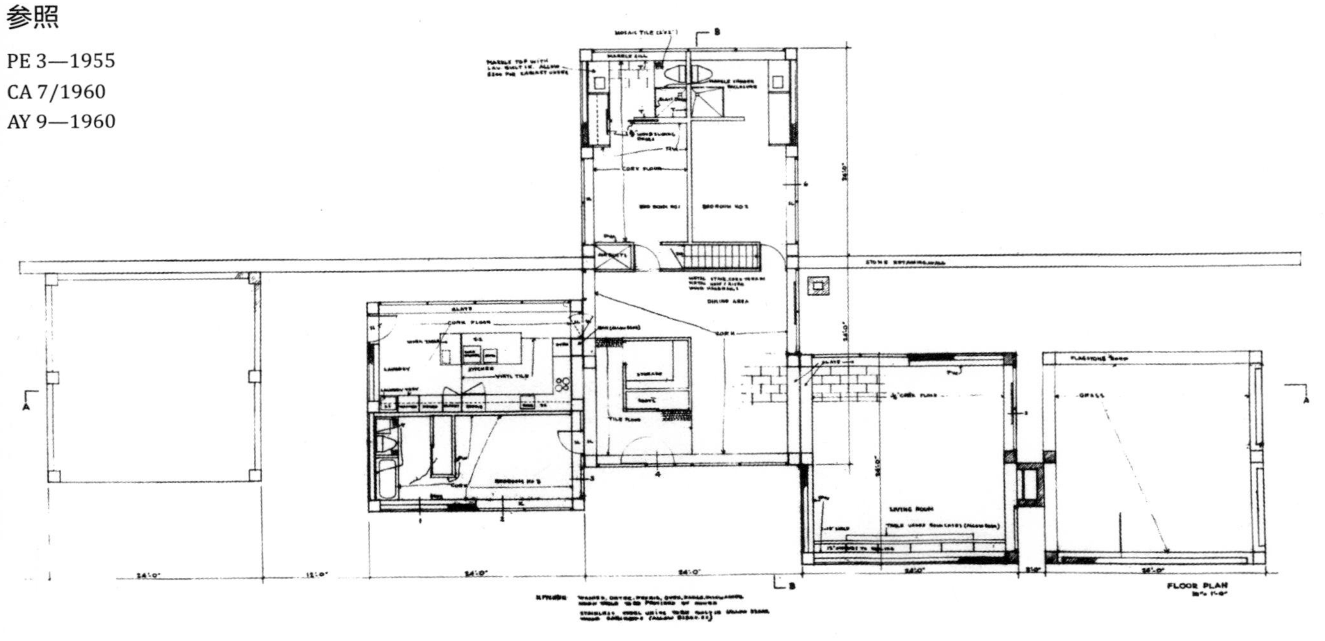

VOH. 8

一层平面图，1955 年 2 月 3 日，最终版本，说明地板饰面和内置家具 / 橱柜的注意事项。之后提出的措置有：将金属楼梯放置在挡土墙右边，安装软木踏板；突出部分和立管为金属，扶手为木制。除了厨房和入口区域将使用乙烯基和瓷砖，4 个区域的起居和就寝区域的地板将用软木。除了浴室墙壁铺瓷砖外，整个房间都将使用胶合板墙板。所有的窗台和地板连接（连接正方形）都采用与柱子等宽的石板（除了浴室窗户的大理石窗台）。厨房台面采用不锈钢（2000 美元）和木橱柜（1000 美元）。洗衣房需要的洗衣机和烘干机。冰箱、烤箱、洗碗机和工作台由业主提供。

VOH. 9

北立面，展示了中间的方形就寝区域在砖墩上凸起。

地板和屋顶结构是腹板钢托梁或四面体结构。左侧是起居室，起居室高于其他区域，并且通过烟囱与开放式花园庭院相连。右侧是独立的车库。

阿德勒住宅（1954—1955 年）

日耳曼敦，马里兰州

为弗朗西斯 · 阿德勒夫妇（Dr. and Mrs. Francis Adler）设计的住宅，位于日耳曼敦（Germantown）戴维森路（Davidson Road）。

最初，康被委托更新现有住宅的厨房，但是按照他深入研究问题的习惯，他提出了全新的住宅方案。

在阿德勒和德 · 沃尔住宅的项目中，康为传统的功能主义建筑方案增加了一个新的维度。他开始把房子看作一组由共同的几何和构造因素定义的空间单元。并且说明“柱子应该被视为空间创造中的一件大事”。康表达了这个概念的基本建筑方向，而不是可能的“容器”技术概念，那是在 10 年后随着建筑电信学派（Archigram）的作品而流行起来的。

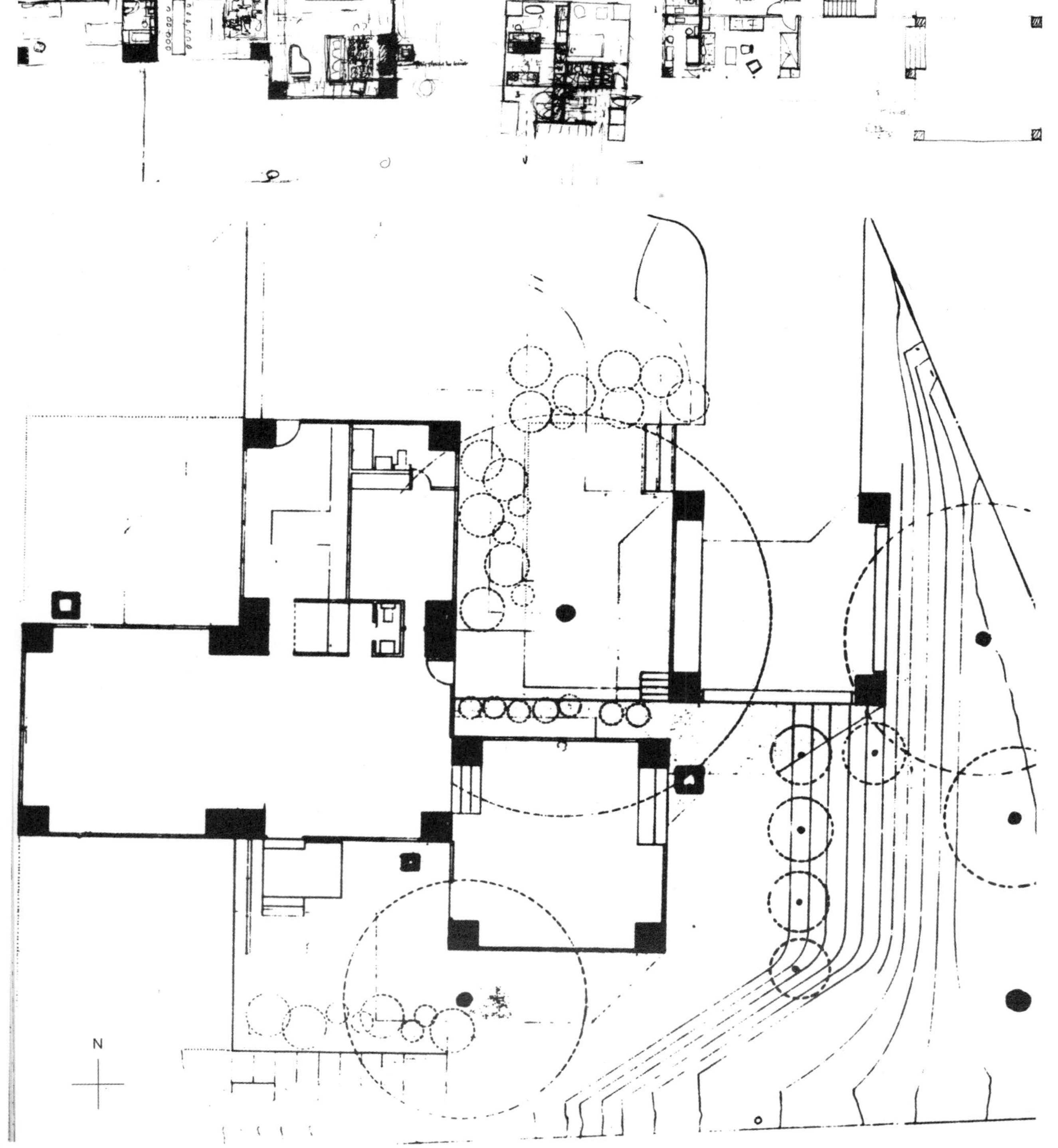

ADH. 1—2

一层平面图，展示了厨房服务单元的备选方案。

“我会用一个选定的数字，可能是 4，来决定房间的边数（任何边数）。”

“然后插入所有不承重的封闭材料——石头或玻璃。”

ADH. 3

一层平面草图，早期版本。

建筑方案的复杂需求由空间单元来满足，这些空间单元由柱子和楼板系统的共同秩序组成。这些单元的组合带来了意想不到的作用，无论是在空间上还是在服务设施的布局上。后者倾向于单元之间的连接区域。

ADH. 4
南立面草图，早期版本，带平顶。

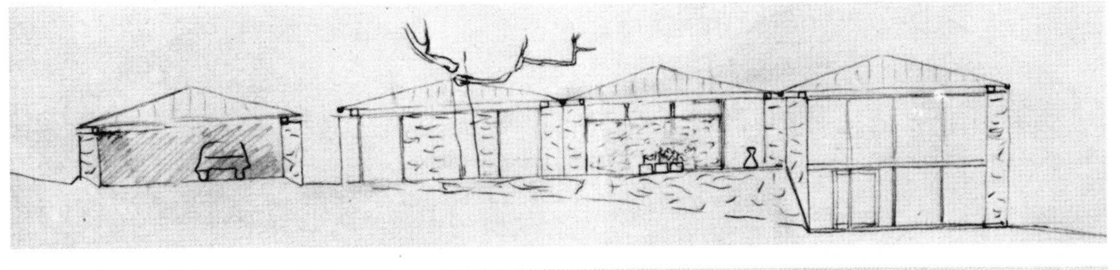

ADH. 5
南立面草图。

ADH. 6
北立面草图。

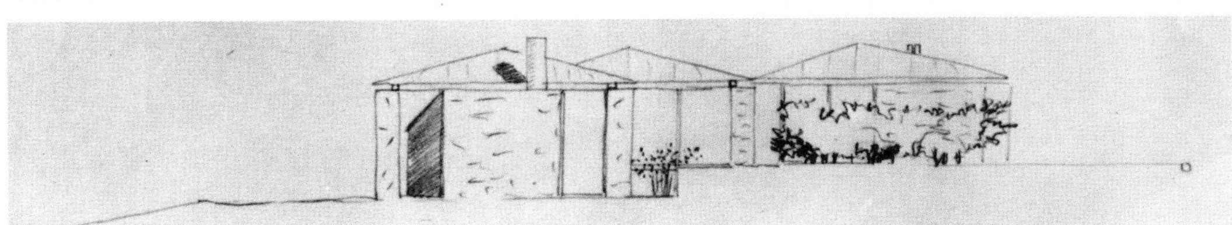

ADH. 7
东立面草图。

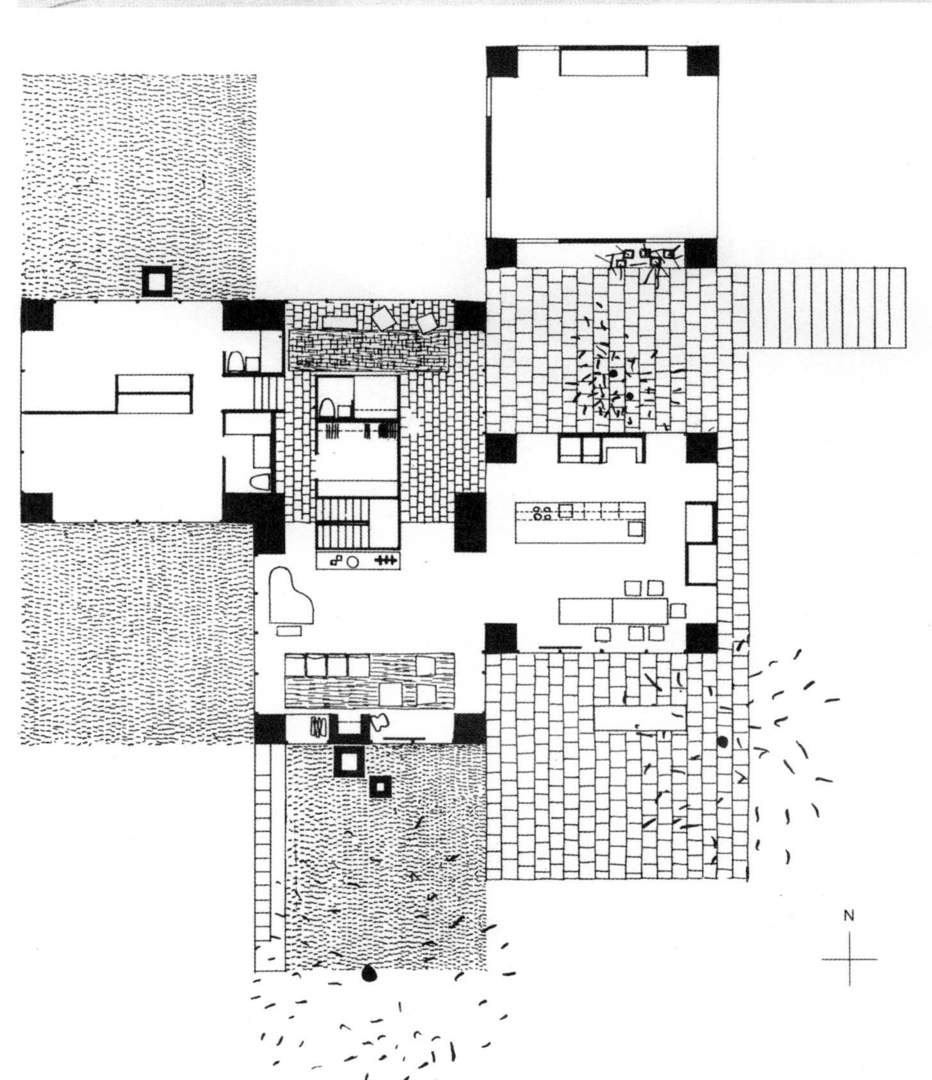

ADH. 8
首层平面图。
房屋是5个26平方英尺正方形单元的集合。
“3英尺6英寸见方的石墩分布在每个正方形区域的四角……石墩之间的空间形成了衣柜、卫生间、壁炉、竖井和楼梯间。”

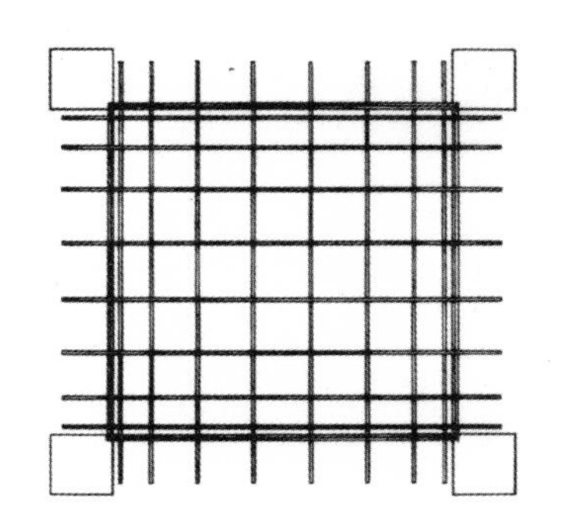

平面草图，展示了其中一个单元的屋顶木结构。
“每个正方形单元都是完整的结构。十字交叉的木结构屋顶搭在石墩的内边。每个正方形单元的屋顶区域都有独立的支撑和排水，并且从地面和空中看都是一个实体的形态。十字交叉节点的系统的内在特性让这里能够容纳管井和悬臂。”

ADH. 9
南立面，最终方案。

阿代什·叶舒伦犹太教堂（1954—1955年）

蒙哥马利县，宾夕法尼亚州

该项目为阿代什·叶舒伦（Adath Jeshurun Community）设计，位于埃尔金斯公园（Elkins Park）。

AJS. 1—6

平面研究，（粘贴在纸板上的彩纸）展示了结构和座位安排的方案深化过程。

这一部分研究展示了康对多个方面的重点关注。由图可见，康在考虑空间布局时，不仅同时从功能和定量的角度出发分析用户的使用方式，还希望能通过布局表达结构的几何美和空间形式的突出性。

“这个空间的预期结果是变成一个在树下集合的地方。”

康在这里寻求的是所有要素中最高的秩序——古老的整体性。

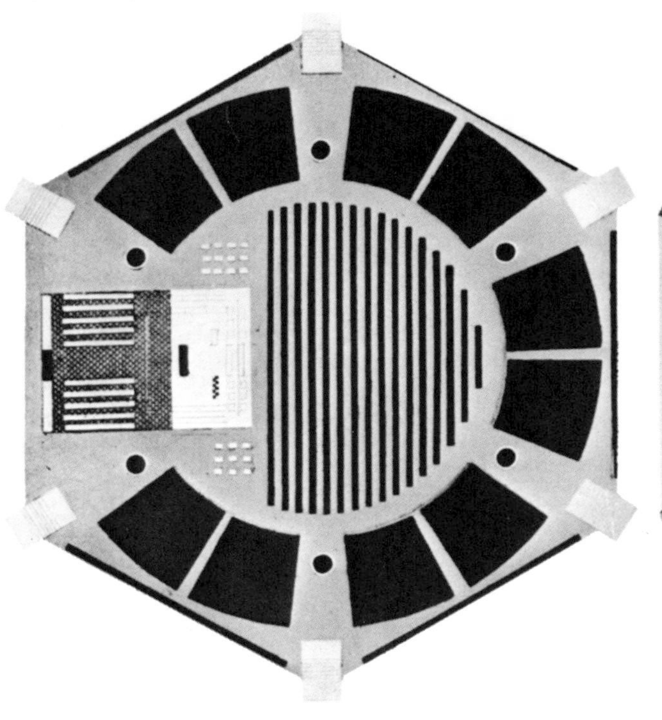

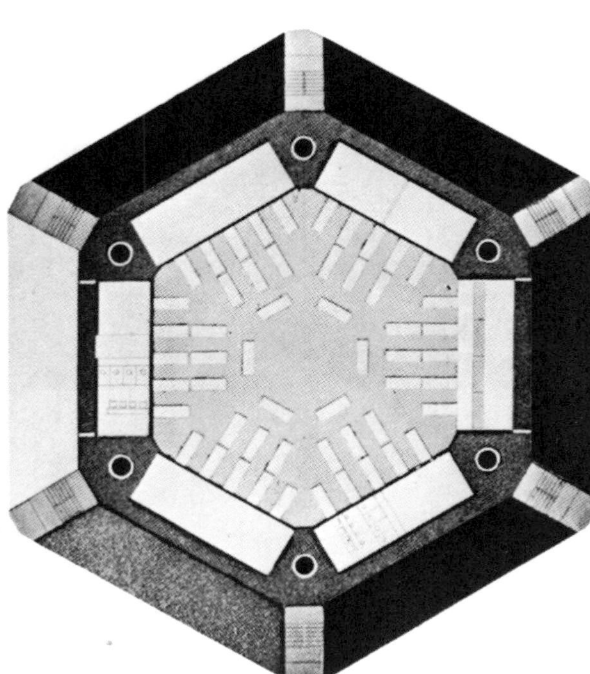

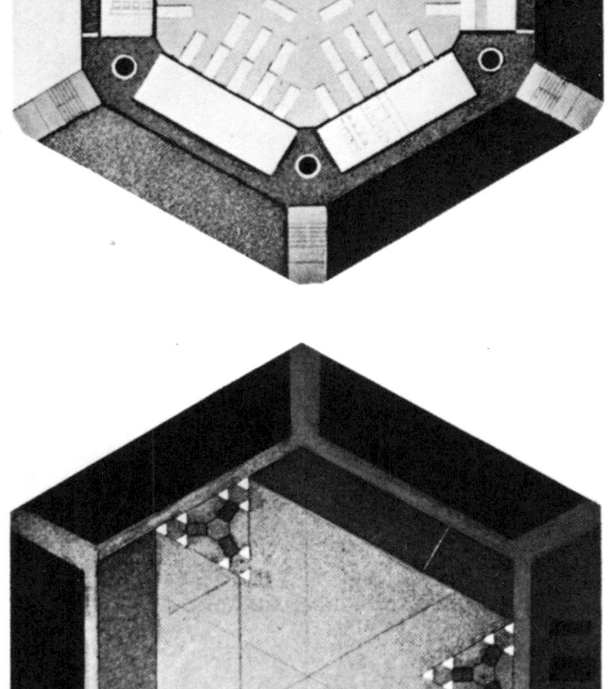

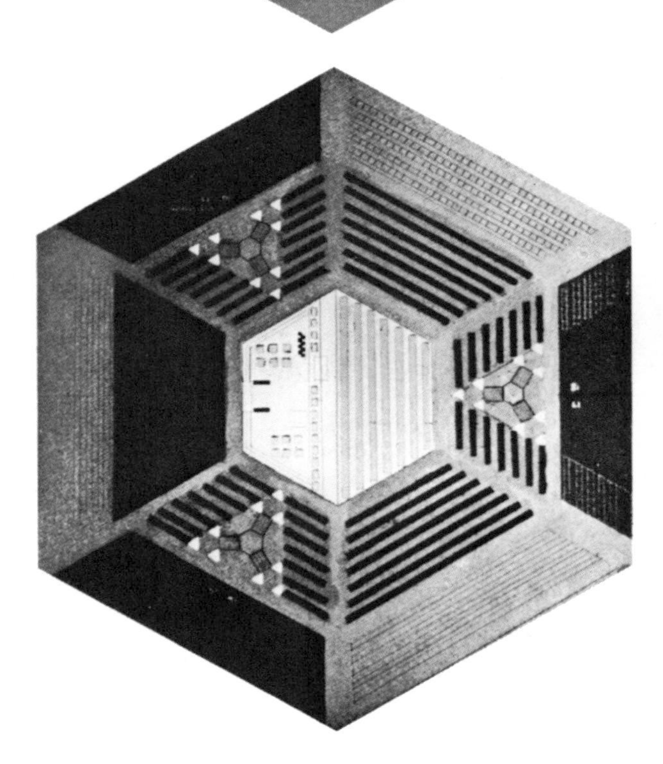

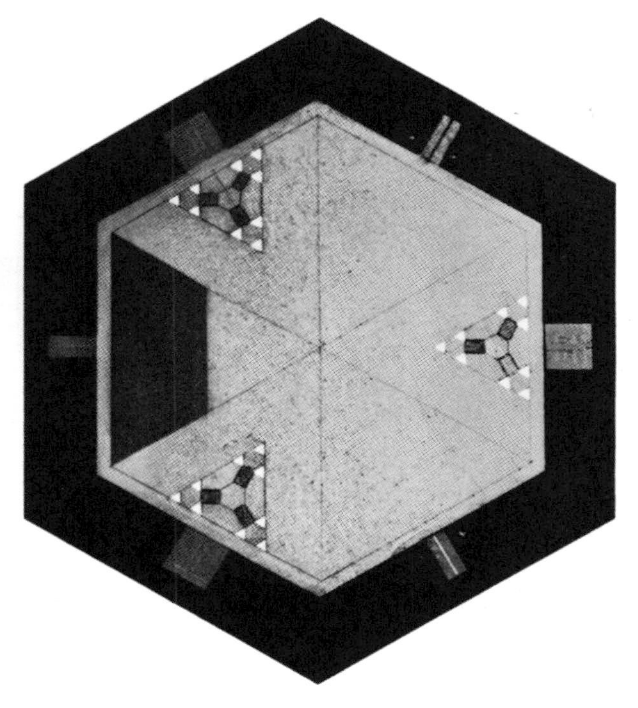

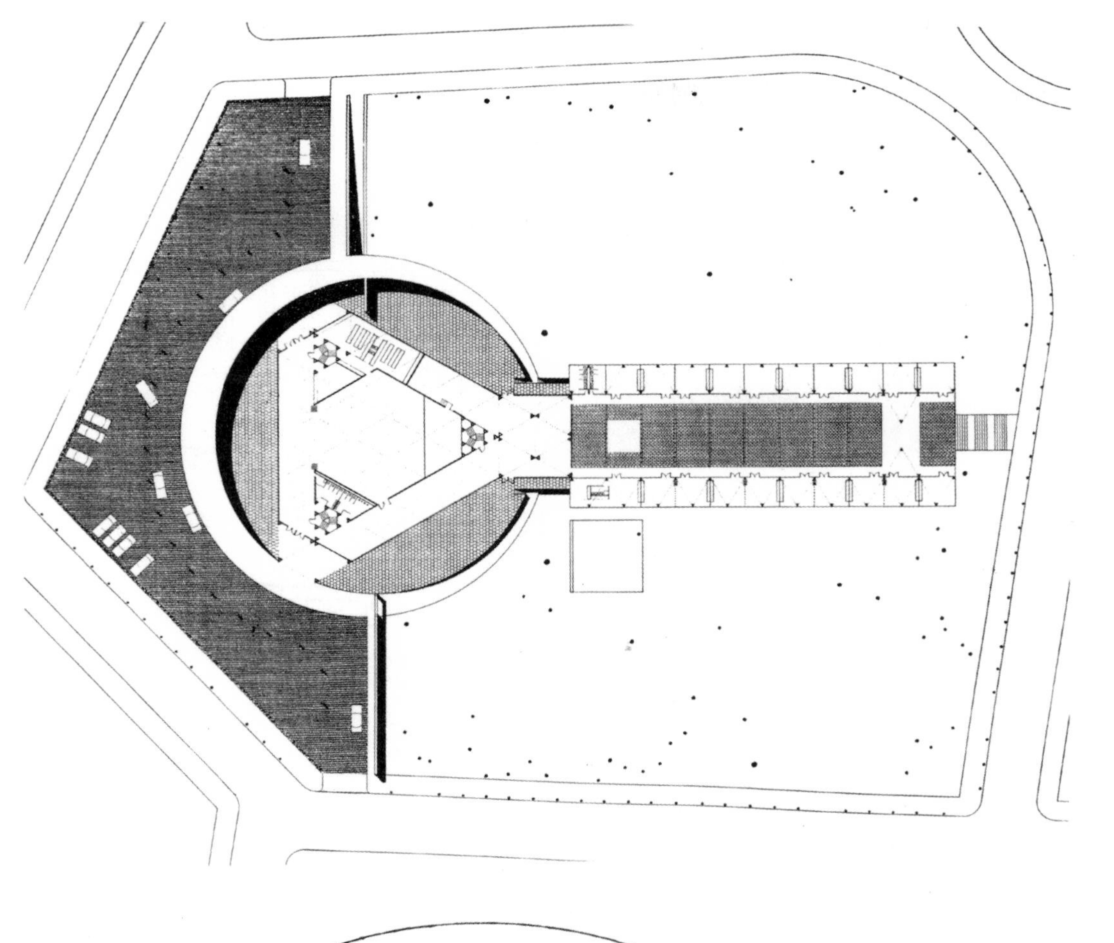

AJS. 7

首层平面图。

“这个宗教集会建筑在圆形广场之中，后者在一个5亩的庄园的坡地上。随着地表起伏的承重墙在广场上投出半月形的阴影。汽车停泊处略微倾斜的设计意在让移动更加缓慢。停车与移动区域相隔20英尺，被大约一人高的柱子隔开。这些柱子也用于照亮停泊区的鹅卵石铺路。环形的人行道与停泊处一样有6%的坡度，高于广场，接着慢慢下坡以满足东面的交通需求。场地中剩余的部分，保留了场地的原有地形，被设置为休息的区域。”

“犹太教礼拜场所（Beth Knesset）或叫集会所（House of Assembly）占两层，每层有不同的使用功能。在低层（广场标高）是大礼堂和服务于社会和文化功能的空间，高层则是犹太人教堂。”

“教习所（Beth Sefer）或叫书院（House of Books）在集会所旁边。教室与修炼冥想的内庭相连。”

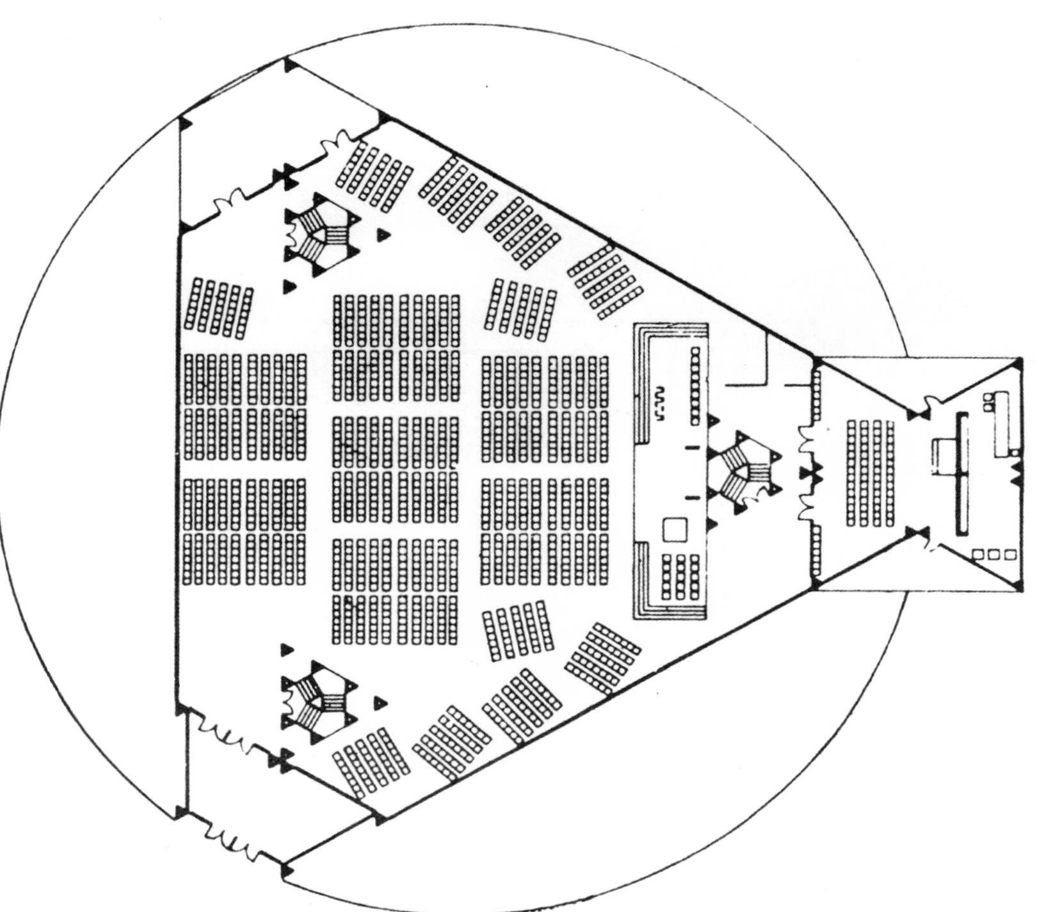

AJS. 8

二层平面图。

“3个主要的柱群，每个柱群由9个柱子组成，形成边长为26英尺的开放三角形，支撑了四面体的空间板。这3个区域的柱子不断展开，形成了南北两侧的入口区和门廊。它们继续展开，在东侧诵经坛（Bimah，犹太人教堂中的抬高的平台）的后方形成了研经堂（Beth Midrash）或叫研习礼拜堂（Study Chapel）。”

“每个柱群内部都有一个楼梯，仿佛困在巨大的空心树干中一般。柱子像手指一样分杈，连接地面和屋顶。”

AJS. 9

模型视图。

AJS. 10

平面和剖面草图。

有一段时间，康考虑过使用四面体结构。

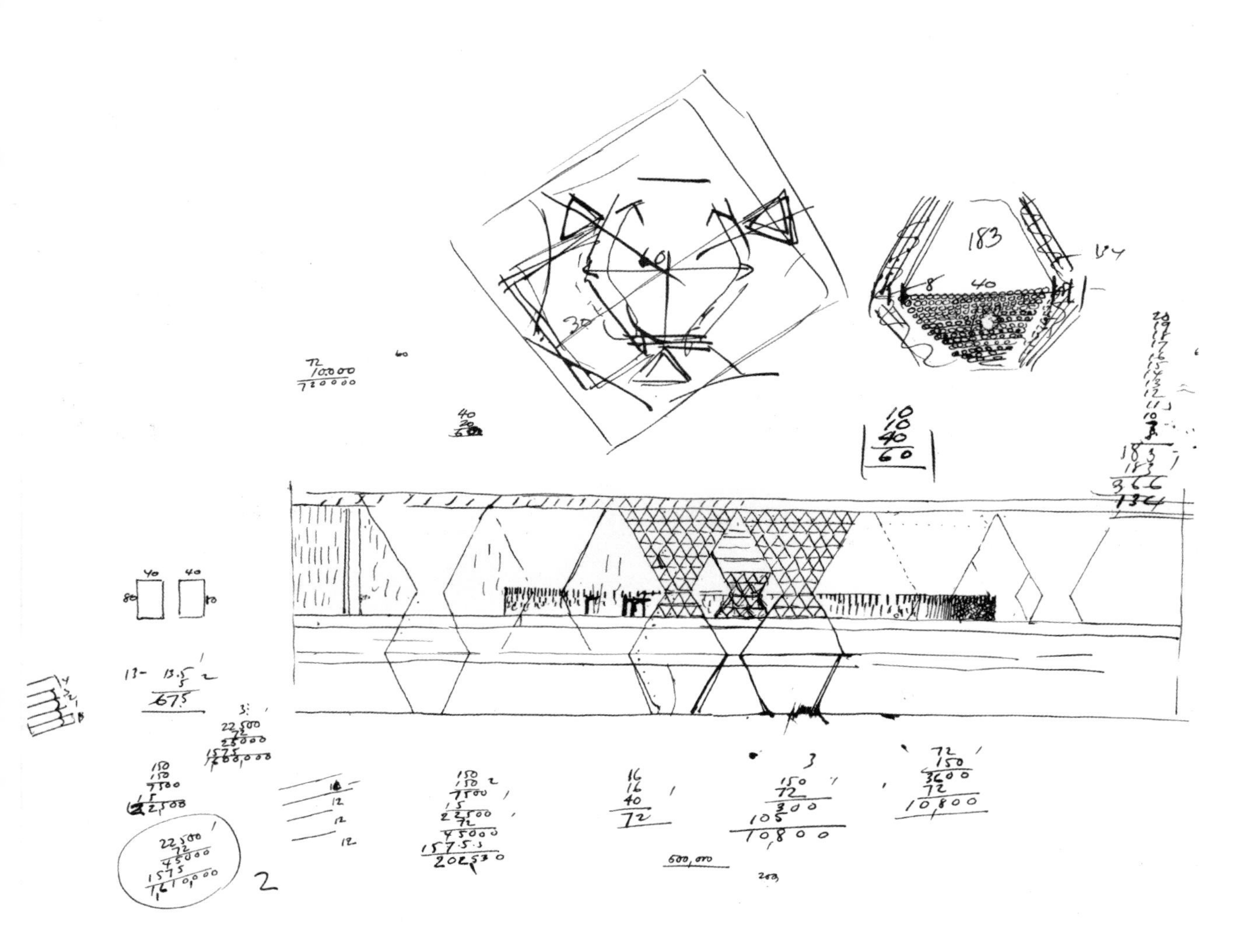

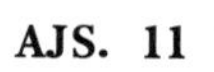

AJS. 11

剖面草图，1954 年绘。

这份草图绘于耶鲁大学美术馆（Yale Art Gallery）完成之后。

康评论道：

“一个四面体混凝土的地面在呼唤一个有着相同结构的柱子。”

“一个柱子仍然应当被视为塑造空间的重要元素，但它经常只作为支撑结构或装饰道具存在。”

AJS. 12

剖面草图，1955 年绘。

这份草图可能让文森特·斯库利将这个项目与弗兰克·劳埃德·赖特（Frank Lloyd Wright）的项目“光之山（Mountain of Light）”进行联想和比较。“光之山”，即贝丝·肖洛姆犹太教堂（Beth Sholom Synagogue），1954 年，位于费城埃尔金斯公园。

（彩色图片在 439 页）

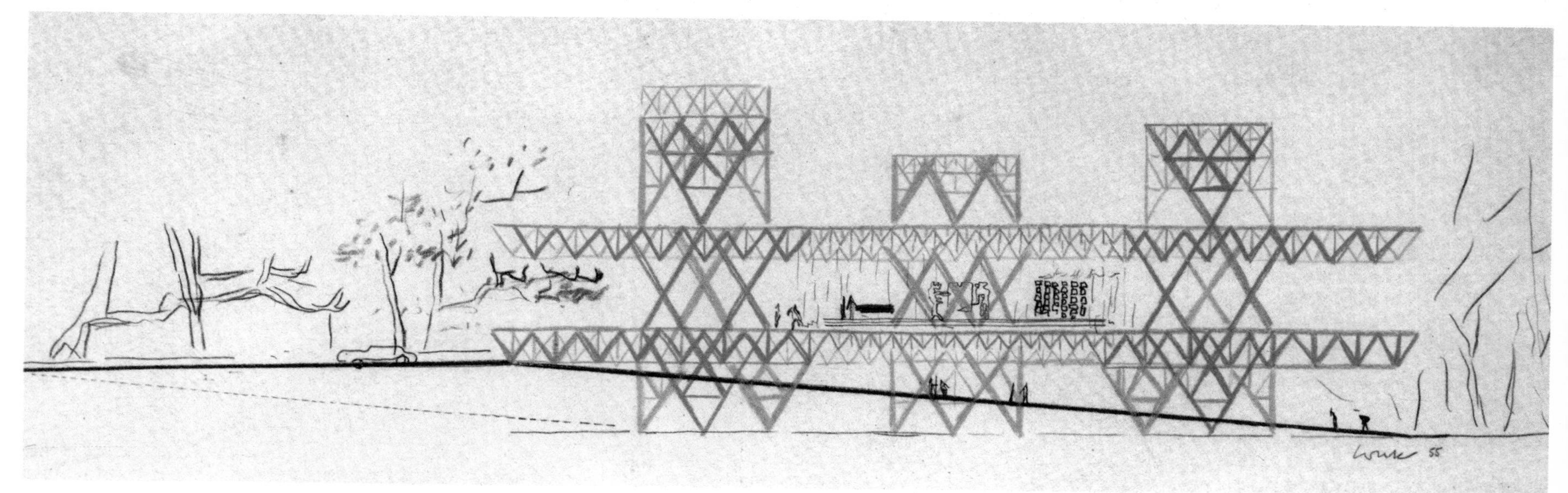

AJS. 13

剖面细部，1954 年绘。

康想怎样为巨大的浅空间提供照明，我们不得而知。显然，他原来的打算是让三棵树穿过屋顶，让光随柱子洒下。

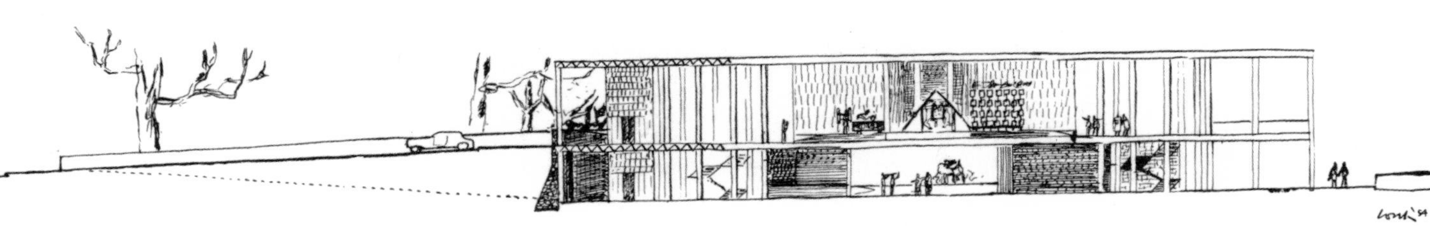

AJS. 14

剖面研究，1954 年绘。

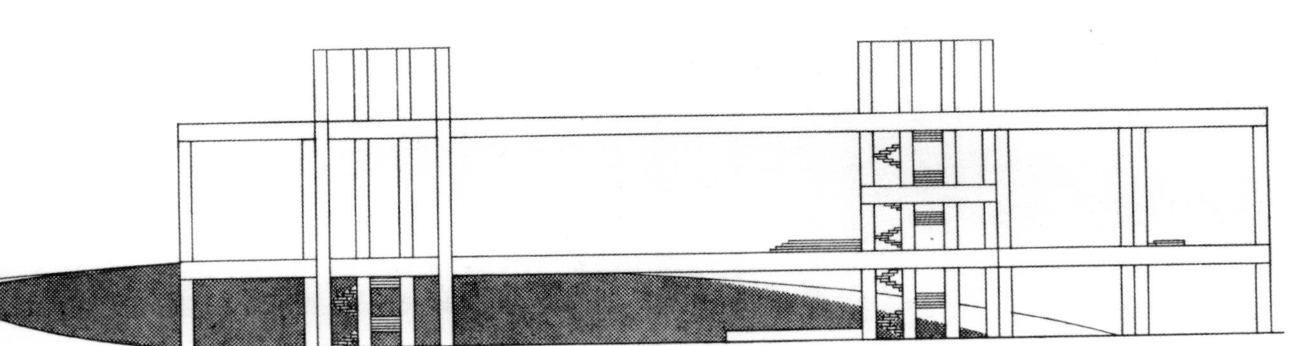

AJS. 15

剖面草图，展示了支撑结构的骨架。

AJS. 16

立面研究，展示了三角组成的表皮。

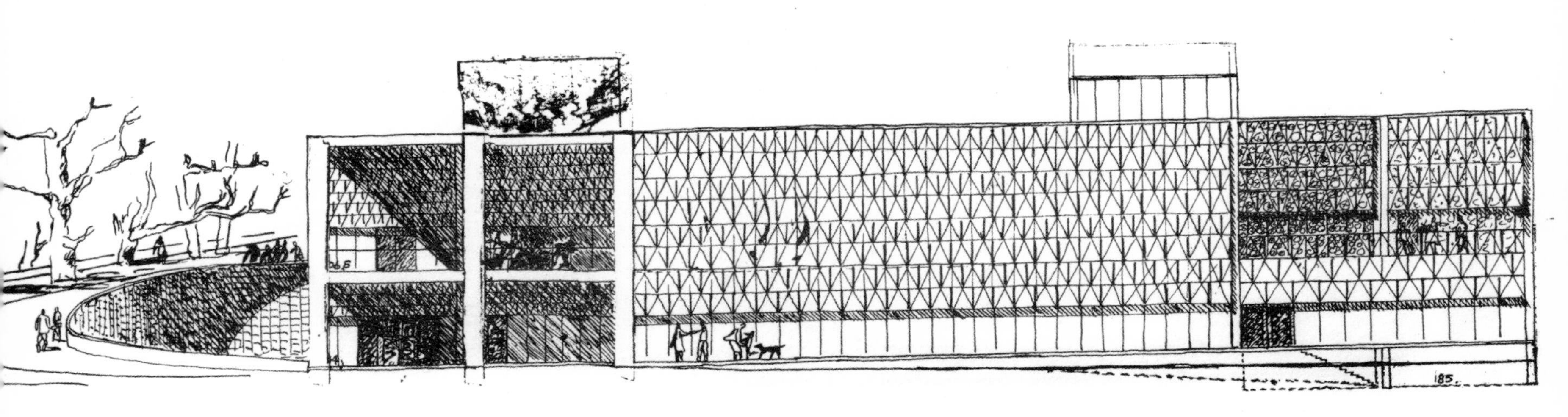

AJS. 17

立面研究，1954 年绘，展示了犹太教堂和左侧停车区域方向道路的场景。建筑的右侧是学校和管理办公室。

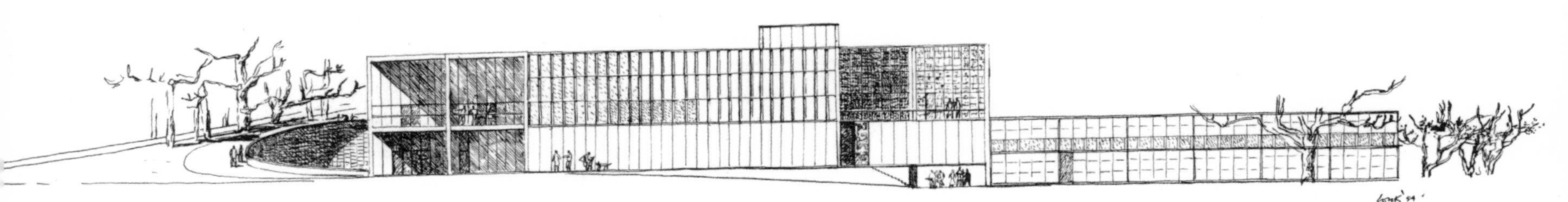

AFL-CIO 医疗服务中心（1954—1956 年）

费城，宾夕法尼亚州

美国劳工联合会一产业工会联合会（AFL-CIO，American Federation of Labor and Congress of Industrial Organizations）医疗服务中心（Medical Service Center）位于蔓藤街 1326—34 号，是作为组织成员的中央诊所而建的。它包含了诊断和门诊所需要的相关设备。在康对地段与周边建筑关系的研究和设计中，只有医疗服务中心的设计被保留，并得以执行。该建筑于 1973 年因快速路的建设而被拆除。

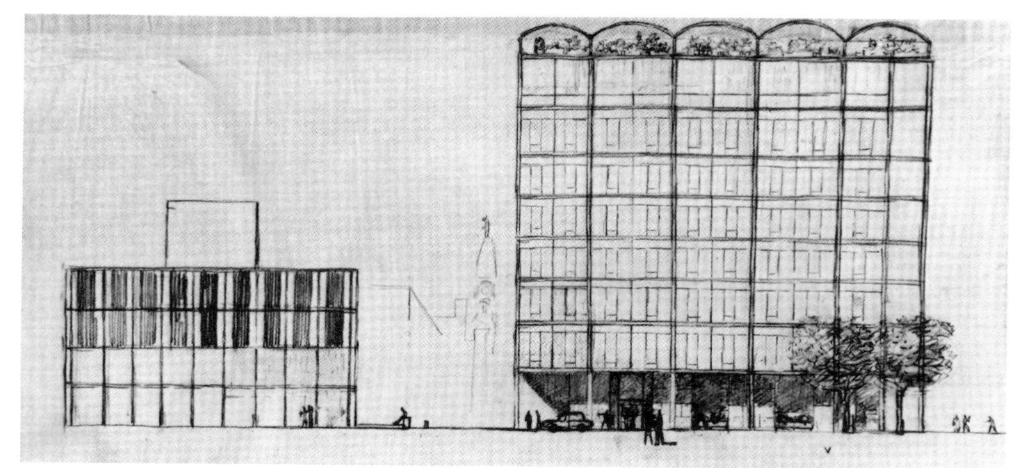

AMC. 1

北立面草图，左侧展示了医疗服务中心，背景为市政厅，右侧为医学院附属医院（Medical College Hospital）。

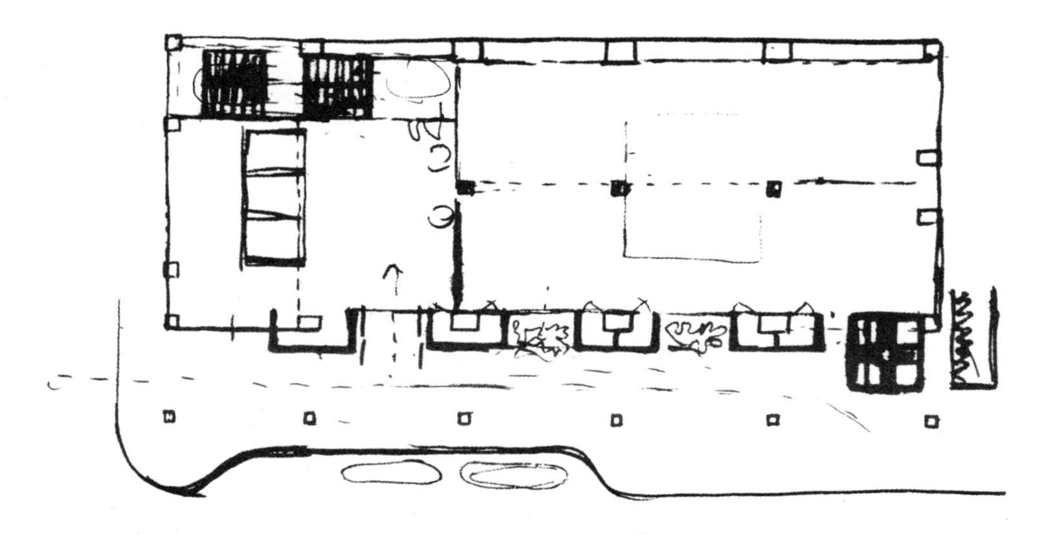

AMC. 2

医学院附属医院的一层平面草图，下方为蔓藤街。

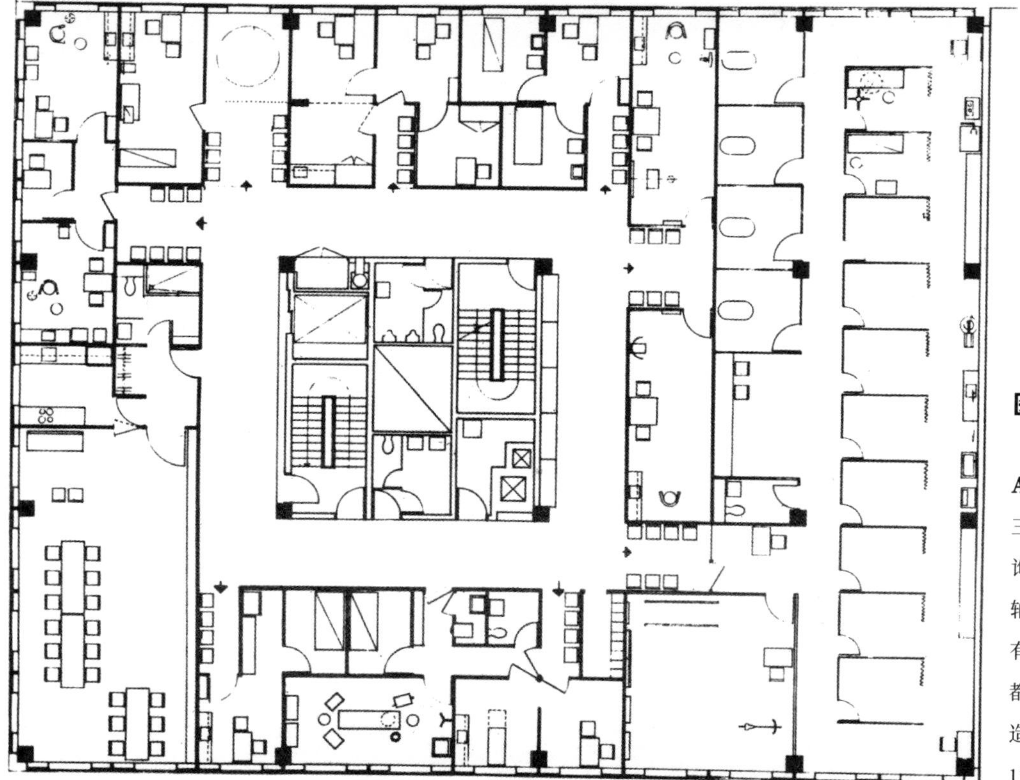

医疗服务中心，早期方案

AMC. 3

三层平面图，左侧为蔓藤街，展示了治疗、咨询和会议区。平面的一个重要特点是忠于结构轴网。轴网每一跨东西向和南北向的模块都略有不同。除了南面的两跨，每 3 个轴线的交点都有方形的混凝土柱。每一条轴线代表地板构造的桁架和隔墙可能存在的位置（参照 AMC. 13—AMC. 14）。

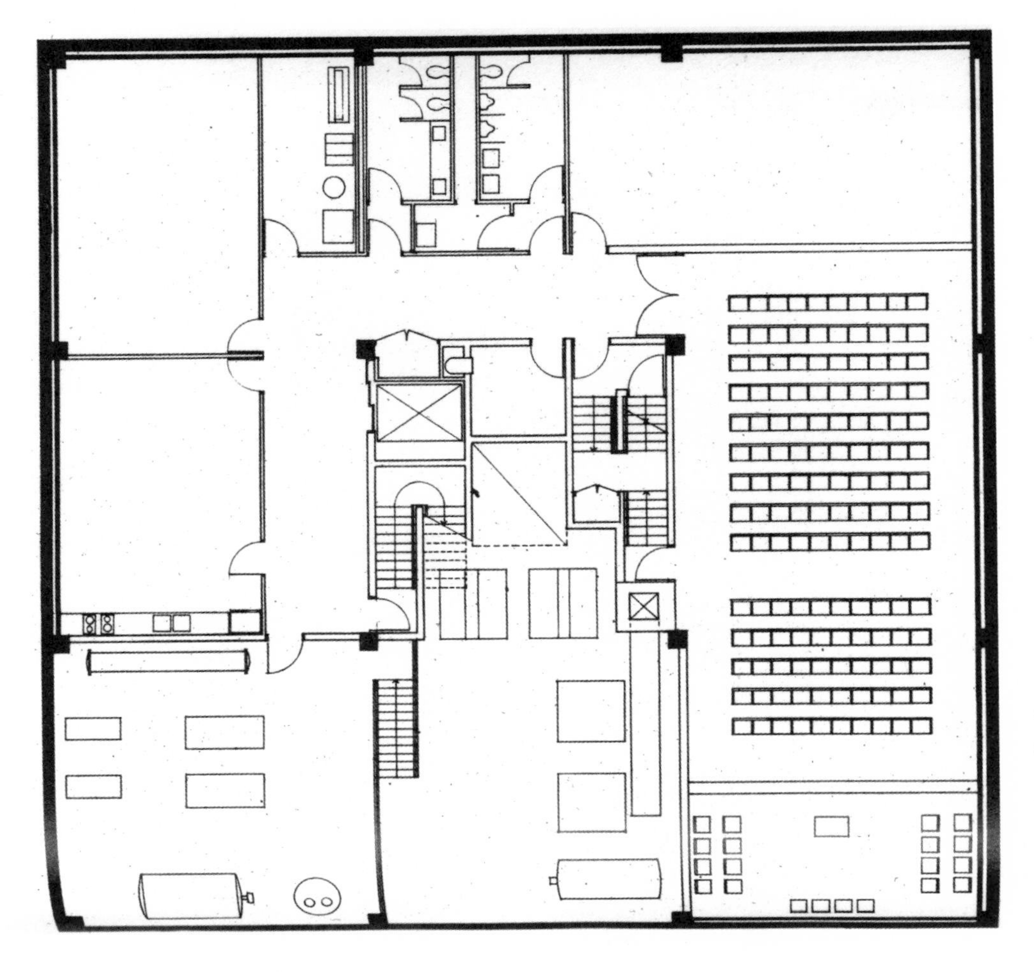

AMC. 4

地下层平面，展示了一个小礼堂。

此处没有展示这版方案的一层和二层平面，因为它们与最终方案的平面十分相似。东北和西北角柱子的位置以及入口大堂的布局与最终版本不同。

AMC. 5—6

透视绘图，早期方案，视点在西北，前景为蔓藤街。

AMC. 7

北视图，前景为蔓藤街，右侧为医学院医院。照片摄于1960年。

注意角部柱子的位置。这种表达性结构覆盖着一层玻璃和石板，只有一个薄壁架标记了地板的位置。康把这称为“图案制作”（patter making），允许设计问题中的元素具有高度自主性。有趣的是，观察不难发现，康在诸如华盛顿大学图书馆（Washington University Library）、阿尔特加办公楼（Altgar Office Tower）和耶鲁英国艺术与研究中心（Yale Center for British Art an Studies）的项目中采取了这样的设计方法。项目本身的特点或结构的解决方案带来了“表皮”的问题。

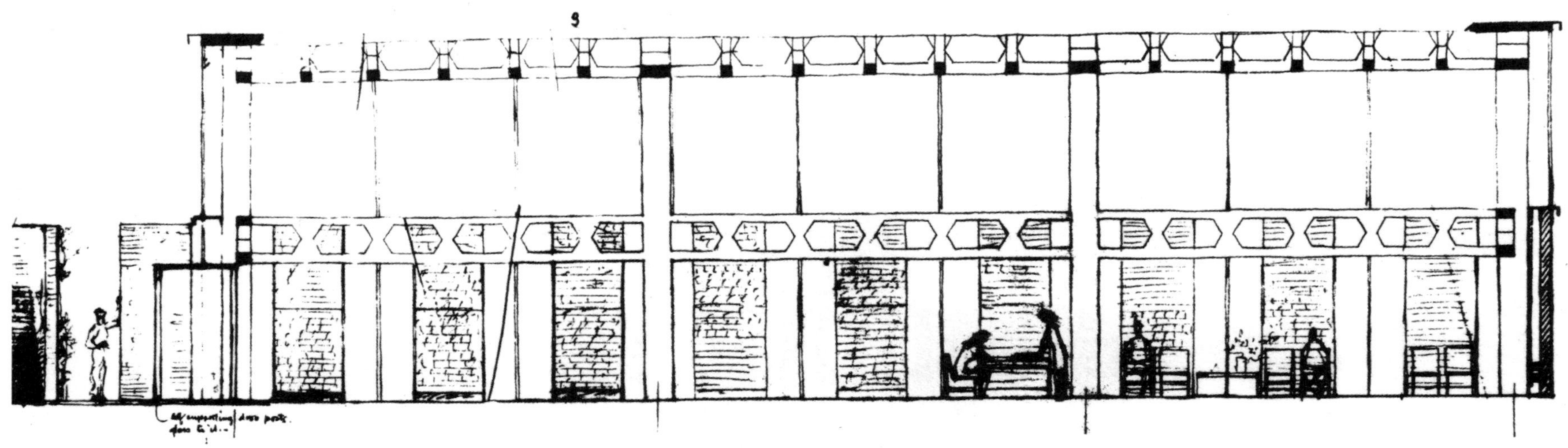

最终方案

AMC. 8

东西方向的剖面，剖到两层高朝北的大堂，左侧展示了入口。在这个版本的方案中有5个桁架，位于30英尺跨度的“空腔”之中（见AMC. 3）。

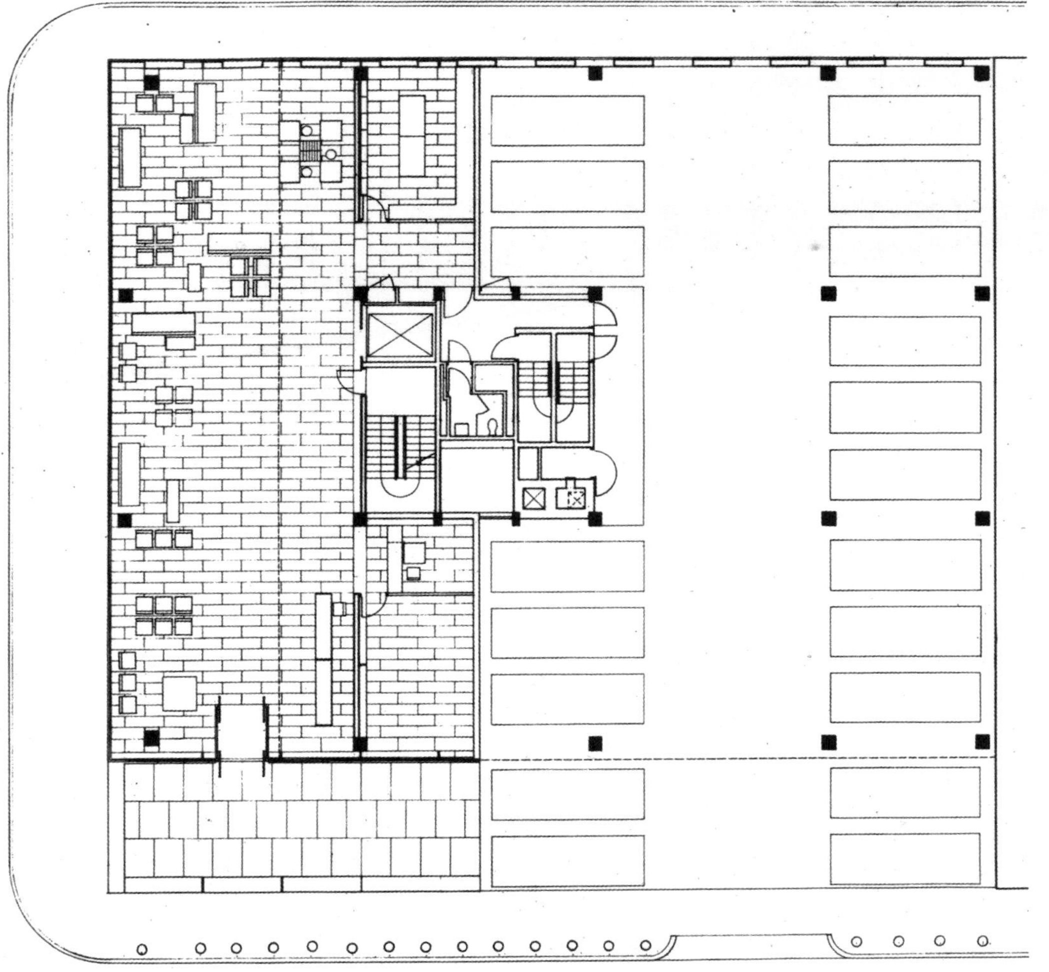

AMC. 9

一层平面图，展示了位于宽街的入口、面向北面蔓藤街的大堂和接待区，以及右侧的停车区。注意大堂中角部柱子的位置处理（见AMC. 3—AMC. 4）。

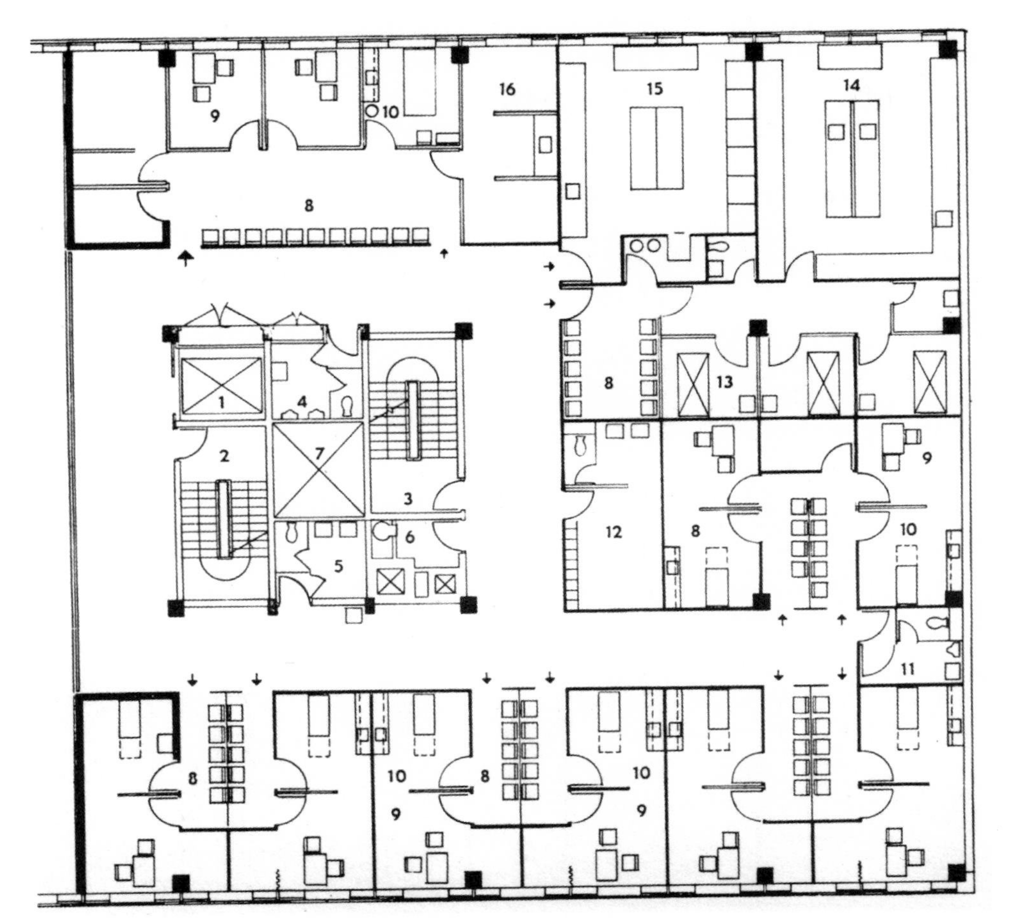

AMC. 10

二层平面图。

“1”为电梯；

“2”为主要楼梯间；

“3”为疏散楼梯间；

“4”为卫生间；

“5”为走廊；

“6”为焚化炉；

“7”为竖井；

“8”为等候区；

“9”为咨询区；

“10”为检查间；

“11”为后勤卫生间；

“12”为后勤间；

“13”为实验室；

“14”为消毒室；

“15”为脑电图室；

“16”为前台在下方。

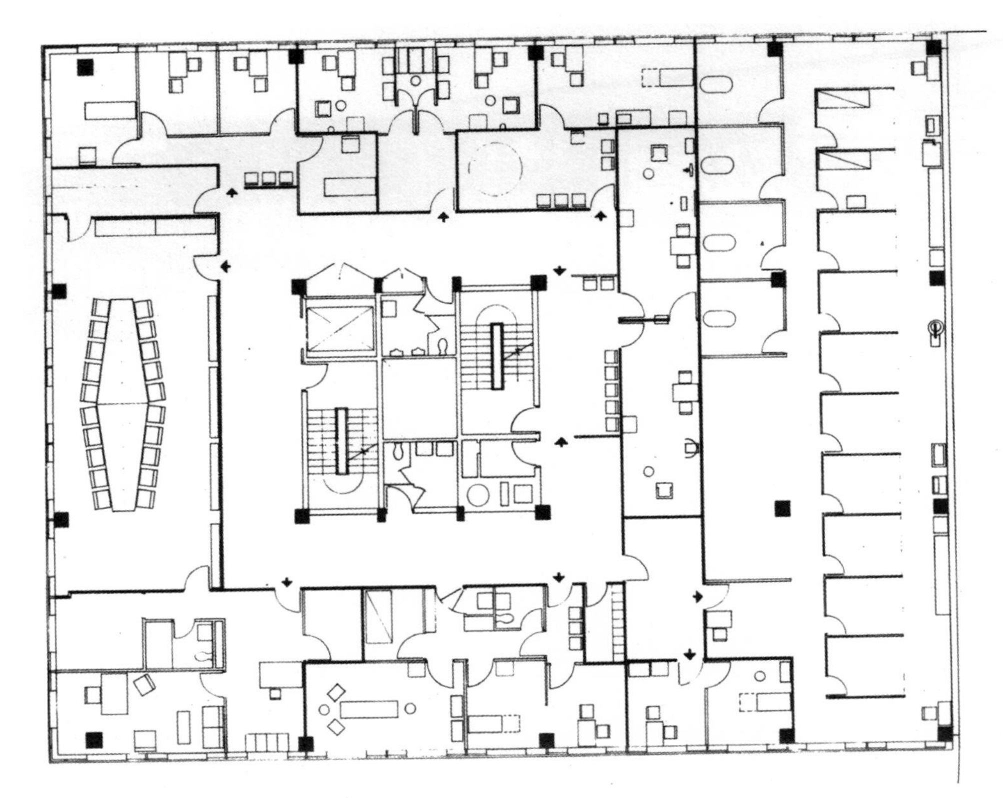

AMC. 11

三层平面图，展示了治疗、咨询和会议区域。

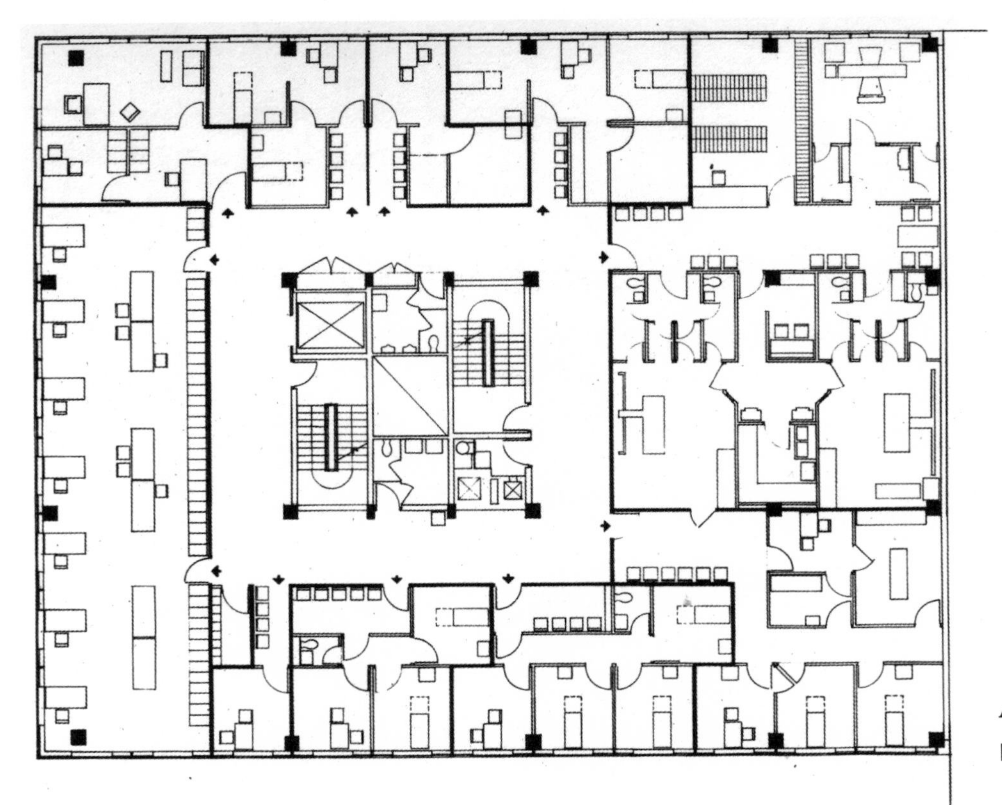

AMC. 12

四层平面图，展示了管理办公室和 X 光室。

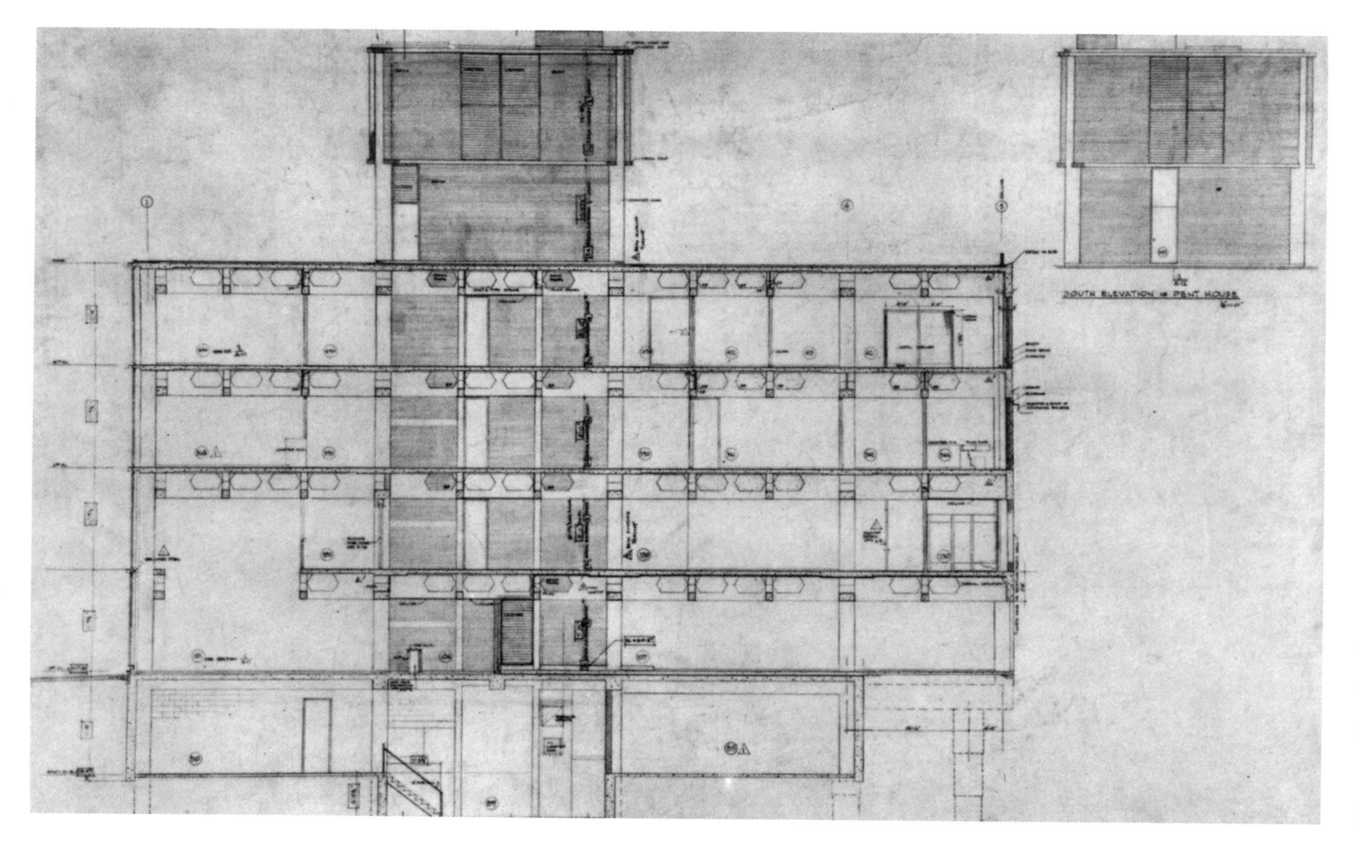

AMC. 13

南北向剖面，1955 年 7 月 14 日绘，修改于 1956 年 1 月 10 日和 2 月 17 日。

如同在耶鲁美术馆一样，康在这里设计了有特殊作用的屋顶构造。因为这个建筑预计有很大的可能发生功能变化，预制的混凝土空腔桁架被用于轴网的两个方向上，给未来功能提供了采光的开口。在每跨的中间都有两个桁架，可以作为非承重隔墙的框架。这有赖于平面细胞状的分布方式。

AMC. 14

两层高大堂的室内透视和二层的走廊，左侧为蔓藤街。

特伦顿犹太社区中心（1954—1959 年）

默瑟县，新泽西州

特伦顿犹太社区中心（Jewish Community Center of Trenton）位于下渡轮路（Lower Ferry Road）909 号的一片空地上，在尤因镇（Ewing Township）百汇大道（Parkway Avenue）以西。项目要求有浴场、社区建筑与日间营地。

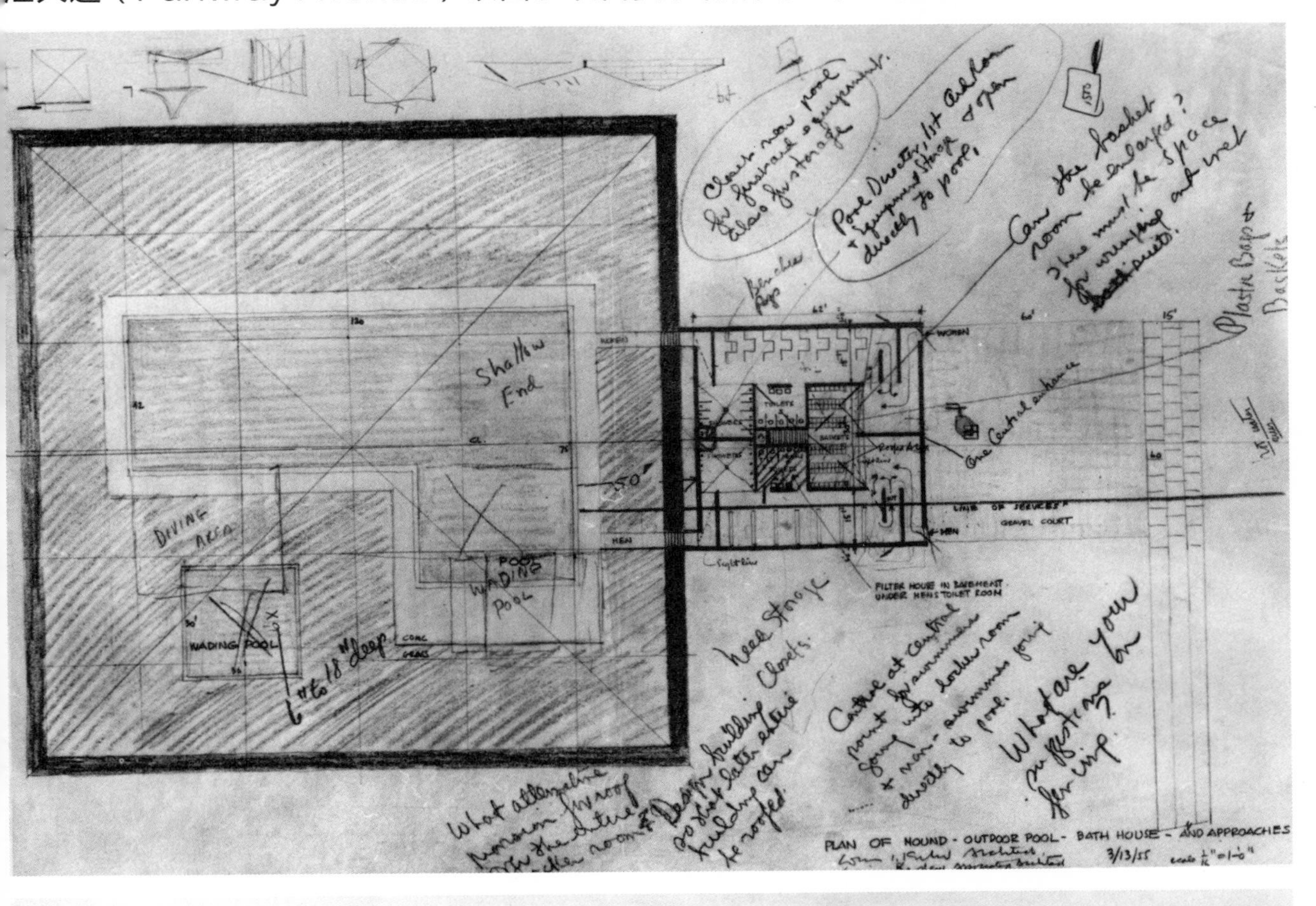

浴场第一阶段：1954—1955 年

JCT. 1

平面草图，1955 年 3 月 13 日绘。

处于方形小坡的 L 形室外水池有围合墙壁带来私密感。在西北方向有一个小的方形浴场。方案拟设数个入口和男女分用的设施。其中的一条笔记（并非出自康）写道：“一个中央入口。”在草图的下面有康作为建筑师的签字，旁边还有路易斯·卡普兰（Louis Kaplen）作为助理建筑师的签名。

JCT. 2—4

透视草图，1955 年绘。

左侧展示了小丘上的室外泳池，前景展示了浴场，右侧展示了儿童游乐区。

（彩色图片在 440 页）

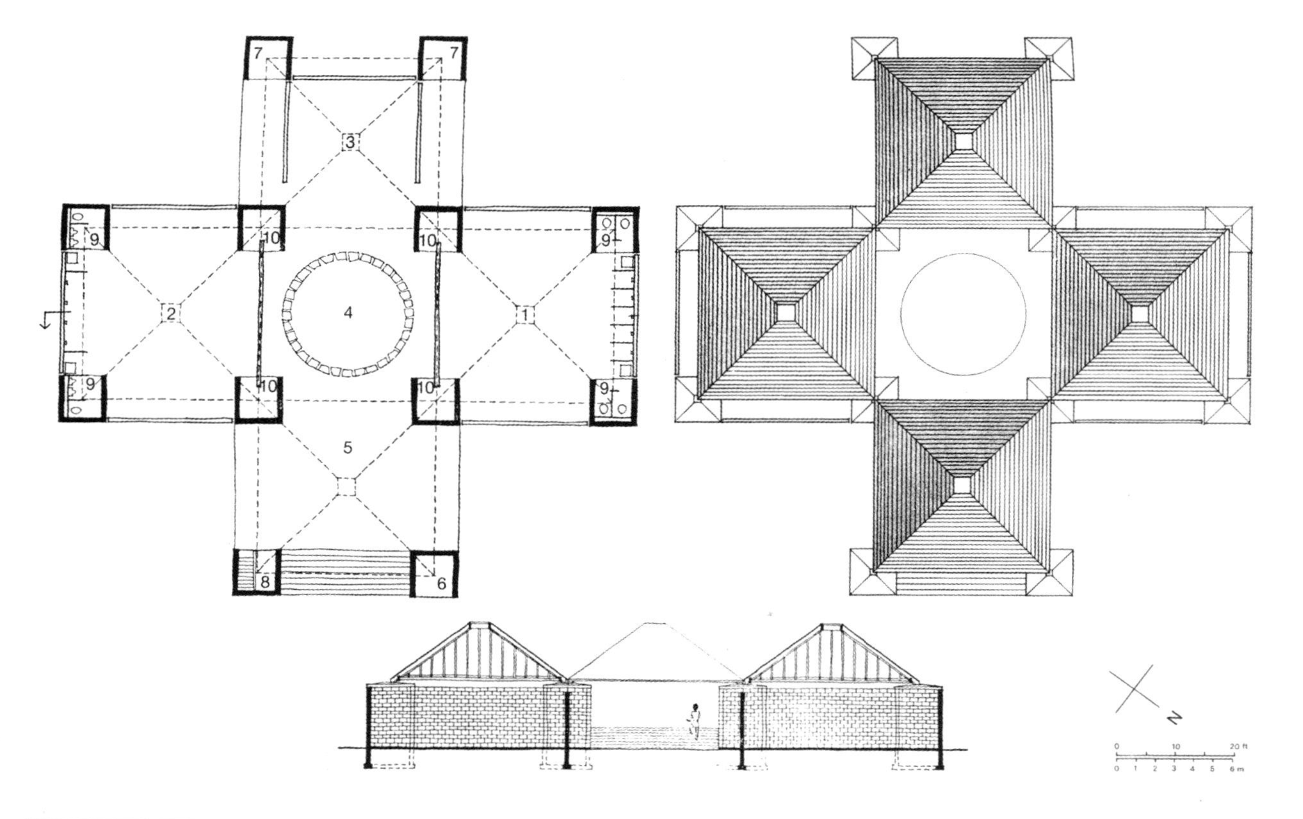

浴场第二阶段：1956—1957年。

JCT. 5

首层平面。

“1”为女化装室；

“2”为男化装室；

“3”为篮球室；

“4”为露天中庭；

“5”为门厅（入口）；

“6”为水池主管间；

“7”为仓库；

“8”为氯化设备间入口；

“9”为卫生间；

“10”为有挡板的入口。

“今天我们必须用空心石盖房子……空间的性质未来由服务它的小空间组成。库房、后勤室和工作隔间不能是单一空间的分隔区。它们必须有自己的结构。”

JCT. 6

屋顶平面。

“空间的秩序与建造的秩序整合在一起。”

JCT. 7

西南一东北剖面，穿过化妆间和中庭，朝西北看。

JCT. 8

中庭照片，展示了由4个空心柱支撑的锥台形屋顶。

“特兰东浴室源自空间秩序的一种概念。支撑锥台屋顶的空心柱将服务与被服务的空间区分开。屋顶下30英尺见方的空间未分隔，8英尺见方的空心柱满足了较小空间的需求。”

“主空间的围墙位于边界之外，与柱子的外墙取齐，以便让阳光射入。”

“篮球室的围墙位于屋顶之下，保护该区不受雨淋。”

“每个屋顶在上升途中都以圆窗收尾。篮球室的圆窗有玻璃。”

JCT. 9

从东面看，展示了篮球室与入口大门。门上的壁画让人想到韦斯住宅的壁炉。

“特兰东浴室给了我区分服务与被服务空间的第一个机会。这是一个非常清晰和简单的问题，并通过绝对的纯粹性来解决。每个空间都有考虑，没有多余。我把它们当成一座迷宫，又把空心柱作为储藏区。我把它作为卫生间——那必须有围墙。我在表达这个极为简单的建筑时发现了服务与被服务空间的概念……我想到可以使用一种空心柱的支撑。这是我唯一能安排后勤的地方。所以支撑柱的来源成了安置建筑后勤的地方。”

康对合作人卡洛斯·巴利翁拉特（Carlos Vallhonrat）说：“当浴室完成后，我再不需要从其他建筑师身上找灵感了。”

日间营地第一阶段：1955—1956 年

JCT. 10

场地立面和剖面草图，展示了四面体单元组合的可能性。

社区建筑第一阶段：1955—1956 年

JCT. 11

平面和剖面草图，展示了四面体—半八面体钢管结构支撑在 35 英尺方形底座的 4 个角点上。

这个建筑是特伦顿犹太社区中心项目的基本要求之一，由康于 1955—1959 年设计；约翰赫希（John M. Hirsch）和斯坦利·杜布（Stanley R. Dube）是该项目的联合监督建筑师。康提议的方案没有被采纳，最终采用的方案由凯利和格鲁森事务所（Kelly and Gruzen associates）设计，于 1962 年在同一地点建造。

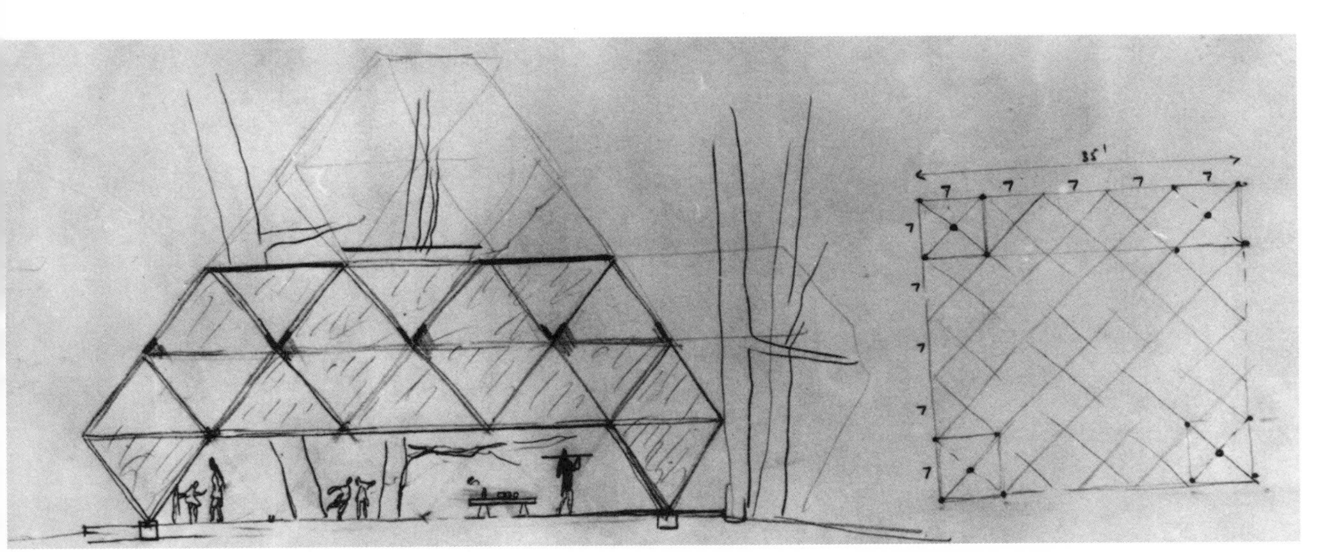

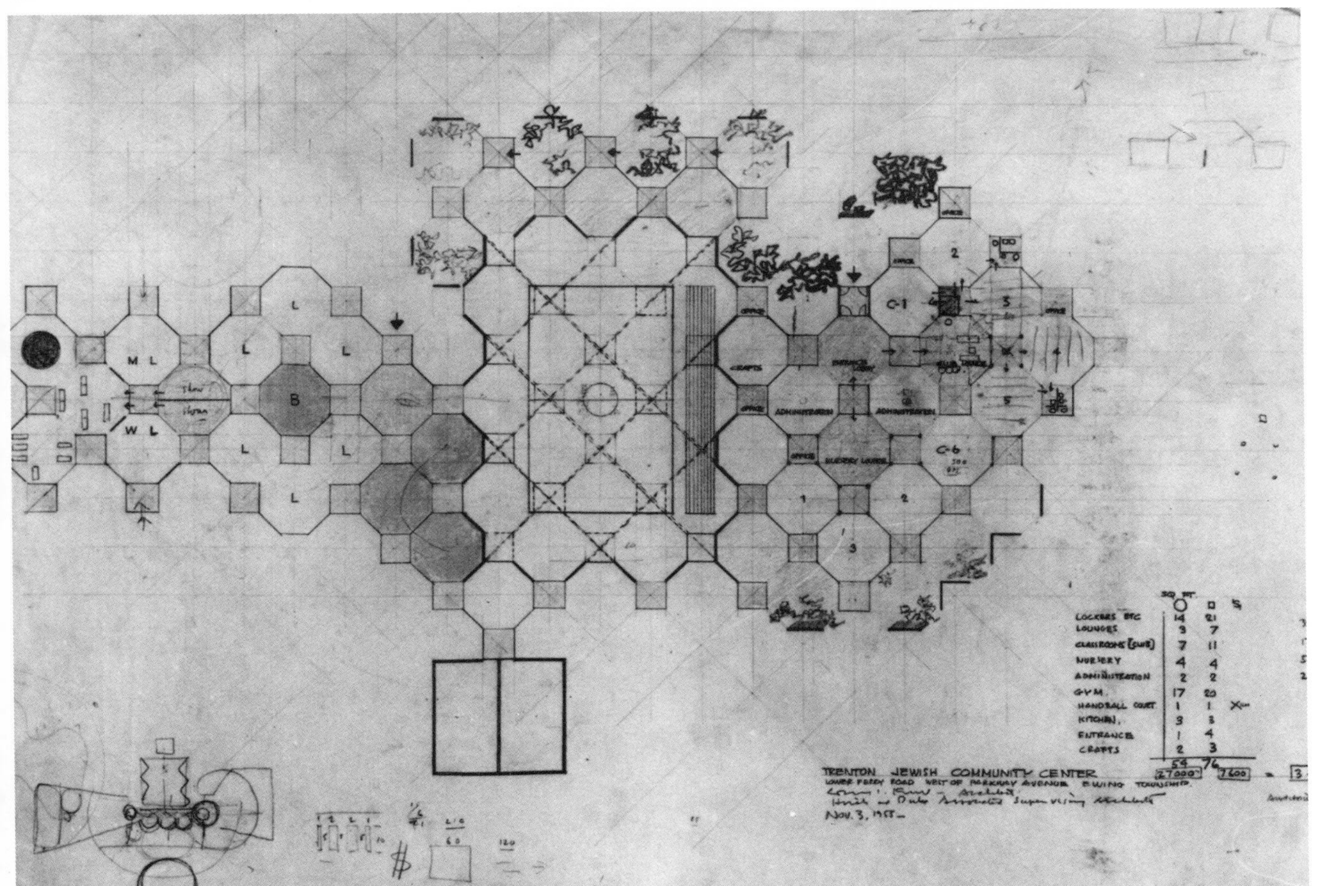

JCT. 12

一层平面草图。

1955 年 11 月 3 日绘，展示了一项基于功能要求的八角形轴网研究。康使用了空间单元——这个概念在阿德勒住宅和德·沃尔之家有所体现。54 个八边形和 75 个正方形的几何图案将服务空间和被服务空间的概念明确地转译到空间上，创造了共计 2.7 万平方英尺的被服务空间和 7600 平方英尺的服务空间。索引列表展示了建筑内的功能：储物柜、休息室、教室（俱乐部）、托儿所、管理办公室、体育馆、手球场、厨房、入口、手工室、礼堂。

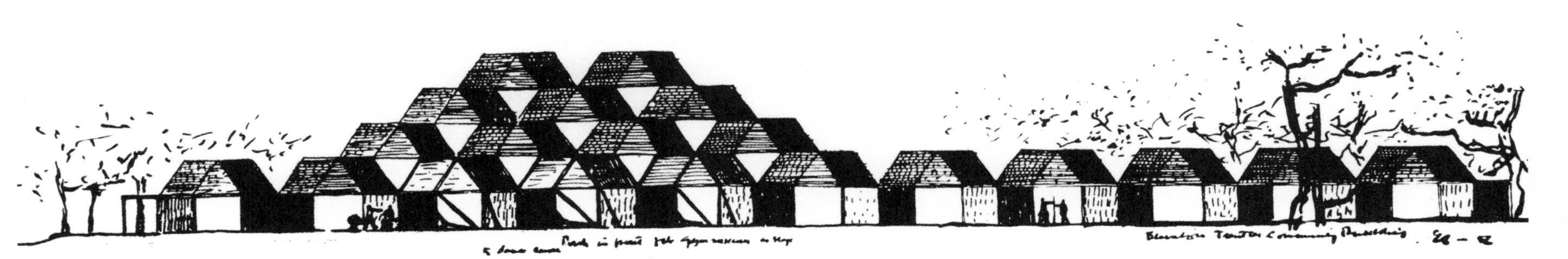

JCT. 13

西南立面，1956 年绘。

“特伦顿社区建筑立面”；

“体育馆前的门廊”。

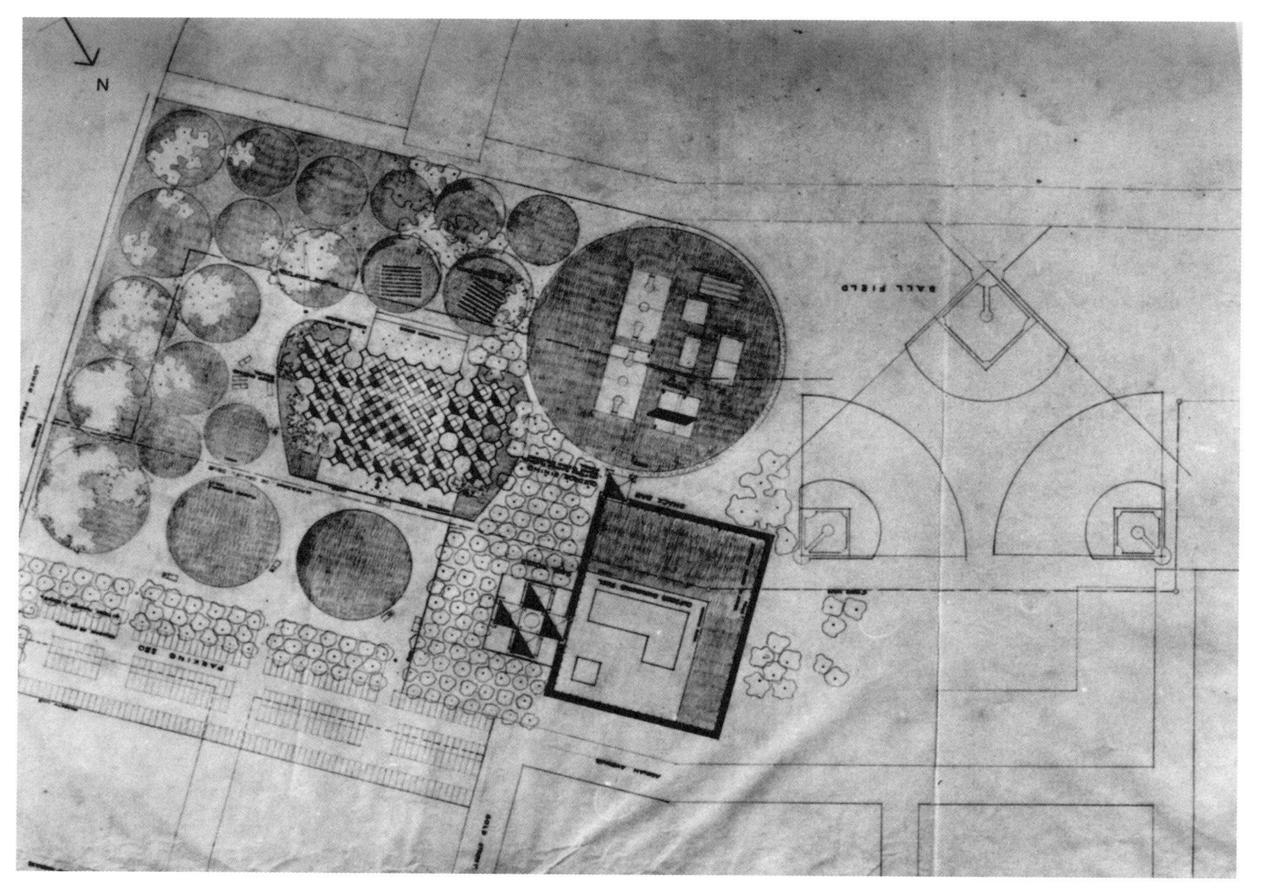

JCT. 14

总平面图，1956年3月19日绘，左侧展示了下渡轮路，左下角展示了公园大道（Park Avenue）、一个能停放250辆车的停车场，以及其与下渡轮路相接的道路、社区建筑、圆形的草丘座椅区、圆形的游乐区、棒球场、零食摊、户外用餐区、室外泳池外的长方形围合草丛和浴场的最终方案。

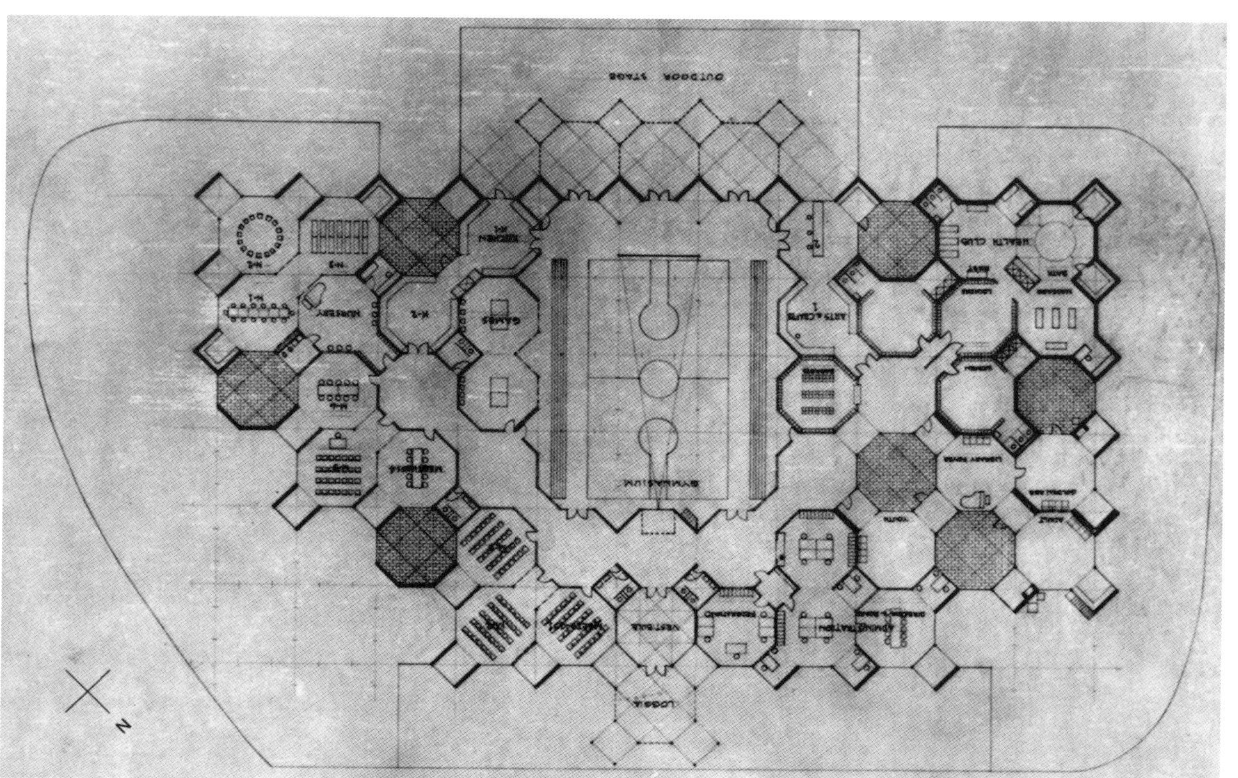

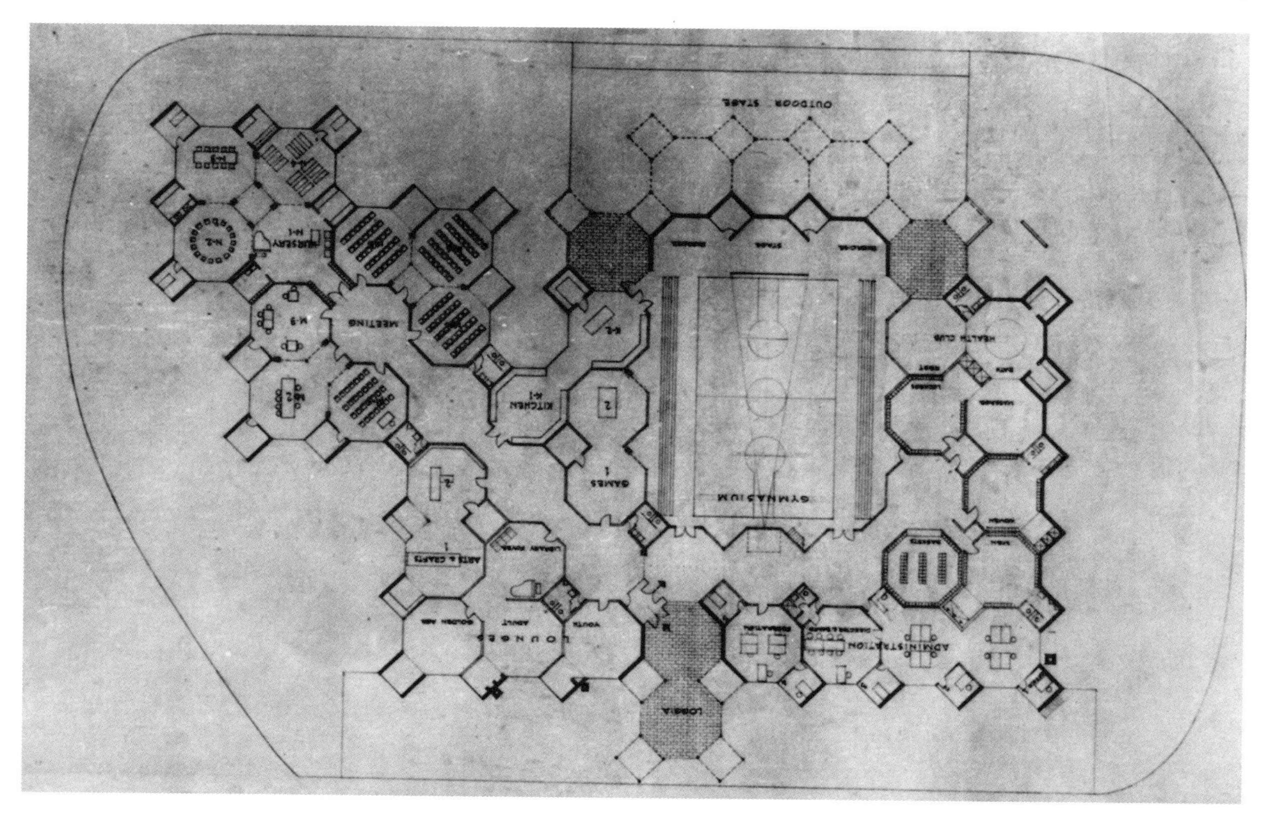

JCT. 15—16

一层平面图，1956年3月19日绘，展示了两种基于同一个正方形网格的八边形组合方式。两种组合方式都把入口放在东北面的中间位置；在第二版方案中体育馆位于偏离入口轴线的位置。

“储藏室、服务间和办公区不能作为单一空间结构的一部分，它们必须拥有自己的结构系统。”康在1958年9月9日，就关于“服务空间”和“被服务空间”的实现，对纽约道奇出版社（F. W. Dodge Corporation）的出版总监贾德·佩恩（Judd Payne）写道：

“当我在研究特伦顿浴场问题的时候，有一天，我的脑海中突然出现了一种通过区分‘服务空间’和‘被服务空间’来形成空间秩序的想法。我意识到这个概念对建筑而言是基本的、本质的，而不仅是用于解决某个设计问题的方法。”

“我认识的一些建筑老师很快就认可了这种对建筑空间进行区分的思路和它的重要性，而我也开始传达出它的内涵（甚至在浴场建成之前）。”

“这个设计原则现在属于所有人，但是在浴场和接下来的设计中所采用的转译手法仅属于我自己。每个艺术家应该在直觉上区分与个人无关的秩序和与个人相关的设计。”

社区建筑第二阶段：1957 年

在这个阶段康使用了正交的网格组织复杂的建筑，并在后来的许多大学的项目上，特别是英国和德国的大学，同样使用了这种手法。不同于八边形网格构成的常规空间，这种大小形状的间隔创造了一系列宽度各异的空间。

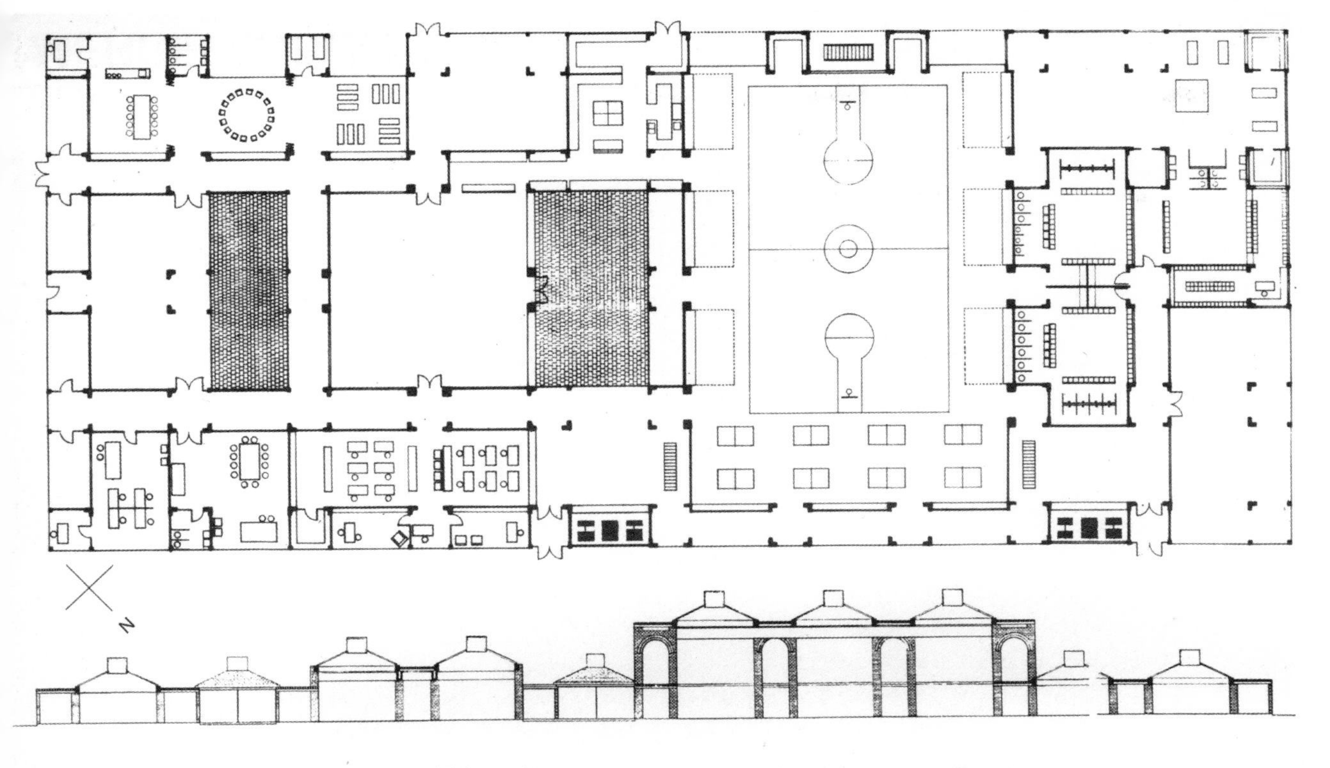

JCT. 17

一层平面图，早期方案。

在一个统一的柱网中，中间是 10 英尺和 20 英尺的，不同大小、形状的柱子用于承载不同的重量。大柱子（4/4）、L 形柱（3/4）和小柱子（1/4）的截面都与其所承载的重量相对应。

JCT. 18

西南—东北剖面，早期方案，剖到休息室、社交大厅、体育场和更衣室（从左至右）。砖砌的柱子支撑起每个大正方形上方的锥形混凝土屋顶。

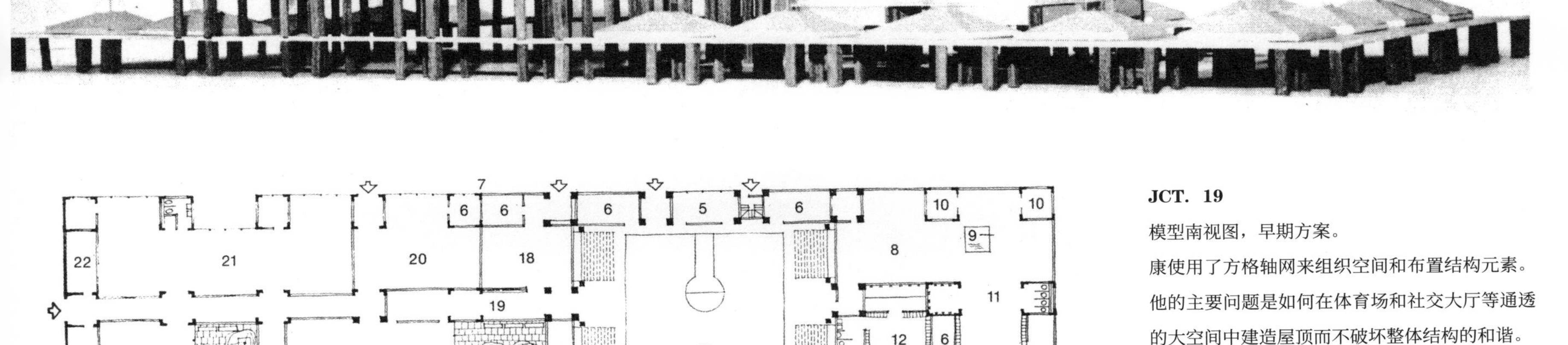

JCT. 19

模型南视图，早期方案。

康使用了方格轴网来组织空间和布置结构元素。他的主要问题是如何在体育场和社交大厅等通透的大空间中建造屋顶而不破坏整体结构的和谐。

JCT. 20

首层平面图，中期方案，展示了用于支撑体育场屋顶的，独立于常规轴网的支撑柱系统。

“1”为大堂；
“2”为外套寄存处；
“3”为体育场；
“4”为游戏室；
“5”为经理室；
“6”为储物间；
“7”为运动场；
“8”为休息室；
“9”为泳池；
“10”为蒸汽房；
“11”为健康房；
“12”为男卫生间；
“13”为衣帽寄放处；
“14”为女卫生间；
“15”为活动室；
“16”为青少年休息室；
“17”为内庭；
“18”为厨房；
“19”为小吃店；
“20”为商店；
“21”为托幼所；
“22”为会议室；
“23”为成年人休息室；
“24”为社交大厅；
“25”为委员会会议室；
“26”为管理办公室。

JCT. 21

透视草图，1957 年绘，中期方案。

西视点，内庭及火炉。

JCT. 22

透视草图，1957 年绘，中期方案，东北视点，入口立面视图。

JCT. 23

透视草图，1957 年绘，中期方案，北视点，泳池和休息室视图。

康使用能清晰表达功能的形式和材料来界定空间。混凝土梁搭在砖墩上，在交界处形成服务空间——这里是一间蒸汽屋。而在带有灯笼的混凝土罩下方的更大的间隔处，界定的是被服务空间。

JCT. 24

透视草图，1957 年绘，中期方案，体育场的室内，西视点。

一对放置在巨大 T 形支架上的空腔桁架在游戏室上方有一个夹层。与方格网格中隐含的规则相反，通往上层的楼梯不属于服务空间。

砖墩的尺寸根据承载的载荷变化而变化。

（彩色图片在 440 页）

社区建筑第三阶段：1957—1958 年

在这个发展阶段康提出了两个额外的屋顶系统，其中一个是为了体育场设计，另一个为了社交大厅设计来解决大跨度带来的问题。

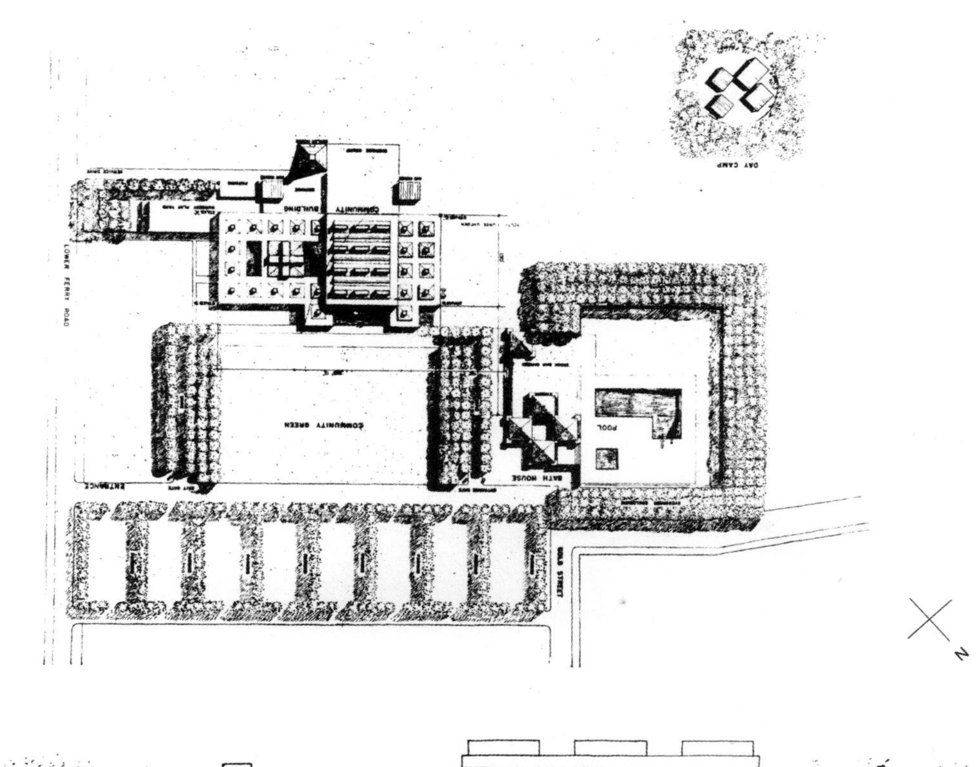

JCT. 25

场地总图，1957 年 7 月 1 日版，修改于 1957 年 8 月 13 日，左侧展示了下渡轮路，右上角展示了西面的日间营地。

两间“空气屋”和锅炉房被置于格网系统之外，沿着社区中心的西南面布置。它们界定了用于锻炼和维护的庭院空间。

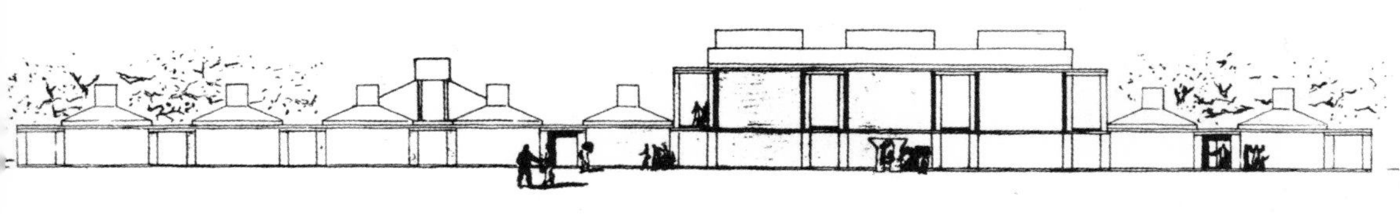

JCT. 26

东北立面，1957 年 8 月版，展示了入口。图中展示了 3 个不同的屋顶，处在结构轴网系统的重复韵律之中。

JCT. 27

室内透视草图，1957 年 8 月版，展示了社交大厅。同样构成的室内空间在巴尔的摩内港开发项目、1971—1973 年的舞厅草图中同样可见。

“巨大的空间需要大跨度，确立了空间层次结构中的一种秩序。这种秩序连接了建筑，从小的服务空间到重要的大空间。”

JCT. 28

透视草图，1957 年 8 月版，展示了从社区建筑东面望来的景观。右侧是被树木遮挡的浴场。

社区建筑第四阶段：1958 年

在这个发展阶段，康为寻求锥形和 V 形桁架屋顶的平衡做了许多试验。他回应了强有力的线性 V 形的需求，改变了布局中纯粹的长方形，用更明确的体积和体量来表达不同的功能。

JCT. 29

东北立面草图，在中间展示了入口，在两端 V 形桁架屋顶下方的分别是成人和青年人的休息室。中央的巨大结构是体育场。

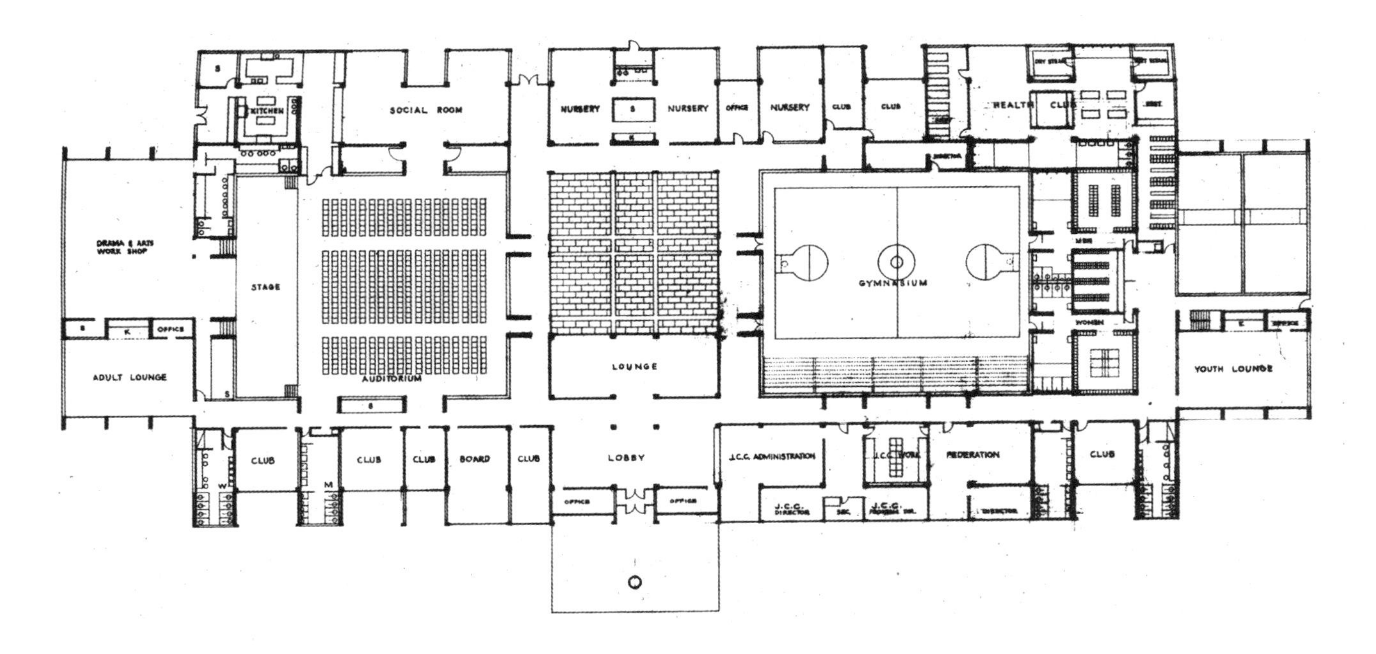

JCT. 30

一层平面图，展示了下面布局的主要调整，巨大
的礼堂替代了社交大厅。

一个巨大的庭院位于入口对面，替代了原有的两
个小庭院。

体育场的方向被掉转。

建筑两端的成人和青年人休息室不与轴网对齐。

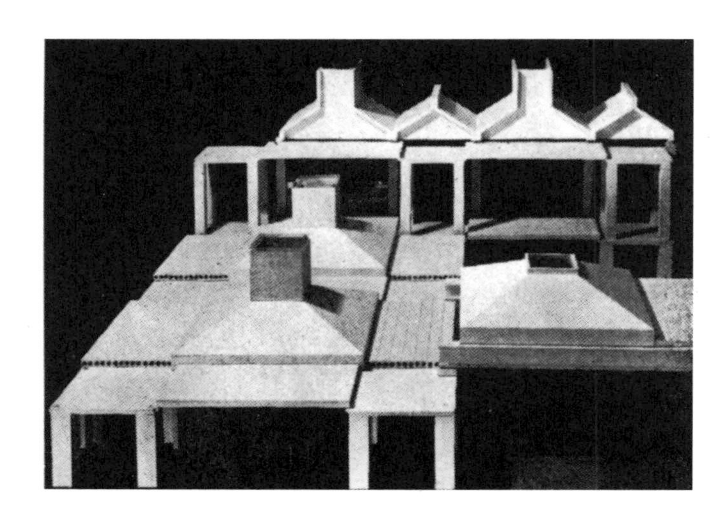

JCT. 31

研究模型的照片。

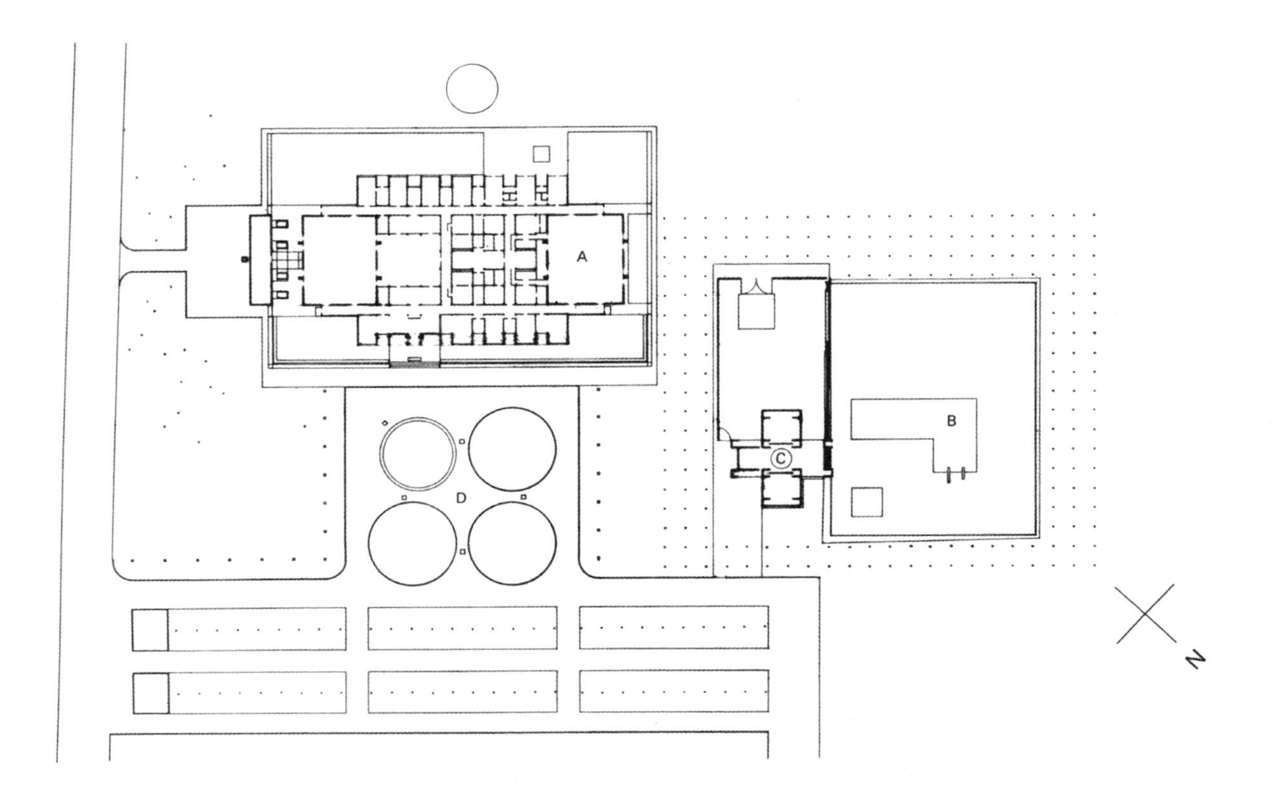

JCT. 32

场地总图，中期方案。

“A”为社区建筑；

“B”为室外泳池；

“C”为浴场；

“D”为游乐区。

社区建筑的布局由于两个大空间（礼堂和体育场
的设置而修改。这两个空间位于建筑的两个端头，
并且所有机械设备和服务设施都集中在左侧，面
向下渡轮路。

JCT. 33

透视草图，绘于 1958 年 7 月之前，展示了社区
建筑的东北视图。

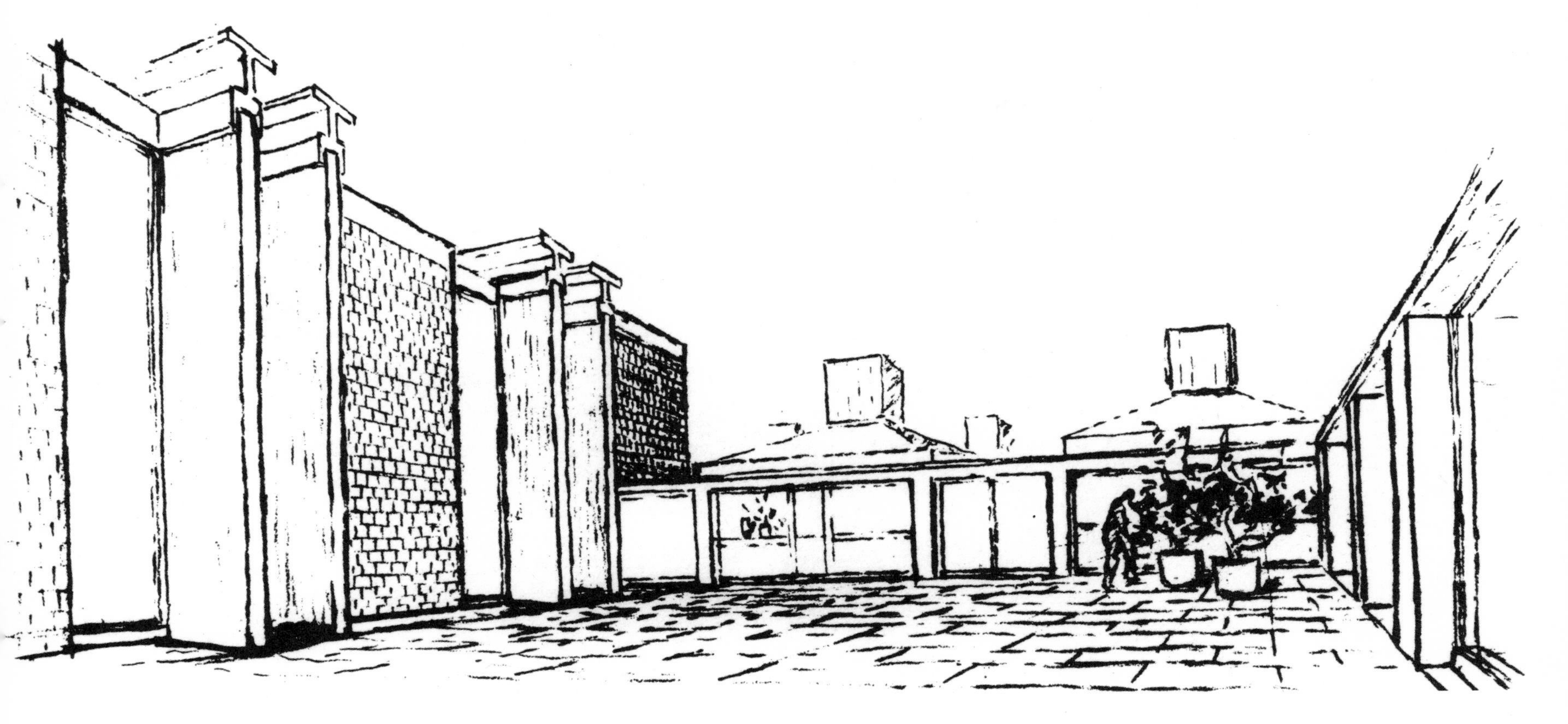

JCT. 34

透视草图，1958 年 6 月版，展示了内庭、左侧的礼堂和右侧的南走廊。

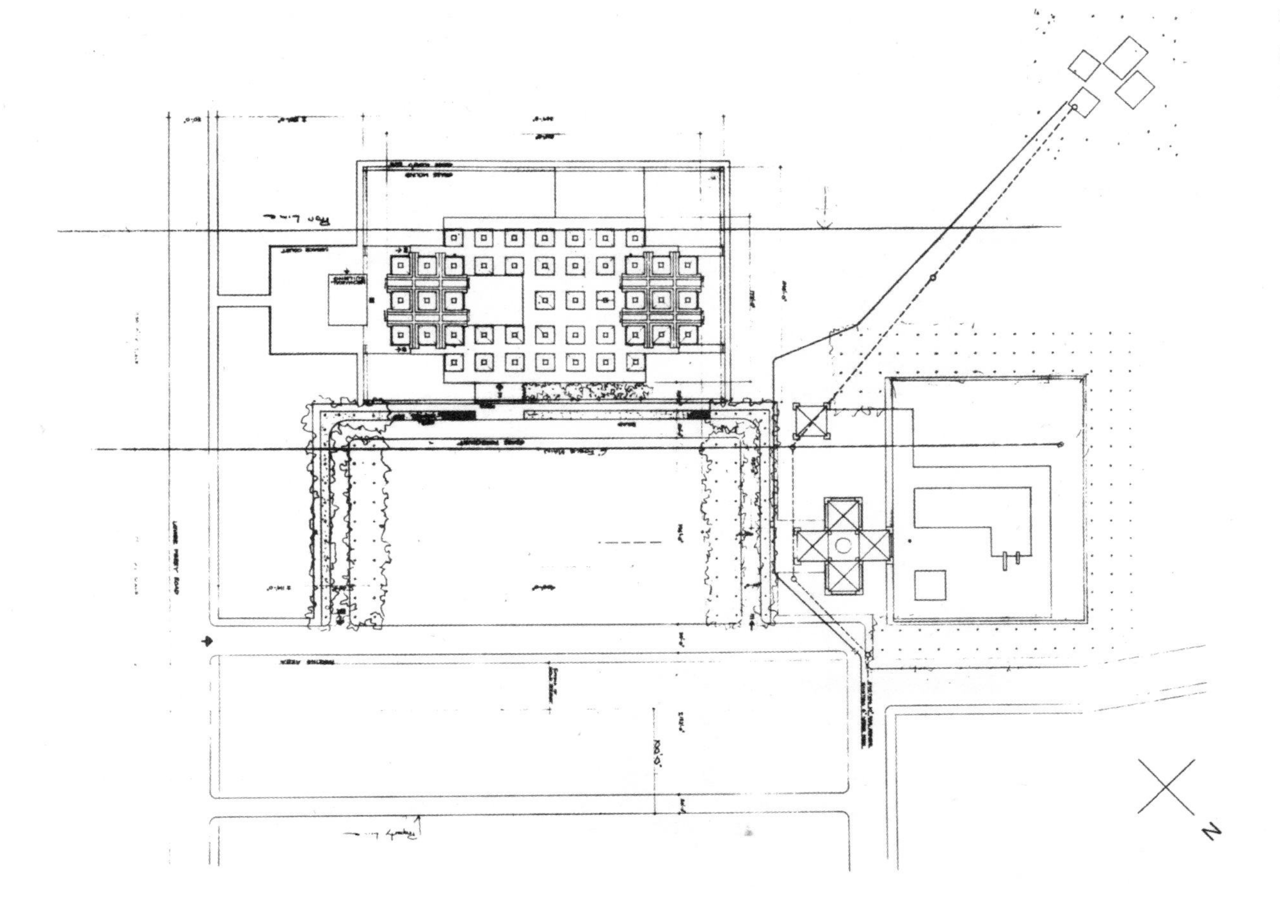

社区建筑最终方案：1958 年

未被建成。

JCT. 35

场地总图，1958 年 7 月 2 日版。

社区建筑终于找到了空间和体量的最终组织方式。礼堂和体育馆在两侧形成强力的端点，控制了中间的低矮建筑，将它们绑在一起。带有烟囱的服务建筑被置于建筑群的长轴上。草丘围绕建筑，形成建筑物的矩形底座。

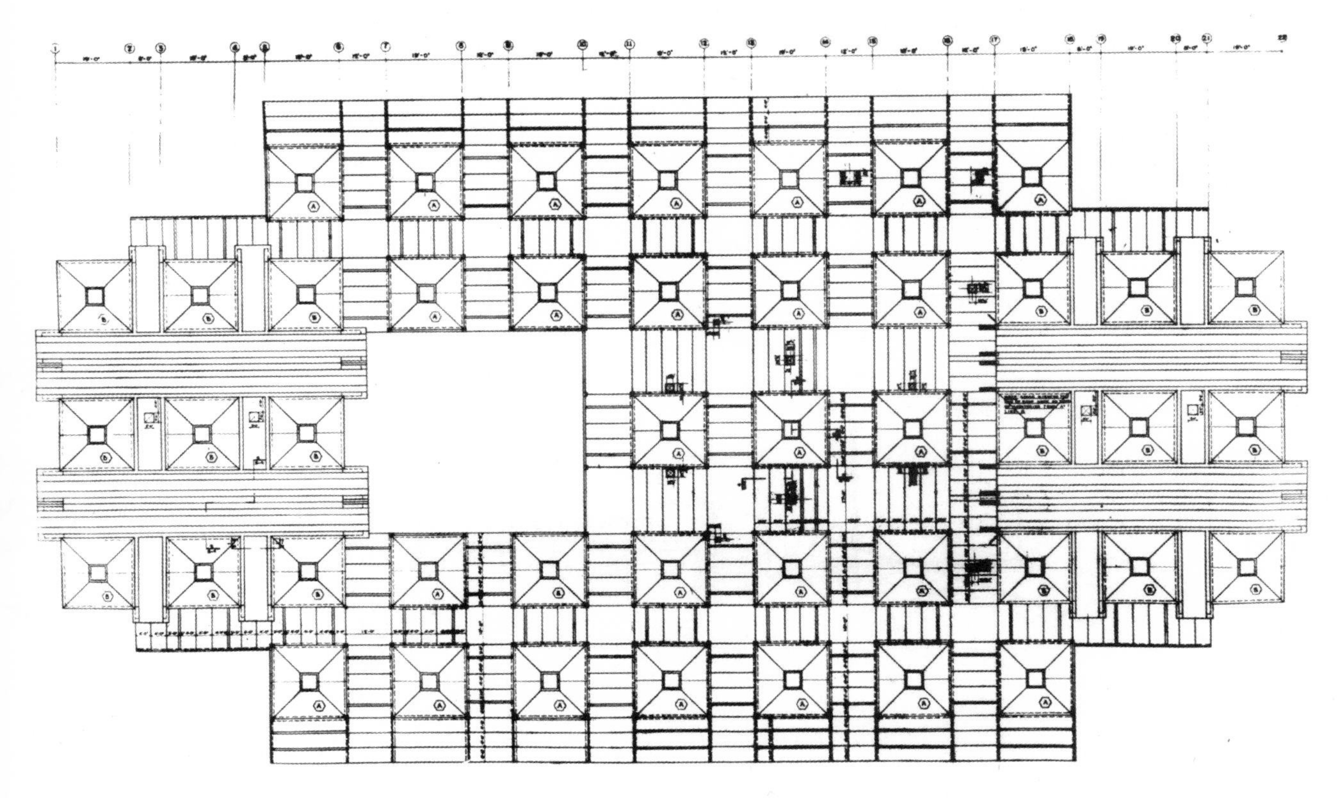

JCT. 36

屋顶平面，1958 年 8 月 11 日版，展示了方格轴网在屋顶结构系统中的应用。

康在一对倒 V 形混凝土桁架作为支撑的帮助下，成功地使用了与建筑物低矮服务空间相同的金字塔形混凝土罩来覆盖礼堂和体育馆的大跨度。垂直于主要跨度的是罩子之间不同宽度的扁平构件。

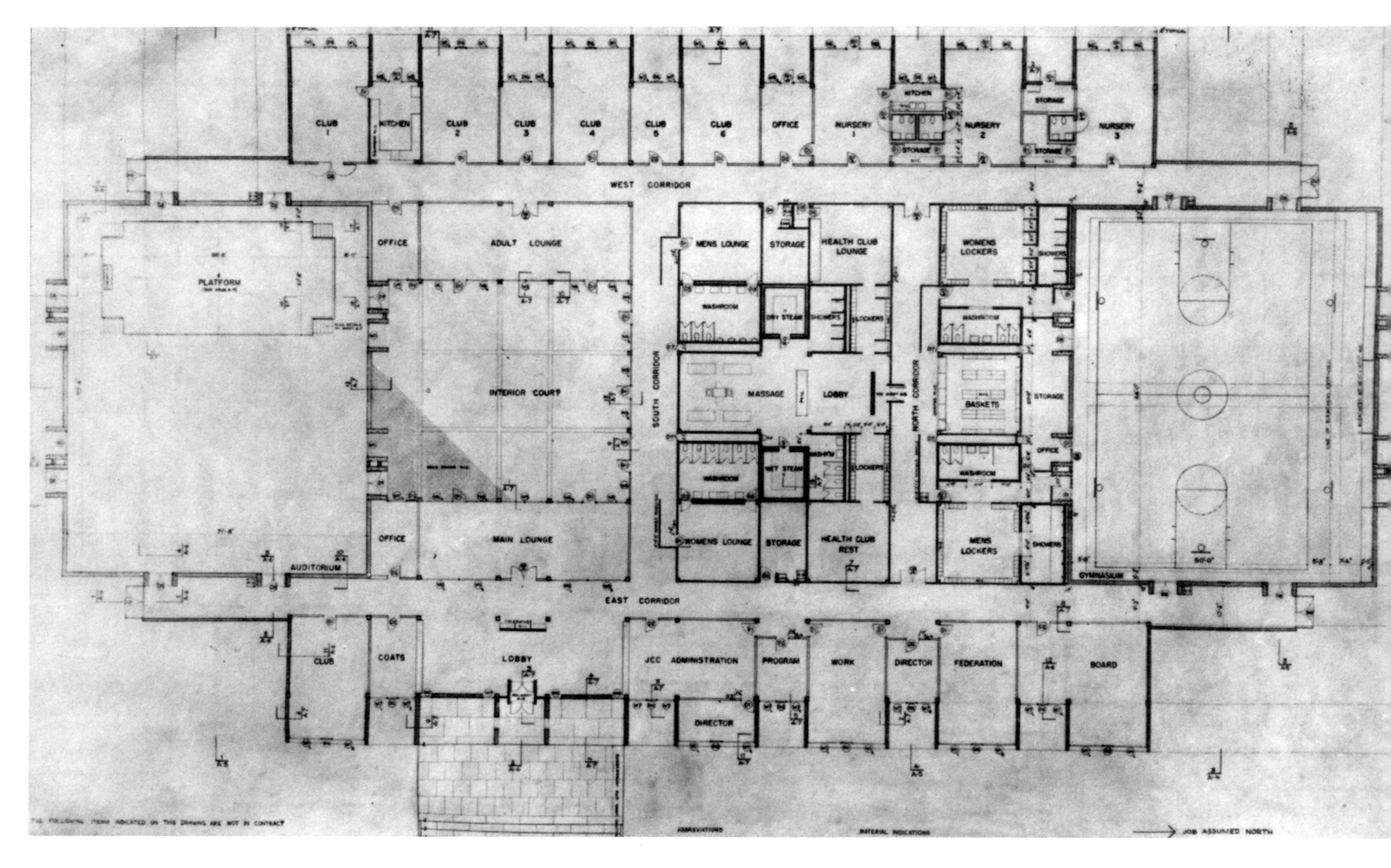

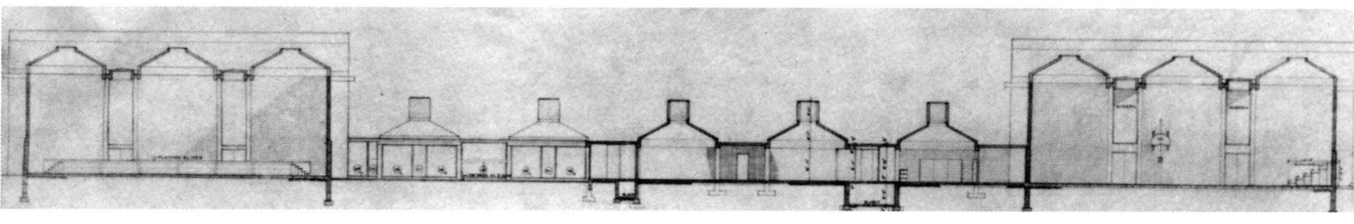

JCT. 37

一层平面图，1958 年 8 月 11 日版。

方格轴网有效削弱了建筑的复杂性。公共入口和内庭建立了公共—半公共—私密空间的序列。体育馆位于建筑的西北端，增加了室外活动场地的可达性。体育馆的方向与这个项目发展的第二阶段是一致的。

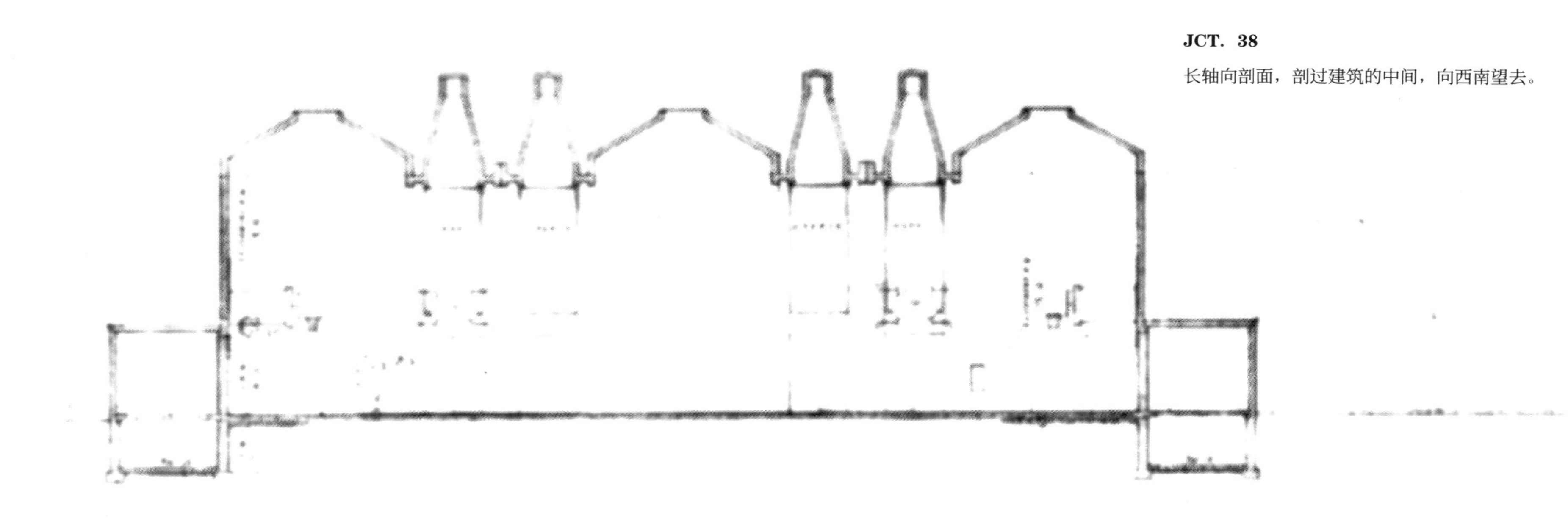

JCT. 38

长轴向剖面，剖过建筑的中间，向西南望去。

JCT. 39

剖到体育馆的剖面，向东南望去，展示了锥形罩盖和 V 形桁架的结合，下方为通畅的 90 英尺 4 英寸 ×71 英尺 8 英寸的房间。

JCT. 40

大礼堂的西南立面，展示了结构混凝土和填充砖墙的区别。

JCT. 41

东北立面，展示了灯笼的不同节点。

JCT. 42

透视草图，1958年版，展示了插入的V形桁架和锥形罩盖的研究。

非常遗憾的是，康与特伦顿犹太社区中心的合作终止了。这个消息在康1959年12月21日给他的律师写的信中可以看到：

“致戴维·祖布（David B. Zoob）：

我很高兴你能帮我终止与特伦顿的合作，感谢你。放弃这个建筑项目对我而言非常艰难，因为它展示了我的一个重要建筑原则。最初的一些图已经被一些外国杂志发表出来，仿佛建筑已在建设中一样。我对项目回到手中不抱希望了……再次为你的决策和建议表示感谢。”

日间营地第二阶段：1957年

已建成。

日间营地是为让小孩在夏天能够在浴场附近待上一天而设计的地方。将日间营地置于场地西角的决定是在1956年3月19日到1957年8月13日之间做出的。

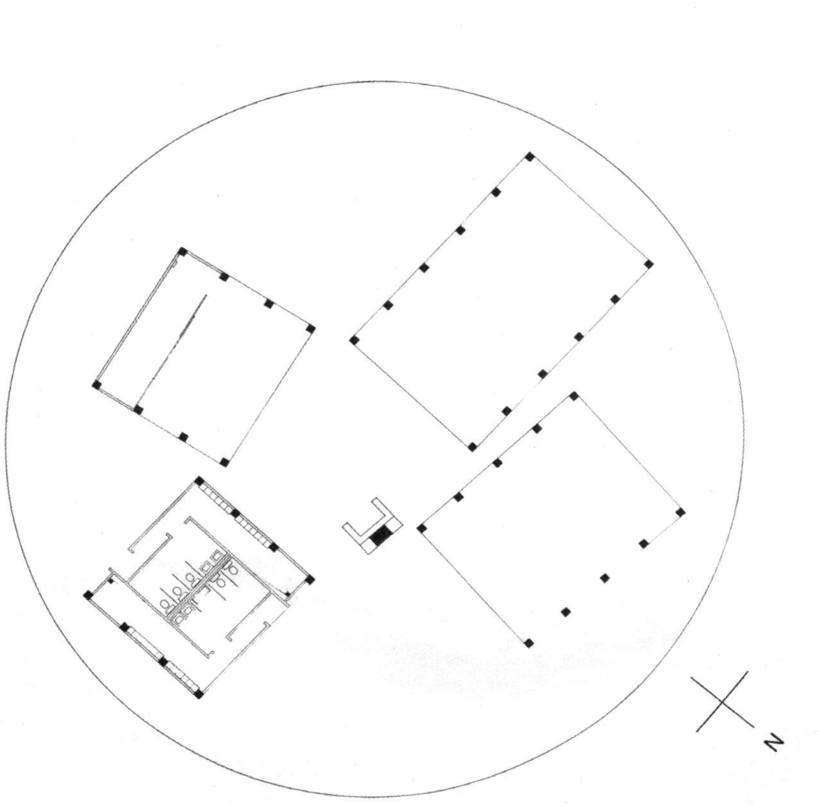

JCT. 43

一层平面图，展示了4个凉亭状的结构。它们围绕着一个火炉和一个庭院。这些结构包括预制的26英尺混凝土板，搭在相隔8英尺的柱子上。隔墙由生混凝土和红砖构成。康被要求以最经济的结构设计日间营地。其中一个凉亭内是卫生间和储物柜，第二个是储物间，剩下的两个则是面向营地西边林区的简单棚屋。

JCT. 44

东南视图，展示了左侧的储物单元和右侧的卫生间。

JCT. 45

西南视图，左侧展示了五跨单元，右侧展示了储物单元。

马丁研究所（1955—1957 年）

安妮阿伦德尔县（Anne Arundel County），马里兰州（Maryland）

位于巴尔的摩的格伦·马丁公司（Glenn L. Martin Company）委托路易斯·康设计其尖端科学研究所（Research Institute for Advanced Science，RIAS）的实验室与服务楼。康于同一时期在完成华盛顿大学图书馆竞赛（图纸于 1956 年 4 月 28 日提交）、犹太社区中心和位于费城中心的城市大厦和市民广场。康将 RIAS 项目分为两个独立的建筑群——包括实验室、行政部门与办公室的研究性建筑群，和包括入口、会议区域、图书馆、展陈空间和餐厅的服务性建筑群。

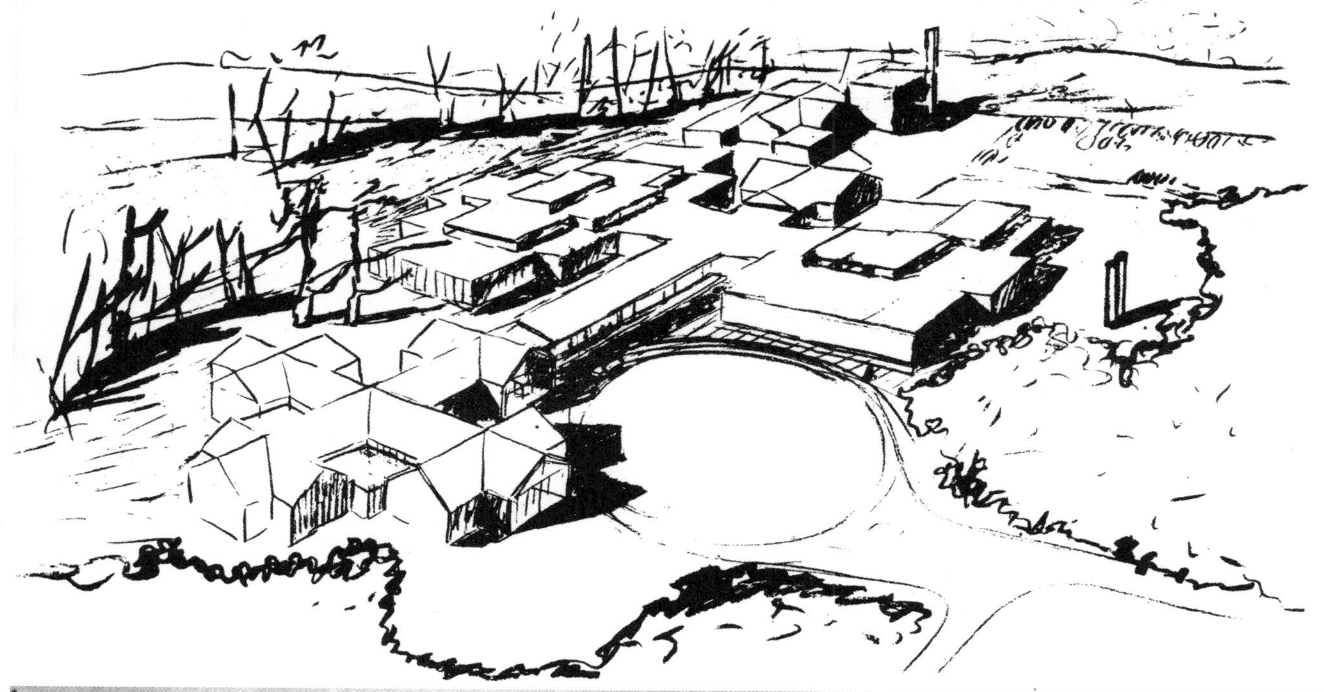

第一版

MRI. 1

透视草图展示了从西南方向俯瞰的视觉效果。集社交、管理和服务于一体的十字形建筑群和采用天窗照明的两个大体量研究性建筑在轻微起伏的地形上延展开，并通过长长的走廊相连。

第二版

MRI. 2

南向纵剖面，1956 年 5 月 14 日绘。图面左侧为采用拱顶形式的实验室与容纳贮藏与机械设备的地下室。采用十字形式的社交功能组团则采用圆筒形拱顶。庭院由十字伸展的部分构成。

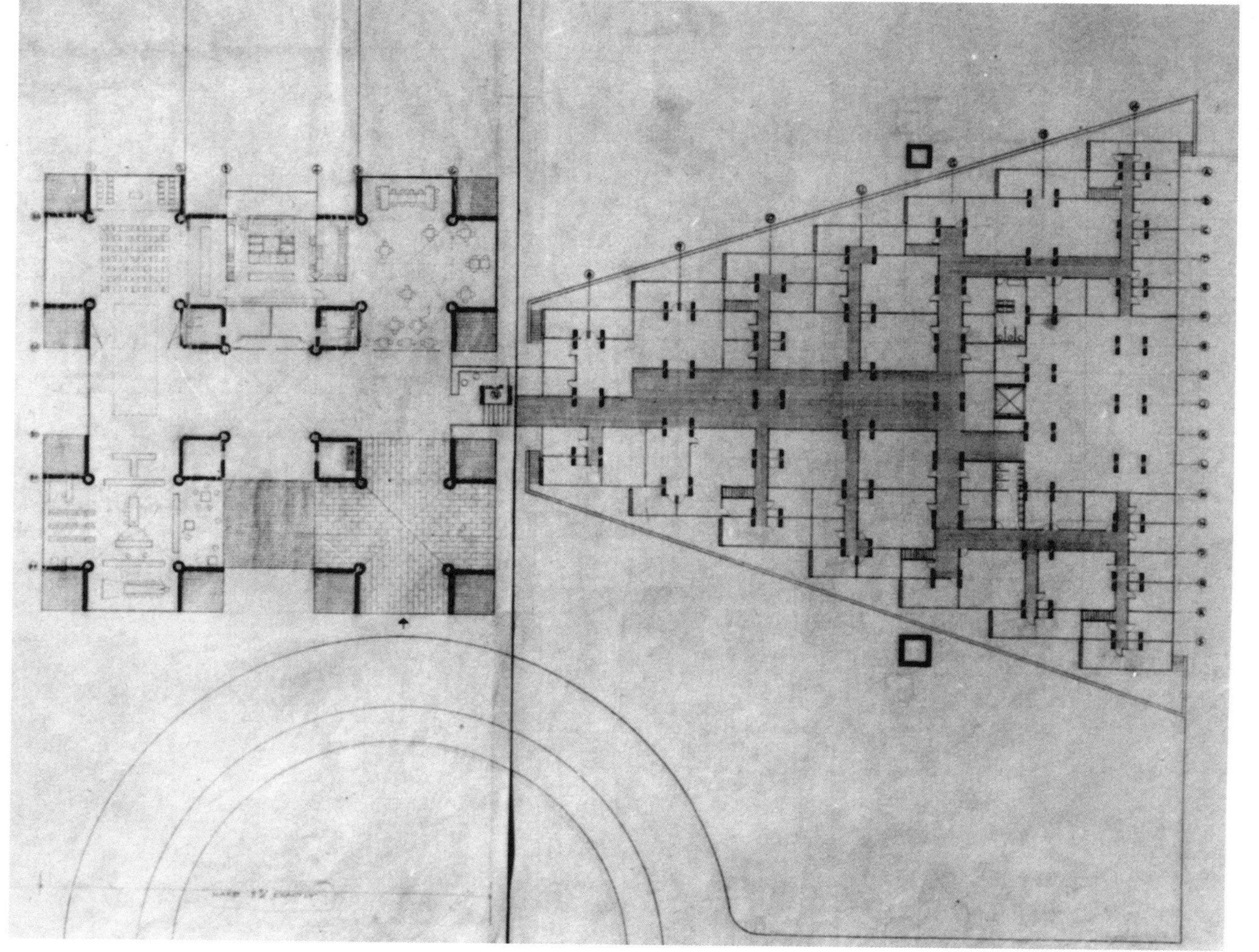

第三版

MRI. 3

一层平面图，1956 年 7 月 20 日绘。图面左侧为社交功能组团，右侧为研究功能组团。

前者的平面与米尔克里克社区中心（Mill Creek Community Center，参照PHM. 21，第41页）类似。不同的是，此处屋顶支撑结构基于 1 2 1 的网格，其产生的交错空间带来了更丰富的空间效果。研究性建筑群平面则采用不同的结构体系，以与条形天窗相匹配。屋面板悬挑在一对纤薄的墙体上，层层退台上升直至平面中心（参考MRI. 5）。

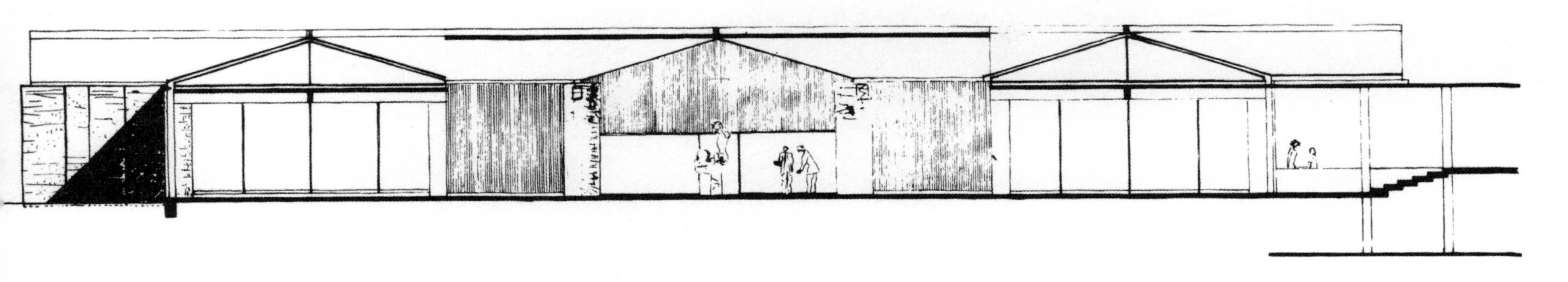

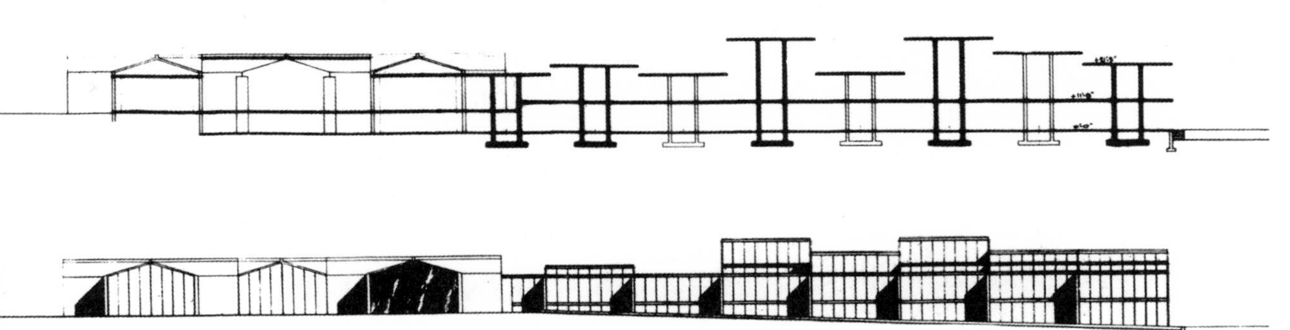

MRI. 4

纵向剖面，南向穿过社交组团的中心点，1956年6月30日绘，展示了与阿德勒和德·沃尔住宅（Adler and de Vore Houses）相似的建筑材料。

MRI. 5

纵向剖面，北向贯穿两个组团的中心点，1956年7月20日绘。本图右侧展示了研究性组团的悬挑屋顶。

MRI. 6

南立面，1956年7月20日绘。

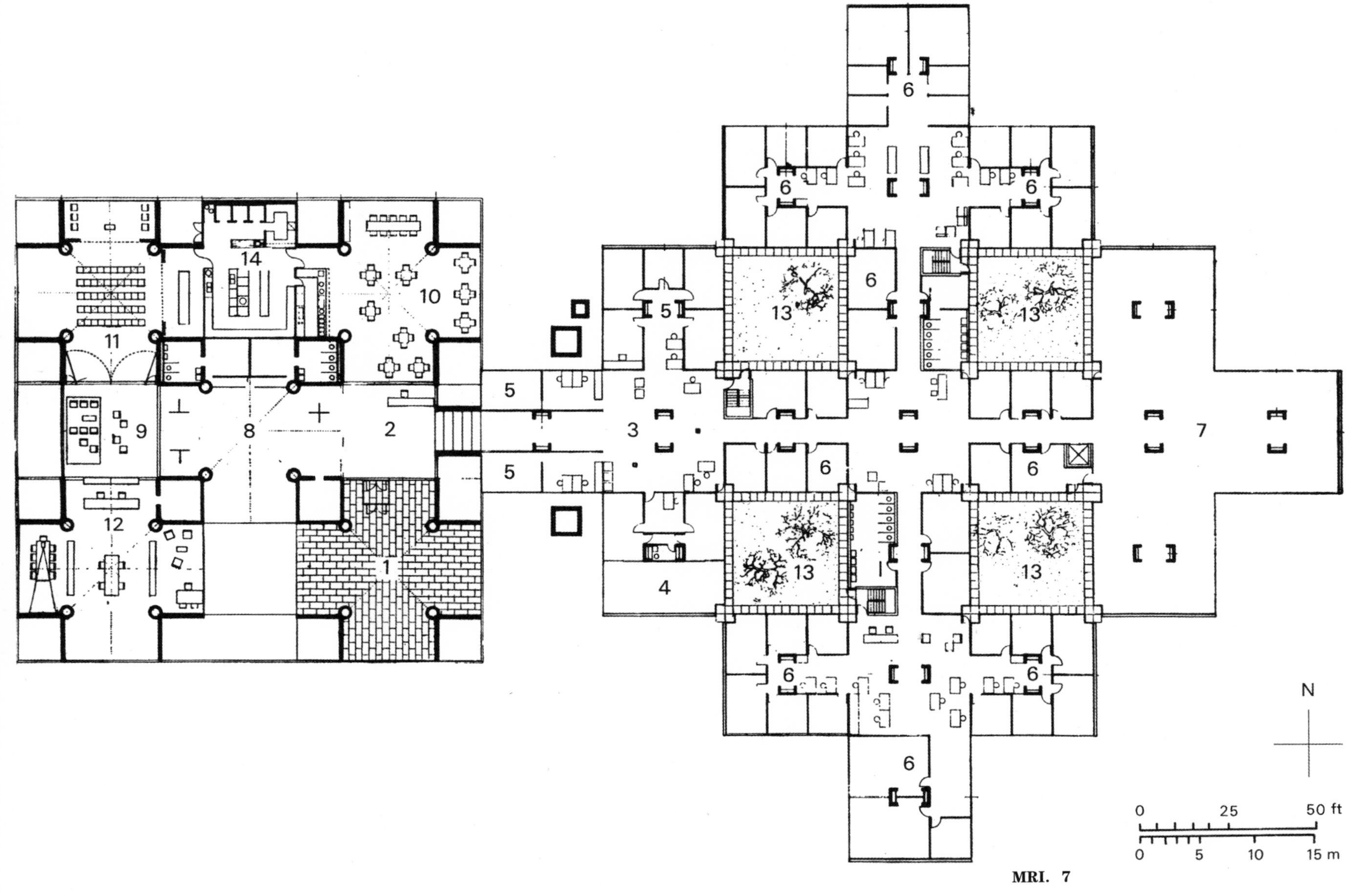

MRI. 7

一层平面图。

“1”为入口雨棚；
“2”为接待处；
“3”为等候厅；
“4”为主任办公室；
“5”为行政室；
“6”为办公室与实验室；
“7”为物理室；
“8”为展陈空间；
“9”为大会堂；
“10”为餐厅；
“11”为会议室；
“12”为图书馆；
“13”为室内花园；
“14”为厨房。

该建筑的最终版本由结构系统不同的两部分构成，并通过空间组织上的强烈几何特征得以统一。

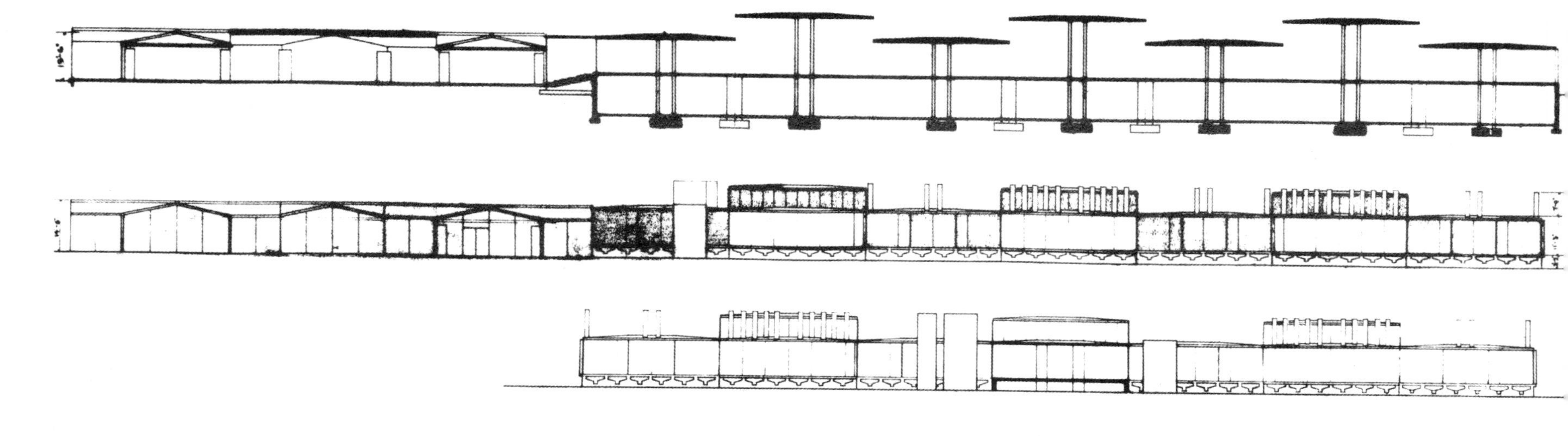

MRI. 8

东西向纵向剖面，贯穿两个组团的中心点，1956年10月23日绘，展示了悬挑的锥形屋顶。

MRI. 9

南立面，1956年10月23日绘，两组团不同的结构。

MRI. 10

西立面，1956年10月23日绘，研究性组团。两楼的结构系统由其容纳的不同活动决定。在社交部分，屋顶支撑构件在空间外围，暗示了屋顶像帐篷一样包含了公共活动。在实验室部分，屋面板则是从中心处支撑悬挑出来。十字形布局中，由5个正方形组成的中心楼板略高，使中心处有阳光直射，构成开敞而连续的光照环境。

MRI. 11

透视草图，1956年绘，4个室内花园之一。

MRI. 12

模型照片，南侧视角。

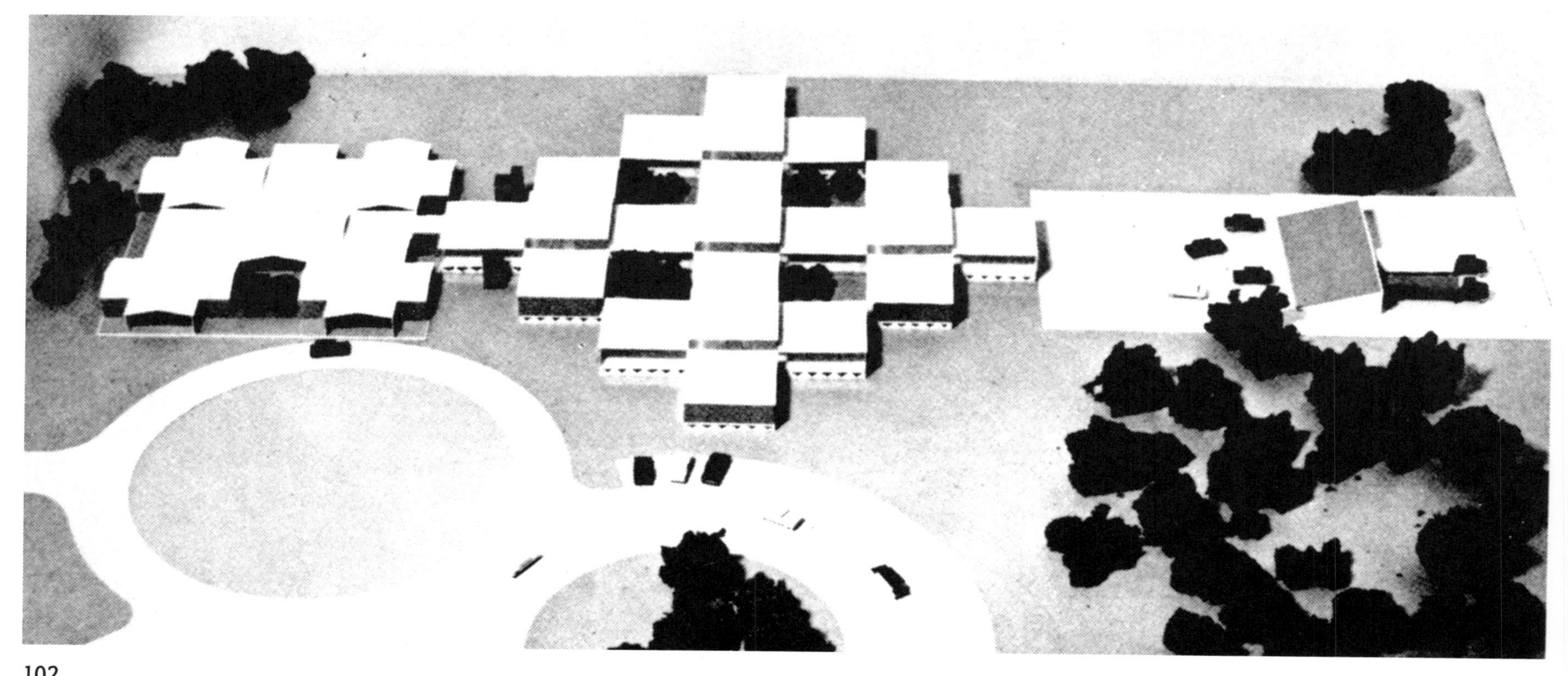

华盛顿大学图书馆（1956 年）

圣路易斯，密苏里州

1956 年 2 月 18 日，华盛顿大学计划建一所新的奥林图书馆（Olin Library），并为此向全国发起建筑设计竞赛。最终入围的六所公司包括位于圣路易斯的 HOK（Hellmuth，Obata & Kassabaum）、贾米森-斯皮尔特与格罗洛克（Jamieson，Speart & Grolock）和墨菲与麦基事务所（Murphy & Mackey），位于密歇根州布隆菲尔德山的埃罗 · 萨里宁事务所（Eero Saarinen & Associates），位于得克萨斯州布莱恩特的 CRS（Caudill，Rowlett，Scott & Associates）和位于纽约市的爱德华 · 杜雷尔 · 斯通（Edward D. Stone）。随后由于埃罗 · 萨里宁的退出，路易斯 · 康受邀参加了该竞赛。

初赛图纸于 1956 年 4 月 28 日提交，由威廉 · 伍斯特（William W. Wuster）、大卫 · 查尔斯（David Charles）、谢普利（H. R. Shepley）和比福德 · 皮肯斯（Buford Pickens）审评入围作品。

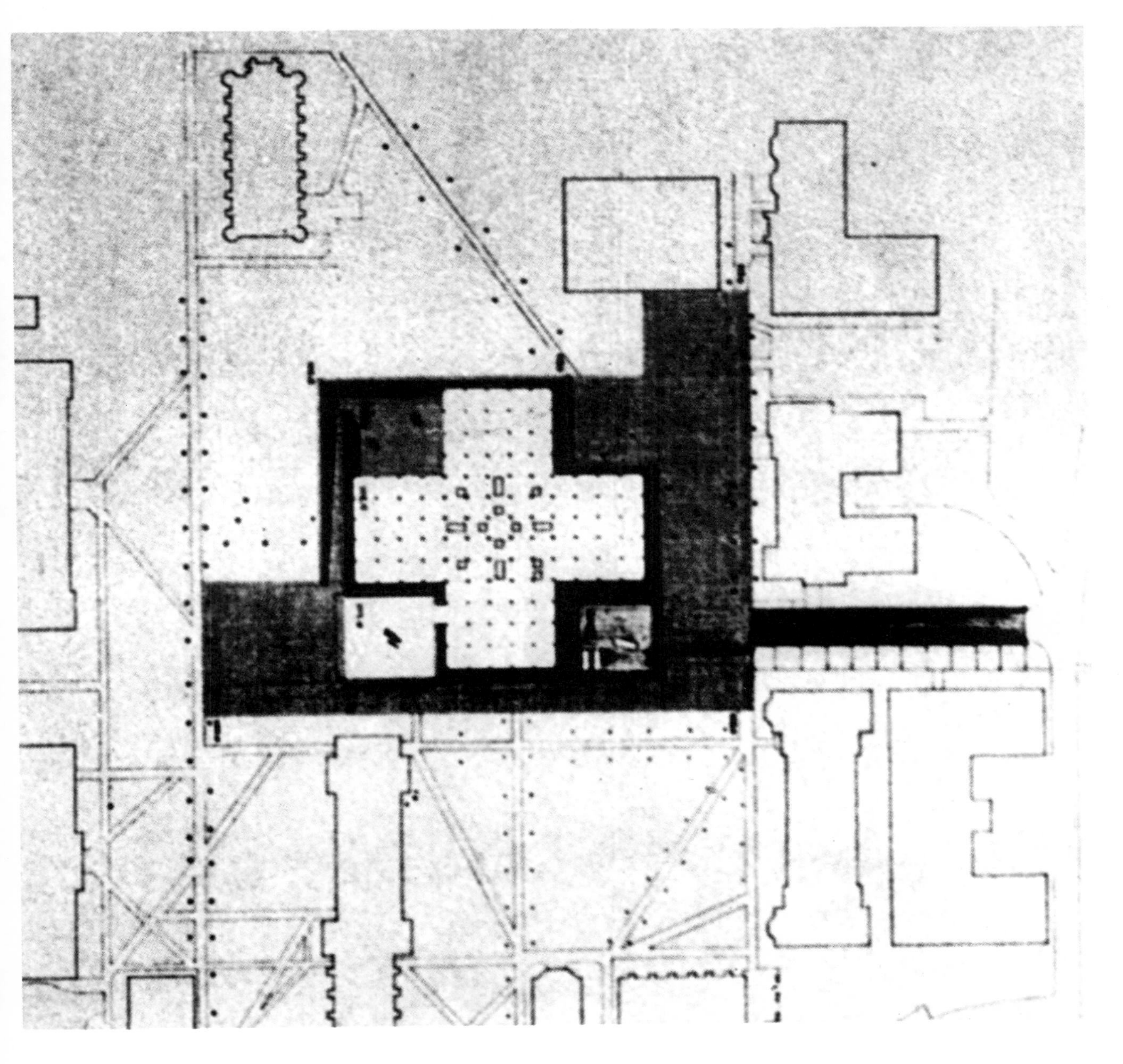

WUL. 1
总平面图。

WUL. 2

东立面草稿。

WUL. 3

透视草图，展示了从东南方向观看的景象，前景是入口亭。

WUL. 4

透视草图，展示了从东南方向观看的景象。

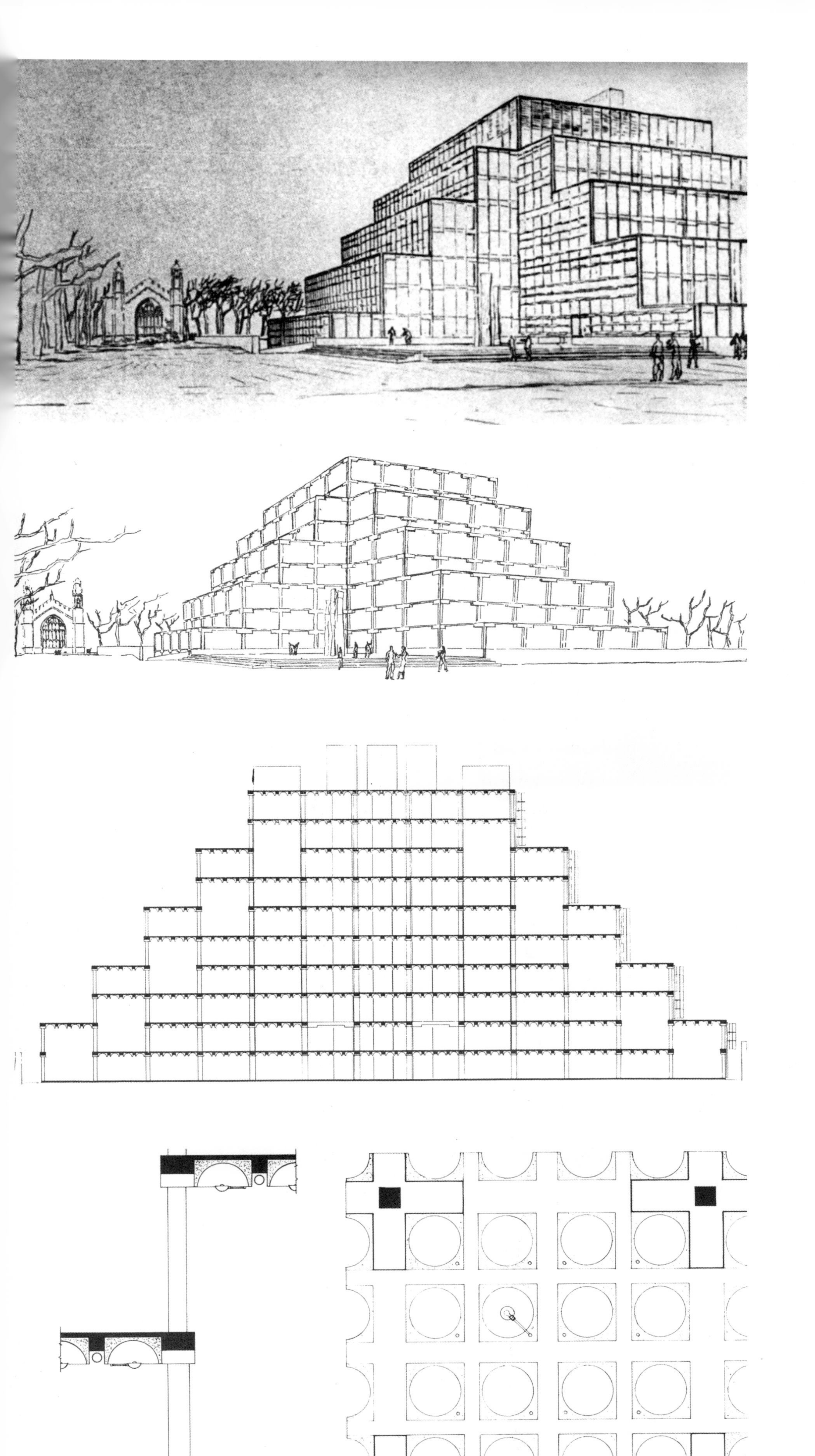

WUL. 5—6

透视草图，展示了从东南方向观看的景象。

“秩序不意味着美。”竞赛要求该建筑大约 200 万平方英尺，能够收藏 90 万本书，为 1200 名学生和 75 名工作人员提供阅览座位，并为 63 名全职和 10 名兼职工作人员提供工作区域。竞赛还要求开架区域和阅读区域联系紧密，尽可能将书籍展示给读者。此外，竞赛还对典藏书籍与视听设备区（包括储存和阅片室）、讨论厅、会议室、打字室、工作人员学习区、展陈设施、书籍修复室、学生单人桌和集体学习区提出了要求。该建筑需配备空调系统且防火。大多数入围作品是具有重复性立面的柱形物，在这样一个历史性地段中显得体量过大。康通过将一个整体体块与十字形平面、退台式剖面的形式相整合，成功将大体量转化为更接近人体尺度的小体量单元组合。

WUL. 7

剖面，展示了沿着建筑外围的双层通高空间，其作用是使内部区域得到自然光。

WUL. 8—9

剖面详图和天花板反向图。

“混凝土结构，轻型预制声学圆顶与双向梁和板共同构成轻质花格镶板。空调管道被安排在梁底的镶板边缘之间。如果未来有需求，该建筑可以在阶梯形侧翼上竖向增加 17 英尺 × 4 英尺的单层开间，核心筒区域添加两层。屋顶是单独隔开并铺装的。侧翼处的屋顶积水通过刚性地沟与明渠竖框，引流至下层屋顶。”

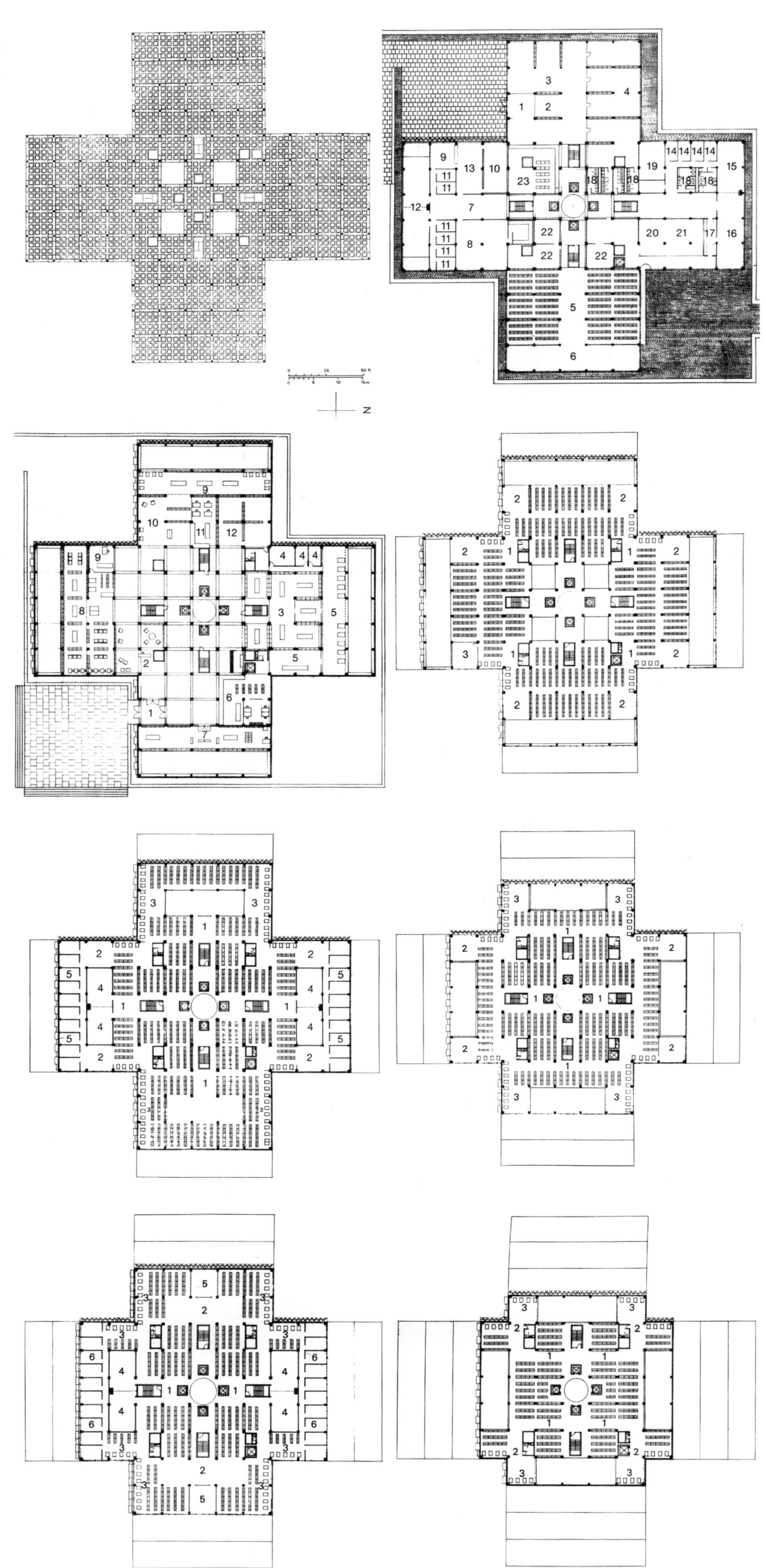

WUL. 10

反向天花平面图。

WUL. 11

地下室平面图，位于下沉庭院。

“1”为藏书与自习区；

“2”为管理前台；

“3”为开架藏书区；

“4”为闭架藏书区；

“5”为普通存放区；

“6”为普通学习区；

“7”为音频视频区；

“8”为阅读区；

“9”为储藏间；

“10”为照片洗印室；

“11”为隔音区域；

“12”为多功能厅；

“13”为办公室；

“14”为管理员办公室；

“15”为会议室；

“16”为员工就餐区；

“17”为厨房；

“18”为洗手间；

“19”为休息室；

“20”为收发室；

“21”为图书修复室；

“22”为设备储藏室；

“23”为堆供室。

WUL. 12

一层平面图。

“1”为入口大厅；

“2”为管理前台；

“3”为卡片目录室；

“4”为办公室；

“5”为技术服务室；

“6”为发行部、归档室与新书书架；

“7”为特殊典藏室；

“8”为档案室；

“9”为工作室；

“10”为期刊阅览室；

“11”为阅片室；

“12”为书目区。

WUL. 13

二层平面图。

“1”为普通存放区；

“2”为普通学习区；

“3”为会议区与吸烟区。

WUL. 14

三层平面图。

“1”为普通存放区；

“2”为普通学习区；

“3”为研习间；

“4”为讨论间；

“5”为教研室。

WUL. 15

四层平面图。

“1”为普通存放区；

“2”为普通学习区；

“3”为研习间。

WUL. 16

五层平面图。

“1”为普通存放区；

“2”为普通学习区；

“3”为研习间；

“4”为讨论间；

“5”为会议区与吸烟区；

“6”为教研室。

WUL. 17

六层平面图。

“1”为普通存放区；

“2”为普通学习区；

“3”为研习间。

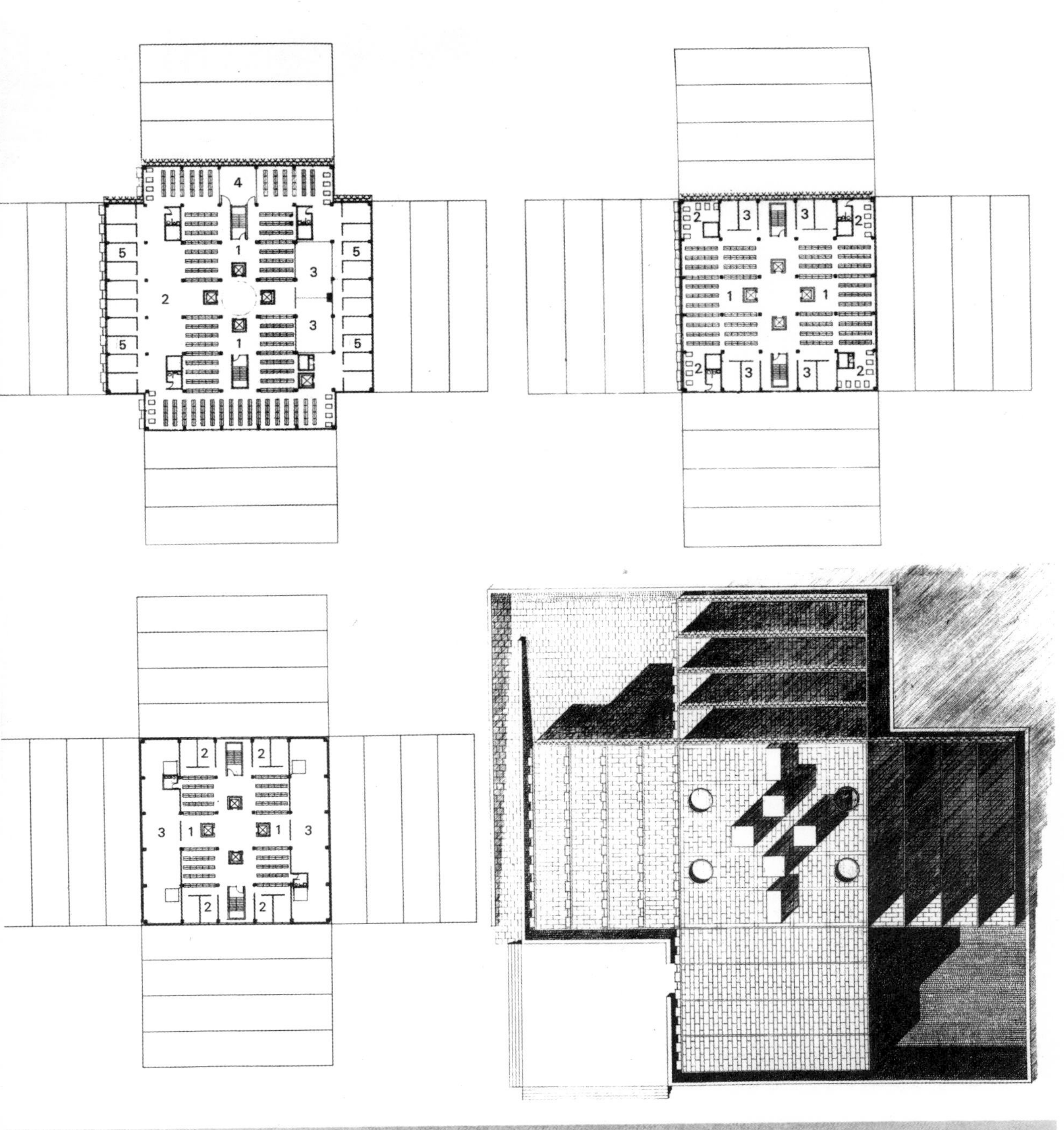

WUL. 18

七层平面图。

“1”为普通存放区；

“2”为普通学习区；

“3”为讨论间；

“4”为会议区与吸烟区；

“5”为教研室。

WUL. 19

八层平面图。

“1”为普通存放区；

“2”为普通学习区；

“3”为教研室。

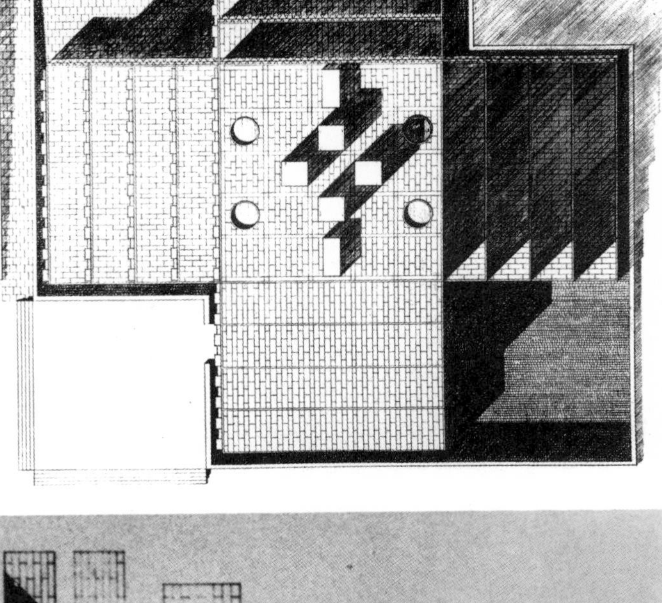

WUL. 20

九层平面图。

“1”为普通存放区；

“2”为普通学习区；

“3”为冷气机房。

WUL. 21

楼顶平面图。

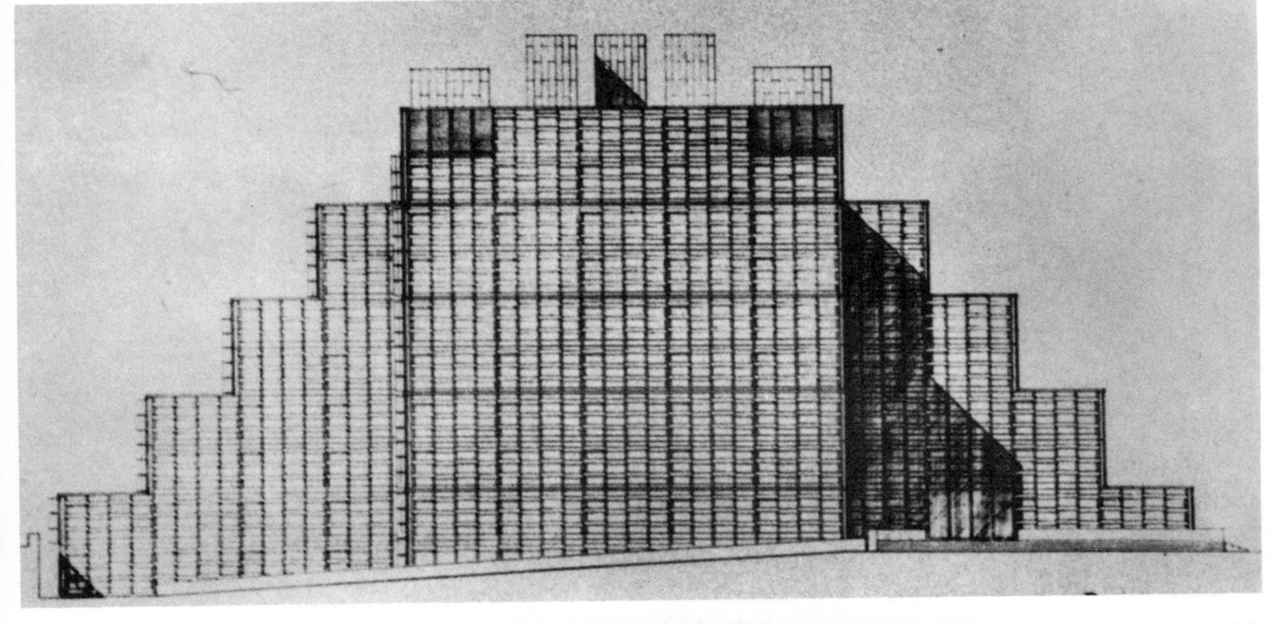

WUL. 22

南立面。

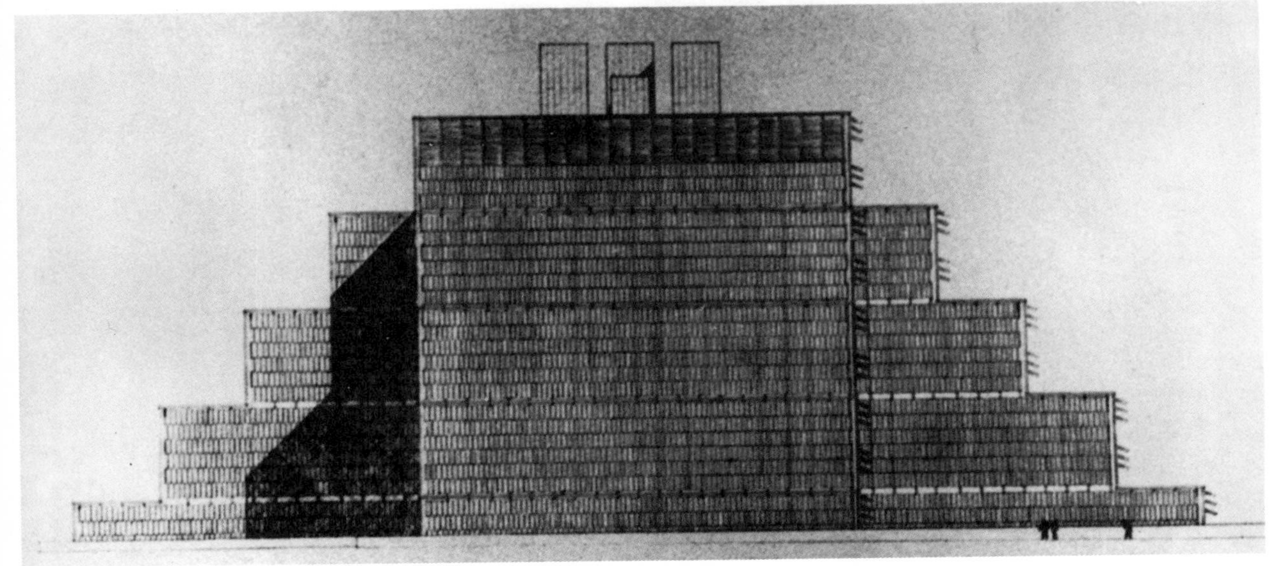

WUL. 23

西立面。

为了防止工作区受到眩光的影响，康在南立面上采用水平遮阳，在西立面上采用竖直遮阳。北侧和东侧未经遮光处理。

该立面处理借鉴了由弗兰克·劳埃德·赖特设计的位于俄克拉荷马州巴特尔斯维尔的普赖斯大厦（H. C. Price Company Tower）。

莫里斯之家（1957—1958 年）

基斯科山（Mount Kisco），纽约州

位于纽约基斯科山的莫里斯之家在一片林地中，其基地高出入口小径 8 英尺。建筑前院实际上是位于房屋和街道之间的小土丘。从其草图和平面的演变过程中，我们可以看到一开始建筑由分离的空间单元主导，后来其慢慢消融在网格的秩序中。

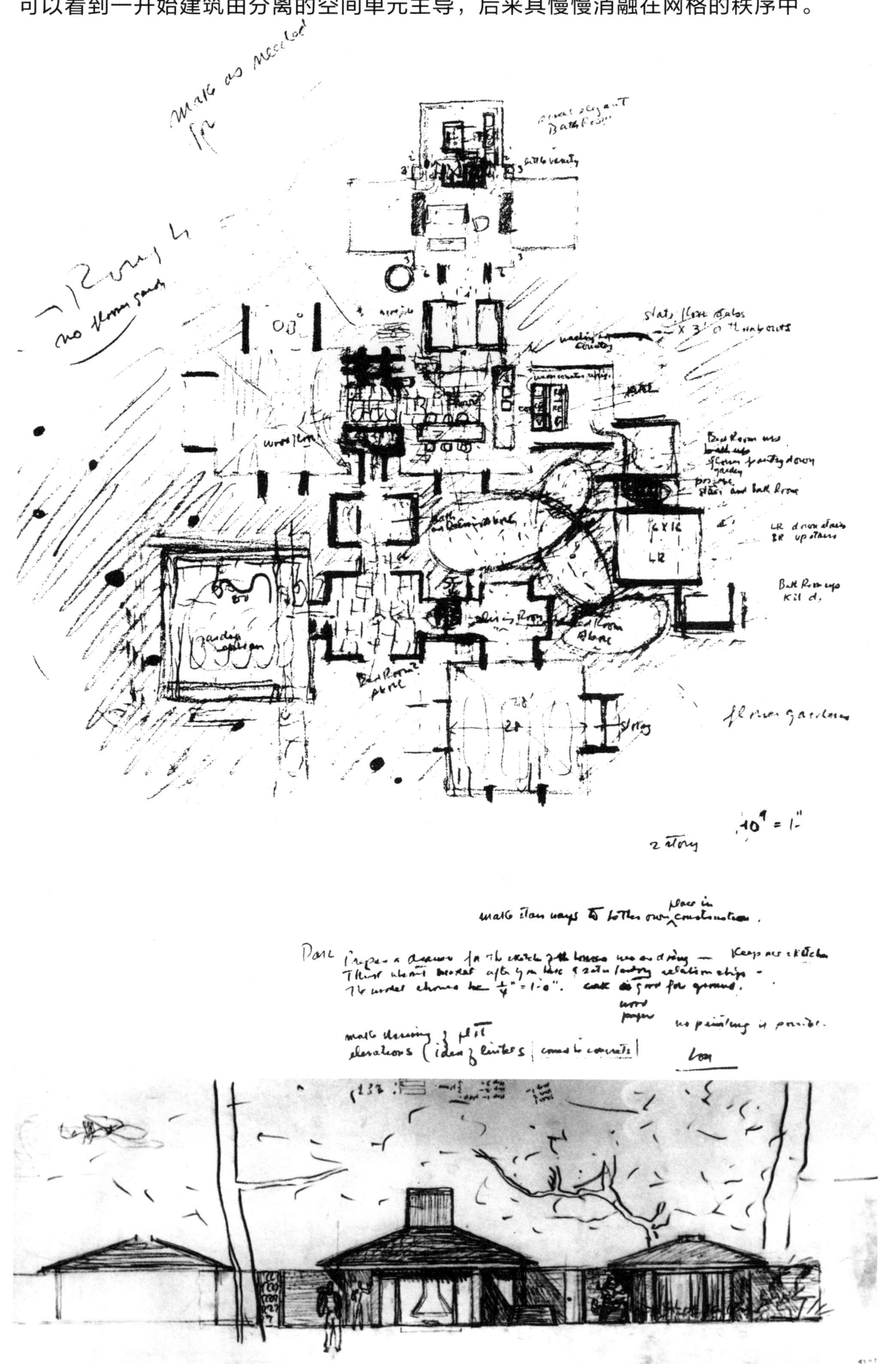

MOH. 1

一层平面草图，3 个分离的居住空间与公共的餐厨区域相连，模糊地展示了客房平面。

该草图展示了康解决问题的经典方法。他会从一个熟悉的空间要素开始，这里他选择了在马丁研究所里用到的元素。他将项目里的各个部分转化为一个个元素。通过这个方法，他不断和草图对话，试图找到“它想要成为什么”。1973 年，编纂本书的第一版时他说：“不管是什么问题，我总是从正方形开始。”康作品中的另一个要素体现在他的戴维·威兹德姆（David Wisdom，即戴夫，康在 1947 年与奥斯卡·斯托诺罗夫解约后的合伙人）的对话中：“戴夫，给项目的草图准备一个抽屉，把所有草图都留着。在得到满意的关系之后回想一下这个模型。软木做地面很好用，木材、纸，可能的话别上色。绘制立面图（过梁的构思应该更实际些）路。”

（草图下方笔记）

MOH. 2

立面草图。

“1957 年 8 月 6 日给莫里斯（Morris）夫妇展示。”

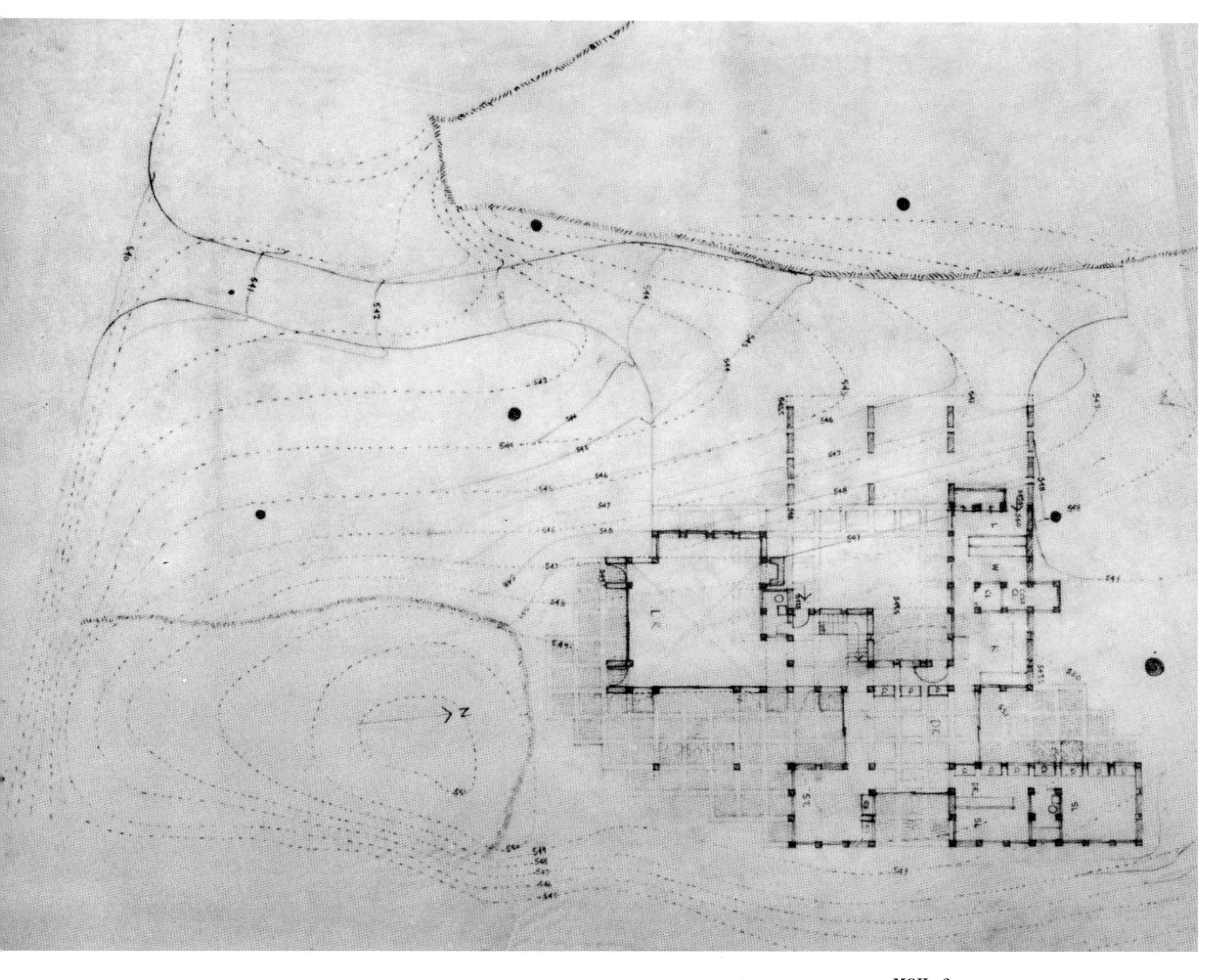

MOH. 3

带有地段的首层平面图，早期版本。该建筑入口朝向西南，入口处庭院由起居室、餐厅、厨房和车库围合而成。餐厅空间位于该平面中心。其四角处分别为书房、主卧附属的衣帽间、厨房和包括楼梯的入口空间。后者为连接餐厅和起居室的过渡空间。

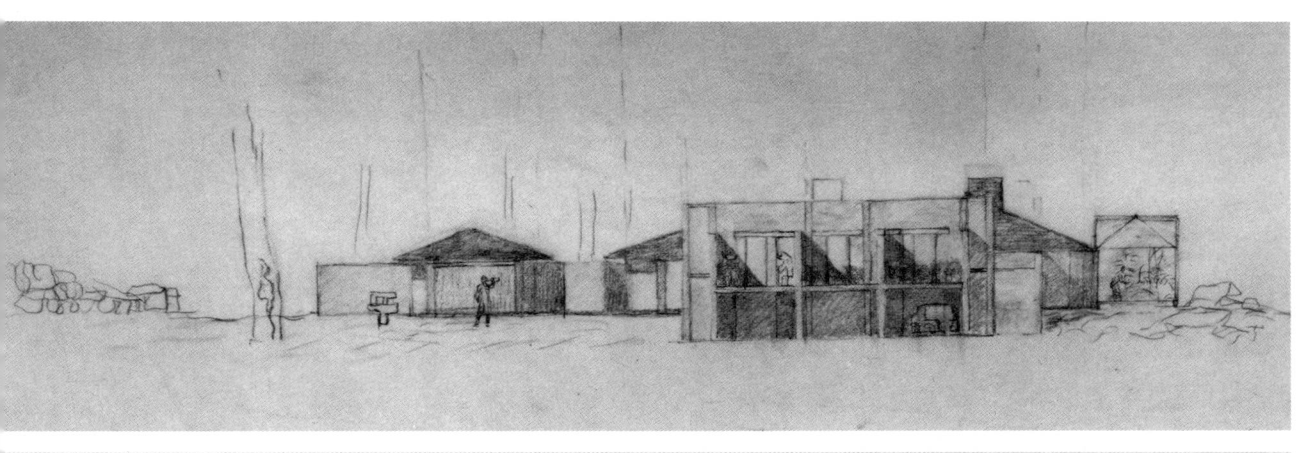

MOH. 4

西立面草图，主卧和前景中车库上方的学习空间。

（彩色图片在 441 页）

MOH. 5

南立面草图，右侧为起居室，左侧为车库与其上方的卧室。

（彩色图片在 441 页）

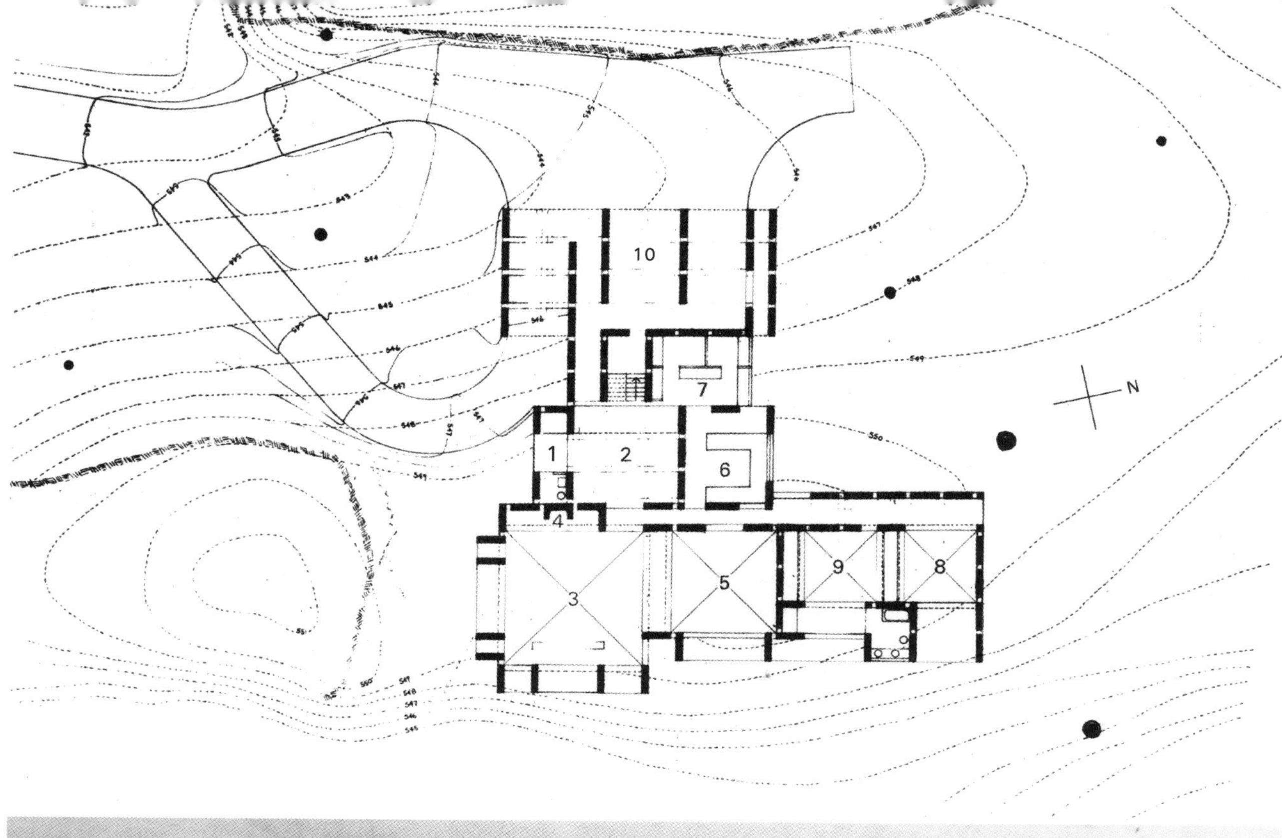

MOH. 6

一层平面图。

“1”为门廊；

“2”为入口大厅及楼梯；

“3”为起居室；

“4”为壁炉；

“5”为餐厅；

“6”为厨房；

“7”为洗衣房；

“8”为书房；

“9”为主卧；

“10”为车库（二层为卧室）。

车库上方的卧室和机房比入口处高半层。房间分隔基于平面上4英尺×1英尺的模数化网格。相邻房间或房间与花园连接，由这些与建筑外围既不平行也不垂直的墙体围合而成。

“秩序源于对方法的规训。”

MOH. 7

东立面，前景为金字塔形屋顶的单层单元。

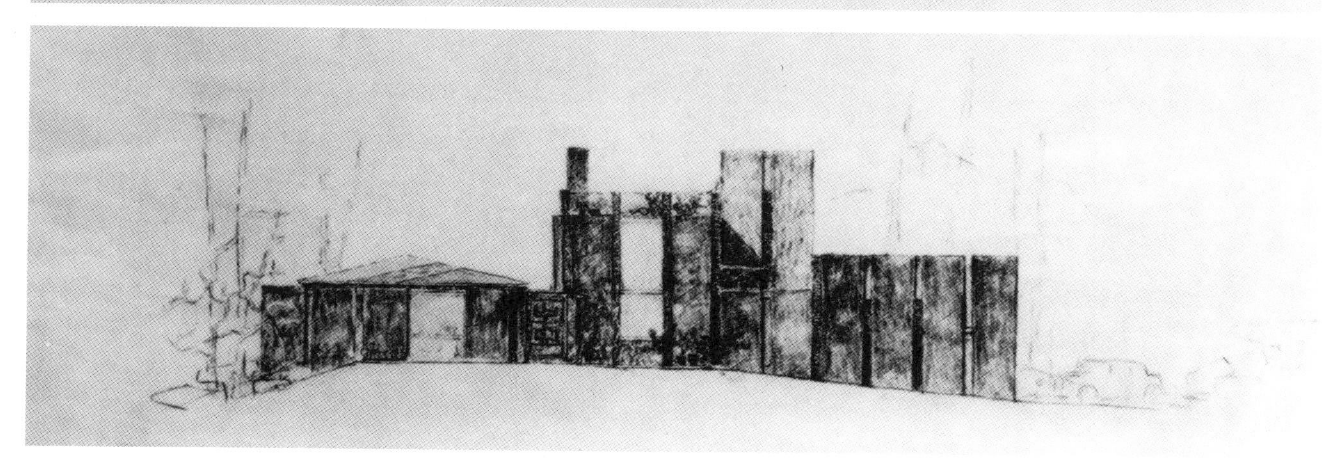

MOH. 8

北立面，左侧为金字塔形屋顶的单层单元，右侧为车库，其上方为房间，中间为入口大厅及楼梯。

MOH. 9

西立面，左侧为主卧和书房，前景为车库，其上方为房间。

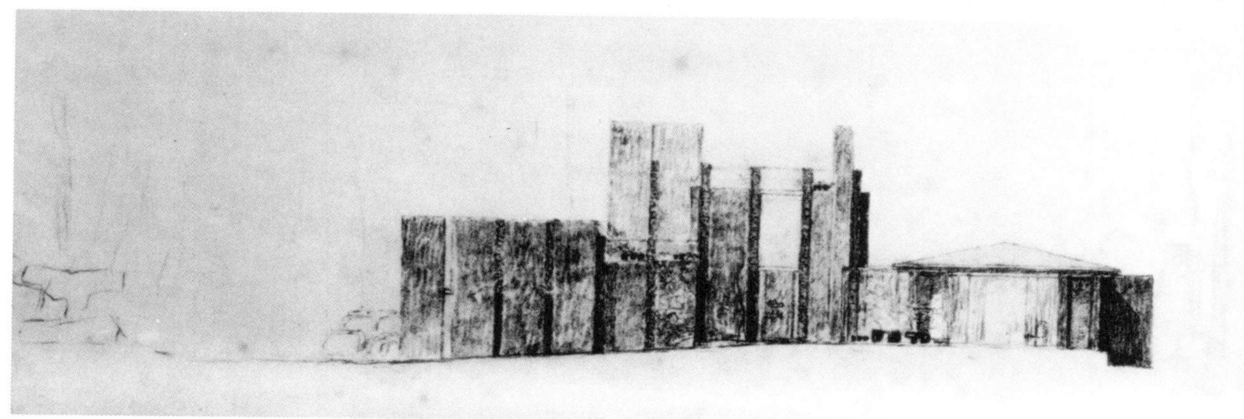

MOH. 10

南立面，右侧为起居室，左侧为车库，其上方为卧室，中间为入口大厅及楼梯。

MOH. 11

南立面草图，门廊设在客厅前的可能性研究。

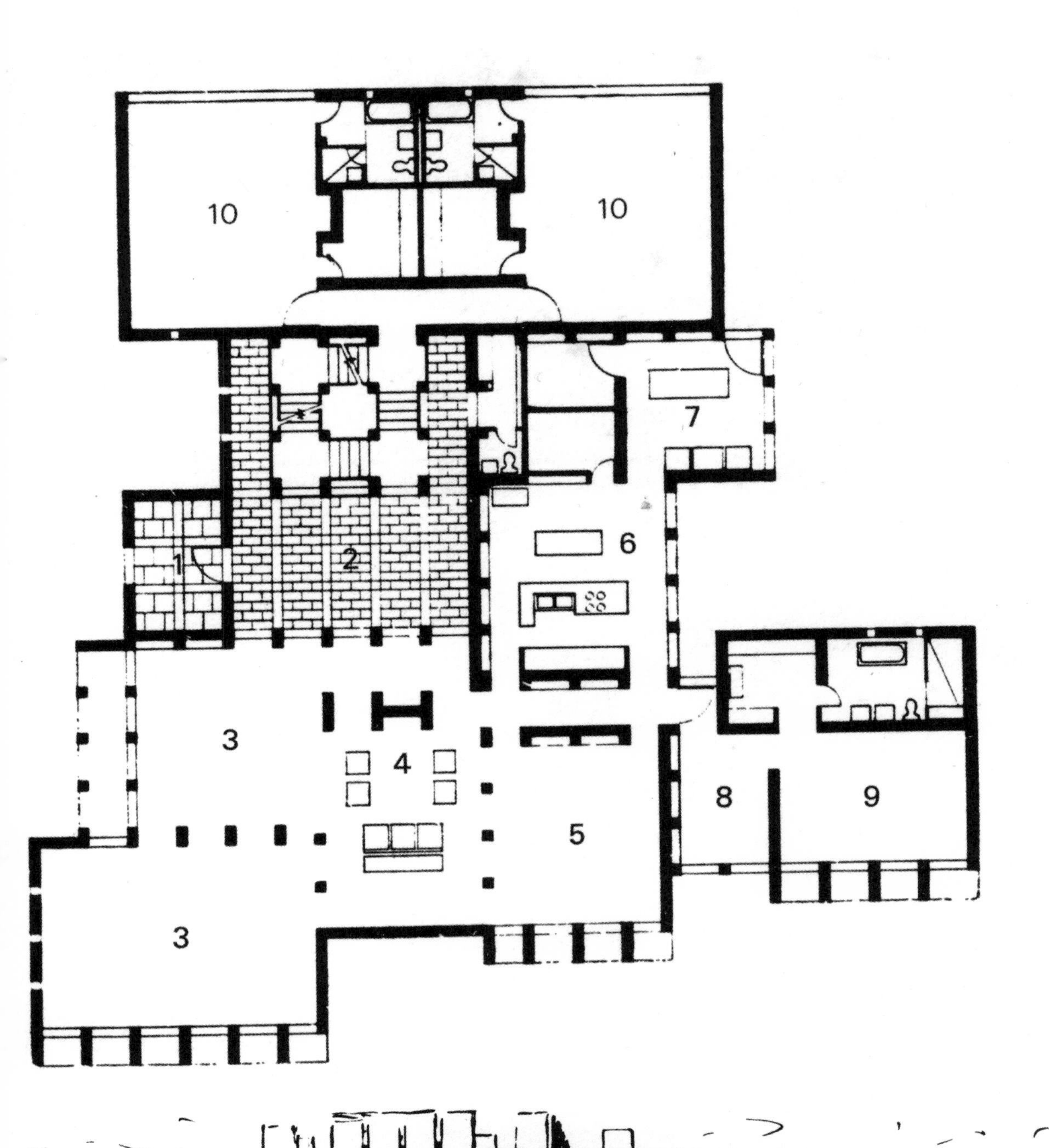

最终版本

MOH. 12

基于4英尺×1英尺模数的一层平面。

“1”为前厅；

“2”为入口大厅和楼梯（屋顶花园位于前厅和入口大厅上方）；

“3”为起居室；

“4”为壁炉座位；

“5”为餐厅；

“6”为厨房（其上方为卧室）；

“7”为洗衣房（其上方为卫生间）；

“8”为书房；

“9”为主卧；

“10”为卧室（其下方为车库和机房）。

MOH. 13

南立面草图。

取消了金字塔形屋顶之后，空间单元失去了独立性。它们可以在1—4—1的网格上任意塑造形状。该建筑的模数化组织为空间尺寸的多样性提供了可能。例如1英尺的模数可用于柱子或窗洞，4英尺的模数可用于墙体或窗洞。

MOH. 14

模型东北视图。

该角度与赖特在 1929 年设计的位于俄克拉何马州塔尔萨的理查德·劳埃德·琼斯之屋（Richard Lloyd Jones House）有着异曲同工之妙。后者的平面基于混凝土块，或用赖特的话来说就是“织物块”。

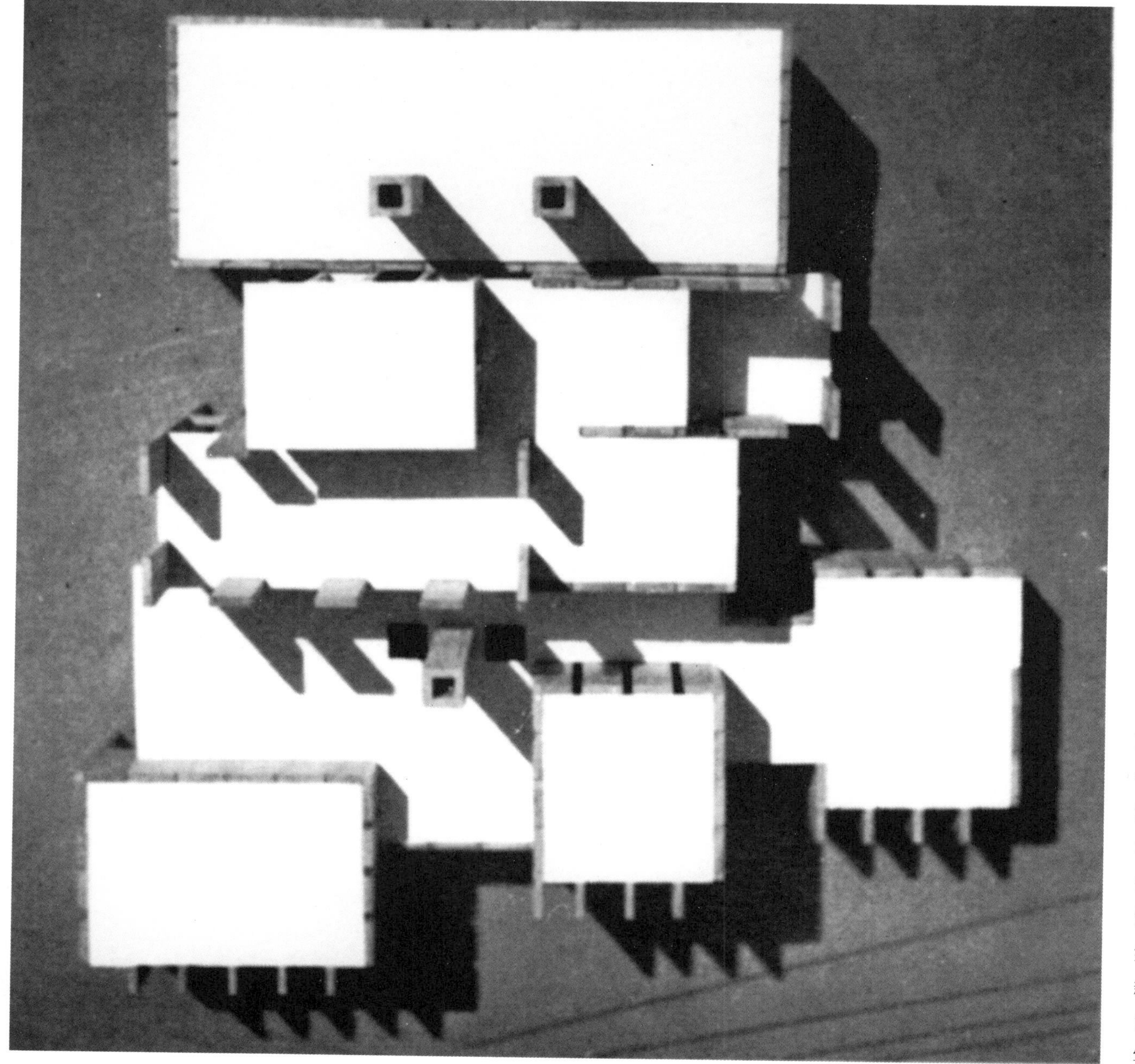

MOH. 15

模型顶视图，展示了不同标高平台的可能性研究。注意与 MOH. 12 中不同的卧室上方烟囱的处理。

1958 年 10 月 1 日，康在给劳伦斯·莫里斯夫妇的信中写道：“亲爱的露丝和拉里，对于建筑师来说，遇到一位愿意陪他一起实现建筑理想的客户实属不易。我们的合作让我得以尝试建筑设计的新思路，感激不尽。”

1959 年 10 月，他在给《视野》杂志编辑的信中写道：“……莫里斯之屋暂时停滞了……”

克利弗之家（1957—1961 年）

卡姆登县（Camden County），新泽西州（New Jersey）

弗雷德·克利弗（Fred C. Cleaver）夫妇的住处位于新泽西州特拉华镇 Delaware Township）霍利格伦（Holly Glen）街区雪莉大道（Sherry Way）上。在此，康继续深化空间单元组团的概念。此方案中，康将十字形的客厅作为 6 个独立单元的连接点。因此，组团不仅兼具功能和空间方面的考虑，还受到十字形态的控制。对称布局提供了八种连接方式。康将其中两个单元独立出来，暗示它们在这一秩序之外。

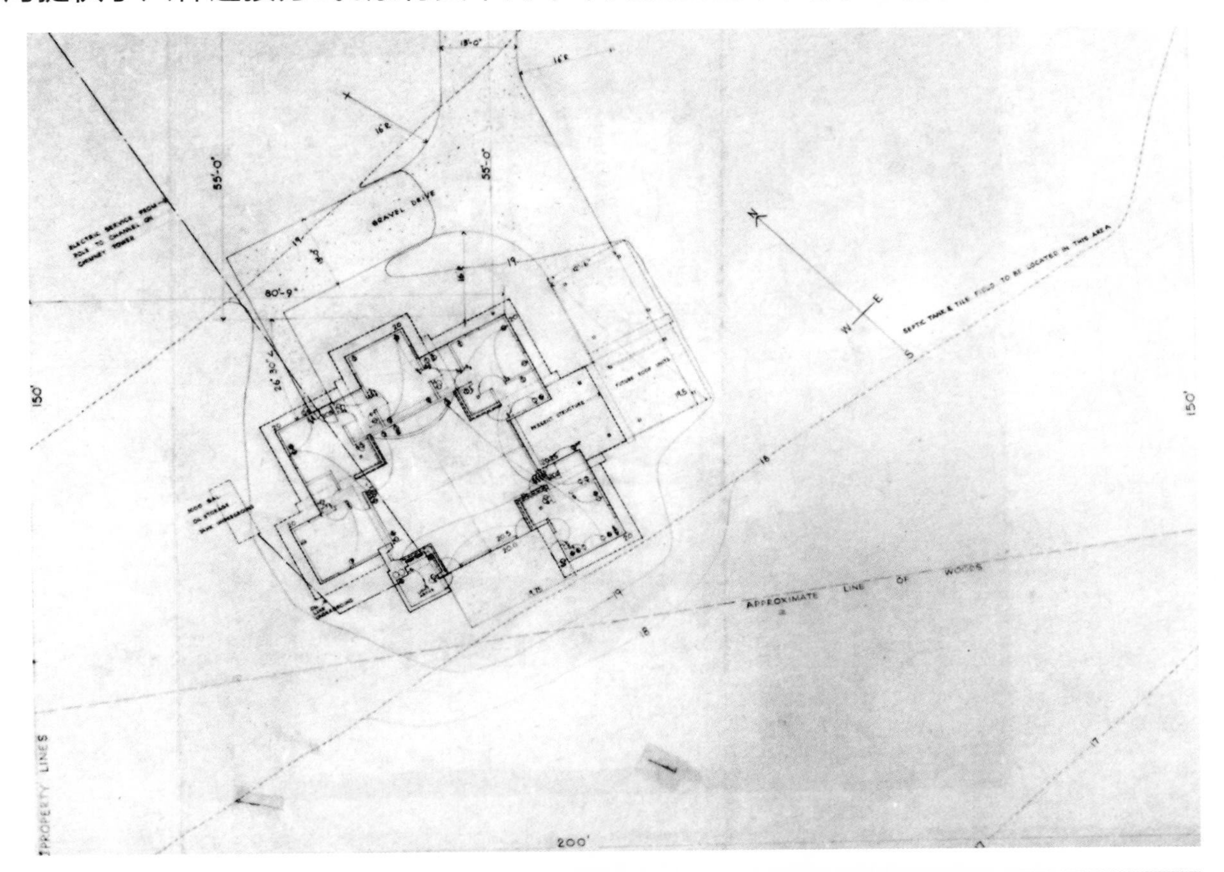

过程图纸，1959 年 2 月 18 日

CLH. 1

总平面，住处位于雪莉大道旁 200 英尺 ×150 英尺平坦的长方形地块上。该房屋的朝向未受到任何地段条件的限制，包括道路、地块范围和自然方位。平面由 6 个围绕中心的方形单元构成。东侧两个独立的单元使带顶的连廊从主体部分延伸出去。

CLH. 2

一层平面，木质支撑构件的轴线和尺寸。

中心空间上方为十字形屋顶，11 英尺见方、更小的独立空间则由金字塔形屋顶覆盖。通过突出的屋顶并用宽水落管连接起来，这些更小的独立空间被放大。新增的空间被用来扩大卧室以及增添服务空间，例如卫生间、衣帽间、洗衣房和食品室。卧室和厨房之间的第 6 个独立方块被带顶的连廊占据。从卧室的巨大固定窗口看出，南侧为树林，东侧为连廊。突出的屋顶带来的悬挑结构保护房屋的外立面免受日晒雨淋。

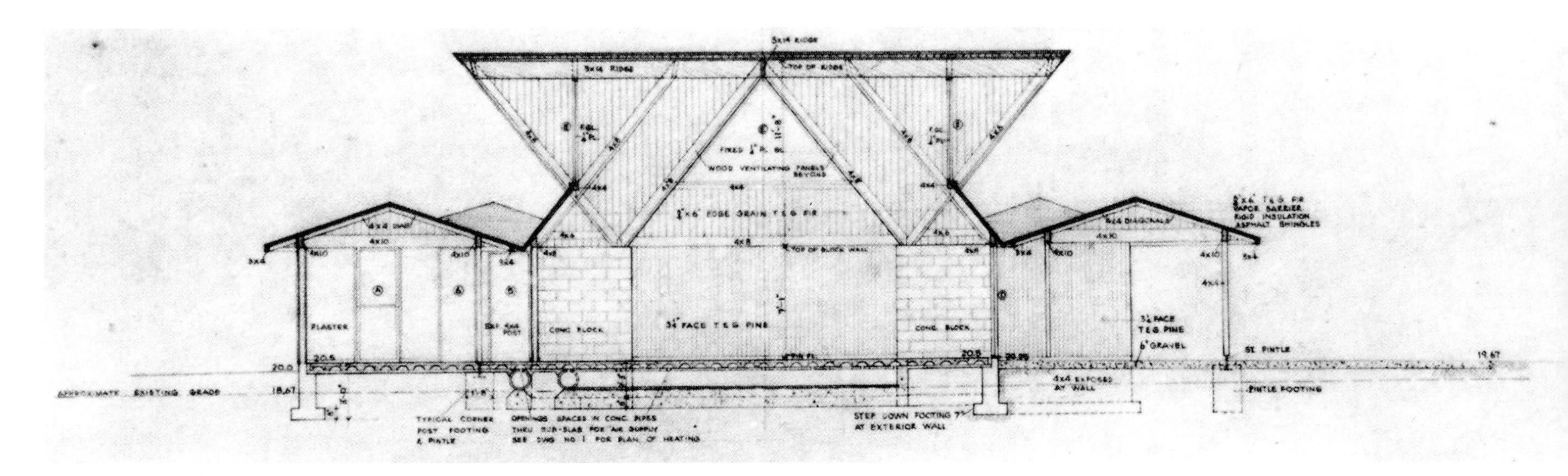

CLH. 3

东西方向剖面，剖切线穿过卧室、起居室和带顶
的连廊，视线向北，展示了屋顶下宽敞的起居室
空间。

该房屋由穿过基座的空心混凝土楼板中的空气循
环系统供暖。

CLH. 4

东西方向剖面，剖切线穿过入口空间和卧室，视
线向南，展示了低处的金字塔形屋顶间的连接。

CLH. 5

南立面，左侧为混凝土砖烟囱，透过客厅巨大的
固定双层玻璃窗可以看到中心的树木和 1/4 英寸
厚的长方形玻璃屋顶。这些屋顶让人可以看到树
梢，从而增强了室内空间和周围环境的联系。

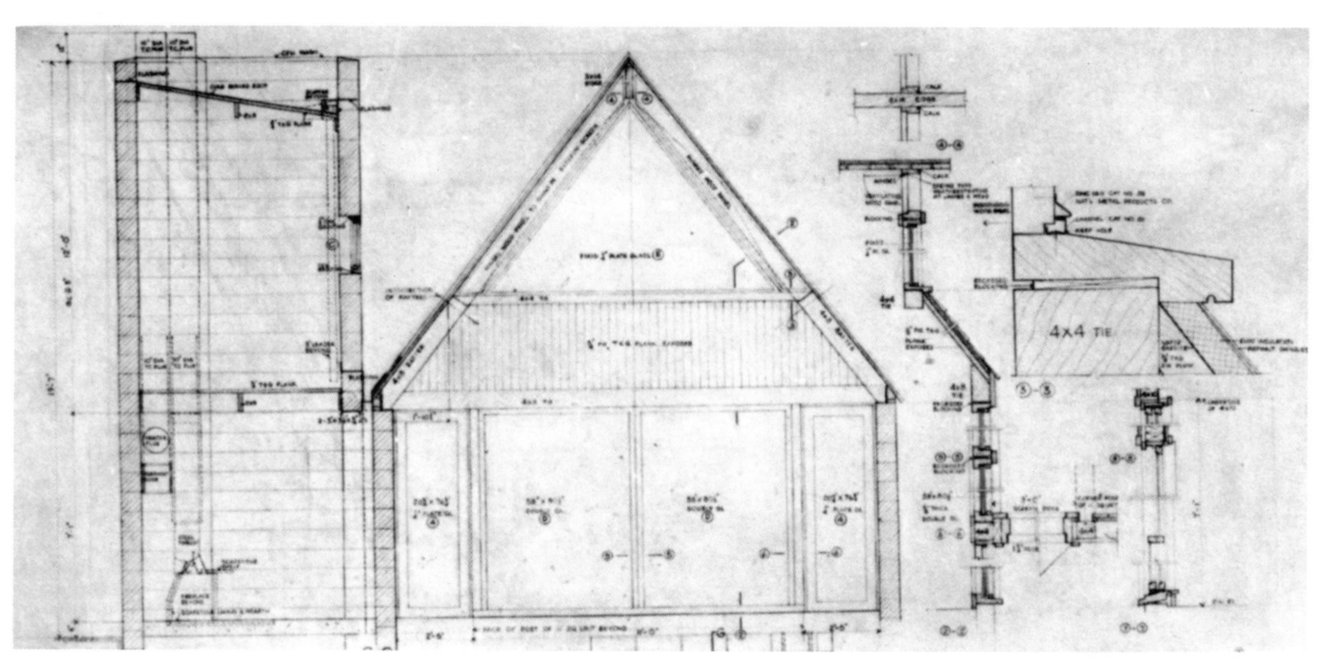

CLH. 6

剖面大样，混凝土砖烟囱、起居室和屋顶。

CLH. 7

模型平面，屋顶结构的木质构件。

CLH. 8

朝向雪莉大道的北向入口处立面。

正立面上没有设置大开口，以保证内部私密性。

宾夕法尼亚大学实验室（1957—1964 年）

费城，宾夕法尼亚州

1957 年，康离开耶鲁大学，开始了在宾夕法尼亚大学艺术研究生院的教学生涯。受宾夕法尼亚大学的委托，他设计了校园内哈密尔顿大街 3700 号的阿尔弗雷德 · 牛顿 · 理查兹医学研究实验室（Alfred Newton Richards Medical Research Laboratories）、植物学和微生物学实验室、温室和动物学实验室的附属楼。从 1957 年到 1961 年，他设计了医学研究实验室和植物学和微生物学实验室。前者于 1960 年夏天竣工，后者于 1964 年竣工。

在做这些项目的过程中，路易斯 · 康与两位结构工程师（罗伯特 · 里科拉瓦和奥古斯特 · 科缅丹特）密切合作。康与前者讨论理论问题，并与后者合作完成了大量项目。

1959 年 12 月 23 日，康在给在纽约的威廉 · 莱斯（William Rice）先生的信中阐释了他的设计方向："简单来说，关键在于你吸入的空气要和排放的空气相隔绝，实验室里工作的人想待在没有其他人经过的空间里。这些简单的想法带来了正确而不常见的形式。"

对于这些，斯库利（Scully）在 1962 年评价道："康现在开始用形式代替之前他说的秩序了。"

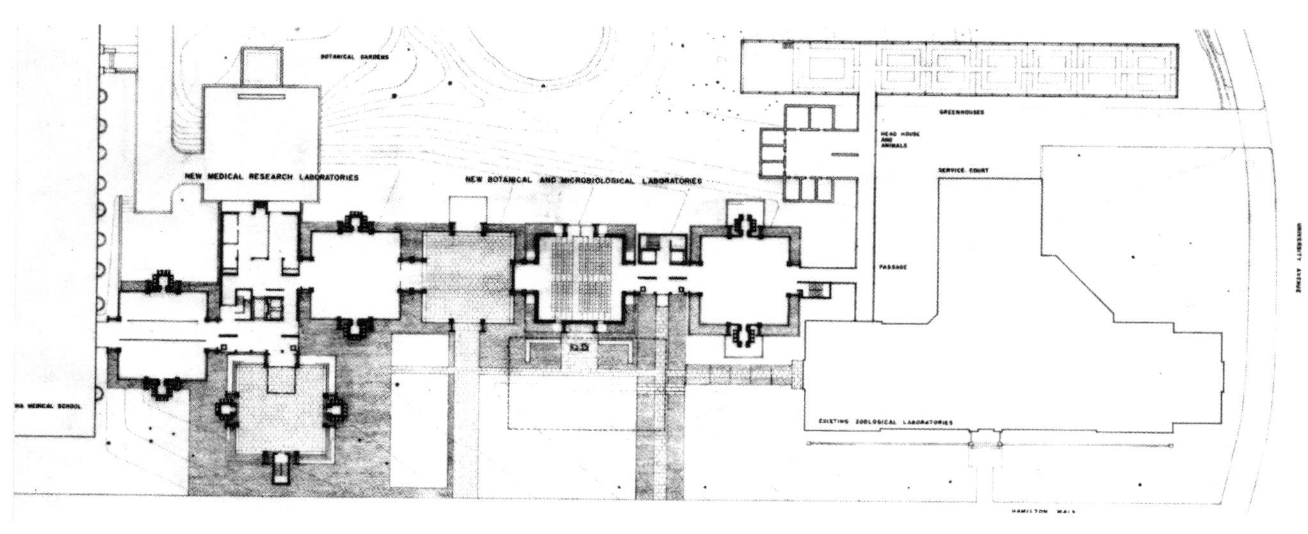

UPL. 1

总平面，构想中的实验室一层平面与左侧的医学教学楼、右侧的动物学实验室相连，下方为哈密尔顿大街。

UPL. 2

北立面，医学研究实验室与左侧现有的医学教学楼和右侧现有的动物学实验室通过空中走廊相连。实验室楼板由悬臂拱形梁支撑，独立于排气管和楼梯竖井柱（原版为彩图）。

UPL. 3

平面和立面草图，1957 年绘，排气管于每层楼板水平面上伸出方形楼板时扩大。左上方为“每个方形楼梯井上的水塔”。

右侧笔记内容：

“热量；

· 管道向上升时保持连续；

· 空气供应随着其上升减少；

· 回风会不会浪费？如果不（增大回风量）；

· 通风柜的废气在上升过程中不断累积；

· 柱子随着上升变细；

· 柱子周围的设计从这里开始。”

UPL. 4

透视草图，1957 年绘，建筑体块研究，医学研究实验室与承载水塔的楼梯井。

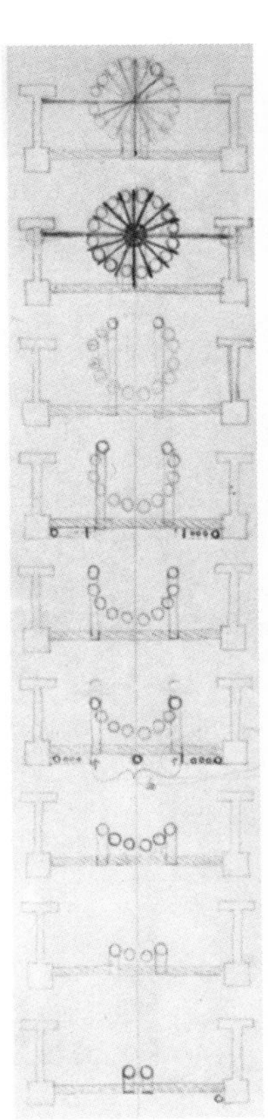

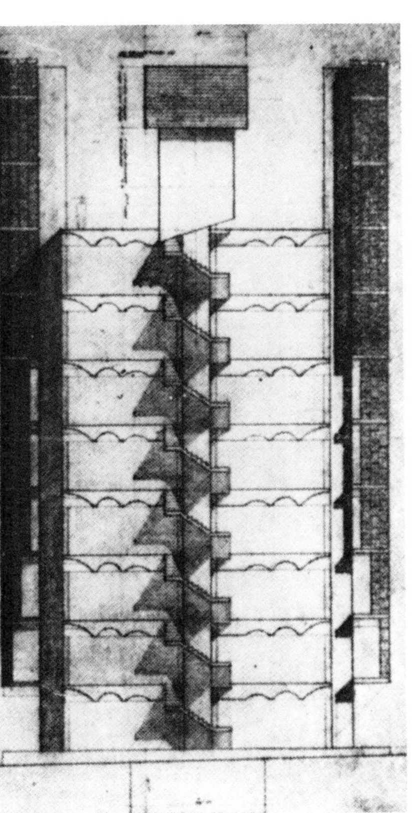

UPL. 5

平面与立面草图，1957 年绘，排风井柱子和承载水塔的楼梯竖井。

UPL. 6

平面草图，从二层到水箱所在的九层，给水管数量逐渐增加。

UPL. 7

剖切立面，一个带有排风井、楼梯竖井的实验室单元，实验室楼板由拱形悬臂梁支撑。

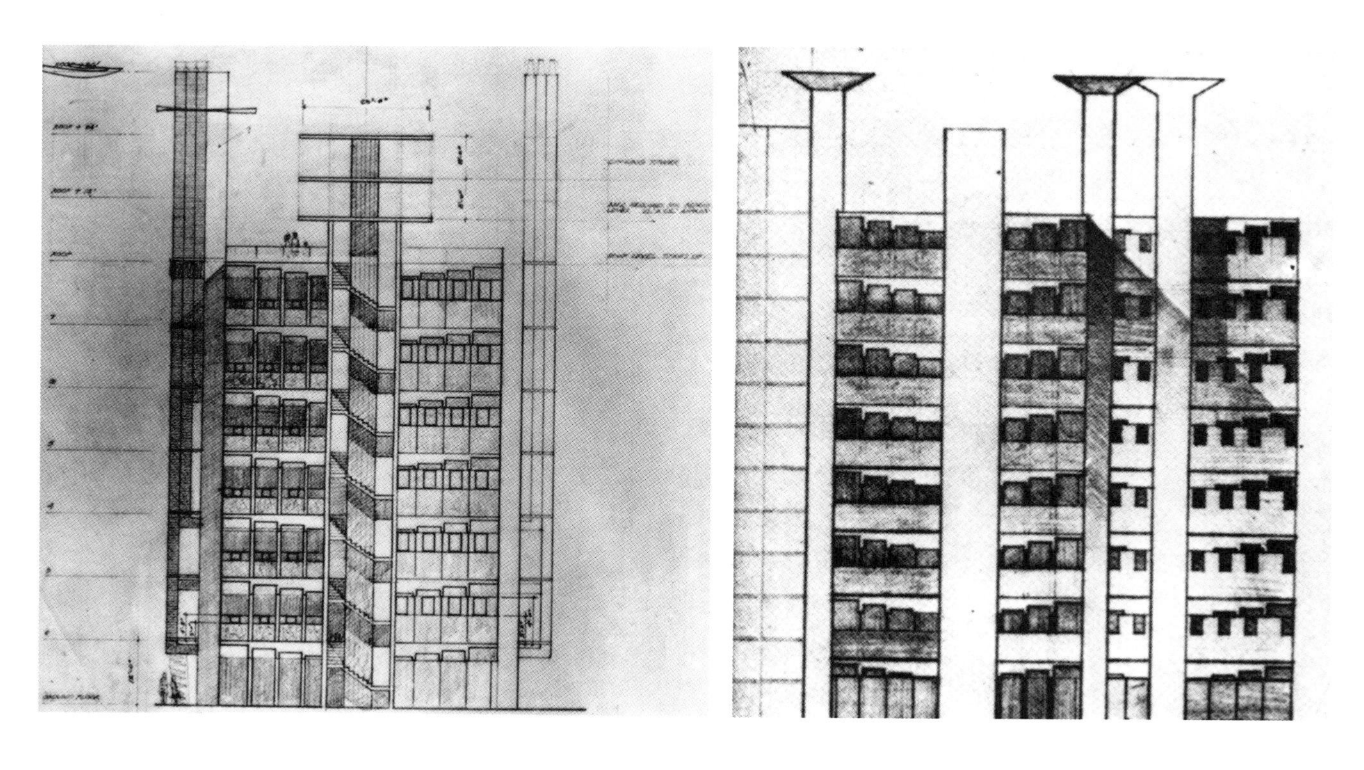

UPL. 8

典型实验室单元立面研究，1957 年 8 月 5 日绘，七层实验室塔由悬臂直梁支撑。

排风井是方形的，独立于塔本体。（在剖面中）楼梯井承载上方的冷却塔。“我认为你永远不应该遇到排除的气体。连原生质都不愿和自己的排泄物碰面。这些研究人员容易被细菌感染。他们在工作中与同位素、有毒气体打交道。我的解决方案是建造 3 个工作室并将它们连接到高高的服务塔，后者包括动物区域，输送水、气体和真空管道，建筑通过低处的‘鼻孔’吸气，通过屋顶上高耸的烟囱呼气。”

UPL. 9

立面研究，实验室塔与排风井、楼梯井和悬臂直梁。

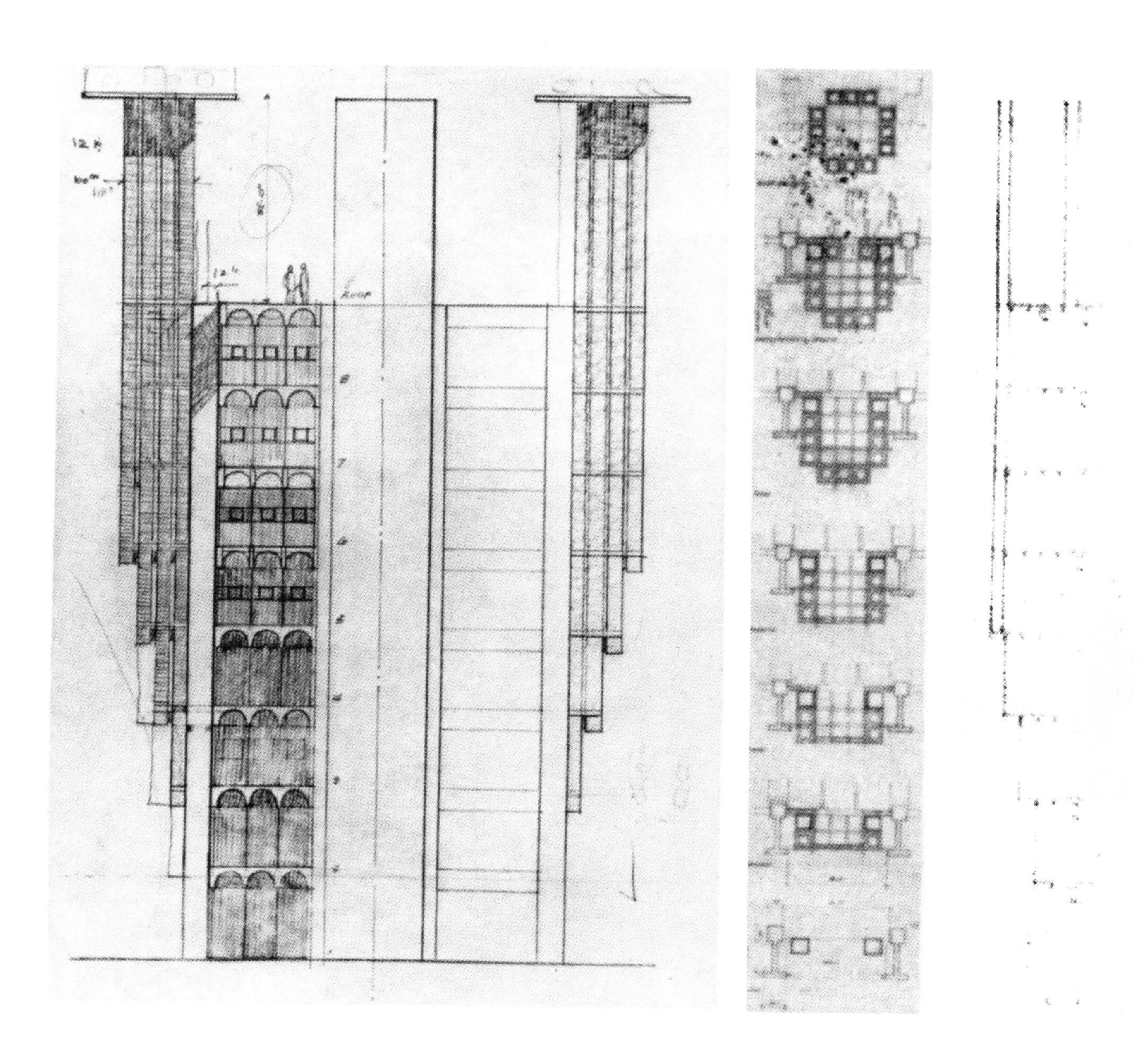

UPL. 10

典型单元的立面研究，八层的实验室塔。

排风井，独立于塔，从三层起越高处越宽。

UPL. 11—14

平面、剖面和立面，排风井研究，其从三层起越高处越宽。实验室的结构体系与排风井立柱相互独立。

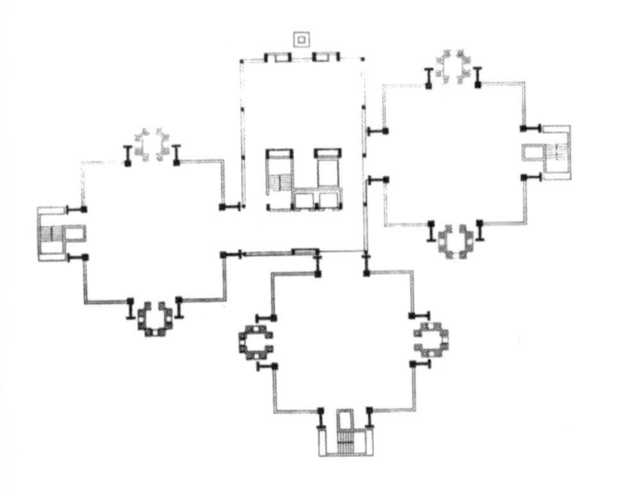

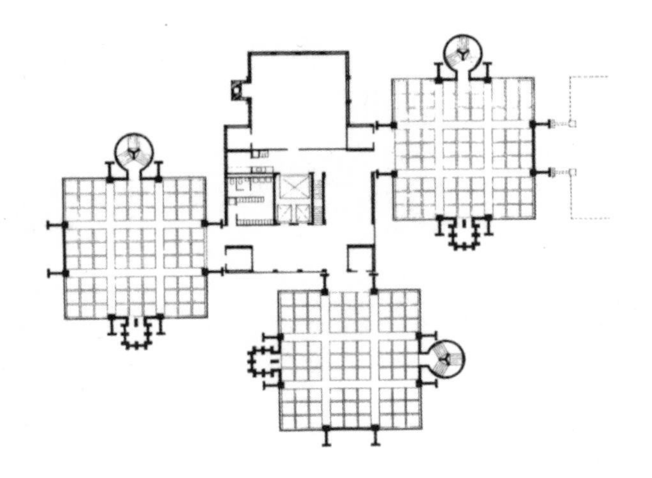

UPL. 15—16

典型平面，1957年绘。医学研究实验室有了明显的改动。

“我设计了3个工作室塔楼，人们可以在各自的区域工作。每个塔都配备独立的逃生楼梯井和排风井。后者用来排放同位素气体、细菌感染的气体和有毒气体。”

“3个主塔围绕一个服务空间，后者在普通的连廊平面中位于另一端。现在这个中心建筑作为‘鼻孔’，使进风免于受排风井中受污染气体的干扰。”

UPL. 17

北立面草图，北侧为植物和微生物实验室塔楼，右侧为现有的动物学实验室。

“在这个建筑中，形式来源于空间的性格及其位置……平面应该是带有时代辨识度的。这个复杂的服务空间独属于20世纪，就像庞贝古城的平面独属于它的时代。”

UPL. 18

透视草图，1957年绘，实验楼组团与悬挑的肋状排风井的西南方向视角。

“宾夕法尼亚大学医学研究中心是一组和谐的塔的空间。在3个主要工作室塔中科学家展开实验，第四座塔中包含电梯、动物区域和其他服务空间。小的竖井塔排放无用气体，容纳实验室输送管道。其他竖井中是楼梯。整个建筑由预应力混凝土、现浇混凝土、砖和玻璃构件组成。”

UPL. 19

南立面草图，1957 年 10 月之前，实验塔楼与肋状排风井。

“这个细长的塔包含楼梯、进风、排风和管井的功能。实验室依靠它们运作。” 1960 年 3 月绘。

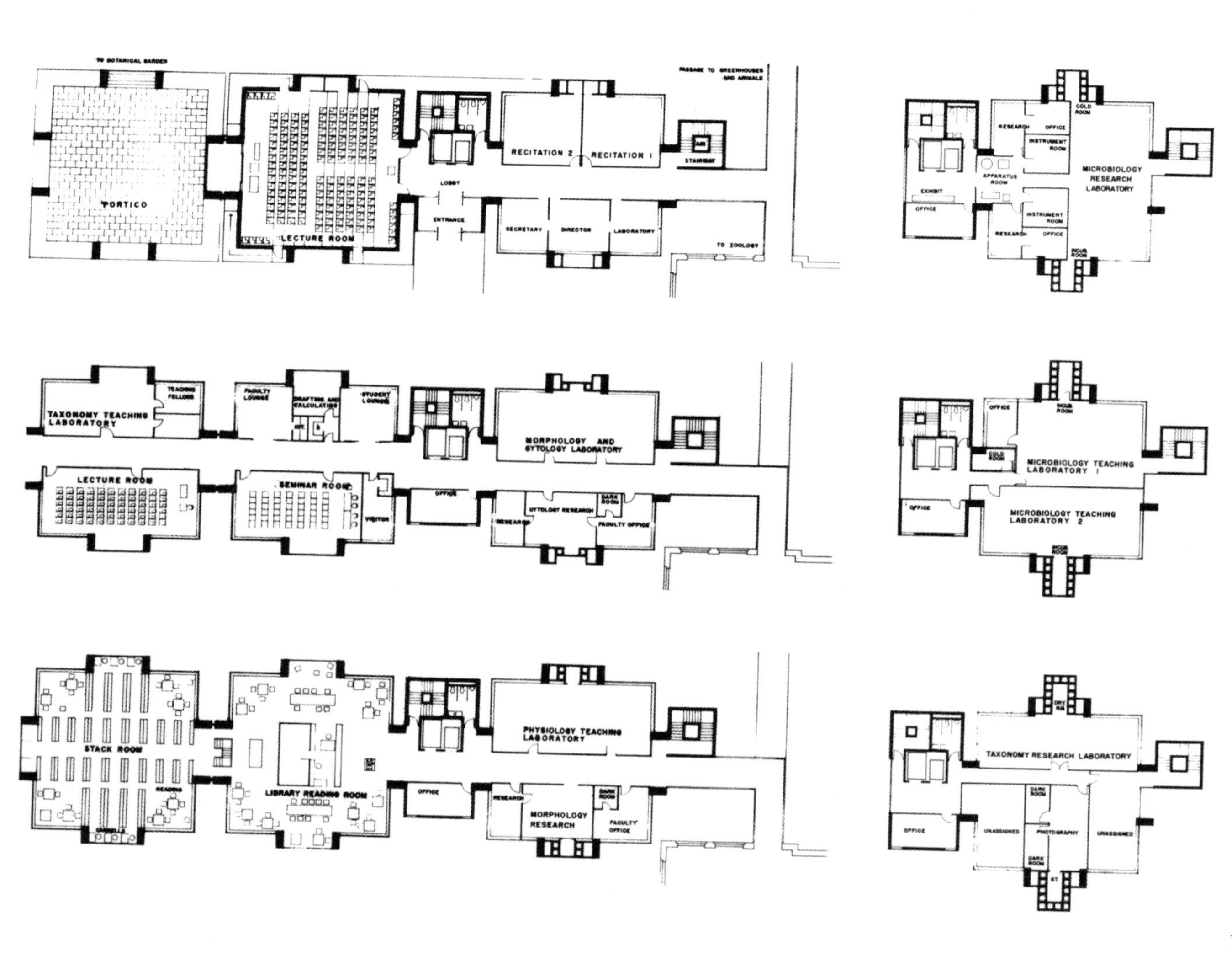

UPL. 20—27

平面，植物和微生物实验室。

“实验室普通平面一侧是公共走廊，另一侧提供楼梯、电梯、动物区域、管道和其他服务功能。该走廊同时排放有毒气体并提供新鲜空气。唯一用来区分不同人员的工作空间的方式是看门牌号。”

“这个设计基于其空间的用途与特征，表达了它们的意向。”

UPL. 28

透视草图，1960 年绘，西北方向视图。

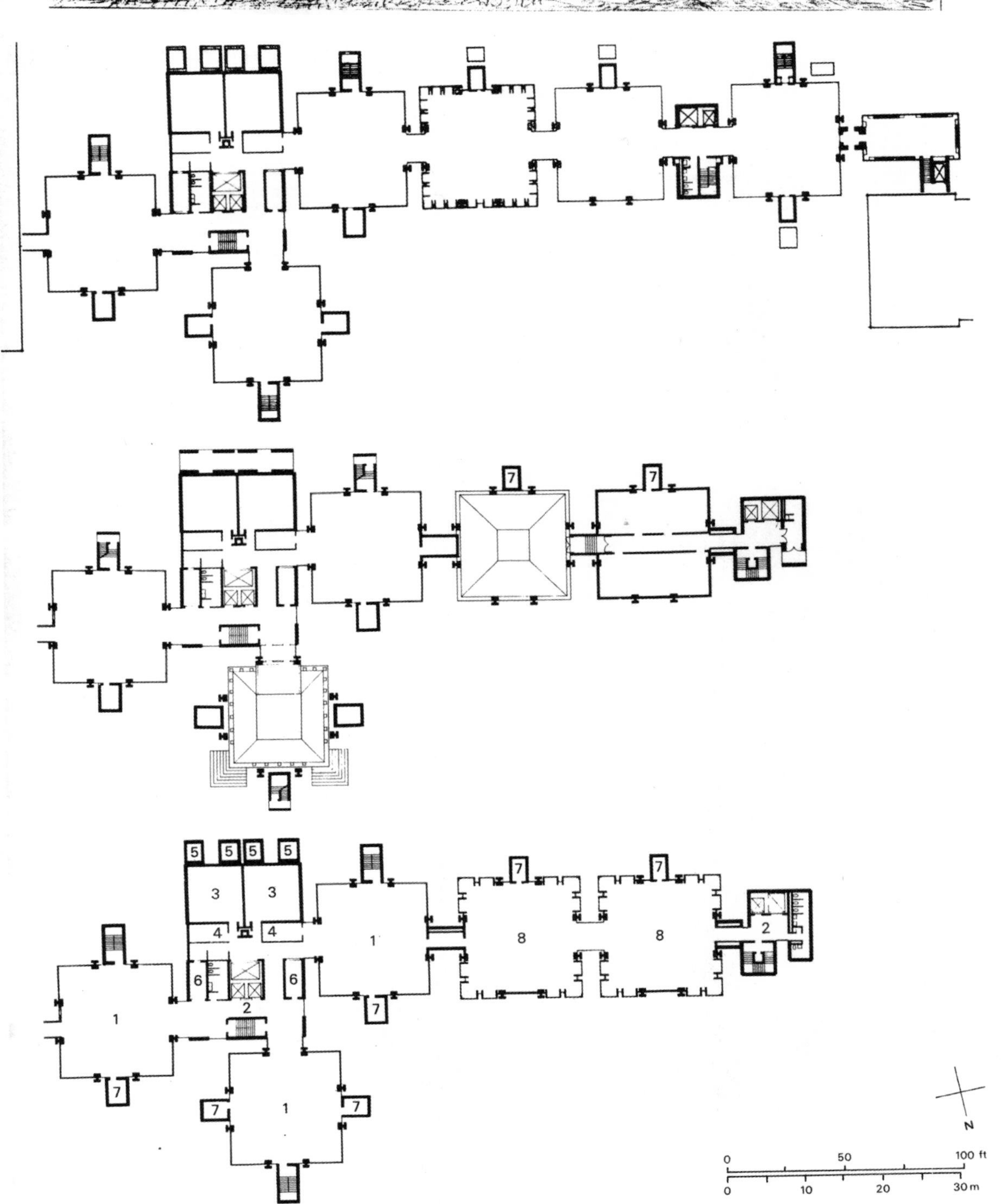

UPL. 29

典型平面，带有新旧建筑连接处的过渡版本。

“我认为他们需要的是承载思考的角落，换句话说，一个工作室而不是一个个被分割的空间。人们可以自由布置工作室。不应该有动线贯穿工作室，工作室就是一张你可以伏案工作的桌子。”

最终方案：建造版本

UPL. 30

一层平面。

“在实验室，竖直服务空间和气体排放各得其所。水平服务空间外露在四重桁架间。管道是外露可见的，但同时也会积攒灰尘。对于生物研究来说，后者很显然造成麻烦。”

UPL. 31

典型平面。

“1”为工作室塔楼；

“2”为电梯和楼梯；

“3”为动物区域；

“4”为动物研究服务室；

“5”为新风进风井；

“6”为配风井；

“7”为排烟排气塔；

“8”为生物实验塔楼。

通过对比空的实验室空间单元与细分后的平面，我们可以看到灵活度很高的空楼层可能带来不太令人满意的空间结果。这些单元“想要成为”未分割的空间。

次优选项是在主梁下划分空间，得到 4 个独立房间的同时会剩余过多交通空间。

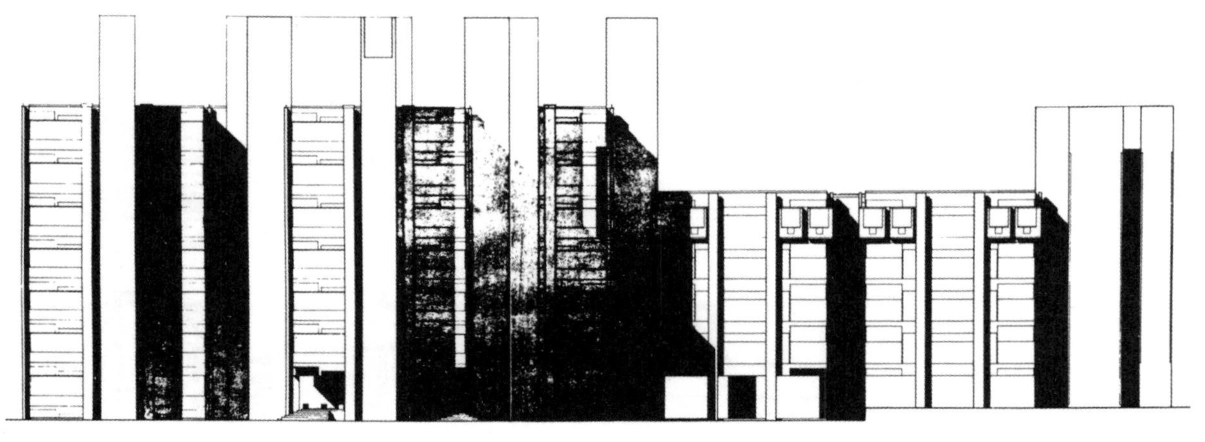

UPL. 32

北立面，左侧为医学塔楼，右侧为生物塔楼。

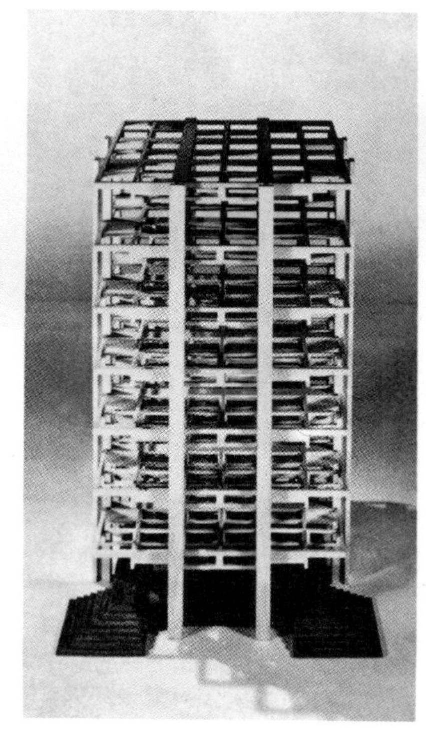

UPL. 33—35

研究模型，摄于1962年，最终结构体系。左侧为楼梯、排气管和入口楼板，中间为结构体系，右侧为结构系统和服务系统的叠加。

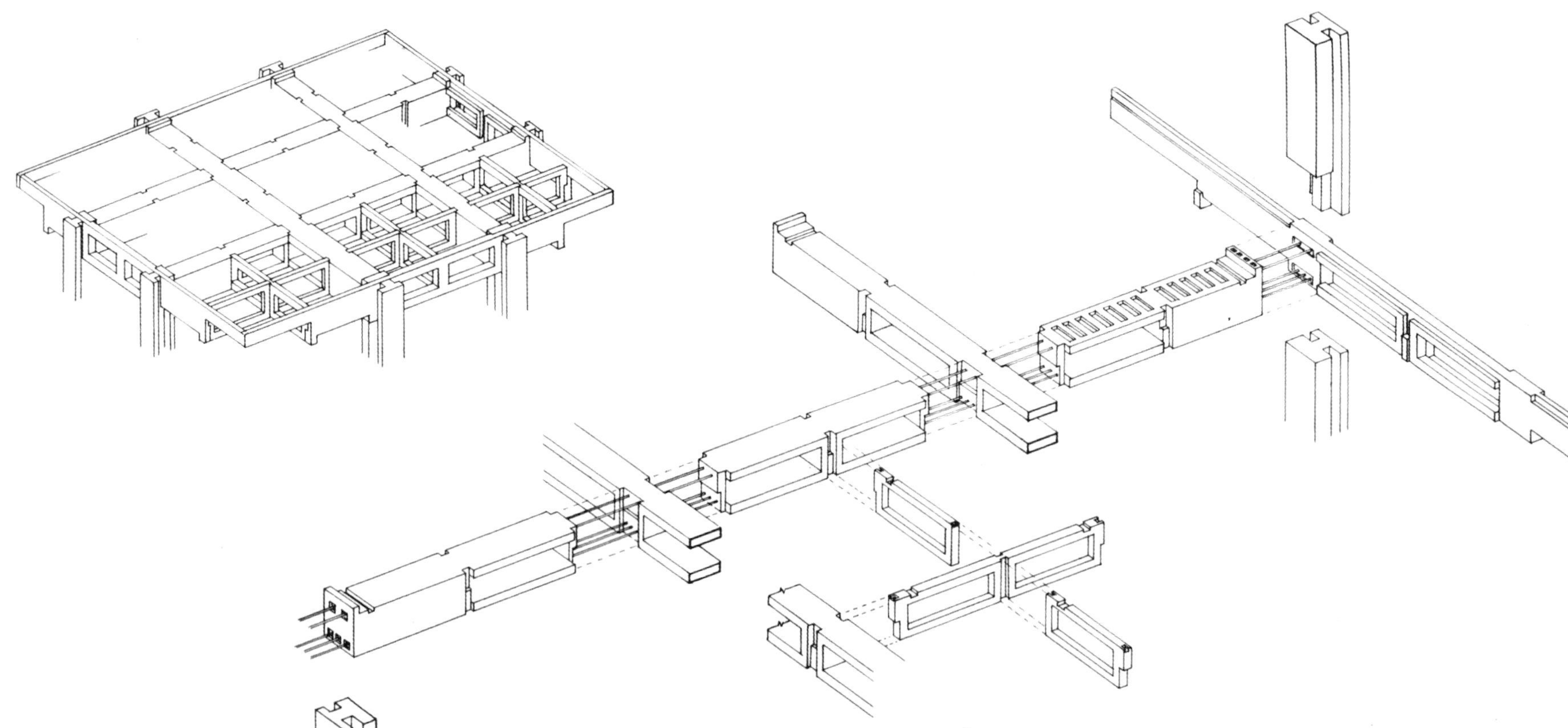

UPL. 36—37

轴测图，楼板系统的预制混凝土零件的组装。

“建筑是人体，建筑师有机会创造生命。关节让手指有趣且悦目。对于建筑来说，细部不应该被掩藏。只有当空间的制造过程被人观察到、理解到时，它才具有建筑意义。”

“该建筑基本结构是四重桁架，45英尺 × 45英尺见方。内部安置通风管、风道、风罩等。每个方框由4对（8个）柱子支撑。每个边长45英尺，被分为15英尺的三段。四重桁架的进深为3英尺。”

UPL. 38

现场照片，主桁架和柱子的组装。

UPL. 39

实景照片，实验室塔楼和其下方的服务层。

“有一次我去建筑工地，当时那里正在进行框架搭建。起重机 200 英尺的吊杆吊起 25 吨的构件，放到指定的位置，就像是手指在摆弄火柴棒。我恨这些色泽华丽的吊车，它们会将我的建筑搞得失去尺度控制。我看着这些吊车来来回回，心里计算着还有多少天才能拍到一张心满意足的照片。在那之前，这些‘东西’都会占据这个场地。不过我很庆幸有这段经历，它让我了解了吊车在设计中的作用，因为它如同一个锤子，延长了我的手臂。”

UPL. 40

实景照片，从走廊看医学研究实验室塔楼。

该建筑表皮达到了简洁的极致。砖跨梁由梁支承，蓝色钢化玻璃与结构的外部平面齐平。但事实证明这还不够，使用者会自行贴上铝箔纸来阻断热量和眩光，只是会削弱美观程度。

UPL. 41

实景照片，建筑最西端的生物学塔楼和服务轴。

UPL. 42

从植物园看实验室塔楼两组团南侧的视角。

《论坛报评论》印刷厂（1958—1961年）

威斯特摩兰县，宾夕法尼亚州

1958年，康受《论坛报评论》印刷厂之托在格林斯堡设计一座报纸印刷厂。这时，耶鲁大学美术馆、医学服务中心和犹太社区中心都已落成并广泛宣传，他的委托项目数量激增。

在此项目中，一个新的关键要素出现了：建筑室内空间和天空的关系——也就是眩光问题。正如犹太社区中心项目，结合着区分承重和非承重部分的概念，康通过思考该要素得到一个处理立面的新方法。

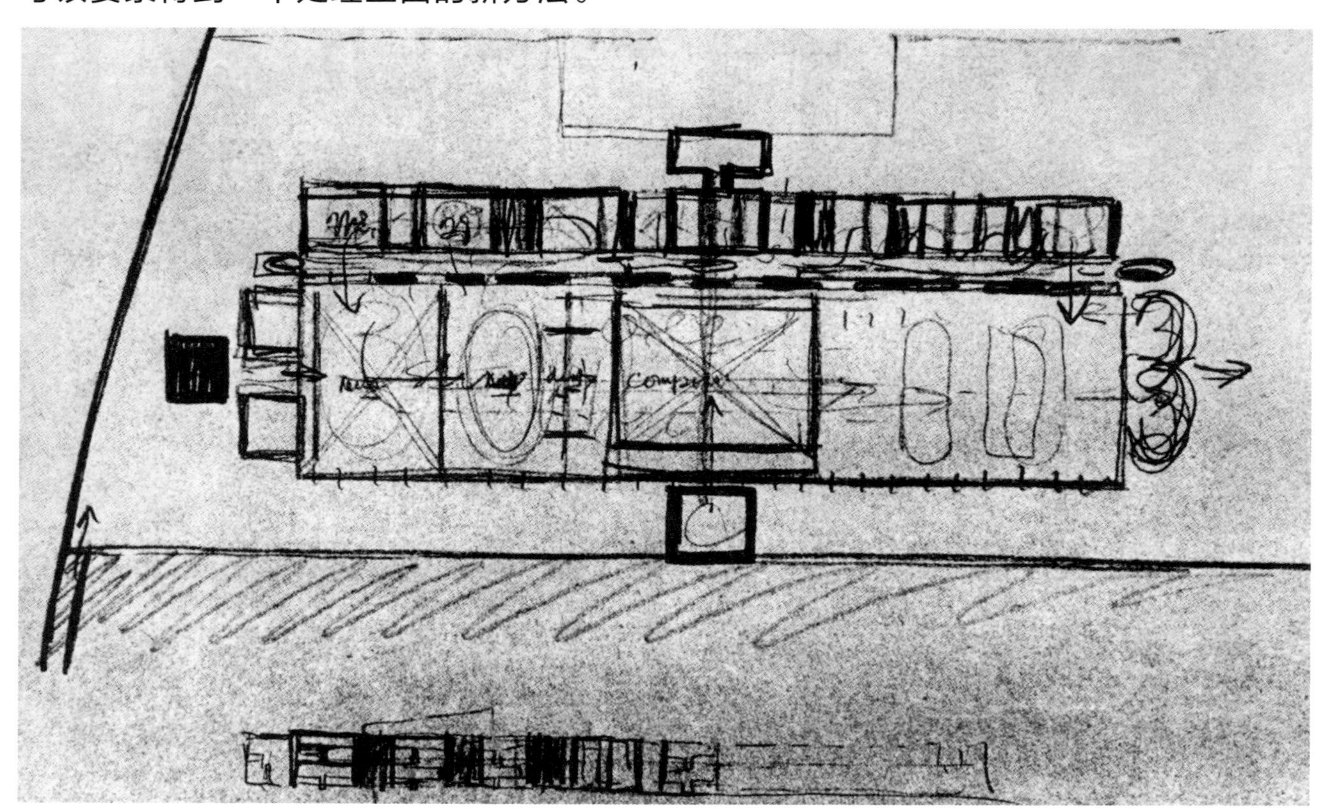

TRP. 1

简要平面和立面草图，1958年绘，服务空间壳状单侧包围着生产区域的被服务空间。

“平面组织受限于服务空间的固定秩序。”

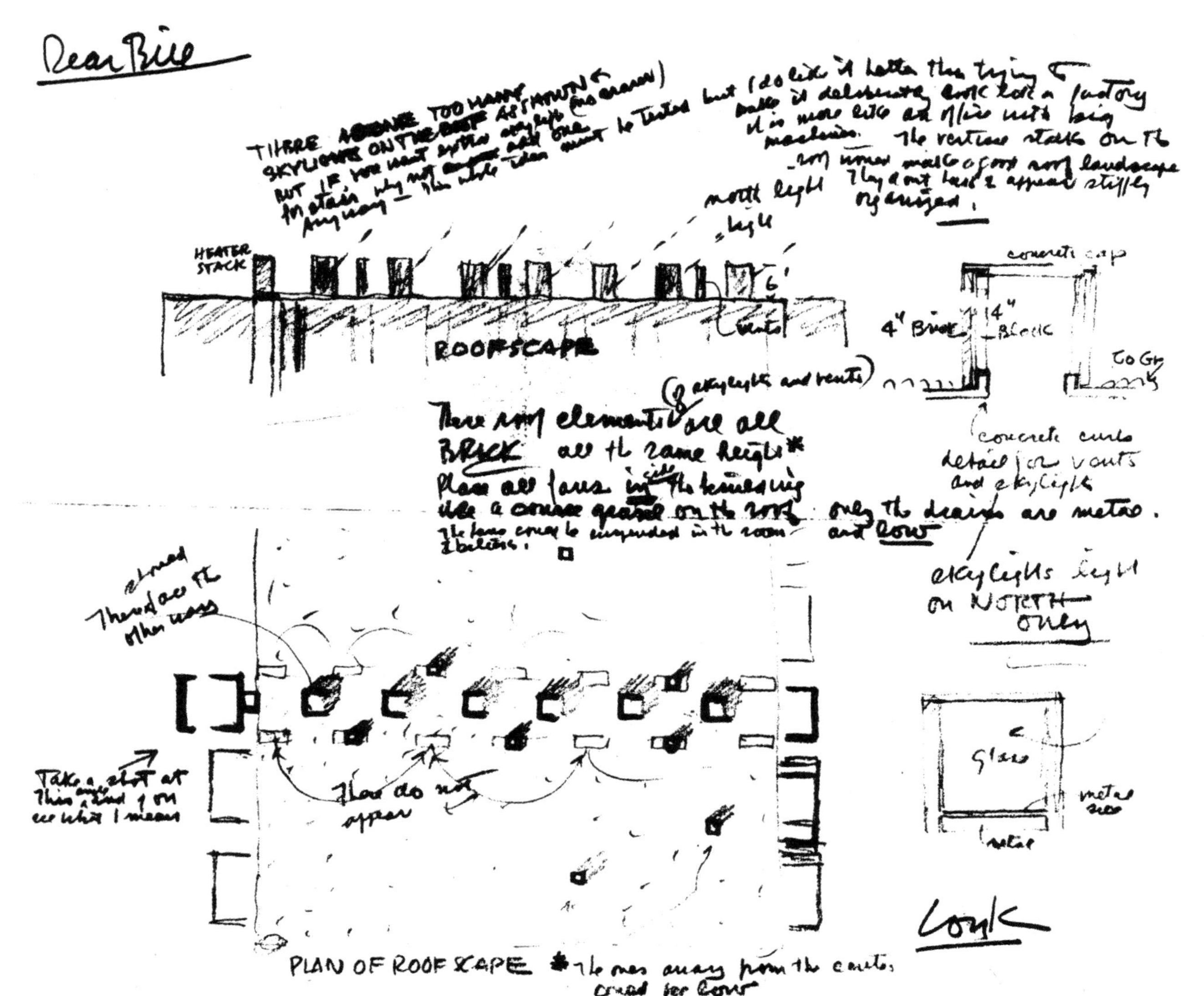

TRP. 2

屋顶平面和剖面。

笔记从左上开始阅读：

“亲爱的比尔，如图所示，屋顶上已经有许多天窗了。但如果你想为楼梯处提供更多自然光也可以再加一个。总而言之，这些想法都得经过检验。但是相比于故意让它像一座工厂，我更喜欢说它像一个拥有巨大机器的办公室。屋顶上竖立的体块……创造了屋顶景观。它们不需要经过严格的组织。”

“那些屋顶元素（天窗和通风口）一般高，由砖砌成。风扇在室内，屋顶上采用砾石。只有排水管采用金属材质且位置偏低。风扇可以吊挂在房间里。”

“用石头。”

“这些面向另一侧。”

“从这个角度看，你就明白我在讲什么了。”

“这些是看不见的。”

“屋面景观平面。”

“远离中心时可以看见低处。”

“混凝土屋顶。”

“4英寸砖、4英寸体块。”

“通风口和天窗采用混凝土边缘。”

“天窗只射向北侧。”

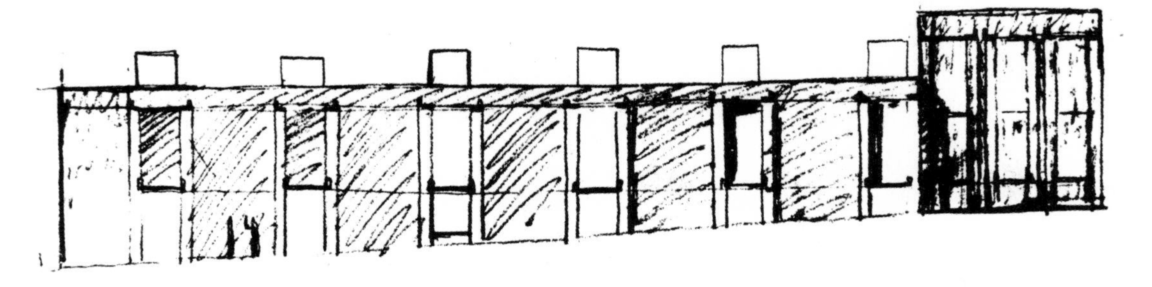

TRP. 3

西立面草图，天窗决定了构造槽的间距。

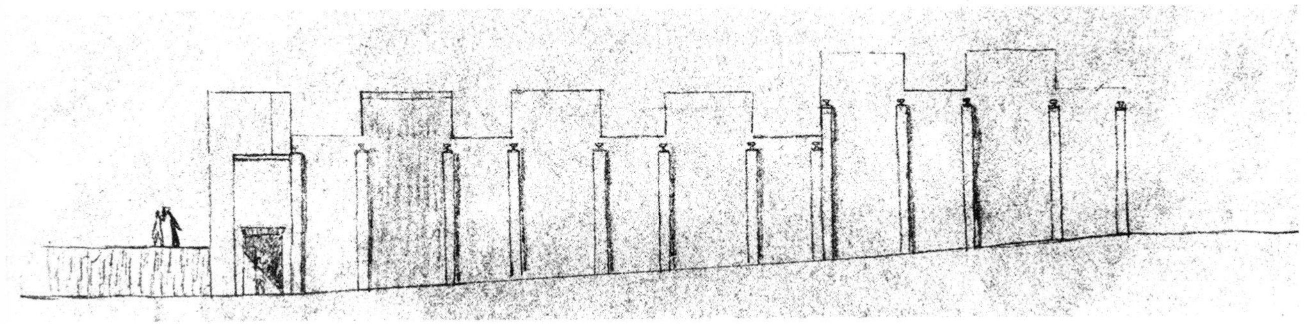

TRP. 4

西立面，1958 年绘，天窗—结构开间组合的另一个选择。

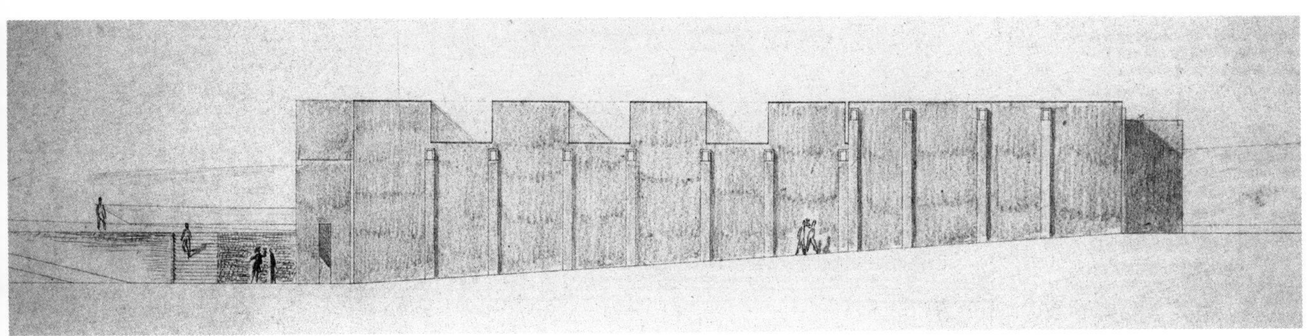

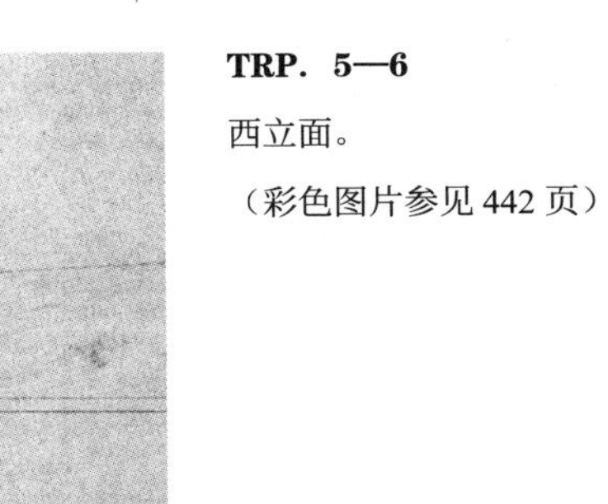

TRP. 5—6

西立面。

（彩色图片参见 442 页）

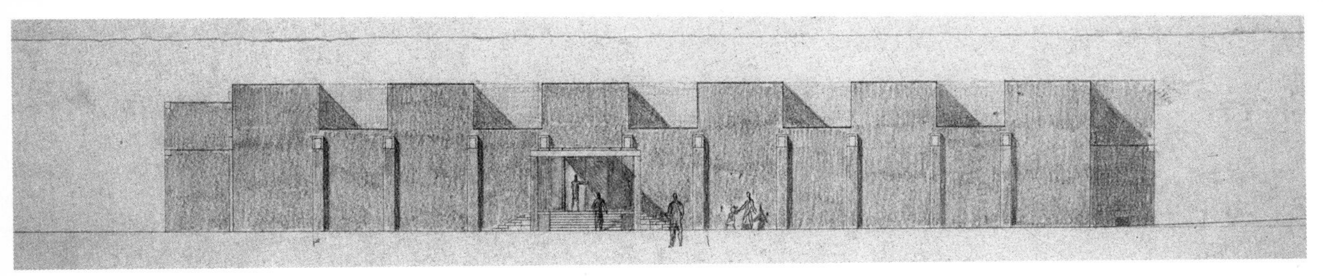

TRP. 7—8

东立面，入口处。

（彩色图片参见 442 页）

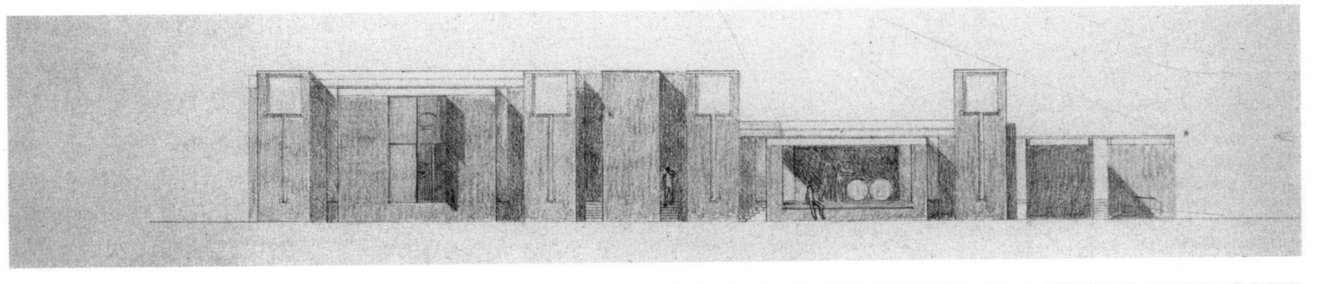

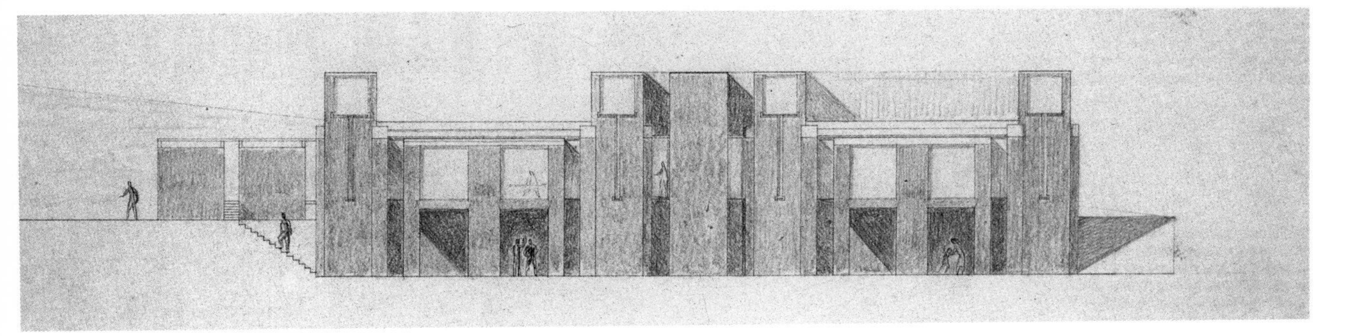

TRP. 9—10

北立面，展示了右侧的新闻用纸库。

（彩色图片参见 442 页）

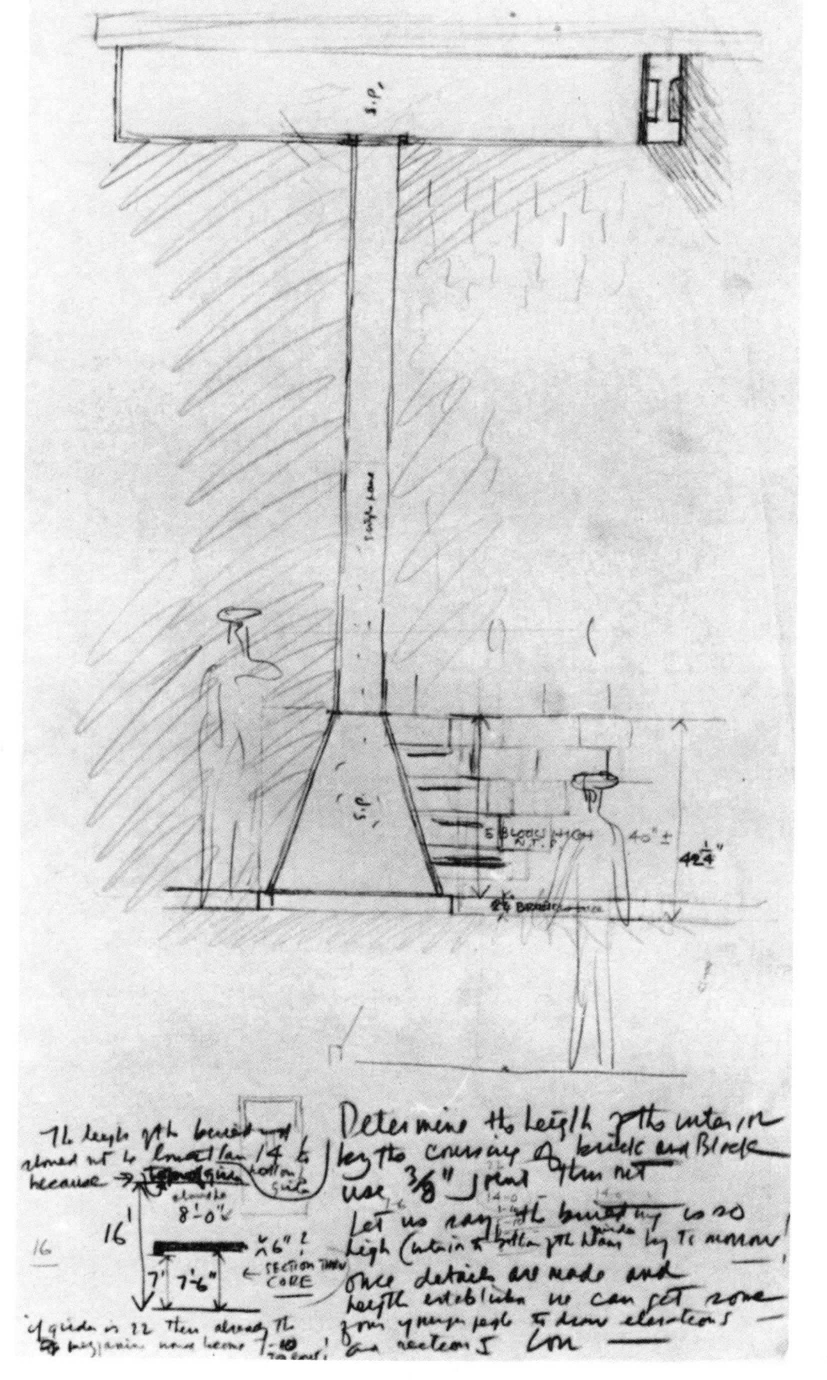

TRP. 11

北立面草图，1958 年绘，服务空间体块高于被服务区域的屋面。被服务空间的侧墙窗洞上大下窄。

TRP. 12

北立面草图，服务空间体块与被服务区域齐平的备选方案。右侧的新闻用纸库比整体建筑高度低。

TRP. 13

为了避免眩光问题针对窗户形状进行的立面研究。墙顶部的大面积开洞位于两个结构梁之间，为室内提供充足光照的同时暗示了墙体不承重。草图上笔记内容如下：

“建筑高度不应低于 14 英尺，因为梁（空心梁）的上沿高度为 16 英尺，如果梁高 22 英寸，那么夹层只有 7 英尺—10 英尺，太矮了！”

“剖切于核心筒。”

“通过数砖和砌块的方法决定室内长度，整个建筑采用 3/8 英寸的接缝。”

“一旦细节和长度确定，我们可以让年轻人来画立面和剖面。——路”

TRP. 14

南立面草图，1958 年绘，左侧印刷出版室的墙面研究用途。鱼骨状服务空间在中间，接收新闻的办公室在右侧。

对比米尔克里克社区中心的立面图，我们可以看到康的草图不是针对某个具体的建筑，而是围绕一种建筑问题的思考。

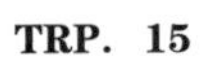

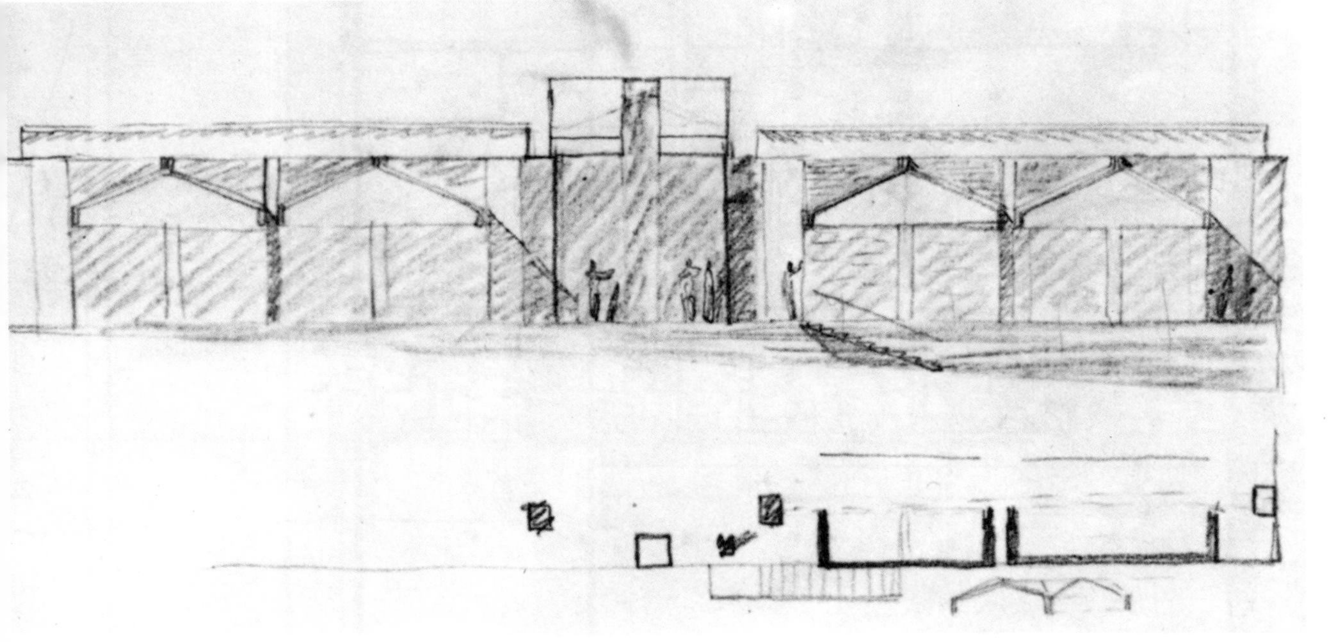

TRP. 15

北立面，西北方向的透视和细部草图，1958 年绘。

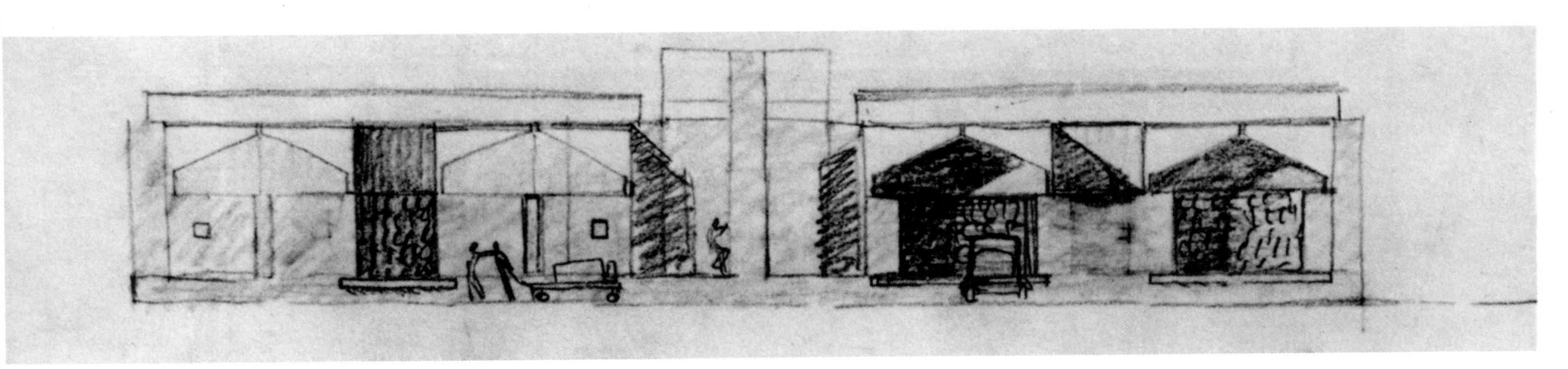

TRP. 16

北立面和平面草图，1958 年绘，方案研究（原图为彩色）。

“墙体的端头是一个壁龛，房间里的房间。”

“比尔，我觉得整体来说这个形态最好。我试过坡屋顶了，问题太多了。”

“如图 1 所示的拱形开口也可行，基本上是相同的。”

TRP. 17

北立面草图，方案研究，为新闻用纸装车设计的更低的洞口。

“背面墙体是面对街道墙体的变形。”

TRP. 18

立面草图，独立于其余部分的服务体块。

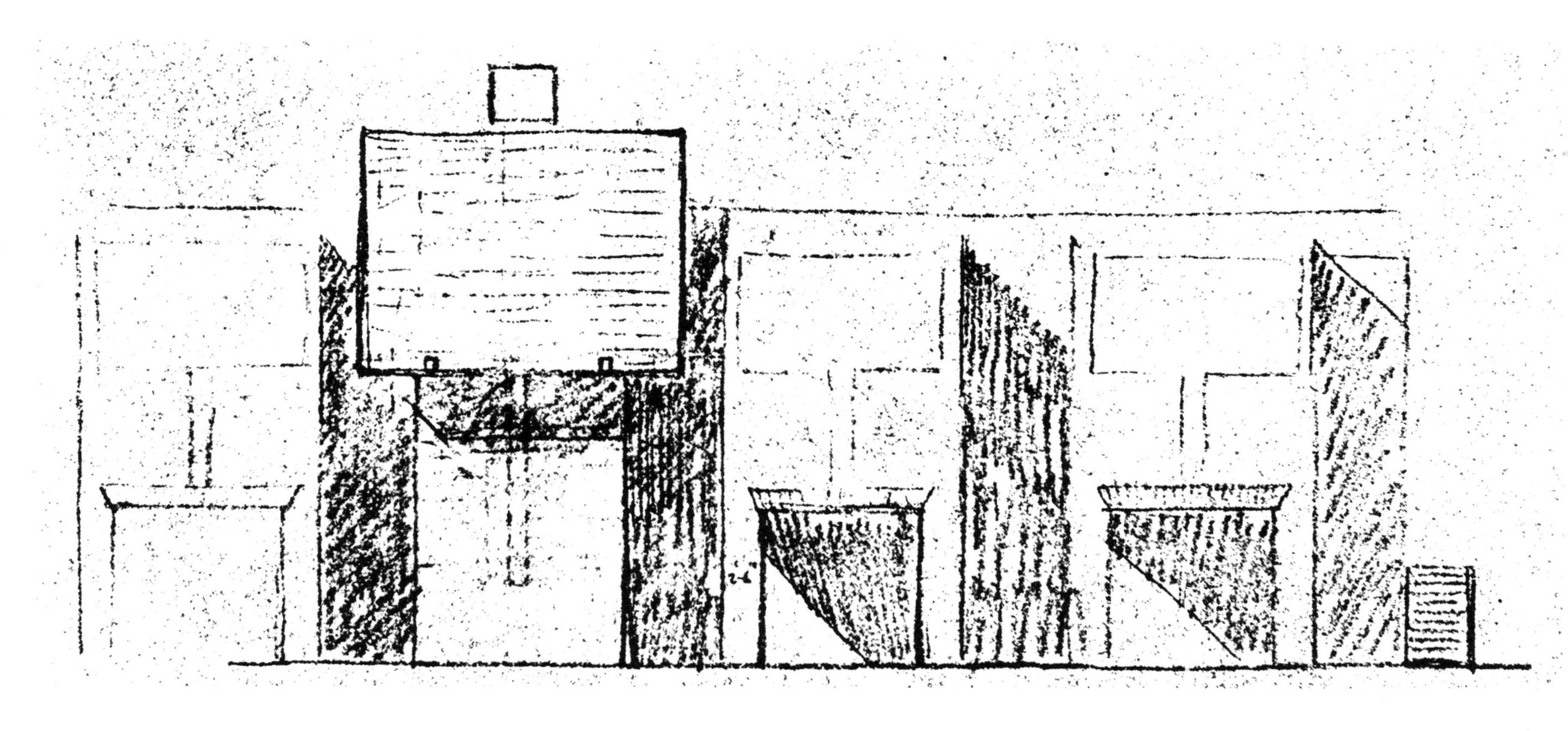

TRP. 19

北立面草图局部，1958 年绘，服务体块之上的冷却塔方案研究。

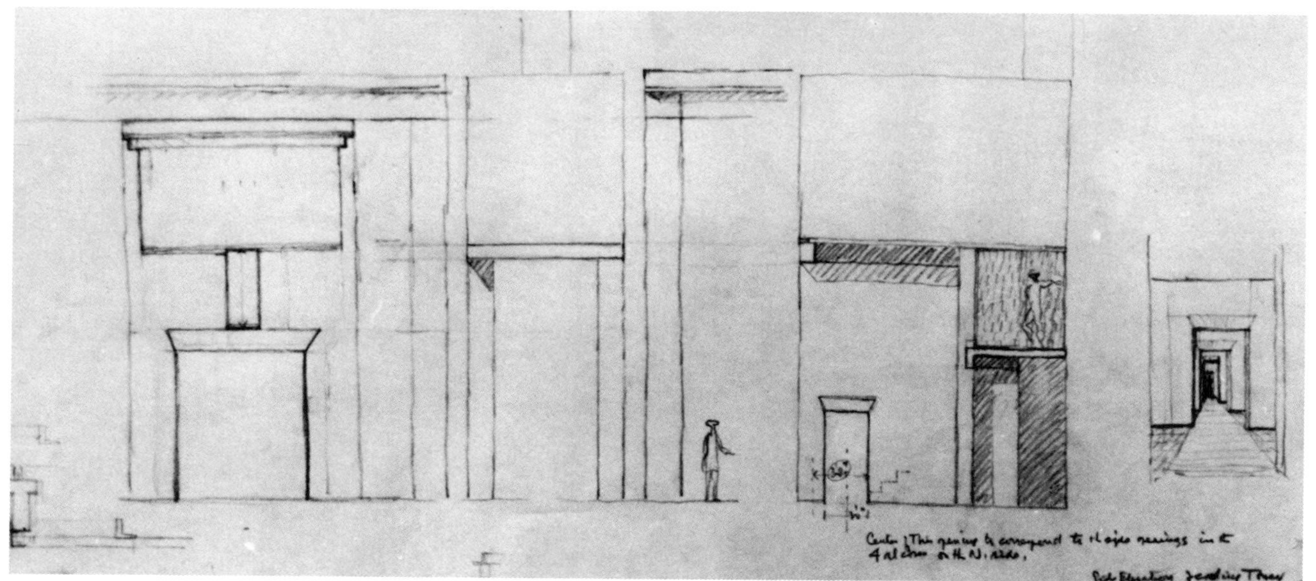

TRP. 20

立面、剖面和透视草图，冷却塔和建筑屋顶齐平的情况。

“该洞口的中心对应北侧 4 个凹槽的侧向洞口。”

“冷却塔的侧立面。”

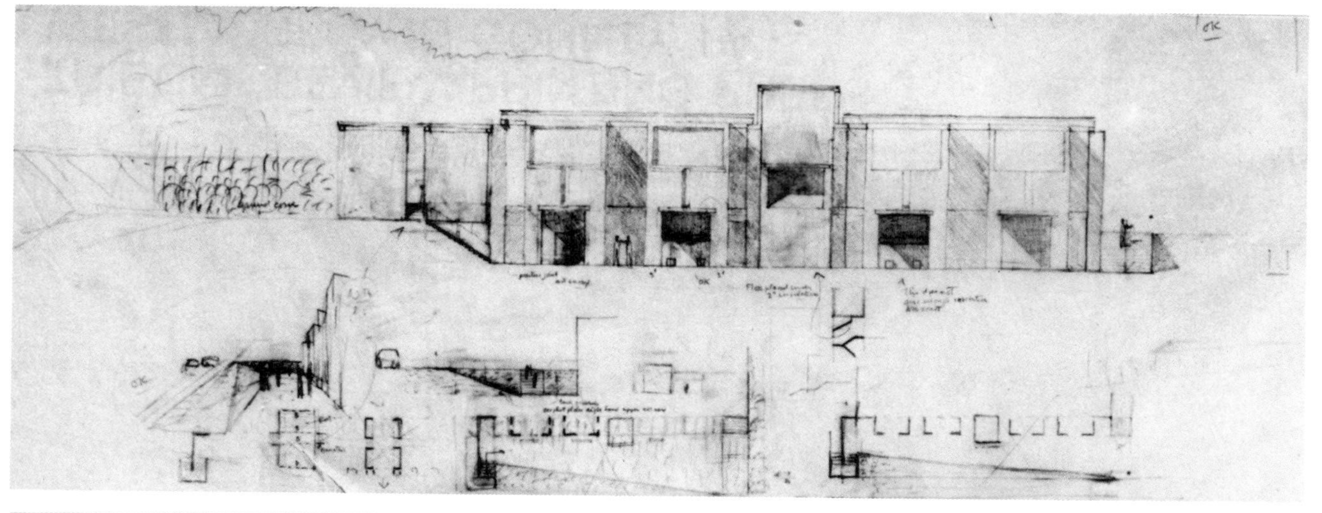

TRP. 21

北立面、局部平面和透视草图，方案版本，左侧附加的墙体使得立面不再对称。

TRP. 22

透视草图，从西北方向看的透视。

通过坡道走廊连接单层和双层的立面。

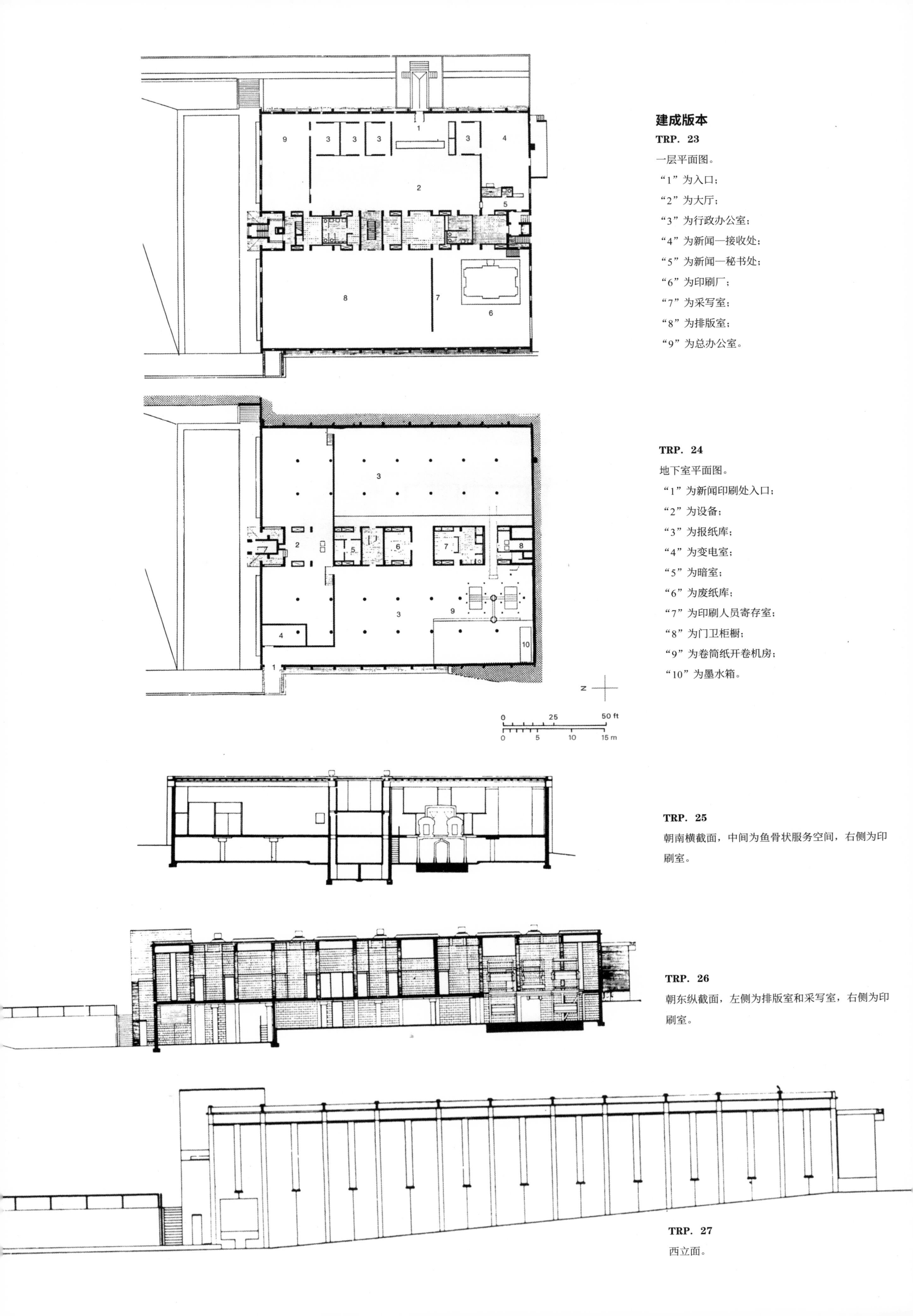

建成版本

TRP. 23

一层平面图。

“1”为入口；

“2”为大厅；

“3”为行政办公室；

“4”为新闻—接收处；

“5”为新闻—秘书处；

“6”为印刷厂；

“7”为采写室；

“8”为排版室；

“9”为总办公室。

TRP. 24

地下室平面图。

“1”为新闻印刷处入口；

“2”为设备；

“3”为报纸库；

“4”为变电室；

“5”为暗室；

“6”为废纸库；

“7”为印刷人员寄存室；

“8”为门卫柜橱；

“9”为卷筒纸开卷机房；

“10”为墨水箱。

TRP. 25

朝南横截面，中间为鱼骨状服务空间，右侧为印刷室。

TRP. 26

朝东纵截面，左侧为排版室和采写室，右侧为印刷室。

TRP. 27

西立面。

TRP. 28

北立面，鱼骨状服务空间与其顶部的冷却塔。

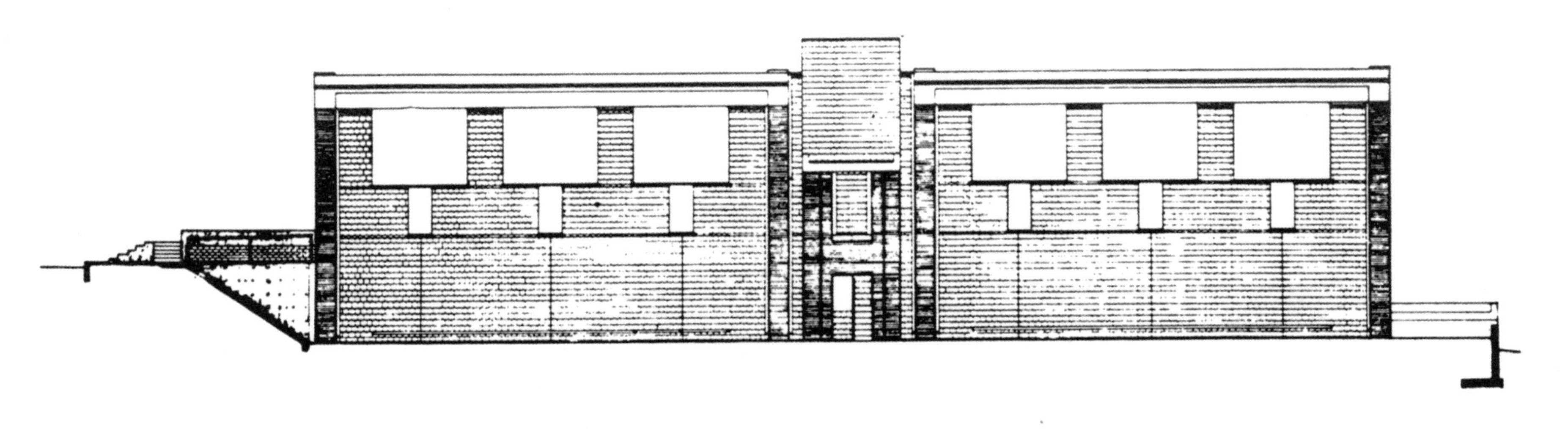

TRP. 29

总办公室实景，墙面上部的大窗格照亮更深的空间，下方较小的窗户在降低眩光同时保证室内外的连接。

TRP. 30

东南方向实景，立面上能看到贯穿混凝土体块的预应力混凝土梁。

TRP. 31

北立面实景。

1960年12月6日，康给宾夕法尼亚州《论坛报评论》杂志的马克先生写道：

“亲爱的戴夫，绿色只有独立时才美。它和红砖墙不协调。绿加红是圣诞节（一年只有一天）。绿和亚光蓝就像是庞贝城（不朽的）。考虑一下吧，圣诞快乐还是庞贝古城。”

第一唯一神教堂和学校（1958—1969年）

罗切斯特市，纽约州

1958年，第一唯一神教会委托康在市中心广场设计一个教堂，来替代由理查德·厄普约翰于1859年设计的现存建筑。新教堂的场地开阔，从通往温顿路南（临近外环和通往罗切斯特市中心的高速路）的东入口开始向西倾斜。1965年，在教堂仅竣工两年之后，教会委托康设计一个附加建筑，以满足教堂、学校和成人集会的新需求。康的设计既独立存在，又对现存建筑起到辅助作用。附加建筑自1967年秋季开始建设，于1969年5月25日竣工。

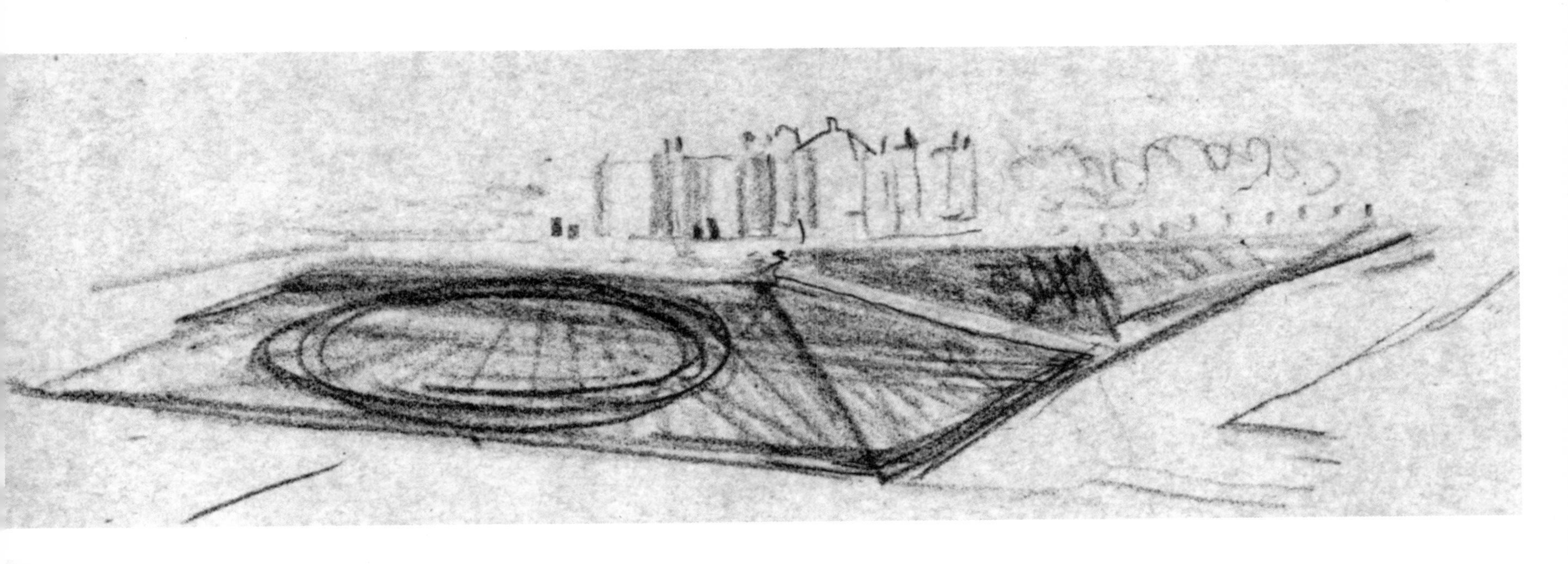

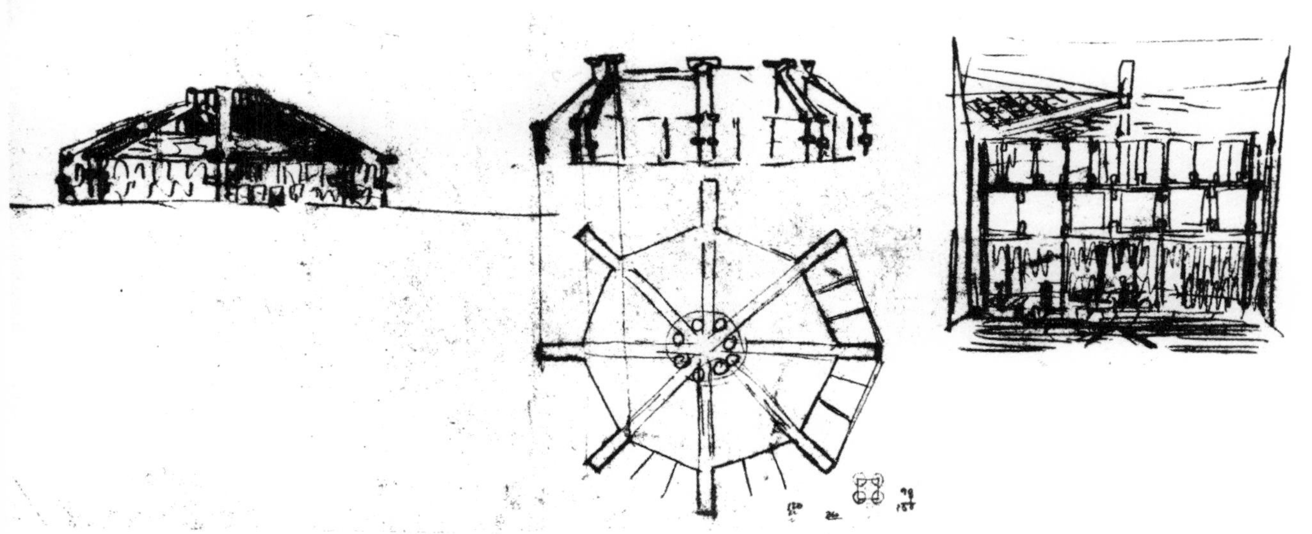

第一阶段：1958年

UNC. 1

透视草图，东北方向视图，最初版本，一个丘上建筑的意象幻想。

UNC. 2—5

平面、立面、剖面和室内草图，屋顶结构研究。

“……我想过，4个伞状物。后来我放弃了这个想法，因为我讨厌柱子安排在边缘。我不得不说，在边缘的柱子很碍事。但是，柱子在中间、其余部分向外排列的伞状布局确实更有效，尤其是相比于那些由梁承重的构造方式。”

伞的概念在犹太教堂再次出现。

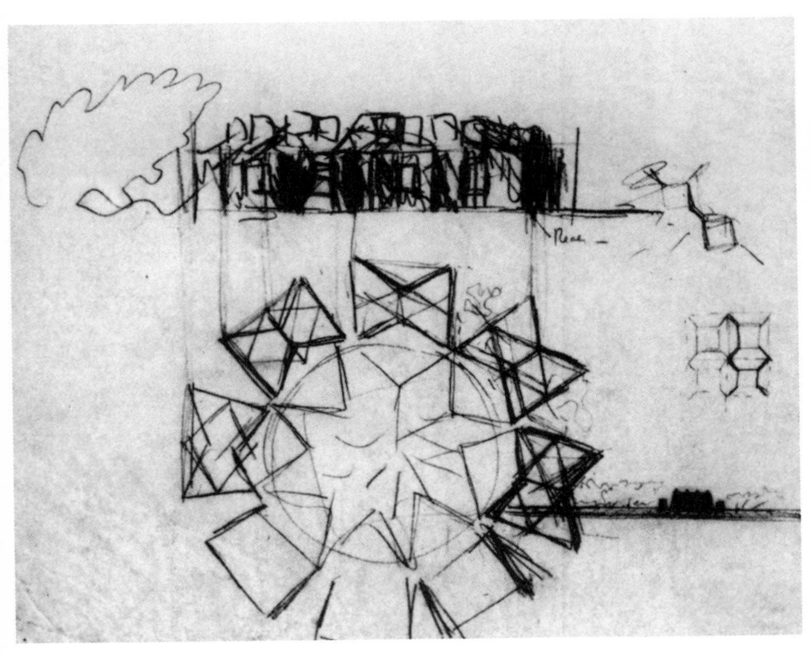

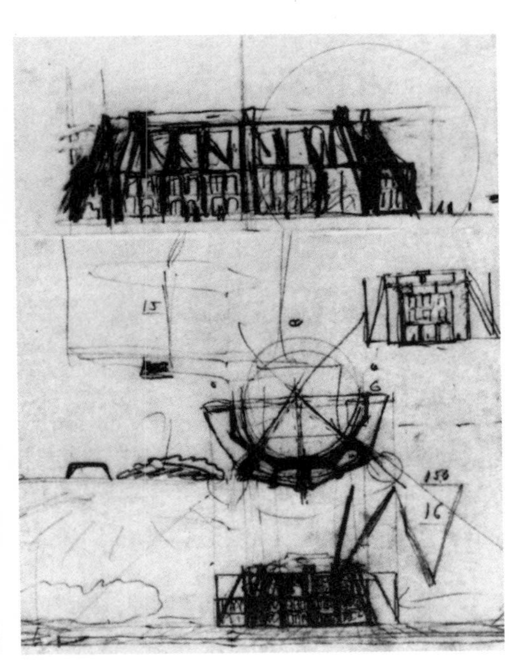

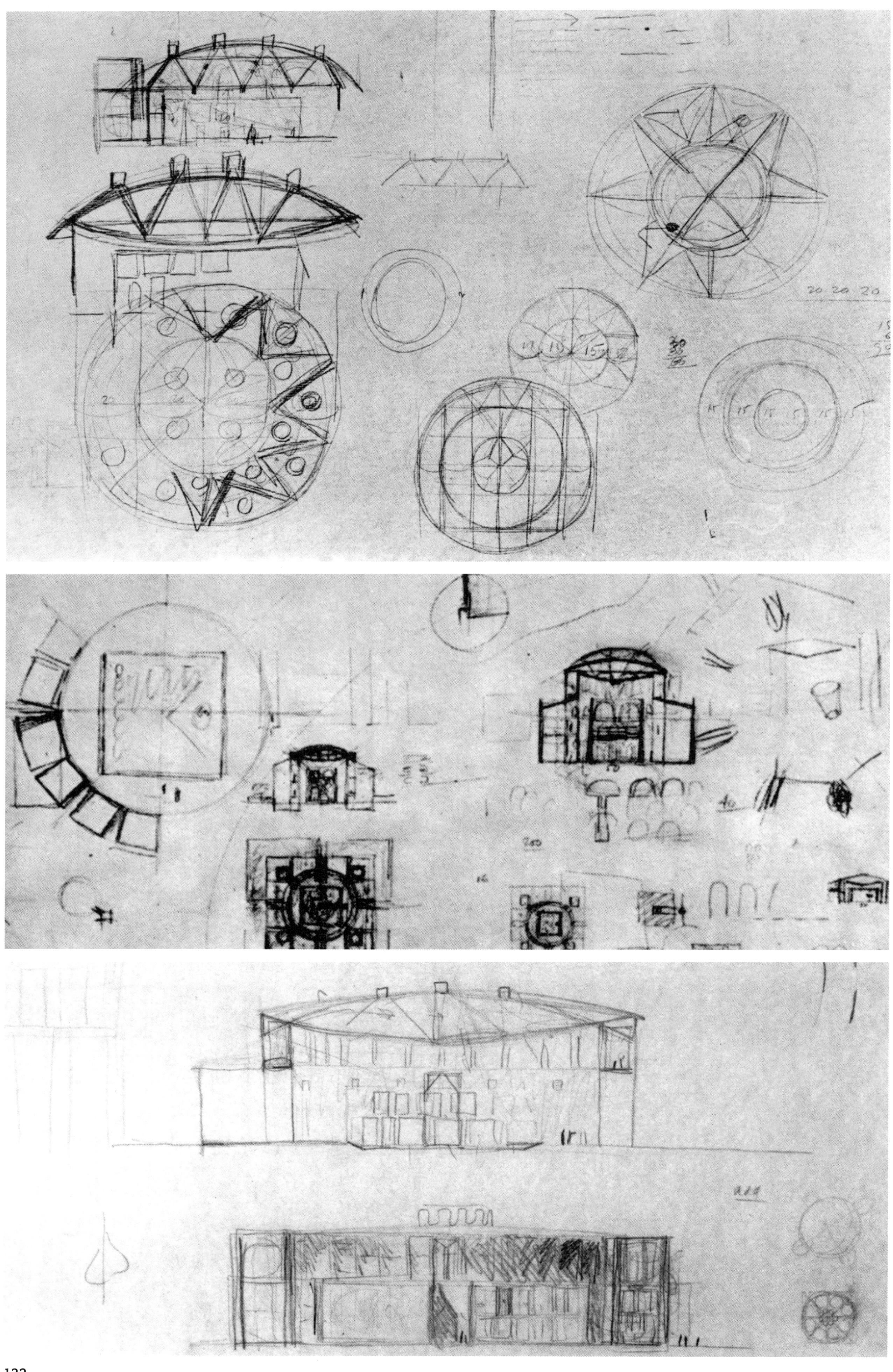

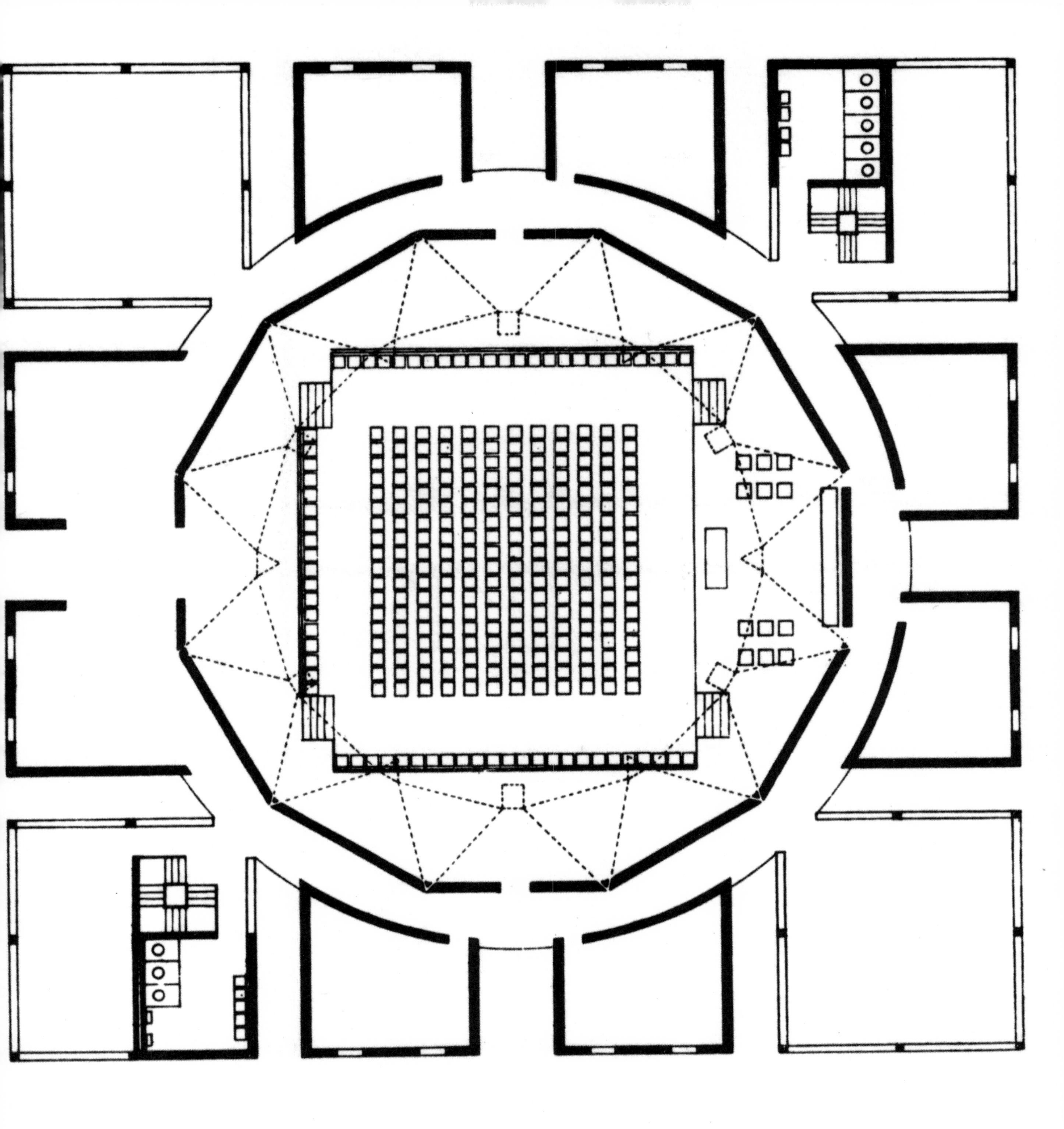

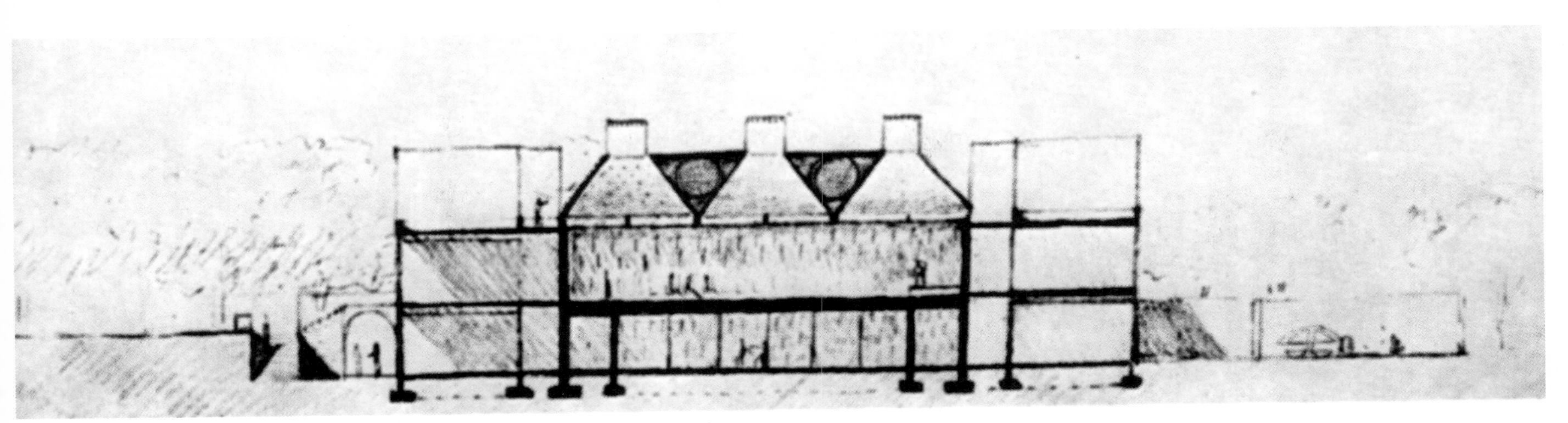

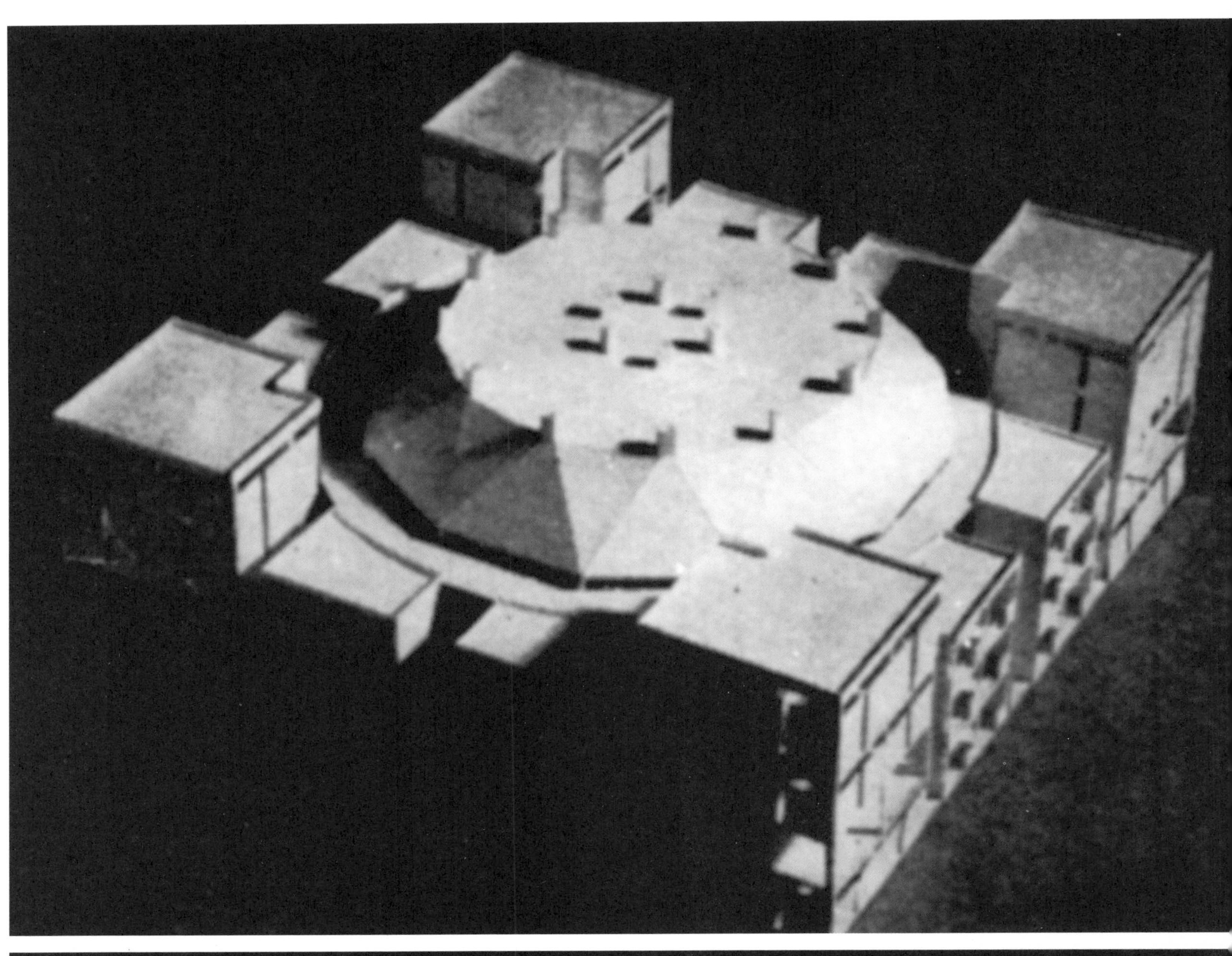

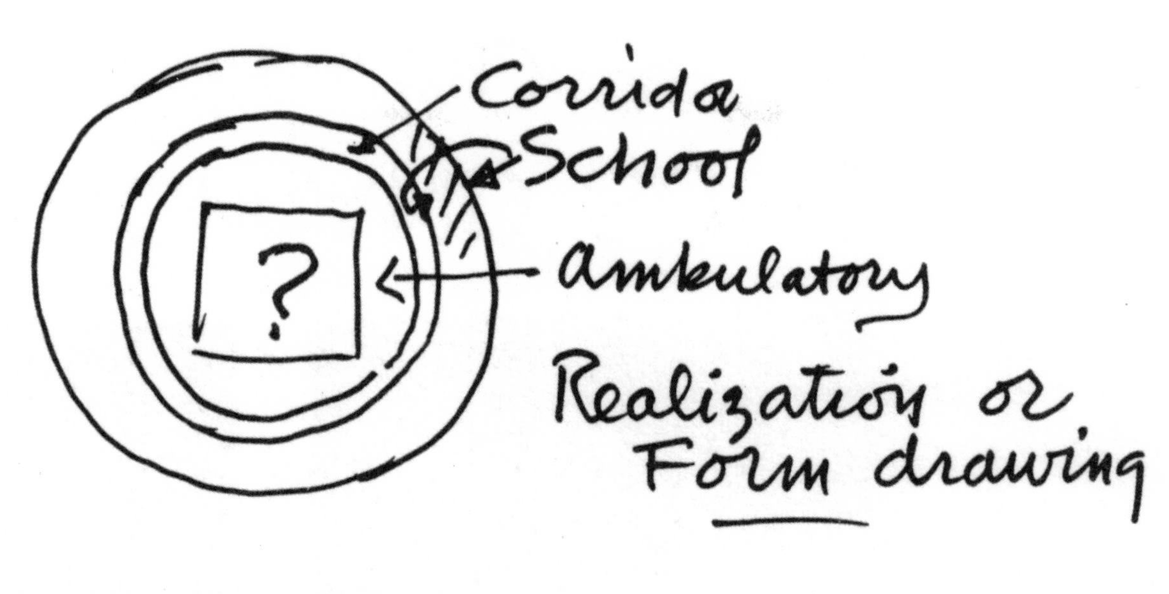

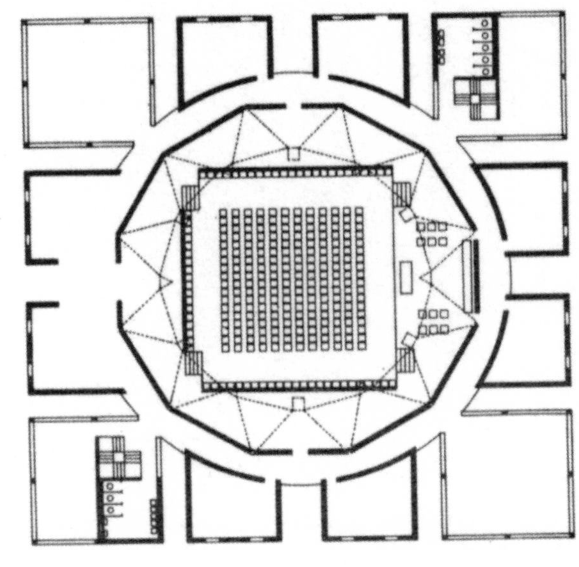

FIRST DESIGN
close translation
of realization in
Form

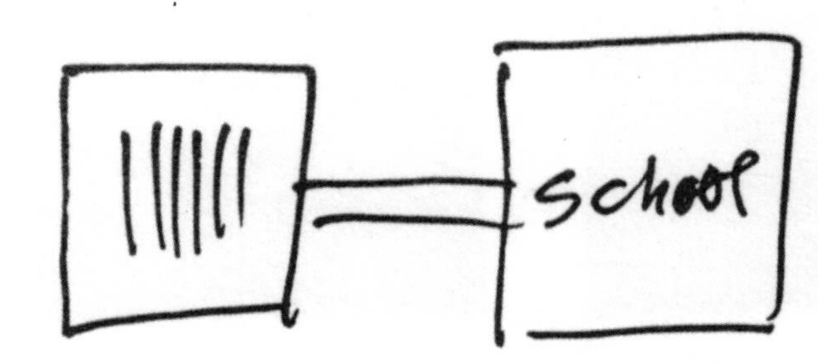

NO!

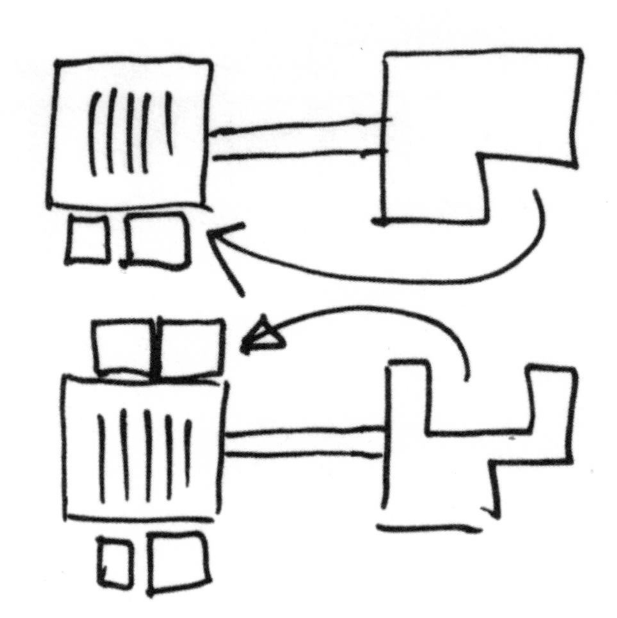

Test of the
Validity of
Form

Design resulting
from circumstantial
demands

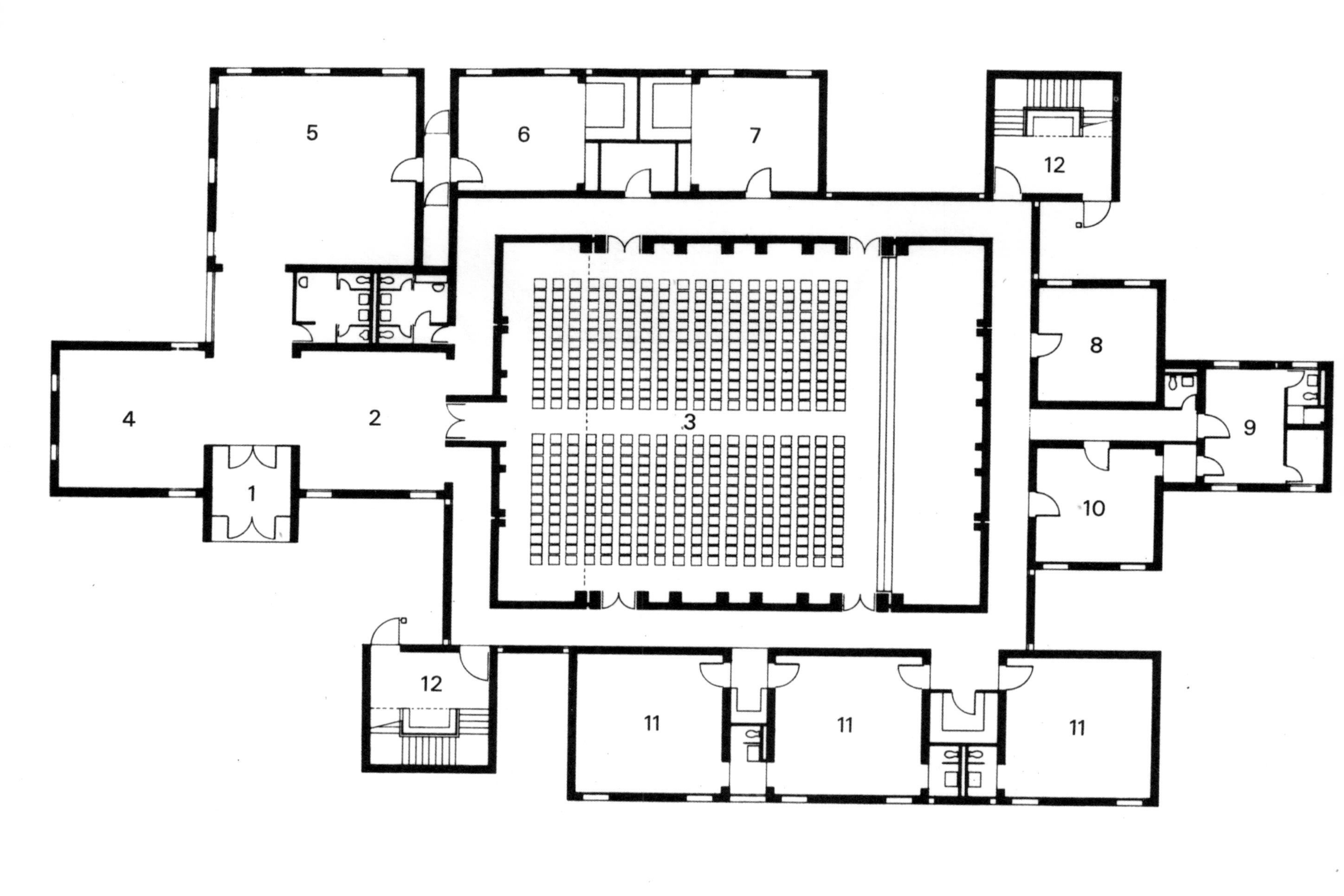
5
6
7
12
4
2
3
8
9
1
10
12
11
11
11

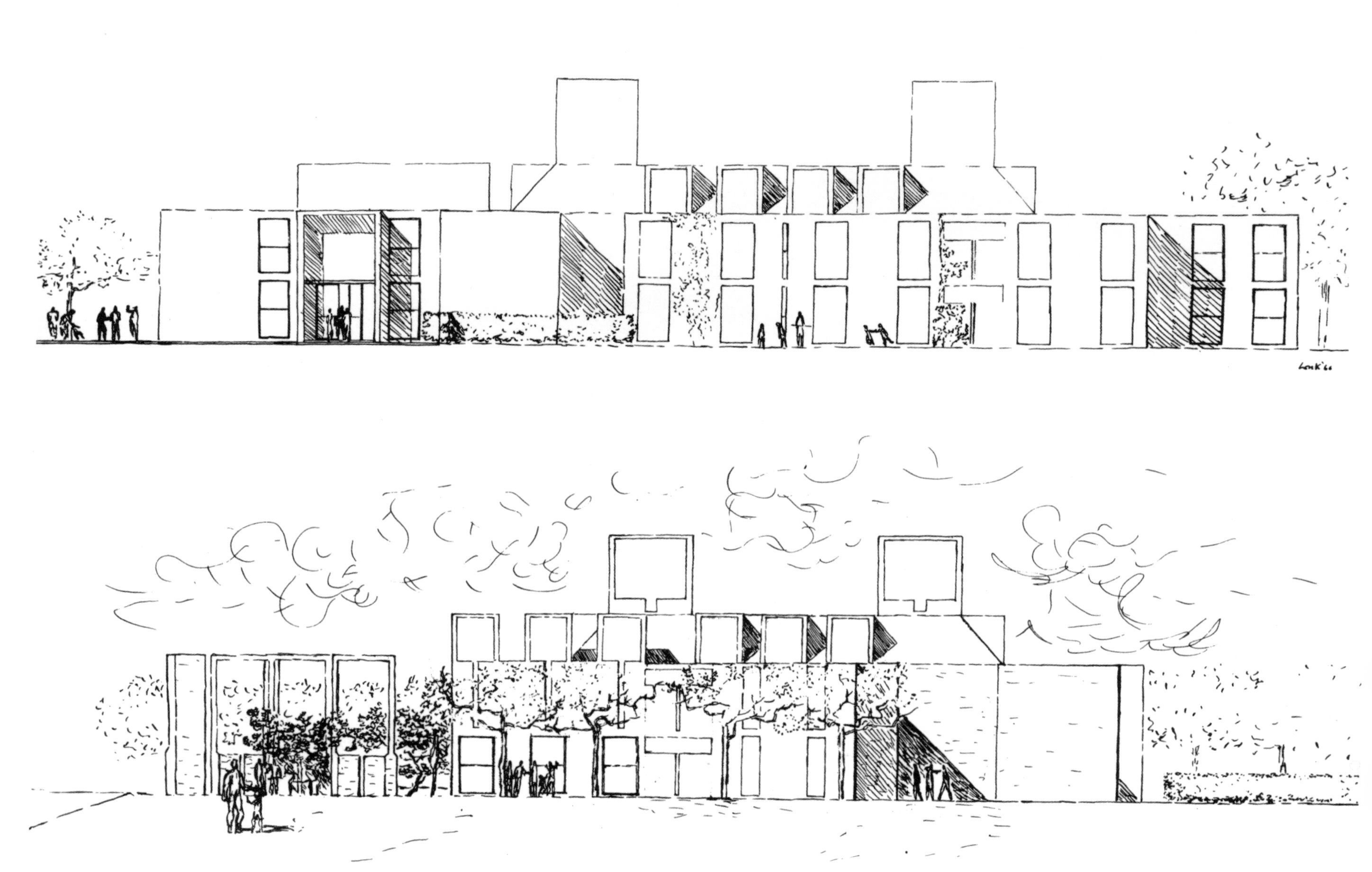

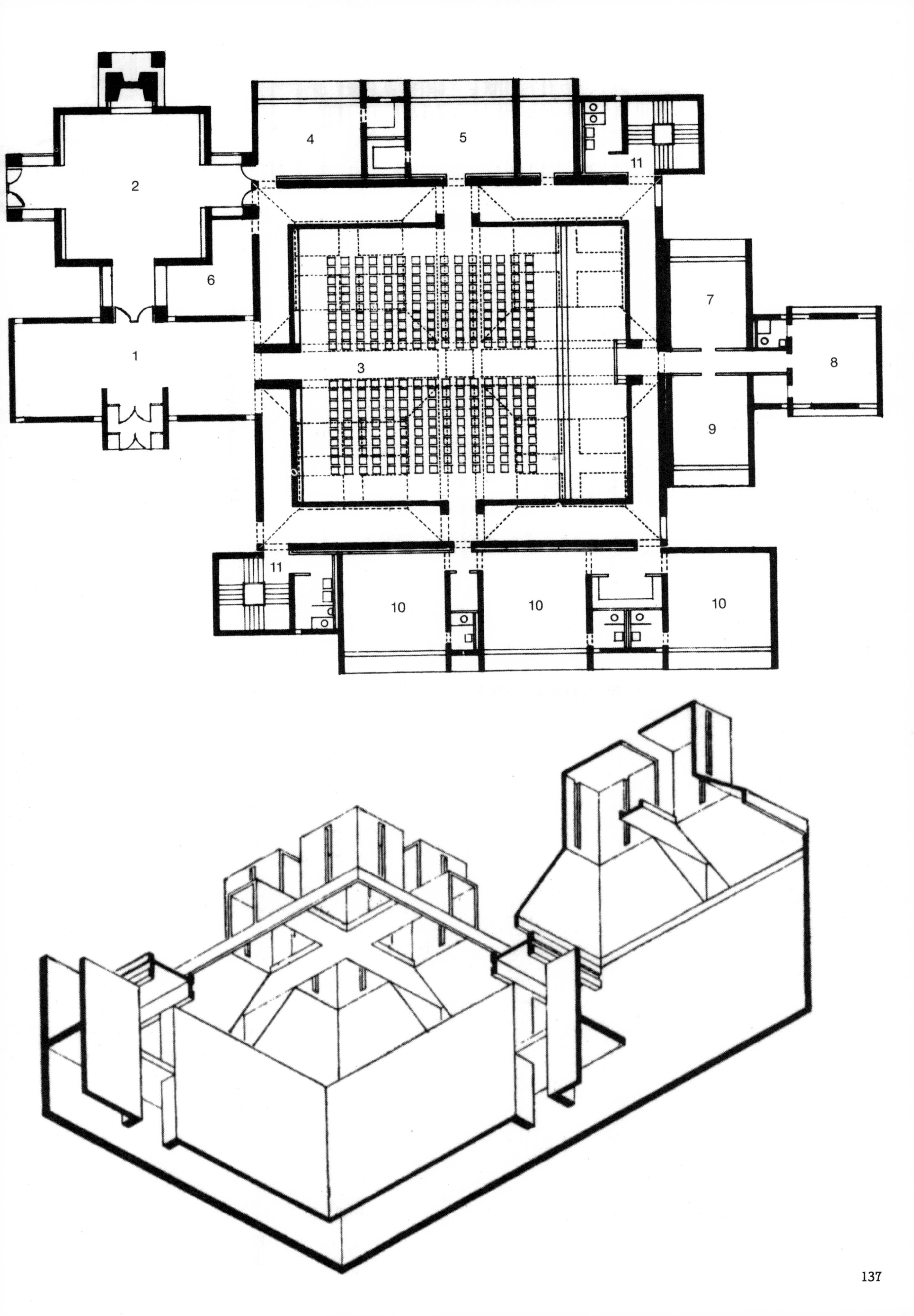
4
5
11
2
6
7
1
3
8
9
11
10
10
10

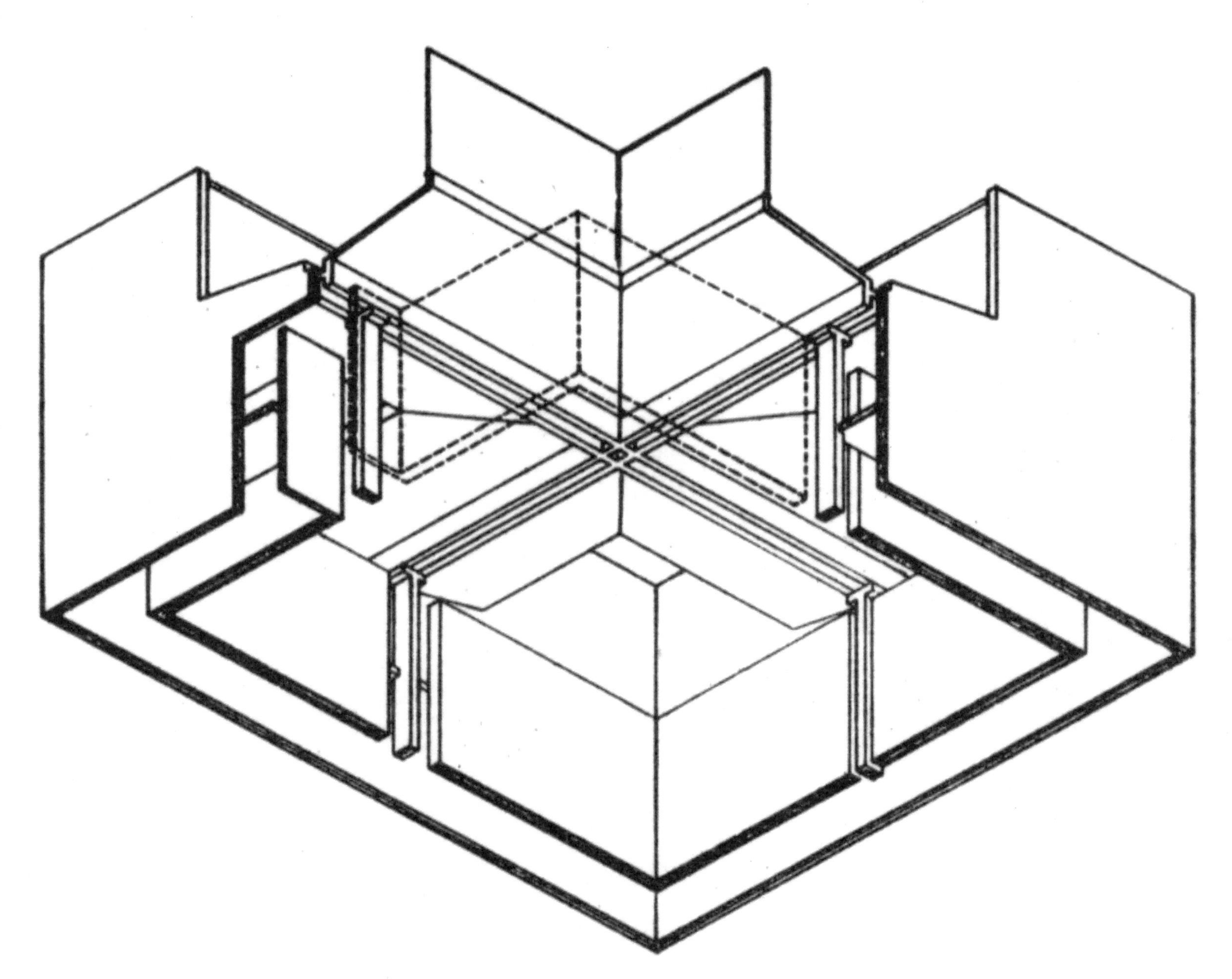

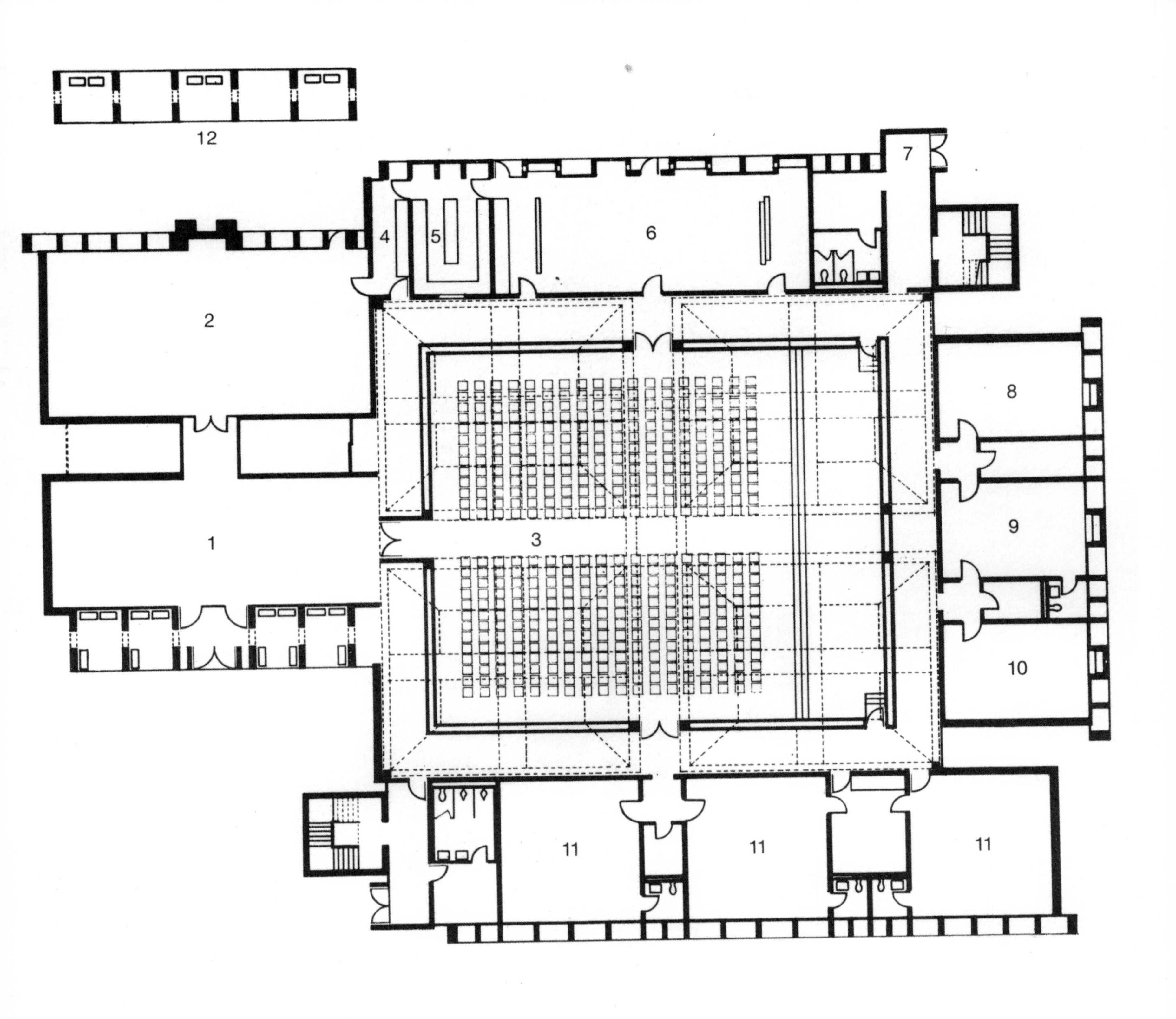

12
7
4
5
6
2
8
1
3
9
10
11
11
11

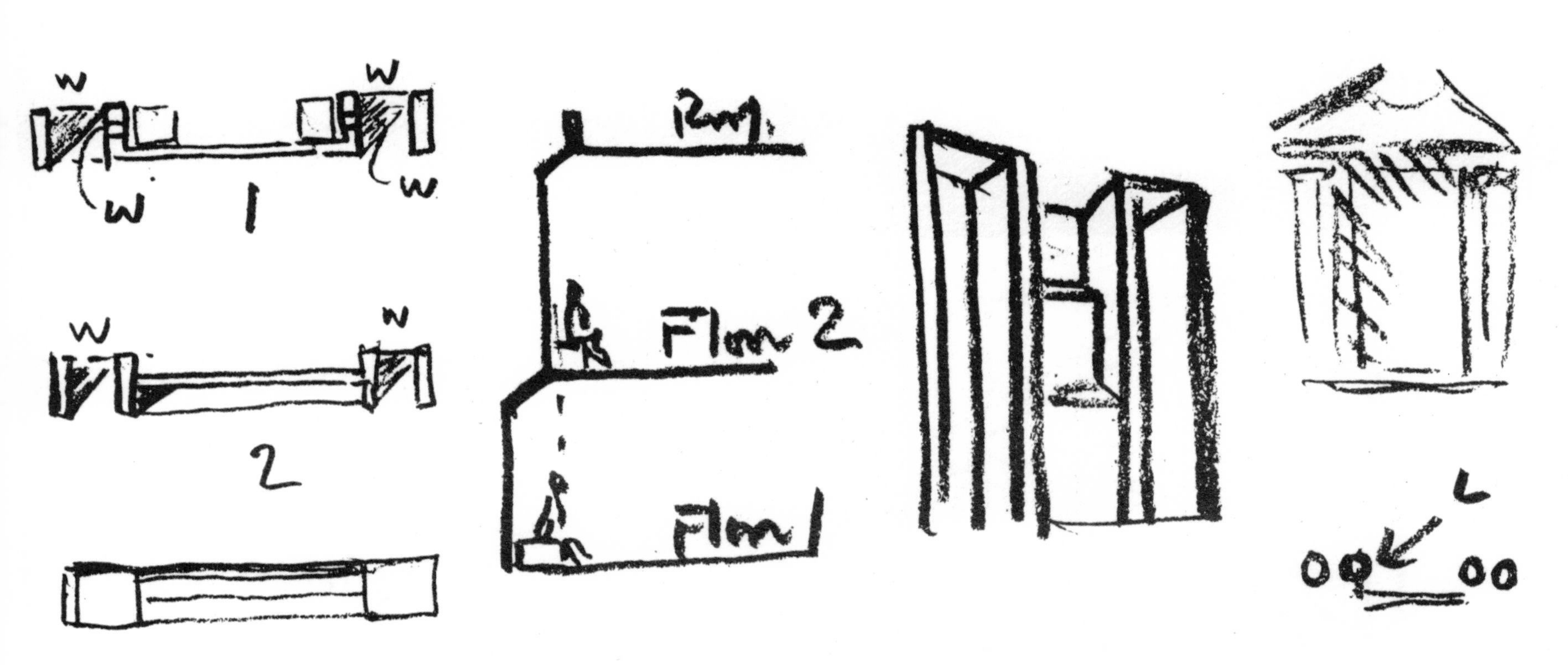

W
W
W
W
1
W
W
2

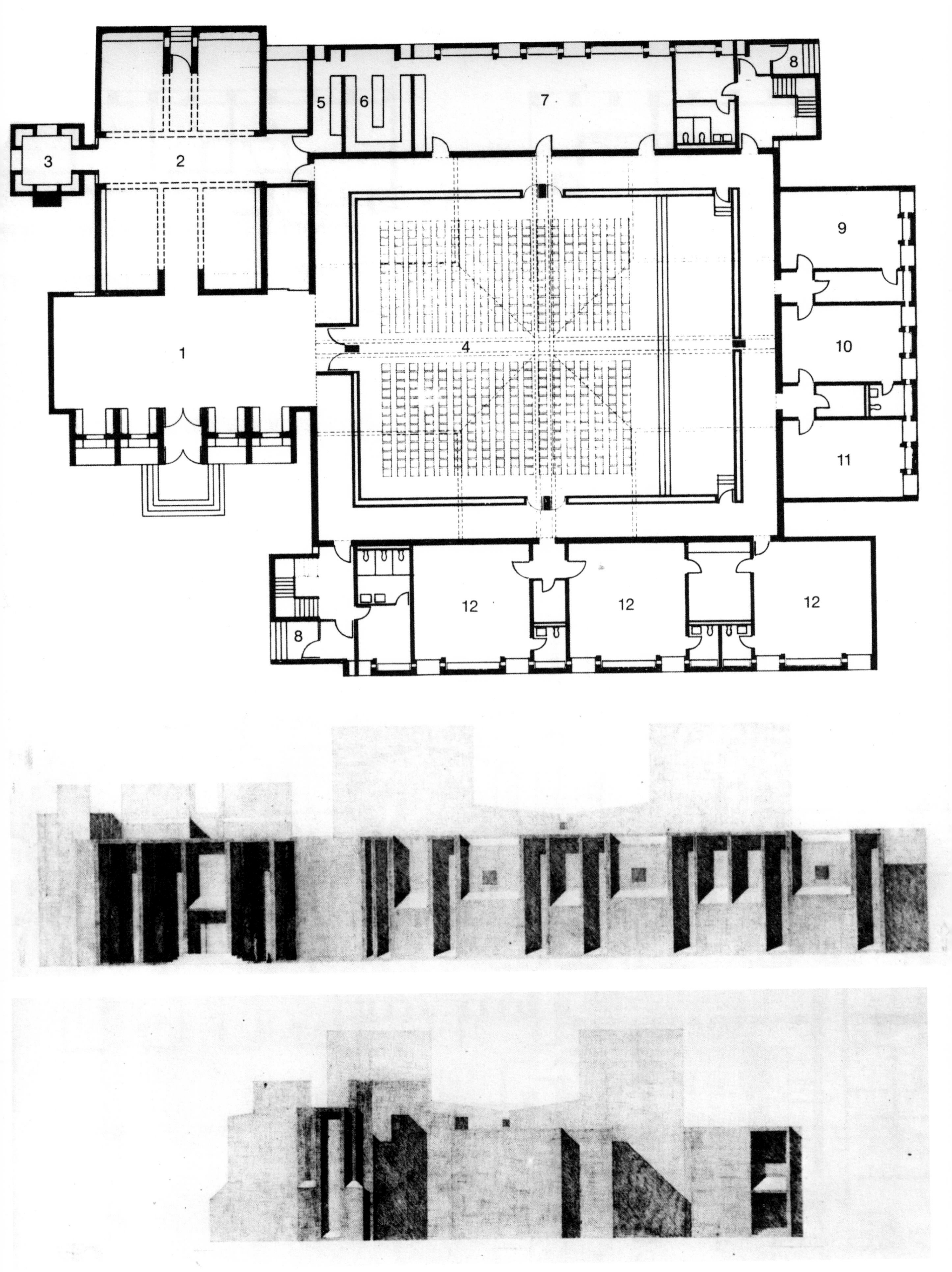

1
2
3
4
5
6
7
8
8
9
10
11
12
12
12

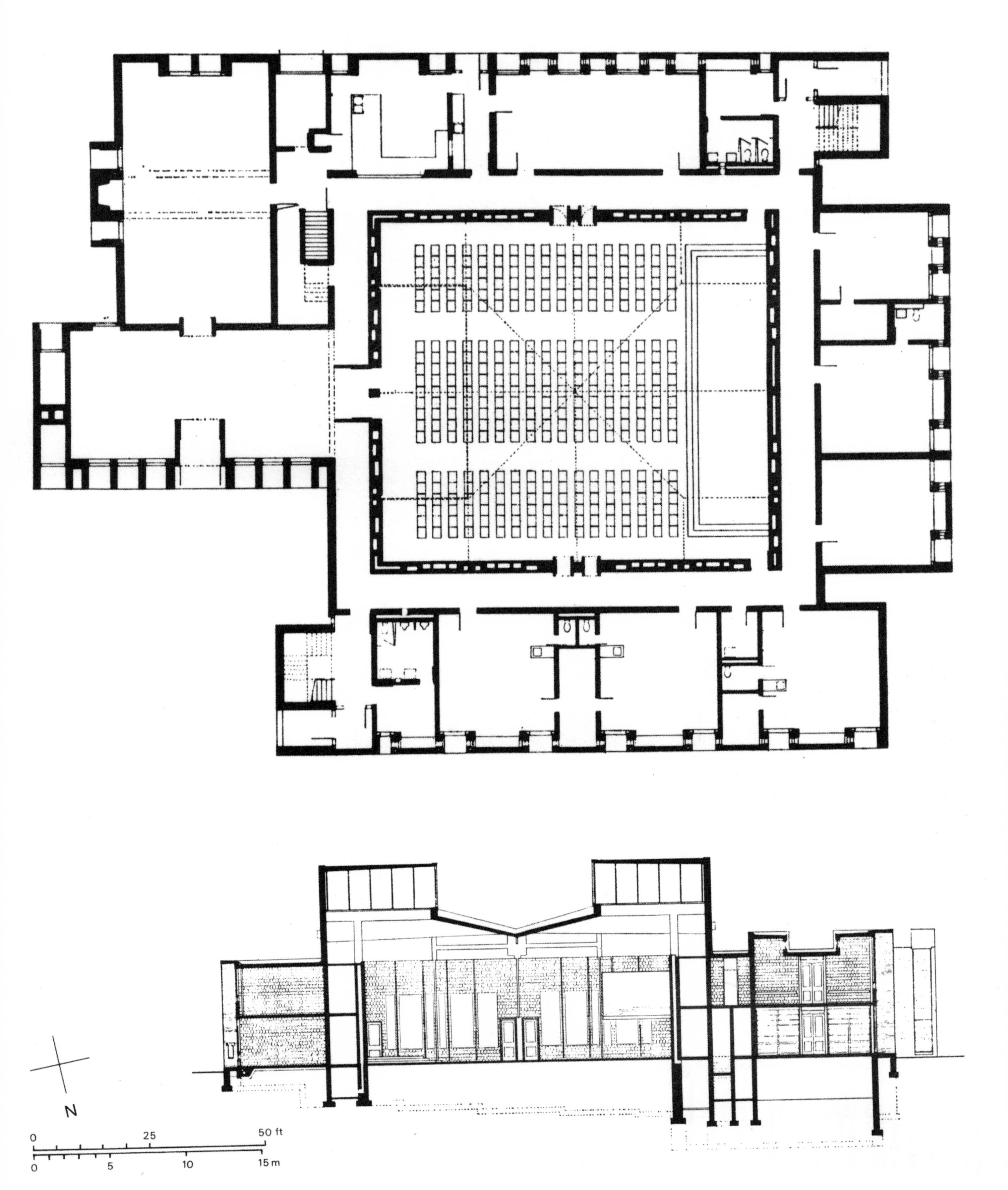
N
0
25
50 ft
0
5
10
15 m

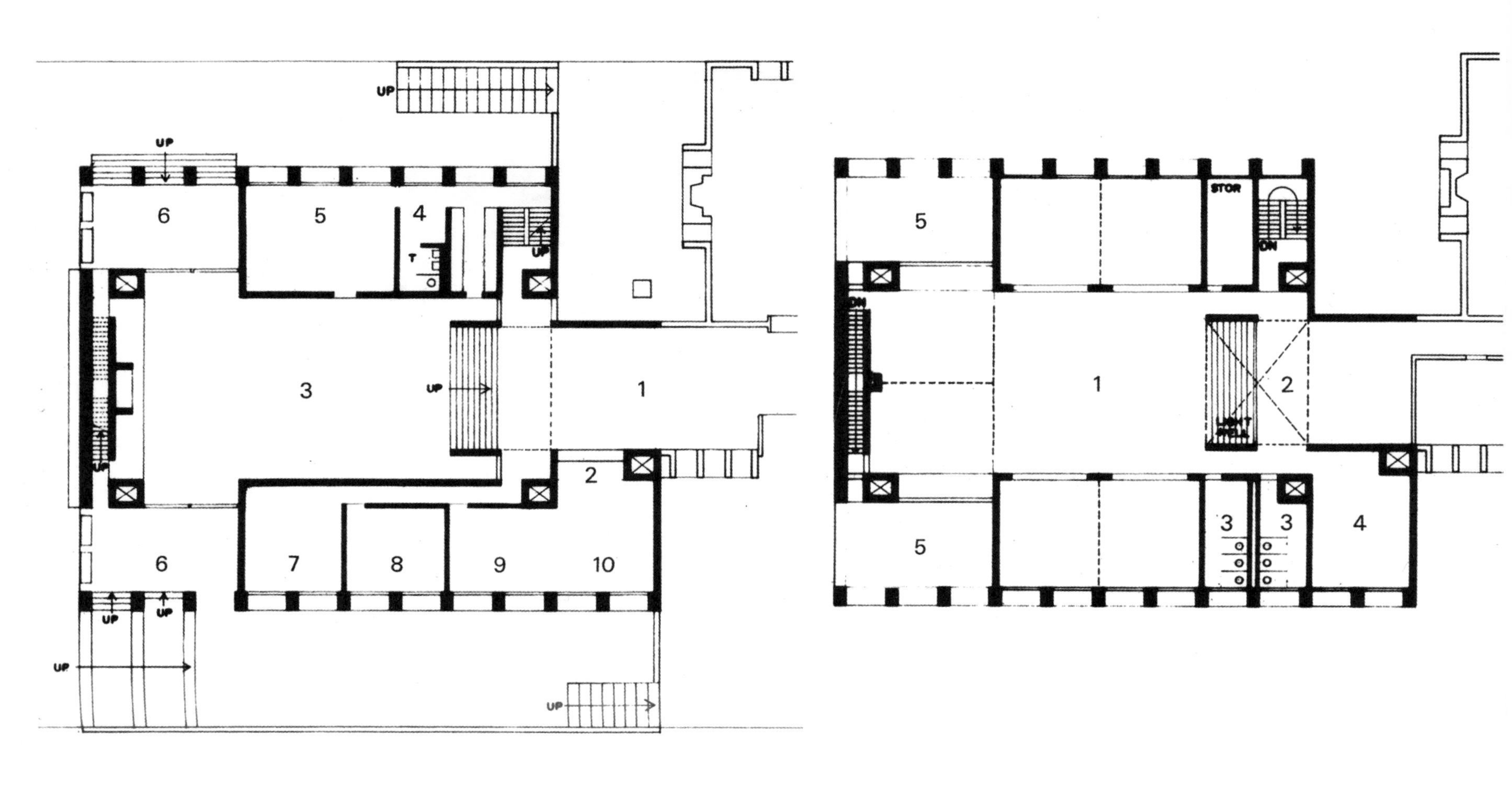
UP
UP
6
5
4
T
UP
3
UP
1
UP
2
6
7
8
9
10
UP
UP
UP
UP
5
STOR
DN
DN
1
2
5
3
3
4

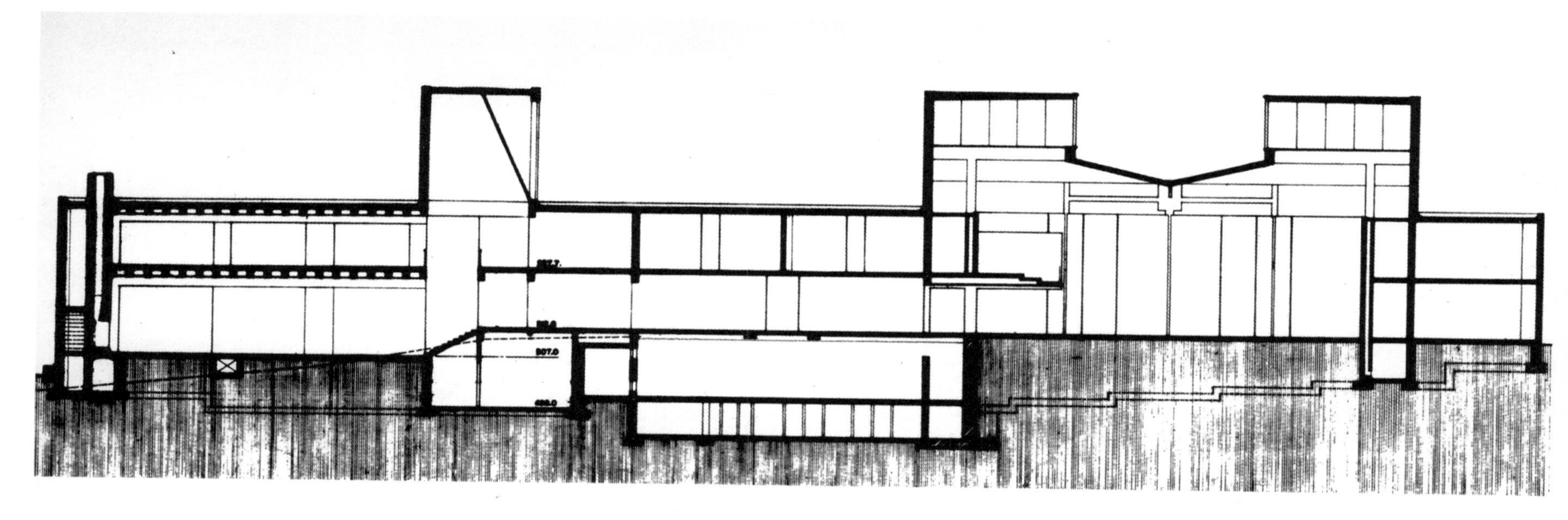

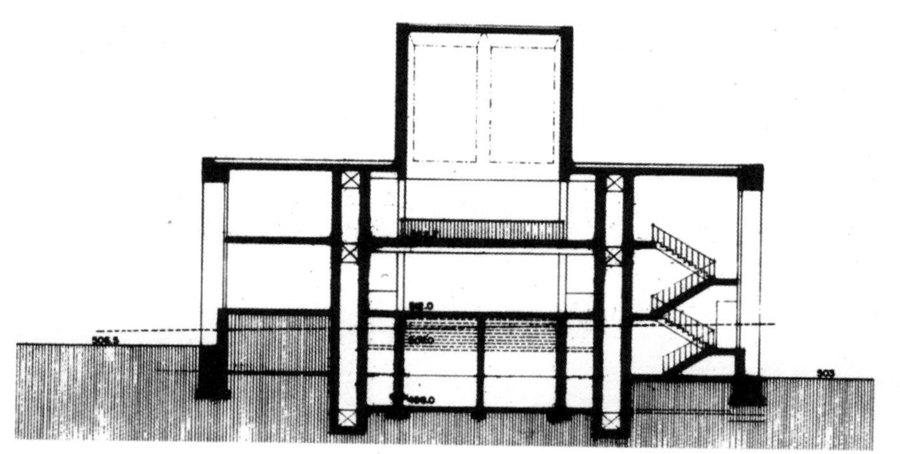

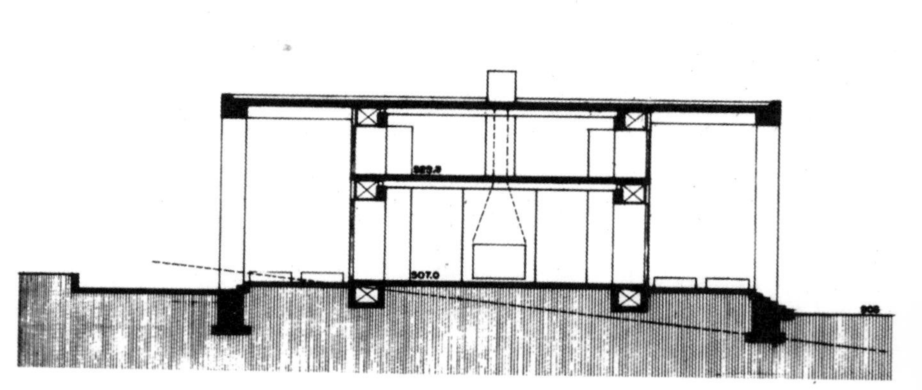

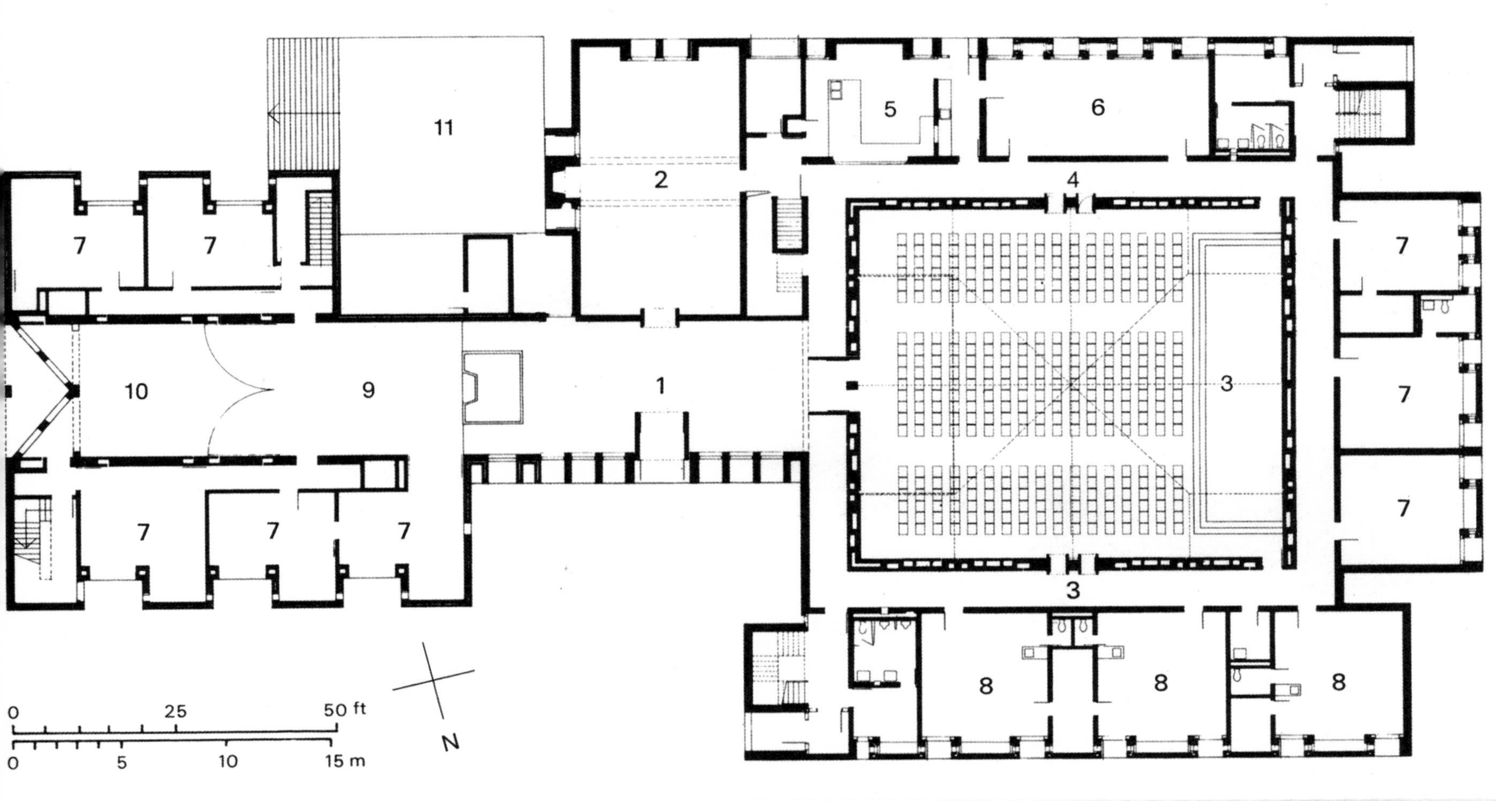

11
5
6
2
4
7
7
7
10
9
1
3
7
7
7
7
7
3
8
8
8
0 25 50 ft
0 5 10 15 m
N

布林莫尔学院宿舍（1960—1964 年）

费城，宾夕法尼亚州

设计任务要求提供大约150间宿舍、休闲区域、一间食堂、行政设施以及其他的服务。场地位于莫里斯大街（Morris Avenue）和新古尔夫路（New Gulph Road）交叉口朝南的坡地上，靠近布林莫尔校园的东南角。

所需的大量宿舍带来了建筑组群以及各个设施之间合理的功能与空间关系的问题。在得出将 3 个菱形单元在角部相连的最后概念之前，康探索了各种各样的可能性。

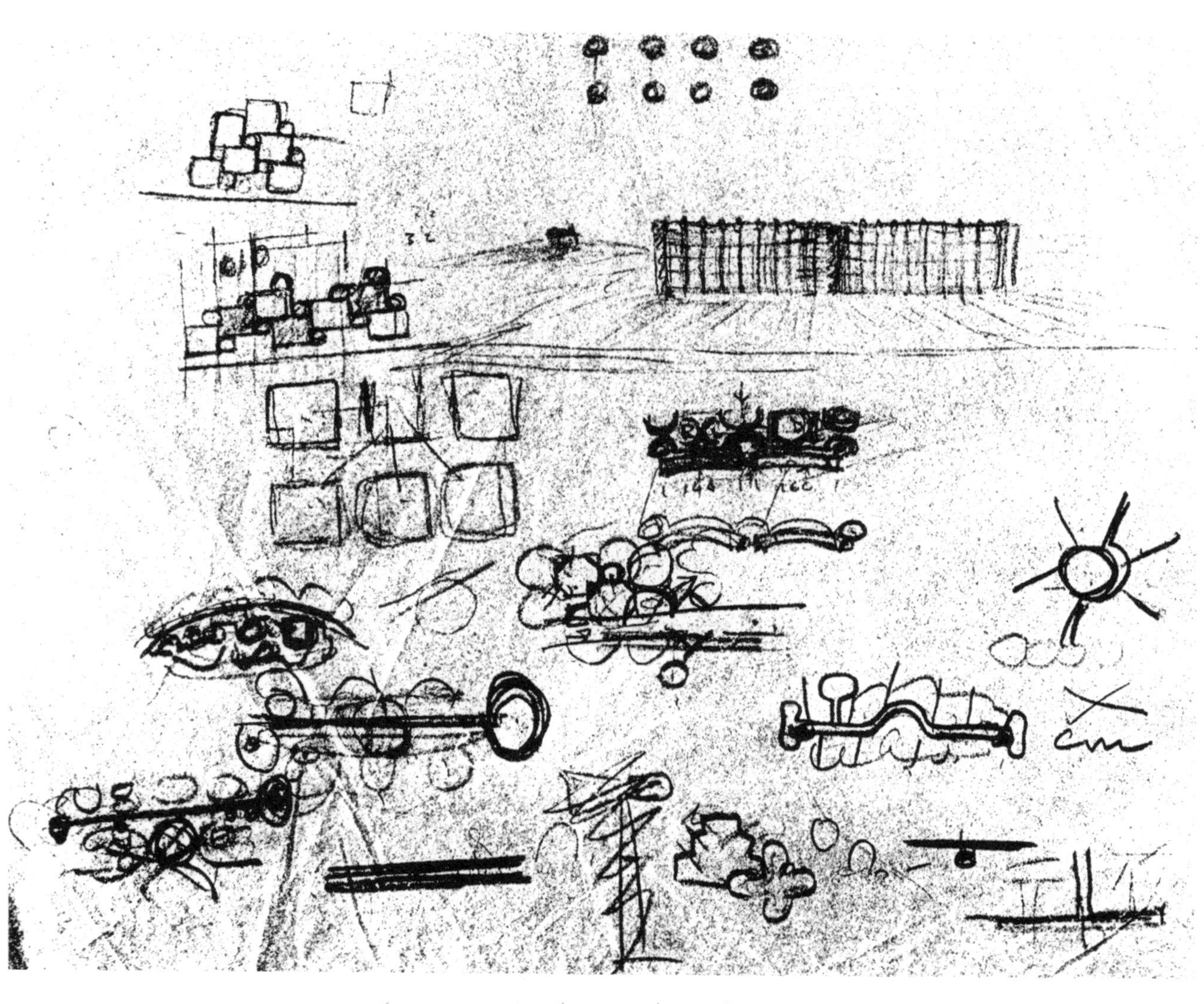

BCD. 1

平面、剖面和立面草图，1960 年绘，探索了主要元素排列的各种可能性。

在中间有一个小草图表示在上层的休闲空间（R）和餐厅（D）通过一长串的宿舍连接起来。宿舍立面在该草图上方。该主题的变形在这张草图的下半部分。康对于不同尺寸和类型的元素组合的考虑在左上的草图。

在底部的草图上有一个高侧窗采光的剖面研究。

“自然不会创造艺术，它在偶然和规则中运行。只有人类能创造艺术。因为人类有选择和发明的能力。只要愿意，他可以让门比人还小，让天空在白日暗沉。人类也有汇聚的能力。他能够把山脉、蟒蛇和孩子带到一起。”

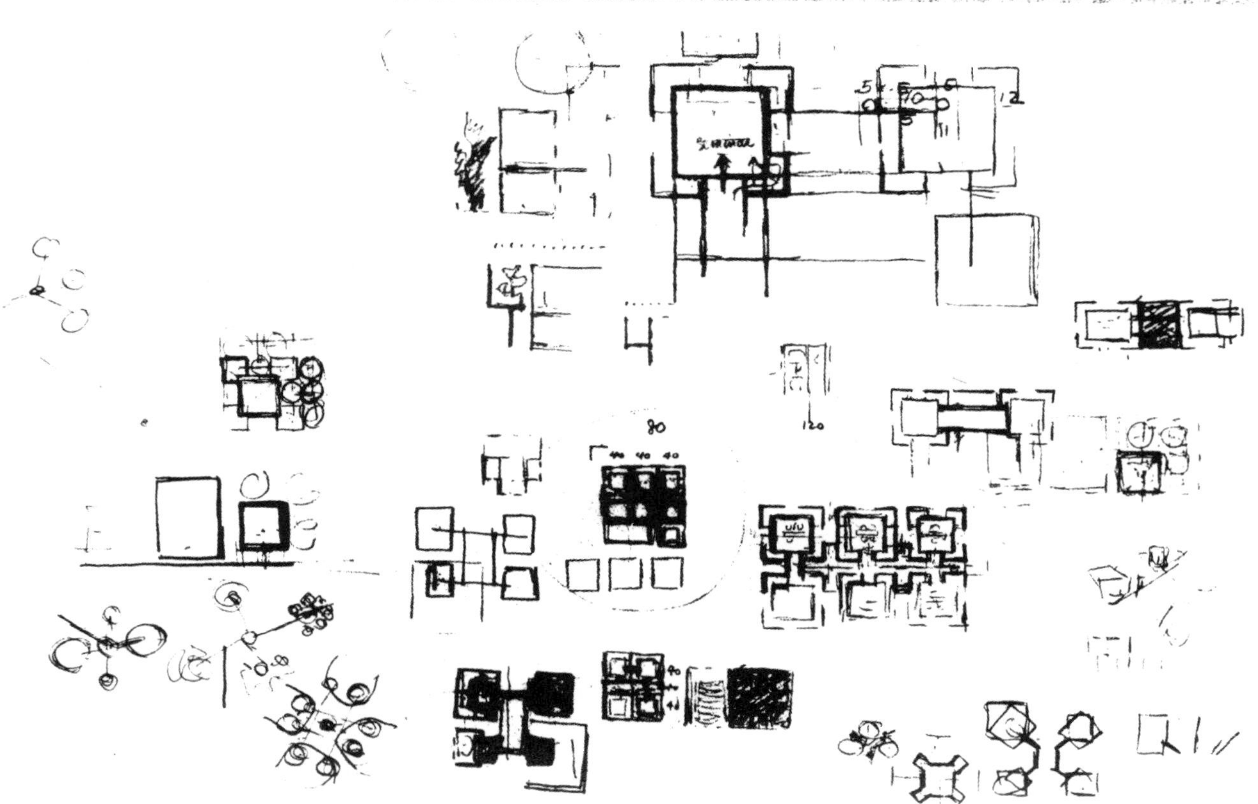

BCD. 2

平面草图，1960 年绘，展示了排列模式的连续。位于右下角的草图绘制了 6 个方形单元，和中城区开发方案——公民广场的几乎如出一辙。

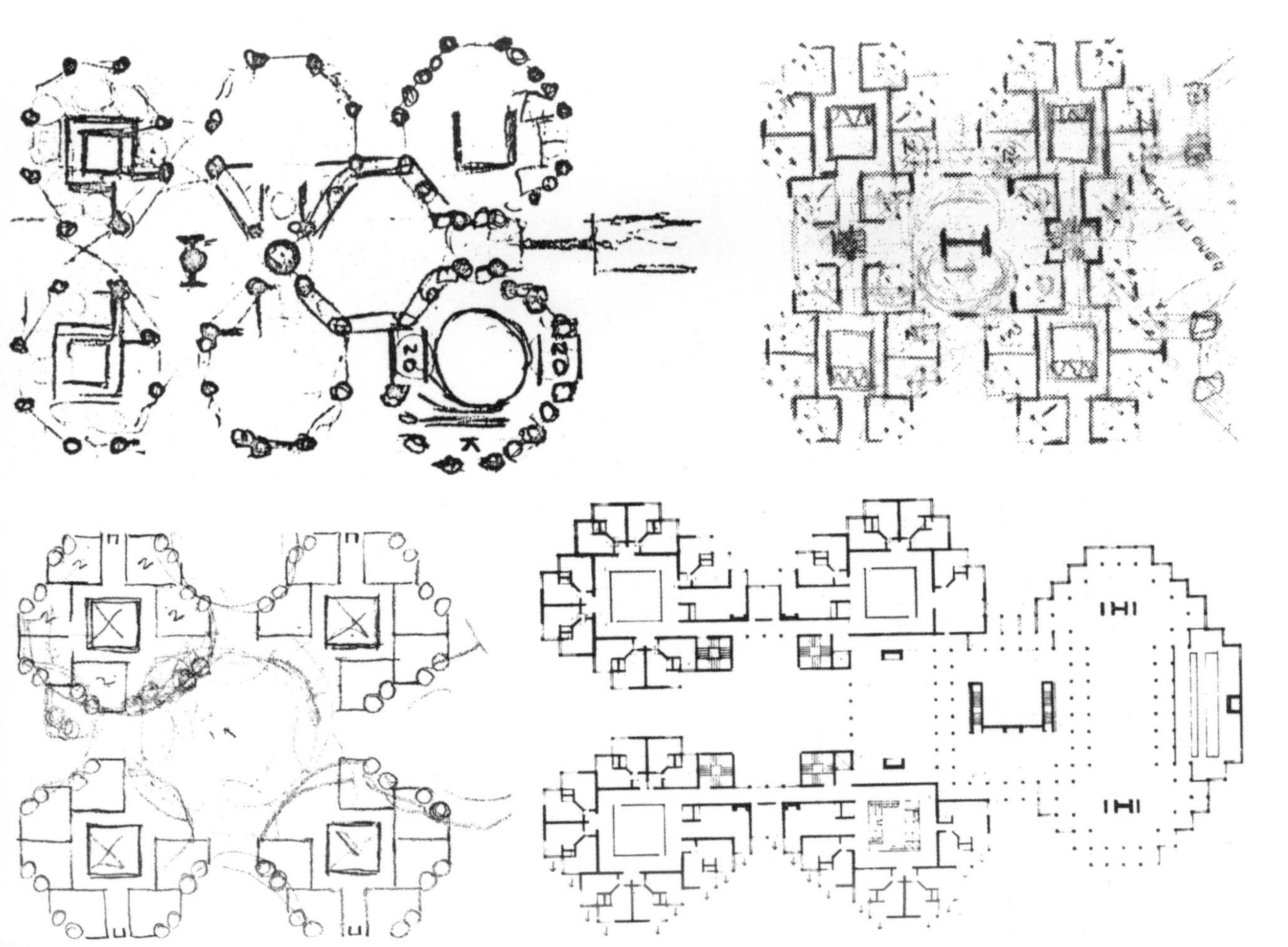

BCD. 3—5

平面草图，展示了康对于八角形单元的研究。它表面积占体积的比非常有利，能在中心服务楼周围安排许多宿舍房间。连接这些八角形单元的区域设有楼梯和起居室。而外部八角形单元围合的庭院空间可以作为入口大厅、休闲区域和餐厅。

一个相似的格网被用于犹太社区中心的设计研究（JCT．10—JCT．16，第91—92页）。

BCD. 6

概念深化平面，展示了对所有要求策划的整合，在左边，4个单元包含了每层楼围绕中心庭院的43间宿舍。每个单元都有一个卫生间、一部楼梯，以及一间起居室。一条走廊将上下两组单元连接到了位于右边的社交空间。校园通过入口门廊连接到这些空间，这个门廊同时又隔开了餐厅和休闲大厅，两者都设有双极壁炉。

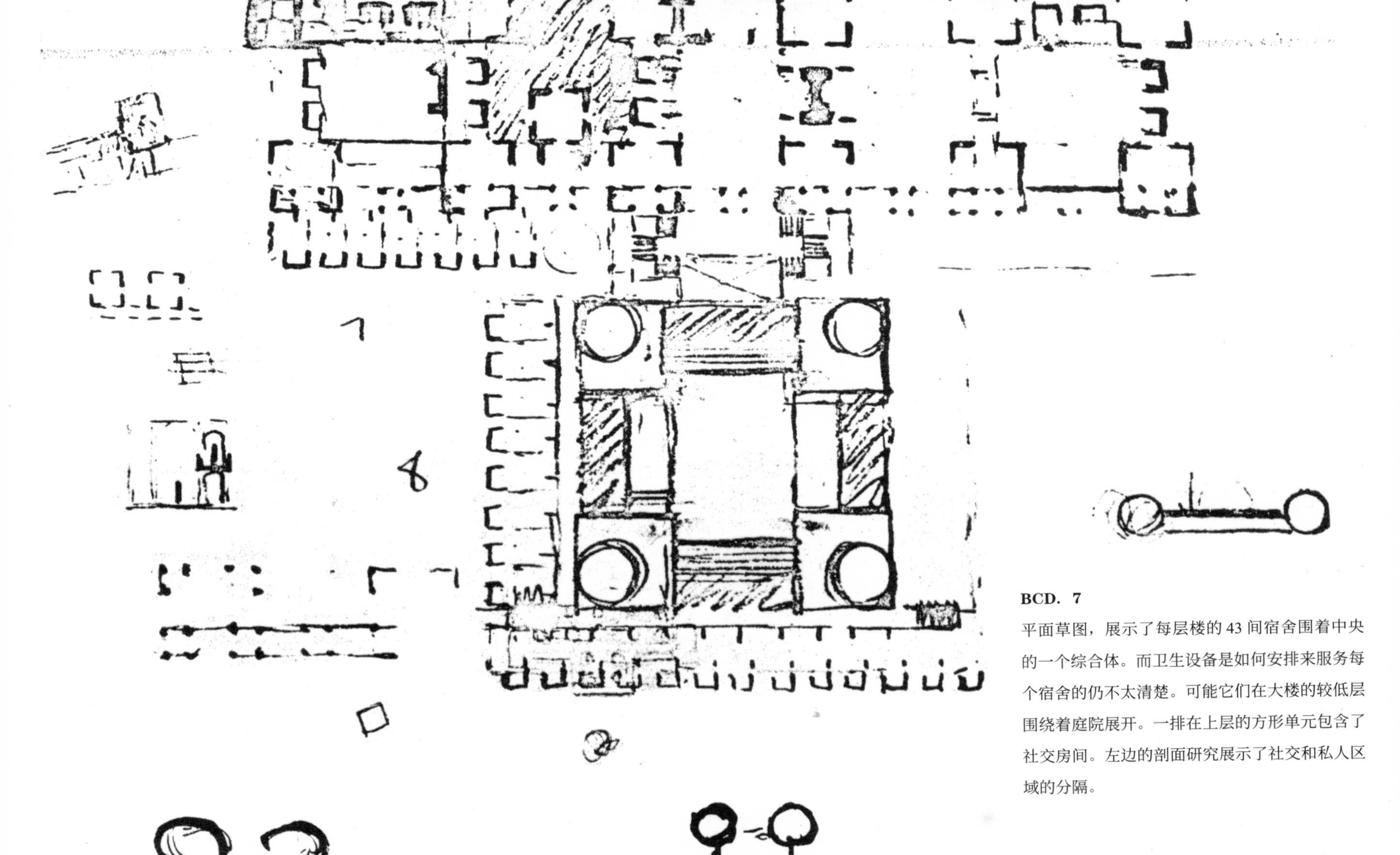

BCD. 7

平面草图，展示了每层楼的43间宿舍围着中央的一个综合体。而卫生设备是如何安排来服务每个宿舍的仍不太清楚。可能它们在大楼的较低层围绕着庭院展开。一排在上层的方形单元包含了社交房间。左边的剖面研究展示了社交和私人区域的分隔。

BCD. 8—9

概念深化平面草图，展示了用正八边形的排列方式，将八组独立房间安排在了一组中央空间的周围。这个巨大的中央区域又通过不同的服务核心作了细分，在上方有一片方形空间用作休闲（R）和餐厅（D）。还有两个方形的庭院在底部。

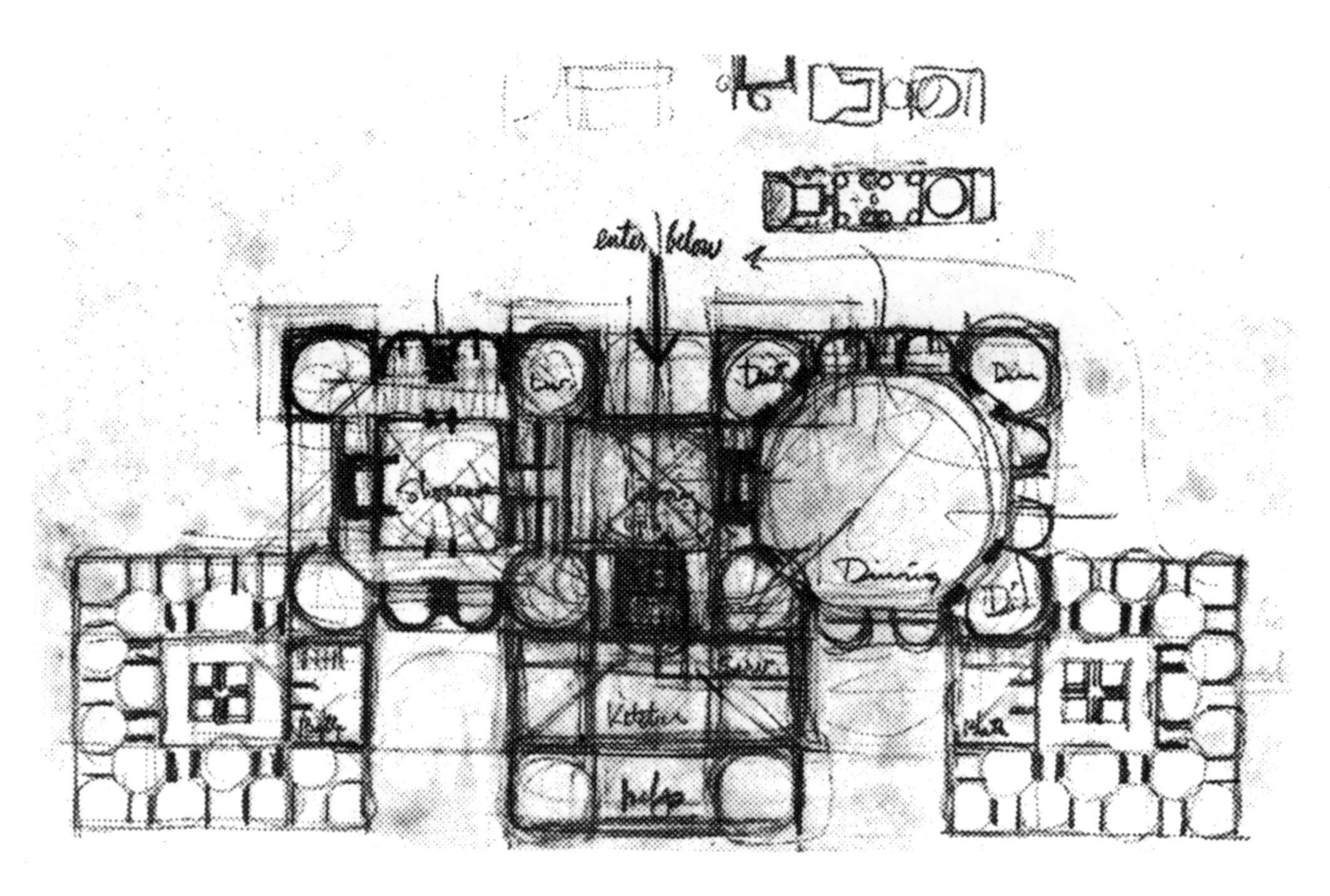

BCD. 10

平面草图，展示了相同尺寸、在角部互相连接的5个方形单元。上部的两个单元包含被入口大厅分开的休闲厅和餐厅。在草图下部的两个角部单元都设有中央楼梯，每个单元每层楼包含了1
间宿舍。

在顶部的细部研究展示了向下一阶段的深化。

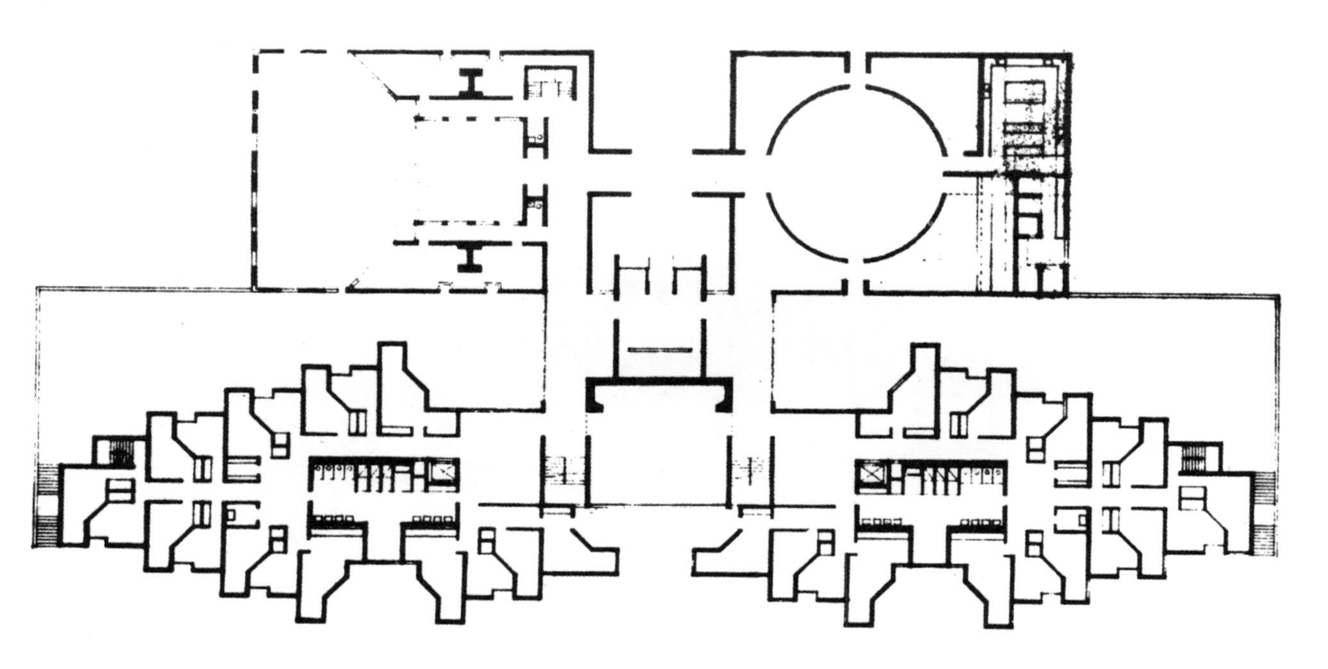

BCD. 11

上层概念深化平面，展示了社交区域根据上述讨论设计的一个版本。这个平面包含两组完全不同的空间：在顶部的休闲厅和餐厅分别位于入口门厅的两侧，两组对称的独立单元在底部。每一组单元都有18个大大小小的宿舍房间围绕卫生间展开。

这两组独立单元都设有自己的楼梯和入口门廊。

这一版的社交区域被大型的庭院环绕或朝向它们。餐厅是一个圆形的岛，与位于右侧的厨房隔开。

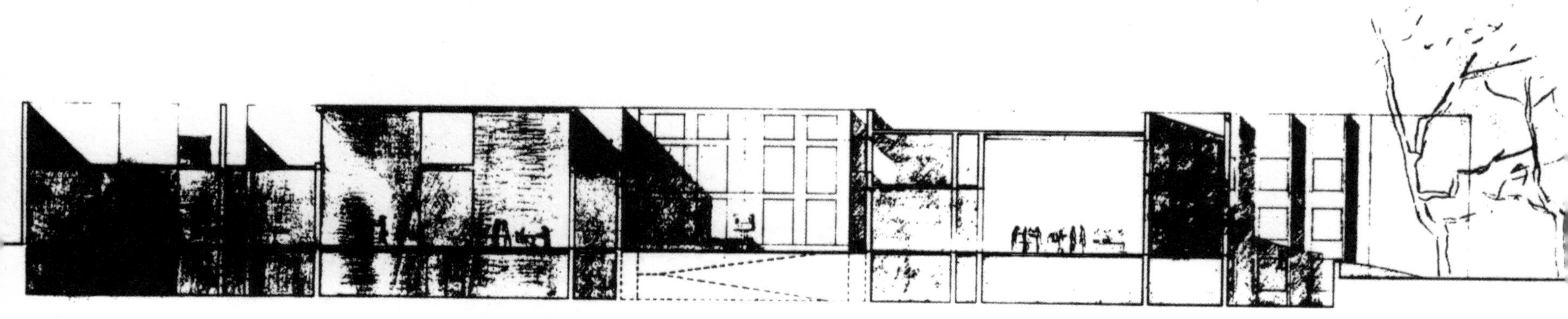

BCD. 12

概念深化剖面。自北看，从左往右分别是庭院、休闲室、餐厅，1961年3月20日的版本。

BCD. 13

场地模型的总体视图，展示了八边形宿舍房间在五层退台体量下的水平向和垂直向延伸。这个几何图案是基于一套八边形网格，类似于在犹太社区中心的研究。

BCD. 14

研究模型视图，展示了垂直咬合的八边形宿舍单元。

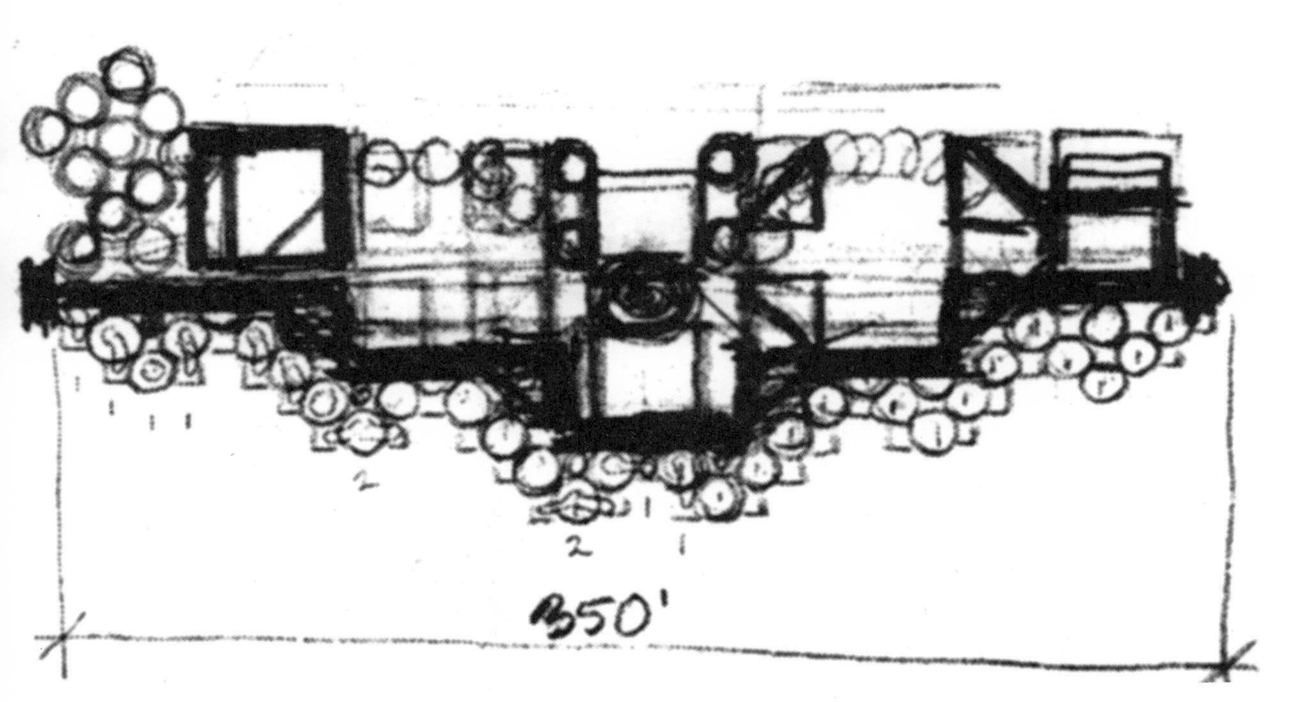

BCD. 15

平面草图，展示了社交房间的布局。入口设于中间，厨房和餐厅位于右侧，休闲室和一个可能是研讨室的房间设置在左边。

BCD. 16

上层平面，展示了宿舍单元像一圈厚墙一样环绕着左边的休闲室和右边的餐厅。每个都与入口庭院通过一组包含咖啡厅、壁龛、教员办公室的体量隔开。三到五个卧室环绕中心菱形体量成对出现，它们通过上层楼的走廊连接。走廊在视觉上也有助于分隔休息室巨大的体量。一楼展厅的边缘界定了休息室的一块中央空间，该空间四边又由三角形的内院环绕。

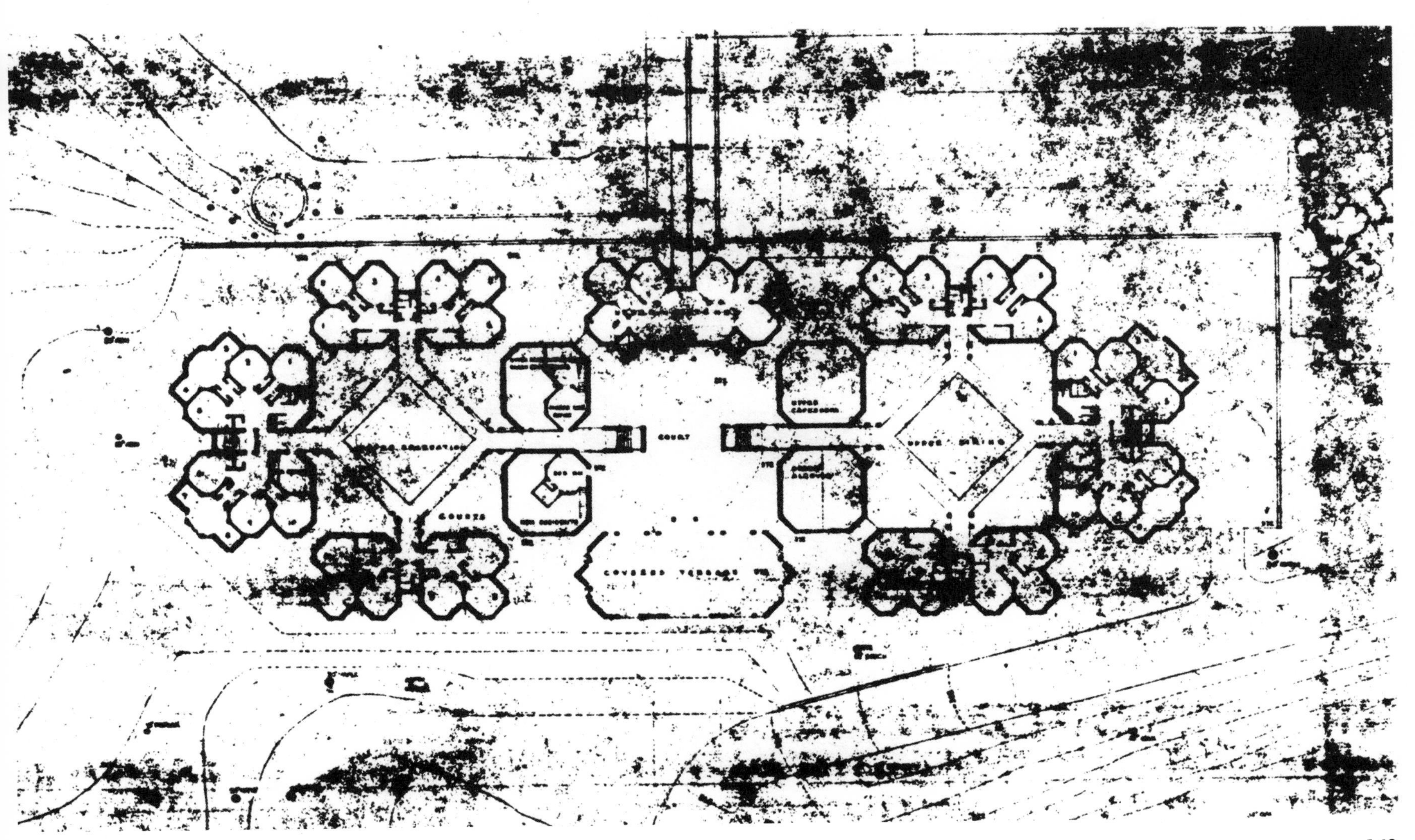

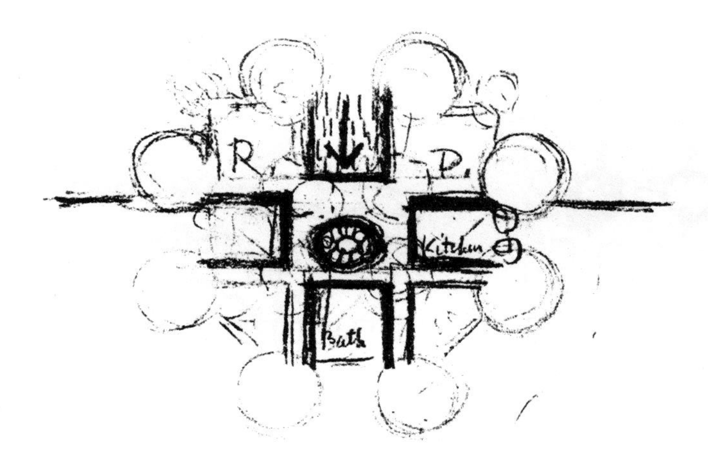

BCD. 17

平面草图，展示了八边形的布局。

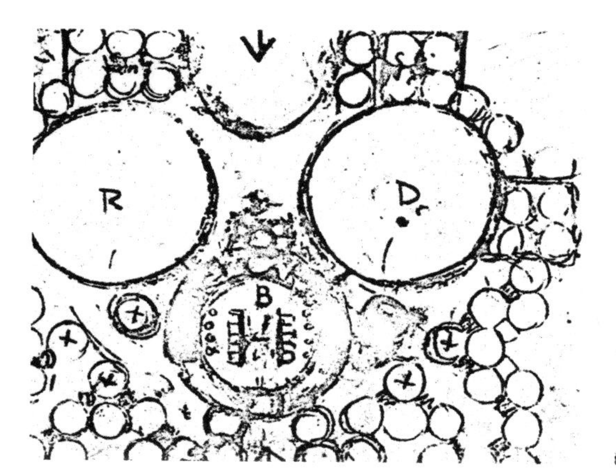

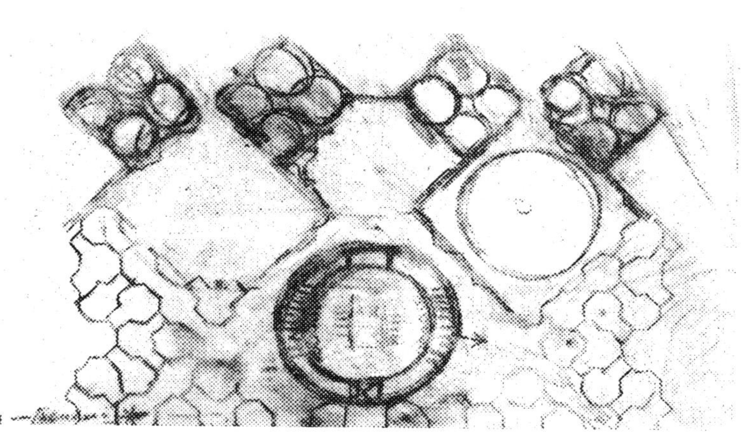

BCD. 18—19

概念深化平面草图，展示了3个中央空间由宿舍环绕的另一种布局方式。厕所设备集中在另一个大的中央体量里，周围由楼梯环绕。在右边的草图中，一排4个为一组的宿舍单元被设置在入口一侧，有可能包含吸烟室。

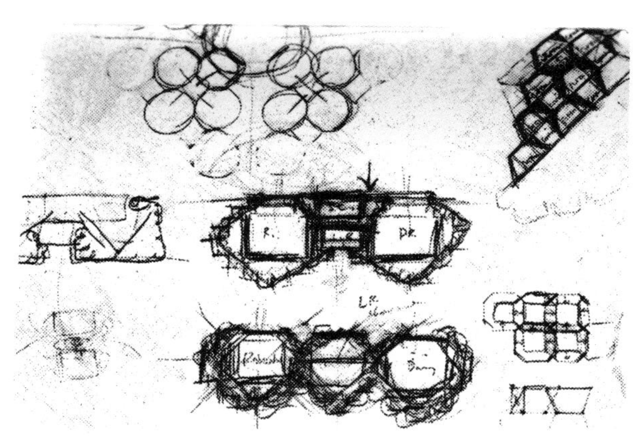

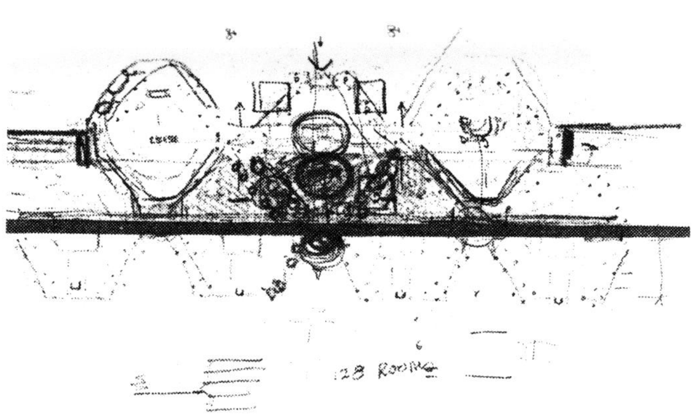

BCD. 20

平面和剖面研究，展示了对于宿舍单元在水平和竖向上的可能排列。

BCD. 21

平面草图，展示了对包含128间房的7个单元的线性排列。图中深色的水平线是一道挡土墙，将更开放的空间与较为私密的草坪分开，成为整个设计过程中重要的元素。

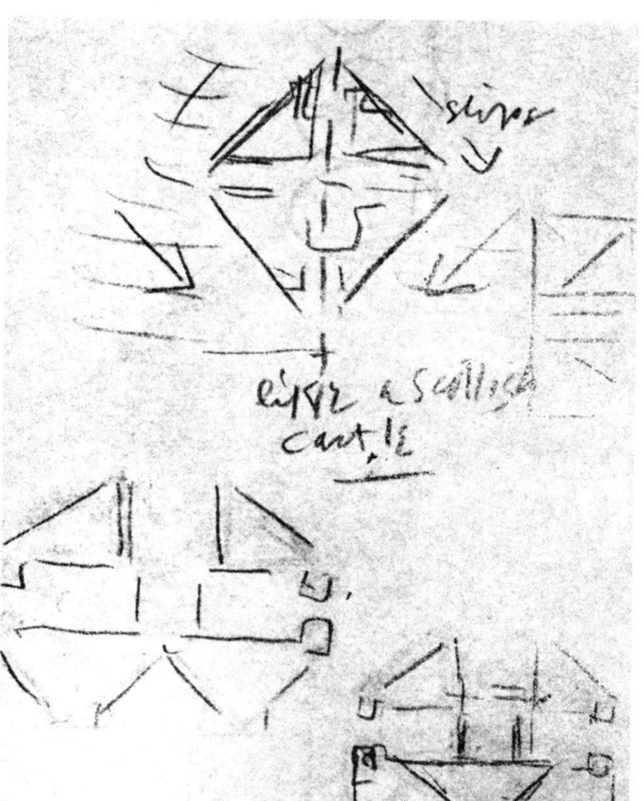

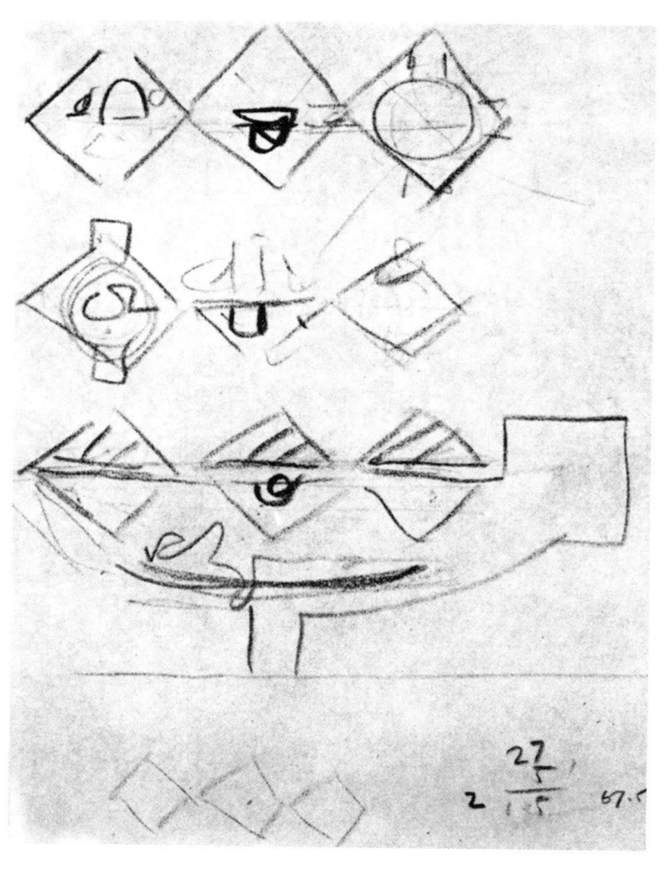

BCD. 22

平面草图。在20世纪60年代晚期和70年代早期，康对于苏格兰城堡建筑非常感兴趣。他解释了自己这个时期的方案在功能和空间方面的特点，就像丹弗里郡科摩隆甘城堡（Comolongan Castle of Dumfrishire）一样，中央是一个大的重要的“被服务”空间，周边被包含着小型一层服务空间的厚墙所环绕。此处他将独立宿舍单元的区域看作厚墙带，将社交区域看作巨大的菱形中央空间。

BCD. 23

概念深化平面草图，展示了3个菱形排成一列的线性组合，作为最后概念。

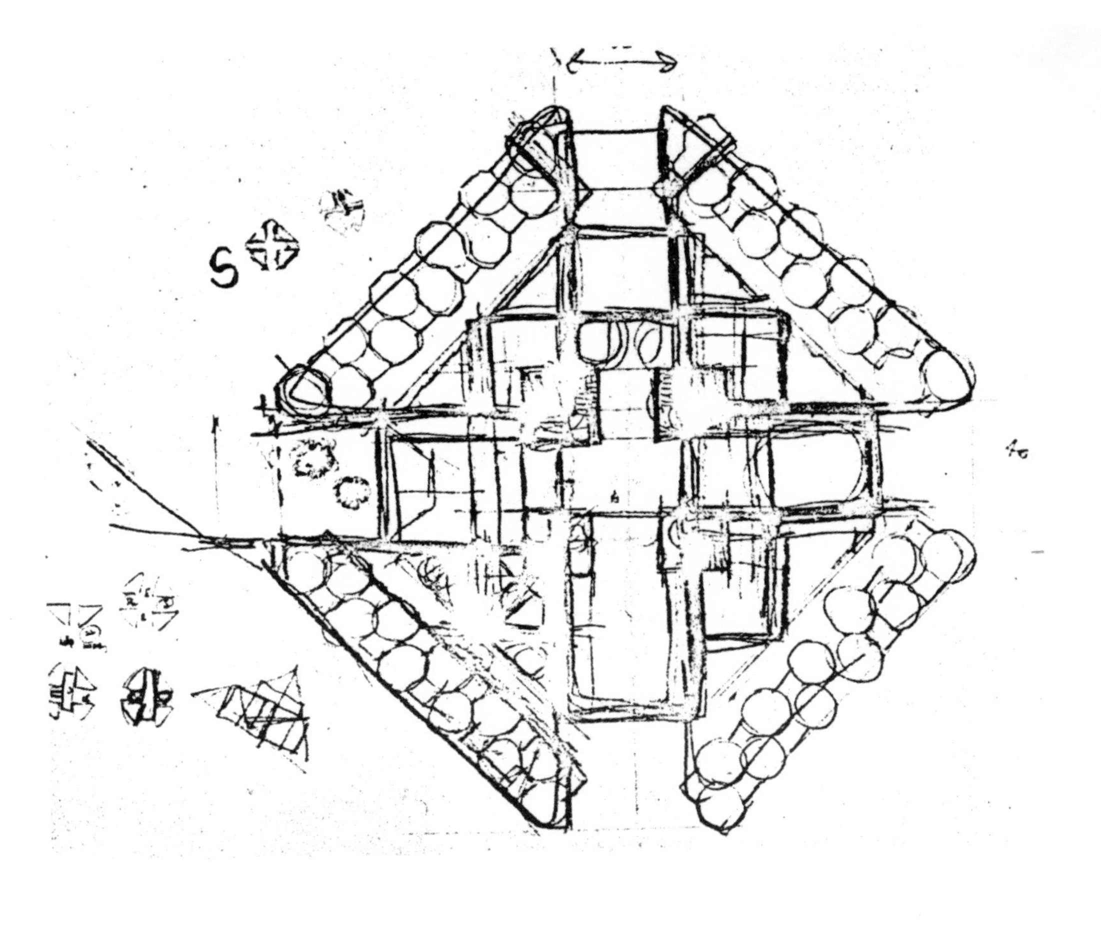

BCD. 24

平面草图，展示了在一个菱形体块中的策划需求。4排宿舍单元围合着以交叉十字排列的社交空间。其间小的三角院落则提供了自然采光和通风。

“对于一个重要的地点，将各种功能需求融合到一个简单复合的建筑形式中，在经济上是非常合适的。”

康，1960年。

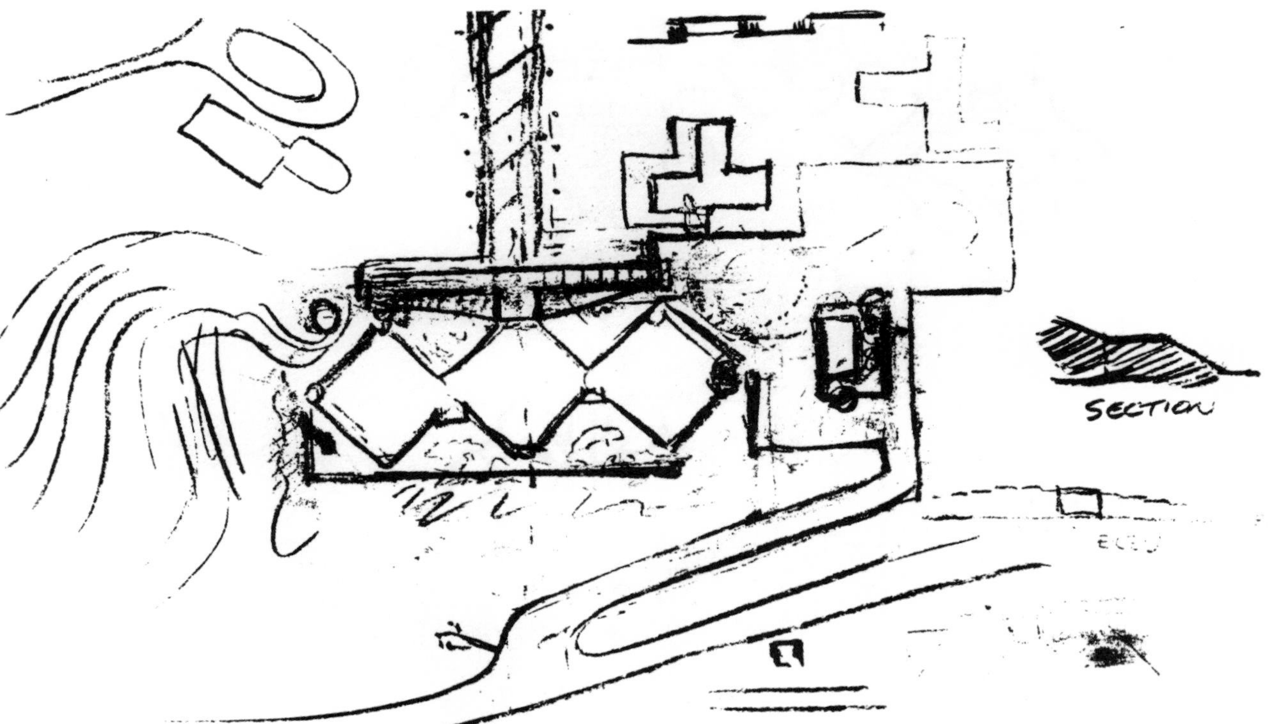

BCD. 25

概念深化总平面草图，展示了3个互相连接的菱形体量的排列，垂直于从校园过来的路径。3个菱形体块的最右侧布置了连接莫里斯大道（位于底部）的入口。

这个设计研究定义了之后设计工作的基本原则：

1.3个菱形的面积与一个整体面积比保证了足够数量的宿舍房间能够自然采光，并有足够面积的社交空间。

2. 社交空间被划分为3个区域：入口大厅、餐厅以及休闲空间。除此之外还有一些较小的、不那么重要的服务空间（来源于苏格兰城堡的原型）。

平面下一阶段的发展将关注宿舍单元、中央空间、连接空间的形状，以及中央空间的采光。

BCD. 26

概念深化平面，展示了一个典型的楼层。每个菱形体量包含20个八边形宿舍单元，以及一个中央空间。交接处要么作为连接空间，要么作为给中央空间提供自然采光的开口。

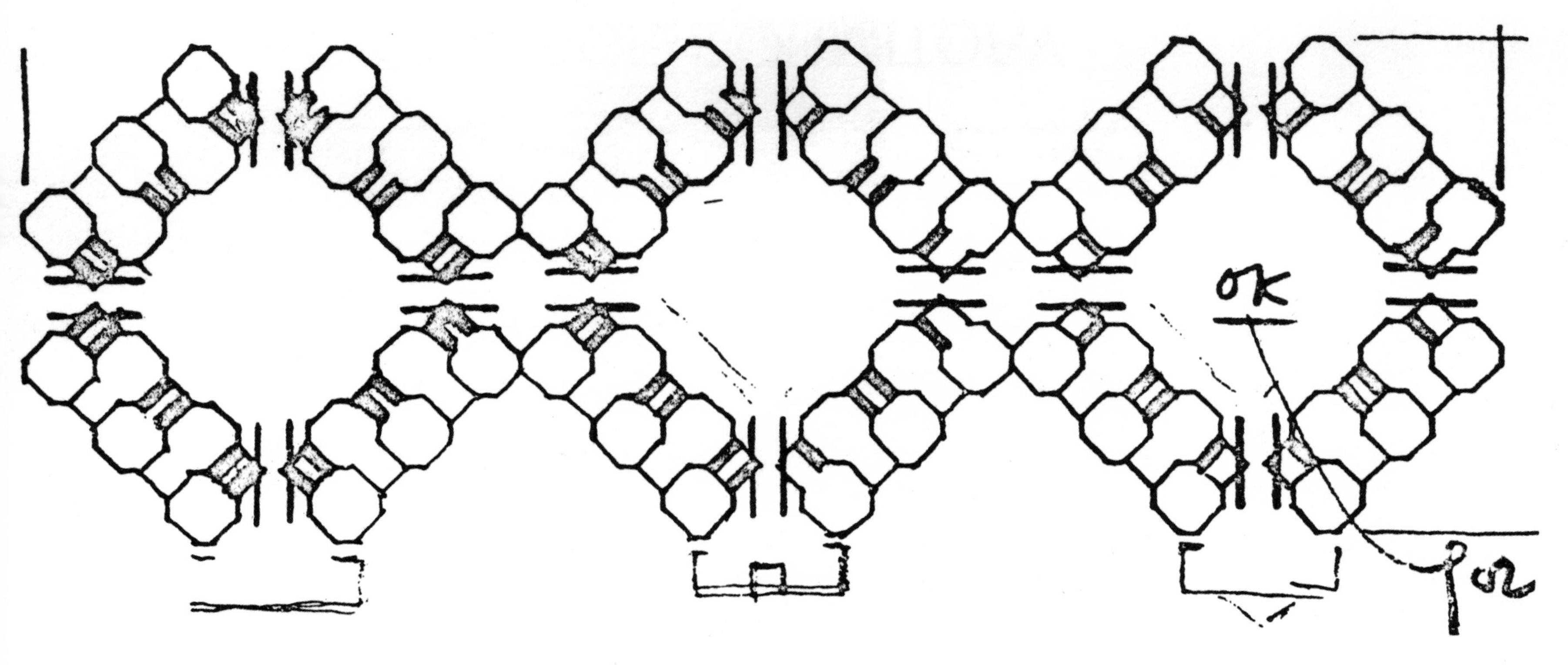

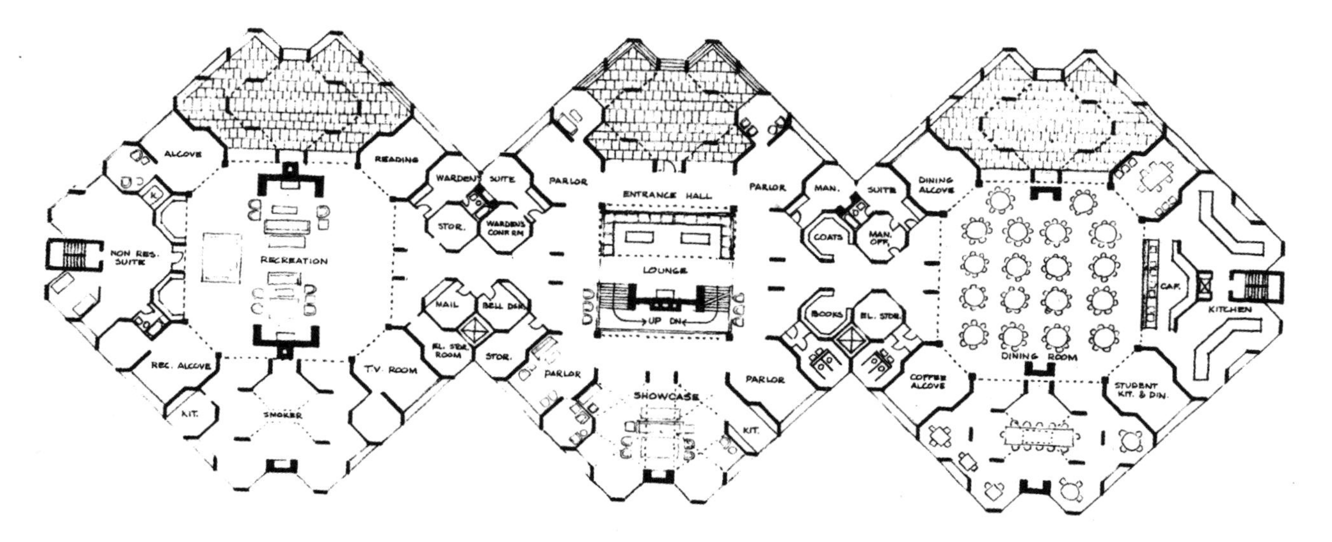

BCD. 27

入口层平面，1961 年 12 月 14 日版本，展示了入口大厅在中间，休闲空间在左边，餐厅在右边。在这一阶段的设计中，一个八边形格网被用来定义垂直区域。

在菱形体块的每一个连接处都有一组小的八边形房间，用以提供各种各样的功能。上下楼层通过一部位于入口大厅的中央楼梯连接。两个服务楼梯则分别安排在这座建筑的两端。

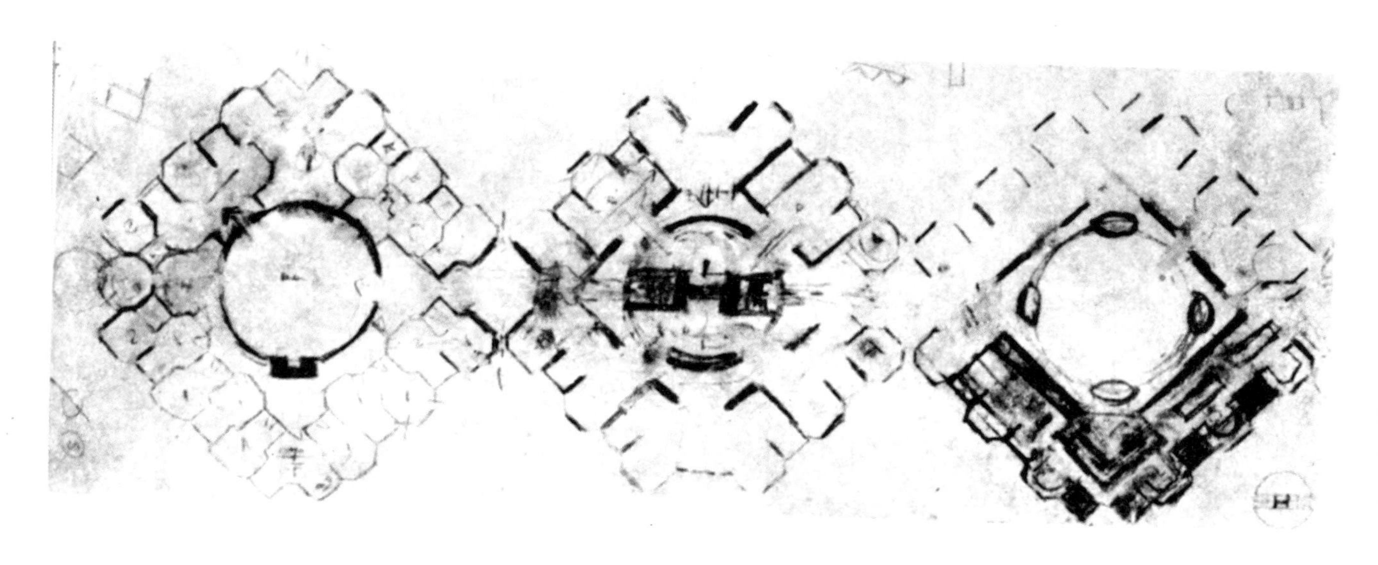

BCD. 28

二层平面草图，展示了由中空的环形廊向下俯瞰中央空间。菱形体块的连接处是自然采光的门厅。

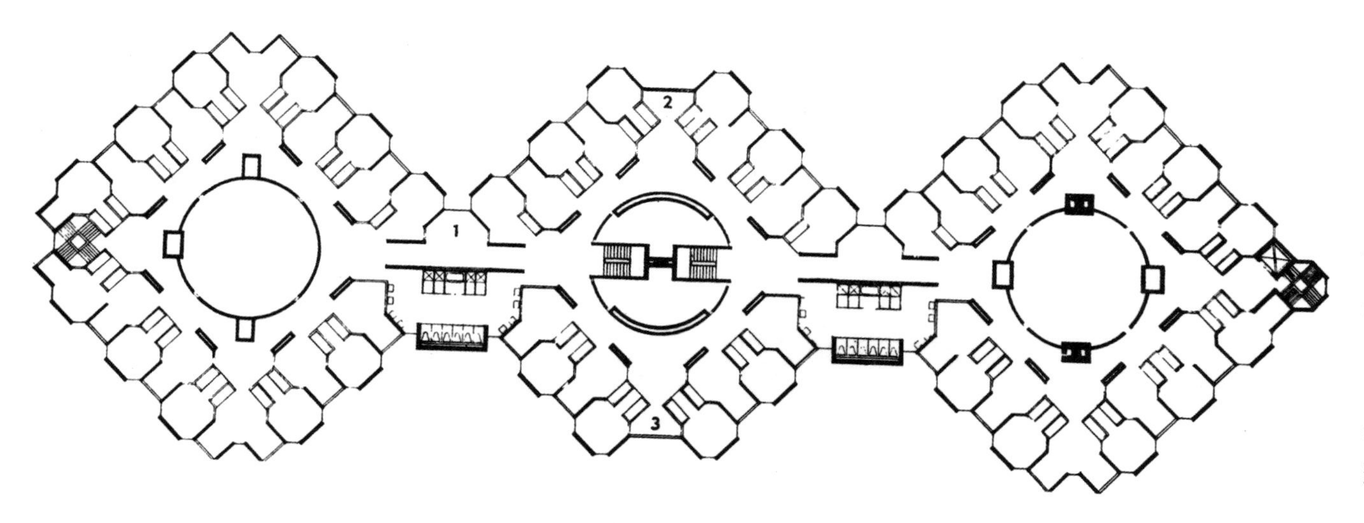

BCD. 29

二层平面，1962 年 3 月 5 日版本，展示了中空的环形画廊。两个普通的卫生间体块占据了 4 个宿舍单元。巨大的白墙打破了这 3 个菱形体块的连接。

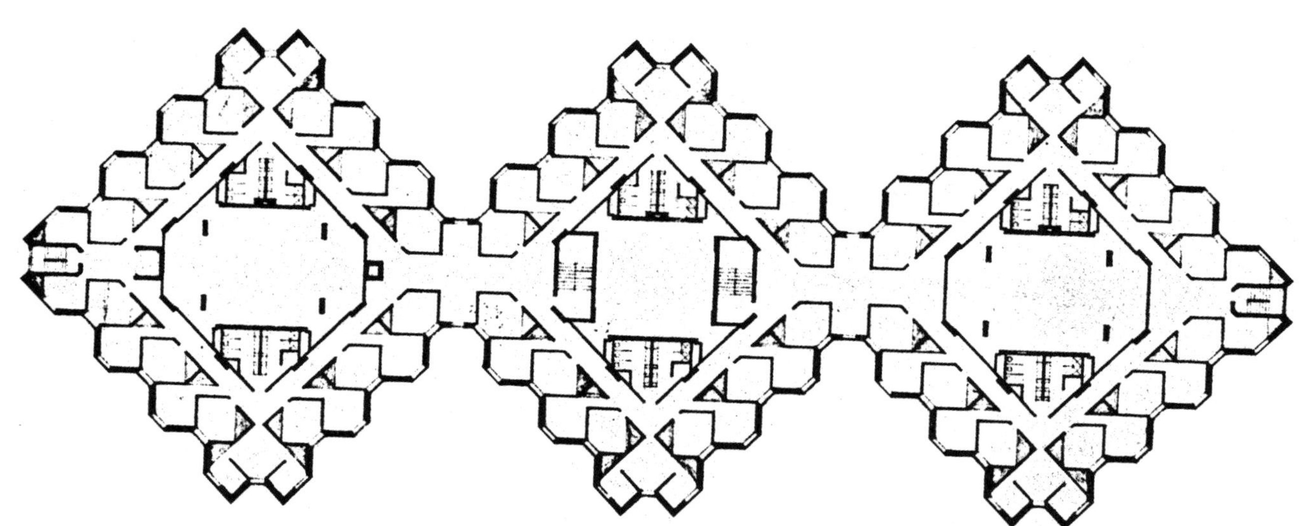

BCD. 30

二层平面，1962 年 5 月 2 日版本，展示了八边形网格的逐渐消解。为了打开连接空间，两个卫生间单元被分别放在每个菱形体块中。主楼梯从中央移开，为入口大厅提供了更多的空间。

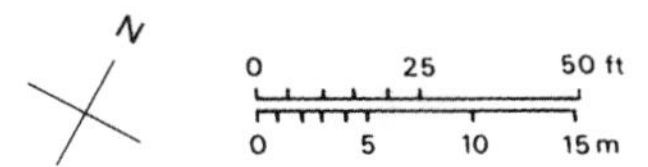

BCD. 31

入口层平面，1962 年 6 月 5 日版本，展示了八边形网格的消失。4 个服务空间界定了菱形体块的中央空间，每个都包含了一间服务于六七间宿舍的卫生间。

“1” 为休闲空间；

“2” 为入口大厅；

“3” 为餐厅；

“4” 为入口；

“5” 为接待区；

“6” 为衣帽间；

“7” 为吸烟室；

“8” 为静音吸烟室；

“9” 为楼长居室；

“10” 不明，疑似为楼长卧室；

“11” 为楼长厨房；

“12” 为楼长卫生间；

“13” 为男卫生间；

“14” 为女卫生间；

“15” 为会客室；

“16” 为展厅；

“17” 为厨房。

BCD. 32

二层平面，1962 年 6 月 2 日版本。设计改变了宿舍单元的形状，以适应家具的布置。建筑尺寸也有调整。菱形体块每边长 100 英尺，宿舍房间带深 20 英尺，走廊宽 5 英尺，卫生间深 8.5 英尺。中央大厅 33 英尺宽。

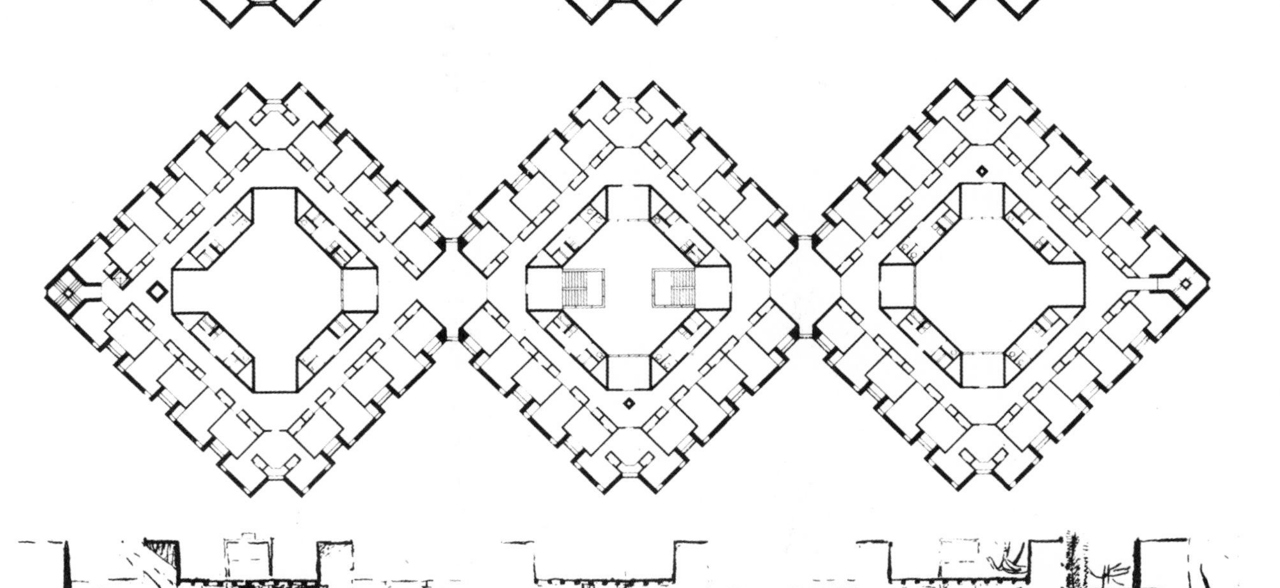

BCD. 33

二层平面。通过减小宿舍的衣帽空间来拓宽中央大厅。厕所现在能以更隐秘的方式进入（参照 BCD. 37—BCD. 45，查看过程图）。

BCD. 34

东西向的水平剖面草图，向北看，自左到右分别是休闲空间、入口大厅和餐厅。中央大厅被类似于唯一神教堂的灯照亮。

BCD. 35

部分北立面草图，展示了自西北向东南一直下降到入口地坪的地形。

BCD. 36

从东南方向看的模型，展示了排成一列的 3 个菱形体块、凸起的天窗，以及城堡状的墙。

最终版本

工程图纸：

BCD．37—BCD．41：1963 年 5 月 21 日版本。

BCD．42—BCD．45：1964 年 1 月 10 日版本。

BCD．37

总平面，展示了新的宿舍楼和现状建筑的关系。

BCD．38

一层平面，入口以下平面，展示了宿舍间分布在菱形体块的两三边，3 个体块的中央自左向右分别是休闲大厅、机械房、锅炉房。

建筑的结构楼板和 3 个中央房间的结构墙都由混凝土浇筑。外墙则是由 12 英寸的煤渣砌块筑成，并由外饰面完成；卧室和会客厅的内墙完成面由石膏抹成。靠山一侧的挡土墙也由混凝土浇筑而成。

BCD．39

二层平面，入口层，展示了外部和入口大厅每一侧的直接连接。宿舍单元围绕左边的休息大厅展开，而行政办公间和娱乐间围绕中央入口大厅展开。右边餐厅的一边由厨房和其他服务设施环绕，另一边则是宿舍楼管理员的公寓。较小的餐厅分布在北部的两条边上。

BCD．40

三楼平面，展示了宿舍单元分布在每个菱形体块的四边。在这一层，条状的私人空间和中央社交空间被走廊和服务设施清晰分隔开来。

BCD．41

南立面，展示了采光塔、烟囱以及宿舍连续垂直的玻璃面的设计，以此平衡这座建筑的强烈水平线条。采光塔暗示了内部的空间组织。

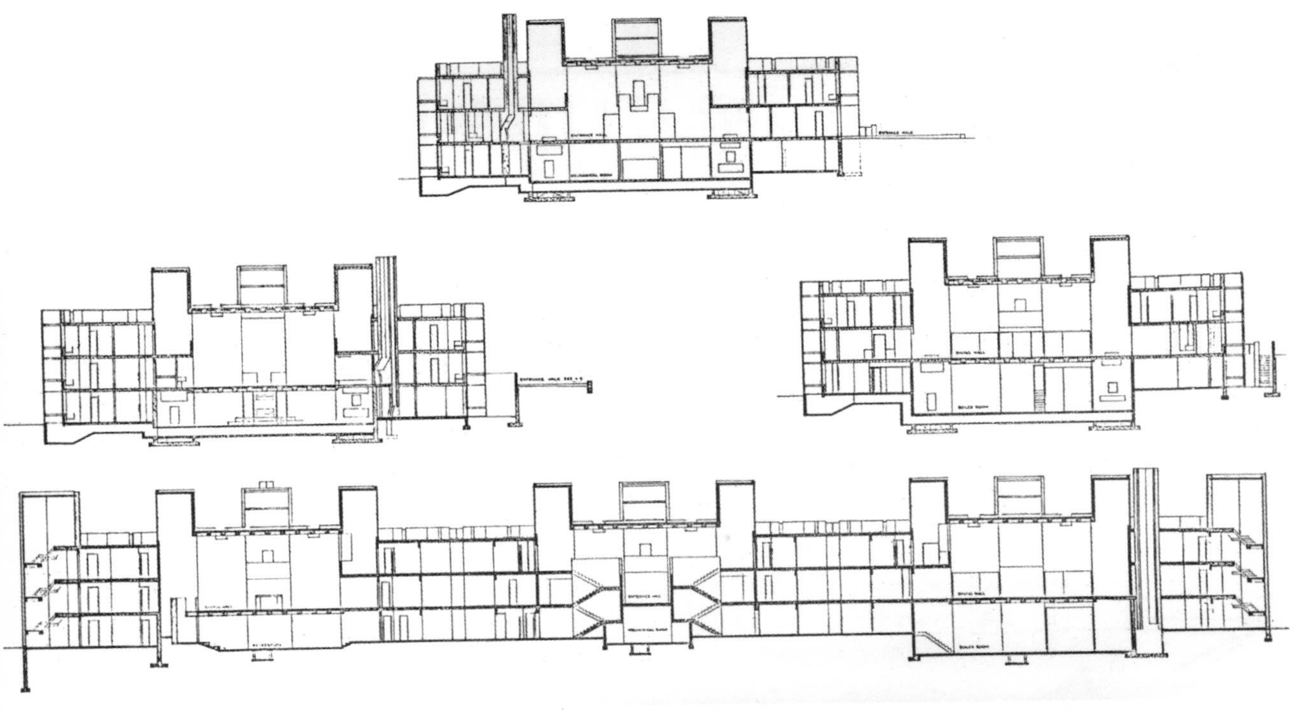

BCD. 42

入口大厅向西的横剖面，展示了右边的入口路径以及底部的机械房。

BCD. 43

休息大厅向西的横剖面，展示了右边的入口路径以及底部的休闲室。

BCD. 44

餐厅向西的横剖面，展示了右边通向底层的外部连接以及底部的锅炉房。

BCD. 45

向北的水平长剖面，展示了休息大厅、入口大厅以及餐厅自左向右的分布。

在建筑末端的楼梯塔和采光塔一样高。内部空间的采光来自连接处的窗户以及中央空间上的采光塔。

BCD. 46

入口大厅的场景图，展示了大门和分居左右两侧的楼梯井。

混凝土墙的模具由以双层螺栓连接的胶合板组成。部分孔洞被保留，以展示施工的过程。墙壁保留了胶合板的木质肌理。有一些轻微的混凝土凸起，是这些胶合板的拼合处。

“空间中的空间”是康的评论。当一个人身处这座建筑中，游走于宿舍单元、走廊以及卫生间的体块时，这段话的意义变得更为强烈，在此体会到一种“创造空间的深思熟虑”。

“我坚定地相信，我们会被那些存在于既有空间中的特质所吸引，它们足以超越功能和环境。当建造的过程被呈现出来和理解，空间即成为建筑。”

BCD. 47

从东南看的场景，展示了垂直的混凝土单元模块和煤渣砌块的墙体平衡了建筑强烈的水平体量。

一开始，本打算将砖、浇筑混凝土以及预制混凝土块作为建筑材料。但是由于布林莫尔学院的官方组织拒绝用砖，以及搬运自然石材的人工成本过于昂贵，康决定采用本地石板和预制混凝土模块作为外立面。

美国风之交响乐游船（1960—1972 年）

匹兹堡，宾夕法尼亚州

罗伯特·布德罗（Robert A. Boudreau）身为常驻匹兹堡的美国风之交响乐团的创始人兼音乐指挥，在 1957 年决定演奏一场“漂浮交响乐（floating symphony）”，即通过美国纵横交错的河道，将“水之乐（water music）”带给城镇里的观众。他一开始以每天一美元的价格从匹兹堡市政府借来一艘旧的工程用驳船。之后他把一艘运煤船改造成水上音乐厅，交响乐队从匹兹堡一路巡演到明尼苏达州的斯蒂尔沃特（Stillwater）以及阿勒格尼河（Allegheny）、莫农格希拉河（Monongahela）、俄亥俄河、密西西比河沿线的城镇。1960 年，他委派路易斯·康设计一座 35 英尺宽的漂浮舞台，并能通过 10 英尺高的桥。这艘船将被用来在 1961 年夏于英国泰晤士河上举办一系列音乐会。

1960 年 10 月 4 日，康写道：“我对于驳船、水位高度、平衡以及船身一无所知。我想象这是一只贝壳，面向着大地上的听众。”康当时恰好在设计通用汽车展览馆（General Motors Exhibition Pavilion），他提出：“我们应该有一个充气式舞台背景。”他为布德罗先生先后设计了两艘游船——1960—1961 年和 1965—1972 年，并希望自己的名字在音乐会节目单上被列为“游船设计师”。

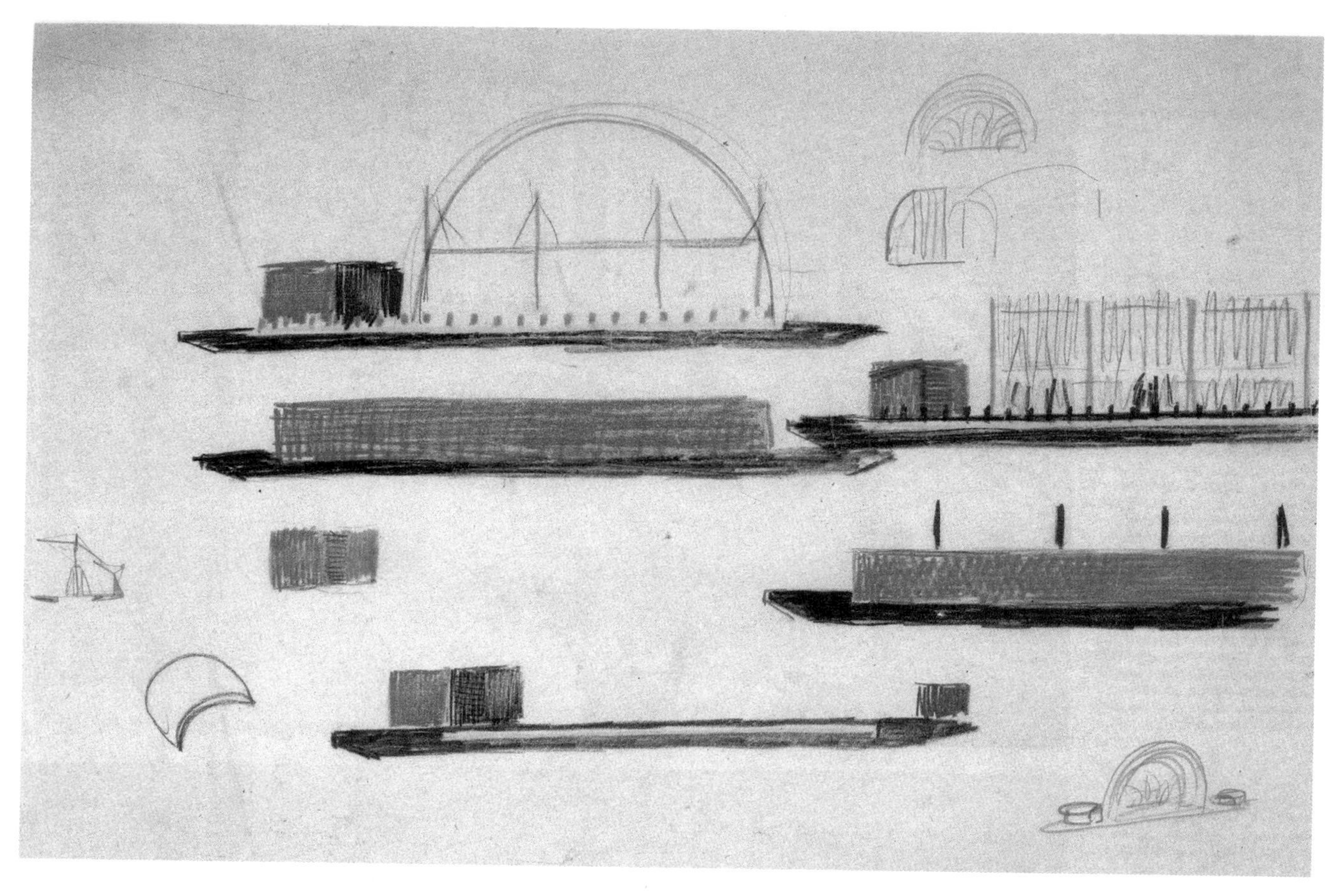

第一艘游船方案：1960—1961 年

AWB. 1

立面草图。

“我永远会保持一颗童心。”

（彩色图片参见 443 页）

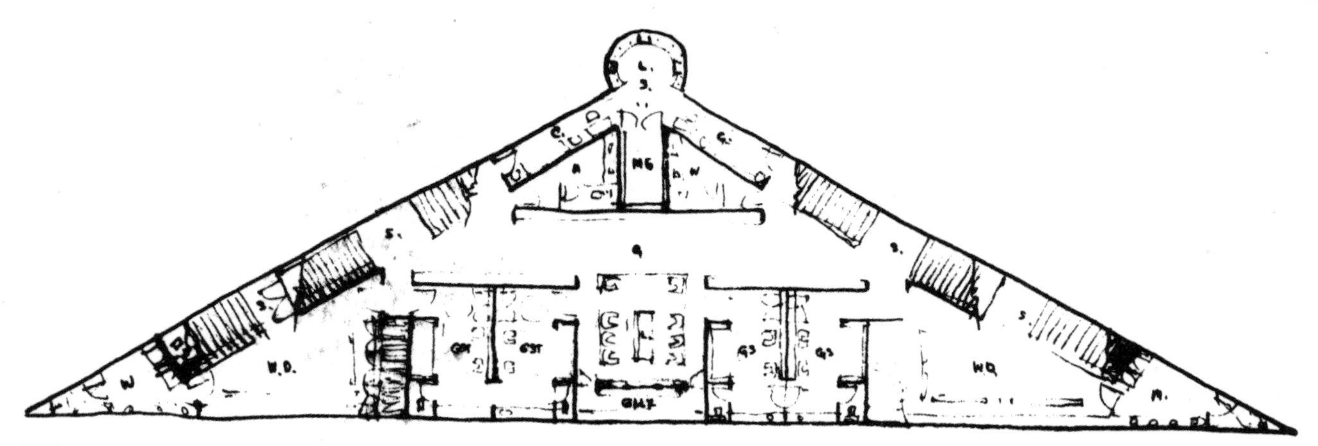

AWB. 2

底层平面草图，三角形版本，展示了等候室、贵宾间、办公室、衣帽间和厕所。

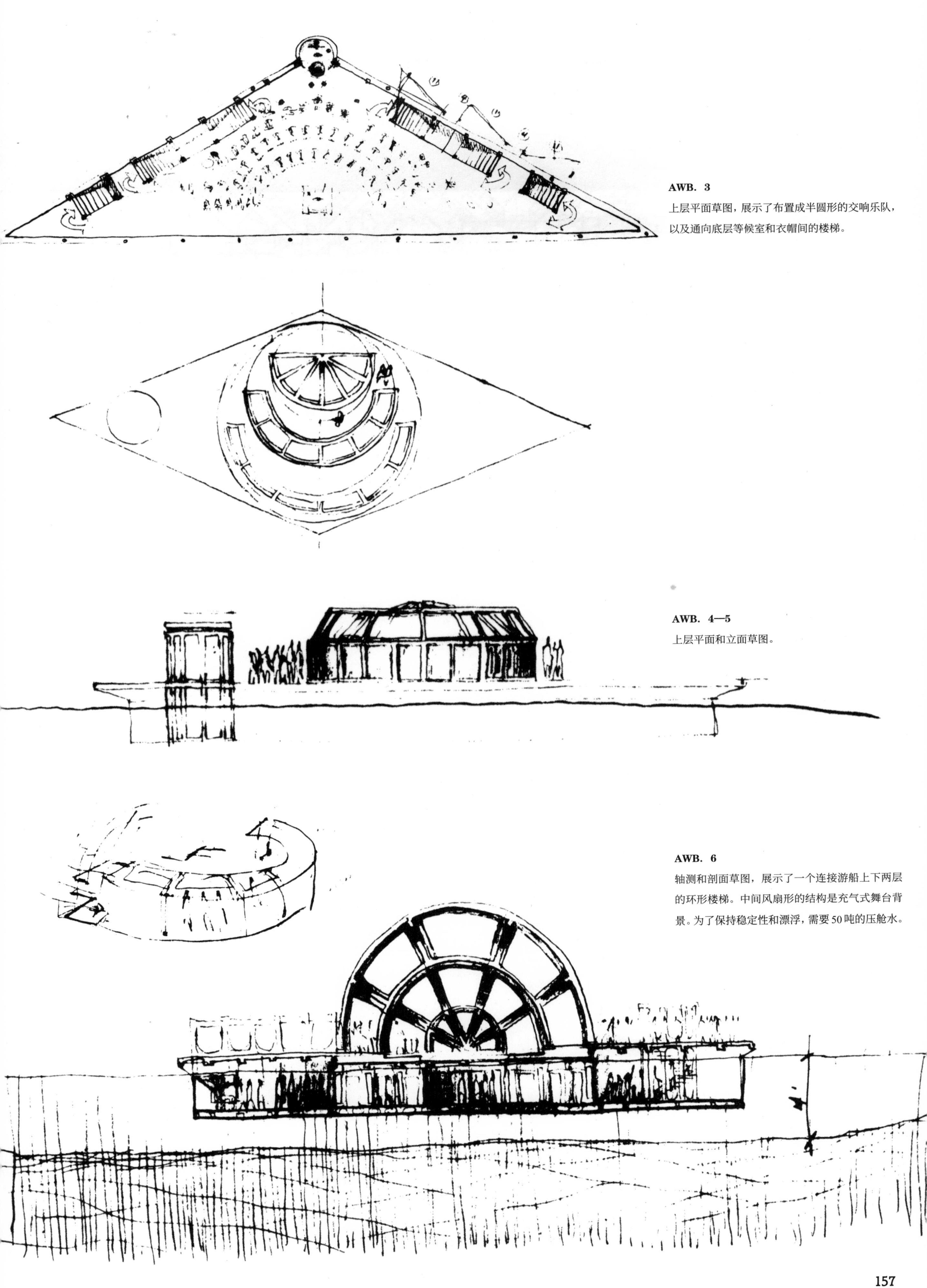

AWB. 3

上层平面草图，展示了布置成半圆形的交响乐队，以及通向底层等候室和衣帽间的楼梯。

AWB. 4—5

上层平面和立面草图。

AWB. 6

轴测和剖面草图，展示了一个连接游船上下两层的环形楼梯。中间风扇形的结构是充气式舞台背景。为了保持稳定性和漂浮，需要50吨的压舱水。

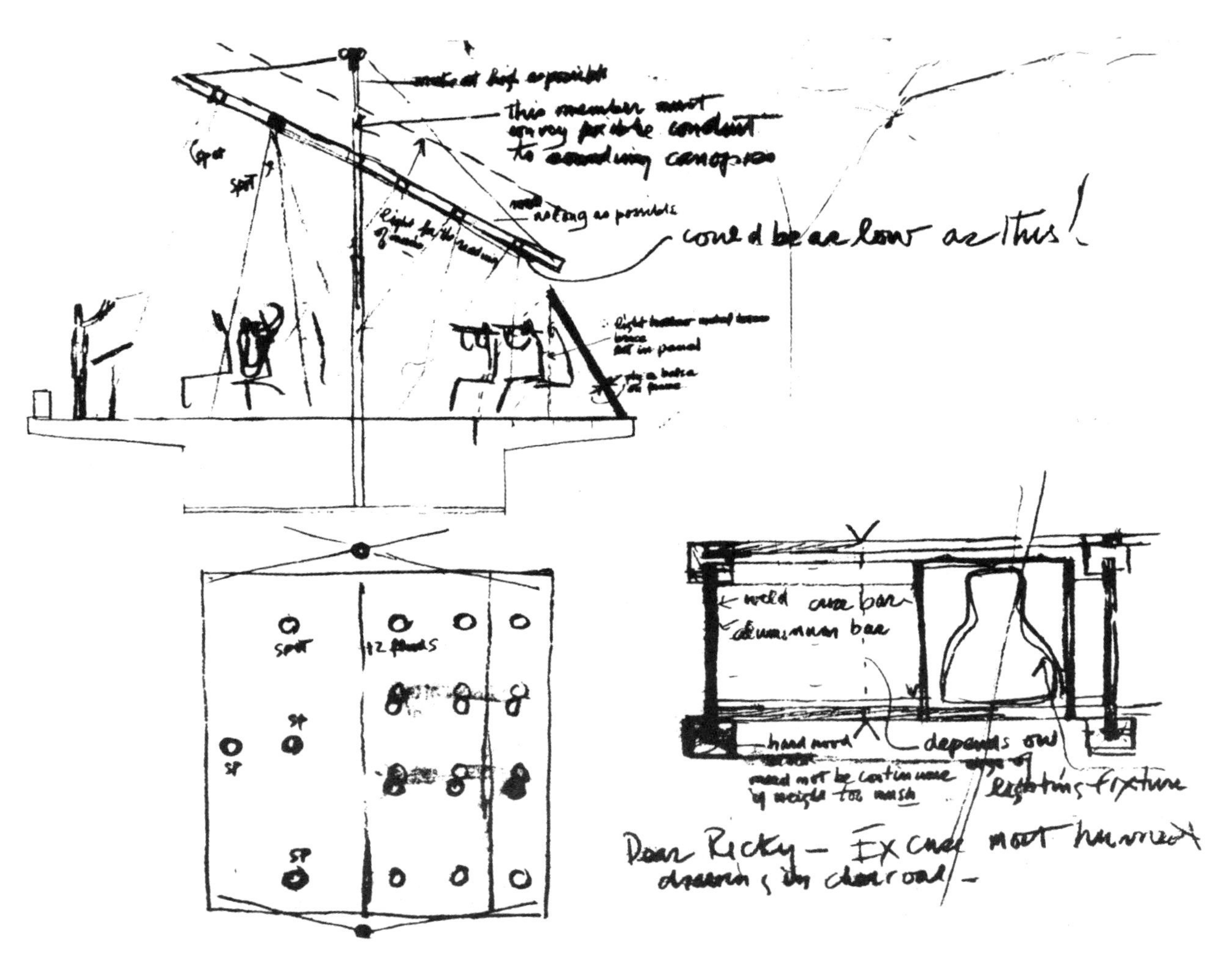

AWB. 7

剖面、平面以及细部草图，展示了舞台上可调整的顶棚和背景墙，同时可以作为声音和光线的反射板以及避风装置。

笔记上写道：“聚光灯——为阅读音乐的照明；尽可能长；尽可能像这么低；空心金属支架灯光；金属面板；胶合板框架；

聚光灯；两盏泛光灯；

焊接；横杆；坚硬的木块不需要连续；它太重了；依赖于灯具固定物的尺寸。

亲爱的里基，原谅我用炭笔画的这些潦草的图纸。”1961 年绘，理查德·沃尔曼（Richard Wurman）当时也在康的办公室里做这个项目。

AWB. 8

模型照片，当时正在为 1961 年夏天的泰晤士河音乐会建造。游船同时也要作为音乐会间隙放烟花的场地。由于经济原因，这艘游船的运营在 1961 年夏天之后终止了。

这个设计是应对提出的问题直截了当的解决方案。狭窄的甲板可以通过带脚灯的展开体量，拓宽三分之一的宽度。顶棚和背墙如 AWB. 7 所述。侧面两个被切去部分的圆柱体为底部空间提供流通的空气和光线，同时也作为一个附加的声音反射设备。

为了迎接 1976 年的美国二百周年建国仪式，布德罗计划建造一座新的、自驱动的游船。康在 1961 年 10 月 30 日写信给他：“罗伯特，请让我知道你的决定。我很愿意为你设计一座堪为典范的游船，也会像之前那样自由地投入我的。”

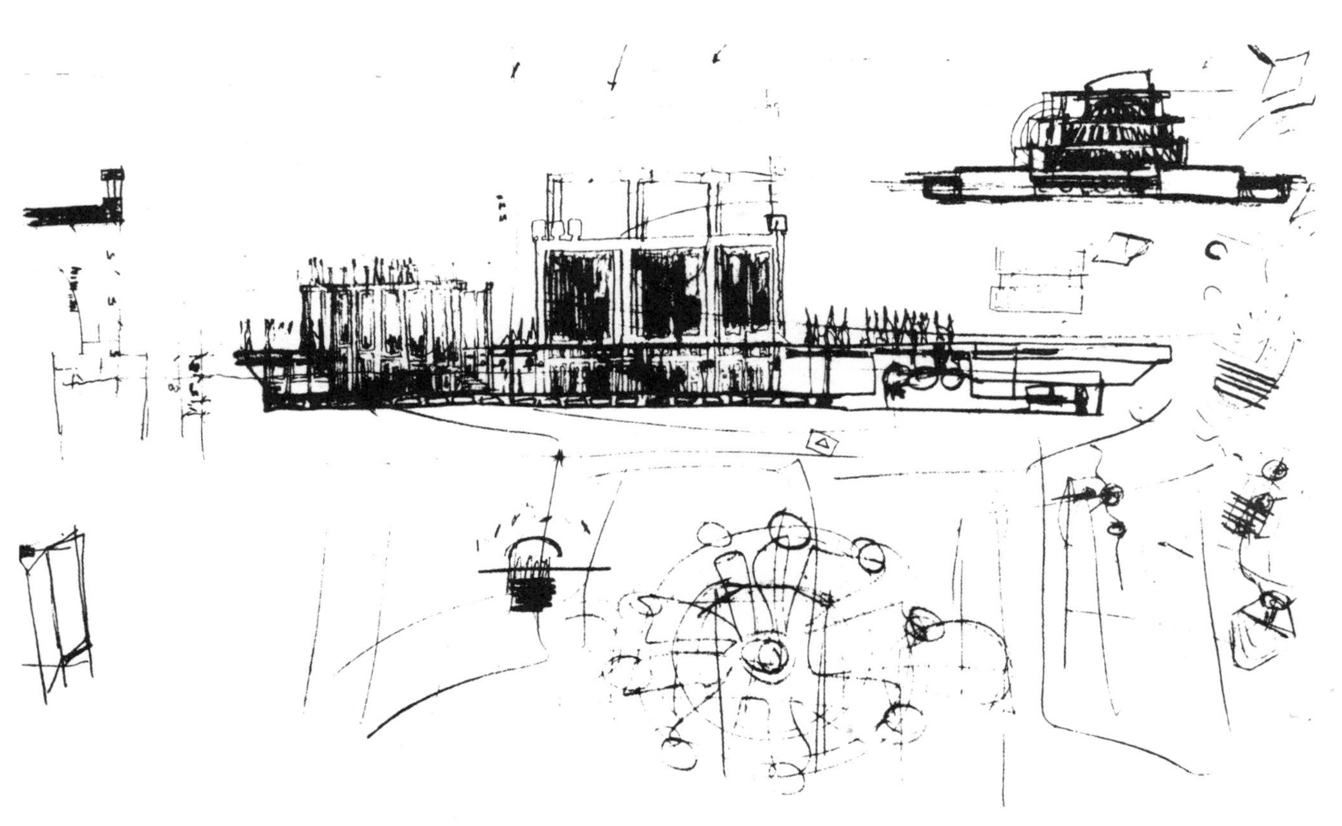

第二艘游船方案：1965—1972 年

AWB. 9

平面、立面以及剖面草图，这艘船约是泰晤士游船两倍的长度。由于该船是自驱动的，引擎、油箱以及船员空间都必须纳入考虑。注意这个小的草图和商业船只轮廓的比较，康一开始采用了和 AWB. 5 中第一艘游船一样的元素。

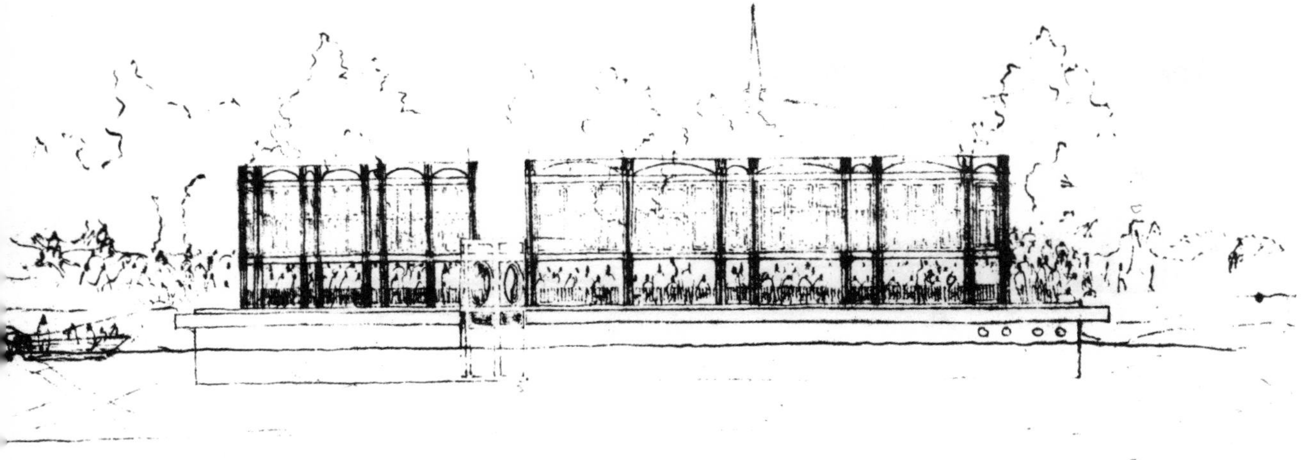

AWB. 10

立面，展示了这艘拴在河岸边上的游船的背面，一座教堂的尖顶出现在背景中。

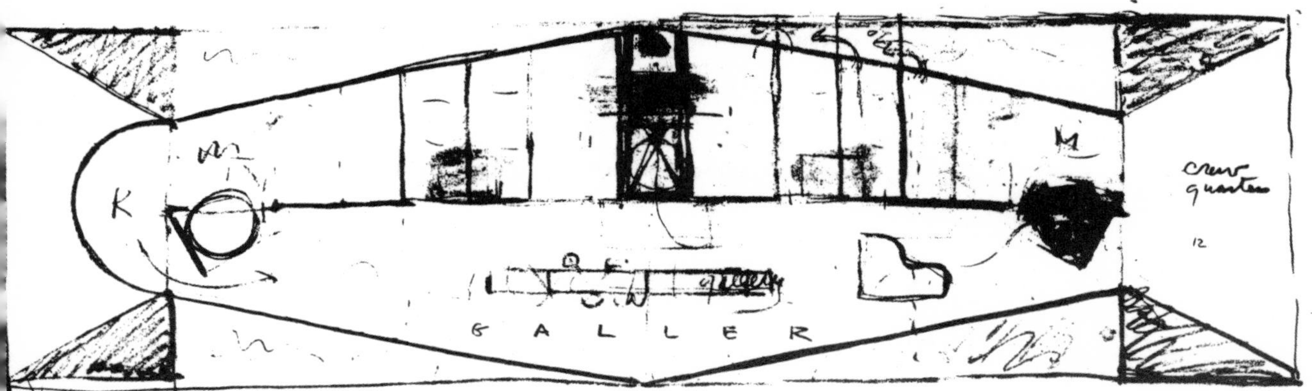

AWB. 11

底层平面草图，1965 年 12 月绘。

男士和女士更衣间面向一个走廊。一个小厨房位于左边，职员的房间位于右边，在通往表演甲板的楼梯井后侧。

1966 年 2 月 23 日在匹兹堡，布德罗先生、康事务所的内尔·汤普森（Neil Thompson）、希尔曼游船建造公司（Hilman Barge and Construction Company）的拜尔斯先生（Byres）、照明顾问麦圭尔（McGuire）进行了一场会晤。他们一致达成如下设计决定：这艘船将是 193 英尺长、35 英尺宽、11 英尺高。船体将包裹一层 3/8 英寸的钢材，由横向的舱壁以及纵向的肋条支撑。这样的建造方式下，总重将达到大约 200 吨。为了能够水平焊接，它将被拆成 4 个部分建造，随后将通过希尔曼工厂 50 吨级的起重机进行组装。

由于底部是平的，它前方需要安设一个稳拖链来防止船体滑动并提供更好的方向控制。音乐会期间将使用电池，因为引擎巨大的噪声会干扰音乐表演。

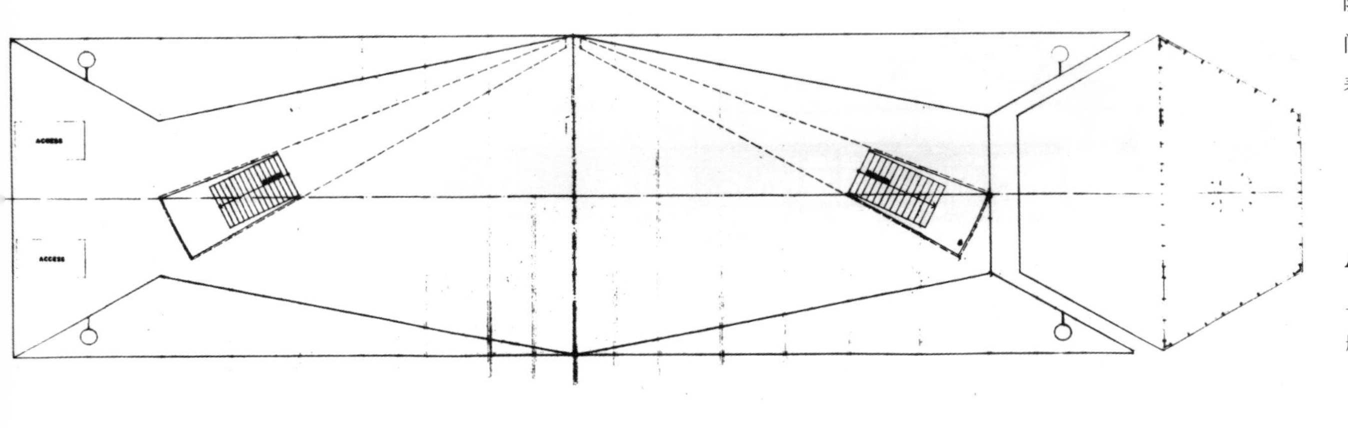

AWB. 12—13

上层概念深化平面及纵剖面，展示了这艘游船的船体部分。

最终版本，1968 年 10 月

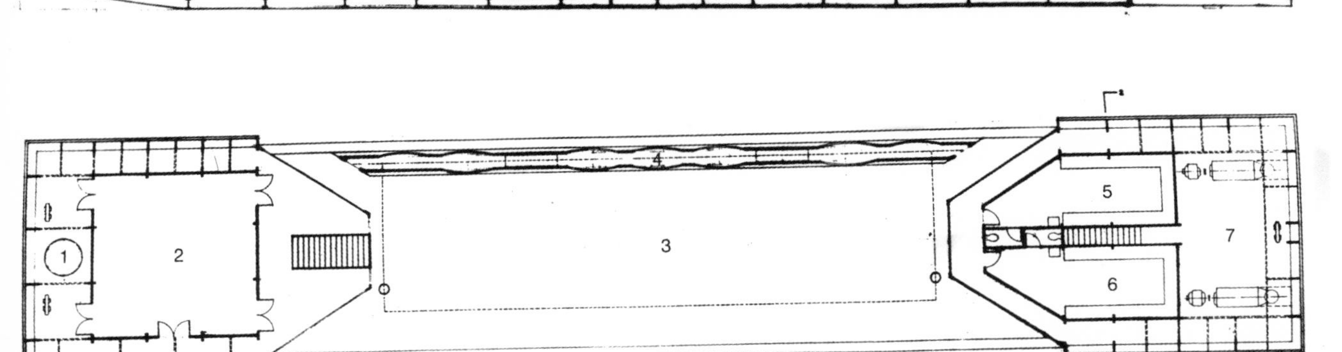

AWB. 14

主要甲板层平面，展示了中央舞台区域，以及两侧的机械、管理和起居设施。

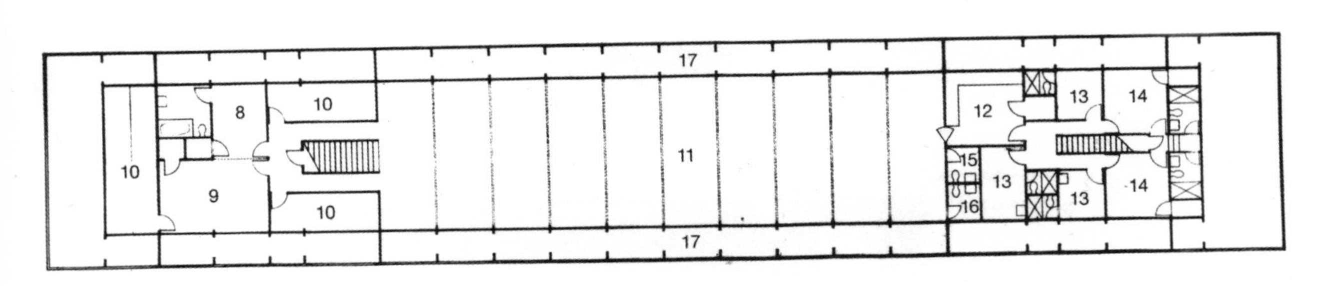

AWB. 15

底层平面，展示了位于中间的画廊，左侧是管理区，右侧是起居区，水舱位于顶部和底部。

“1”为驾驶员房；
“2”为演员休息室；
“3”为舞台；
“4”为拱廊；
“5”为男士更衣间；
“6”为女士更衣间；
“7”为引擎房；
“8”为特等舱；
“9”为客房休息室；
“10”为办公室；
“11”为画廊和展览；
“12”为画廊；
“13”为单人间；
“14”为双人间；
“15”为男士卫生间；
“16”为女士卫生间；
“17”为水舱；
“18”不明，疑为储藏间。

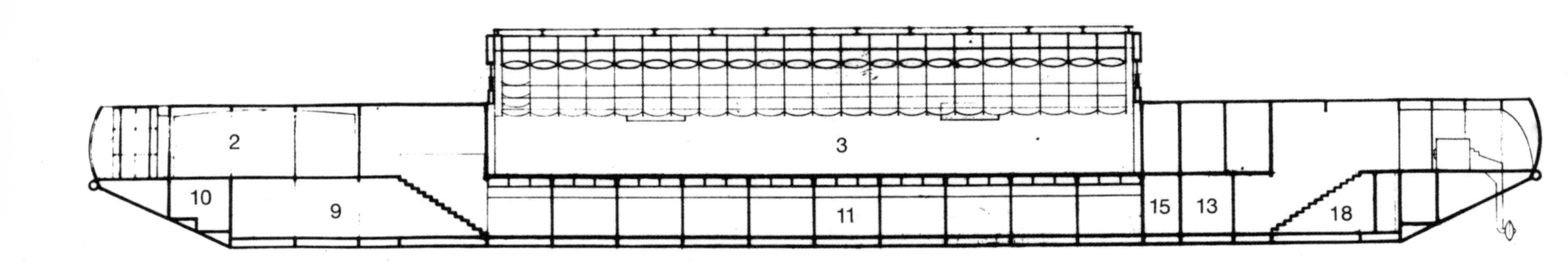

AWB. 16

画廊和舞台的水平纵剖面，展示了位于左边的演员休息室以及右边的引擎房。

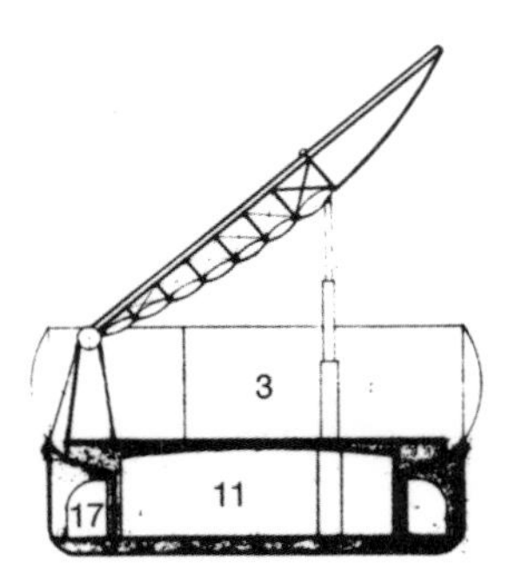

AWB. 17

画廊、水舱以及舞台顶棚的横剖面，当顶棚关闭的时候，可以关闭舞台来作为排练场地。

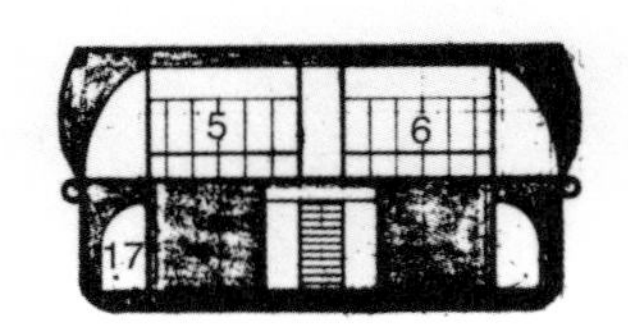

AWB. 18

更衣间和画廊的横剖面。

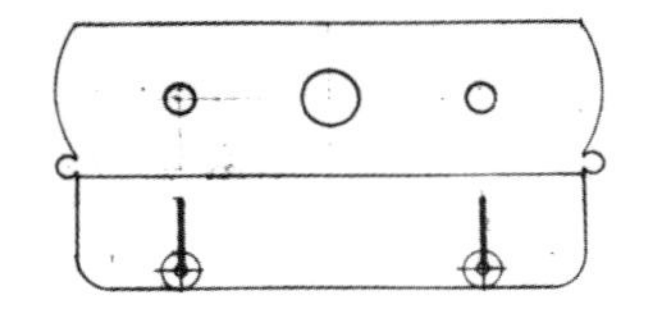

AWB. 19

带引擎的背立面。

AWB. 20

模型的平面视角，展示了在右边的画廊和驾驶员房，以及在左边的引擎房和更衣间。

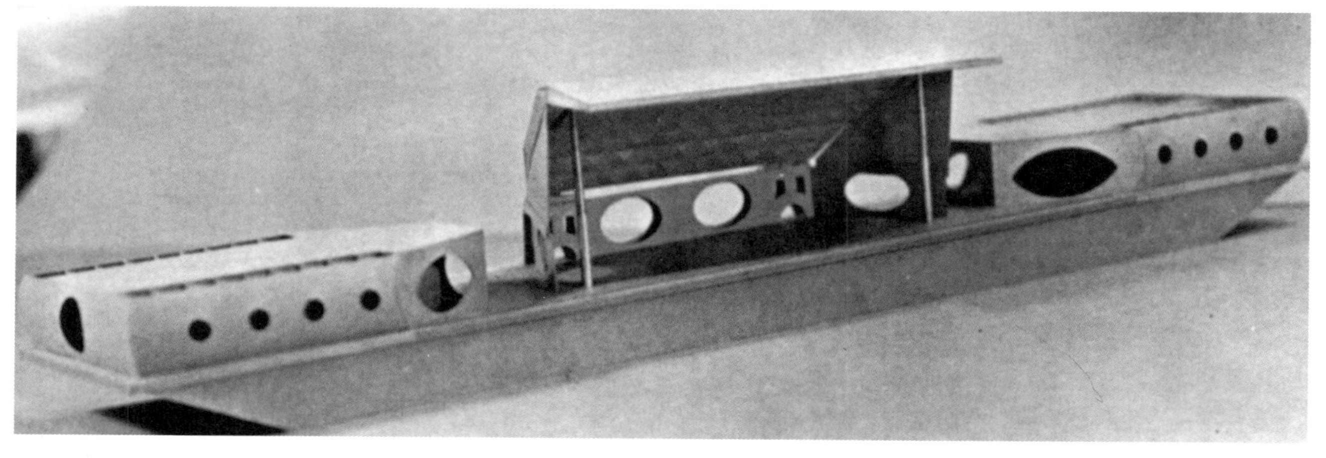

AWB. 21

模型的透视视角，展示了舞台顶棚由前方两个可伸缩的管子支撑。

AWB. 22

游船的场景图。它的上层结构由弗吉尼亚州诺福克的潮水设备有限公司（Tidewater Equipment Corporation）建造。座位的结构由日本雕塑家小桥康秀设计和建造。它于1975年11月20日启动，服务于1976年200周年庆典的音乐表演。

注意这些开口在尺寸和形状上的变化。

AWB. 23

游船在宾夕法尼亚州匹兹堡的俄亥俄河上夜晚艺术表演的场景图。中央73英尺长、23英尺深的舞台能够容纳46位音乐家。

通用汽车展览馆（1960—1961 年）

纽约，纽约州

20 世纪 60 年代末期，通用汽车公司委派路易斯 · 康为他们设计即将于 1964 年展出的位于纽约法拉盛草地（Flushing Meadows）的世界博览会（World’s Fair）展览馆。但是最终方案没有实施。

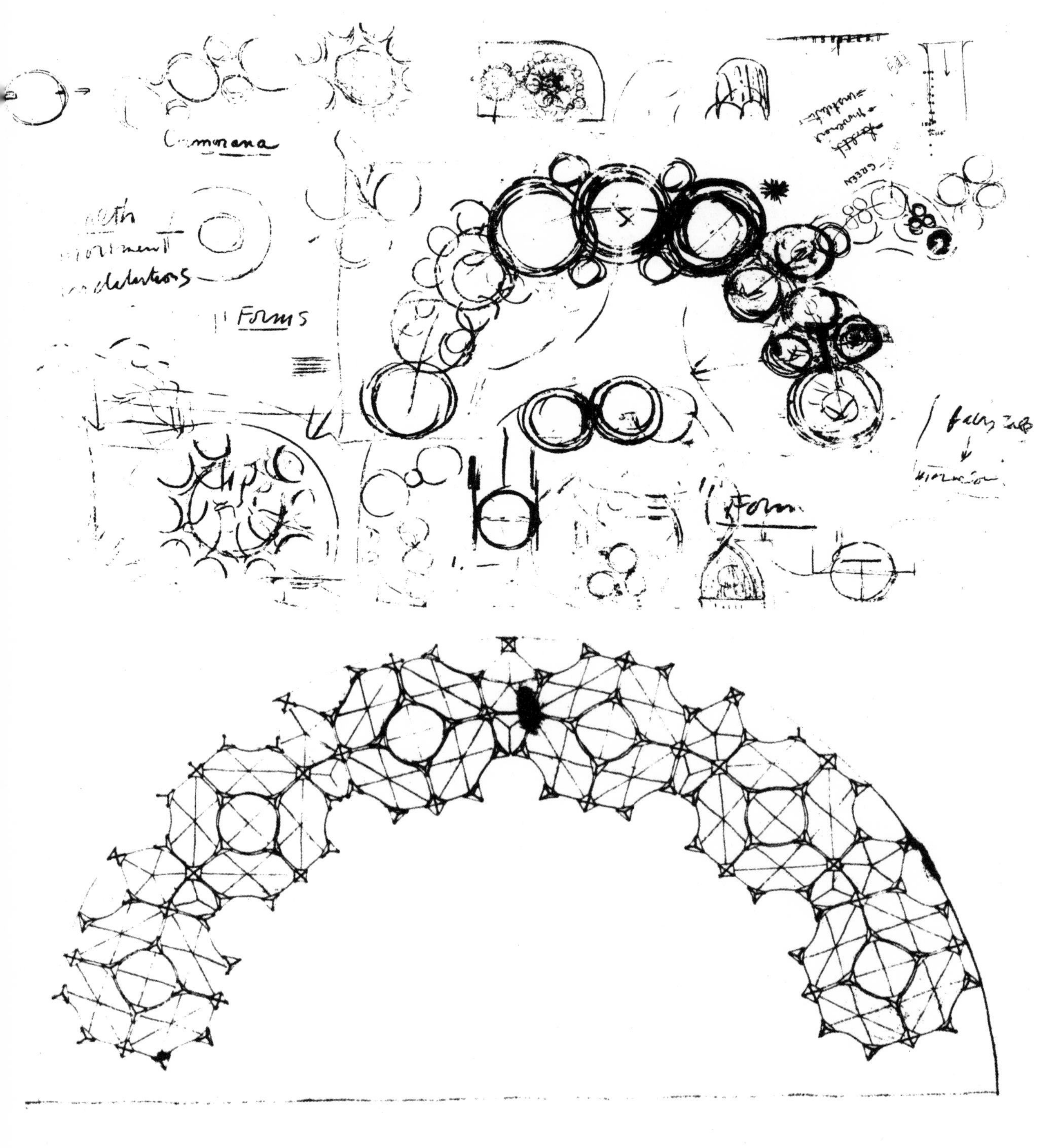

GEP. 1

平面草图，展示了康尝试将一个环形展览馆置于一个宽约 1000 英尺、深约 500 英尺、右上方为弧形的长方形场地上。场地平面在草图上方。各个场馆之间的连接问题在图中有清晰的呈现。

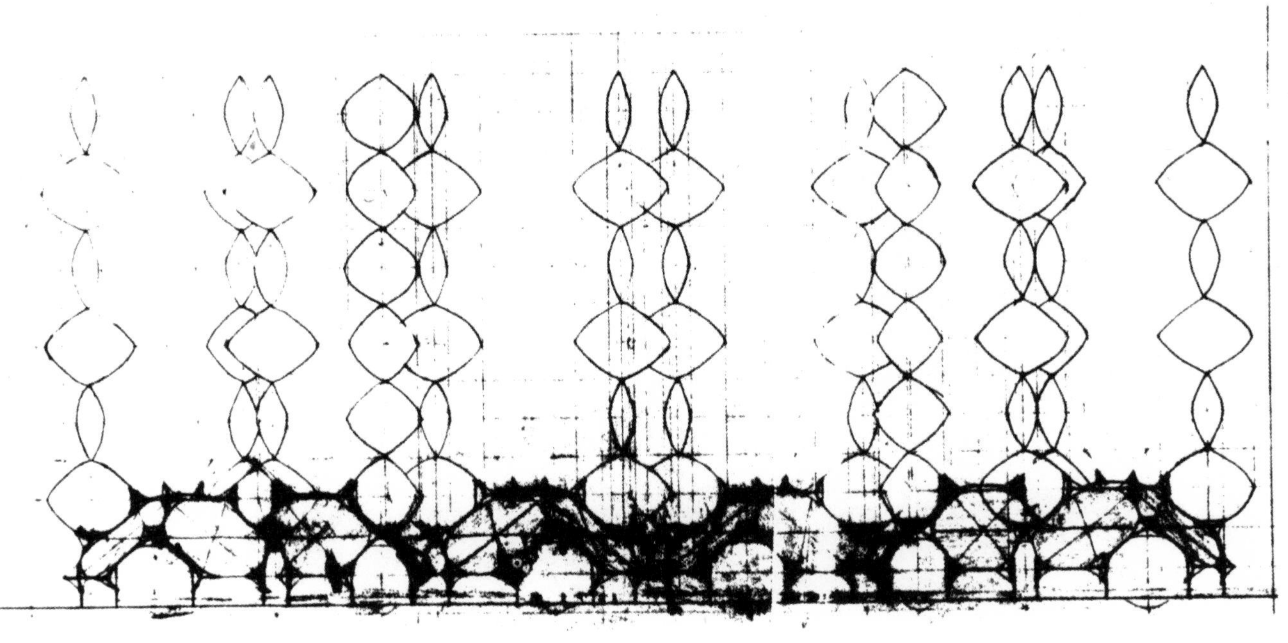

GEP. 2—3

屋顶平面和立面，展示了一个场馆的半圆形布局。这些场馆的形状像沿着中线切去一半的多面体，并有垂直的结构支撑。这些场馆大约 100 英尺宽、70 英尺高，通过不规则四边形和五边形连接。垂直结构高出地面大约 250 英尺。

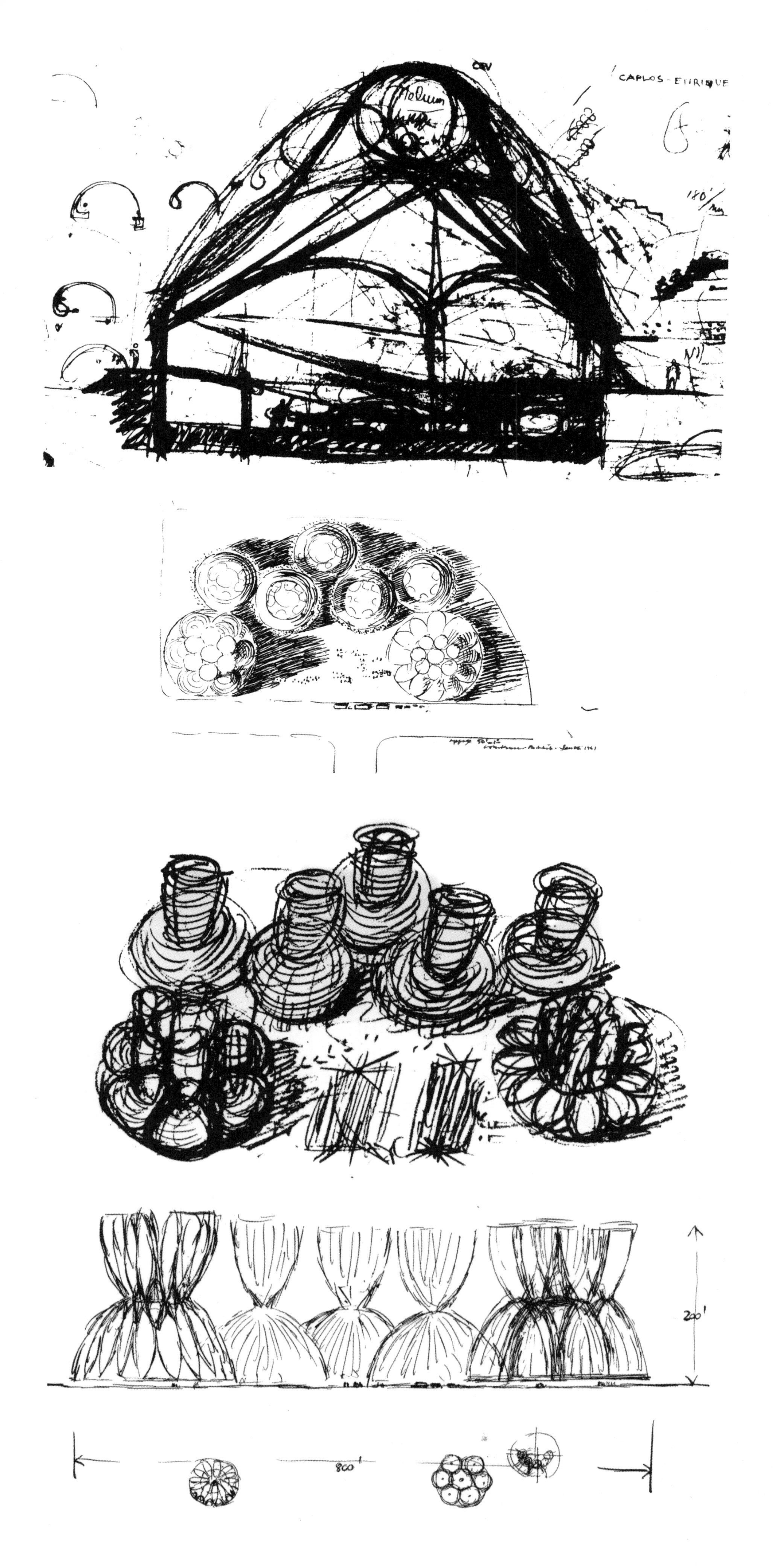

GEP. 4

横断面，展示了场馆通过一个氦气球撑起的膜结构屋顶。场馆大约 130 英尺宽。楼板低于地面，通过一个坡道连接。康的同伴卡洛斯·恩利克·巴利翁拉特（Carlos Enrique Vallhonrat）的名字也写在了图上。

GEP. 5

场地平面草图，1961 年 1 月 22 日版本，展示了两个大的和 5 个小的圆形场馆成组环绕在位于 T 字交叉路口的入口广场。大的场馆直径约 250 英尺，小的场馆约 150 英尺。

GEP. 6

轴测草图，1961 年 1 月版本，两个大的和 5 个小的场馆。

GEP. 7

西南立面和平面草图，1961 年版本，展示了展览馆的全景。

GEP. 8

细部剖面和立面草图，1961 年版本，展示了穹顶形展览空间的巨大内部空间，直径大约 170 英尺。这个结构会通过夹在内层和外层之间的氦气球支撑。内部表皮同时会作为一个投影屏，就像勒·柯布西耶 1958 年在布鲁塞尔为世界博览会设计的菲利浦展馆（Philips Pavilion）一样。

GEP. 9

室内草图，1961 年版本，展示了这个巨大的展览馆的连续开放空间。

GEP. 10

场地平面，1961 年版本，展示了环形的人行道区域把 5 个小的展览馆两两相连。

GEP. 11

轴测草图，1961 年版本，连接 5 个小展览馆的人行道区域如图中红色部分所示，以及两个大型展览馆的下沉区域。

（彩色图片参见 443 页）

金刚砂仓库和地区办公室（1961 年）

迪卡尔布县，佐治亚州

位于尼亚加拉瀑布城的金刚砂公司（Carborundum Company）委托康设计一座样板楼作为他们的地区销售办公室和仓库。在初步图纸上标记着的时间和地点暗示了这两个相似的方案在同一个地点提出了不同的屋顶结构。第一个是 1961 年的 8—9 月，标记着亚特兰大城；第二个是在 1961 年的 10 月，标记了迪卡尔布县。工程师顾问是弗雷德 · 达布林联合公司（Fred S. Dublin Associates）。

第一个项目

CWO. 1

模型北视角，展示了仓库左边停在铁道上的货运车。

CWO. 2

模型视角，展示了位于前景的办公楼。独立的扌形墙界定了办公室前的花园空间。

CWO. 3

初步平面图，1961 年 9 月 11 日绘，展示了建筑位于一个南向的坡地上。北边长 521 英尺，东边长 296 英尺。通过一条由桃树工业大道（Peachtre Industrial Boulevard）分岔而来的道路从左边进入场地，而铁路轨道则贴着北侧边界由东边进入。建筑的这种布局使得仓库在东侧延伸出来 3 个分割间成为可能。

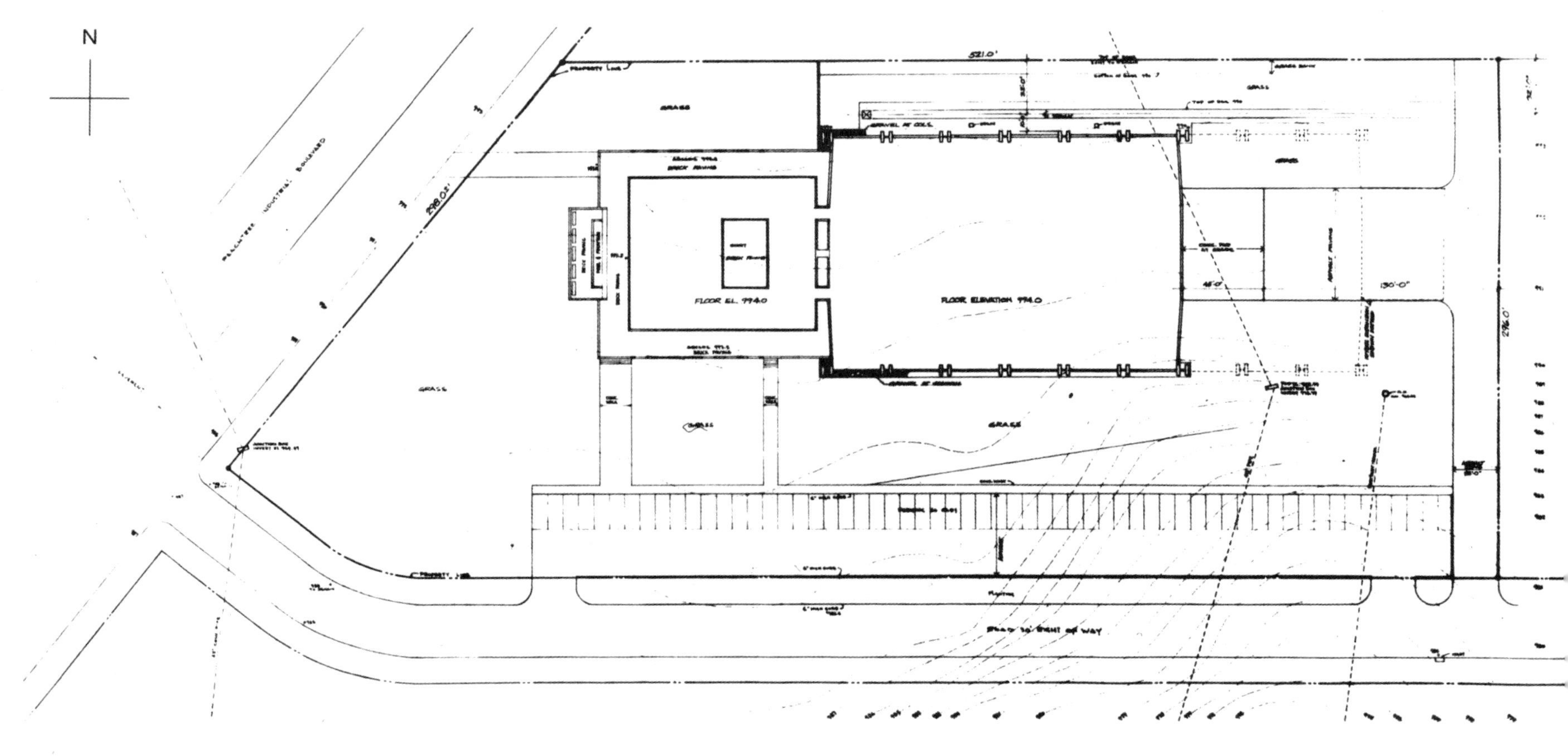

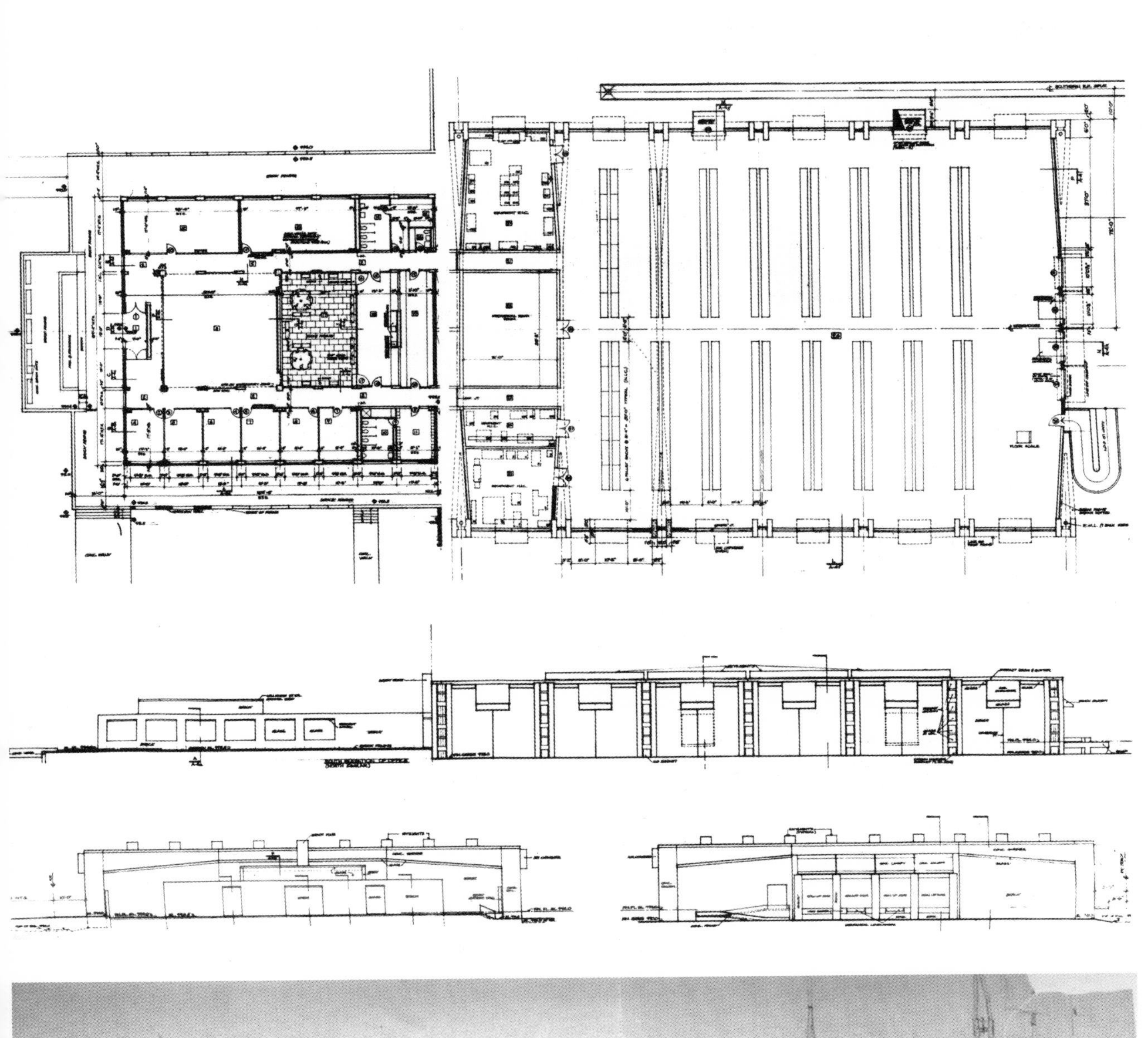

CWO. 4

一楼平面，1961年9月11日绘。

长104英尺4英寸、宽89英尺4英寸的办公室部分位于左边，中间是一个长38英尺、宽24英尺的庭院，连接着用天窗采光的公共办公室。私人办公室位于南北两侧，朝向花园和拱形独立墙。这组体块的东端包含提供给办公室和仓库人员的卫生间和衣帽间。同时还有一个厨房，为砖铺装的庭院提供服务。在西侧主入口前方，设置了一组混凝土长凳以及喷泉，构成了面对桃树工业大道的形象。

长204英尺4英寸、宽144英尺的仓库由6个33英尺宽的开间组成。跨距为132英尺的主梁架在钢筋混凝土双柱上。西侧的一个开间包含车间和储藏室。在北边有两个铁路卸载码头，以及位于储藏室的东边有4个卡车卸载区。

CWO. 5—7

南侧、西侧以及北侧立面，1961年8月11日绘。填在预制钢筋混凝土柱子之间的空间为砖墙。

CWO. 8

南立面草图，展示了仓库的5个开间，以及位于办公室入口和桃树工业大道之间的小树林。

CWO. 9

西立面草图，展示了连接办公楼的花园墙。

CWO. 10

纵剖面草图，展示了仓库面对卡车卸载区的北半边。主梁明显。肋式屋顶架着类似于《论坛报评论》印刷厂（TRP. 3，125页）早先设计中的天窗构造。

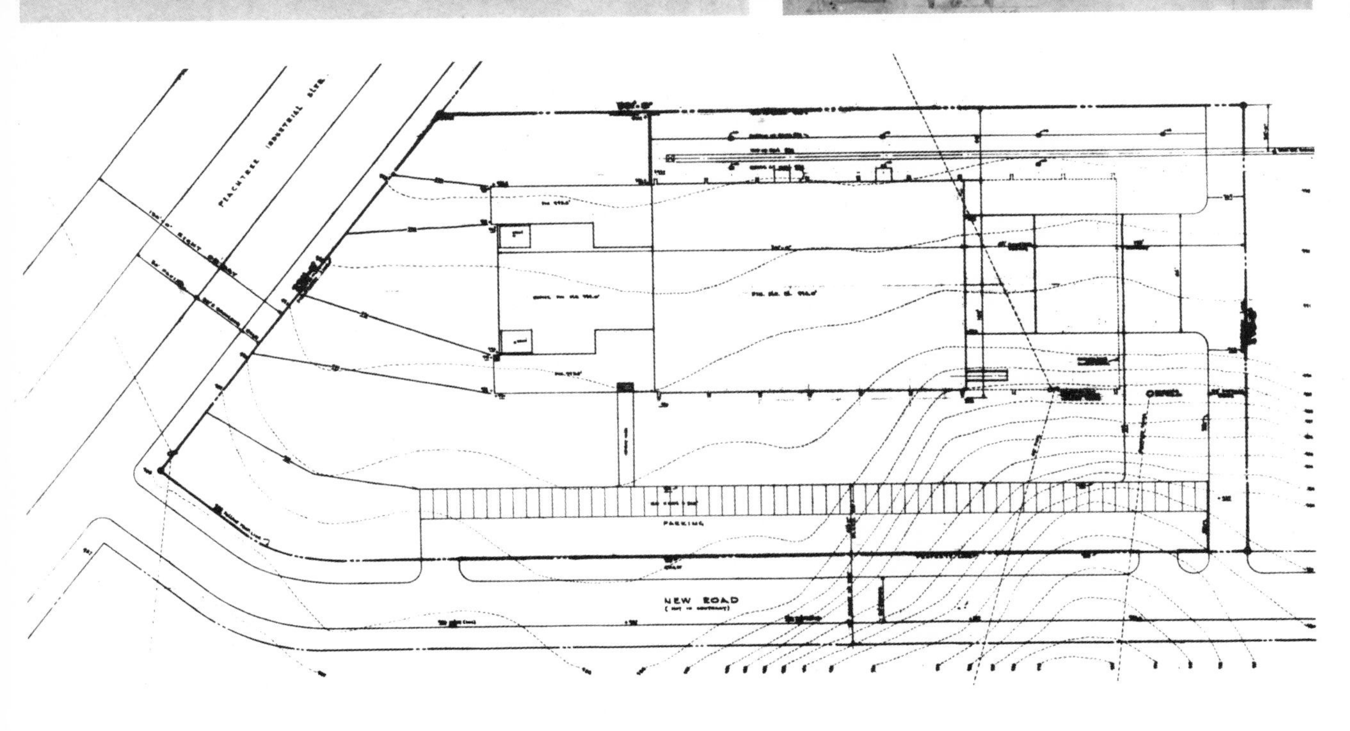

第二个项目

CWO. 11

场地平面，1961年10月9日绘。

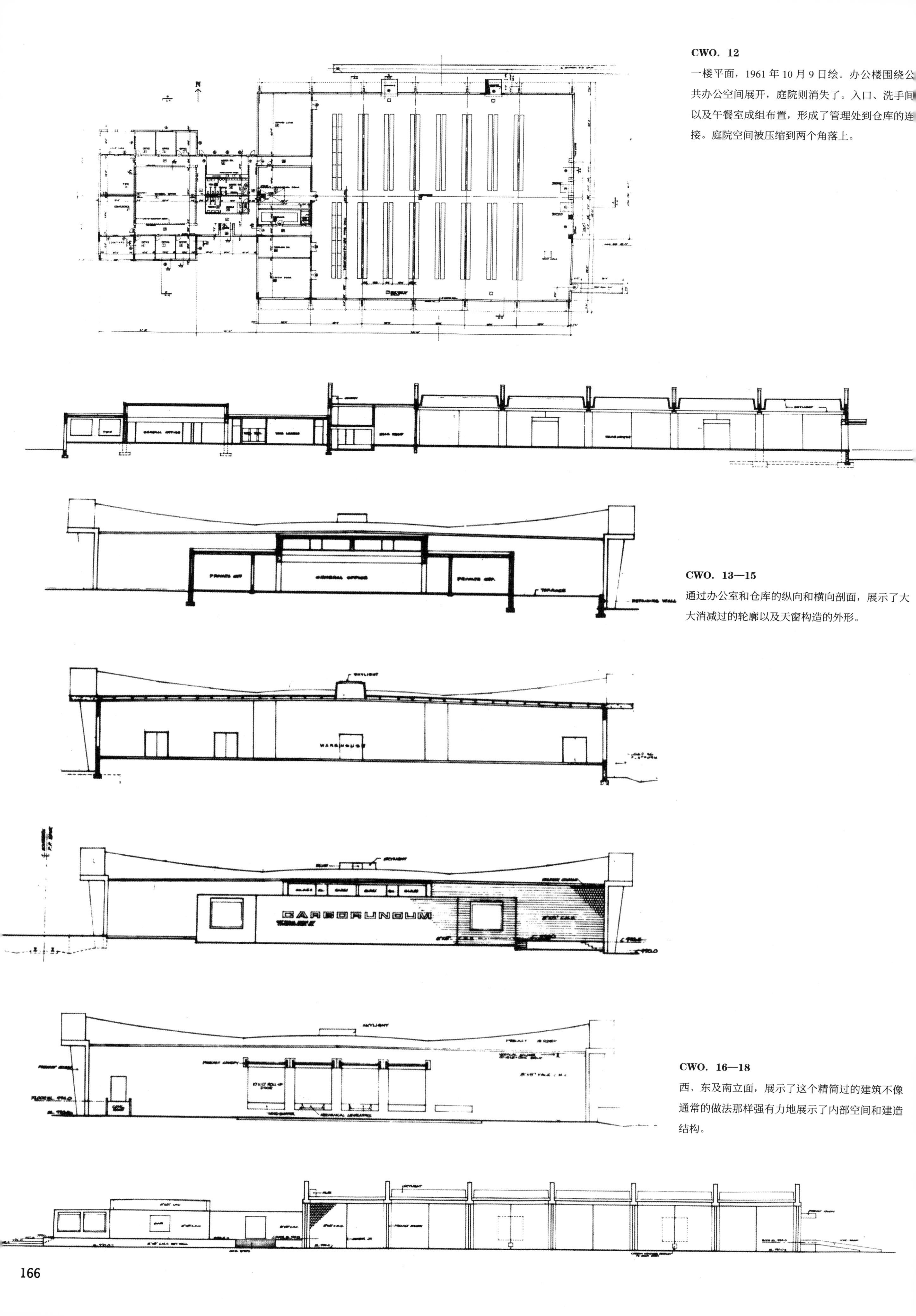

CWO. 12

一楼平面，1961 年 10 月 9 日绘。办公楼围绕公共办公空间展开，庭院则消失了。入口、洗手间以及午餐室成组布置，形成了管理处到仓库的连接。庭院空间被压缩到两个角落上。

CWO. 13—15

通过办公室和仓库的纵向和横向剖面，展示了大大消减过的轮廓以及天窗构造的外形。

CWO. 16—18

西、东及南立面，展示了这个精简过的建筑不像通常的做法那样强有力地展示了内部空间和建造结构。

弗吉尼亚大学——化学系（1961—1963 年）

夏洛茨维尔，弗吉尼亚州

1961 年，康被委托为夏洛茨维尔的弗吉尼亚大学化学系设计大楼，须配备有教室、实验室及一个礼堂（参考 UVC．8）。这座学校的委员会由于对理查德医学研究实验室印象颇为深刻，因此邀请了康来讨论他们的建楼计划。他被委托提交设计方案的同时，夏洛茨维尔的建筑师斯坦巴克（Stainback）和斯克里布纳（Scribner）担任当地的项目协调员。

康访问了由托马斯·杰弗逊设计的弗吉尼亚大学校园，他最先设计了一系列由砖拱连接的砖结构房屋。1961 年 9 月 29 日，他写信给斯坦巴克和斯克里布纳说："我已经对房屋和空间形式作了一些探索，之后我将针对这些问题继续研究。"

在 1962 年，康向大楼委员会递交了最初的草图和概念平面。两年之后，因为发现这些提案一再缺乏完整性，大楼委员会最终未能向学校管理处批准这个设计方案。

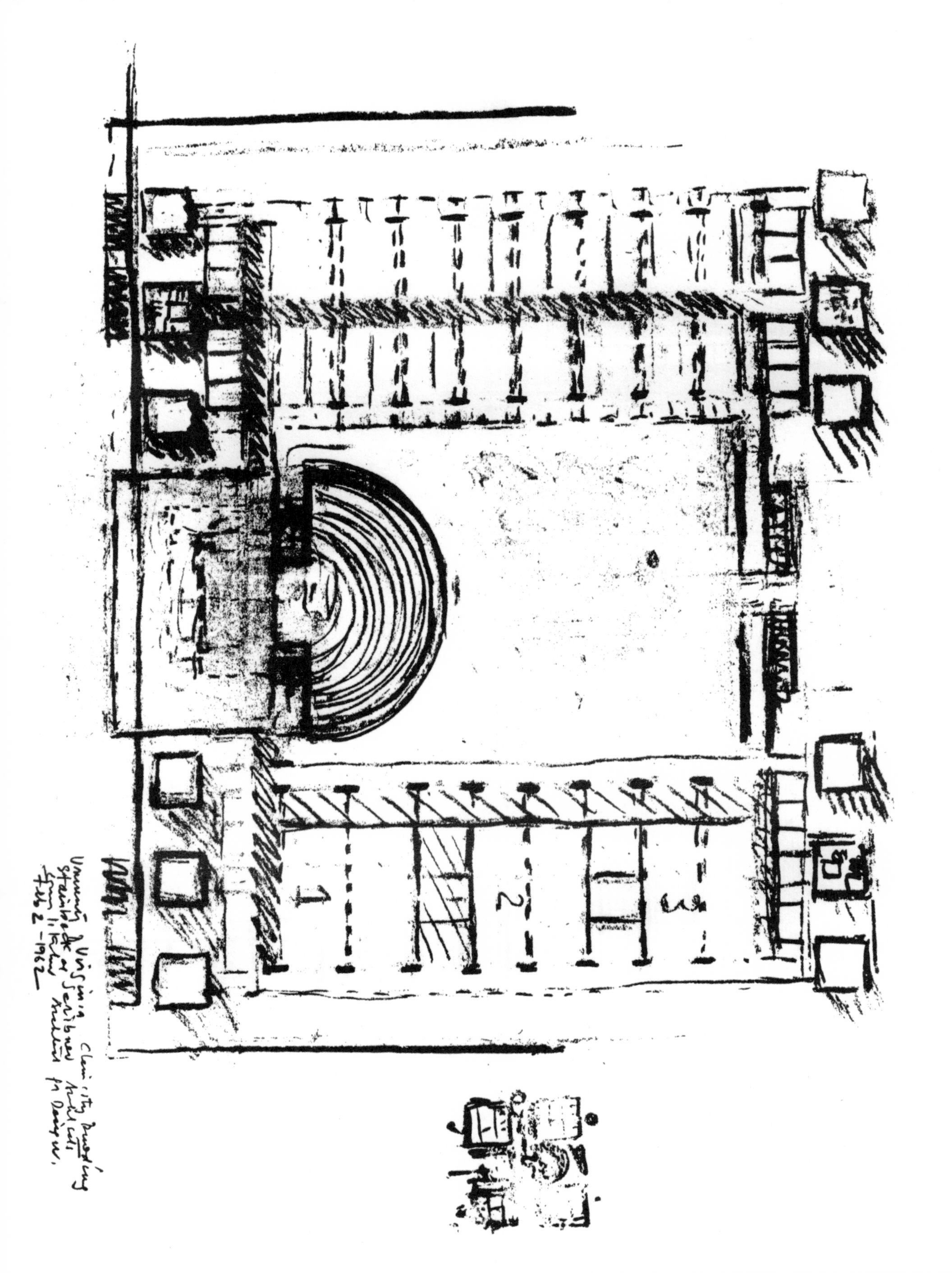

UVC．1

平面草图，1962 年 2 月 2 日绘。第一份草图展示了布有实验室和教室的两翼位于庭院的两侧，庭院一端设有一个圆形剧场。两翼在两端各包含了 3 座塔，设有管道和楼梯设备。在另一方向则布有 8 个结构开间。底部的草图暗示了另一种布局的可能性，即将 4 栋方形楼单元成组布局，将圆形剧场置于一个大型的矩形空间中。

UVC. 2

穿过实验室的水平剖面，中线为距离 20 英尺的 T 形混凝土柱，为管道和实验室桌的导管预留了空间。

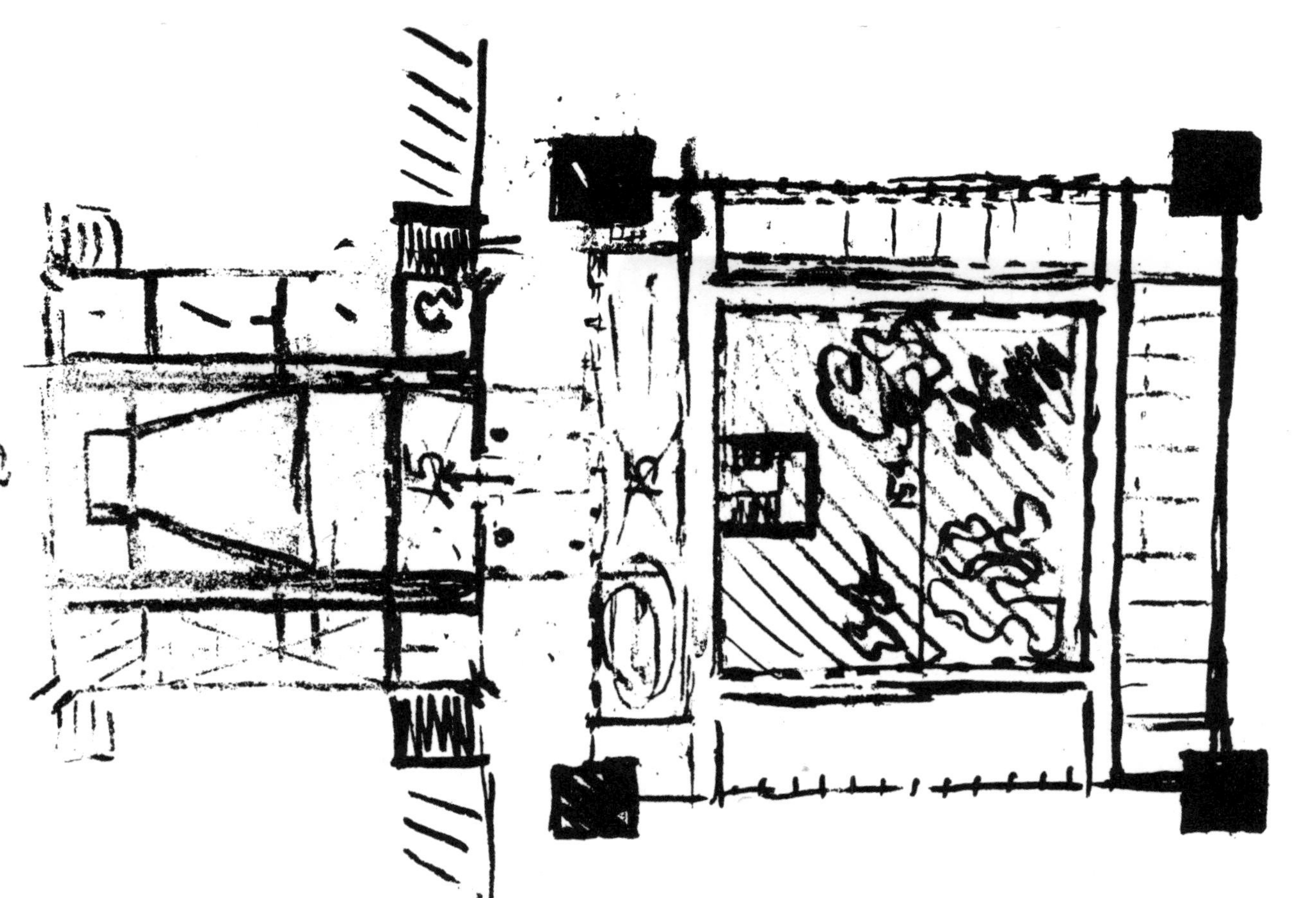

UVC. 3

平面草图，展示了实验室和教学单元围绕着右边边长约 154 英尺的庭院展开。礼堂位于两排教室之间，办公室位于走廊右边。服务空间和楼梯间集中设置于两个方形楼房的角部。一个位于拱形入口后方的额外楼梯强调了整个综合体的主轴线。

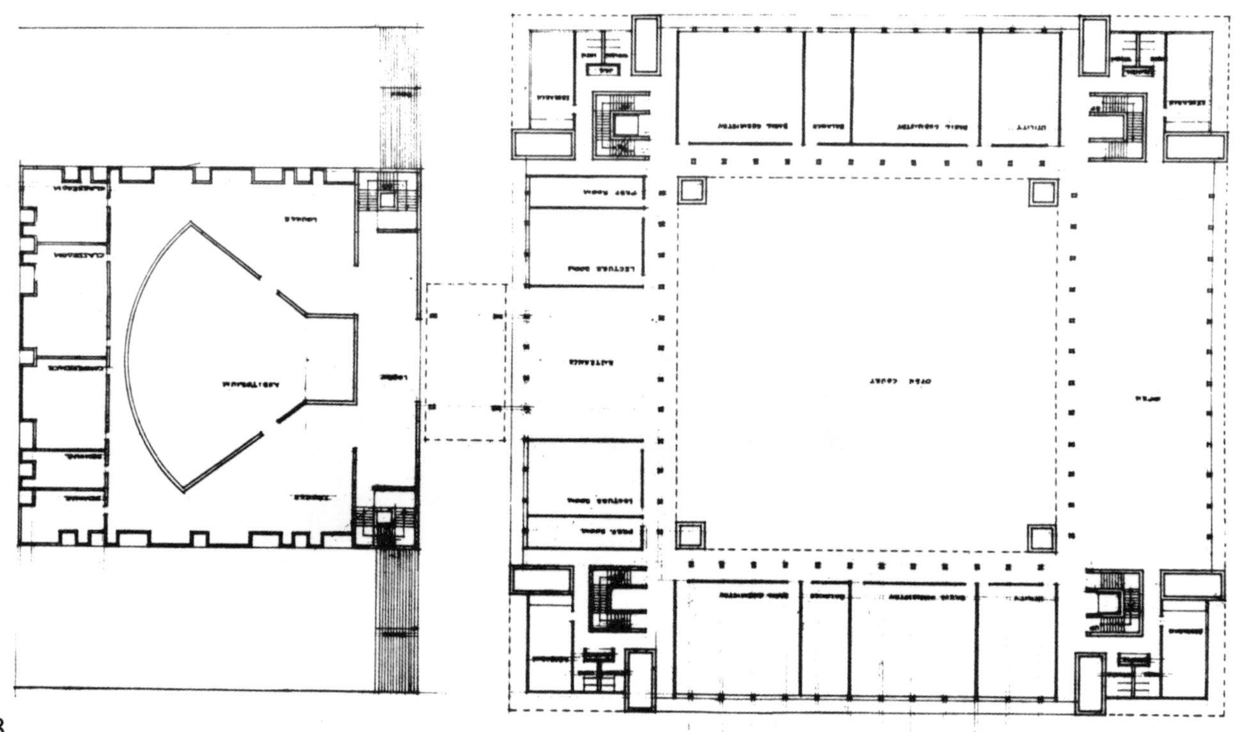

UVC. 4—5

入口层平面和剖面，1962 年 2 月 19 日绘，展示了两栋楼与地形之间的关系。实验室空间的拱廊庭院形成了整座综合体的核心空间，并与周围校园在很多方面形成了视线通廊。从柱廊望向礼堂，人们可以看见入口大厅、庭院，并穿过入口层的南翼直通校园南端。

混凝土走廊构成了一个空间格网，从实验楼的 4 个服务单元出发，贯穿整个工作区域，不仅为管道提供了必要的空间，也为人行环线提供了灵活的网络。围绕庭院的走廊贯穿四翼，连接起设有楼梯的疏散阳台。这些楼梯位于实验室和教学单元前方。

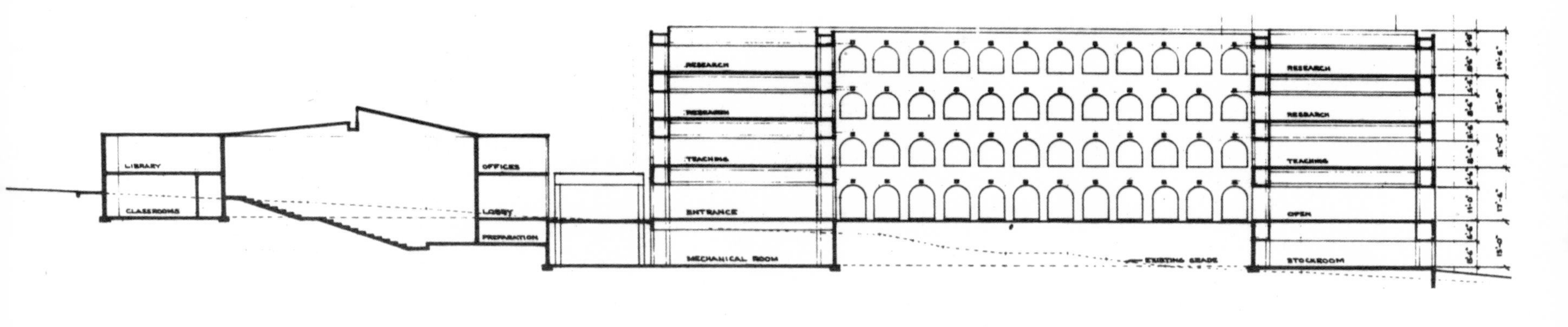

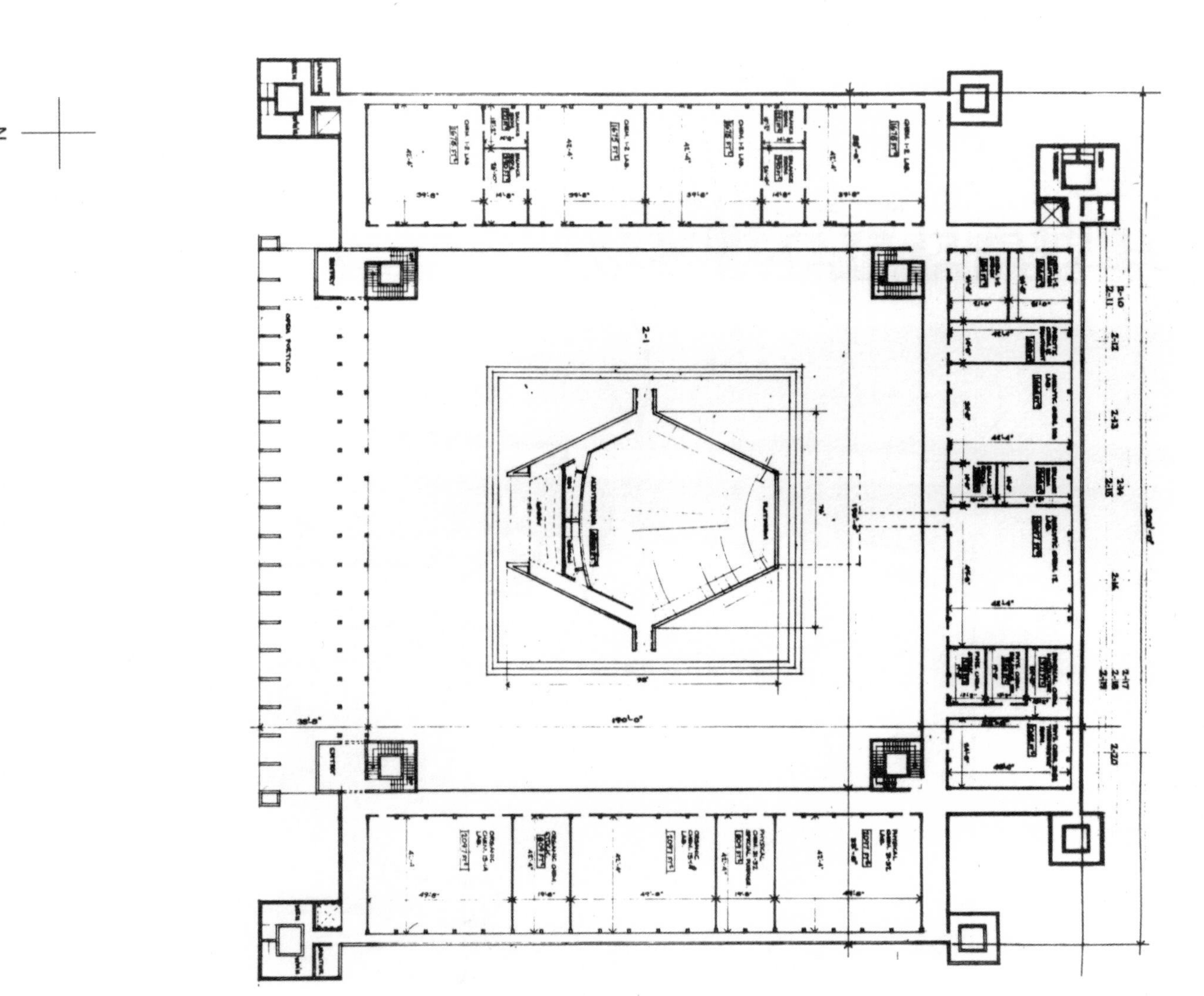

UVC. 6
教学层平面图，1962 年 2 月 26 日绘。通过在服务楼之间将四翼由 13 开间扩大到 21 开间，这栋楼可以在高度上缩减一层。拓宽的庭院现在大到能够设置一个礼堂。一个面北的柱廊将建筑与主校园连接起来。建筑的三边仍作为实验室，柱廊的一边则包含教室和图书馆。

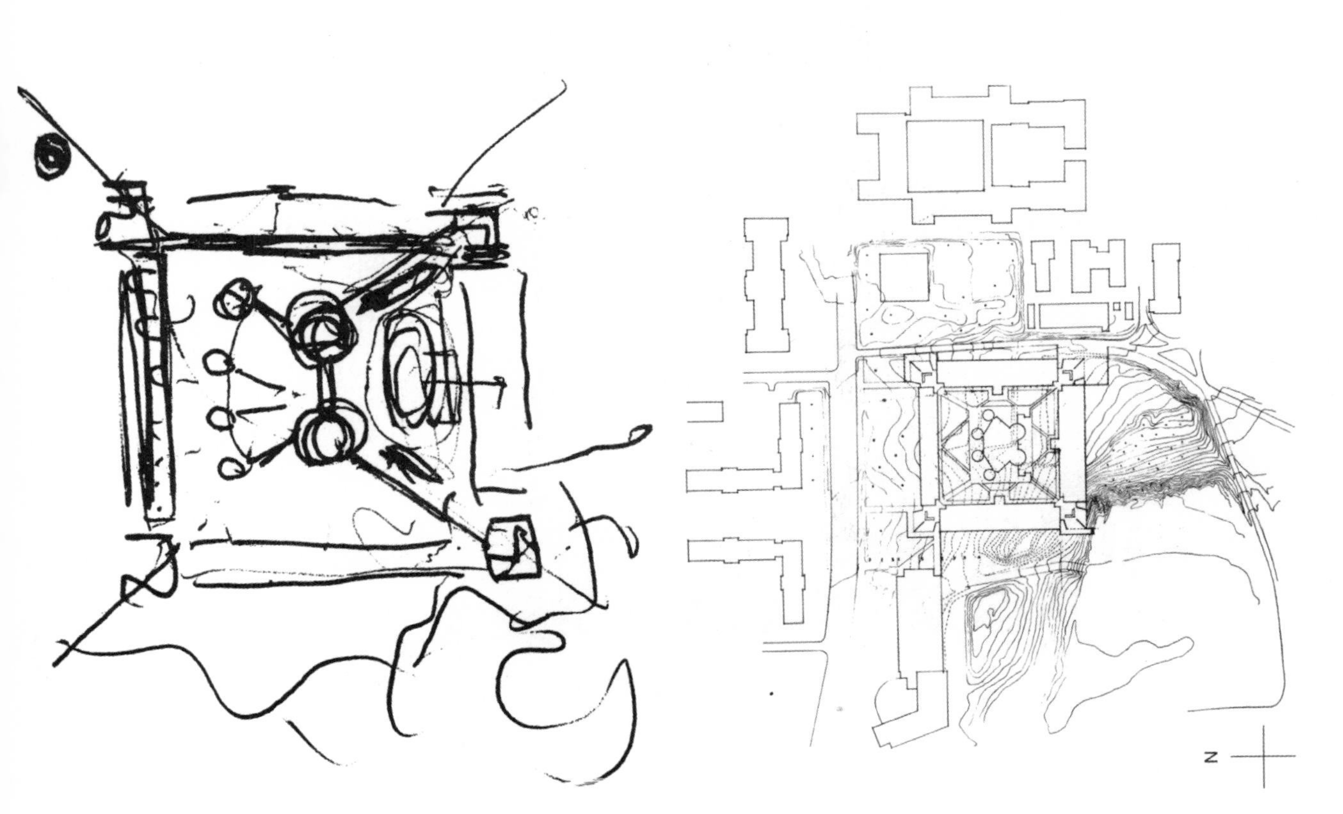

UVC. 7
概念草图，1962 年绘，展示了位于庭院的两层礼堂，形状如堡垒一般。注意对这个方形空间对角线的强调。

UVC. 8
场地平面，1962 年 7 月 24 日绘，展示了这栋楼的场地西边有大约 20 英尺深的沟壑穿过。周围的房子自下而上分别为：生命科学楼、L 形宿舍、位于麦考密克路（McCormic Road）两侧的工程楼和物理楼。计算机中心和科学图书馆位于东侧。

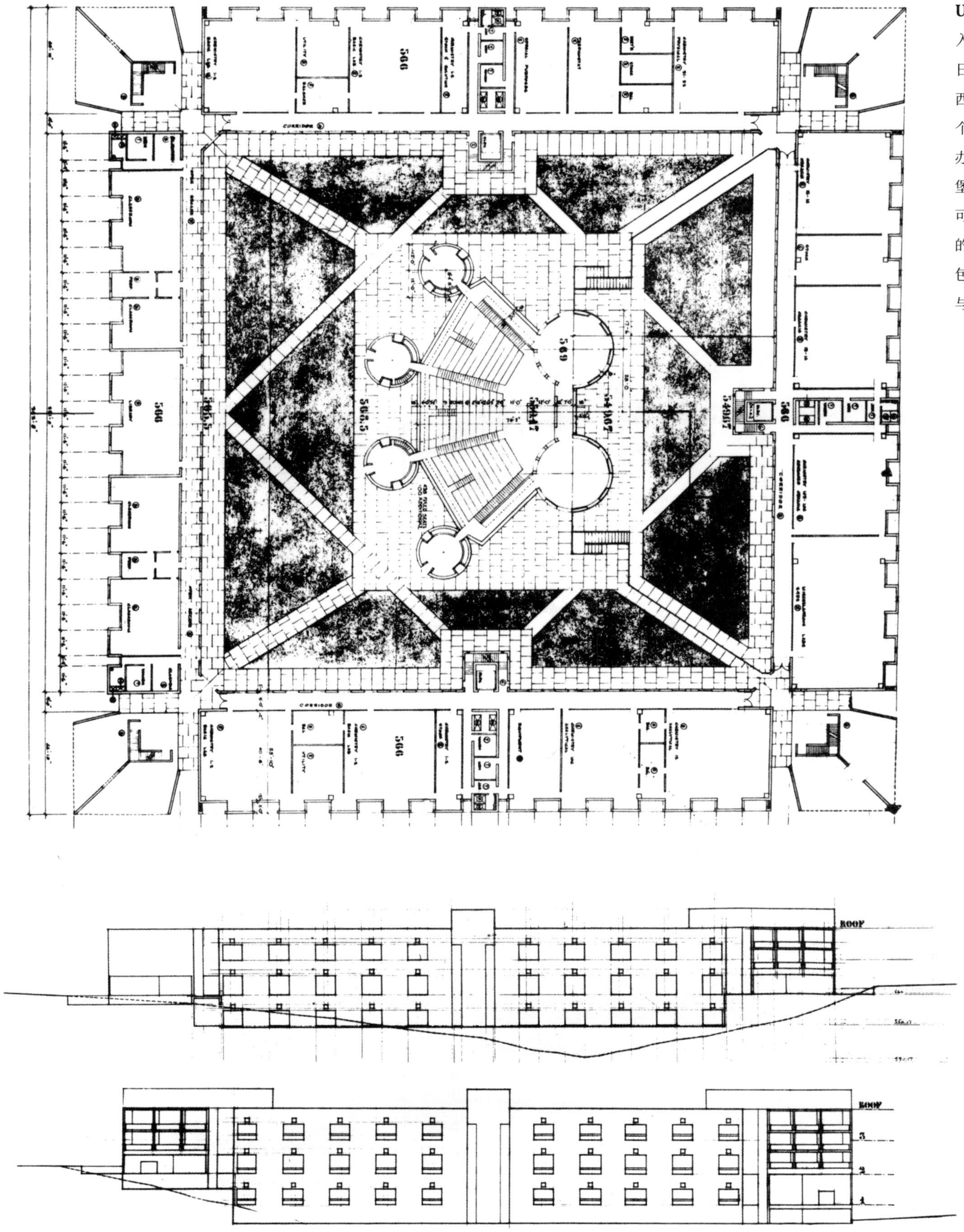

UVC. 9—11

入口层平面，西立面和南立面，1962年7月2日绘。如UVC. 6所示，实验室被安排在东、南、西翼。每翼都在中间设有一个服务竖井，包含一个排气管、通风道及卫生间。建筑的角部被用作办公室，朝向入口大厅。额外的楼梯位于4个角部。堡垒形态的礼堂位于庭院中央，能够容纳538人。可以通过4个圆形楼梯塔进入礼堂，这些楼梯塔的入口标高为568英尺。位于讲堂侧面的两座塔包含准备和入口空间，一直下到550英尺的标高，与庭院南部的低点齐平。

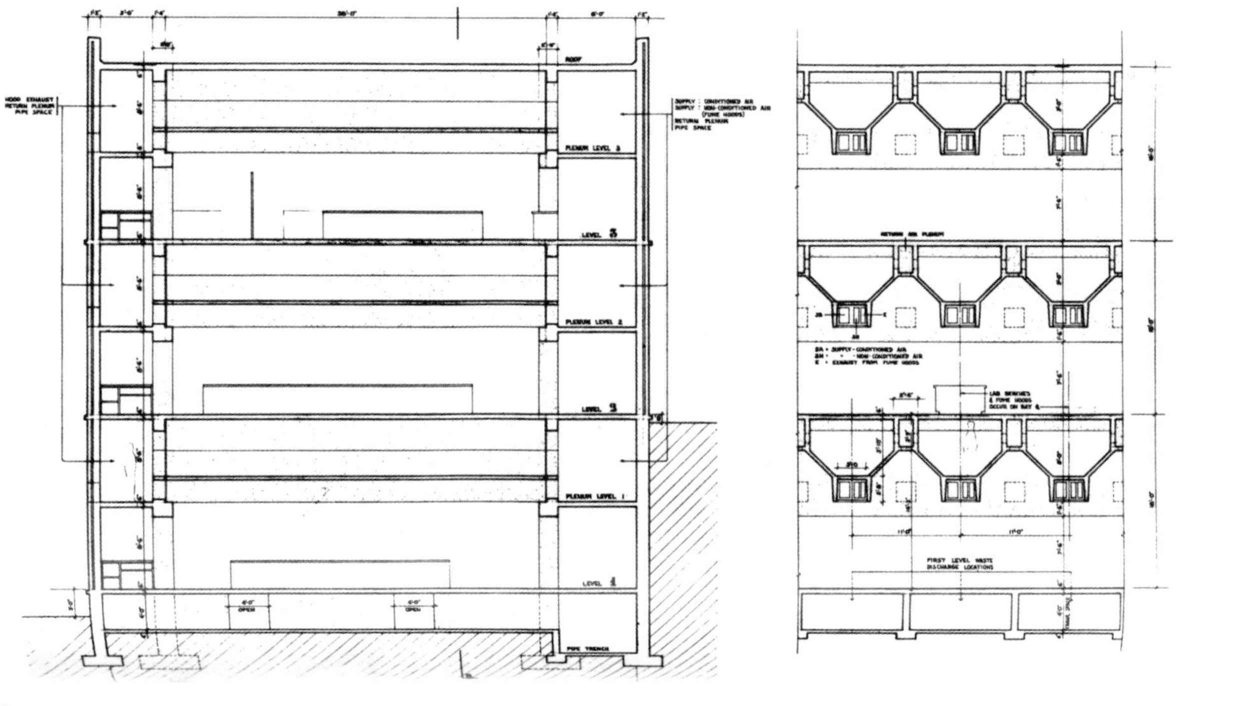

UVC. 12—13

典型剖断面和实验室的部分水平剖面，1962年8月28日绘。建筑的几何尺寸基本由图中所示的混凝土结构单元板的模数（11英尺6英寸）所控制。

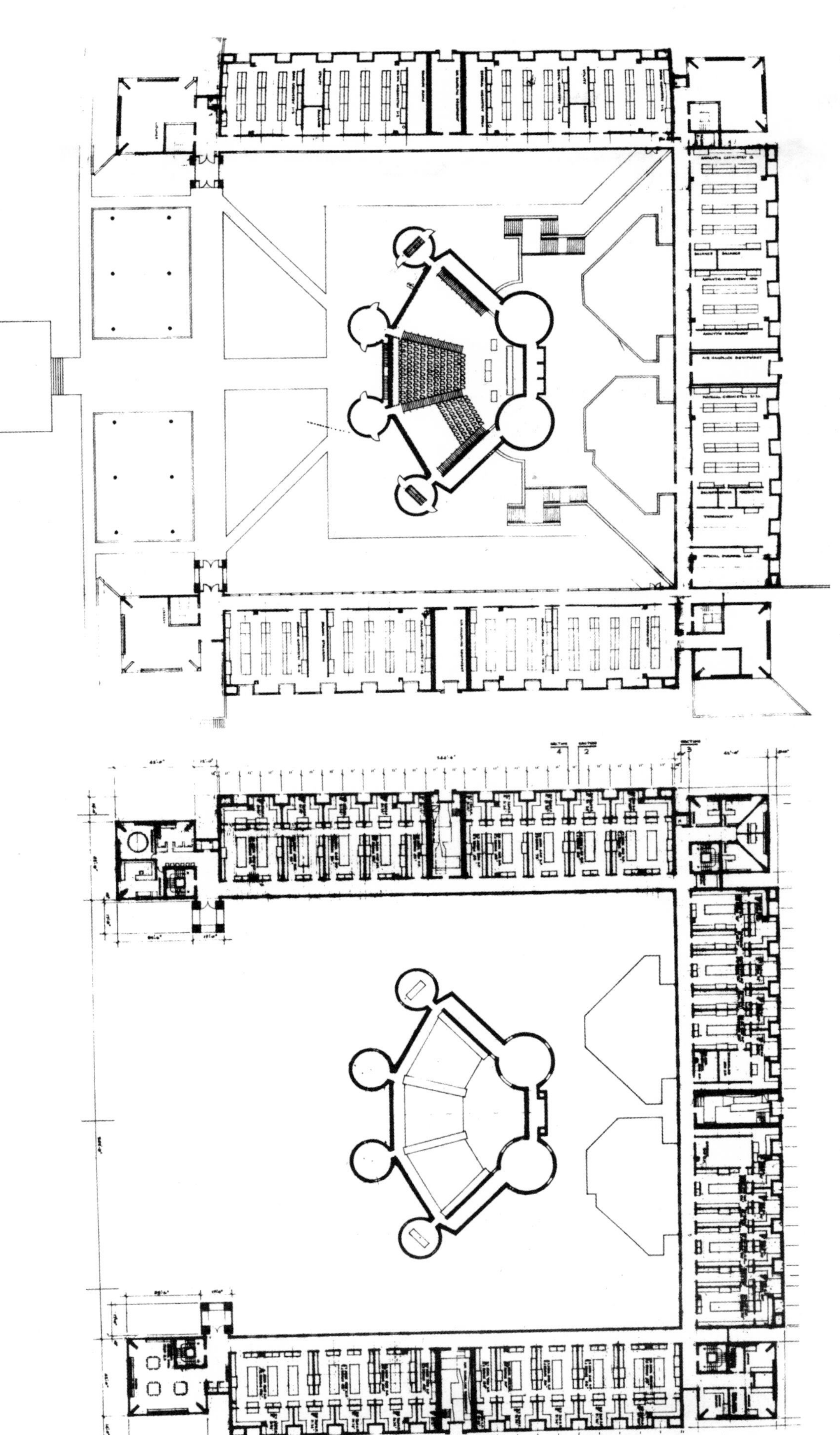

UVC. 14—15

一层和三层平面，1962 年 10 月 18 日绘。这一阶段，建筑的南翼被一个入口大厅所替代，并植有两排树。这个轴向入口直接引向礼堂，简化了楼梯入口。

在 1962 年 11 月 21 日，康收到一封来自弗吉尼亚大学校长小埃德加·香农（Edgar Shannon Jr.）的来信："在看到你寄给我们的照片后，我对这个设计非常失望。据我回忆，你曾在我们第一次讨论你对这个建筑设计的想法时说道，杰弗逊草坪启发了你要去阐释所谓现代主义理想的空间特质，但是我在你的设计中没有看到这种意图。这座建筑看上去体量太大了，并带有冰冷和拒绝的态度。这让我想起了诺尔曼城堡和那威严的塔楼。我对这个礼堂的设计尤其忧虑。对于这个场地来说它太大了，而它的角楼则进一步削弱了它的形象。我想要知道你是否尝试过将它往北挪一些，和建筑的北侧平齐，以及把它和东西两翼通过某种更好的连接空间串联起来。除此以外，我感到现在的模型，这个建筑无论是否有礼堂，都缺少一个视觉的焦点……我理解在你的报告中，也表达了在看过这个模型以后，你自己对这栋楼的性格是不满意的。"

对此，康在 1962 年 11 月 27 日回复道："亲爱的香农校长，我很同意您的很多观点。把礼堂置于此处，产生和庭院以及教室很紧密的关系的价值在于它们之间密切的联系。礼堂和庭院在尺度上的相似给予了这个空间一种集会的感觉，同时变成了这个巨大庭院的重要细节。我将会重新研究礼堂的其他布局，尽管我并不反感尝试新的关系，但我希望让您知道我对现在的关系是满意的。"

"关于窗洞和装饰，它们必须由结构而产生，而不是草率地取悦视觉。我有一种感觉，红白房子是需要实现的。这很好，大理石应该和砖一起考虑，木头对这样一座建筑来说不太合适。大理石作为立面是做作的。然而，大理石也是一种可能性，只要是以一种诚实的方式建造，我们便不会拒绝它的使用。"

"我对您友善来信的回答可能过于简略而无法充分回答您的顾虑。我只是刚刚从国外回来，而又太急于回复您了。"

在此期间，康开始了在印度的项目。在 1962 年 11 月 14 日，他开始为艾哈迈达巴德的印度管理学院画第一版草图（参考 IIM. 1—IIM. 4）。

UVC. 16

从入口侧看的模型，以及它姿态威严的塔楼。

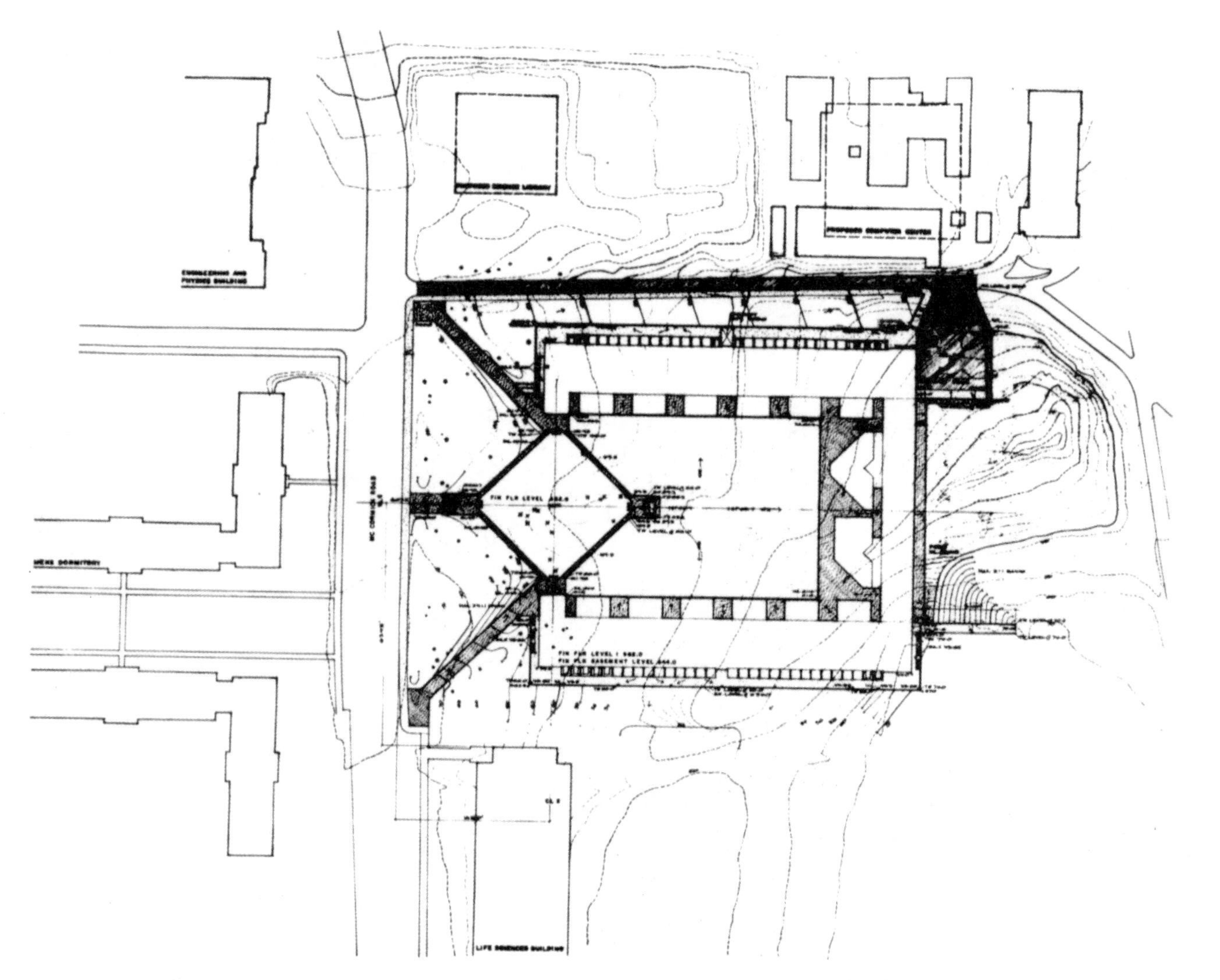

UVC. 17

总平面，1963 年 3 月 15 日绘。

根据香农校长的意见，礼堂被移到北边。对角线的布置使得可以从东边和北边进入。

一个服务性的院子单独设置在建筑的东南角，通过一条 15 英尺宽的路和麦考密克路连接。图下方建筑南部的空间在海拔 538 英尺的标高上，被标记为一个水池。

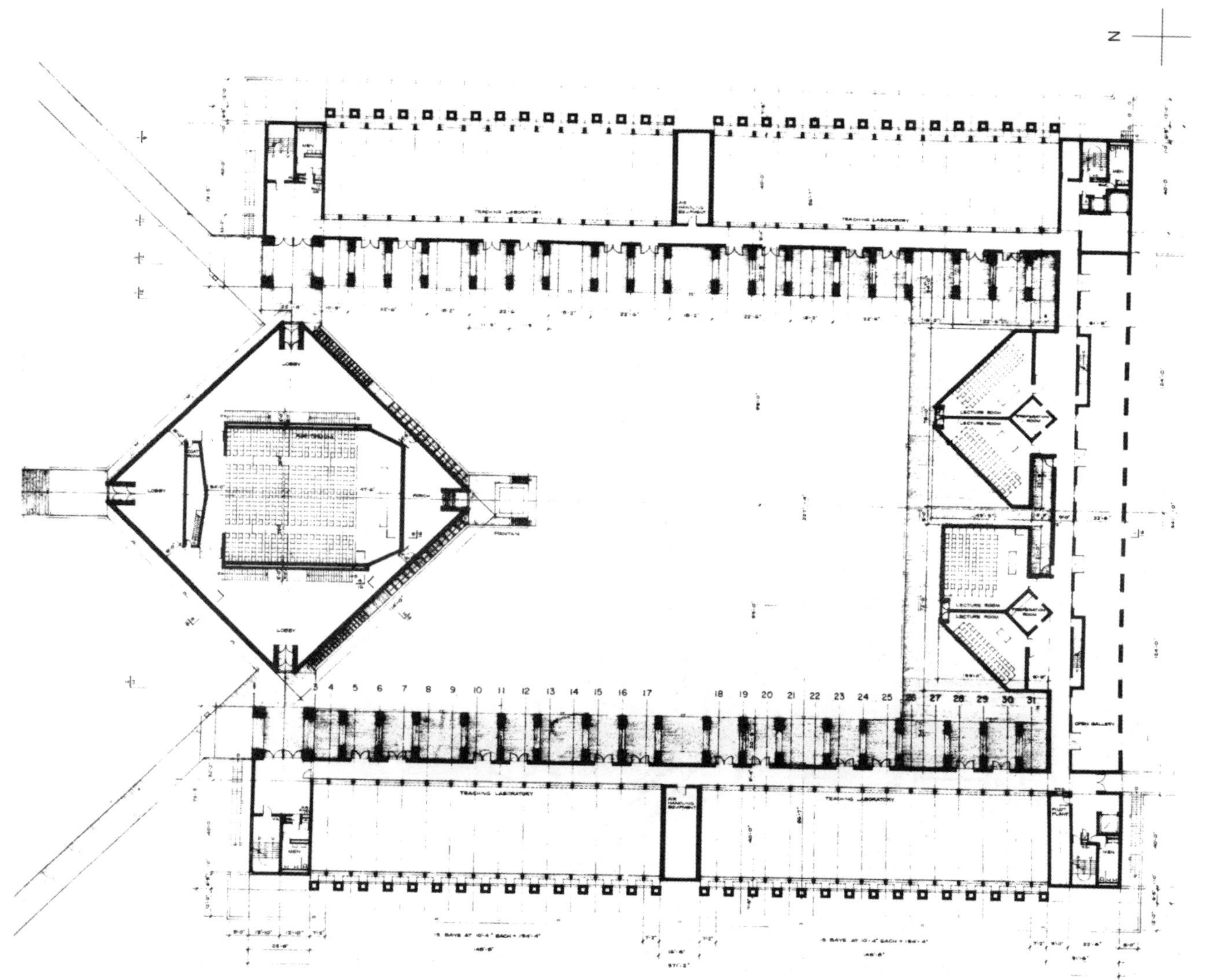

UVC. 18

入口层一楼平面，1963 年 3 月 15 日绘。小礼堂和 4 个讲堂室分别将院子的北边和南边包住。实验室集中布局于两翼，两边都在中间设置了空气处理空间，两端设置了楼梯和服务空间。较窄的南翼包含教师的实验室和办公室。6 个位于二层的盒状学习空间，依照显目的柱线布置在实验室两翼。

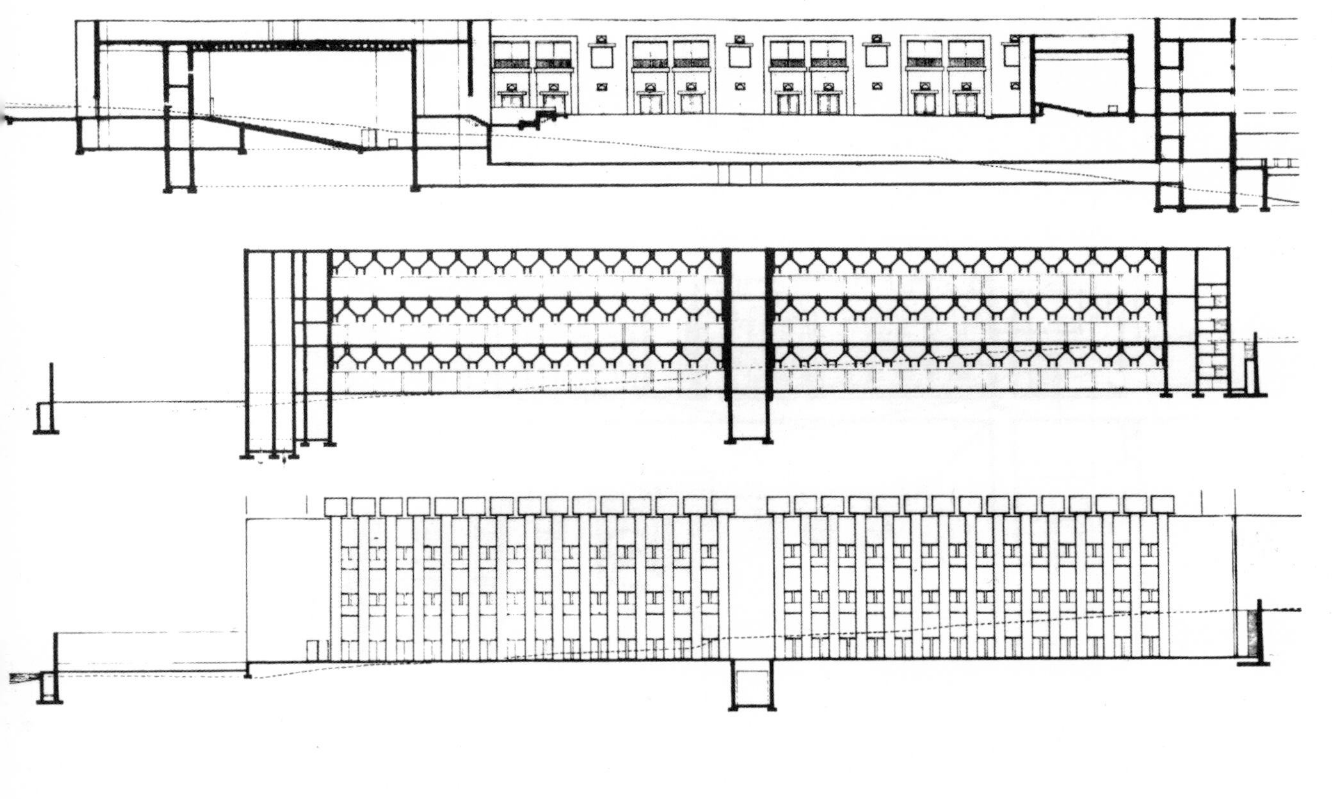

UVC. 19—21

水平剖面和东立面，展示了折板体系、位于中央的空气处理空间以及两端的服务塔。V 形的服务渠以垂直的竖井收头，其上盖有通风罩。

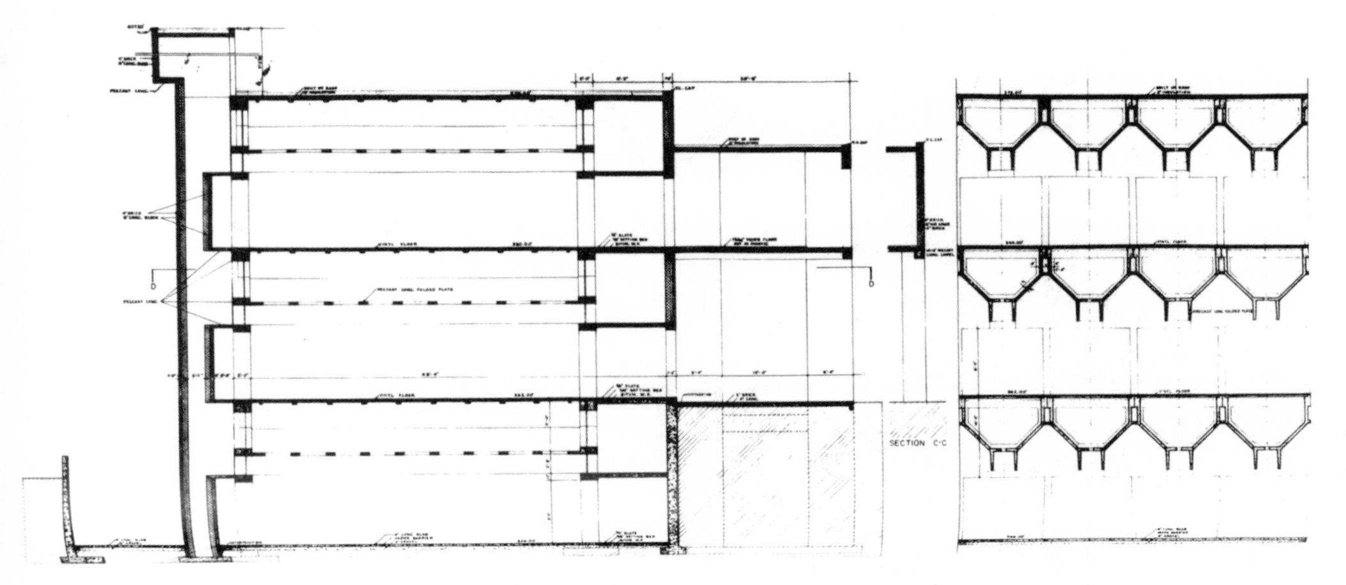

UVC. 22—23

典型纵剖面和长剖面，展示了预制混凝土服务结构的细部设计。

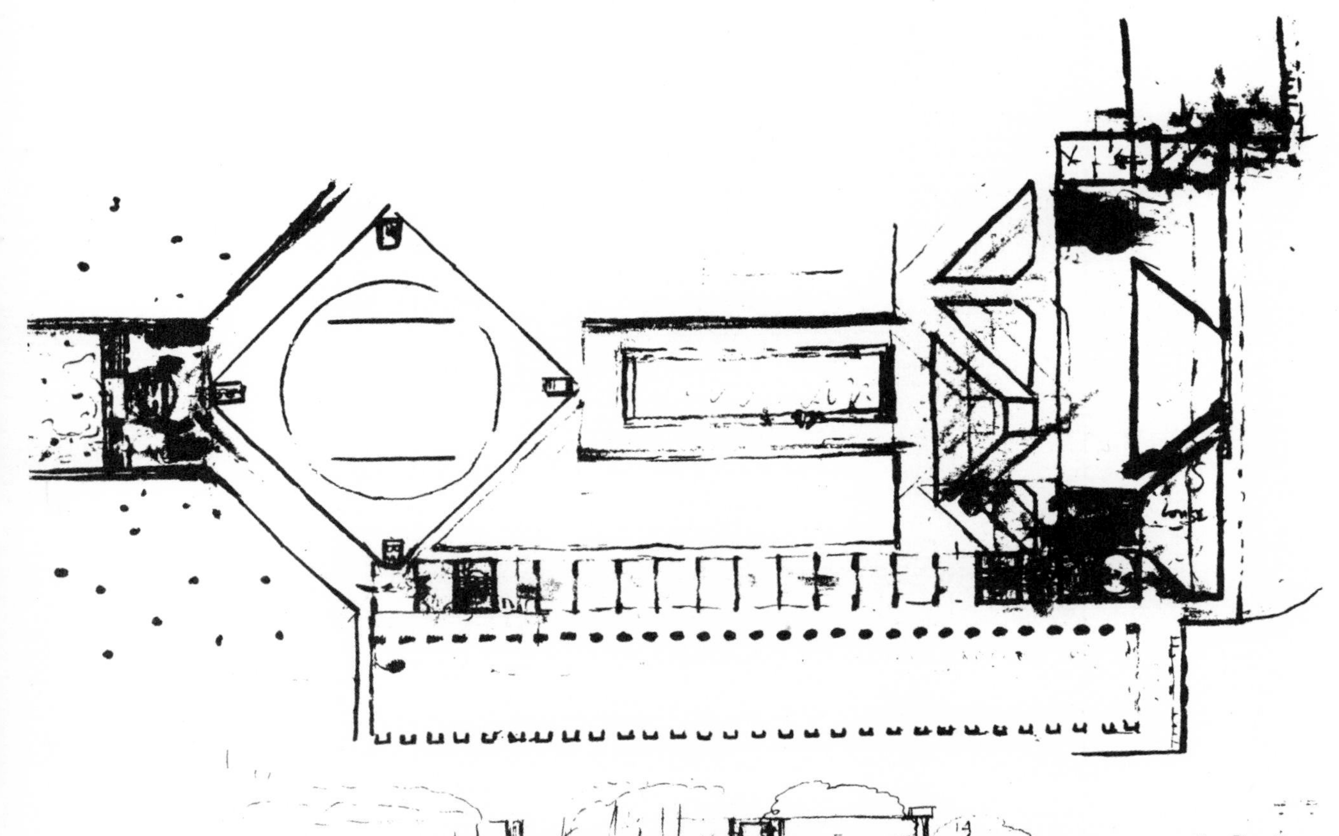

UVC. 24

平面和立面草图，1963 年 6 月绘，展示了未被分割的实验室及其一侧的服务空间，与盒状学习空间对齐。院子内有一矩形池。

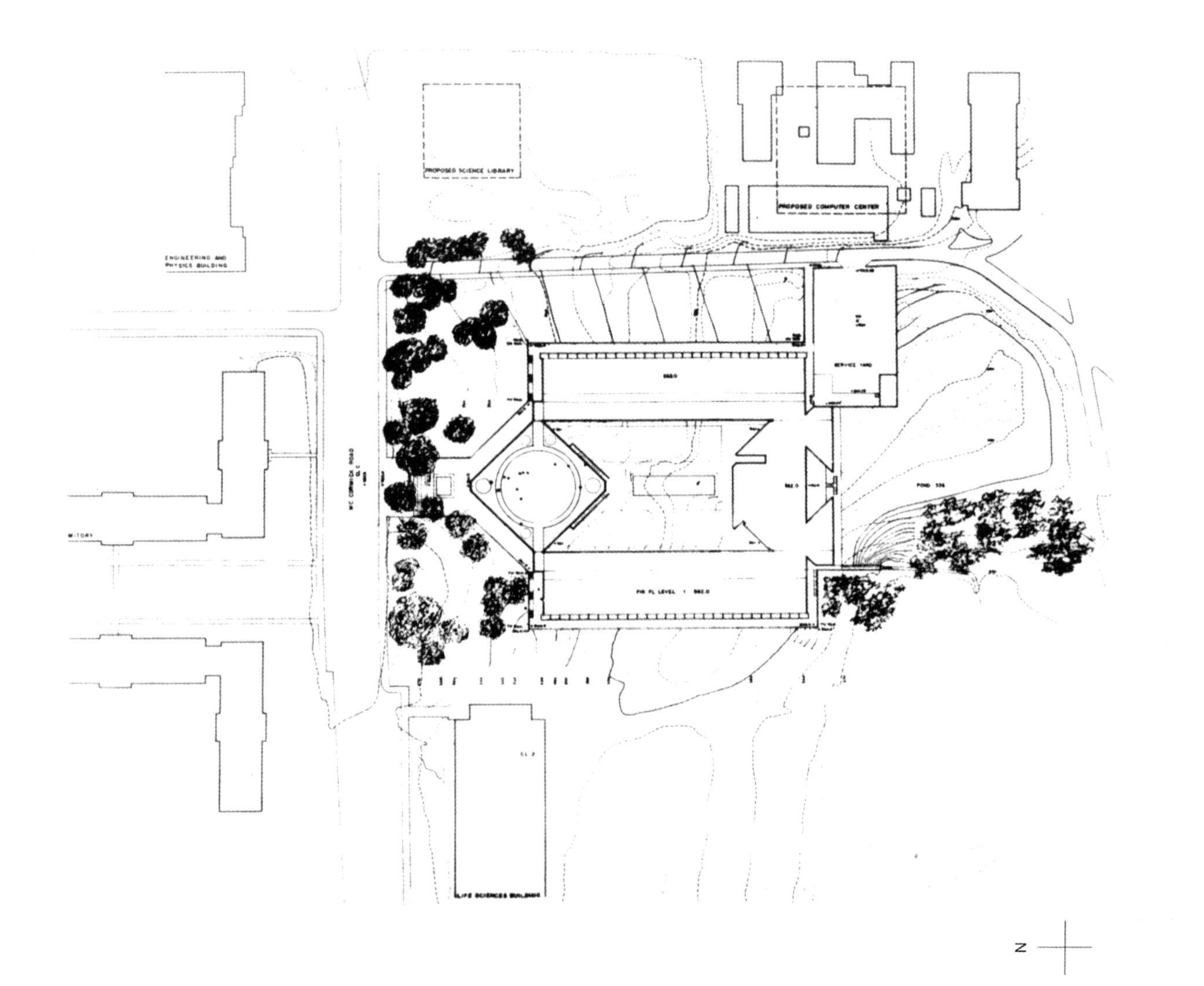

UVC. 25

场地平面，1963年6月15日绘。

南部角落的服务院落被设计得更为重要。

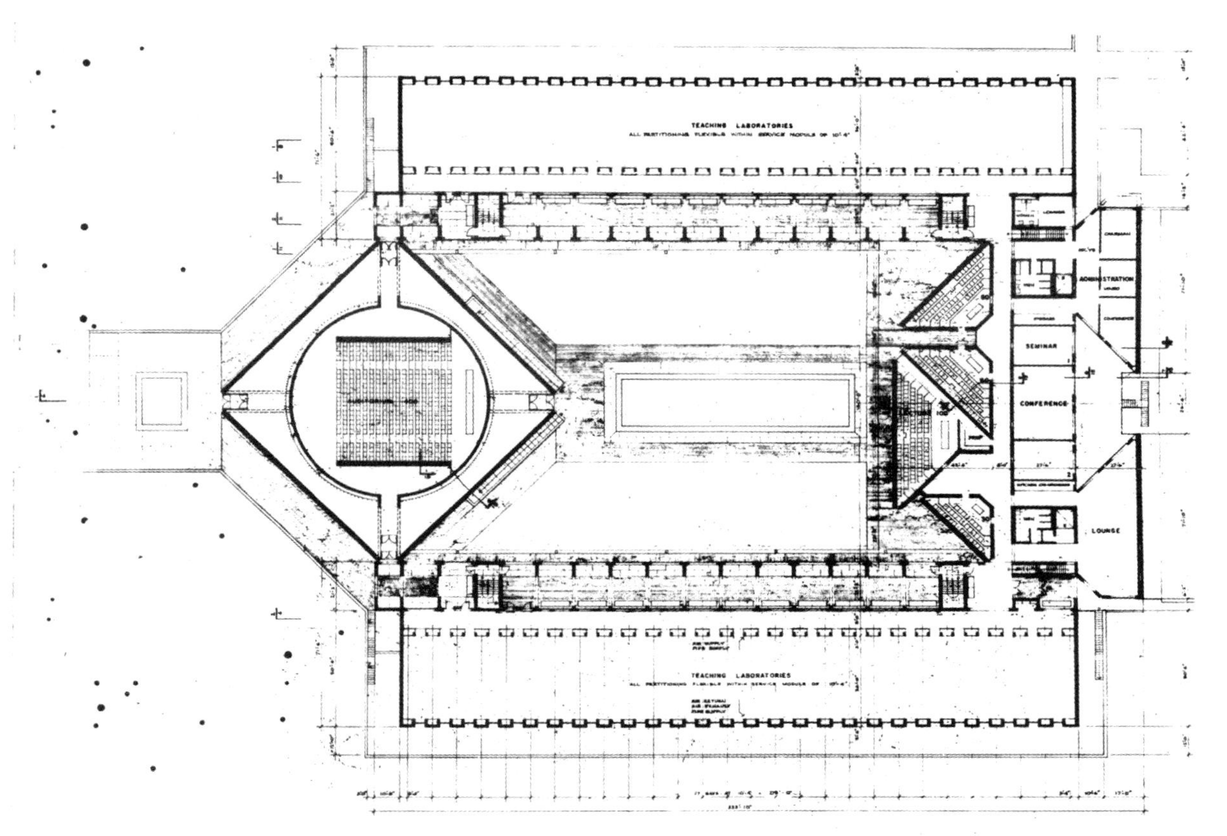

UVC. 26

院落入口层的一楼平面，1963年6月15日绘。东西两翼未分割的实验室有三层，连接着建筑南翼。那里设置着管理、研讨会和会议空间，还有一个起居室，以及4个三角会议厅，分别能够容纳30个、60个、100个座位。管理处和起居室开向一个小小的面西南的菱形院落，并且通过一部楼梯连接到人造湖。400座的礼堂可以看作一个容纳于棱柱形内的截圆锥。

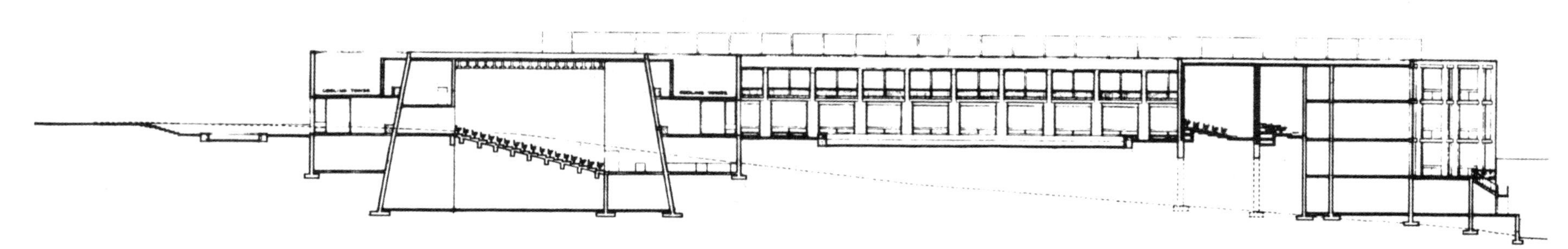

UVC. 27

水平剖面，1963年6月15日绘，展示了礼堂、院落、一列学习盒子房、讲堂以及面向人工湖的管理楼。

莱维纪念游乐场（1961—1966 年）

纽约，纽约州

1961 年，雕塑家野口勇受委托在纽约 103 街滨河路（Riverside Drive）的公园里建造一个儿童游乐场。由于早先该类型的项目没有一个真正建成，他感到与建筑师合作会有助于项目的实现。野口勇选择了他认为最好的建筑师——康。而菲利普 · 约翰逊同样被纳入考虑之列，野口勇后来说："如果当时选择菲利普，可能游乐场就建成了。然而我选择了康。"

由于当时纽约公园、休闲区、居住区和福利机构一直在增多和变化，康和野口勇在大约五年的时间里一起提出了很多版游乐场的方案。

1975 年 6 月 2 日，罗森沃尔德基金会（Rosenwald Foundation）和纽约的城市机构终于同意为这个项目进行拨款，时任市长瓦格纳（Wagner）也同意了方案的建造。然而新市长林赛（Lindsay）却没有支持它的实施。

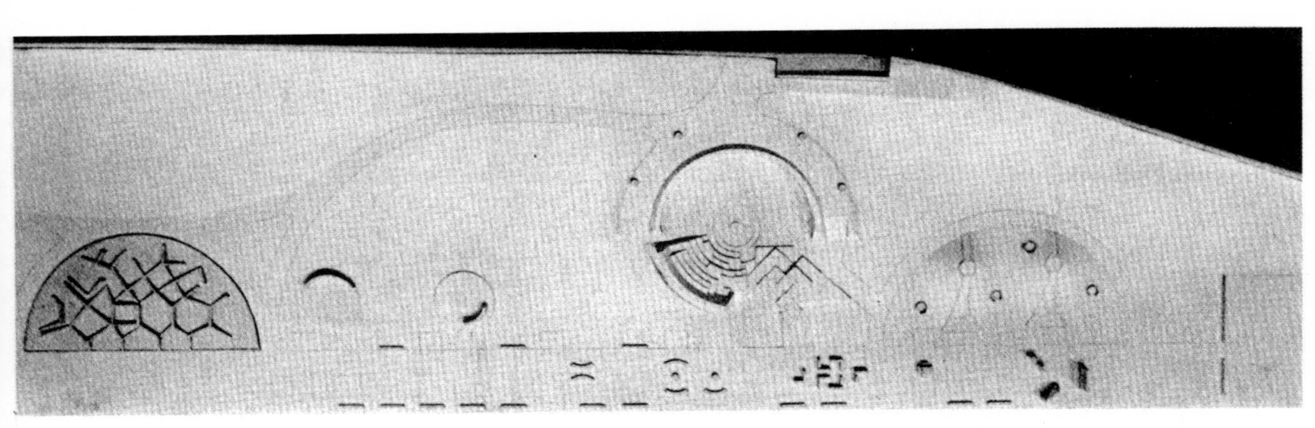

第一版

LMP. 1

模型的平面视角，展示了滨河公园位于 101 街和 103 街之间较低部分的狭长坡段。滨河路在上方，哈德逊河和铁道在下方。一个半圆形迷宫般的游乐区位于左边。中间是一个圆形的茶杯状室外剧场在冬季提供阳光充足的场所。半圆的游乐土丘、一些三角形的滑梯和环形坐凳位于右边。底部是多种多样的混凝土游乐元素。

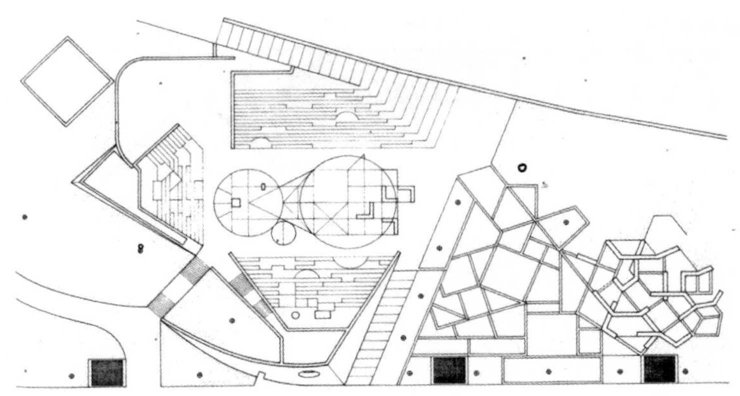

第二版

LMP. 2

部分平面，展示了具有棱角的建筑体量的开口，以及左侧围绕中心游乐区布置的成组室外空间和右侧像迷宫一样的大型不规则区域的复杂关系。它们之间由楼梯分割。

LMP. 3

模型视角，展示了 3 个不同的区域：左侧带棱角的阳光充足地；中央像迷宫一样的游乐区域；右侧带有滑梯的游乐土丘。抬升的体量不超过滨河路的高度，并以滨河路为背景墙。

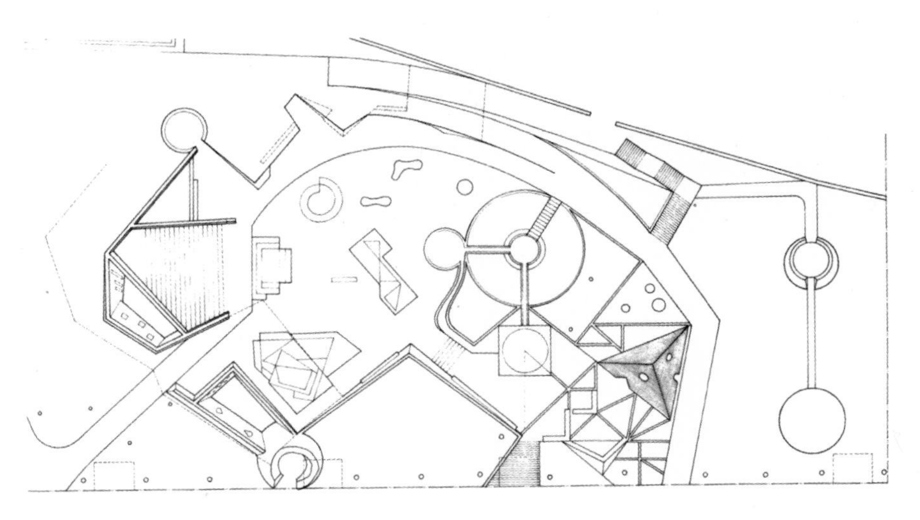

第三版

LMP. 4

平面，带金字塔的版本，展示了左边的一个室外剧场、圆形带滑梯的土丘、中央可攀爬的金字塔以及右侧一个巨大的滑梯。混凝土元素的游乐设施、堡垒以及小浅坑构成了这一完整作品。

LMP. 5

模型视角，展示了浅池、游乐和座位等元素，以及野口勇在场地上方位于金字塔和圆形土丘之间的中央休闲空间所创作的大型雕塑，一个在侧面开有圆形口的三角形金字塔替代了像迷宫一样的游乐区域，布置在下方场地的右侧。室外剧场俯瞰着游乐场，由采光井环绕，是这个斜坡场地中唯一的建筑要素。

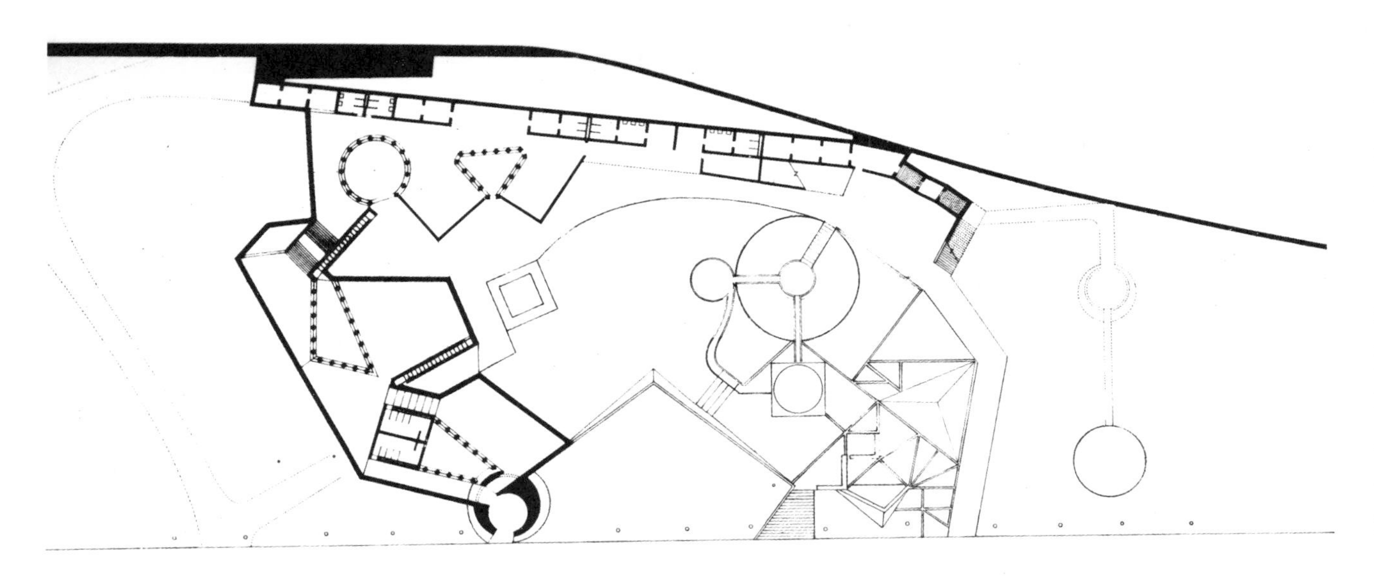

第四版

LMP. 6

首层平面，1964 年 2 月 4 日绘，展示了左边被采光井照亮的游乐室，厕所、厨房以及其他服务设施成组布置在上方。

“我们一致认同在公园的游乐建筑应该浑然天成，消隐于公园之中。常规意义上的建筑会过分彰显自己的地位而干扰公园，一扇窗显然会泄露建筑的需求。因此，我们引入采光井以保证室内充分的采光，而又不在外部展示窗的元素。游乐应该是自由的，与居住无关；被游乐者发现的空间应该具有一些既不模仿自然却又浑然天成的形式。”

LMP. 7

模型视角，1964 年 2 月绘，展示了嵌在场地斜坡里的建筑。服务设施的斜屋顶连接了滨河路、上方游乐场入口，以及通往哈德逊河一侧林荫散步道的游乐场环路。

“我从这片土地的等高线上受到启发。”

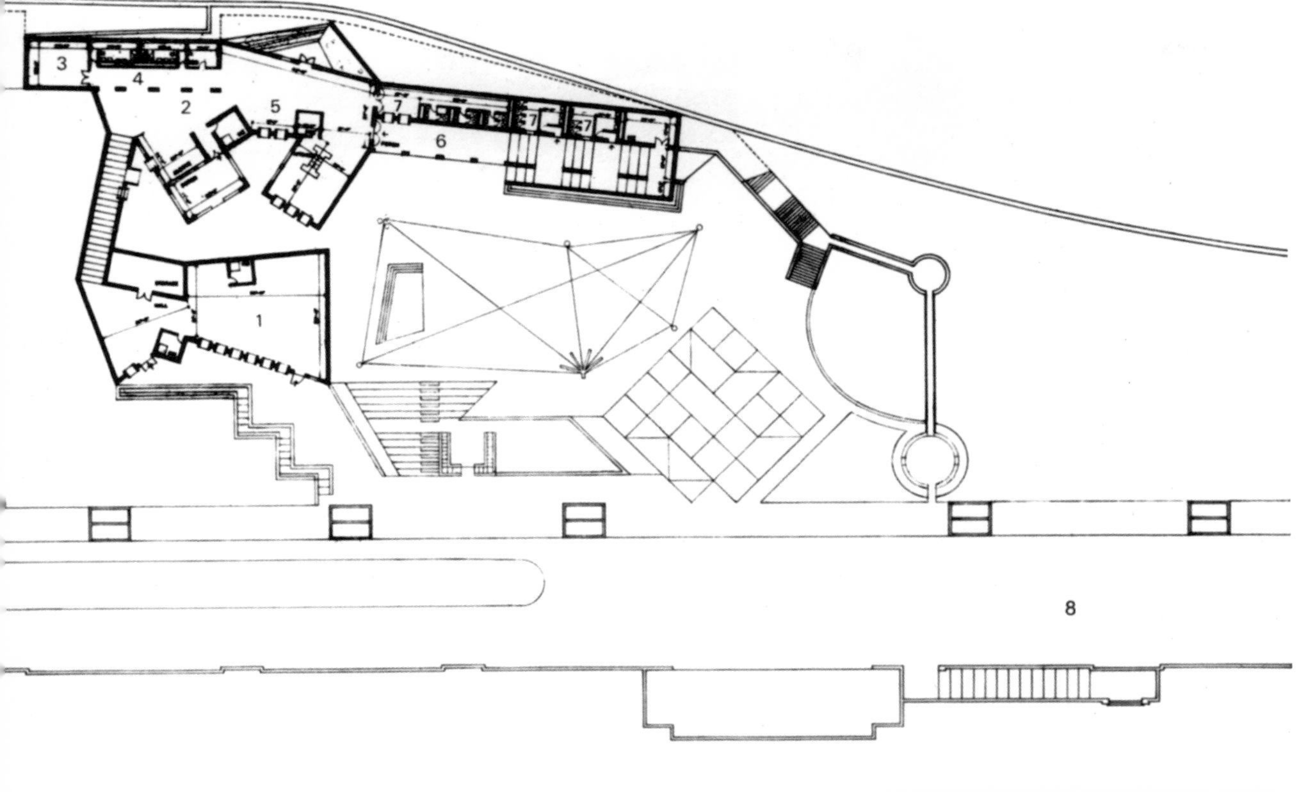

第五版

LMP. 8

首层平面，展示了一个中央开放游乐区域被左边的室外剧场和右边的斜坡土丘环绕，以及嵌在坡地里的服务设施。

“1”为多功能房间；

“2”为大厅；

“3”为储藏室；

“4”为办公室；

“5”为家庭室；

“6”为门廊；

“7”为卫生间；

“8”为散步道（铁路道在下方）。

LMP. 9

模型视角，展示了中央的游乐和休闲区域，由室外剧场、服务设施及其台阶式屋顶以及斜坡土丘的体量所环绕。

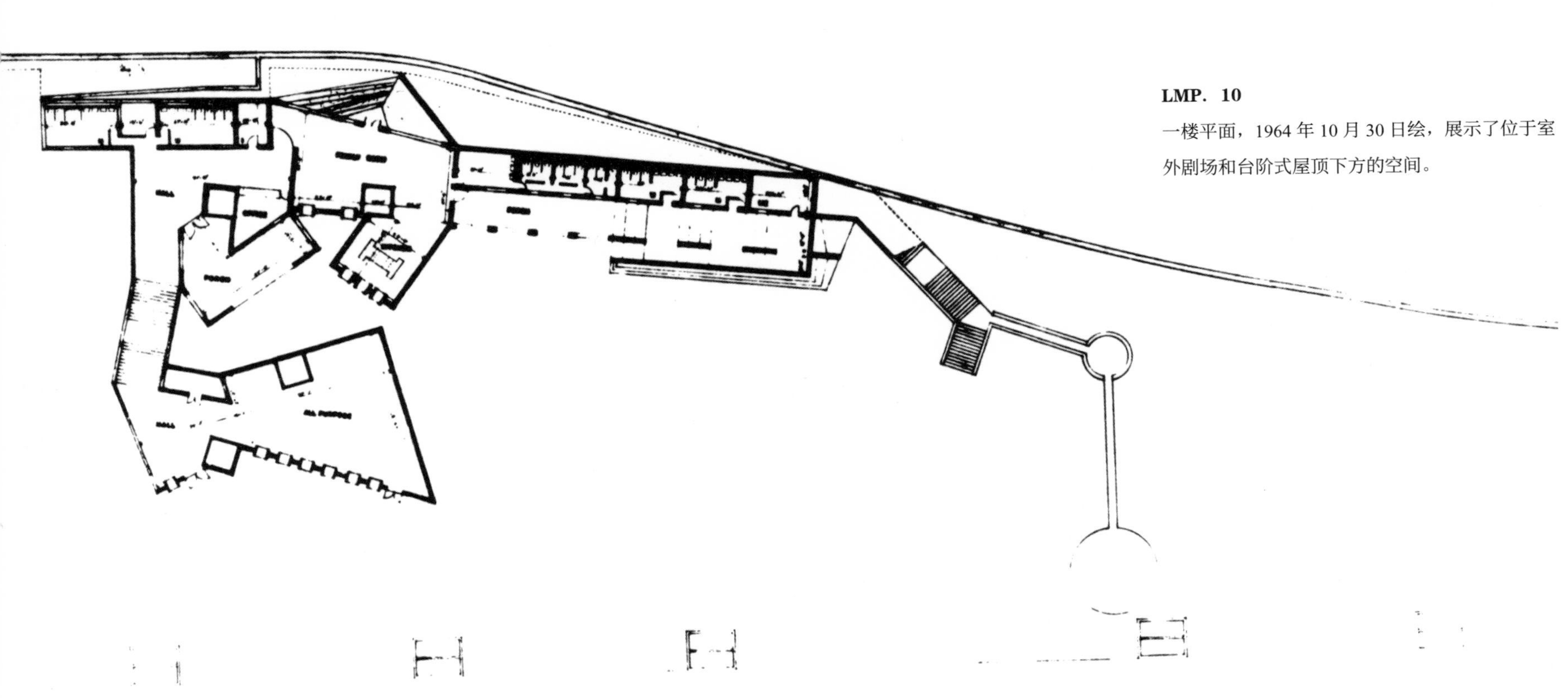

LMP. 10

一楼平面，1964 年 10 月 30 日绘，展示了位于室外剧场和台阶式屋顶下方的空间。

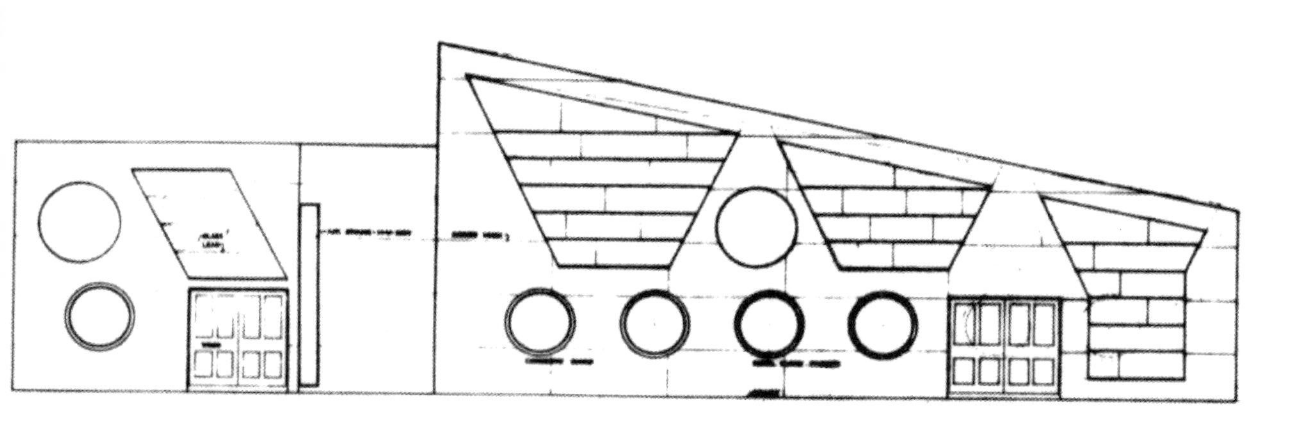

LMP. 11

立面，1964 年 10 月 20 日绘。

最终版本

1964—1966 年绘，未建成。

LMP. 12

首层平面，1964 年 8 月 30 日绘，展示了位于室外剧场利台阶式屋顶下方的空间。

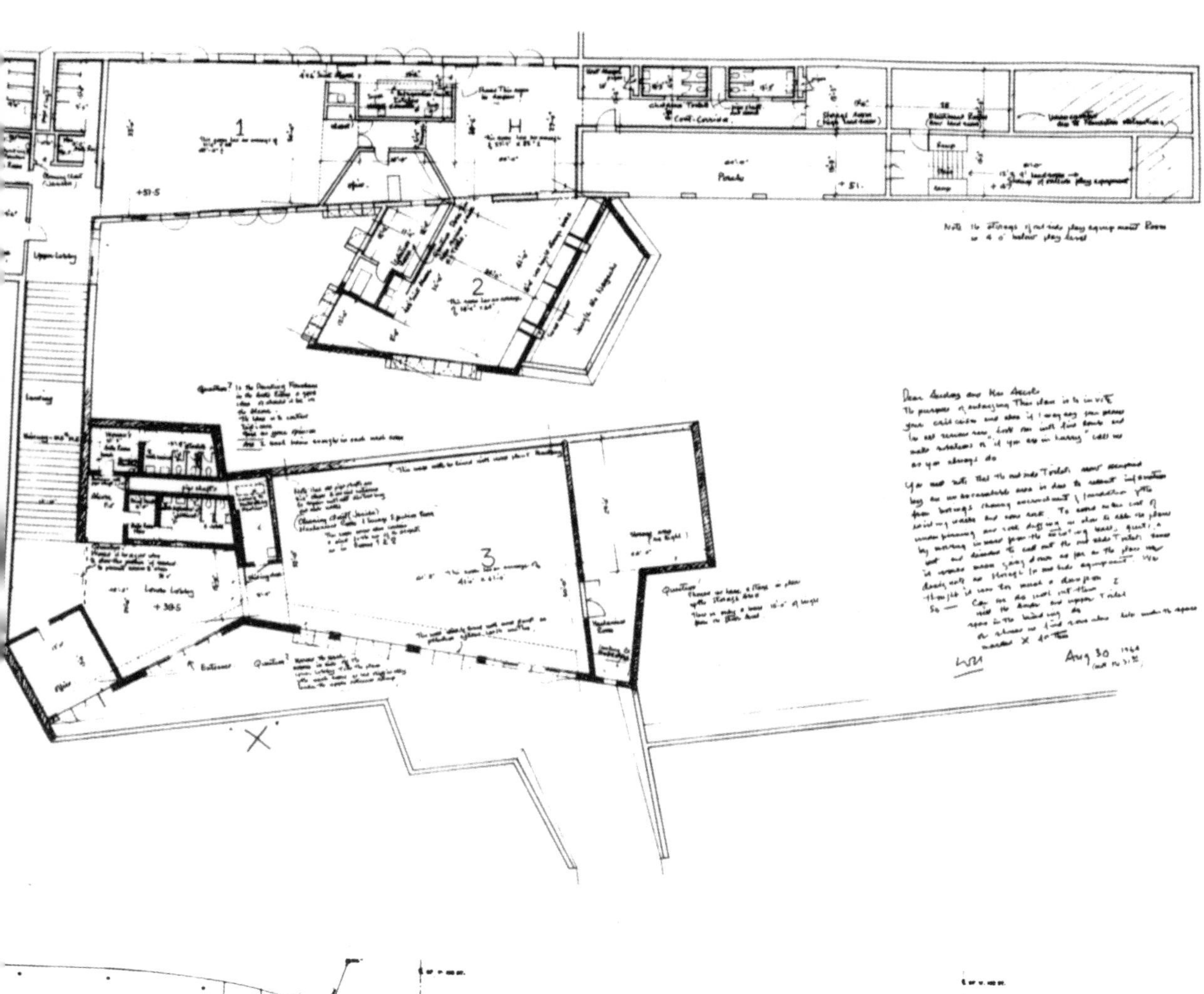

右下侧的笔记写道：

“亲爱的安德雷（Andrey）和阿希利（Ascili）小姐，这张放大平面是想请你们做一些批评，如果是称赞亦可。请在上面做一些标注，或者你们很忙的话直接给我打电话吧。你们会注意到原本在外面的卫生间，现在由一片没有挖掘的区域占据，这是由于最近的挖掘信息展示了它的基础碰到了现存的墙基和一些岩石。为了节省打桩和修整岩石的额外费用，我们选择把平面由现状墙朝里移动一些，并决定取消外部的卫生间，因为这意味着它会占据我们为外部设施提供储存功能的房间。我们认为这有一点太……所以我们可以没有外部卫生间吗？建筑里楼上楼下的卫生间是否够用？或者我们应该在地下的什么地方再找一个空间？

1964 年 8 月 30 日（不是 31 日），路易斯。”

平面上主要的标记写着：

“1——（房间），该房间的长宽约为 31 英尺 6 英寸 × 45 英寸”；

“H——（大厅），该房间的长宽约为 27 英尺 9 英寸 ×25 英尺 ±”；

“独立屋”；

“问题：该房间需要一个洗涤槽或一个厕所吗”；

“2——（房间），该房间的长宽约为 38 英尺 6 英寸 ×24 英尺”；

“野口勇的丛林 A（Jungle A）”；

“注意外部储藏室比游乐层低 4 英尺”。

底部自左至右：

“问题：如果需要阻止人们到达楼梯，这个位置要关闭吗？”

“问题：这个位于前厅的喷泉好吗？还是应该位于壁龛里？目的是想要营造整齐感。请给出您的建议。每个洗漱间两座洗手池够了吗？”

“这座墙会镶有木板。”

“注意到所有的管道井净宽有 3 英尺，以保证维修时不破坏外墙就能够进入。”

“该房间也可以包含一个洗涤槽，以供房间 1 和 2 的使用。”

“问题：在较低层大堂一侧的卫生间，是否能够替代我们之前设置在较高层入口坡道下方的卫生间？”

“3——（房间），该房间的长宽约为 41 英尺 ×61 英尺。”

“这座墙会镶有木板以抵御严酷的天气。”

“问题：我们是否应该用一个舞台替代储藏空间。从地面层开始算的话，它净空只有 10 英尺。”

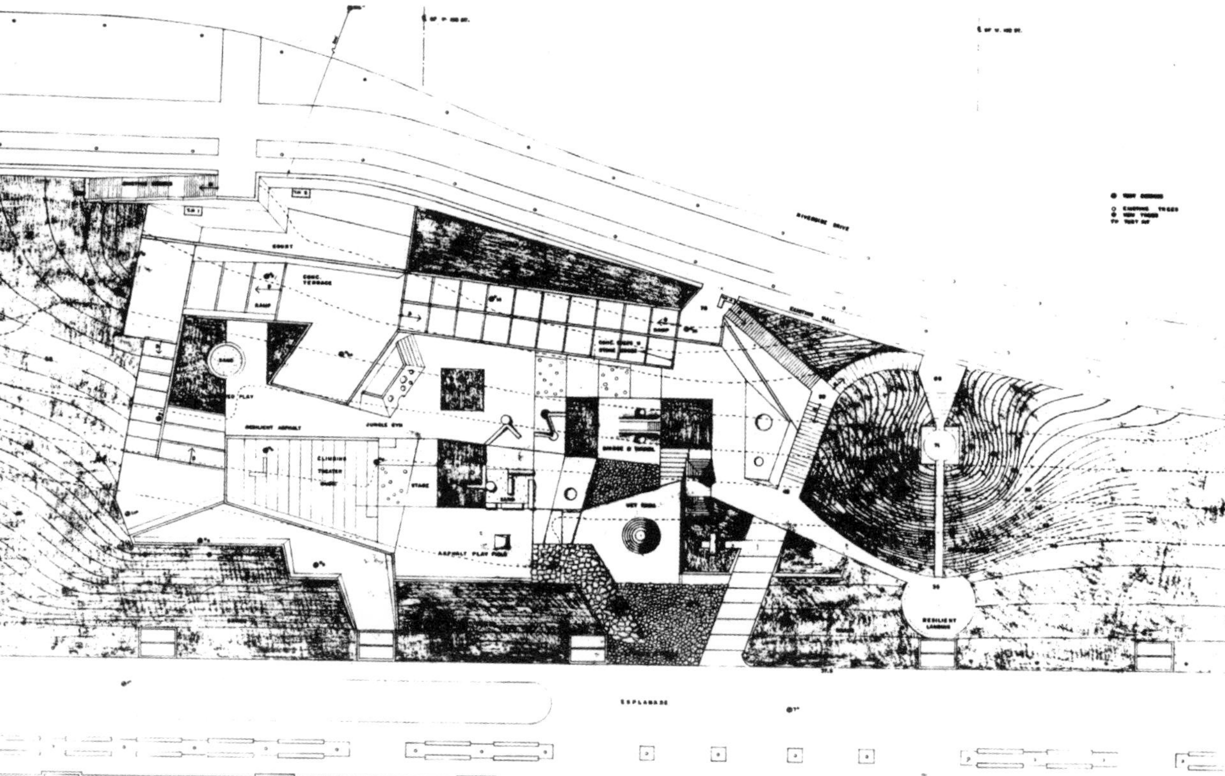

LMP. 13

总图，1965 年 9 月 8 日绘，展示了游乐场自左侧的 102 街一直延伸到右侧的 103 街。

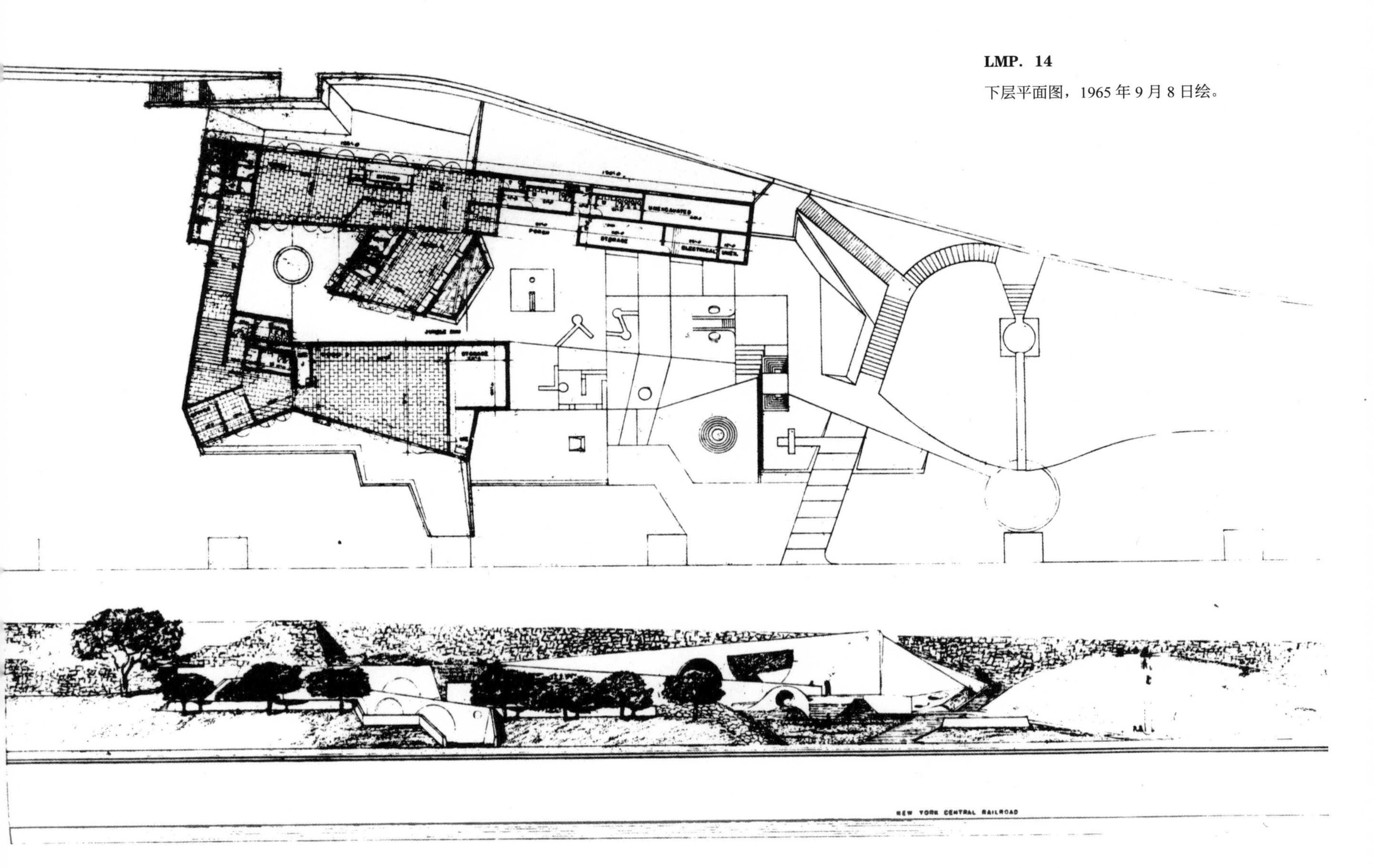

LMP. 14

下层平面图，1965 年 9 月 8 日绘。

LMP. 15

西立面，1965 年 9 月 8 日绘，展示了纽约中央火车隧道作为基线。

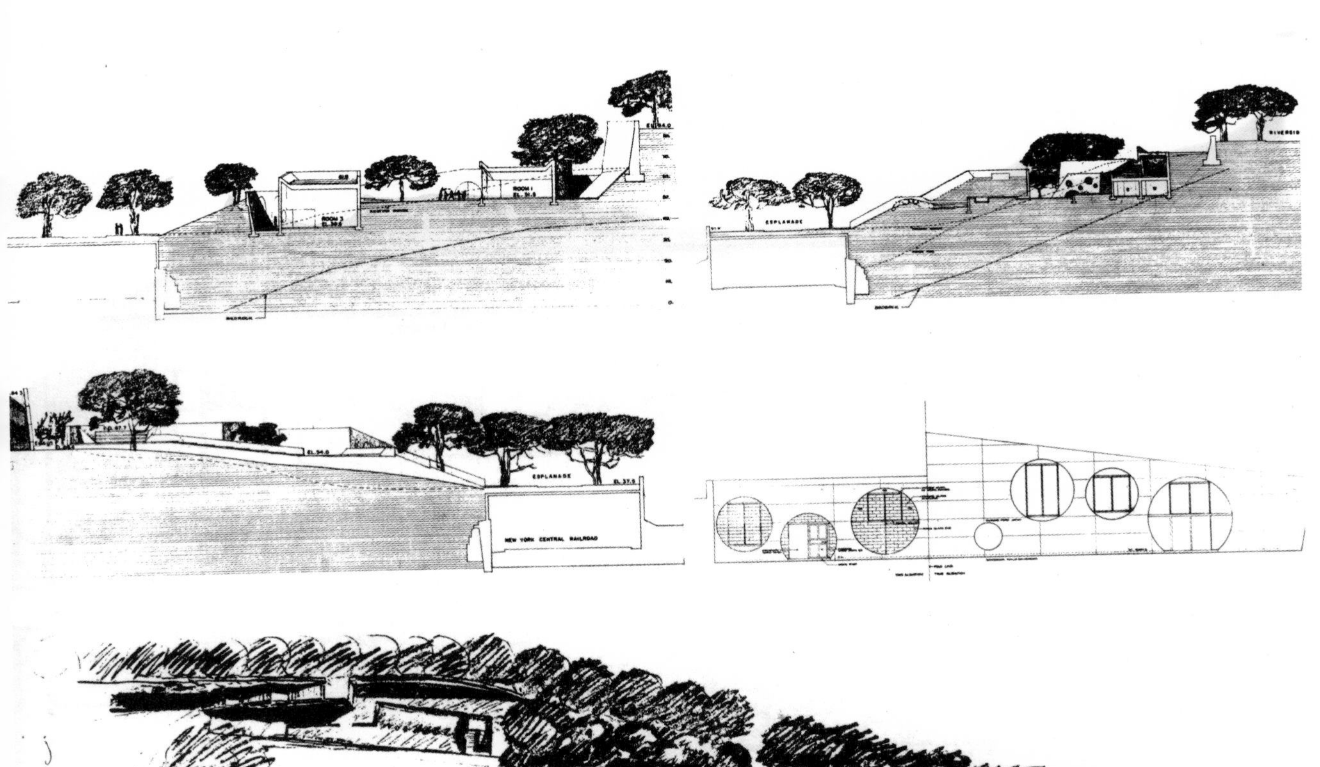

LMP. 16—17

东西向剖面，1965 年 9 月 8 日绘，展示了位于左侧的纽约中央火车隧道和位于右上方的河边道。

LMP. 18

北立面，1965 年 9 月 8 日绘。

LMP. 19

立面，展示了圆形窗的研究。

LMP. 20

鸟瞰图。

“这里没有什么不和公园对话的。”

“这个设计是由一个不怎么寻常的项目的要求来引导的。基地是一道斜坡，从非常高的挡土墙一直延伸到带顶的铁路道。”

“建筑嵌在斜坡的后部区域，以草覆盖，并设有采光井。”

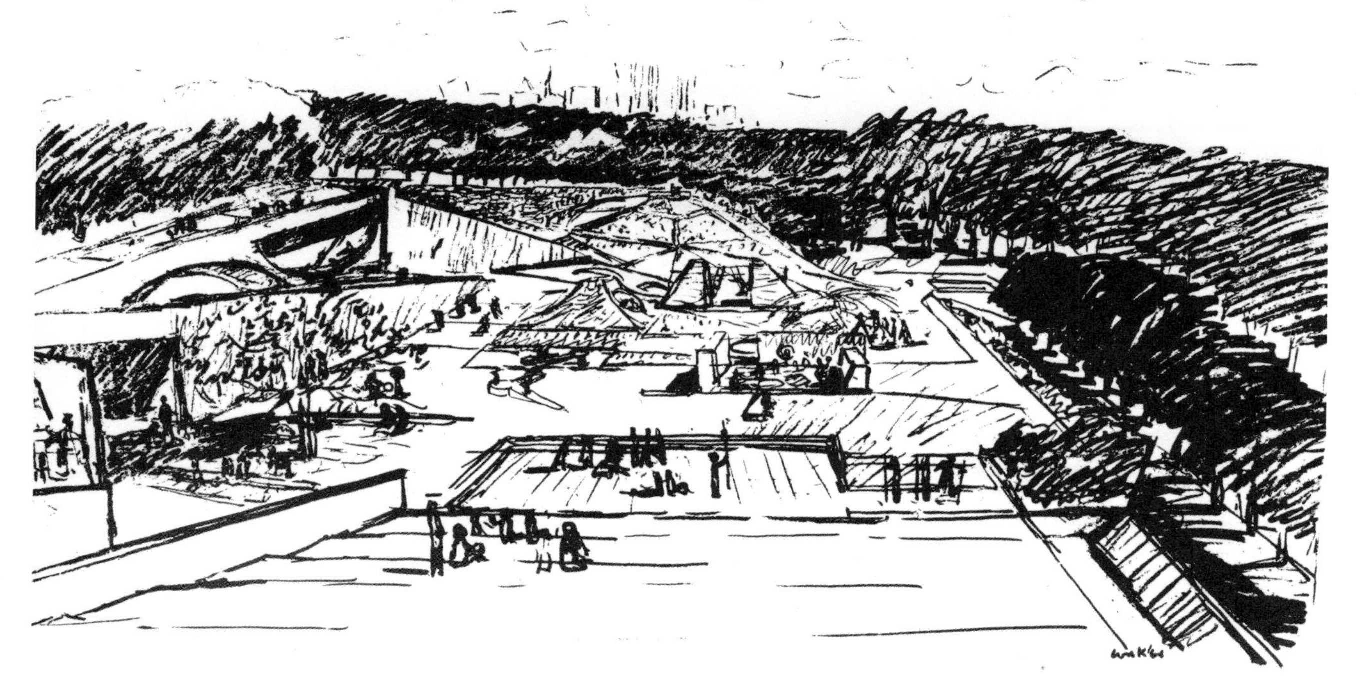

LMP. 21

透视草图，1966 年绘，从室外剧场的顶部向南看去。

“我没有把它当成建筑做，野口勇也没有把它当成雕塑做。我们两个都感到它是一个地形，并非一条等高线，而是由多个等高线交织在一起。怀着这样一种渴望，我们既不说它是建筑，也不说它是雕塑。”

LMP. 22

透视草图，朝河边道的挡土墙看去。

“这个形状是野口勇设计的。从我的观点来说，如何建造它们是需要回应秩序问题的。野口勇同样有关于秩序的观点，然而他却不受此约束。这个游乐场必须能够界定我工作的范畴，同时也要满足他的。”

密克维以色列教会堂（1961—1970年）

费城，宾夕法尼亚州

1961年年底，康被密克维伊斯兰的犹太社区委托设计一个犹太教会堂。场地位于一块404英尺长、116英尺宽的平整地块上，连接着费城中城的独立大厅。

1966年，方案（MIC. 30—31）被费城再开发局作为独立大厅城市更新计划的一部分展示了。

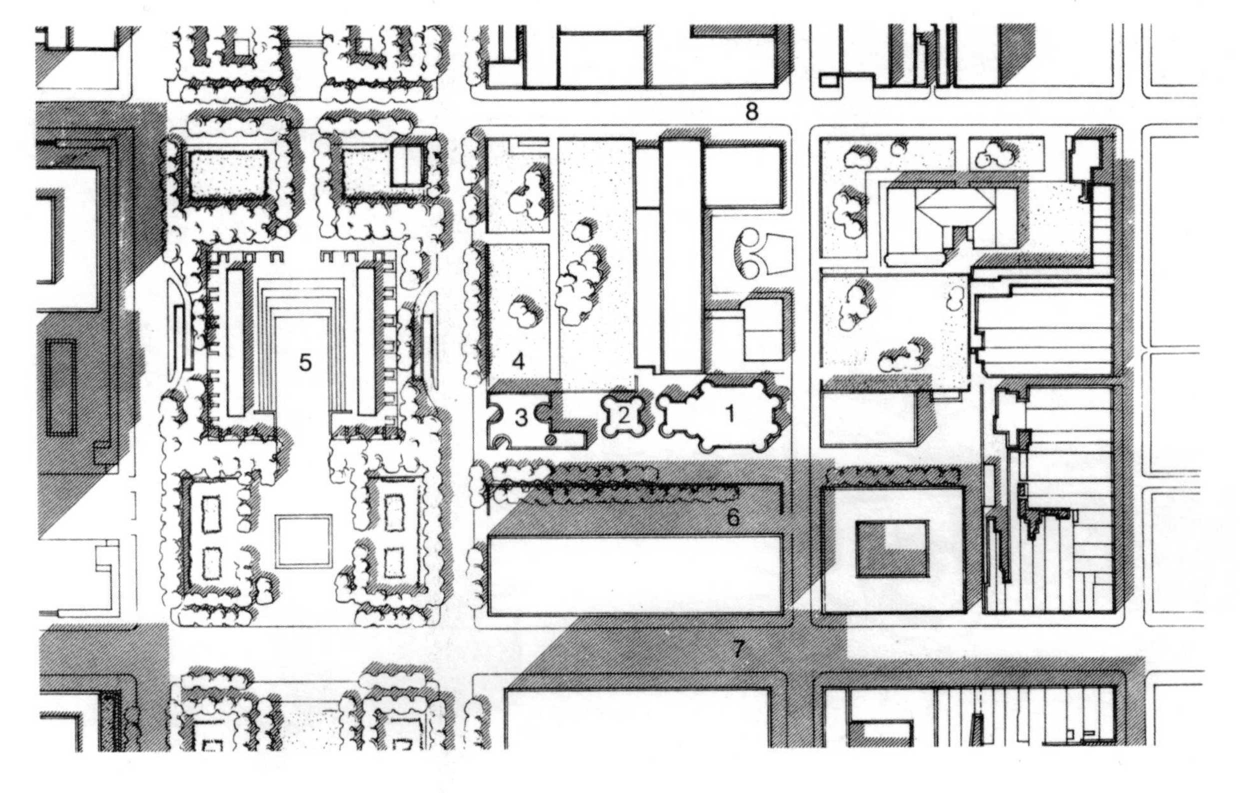

MIC. 1

场地平面，在更大范围的场地中展示了1966年的版本。

“1”为圣殿：研修屋；
“2”为小礼堂：祈祷屋；
“3”为学校：社区屋；
“4”为基督教堂墓地；
“5”为独立大厅；
“6”为基督教堂过道；
“7”为市场街；
“8”为拱门街。

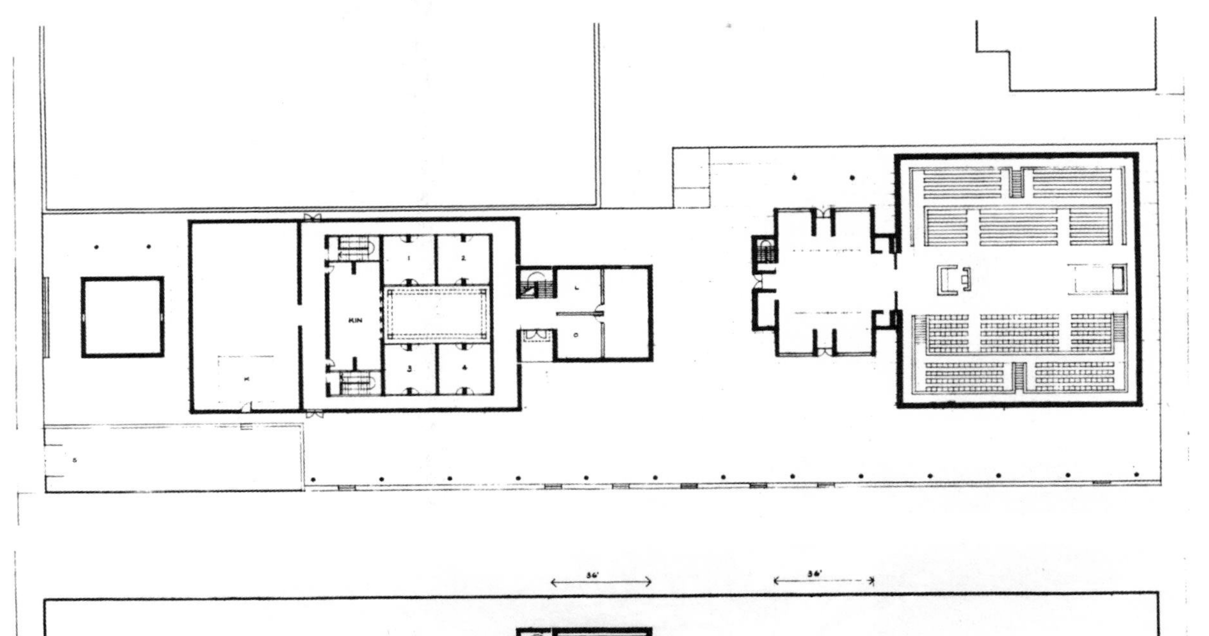

第一版

MIC. 2

一楼平面，1962年4月前绘。右边的圣殿以及左边带小礼堂的学校在轴线上稍微错开了一些，以留出和街坊建筑60英尺的距离。平面底部的小图展示了上层36英尺见方的祈祷房。

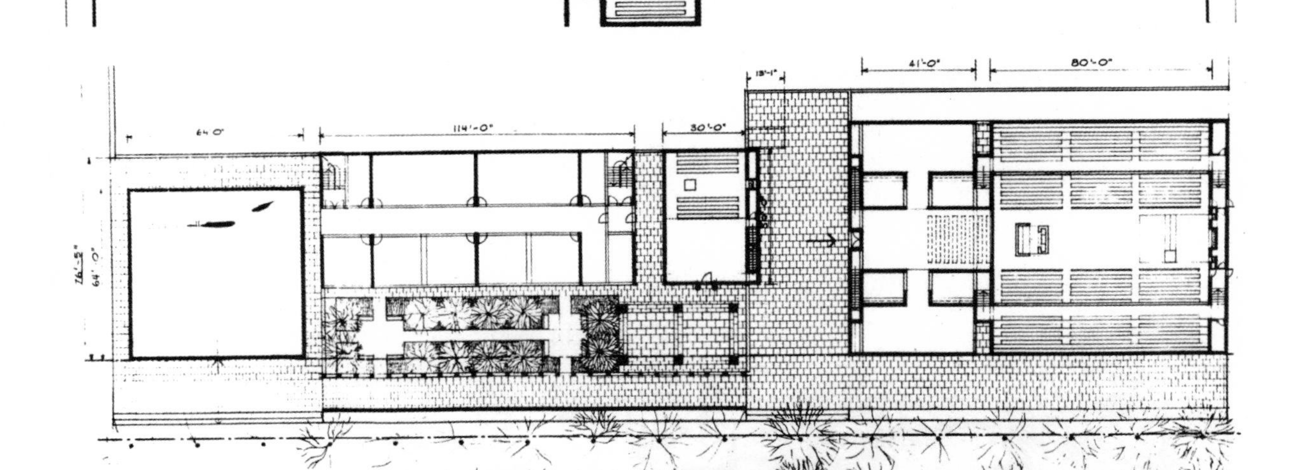

第二版

MIC. 3

一楼平面，1962年6月22日绘。通过表达建筑体量的区别，项目渐渐变得清晰。建筑综合体有两个入口。一个通向美术馆，另一个通向圣殿。在两个入口之间有一个苏克棚（Sukkah）以及一个形式化的花园，由绿树成荫的基督教堂道的一堵墙围合。

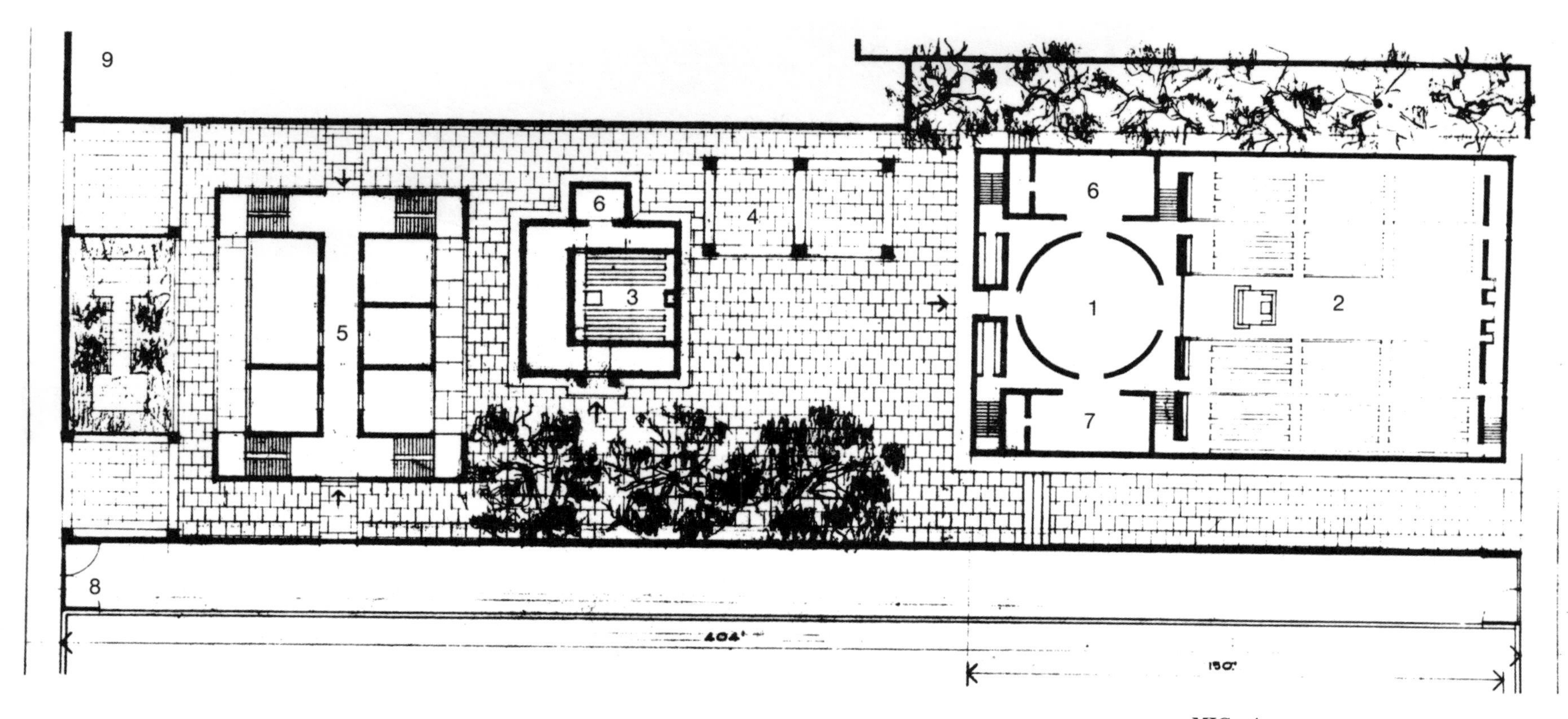

MIC. 4

一楼平面，1962年6月22日绘。通过舍弃美术馆，以及把形式化的花园往独立大厅移动一些，形成了一个中央庭院，由此可以进入小礼堂、苏克棚和圣殿。整栋综合体的入口需要从独立大厅进入。

“1”为入口大厅；

“2”为圣殿；

“3”为小礼拜堂；

“4”为苏克棚；

“5”为学校和社区房；

“6”为忏悔室；

“7”为历史室；

“8”为基督教堂过道；

“9”为基督教堂墓地。

MIC. 5

平面草图，学习房，1962年绘，展示了由方形入口大厅进入圣殿。忏悔室和历史室位于入口大厅的两侧。平面基于一个21英尺的格网，主要的室内空间由布置于格网中线的墙界定。

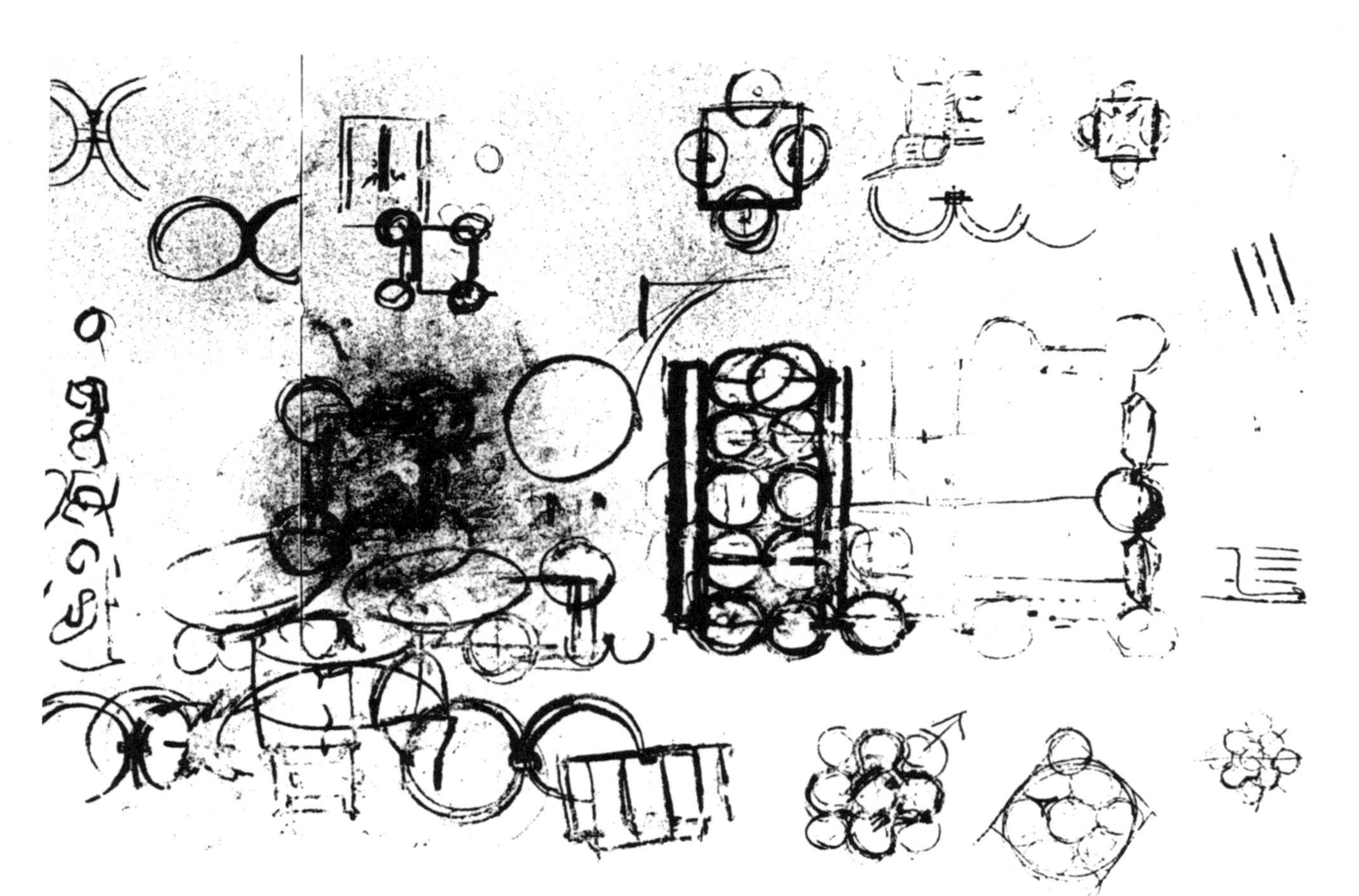

MIC. 6

平面草图，1962年绘，展示了“窗户房”的概念的出现，平面基于MIC. 5所示的21英尺格网，而之后变为20英尺。

“这些空间由直径为20英尺的窗户房包围，彼此之间通过墙的走廊连接。这些窗户房元素在外侧设有玻璃开口，在内侧则是没有玻璃的拱券开口。这些围绕犹太教会堂的光屋构成回廊。这些窗户房在入口和小礼拜堂的构成中同样存在。社区大楼采用了类似的想法，自然光通过外部无屋顶的房间引向内部。”

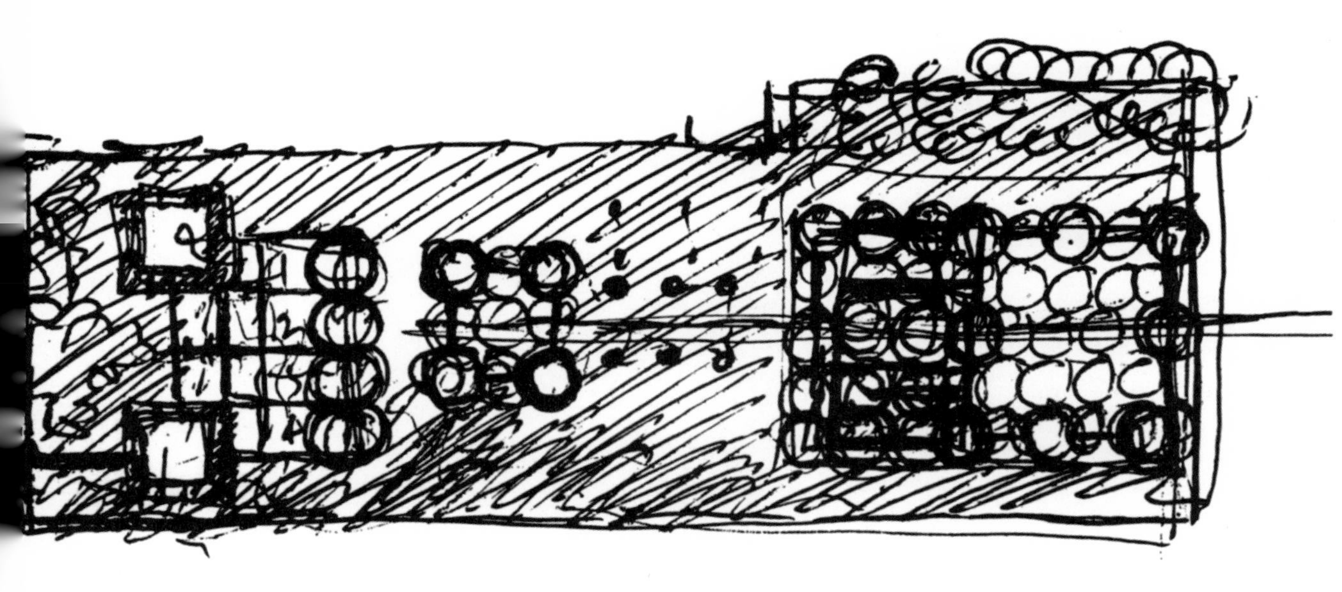

第四版

MIC. 7

平面草图，1962 年绘，展示了小礼拜堂、苏克棚以及圣殿坐落于一条共同的轴线上，同时带有四间教室的学校楼稍稍向左偏离了轴线。这张草图充分展示了基于统一格网的窗户房概念的重要性。

MIC. 8

南立面草图，1962 年绘，展示了位于研修屋和祈祷屋之间较低的苏克棚。学校楼位于左侧。

MIC. 9

南立面草图，展示了对建筑相对高度的研究。

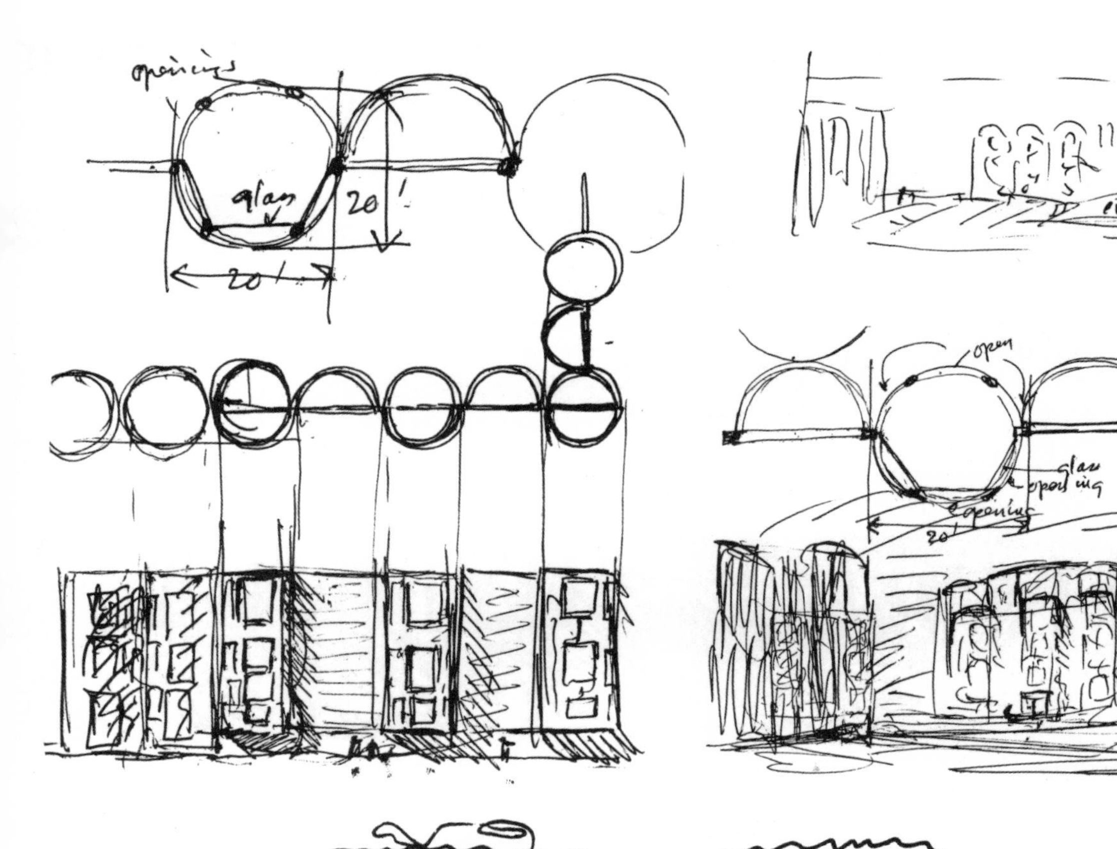

MIC. 10—11

平面、立面及透视草图，1962 年绘，展示了对圣殿以及直径 20 英尺玻璃房的研究。

MIC. 12

南立面草图，1962 年绘。为了表达小礼拜堂和圣殿之间的入口空间，位于教室和小礼拜堂之间的花园被略去了。

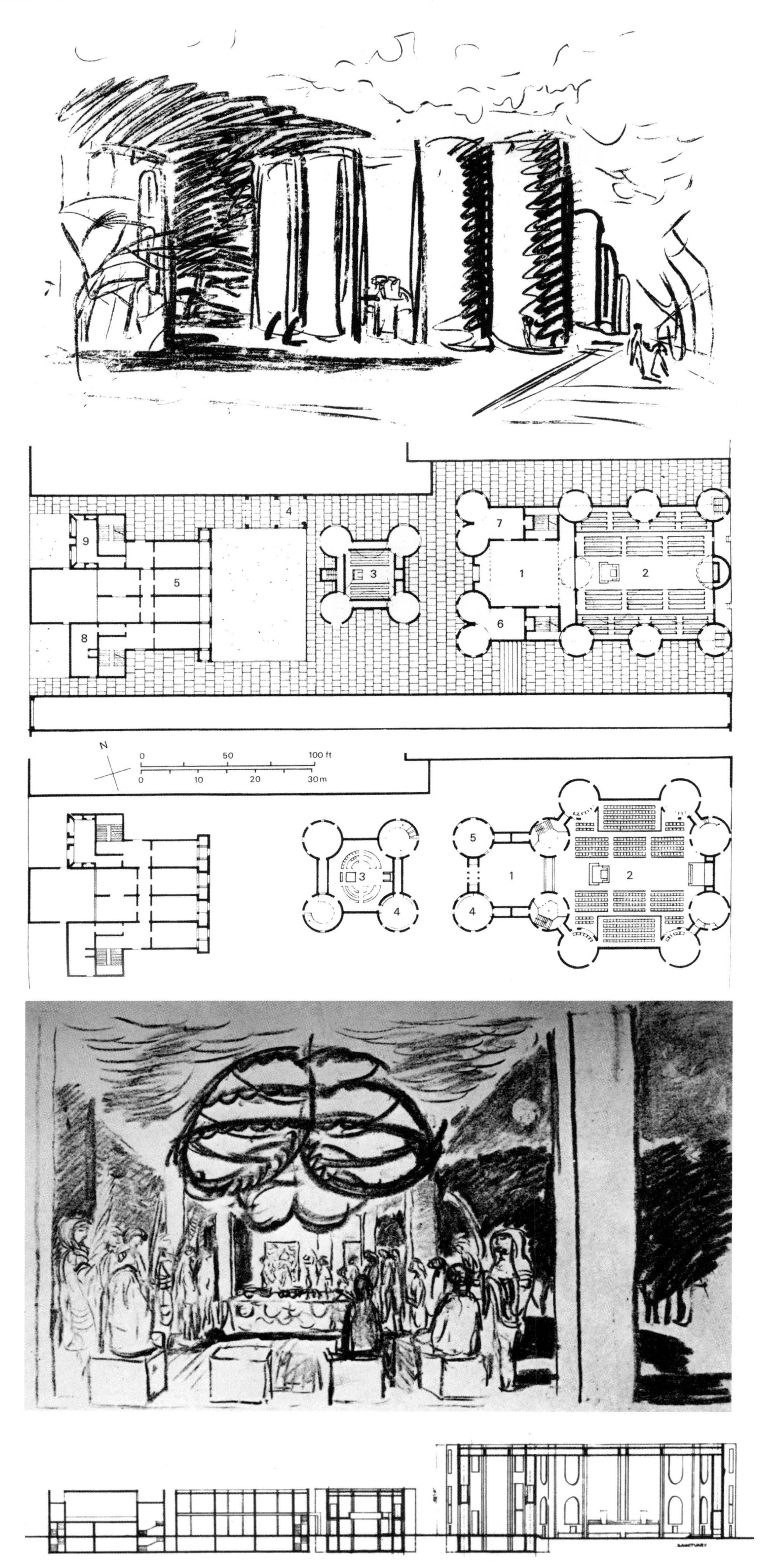

MIC. 13

透视草图，展示了圣殿入口处一个有树的空间。

第五版

MIC. 14

一层平面，1962 年绘，展示了 8×5 单元的研讨屋，以及 3×3 单元的祈祷房。它和社区房由一个花园分开，在花园后面安排了苏克棚。

"1" 为入口大厅；

"2" 为圣殿；

"3" 为小礼拜堂；

"4" 为苏克棚；

"5" 为教室；

"6" 为忏悔室；

"7" 为历史室；

"8" 为办公室；

"9" 为服务设施。

第六版

MIC. 15

一楼平面，1962 年绘。

这一阶段在设计次序上有两个主要的改变，一个是小礼拜堂和圣殿的入口组织在了一起，通过一个小庭院进入。圣殿尽管依旧基于窗户房和格网的概念，但是它的形状变成了扁长的八边形，摆脱了原本正方形格网的束缚。忏悔室和历史室（美术馆）设置在入口边的光屋里。

"1" 为入口大厅；

"2" 为圣殿；

"3" 为小礼拜堂；

"4" 为忏悔室；

"5" 为历史室。

第七版：1962—1963 年绘

MIC. 16

透视草图，展示了苏克棚的透视草图。

"在庆祝住棚节（Tabernacle）期间，这里会被树枝、植物、花朵和树叶轻轻地覆盖，使微风、雨露和星光能够从顶部渗入。"

MIC. 17

水平剖面，1962 年 10 月 22 日绘，自左到右展示了带礼堂和教学楼的社区房、忏悔室、学习房、入口大厅和圣殿。这一阶段的主要改变是 L 形的社区房。

为了承载屋顶的重量，柱子置于建筑平墙部分的外缘，上面架着跨越开放空间的梁。

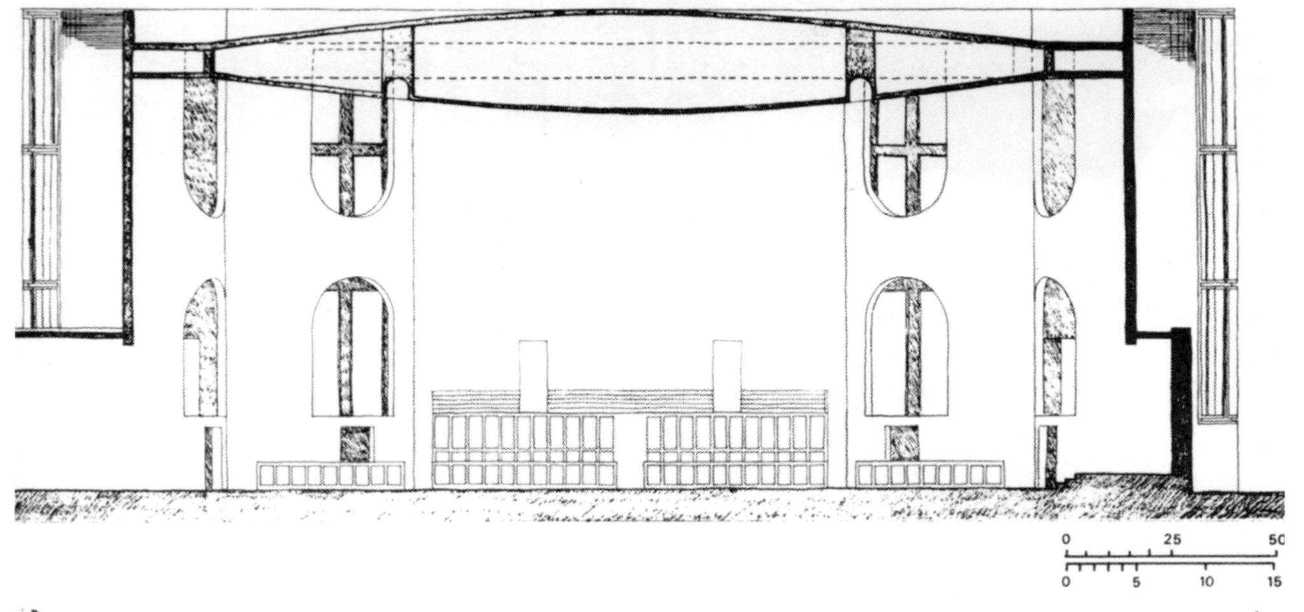

MIC. 18

通过圣殿的水平剖面，1962 年绘，展示了左边的祭坛柜以及连接到右边入口大厅的通道。注意双层曲面屋顶以及“光瓶”外立面的窗户。沿着墙面看不到柱子。

“外面的窗户部分不承载建筑的重量，可以通过平面看到窗户之间的空间才是承载重量的部分。由于它们的形状，窗户永远不能成为支撑。我选择把屋顶架在能够清晰定义一根柱子、一根梁、一道墙的窗户之间。一根柱子意味着一根梁，一道墙意味着大量的梁或者一块板。它们是不一样的东西。”

MIC. 19

室内透视草图，1962 年绘，展示了照亮圣堂室的“光瓶”。

第八版：1963 年绘

MIC. 20

一楼平面，1963 年 1 月 22 日绘，展示了 L 形的社区房形成了面向基督教堂墓地的院子。苏克棚被安置在这个靠近忏悔室的院子里。市场街物业大厦和犹太教堂之间的空间被一排树分成两部分，一面形成了通往物业大厦的后勤车道，另一面则构成了犹太教堂的入口步道。

“1”为通道；

“2”为储藏室—冰箱；

“3”为上菜架；

“4”为门厅；

“5”为壁龛；

“6”为诵经台；

“7”为祭坛柜；

“8”为小礼拜堂入口；

“9”为食品储藏柜；

“10”为美术馆；

“11”为游行入口；

“12”为男性入口；

“13”为藏书室；

“14”为女性楼座下的管道空间；

“15”为游行空间；

“16”为男性座位；

“17”为消防逃生楼梯；

“18”为女性楼座。

座位容量：

男性座位：320；

男性备用座位：71；

女性座位：210；

女性备用座位：92；

总座位：693。

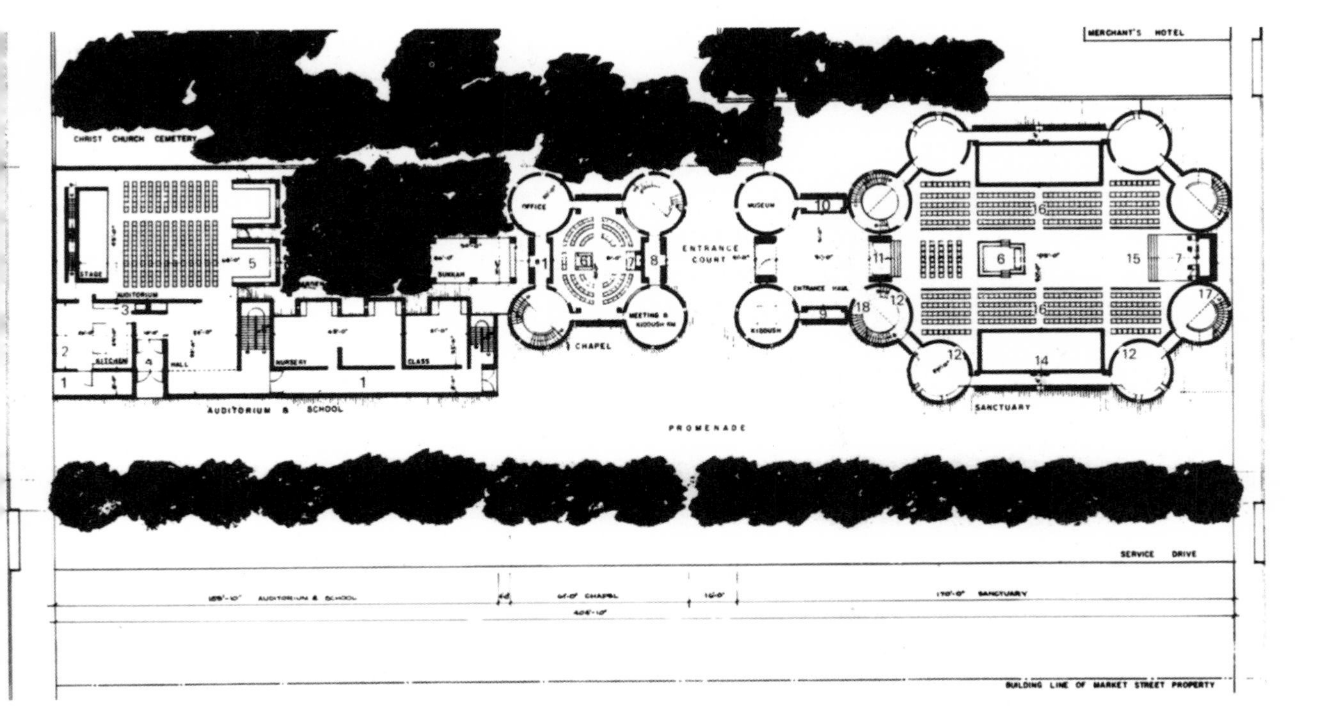

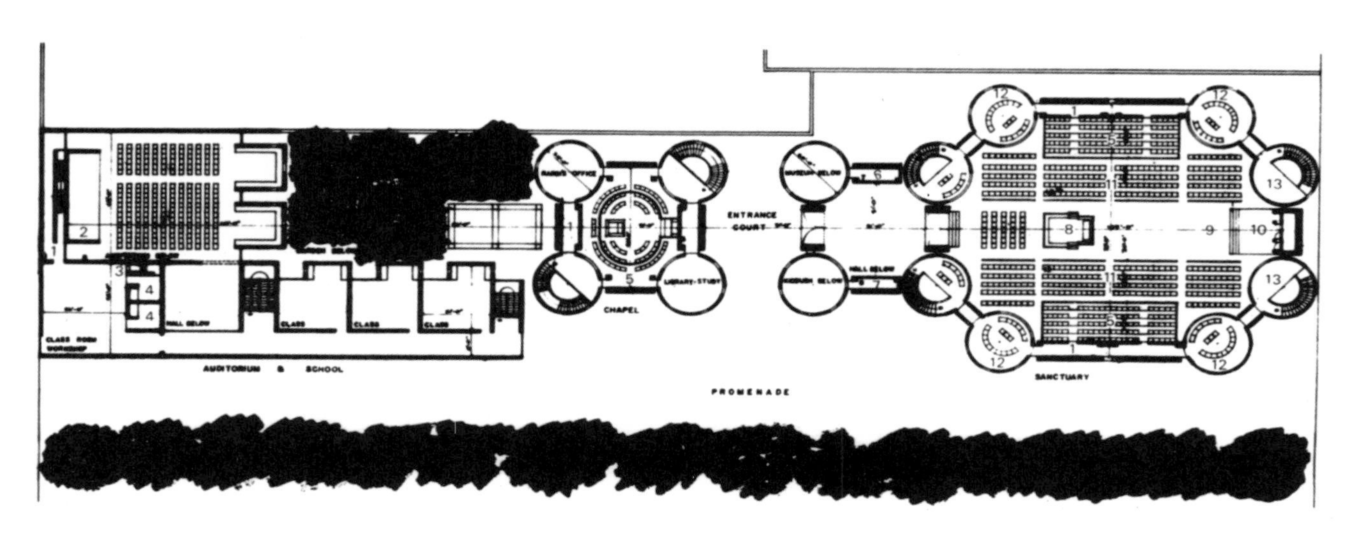

MIC. 21

二楼平面，1963 年 1 月 22 日绘，展示了圣殿、入口大厅、小礼拜堂和礼堂的上部分。教学楼配有一层的教室、厨房、工坊及更衣室，而入口大厅有两层楼高并通向礼堂。学习房和祈祷房的“光瓶”被用作不同的功能：座席室、书房、办公室以及容纳一些半圆形的楼梯。

“1”为通道；

“2”下层为舞台；

“3”为上菜架；

“4”为更衣室；

“5”为女性楼座；

“6”下层为美术馆；

“7”下层为烘焙房；

“8”为诵经台；

“9”为游行空间；

“10”为祭坛柜；

“11”下层为男性座位；

“12”为辅助女性座位；

“13”为消防逃生楼梯。

MIC. 22

透视草图，1963 年绘，展示了学习房、社区房、祈祷房以及宽敞的步行大道的南立面。在这一阶段的设计深化中，尽可能地把这三栋建筑向南边挪动，以此为步道提供更宽敞的空间。

MIC. 23

透视草图，1963 年绘，展示了在“光瓶”之间 16 英尺宽的入口庭院、左边的祈祷房以及右边的学习房。

MIC. 24

透视草图，1963 年绘，圣殿，展示了在诵经台和祭坛柜之间的游行空间。

“如果没有自然光，一个空间就无法成为建筑。人工光是用枝形吊灯将夜光表达出来的方式，不能与自然光捉摸不定的游戏相提并论……建筑与空间相关，建筑空间是结构自明的。一个大跨空间应该努力不被中间的分割挥霍。建筑艺术有很多精彩的空间例子，但是没有欺骗。一道分割穹顶空间的墙会抹去穹顶的全部精神。结构是对光的设计。拱顶、穹顶、拱券、柱子都是和光的特征相关的结构。当自然光进入修饰空间时，它通过空间的结构以及不同时间季节的微妙差别，赋予空间情绪。”

MIC. 25

透视草图，1963 年绘，小礼拜堂，展示了两层高的位置，右侧为祭坛柜。

“对下方空间而言，获得自然光有点难度，尽管人可以在二层获得塑造这间屋子的采光。所以我设计了位于 4 个角落的采光井，自然光可以从上方进入照亮下方的空间。由于这个空间是个方形，仅仅两边的光无法表达出方形的特性，因此我感到在每个角落设置采光井，以从上方引入自然光，有助于表达这个房间的形式和形状。”

第八版：1964—1966 年

MIC. 26

模型视角，展示了利用“光瓶”来为社区房提供自然光采光。祈祷房和社区房现在有一样的高度。“在模型里，这些让窗户房结构独立的开放空间太宽了，但是它们是有必要的，因为可以为这些圆形空间提供采光源。外部光线经过玻璃房进入室内空间，使得犹太教堂免受眩光的干扰。整个想法来自意识到暗处的墙和亮处的窗户的对比产生的问题，它们会导致室内形状不可辨别，并对眼睛造成眩光的影响。”

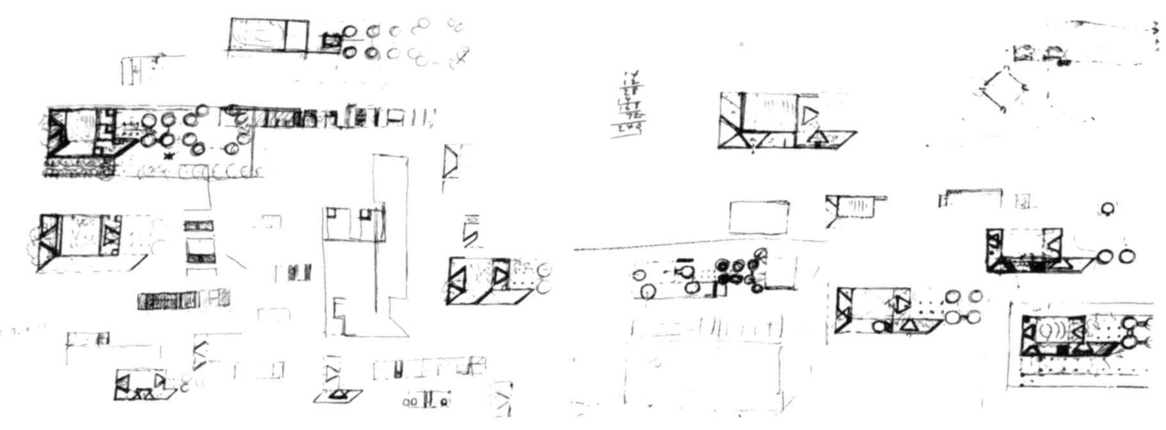

MIC. 27—28

平面草图，展示了引入采光井而对社区房做的改变。三角形式是出于实际考虑的原因，来区别世俗空间和宗教空间。

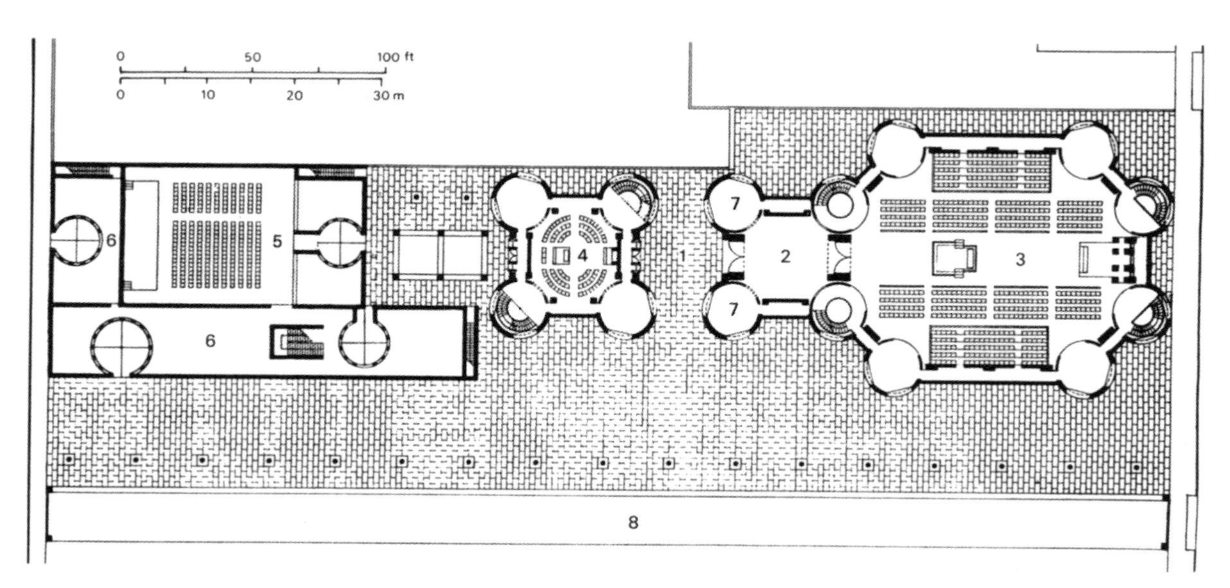

MIC. 29

一楼平面，展示了社区房插入一些“光瓶”，作为圆形切口。在社区房和祈祷房之间的庭院被缩减到适应苏克棚的尺寸。

“1”为入口空间；

“2”为入口大厅；

“3”为祭坛室；

“4”为小礼拜堂；

“5”为礼堂；

“6”为学校；

“7”为美术馆；

“8”为步道。

MIC. 30

南立面草图，1965 年绘。

MIC. 31

南立面，1966 年 4 月 29 日绘，展示了“光瓶”带有玻璃的开口。

MIC. 32

西立面，1966 年 4 月 29 日绘。

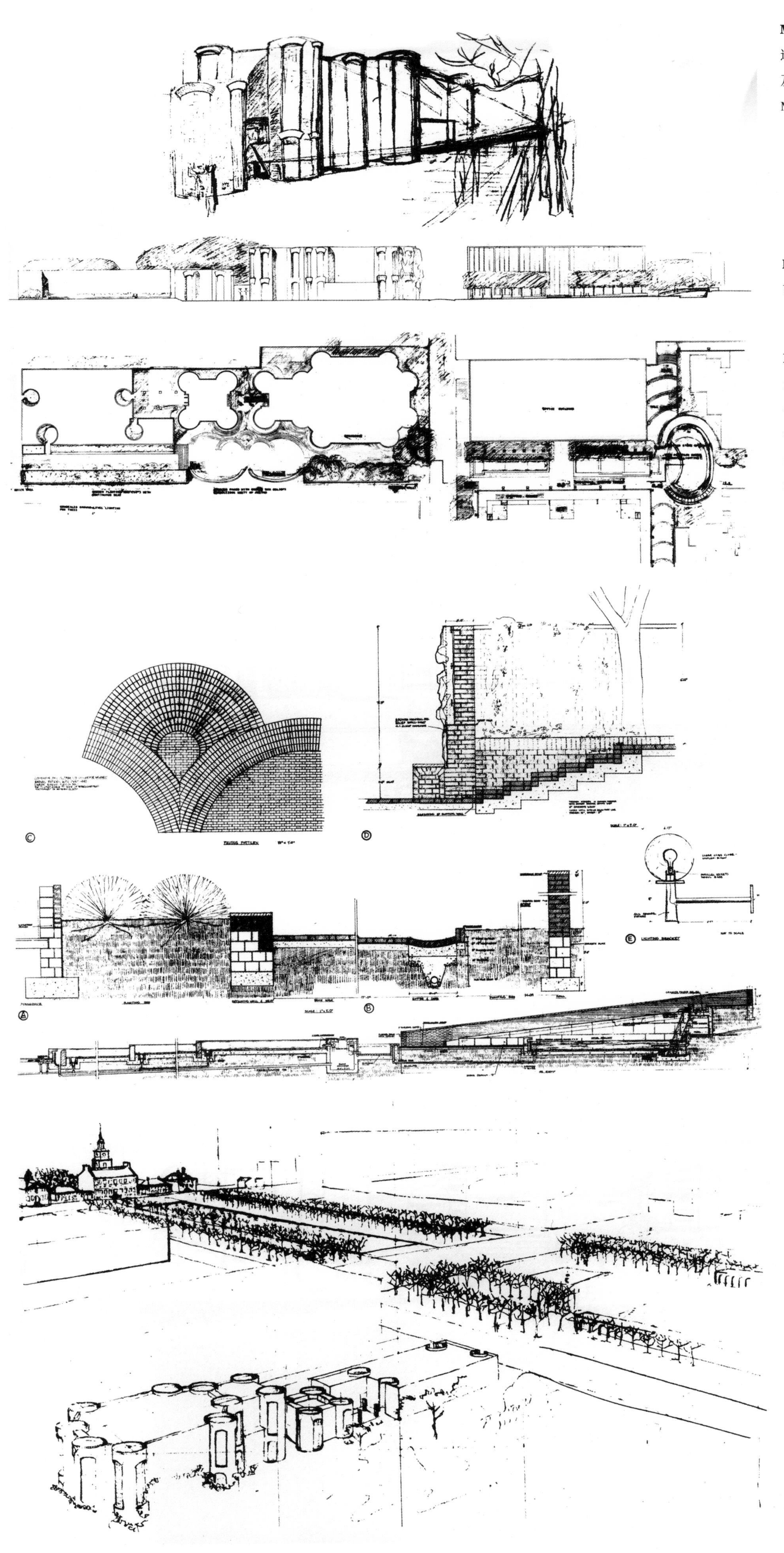

MIC. 33

透视草图，展示了通往学习房入口的西南视角以及绿树成荫的步道，祈祷房位于画面前景（参考MIC. 13 和 MIC. 22）。

MIC. 34

南立面，展示了通过步道和现状办公楼的剖面。

MIC. 35

景观平面，1967 年绘，展示了将步道一直向东延伸，经过第三第四街之间的办公楼的可能性（参考 MIC. 1）。在步道尽段，有一系列带有台阶的水池，并提议设计方形喷泉。犹太教堂和办公楼周围的公共区域都提议采用砖铺地。

MIC. 36

细部平面和剖面，1967 年 5 月 11 日绘，展示了铺砖图案以及步道的景观细部。

右上：通过镶嵌着青铜纪念浅浮雕的隐墙剖面。

左中：通过组合墙、种植床、挡土墙、砖步道、排水沟以及路缘石的剖面。

右中：一个全部为青铜制的灯架的剖面。

下：通过阶梯水池以及左边喷泉的长剖面。

左上角的笔迹写着："犹太教堂铺装、树池及拱形步道。放射性图案以及横砌的线性图案一英式砌法，3/8 英尺连接（不规则的情况下可灵活变化），根据现状调整图案。"

MIC. 37

透视草图，展示了在城市环境中，犹太讲堂作为一组核心的建筑群垂直于独立大厅前的步行轴线（独立大厅在左侧）。

市场街的车行轴线没有被强调出来。

MIC. 38

研究模型，展示了犹太教堂的有窗房，祈祷房通过一条坡道引向座席层。右边巨大的圆砖柱体在圆形开口有一条坡道，很像达卡项目里的外形。

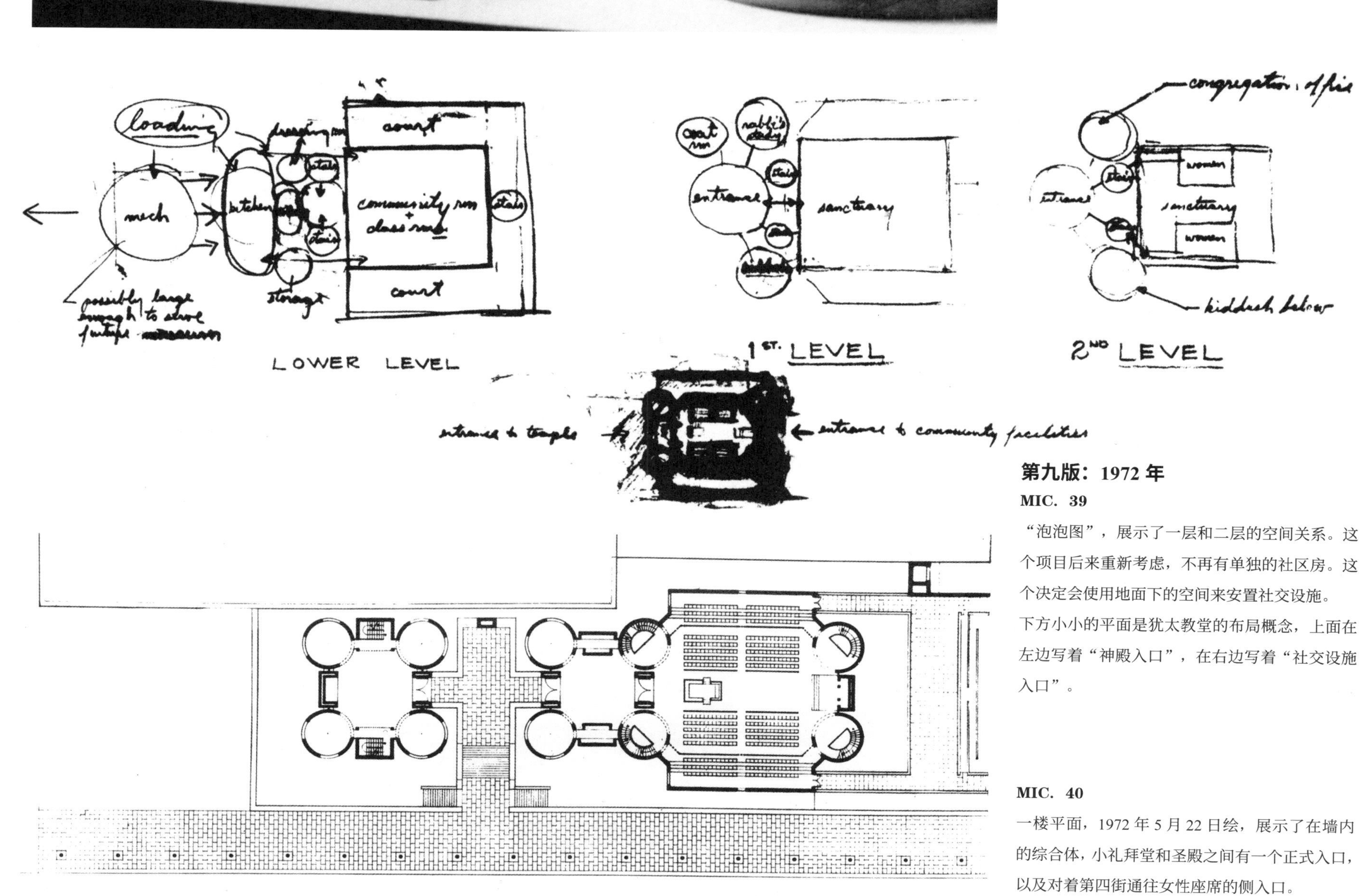

第九版：1972 年

MIC. 39

“泡泡图”，展示了一层和二层的空间关系。这个项目后来重新考虑，不再有单独的社区房。这个决定会使用地面下的空间来安置社交设施。

下方小小的平面是犹太教堂的布局概念，上面在左边写着“神殿入口”，在右边写着“社交设施入口”。

MIC. 40

一楼平面，1972 年 5 月 22 日绘，展示了在墙内的综合体，小礼拜堂和圣殿之间有一个正式入口，以及对着第四街通往女性座席的侧入口。

MIC. 41

通过建筑综合体轴线的水平剖面，展示了被分层的布局，允许社区房位于宗教空间的下方，通过一个下沉庭院采光。

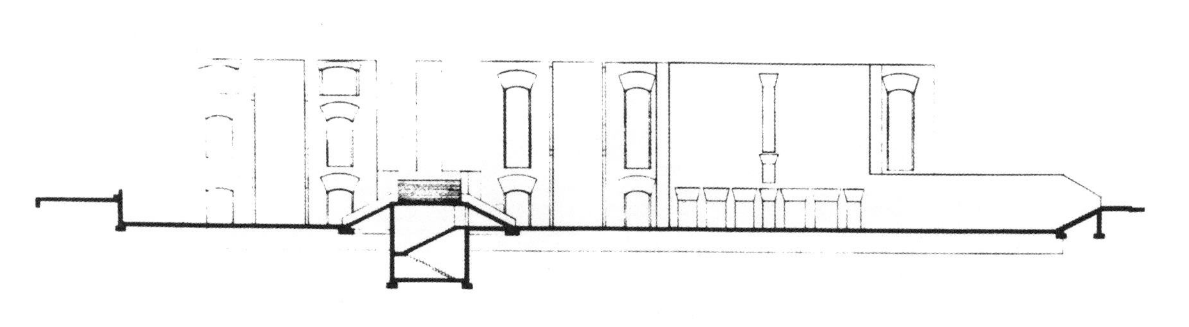

MIC. 42

通过入口楼梯的水平剖面，展示了犹太教堂综合体分层的形状及南立面。

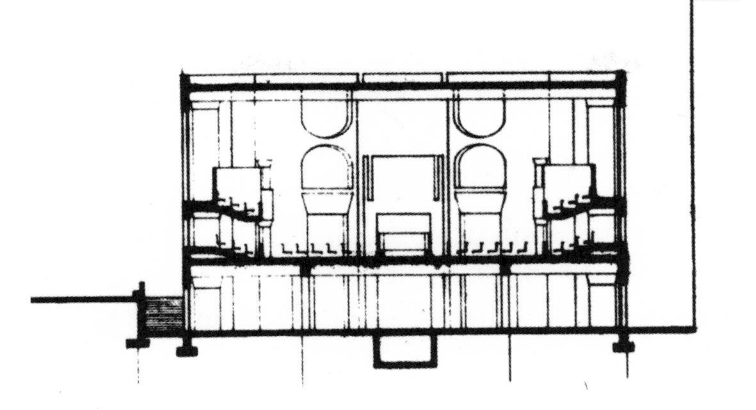

MIC. 43

通过圣殿的横剖面，望向祭坛柜。

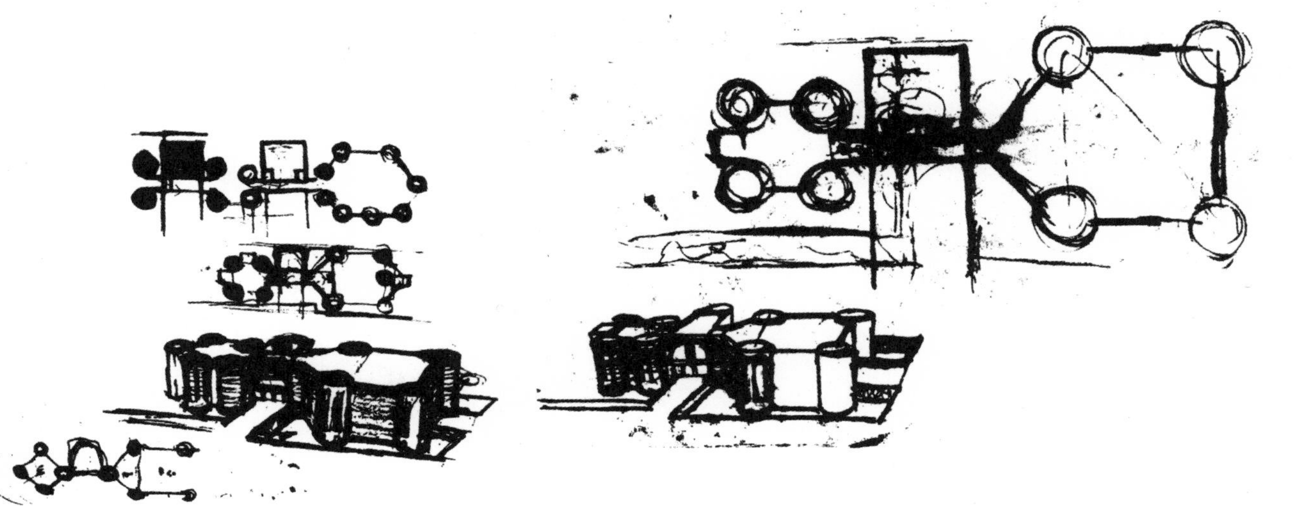

MIC. 44—45

平面和轴测草图，展示了通过改由圣殿入口进入犹太教堂综合体，并取消入口开放庭院，减少建筑体量的尝试。

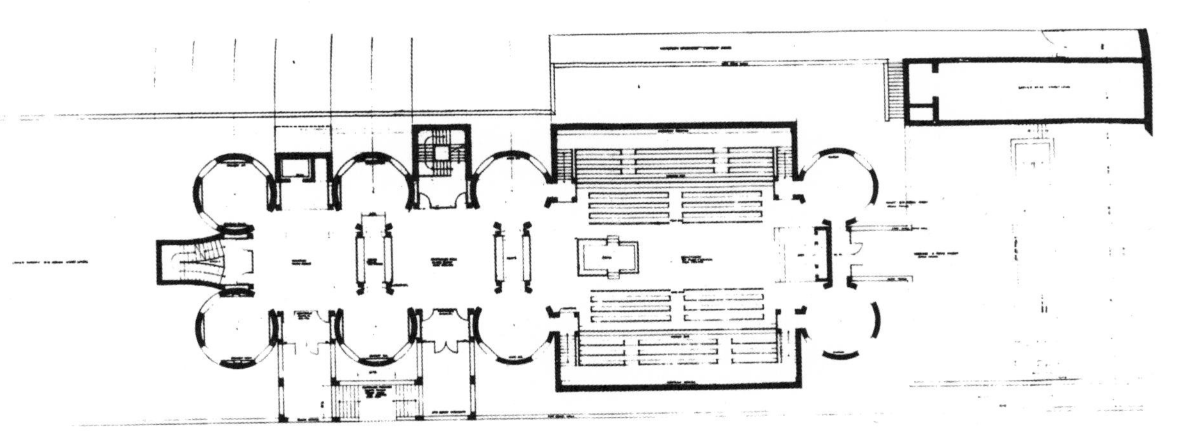

第十版：1972 年

MIC. 46

一楼平面，1972 年 10 月 18 日绘。平面被压缩，美术馆和圣殿分别位于入口大厅两侧。美术馆有一个单独的入口、单独的楼梯，以及通往社区中心设施的电梯。

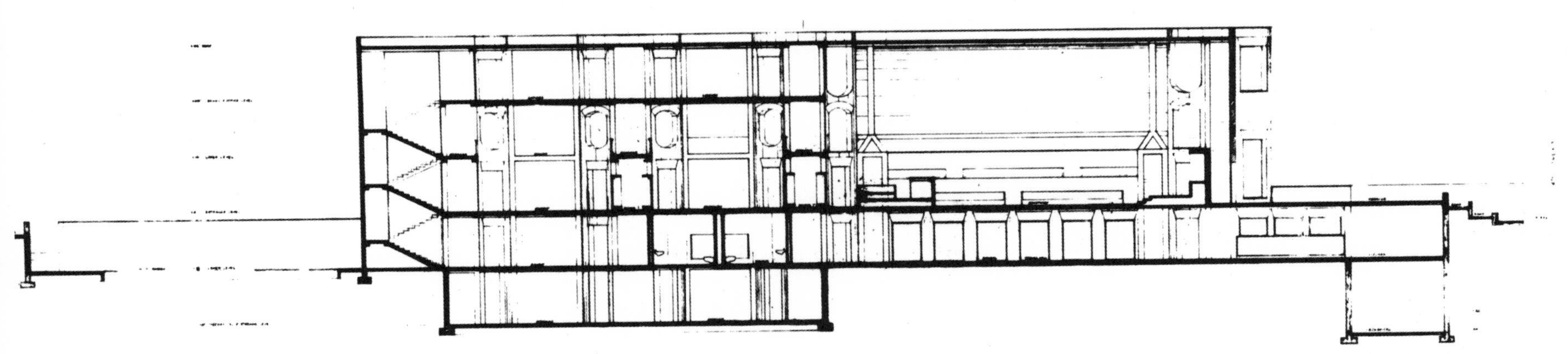

MIC. 47

通过建筑综合体轴线的水平剖面。最底层（-20 英尺）包含了机械和储藏区域。学校以及社交大厅位于 -8 英尺的平面。美术馆、入口大厅以及圣殿位于 +4 英尺的平面，在上述的两层区域之上，+28 英尺的水平面上有办公室和图书馆。屋顶位于 +40 英尺。

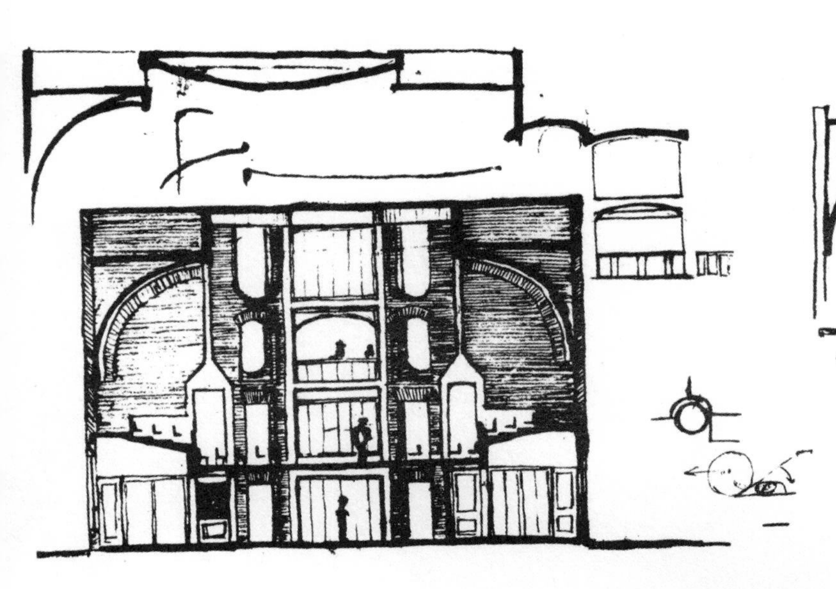

MIC. 48—49

通过圣殿的横剖面草图，展示了屋顶的结构。两根水平横梁支在 4 根柱子上，每根都立在一个四足座基上。右边的草图展示了屋顶天窗的形状，让人想起了金贝尔艺术博物馆的解决方案（KAM. 26—KAM. 27，第 331 页）。

第十一版：1972 年

未建成。

MIC．50

透视草图，展示了圣殿屋顶天窗的形状。犹太教堂和独立大厅保持着一个得体的距离。

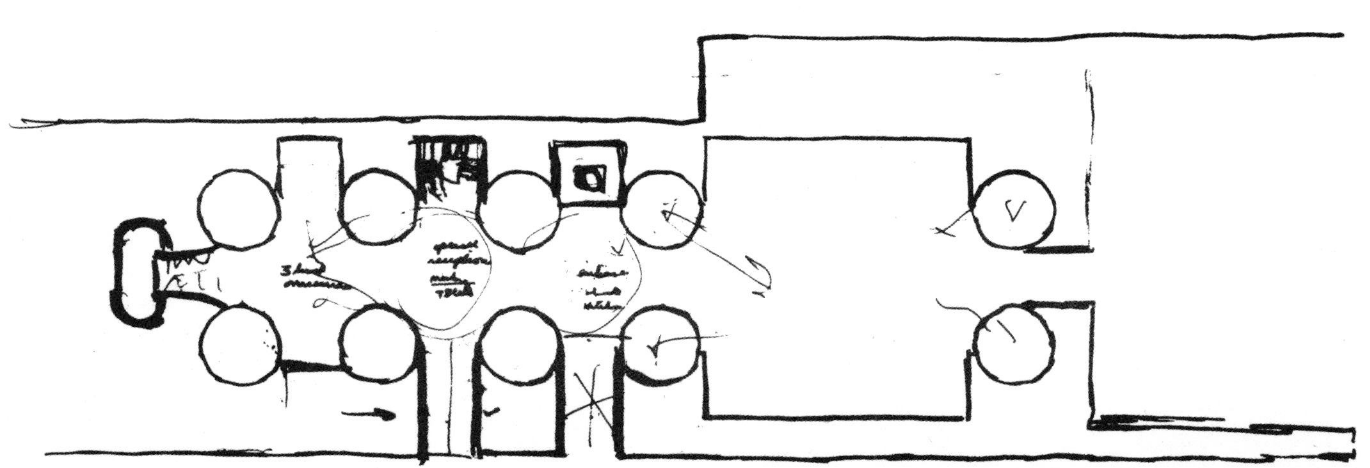

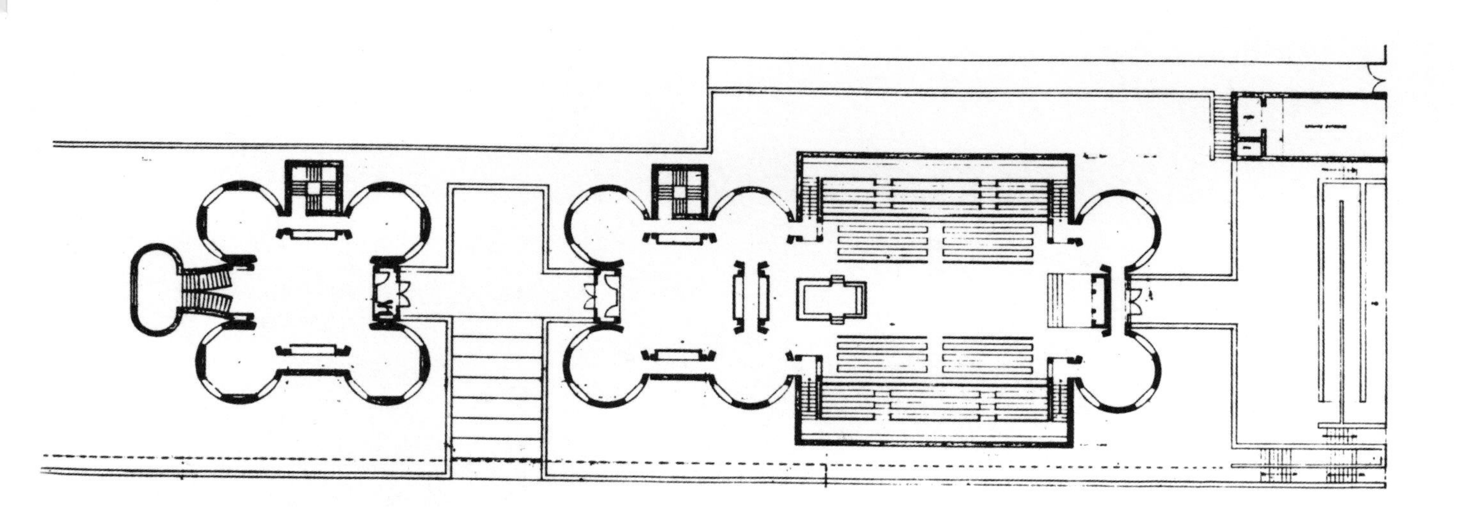

MIC．51—52

深化入口层平面，1972 年 12 月绘。减小体量的版本差强人意，MIC．40—MIC．41 的总体布局被重新考虑，而圣殿屋顶仍像 MIC．46—MIC．47 表达的那样。

MIC．53

南立面草图，1972 年 12 月绘，展示了犹太教堂及其位于小礼拜堂和圣殿之间的入口。树木长满了建筑综合体西部的空间，与基督教堂墓地以及独立大厅前的树融为一体。

艺术中心（1961—1973 年）

韦恩堡，印第安纳州

韦恩堡艺术基金会委托路易斯 · 康在铁轨南边，韦恩西街 232 号一块平整的土地上设计一座艺术中心。

在同一时期，康得到了格雷厄姆基金会授予他的艺术高等研究的职位，以继续调查在费城中城市场东街的项目。这可能是为什么康在接受韦恩堡委托的起初，重点研究了城市环境及交通移动模式。在经历了 1962—1964 年的一系列研究后，这个项目直到 1966 年年末才开始启动。1970 年年中，艺术学院和表演艺术剧场的图纸才开始准备，最终只有表演艺术剧场建成了，并在 1973 年 9 月举办了开幕典礼。

FAC. 1

东边视角的模型，展示了艺术中心（参考 FAC. 15）在铁轨南边一块很窄的空地上。铁轨将艺术中心与体育馆分开，体育馆位于一座被蜿蜒的河水环绕的半岛森林中。3 个环形的停车塔被提议作为小镇中心的一部分。

FAC. 2

模型的平面视角。

设计在 1962 年的第一阶段，主要是两条狭长的位于艺术中心和铁轨之间的停车场，作为阻隔噪声的方式。

“1”为停车场；

“2”为入口庭院；

“3”为表演艺术剧场；

“4”为交响乐大厅；

“5”为历史美术馆；

“6”为艺术画廊；

“7”为艺术、音乐和舞蹈学院；

“8”为艺术中心接待中心；

“9”为宿舍。

“这个项目关键在于组织空间的分割，它包含了一个完整的交响乐或管弦乐厅（这对于 18 万人口的规模而言非常令人惊叹）、一个市民剧场、一个圆形剧场、一所艺术学院、一所音乐和舞蹈学院、宿舍、一座艺术博物馆，以及一座历史展览馆。所有这些都必须一起建在一块空地上。”

“主要任务是为所有活动设计一个共同的入口——交响乐厅、市民剧场、艺术学院、艺术画廊及宿舍。如果可能的话，可以再设计一个入口，尽管不是正式的，但也可以迎接车辆。在第一版方案中，有一个作为入口门廊的车库。”

FAC. 3

模型的平面视角。

“我想到通过一边做艺术中心的大楼，一边做停车楼的方式来创造一个有顶的街道。”

FAC. 4

模型的平面视角。

“现在艺术学院和交响乐厅和市民剧场很近，这非常好。我认为当所有这些活动聚集在一起的时候，会有一种新的力量产生。它们当然在完成各自的职责，但是当放在一起的时候会有新的事物产生。我感到一个共同的入口是有益的。”

FAC. 5

模型视角。

“因为如果您感觉到某种东西即将成为人类生活方式中已接受的东西，并且以空间的方式或与众不同的形式表达出来，那么一旦发生这种情况，您将无法夺走一切，因为每个部分都对另一个负责。形式就是那样。形式是处理不可分割的部分。如果把一件东西拿走，就没有全部，而除非所有的部分都在一起，否则没有什么能真正完全满足人们想要作为其生活方式一部分的要求。”

FAC. 6

模型视角，1963 年 9 月绘，展示了马蹄状的交响乐大厅以及两个圆形的表演艺术剧场，分别位于中央入口的东西两侧。中央入口一直延伸到南边的停车场。音乐和芭蕾教室被安排在这条路上。

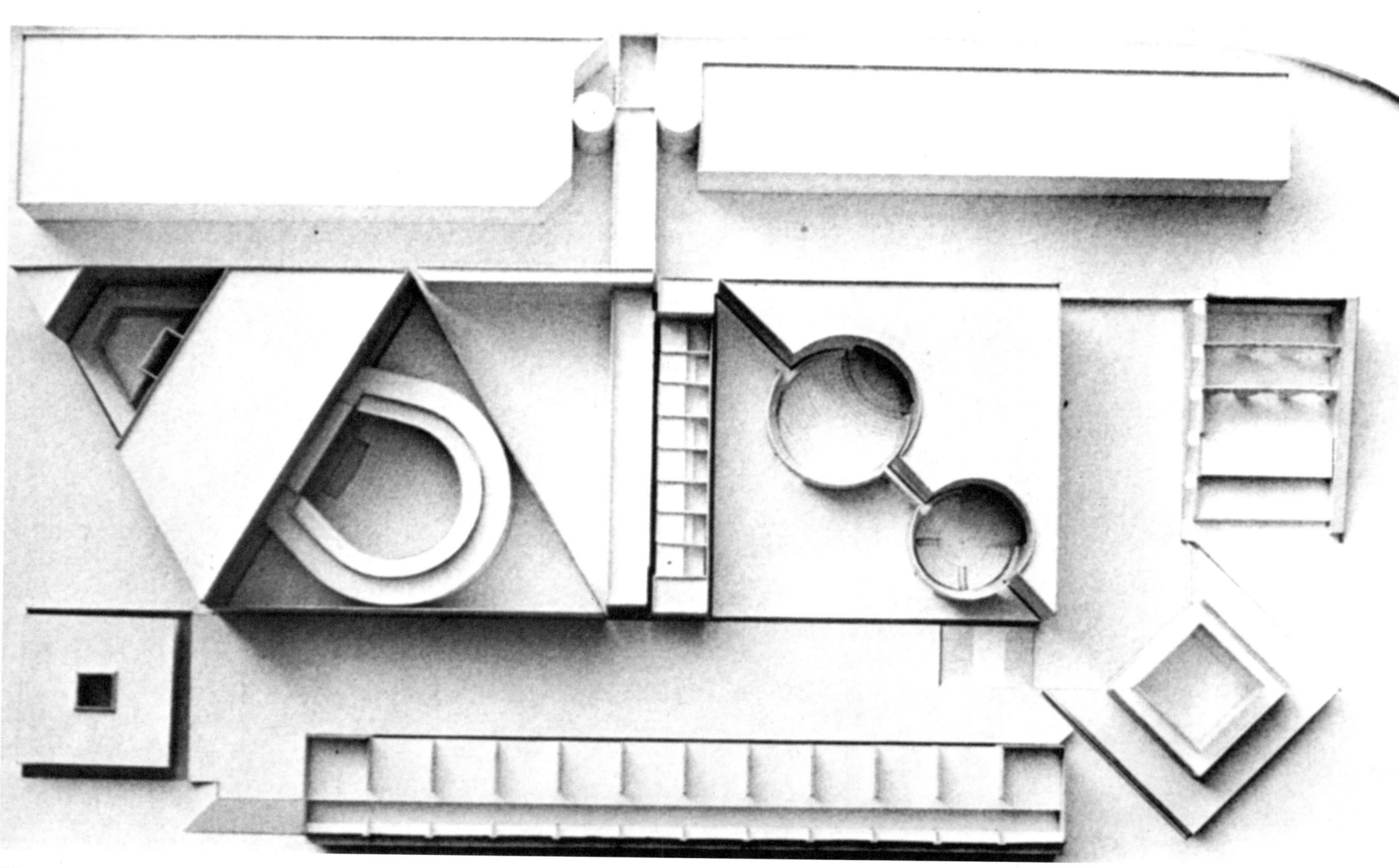

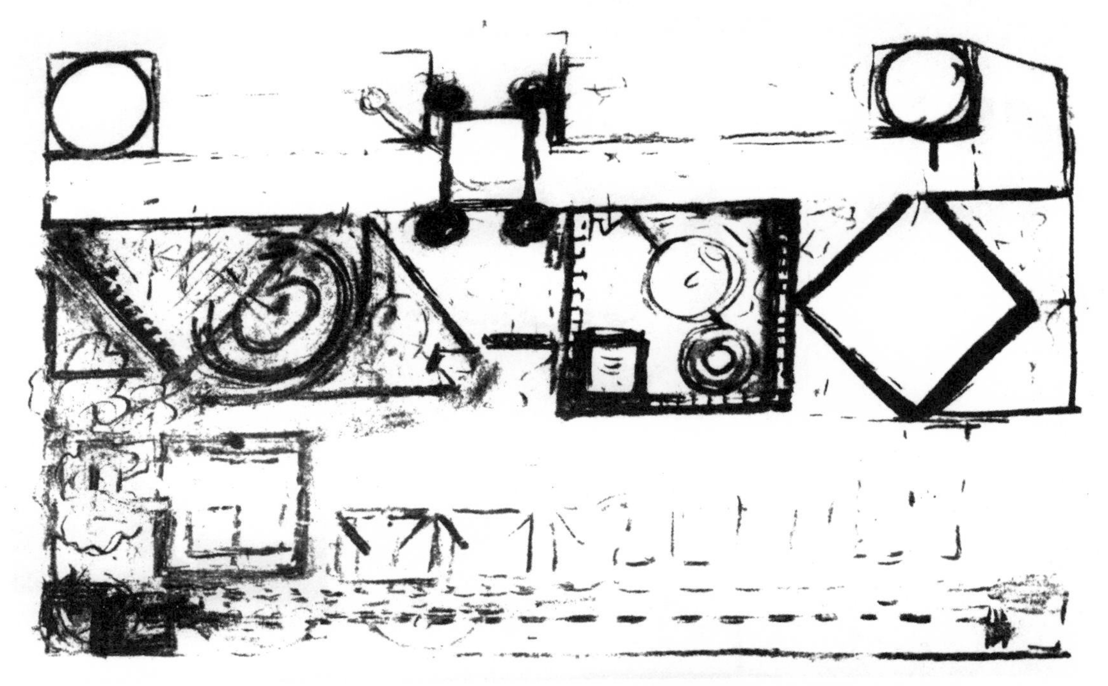

FAC. 7

平面草图。展示了停车场、交响乐大厅、艺术美术馆、学校，以及宿舍从北到南以三组平行的方式排列。

FAC. 8

模型南视角，1963 年 10 月绘。

停车场被删去。艺术学院通过很高的公共入口完全和这组房子分开。历史美术馆、艺术画廊以及接待中心被组织在南部的一个矩形体量中，在东边有一个通往中心的入口。

“如果您考虑要停放的汽车要花多少钱，我首先要放弃这个想法。要说它价值 10 美分，然后当您说不能以 10 美分的价格得到它时，必须花 1500 美金来建造它。然而，它的价值不超过 10 美分，因为停放的汽车是一件死东西，因此美化它对我来说就一无所获。我们如何做到这一点？但我相信 10 美分应该和您在其中看到的荣耀一样多。所以我放弃了，因为我真的对此不抱希望。”

FAC. 9

地块上大楼体量布局的图底研究，来自 1963 年的草图本。

“……这里有一个存在的主体：交响乐依赖于艺术学院，艺术学院依赖于市民剧场，市民剧场依赖于芭蕾教室，并以此类推。正是如此，所以你感到一栋建筑和另一栋紧密相连。

“……毕竟，什么是来这里的目的？应该是做一个仅仅顾全便利性的安排，还是为它们增添额外的特质？我发现额外的特质使得它们聚在一起时，达到了各自独立存在时无法企及的效果。”

FAC. 10

模型的平面视角，1963 年绘，展示了两个不同的建筑概念：艺术学院和位于它右边的宿舍被认为是一座树形组织的方形单元群，而左边的艺术联盟包含一组围绕交响乐厅变化的建筑形式。

“我对于像交响乐厅这种建筑群的意义有更深的想法。如果你考虑交响乐厅，你不过说音乐仅仅是重要的一部分，礼服很重要，见一个人和在入口被迎接同样重要。你也知道那个激情四射谈论音乐的人显然会在整场音乐会中睡着。但是所有的这一切，都是去听音乐的本质。所以看到了整座大厅——不是被它的外形强迫从包厢下看它，也不是仅仅听音乐，而是去感受整个室内乐，因为在大厅里就宛如活在小提琴里。大厅本身就是一个乐器，如果你认为整个空间意义非凡，你就会感到自己正在制作一件容纳人的乐器。我将其描述为一个金色和红色的地方，必须有一个华盖降落在演奏者上方，并用一种负责指挥家或管弦乐队的橙色结构制成。（所有这些我知道都不轻易能实现，但是即使是社区里一个清醒的人都会支持这个想法。）”

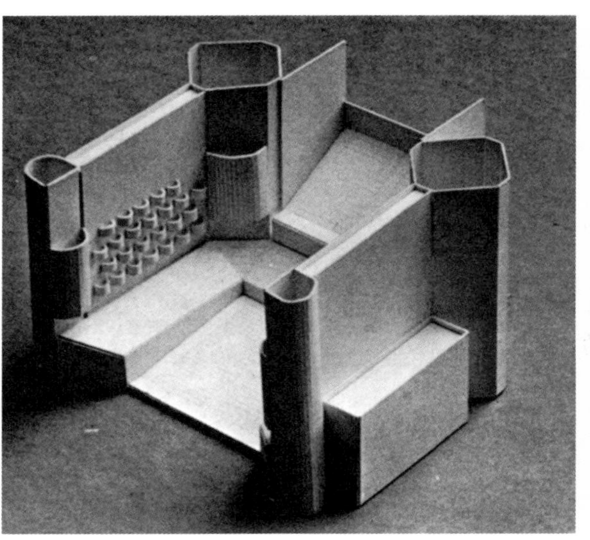

FAC. 11—12

模型视角。

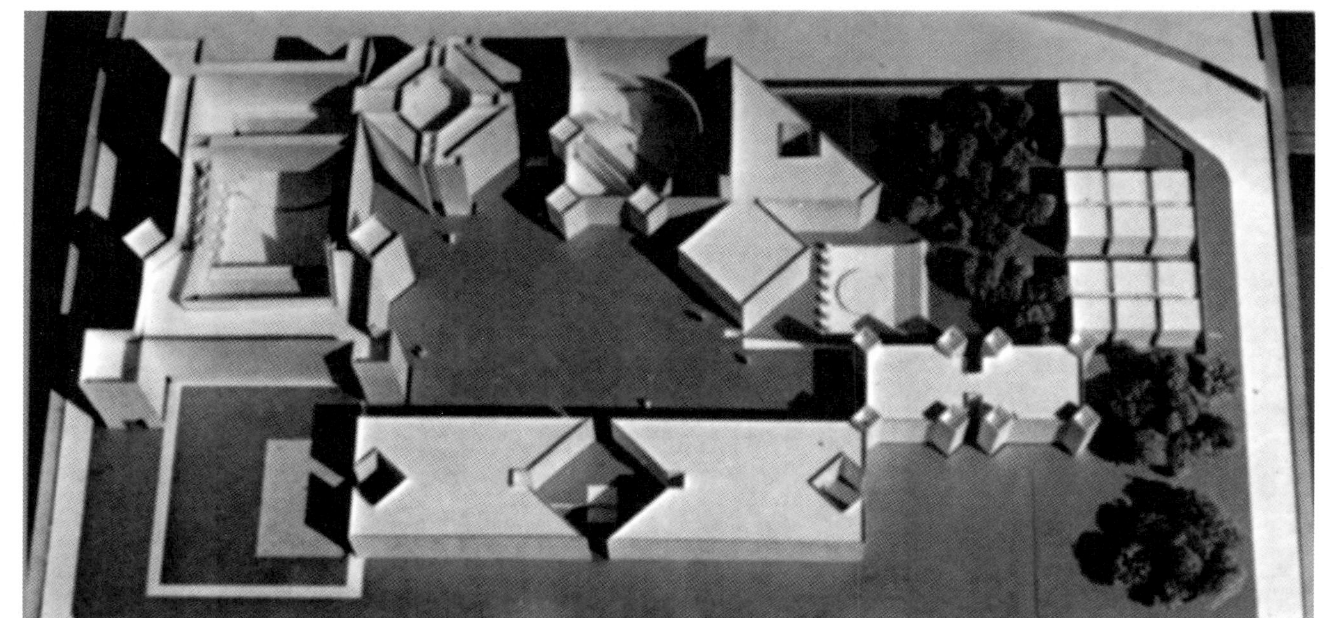

FAC. 13

模型视角，1963 年 11 月绘，展示了交响乐厅的室内（左上）以及表演艺术剧场（上中）。

在这一设计阶段，建筑被进一步深化，为交响乐厅的附楼配备了芭蕾舞学校、实验剧场、工作坊及露天剧场。

一个方形的平台（左下）作为中央广场的入口，围绕该平台布有建筑综合体。露天剧场分隔了广场和艺术学校的花园（右上）。

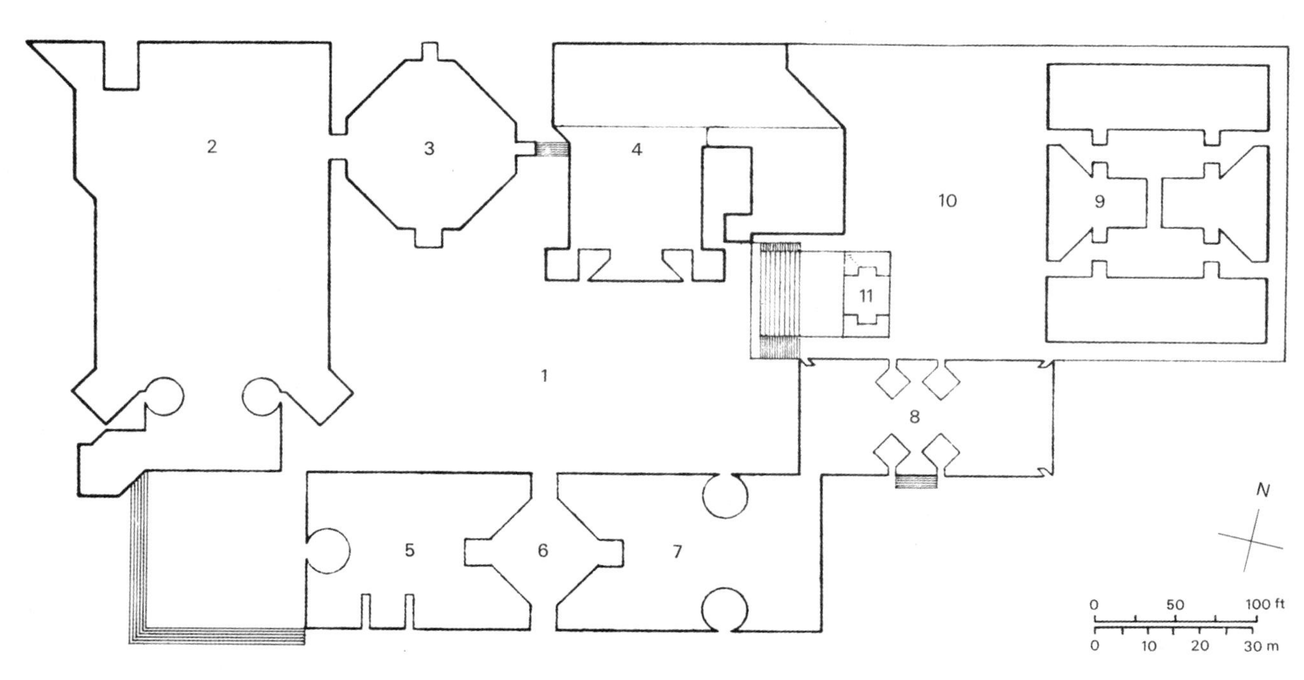

FAC. 14

屋顶平面，1963 年 11 月绘。

“1”为广场；

“2”为交响乐厅；

“3”为交响乐厅附楼；

“4”为表演艺术剧场；

“5”为历史美术馆；

“6”为美术馆花园；

“7”为艺术画廊；

“8”为接待中心；

“9”为艺术学院；

“10”为花园；

“11”为开放剧场。

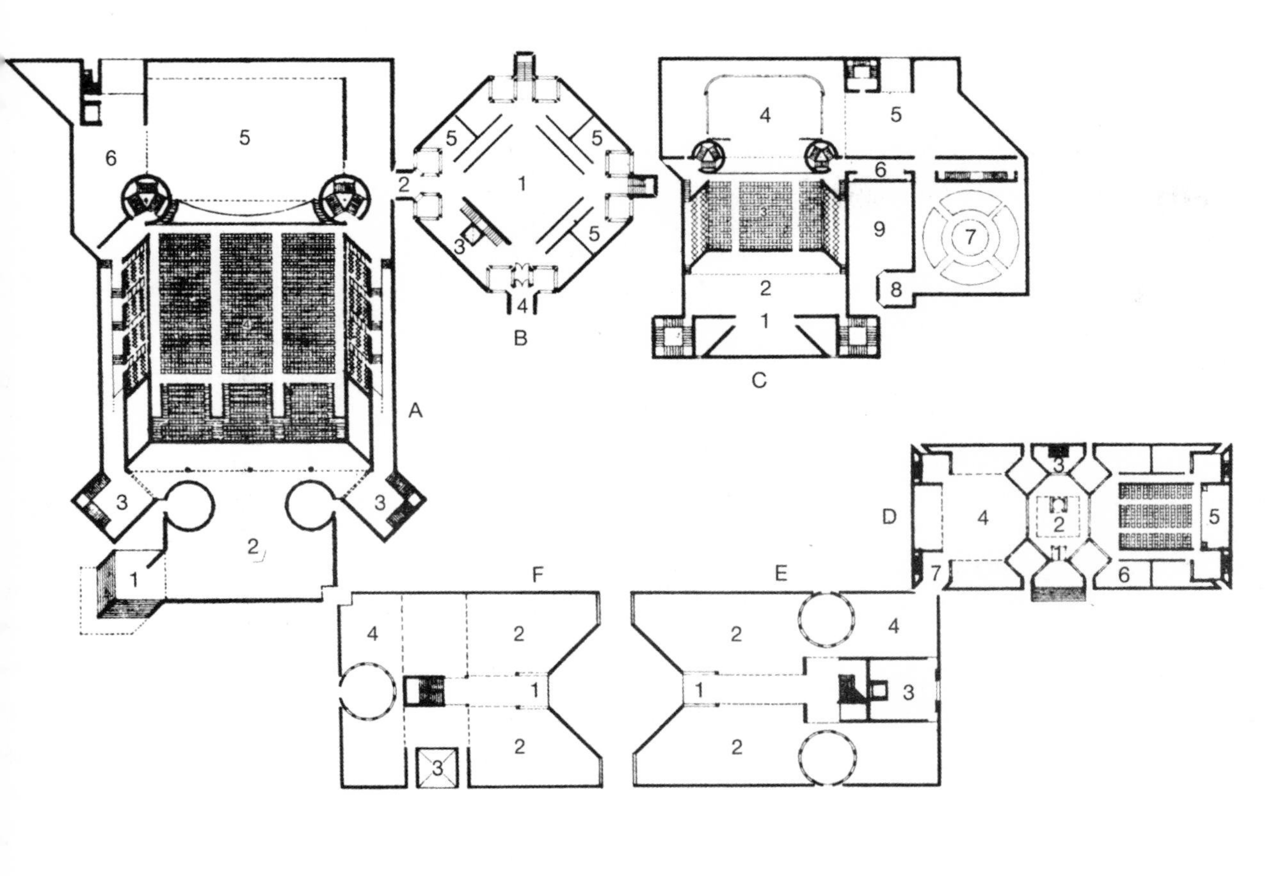

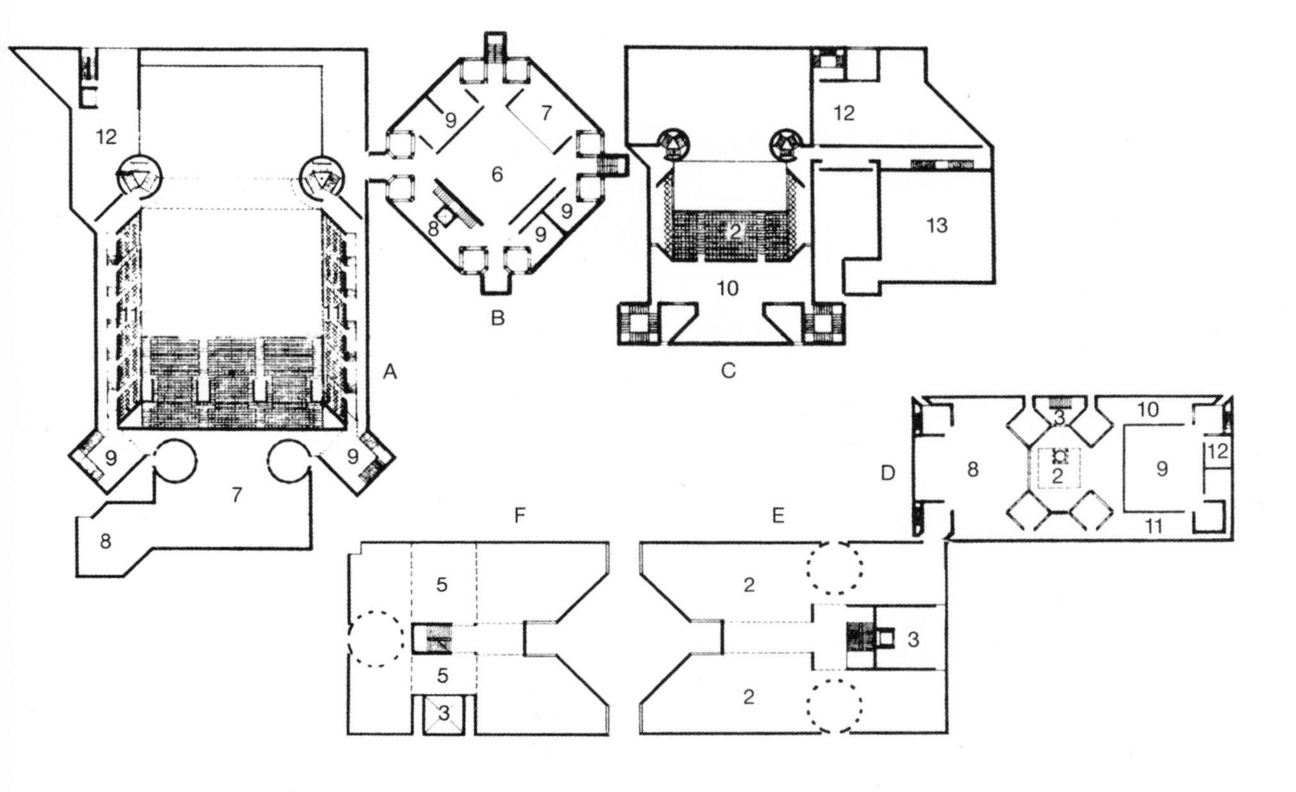

FAC. 15—16

一楼和二楼平面，1963 年 11 月绘，艺术学院和开放剧场没有包含在图中。

“A”为交响乐厅。

“1”为入口；
“2”为大厅；
“3”为楼梯；
“4”为室内厅；
“5”为舞台；
“6”为工作间，下方为仓库；
“7”为舞厅；
“8”为餐饮厅；
“9”为楼梯；
“10”为包厢；
“11”为侧厢；
“12”为商店和仓库。

“B”为交响乐厅附楼。

“1”为后台；
“2”为演员入口；
“3”为大厅；
“4”为公众入口；
“5”为明星更衣室；
“6”为排练室；
“7”为舞台；
“8”为大厅；
“9”为音乐工作室。

“C”为表演艺术剧场。

“1”为入口；
“2”为大厅，下方为卫生间；
“3”不明，疑似为室内厅（350 席）；
“4”为舞台；
“5”为工作坊，下部为更衣室；
“6”为演员入口；
“7”为实验剧场，下部为后台；
“8”为入口；
“9”为庭院；
“10”为休息室；
“11”不明，疑似为包厢（230 席）；
“12”为排练室，下方同为排练室；
“13”为开放空间，俯瞰剧场。

“D”为接待中心。

“1”为入口；
“2”为大厅，卫生间在中间的高度；
“3”为楼梯；
“4”为休息室；
“5”为会议厅；
“6”为委员会房间；
“7”为私人入口；
“8”为餐厅，上方为图书馆；
“9”为厨房，上方为管理处；
“10”为酒吧；
“11”为备餐间；
“12”为服务设施。

“E”为艺术画廊。

“1”为入口；
“2”为展厅；
“3”为服务设施，下方为卫生间；
“4”为管理处。

“F”不明。

FAC. 17

从南边看的透视草图，展示了位于前景自左到右分别是通往交响乐厅、美术馆花园以及接待大厅的入口。

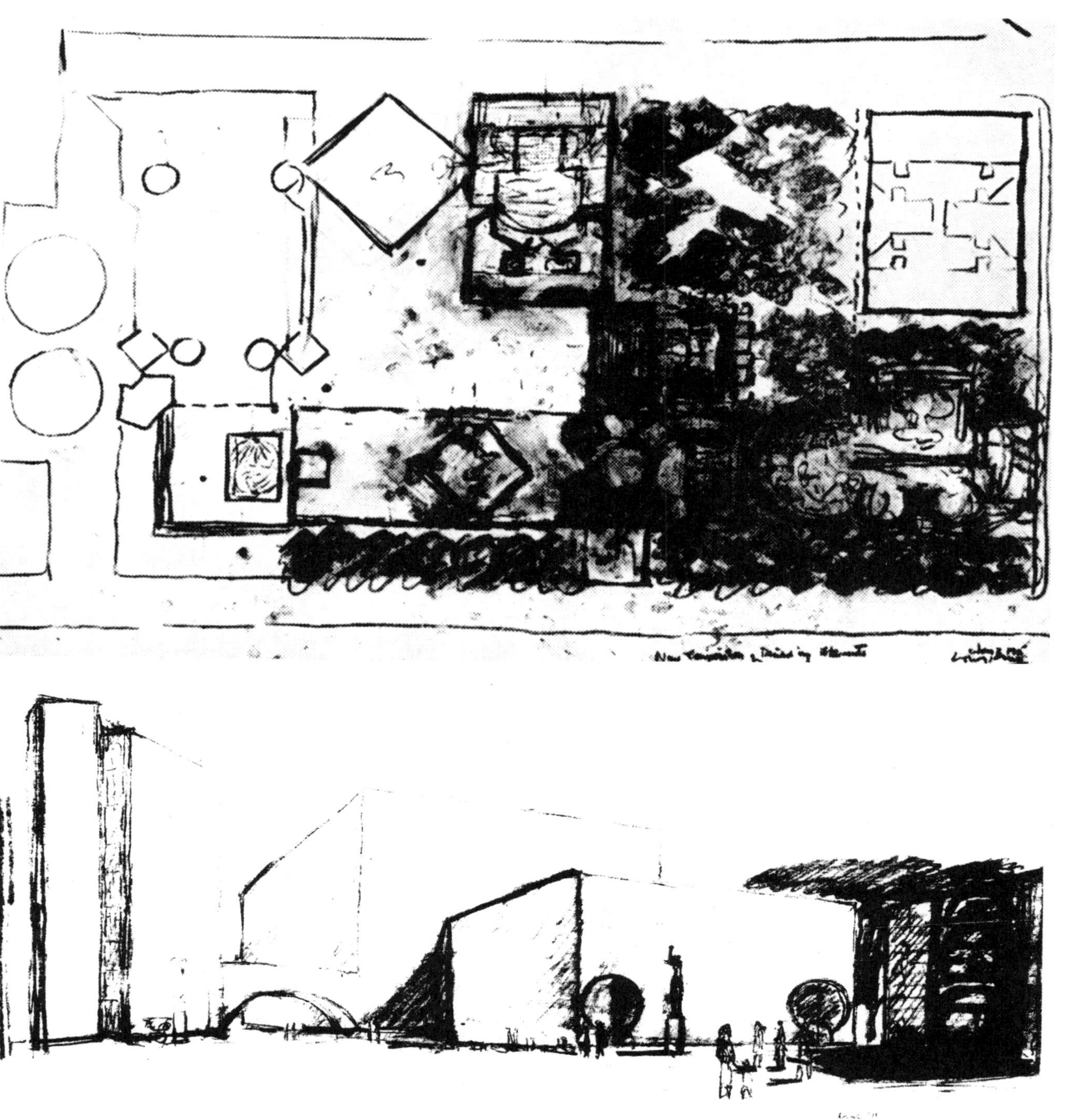

FAC. 18

场地平面草图，1964 年绘。

“新的构成。”

“这个草图确认了关于入口的这一想法：所有活动都能够得到回应。这样一个空间和为建筑创造的广场是不同的。先于建筑的广场即使不依赖于建筑也可以有独立的生命力。而依赖于每一栋建筑获得完整性的空间必须等到所有部分都完成才能获得生命力。在创造这样一个空间时，有不同的渴望、不同的意志以及不同的方式。”

FAC. 19

透视草图，1966 年绘，展示了“入口庭院”。左边是交响乐大厅，中间是表演艺术剧场。

“我很害怕那些从金钱出发看待事物的游客。我有一天不得不和其中一些人在韦恩堡见面，与另一个我正在工作的艺术中心——小林肯中心合作。不得不说它非常消耗我的精力。这对我而言是一个很难对付的情况，因为我想先让他们很乐意做这个项目，然后再去讨论成本。

“我尝试用尽可能吸引人的方式向他们汇报这个方案。

“然后，当他们问我要花多少钱的时候，我说：‘绅士们，我必须申明你们问我的地方正是我方案中的地方。’他们说：‘好的，那要花多少钱？’我说：‘2000 万美元。’他们似乎一开始想着最初的支出只要 250 万美元，但是对这么一个建筑彼此独立的方案而言，这么低的预算根本不可能。用 250 万美元你只会得到驴子的后腿和尾巴，但你不会得到一头驴。

“过了一会儿的等待时间，一个男人问我：‘好的，假设我们只要求建成一座艺术中心，它会是未来我们需要建成的其他建筑群的一部分，但是现在我们只要艺术中心。你能在不修改其他建筑的前提下建成这个艺术中心吗？’我说‘可以，但你们将得到一只蚊子，而非一头驴’。

“最后，其中一人说：‘（他们确实喜欢这个方案，但他们也意识到每一个建筑项目单独拿出来讲就是和整体汇报不同）康，我们明白了。我们可以为此花费 1000 万美元，但是看不到花费 2000 万美元的可能性。这时，我发现事实比我想象中的容易一些。’然后我意识到得表态了：‘好的，我会竭尽所能去节省开支和降低成本。你们意识到必须放弃一些事才能够达成另一些事，此刻我无法承诺任何事，因为我自己认为这个方案有被摧毁的可能性。’”

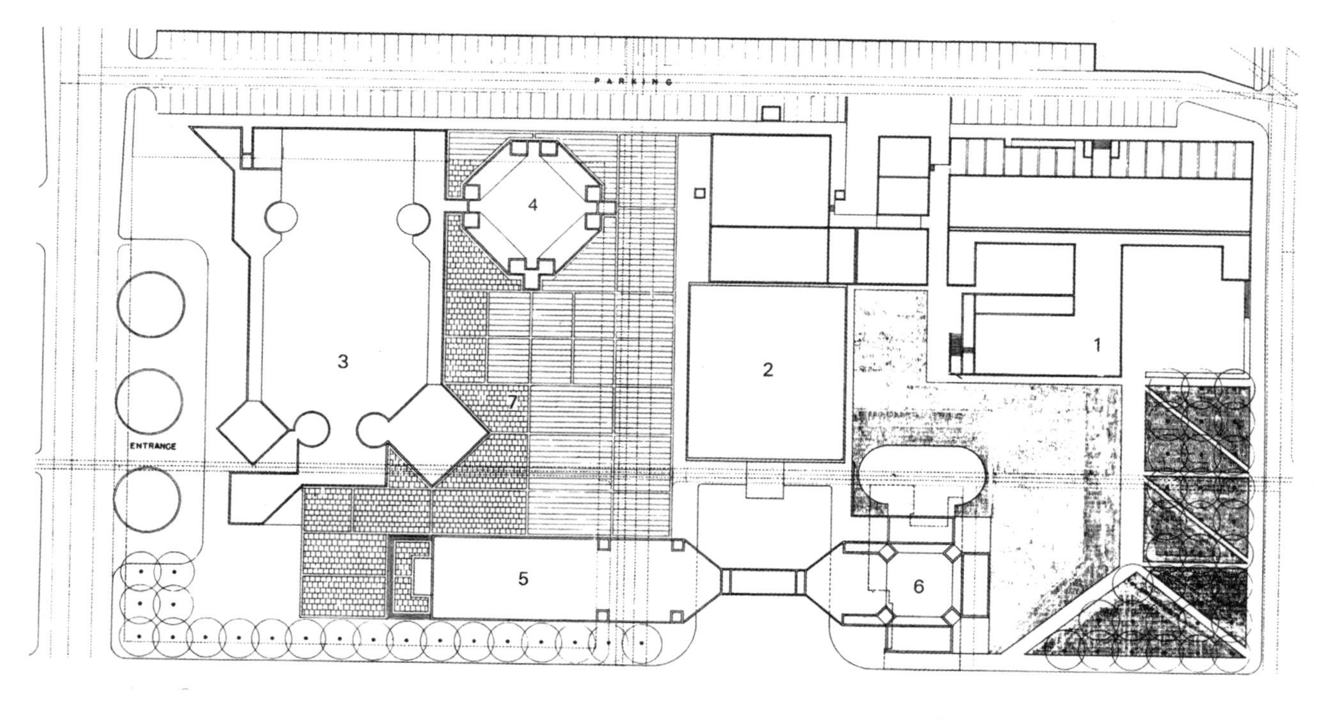

FAC. 20

场地平面，最终版本，展示了位于左侧的主要入口以及上侧位于道路平面的停车设施。

“1”为艺术学院；
“2”为表演艺术剧场；
“3”为交响乐厅；
“4”为交响乐厅附楼；
“5”为艺术画廊；
“6”为艺术联盟；
“7”为入口庭院。

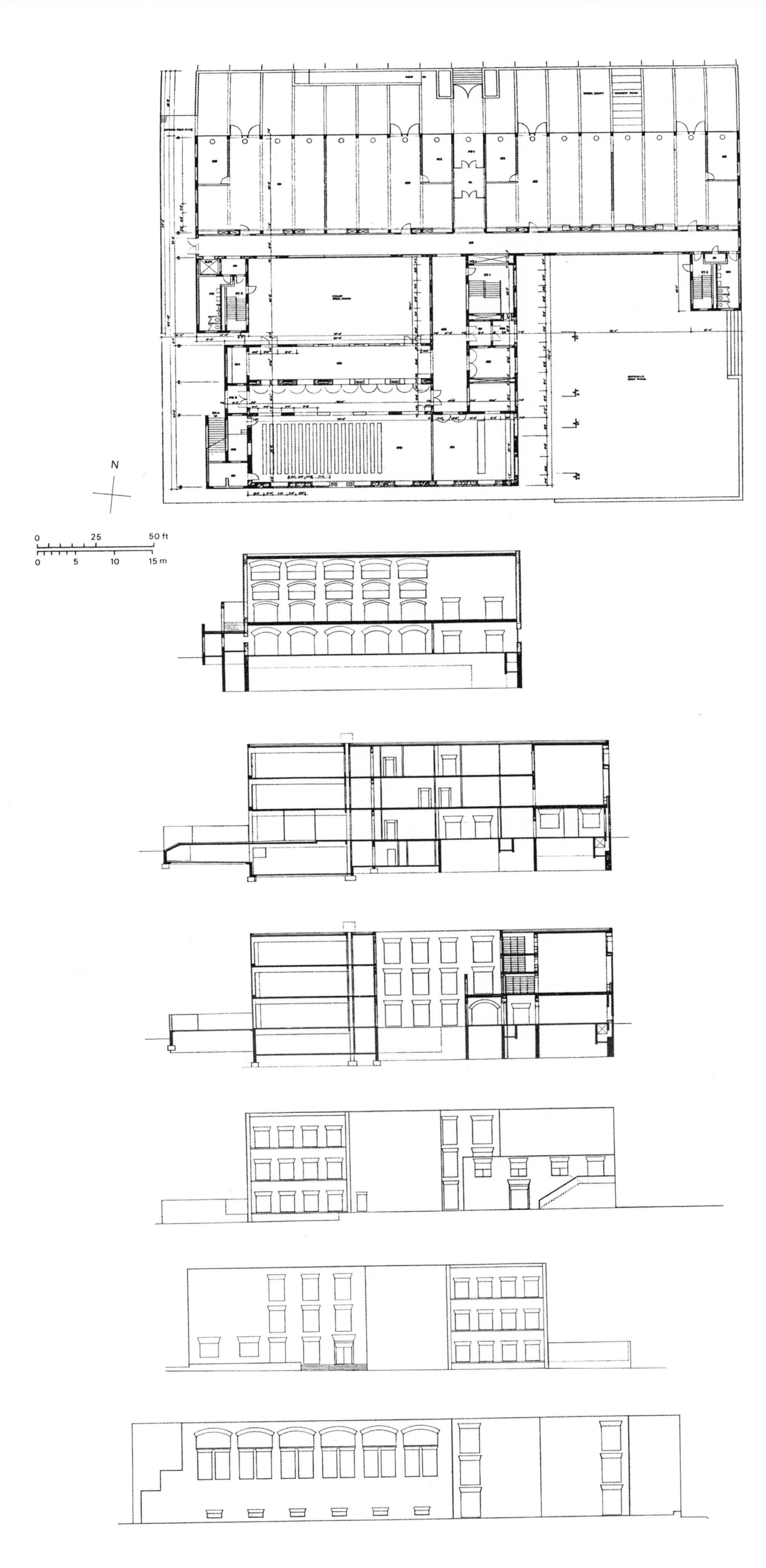

这一阶段，艺术学院和表演艺术剧场被安排得靠近了一些，而艺术画廊和艺术联盟通过一座桥连接起来，形成了从南边入口到表演艺术剧场的通路（参考FAC．40—FAC．46）。

艺术学院

工作图纸，1970年2月17日与6月13日绘。

FAC. 21

一楼平面。

FAC. 22

向北看的剖面：图书馆、阅读大厅以及下方的讲课大厅、右边的入口庭院。

FAC. 23

向东看的剖面，经过北入口，以及上方的工作间、右边的图书馆阅读室。

FAC. 24

向东看的剖面，经过左边的工作坊、中间的庭院以及右边的图书馆（下方为演讲大厅）。

FAC. 25—27

西、东、南立面。

表演艺术剧场

FAC. 28

研究模型的室内视角，1964 年 5 月版本。

“一个演员的礼拜堂。”

“当我思考这个剧场时，我就好像是个演员。在剧院里难道不应该有一个演员自己的房间？他对表演的学习并不是通过戏剧（这是一回事），而仅仅是自言自语，或者甚至是两人之间的交流，或者是从脱离语境的剧本里的一段话，来获得表演的本质？戏剧本身就是对这种本质的呈现。排练和演出的区域是一个人们为戏剧增加秩序更好的地方。所以你站在那里，就是站在那里。但是在这个被称为剧院的人的机构，哪里能够净化自我？”

“难道不应该有这么一个宗教性的场所，人们会说它被真正赋予了‘戏剧’的本质。一个 50 英尺 ×50 英尺的房间，没有道具，没有舞台。或许在它周围有一圈拱廊，人们可以站在那里往这个房间看下去……一个演员的礼拜堂，在这里戏剧在被搬上舞台之前首先成为他自己，一个净化灵魂的地方让人想到了古希腊的德尔斐神庙。这个包含着人类各种活动的神圣中心必须赋予它所塑造的空间新的生命力。”

FAC. 29

研究模型的室内透视，1956 年版本，展示了从东南方看去的入口层。（南墙和屋顶被去除了）

“戏剧本身是自由的，它脱离具体的一幕剧存在。场所中这种国王般强硬的意志和对市民的无私邀请被带入设计的意图中。”

FAC. 30

剧场的室内视角，1967 年版本。

从左到右：入口大厅，观众礼堂，舞台（管理处位于前景），以及大型排练室。

“但是为什么排练必须被安排在一个死寂的空间里？排练不是表演吗？不，只要是表演就是戏剧，人们应该看到它，而不只是被作为排练。在表演期间，这个剧院应该有一个同样令人愉悦的不同氛围。我不确定剧院是否应该一直被人工光照亮，除非在其他地方有彩排的时候。在没有人的情况下，你可能在生产着完全人工的东西，但是同样可以选择用自然光塑造这整个空间。我认为自然光应该引入你想要称为空间的地方。同样有趣的是，我认为空间几乎就是由对光的意识塑造的。比如有一根柱子，你能看到它是因为光照。一堵墙是不可能的……但是当你拥有一根柱子或者一座拱廊，你会认为光照是可能的。因此，在塑造空间时必须怀着引入自然光的意念。”

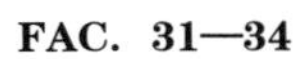

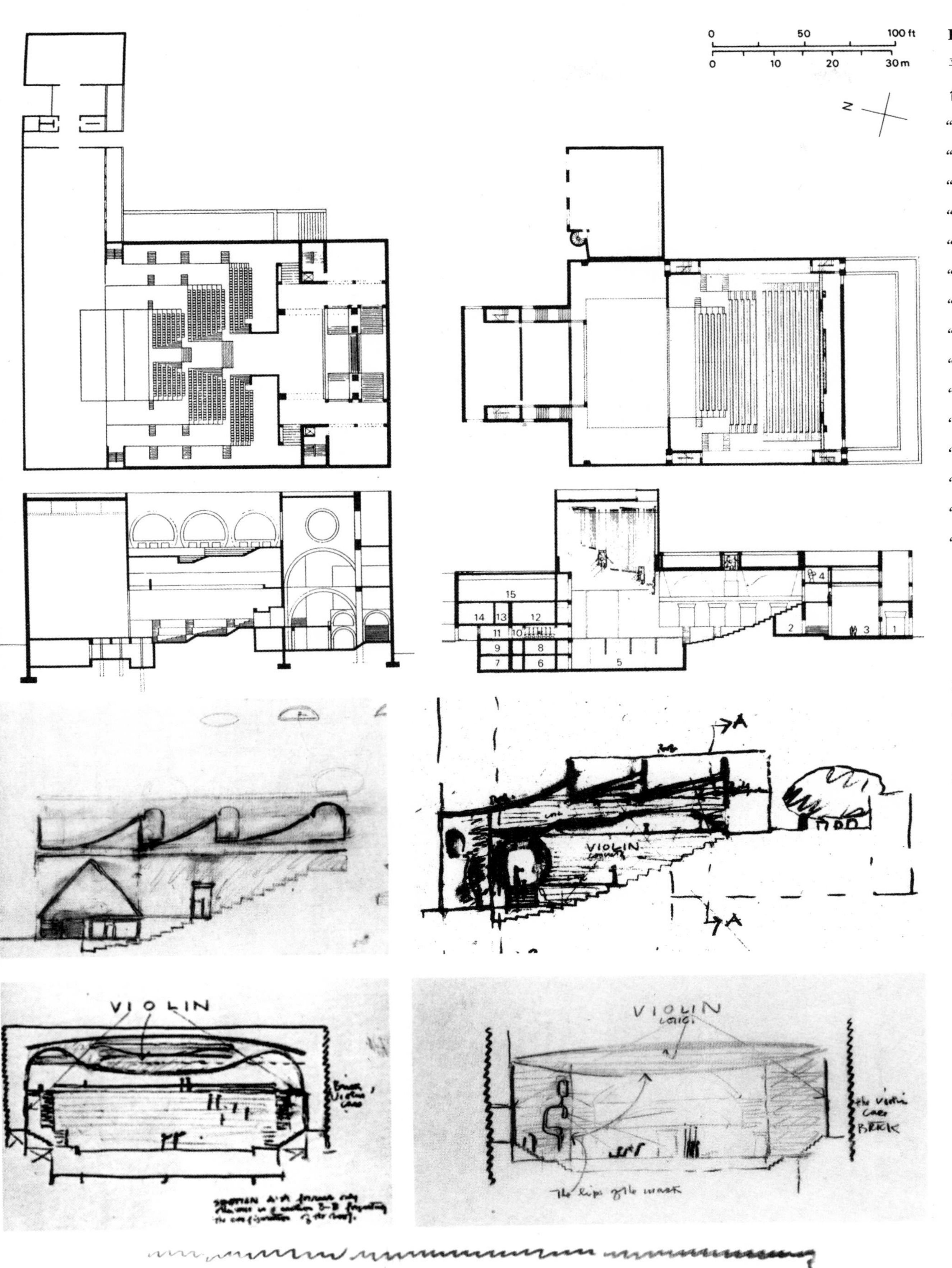

FAC. 31—34

平面和水平长剖，1967 年 11 月绘，展示了在舞台后方带有排练厅和更衣室的剧场。

“1”为入口；

“2”为茶点室；

“3”为大厅；

“4”为投影室；

“5”为舞台；

“6”为服装工作间；

“7”为服装储藏室；

“8”为管弦乐；

“9”为杂物间；

“10”为化装室；

“11”为后台；

“12”为芭蕾表演厅；

“13”为芭蕾更衣室；

“14”为青年剧场教室；

“15”为大型排练室。

FAC. 35

剖面草图，1968 年绘，展示了对于观众礼堂结构以及照明天桥的研究。

FAC. 36

部分水平长剖草图，1968 年 2 月 11 日绘，展示了对观众礼堂屋顶的研究。开向左边的圆形开口引向入口大厅。

“这个混凝土小提琴就是整座大厅的结构。外部的砖和它的主体结构分离。这些斜坡会进行调整，以适应作为照明天桥对结构和功能的需求。”

FAC. 37

横剖面草图，1968 年 2 月绘，展示了“小提琴”作为观众礼堂的核心结构，以及砖壳体的外墙。

FAC. 38

横剖面草图，1968 年 2 月绘，展示了“小提琴”，“面具之唇”。

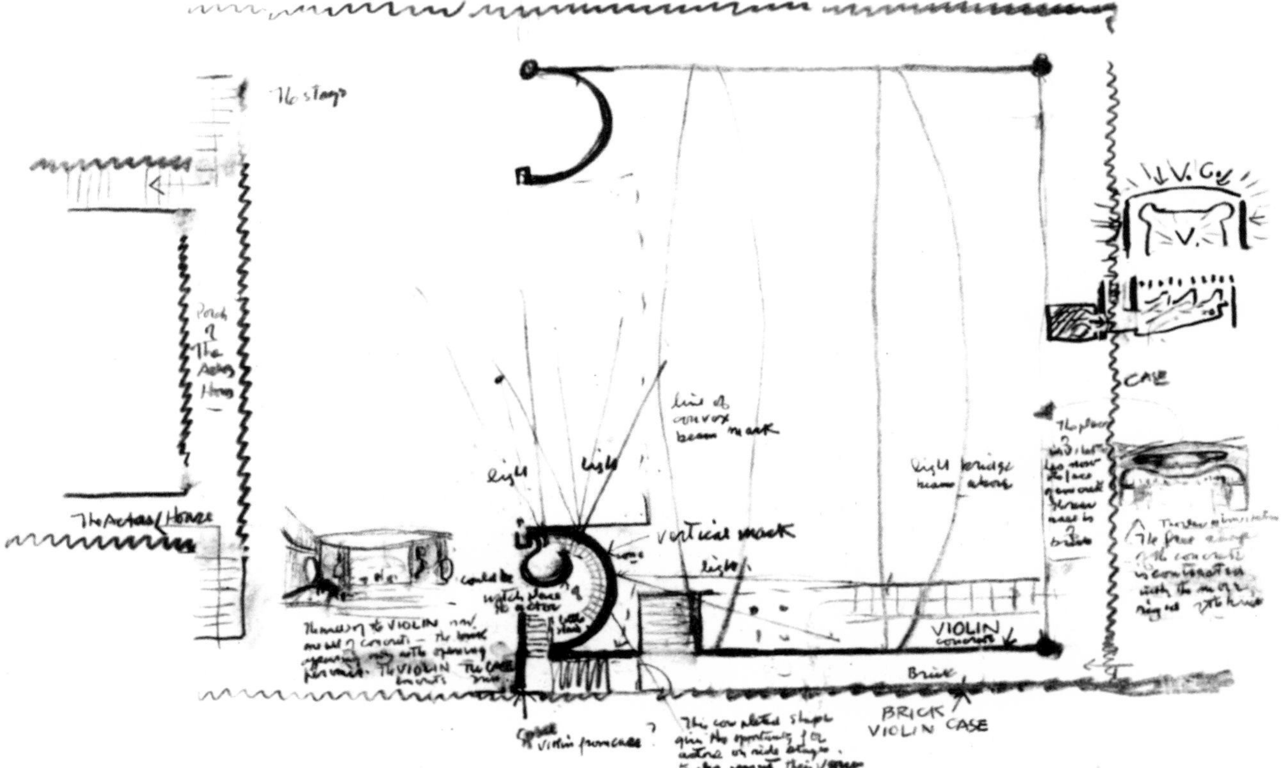

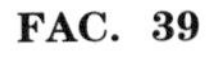

FAC. 39

部分平面以及横剖面草图，1968 年 2 月 11 日绘，展示了作为“小提琴”的观众礼堂以及作为“演员之家”的后台和门廊。

注释从左到右为：“小提琴的墙全部为混凝土，砖仅在需要开口的时候出现。小提琴为混凝土制成，外壳为砖。”

“可以是观看演员的地方。”

“凸状梁遮罩。”

“垂直遮罩。”

“这个弓形为舞台边缘的演员提供发声的机会。”

“照明天桥，上方为梁。”

“混凝土小提琴。”

“砖制小提琴外壳。”

FAC. 40

施工期间从东南角看的视角，展示了位于左边的剧场入口、位于中间的舞台和管理处，以及在最右边的发电站。摄于 1975 年 9 月。

“我开心地意识到，为什么当初如果他们什么都不建，我会欣然放弃整个委托。或者说感觉到它们能够分阶段建成，正是由于在这个过程中有不同公司的人接手，他们都有着非常强烈的意志，相信一旦其中一个部分被省略就无法呈现出整体所能达到的效果。在此刻，我感到自己实现了之前从未实现过的事。建筑师事实上处理了两个现实，一个是信仰的现实，另一个是方法上的。

“比如，我曾经很难读懂歌德的书，但是现在我读他的作品可以发现它的奇妙之处。他将自传称为‘真相和诗歌’，这真是一个对于自我生命和生存之道的美妙实现。他写道，尽管有很多事发生在他身上，但他努力避免将自己陷于具体的情形之中，而是努力思索其中的意义，以达到超越生命的目的。我认为这是壮丽的。当你读他的作品时，你感到一种客观性，同时又感到他给你的限制，以防止你过于伤感。因为他认为这种情绪只能影响他，而不应该被施加到你身上。如果你正在读他的作品，你不应该听他所言，而应该倾听属于永恒的事物。”

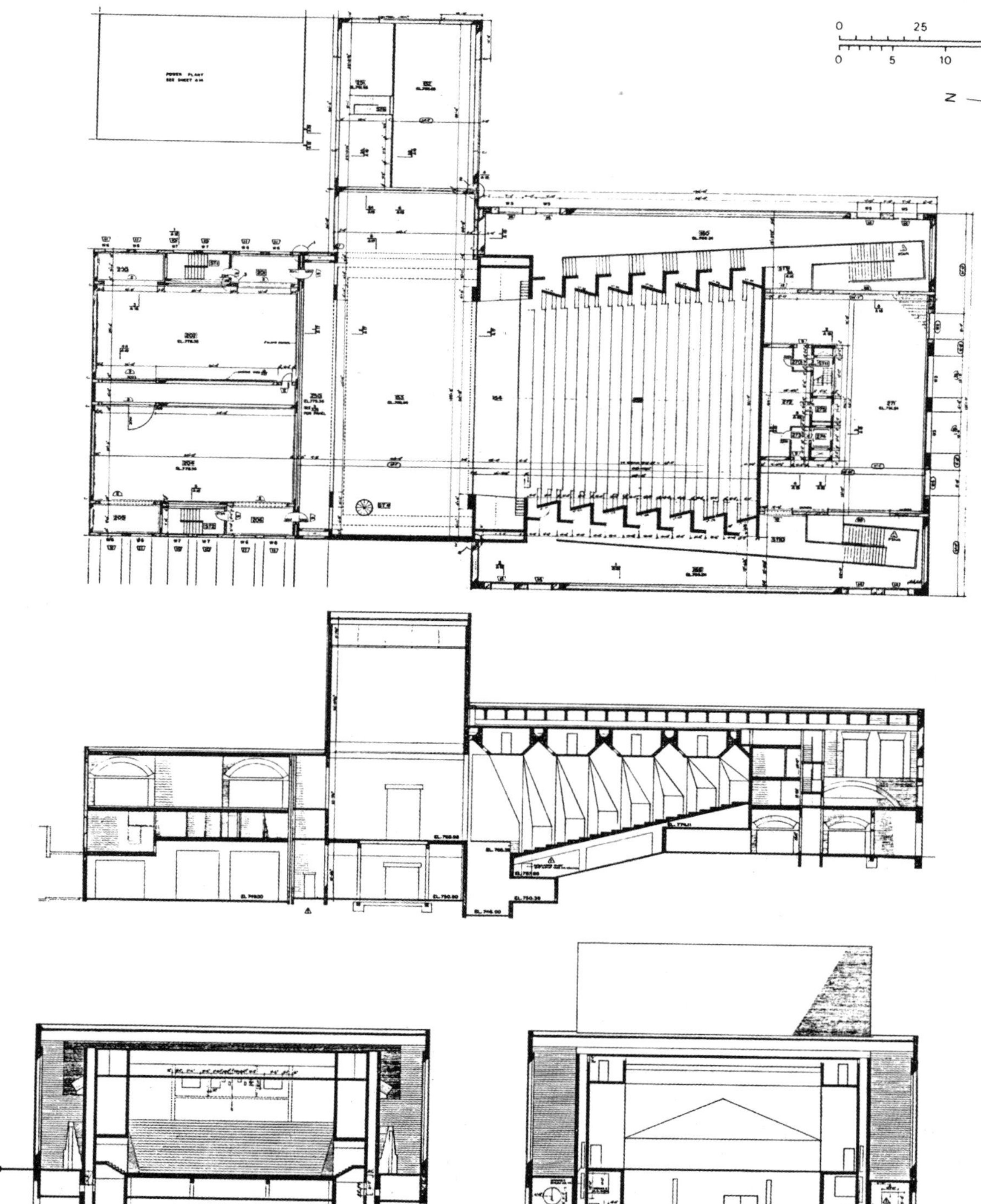

FAC. 41

上层门厅平面，展示了大厅的混凝土结构，形成了由侧边大厅进入观众礼堂的入口。演员之家的门廊俯瞰着这座舞台，可以通过位于下层的后台进入这里。位于这层的演员之家由两个独立的排练室构成。

FAC. 42

通过剧院的水平剖面，自左向右展示了：排练室和后台、演员之家的门廊、舞台、舞台井、观众礼堂（带有作为小提琴屋顶结构一部分的灯光管道）、投影室、门厅上下层，以及主要位于道路层高上的入口。

FAC. 43

横剖面，朝向观众礼堂。

FAC. 44

穿过舞台前部的横剖面。面对舞台，展示了位于背景上巨大的三角形，连接了舞台和演员之家的门厅。

FAC. 45

室内透视草图，1970 年绘，展示了位于左边的东入口门厅以及右边较低层的门厅。

FAC. 46
室内透视草图，1970年绘，展示了观众礼堂和舞台的混凝土结构，因为舞台一直通过三角形开口延伸到了演员之家的门厅（原版尺寸：41.7厘米×17.3厘米）。

“我认为这很美妙，它是真正的艺术。你不是在创造自我，也不是相信自己，因为你所创造的信念不是你的信念。这是每个人的信念，你只是这种信念的雷达。作为一名建筑师，当这份信念抵达你思想时，你负责保管它。你拥有那种能够感知事物心理上的属性的能力。你在创造着属于所有人的事物，否则你的贡献真的微不足道。当然有人告诉过你几乎每个人都会失败的真相。但是我不认为莫扎特失败了，你说的？你不认为莫扎特创造了一个社会吗？而社会是否创造了一个莫扎特？没有。是具体的一个人，并非一个委员会，也非一群乌合之众，而是单单这个人，创造了一个社会。”

“关于歌德所说的一切是真的。我只有现在才读歌德的书，是因为我对于喜爱歌德的人有一种尊重，正是由于我爱这样的人我才必须去读他的书。在这之前，我一页一页艰难地阅读《浮士德》。我读《浮士德》的第一次就发现了一件神奇的事：格蕾琴（Gretchen）与其说是身体，不如说是灵魂的象征，浮士德是位于身体和灵魂之间的平衡，而靡菲斯特（Mephisto）则完完全全是身体的象征、人类的身体，毫不拥有任何一丝灵魂。两个人无法拥有同样的灵魂。比较特别的是拥有一个身体和一个灵魂，尽管我相信灵魂是普世的，每个人的灵魂都应该是一样的。唯一的区别就是我们作为演奏乐器的身体，通过它我们来表达喜怒哀乐与爱恨情仇，以及一切灵魂所不能量化的特征。所以难道不应该是仅有少部分特别的人才能发现人类的本质，因此应该是由人的研究机构而非几个人来研究这件事。”

“所以不要认为通过和另一个人一起研究你会发现任何东西。你要么只能对你已经发现并掌握的东西有所了解，你要么永远发现不了它。我有一天遇到了一个从未接受过教育的人。毫无疑问，他有一个非凡的大脑，只需要一些简单微小的知识把他对于秩序惊人的感受组织起来。那么为什么这会非常特别？毕竟古希腊人并不拥有我们今天所拥有的知识，但是看看他们取得了多么伟大的成就，仅仅因为思维是被他们高度尊重的。而现在的一些人，仅仅是因为节俭，或者没有足够的东西进行选择，就开始思考如何用仅有的那一点知识去华丽地表达，这恰恰体现了人类竭尽全力仅仅是为了表达他生存的意志。”

（彩色图片参见444页）

印度管理学院（1962—1974 年）

艾哈迈达巴德（Ahnedabad），印度

1962 年，路易斯 · 康被委托作为一名咨询建筑师和国家设计院（National Institute of Design，NID）一同设计第二座管理学院，项目将由印度政府完成建设。“我和印度管理学院关于这个设计的安排是雇用位于艾哈迈达巴德的国家设计院的建筑师和工程师。多西（Doshi）先生是一位伟大的印度建筑师，当我不在那里的时候他负责建筑上的表达。”

艾哈迈达巴德由穆罕默德国王（Ahmedshah）创立于 1411 年，位于萨巴马蒂河的东岸，有非常多的穆斯林、耆那教以及印度教的建筑。作为殖民时代纺织业的中心，艾哈迈达巴德至今仍是印度第五大都市中心，有着 100 平方英里的面积和 250 万的人口。西北的沙漠地带、西南偏南的印度洋、东北偏东的阿拉瓦利（Arvalli）山脉决定了这座城市一年中 3 个截然不同的气候阶段：最高温度为 45℃的夏天、平均降水量 75 厘米并持续大约 40 天的雨季，以及最低温度为 6℃的冬天。场地选址于一片 66 英亩的完整农田上，靠近瓦斯特拉普尔（Vastrapur）村庄，距离市中心西部大约 5 英里。它被古吉拉特大学（Gujarat University）校园、艾哈迈达巴德纺织和工业研究协会（ATIRA）、物理研究实验室（PRL）、印度空间研究组织（ISRO）、尼赫鲁基金会（Nehru Foundation）、建筑学院（属于环境规划和技术学院 ECPT 下的一部分）以及其他机构环绕。

艾哈迈达巴德此时是古吉拉特邦的首府，刚刚从马哈拉施特拉邦(Maharashtra ）分离出来。古吉拉特邦的新首府是甘地讷格尔（Gandhinagar），康也被委托对这座城市进行设计规划。

第一版

IIM. 1

概念草图，1962 年 11 月 14 日绘，展示了对于方向的研究。左上角写着：

“太阳热能”；

“风”；

“光”；

“雨”；

“灰尘”。

研究建议做一个方形的教学楼，以及面对西南风的两翼住宅。

IIM. 2

平面草图，1962 年 11 月 14 日绘，展示了矩形场地。

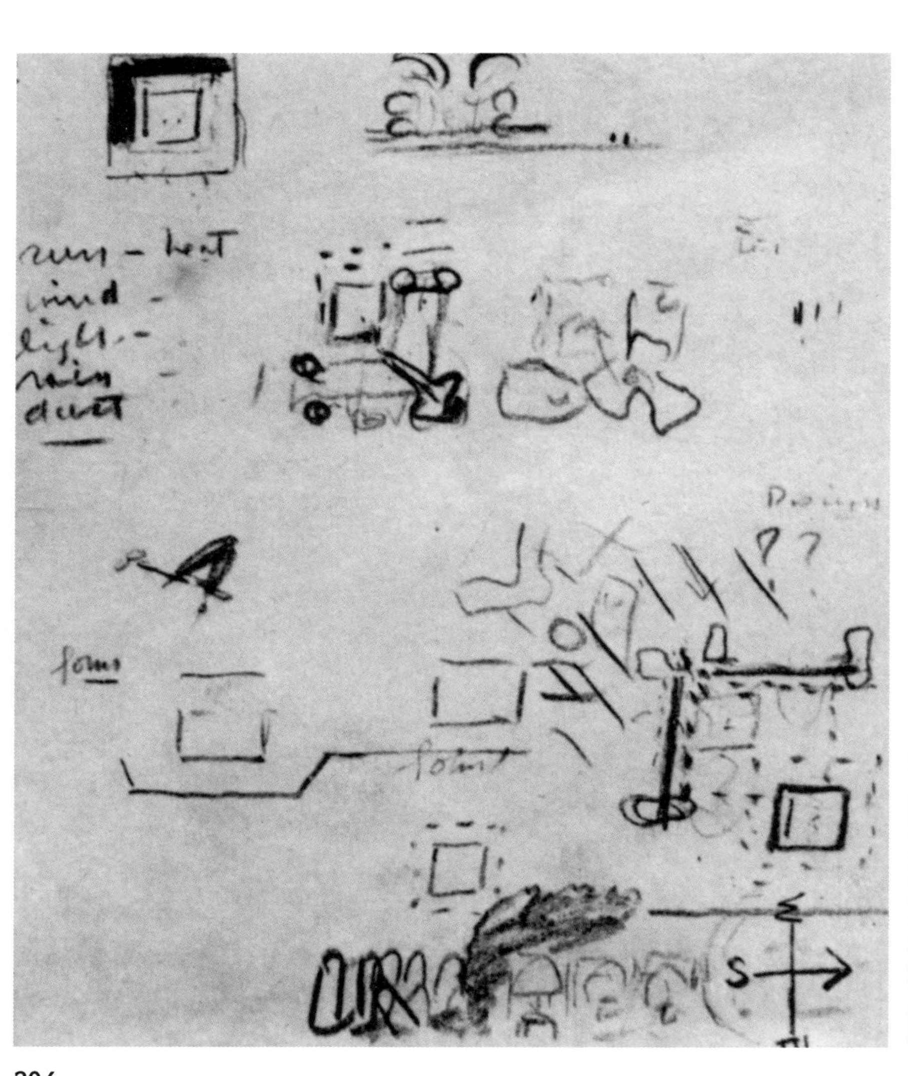

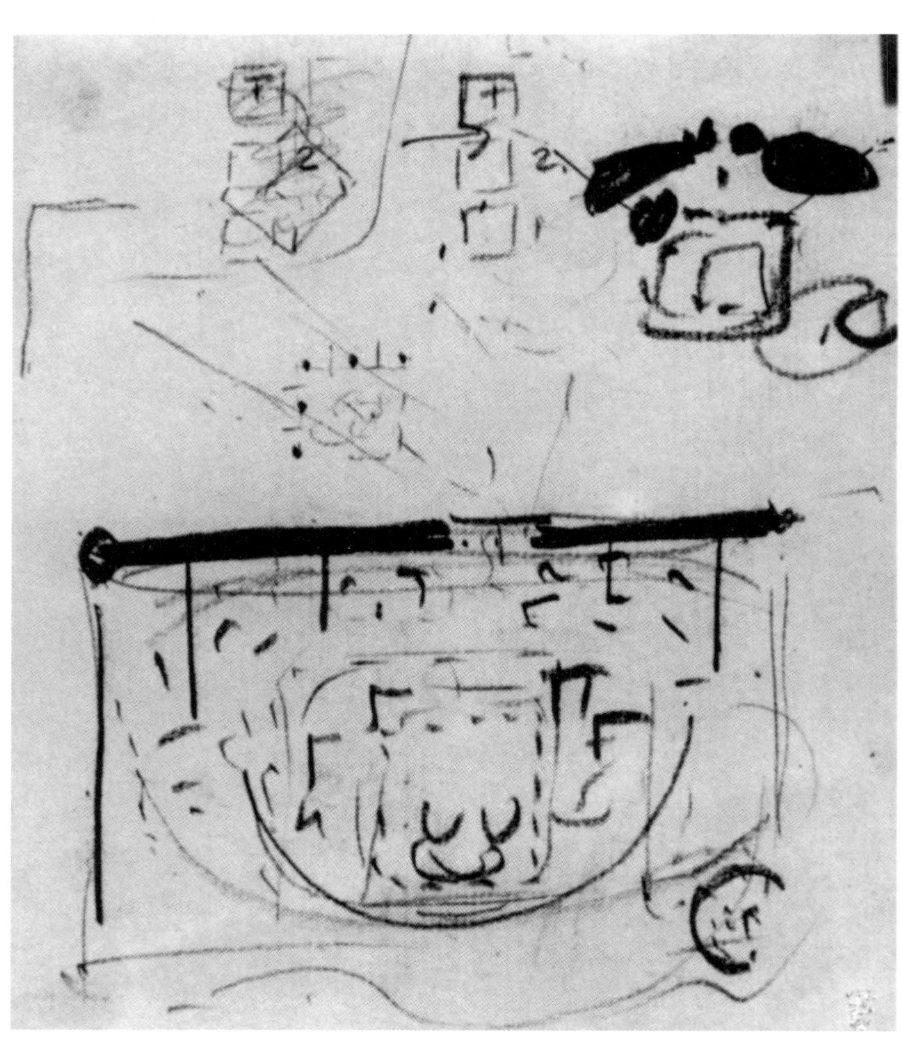

IIM. 3

场地平面草图，1962 年 11 月 14 日绘，展示了位于正上方的教学楼，左边的员工宿舍，右下角的用人住房，右上角的集市以及位于中央的学生宿舍。

IIM. 4

场地平面草图，1962 年 11 月 14 日绘，展示了位于正上方的（矩形）教学楼以及周围一圈的住宅。

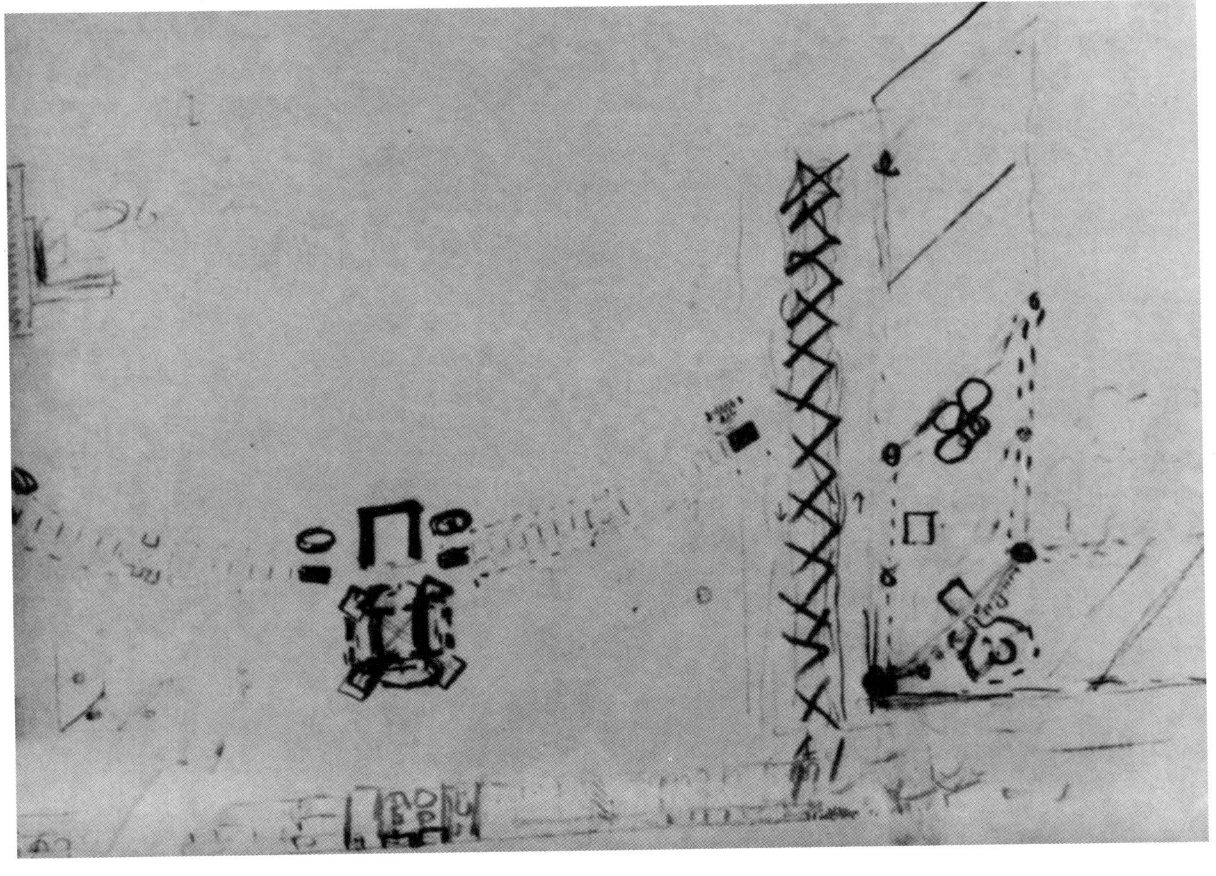

IIM. 5

平面和立面草图，展示了住宅和教学楼的另一种布局方式。

IIM. 6

场地平面图、立面图和透视图草图，1962 年 1
月 15 日绘。

“我用方形开始设计方案，因为方形不具有任何先入为主的观念。在之后的设计深化中，我努力去探索那些证明方形不成立的原因。”

中间的注释写道：“位于印度艾哈迈达巴德的国家管理学院，致敬维克拉姆·萨巴拉伊（Vikram Sarabhai）。

“这里饱满的空气如此怡人，永远是建筑造型的依据。当我和 20 个人一起位于拉合尔宫时，我意外地发现空气对人而言是多么重要。当时向导正在向我们展示那些能工巧匠是如何用各种颜色的马赛克绘满了一整座房间。为了展示这些彩绘反射效果的奇妙之处，他关上了所有的门并点燃了一根火柴。单单一支火柴的光亮就产生了难以预测的多重效果，然而就在房门关上而不再有微风进入的短暂时间中，两个人晕倒了。此时你感到没有什么比空气更有意思。”

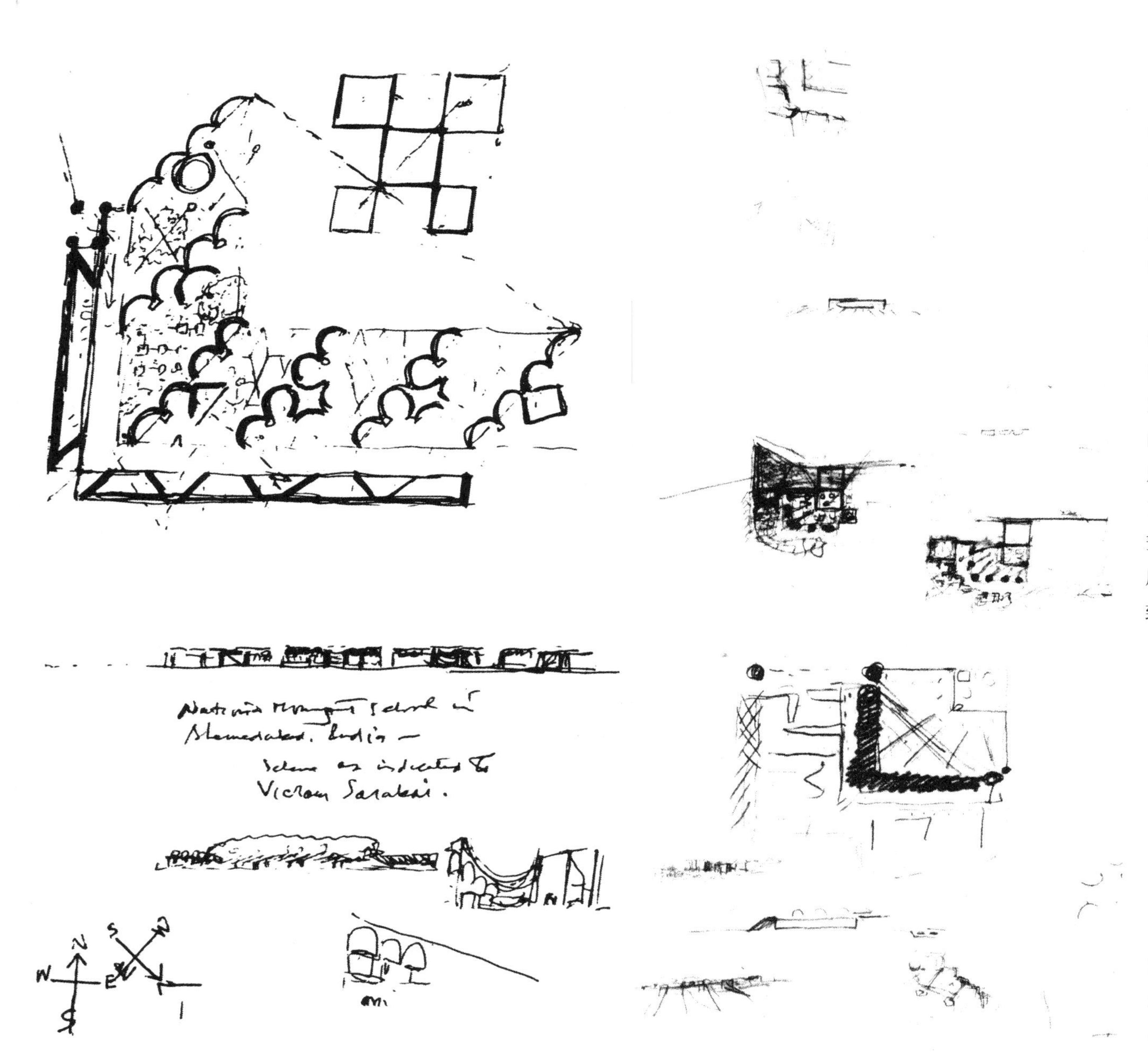

IIM. 7

场地平面和立面草图，展示了矩形教学楼和宿舍与职工住房的分离。

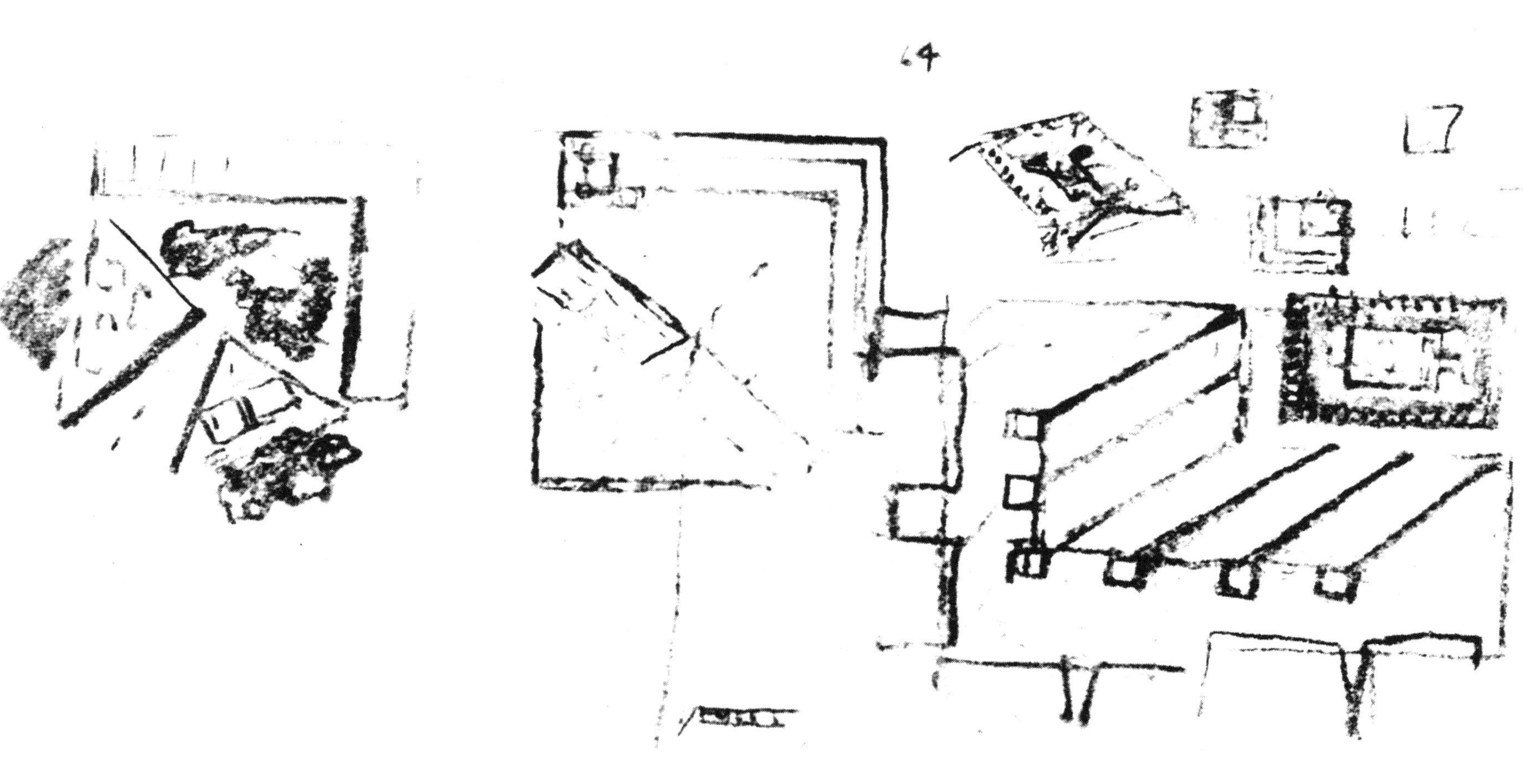

IIM. 8

平面草图，展示了场地平面的局部，有一个矩形教学楼、沿对角线成一列的宿舍以及一个大型集市广场。位于左边的小草图展示了对于集市场所的研究。

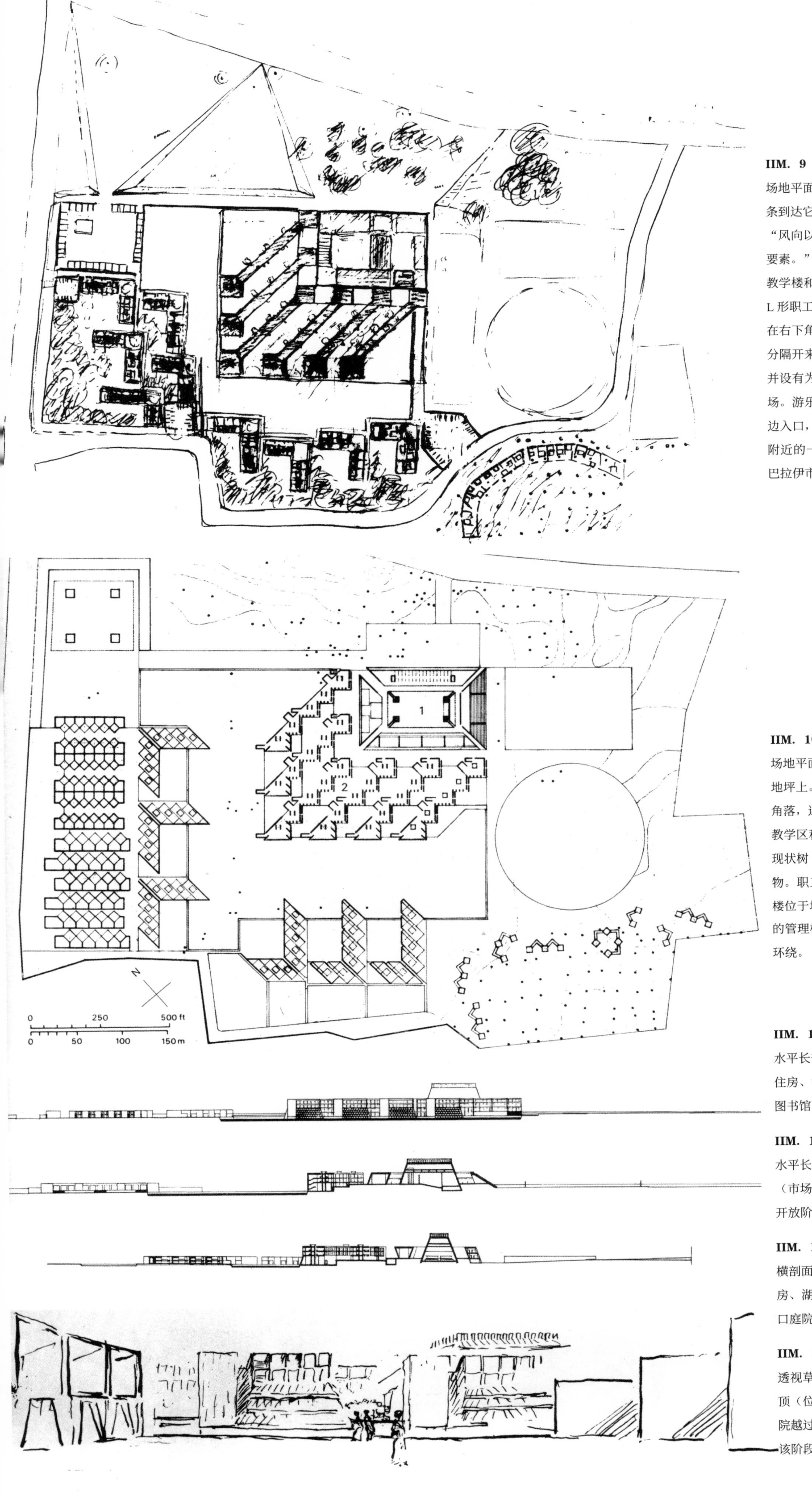

IIM. 9

场地平面草图，展示了不规则的场地，上方有一条到达它的路径，内部有一圈围绕场地的街道。“风向以及太阳的阴影赋予了这个构成一些建筑要素。”

教学楼和以方形单元构成、对角线布局的宿舍与L形职工住房分开，其间是一片湖面。

在右下角的用人住房和其他部分由一条内部道路分隔开来。一个共同的入口位于服务区域旁边，并设有为学校、宿舍、职工住房提供服务的停车场。游乐场地（圆形的和矩形的）位于场地的东边入口，一个带有购物拱廊的市场位于西边入口附近的一条现状乡村街道上（现称维克拉姆·萨巴拉伊市场）。

IIM. 10

场地平面，1963年3月8日绘，位于场地较高的地坪上。一个私人的村镇街道入口位于场地西侧角落，连接到职工和用人住所（23个单元）。从教学区和居住区都可以到达位于左上角的市场。现状树（主要是杧果树）在图面上被标记为点状物。职工住房（110个单元）为南北朝向。教学楼位于场地最高的地方。中央图书馆由位于上方的管理楼和下方的教室，以及右边的开放阶梯所环绕。

IIM. 11

水平长剖，1963年3月绘，自左向右展示了职工住房、宿舍（西南立面）前的湖泊及游乐场地。图书馆高过宿舍的屋顶线。

IIM. 12

水平长剖，1963年3月绘，自左向右展示了巴扎（市场）、湖泊、宿舍、厨房及用餐翼、图书馆、开放阶梯和游乐场地。

IIM. 13

横剖面，1963年3月绘，自左向右展示了职工住房、湖泊、宿舍、教学楼、图书馆、管理楼及入口庭院。

IIM. 14

透视草图，展示了宿舍的西南立面以及图书馆屋顶（位于右侧背景），该视角为站在职工住房庭院越过湖面望去。

该阶段的建筑材料为混凝土。

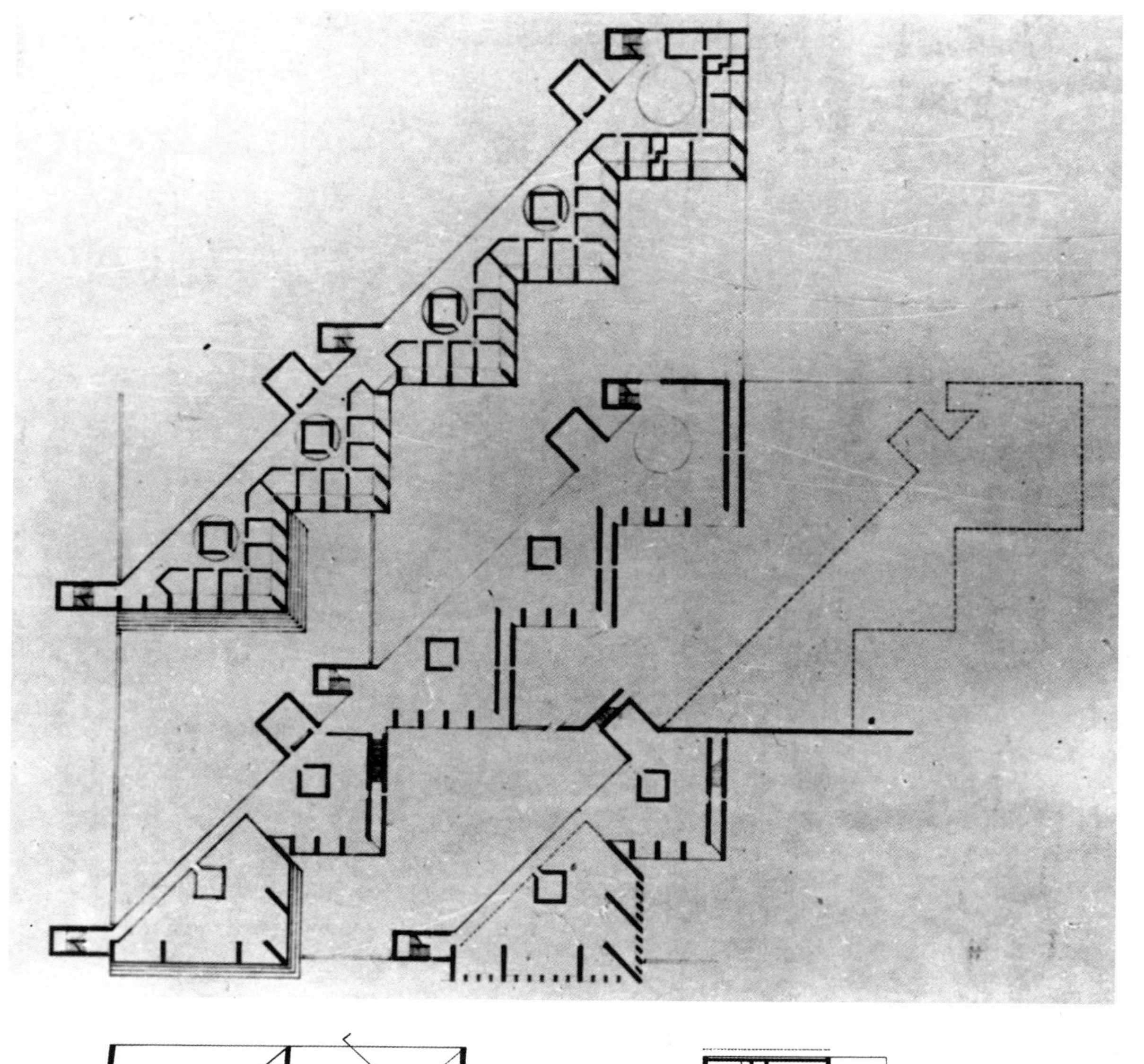

宿舍

IIM. 15

平面，展示了位于宿舍综合体西侧角落的三排宿舍，由4个单人学生的单元及一个已婚学生的单元组成，通过一条带楼梯以及两个茶水间的走廊连接。每个单人宿舍单元有7间房和一个方形的服务区域。

职工宿舍

IIM. 16—18

类型2的一层和二层平面以及水平长剖和横剖，它和类型1（IIM. 15）相似，但是较之更大。它们都沿村镇街道布局，位于市场的西南面。类型2为三间房带一个双层起居室。

IIM. 19—22

类型3的一层和二层平面以及水平长剖和横剖。它带有一个室内庭院，将双层起居室与就寝的地方分开。厨房带有一个通风罩。

IIM. 23—26

类型4的一层和二层平面以及水平长剖和横剖，它是职工住房中最大的一个类型。它带有类型3那样的室内庭院，但在东边同时有一个厨房和楼梯。那里的花园通过遮阴设施形成了一个服务区域。

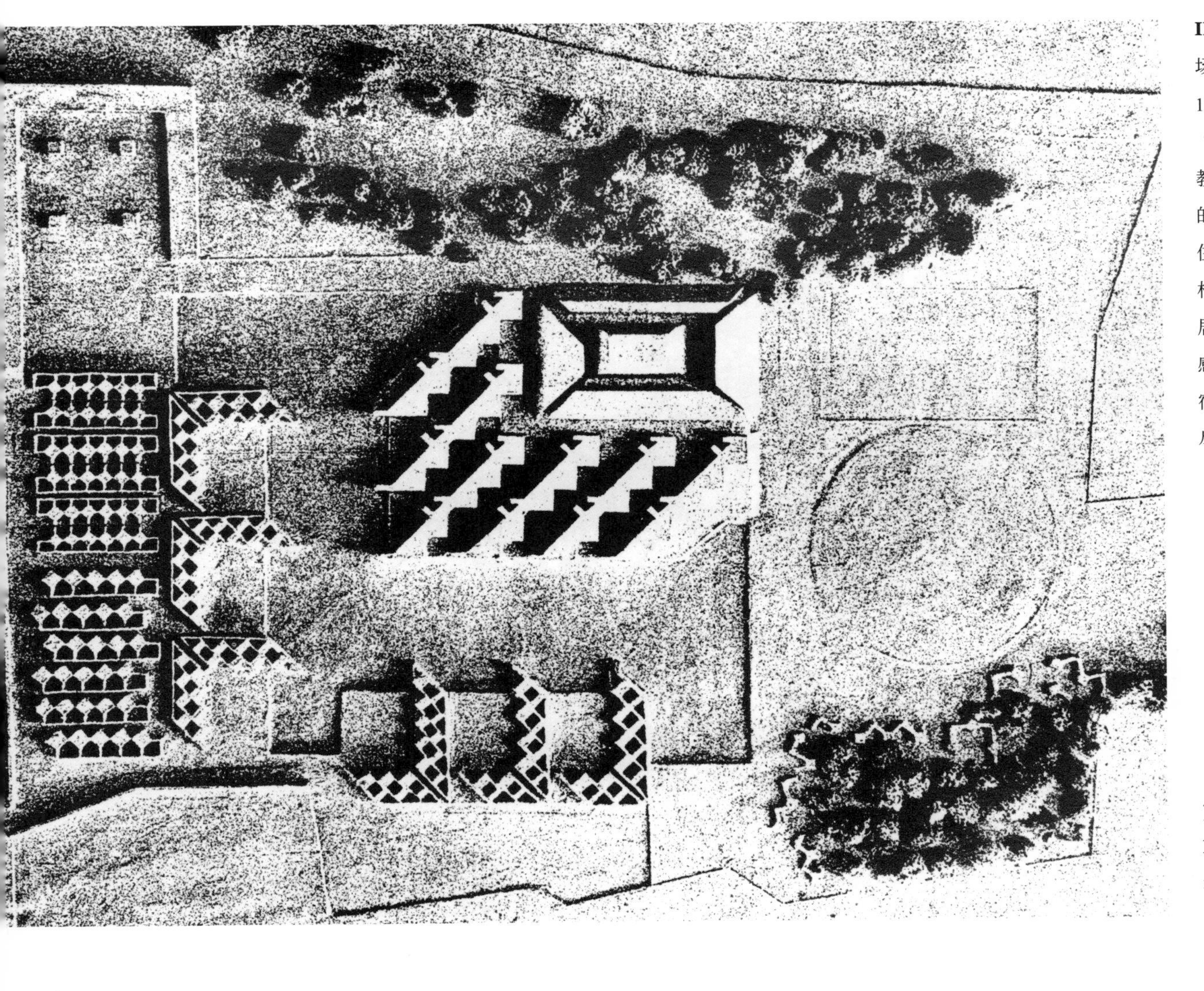

IIM. 27

场地模型的平面视角，位于康在费城的办公室，1963 年 3 月绘。

“这个平面来自我对修道院的感受。这种研讨会教室的概念以及把‘去学习’的意图延伸到宿舍的想法来自哈佛商学院。教学楼、宿舍以及教师住房形成一体，如何让它们既有各自的特征又互相靠近，是我出给自己的设计问题。学生和老师居住区域中间的湖泊是在有限的范围内实现距离感的一种方式。当我发现这个方法的时候，职工宿舍似乎让人从心理上感觉它远离了这所学校，尽管之间并没什么很大的距离。”

第二版：1963 年

IIM. 28

场地平面，1963 年 7 月 14 日（在 NID 绘制）。对第一版方案的评估表明需要更好地引入西南海岸的微风，以及不得不牺牲太多的杧果树。整个综合体被逆时针旋转了 135°，把职工住房（114 个单元）和用人住房（23 个单元）布置得更近了一些。

“当多西来找我的时候，他说最好把整个综合体朝着相反的方向作镜面对称处理。”

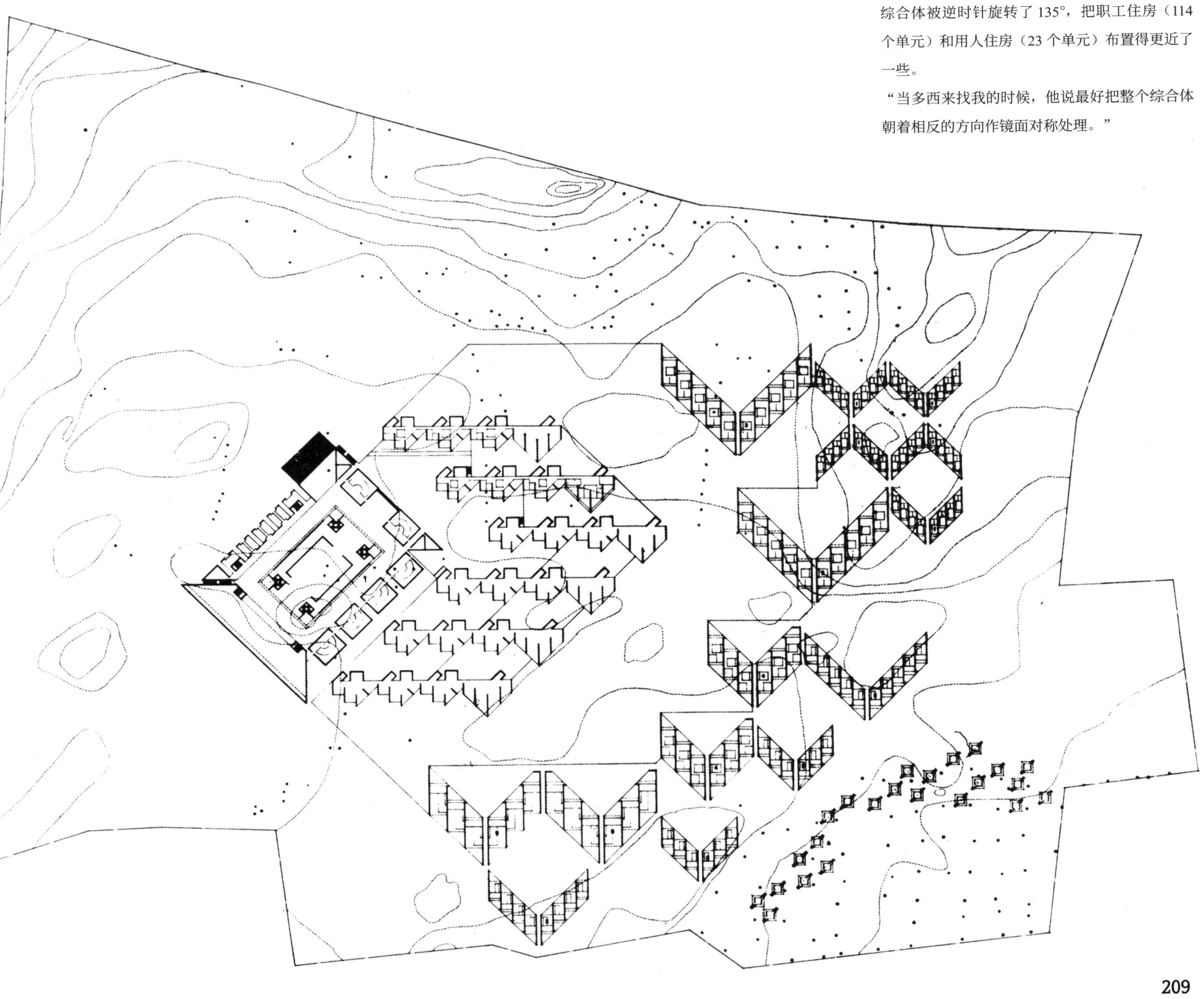

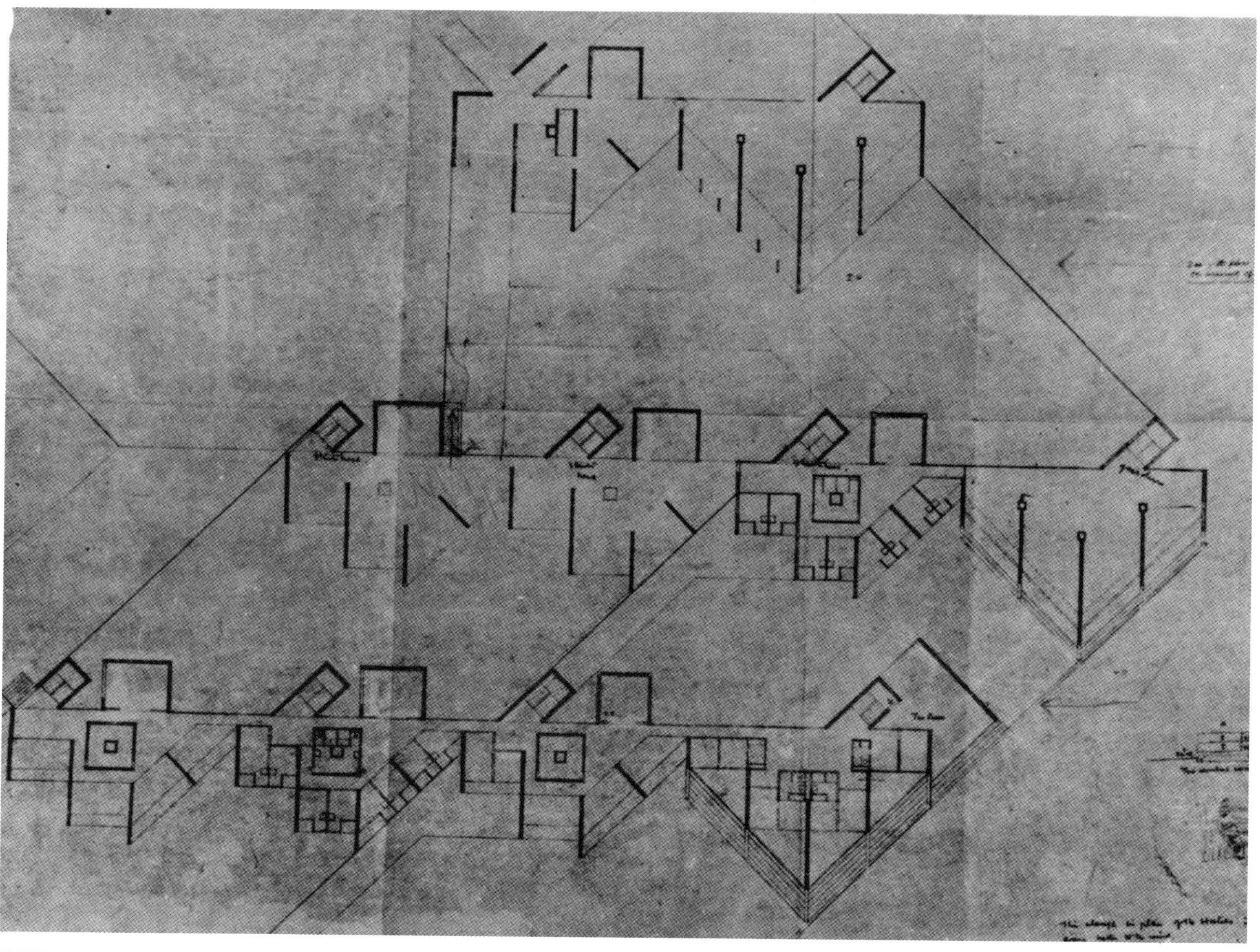

宿舍

IIM. 29

“3排宿舍的平面(位于学校综合体的东侧角落)。3个带有一个共享方形服务空间的单人宿舍位于左下角，一间已婚宿舍位于右下角。每个宿舍单元都配有独立的楼梯间和茶水间。”

IIM. 30—31

平面深化草图，展示了对用人宿舍替代布局的研究。这些单元成组围绕着一个共同的庭院（参考IIM．27和IIM．28）。

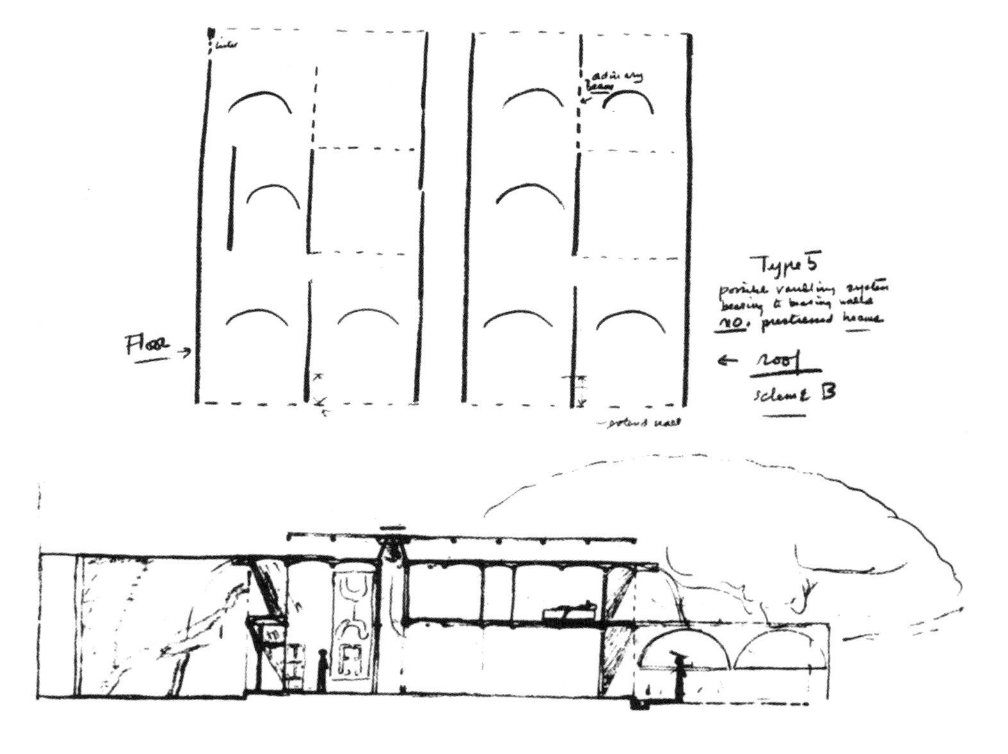

职工住房，1963 年

IIM. 32

概念深化平面，考虑了承受墙和拱顶重量的结构体系。

“类型5，可能的拱顶承重体系，承受了墙的重量，没有预应力的梁。”

IIM. 33

职工住房的典型水平剖面草图，1963 年绘，展示了预应力梁支撑着天窗。混凝土雨棚将雨水排到了外面的花园。

“剖面类型 5，方案 A，平屋顶，雨棚在上方。建设方案 A 由于整体向下降，导致产生了一个倾斜的屋顶。”

“方案 B 的拱顶在整体中并不合适。”

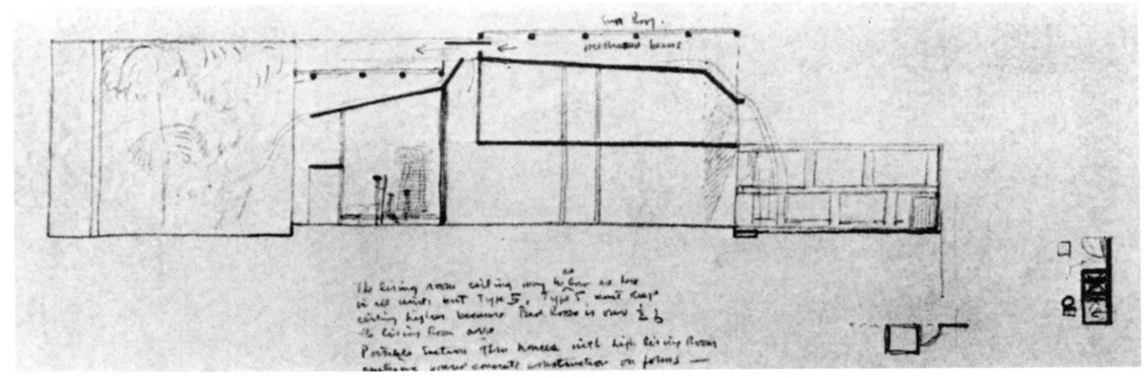

IIM. 34

职工住房的典型水平长剖草图，展示了对于位于平拱式雨棚之上的天窗的替代研究（参考 IIM. 25）。

起居室单元可以和其他单元一样低，但是类型 5 必须让它的天花板更高，因为卧室占据了起居室二分之一的空间。

“穿过住房可能的剖面，起居室为浇筑的混凝土结构。”

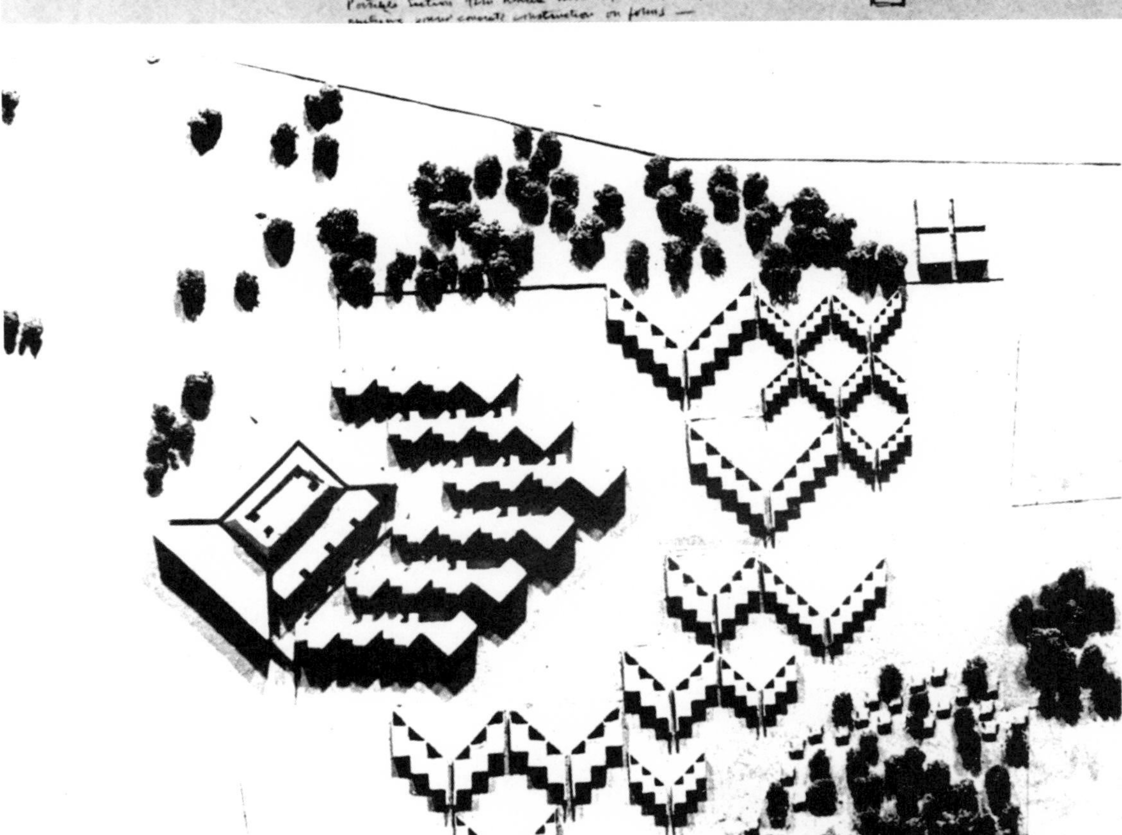

IIM. 35

场地模型的平面视角，模型在 NID 制成，1963 年 7 月绘。展示了湖泊将位于西北面的学校和宿舍与位于东南面和南面的居住区分开。东边一组 4 个方块代表市场。

IIM. 36

场地模型的东南视角，1963 年 7 月绘，展示了建筑体量的秩序：用人宿舍几乎藏匿于前景的杧果树中，职工宿舍在中景，教学楼和图书馆位于远景。

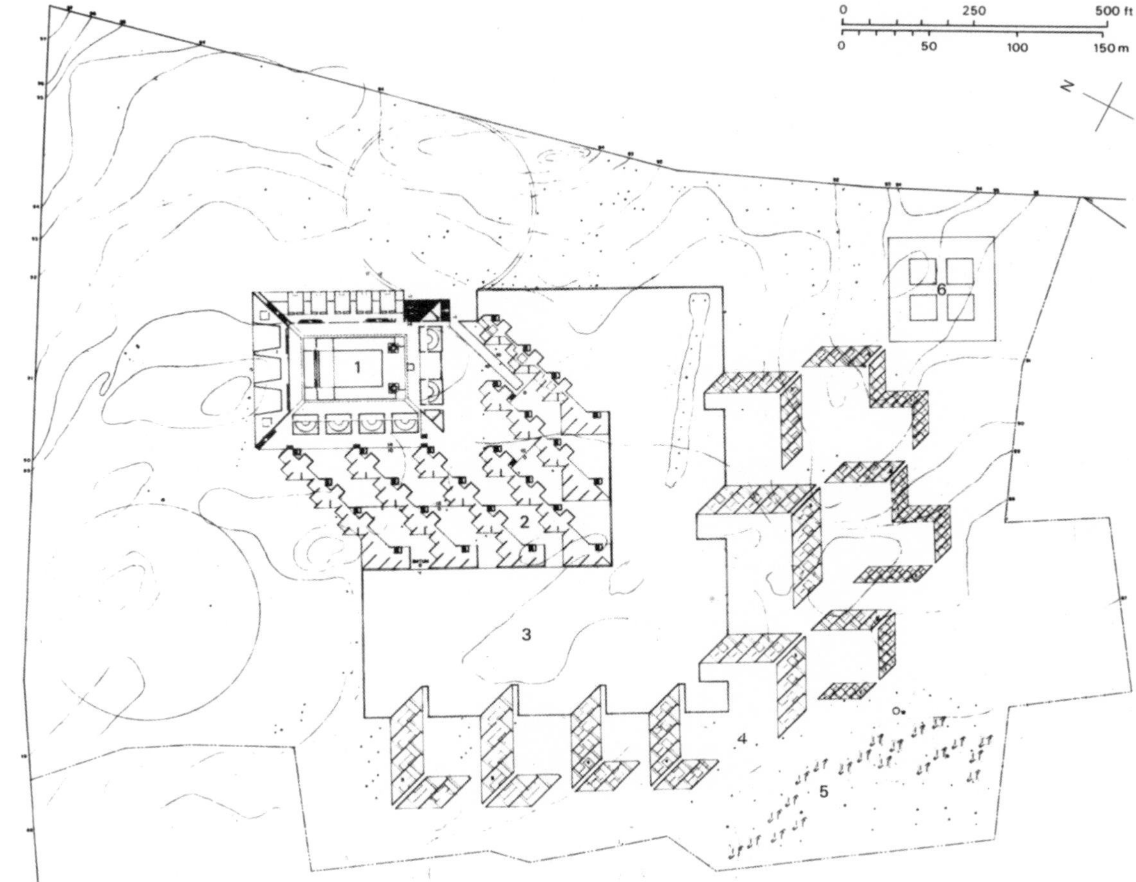

第三版：1963 年

IIM. 37

场地平面。

对场地平面的最终修改在 1963 年年末，教学楼和宿舍综合体整个被顺时针转了 45°。

“在这之后，仅仅是方案的细节被进一步深化。”学校的主要入口由北边一个大型的圆形入口庭院界定。游乐场地同样由一个圆标出，被安排在学校综合体的西侧。

“1”为教学楼；

“2”为宿舍；

“3”为湖泊；

“4”为职工住房；

“5”为用人住房；

“6”为市场。

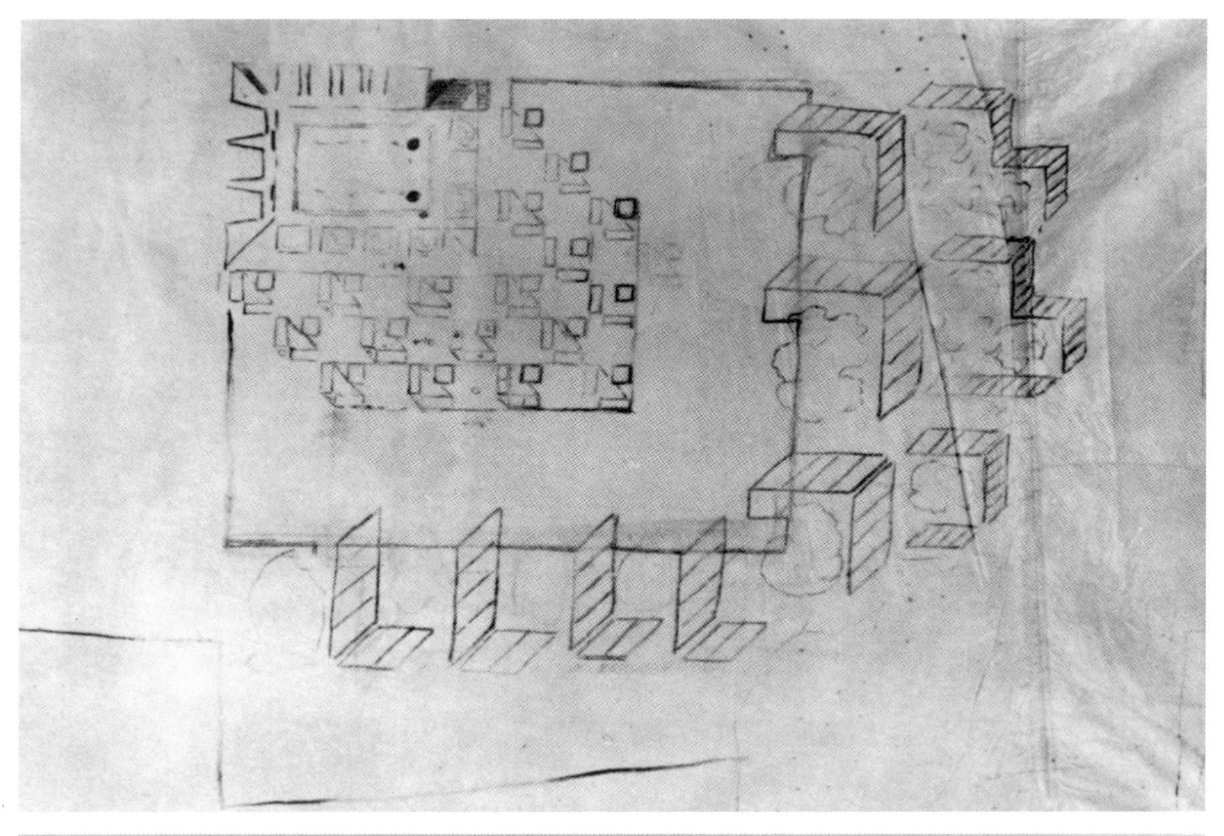

教学楼

IIM. 38

场地平面草图，展示了对于宿舍布局的改变。其单元由一排4个减少到3个独立的单元。每个单元都由两个矩形学生间和一个正方形共享空间组成。这个布局带来了一系列的方形庭院。

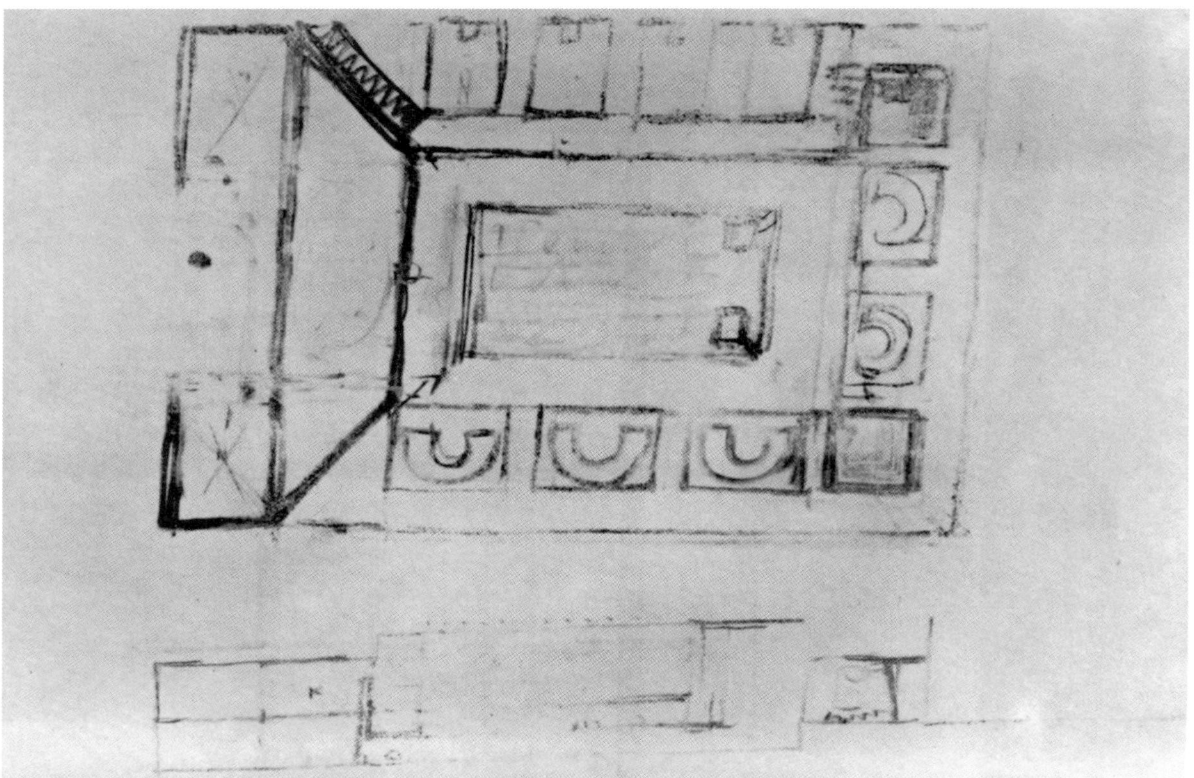

IIM. 39

平面和剖面草图。

在第一、第二版方案中，学校环绕图书馆布置，作为“学习的制高点”。然而现在学校的不同功能被组团布局在一个庭院中，仅由天窗轻轻覆盖

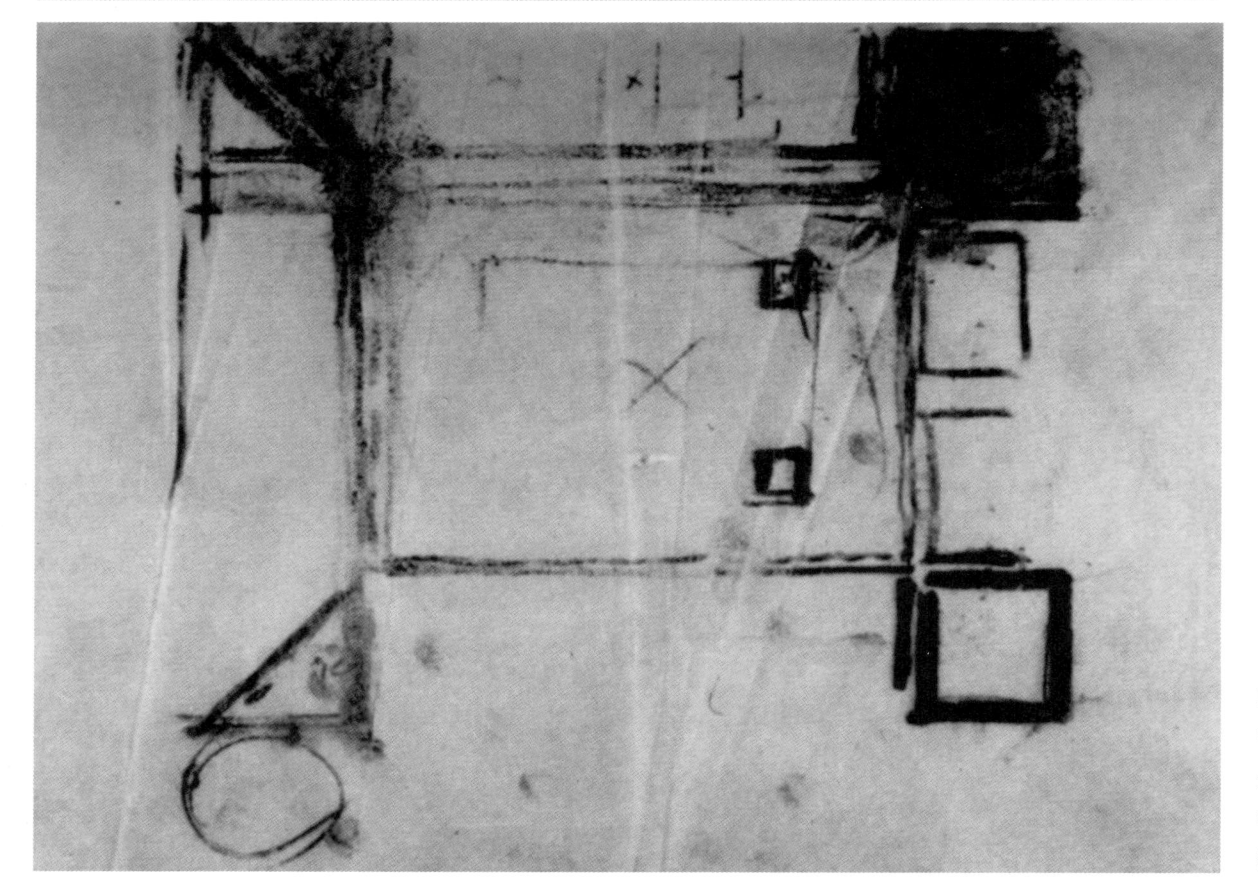

IIM. 40

平面草图，1963年11月绘，展示了如何将4个角落联通到中央庭院的研究。主入口位于东边，宿舍入口位于南边。北边和西边的对角线表明与游乐场的连接。

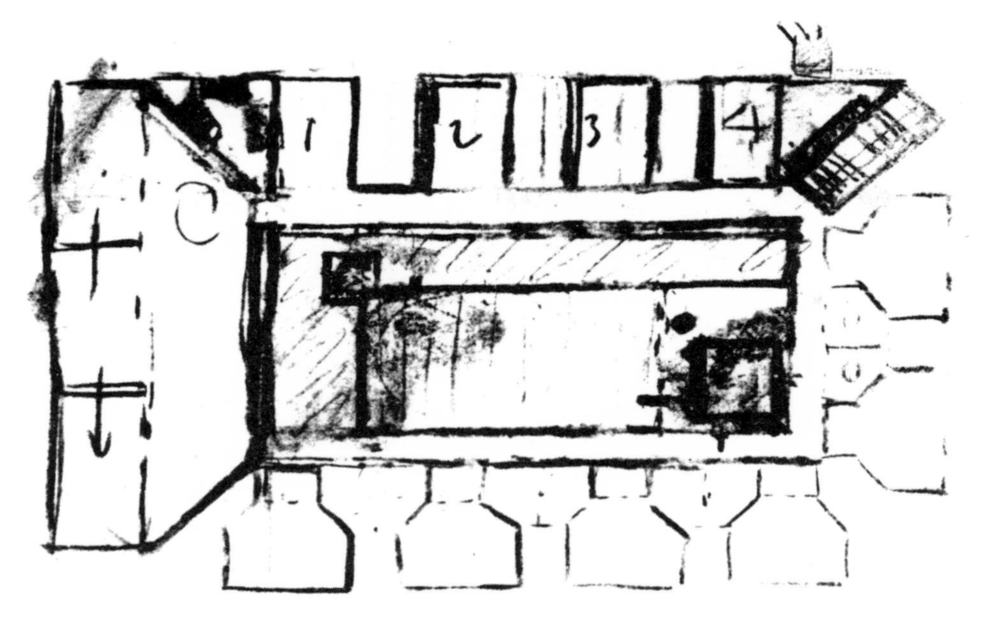

IIM. 41

平面草图，展示了位于底部的6间教室，右侧的职工和管理处单元（标着1—4），以及左边大型的由庭院环绕的餐厅和厨房区域。庭院包含L形的图书馆以及通往宿舍层的楼梯间。主要入口楼梯被放置在东侧角落的对角线上。

IIM. 42—44

研究模型，入口平面层及部分视角，展示了教学楼包含了6间教室单元、4个管理单元以及环绕庭院的餐厅和厨房单元。教室是在中间带有休息厅的小型礼堂，可以从东南角的一个大厅或者西南角带有小型研讨间的长走廊进入。

“在教学楼里，我引入了一个光井，我认为它比我为卢旺达设计的那个更加出色。因为在那里我设置了一道墙来遮挡阳光和避免眩光，但是在这里的解决方案是一个完整的组成。教学楼的建设也更好一些，因为你所需要解决的跨度更小，以及窗户并不需要被设置在不希望有窗的外立面上。你可能会说，这是一个相反的凸窗。”

图书馆坐落于庭院的西北侧，而东南侧有两个楼梯塔将教学楼的不同楼层连接到地面及宿舍层。从外面的入口庭院进入的主要入口将这个对角楼梯引向东部。

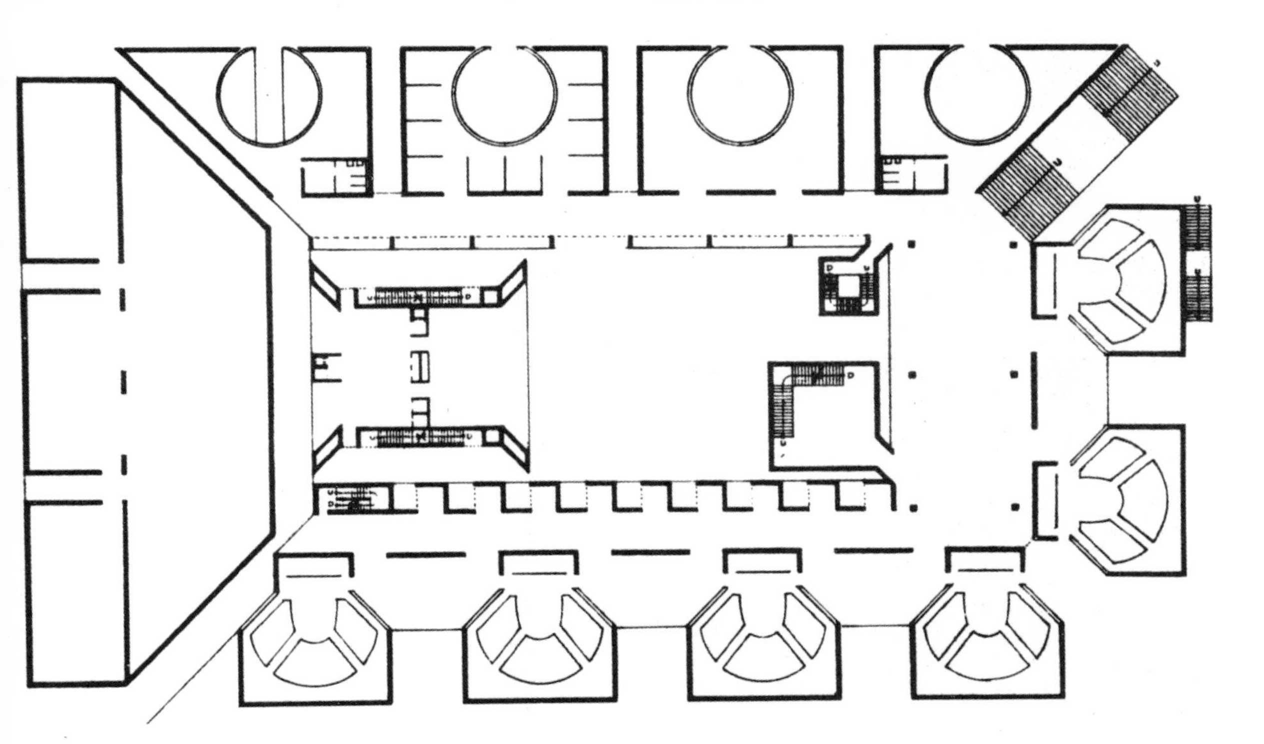

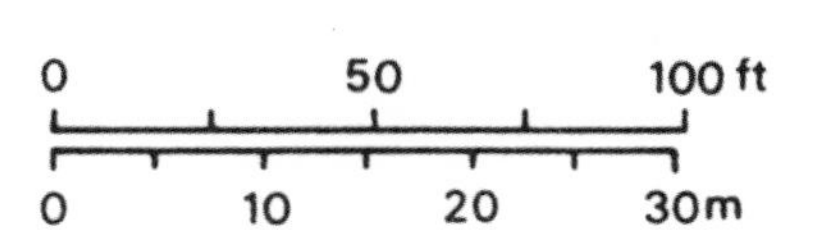

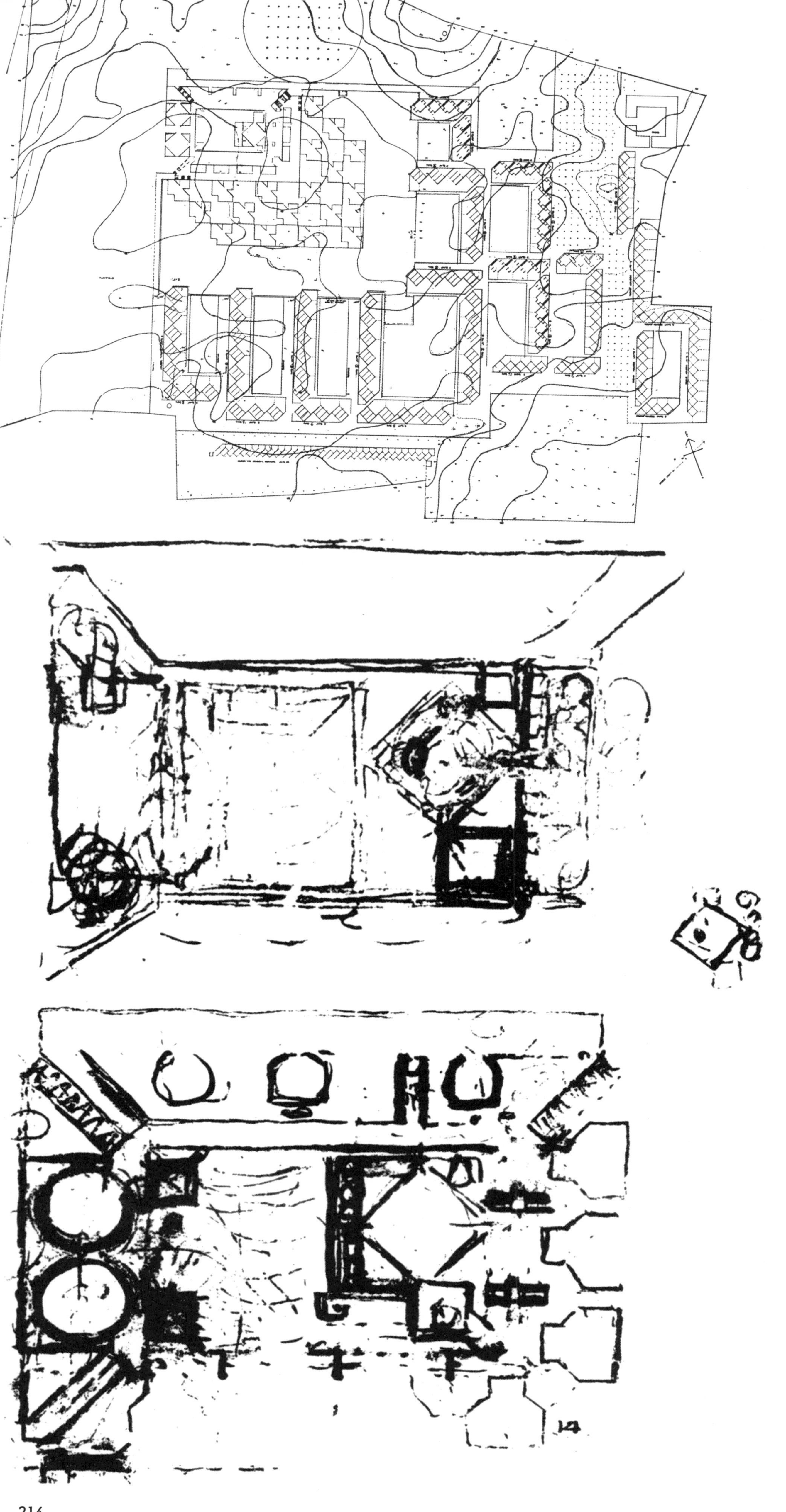

第四版：1964 年

IIM. 45

场地平面，1964 年绘，展示了微调过的宿舍布局以及职工住房数量的增加。一条步道从右上角的市场通往职工宿舍，位于底部的用人宿舍调整为一整排的布局。沿着场地东南边界的职工住房展示了新的房间类型。

IIM. 46

平面草图，1964 年绘，展示了对教学楼的改动，图书馆被调到了庭院的右边，与主入口靠近，并位于两座楼梯塔的中间。学习研讨间也离图书馆的东北入口更近。

IIM. 47

平面草图，1964 年绘，展示了位于内庭东北角并靠近主入口楼梯的图书馆。学习研讨间被设置在图书馆的西南面，界定了剩下的内庭空间。教室的数量增加到 7 间。厨房和餐厅设有两个室内光井（参考 IIM. 123—IIM. 138）。

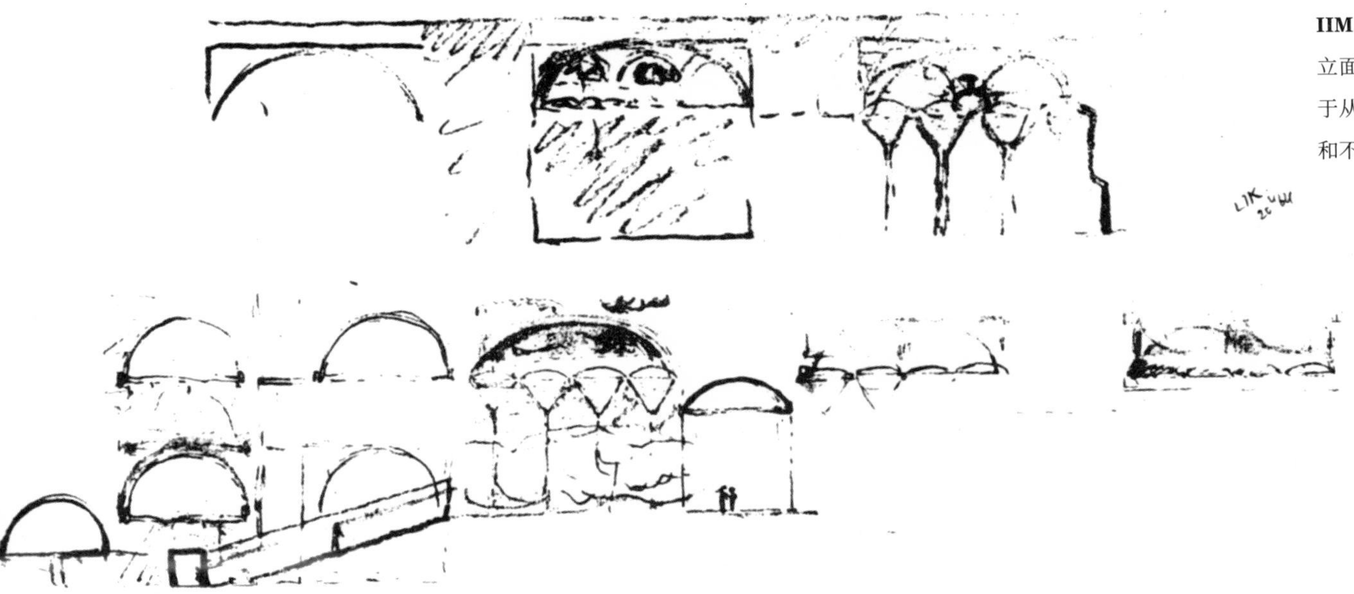

IIM. 48—49

立面草图，1964 年 4 月 20—21 日绘，展示了对于从内庭看向教室立面的研究，里面包含了承重和不承重的嵌入式砖墙（参考 IIM. 53）。

IIM. 50

旋转图书馆和餐厅大堂由方形光井环绕。教研室布置在不规则形的光井周围。

“1”为入口台阶；
“2”为门厅；
“3”为教室；
“4”为楼梯；
“5”为管道；
“6”为图书馆—资料室；
“7”为研究室；
“8”为光井；
“9”为走廊；
“10”为中庭；
“11”为厨房庭院；
“12”为学生食堂；
“13”为厨房后勤；
“14”为大厅；
“15”为教职工宿舍；

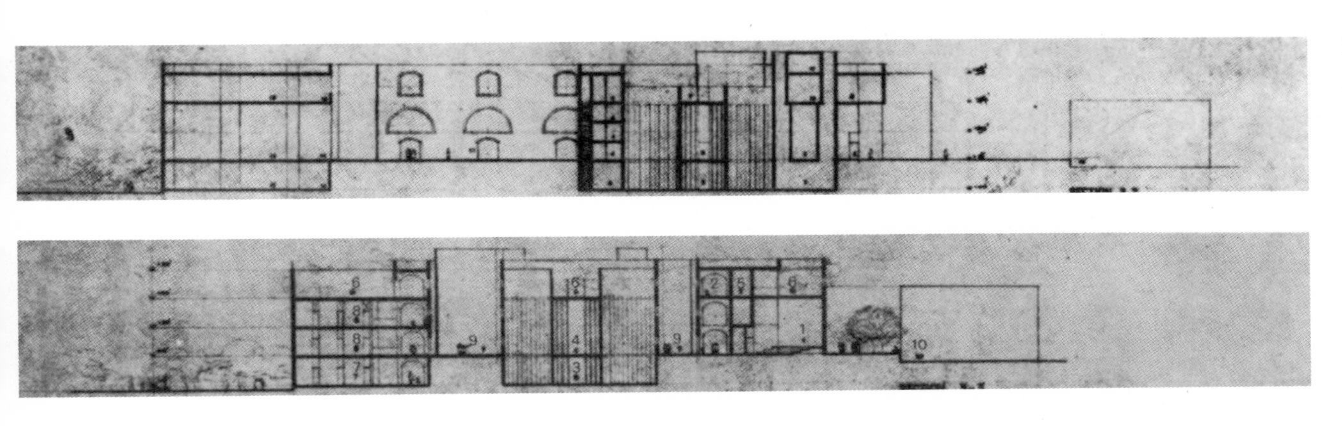

IIM. 51

剖到厨房、餐厅、中庭、图书馆（光井）和风井的纵向剖面，展示了管理楼状走廊的一部分中庭立面。住宿组团位于剖面右边。

IIM. 52

剖到管理组团，由光井、中庭和教室组团环绕的图书馆的横剖面。

“1”为教室；
“2”为走廊；
“3”为储藏；
“4”为图书馆—资料室；
“5”为储藏室；
“6”为屋顶花园；
“7”为管理室；
“8”为教研室；
“9”为庭院；
“10”为宿舍。

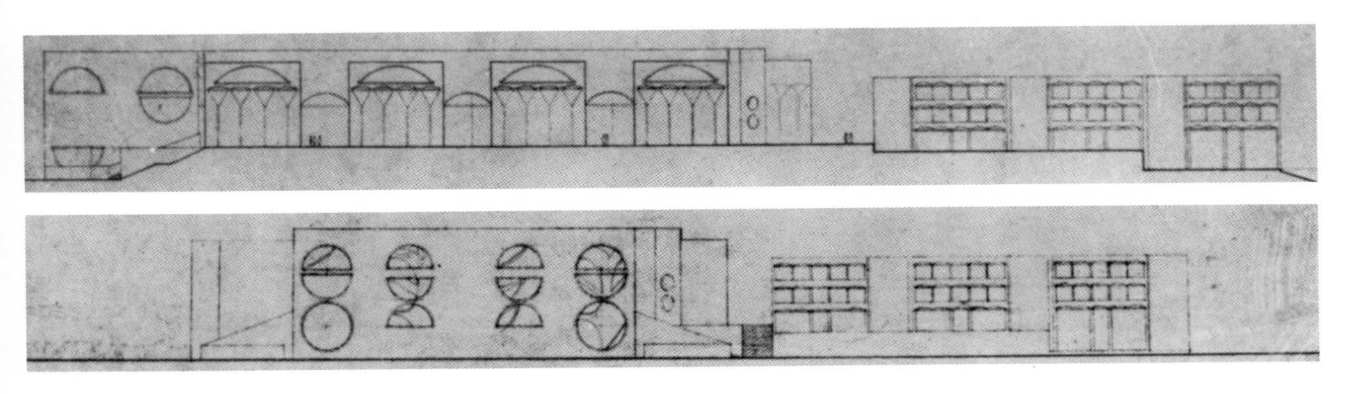

IIM. 53

西南立面展示了 4 间教室组团和 3 间住宿组团。

IIM. 54

西北立面，展示了左边是光井、右边是 3 间住宿组团的餐厅。

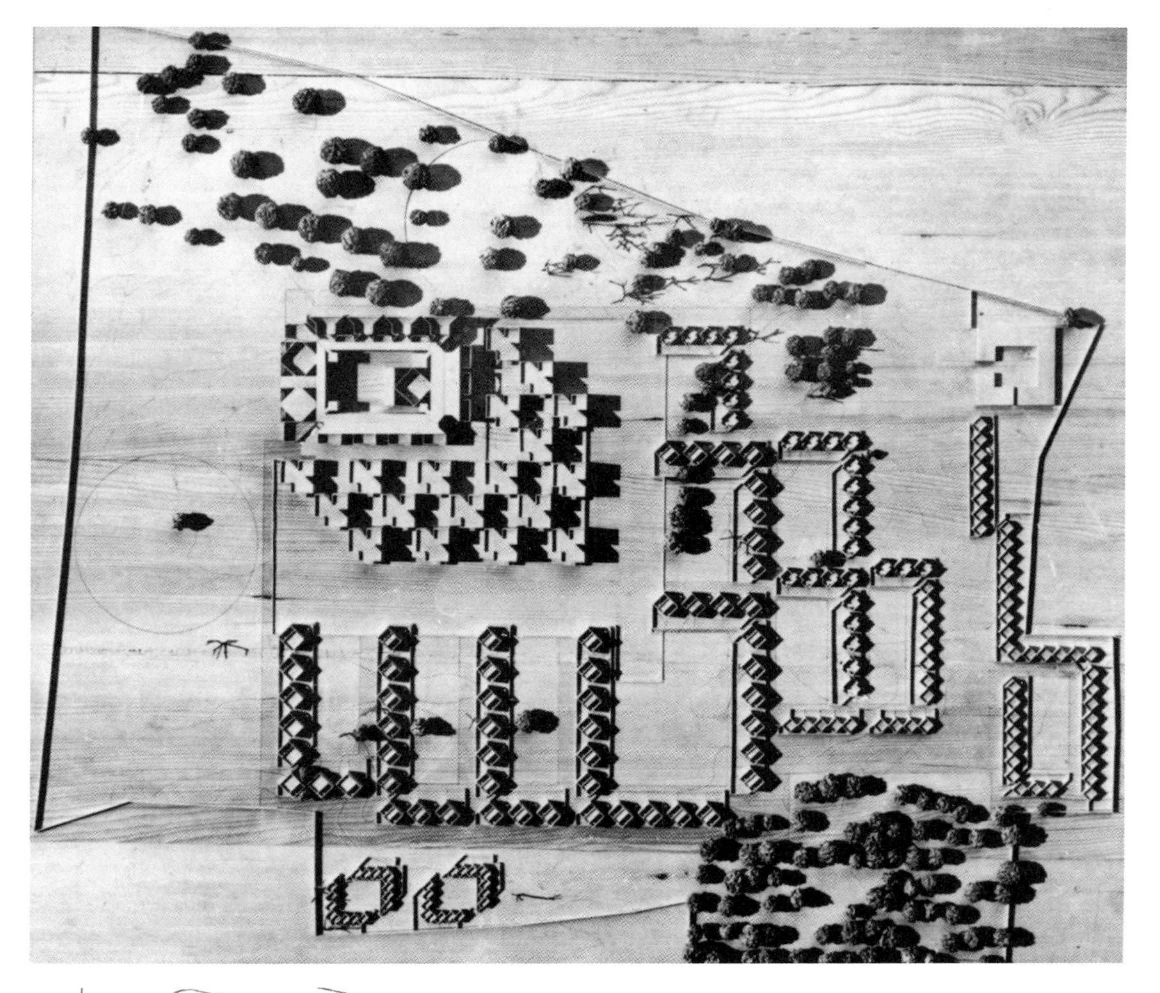

IIM. 55

基地模型的俯视图。用人的住处集中在左下角的两个方形庭院周围（参考 IIM. 83—IIM. 84）。这里展示的是现有的唯一树木：市场和员工住房之间的长廊，以及主要学校建筑群以东的主要圆形入口庭院没有常规种植的树木。

“房子朝向风，所有的墙都与风向平行。它们斜放在中庭周围，将中庭包围起来，并保持方向要求的严格性。如果有一个正方形，你会发现两条边的方向不妥。通过对角线，你形成了奇怪的条件，但你确实作出了回答。如果希望的话，你可以征服这个几何体。你必须毫不留情地把方向看作你给予人们的东西，因为它是迫切需要的。这就是这些对角线形状的基础。”

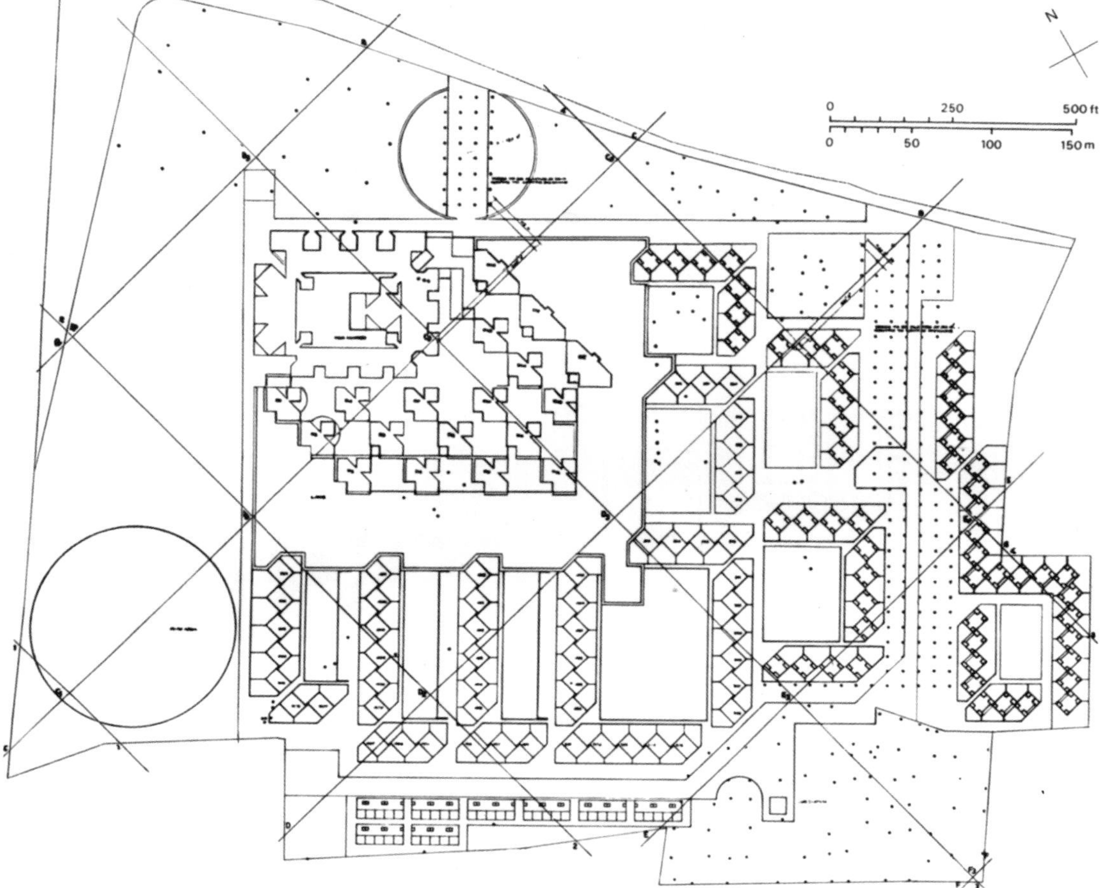

第五版

IIM. 56

场地平面，展示了方案深化中对职工住房平面的改动，主要集中在东侧。用人宿舍沿着道路呈线性布局。依照教学楼朝向布局的对角线的广场网格是用于研究的。

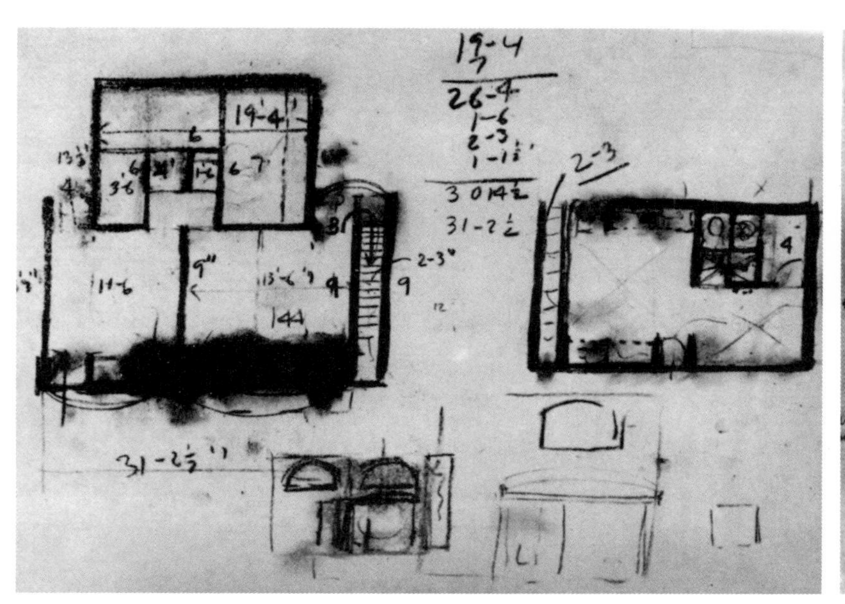

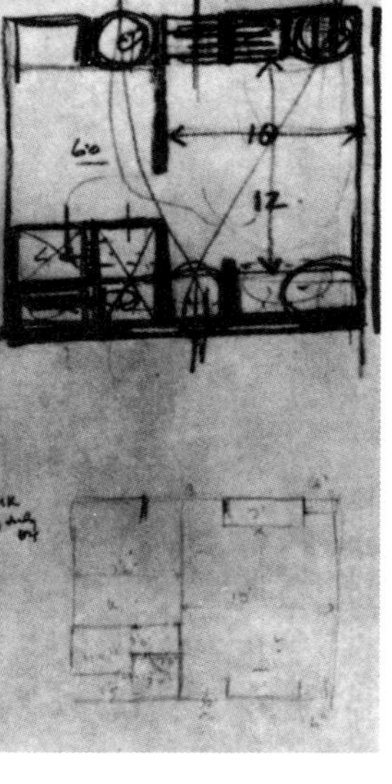

职工住房

IIM. 57—58

一楼平面和立面草图。

左边这个大的单元平面包含了起居室、在底部的卧室、厨房、厕所间，以及顶部一个厨房间。小一点的单元平面在左边有一个起居室、一个厨房，以及右边有一个卫生间。外部的楼梯通向屋顶。

1964 年 7 月 21 日绘的两开间单元平面包含一个给厨房和左边的服务空间的较小的开间，以及给起居室的较大开间。

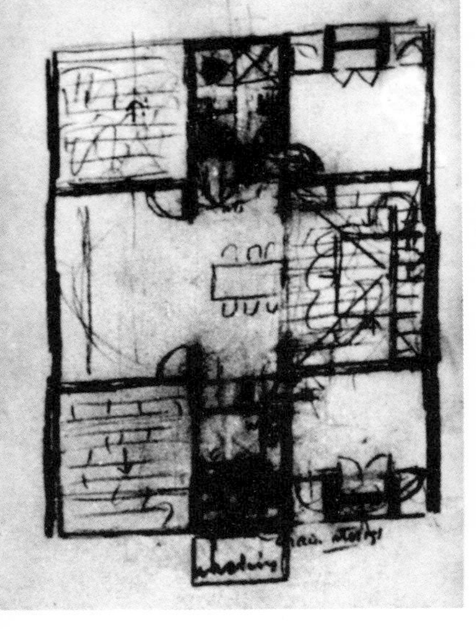
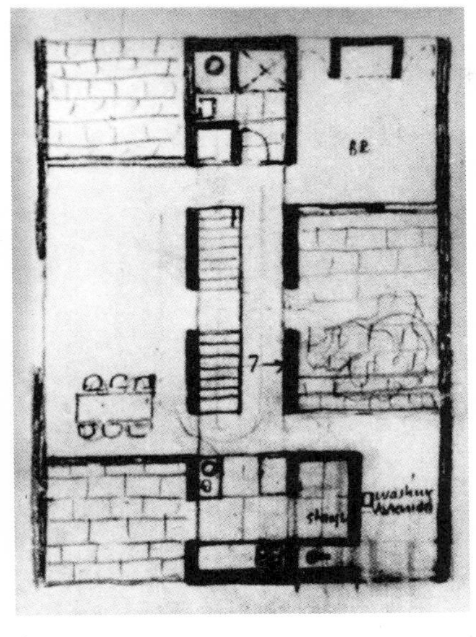
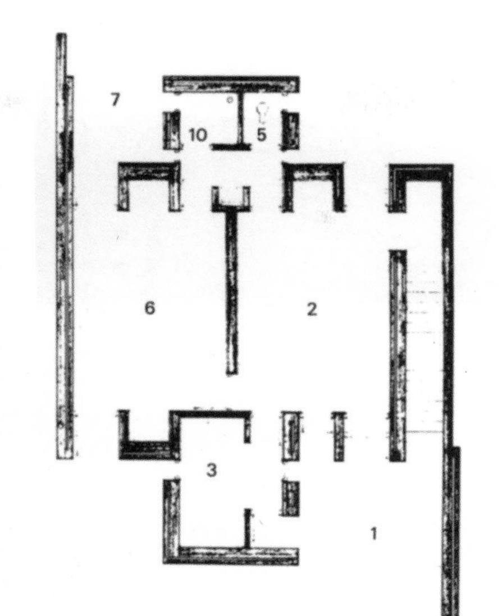

IIM. 59—61

三种住房类型的一层平面草图，都带有深深的阳台及内部庭院。庭院打断了紧凑的平面布局，为通风提供了条件。它们展示了左边是一个单层双卧室单元，中间是一个双层三卧室单元，右边是一个单层单卧室单元。

“1”为入口门廊；

“2”为起居室—餐厅；

“3”为卧室；

“4”不明，疑似为阳台；

“5”为卫生间；

“6”为浴室；

“7”为厨房；

“8”不明，疑似为储藏间（楼梯下方）。

一个中央服务核心空间与厨房配套，在下部的盥洗室和上部的卫生间让人想起了蒙顿韦斯住宅。

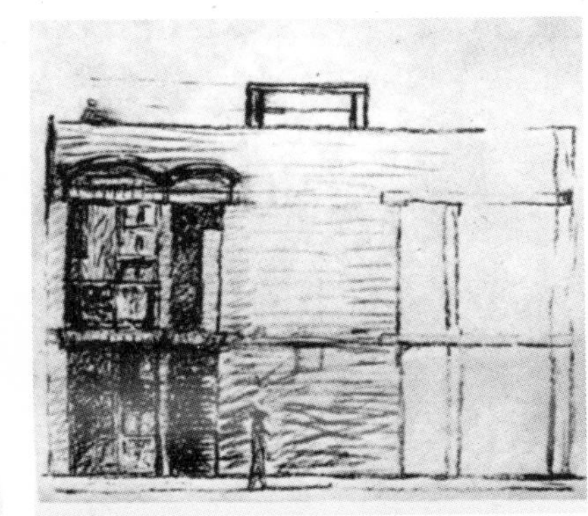

IIM. 62—64

立面草图，展示了对于双层住宅的厨房立面的研究（IIM. 82）。注意到承重墙，分段拱券的发展，以及在服务开间上方的天光。

IIM. 65—66

“1”为入口门廊；

“2”为起居室—餐厅；

“3”为厨房；

“4”为储藏间（楼梯下方）；

“5”为卫生间；

“6”为卧室；

“7”为阳台；

“8”为浴室；

“9”为书房；

“10”为露台。

这组单元平面包含了3个一样大的开间。砖墙面对着外立面，展示为一个空腔。

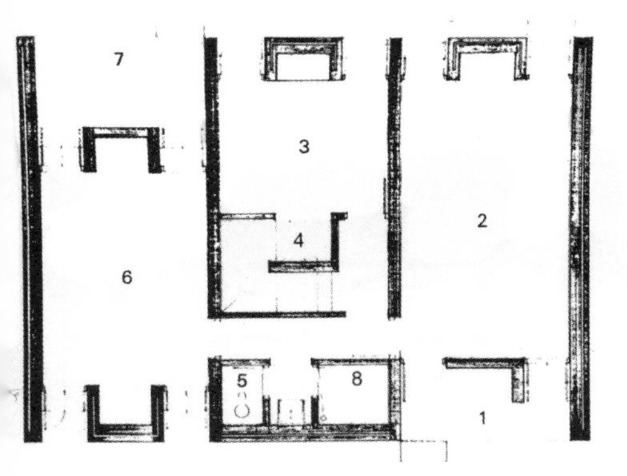

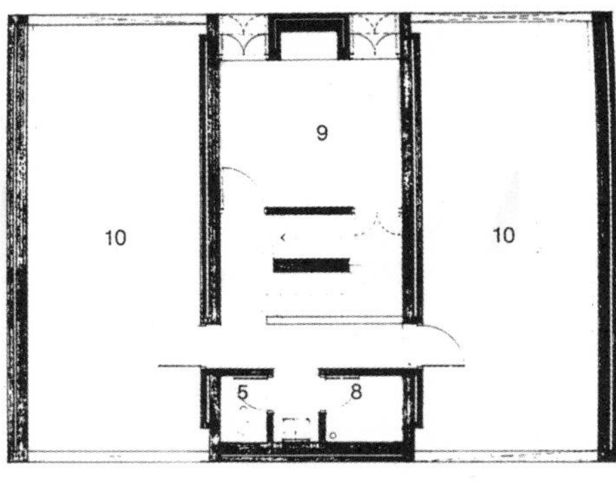

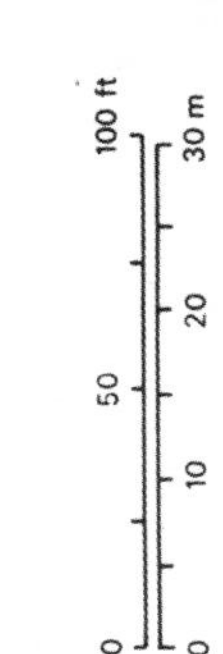

IIM. 67—68

立面草图，展示了对于正立面和背立面的研究。

IIM. 69—70

双层双卧室住房的一、二层平面。

“1”为入口门廊；

“2”为起居室—餐厅；

“3”为厨房；

“4”为洗衣房；

“5”为卫生间；

“6”为卧室；

“7”为阳台；

“8”为浴室；

“9”为书房；

“10”为露台；

“11”为阳台。

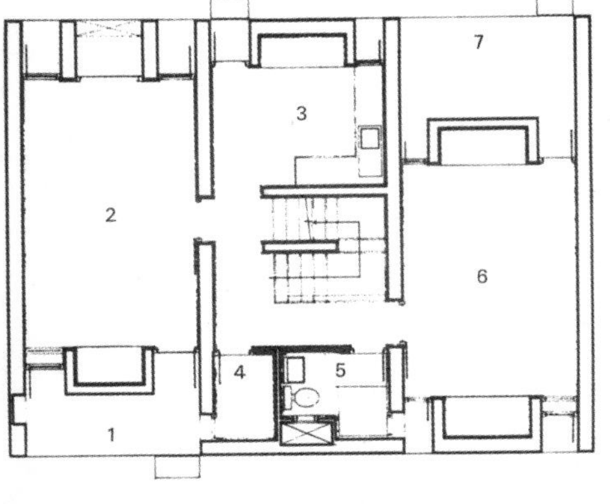

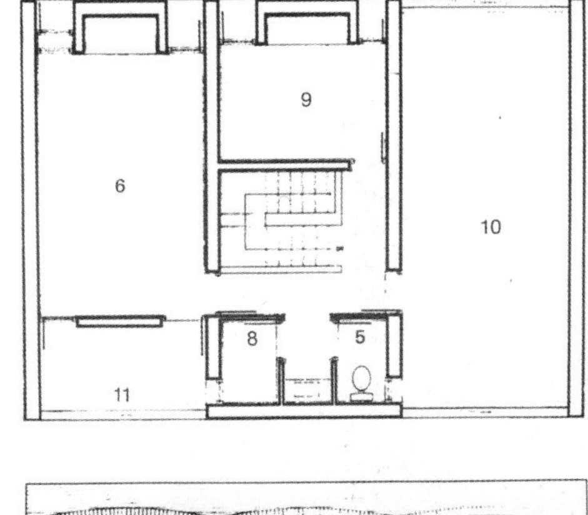

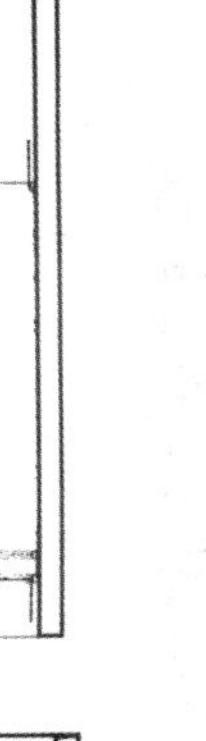

IIM. 71

通过楼梯间的双层住宅的后剖面，展示了“室内立面”。

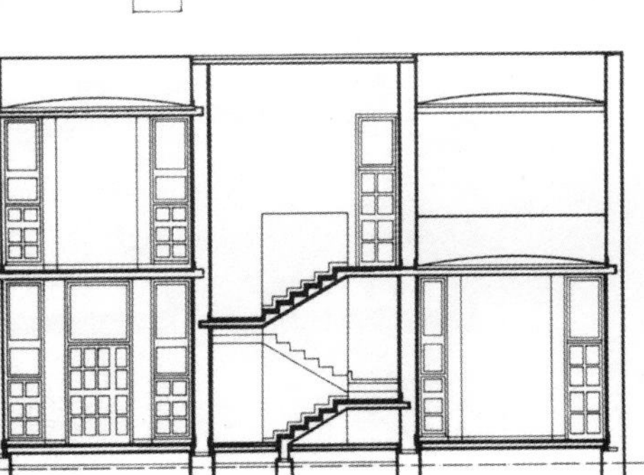

IIM. 72

双层住宅的入口立面，展示了混凝土楼板支撑着分段的砖制拱券。

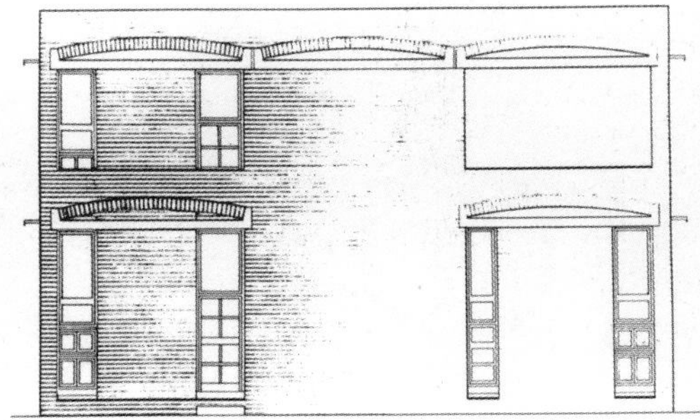

IIM. 73

一个普通三开间住宅联排的一楼和二楼平面。

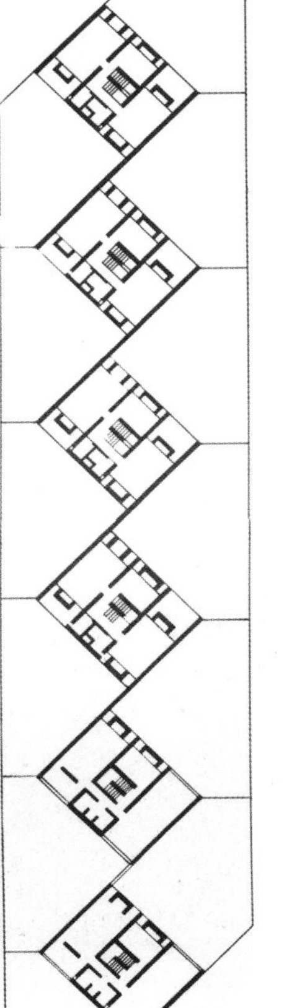

IIM. 74

双住宅联排单元的厨房和花园立面，二层不带书房。摄于1975年1月。

“在这个房子里，没有充足的空间来使用完整的拱券，因此用混凝土约束张力梁来平衡平拱的推力。”

IIM. 75

从西北角看两栋房子，展示了素面承重墙保护着厨房和花园的私密性。摄于1976年3月。

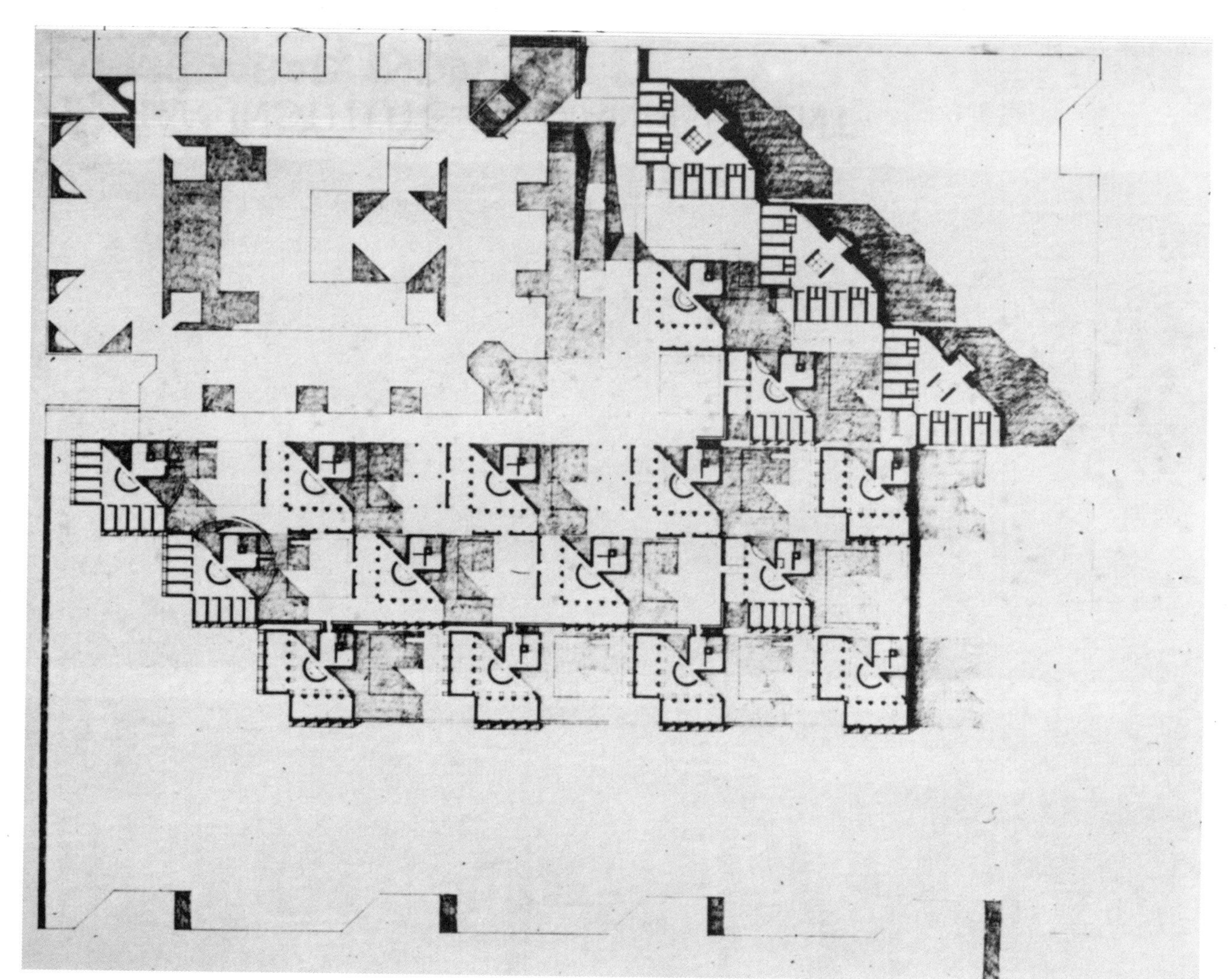

IIM. 76

局部平面图，展示了宿舍的典型楼层平面图和学校建筑的屋顶平面图。标注已婚学生宿舍单元与校舍东北方向对齐。

“阴影”；

“封闭性”；

“建筑拥抱建筑”；

“这是对追逐阴影的认知”。

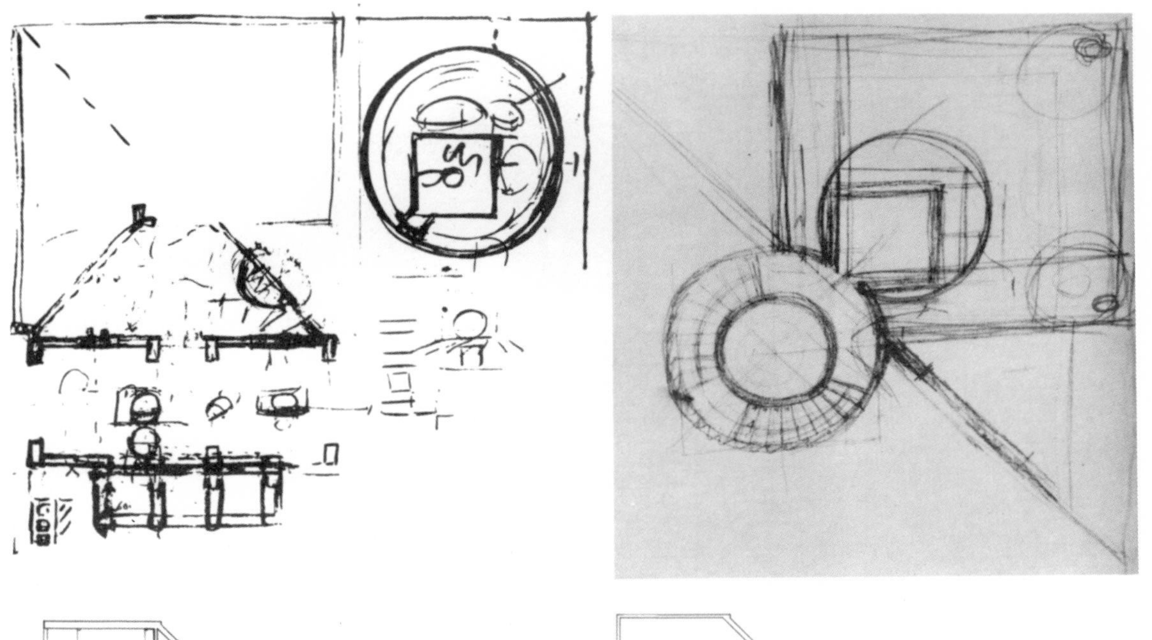

IIM. 77

平面草图，1964 年 5 月 23 日绘，展示了在圆形光井的长方形大厅和正方形服务空间。这个结构网格顺着住宿单元。

IIM. 78

平面草图，展示了对半圆形阶梯和圆形服务区域联系的研究。

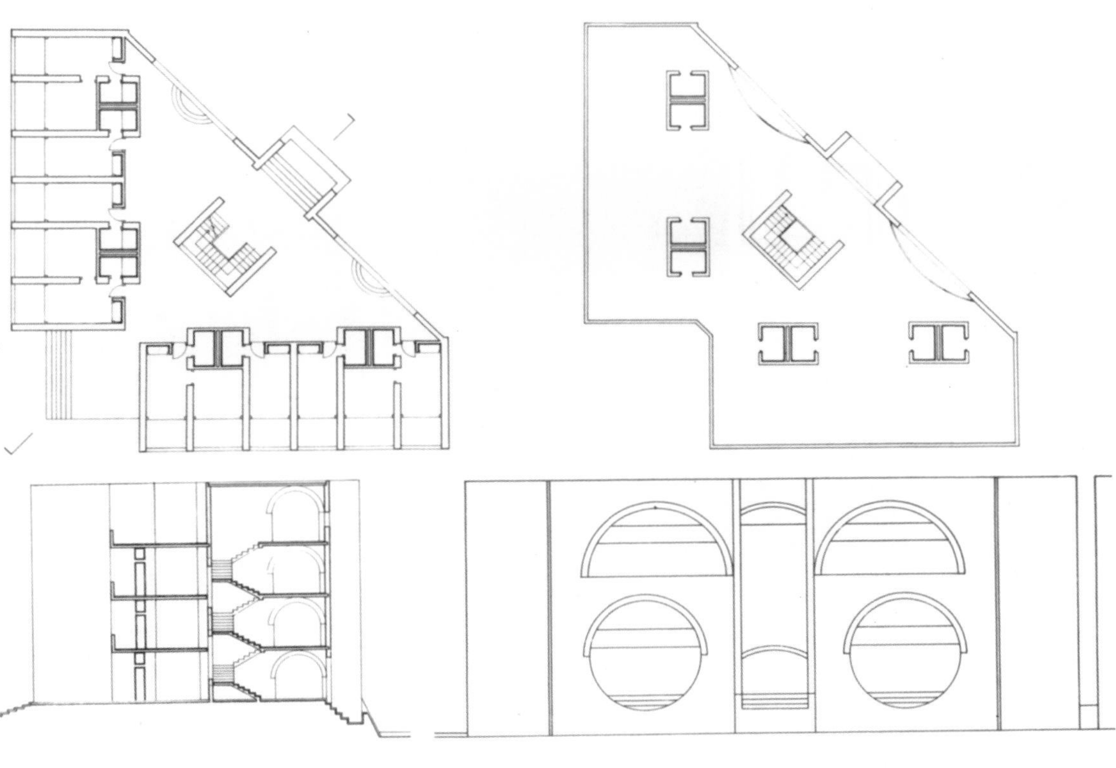

IIM. 79—80

已婚学生宿舍单元的一楼和露台典型平面，展示了 4 间单人房和 4 间双人房，以及附属服务区聚集在三角形休息室的两侧。休息室中央的普通楼梯不是半圆形的，因为是学生宿舍单元。

IIM. 81

通过楼梯间和大堂的横剖面（如 IIM. 79 所示）。右下角的楼梯为人们坐在湖旁边提供了可能性，左边的楼梯通向宿舍位于角落的入口。

IIM. 82

典型东立面。

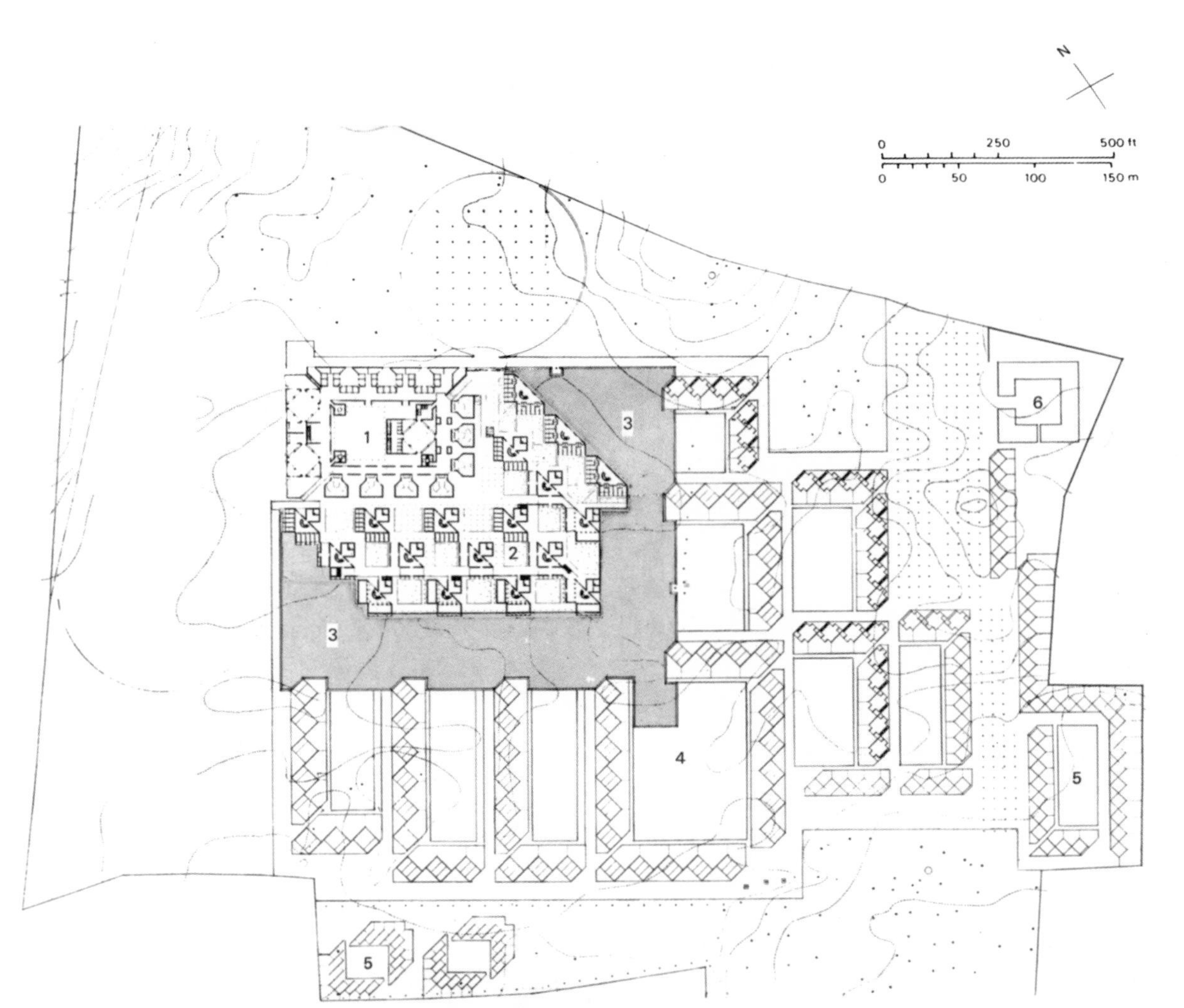

第六版

IIM. 83

场地平面，展示了对于宿舍综合体的微调。对 3 组已婚学生单元和 1 组未婚学生单元的布局进行了调整，以拓宽主入口。所有宿舍单元都有环形楼梯（参考 IIM. 111）。

“1”为教学楼；

“2”为宿舍；

“3”为湖泊；

“4”为职工住房；

“5”为用人住房；

“6”为市场。

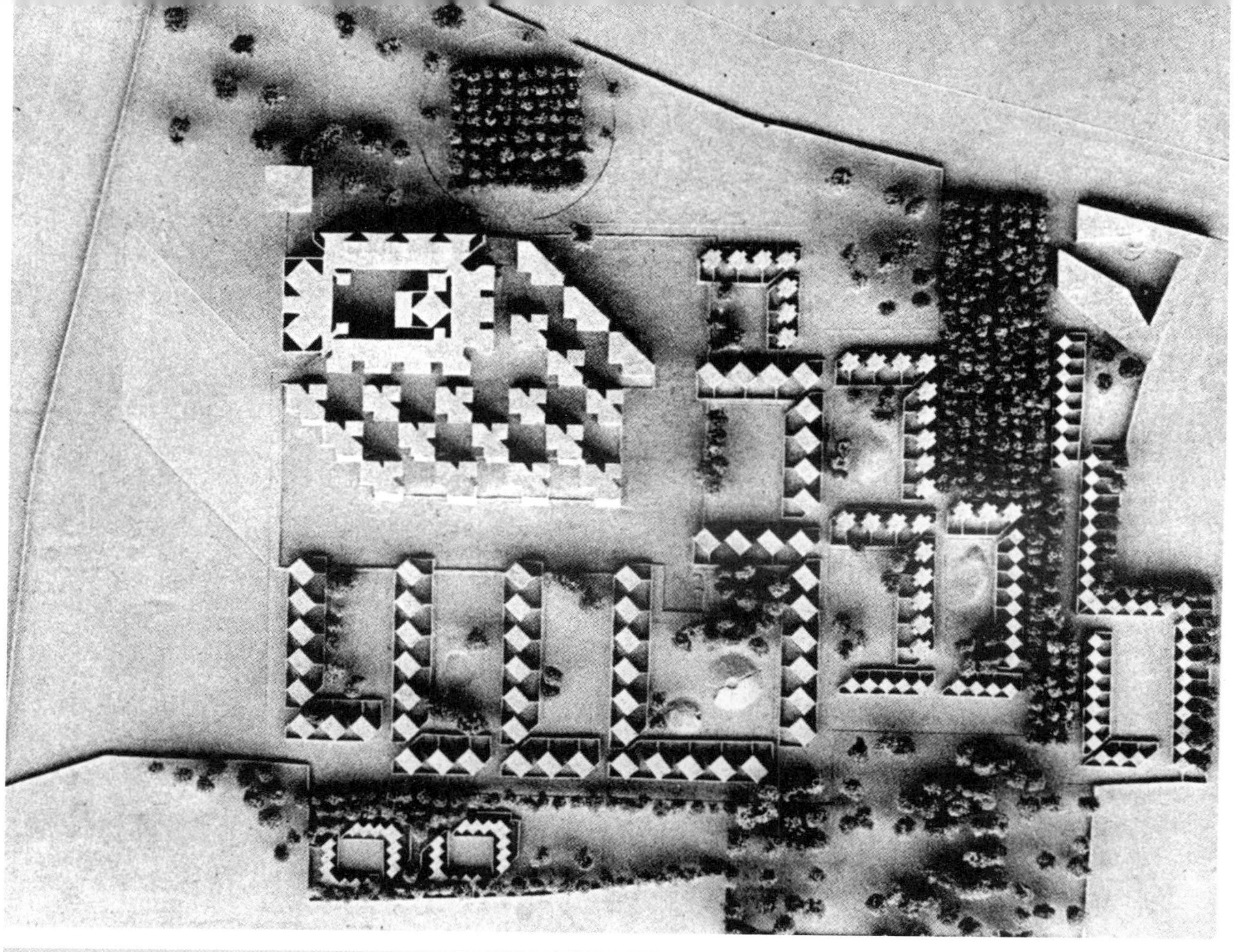

IIM. 84

场地模型的平面视角，展示了市场通过修改以适应场地东侧角落的边界。一个方形的水池出现在教学楼的北侧角落。

IIM. 85

模型的透视视角，从南到东展示了位于前景的市场以及位于右上角的水塔。

“艺术在于创造生活。建筑师选择和安排以表达人类机构的环境空间和关系。对这些机构的渴望以及它的美妙之处表达出来便是艺术。”

IIM. 86

透视草图，展示了4个宿舍单元成排面对着湖的西南。

“宿舍的第一版设计是一栋可容纳60名学生，且每名学生各自有上部敞开的双层房间，这些房间通过地面层的门廊连接。每一栋房子朝向湖面的近端开间比地面高出10英尺，比水面高出4英尺，提供了一个临湖的二层俱乐部聚会室。这成了每栋房子最具吸引力的地方，同时也为增加老师和学生交流机会的研讨会增添了更多的便利性。”

IIM. 87

透视草图，1964年绘，从一排庭院向南看。

“因此，这个体系基本就是开放的柱廊。外部是和阳光接触的，而内部是用于生活、工作和学习的。避免使用百叶窗，转而使用深深的柱廊，创造了很多阴凉的空间。”

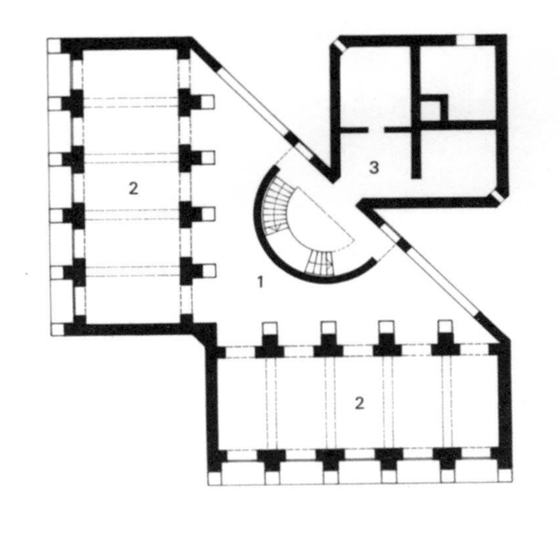

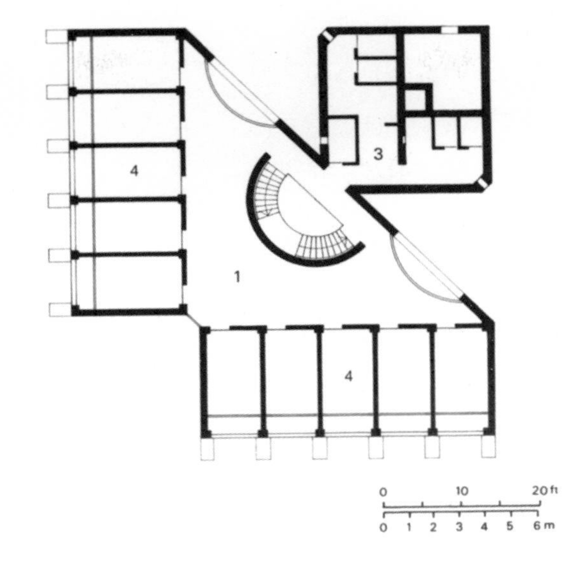

IIM. 88—89

一个本科生宿舍单元的一层和上层典型平面。

“宿舍间十间为一组，围绕一个楼梯间和茶水厅。通过这种方式可以避免使用走廊，为核心的议题创造空间，即利用平面和剩余的空间设计休闲及研讨室。茶水室入口以及楼梯和盥洗室的布局，在不阻挡必要通风的情况下，让这些房间避免被窥探及产生眩光。”

“1”为休息厅；

“2”为共享空间；

“3”为厨房和服务设施；

“4”为宿舍。

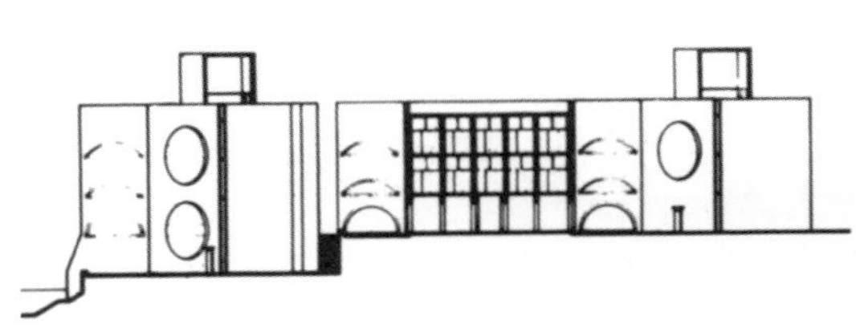

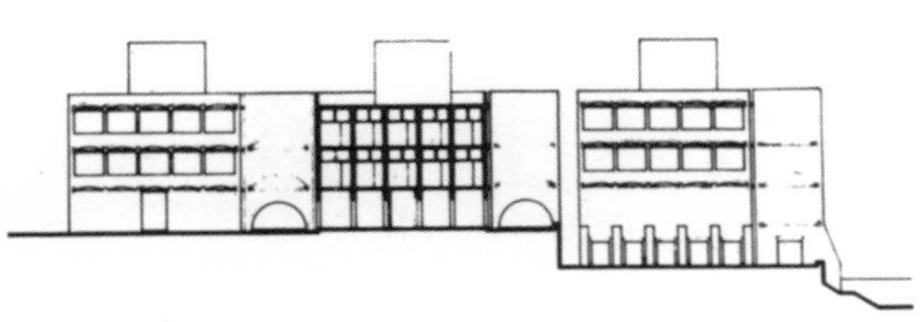

IIM. 90—91

通过本科生宿舍单元的剖面，向西北以及东南看。

IIM. 92

两层高的俱乐部聚会室外墙的立面和剖面细节，展示了专门为这个平坦的和半圆的拱券设计的砖。剖面展示了可能的一层房间，以及位于一、二层有顶的阳台。

IIM. 93

一个典型拱券的景象，摄于 1964 年，展示了前景中一个半圆楼梯墙的砖构造以及两侧扶壁的结构。

IIM. 94

建造中的宿舍的景象，展示了半圆拱券的木拱鹰架。方形的服务竖井和环形楼梯墙出现在右下角，湖泊是在背景中。摄于 1970 年。

IIM. 95

自建筑西北边看的景象，连接着二层的柱廊，展示了混凝土楼板支撑着分段砖拱券。

前景中曲形的承重墙环绕着庭院，其中有一个通向一层的方形服务竖井。

“砖永远在对我说，我正在失去一个机会。砖的重量让它的上部宛如仙女跳舞，下部宛如哀嚎。拱券是卑躬屈膝的，但是砖是吝啬的，而混凝土是慷慨的。砖被混凝土支撑着，它太喜欢这样了，因为这让它显得现代。”

IIM. 96

宿舍单元的形象，站在综合体的西北端看，前景是开挖的湖泊。左边是正在施工的水塔的混凝土骨架。

“我让所有这些楼都能互相对话，即使住房和学校是如此不同。砖制承重墙和混凝土结构的材料，以大跨度的方式支撑着拱券和扶壁，是比仅仅架在墙上的楼板更谦虚的做法。与砖的建造以及混凝土的引入一致的是，在创造这些平拱时，混凝土与砖的特征被巧妙地结合起来。”

IIM. 97

在西南宿舍单元与4排职工宿舍尽端之间的湖泊区域的景象（参考IIM. 84—IIM. 85）。

教学楼

IIM. 98

展示了带有3间教室一翼的模型东南立面。前景中的一组坡道和楼梯通向宿舍的入口层平面。对角线方向的楼梯是学校综合体的主入口。

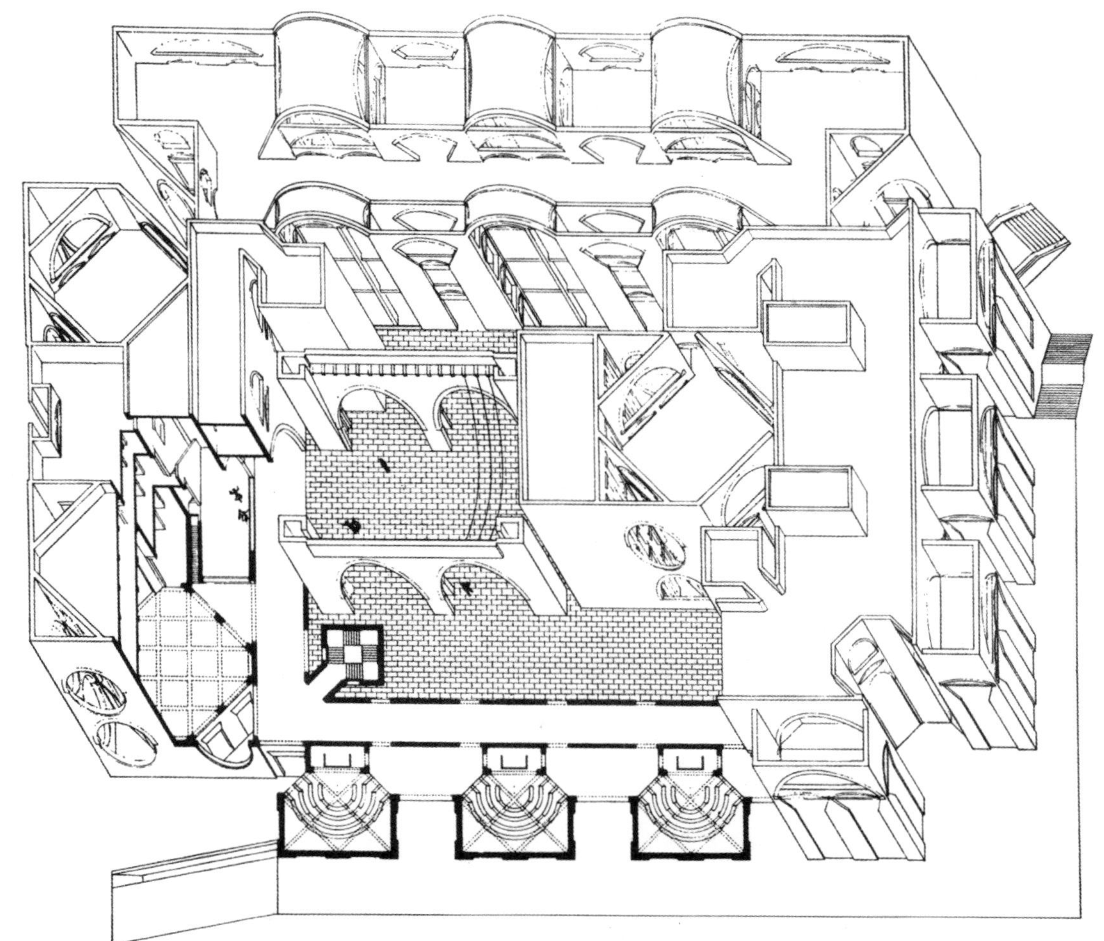

IIM. 99

轴测图，展示了带有相关天花结构的平面。在左边展示了其中之一的餐厅。铺设地砖的中心庭院则通过两个相距80英尺的砖结构悬挂了一个顶棚（参考IIM. 50—IIM. 54，查看更早的版本）在两个餐厅之间的矩形区域可以成为供顶棚下的人观看的舞台。

“在特殊庆典时，内院可以悬挂一个80英尺跨度的顶棚来提供荫蔽。让我有勇气这么做的原因是拉合尔的阿克巴宫殿庭院的建筑起到了这样一个作用。你知道，印度人会制作精美的布料，他们悬挂布料的跨度更大。这个庭院和我以前遇到的不一样：它给我作为一个外来者探索这个文明的美妙生活方式带来愉悦。”

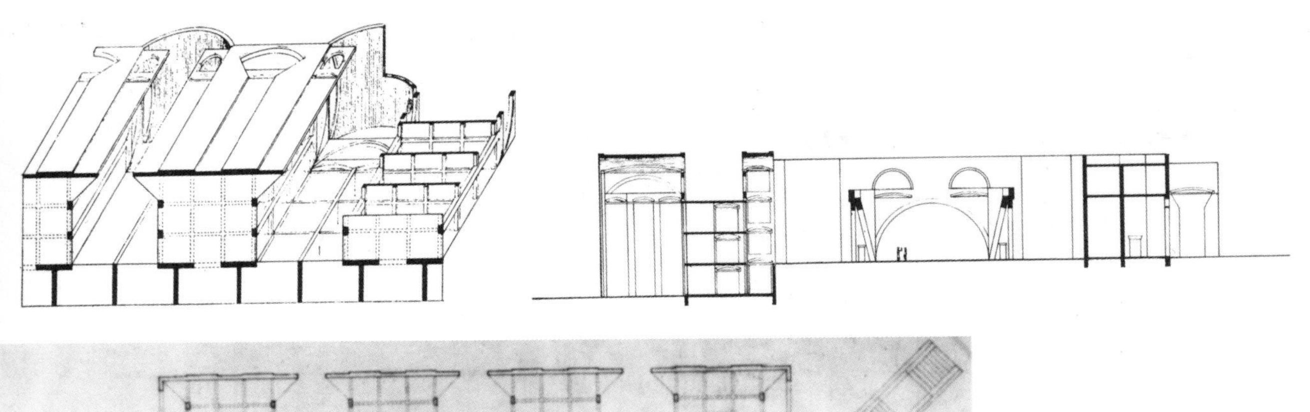

IIM. 100

管理楼的部分轴测图，向上看。天花平面展示了用虚线表示的结构格网。拱顶覆盖着光井庭院以及部分东北立面。

IIM. 101

横剖面，展示了带有拱顶的光井庭院以及左侧管理楼的走廊，一间教室门厅及右侧走廊，以及在中间的顶棚结构。位于背景的大型半圆形开口是舞台开口。

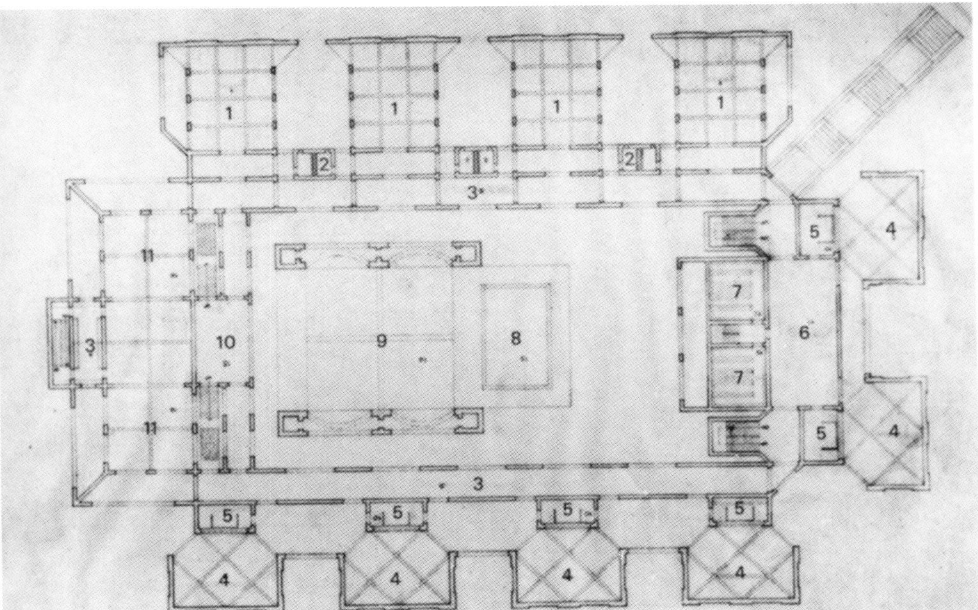

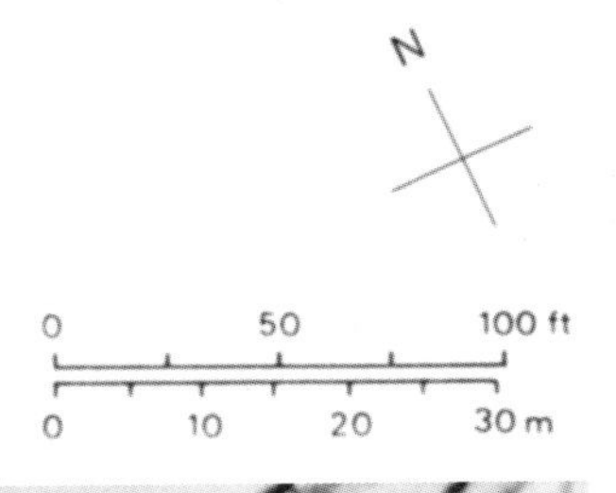

IIM. 102

一楼平面，1966 年 4 月绘，展示了一个仔细修改后的版本。位于东南边教室的数量被减少到两个，以便让图书馆能更向庭院伸出、更靠近入口大厅。餐厅和厨房被简化。结构上的考虑通过格网进行了表达。

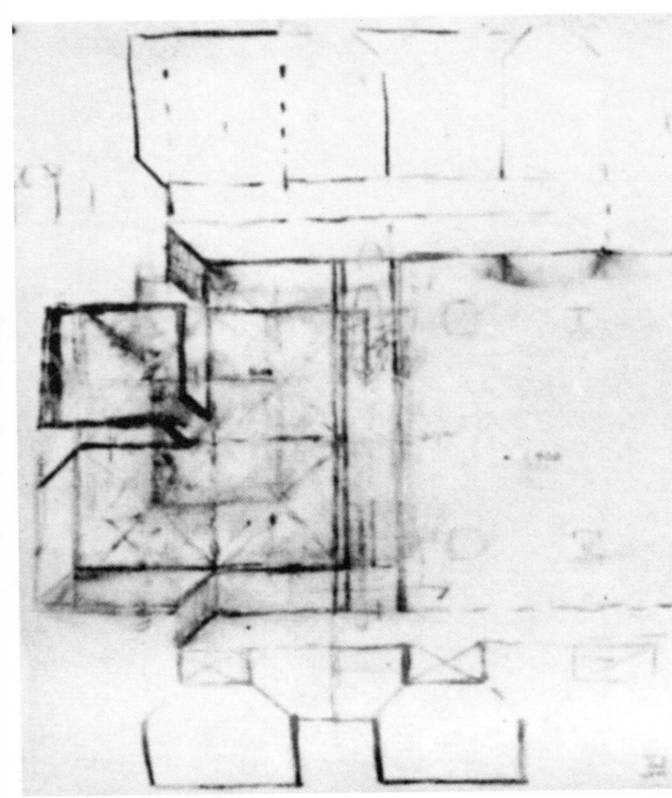

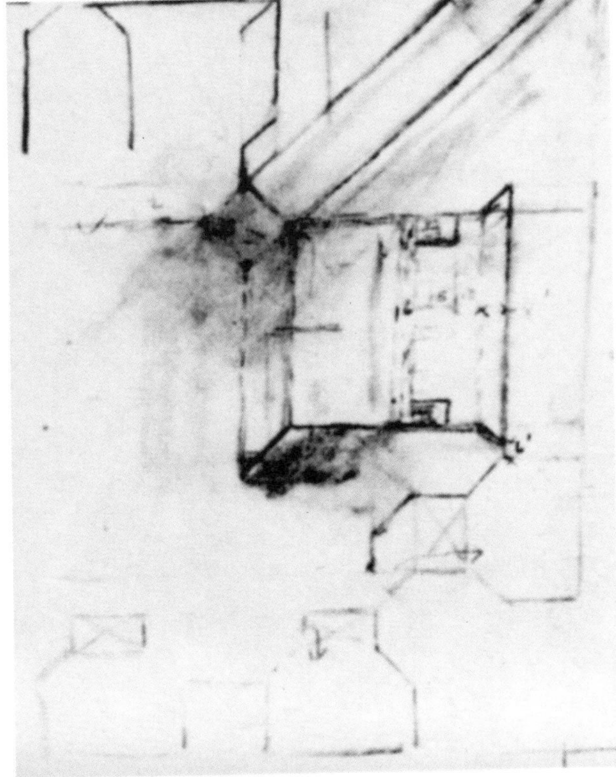

IIM. 103—104

平面草图，展示了放大的厨房和餐厅区域。图书馆被移出庭院，代替了另一间教室。

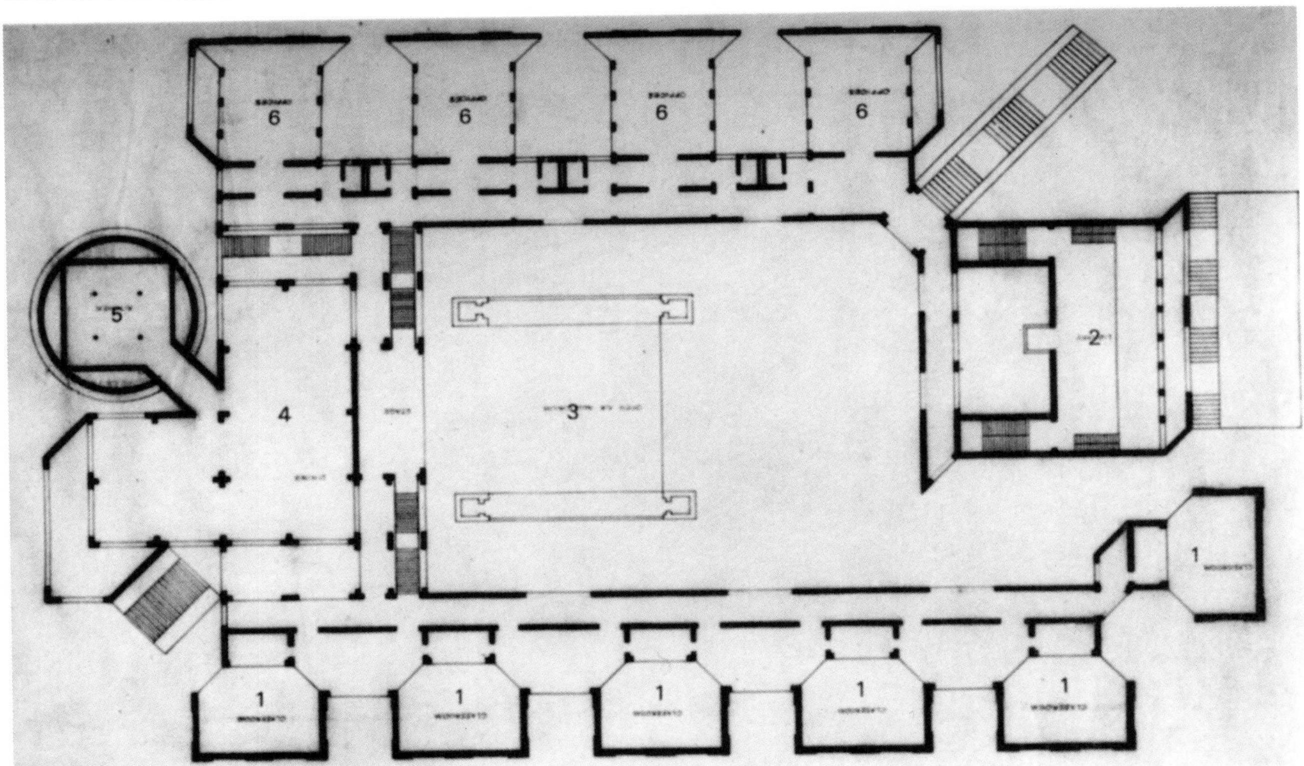

IIM. 105

一楼平面，展示了一个小型的方形厨房，由一圈光井和服务井与 L 形的餐厅环绕。图书馆占据了庭院东南大部分空间，但教室呈线性排列在西南边，只有一个单元保留在原位。环绕庭院的走廊被图书馆和教室分隔开。

“1”为教室；

“2”为图书馆；

“3”为开放礼堂；

“4”为餐厅；

“5”为厨房；

“6”为办公室。

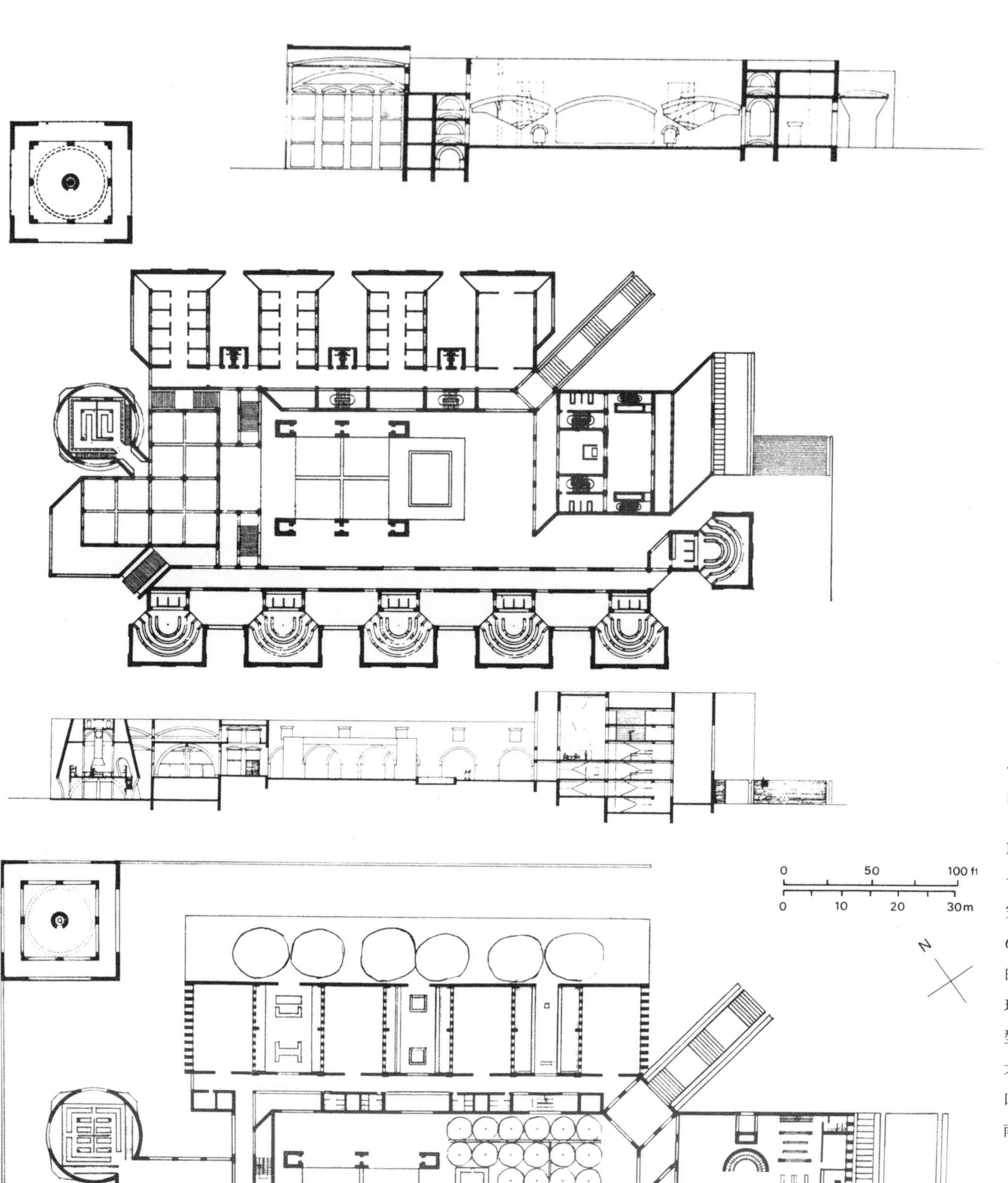

IIM. 106

通过管理楼的横剖面，展示了光井以及管理处的西北立面。舞台的内立面以及楼梯区域是对职工开放的。教室入口门厅位于右边（参考 IIM. 101）。

IIM. 107

一楼平面，1967 年 2 月绘，展示了管理楼被拓宽。方法为改变办公单元布局，增添一个有楼梯的服务开间，以及在环形走廊和庭院直接设置光井。左上角的方形代表了水槽的混凝土结构，中央有环形楼梯。

IIM. 108

通过厨房、餐厅以及左边带顶的圆锥形结构的水平长剖。开放的顶棚在管理楼前方。图书馆的六层楼，它的阅读大厅和光井以及坡道和楼梯的组合展示在右边。图书馆仍比教学楼的正常屋顶层高起（参考 IIM. 11—IIM. 13、IIM. 41—IIM. 43、IIM. 50—IIM. 53 以及 IIM. 111—IIM. 122 的最终版本）。

IIM. 109

一层平面，1969 年绘，展示了一个庭院 4 个组成完全被改动过的版本。教学楼由位于走廊一边的 6 个单元构成，走廊直接连到图书馆；一个大型的方形餐厅连接到位于它角落上的圆形厨房。管理楼由 4 个带光井和深挑檐的矩形单元组成。大型的矩形图书馆有两个中央半圆楼梯，位于阅读大厅和书库中间，它的入口门廊区域连接到主入口楼梯。中心庭院带有开放的剧场和水池，在东南边种植树木。

IIM. 110

从西看的模型，展示了左侧的管理楼，带有覆盖在 3 个光井庭院上的拱券及其百叶窗立面。圆锥形光井和 L 形庭院围绕厨房和餐厅，分别出现在前景里。高高的图书馆结构位于背景里。右边是被抬升的通道，将教学楼从宿舍分开。

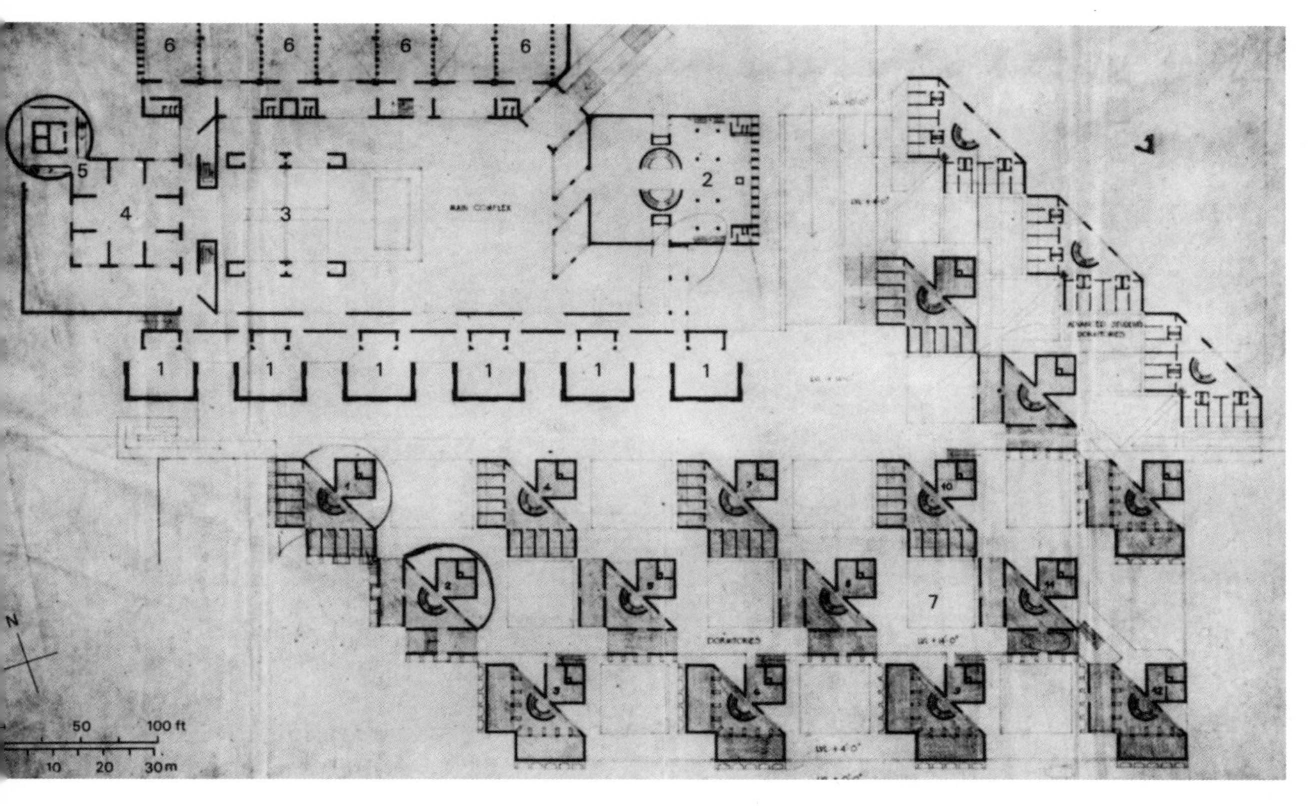

IIM. 111

一层平面，位于14英尺10英寸水平面上，展示了学校综合体和宿舍（参考IIM．83）。

“1”为教室；

“2”为图书馆；

“3”为开放礼堂；

“4”为餐厅；

“5”为厨房；

“6”为管理处；

“7”为宿舍。

“学校和宿舍是一个单元，就像修道院一样。通过伸向宿舍房间很深的柱廊避免了使用走廊，在这里可以提供茶水也可以进行讨论。学校围绕庭院布置，中间有一个露天剧场。此处所有的设计都是为了聚集的想法而服务。”

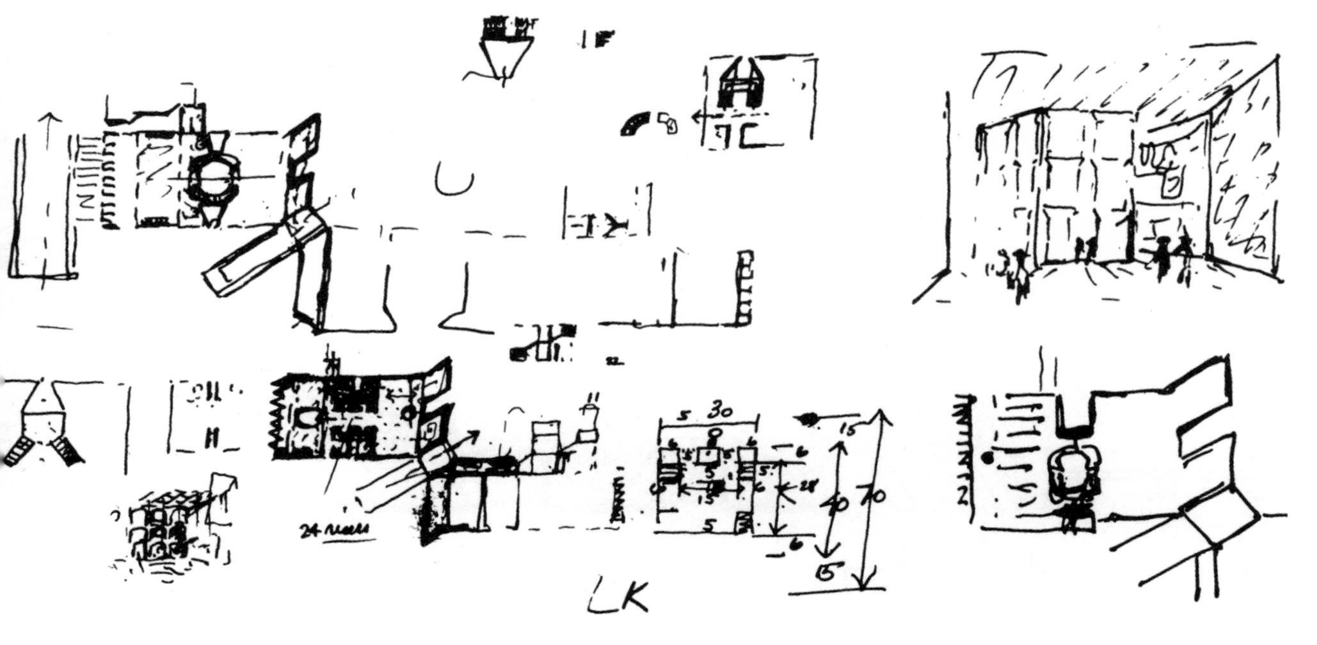

图书馆大楼，1967—1970年

IIM. 112

平面草图，1967年5月14日绘，展示了对图书馆光井、服务设施以及连接主入口和管理楼的方式的研究。

IIM. 113

平面和室内透视草图，1967年5月14日绘，展示了阅读室。

IIM. 114

室内透视草图，1967年5月20日绘，展示了带有平拱的阅读室窗户开口。

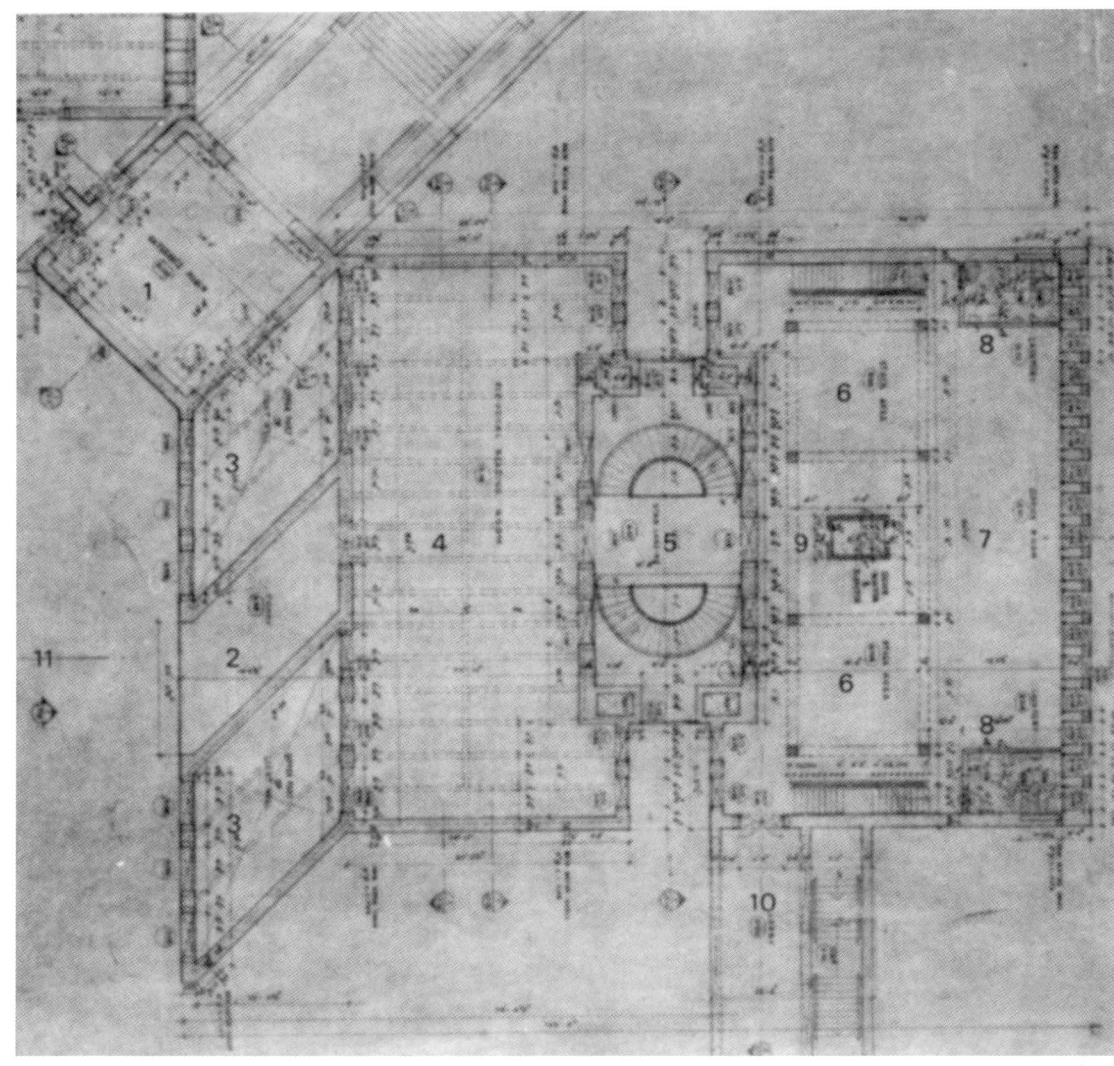

IIM. 115

一层平面，位于14英尺10英寸水平面上，196

年6月绘，最终版本，与建成效果一致。

“1”为入口大厅；

“2”为门廊；

“3”为光井（上部为阅读大厅）；

“4”为分时开放阅读室（上部为阅读大厅）；

“5”为楼梯平台；

“6”不明，疑似为管理楼；

“7”为办公区域；

“8”为洗衣房；

“9”为上菜架和电梯；

“10”为大堂；

“11”为广场。

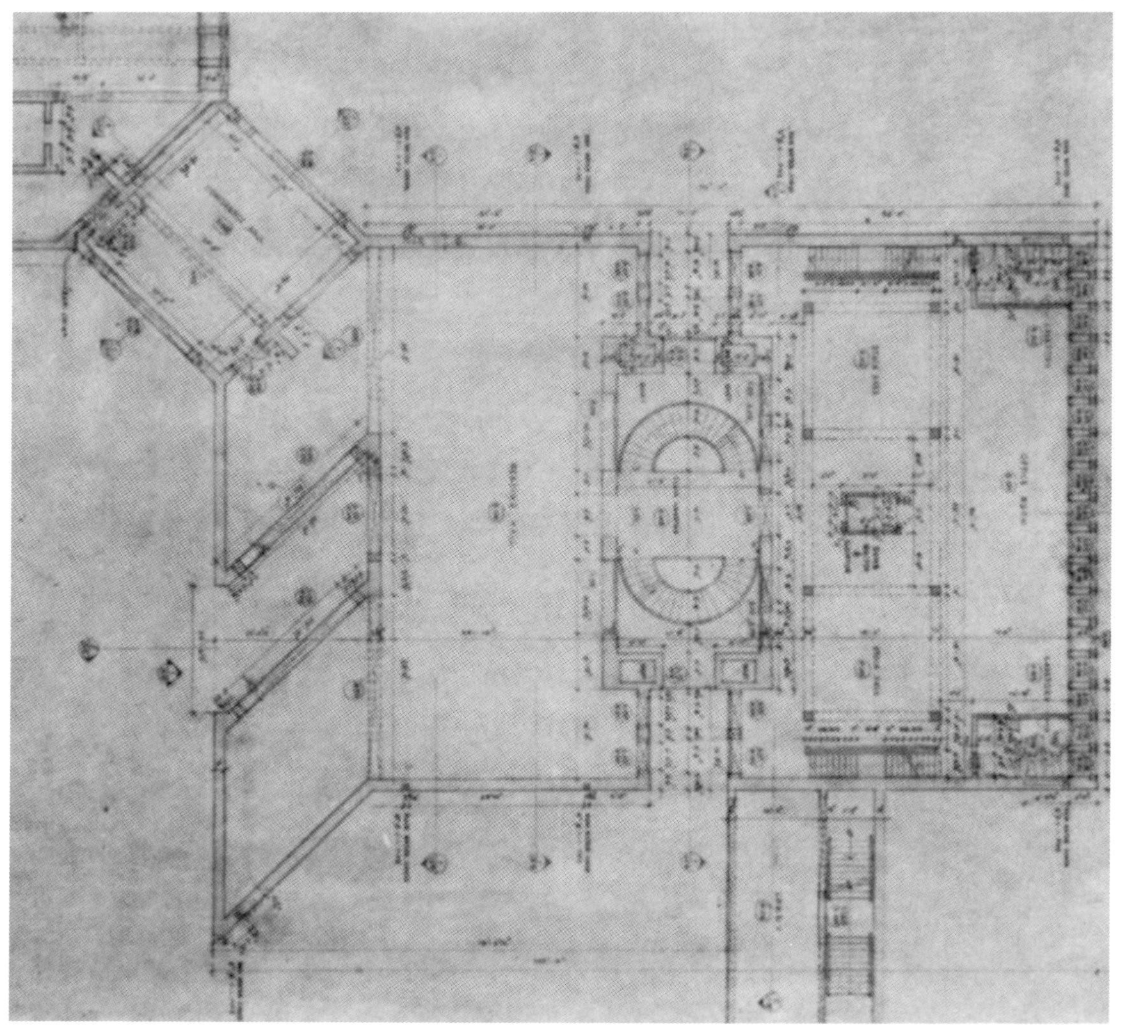

IIM. 116

二层平面，位于25英尺7英寸水平面上，196

年7月绘。

IIM. 117

“1”为门廊；

“2”为分时开放阅读室；

“3”为阅读大厅；

“4”为大堂；

“5”为楼梯间；

“6”为工作室；

“7”为办公室；

“8”为学习研讨间；

“9”为服务间。

0 25 50

0 5 10 15

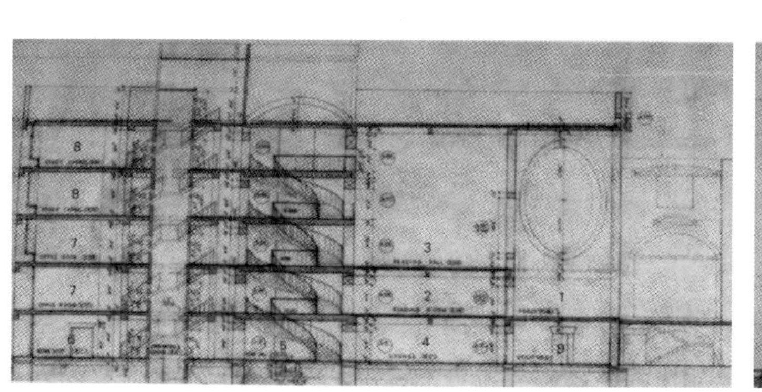

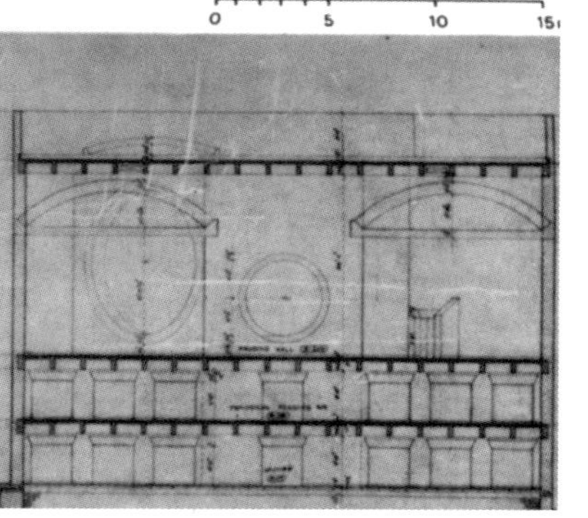

IIM. 118

横剖面，1969年8月绘，展示了3层楼高的阅读大厅、一层楼高的分时段阅读大厅及底部的大堂。

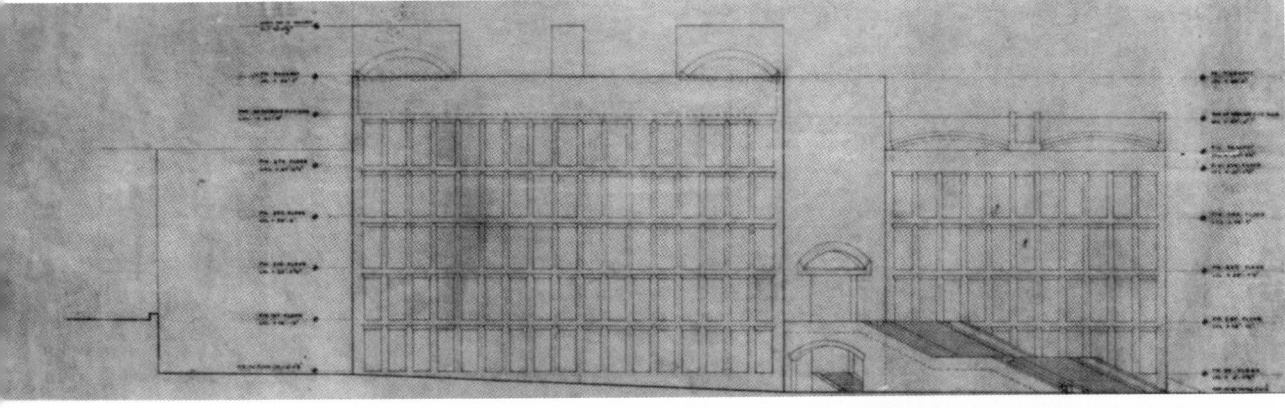

IIM. 119

东南立面，1969 年 7 月绘，展示了 5 层楼高的图书馆，带有两个光井以及一个延伸到屋顶的中央电梯竖井。4 层楼高带有拱券的管理楼可以从主要楼梯后面看到。

底部的剖断线展示了左边宿舍庭院的地坪，以及通往较低层的图书馆大厅的连接。

IIM. 120

自东看的模型视角，自左向右展示了宿舍、图书馆、管理楼及水塔。左边的坡道引向宿舍庭院的主入口庭院。管理楼带拱券的光井庭院通过宽敞的楼梯直接从外部进入。位于图书馆和管理楼之间的主入口楼梯通向入口大厅和中央庭院（参考 IIM．110，查看自西看的模型视角）。

IIM. 121

从图书馆以及正在施工的入口大厅楼的西侧看的模型，摄于 1970 年 5 月，展示了地下层平面以及支撑砖墙结构。图中展示了支撑第一层混凝土楼板的钢结构正在准备中。教学楼的砖结构位于右下角。场地边界线透过现状的树在左上角中隐约可见，一片空地位于右上角。在左上角的是古吉拉特邦大学的主楼。

IIM. 122

路易斯·康广场的景象（在他逝世后命名），展示了位于中间的图书馆和入口大厅楼的西北立面。左边是管理楼，右边是教学楼。顶棚结构还未建造。摄于 1975 年 1 月。

厨房—餐厅和广场，1969—1971 年

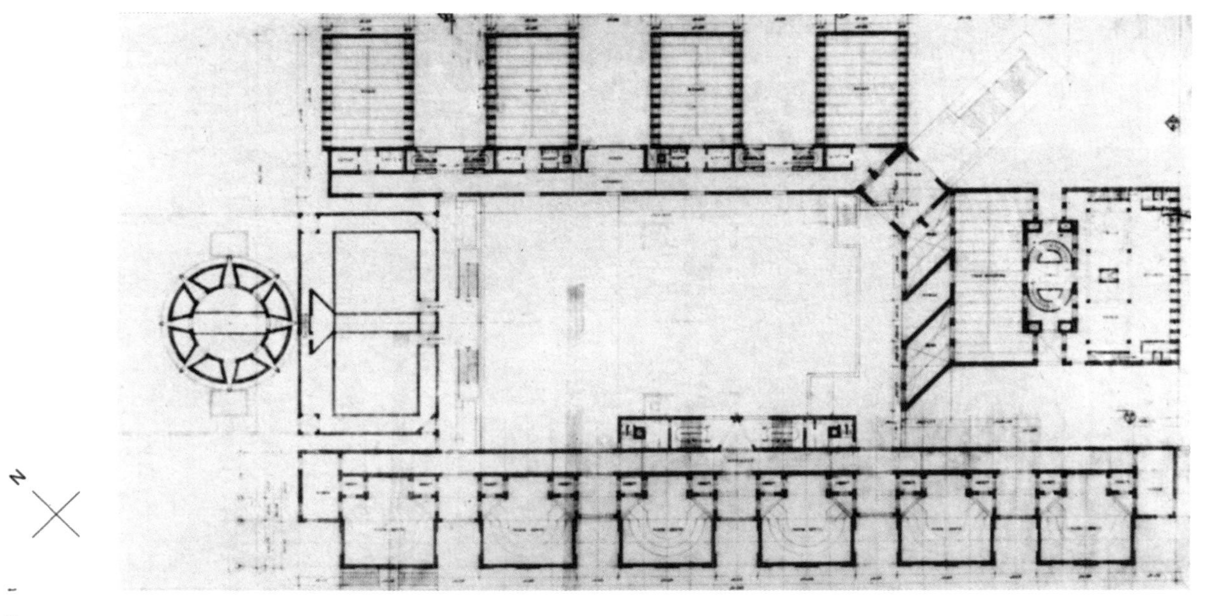

IIM. 123

一层平面，1969 年 10 月绘，展示了最终建成
学校综合体，除了厨房—餐厅区域和广场。

管理楼的 4 个单元现在非常相似。管理楼和教
楼的服务区域—楼梯和卫生间，此时已被挪到
们最终的位置，平行于走廊（参考 IIM．110
IIM．112）。对于厨房—餐厅区域的轴向布局
含了一个单独的圆形厨房以及两个一样的用餐
厅，分别供教职工和学生使用。

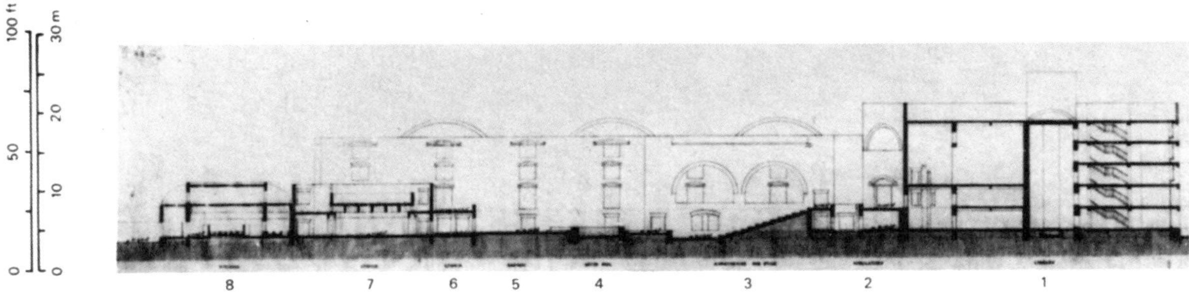

IIM. 124

水平长剖，1969 年 11 月绘，展示了位于左边
厨房—餐厅区域以及位于右边的图书馆。开放
剧场被挪到了庭院的东南边（参考 IIM．134
IIM．145）。

“1”为图书馆；

“2”为回廊；

“3”为露台和舞台；

“4”为水池；

“5”为花园；

“6”为门廊；

“7”为餐厅；

“8”为厨房。

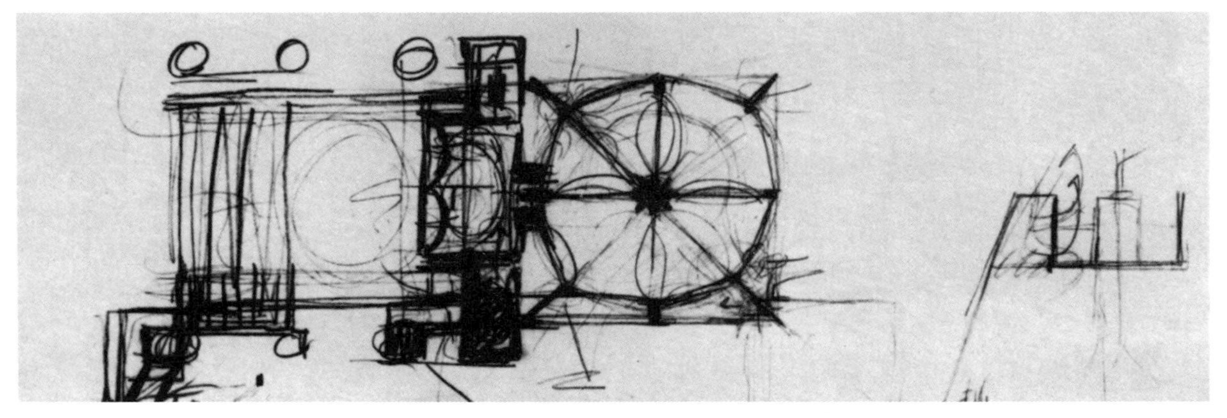

IIM. 125

平面和剖面草图，1970 年 6 月绘，展示了广场
露天剧场，在左边是八边形厨房—餐厅区域，
右边是部分厨房通风井细部。

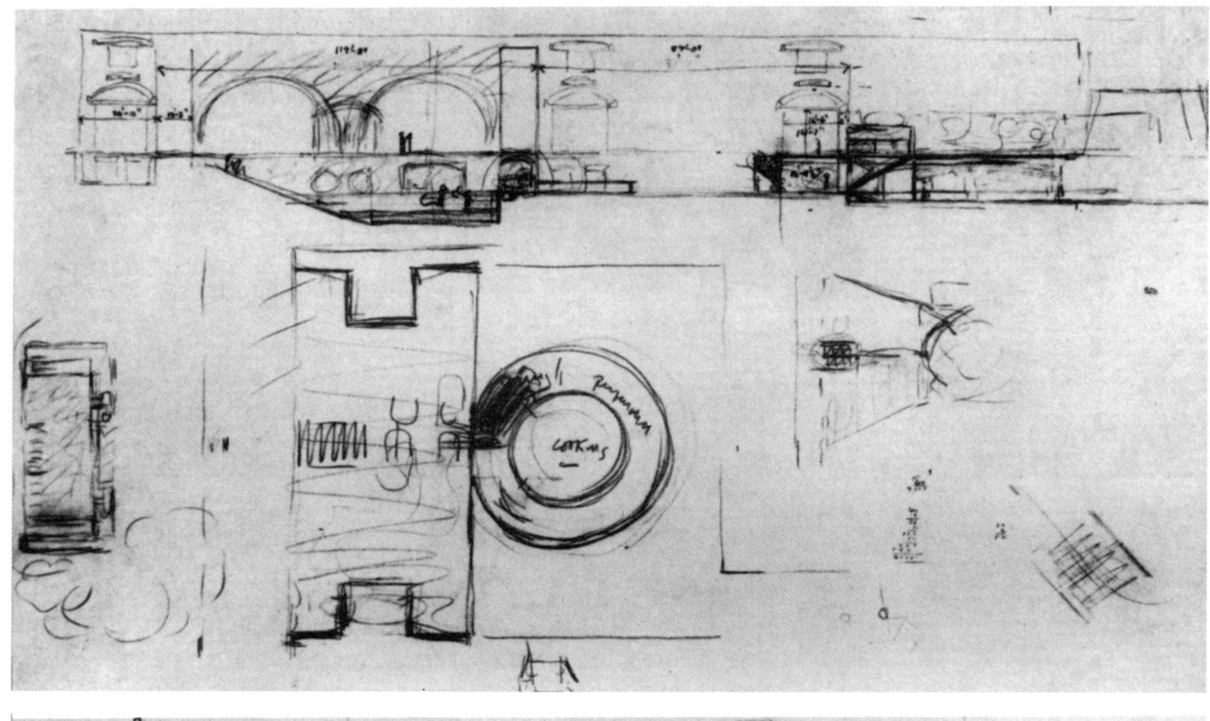

IIM. 126

平面和水平长剖草图，通过位于厨房—餐厅区
前的露天剧场和广场，展示了教室的东北立面。

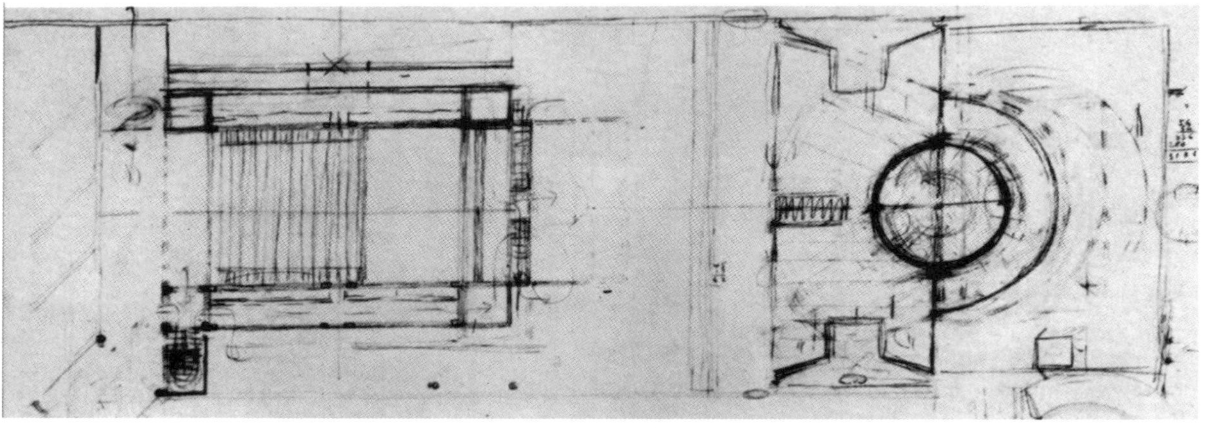

IIM. 127

上层平面草图，1971 年 1 月绘，展示了对于餐厅
露台以及右边厨房院落和左边剧院的研究。

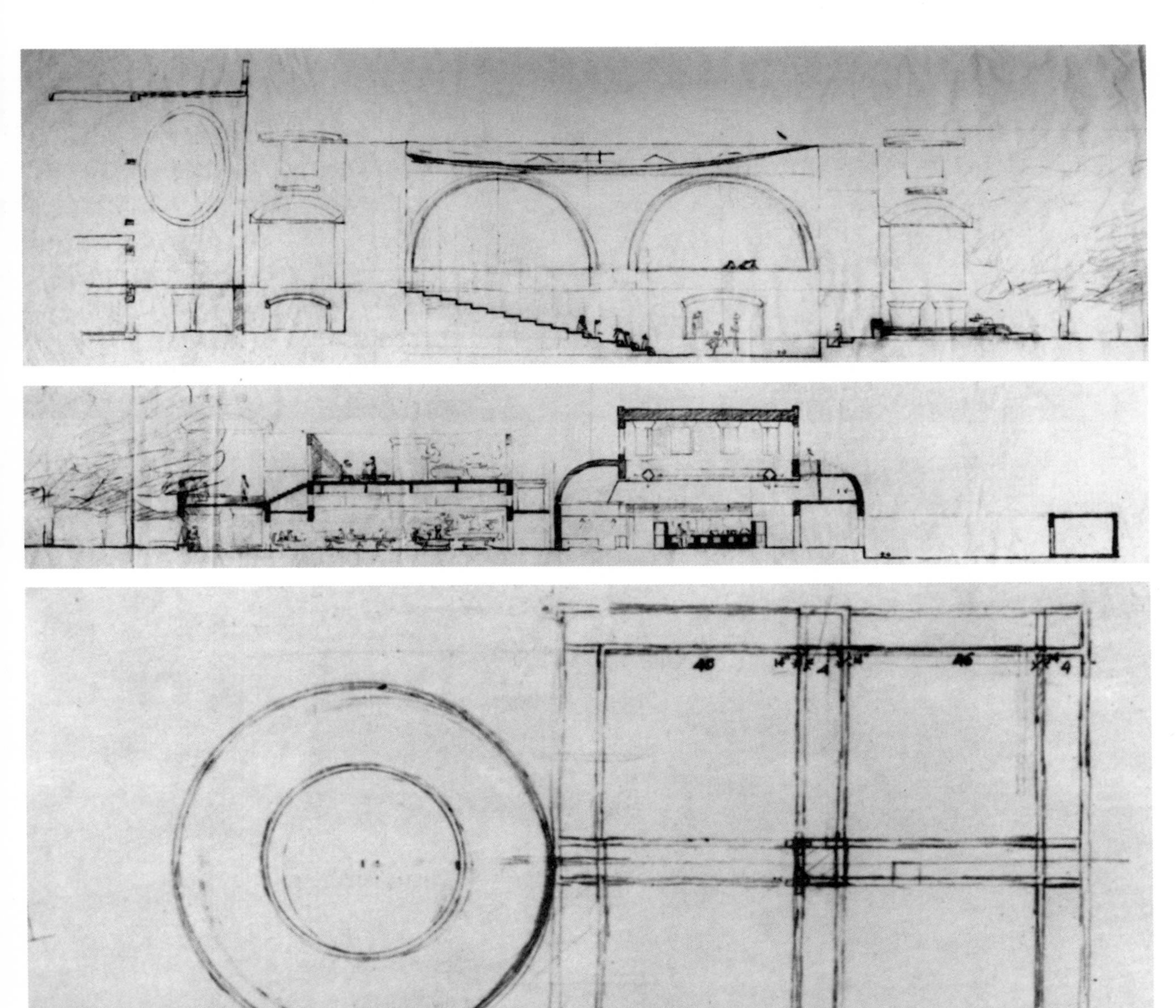

IIM. 128—129

通过图书馆、剧院—广场和厨房—餐厅区域的水平长剖草图（分为两部分）。1970 年 11 月绘，展示了在露天剧场上方的顶棚结构，位于教学楼东北立面的前方，厨房院落由厨师宿舍的复合墙环绕。注意设计将餐厅屋顶作为可以从教学楼走廊到达的露台使用。

IIM. 130

通过餐厅的平面和横剖面草图，1971 年 1 月绘。位于下部的剖面展示了左侧 40 英尺宽的带顶餐厅以及右侧 40 英尺宽的开敞院落。较窄的 4 英尺宽开间形成了流线和受窗户保护的区域。位于屋顶上倒置的砖拱形成了很高的露台入口。

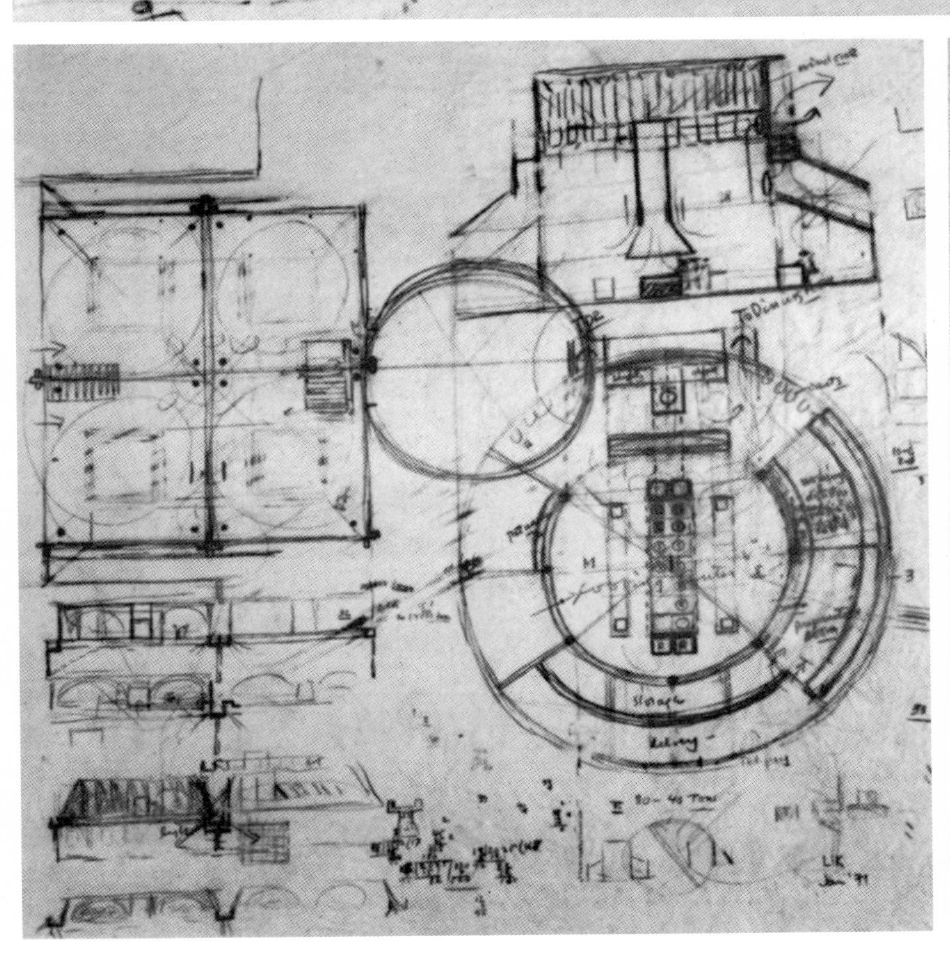

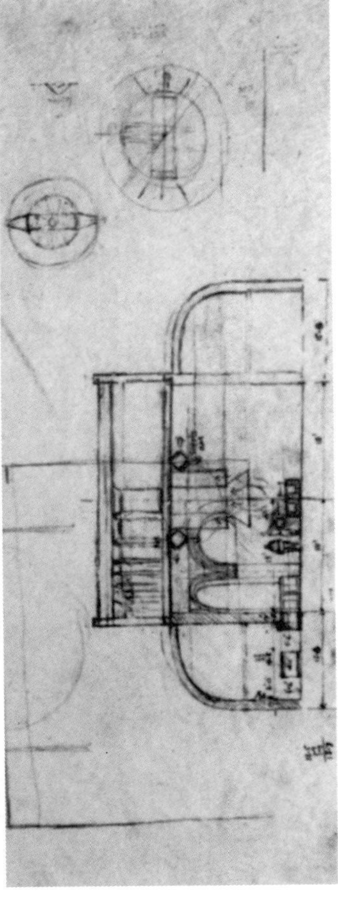

IIM. 131

平面、立面及剖面草图，1971 年 1 月绘，展示了对于厨房—餐厅区域的研究。4 个方形（左上角）形成了餐厅，带有通向露台的楼梯。大的圆形平面在右上有一个剖面，是对厨房空间组织的研究：

“通往餐厅”；

“烹饪中心”；

“洗碗”；

“准备区域”；

“储藏室”。

IIM. 132

通过厨房的横剖面草图，1971 年 1 月绘。

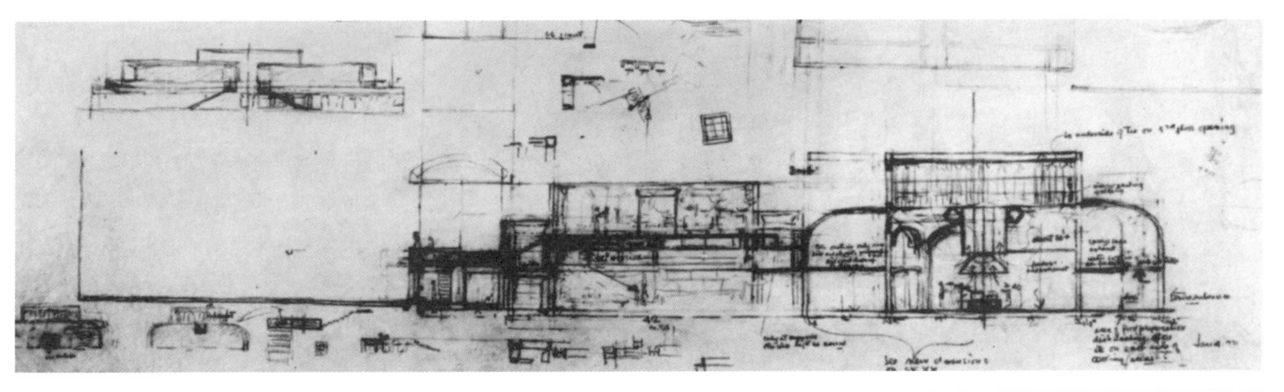

IIM. 133

厨房—餐厅区域的东南立面和水平长剖草图，1971 年 1 月 4 日绘，位于右上角的笔记展示了设计研究：

“把三楼开口……往下放”；

“内部可坐人的画廊”。

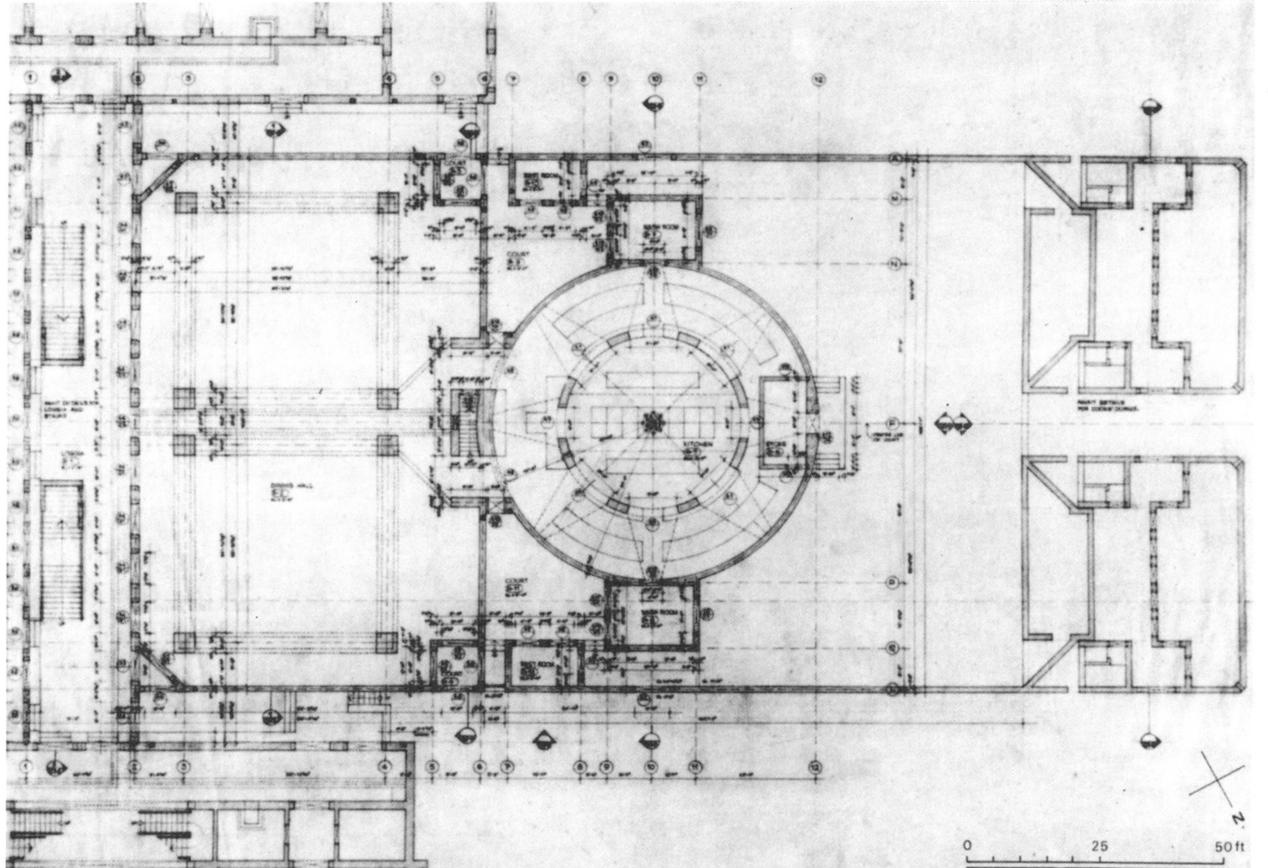

IIM. 134

一楼平面，1971 年 9 月绘，展示了一个较大的矩形建筑，位于中央庭院的西北端，在左上的教学楼和左下的管理楼中间，几乎和两者都是分开的。它自左向右包含一座带有两个相同方形区域的用餐大厅，并由角柱限定空间。厨房是位于内圈的一个圆，包含一个“烹饪中心”和大的外圈圆，提供备餐空间、储藏室、清洗空间等。位于上面的一对盥洗室和一个更衣室，以及下部的厨房和两个位于入口两侧的厨师宿舍构成了厨房院落，并由一道复合墙环绕。

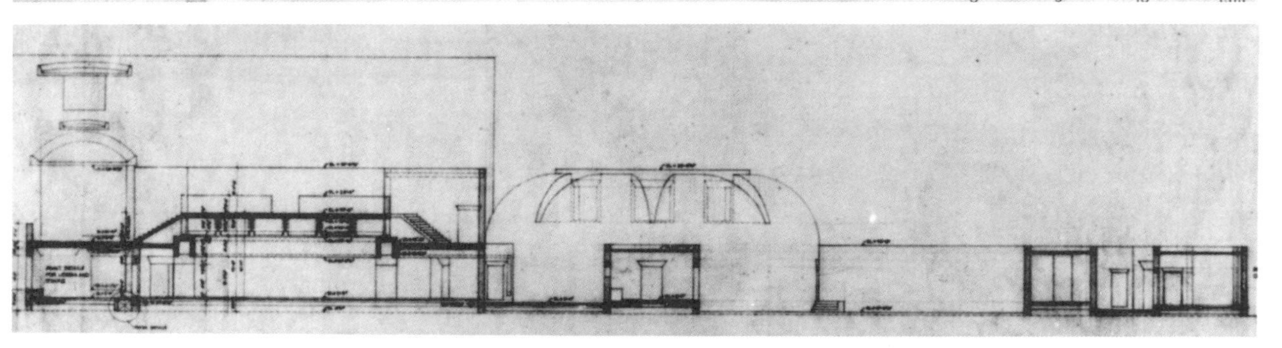

IIM. 135

通过餐厅、盥洗室、院落以及厨师宿舍的水平长剖，展示了厨房和教学楼局部的东北立面。餐厅为天窗采光。厨房带拱券的砖屋顶结构在上部是敞开的，为烹饪中心提供自然光和通风（图中虚线表示）。带院落的厨师宿舍位于右边。

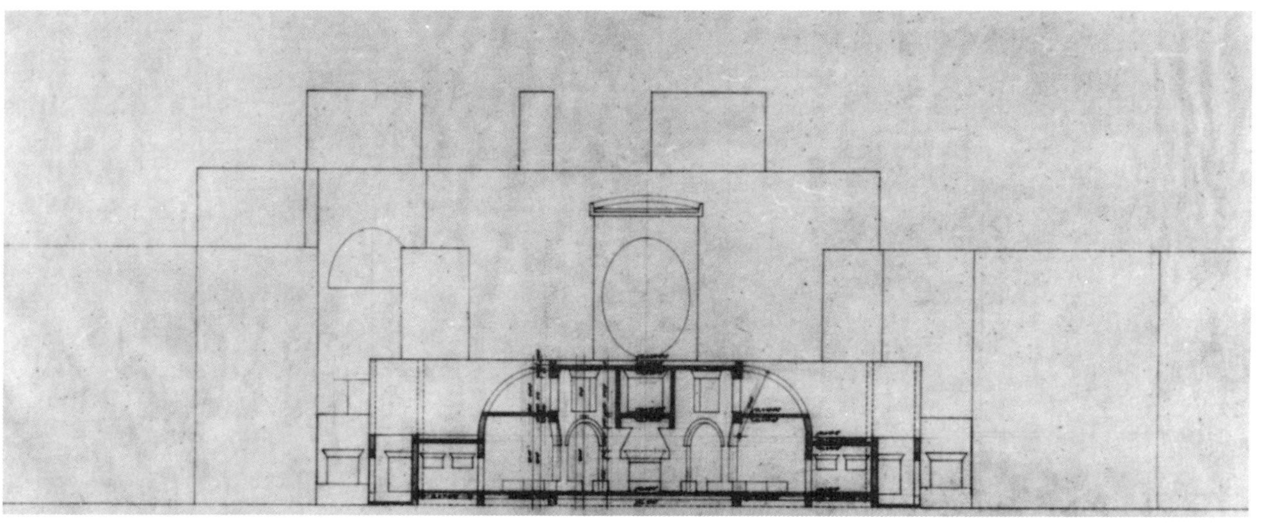

IIM. 136

通过厨房、盥洗室以及复合墙的横剖面，展示了一组东北立面，分别是位于背景的图书馆、位于左侧的管理楼、位于右侧的教学楼以及在中间露天剧院的顶棚结构。厨房内圈的天光照明以及内外圈的拱券联系在图中表明得很清晰。

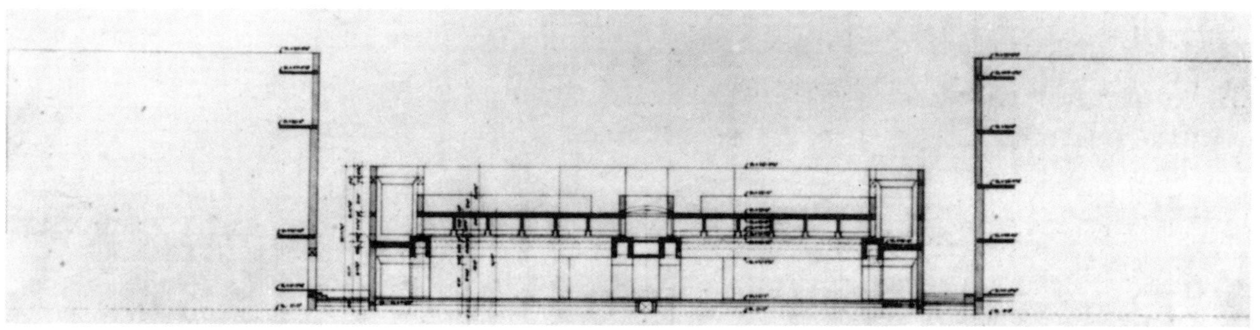

IIM. 137

通过餐厅的横剖面，局部展示了左侧的教学楼、中间的图书馆以及右侧的管理楼。

IIM. 138

从西南看的模型视角，1975 年 1 月绘，自左向右展示了水塔、管理楼、图书馆、院落、教学楼及宿舍。厨房一餐厅区域还未建成。

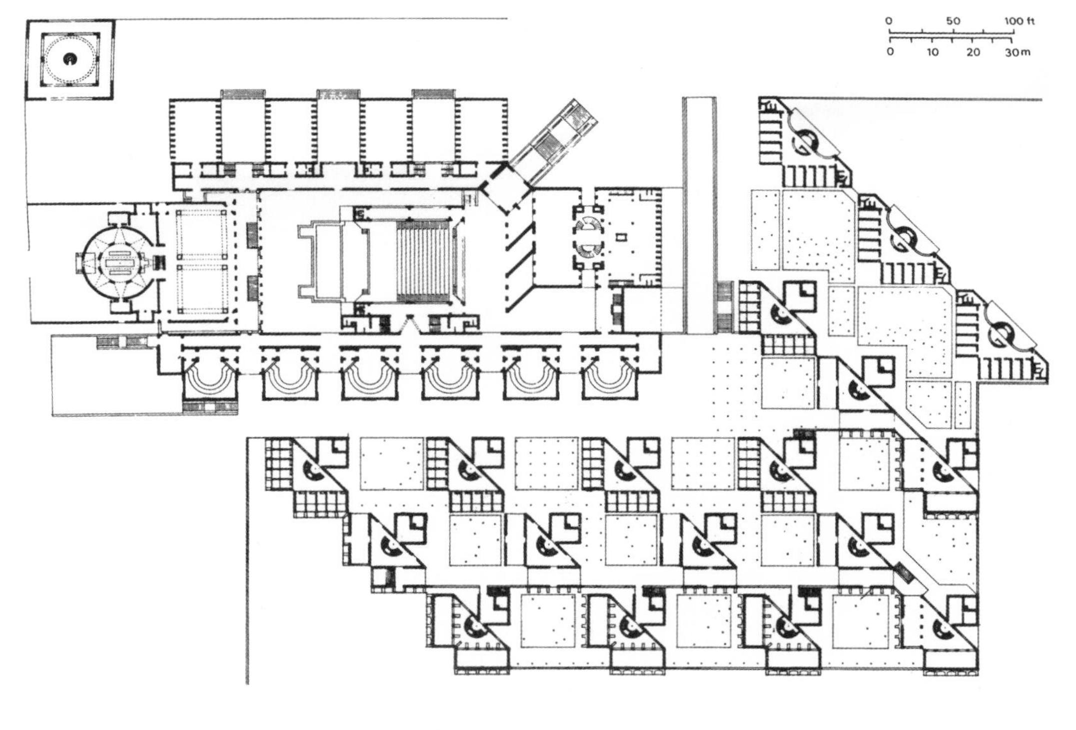

IIM. 139

一层平面，1972 年绘，展示了对于学校和宿舍综合体的深化。不包含厨房一餐厅部分，露天剧场、水塔以及整个综合体都在这张平面里展示出来（参考 IIM. 134 和 IIM. 122）。位于右上角的 3 个宿舍单元是为单身而非之前的已婚学生准备的（参考 IIM. 111）。

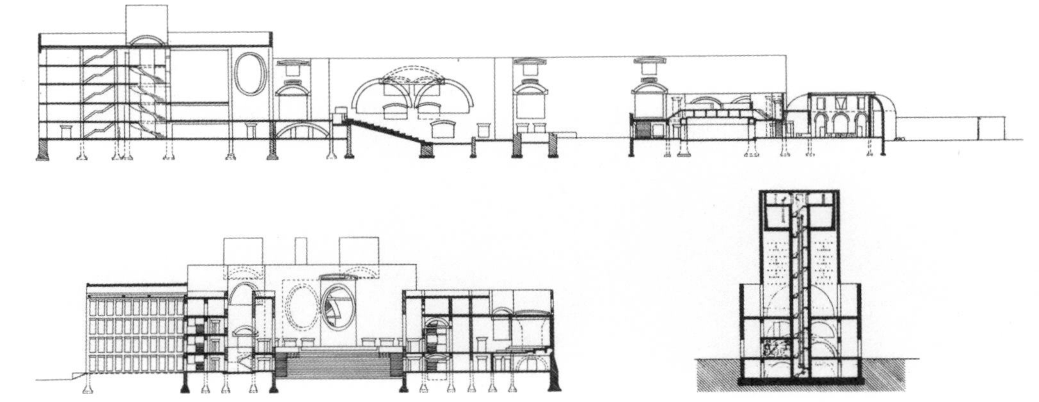

IIM. 140

通过图书馆、露天剧场一广场及厨房一餐厅区域的水平长剖面，展示了教学楼的西南立面（参考 IIM. 124）。

IIM. 141

通过管理楼的光井庭院、露天剧场、教学楼的横剖面，展示了办公单元和图书馆的西北立面。

IIM. 142

通过水塔的横剖面。外部的较低层水塔形成了环绕内层高塔的入口门廊，其中设置了楼梯井、冷却设备、转换设备、泵房、洒水装置以及顶部的压力箱。上部的压力箱架在楼梯井上方，地下的水桶箱通过独立的外层表皮使之免受极端气候的影响（参考 IIM. 145，查看建成的最终版本）。

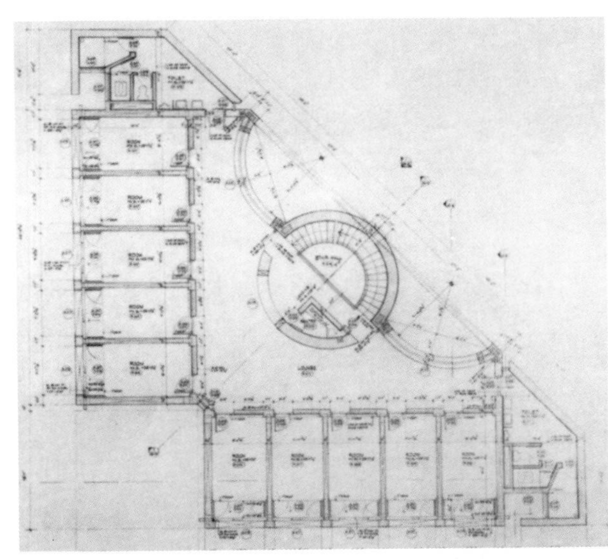

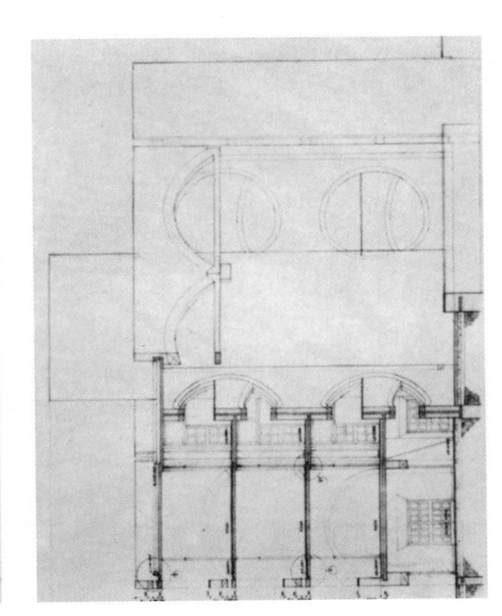

IIM. 143

3 个东侧宿舍单元的典型二层平面，展示了 10 间学生单间，在两端各自带有一个共同的卫生间以及中央的一部半圆形楼梯（参考 IIM. 88—89）。这样做能够通过共同的大堂服务厨房区域，并避免通常宿舍单元常用的方形服务井。在这一阶段的场地深化中，设计决定为已婚学生提供单独的住房（参考 IIM. 146）。

IIM. 144

通过学生房间和大堂的剖面，展示了东南立面局部以及位于一楼的俱乐部聚会室入口。

IIM. 145

自东看的景象，1975 年 1 月绘，展示了 3 个特别的宿舍单元之一，管理楼以及在树的掩映下的水塔。

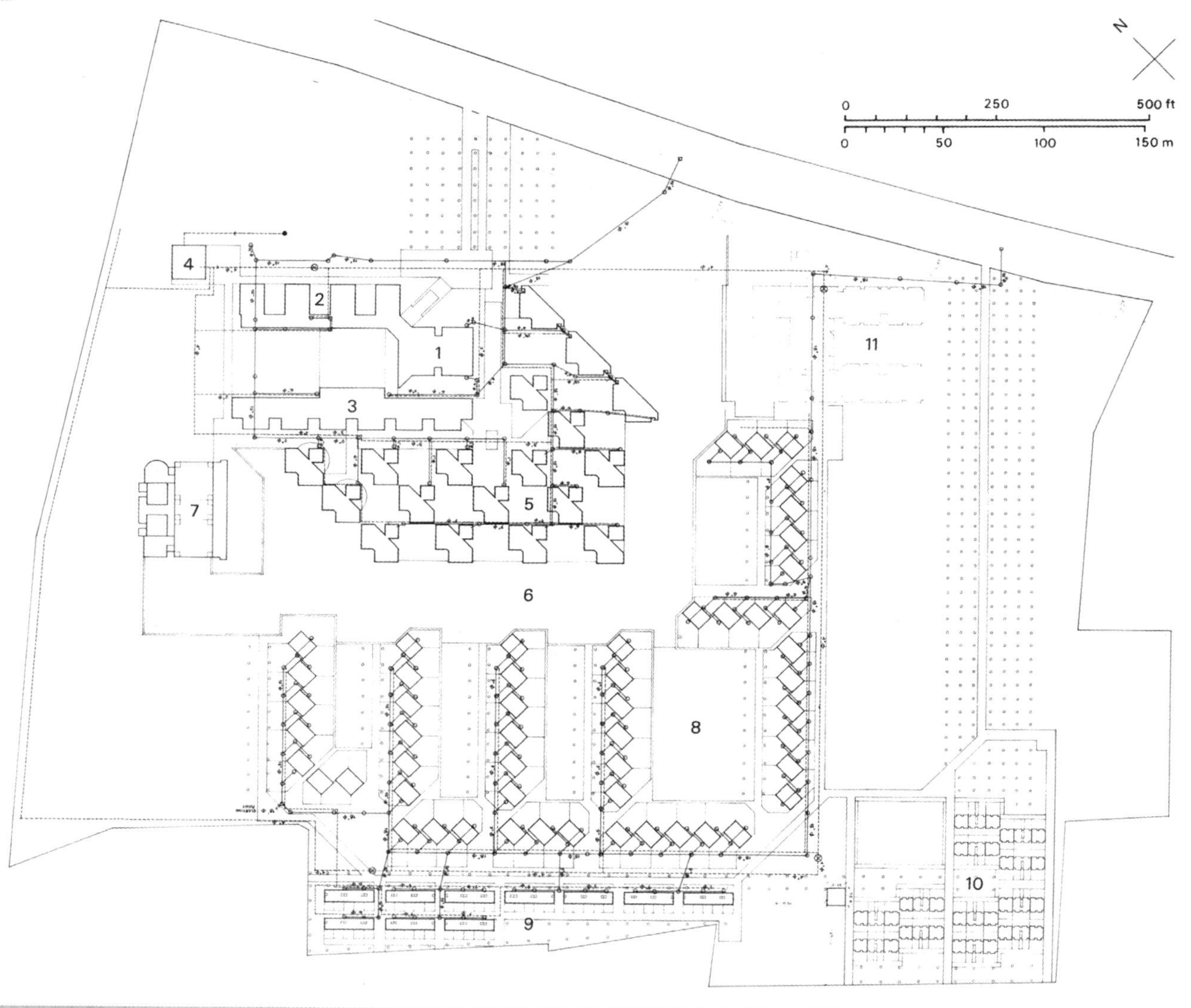

IIM. 146

场地平面，1975 年 1 月 2 日绘，是在建筑师多西和建筑师拉热（Raje，他自从项目开始就担当着康的助手）的办公室绘制的。

厨房—餐厅大楼被挪出了学校综合体，布置在湖畔的西北侧，让庭院的东北端变得开敞。一个管理发展中心被新添到了场地的东北角，以提醒人们这里曾经有过市场。一排绿树成荫的步行道自主路向下延伸到位于场地南侧角落的已婚学生宿舍。

“1”为图书馆；	“7”为厨房和餐厅；
“2”为教职工办公室；	“8”为教职工宿舍；
“3”为教室；	“9”为员工宿舍；
“4”为服务塔；	“10”为已婚学生宿舍；
“5”为宿舍；	“11”为管理发展中心。
“6”为湖泊；	

接下来 IIM．147—IIM．152 的草图是路易斯·康在 1974 年 3 月最后一次到艾哈迈达巴德时绘制的。

IIM. 147

深化平面草图，“小提琴”，1974 年 3 月 15 日绘，展示了位于左边的图书馆柱廊，位于上部的教学楼，以及位于下部的管理楼。注释里写着：

“教室走廊”；

“从大厅到餐厅”；

“教职工餐厅”；

“石头铺装”；

“B 边的石头，制作巨大的砖的图案，2 英尺×8 英尺的石头”；

“台阶通往平台”。

在这一阶段的设计深化中，决定将厨房—餐厅区域从学校综合体的中轴线挪开。因此，康曾经有一次用露天剧场—“小提琴”代替了厨房—餐厅区域，并且让庭院成为封闭的。这次，不再是露天剧场，他认为可以称为“小提琴”的表演艺术剧院是学校广场的一部分（参考 FAC. 36—FAC. 39）。这个想法之后被抛弃了。

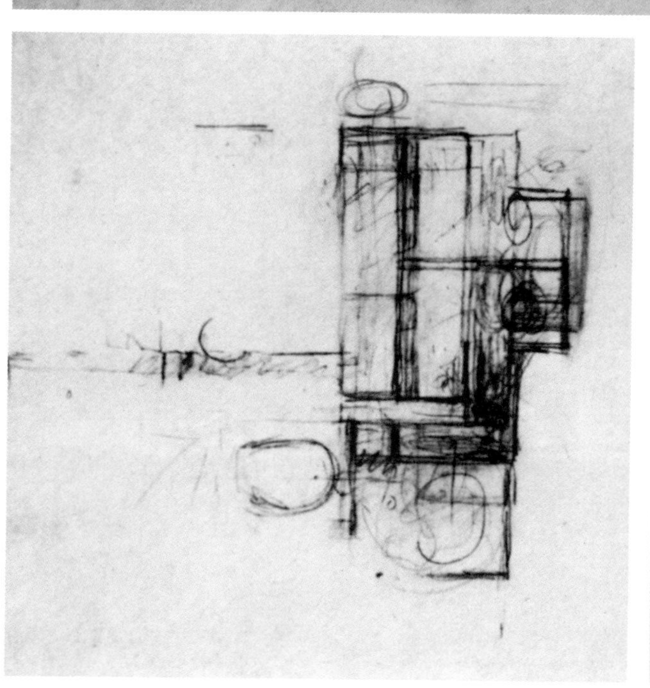

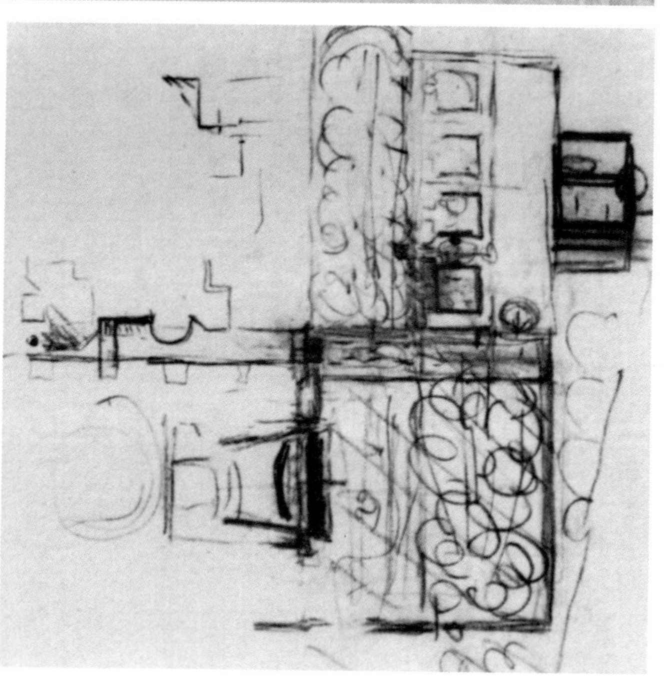

IIM. 148

概念平面草图，1974 年 3 月 15 日绘，展示了位于左下角像马靴一样的“小提琴”，以及位于右上角的厨房—餐厅区域。厨房—餐厅区域被分为两个对称的 L 形区域，分别供素食和非素食者用餐。

IIM. 149

平面深化草图，1974 年 3 月 15 日绘，展示了位于左下角的“小提琴”和位于左上角的宿舍单元。一个花园位于“小提琴”后面，离庭院靠得很近。位于右上角的厨房—餐厅区域现在是宿舍综合体的一部分。曾经厨房—餐厅区域是很大的矩形，现在是由 4 个方形用餐厅和一个在右侧带独立盥洗室的厨房组成。

管理发展中心

IIM. 150

平面草图，1974 年 3 月 14 日绘，展示了入口及其右侧的办公室。办公室由一个走廊通向教学楼。中心和宿舍区被一片湖分隔开（参考 IIM. 146）。

IIM. 151

平面草图，1974 年 3 月 15 日绘制。它通向中心近乎正方形的广场行政区。在左侧有一个带小礼堂和“小卖部”的学习中心。

IIM. 152

平面草图，1974 年 3 月 16 日绘制。草图展示了应对问题的另一个手段。入口在右边；在左侧，学习单元则突出到了湖面上。

IIM. 153

从西北方向看，1975 年 1 月拍摄。从左到右依次为水塔、行政楼、图书馆、教学楼（在树之后）及宿舍楼。

孟加拉国首都政府建筑群(1962—1974年

达卡（Dacca），孟加拉国

1959年6月，由阿尤布·汗元帅（Field Marshall Ayub Khan）领导的巴基斯坦中央政府和一个由东巴基斯坦领导牵头的委员会决定在伊斯兰堡（Islamabad）建立行政首都，并在东巴基斯坦（1971年更名为孟加拉国）的达卡旁边建立第二个立法首都。立法首都的选址位于达卡西北方位，毗邻代杰冈市（Tejgaon）。

场地占用了米尔普尔路（Mirpur Road）和军用机场之间840英亩的农田。场地几乎完全平坦，非常容易受洪涝灾害。1962年，路易斯·康承接了设计首都的任务。由康的工作室派出的几位代表带领本地建筑师在达卡建立了一个现场办公室。设计工作在费城进行，而施工则在1965年康到达达卡市以后开始。工作在1971—1973年被内战打断。1982年2月份，国民议会大楼第一次投入使用。

“我被安排了大量建筑策划，国民议会大楼、最高法院、旅馆、学校、体育场、外交领地、生活区、市场。这些都要被放在这块易涝的一千亩地上。”

SNC. 1

场地模型的平面视角，这是第一版模型。它展示了左侧的首都综合体；右侧的一堆不规则形态的水池；外交领地、一个清真寺，还有顶部一个新月形的舞台；在机场之间有一条笔直的运河，底部则是米尔普尔路（西边）。

首都建筑群围绕一片巨大的中央广场庭院，并被诸多水池环绕。

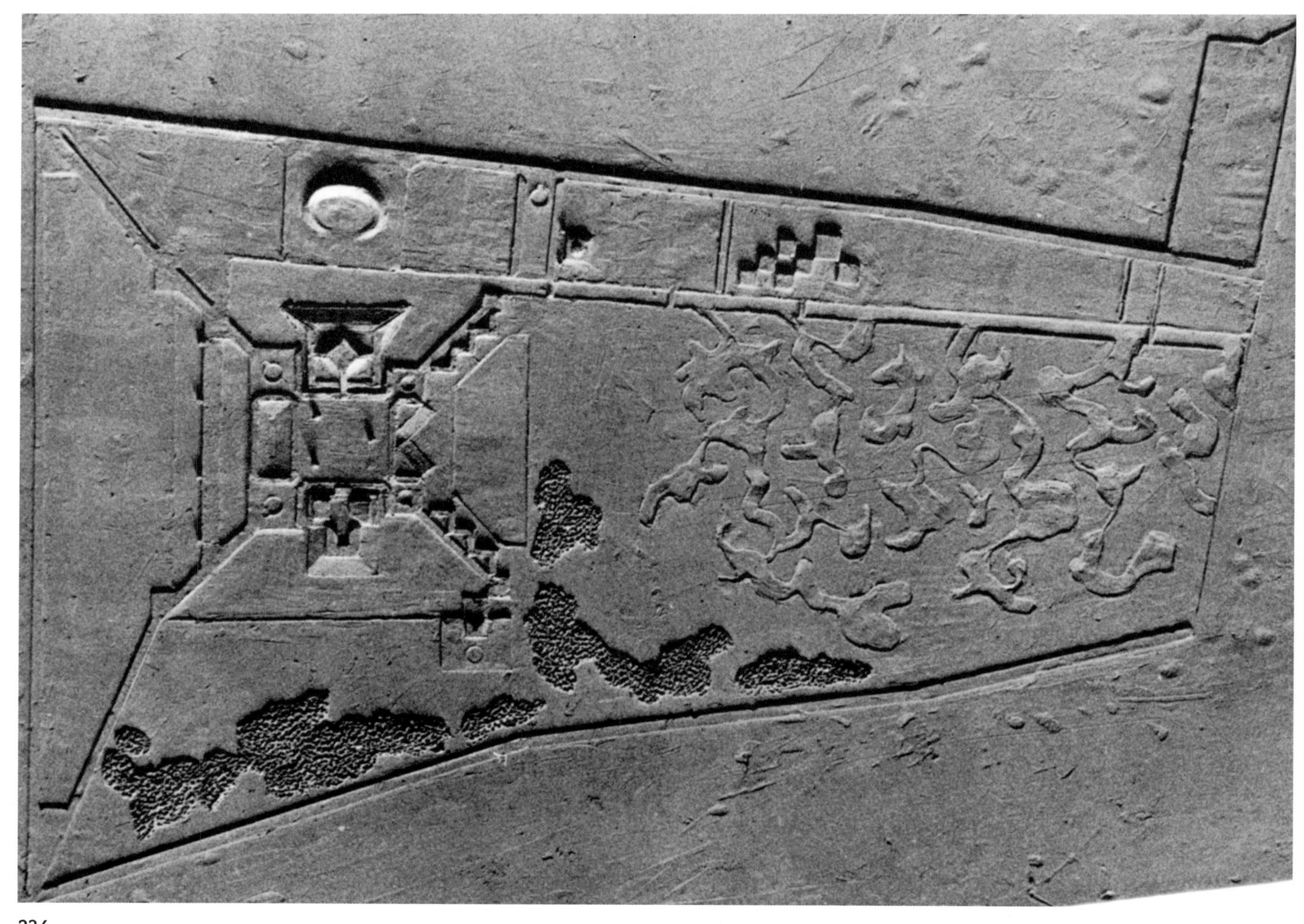

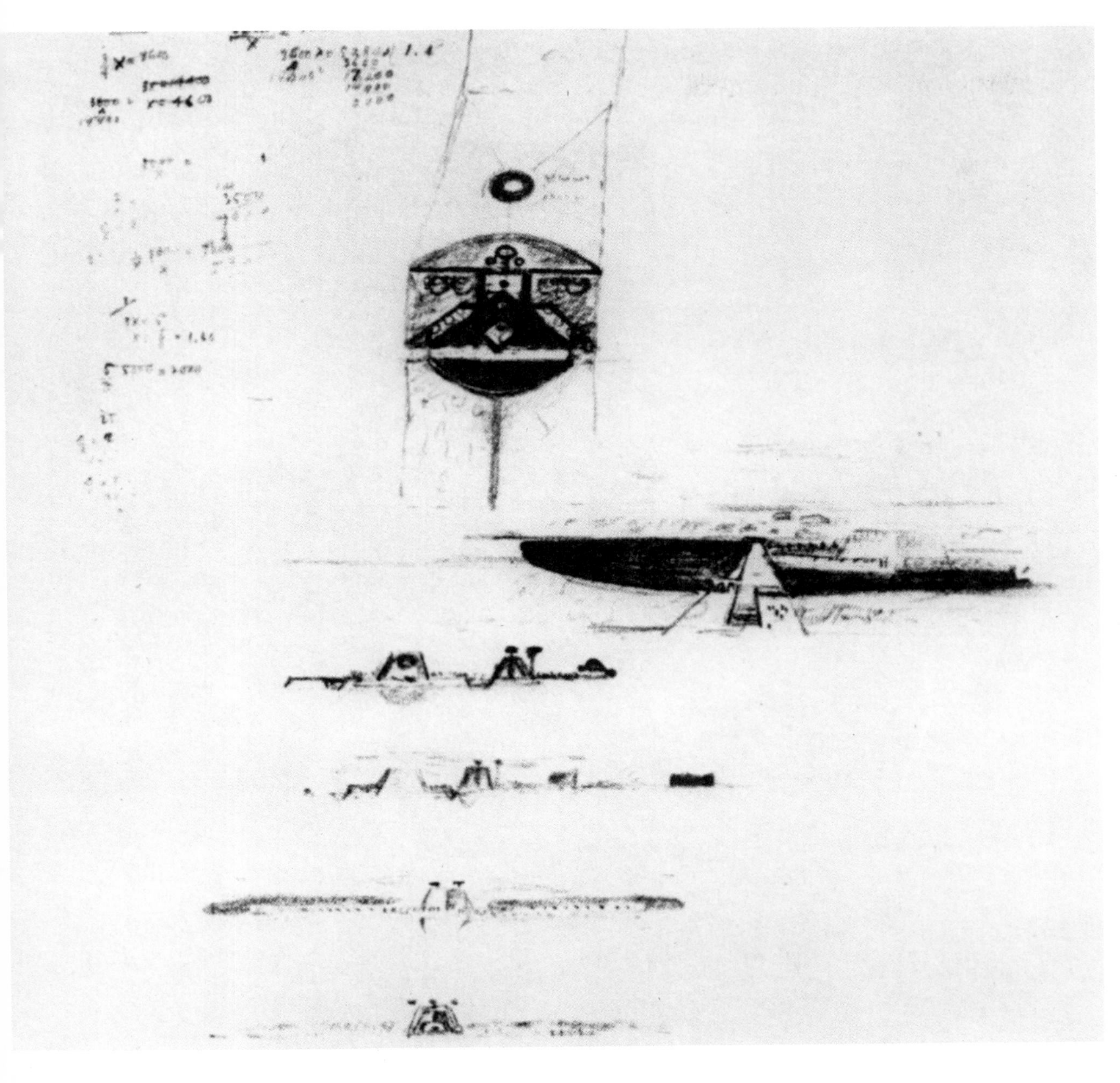

SNC. 2

场地平面、剖面、立面和透视草图，绘于1962年。它们展示了面向一片新月形湖泊的议会楼综合体。在议会楼后侧是一座带尖塔的清真寺。

“我一直在思考这些建筑应当怎样形成群组，是什么让这些建筑在地上找到自身的位置。在第三天的夜晚，我带着一个想法从床上跌下来，而这个想法至今仍是平面的主体理念。”

“我在纸上绘出了第一份关于议会楼的草图，清真寺在湖上。我又加了一些旅馆来围住这片湖。一切都来源于这样一个认识：议会楼有一种超越性的本质。人来到议会，去和群体的意识接触，而我认为这必须是可表达的。在观察了巴基斯坦人生活中的宗教行为方式以后，我认为一个融入议会楼空间结构的清真寺能表现这种感受。我知道这样想会有些专横。我并不清楚这会不会适合他们的生活方式。但是这个想法占据了我的脑海。”

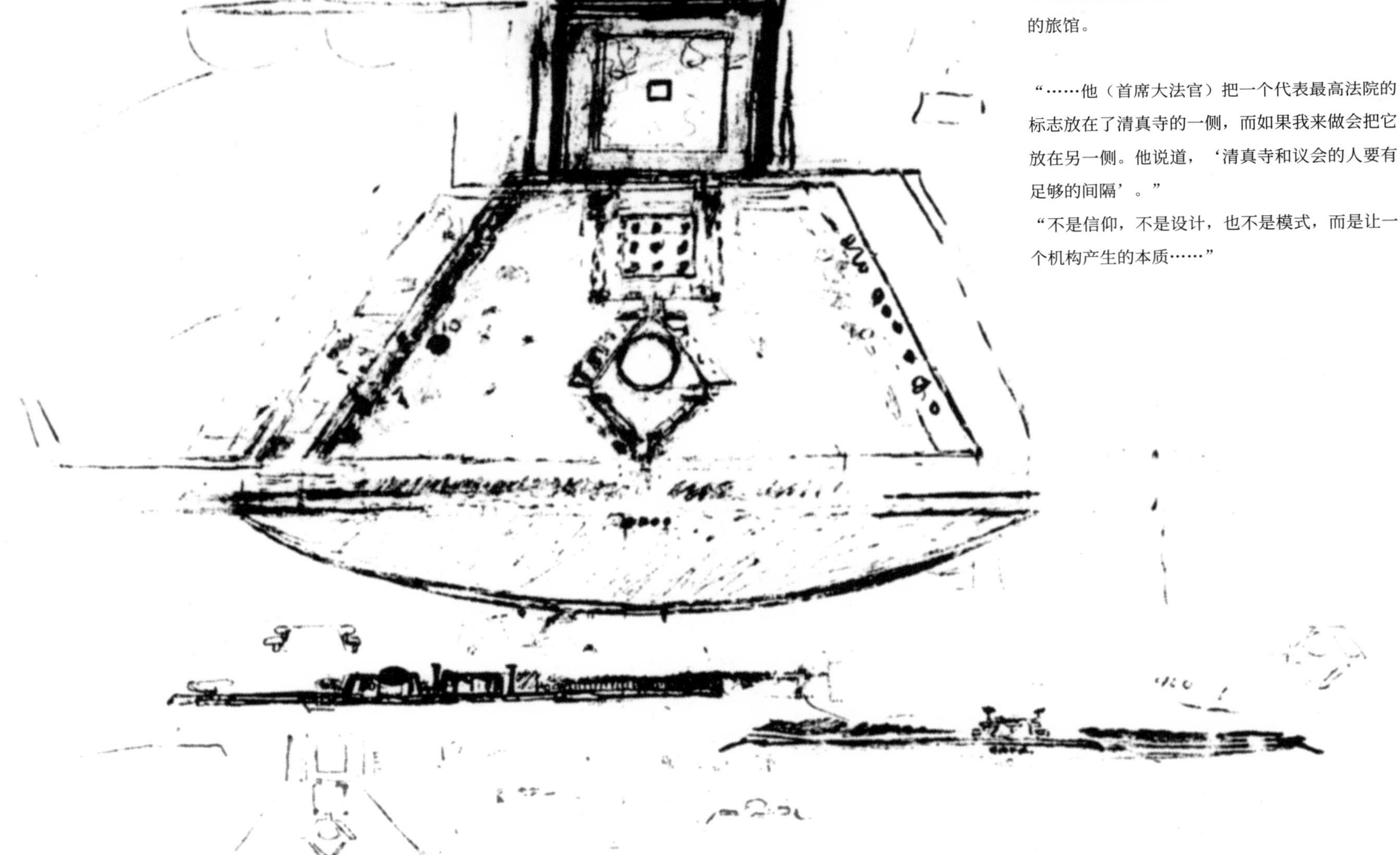

SNC. 3

平面、剖面和立面草图，绘于1962年，展示了议会总部，新月形的湖在底部，最高法院在顶部，中间是议会楼和清真寺，左右两侧是环绕湖泊的旅馆。

“……他（首席大法官）把一个代表最高法院的标志放在了清真寺的一侧，而如果我来做会把它放在另一侧。他说道，‘清真寺和议会的人要有足够的间隔’。”

“不是信仰，不是设计，也不是模式，而是让一个机构产生的本质……”

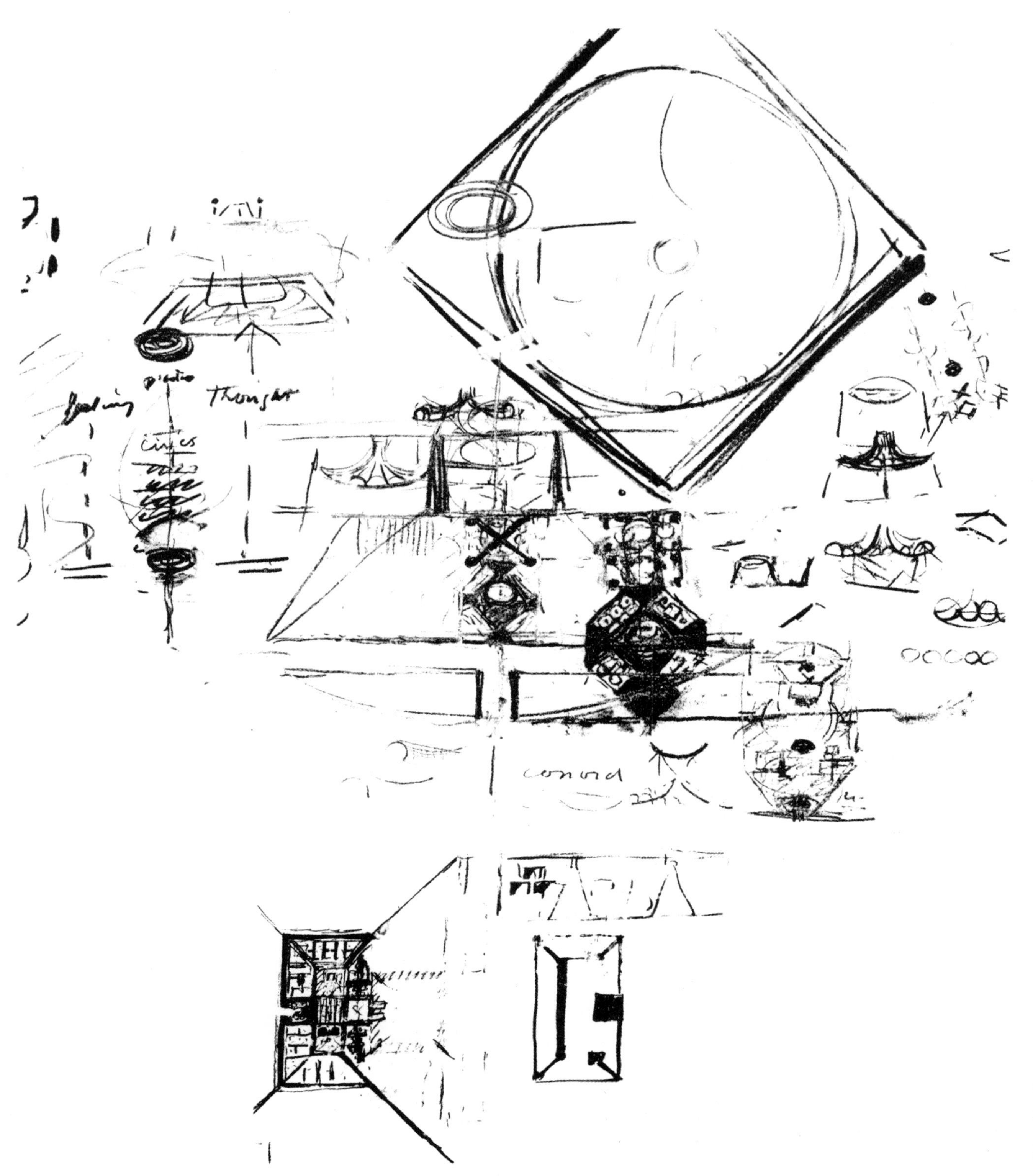

SNC. 4

平面和剖面草图，绘于1962年，展示了顶部左侧带尖塔的清真寺，中间的议会楼和清真寺平面，还有右侧对清真寺屋顶的研究。

“感受”“欲求”“思想”。

“在最初的清真寺草图中，我画出了4个尖塔。这时我直觉地感受到把清真寺作为议会楼建筑群一部分的必要性，并以相近的设计形式表达出来。”

SNC. 5

平面和立面草图，绘于1962年，展示了左侧的市场、中间的田径场和右侧的体育场，顶部右侧还有一份对综合体立面的研究（参照SNC．8）。

“这个机构建筑群由启发性的建筑组成，学校、图书馆、实验室、体育馆。建筑师要考虑这些建筑的启发再决定想要的空间。他问自己什么是让一件事物区别于另一件的本质。当他意识到这种区别，他就接触到了它的形态。形态启迪设计。在我思考机构的内涵时，我意识到它的主体建筑生发于生活的启示。我想要体会建筑的这种启示。这种建筑的形式应带来策划中新的爆发和表现健康美的设计。它应当是一个沐浴、锻炼和举行会议的场所。它应该是一个运动员被尊重、人们努力追求完美身形的场所。”

“这个建筑的概念是受罗马浴场启发的。”

“考虑到当今的资源，我想到的是一个充满活力和愉悦的空间环境。”

SNC. 6

平面草图，绘于1962年。草图展示了机构的核心，左侧是集市，中间是体操馆，文理学院在右侧。

“一个国家对国民在体育健康方面的责任并不亚于精神文化建设和商务监管。这个以体育健康为主题的机构建议设在一个设立体育场的位置，两侧则分别是文科和理科学院。体育场的主体包含会议室、浴室、活动室和花园。”

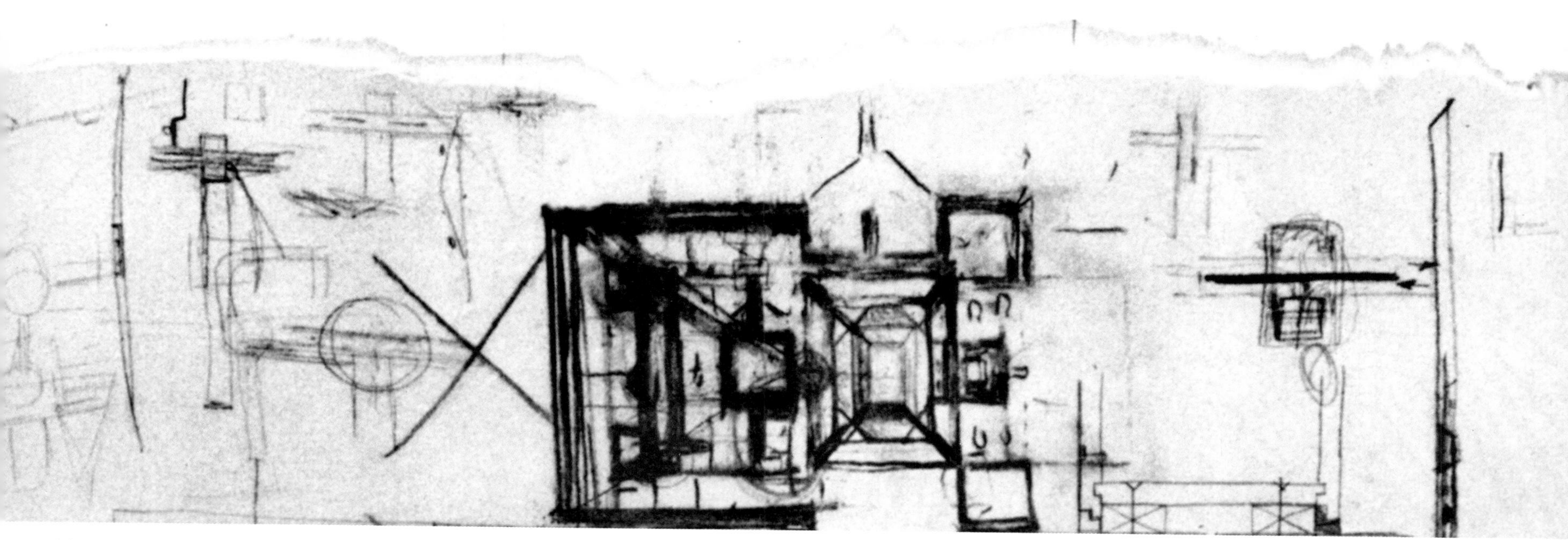

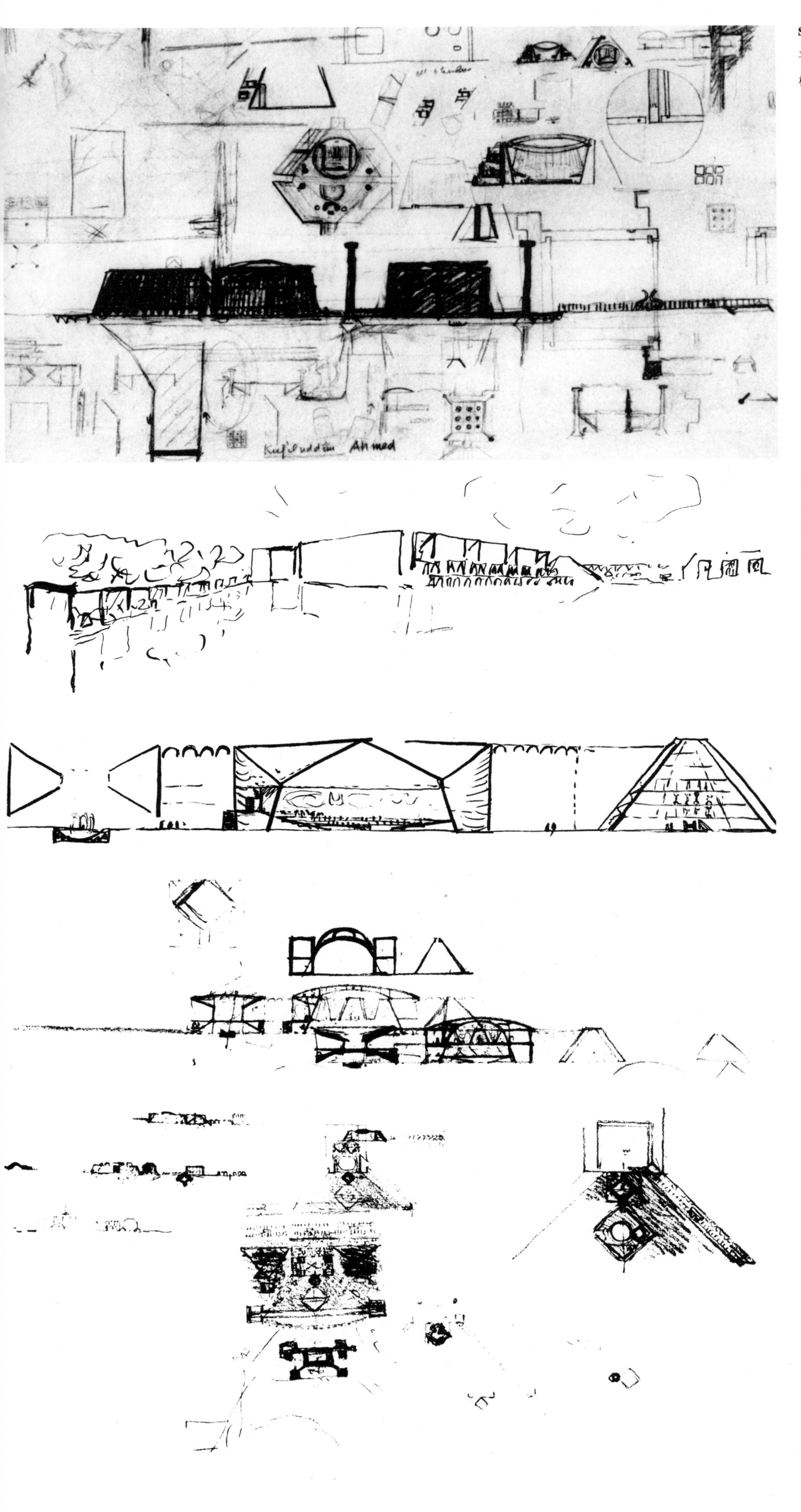

SNC. 7

平面、剖面和立面草图，展示了位于顶部的议会楼，中间从左到右的议会楼、清真寺和最高法院。

SNC. 8

透视草图，展示了中间的议会楼、入口大堂和祈祷大厅（清真寺金字塔），右侧的最高法院，左侧的旅馆，还有前景中的湖（参照立面研究：SNC. 5）。

“现在‘清真寺’和‘议会楼’之间关系本质的问题是对尖塔的需要提出了质疑。在设计的一个阶段，清真寺是一个金字塔，它的顶点就是个尖塔。现在它作为装饰点缀在入口处，但它的形式依旧存在问题。”

SNC. 9

剖面草图，展示了左侧的入口大堂、中间的议会大厅和右侧的清真寺。

SNC. 10

剖面草图，展示了对议会楼屋顶的研究和结合入口大堂和祈祷大厅对高度的研究。

SNC. 11

平面、立面和剖面草图，绘于1962年，展示了对议会楼核心的研究和清真寺变化的形式（顶部左侧）。

“议会楼、清真寺、最高法院和旅馆之间的关系，以及它们在心理学层面上的相互作用表达出一种本质。如果和谐组合的部分被分散，议会机构的本质将失去它的力量。它们各部分分别的启示也不会被完整表达。”

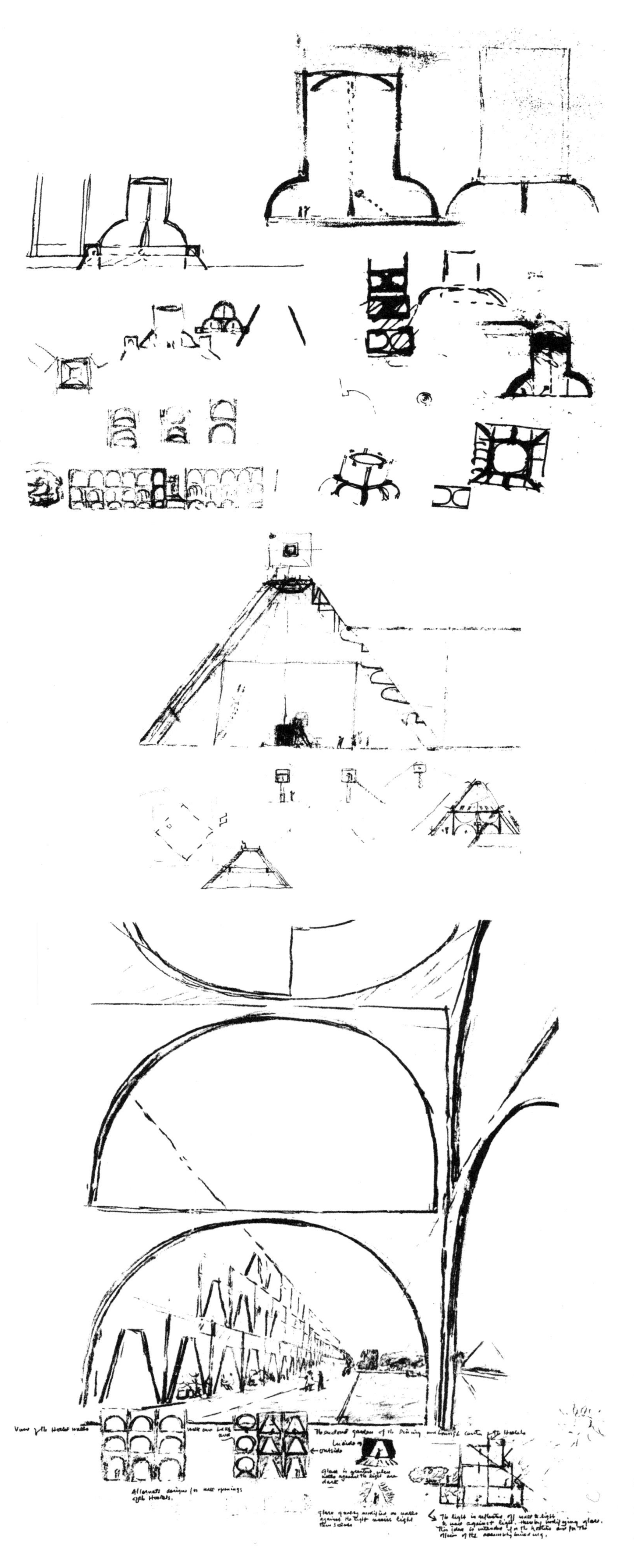

SNC. 12—15

平面、立面、剖面和轴测草图，绘于 1962 年 11 月 26 日，展示了对祈祷大厅（清真寺）的研究和议会楼表皮。

SNC. 16

剖面草图，展示了对祈祷大厅墙上开洞的研究。

SNC. 17

剖面、立面和透视草图，展示了对墙面开洞的研究。

透视图从“酒店餐厅和休息室的封闭花园”看，展示了酒店的墙面开洞（参照弗莱舍住宅，原书 150—151 页）。底部的注释写道（从左至右）：

“旅馆楼墙面开洞的比较设计”；

“在墙面背光面很暗的时候，亮面更加突出”；

“亮面在背光墙自身受光时变化很大”；

“光线被墙面反射，照亮了背光的墙，从而改变亮面。这个概念被用在旅馆和议会建筑里”。

1964 年 6 月，康写道：“在旅馆的防眩光门廊设计中，组合体和元素的问题再次出现。在这个元素里，光需要照到门廊的内部和外部。如果你把光照到内侧——不一定是太阳光——那么实体的暗面和开口的亮面并不明显，因此你感受不到眩光。随建筑抬升的交错门廊提供了让光照进门廊的机会，但需要用一丝光亮来在内部给光存在感。阳光是不受欢迎的。目前我只解决了一半的问题。我提出了问题，但还没解决它。对墙洞的多种探索，这些过去的回忆，很多并不是具体的形式，虽然我认为其中很多要比其他具体得多。”

SNC. 18

透视草图，从最高法院看，展示了有金字塔清真寺在前面的议会楼。

“议会楼、旅馆和最高法院都属于议会楼组团的核心，它们相互关联的本质暗示出一种完整性，这让其他建筑退而远之。我不知道是否找到了表现议会楼的合适形式，但我要这样说：‘集会的行为是人类知识体系的产物。’这让我意识到项目中和议会楼不相关的建筑都属于我放在轴线上的、面向议会楼核心的启示性建筑群机构的核心。”

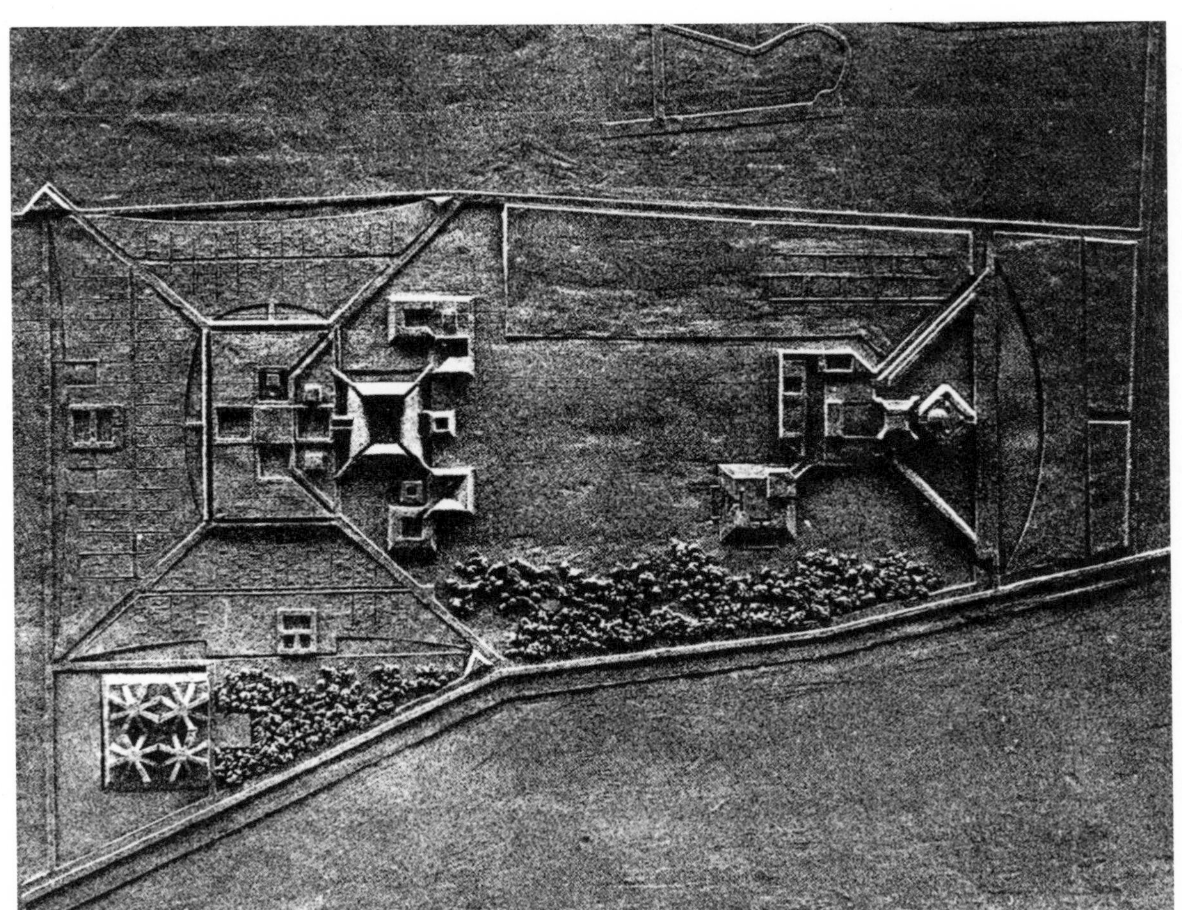

SNC. 19

场地模型的平面图，绘于 1963 年 3 月，展示了左侧的机构核心、右侧的议会楼核心、底部左侧的医院，还有围绕市场的房屋。在设计深化的这一阶段，属于议会楼核心的新月湖面对着（右 / 南侧的）外交领地，而两个核心都由公园、俱乐部场地和游乐场地分割开。

SNC. 20

场地规划，绘于 1963 年 3 月 12 日。

“A”为议会楼组团核心。
“B”为机构组团核心。
“1”为国家议会楼；
“2”为清真寺；
“3”为最高法院；
“4”为总统住所；
“5”为议会成员的旅馆；
“6”为部长和秘书的旅馆；
“7”为议长、副议长、首席法官和秘书住所；
“8”为国防部部长和参谋长套房，议会秘书和其他工作人员的公寓和宿舍；
“9”为总统广场和花园；
“10”为前院；
“11”为仪式大道；
“12”为东大道；
“13”为西大道；
“14”为车辆和行人庭院；
“15”为湖；
“16”为外交领地；
“17”为体操和体育中心；
“18”为水上运动区域；
“19”为舞台；
“20”为公共广场；
“21”为市集；
“22”为市场；
“23”为表演艺术学院；
“24”为文科学院；
“25”为展览；
“26”为理科学院；
“27”为地区办事处；
“28”为中央书记处办公室；
“29”为中央政府图书馆；
“30”为公众图书馆；
“31”为警局、邮局、电报电话局、民防组织；
“32”为小学；
“33”为住房；
“34”为医院中心；
“35”为公园；
“36”为俱乐部场地及游乐场地；
“37”为服务楼；
“38”为服务站和大门；
“39”为保留地的未来发展；
“40”为现有建筑；
“41”为米尔普尔路；
“42”为新路；
“43”为内部路；
“44”为人行步道下的车行入口。

SNC. 21

场地规划草图，展示了对两个组团之间的公园、俱乐部场地和游乐场地的研究。

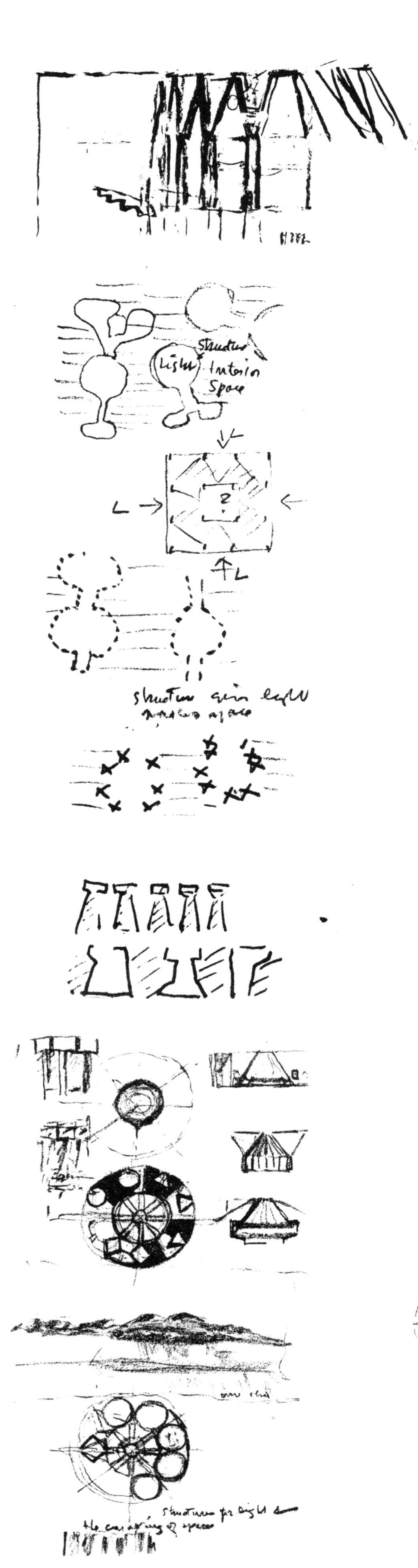

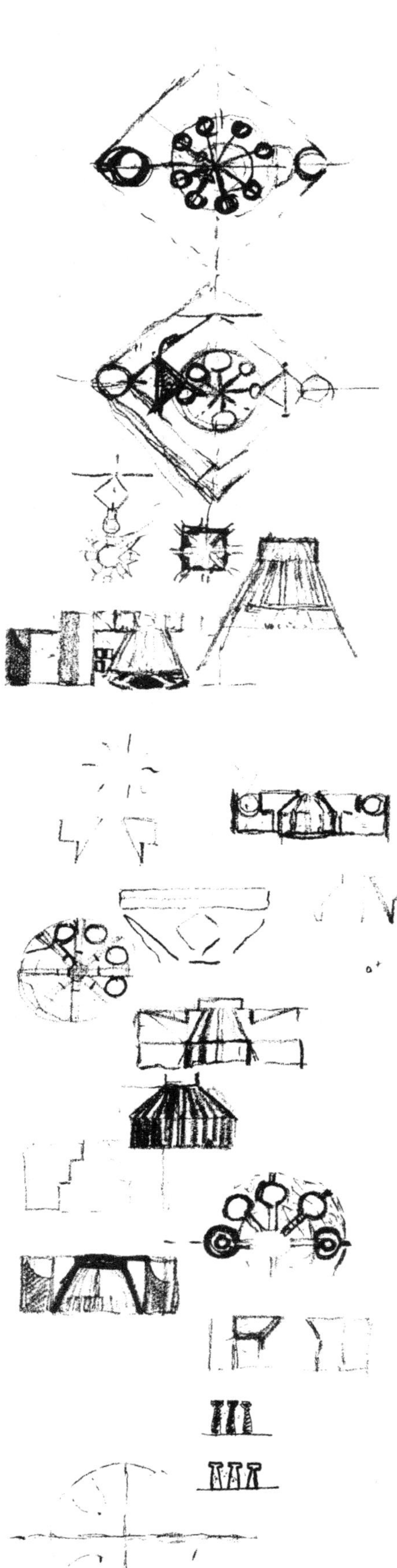

SNC. 22

议会楼房间剖面草图。

SNC. 23

图示草图，解释“柱体是光的来源”的概念。

“结构”；

“光”；

“室内空间”；

“结构赐予室内空间光”。

1964 年 6 月康写道：“在议会楼里我给平面的室内引入了一个给予光的元素。你可以从这一系列柱体中看出，柱体的选择就是对光的选择。柱体作为实体围合出光的空间。现在反向思考，把柱体想成空的，并且更大的。它们的墙壁可以给予自身光，那么房间就是空间，而柱体则是光的塑造者。它们可以形成复杂的形态，支撑这个空间，给空间带来光。我把这种元素极度深入，让它成了一个诗意的实体，在整体之外也有了它自身的美。这样它们就像我之前提到的那样成了光的来源。”

SNC. 24—27

平面和剖面草图，展示了把议会楼作为光之来源的研究。

“为光服务的结构——对空间的承载。”

“当人进入一座神庙，这就仿佛一只手在让它发生。在所构想的光辉下，所有这些细节的努力都消失了。直到空间的神奇和光线的音乐变得真实并被定格下来，令人惊叹的雕刻细节才显现出来。这确实是建筑和精神表达的奇迹。”路易斯·康于 1964 年 1 月 5 日在印度耆那教千柱庙拜访者留言里写到。

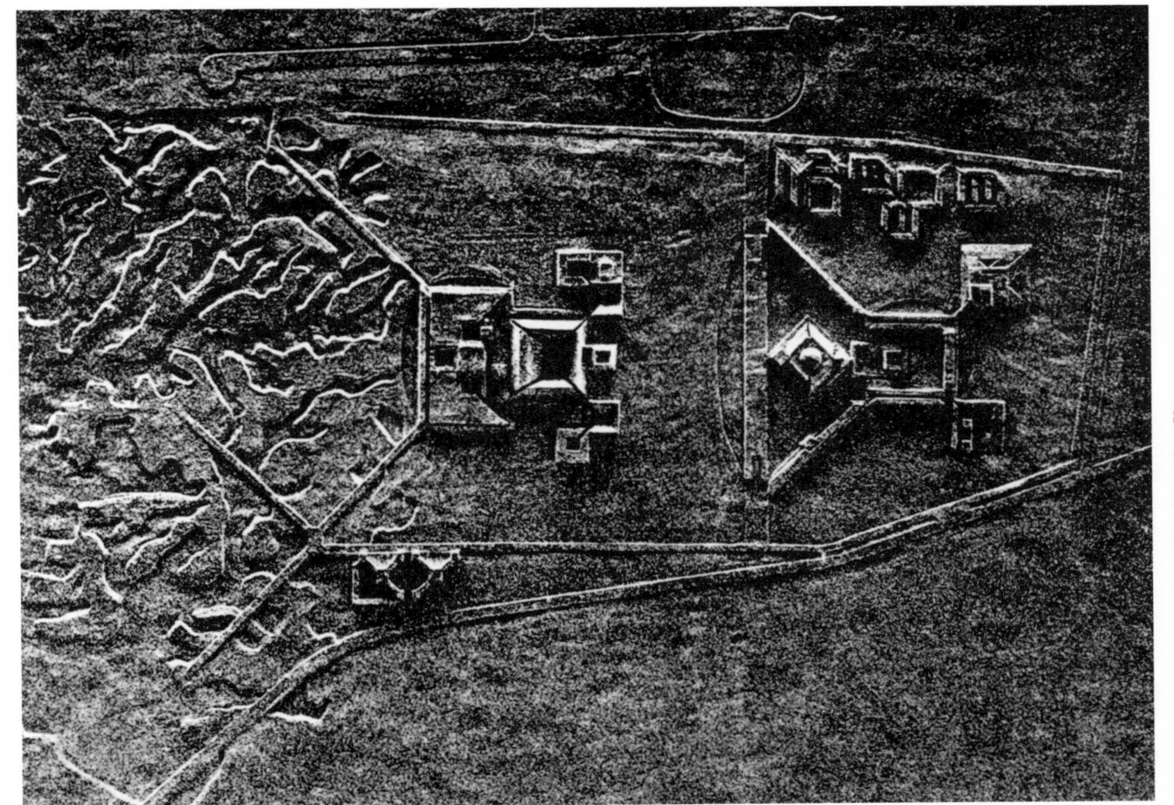

SNC. 28

场地模型的平面视角，摄于 1963 年 5 月，展示了左侧的防涝池塘、中间的机构核心、右侧的议会楼核心、顶部带跑道的军用机场，还有底部左侧的医院。

在设计深化的这一阶段，议会楼核心的平面被 180° 反转，使仪式大道和新月湖面向机构的核心。外交领地被去除，两个核心之间的距离也缩短了（参照 SNC. 19—SNC. 20）。

“我希望花园和湖是一体的。”

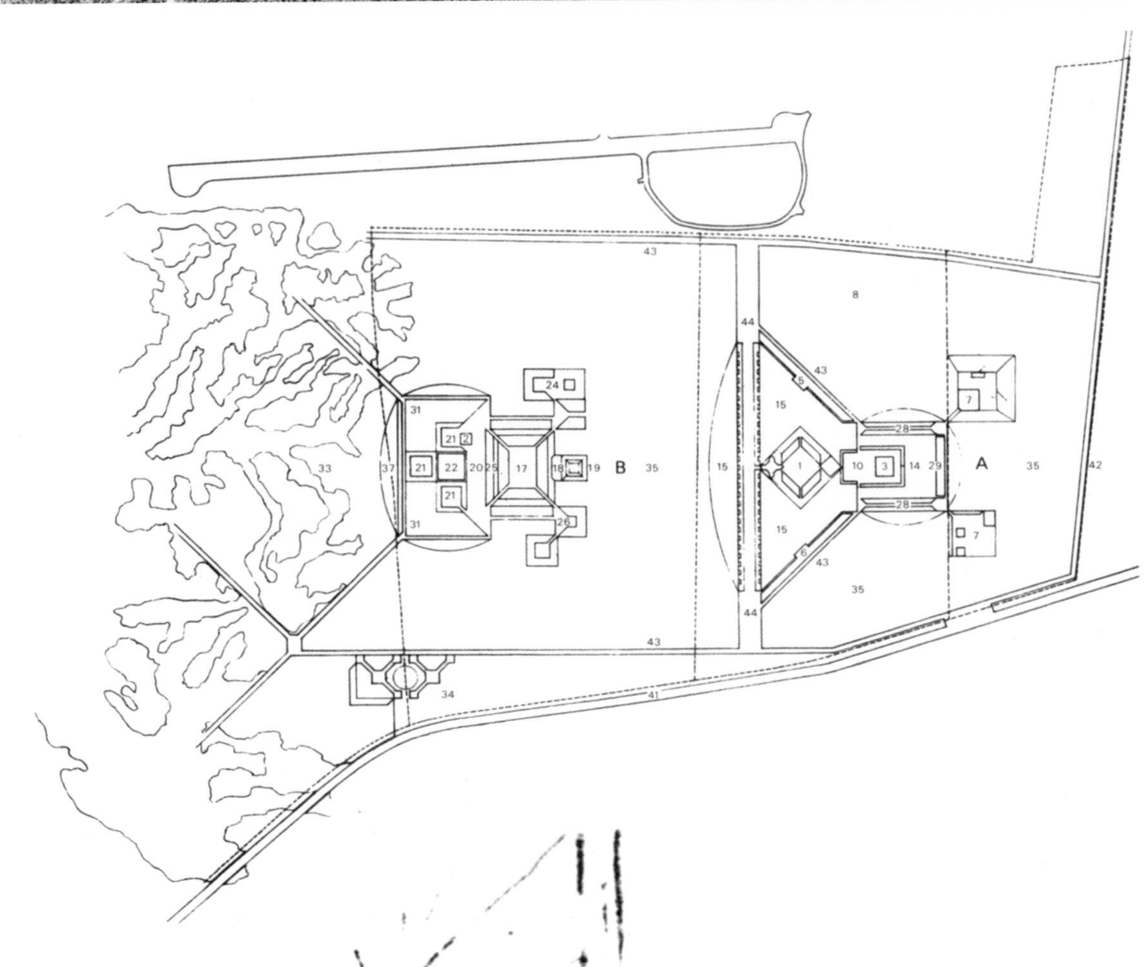

SNC. 29

场地设计，绘于 1963 年 5 月 3 日。

“A”为议会楼组团核心。

“B”为机构组团核心。

“1”为国家议会楼；

“3”为最高法院；

“5”为议会成员的旅馆；

“6”为大臣和秘书的旅馆；

“7”为议长、副议长、首席法官和秘书住所；

“8”为员工宿舍用地；

“9”为总统住所；

“10”为前院；

“14”为院子；

“15”为湖；

“17”为体操和体育中心；

“18”为水上运动区域；

“19”为舞台；

“20”为公共广场；

“21”为市集；

“22”为市场；

“24”为文科学院；

“25”为展览；

“26”为理科学院；

“28”为中央书记处办公室；

“29”为中央政府图书馆；

“34”为医院中心；

“35”为公园；

“42”为新路；

“43”为内部路；

“44”为人行步道下的车行入口。

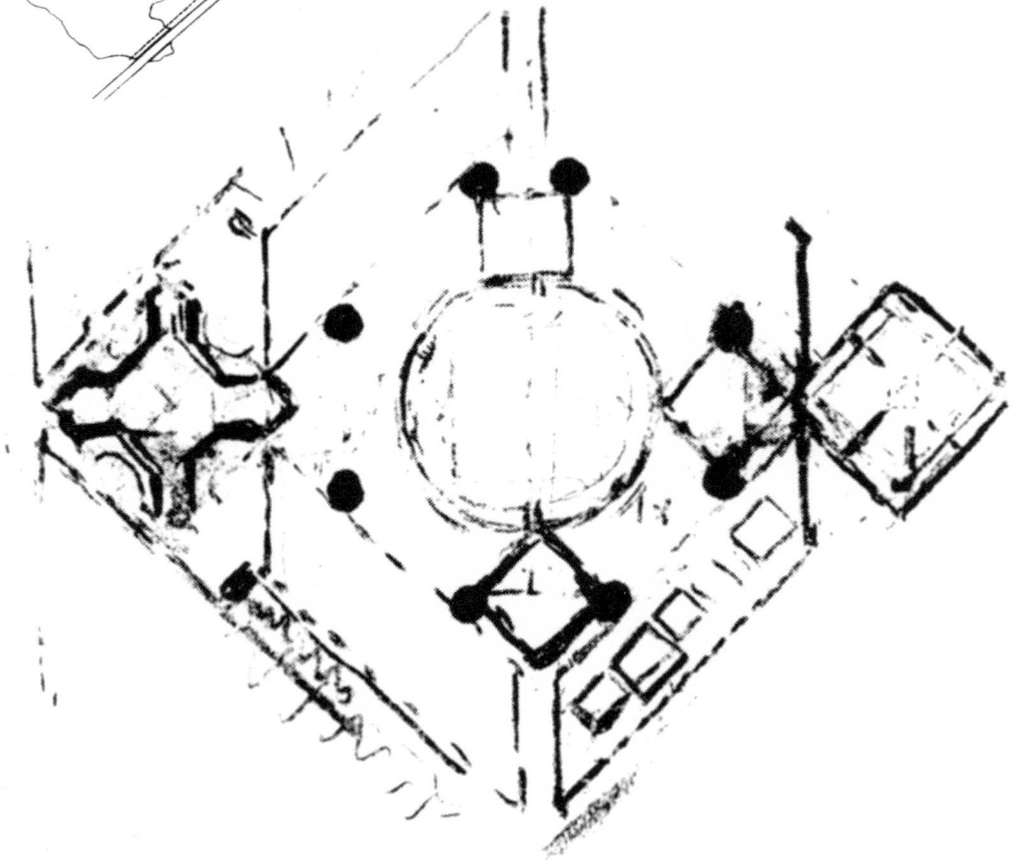

SNC. 30

平面草图，绘于 1963 年，展示了左侧的花园入口、右侧的祈祷大堂，还有中间被办公室围绕的议会楼大厅。

“起初的核心不是损失，而是通过重新考虑修道院精神而获得的新的认知。出于这个原因，我对这个内核的兴趣在于形式的实现、形式的含义，以及对事物中不可分割部分的实现。也正是由于这个原因，我才意识到，在做巴基斯坦国会大厦的地方法官会议厅时，我需要在入口处就引入清真寺。”

SNC. 31—33

平面草图，绘于 1963 年，展示了议会楼建筑主体的深化过程，左侧的花园入口大厅，右侧的祈祷大堂，中间的由 4 个柱体（黑色）围绕着的议会会场、小会场、光井和办公楼。

这些研究表明康打开矩形议会楼四角，让光线照亮内部的尝试。

SNC. 34

平面和剖面草图，绘于 1964 年，展示了议会楼大厅中间的圆形区域和环绕它的通廊（走廊），左侧的花园入口，右侧的清真寺入口，底部的议长休息娱乐室和顶部的餐厅。

右侧的数字表明议会楼能容纳 1200 个座位。

SNC. 35

模型的平面视角，展示了议会楼的核心，左（北）侧的仪式大道，中间的带花园入口大堂和祈祷大厅的议会楼建筑，右侧的两翼分别为中央秘书处办公室和中央政府图书馆的最高法院，顶部的议会成员旅馆，还有底部的部长与秘书的招待所。“……这个项目要求设计部长和他们的秘书以及议会成员的旅馆。但在我看来，这一要求是议会的必然结果。我立即想到，应将其从旅馆的内涵转变为对湖边花园的研究的意义。在我的脑海里，最高法院是对人性哲学观点的检验。这三者在对议会楼超越性的本质的思考中变得不可分割。”

SNC. 36

模型的平面视图，摄于1964年，模型展示了议会会场、天窗，还有办公楼。花园入口大厅在底部左侧。

SNC. 37

模型的视图，摄于1964年，展示了对柱子作为议会楼的结构和“光之来源”的研究。

SNC. 38

模型的剖面视图，摄于1964年，展示了对圆锥形的议会会场和周围空间的室内的研究。右侧是北花园入口大堂。

SNC. 39

模型的部分室内视图，摄于1964年，展示了左侧的办公楼，中间的议会楼会场和顶部右侧的花园入口大堂。

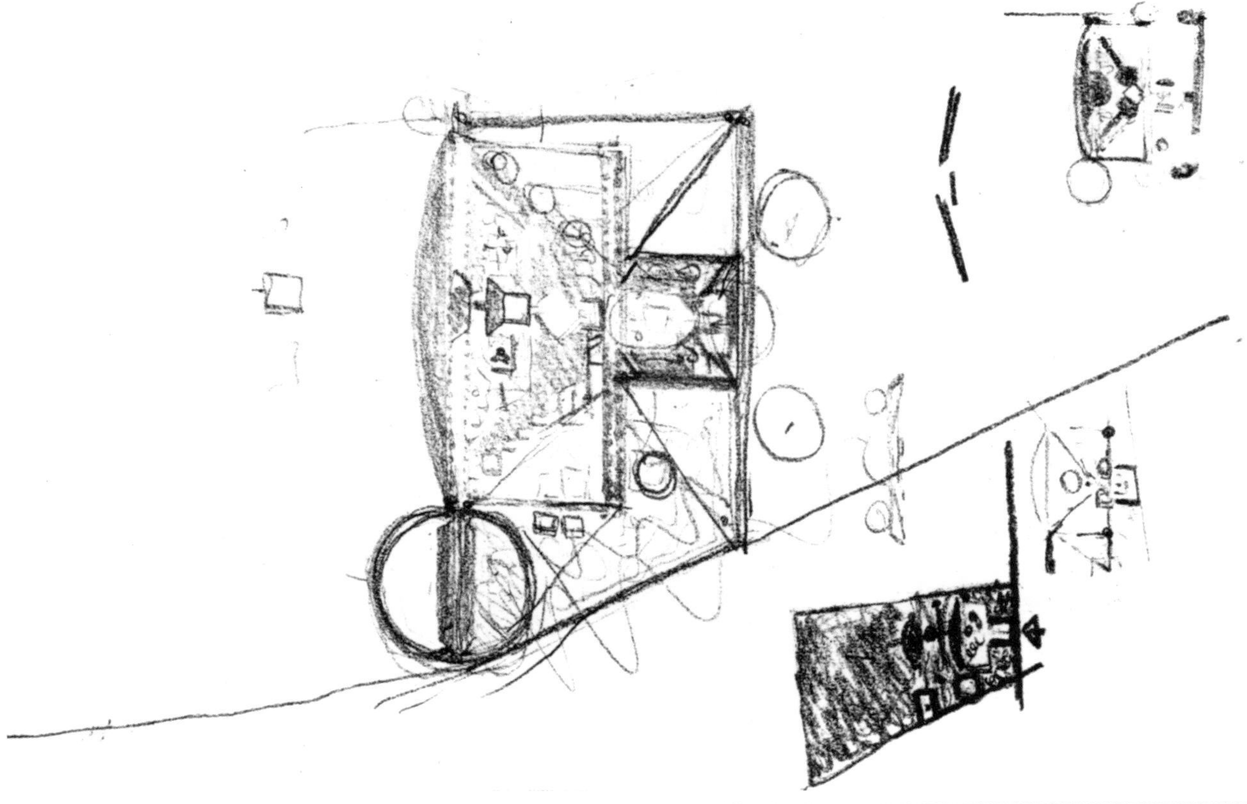

SNC. 40

场地规划草图，展示了对议会楼核心的研究和到达仪式大道的道路。

“这不在建筑策划里，它来自问题的实质和本质。”

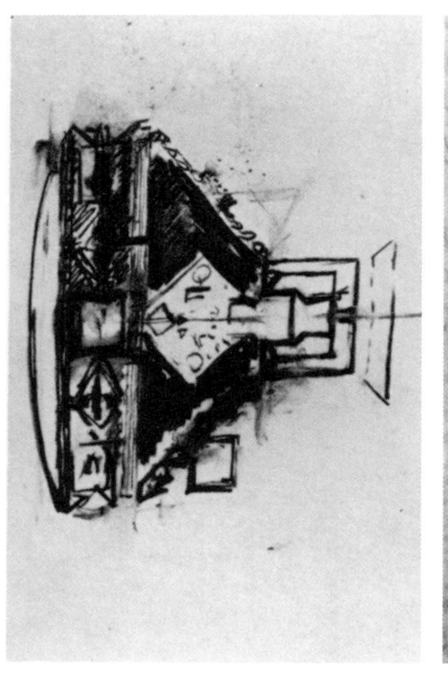

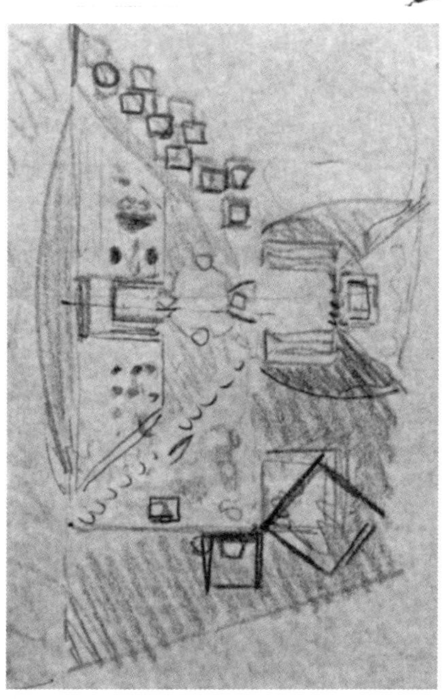

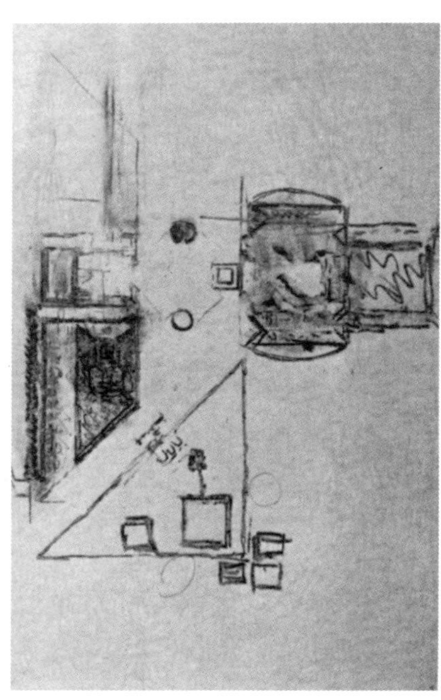

SNC. 41

场地规划草图，绘于1963年，议会楼核心，展示了对仪式大道的研究。

SNC. 42

场地规划草图，中部右侧是带中央政府图书馆的议会楼核心，底部右侧是首席大法官和议长的房屋，顶部左侧是议会成员的旅馆。

SNC. 43

场地规划草图，绘于1963年12月，议会楼核心，展示了右侧的对围绕着最高法院的中央政府图书馆的研究。议长和首席法官的住房在底部的一块三角形场地里。

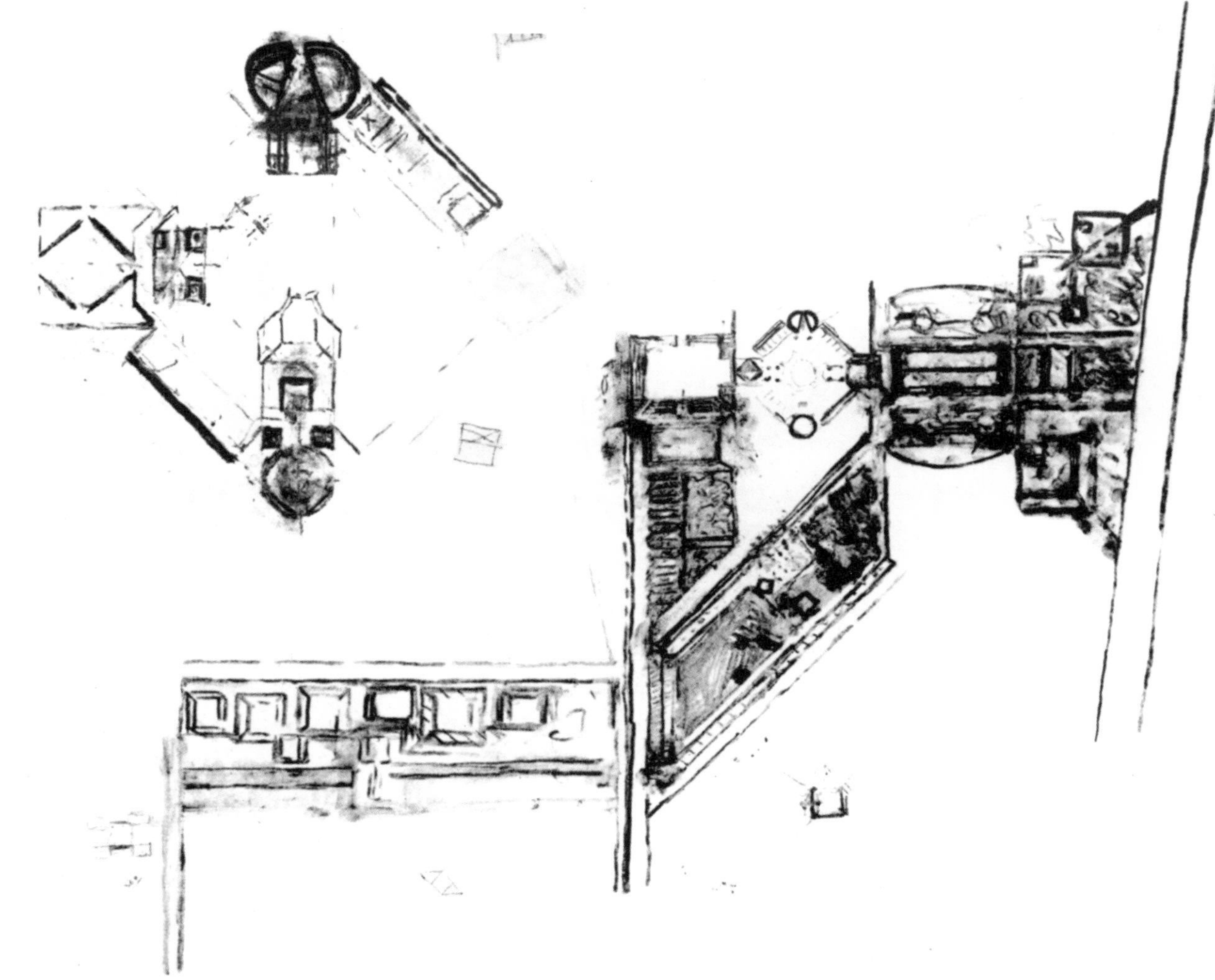

SNC. 44

平面草图，议会楼建筑的外围，展示了左侧的对花园入口的研究，顶部的服务休息室和餐厅、底部的议长休息室和活动房。

SNC. 45

平面草图，议会楼核心，展示了议会楼南侧和西侧的包含总统、议长和首席法官的房屋区的深化过程，仪式大道北侧的区域被划定为官员和秘书的住所。

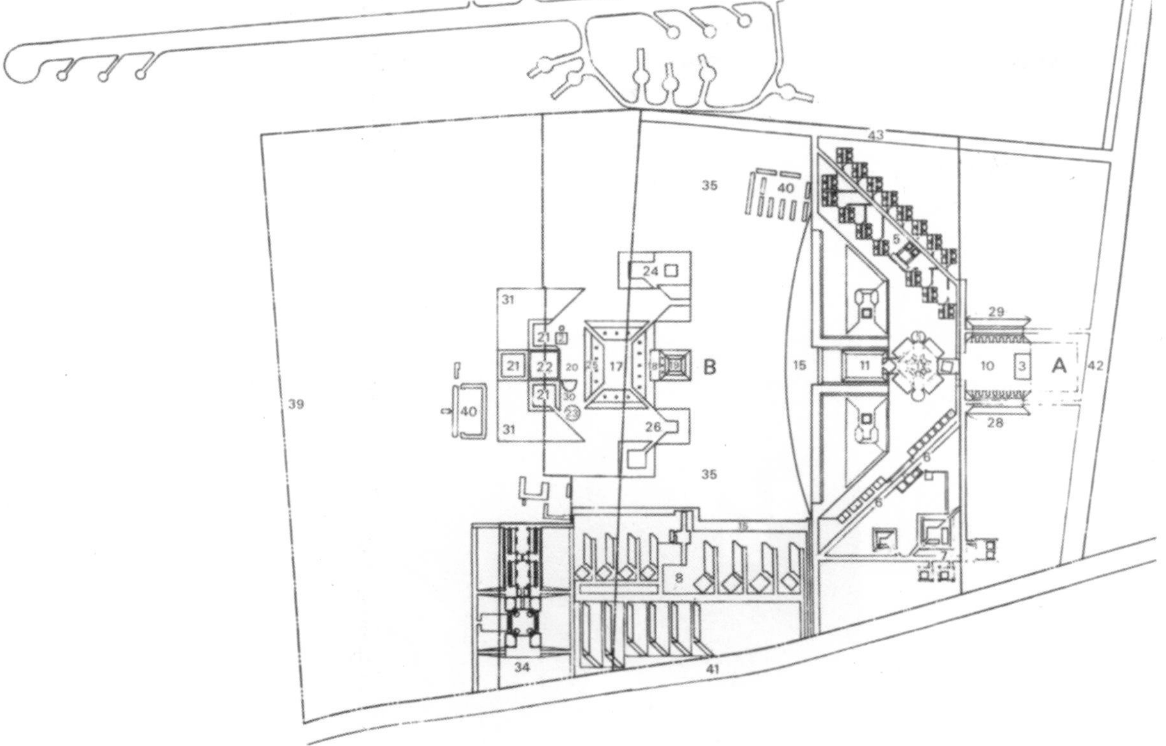

SNC. 46

场地规划，绘于1963年12月21日。

“A”为议会楼组团核心。
“B”为机构组团核心。
“3”为最高法院；
“5”为议会成员的旅馆；
“6”为大臣和秘书的旅馆；
“7”为议长、副议长住所；
“8”为官员和秘书的员工住所；
“10”为前院；
“11”为花园入口广场；
“15”为湖；
“17”为体操和体育中心；
“18”不明，疑似为水上运动区域；
“19”为舞台；
“20”为公共广场；
“21”为市集；
“22”为市场；
“23”为表演艺术学院；
“24”为文科学院；
“25”不明，疑似为展览馆；
“26”为理科学院；
“28”为中央秘书处办公室；
“29”为中央政府图书馆；
“30”为公共图书馆；
“30—31”不明；
“34”为医院中心；
“35”为公园和俱乐部场地；
“39”为场地限制；
“40”为现存建筑；
“41”为米尔普尔路；
“42”为新路；
“43”为内部路。

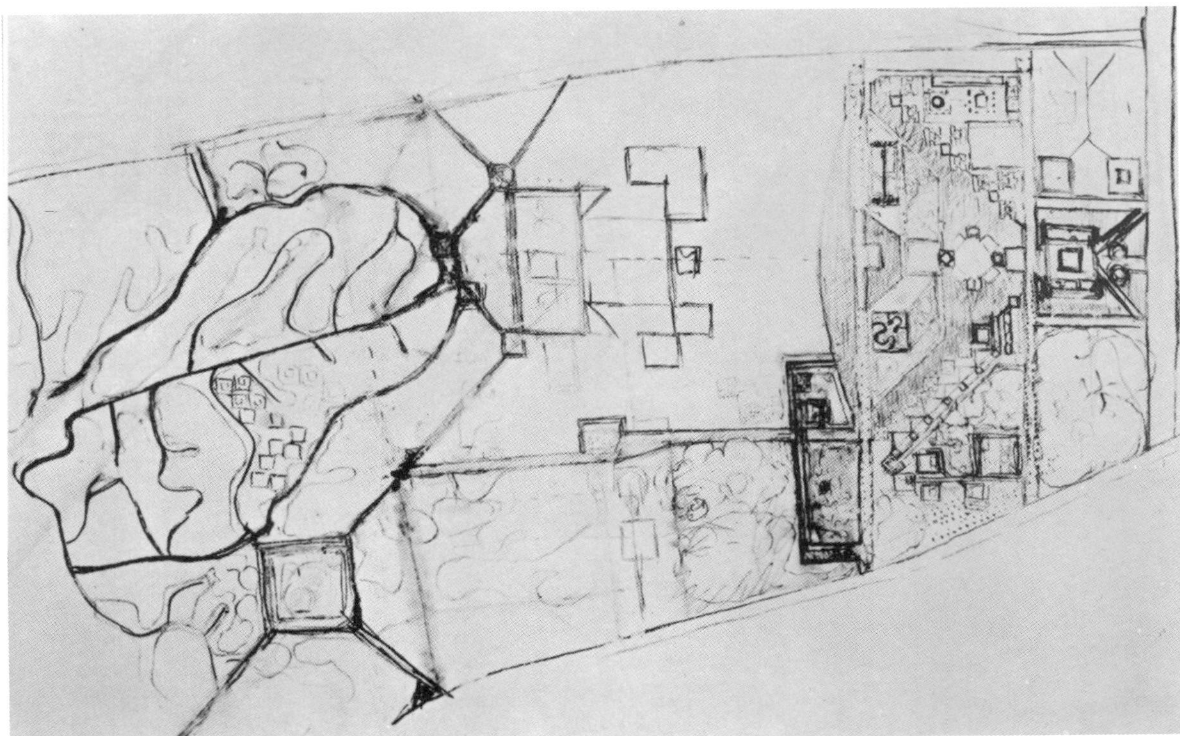

SNC. 47

场地规划草图，展示了机构核心北侧场地的深化过程。

法规司司长要求康把住房和社区部门放在更北侧。康提出在洪涝盆地水道里建造公寓和高层建筑的想法。其中一些建筑可以通过水路和堤坡到达。这份草图是一份展示了洪涝盆地、水道和住宅单元的研究（参照SNC. 55，SNC. 71，SNC. 103和SNC. 154）。

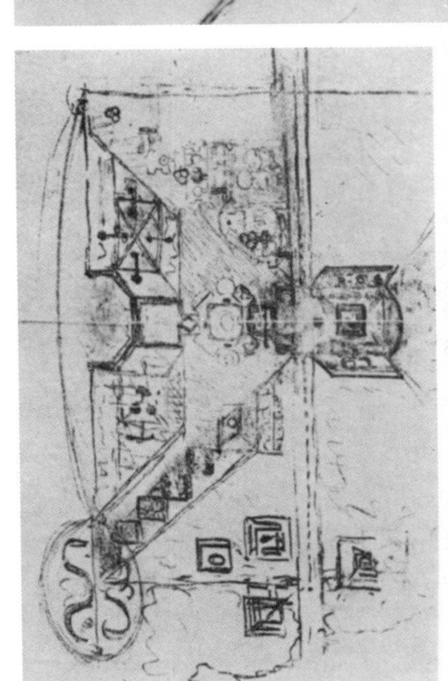

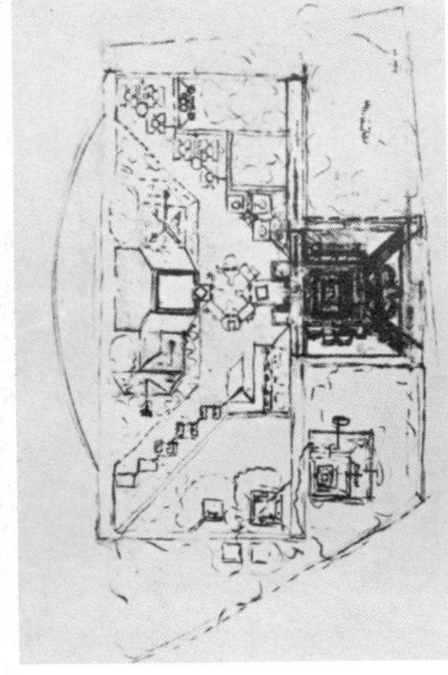

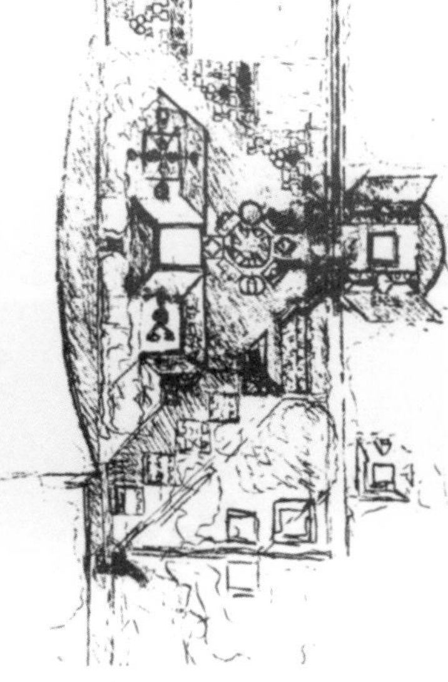

SNC. 48—50

场地平面草图，绘于1964年，议会楼核心，展示了对到达议长和首席大法官宅邸道路的研究。

“从第一份策划交给我以及这些要求提出后，不停有附加的变更要改变湖两侧的住房占比。对风和阳光的研究为湖面的建筑重新确定了朝向，虽然保留了原始线条的方向，但需要对建筑进行新的分组。游憩场地变成了减缺湖面的入口花园。很多草图旨在回应已成为尺寸标注体系的几何秩序。从遵循规则到自由发挥的过程将会是一个持续学习的过程。均衡，而非对称。”

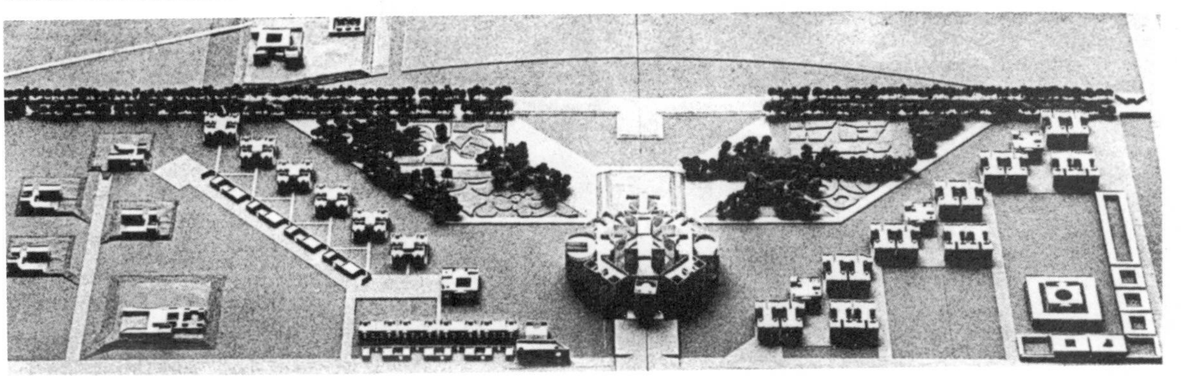

SNC. 51

从南侧入口的路看场地模型，展示了顶部的仪式大道，中轴线上的议会大楼，左侧的大臣和秘书旅馆和餐厅，右侧的议会成员旅馆和餐厅，更左侧的首席大法官和议长的住所，右上角的通用厨房和议会成员停车库以及服务员住所，还有左上角的新月湖边的总统广场。

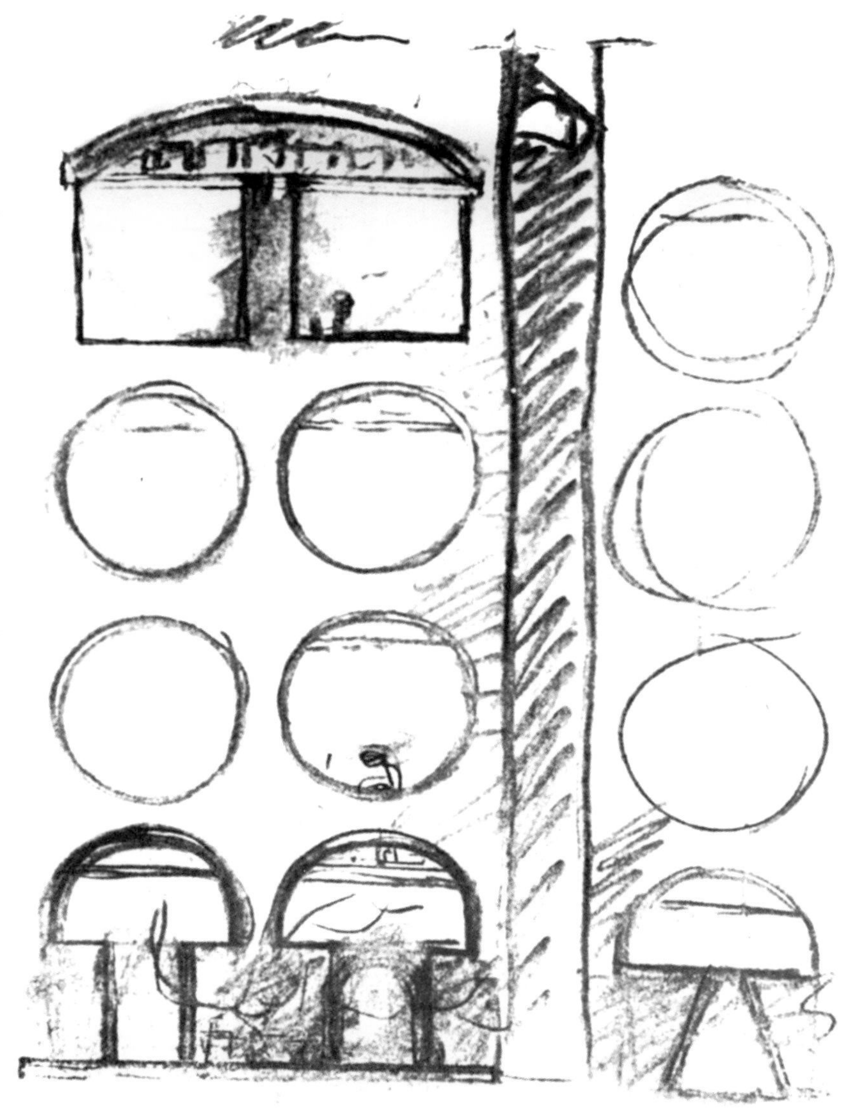

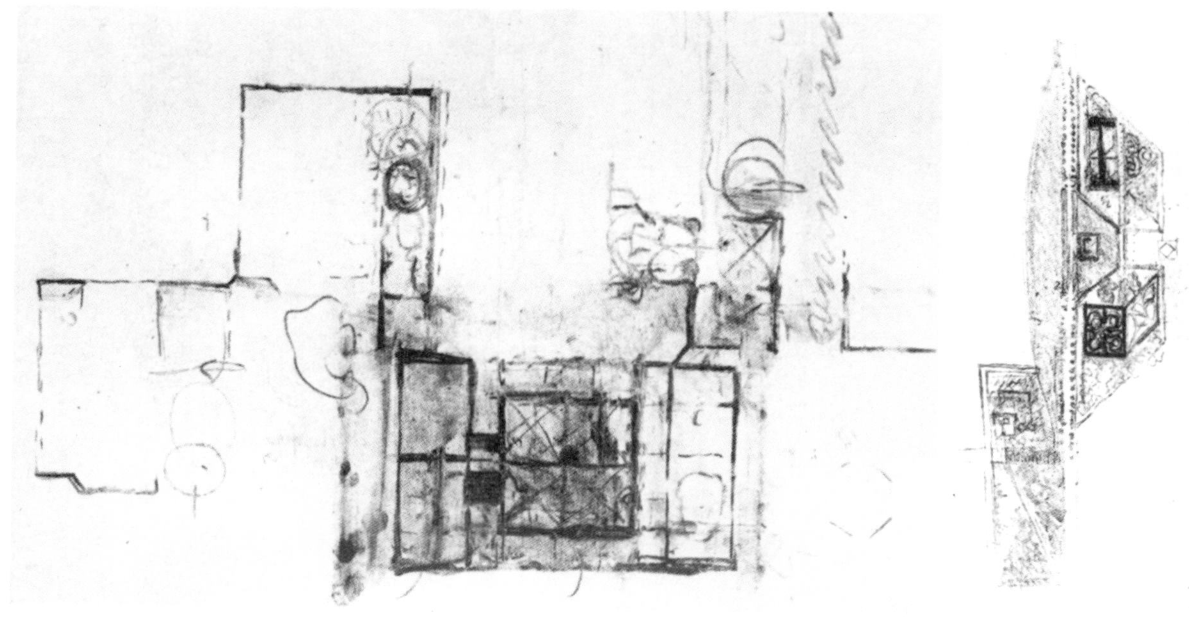

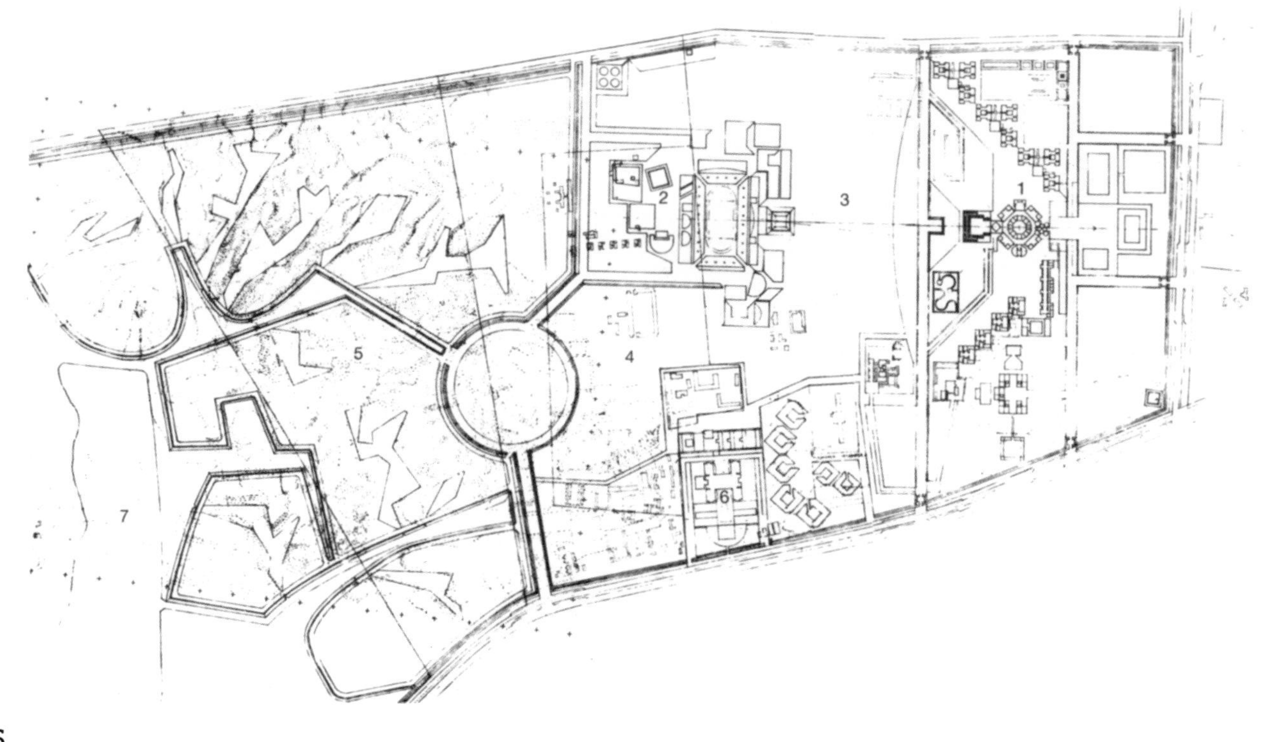

SNC. 52

立面草图，绘于 1964 年，展示了对墙面开洞的研究（参照 SNC. 17）。

SNC. 53

平面草图，绘于 1964 年 6 月 28 日，展示了对部长、秘书、议长和首席大法官公共餐厅和休息室的研究。

SNC. 54

平面草图，绘于 1964 年，展示了对仪式大道和总统花园的研究。

SNC. 55

场地平面，绘于 1964 年 5 月，展示了对超出原有场地边界的机构核心北侧的住宅小区的深化。

“1”为议会楼组团核心；

“2”为机构组团核心；

“3”为公园和俱乐部场地；

“4”为机构用地；

“5”为居住用地；

“6”为阿尤布医院中心（参照 SNC. 72—SNC. 74）；

“7”为蓄水池（和所有议会楼组团的湖泊相连）。

“总体规划被视为达卡市内明确划定的保留地，包含有政府建筑及其环境里的花园、水路、喷泉，以及与其相交织的步道。规划的基础是一个主要的南北向轴线。在轴线的一端是议会楼核心，在轴线另一端是机构建筑核心，两者由一块设计成公共公园的地块隔开。其他地块被用作住房、花园和人与家庭的社交空间。一部分的土地会保留用于更高层住宅，包含领事馆住宅和办公室。这个地区的实际情况和场地特性需要一种对阳光、风、天气、雨水和洪水积极的设计态度。传统上，场地被挖成湖泊，并用于排水，也获得用于将道路和房屋抬升到洪水线以上的填充物。”

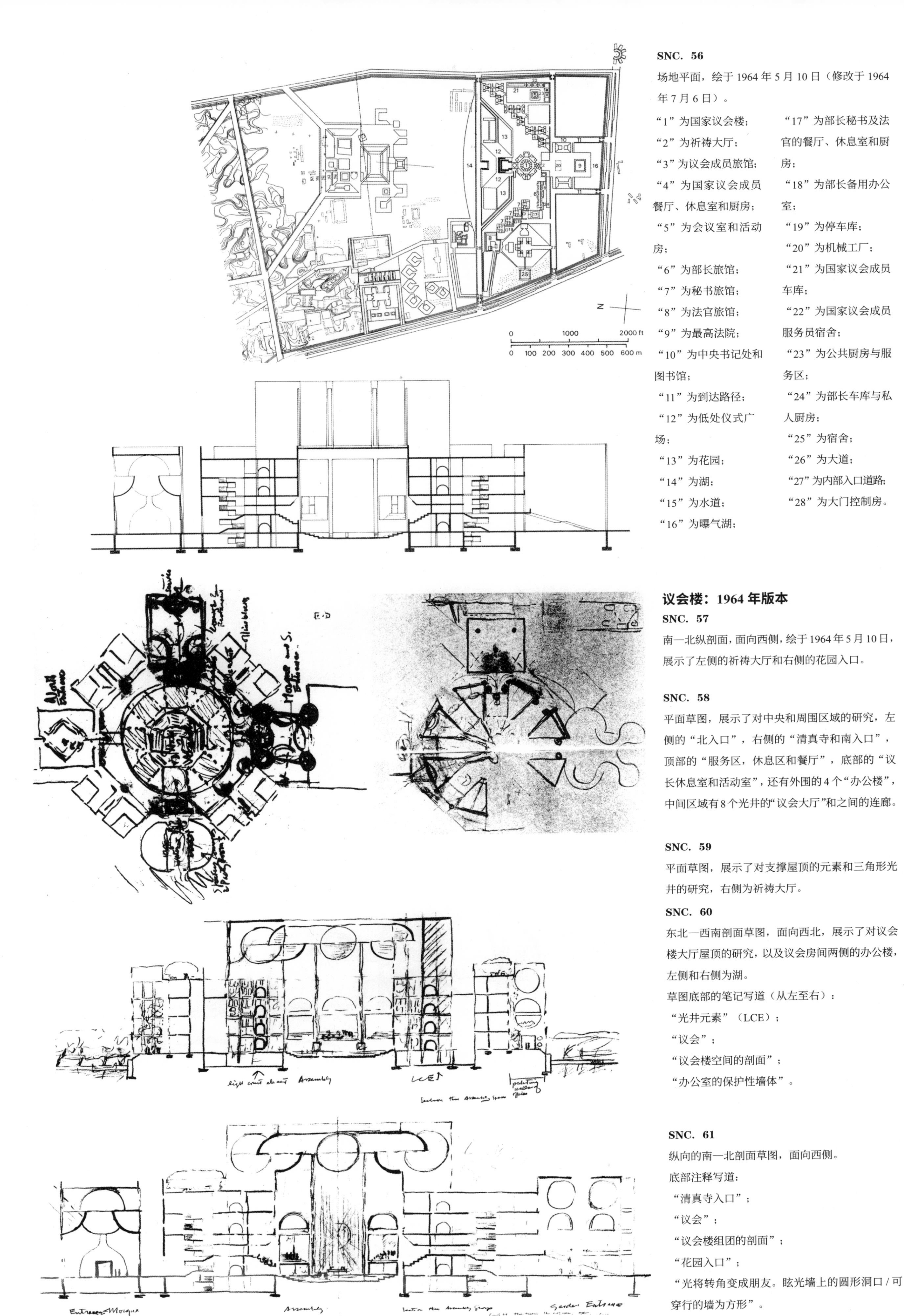

SNC. 56

场地平面，绘于1964年5月10日（修改于1964年7月6日）。

“1”为国家议会楼；
“2”为祈祷大厅；
“3”为议会成员旅馆；
“4”为国家议会成员餐厅、休息室和厨房；
“5”为会议室和活动房；
“6”为部长旅馆；
“7”为秘书旅馆；
“8”为法官旅馆；
“9”为最高法院；
“10”为中央书记处和图书馆；
“11”为到达路径；
“12”为低处仪式广场；
“13”为花园；
“14”为湖；
“15”为水道；
“16”为曝气湖；
“17”为部长秘书及法官的餐厅、休息室和厨房；
“18”为部长备用办公室；
“19”为停车库；
“20”为机械工厂；
“21”为国家议会成员车库；
“22”为国家议会成员服务员宿舍；
“23”为公共厨房与服务区；
“24”为部长车库与私人厨房；
“25”为宿舍；
“26”为大道；
“27”为内部入口道路；
“28”为大门控制房。

议会楼：1964年版本

SNC. 57

南一北纵剖面，面向西侧，绘于1964年5月10日，展示了左侧的祈祷大厅和右侧的花园入口。

SNC. 58

平面草图，展示了对中央和周围区域的研究，左侧的“北入口”，右侧的“清真寺和南入口”，顶部的“服务区，休息区和餐厅”，底部的“议长休息室和活动室”，还有外围的4个“办公楼”，中间区域有8个光井的“议会大厅”和之间的连廊。

SNC. 59

平面草图，展示了对支撑屋顶的元素和三角形光井的研究，右侧为祈祷大厅。

SNC. 60

东北一西南剖面草图，面向西北，展示了对议会楼大厅屋顶的研究，以及议会房间两侧的办公楼，左侧和右侧为湖。

草图底部的笔记写道（从左至右）：

“光井元素”（LCE）；

“议会”；

“议会楼空间的剖面”；

“办公室的保护性墙体”。

SNC. 61

纵向的南一北剖面草图，面向西侧。

底部注释写道：

“清真寺入口”；

“议会”；

“议会楼组团的剖面”；

“花园入口”；

“光将转角变成朋友。眩光墙上的圆形洞口/可穿行的墙为方形”。

SNC. 62
模型的内部图，展示了议会厅和屋顶上的采光井。
“光的游戏和剖面的神奇”。

SNC. 63
东南立面草图，展示了对议会楼屋顶光元素的研究。中间是办公楼和议会楼屋顶，右侧是议会成员旅馆。

SNC. 64
模型的平面和立面图，展示了对议会厅屋顶的研究。

SNC. 65
模型的东南视图，展示了南入口广场和左侧的祈祷大厅、顶部右侧的北花园入口和仪式大道，还有底部右侧的国会成员旅馆。
“清真寺让入口优美宜人，并使主体朝西。”

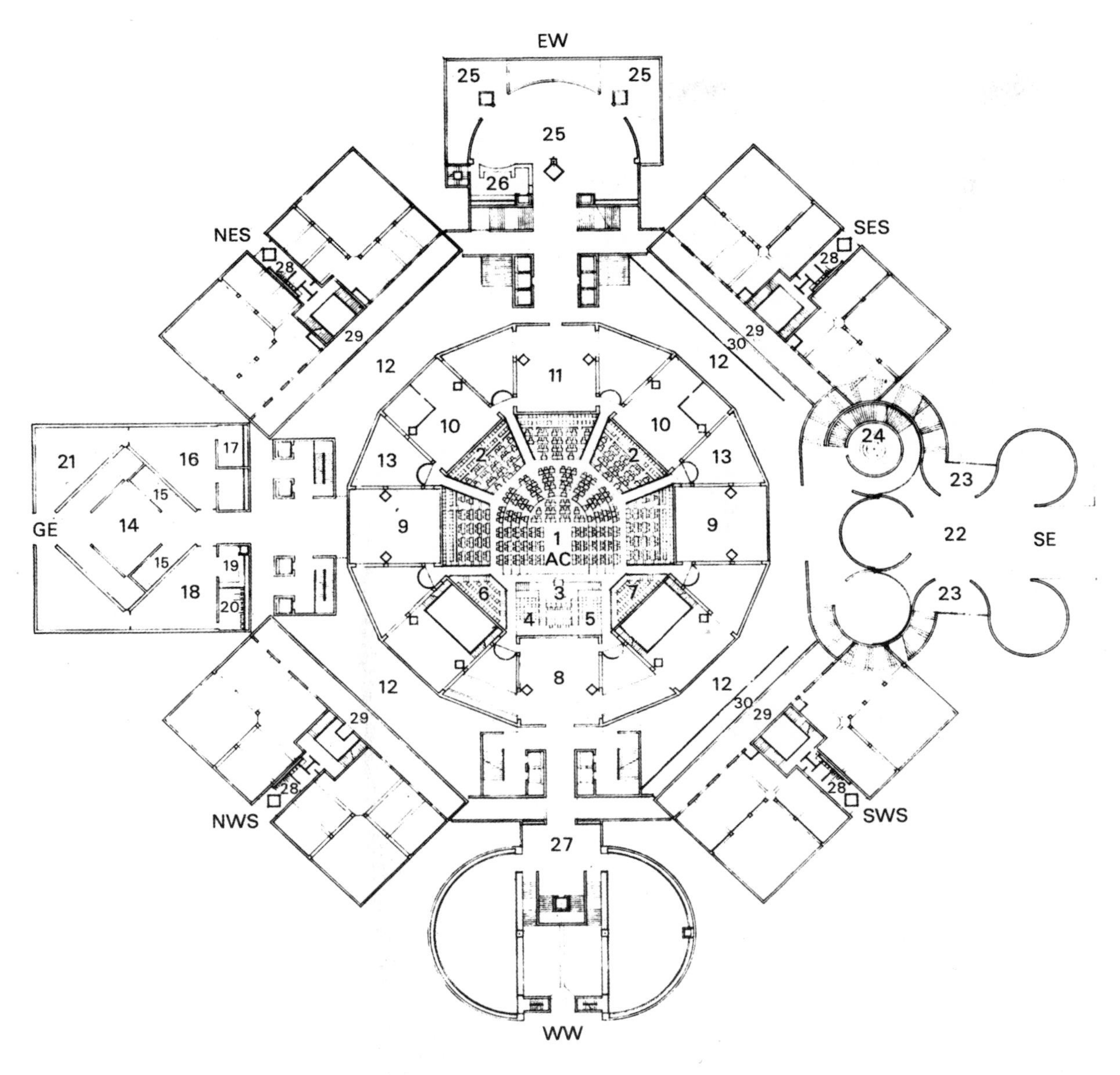

SNC. 66

平面图，绘于1964年7月6日。

“1”为国会的300座议会厅；
“2”为联席议会的额外200座；
“3”为演讲者讲台；
“4”为演讲者席；
“5”为总统席；
“6”为官员席；
“7”为贵宾席；
“8”为官员贵宾席入口；
“9”为观众席入口；
“10”为前厅、行李室和国民大会成员（MNA）厕卫；
“11”为国民大会成员的入口休息室；
“12”为回廊；
“13”为采光通风庭院；
“14”为花园入口；
“15”为去往公共画廊的楼梯；
“16”为邮局和银行；
“17”为通往邮局和银行的小间；
“18”为保卫处、保卫办公室和员工区；
“19”为食品储藏室；
“20”为卫生间；
“21”为门廊；
“22”为主入口；
“23”为去往公共画廊的入口和楼梯；
“24”为去往祈祷大厅的楼梯；
“25”为国民大会成员的休息室；
“26”为食品储藏室；
“27”为贵宾和官员走廊；
“28”为卫生间；
“29”为空气室；
“30”为升至58英尺高的斜坡。

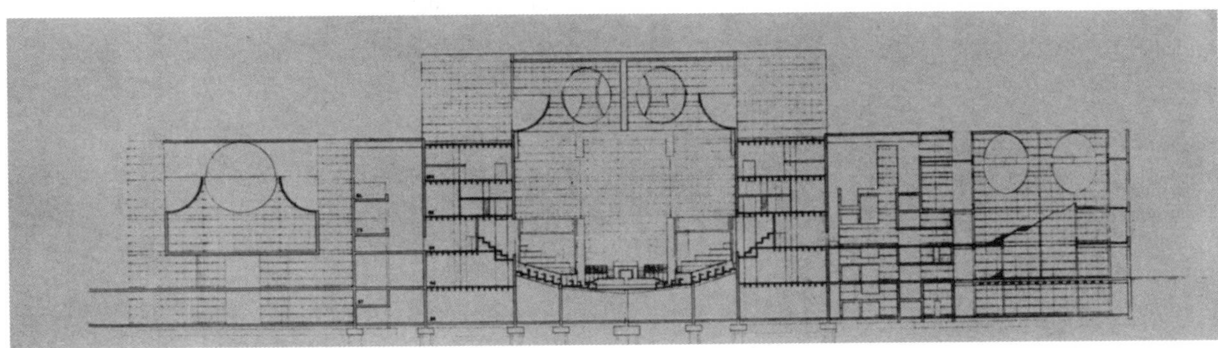

SNC. 67

南北方向的剖面，面向西侧，穿过南入口、北入口和议会间，绘于1964年7月6日，展示了左侧的祈祷大厅和中间的演讲台。

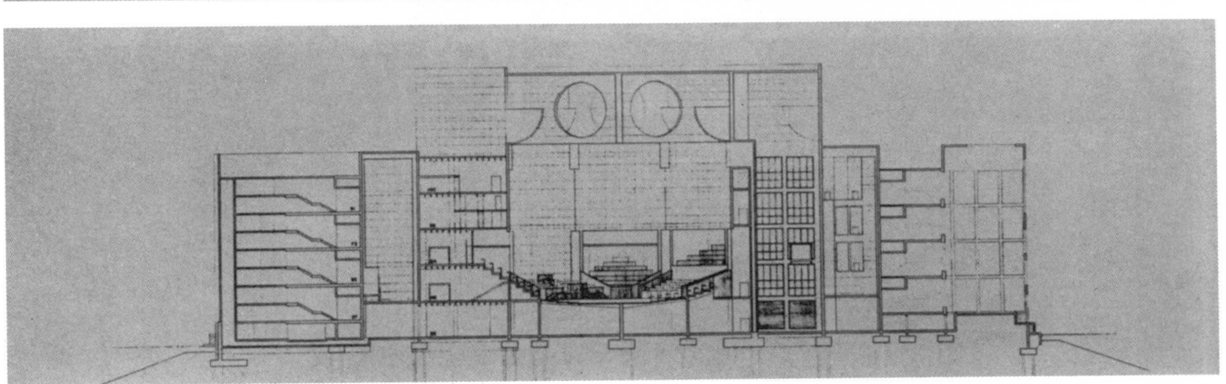

SNC. 68

东北—西南剖面，面向西北，穿过办公楼组团中心和议会间，绘于1964年7月6日，展示了左侧和右侧的湖泊。

SNC. 69

从东北看模型室内的视图，没有屋顶的议会间，展示了座位安排、中空方形结构柱，还有三角形的光井。

SNC. 70

从东北看模型，有屋顶的议会间，展示了八角形屋顶框架中的巨大的圆形开洞。

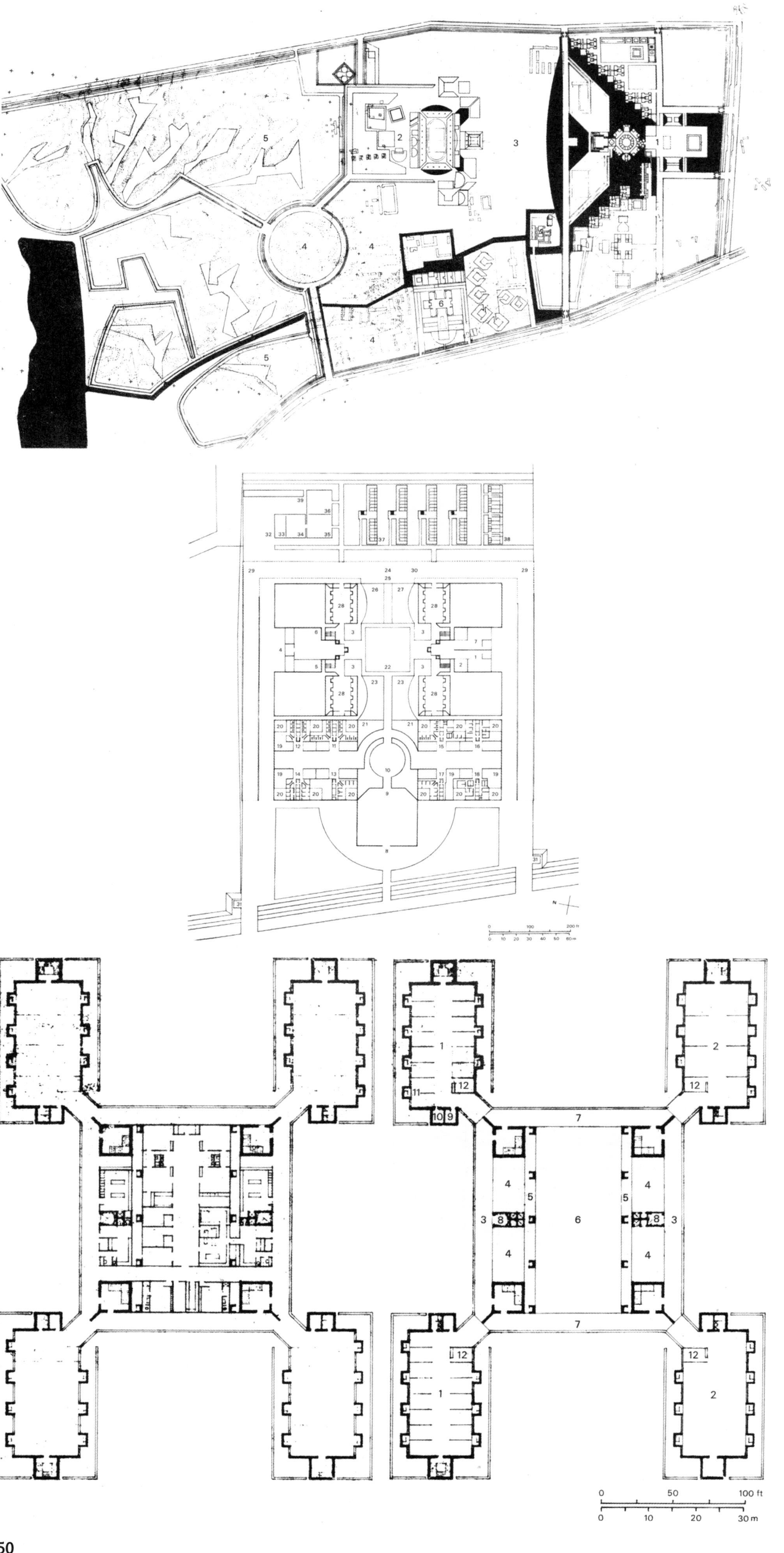

SNC. 71

场地规划，绘于 1964 年 8 月，供水系统用黑色标记，展示了左侧通过一条运河和议会楼核心的湖泊相连的水库。

“1”为议会楼核心；

“2”为机构组团核心；

“3”为公共公园；

“4”为机构用地；

“5”为居住用地；

“6”为阿尤布中心医院。

“我想做的是根据一种哲学建立一种信念，我可以将其用于巴基斯坦，这样无论他们做什么都会回应这种哲学。我认为这个在我策划几周后做出来的规划拥有力量。它有了所有的成分吗？只要缺一个，整体就会瓦解。”

阿尤布医院：1964 年版本

SNC. 72

首层平面，绘于 1964 年 10 月。

“1”为急诊部；

“2”为血库；

“3”为灯塔；

“4”为服务入口；

“5”为医疗存储；

“6”为一般存储；

“7”为解剖和停尸房；

“8”为门诊部（OPD）入口；

“9”为等待区；

“10”为控制中心；

“11”为医疗门诊；

“12”为妇产科门诊；

“13”为牙科门诊；

“14”为儿科门诊；

“15”为手术和整形门诊；

“16”为理疗门诊；

“17”为门诊部；

“18”为眼科门诊；

“19”为封闭的未来发展用地；

“20”为开放区；

“21”为药房；

“22”为放射科；

“23”为诊疗科；

“24”为未定功能区；

“25”为 VIP 和主要病人入口；

“26”为护士和工作人员休息室；

“27”为护士储物柜；

“28”为医生储物柜；

“29”为未来护理馆；

“30”为去往住院入口的坡道；

“31”为员工停车场；

“32”为车道卡；

“33”为护士厨房的服务场地；

“34”为仓库；

“35”为厨房；

“36”为护士餐厅；

“37”为护士休息室；

“38”为单身护士住所；

“39”为已婚护士住所；

“40”为员工日间活动区。

SNC. 73

二层平面，外科层。

SNC. 74

三层平面。

“1”为护理馆，14 个房间（6 间私人、8 间半私人），22 位病人；

“2”为护理馆，6 间病房（每间 4 床），两个隔离的房间，26 位病人；

“3”为护士服务走廊；

“4”为服务区；

“5”为机器、通风、空调空间；

“6”为手术室；

“7”为公共走廊；

“8”为电梯；

“9”为维修间；

“10”为两个淋浴间和洗手池；

“11”为厕所和洗手池；

“12”为护士站。

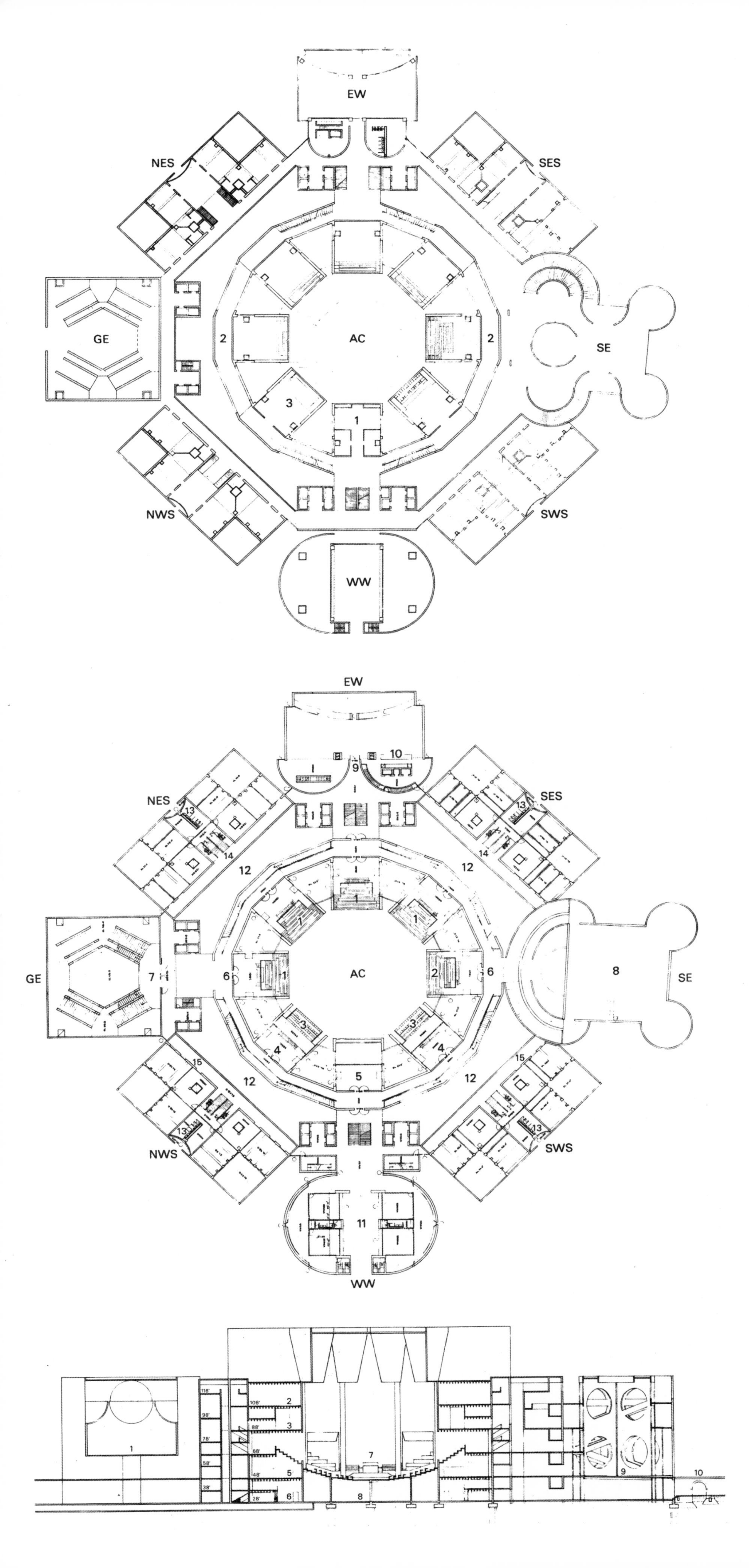

SNC. 75

议会楼：1965 年版本。

58 英尺高度的楼层平面图，绘于 1965 年 1 月 22 日。

议会间（Assembly Chamber）。

“1”为演讲者前厅、员工室、休息室和盥洗室；

“2”为环廊；

“3”为贵宾前厅。

NES 东北扇区。

财政部部长和职员办公室，在标高 38 英尺、58 英尺、78 英尺和 98 英尺的 4 层楼上，每层 4 间，共 16 间办公室。

NWS 西北扇区。

国民大会秘书处办公室，在标高 38 英尺、58 英尺、78 英尺和 98 英尺的 4 层楼上，每层 4 间，加上一间用途待定的房间共 5 间房间。

SES 东南扇区。

在标高 38 英尺、58 英尺、78 英尺 3 层楼上的国会秘书办公室，标高 98 英尺楼层上的反对党领导办公室，标高 58 英尺楼层上的中央政府官员办公室，标高 78 英尺楼层上的国际和英联邦议员协会办公室，标高 38 英尺和 98 英尺的楼层上未作用途的办公室。

SWS 西南扇区。

标高 38 英尺、58 英尺和 98 英尺的楼层上，每层 6 间一级高级人员办公室。标高 78 英尺的楼层上为记者和翻译办公室，标高 38 英尺和 58 英尺的楼层上每层 6 间二级人员办公室和两间未安排用途的办公室，标高 78 英尺和 98 英尺的楼层上为未安排用途的办公室。

SNC. 76

标高 68 英尺处建筑平面，绘于 1965 年 1 月 22 日。

“1”为旁听席，400 座；

“2”为女士席，100 座；

“3”为记者席，75 座；

“4”为记者招待室；

“5”为环廊；

“6”为进入旁听席的门厅；

“7”为祈祷大堂；

“8”为茶室；

“9”为食品储藏室；

“10”为演讲室；

“11”为标高 48 英尺处办公区休息室；

“12”为盥洗室；

“13”为夹层；

“14”为办公室走廊。

SNC. 77

纵剖面，朝西，绘于 1965 年 1 月 22 日。

“1”为清真寺；

“2”为机械室；

“3”为会议室；

“4”不明，疑似为公共区；

“5”为分组表决厅；

“6”为图书馆；

“7”为议会大堂；

“8”为档案馆；

“9”为花园入口大厅；

“10”为总统广场。

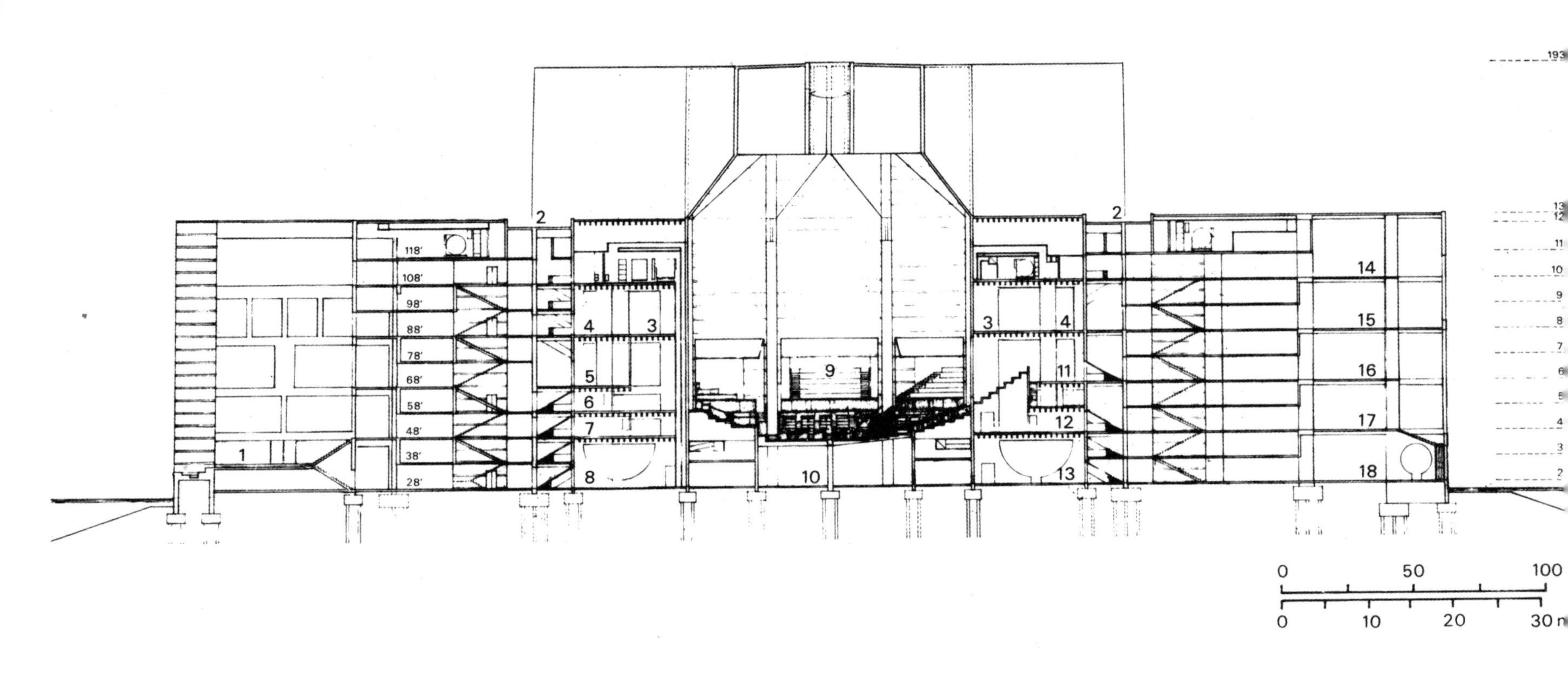
1
2
3
4
5
6
7
8
9
10
11
12
13
14
15
16
17
18
118'
108'
98'
88'
78'
68'
58'
48'
38'
28'
0
50
100
0
10
20
30 m

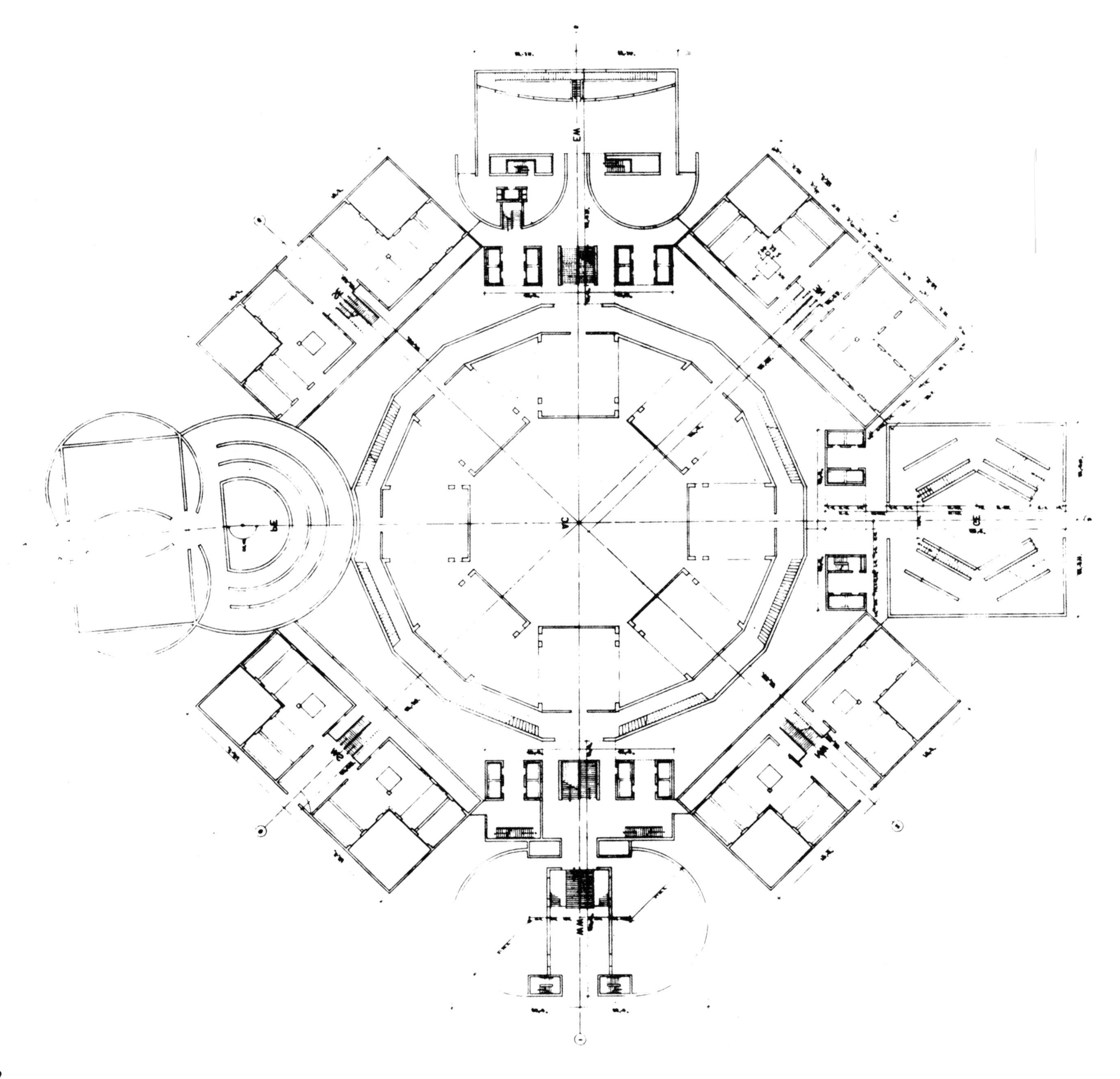

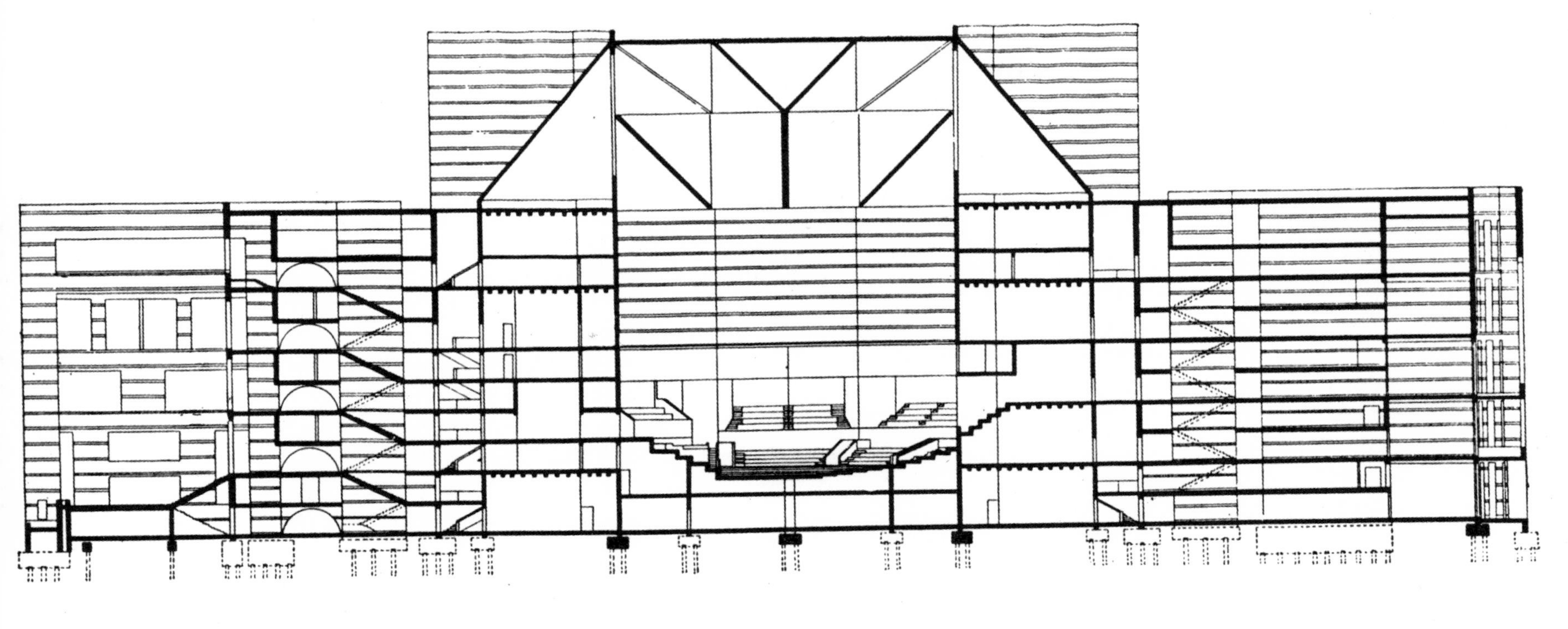

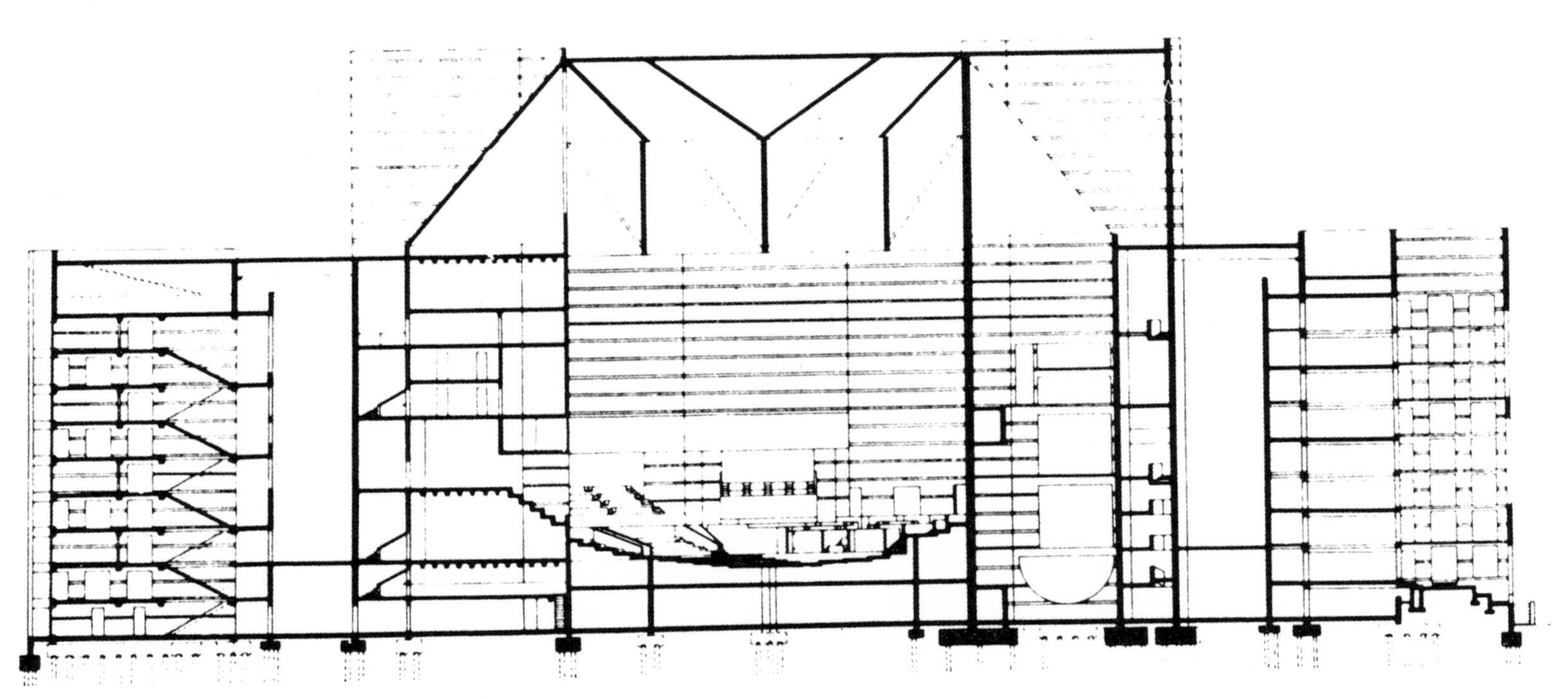

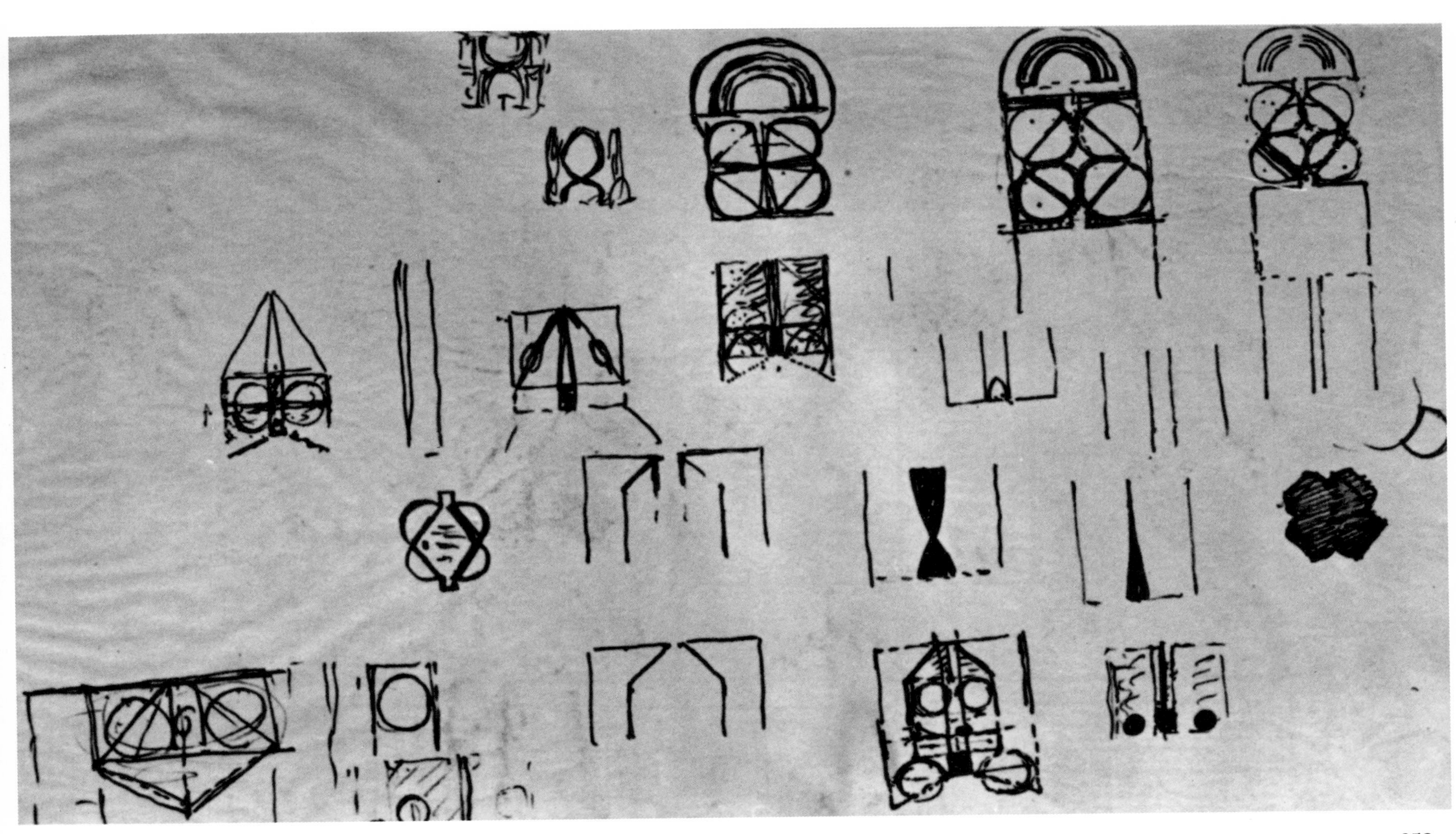

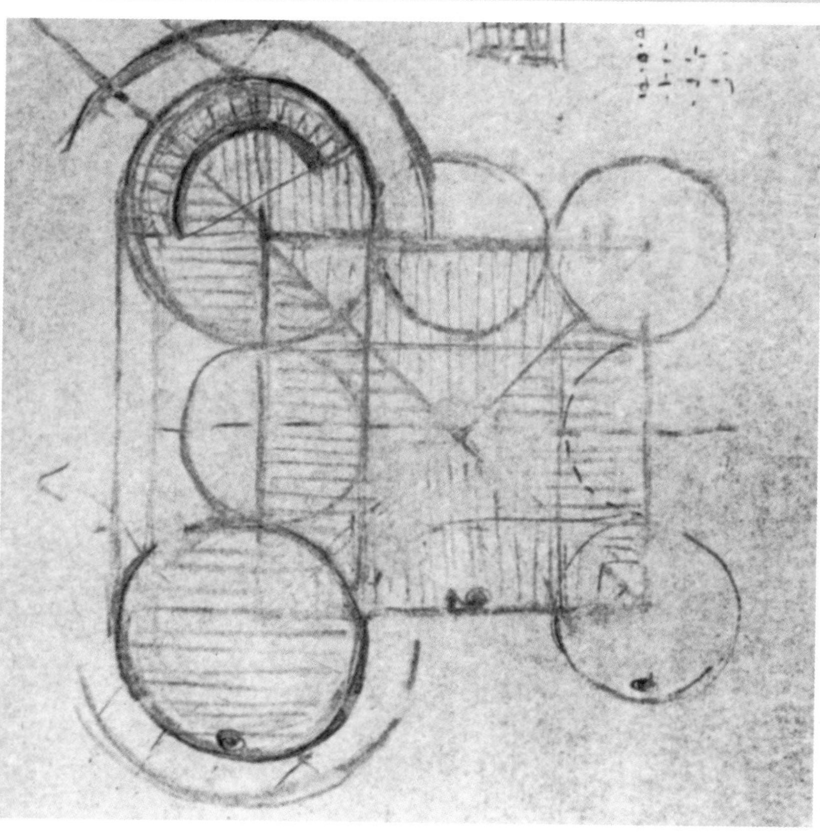

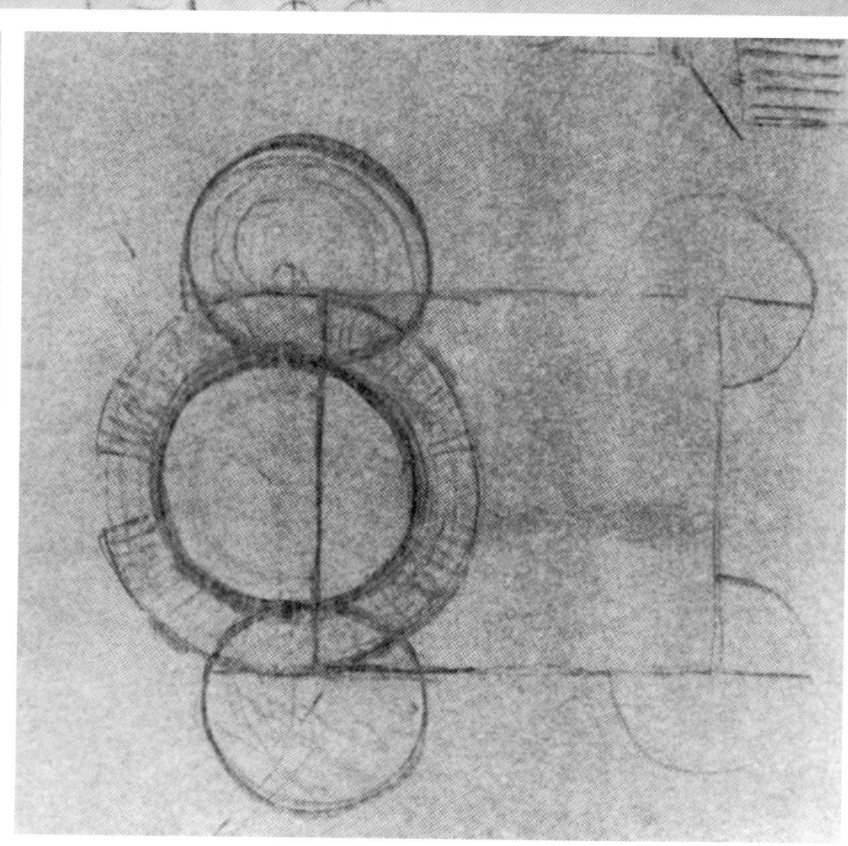

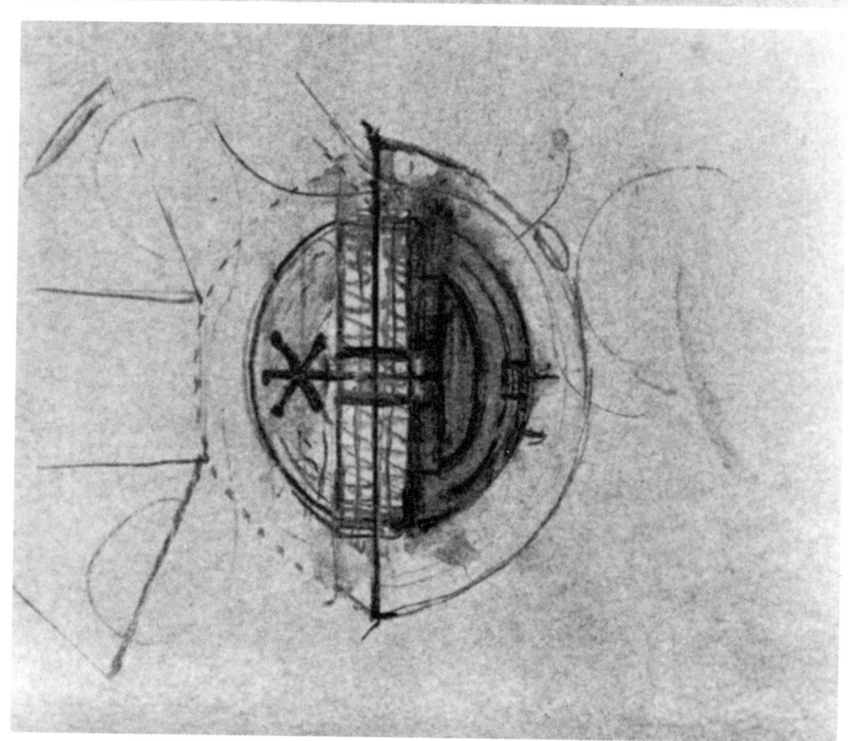

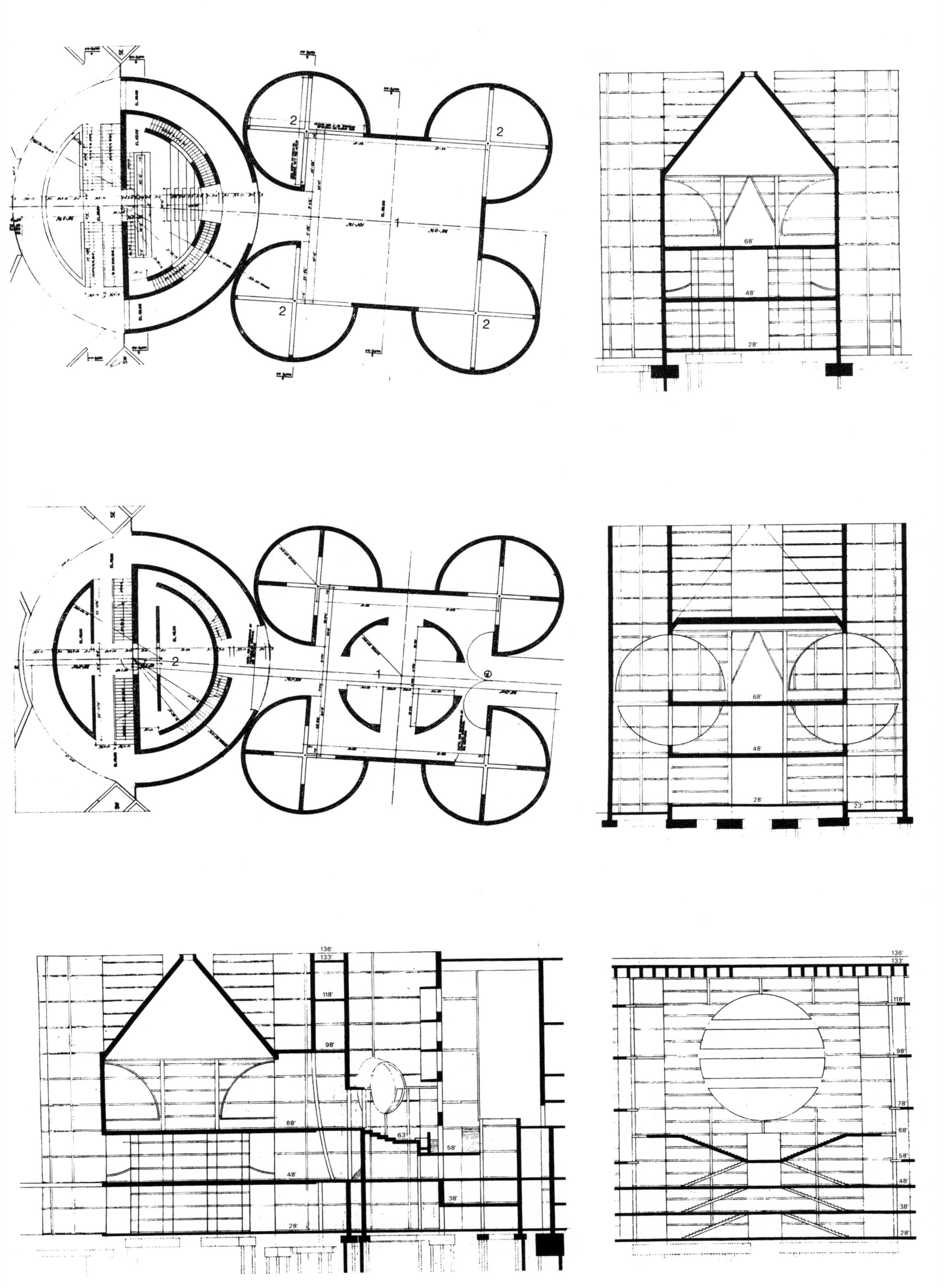
2
2
1
2
2
68'
48'
28'
2
1
68'
48'
28'
23'
136'
133'
118'
98'
68'
63'
58'
48'
38'
28'
136'
133'
118'
98'
78'
68'
58'
48'
38'
28'

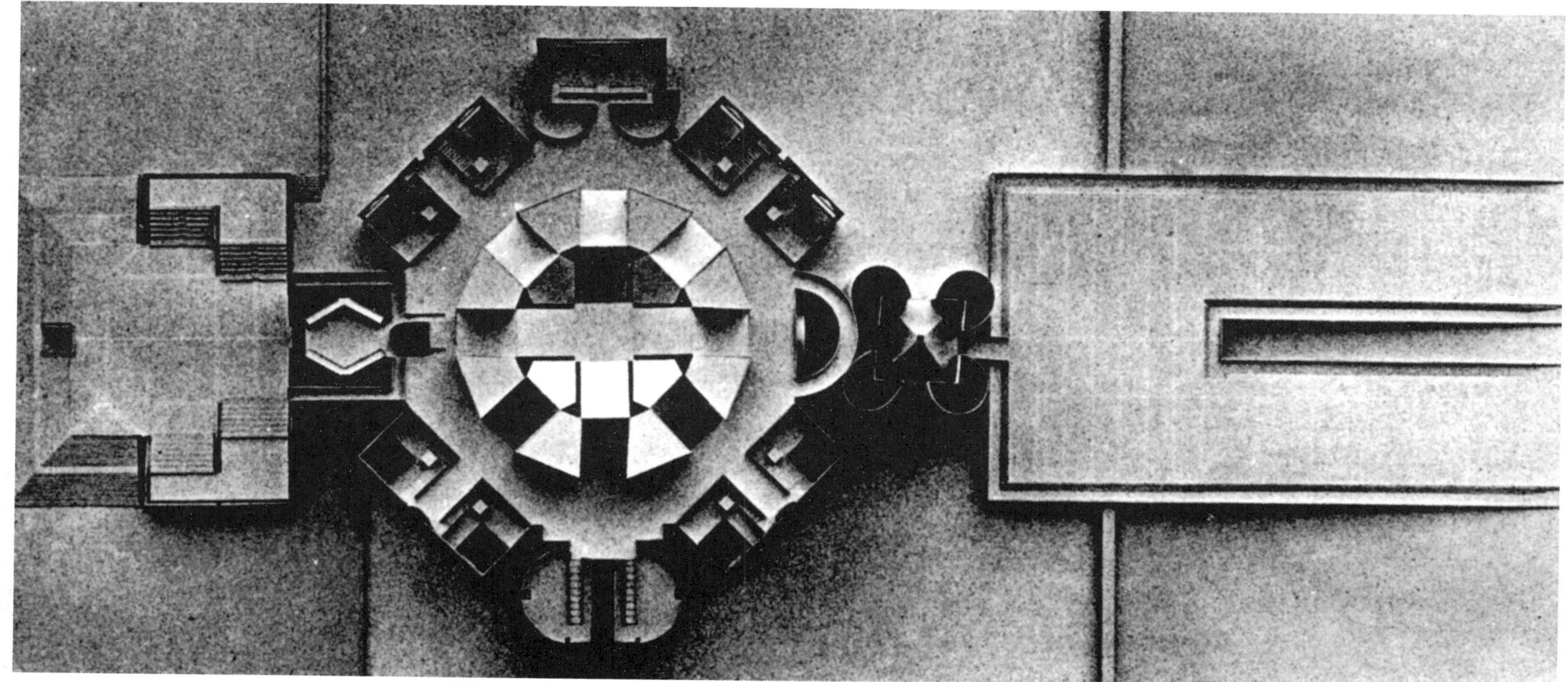

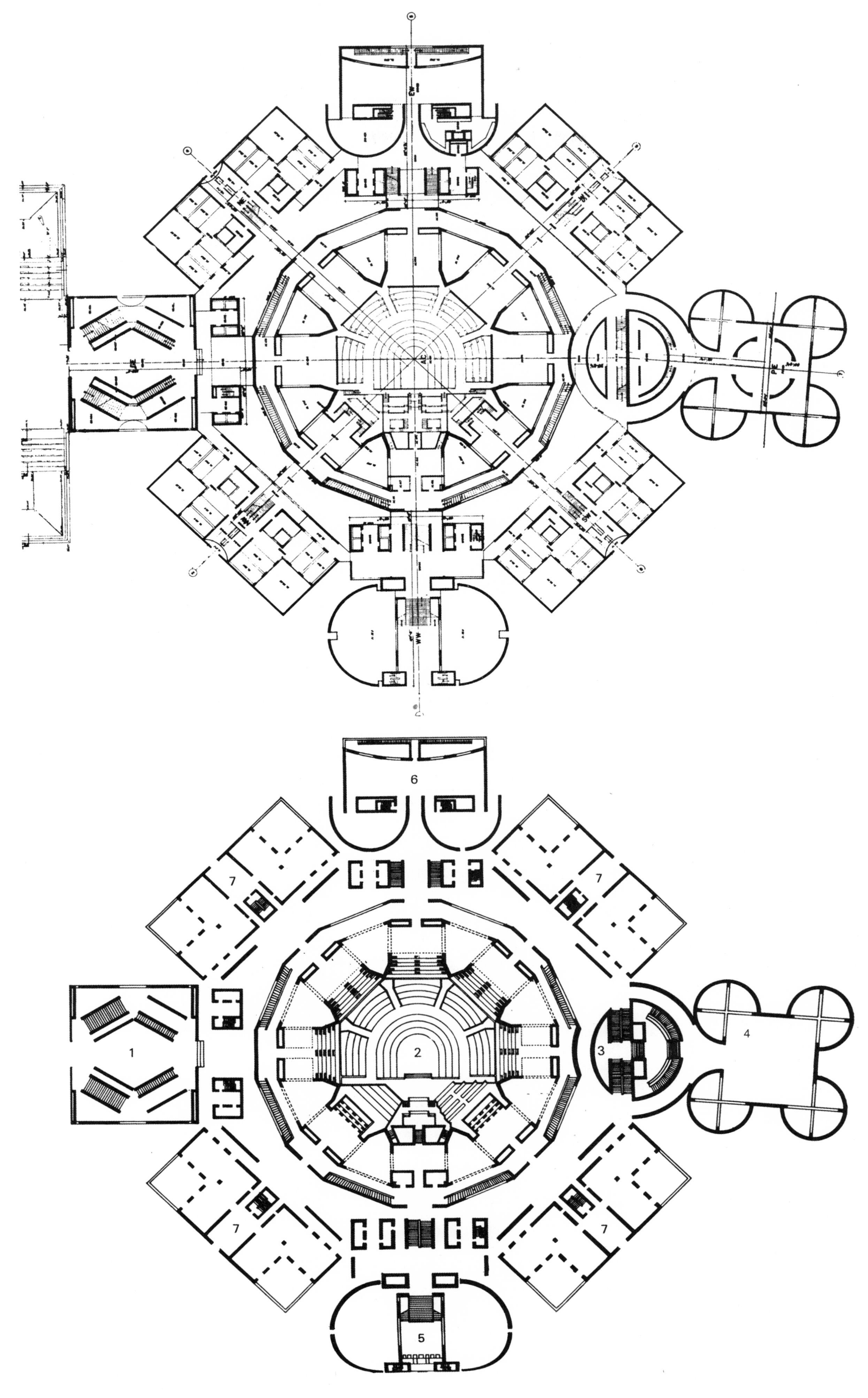
6
7
7
1
2
3
4
7
7
5

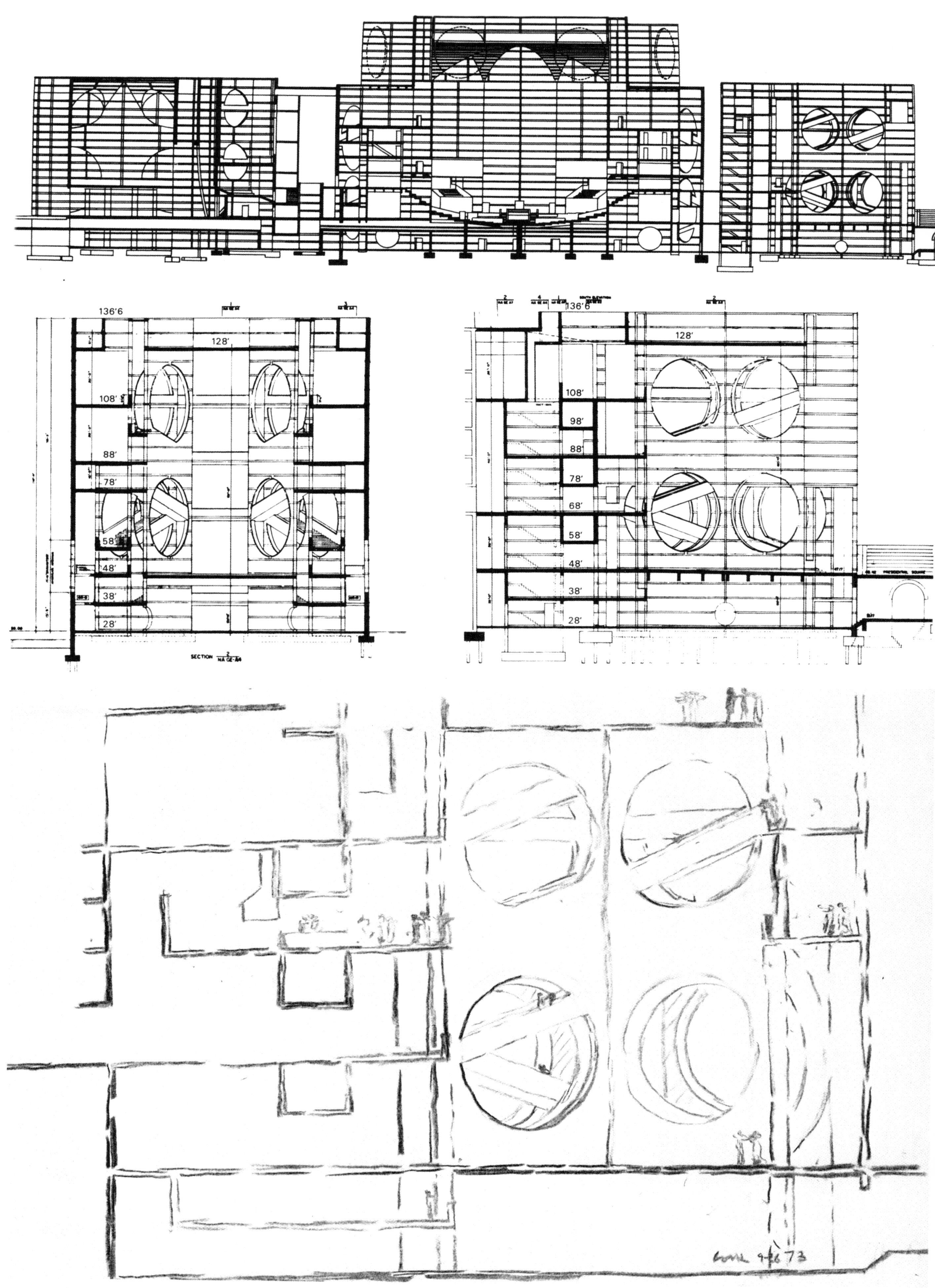

136'6
128'
108'
88'
78'
58'
48'
38'
28'
SECTION
136'6
128'
108'
98'
88'
78'
68'
58'
48'
38'
28'

23
24
26
21
17a
19
20
18
14
16
15
13
12
11
6
7
4
5
3
2
8
9
10
22
22
23
25
24
27
26
26
N
0
1000
2000 ft
0 100 200 300 400 500 600 m

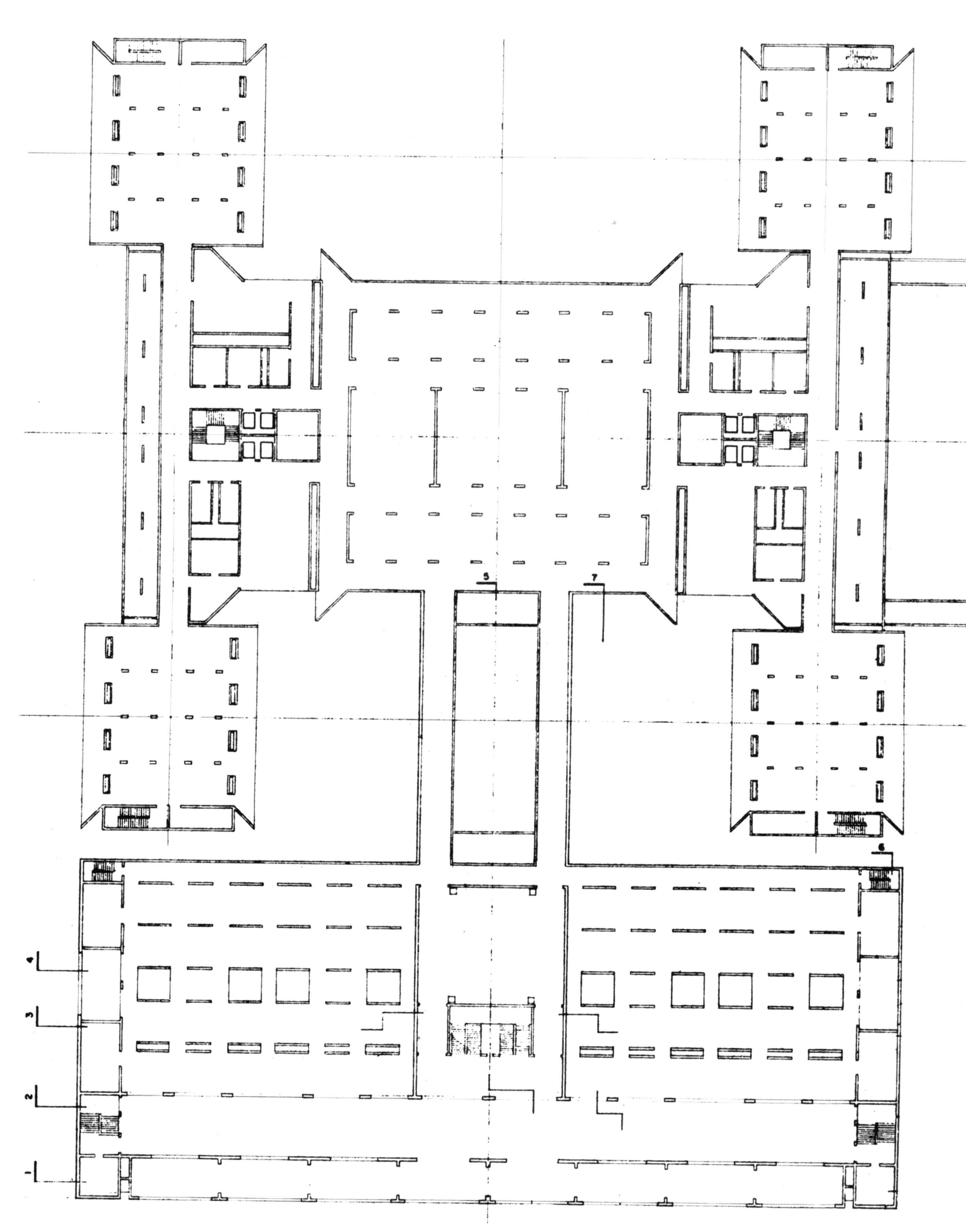
5
7
6
4
3
2
1

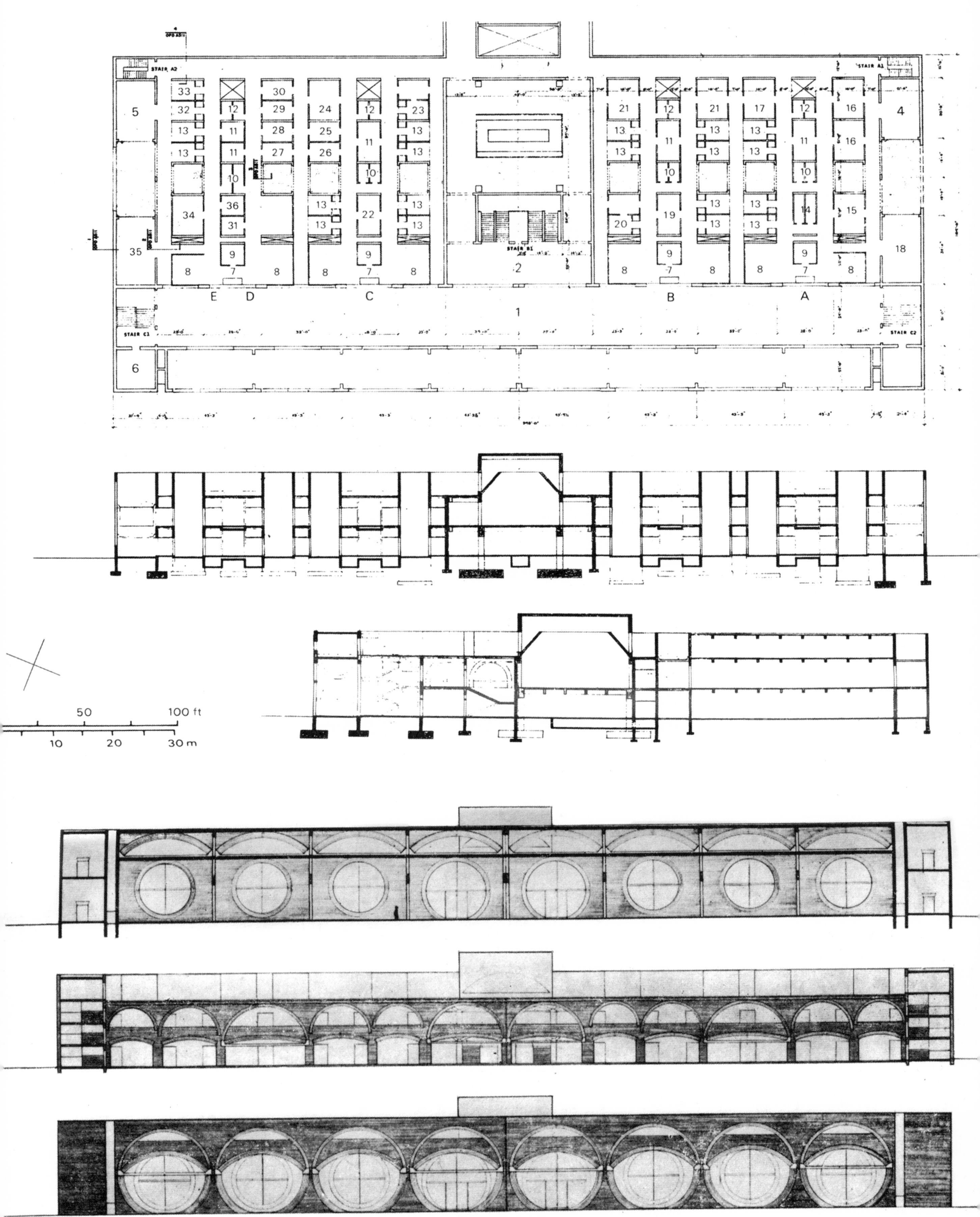
STAIR A2
STAIR A1
STAIR B1
STAIR C1
STAIR C2
A
B
C
D
E
50
100 ft
10
20
30 m

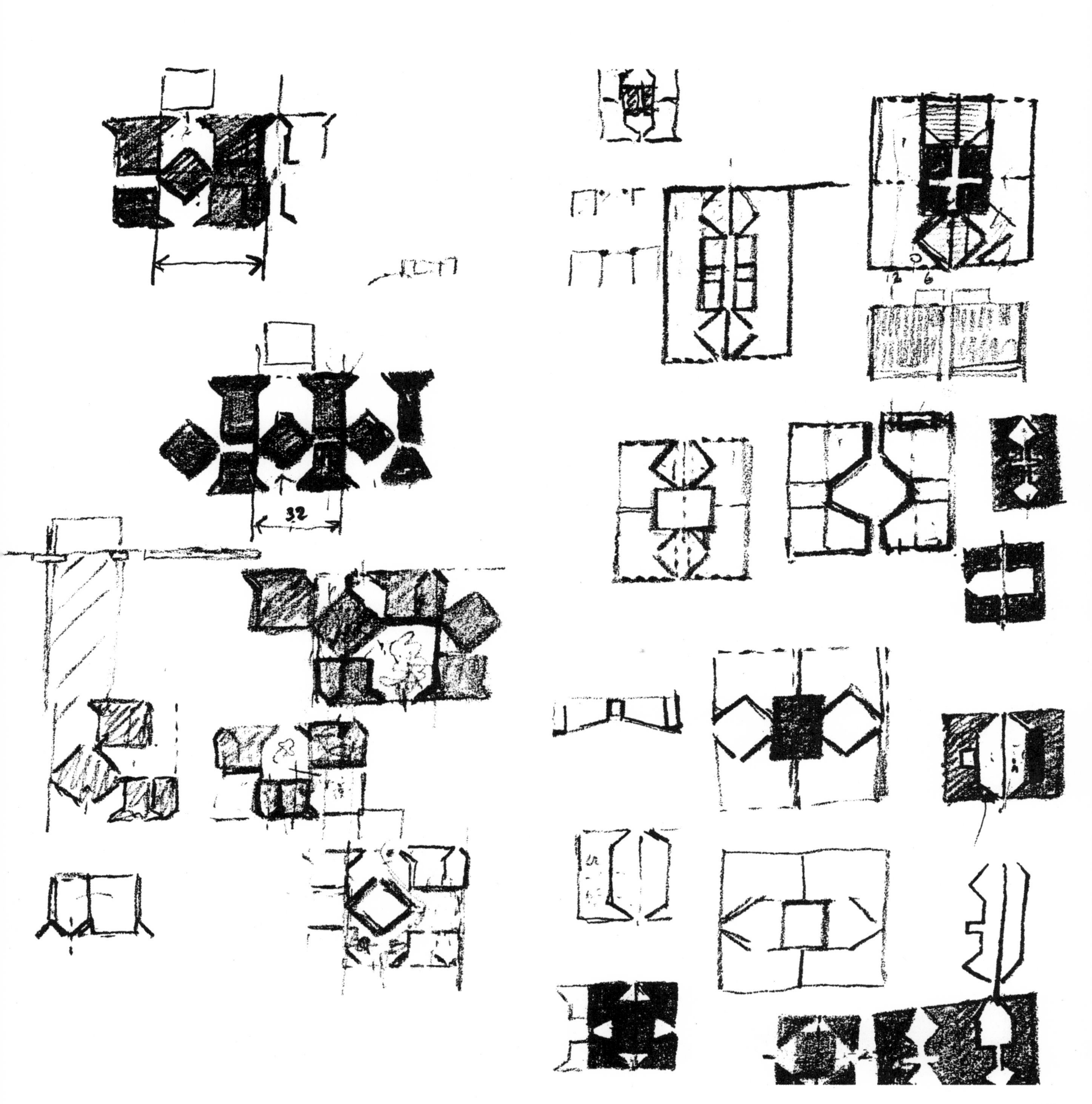

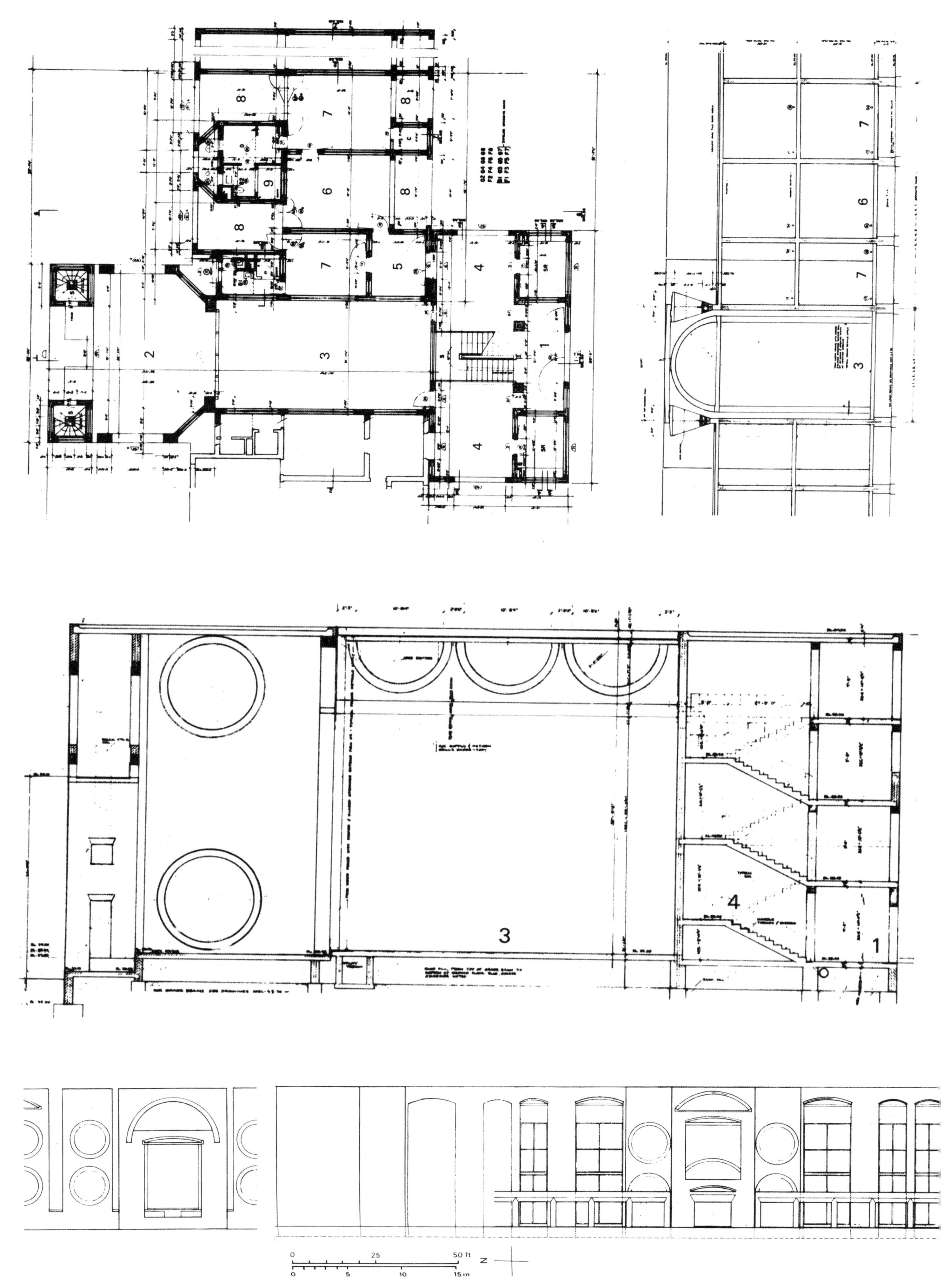

8
7
8
6
9
8
8
7
5
4
4
2
3
1
4
7
6
7
3
3
4
1
0 25 50 ft
0 5 10 15 m
N

0
5
10
15 m
N

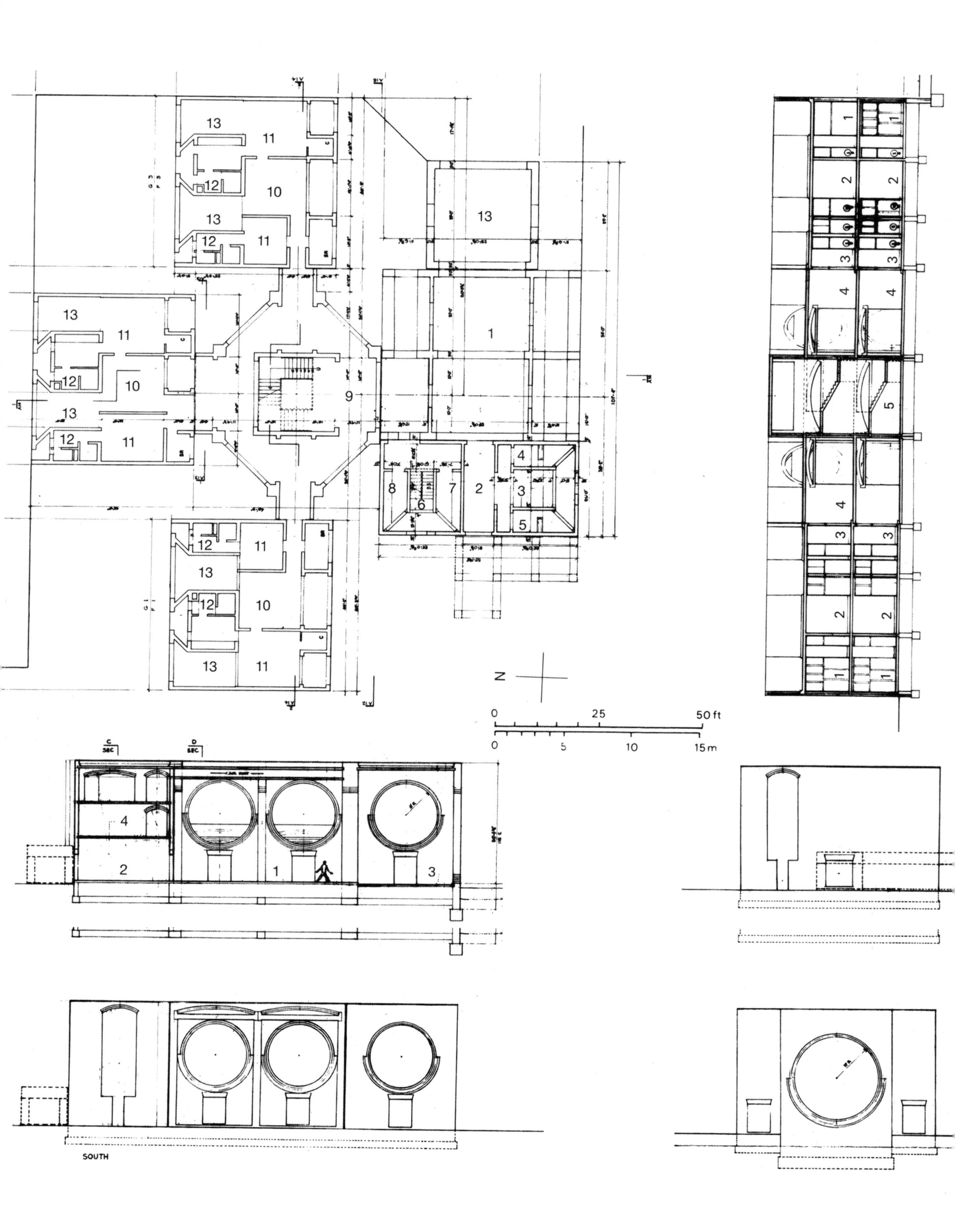

13
11
10
12
9
1
2
3
4
5
6
7
8
N
0
25
50 ft
5
10
15 m
SOUTH

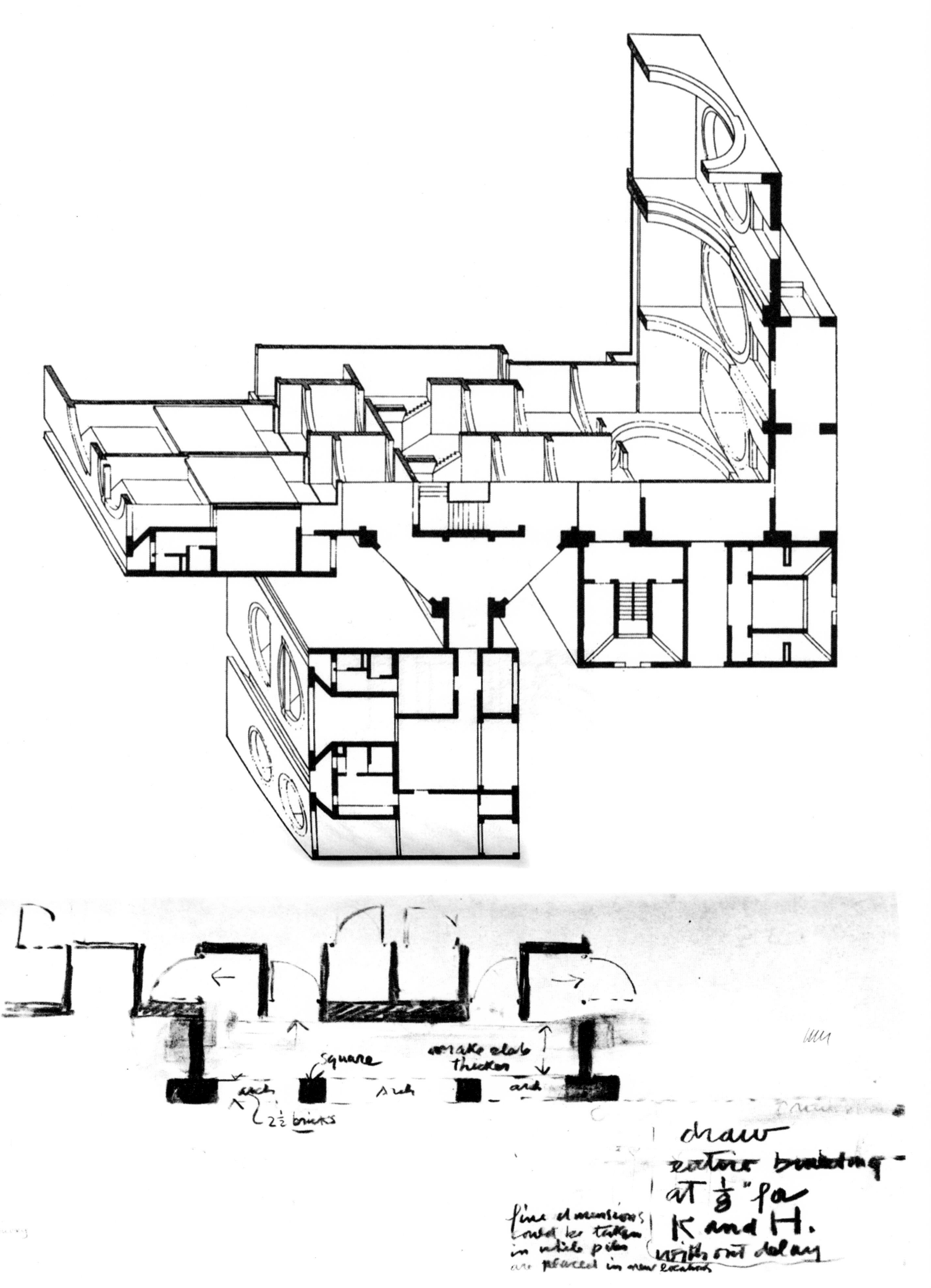
square
make slab thicker
arch
arch
arch
2½ bricks
draw
entire building
at ⅛" for
K and H.
without delay
fine dimensions
could be taken
in which piles
are placed in new location

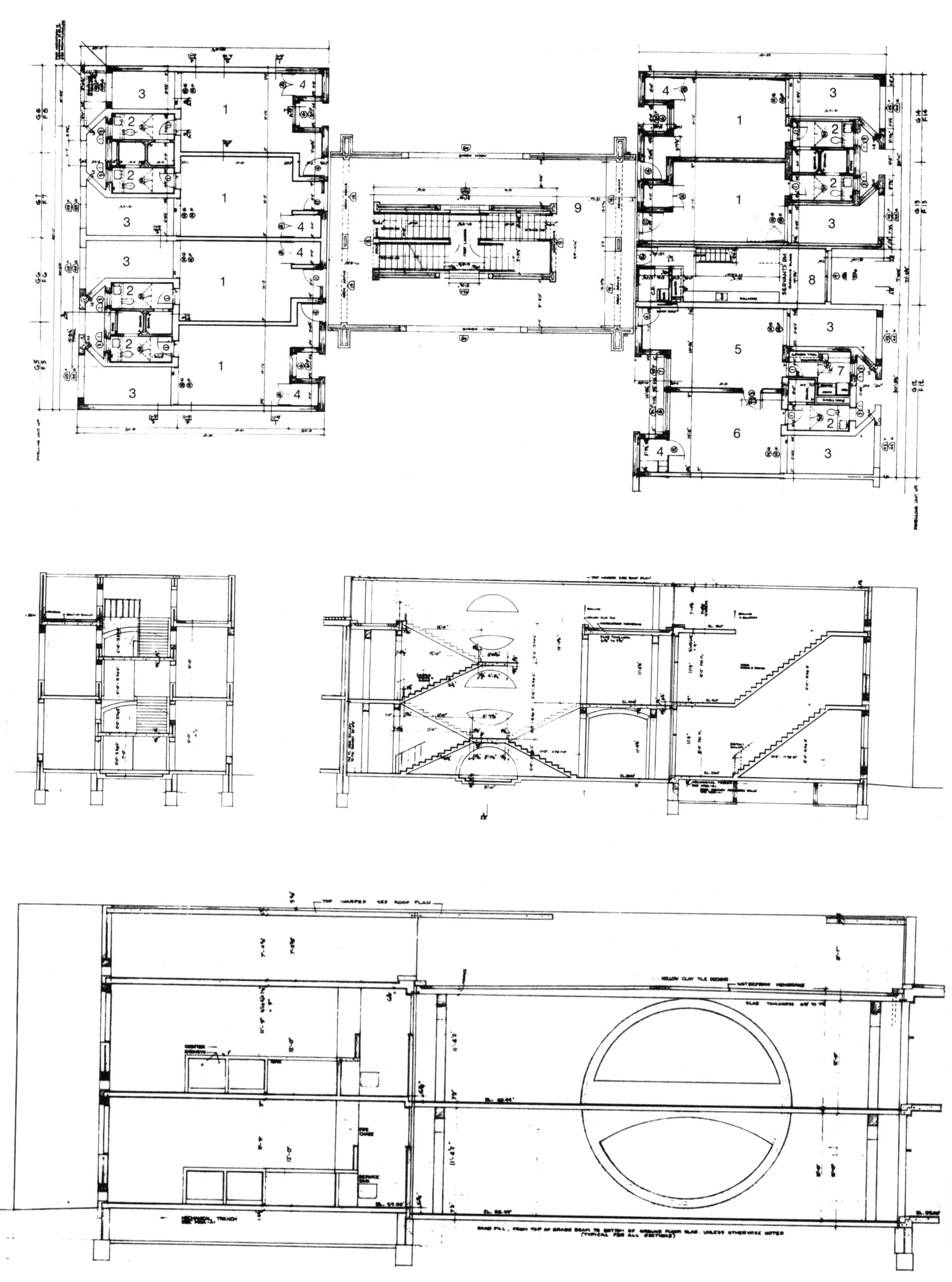

3
1
2
4
5
6
7
8
9
SERVANTS' RM
TOP WARPED SEE ROOF PLAN
HOLLOW CLAY TILE CEILING
WATERPROOF MEMBRANE
SERVICE SINK
PIPE CHASE
MECHANICAL TRENCH
SAND FILL, FROM TOP OF GRADE BEAM TO BOTTOM OF GROUND FLOOR SLAB, UNLESS OTHERWISE NOTED
(TYPICAL FOR ALL SECTIONS)

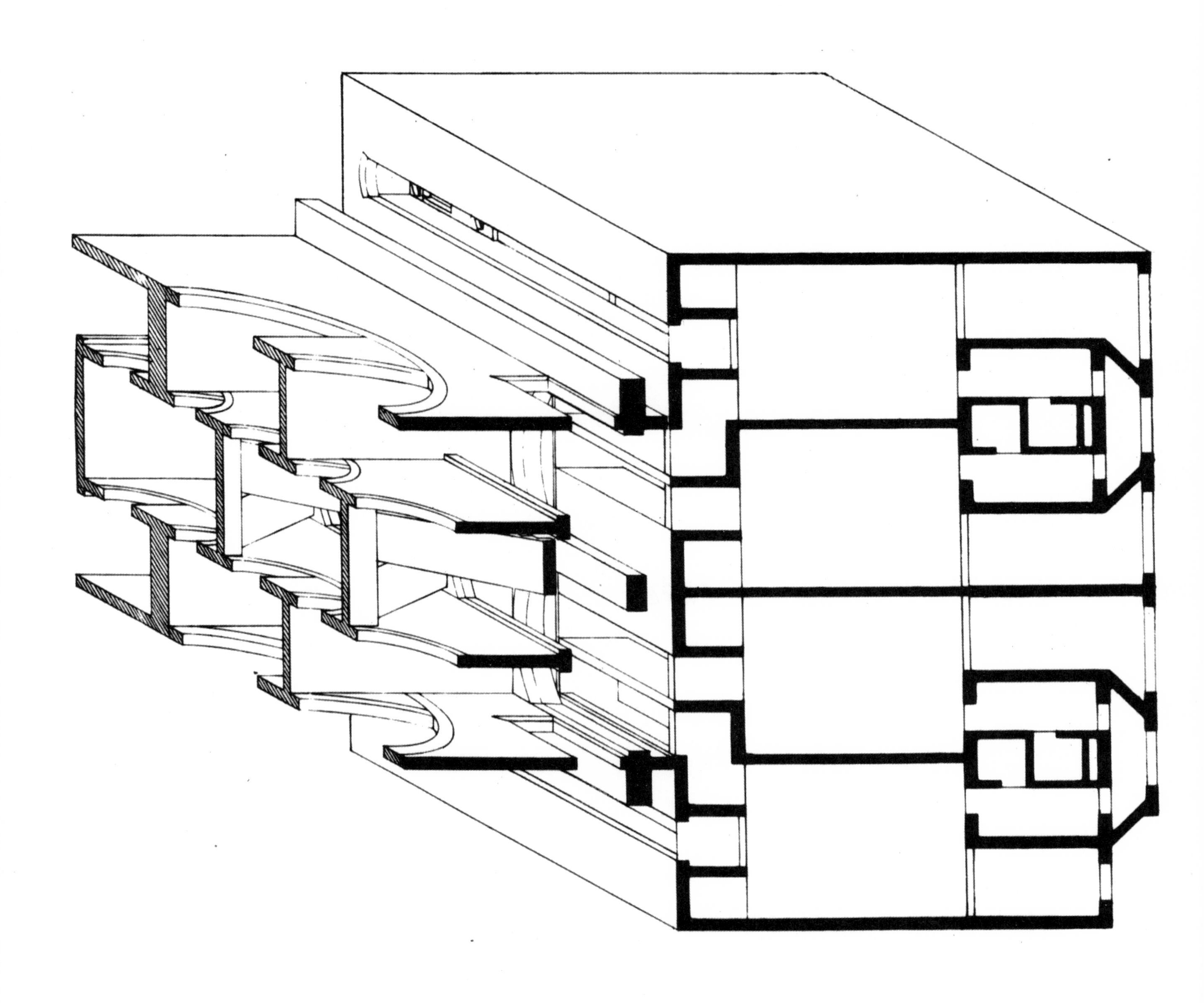

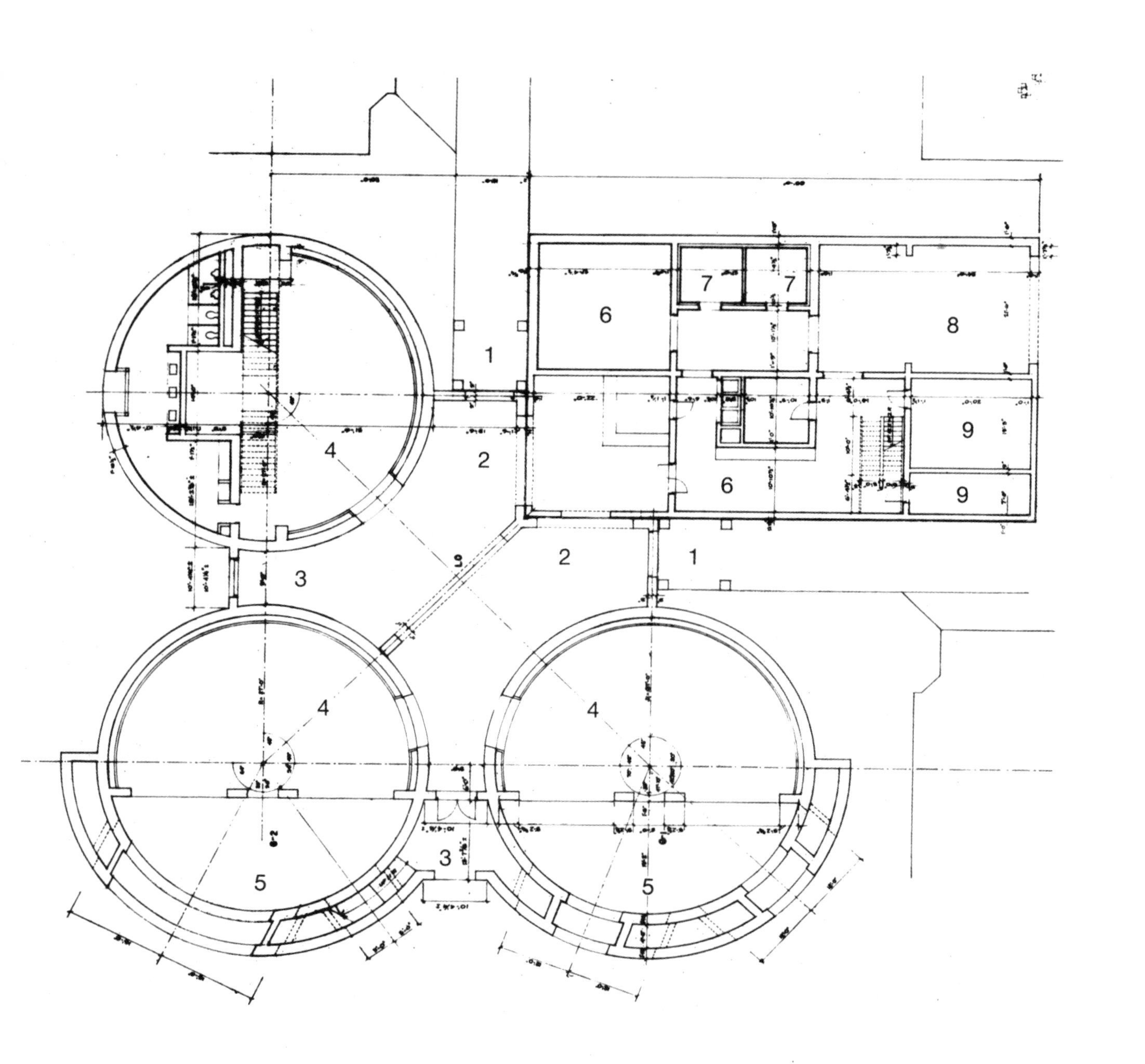

1
2
3
4
5
6
7
8
9

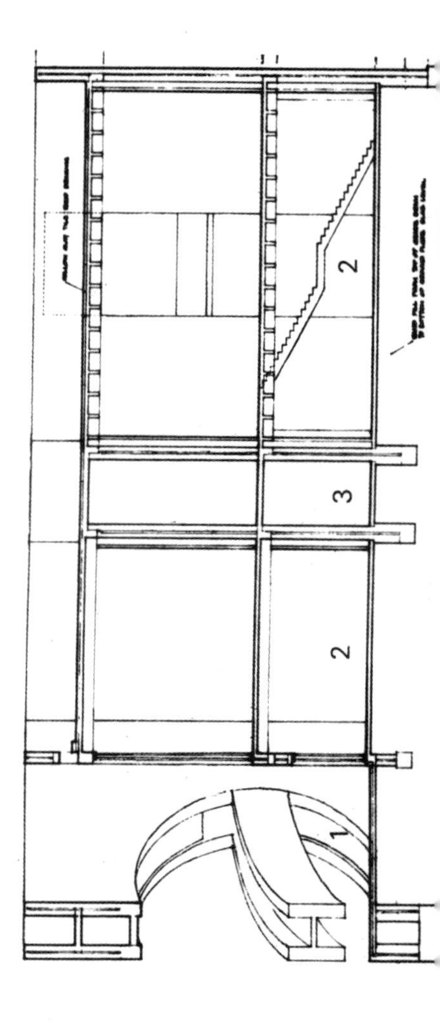

1
2
3

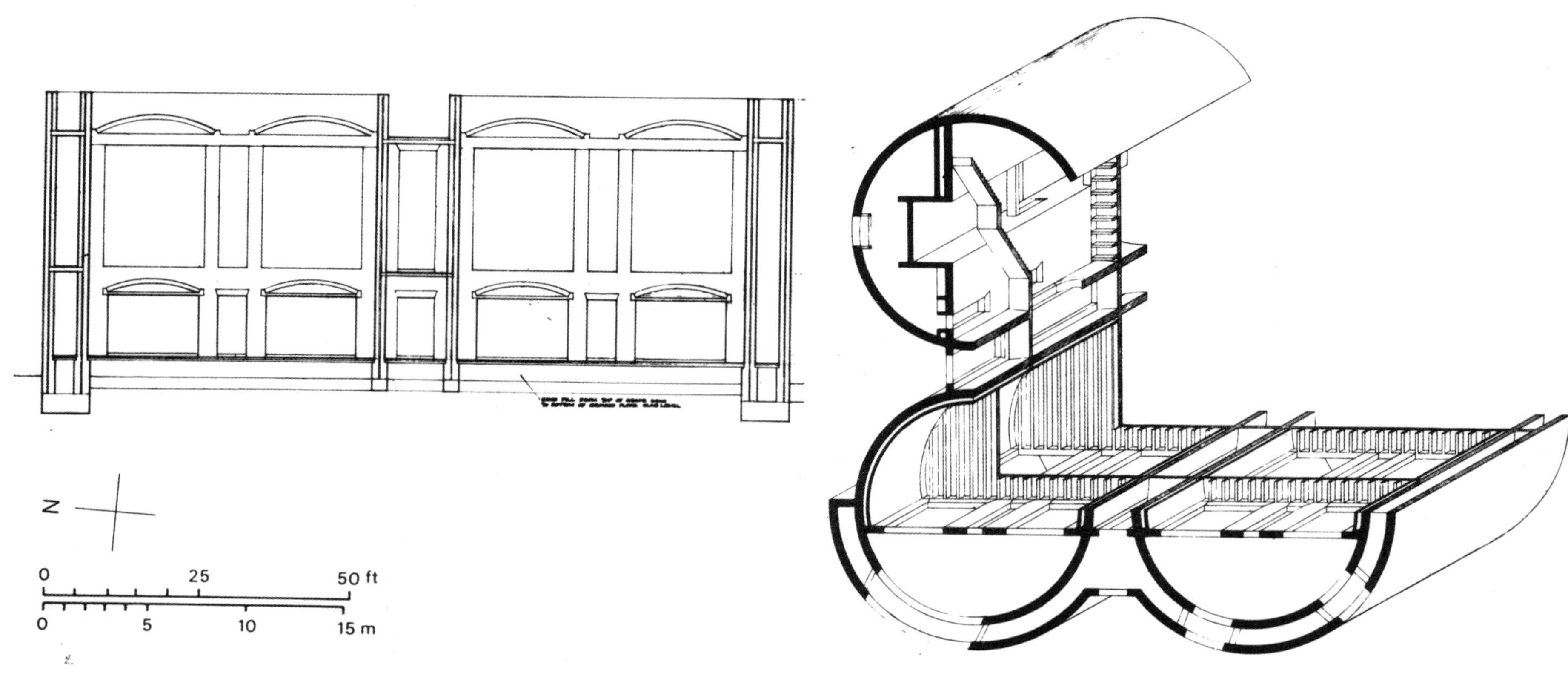

N
0
25
50 ft
0
5
10
15 m

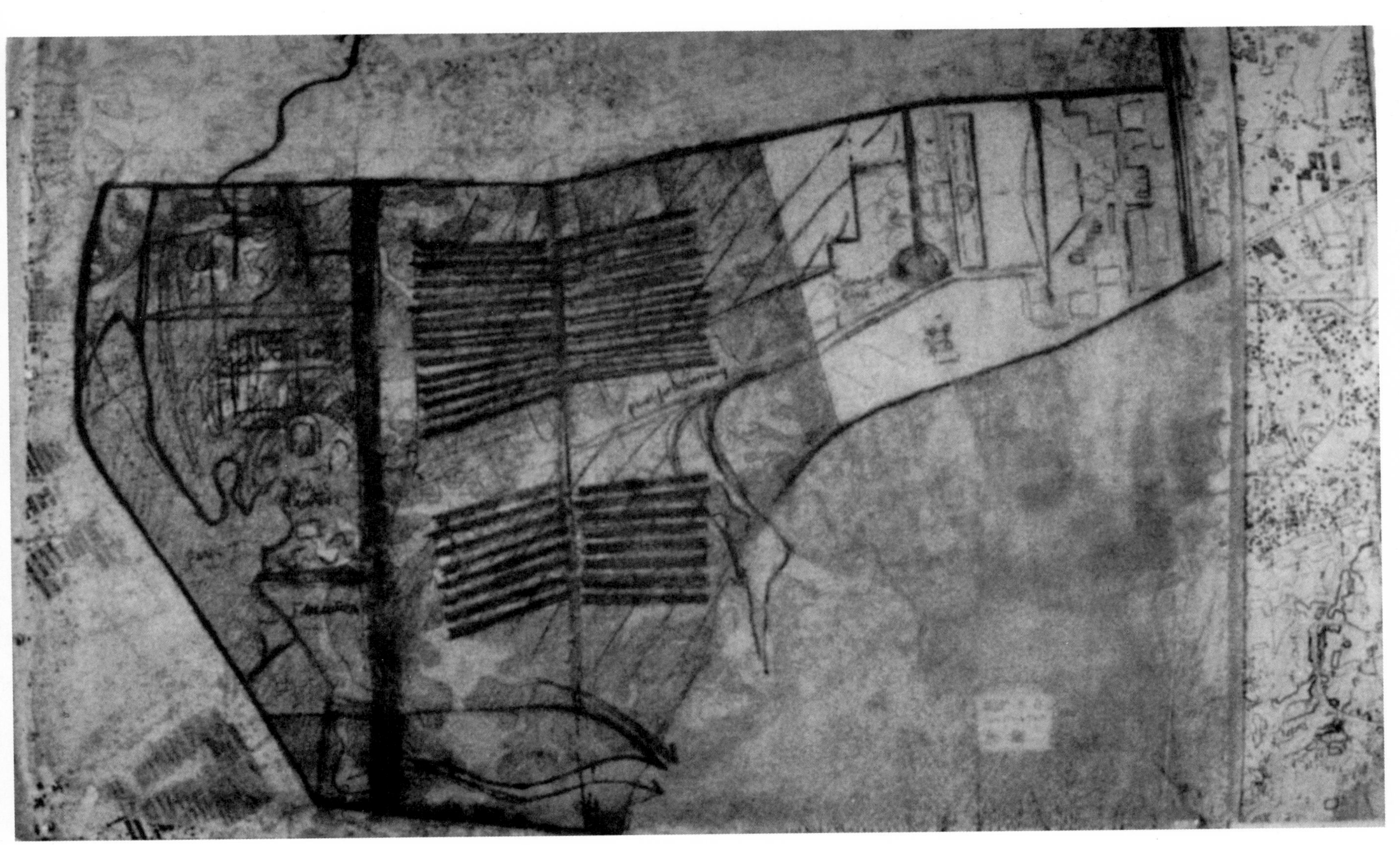

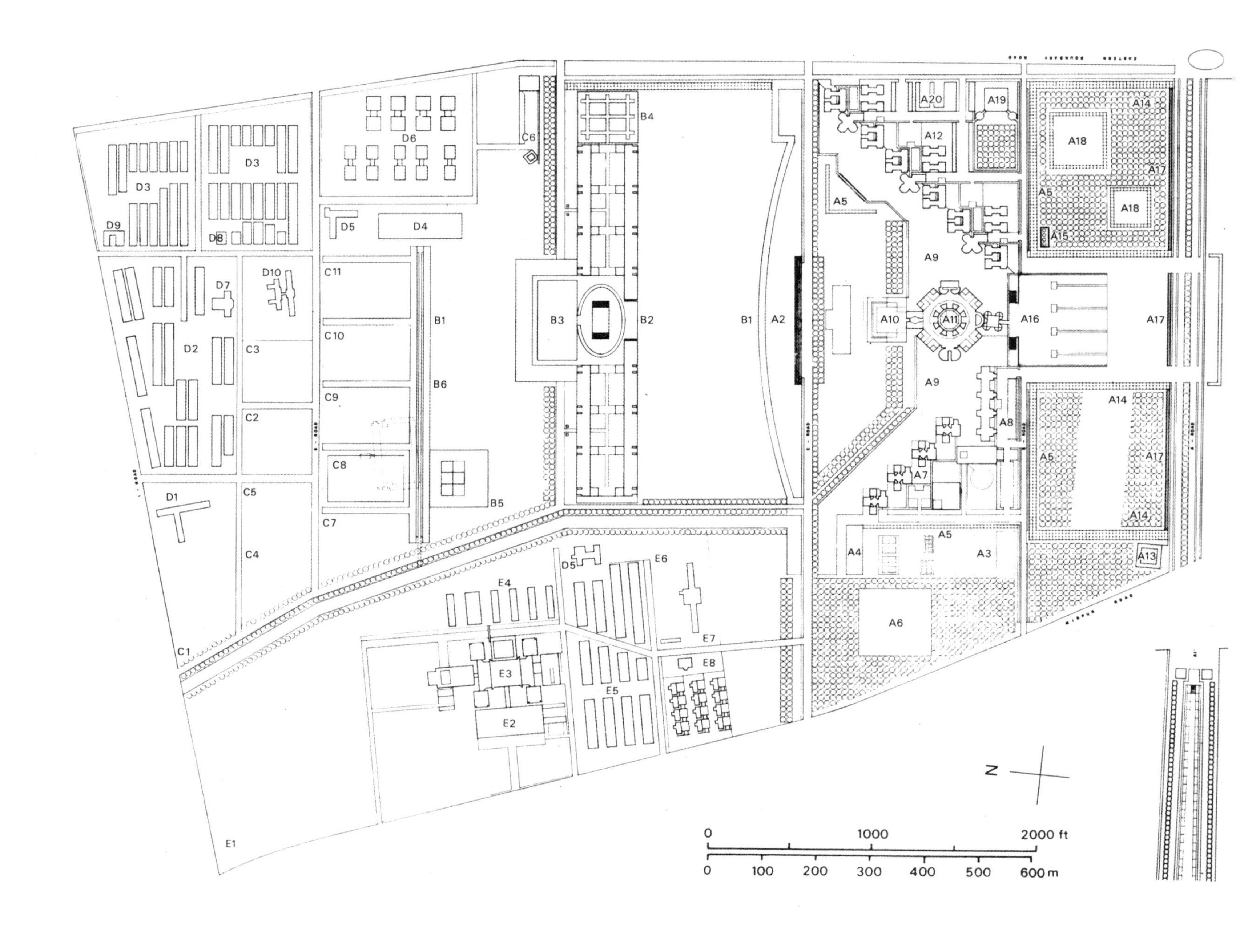
A20
A19
A14
A18
A12
A17
A5
A18
A15
A9
A10
A11
A16
A17
A9
A14
A8
A5
A17
A7
A14
A5
A4
A3
A13
A6
B4
B3
B2
B1
A2
B1
B6
B5
C6
D6
D3
D3
D9
D8
D5
D4
C11
D10
D7
C10
D2
C3
C9
C2
C8
D1
C5
C7
C4
C1
D5
E6
E4
E7
E8
E3
E5
E2
E1
N
0
1000
2000 ft
0
100
200
300
400
500
600 m

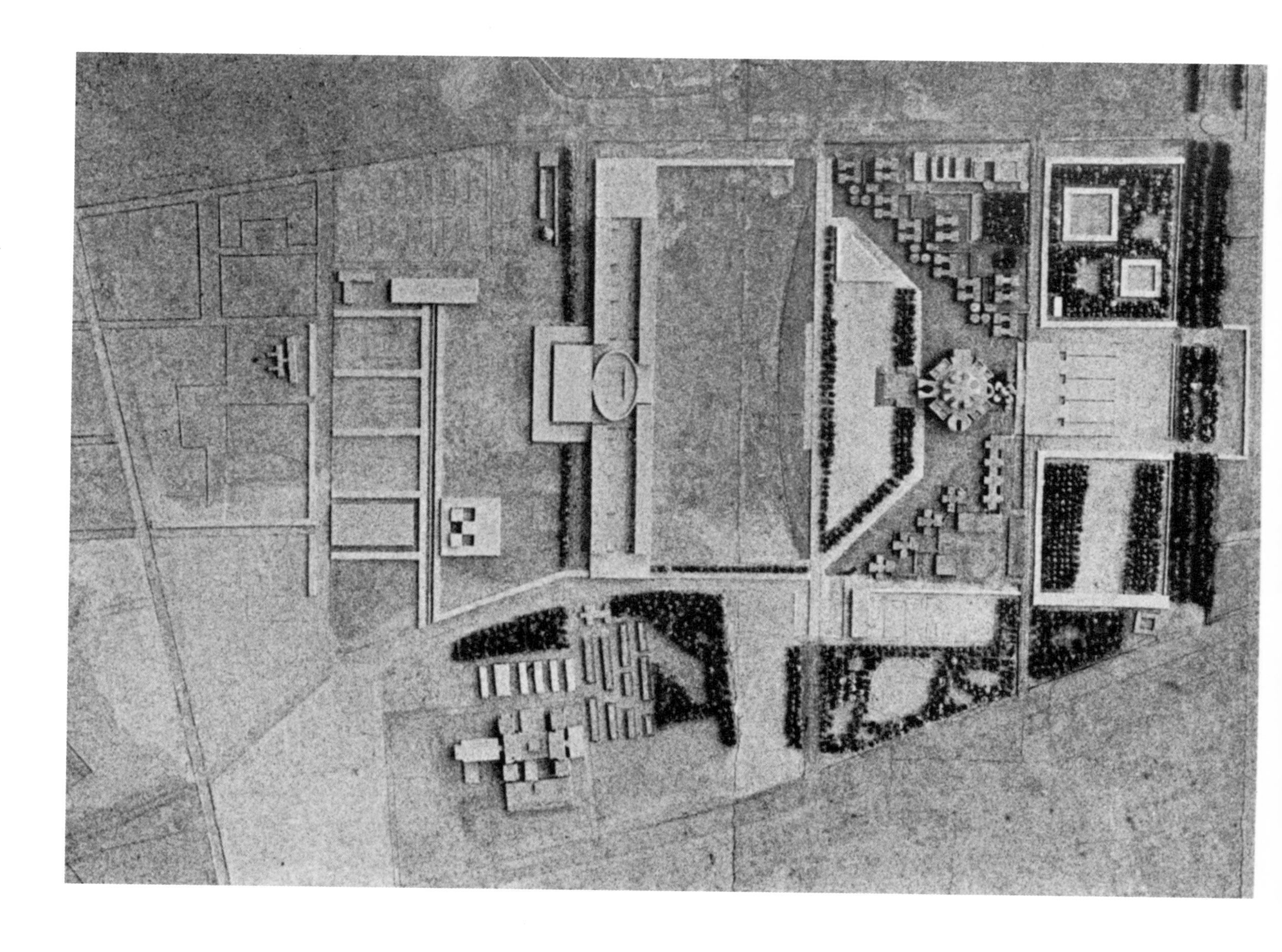

多明我会圣母堂（1965—1968 年）

费城，宾夕法尼亚州

1965 年，康被委托设计圣凯瑟琳·德里奇多明我会圣母堂（Mary Queen of all Saints Motherhouse-Dominican Congregation of St. Catherine de Ricci）。

策划包括修道院的典型组成部分：礼拜堂、食堂、学校、图书馆和修女的住所。

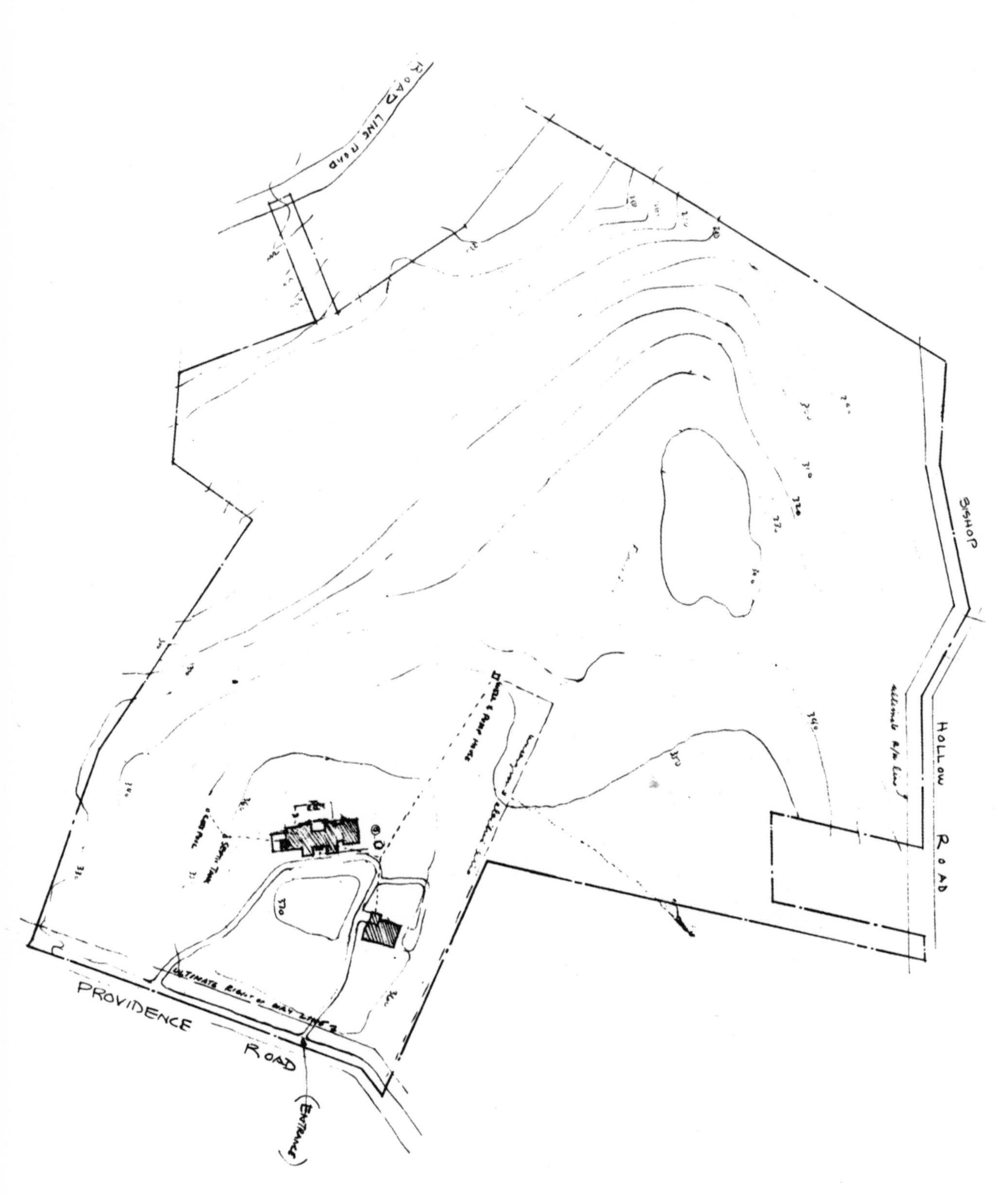

DCM. 1

1966 年 4 月 16 日的测量图。基地坐落于米迪亚镇（Media）和纽敦镇（Newton）之间西北方向的一个树木繁茂的山脊处，并有一条路与普罗维登斯路（Providence Road）相连。

“人的灵感是其作品的起点。思想是灵魂、精神和大脑的表征，大脑是身体的纯粹存在。这便是机器永远无法创作出巴赫乐曲的原因。

“心灵其实是不可测度之物的中心，大脑是可测度之物的中心。灵魂与它们相同并囊括了全部。每一个心灵都各不相同，每个人都是独立的。灵感来自生命中的行走与人的形成，生存的信念创造了所有的医疗与体育机构，催生了追求永生的人类表征。

“学习的动力催生出全部的学习机构。

“质疑的动力，大概是一切哲学与宗教的中心。

“表达的动力，是我认为最强大的动力，它是所有艺术的中心。而艺术是神的语言。”

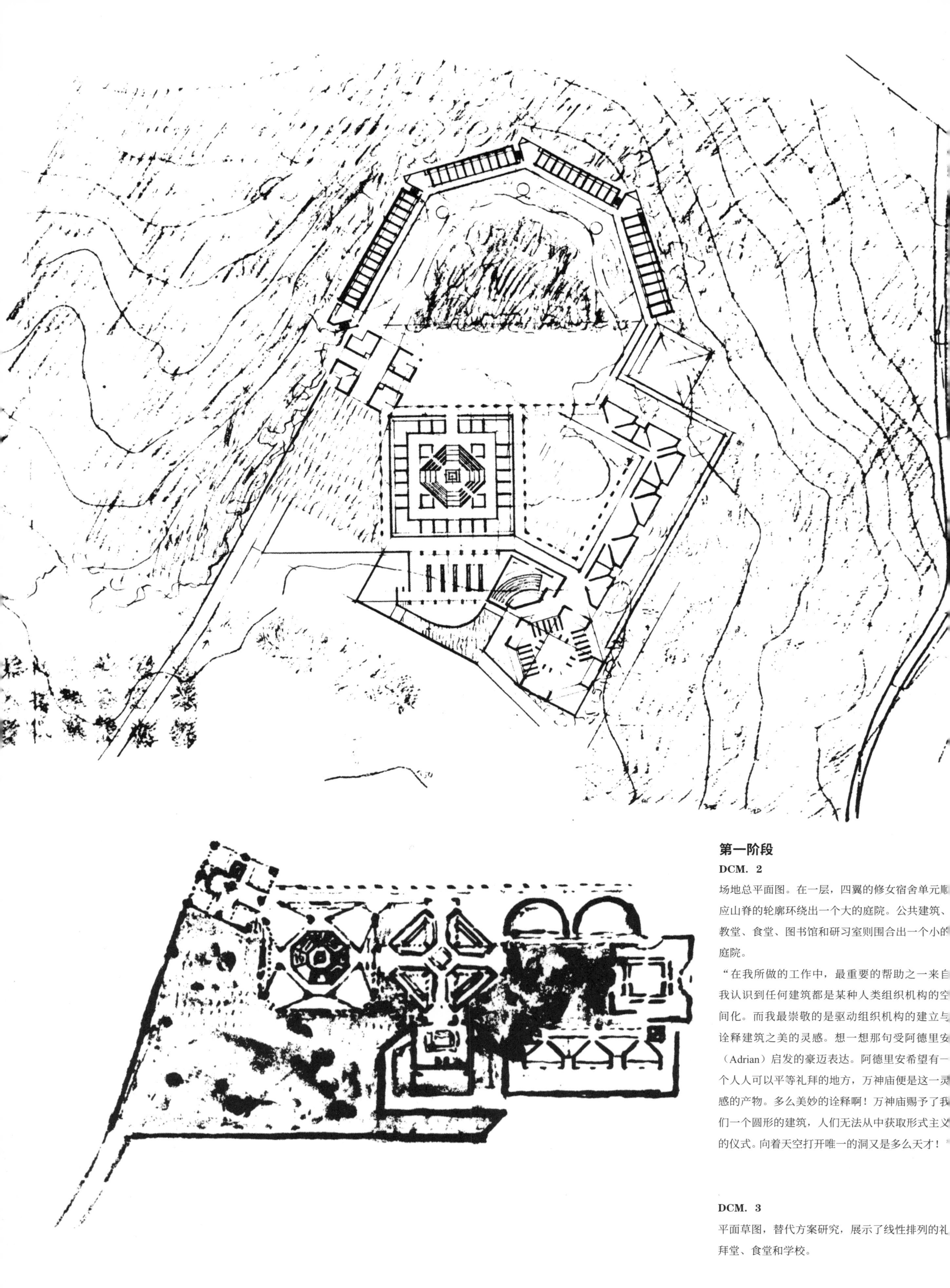

第一阶段

DCM. 2

场地总平面图。在一层，四翼的修女宿舍单元顺应山脊的轮廓环绕出一个大的庭院。公共建筑、教堂、食堂、图书馆和研习室则围合出一个小的庭院。

“在我所做的工作中，最重要的帮助之一来自我认识到任何建筑都是某种人类组织机构的空间化。而我最崇敬的是驱动组织机构的建立与诠释建筑之美的灵感。想一想那句受阿德里安（Adrian）启发的豪迈表达。阿德里安希望有一个人人可以平等礼拜的地方，万神庙便是这一灵感的产物。多么美妙的诠释啊！万神庙赐予了我们一个圆形的建筑，人们无法从中获取形式主义的仪式。向着天空打开唯一的洞又是多么天才！”

DCM. 3

平面草图，替代方案研究，展示了线性排列的礼拜堂、食堂和学校。

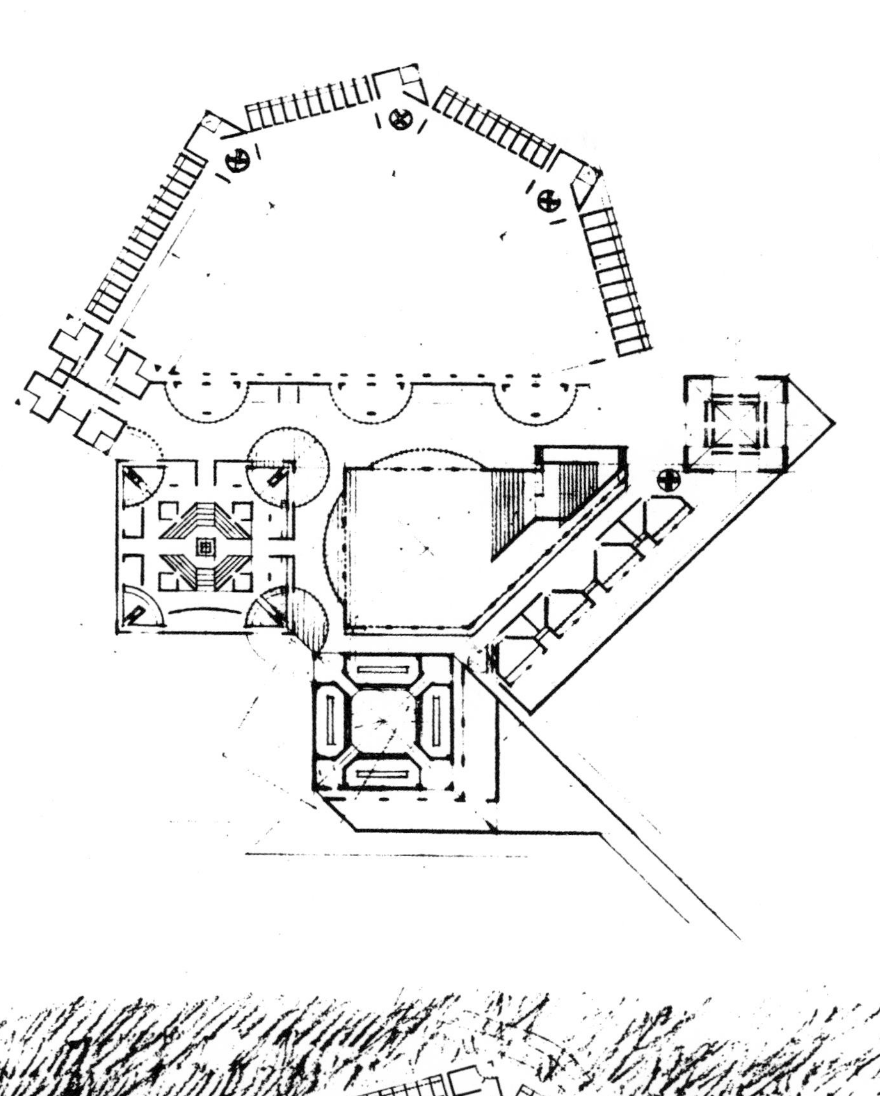

DCM. 4

一层平面图，展示了公共建筑的排列改变后，与小庭院形成更直接的关系。

“你获得的策划与对建筑的转译必须来自人的精神，而非策划本身。

“策划不是建筑——它只是指令，是药剂师开出的药方。因为在策划中，建筑师必须将大堂改为进出的场所，廊道必须改为干道，预算必须改为经济考量，场地必须改为实体空间。”

DCM. 5

一层平面图，展示了线性排列的礼拜堂、食堂和学校呈线性布置。

DCM. 6

东北立面草图，从左到右分别为门楼、礼拜堂、食堂和学校。

“我设计了一个门楼，它是内与外的分野，是大公会议（Ecumenical Council）的中心。它并不在策划中，而是来自问题的本质与建筑的精神。这便是为何我认为建筑师不需要遵循策划，只应把它作为量的出发点，而非质的出发点。这一点非常重要。”

DCM. 7

东北立面，替代方案研究，从左到右依次为门楼、礼拜堂和食堂。

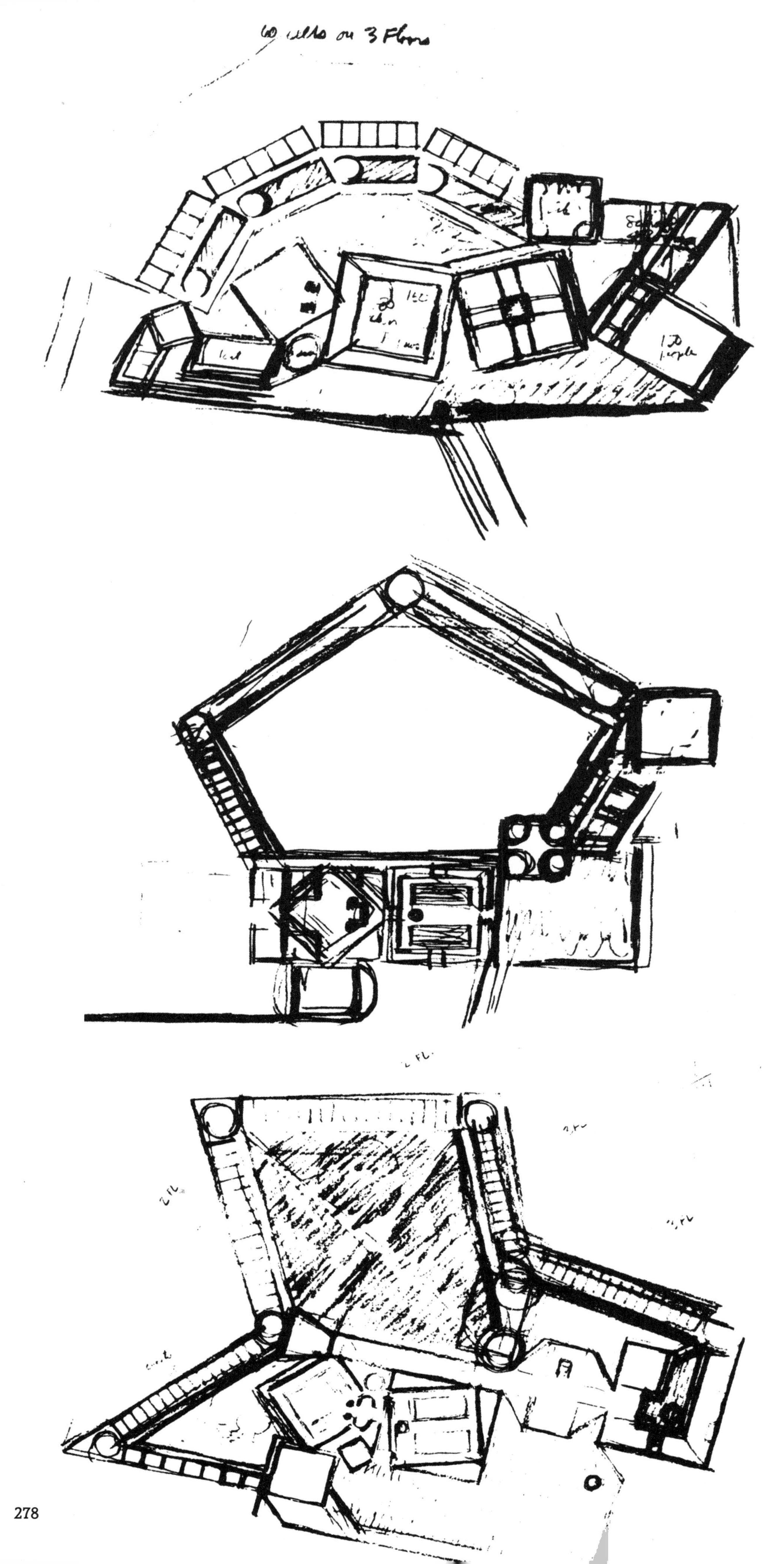

DCM. 8—10

平面草图，展示了从第一版到第二版的过渡。DCM．8 展示了公共建筑打破线性排列秩序，进入由修女宿舍围合的大庭院。DCM．9、DCM．10 展示了几何上更为严密的宿舍单元的排列深化过程。在建筑群的南端增加了一个单层的客房楼。宿舍降到两层。

“让建筑找到自己的联系。”

DCM．8 的注释如下：

“三层楼有 60 个单元”；

“图书馆”；

“学校有 4 个房间”。

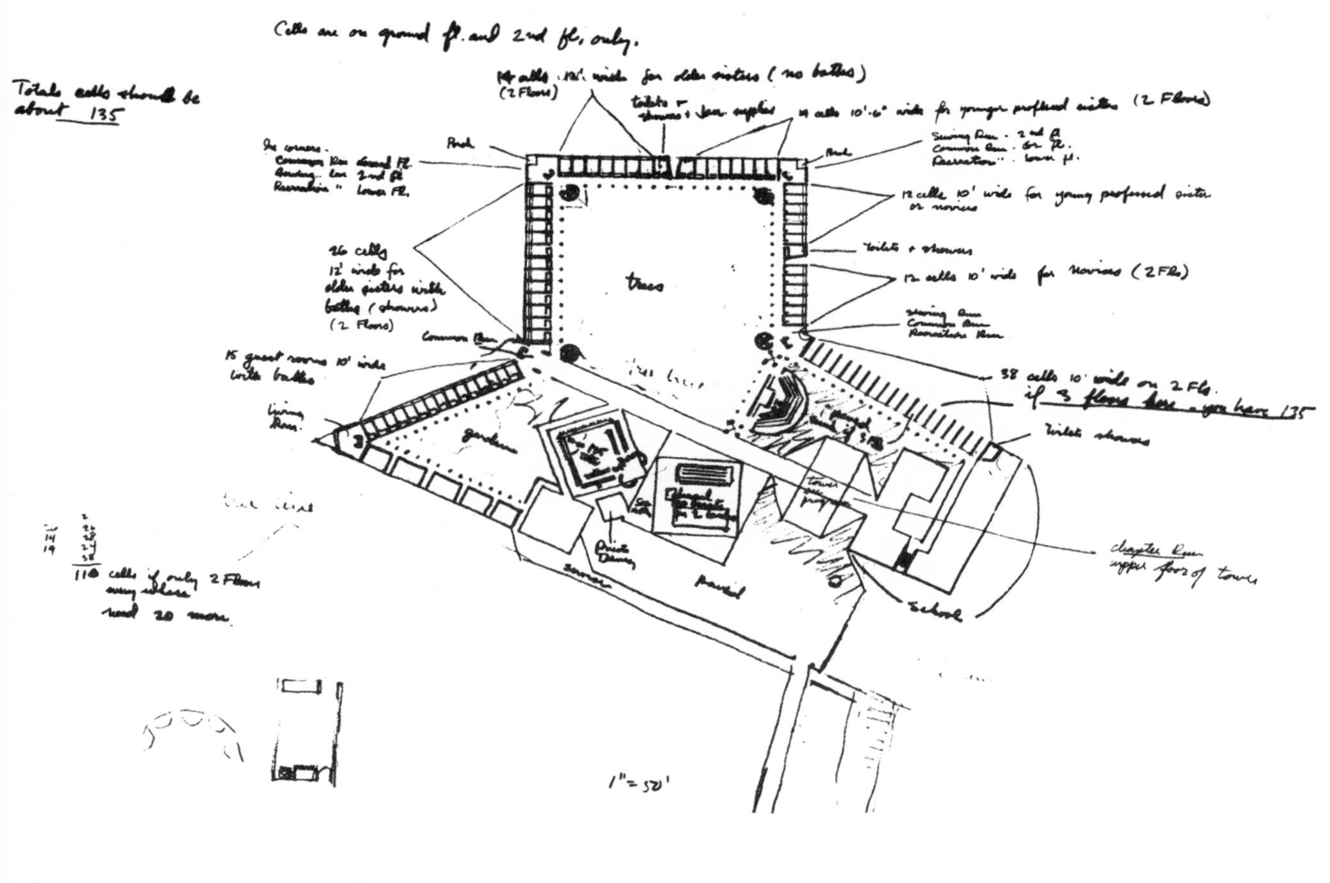

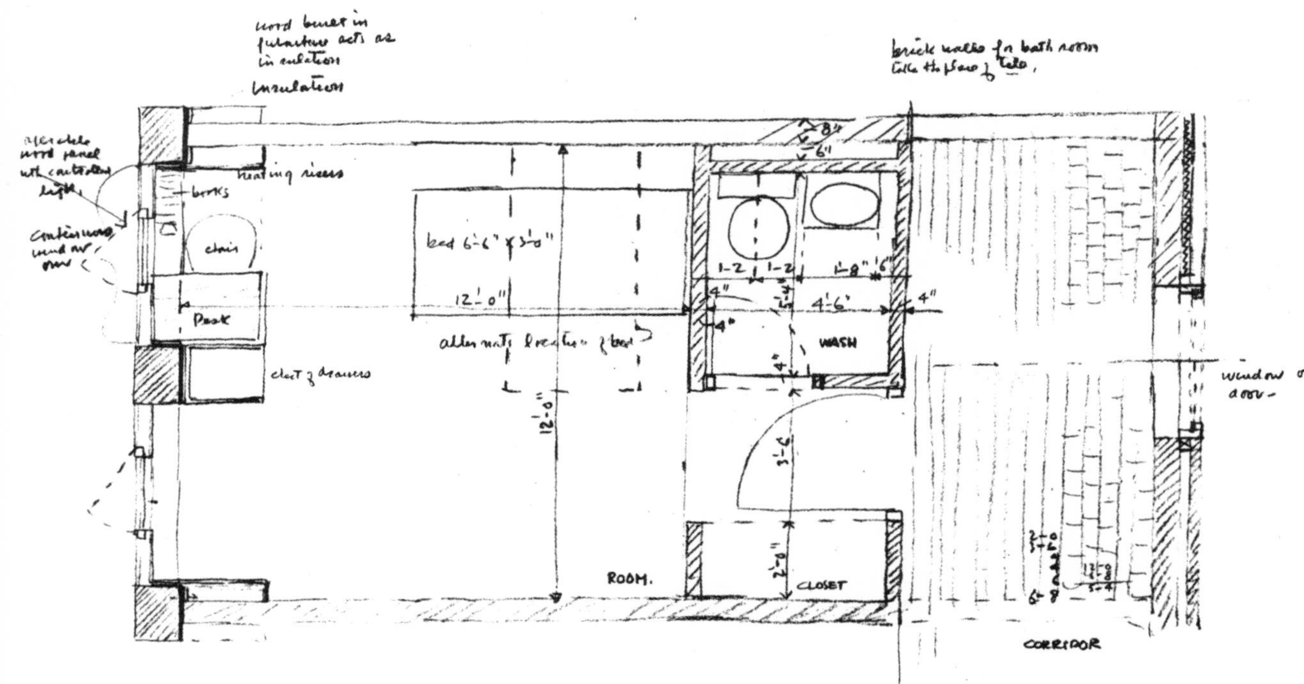

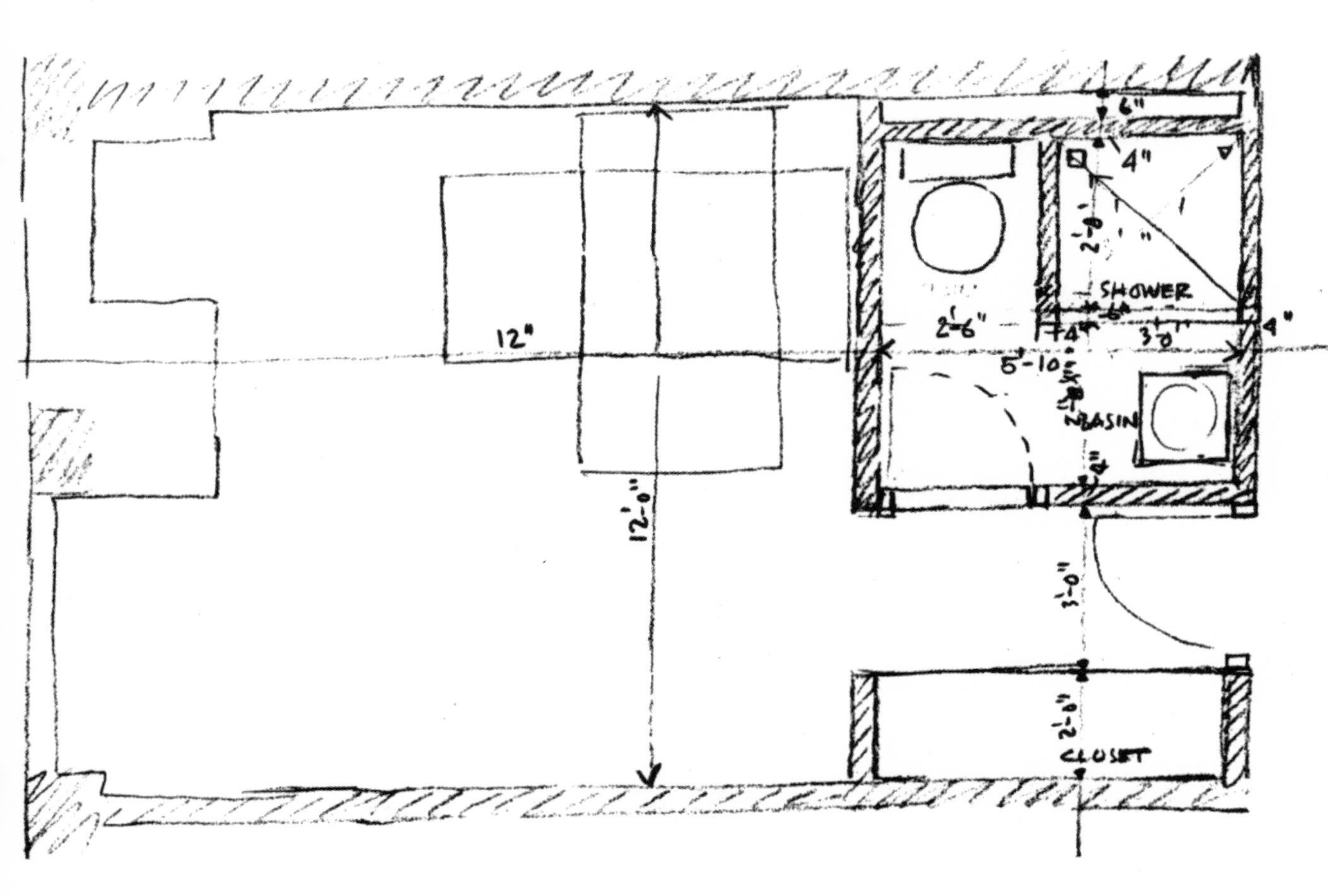

DCM. 11

示意图。

“修道院作为最初的核心并未损失，并通过领会修道院的精神产生了新的认知。正因如此，我的兴趣便在于这一核心议题，在于形式的实现、形式的意义及不可分割的部分的实现。”

从左到右（顺时针）的注释依次为：

“116 间宿舍，如果只有两层，各条边都需要 20 个单元”；

“15 间客房，10 英尺宽，带卫生间”；

“公共休息室”；

“16 间 12 英尺宽的年长修女宿舍，有浴室（可淋浴）（两层均有）”；

“在转角处，公共休息室位于一层，服务房从二层开始，康乐室位于地下一层”；

“门廊”；

“宿舍总数应该是 135 间”；

“宿舍只分布在一楼和二楼”；

“14 间 12 英尺宽的年长修女宿舍（无浴室）（两层均有）”；

“厕所 + 淋浴室 + 清洁用品”；

“14 间 10 英尺 6 英寸宽的宿舍，供年轻的受戒修女使用（两层均有）”；

“门廊”；

“缝纫室位于二层；公共休息室位于一层；康乐室位于地下一层”；

“12 间 10 英尺宽的宿舍，供年轻修女或新信徒使用”；

“厕所 + 淋浴室”；

“12 间 10 英尺宽的新信徒宿舍（两层均有）”；

“缝纫室，公共休息室，康乐室”；

“38 间 10 英尺宽的宿舍位于二层”；

“如果这里有三层楼，将有 135 间（宿舍）”；

“厕所 + 淋浴室”；

“铺地”；

“若为三层则做下沉”；

“分会室”；

“露台的上层”；

“学校”；

“小教堂，80 个座位，两个隔间”；

“铺地”；

“客餐”；

“服务”；

“共计 135 间”；

“花园”；

“林木线”；

“树”。

DCM. 12—13

平面图，绘于 1966 年 10 月，展示了供受戒修女使用的 12 英尺宽、含走廊的宿舍单元研究（提供了 40 个带厕所的单元）。

“木制嵌入式家具”；

“书籍”；

“供暖……”；

“座椅”；

“书桌”；

“厕所的砖墙”。

DCM. 14—15

总平面草图，展示了对连接关系的研究。

“我是一个隐士，希望联结各个元素，使其聚合在一起，互相补充，成为自足之物。”

“让建筑找到自己的联系。”

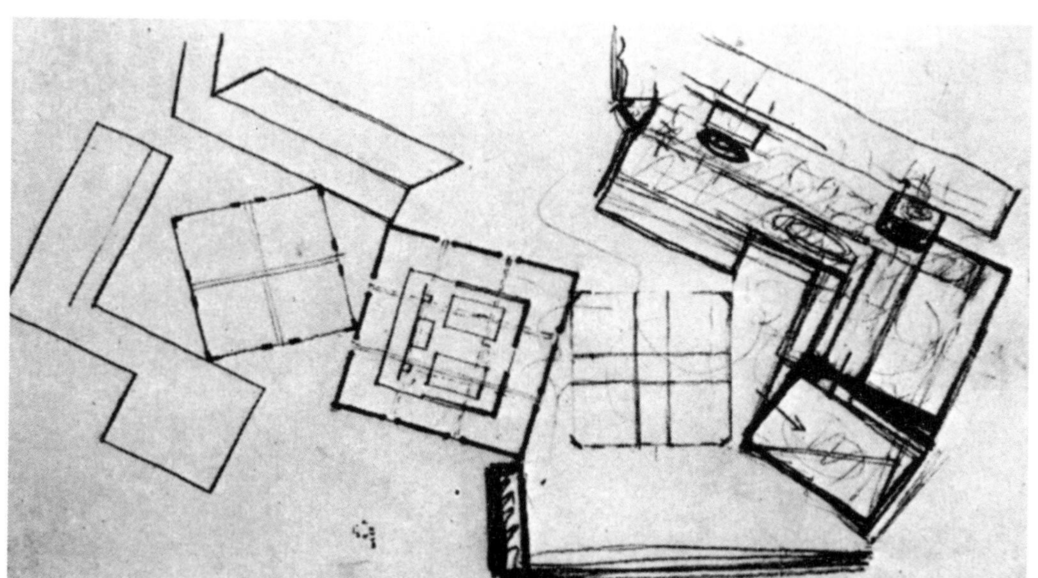

DCM. 16—20

平面、立面和剖面图。

草图，展示了对门楼和教堂的研究。

DCM. 21

场地模型的平面图，绘于 1966 年 10 月。

平面图的元素并不固定，或来自山脊的轮廓，或来自寻找与邻近建筑的联系。

DCM. 22

从西面看场地模型。

DCM. 23

东立面，从左至右分别为：

“花园和院子的围墙”；

“厨房”；

“食堂”；

“教堂”；

“门楼（剖面）”；

“礼堂”；

“学校”。

DCM. 24

庭院的剖面图，面向东方，从左到右分别为：

“厨房和院子的围墙”；

“舞台剖面”；

“拱廊街的房间”；

“房间剖面”。

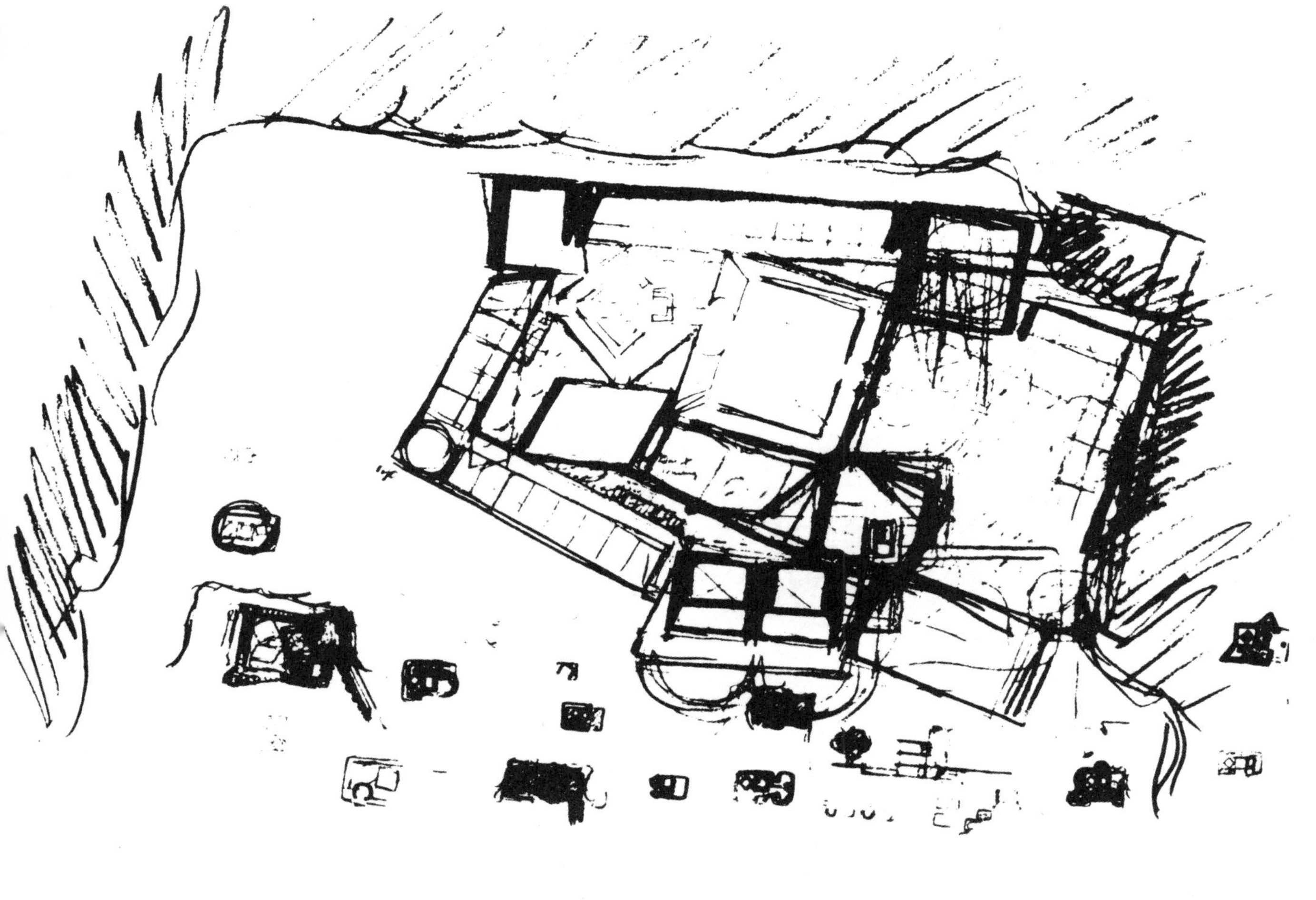

第二阶段

DCM. 25

总平面草图，绘于1967年。

宿舍排列成朝南的堡垒形状，减少了三分之一的北向宿舍单元。宿舍两翼严谨的几何形增强了庭院中公共建筑自由随意的感受。

“这便是我唯一想要努力表述的——你所使用的一切都基于仔细的审视，没有已完成之物。而大门开着，敞开着，迎向美妙的新的组织模式。富有启发性的组合与工程则是实现它们的奇妙方式。”

DCM. 26—27

总平面草图，绘于1967年2月16日。右侧是入口广场，底部是月牙形的湖泊。

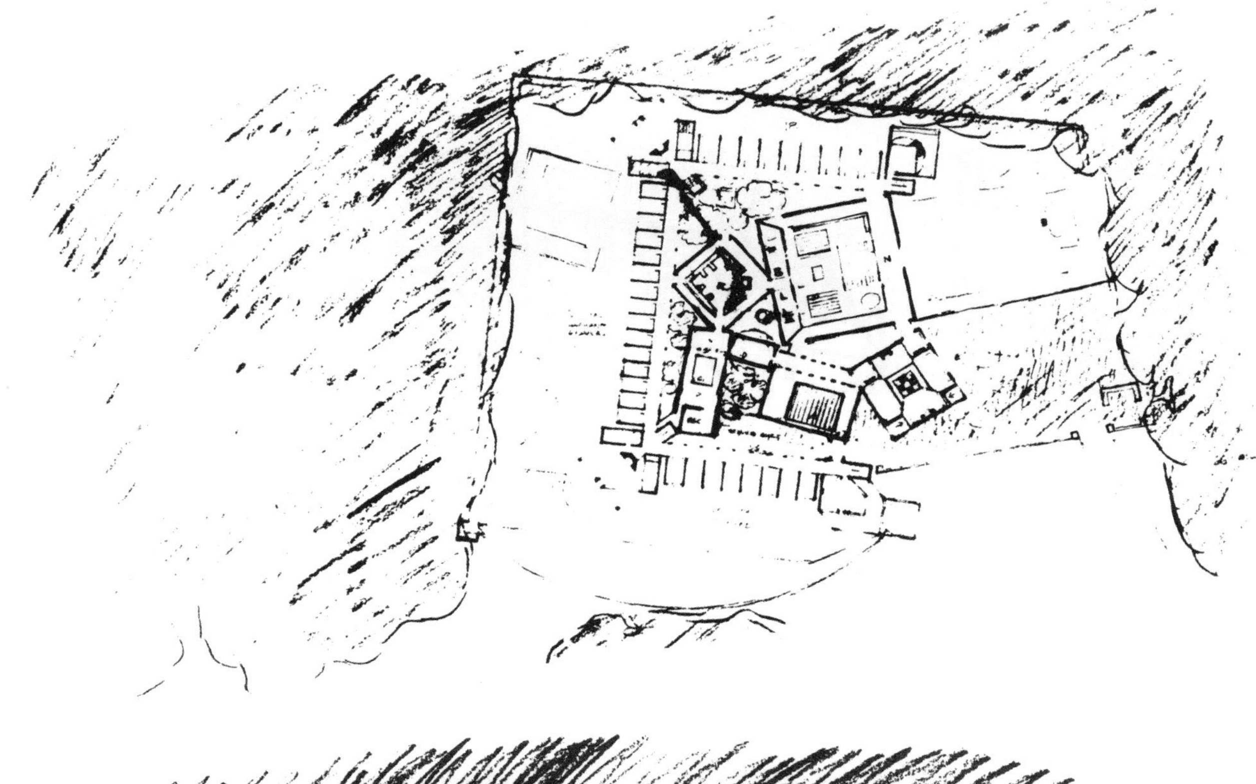

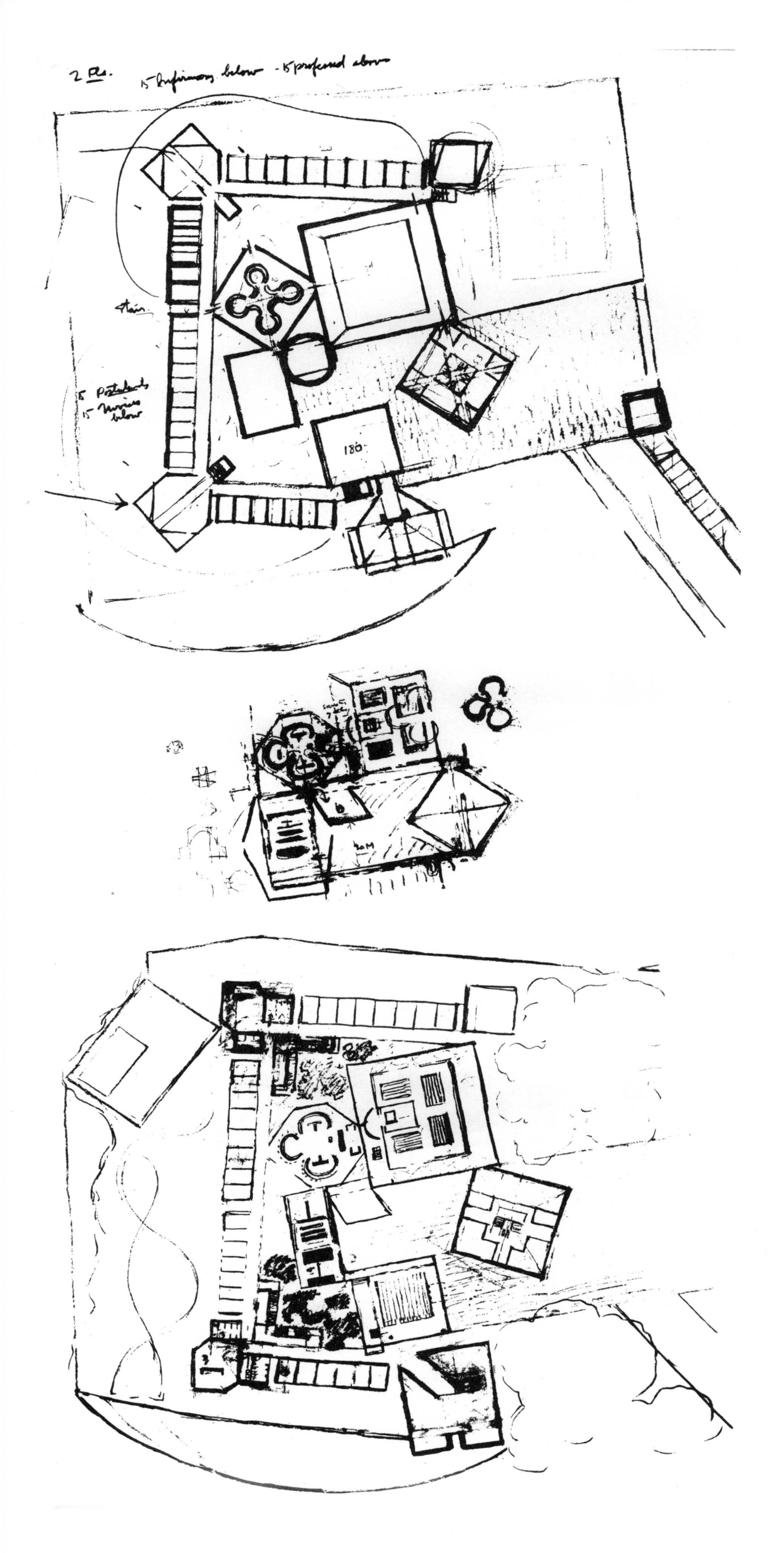

DCM. 28

入口处的平面草图，展示了对修道院公共建筑群的不同元素之间联系的研究。

注释写道：

“15 名试用会员”；

“下面有 15 名新信徒”；

“楼梯”；

“康乐室”；

“厨房”；

“厕所”；

“洗衣房”；

“两层楼”；

“下层有 15 个下级人员”；

“上层有 15 个入教人员”。

DCM. 29

平面草图，展示了对由圣堂、礼堂、门楼和厨房围合出的最深处的内庭的研究。

DCM. 30

入口处平面草图，绘于 1967 年 5 月，展示了宿舍的角落空间汇入修道院的回廊，包含有会议室、厕所和楼梯。底部的月牙形湖泊没有出现在进一步的深化中。

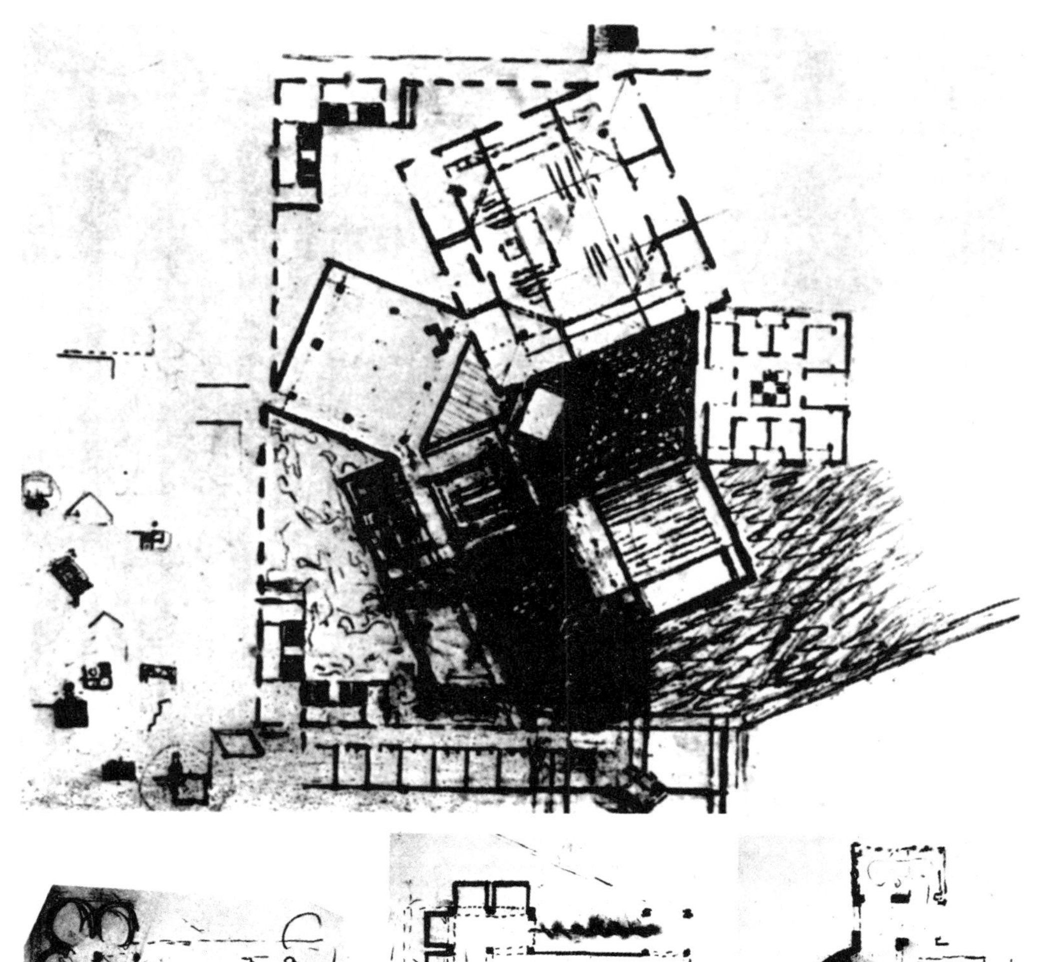

DCM. 31

平面草图，展示了对由圣堂、食堂、礼拜堂和门楼围合出的最深处的庭院的研究，组成单元都被缩小为正方形，并通过角部连接。如此形成的小角庭成为光庭。

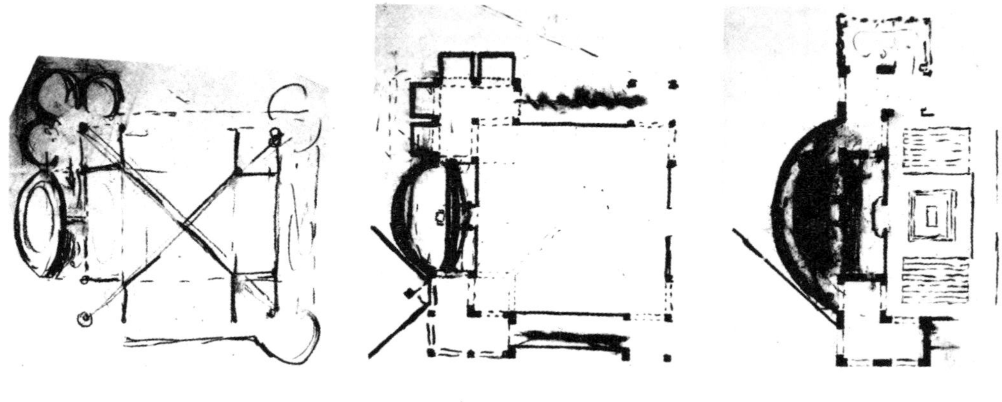

DCM. 32—34

平面草图，展示了对圣殿的研究，包括私人礼拜堂（半圆形）和告解室（角落处）。

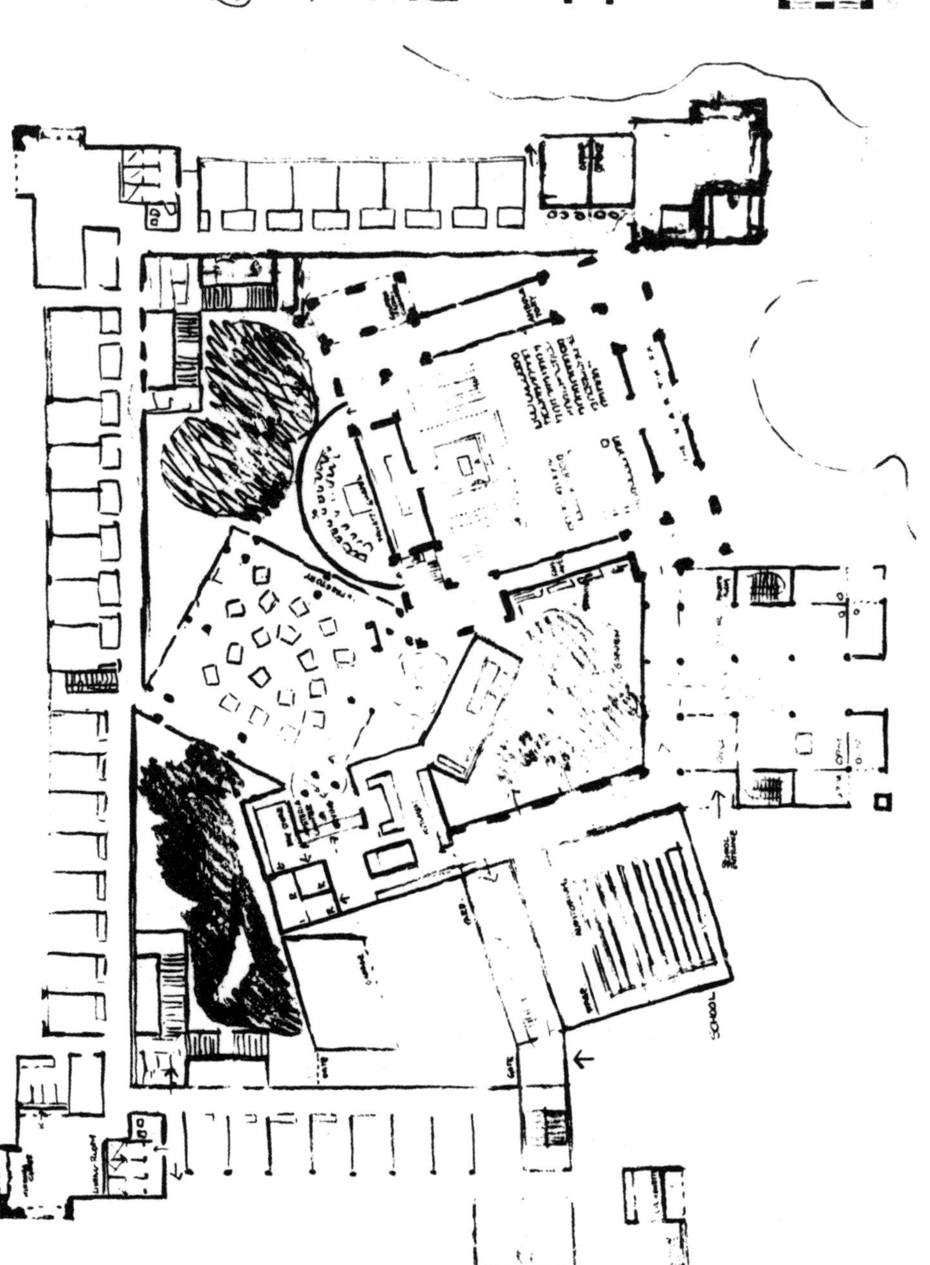

DCM. 35

一层平面草图。

注释中写道：

“私人礼拜堂”；

“告解室”；

“避难所”；

“走廊”；

“座位”；

“花园”；

“私人房间”；

“客厅”；

“办公室”；

“学校入口”；

“礼堂”；

“舞台”；

“小厨房”；

“窗角”；

“办公室”；

“办公室”；

“大门”；

“院子”；

“车库”；

“大门”；

“客厅”；

“窗角”；

“日用品商店”；

“自助餐厅”；

“柜台或服务台”；

“食堂”。

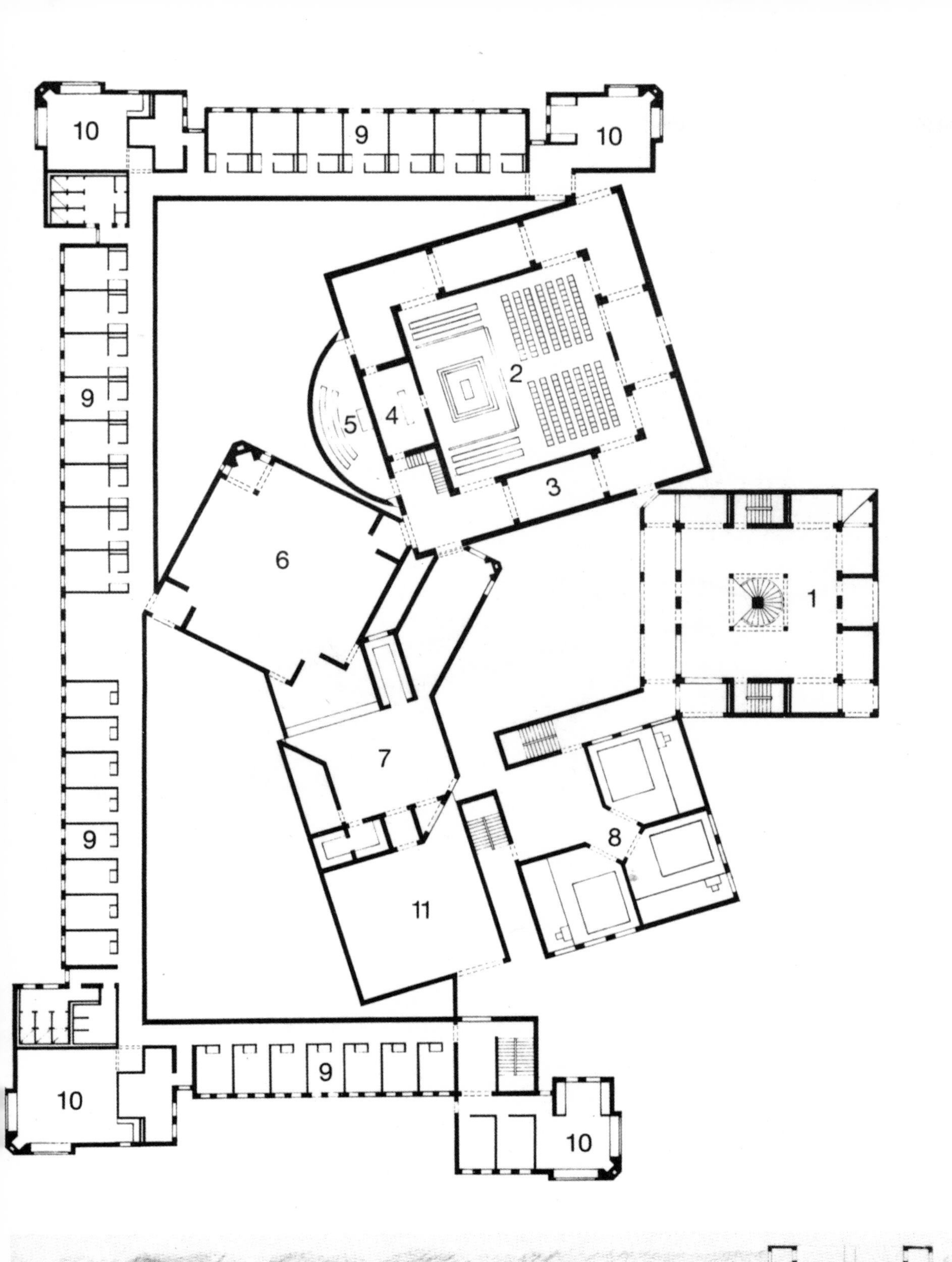

DCM. 36

一层平面图，绘于1968年4月22日，展示了圣堂带有半圆形的私人礼拜堂，但没有告解室。

“1”为门楼；

“2”为圣堂；

“3”为避难所；

“4”为圣器收藏室；

“5”为私人礼拜堂；

“6”为食堂；

“7”为厨房；

“8”为教室；

“9”为宿舍；

“10”为大厅；

“11”为服务庭院。

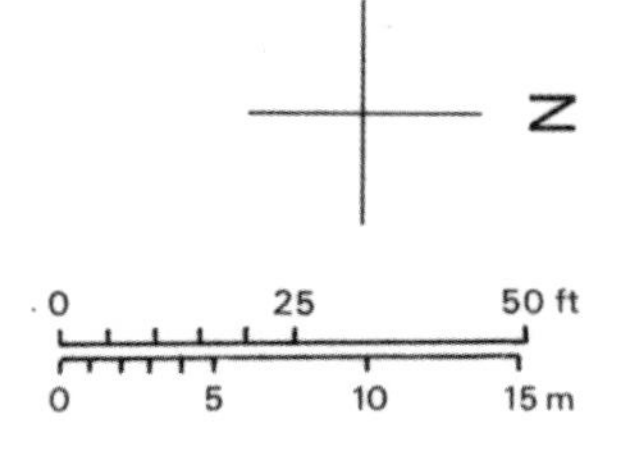

DCM. 37

纵向剖面图，面向西侧，从左至右分别为游泳池（参考DCM. 26—DCM. 27和DCM. 30）、生活区、厨房和门楼；背景是食堂和圣堂的庭院立面。门楼的一至四层分别为接待室、办公室、卧室和档案室。

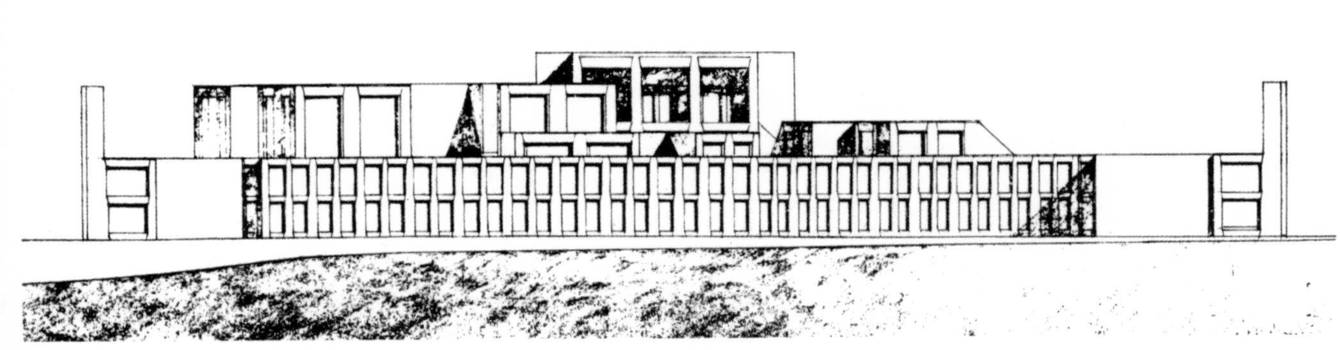

DCM. 38

北立面，绘于1968年4月22日，展示了圣堂、门楼和学校立面。生活区的两层楼翼分列左右两侧。

DCM. 39

南立面，绘于1968年4月22日，展示了生活区的低矮立面［关于收窄的礅柱部分，参见《菲利普斯·埃克塞特图书馆》（Phillips Exeter Library，1965—1972年），第292—301页］。

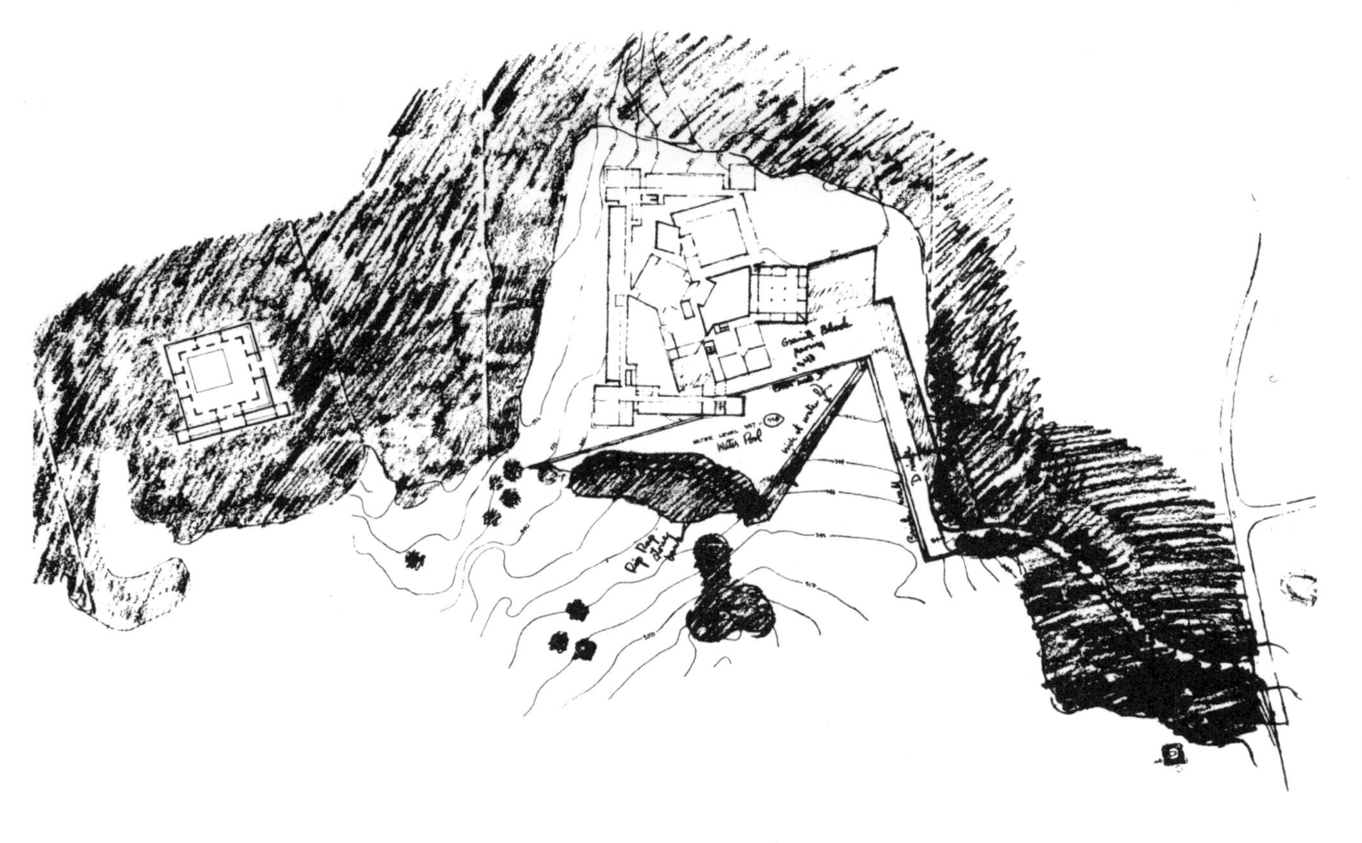

DCM. 40

场地平面草图，替代方案研究，展示了从毕晓普霍洛路（Bishop Hollow Road）到“花岗岩块”铺设的入口广场及“停车场”区域的路径。一个三角形的“水塘”取代了月牙湖（参考DCM. 29和DCM. 31），并在视觉上包围了树木环绕的场地。

DCM. 41

一层平面图，绘于1968年4月，展示了平面图设计上的细微差别，私人礼拜堂采用了菱形，厨房平面略作改动。两层宿舍楼之间的楼梯没有画出来，办公室变小了（图例见DCM. 36）。

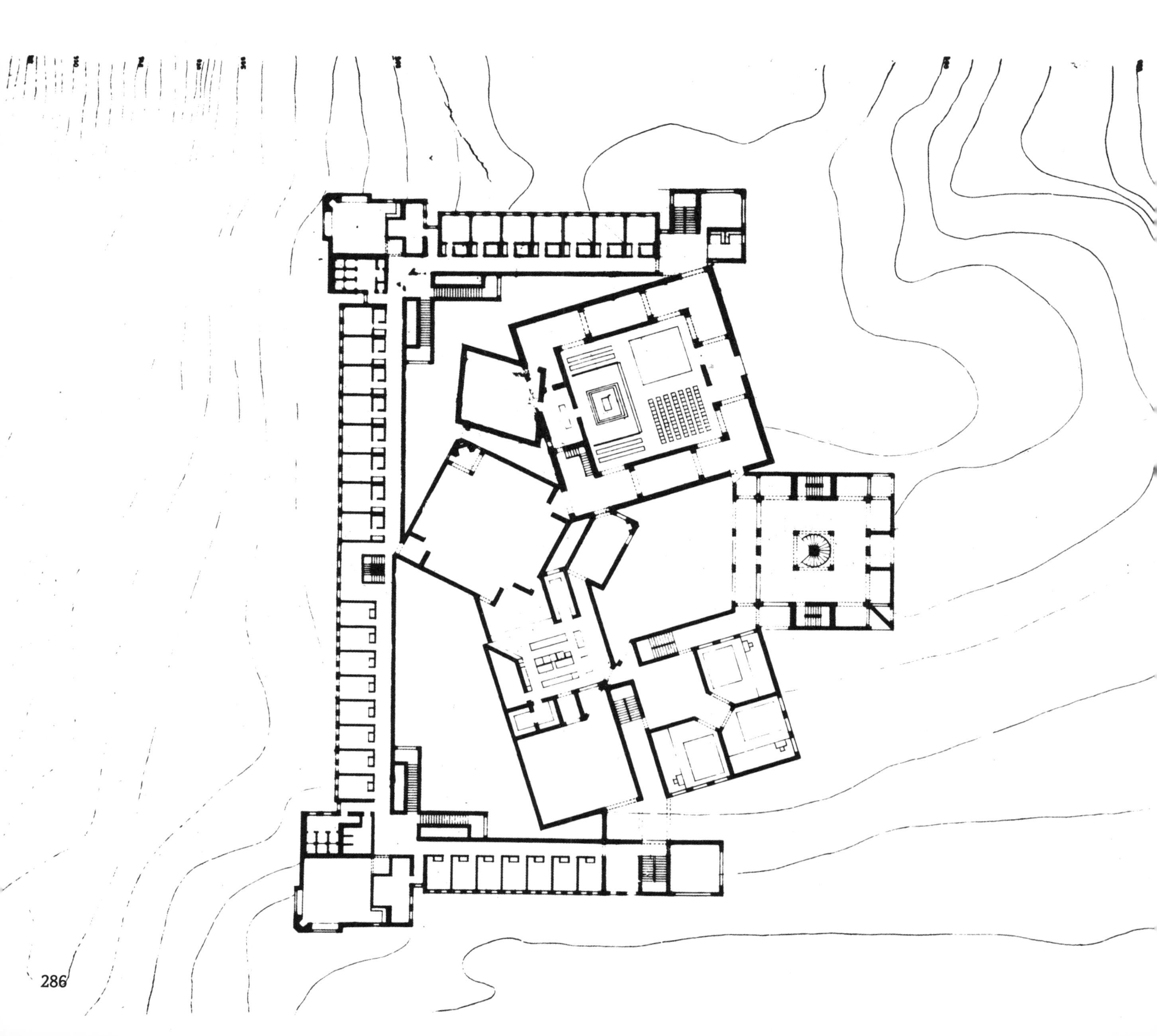

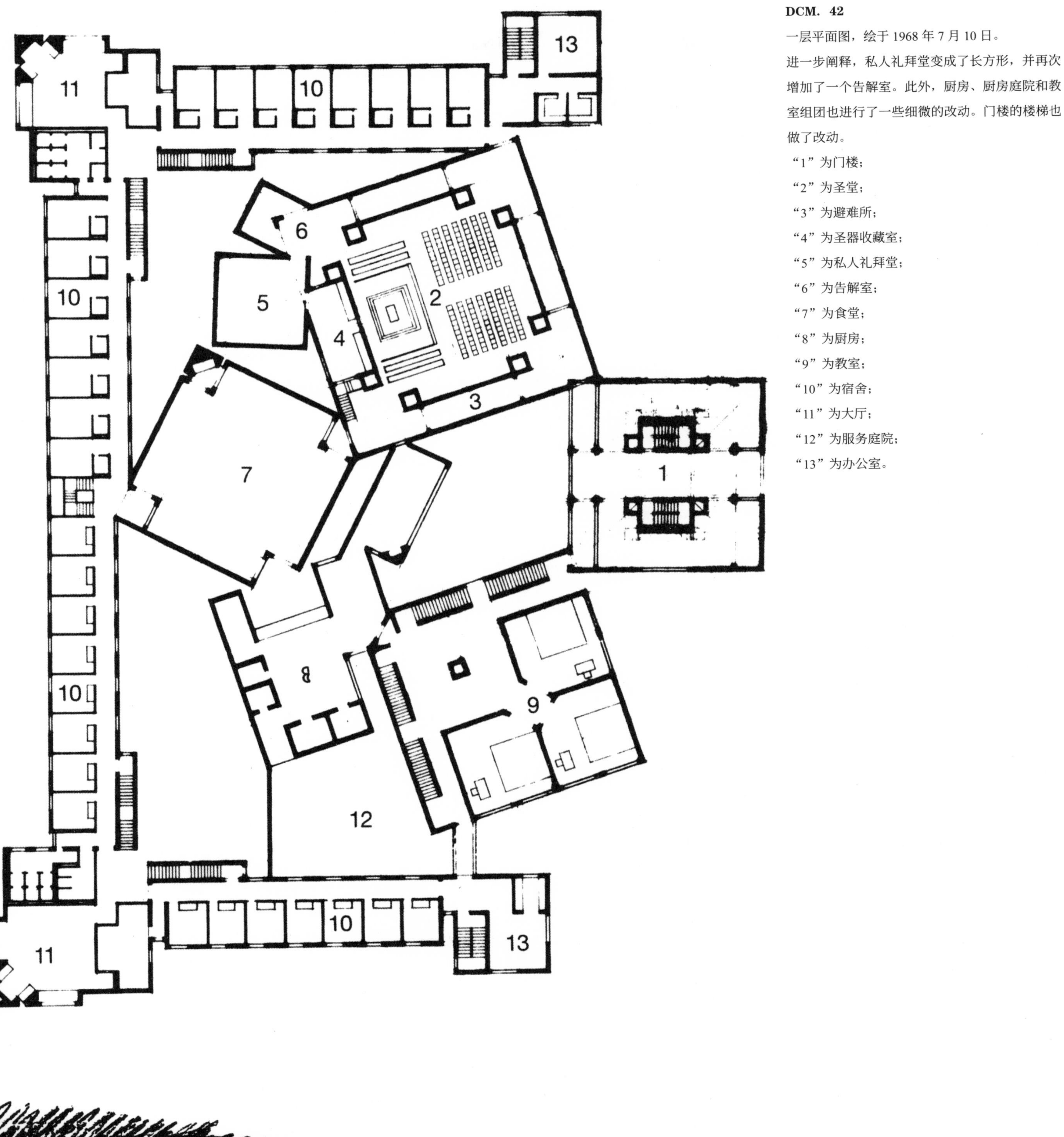

DCM. 42

一层平面图，绘于1968年7月10日。

进一步阐释，私人礼拜堂变成了长方形，并再次增加了一个告解室。此外，厨房、厨房庭院和教室组团也进行了一些细微的改动。门楼的楼梯也做了改动。

“1”为门楼；
“2”为圣堂；
“3”为避难所；
“4”为圣器收藏室；
“5”为私人礼拜堂；
“6”为告解室；
“7”为食堂；
“8”为厨房；
“9”为教室；
“10”为宿舍；
“11”为大厅；
“12”为服务庭院；
“13”为办公室。

DCM. 43

南立面草图，绘于1968年8月，展示了生活区的低矮立面；入口门楼（背景中央）与第二版相似。

圣安德鲁修道院（1966—1967 年）

瓦尔耶莫（Valyermo），加利福尼亚州

当路易斯·康设计多明我会修道院时，他被委托在加利福尼亚州的瓦尔耶莫设计一座类似的修道院。

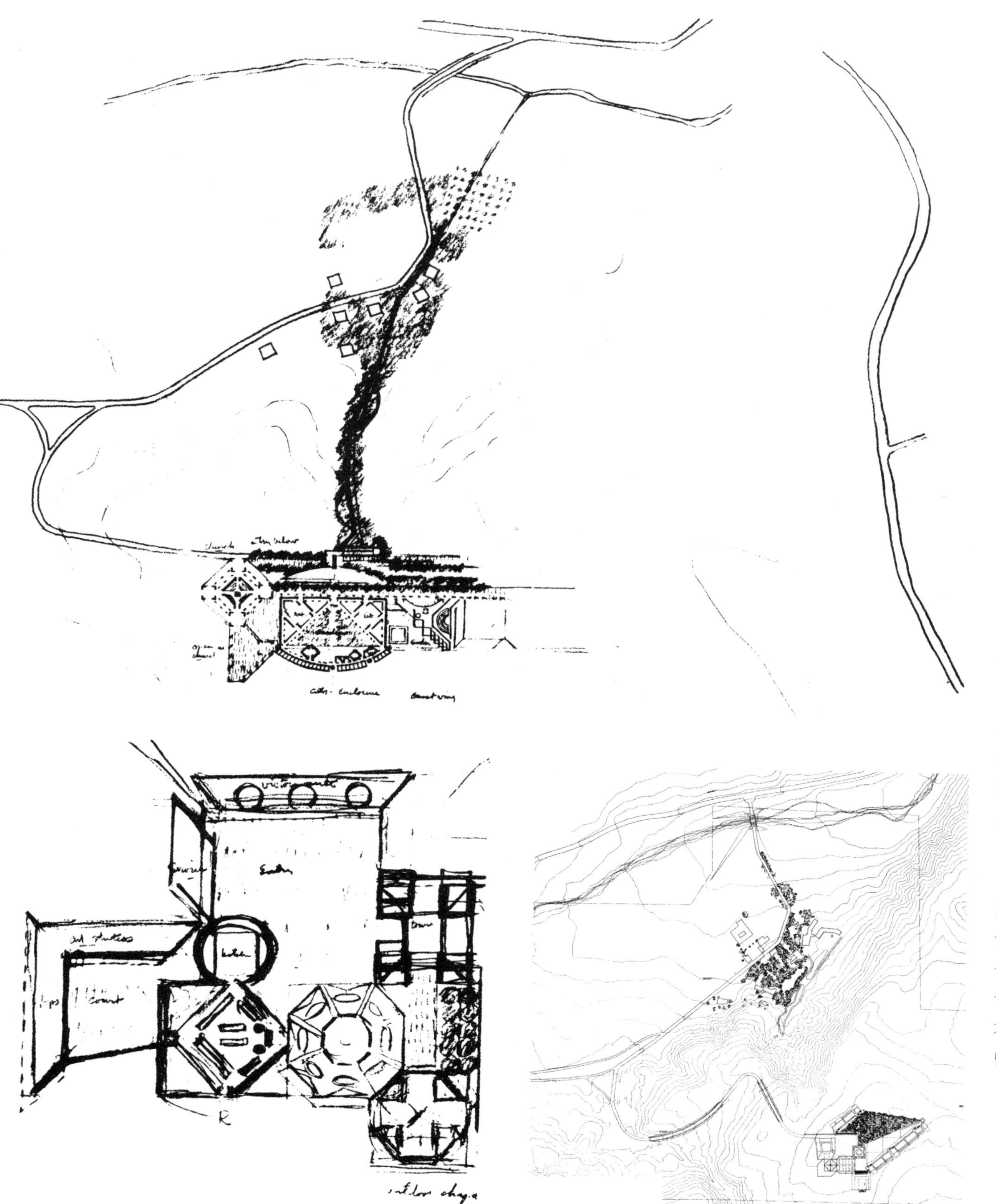

ANP. 1

早期的场地平面草图，展示了从普罗维登斯路（Providence Road）到达修道院的路径。修道院的紧凑平面围绕着中心的三角形花园展开：花园的两边是教室（小三角形），三角形的第三边是生活区（单元）。平面图上的注释写道：

“教室的公共休息室在较低的内部花园”；

“宿舍—围墙—客房楼”；

“露天……”；

“教堂的入口在下方”。

ANP. 2

平面草图，展示了对该项目各要素之间的联系的研究。

“艺术工作室”和“商店”围绕着左边的“庭院”；

“服务区”围绕着一个大庭院。

上方为“入口”；右上方为“塔楼”；下方为与教堂相连的“厨房”（被圈出）和“食堂”；右下方为“三层的礼拜堂”。

ANP. 3

场地平面图，右下角为拟建的修道院，位于海拔 3800 英尺高的台地上。场地高出山谷 200 英尺，山谷中坐落着现有的建筑群及一片小树林。

“为什么我们只因并无先例，就要认为不可能有其他的事情像第一座修道院的出现那般神奇呢？它只是让人意识到，确切的空间领域表征着人的一种深切愿望，即用人的某种活动来表达不可言说之事，由此形成了修道院。这在人类历史上并不罕见，当一件事被确立下来的时刻来临，众人皆会拥护，仿佛它永恒如斯。”

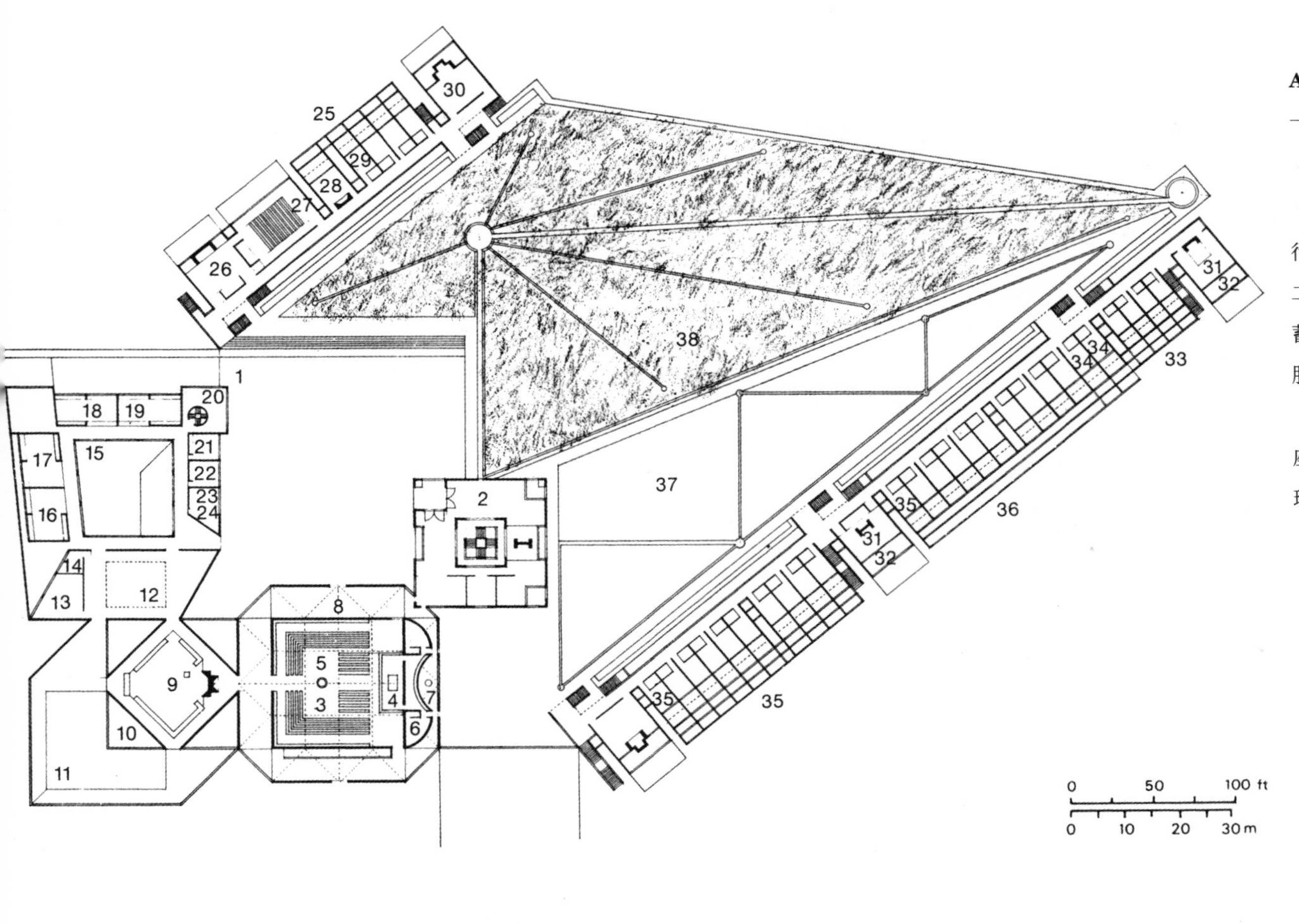

ANP. 4

一层平面图，左侧是修道院的入口。

“1”为入口庭院；

“2”为门楼：接待室、行政办公室和图书馆在二层，分会室在三层，蓄水池和钟楼位于顶部，服务设施位于地下室；

“3”为教堂：有 300 个座位，72 个僧侣的唱诗班席位；

“4”为祭坛；

“5”为圣洗池；

“6”为圣器收藏室；

“7”为神龛；

“8”为避难所；

“9”为食堂；

“10”为庭院；

“11”为花园；

“12”为厨房和储藏室；

“13”为用人餐厅；

“14”为厨房办公室；

“15”为服务庭院；

“16”为马赛克工作坊；

“17”为金属工房；

“18”为陶器作坊；

“19”为展室；

“20”为大厅；

“21”为办公室；

“22”为理发店；

“23”为裁缝店；

“24”为洗衣房；

“25”为旅社；

“26”为前厅；

“27”为礼堂；

“28”为客房；

“29”为浴室；

“30”为阅览室；

“31”为教师休息室；

“32”为下方的教室；

“33”为新信徒宿舍；

“34”为病房；

“35”为僧侣宿舍：牧师和教会修士的宿舍，12 英尺 ×22 英尺，带浴室和卫生间；

“36”为牧师宿舍；

“37”为修道院庭院；

“38”为带分水渠的修道院花园：从蓄水池中引来的水存储在入口塔楼顶部的水罐中，将用于修道院花园和庭院的浇灌。

ANP. 5

立面草图，左侧是食堂、教堂和门楼，右侧是宿舍。

“建筑是自然不能制造的东西。大自然不能制造人类所制造的任何东西。人汲取了自然——造物之义，却脱离了自然的法则。大自然不会这样做，因为大自然在和谐的法则中运转，即我们所言的秩序。它不曾孤立地运行。但人类却孤立地工作着。因而无论他工作几许，与真正想要表达的欲望和精神相较总是十分微小。人总是比他的作品更伟大。他永远不可能用他的工具去实现真正完满的表达。”

ANP. 6—7

剖面图，宿舍（左）、修道院花园（中）、旅社（右）。

ANP. 8

场地模型的平面图，修道院位于光秃秃的山上，右下方是宿舍，左上方是旅社，左下是教堂建筑群，中间是门楼。

“此时我们应该说说永恒（eternal）与普遍（universal）的区别。普遍只是在处理物理层面，永恒则揭示出一种全新的本质。尽管潜意识并不知悉，但人仍是自然界中拥有感知欲望的存在。我相信，这一二元对立会令自然界因人的存在而改变，因为人是有梦想的，自然界给他的工具远远不够，他想要更多。”

ANP. 9

场地模型图，左侧是旅社，右侧是宿舍，二者围合出一个受保护的露台。

“我对信仰深信不疑，因为我意识到，很多事情在做的时候，只有采用的手段，背后并无信仰支撑。然而如果没有信仰支撑，整个现实就不复存在。当人们做大型重建项目的时候，背后缺少信念，只有现成的手段与能让项目看上去很漂亮的手法。但你丝毫感觉不到，有什么东西如一盏明灯照亮了人类新的组织形式的出现，让人类感到一种焕然一新的生活意志。这些对于意义的叩问在信仰中找到了答案。必须回归这样的感受，而非仅仅做一些令人愉悦的东西来替代另一些沉闷的东西，那不是多大的成就。

“另一件我感受强烈的事是，如果说一种信念总是带着诸多复杂性，恐怕是对它的解释有限。人们对信念的了解不多，以至于不能全然意识到它的美丽。人们模模糊糊地感到它必须事先存在，甚至它会被认为是有些过时的——它并未完全展示了自己的美丽，但却因存在的力量使得别人不会改变其精神，而是努力呈现出它的美。而我相信，某种程度上，美就在那束我们为之努力的光下。这是一种选择，是需要用完满的和谐存在达成的。”

百老汇教堂——公寓楼（1966—1967 年）

纽约市（New York），纽约州

项目基地位于百老汇和第七大道之间的第 56 街，狭小的正面朝向第 57 街。客户是百老汇联合基督教会的教区和一个房地产开发商，其建筑师是埃默里 · 罗斯父子事务所（Emery Roth & Son）。这个项目要与阿尔特加办公楼（Altgar Office Tower）进行比较研究，因为当后者的第一次研究正在进行时，康获得了前者的设计委托。他在两个项目中应用了相同的结构概念：滑模（slip form）支撑塔楼，楼板悬挂在塔顶结构上。这样，塔楼就可以横跨在位于同一地块的新百老汇教堂上。在项目的推进过程中，开发商认为这个结构概念太过试验性，风险很高，并且认为该地块更适合做办公室而不是公寓。

教会组织不同意这个方案，并在 1967 年年底将他们的地产卖给了开发商。后来由埃默里 · 罗斯父子事务所设计的建筑得以执行。

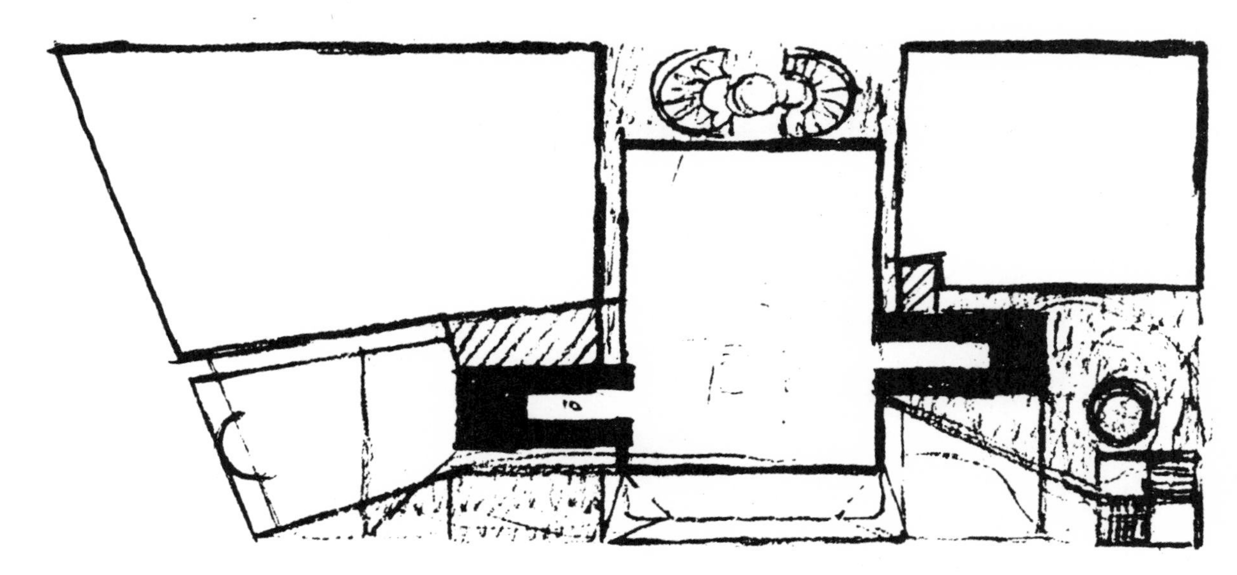

BCA. 1

平面草图，展示了从 4 个方向通往公寓楼和教堂的可能途径。现有建筑位于百老汇和第 57 街的转角处（左边），以及第 57 街和第七大道的转角处（右边）。

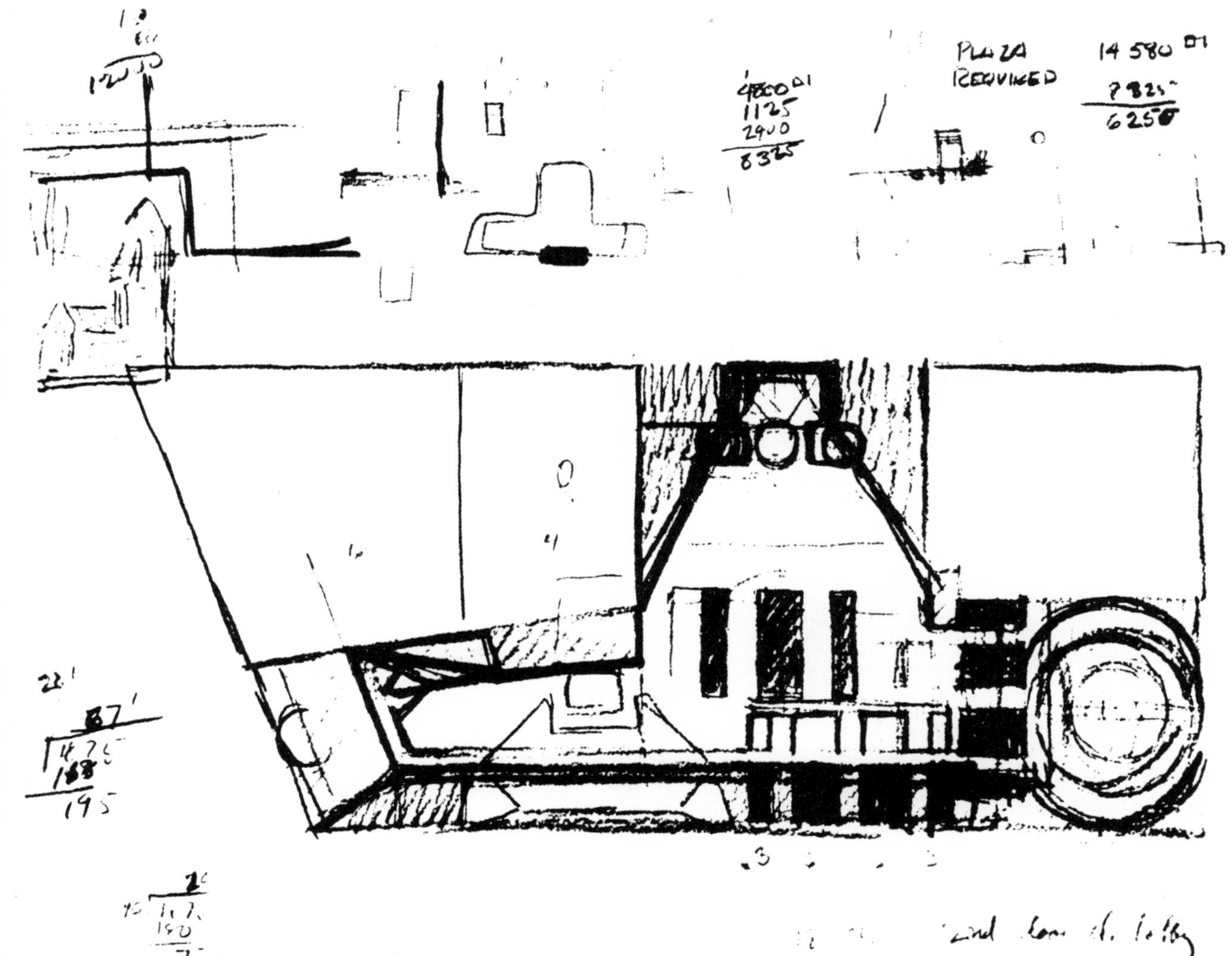

BCA. 2

一层平面草图，展示了通往地下停车场的坡道，以及现有的“30 层楼房”的研究。

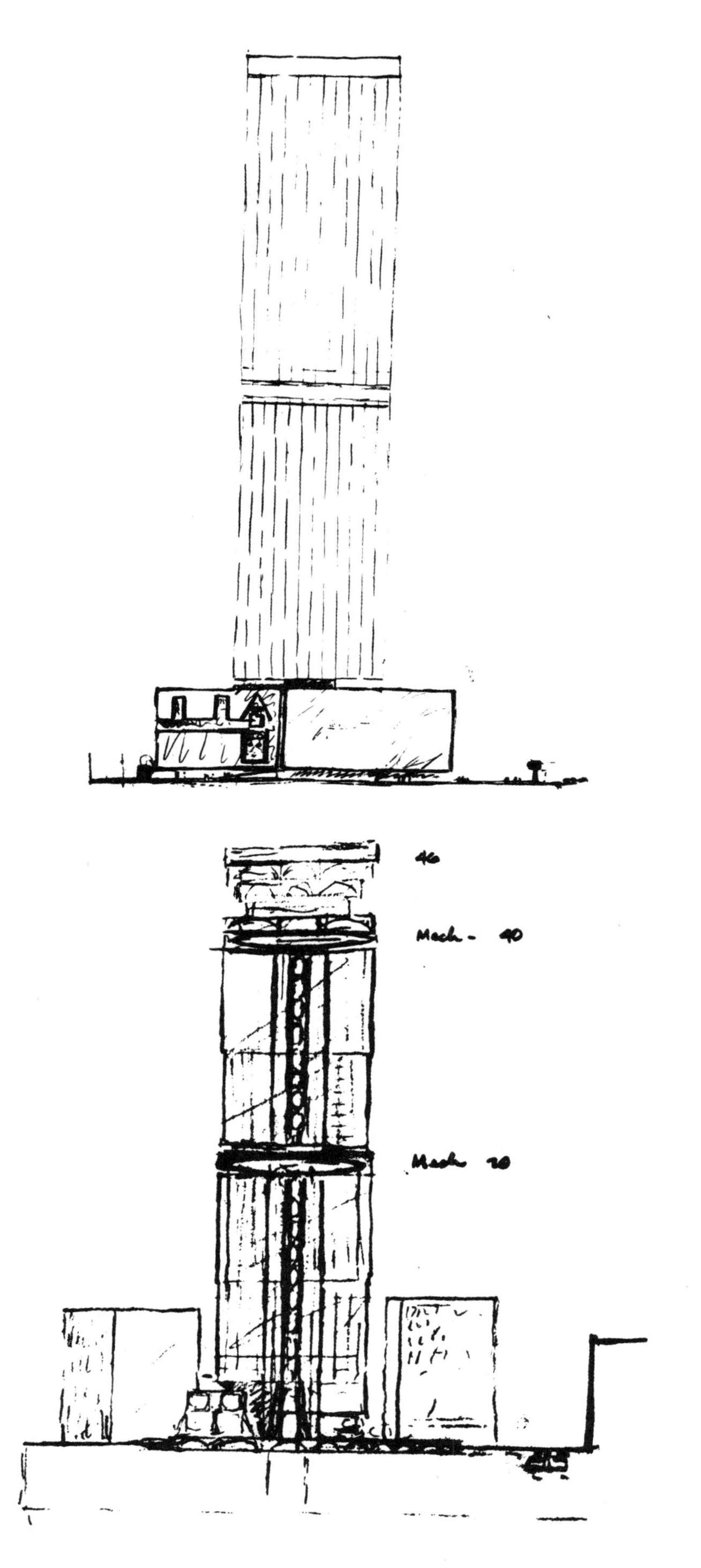

BCA. 3

立面草图，展示了 50 层高的塔楼和其地两层设备层；教堂结构形成塔楼的基础。

BCA. 4

剖面草图，展示了带有中央服务区的 46 层塔楼，支撑结构位于第 40 层和第 46 层之间，上方有俱乐部层；设备层位于第 20 层和第 40 层；基督教堂位于街道层。

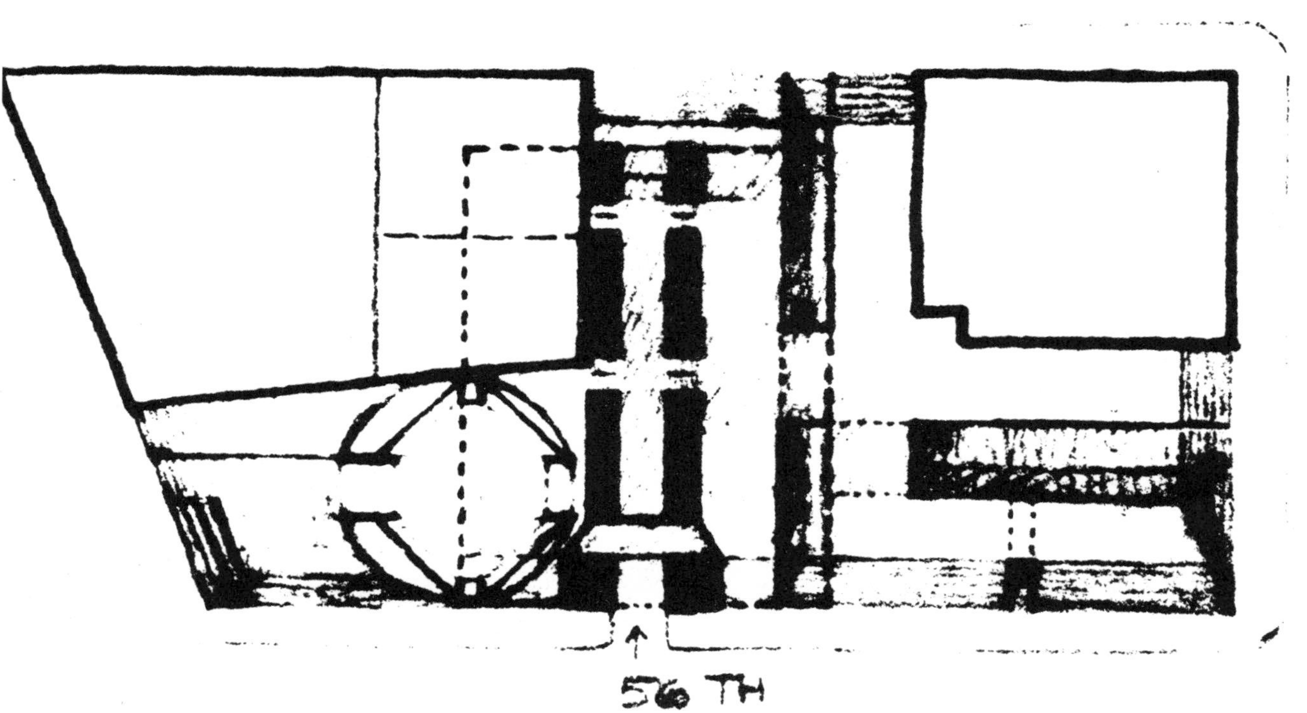

BCA. 5

平面草图，展示了电梯门厅成为连接第 56 街和第 57 街的通道。塔楼用虚线表示，左边是基督教堂，右边是车库坡道。

BCA. 6

剖面草图，展示了46层的塔楼。左边是百老汇，右边是第七大道。设备层位于第20层和第40层，花园、理发店、茶室和药店位于第21层，餐厅位于第41层。

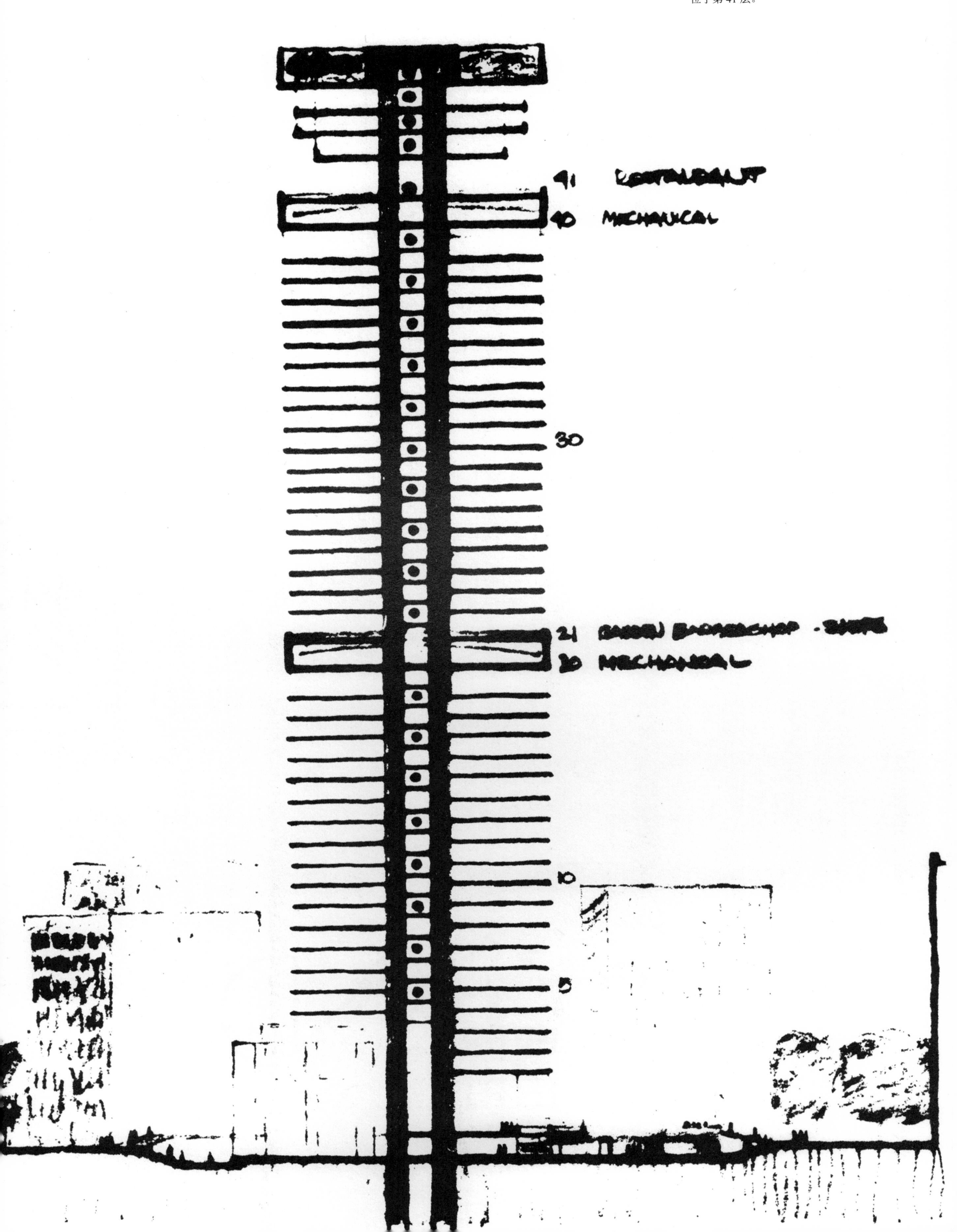

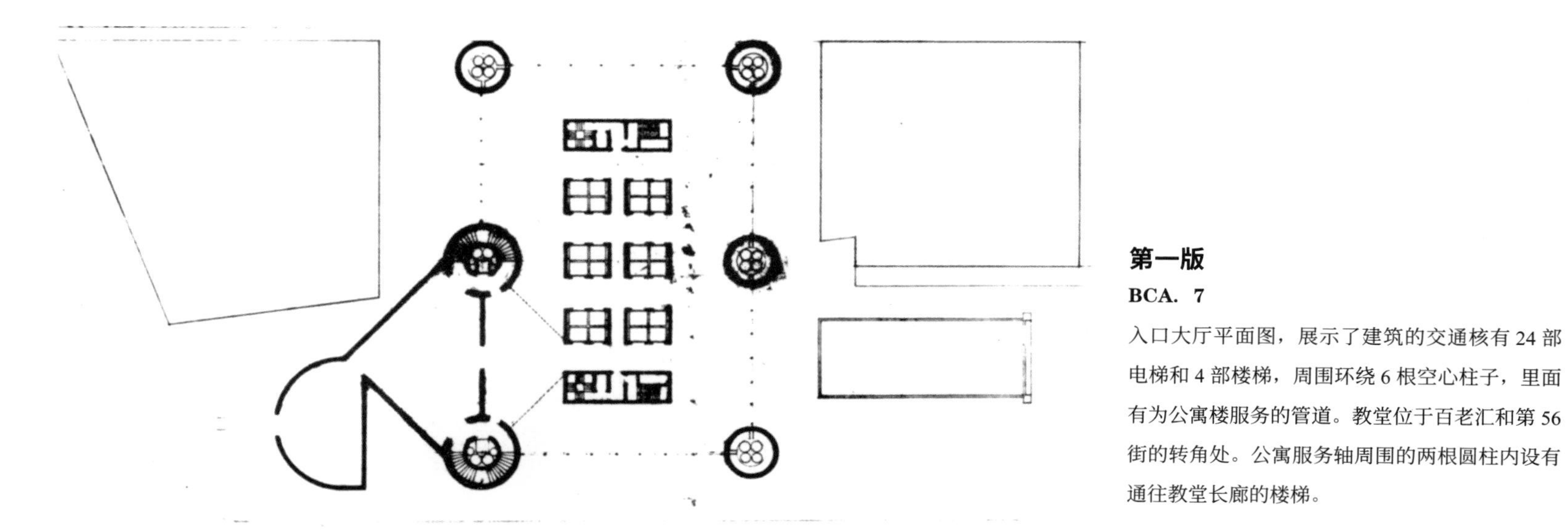

第一版

BCA. 7

入口大厅平面图，展示了建筑的交通核有 24 部电梯和 4 部楼梯，周围环绕 6 根空心柱子，里面有为公寓楼服务的管道。教堂位于百老汇和第 56 街的转角处。公寓服务轴周围的两根圆柱内设有通往教堂长廊的楼梯。

BCA. 8

第 56 街立面草图，绘于 1967 年。

“当我漫步纽约时，我深感压抑。生活在这些街道上的人唯一的举动就是玷污它们，因为这里没有任何东西能激发人们对它们的敬意。一个人在街上垂直挂出牌子来宣传他的殡仪馆，整条街也沦为了一个殡仪馆。

“伦敦的历史要悠久得多，并且尊重那些已经成为其历史一部分的建筑。在纽约，你被一群以自我为中心的建筑包围着。而在伦敦，它们成为朋友，向你诉说。伦敦的建筑令人敬畏，街道生活富有品质，因为汽车不会那么一刻不停地占有它们。车辆更小——那里没有这种庞然大物，那里的起居室来到纽约只能容下一个人。”

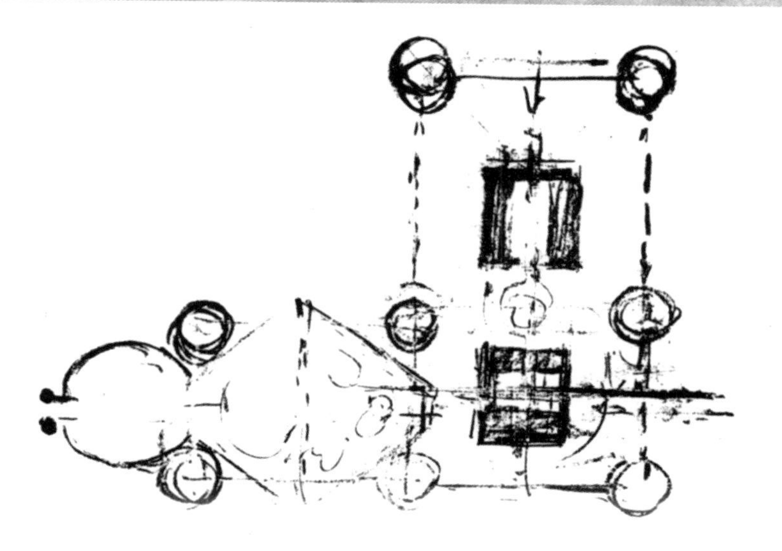

第二版

BCA. 9

平面草图，展示了 L 形的公寓楼（虚线部分），辅有 8 个圆形的支撑。基督教堂在街道层被构想为两个空间，但没有明确说明它们将如何使用。

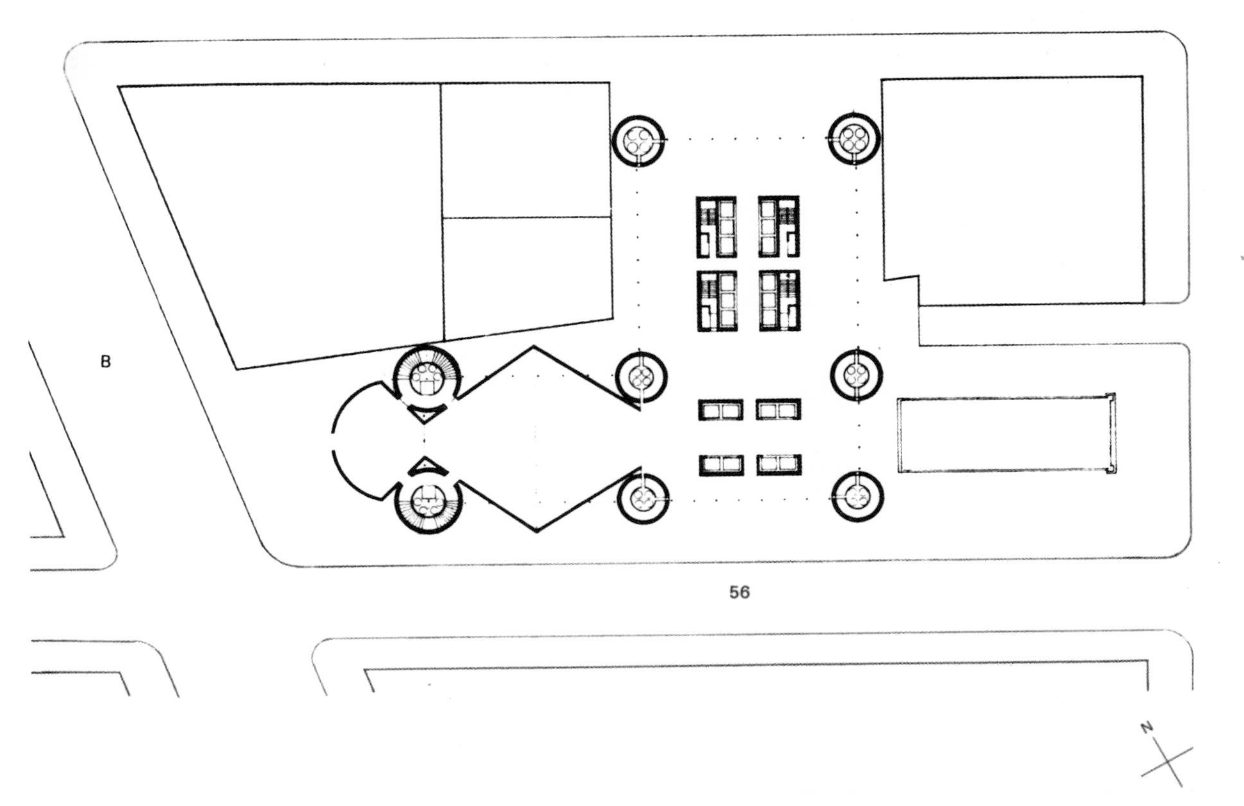

BCA. 10

入口大堂平面图，展示了 L 形的公寓楼（虚线部分），由 6 根内含管道的圆柱和两根较大的内含管道（为塔楼服务）和楼梯的圆柱所限定。

一座带有喷泉的水池面向第七大道。那里也设有通往地下车库的坡道。

BCA. 11

56 街立面草图，绘于 1967 年。

“街道是社区的房间，但我们的街道正在成为马路，了无生机。举例来说，纽约的第五大道，现在就是一条马路，一条把两侧界面分割开的河。今天的建筑是作为竞争项目而竖立起来的——只是为了抢夺别人的生意。它们只是处于房地产的状态，并不属于城市的空间宝库。”

“我知道自己的失败之处，它鞭策着我不断向前。”

阿尔特加写字楼（1966—1974 年）

纽约市（New York），纽约州

1966 年年初，阿尔特加公司找到康，请他设计一栋 15—22 层的高层办公楼，地点在密苏里州堪萨斯的一块靠近市中心的转角地带。康不喜欢将钢作为高层建筑的材料，并称这种建筑为“铁皮罐”；他认为中等规模的高层建筑可以用混凝土建造。他和他的结构顾问奥古斯特·科缅丹特（August Komendant）博士一起提出了一种滑模结构，楼板悬挂在顶部结构上，顶层先安装。然而，在第一个设计方案被批准后，业主被市政规划局要求改变基地位置，在主干道（Main Street）和巴尔的摩街（Baltimore Street）以及第 11 街和第 12 街之间的一个街区建造这栋高层建筑，施工费在两三年后将被免除。同时，康还在进行百老汇教堂——公寓楼的设计，进一步深化了结构体系的原则。

直到委托结束，康准备了大量的设计研究报告［参见宾夕法尼亚大学路易斯·康档案馆（Louis I. Kahn Archives）所藏大量图纸的纲要］。就在 1974 年康最后一次动身前往艾哈迈达巴德之前，客户在没有正式通知他的情况下，将委托书交给了 SOM 事务所。

以下研究基于这份任务书：

—— 50 万平方英尺的办公空间；有一层健身俱乐部和餐厅，这些功能需要安排在顶部有一个直升机停机坪的塔楼内。

——两层共计 50 万平方英尺的商业面积和三层停车场（地下层）。

——广场层设有影院、一家银行、经纪人事务所、咖啡厅和艺术展室等。

AOT. 1

草图上的平面和立面。

“灵感”。

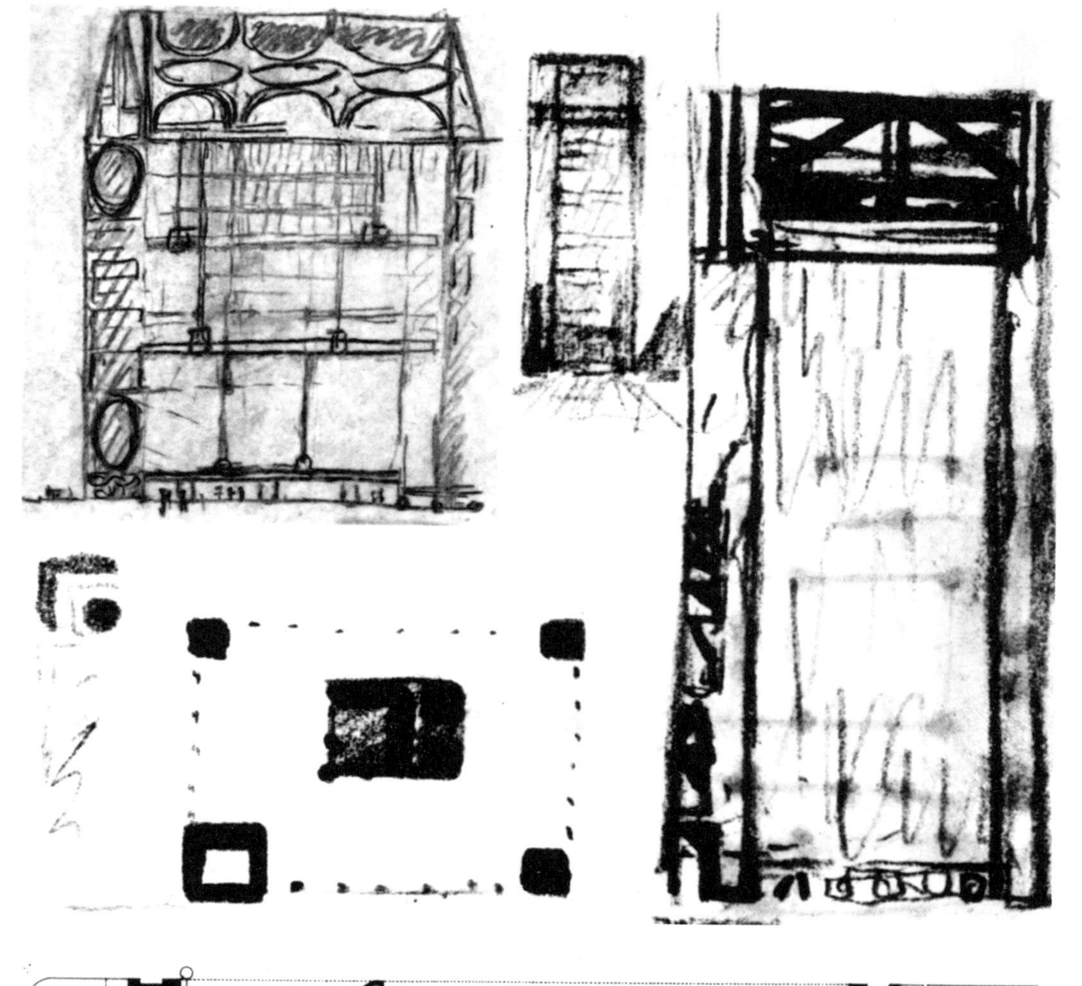

AOT. 2

1967年4月的立面草图，展示了一座楼板悬挂起来的建筑。

AOT. 3

平面草图，展示了服务核和4个角柱的概念。

AOT. 4

立面草图，展示了顶部的桁架和由角柱支撑的顶部结构。

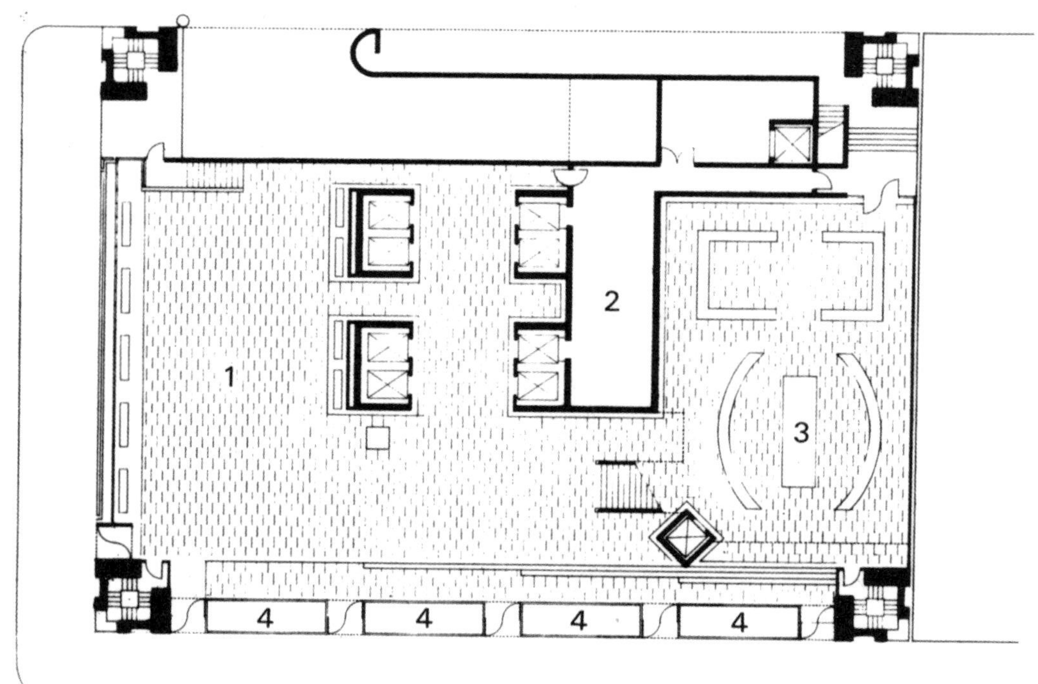

第一版

AOT. 5

广场层平面图，展示了矩形塔楼与容纳楼梯的双角柱。

“1”为大厅；

“2”为服务空间；

“3”为商店；

“4”为展陈。

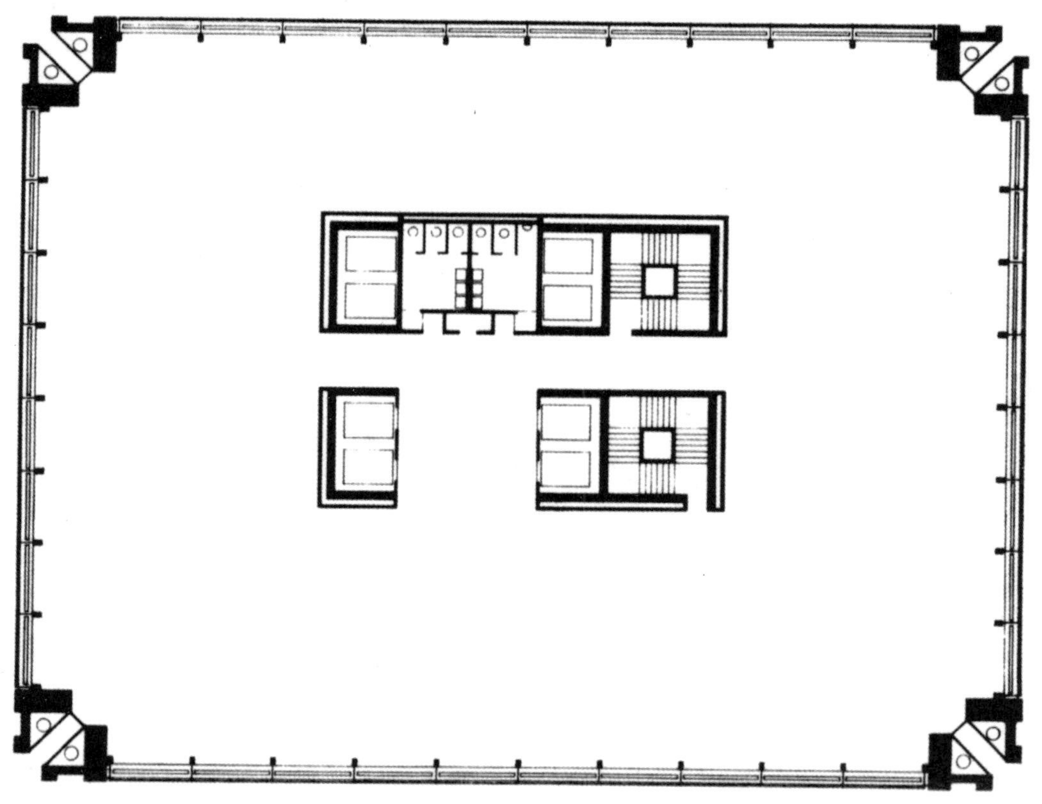

AOT. 6

办公层典型平面图，展示了容纳服务管道的双角柱。

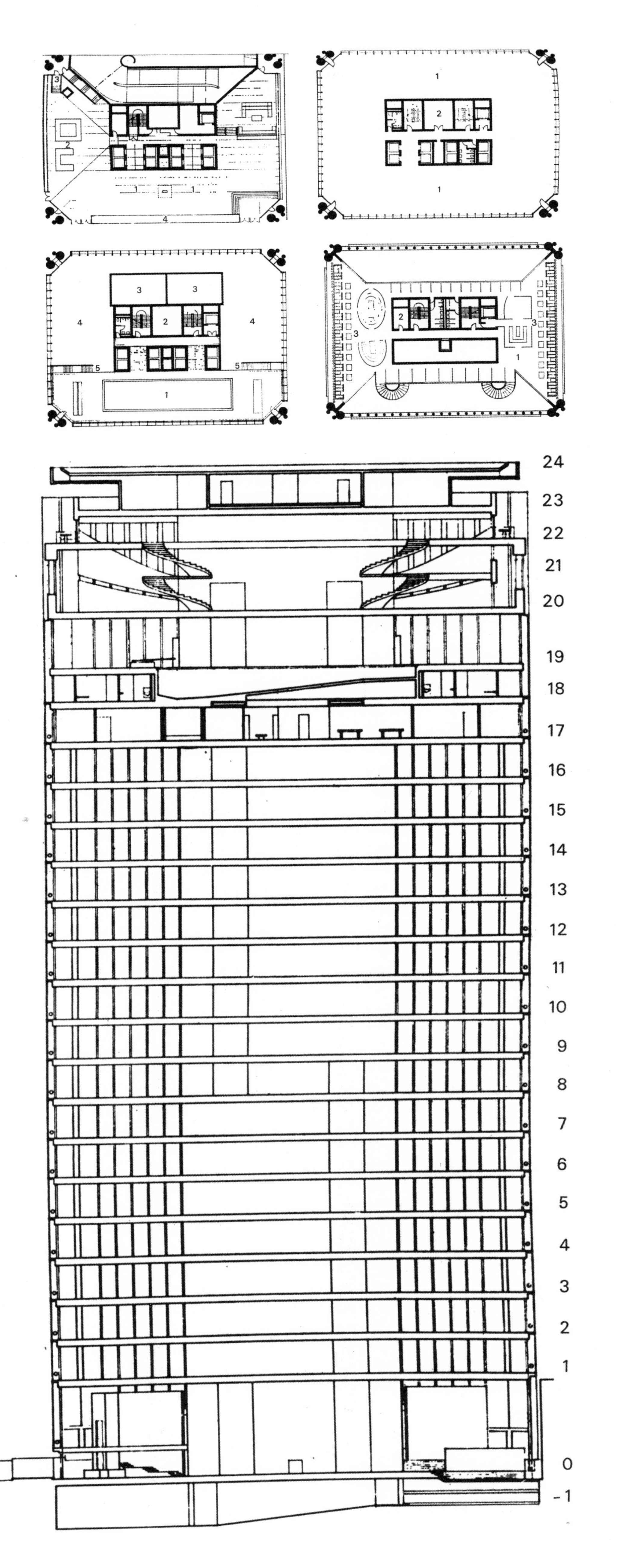

AOT. 7

一层平面图，位于街道层，展示了坚固的圆形双角柱。

“1”为主厅；

“2”为商店；

“3”为商店入口；

“4”为展陈。

AOT. 8

典型办公层平面图。

“1”为办公室；

“2”为服务空间。

AOT. 9

19层平面图。

“1”为游泳池；

“2”为服务空间；

“3”为壁球馆（上半部）；

“4”为体育馆（上半部）；

“5”为通向下层体育馆和服务空间的楼梯。

AOT. 10

22层平面图。

“1”为酒吧；

“2”为服务空间；

“3”为观景台。

AOT. 11

纵剖面图。

-1层：停车层；

0层：街道层，主入口；

1—16层：办公室；

17—22层：俱乐部层；

18层、19层：体育馆和游泳池；

20层：餐厅；

21层：服务空间和厨房；

22层：酒吧和观景台；

23层：直升机停机坪附件；

24层：直升机停机坪。

“我觉得这个建筑不应该只是一个简单的工作场所，而应该激发人们对这个城市的忠诚。因此，关于俱乐部和购物场所的想法就成了它的一部分。桁架在顶部出现，就是为了表现这个俱乐部——就像一栋楼在另一栋楼的顶部。”

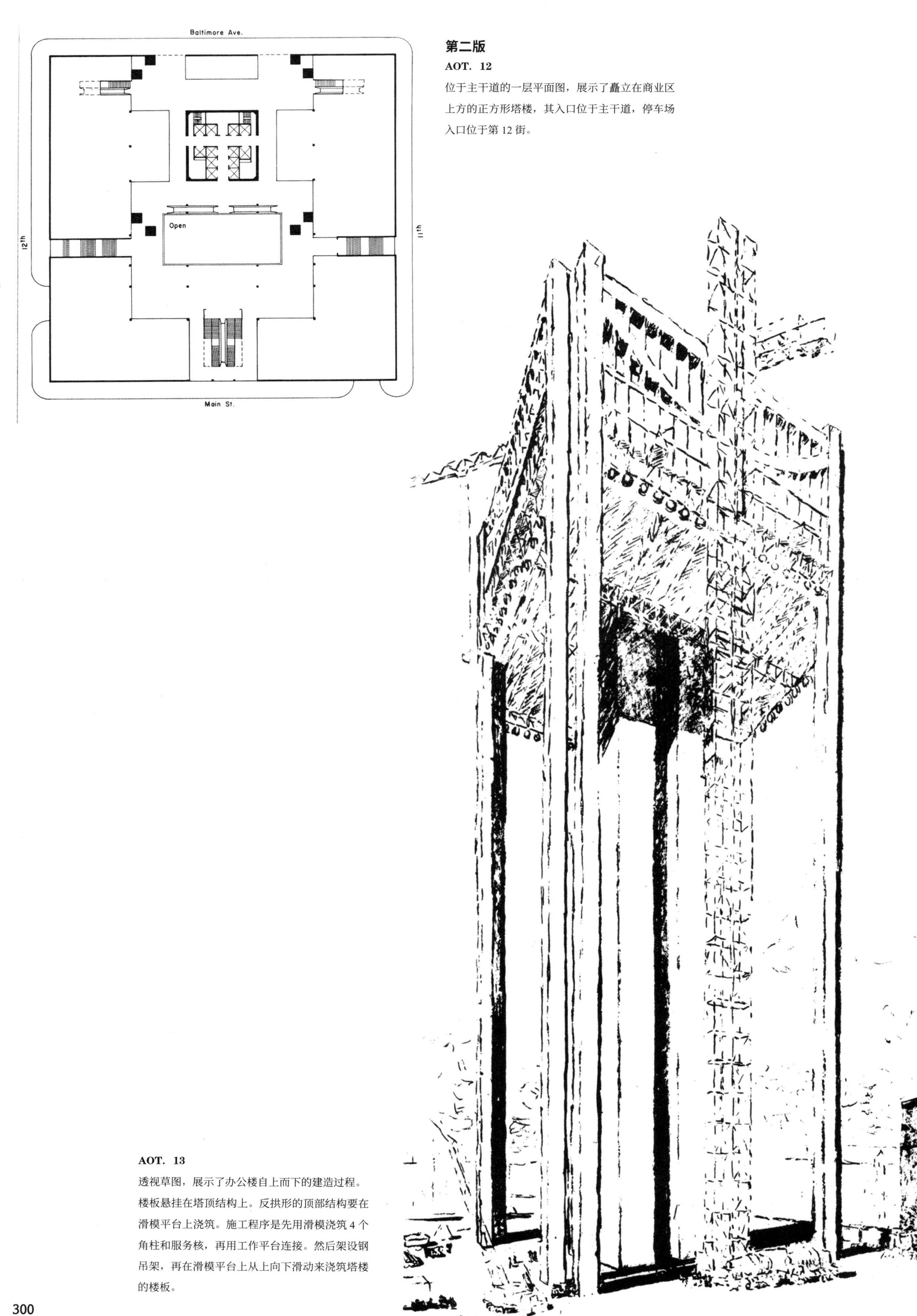

第二版

AOT. 12

位于主干道的一层平面图，展示了矗立在商业区上方的正方形塔楼，其入口位于主干道，停车场入口位于第 12 街。

AOT. 13

透视草图，展示了办公楼自上而下的建造过程。楼板悬挂在塔顶结构上。反拱形的顶部结构要在滑模平台上浇筑。施工程序是先用滑模浇筑 4 个角柱和服务核，再用工作平台连接。然后架设钢吊架，再在滑模平台上从上向下滑动来浇筑塔楼的楼板。

第三版

AOT. 14

透视草图，绘于 1972 年，展示了主干道视角。

“塔楼下面是另一座建筑，它将塔楼和街道、购物与人群联系在一起。这条街道与购物相得益彰。任何中断购物的建筑都只在其所处的基地上体现出重要性。从一边到另一边有 20 英尺的差，这就给了我一个通往下方建筑的购物入口以及通往上方广场的会合处。这一操作增强了相遇的感受，而这是城市感的核心。”

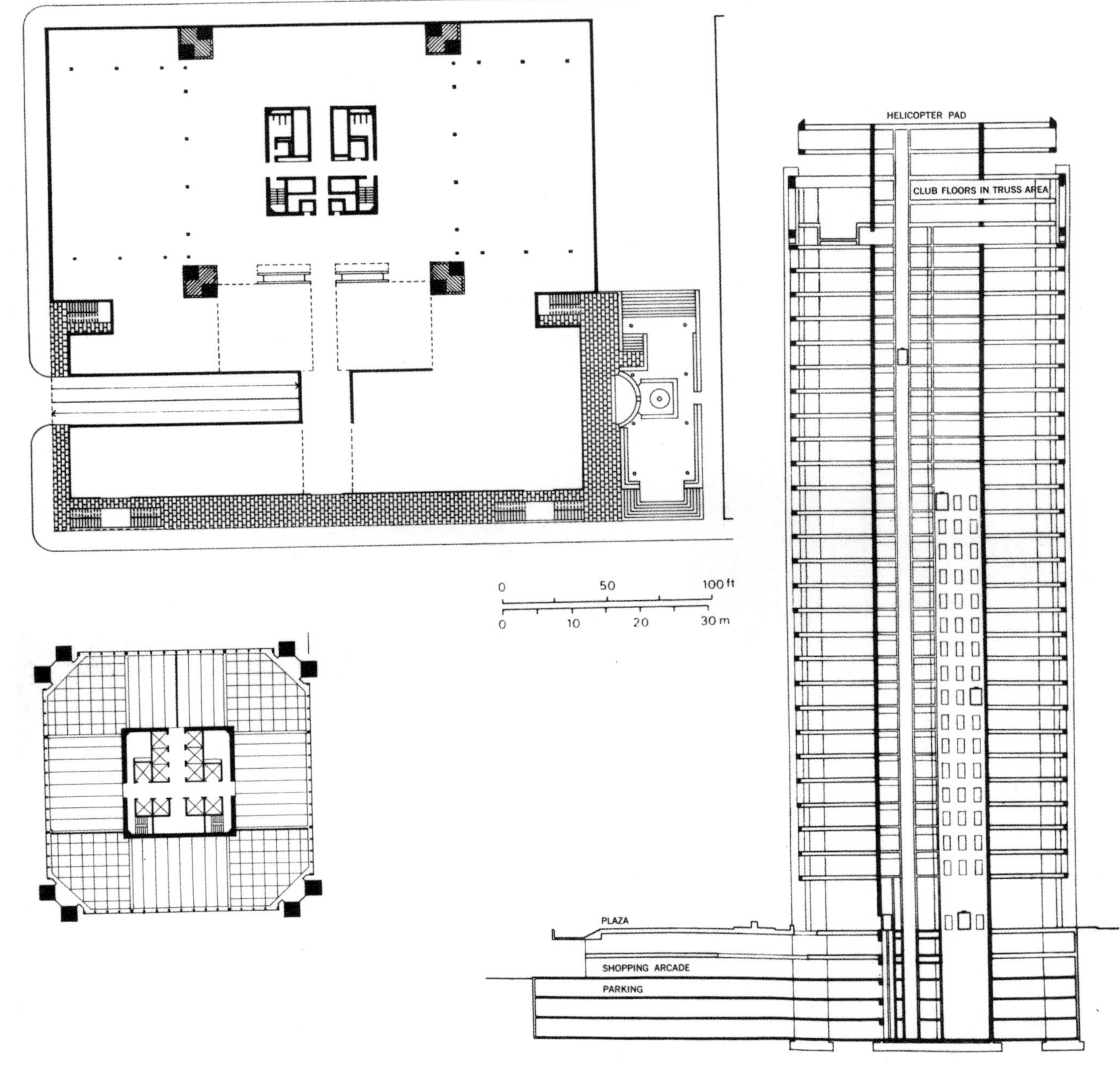

AOT. 15

巴尔的摩街层面的广场平面图。

AOT. 16

典型的反射天花板平面图。

AOT. 17

剖面图。左边是主干道，右边是巴尔的摩街，展示了 3 层停车场，两层商业区，一层广场，26 层办公区，桁架下方的 3 层俱乐部，屋顶的直升机停机坪。

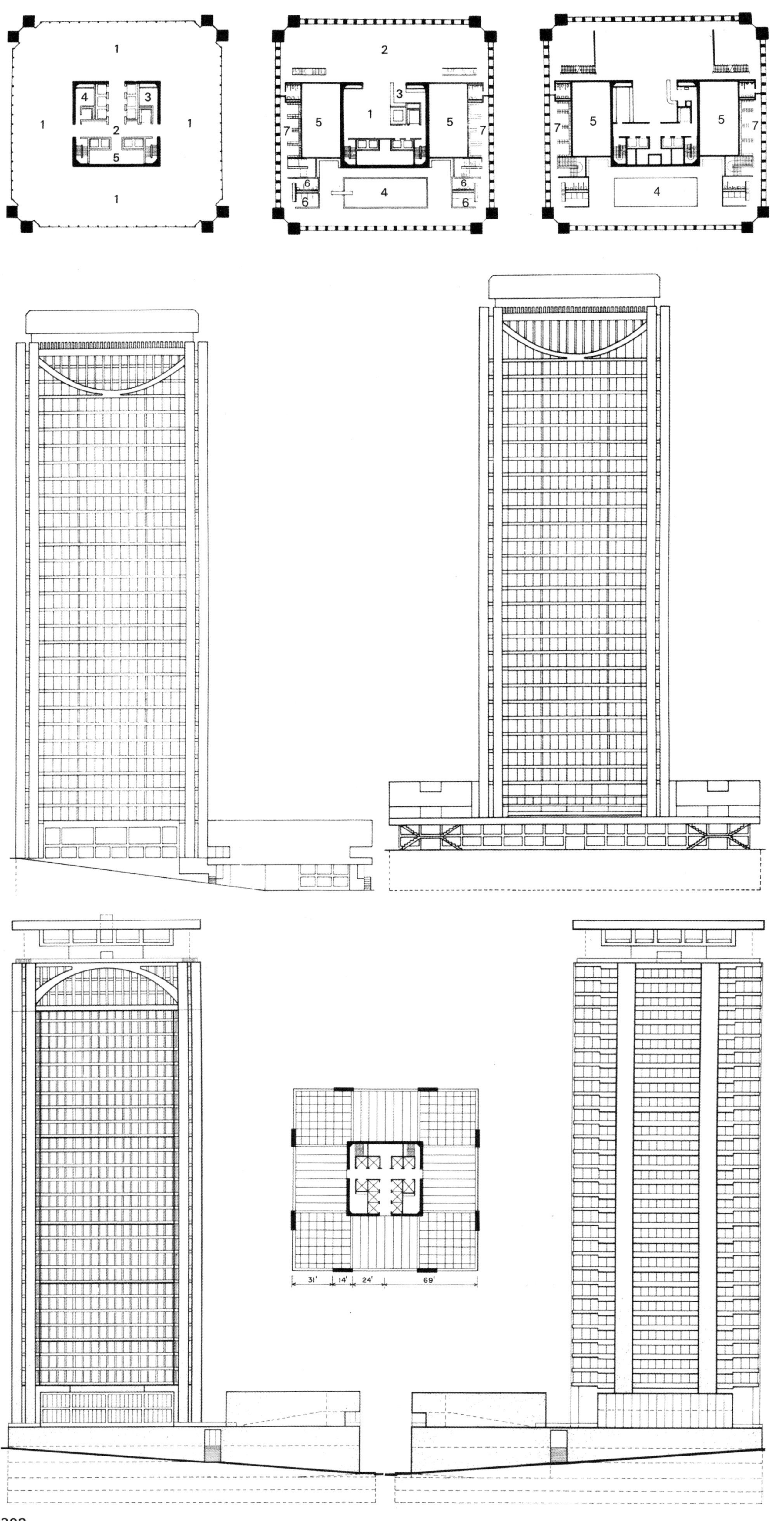

AOT. 18

典型平面图，1 层至 26 层。

“1”为办公空间；

“2”为服务核；

“3”为女卫生间；

“4”为男卫生间；

“5”为设备间。

AOT. 19—20

27 层和 28 层平面图。

“1”为俱乐部入口；

“2”为俱乐部休息室；

“3”为接待台；

“4”为游泳池；

“5”为手球馆；

“6”为卫生间；

“7”为更衣室。

AOT. 21

第 12 街立面图。

AOT. 22

主干道立面。在项目开发的这一阶段，该地块的拆迁工作已基本完成，建筑许可证也已发放，但资金问题阻碍了施工。

第四版

AOT. 23

第 12 街立面图，展示了奥古斯特·科缅丹特博士为解决将 45 吨钢梁吊装到角柱顶部的问题而提出的拱顶结构。

在夏普兄弟工程公司（Sharp Brothers Contracting Company）对使用楼层悬吊系统和滑模操作所涉及的风险表示担忧后，大家同意放弃原来的设想，从广场层往上同时开始正常的楼层施工。设想采用与宾夕法尼亚大学实验室类似的结构系统和程序。

但据估计，与悬吊式建筑系统相比，这至少需要多一年的施工时间，并增加约 300 万至 400 万美元的建筑成本。

第五版

AOT. 24

典型反射天花板平面图。

AOT. 25

第 11 街立面图，展示了与宾夕法尼亚大学实验室类似的悬臂式楼板结构。

项目移交给 SOM 事务所后，康给奥古斯特·科缅丹特写道：“我从未打算放弃。我们都将心血倾注在这个项目上，努力地工作了 8 年多，却没有任何报酬，就连我们的差旅费也没有支付……我们的职业到底怎么了？……

“我一直很信任业主……加芬克尔（Garfinkel）和阿尔特曼（Altman），视他们为友，对建筑兴趣满满，热衷于为先进的理念而奋斗。可是现在很明显，他们是在利用我们和我们的声望从重建局获得产权，并为项目提供资金……

“我相信，总有一天，这种高层建筑的建造方式会取得巨大的成功，如果不是在这个国家，那么便是在某个更为重视先进性的地方……”

奥利韦蒂-安德伍德工厂（1966—1969 年）

哈里斯堡（Harrisburg），宾夕法尼亚州

1966 年年底，美国奥利韦蒂-安德伍德公司（Olivetti-Underwood）委托康设计他们位于哈里斯堡市外的打字机和电脑制造厂，基地是谷景路（Valley View Road）和镇线路（Township Line Road）之间一个 15 英亩的奶牛场。奥古斯特·科缅丹特博士是结构顾问，巴克利·怀特（Barclay White）作为总承包商经理负责施工。该项目预期分两个阶段实施，每个阶段的建设面积约占总建筑面积的 50%。

“奥利韦蒂项目是一个令人欣喜的挑战——创造一个足够灵活的结构，以适应公司对变化的警惕。我们甚至堵上了耳朵，不敢过于具体。这个结构必须是开放的，以应对将来的变化。”

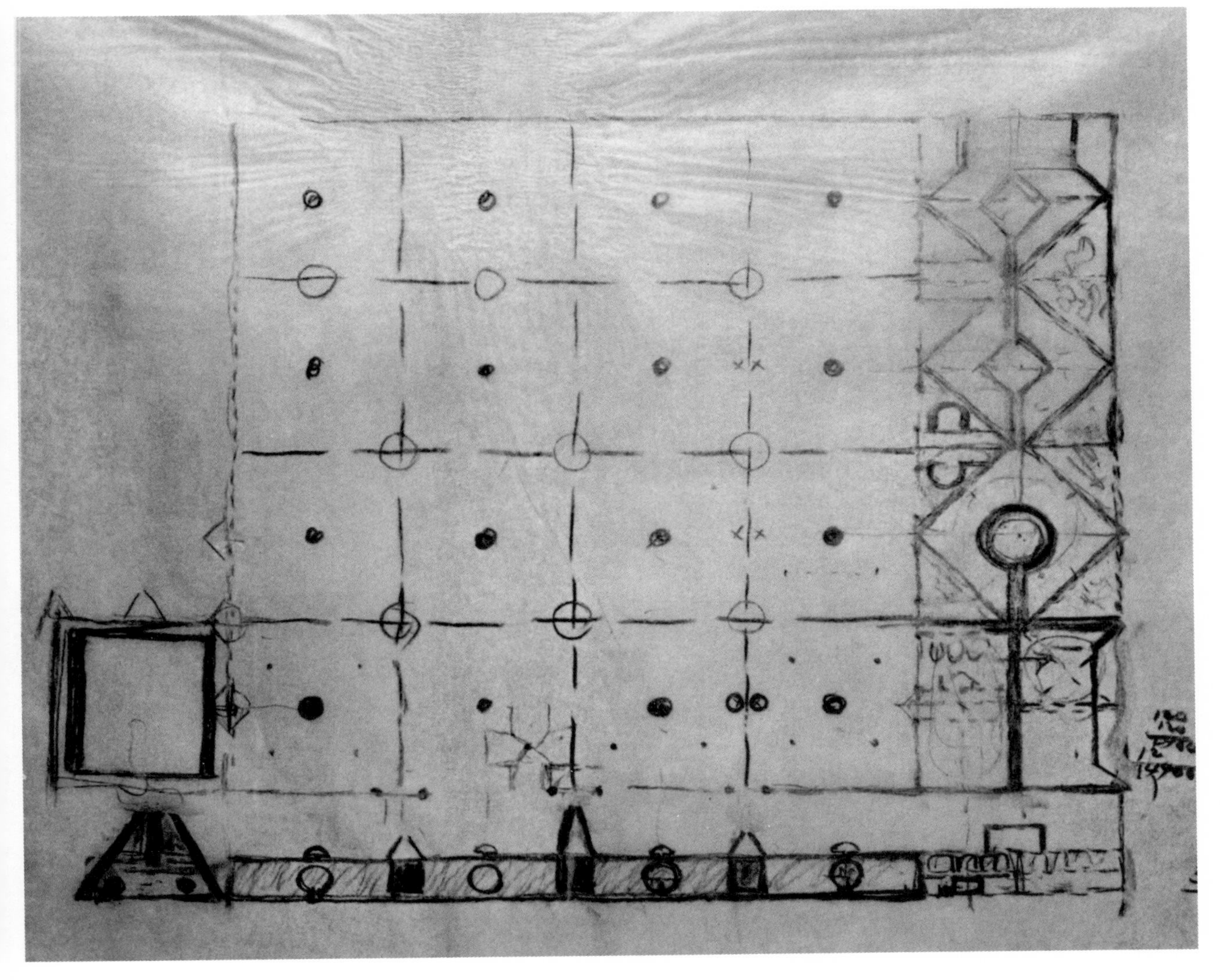

第一版：1966—1967 年

OUF. 1

平面和立面草图，第一阶段（工厂东半部），右边是行政和社会设施，左边是发电厂。

在《论坛报评论》印刷厂项目中，非生产性空间被组织在生产性空间的侧边区域，并由此发展出自己的空间秩序。蘑菇天花板的概念让人联想到弗兰克·劳埃德·赖特设计的威斯康星州拉辛市的约翰逊制蜡公司（建于 1936—1939 年）。然而，在这个项目中，结构实现的性质有所不同。草图上的 16 个方块，每个方块都包含了 4 个蘑菇单元，其中一个例子是在底部左起第二个方块中画的。在单元的交会点上标记的圆圈表示不同模式的顶灯和通风设备。

“我问自己，工厂的问题有何特别之处？后来我想，柱子是工厂建筑的敌人。工厂首先是一个有竞争力的建筑，它必须能够在一夜之间快速移动和改变。我想建造一个没有一根柱子的工厂，但在预算范围内，这是不可能的。”

OUF. 2

平面草图，绘于 1967 年 1 月 11 日，展示了行政办公室和生产车间之间的主入口的流线。

“他们说我是个梦想家，是个不切实际的人。但建筑已经落成，人们在这里工作，来到这里，并注意到这些建筑。即便对于商业客户而言，也没有什么比这更实际的了。”

OUF. 3

细部剖面草图，绘于 1967 年 1 月，展示了对采光和通风的研究。“办公室、卫生间、储藏室等”位于右侧；“传送带、排气管和排气系统”位于左侧；“空气、光，这一表面可以反射 16 倍的光，返回”位于中间。

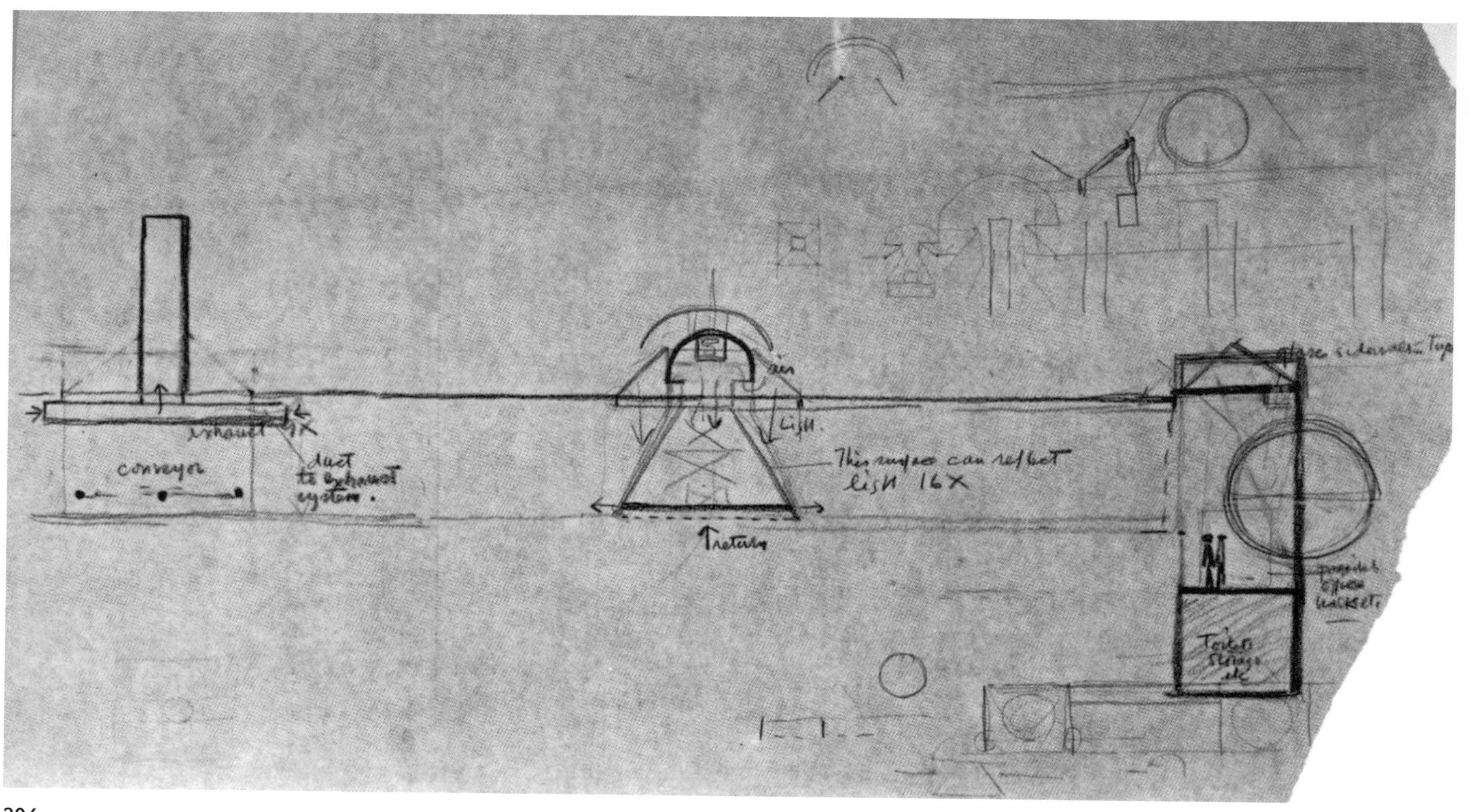

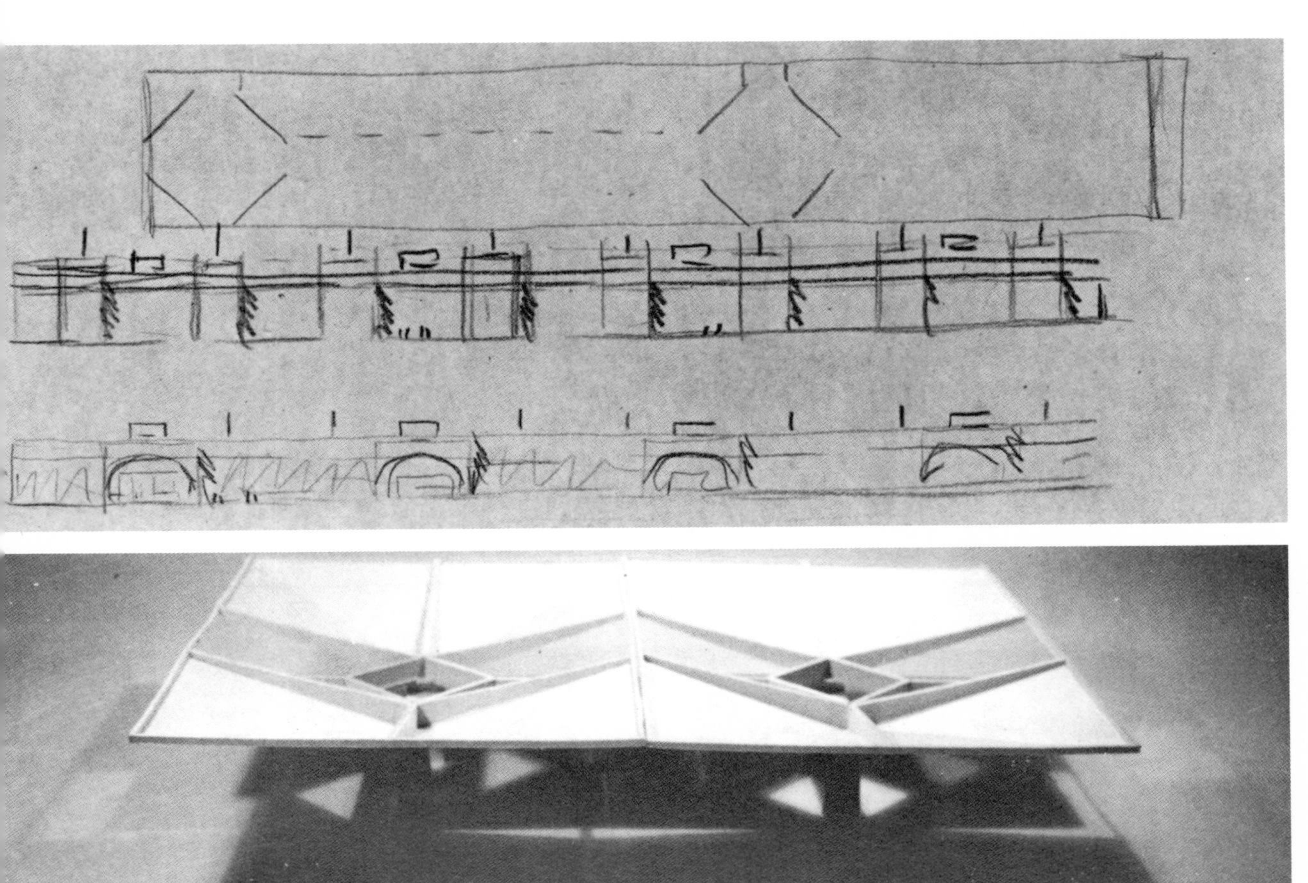

OUF. 4

平面、立面和剖面草图，研究服务用房沿南北墙的分布。

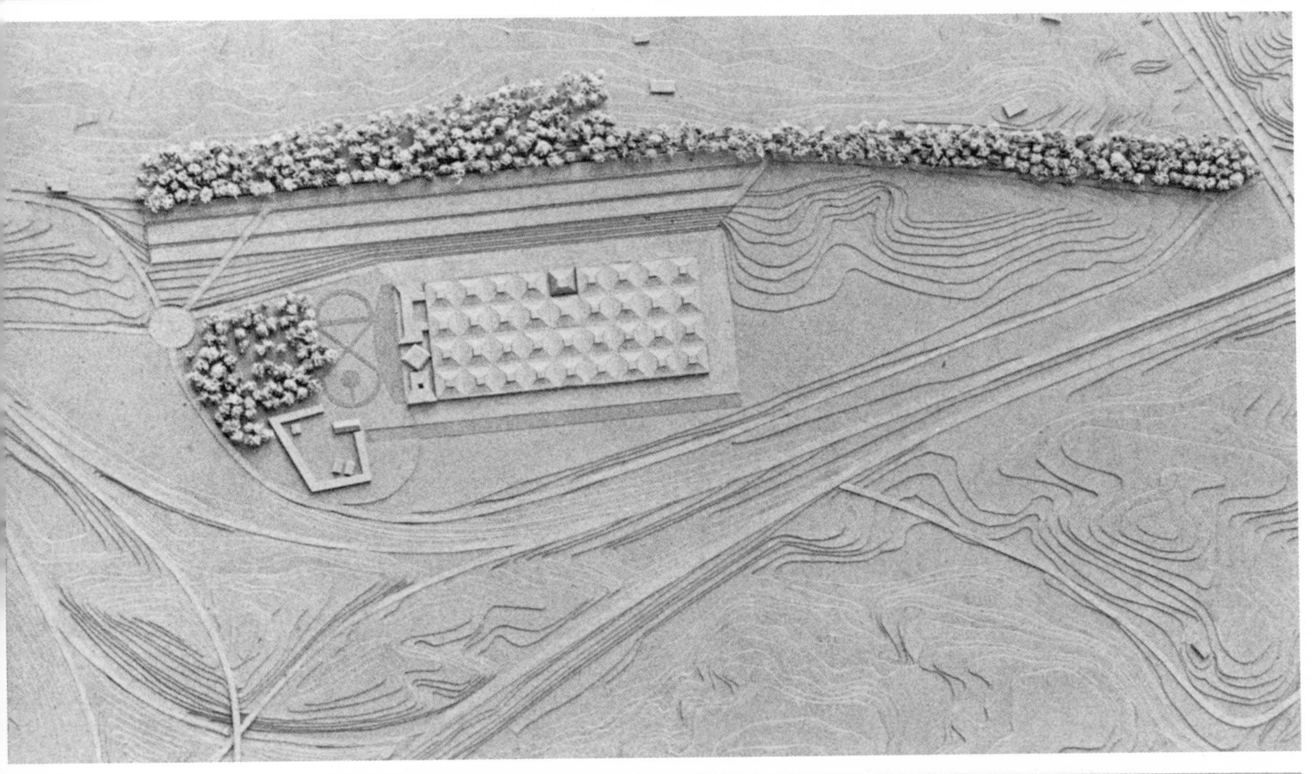

OUF. 5

早期版本的屋顶结构研究模型。

“总之，我们希望实现一种结构，它得以成为光的来源。通常情况下，柱子是暗的，但我们让它在这个项目里成为光的来源。它充满透明层，这实际上是我们的窗户。经过一些实验，我们开始使用四面体形式的蓝色塑料。倾泻而下的光线非常迷人——如同天空一般……由于伞状顶部的上扬，房间被赋予了空间感和轻盈感……你可以说它是一种艺术品的礼堂。”

OUF. 6

场地模型的平面图，东端是行政区，厂区大厅南面中间是发电厂。厂房用混凝土外壳做成截断的金字塔形。它们要在厂区地面上浇筑，然后用吊车吊起，以加快施工进度。

第二版：1967 年

OUF. 7

模型的平面图，展示了工厂屋顶的简化版，屋顶平板上有顶灯。第一个建造阶段完成了 16 个屋顶灯单元，以及东端的行政和社会基础设施。

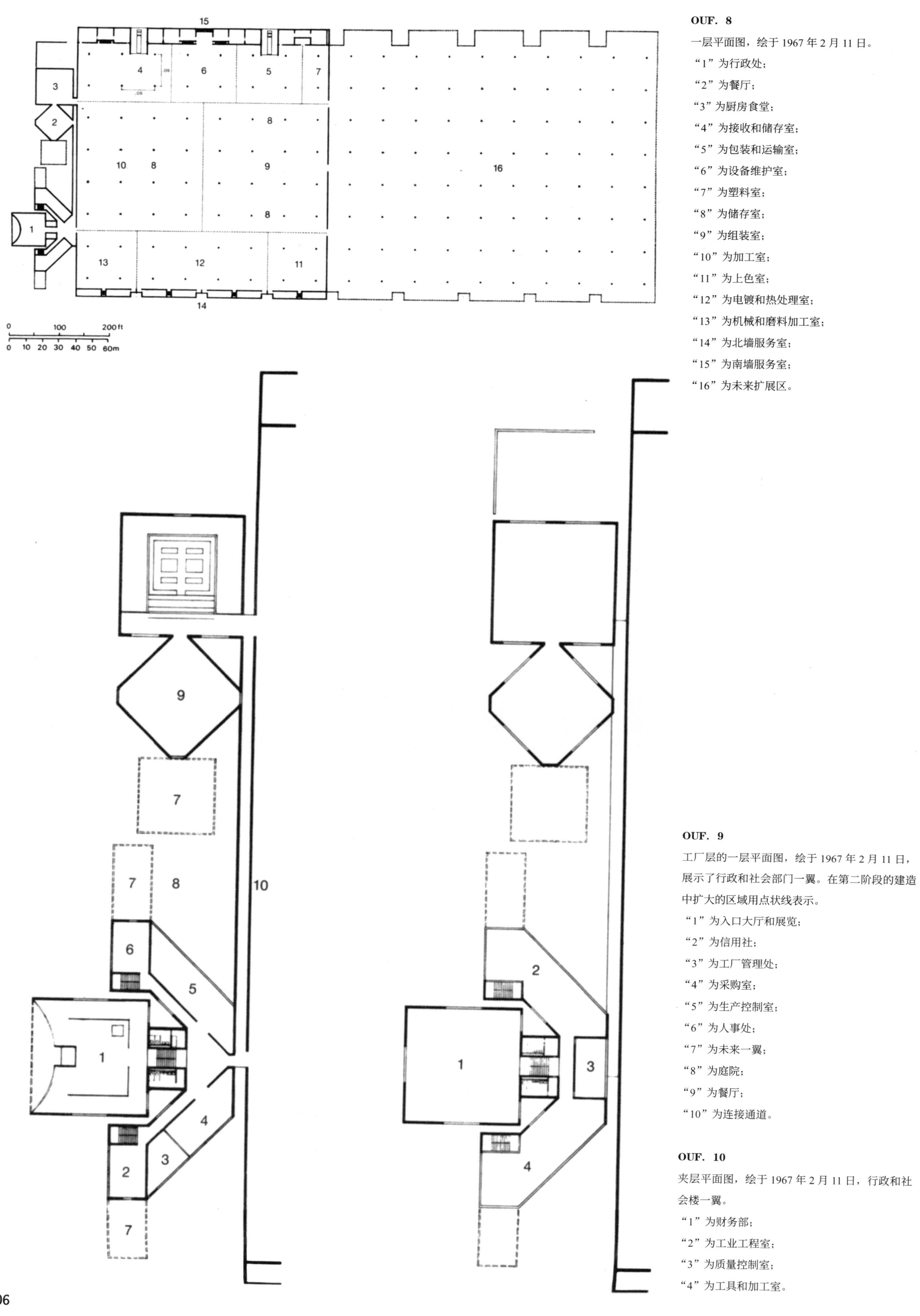

OUF. 8

一层平面图，绘于 1967 年 2 月 11 日。

“1”为行政处；

“2”为餐厅；

“3”为厨房食堂；

“4”为接收和储存室；

“5”为包装和运输室；

“6”为设备维护室；

“7”为塑料室；

“8”为储存室；

“9”为组装室；

“10”为加工室；

“11”为上色室；

“12”为电镀和热处理室；

“13”为机械和磨料加工室；

“14”为北墙服务室；

“15”为南墙服务室；

“16”为未来扩展区。

OUF. 9

工厂层的一层平面图，绘于 1967 年 2 月 11 日，展示了行政和社会部门一翼。在第二阶段的建造中扩大的区域用点状线表示。

“1”为入口大厅和展览；

“2”为信用社；

“3”为工厂管理处；

“4”为采购室；

“5”为生产控制室；

“6”为人事处；

“7”为未来一翼；

“8”为庭院；

“9”为餐厅；

“10”为连接通道。

OUF. 10

夹层平面图，绘于 1967 年 2 月 11 日，行政和社会楼一翼。

“1”为财务部；

“2”为工业工程室；

“3”为质量控制室；

“4”为工具和加工室。

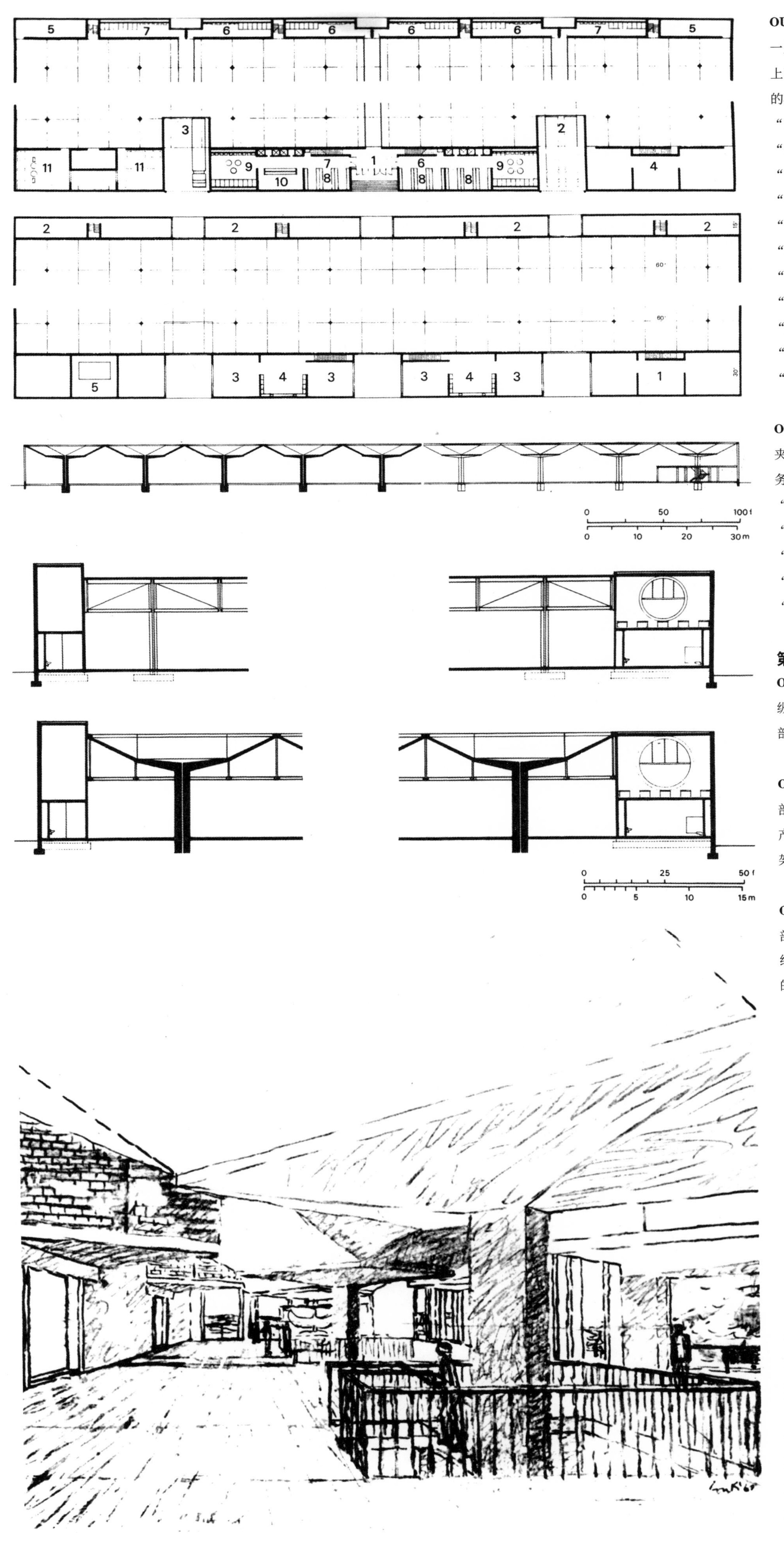

OUF. 11

一层平面图，工厂层，绘于 1967 年 2 月 11 日，上面展示了北面的横向服务区，下面展示了南面的横向服务区。

“1”为员工入口；
“2”为接收处；
“3”为运送处；
“4”为办公室和仓库；
“5”为男盥洗室；
“6”为女盥洗室；
“7”为衣柜；
“8”为卫生间；
“9”为歇班室；
“10”为设备间；
“11”为开关室。

OUF. 12

夹层平面图，绘于 1967 年 2 月 11 日，展示了服务区。

“1”为办公室和仓库；
“2”为储藏室；
“3”为雇员服务区；
“4”为自动售货机；
“5”为冷却塔。

第三版

OUF. 13

纵剖面图，剖切到生产车间，展示了东端的行政部门和俯视生产空间的走廊。

OUF. 14

剖面图，面向东方，剖切到服务区和简化版的生产车间的部分结构。平坦的屋顶板由一个格子桁架承载，末端悬臂为桁架跨度的 1/3。

OUF. 15

剖面图，剖切到服务区，展示了屋顶建筑的最终结构。一个八角形的贝壳锥体被缩减为一个方形的底座。它位于承载雨水的柱子上。

OUF. 16

透视草图，绘于 1967 年，展示了面北的行政楼夹层走廊。

“……我们的总体感觉应该尽可能少地受到干扰。我们希望里面的人能够始终感受到自然光的存在。如果外面在下雪，人们应该感觉到——不必再去思考——雪天的光线与晴天的光线是不同的。”

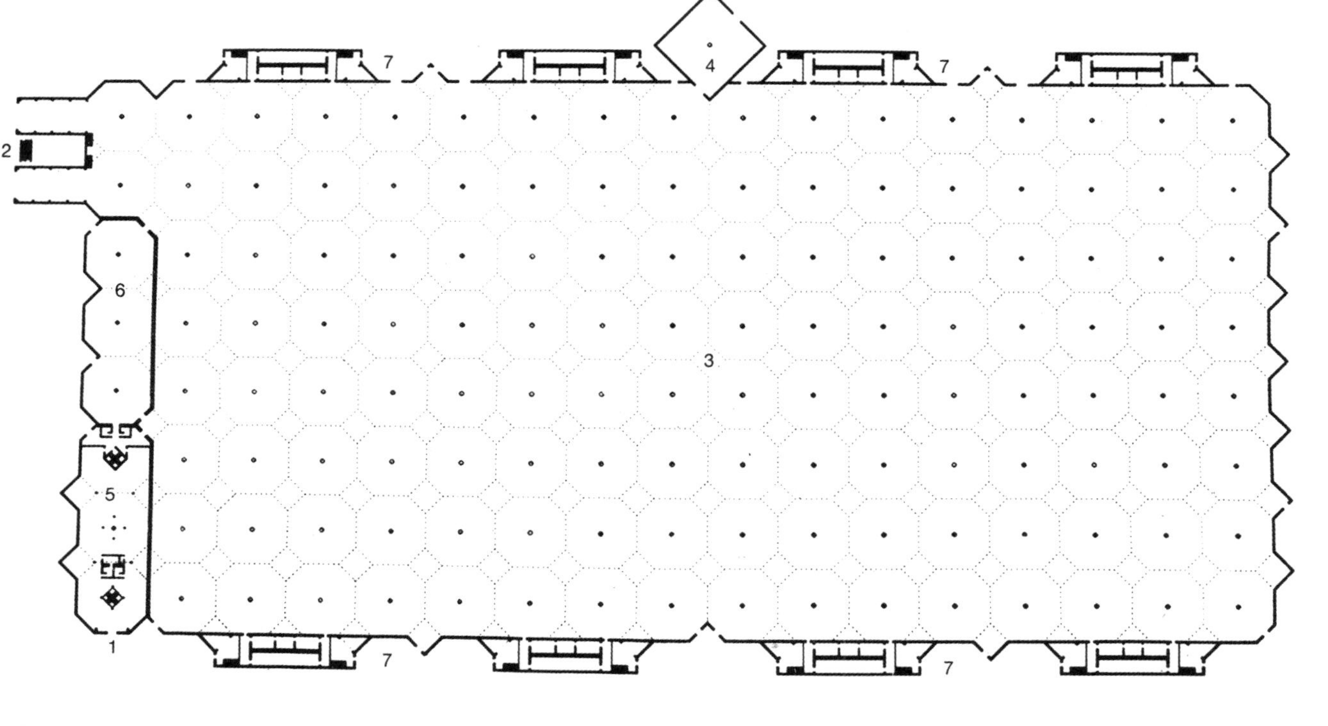

OUF. 17

一层平面图。

随着第三版屋顶结构的改变，行政和社会房间综合体失去了在工厂屋顶之外的自主地位，成为工厂空间的一部分，北面和南面的服务房间则变得更加重要。发电厂是第一阶段和第二阶段的分界线。

“1”为主入口；

“2”为卡车码头；

“3”为生产空间；

“4”为发电厂；

“5”为办公室；

“6”为食堂；

“7”为雇员服务区。

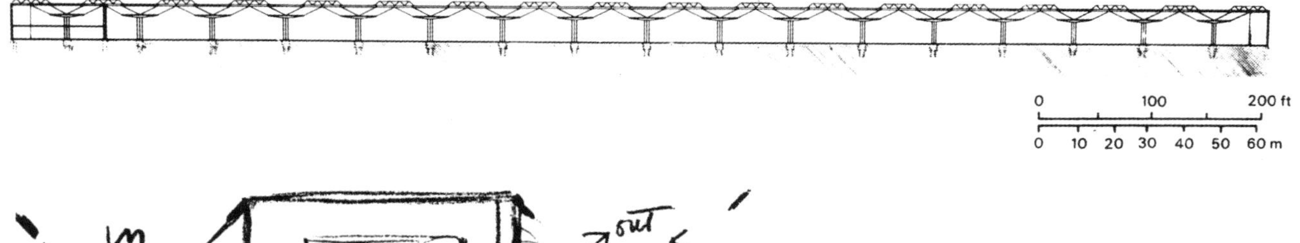

OUF. 18

纵剖面图，剖切了天窗，左边是行政楼。

“于是，屋顶成了一扇窗。”

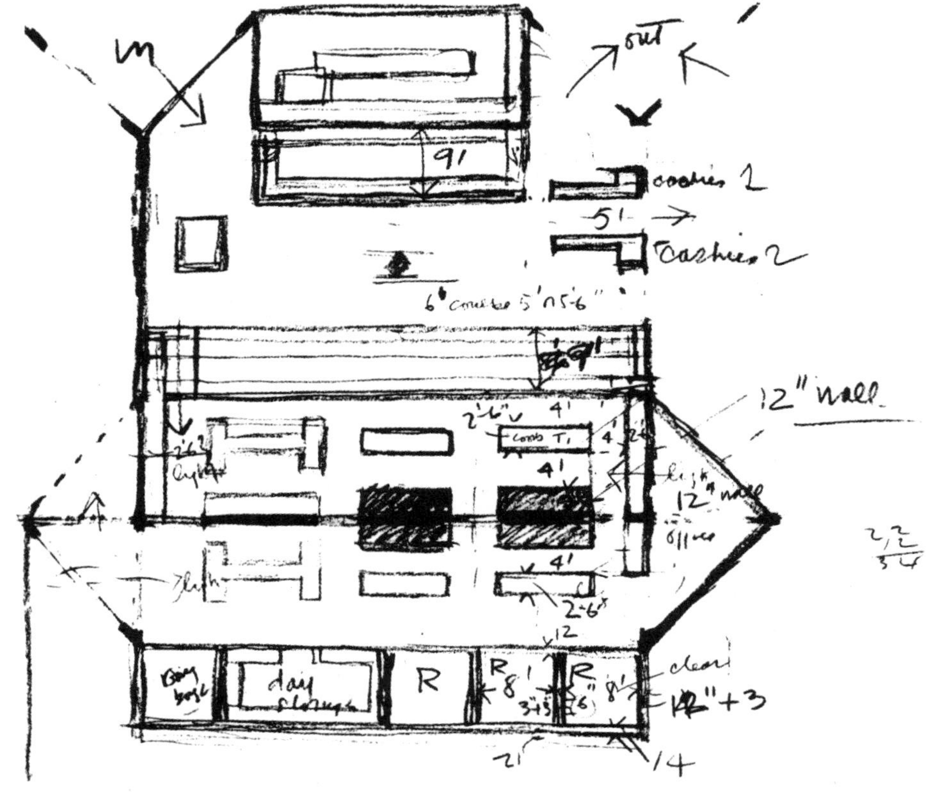

OUF. 19

平面草图，展示了对厨房区域的研究。

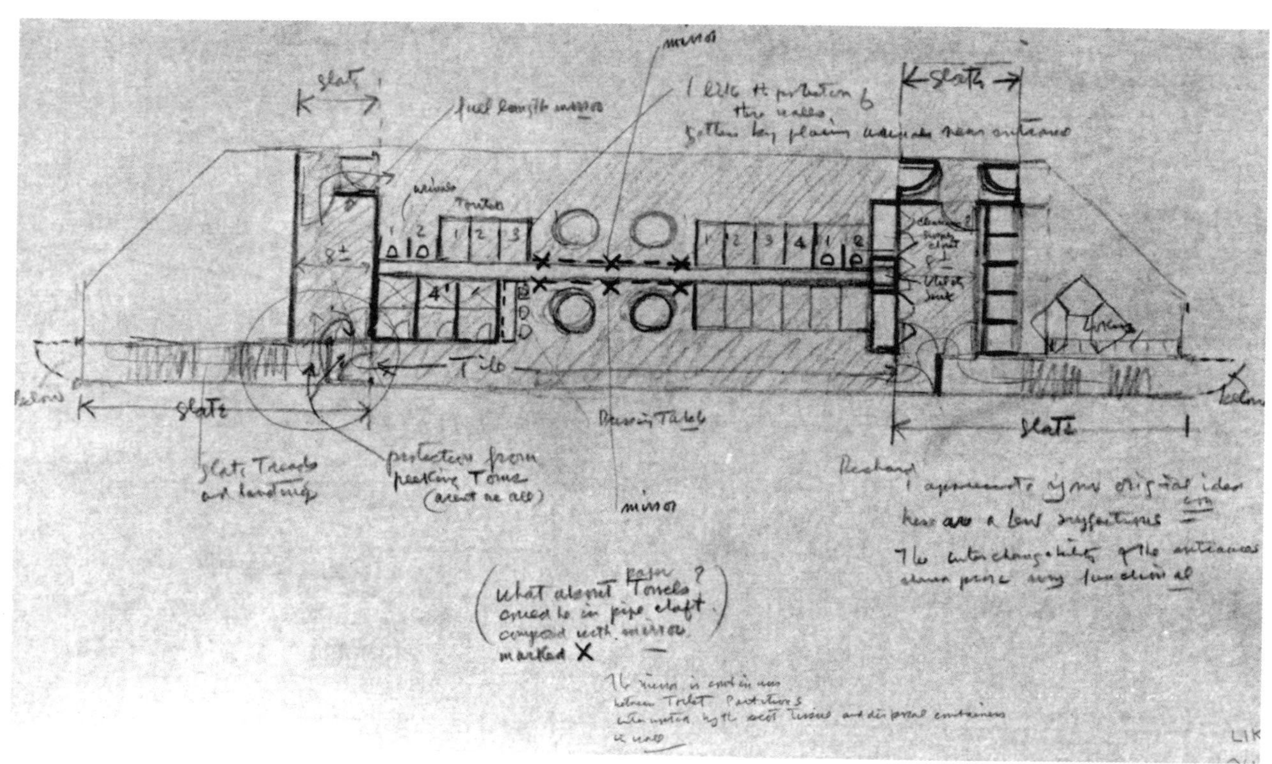

OUF. 20

平面草图，绘于 1967 年 9 月 15 日，展示了员工服务区之一。

“石板”；

“全身镜”；

“镜子”；

“我喜欢墙体的保护，通过将小便池放在入口处来实现”；

“清理间”；

“供应柜”；

“公用水槽”；

“储物柜”；

“落地时的石板脚印”；

“防止偷窥狂（我们不都是吗）的保护设置”；

“梳妆台”；

“（纸巾呢？可以放在设有标 X 的镜子的管井里）”；

“镜子在卫生间隔断之间是连续的，被墙上的斯科特（Scot）纸巾架和杂物箱打断”；

“理查德，我很欣赏你最初的想法”；

“这里有一些建议”；

“所展示的入口的互换性非常实用”。

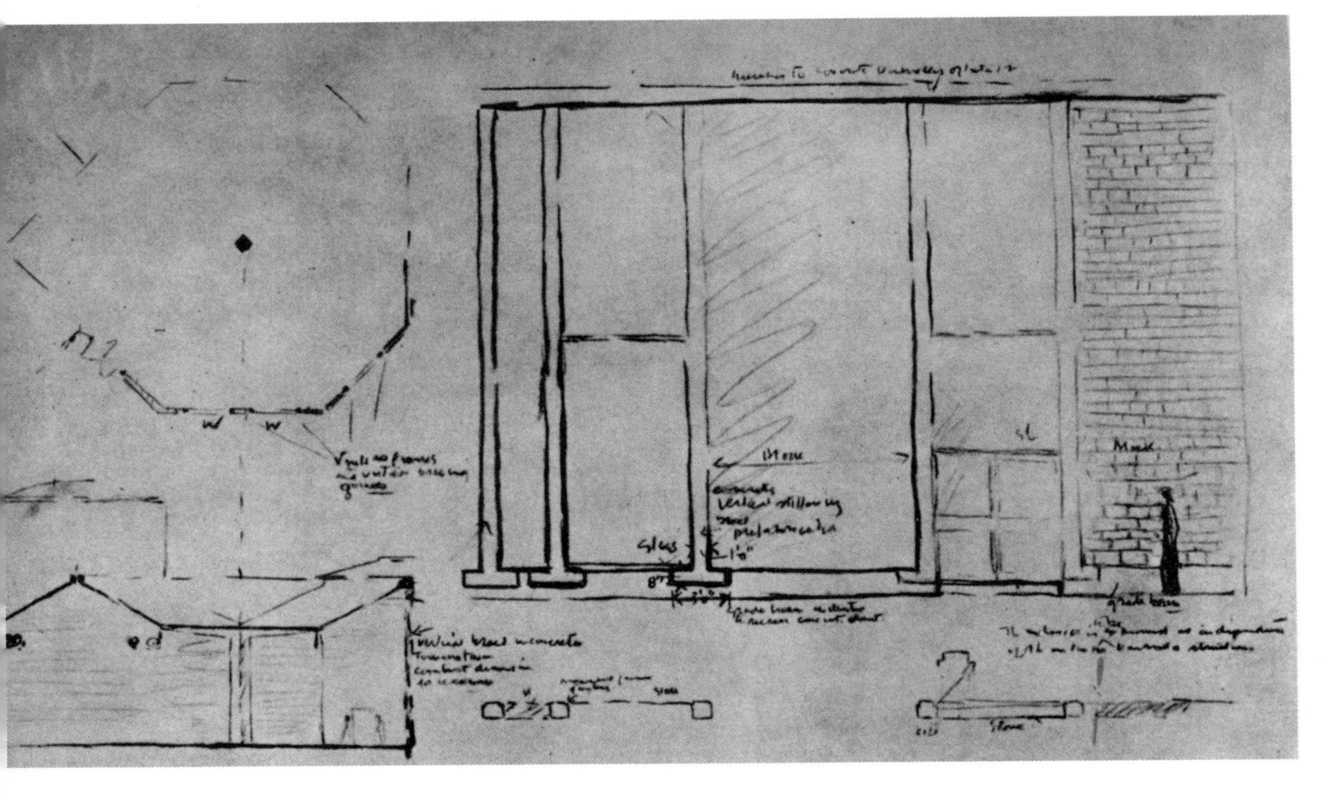

OUF. 21

平面图、立面图和剖面图草图，展示了对外墙的研究。

OUF. 22

透视草图，东北方向，绘于1967年，右侧是主入口，中间是卡车装卸平台。

OUF. 23

透视草图，东南方向，绘于1967年，展示了右侧的卡车装卸平台。

OUF. 24

从东侧看的透视草图，展示了左侧的停车层。

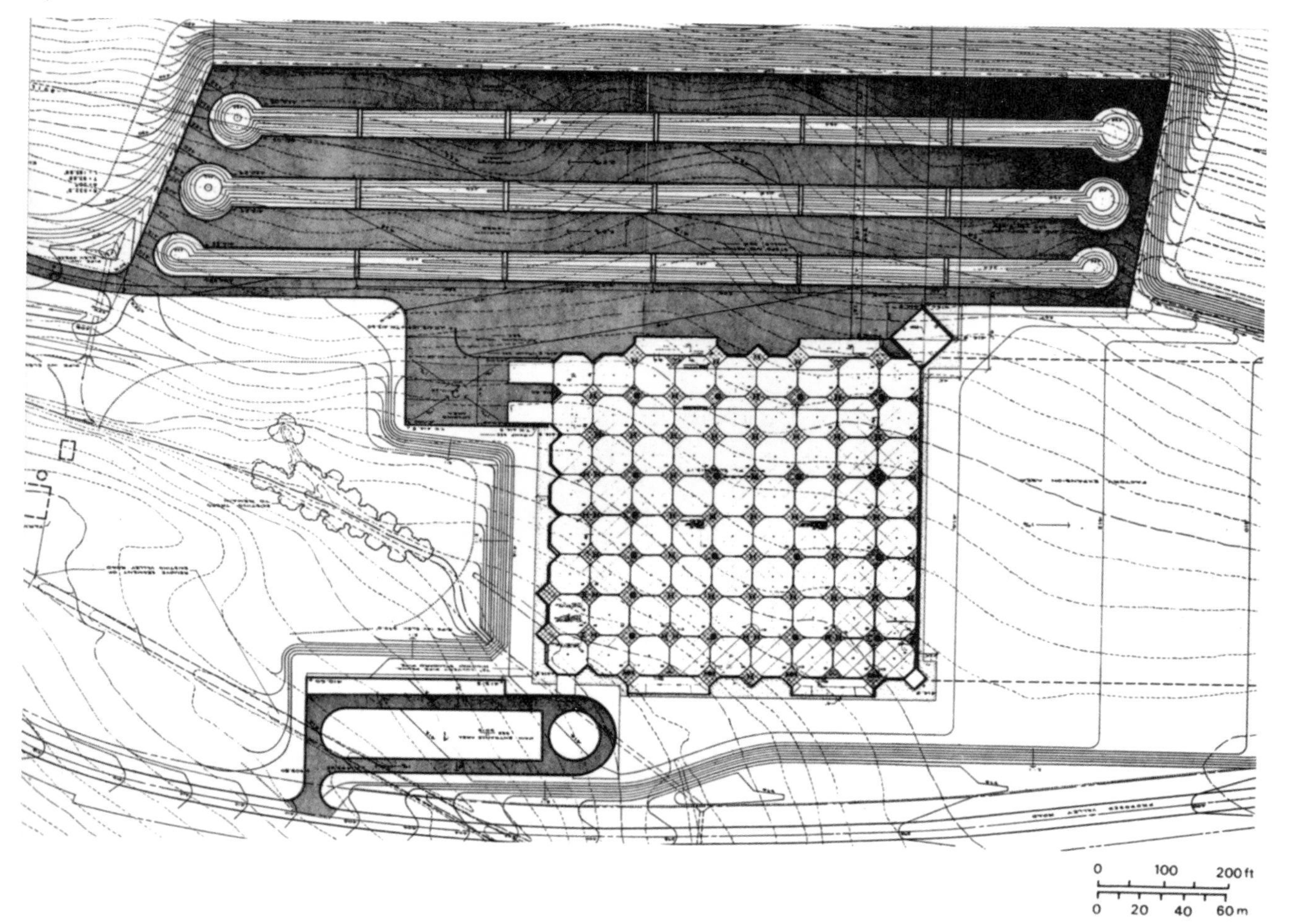

最后版本：建成

OUF. 25

总平面图，建造第一阶段。

“1”为主入口区；

“2”为装载区；

“3”为停车区；

“4”为工厂扩建区。

对现有景观的严格处理，如开凿南面的山岗以提供停车空间，以及掩埋横跨该地段的小河，都反映出客户的严格要求。

OUF. 26

透视草图，绘于 1967 年，工厂层。

“由此产生的是无限的民主……它没有在内部让人们分裂。大脑和肌肉在那里，在同一个身体中合力工作。我讨厌那种‘老板’和‘工人’紧张对峙的旧场面。”

OUF. 27

模型视图，南侧，展示了雇员的入口和混凝土“倒伞”，下方是安装网格；背景是发电厂。

“柱子之间 20 英尺的跨度本是可以接受的，但我们能够让它们实现 60 英尺的跨度。”

OUF. 28

模板视图，展示了正在施工的第一个屋顶构件。

OUF. 29

拆下模板的屋顶构件视图。

OUF. 30

工厂区视图，展示了下方的生产空间和 20 英尺以上的用人空间。

柱顶下方每隔 20 英尺悬挂的钢槽网格承载着照明装置。

OUF. 31

食堂视图，展示了闪亮而沉重的圆形空调管道和照明网格。

OUF. 32

东北立面图，展示了行政楼一翼、主入口（左侧）和天窗。屋顶的金字塔形玻璃纤维天窗有蓝色半透明涂层，以过滤阳光并形成漫射。

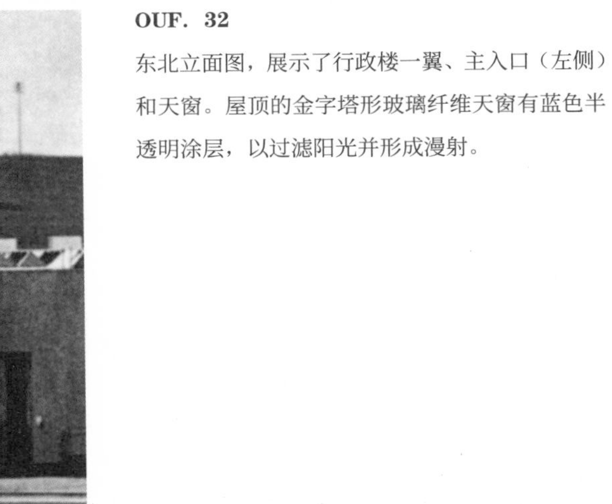

OUF. 33

东北方向鸟瞰，前景为主入口，左侧为卡车码头，右侧为员工服务区。

“他们确实尊重艺术家，也尊重将承载信息的建筑。他们一直对此很感兴趣。”

斯特恩之家（1967—1970 年）

华盛顿特区

在纽约现代艺术博物馆观看了康的作品展后（参见传记），菲利普·斯特恩夫妇（Mr. and Mrs. Philip Stern）倍感兴奋。他们于 1966 年 6 月找到康，委托他设计位于华盛顿西北部链桥路（Chain Bridge Road）的住宅。该地块包括道路以北四英亩的丘陵林地。在四年的推敲和完善中，康形成了四个不同的设计方案：第一个方案在 1968 年 6 月完成；第二个方案在 1969 年 3 月完成；第三个方案在 1970 年 3 月完成；第四个方案在 1970 年 10 月完成。

由于造价高昂，住宅未能按照康的设计进行建造。客户在 1970 年 11 月 15 日给康的信中写道："自从昨天发现你为我们设计的'梦想之家'的成本比我们任何人的预期都要高出一倍以上后，我们无比苦恼……我们非常难过不能再充满激情地推进房子的建设。"

第一版：1967—1968 年

STH. 1

东西向横剖面图，朝南，剖切到起居室，绘于 1967 年 10 月 20 日，展示了入口庭院及左侧入口、下层起居室和其下的门廊。右边的注释为："玻璃壁龛的高度超过了起居室的屋顶。"

STH. 2

东西向横剖面图，朝北，剖切到画廊与卧室，绘于 1967 年 10 月 20 日，展示了右侧的入口庭院：上层是画廊、浴室和位于中间的卧室，下层是花园、浴室和储藏室。

卧室下方的说明为："卧室的光线来自树林。"

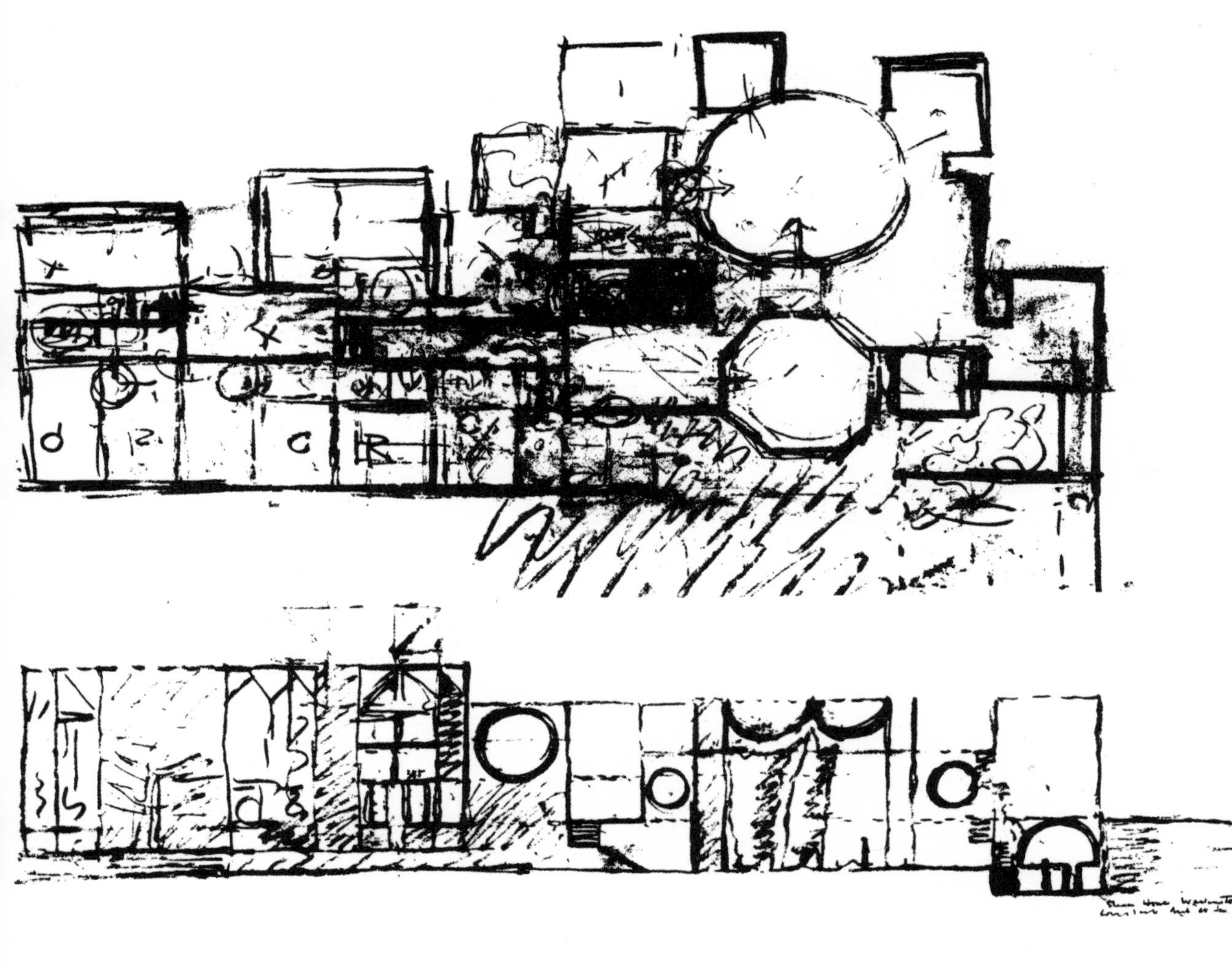

STH. 3

平面草图，绘于1968年2月21日，展示了左侧的休息区及右侧的生活区。

斯特恩夫妇在1967年4月4日给康的信中提到了他们的“梦想之家”：“首先，我们认为需要一个可以进行各种活动的空间，包括沉静的冥想和喧闹的运动。如你所知，我们有许多大型的室内雕塑和巨幅绘画收藏，随着时间的推移，我们很可能会有更多此类藏品。把它们放在哪里呢？我们想也许有一个房间可以作为‘画廊’，另有一个可招待超过10人的餐厅，还有一个舞蹈室……可以有一个美丽的玻璃穹顶，这样便能将所有的室内墙面空间利用起来。”

STH. 4

东立面草图，从链桥路看向建筑，绘于1968年1月，展示了左侧为休息区的体块，右侧为生活区的体块。

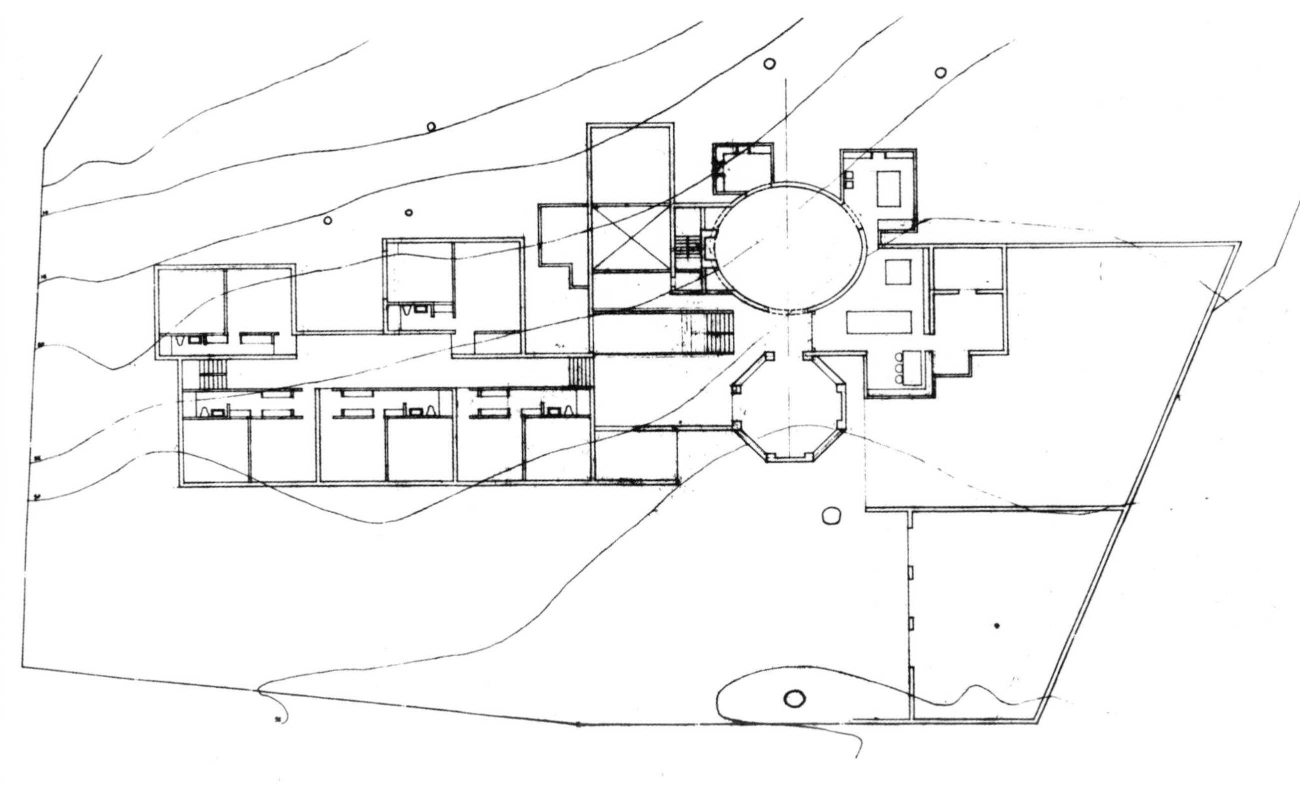

STH. 5

场地平面图，绘于1968年2月24日，展示了入口处的一层平面图，车库位于右下方。链桥路一侧的场地沿等高线从东北到西南向下倾斜；西南角附近海拔约为205英尺（左上方）。小圆圈表示现状树木，左下方是橡树，上方是胡桃木、桃花心木和樱桃。

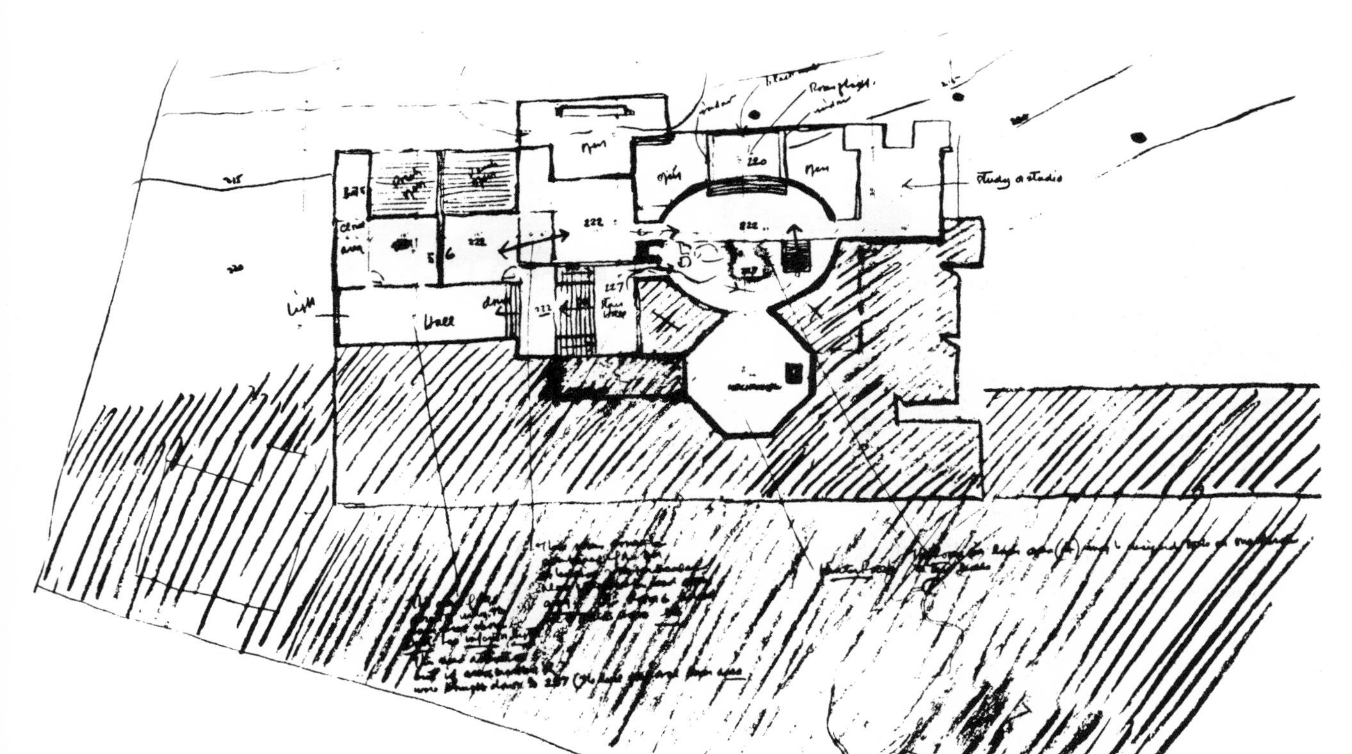

STH. 6

场地平面草图，展示了低层的平面图（海拔222英尺）、等高线及现状树木。

从左到右的注释为：“这一区域落在上层同一区域的正下方，但光线较差，这一点需要注意，除非将标记为X的区域降到227英尺高度，即椭圆形房间的高度。”

“这些房间可以结合起来延伸为主卧室区的特定场所，或者6号房间可以作为用人房等。”

“锅炉房”。

“这个低区（A）的房间可以设计成一层或两层。”

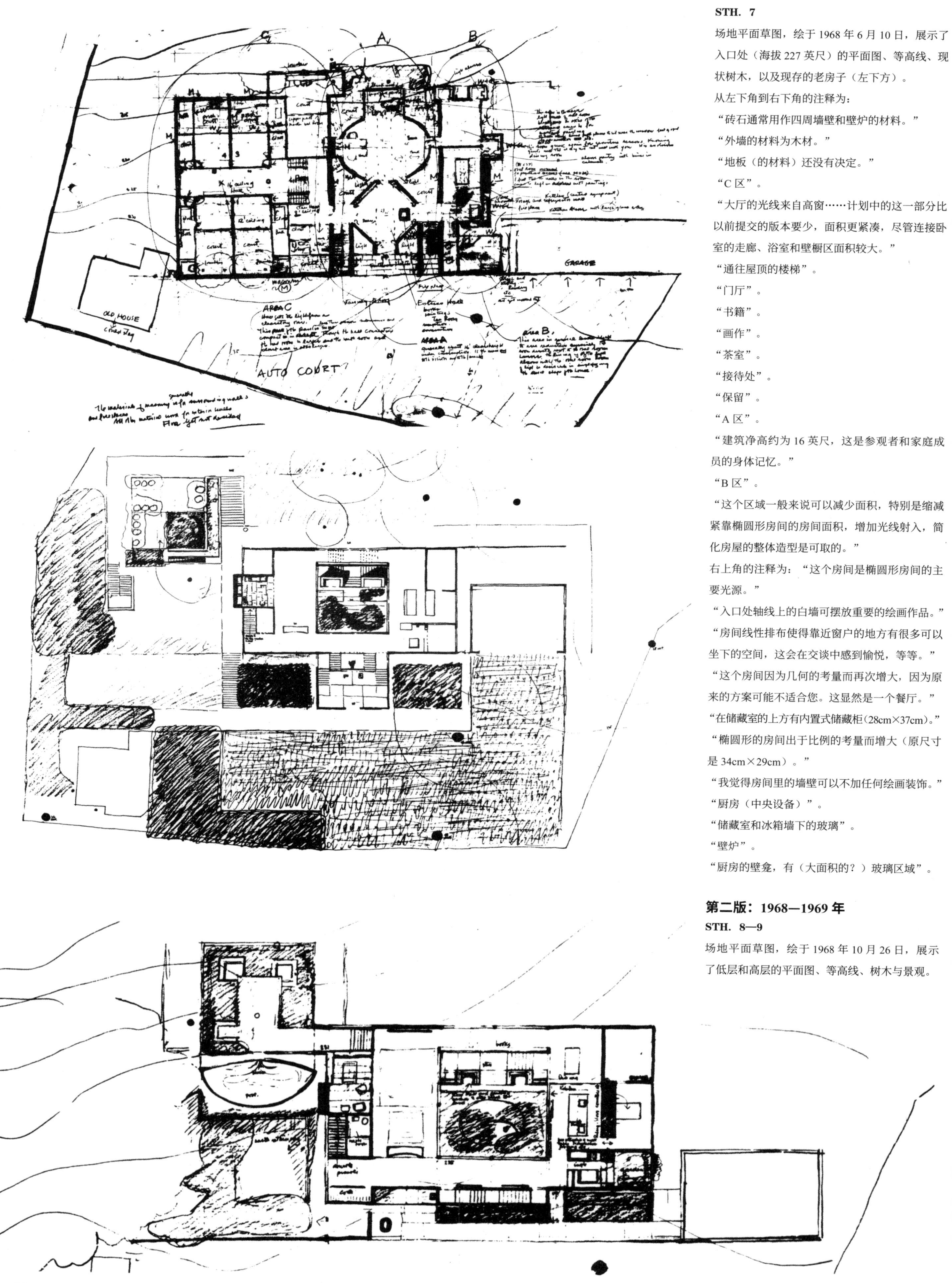

STH. 7

场地平面草图，绘于 1968 年 6 月 10 日，展示了入口处（海拔 227 英尺）的平面图、等高线、现状树木，以及现存的老房子（左下方）。

从左下角到右下角的注释为：

“砖石通常用作四周墙壁和壁炉的材料。”

“外墙的材料为木材。”

“地板（的材料）还没有决定。”

“C 区”。

“大厅的光线来自高窗……计划中的这一部分比以前提交的版本要少，面积更紧凑，尽管连接卧室的走廊、浴室和壁橱区面积较大。”

“通往屋顶的楼梯”。

“门厅”。

“书籍”。

“画作”。

“茶室”。

“接待处”。

“保留”。

“A 区”。

“建筑净高约为 16 英尺，这是参观者和家庭成员的身体记忆。”

“B 区”。

“这个区域一般来说可以减少面积，特别是缩减紧靠椭圆形房间的房间面积，增加光线射入，简化房屋的整体造型是可取的。”

右上角的注释为：“这个房间是椭圆形房间的主要光源。”

“入口处轴线上的白墙可摆放重要的绘画作品。”

“房间线性排布使得靠近窗户的地方有很多可以坐下的空间，这会在交谈中感到愉悦，等等。”

“这个房间因为几何的考量而再次增大，因为原来的方案可能不适合您。这显然是一个餐厅。”

“在储藏室的上方有内置式储藏柜（28cm×37cm）。”

“椭圆形的房间出于比例的考量而增大（原尺寸是 34cm×29cm）。”

“我觉得房间里的墙壁可以不加任何绘画装饰。”

“厨房（中央设备）”。

“储藏室和冰箱墙下的玻璃”。

“壁炉”。

“厨房的壁龛，有（大面积的？）玻璃区域”。

第二版：1968—1969 年

STH. 8—9

场地平面草图，绘于 1968 年 10 月 26 日，展示了低层和高层的平面图、等高线、树木与景观。

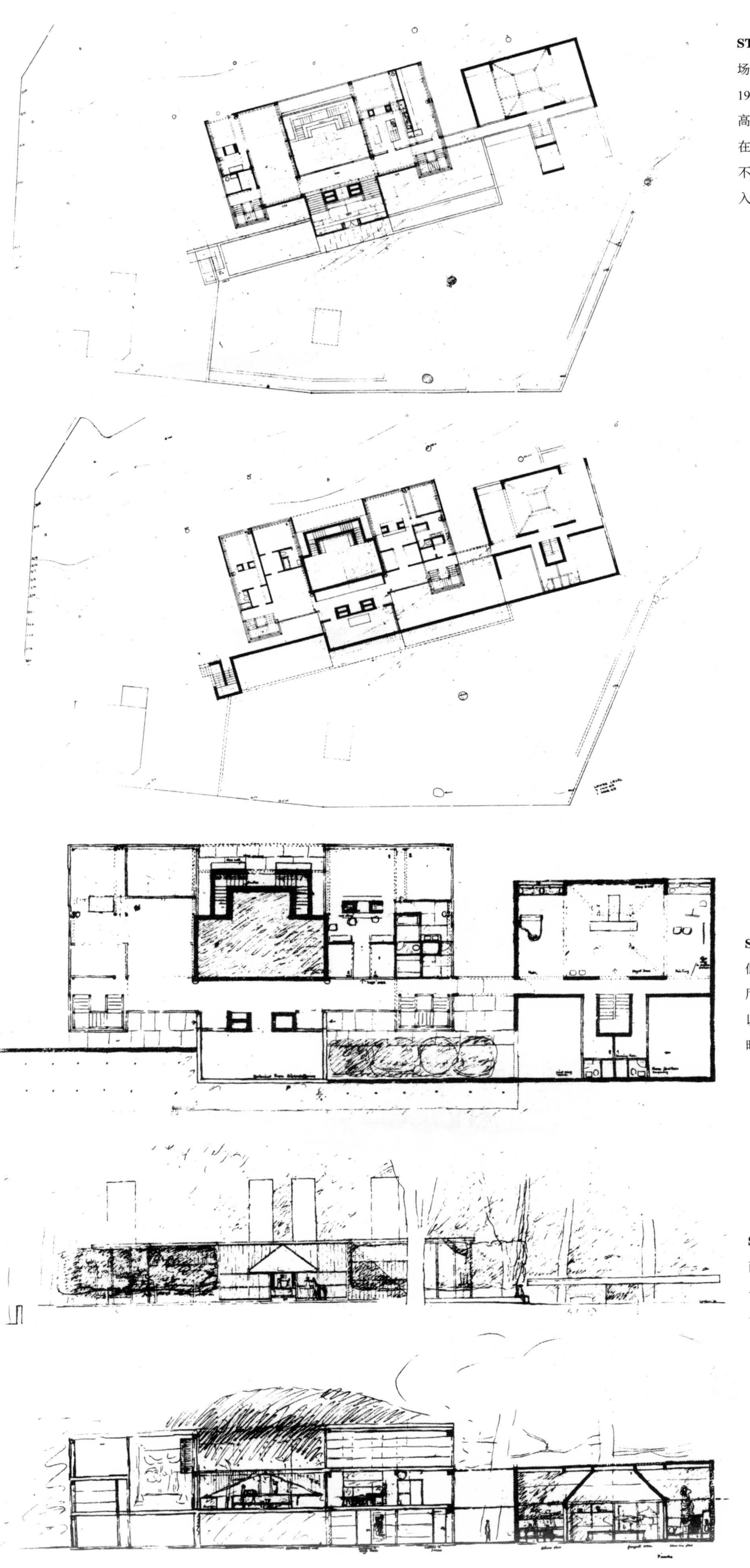

STH. 10—11

场地平面图，绘于1969年1月7日，修订于1969年3月1日，展示了低层和高层平面图、等高线及现状树木。

在这个设计深化阶段，平面被组织为房屋的4个不同区域依次相接的形式（从左到右）：休息区、入口区、厨房—餐厅区、生活—多功能区。

STH. 12

低层平面草图，展示了设备/空调室（在入口大厅下方）、男孩的房间（在厨房—餐厅下方），以及祷告室、音乐室、乒乓球/台球室、绘画室、暗室、木工室和储藏室（在起居室下方）。

STH. 13

西立面草图，展示了三角形开口下方的入口和4个供壁炉和设备使用的排气井。起居室的屋顶用一条水平带表示。

STH. 14

南北纵剖面草图，展示了房屋的4个不同区域：厨房—餐厅区下方男孩房间和桑拿房的入口，祷告室两侧的钢琴区和绘画区。

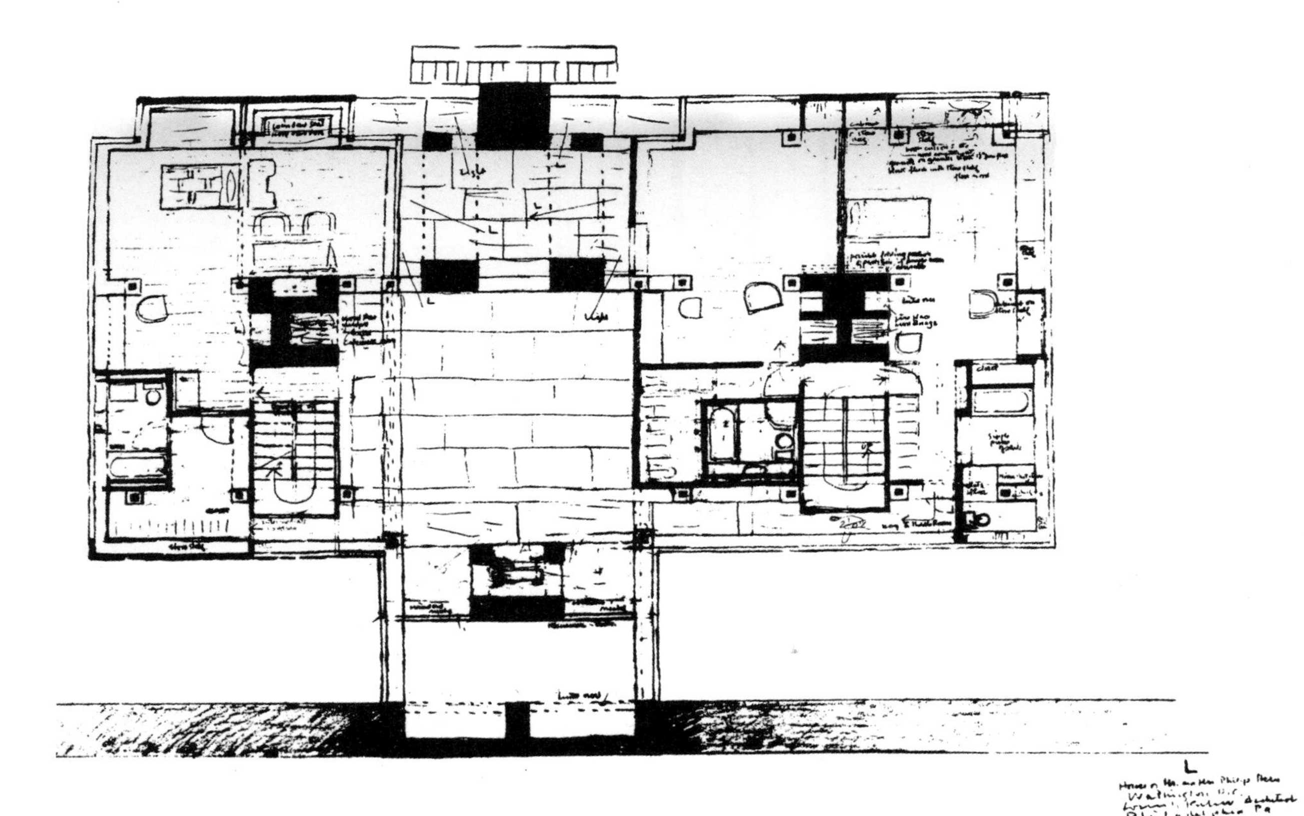

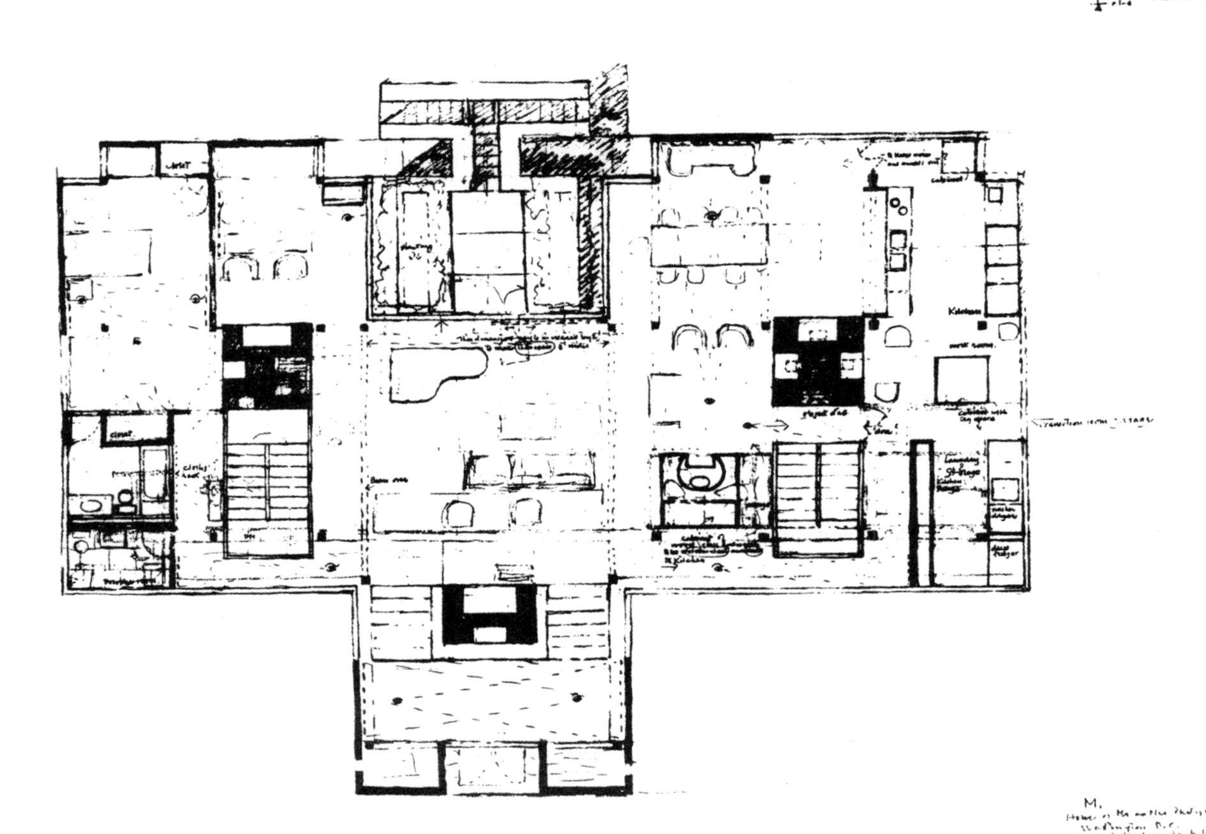

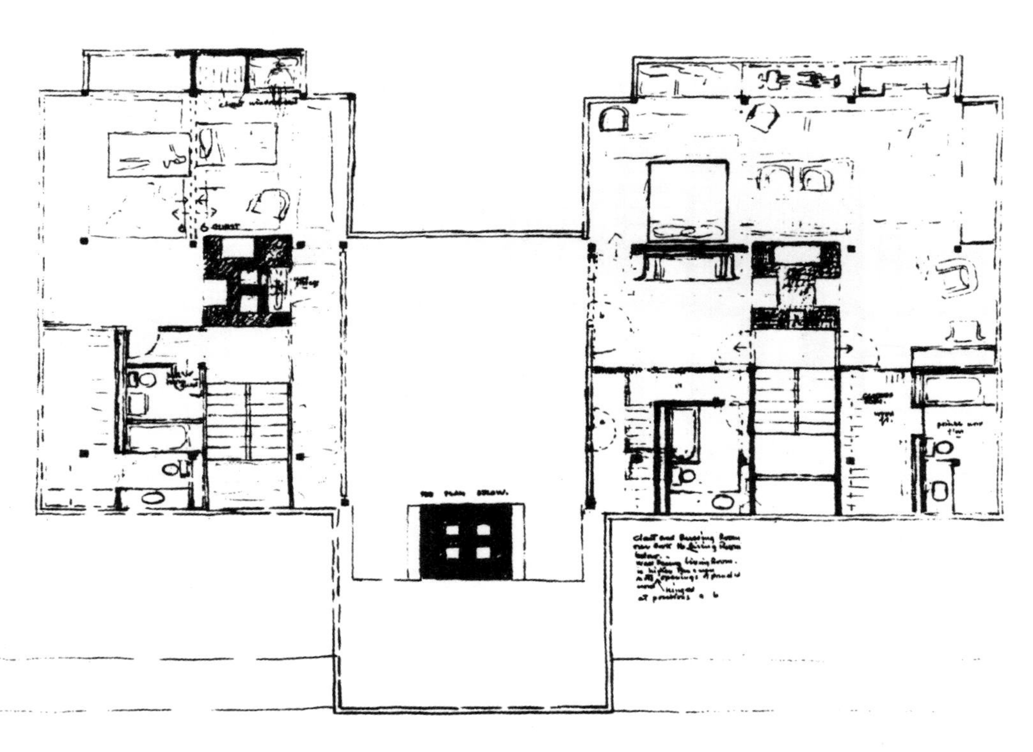

第三版：1969—1970 年

STH. 15—17

低层、中层和高层（L、M、U）的平面草图，绘于 1970 年 3 月 15 日，展示了 3 个不同的区域：休息区（左侧）、厨房—餐厅区（右侧）、入口—生活区（中间）。

1970 年 2 月 24 日，斯特恩先生写信给康："莱妮（Leni）和我都为新的平面兴奋不已……我们迫切地希望开始建造。我们都惊叹于你既保留了早期平面中最诱人的部分，又以最为非凡的方式压缩了整体。我们有建议如下：应该有一个壁炉从北侧的烟囱进入起居室；我们没有……看到从这个烟囱进入厨房的壁炉发挥效用。

"厨房是一个逼仄的空间，它应该再多一到两英尺。楼下的卧室（一层）是否每个都能拥有外部入口，这样房间的主人便能从树林中直接进入房间。你可否探讨一下将 5 号卧室（顶层）分开的可能性，以便让莫莉（Molly）和伊芙（Eve）（5 个孩子中的两个）共享这个套房？"

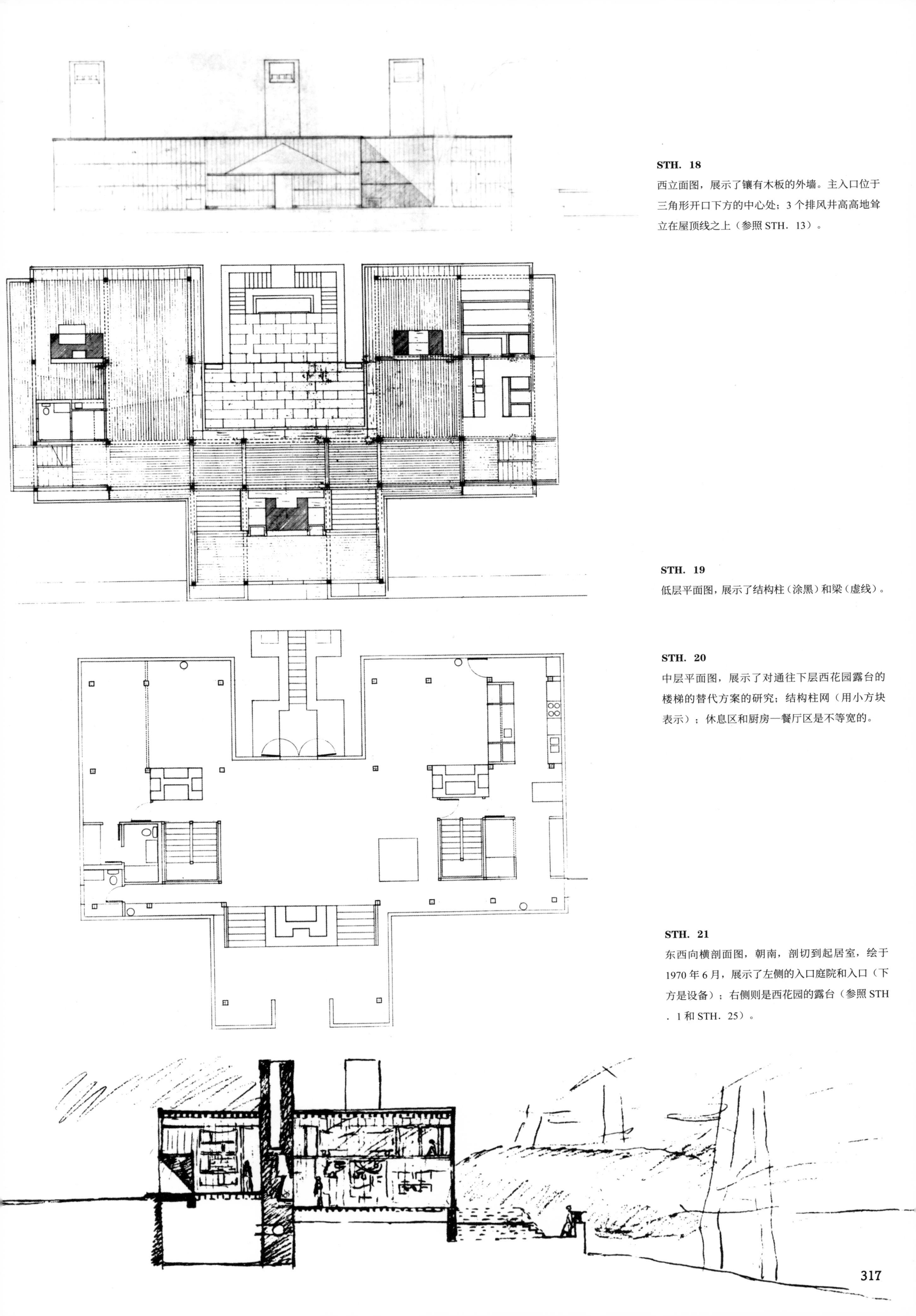

STH. 18

西立面图，展示了镶有木板的外墙。主入口位于三角形开口下方的中心处；3个排风井高高地耸立在屋顶线之上（参照STH. 13）。

STH. 19

低层平面图，展示了结构柱（涂黑）和梁（虚线）。

STH. 20

中层平面图，展示了对通往下层西花园露台的楼梯的替代方案的研究；结构柱网（用小方块表示）；休息区和厨房—餐厅区是不等宽的。

STH. 21

东西向横剖面图，朝南，剖切到起居室，绘于1970年6月，展示了左侧的入口庭院和入口（下方是设备）；右侧则是西花园的露台（参照STH. 1和STH. 25）。

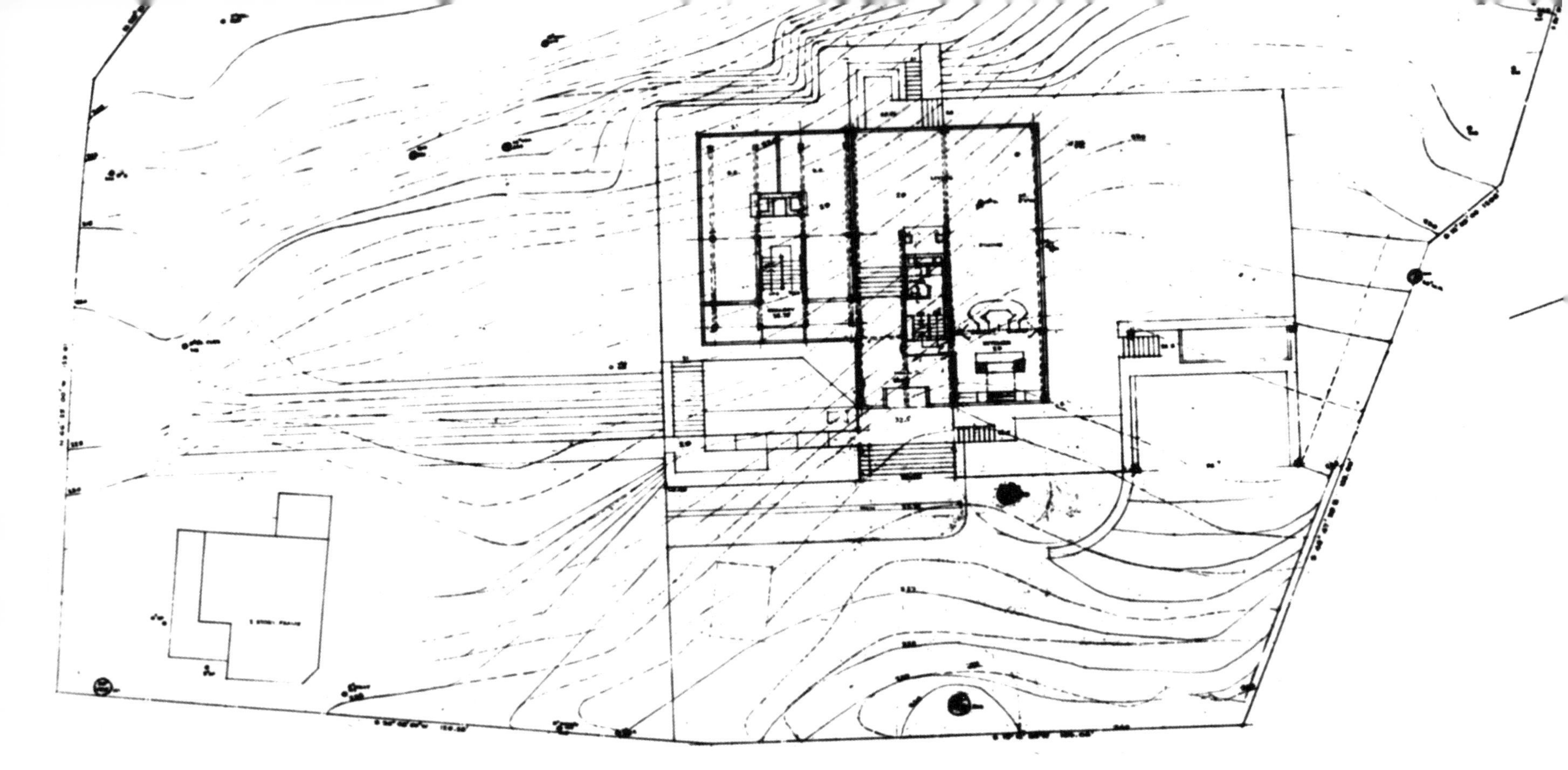

最终版本：1970 年

未建成。

工作图纸：绘于 1970 年 10 月 27 日。

STH. 22

场地平面图，展示了入口层平面图、等高线、现状树木，以及现存的两层老房子（左下方）。建筑被缩减为两个不同的区域：休息区（左侧）和生活区（右侧）。休息区有三层，每层有两间卧室；生活区有两层，在上层有一个门厅、起居室、餐厅和厨房，下层则是一个多功能厅。

STH. 23

入口处的一层平面图。右上角的注释为：“典型的 2cm×6cm 框架墙，非承重，锚固在 6cm×18cm 的粗花岗岩上，仍与木结构相连—屋顶和每层—T&G 牌地板”（关于平面的压缩，请参照 STH. 15—17）。

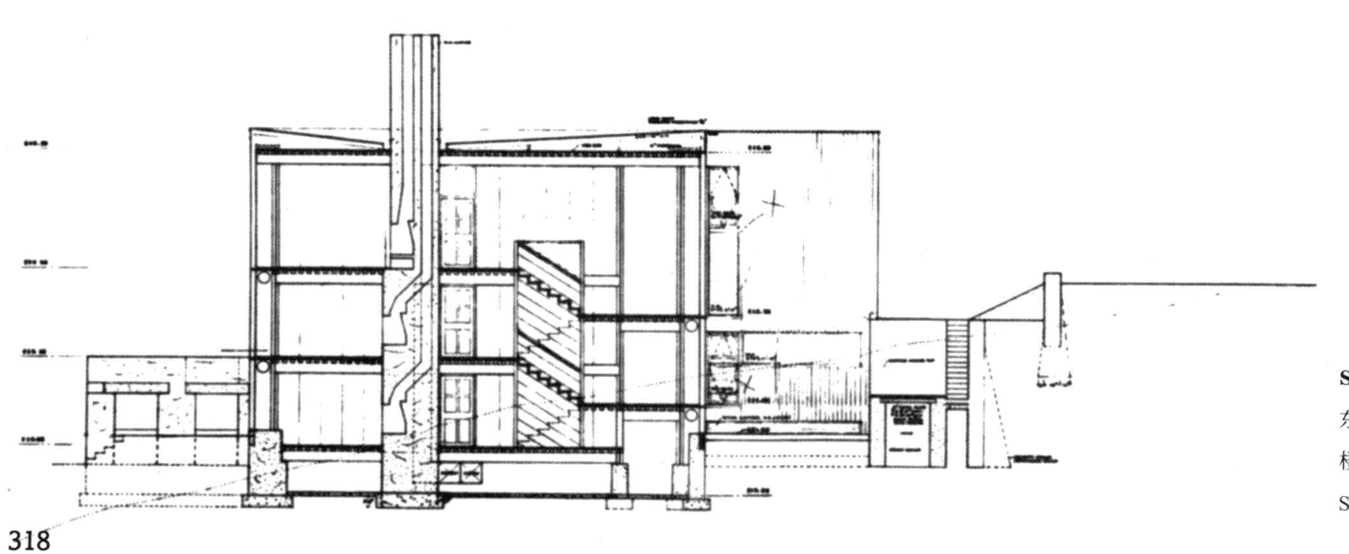

STH. 24

东西向横剖面图，朝北，剖切到休息区，展示了楼梯和壁炉。生活区在背景中（参照 STH. 1 和 STH. 21）。

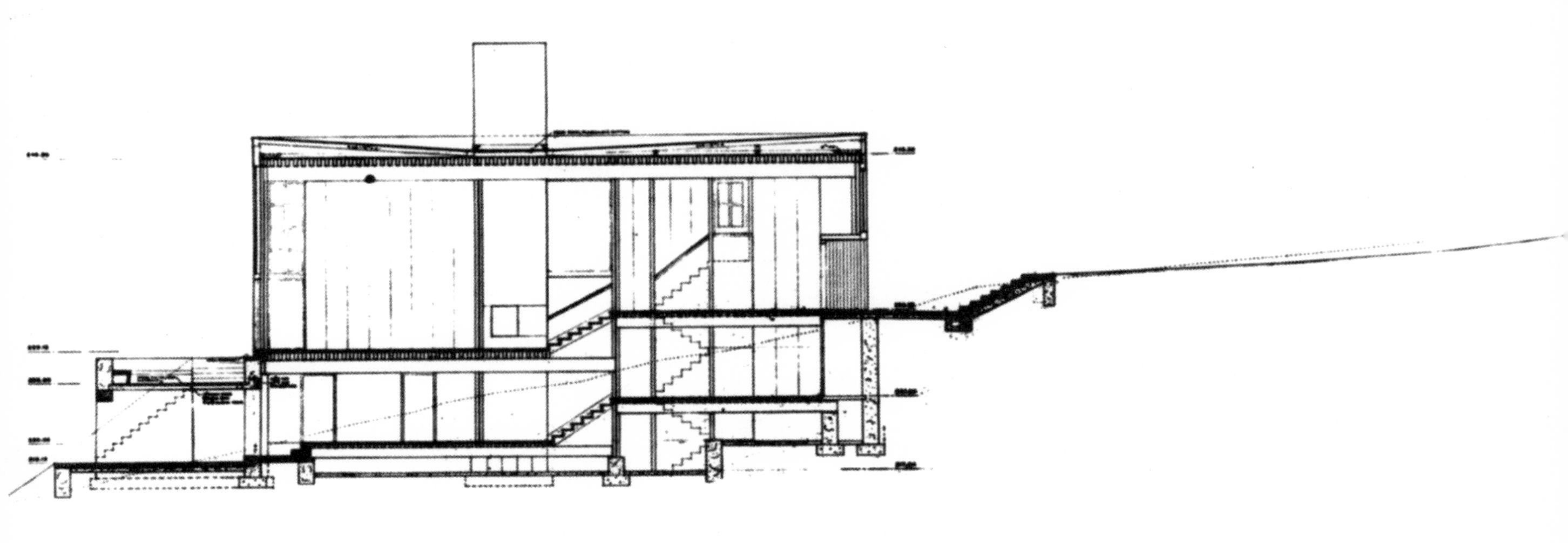

STH. 25

东西向横剖面图，朝北，剖切到生活区，展示了左侧位于标高229英尺的两层高的生活区；右侧则是位于海拔233英尺的门厅；以及位于标高220英尺和224英尺的多功能室。

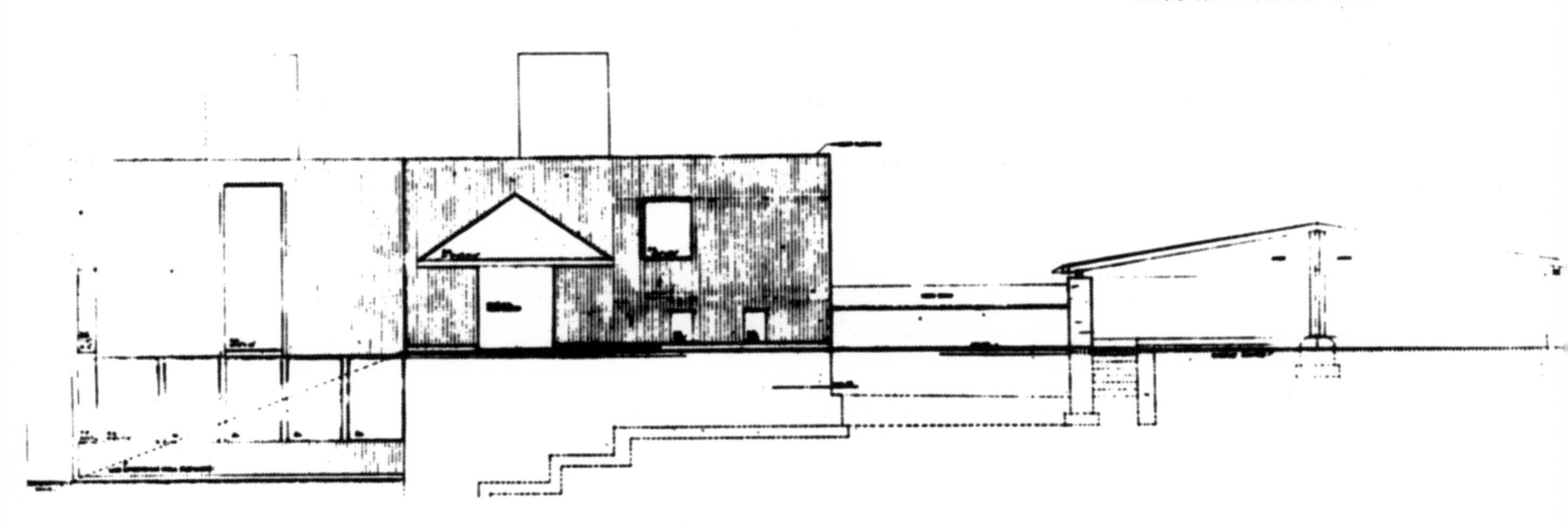

STH. 26

东立面图，展示了三角形开口下方的入口、两个排风井，以及右侧的车库剖面（参照STH．4、STH．13和STH．18，建筑的体量不断缩小）。

犹太殉难者纪念馆（1966—1972年）

纽约市，纽约州

1966年，纽约市艺术委员会委托康设计一座纪念馆，以纪念第二次世界大战中的600万犹太遇难者。位于曼哈顿南端的炮台公园（Battery Park）被选为项目地点［这里已经建有一座纪念1849—1887年伟大犹太诗人埃玛·拉扎勒斯（Emma Lazarus）的纪念碑］。

1968年5月3日，康在《今日建筑》（*L'Architecture d'Aujourd'hui*）中阐释了他的角色和对于纪念馆的想法：

“在选定建筑师之前，艺术委员会决定，纪念馆的建筑师应该以非具象的图示来表征其意义。建筑师的核心思想是，纪念馆应该呈现出一种非控诉性的姿态。他想到了玻璃，因为虽然它具有物质实在性，但是太阳可以穿过玻璃，留下阴影，并用光充满空间。玻璃不像大理石或石材有明确的阴影，因此石材可能会是控诉性的，玻璃则不会。”

在五年的纪念馆推敲和完善过程中，康形成了两个不同的平面：九墩柱平面（直到1967年11月）和七墩柱平面（直到1972年春天）。

九墩柱平面：

以下项目（JMM. 1—JMM. 18）反映出九墩柱平面的迭代：注意墩柱的大小和入口数量的变化。

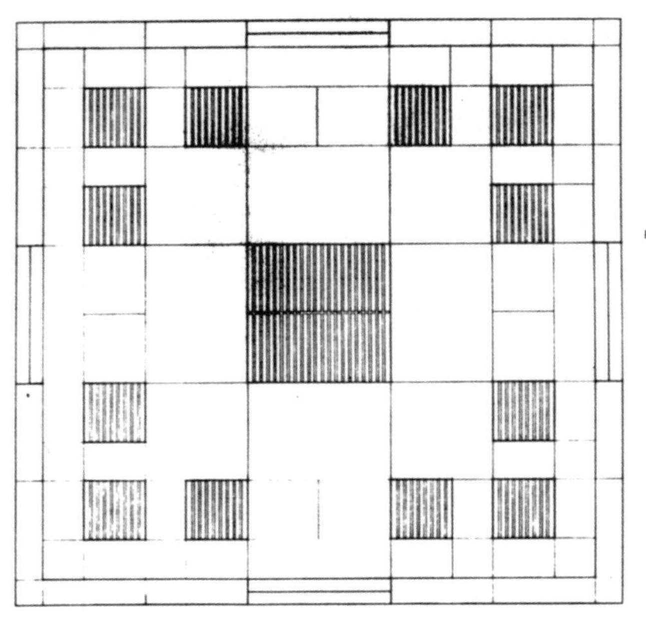

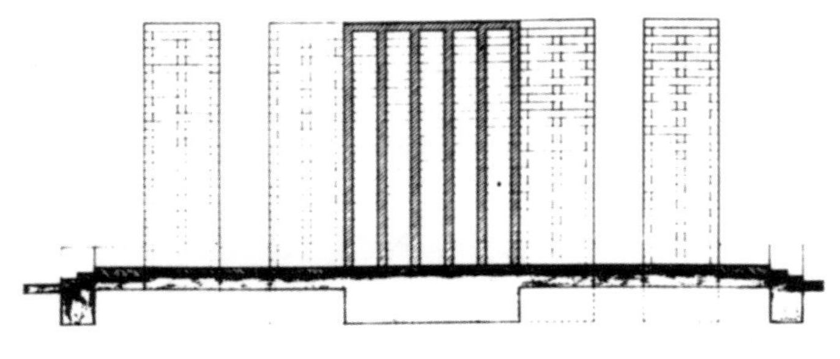

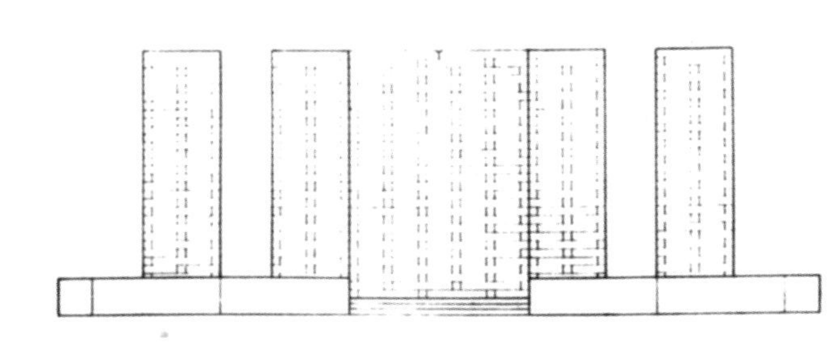

JMM. 1—3

平面图、剖面图和立面图，展示了纪念碑由一个大墩柱组成，周围有4组小墩柱，每组3个，位于方形基座上，有4个侧边入口。

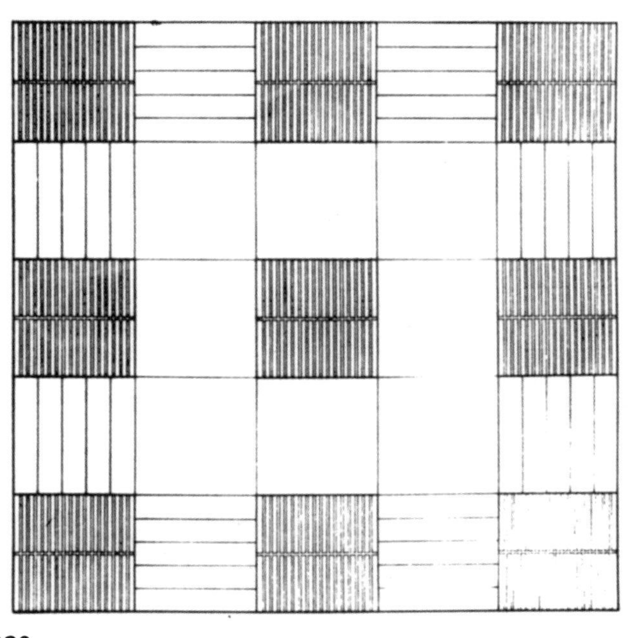

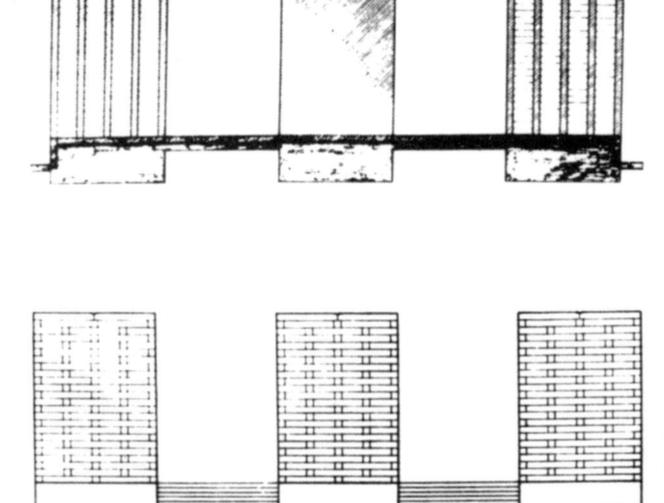

JMM. 4—7

平面图、剖面图、立面图和模型，展示了纪念馆包含一个实心玻璃墩柱及其周围的8个空心玻璃墩柱，位于方形基座上，有8个入口。

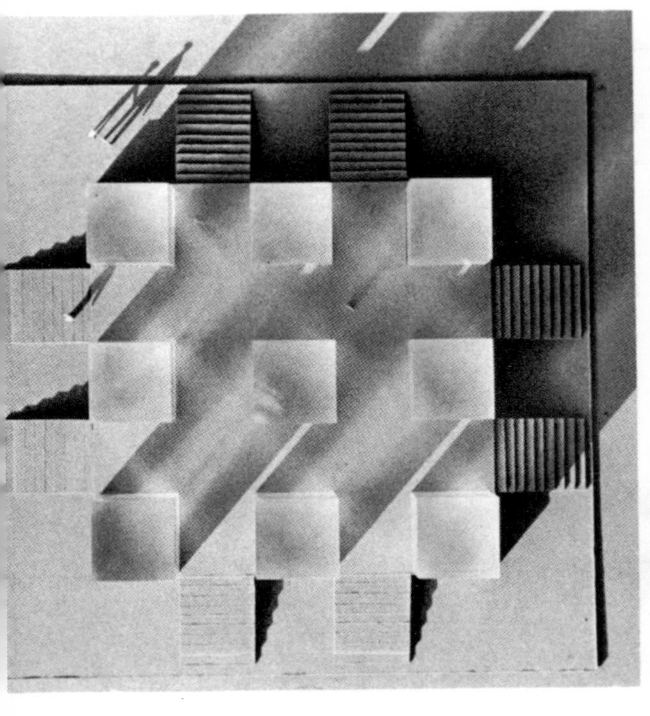
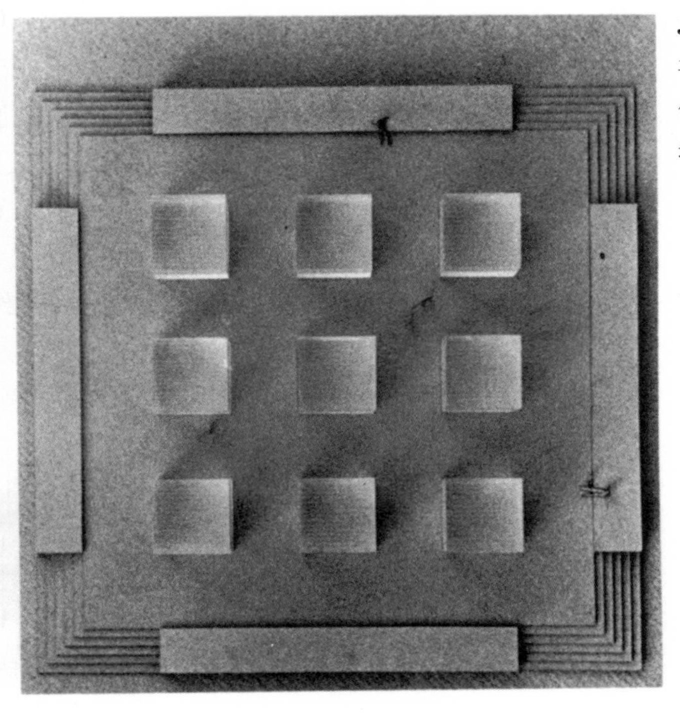

JMM. 8—11

平面图、剖面图、立面图和模型，展示了纪念馆包含一个实心玻璃墩柱及其周围的 8 个空心玻璃墩柱，位于方形基座上，四角各有一个入口。

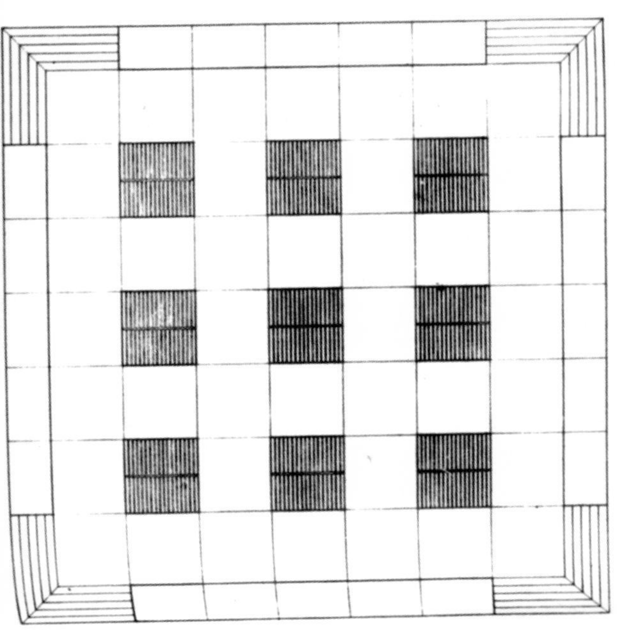
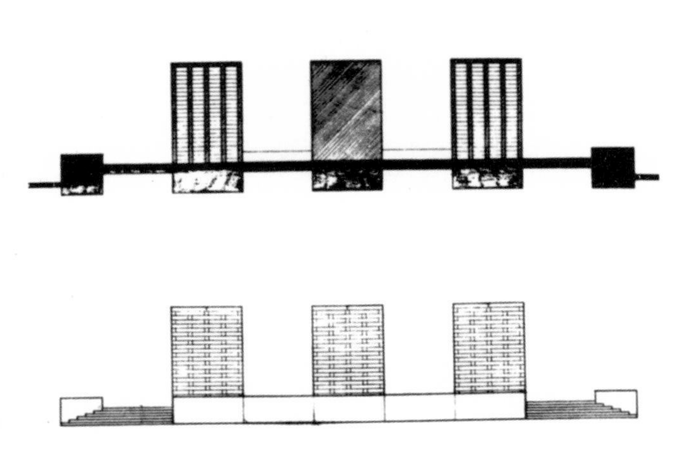
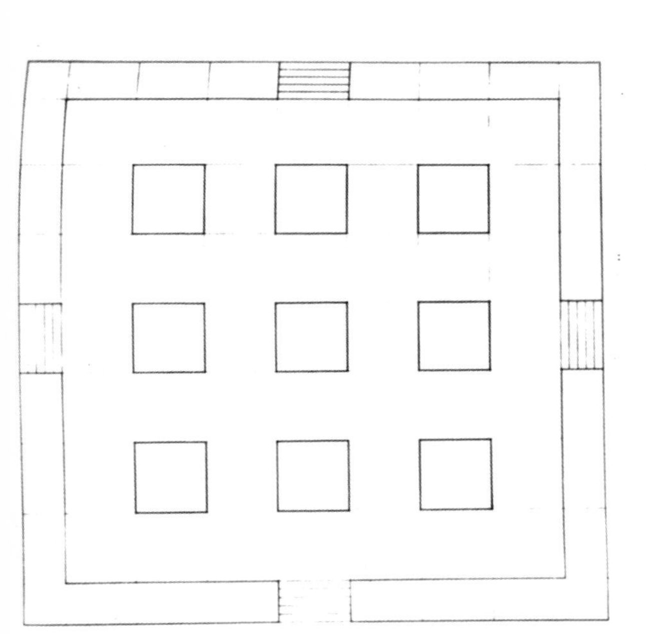
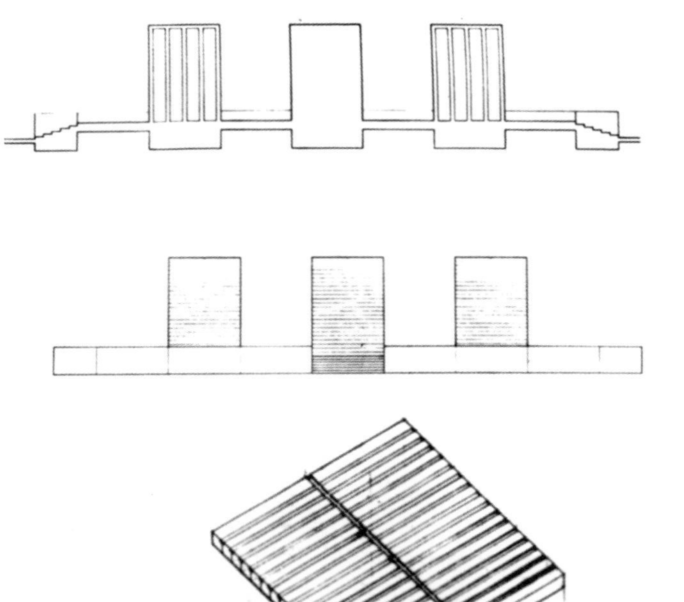

JMM. 12—14

平面图、剖面图和立面图，绘于 1967 年 11 月 5 日，展示了纪念馆包含一个实心玻璃墩柱及其周围的 8 个空心玻璃墩柱，位于方形基座上，有 4 个侧向入口。

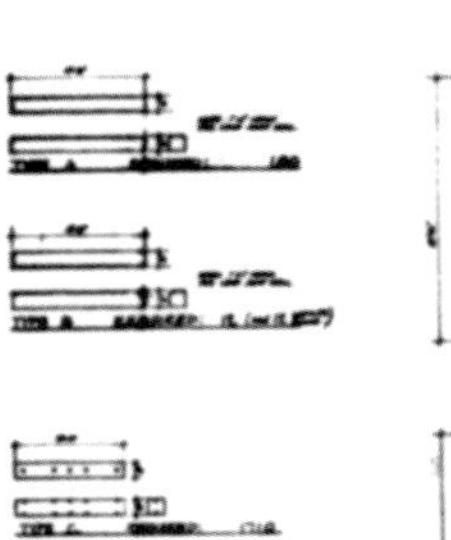
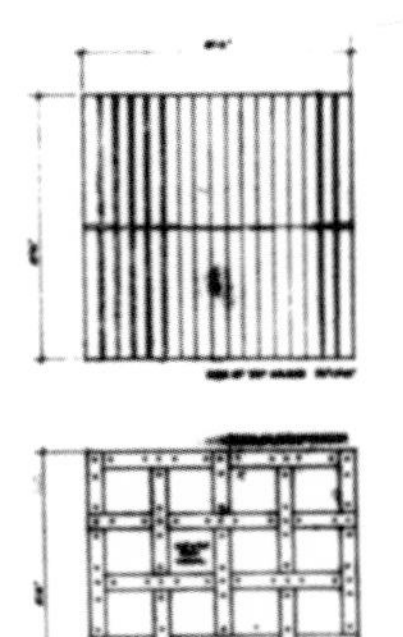
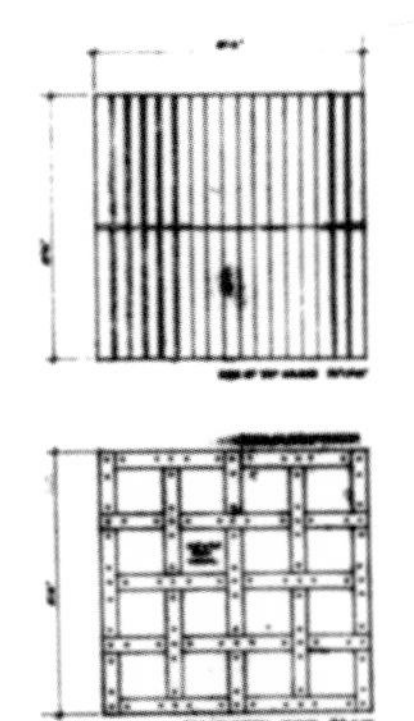
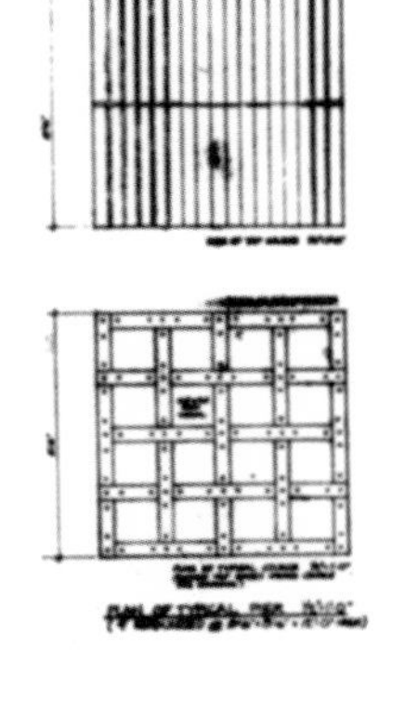

JMM. 15

中空玻璃墩柱的轴测图和细部图，绘于 1967 年 10 月 25 日（1968 年 3 月 25 日修订），展示了墩柱由固体玻璃构成，剖面 6 英寸见方，长度分别为 2 英尺、3 英尺 6 英寸和 4 英尺 3 英寸。这些部分由玻璃塞固定在一起，并由铅质接头密封。

左上方：8 英尺 6 英寸的方形顶层和两种 4 英尺 3 英寸的构件（180 款有 3 个角部凹槽，24 款有两个角部凹槽用于铅封）。

左下方：8 英尺 6 英寸的典型方形顶层，相邻的每一层都需旋转 90°以便结合。两种类型的构件：1710 款长 3 英尺 6 英寸，有 5 个安装玻璃塞的孔；1140 款长 2 英尺，有 3 个安装玻璃塞的孔。这些构件是建造 6 个空心玻璃墩柱所需要的（参照 JMM．19—JMM．27）。

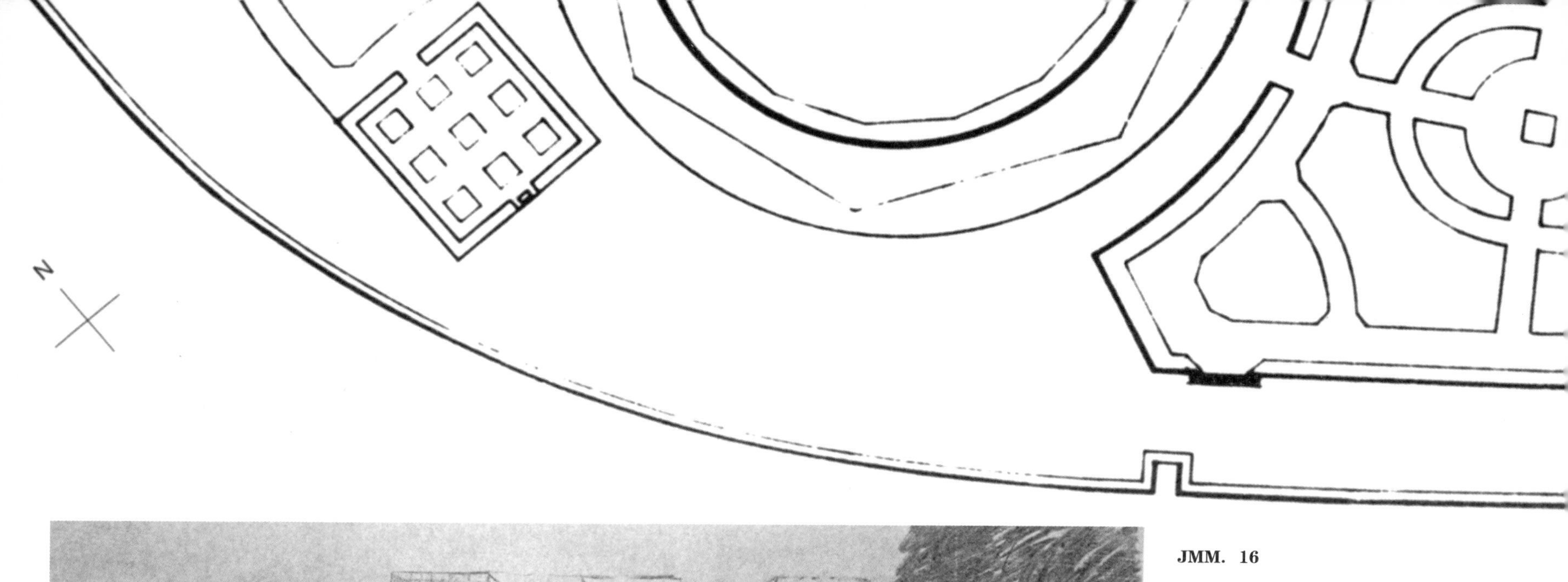

JMM. 16

场地平面图，展示了纪念馆被设想为9个组合在方形基座上的方块，入口在北侧，埃玛·拉扎勒斯纪念碑被移到南侧。底部是北河，顶部是克林顿城堡国家纪念馆（Castle Clinton National Monument）（参照JMM. 24）。

“纪念碑的构思是9个墩柱排列成正方形，没有仪式性的明确方向，并透出光线。”

JMM. 17—18

透视草图，从东侧看向纪念馆，分别展示了白天和夜景下，由花岗岩基座上的9个玻璃墩柱组成的纪念馆：入口在右侧，埃玛·拉扎勒斯纪念碑在左侧，背景是泽西市（Jersey City）的海岸。

“纪念馆将随着昼夜更替、四季流转和天气更迭的光影变化改变氛围与情绪，甚至随着一道突然的闪电改变。河流运动将其自身的生命传递给纪念馆。”

七墩柱平面

JMM. 19

立面研究，展示了中心墩柱被视为一个“礼拜堂”。

JMM. 20

透视草图，绘于1967年12月3日，展示了中心墩柱上面刻有“礼拜堂”的字样，墩柱之间是泽西市的海岸。

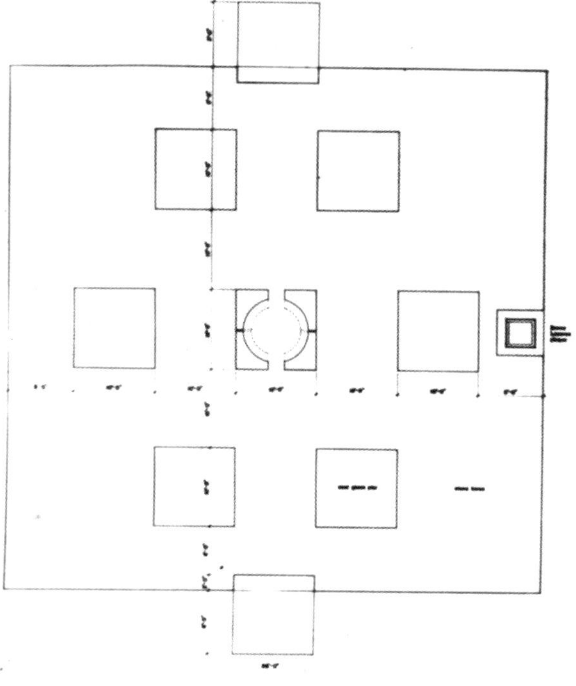

第一版：1968年4月4日

JMM. 21

平面图，展示了纪念馆由中央“礼拜堂”墩柱和周围的6个浇铸玻璃墩柱组成，位于方形基座上，有两个侧向入口平台和重新布置的埃玛·拉扎勒斯纪念碑。

1968年5月3日，康在《今日建筑》中解释了从9墩柱到7墩柱的变化原因和关于“礼拜堂”的想法。

“建筑师考虑到赋予纪念馆一种仪式感的普遍想法，将9个墩柱改为7个，其中中心墩柱被赋予礼拜堂的特征，向天空敞开，一个小团体或家庭可以进入其中。小教堂的内部和墩柱的外部将有铭文。围绕中心的6个墩柱，尺寸相同，但没有铭文。礼拜堂是有声的，其他6个则静默不语。”

7个墩柱的想法占据了上风，因为6个“无声”的墩柱代表600万犹太遇难者，第7个墩柱则代表“礼拜堂”。

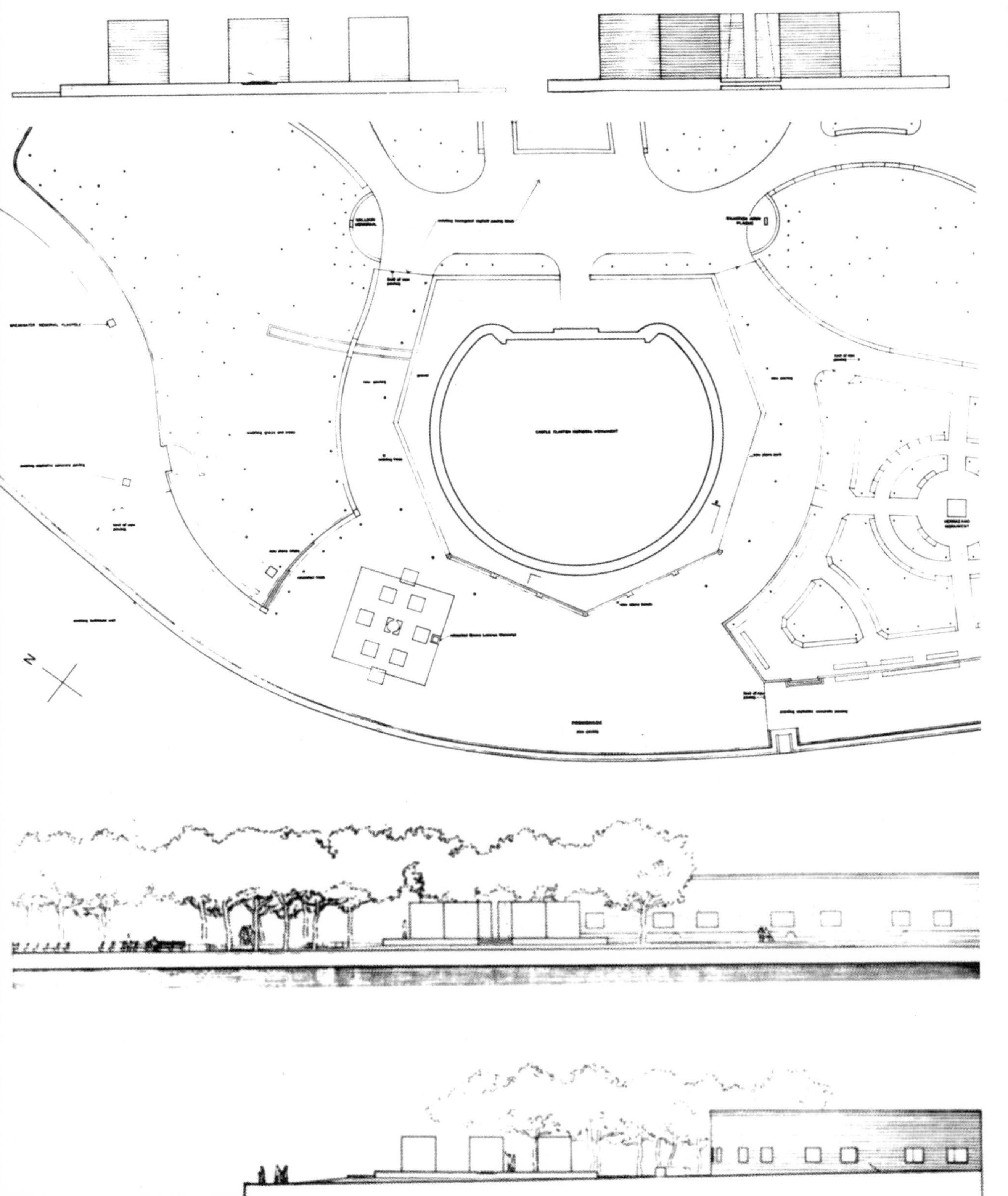

JMM. 22

东南立面，展示了埃玛·拉扎勒斯纪念碑位于一个两英尺高的平台中央，两侧是入口平台。

JMM. 23

西南（而非东北）立面，展示了向天空敞开的礼拜堂和中间的入口平台。

JMM. 24

场地平面图，展示了炮台公园现有和规划中的纪念馆。除了7墩柱纪念馆，康还提议用石头代替沥青铺设公共区域，用碎石填满环形的克林顿城堡国家纪念地周围的区域，在公共区域边缘提供石凳，并放置路缘石。

JMM. 25

东南立面，展示了从北河看到的公园和克林顿城堡国家纪念地之间的纪念馆。

JMM. 26

东南立面，展示了北河和克林顿城堡国家纪念地之间的纪念馆。

“这个地方，紧随着‘欢迎来到美国’标志的是——埃利斯岛（Ellis Island）、城堡花园、自由女神像。这在很大程度激发了玻璃的使用与非物质化的感觉，使得所有这些象征性的结构与周围的生命进入纪念馆。”

JMM. 27

从东侧看模型，展示了“礼拜堂”、6个“无声”墩柱、花岗岩底座和入口平台。背景是克林顿城堡国家纪念地的墙壁，左边是通往现状公园的拟建石阶。

“6个周围墩柱和一个中心墩柱坐落在花岗岩底座上，底座为66英尺×66英尺的正方形，高度让人可以坐在它的边缘。每个玻璃墩柱是10英尺×10英尺见方，11英尺高。每个墩柱之间的空间与其自身尺寸相当。墩柱是用实心的玻璃块建造的，这些玻璃块一个接一个地放在一起，并在不使用砂浆的情况下交叠在一起，这让人想起希腊人在神庙中铺设实心大理石块的方式。每个墩柱的顶部都用薄薄的铅层密封于特制的连接件。当人们观察每个墩柱和整个墩柱的组成时，整个建筑的深度便会显现出来。”

第二版

JMM. 28

模型视图，展示了玻璃墩柱的不同建构方式，一排排竖直的玻璃块与水平带交替出现。

“建筑师和科宁玻璃厂（Corning Glass Works）正在联合研究将玻璃技术与艺术相结合的方式，以使进入纪念碑的人有一种围合感，但同时又保持内部光的游戏感。”

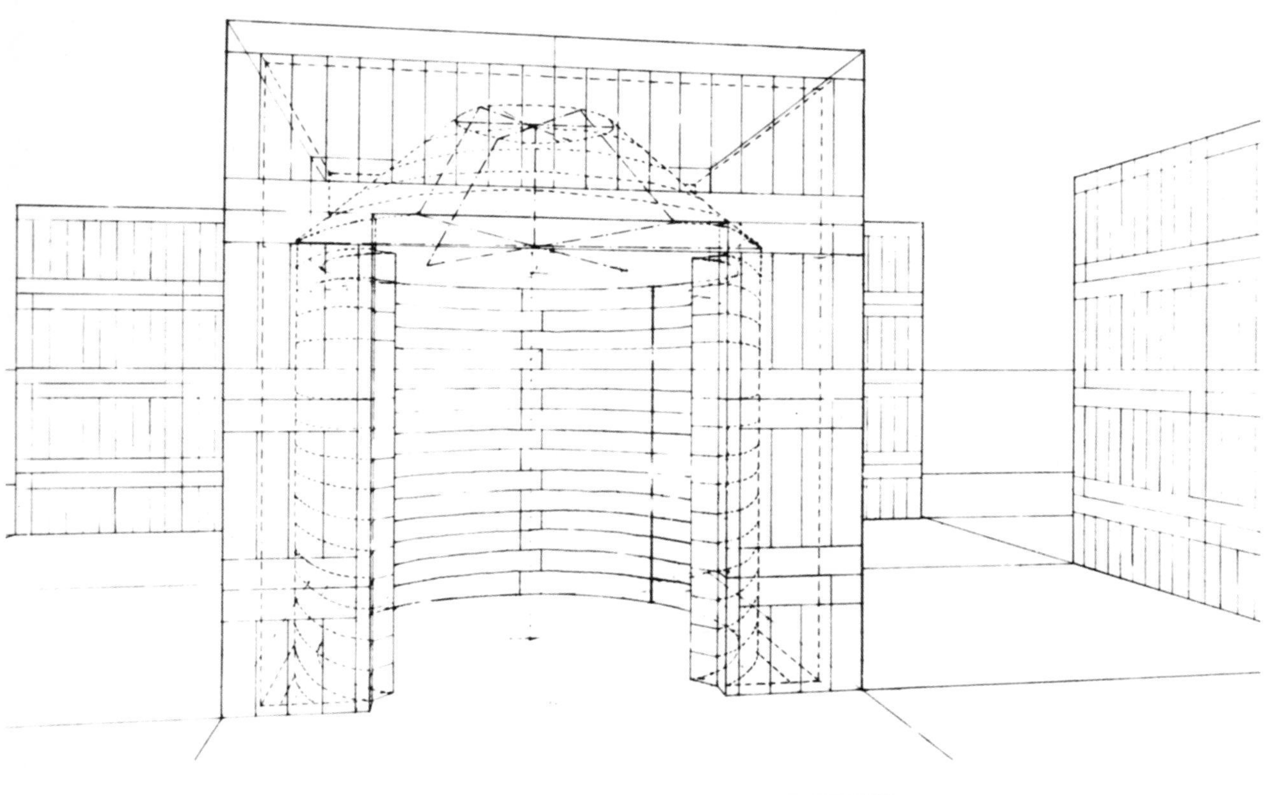

JMM. 29

透视图，展示了“礼拜堂”是一个覆盖着倾斜玻璃屋顶的圆形房间。基座上标有方形格网，与方形墩柱的尺寸和地板图案相对应。

最终版本：1972 年，未建成

JMM. 30—31

平面图和剖面图，展示了 6 个墩柱向中央封闭的墩柱开放，由此构成纪念馆。尽管康从不喜欢将钢作为建筑材料，但在这个设计深化阶段，出于经济性的考量，他用钢架固定玻璃板来建造墩柱

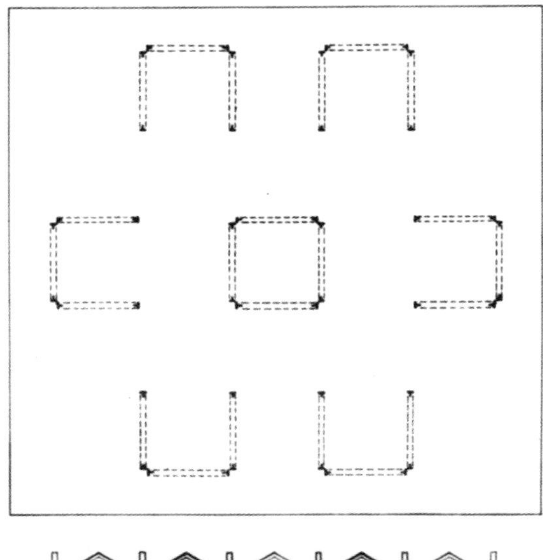

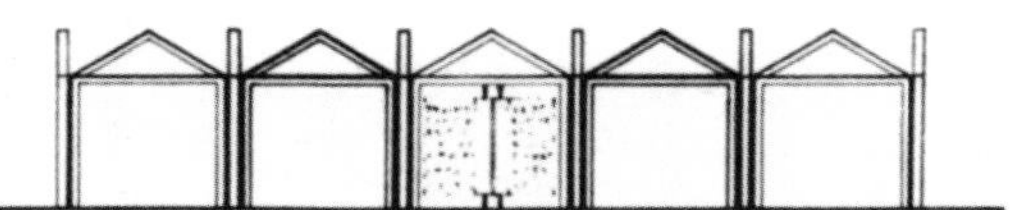

JMM. 32

透视草图，绘于 1972 年 5 月 28 日，展示了纪念馆（12 英尺高）的夜景。

“白光的影子是什么？——漆黑……

但不要害怕，因为白光并不存在！”

金贝尔艺术博物馆(1966—1972年)

沃斯堡(Fort Worth),得克萨斯州

凯·金贝尔,实业家、艺术收藏家和金贝尔艺术基金会的创始人,于1964年去世。他在遗嘱中要求受托人在沃斯堡市建造一座一流的博物馆。

博物馆馆长理查德·法戈·布朗博士在面试了许多著名的建筑师后,于1966年年初找到了路易斯·康,委托他设计金贝尔艺术博物馆。委托合同于1966年10月6日签署,条件是康将与当地的建筑和工程公司普雷斯顿·格伦与合伙人事务所(Preston M. Geren and Associates)一起工作。

最终的工作图纸预计在1967年年末完成,施工将在1968年年初开始。实际上,直到1969年6月29日才破土动工。该博物馆于1972年10月4日正式开放。奥古斯特·科缅丹特博士作为结构顾问参与了该项目。

在历时三年的博物馆设计推敲和完善过程中,康设计了四个不同的平面:1967年春天之前,他一直在研究正方形平面;随后至1967年6月在研究矩形平面;随后至1968年8月在研究"H"形平面;最终到1969年夏天在研究"C"形平面。

正方形平面

KAM. 1

场地模型的平面图,绘于1967年春,展示了一个14层的"V"形折叠板屋顶结构(420英尺见方),留有天光狭缝,排列在南北向轴线上,还有采光井和保留现有树木的雕塑花园;广场西面是带有水塘的入口,左侧是阿蒙·卡特西方艺术博物馆(Amon Carter Museum of Western Art)。

KAM. 2

场地模型透视图,绘于1967年春,展示了拱的南立面,"V"形折叠板梁形成拱顶(30英尺高)并留有天光狭缝;入口处左侧为倒影池。

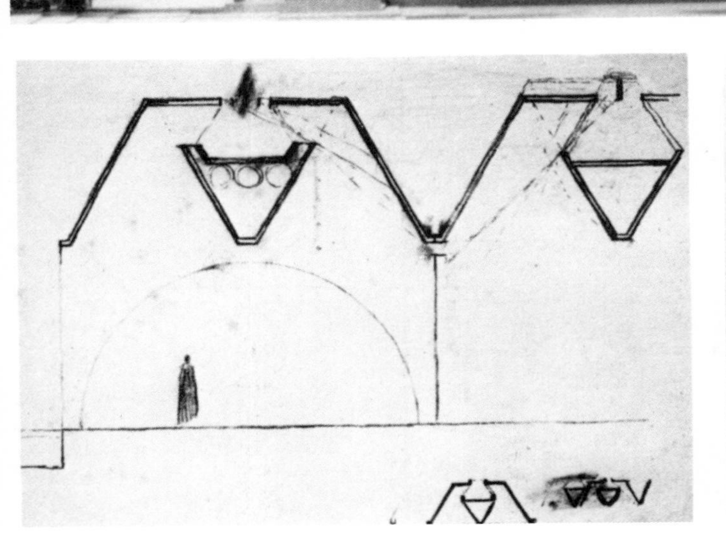

KAM. 3

剖面草图,绘于1967年春,展示了"V"形折叠板梁形成拱顶和天光狭缝。"V"形的管道和光线(虚线)体现了康防止自然光直接进入画廊的意图。

KAM. 4

剖面草图,绘于1967年3月,展示了对弧拱中各种光线反射的研究。

"结构是光的赋予者。"

矩形平面

KAM. 5

场地平面草图，绘于1967年，展示了没有天光缝的15个开间的弧形拱顶结构，仍有采光井、现状树木和带水池的入口广场（西侧）。

金贝尔艺术博物馆的基地是由沃斯堡市捐赠的，是阿蒙·卡特广场公园（Amon Carter Square Park）9.5英亩土地的一部分——这一城市文化中心涵盖了阿蒙·卡特西方艺术博物馆、沃斯堡科学历史博物馆（Fort Worth Museum of Science and History）、威廉·埃德灵顿·斯科特剧院（William Edrington Scott Theater）、威尔·罗杰斯纪念体育馆和礼堂（Will Rogers Memorial Coliseum and Auditorium）和卡萨·马纳纳剧院（The Casa Manana Theater）。

金贝尔艺术博物馆的地段北侧毗邻鲍伊营大道（Camp Bowie Boulevard），东侧相接阿奇亚当斯街（Arch Adams Street），南面为西兰卡斯特大道（West Lancaster Avenue），西面为威尔罗杰斯街（Will Rogers Street）。

KAM. 6

南立面草图，绘于1967年，展示了15个开间的弧形拱顶结构：左侧为入口广场，右侧为停车场（毗邻阿奇亚当斯街）。

“H”形平面：第一版

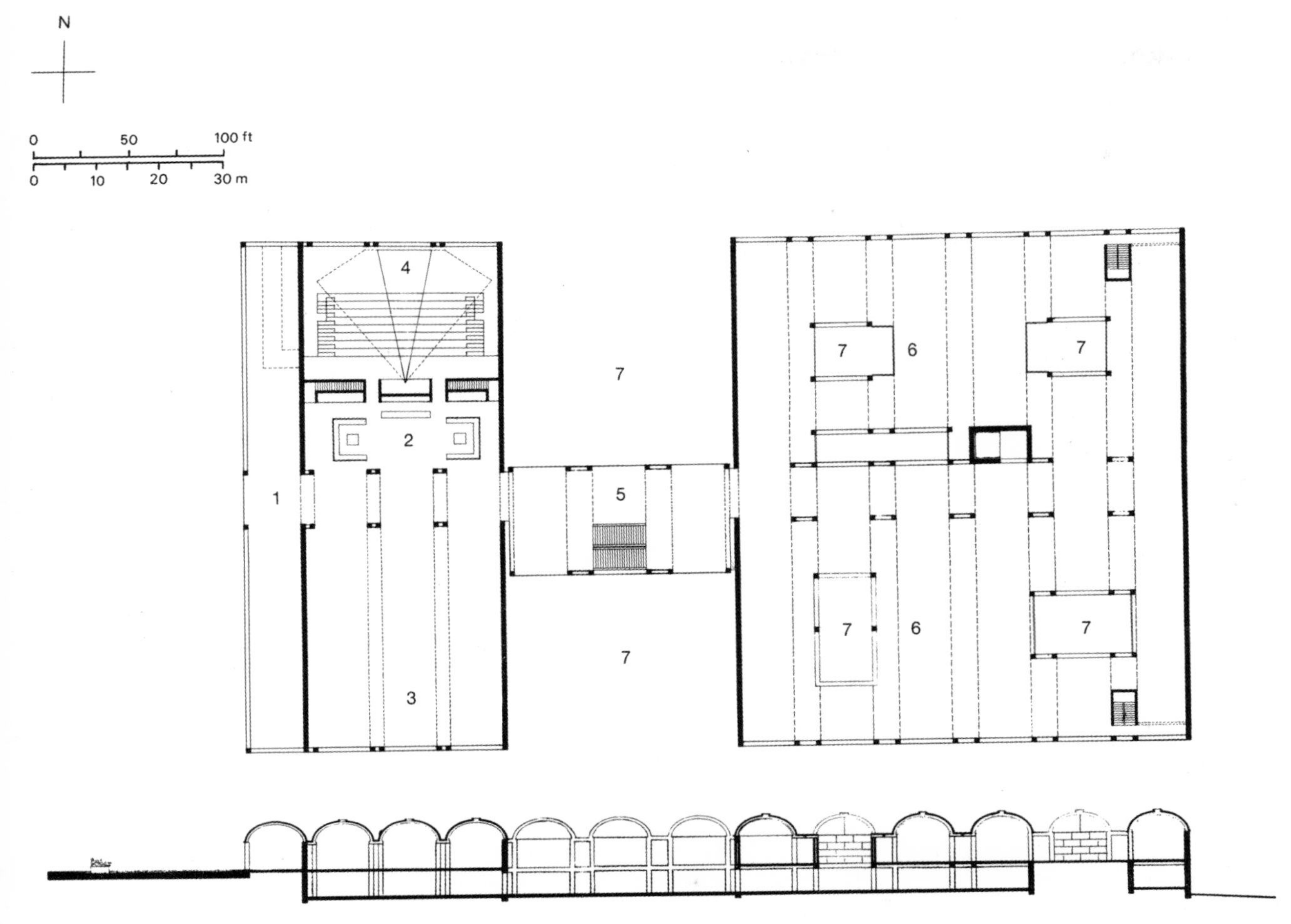

KAM. 7

入口处的一层平面图，绘于1967年夏，展示了13个开间的结构，左边4间为入口和礼堂，右边6间是画廊，中间3间通过楼梯联结建筑。东西向的走廊明确了中心的入口轴线，并将博物馆分为南北两部分。

“1”为入口门廊；

“2”为接待处，书店和商店；

“3”为特别展室；

“4”为礼堂；

“5”为拱廊和楼梯；

“6”为画廊（办公室、图书馆及下方的藏室）；

“7”为光与雕塑的庭院。

KAM. 8

纵剖面图，朝北，剖切到灯光和雕塑庭院，绘于1967年夏，展示了左边的倒影池和入口门廊，右边是灯光和雕塑的庭院，以及带有天光狭缝的弧拱与管道。

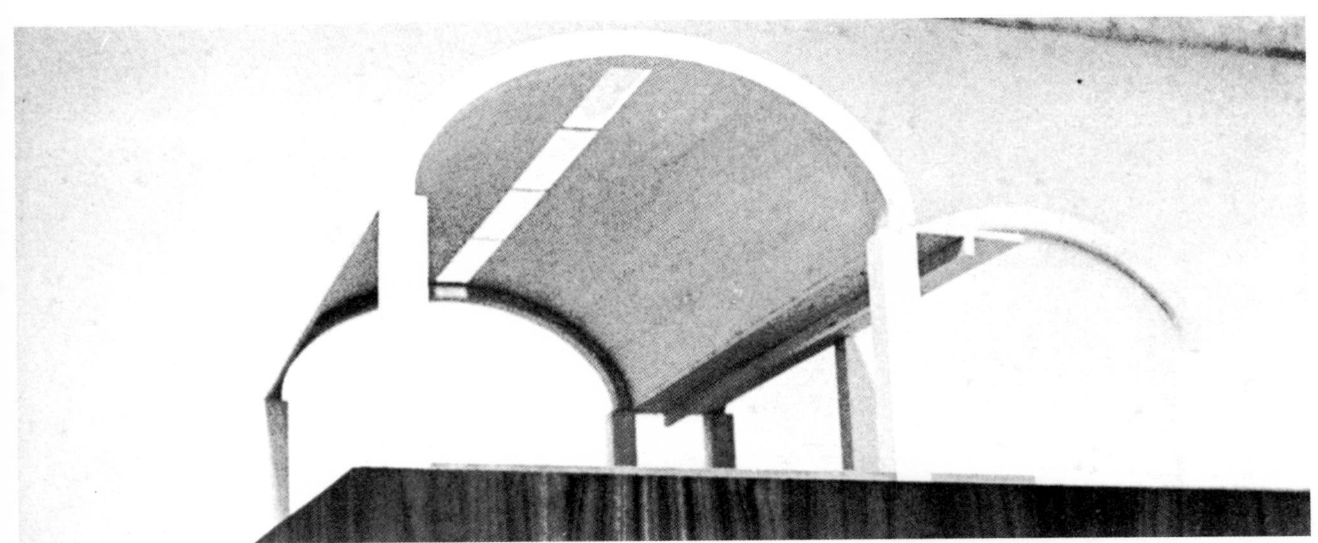

KAM. 9

一个研究模型的视图，绘于1967年。每个120英尺的窗台的长跨度将由一对圆柱形的外壳覆盖，并由柱子支撑。34英尺宽的外壳结构将设计成梁，而不是拱形。壳体被连接起来形成拱顶，留下狭长的开口以允许天光射入。管道空间在壳底层的两个拱顶之间。

“我的脑海中充满了罗马的伟大。穹顶是如此刻骨铭心，虽然我不能使用它，但它总是在那里。拱顶似乎是最好的选择。我意识到，光线必须来自一个高点，在顶点处光线最佳。不高的拱顶少了庄严的感觉，但适应着人体尺度。它带来家与安全的感受。”

“一幅画，如果你某天看得不如另一天看得好，那么这幅画本身就有一种品质，它希望你能意识到这一点。它不希望你有一次便定型的印象，哪怕它是很情绪化的创作。所以，这明确要求表现自然光。窗户会导致眩光，所以不考虑使用窗户。来自上方的光是最耀眼的，是唯一可以接受的光。窗户变成了一条缝，穹顶状的摆线结构用于改变光的传播路径。摆线结构不需要支撑，但它可以作为梁，所以每100米处需要支撑。”

KAM. 10

透视草图，绘于1967年，展示了从西面看入口广场、门廊和倒影池。建议在倒影池的边缘为马约尔（Maillol）的大型雕塑设置一个特殊的壁龛。

KAM. 11

透视草图，绘于1967年，替代版本，从西南方向看向三开间的入口/礼堂。

这一阶段的设计过程中，包括门廊在内的礼堂被缩减为3个开间。由于空间和预估造价超出了客户的计划和预算，在项目深化的每个阶段，建筑面积都在不断缩减。

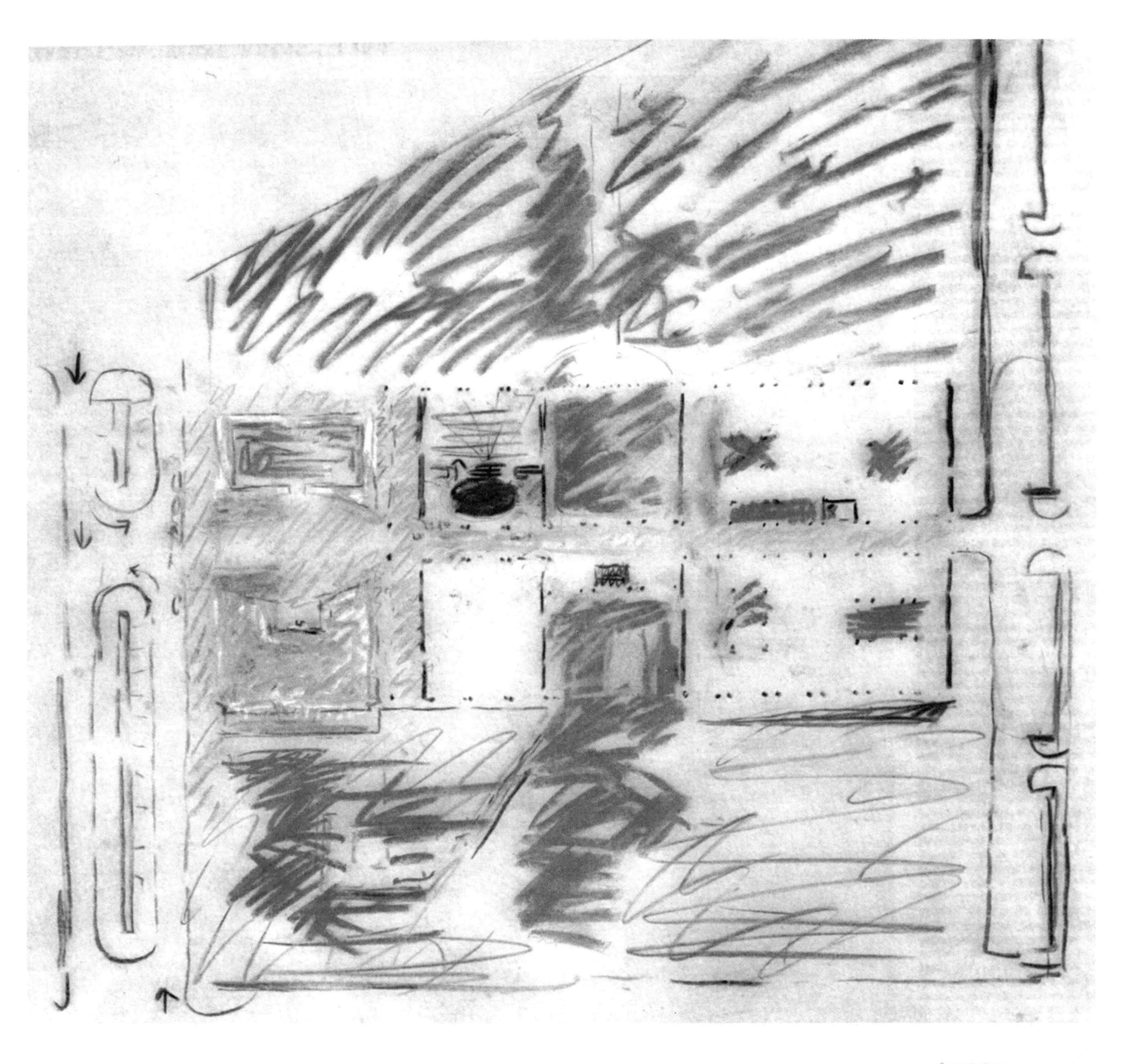

KAM. 12—13

场地平面草图，绘于1967年，展示了对4开间和3开间版本的礼堂室内外空间关系的研究。研究的一个重点问题是要让公园“流”过博物馆，而非将其分为两部分（KAM. 12，原尺寸为56.5厘米×6.5厘米，参见介绍）。

（彩图见445页）

KAM. 14—15

透视草图，绘于 1967 年，展示了对白天和晚上画廊内部没有天光缝隙的拱顶的研究。白天有来自采光井的自然光，晚上则为展览提供人工照明。

“H”形平面：第二版

KAM. 16

场地模型透视图，绘于 1967 年，展示了 12 个开间结构，右上角是 6 个开间的博物馆及采光井，左下角是 3 个开间的入口 / 礼堂及入口广场和倒影池，中间是 3 个开间的拱廊。弧拱没有天光的缝隙。

“在画廊里，墙是很珍贵的，窗户是眩光的来源，对眼睛有干扰。所以我们不希望窗户会打断墙壁。但我坚持使用自然光，作为一种与自然以及自然与人之间关系的区别。我想到了一天与另一天之间无尽又绵延的差异，这是人类的共识之一，是人类共性的体验之一。”

KAM. 17

透视草图，绘于 1967 年 9 月 22 日，展示了从西南方向看入口广场和门廊。

“当一个人相信自然光是我们与生俱有的东西时，他便不能接受一所没有自然光的学校。他甚至不能接受一个电影院，你或许会说，电影院一定要在黑暗中，却没有察觉到在建筑的某个地方一定有一个裂缝允许足够的自然光进入，以判断究竟有多暗。”

KAM. 18

透视草图，西北方向视图，绘于 1967 年 9 月 22 日。

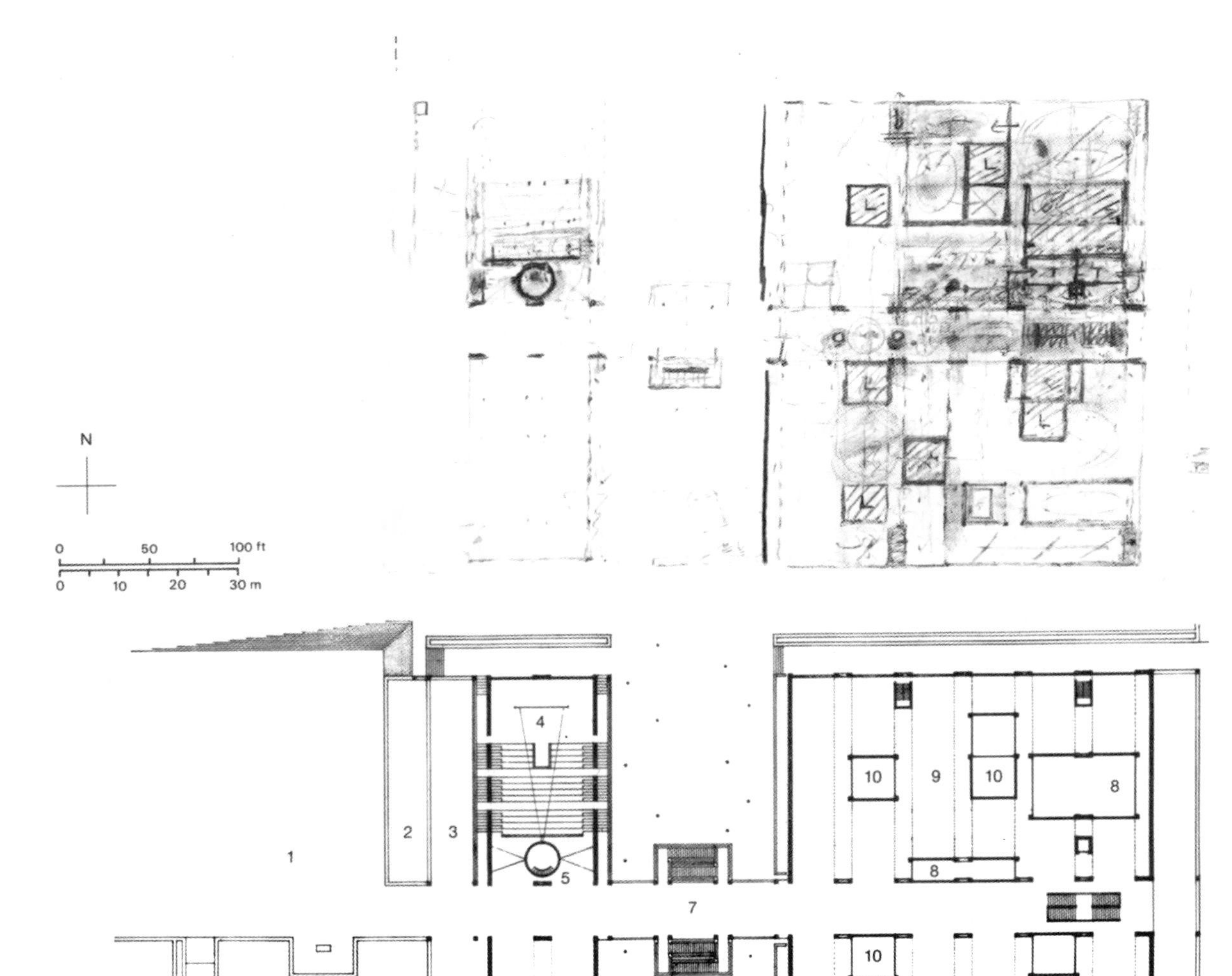

KAM. 19

平面草图，绘于 1967 年 11 月 24 日，展示了礼堂和博物馆建筑被留存现状树木的大型庭院分隔（参照 KAM. 12—13）。主博物馆 / 画廊通过一座桥与礼堂相连。标有“L”的区域表示采光井。

“当然，有一些空间应该是灵活的，但也有一些空间应该是完全固定的。它们应该只是纯粹的灵感……是除了进进出出的人其他什么都不会改变的地方。”

“建筑的关键在于对一个房间的重要性和适当性的感觉。因为建筑是从房间开始的，房间延伸出平面，平面是房间的集合体。”

KAM. 20

入口处一层平面图。

“1”为入口庭院；
“2”为倒影池；
“3”为门廊；
“4”为礼堂；
“5”为书店；
“6”为特别展室；
“7”为桥；
“8”为庭院（由现状树木确定）；
“9”为博物馆主空间；
“10”为采光井。

“我们从光中诞生，并从光中感受四季流转。我们只能感知由光唤醒的世界，并由此产生了物质是用光构成的想法。对我来说，自然光是唯一的光，因为它有情绪——它为人类提供了共识基础——它使我们与永恒的事物相联系。自然光是唯一能塑造建筑的光。”

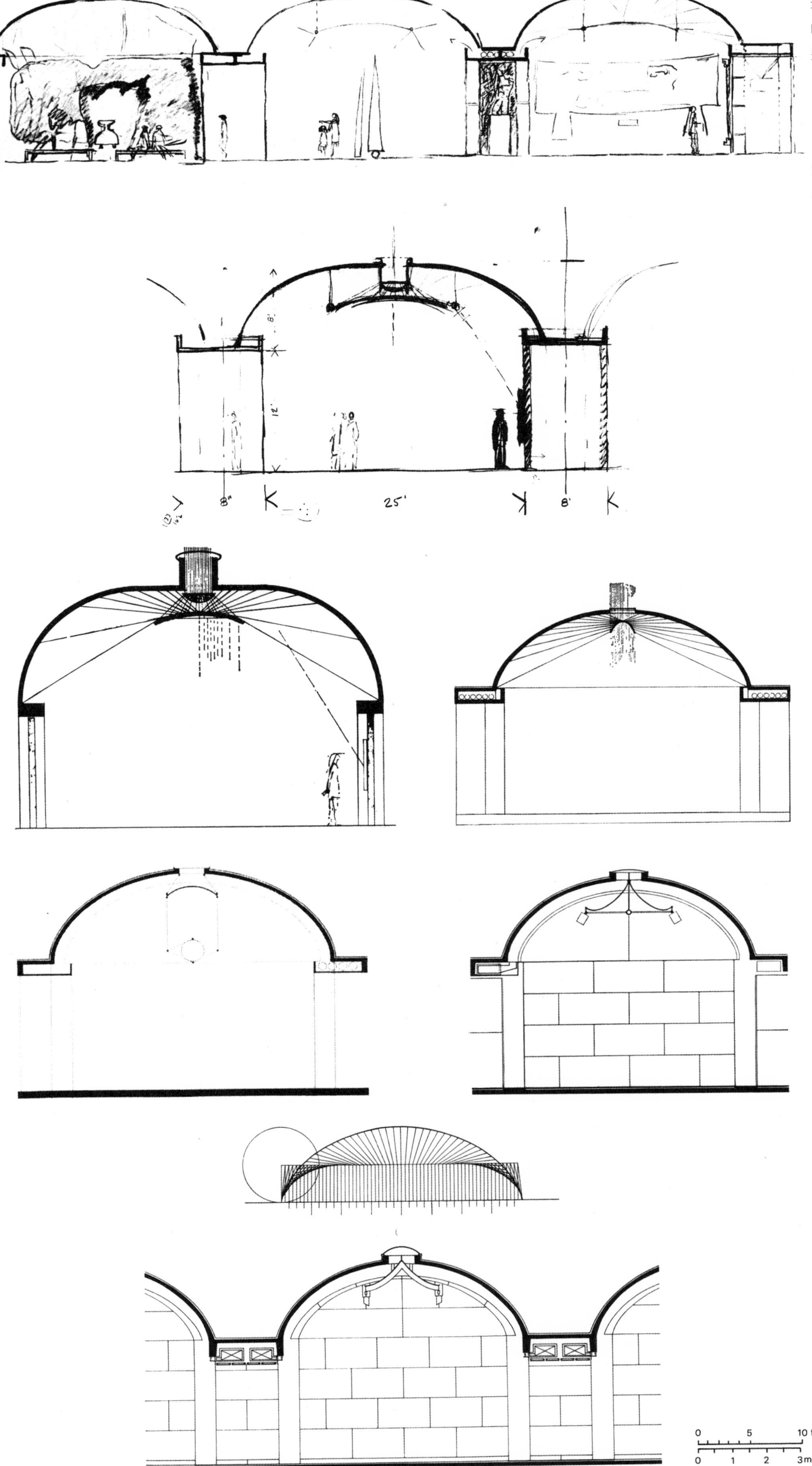

KAM. 21

剖面草图，绘于 1967 年 9 月 22 日，展示了 3 开间的礼堂 / 入口处的拱顶，左侧是没有天光缝的入口门廊，右边是有天光缝和光反射器的特别展室拱顶。

KAM. 22

剖面草图，绘于 1967 年秋，展示了对穹顶和展陈界面的构造研究。其目的是不要让光线直接照射到展品或参观者身上。

KAM. 23

横剖面图，剖切到弧拱，展示了对弧形反射器上的光线反射的研究。

KAM. 24

剖面图，绘于 1967 年 9 月 27 日，展示了用于研究反射光的圆拱和抛物线光反射器。注意拱顶底部的管道空间。

KAM. 25

剖面图，绘于 1867 年秋天，展示了一个摆线形拱顶（高 30 英尺，宽 25 英尺），有一道天光缝隙以及一个照明装置（反射器和人工光的组合）。

“人工光是静止的光——只有自然光的零星作用，而我想在自然光的奇妙模式下展示画作。所以我做了一个自然光装置来代替电灯，以过滤有害的光线，并将光线扩散到房间中。这可以引导其他人做得更好。它应该使自己进入可利用的领域。”

KAM. 26

剖面图，绘于 1968 年年初，展示了一个带有天光缝和照明装置的摆线形拱顶。

“这个‘自然照明装置’……是一种新的称呼方式，它是一个全新的词汇。它实际上是一个光的调节器，足以使光线的损害性控制在任何如今可能的程度。当我看到它时，我觉得它真是一个庞然大物。”

KAM. 27

摆线图示——由圆周上的一个点沿直线运动时形成的拉长的曲线轨迹。路易斯·康最初设想的拱顶是半圆形的，但最终决定采用摆线形，因为它使天花板更低。他认为是他的结构顾问奥古斯特·科缅丹特博士实现了最终的结构。

KAM. 28

摆线形拱顶的剖面图，绘于 1968 年，最终版本，展示了照明设备、空调管道、墙壁和拱之间的石灰华填充图案。照明设备是由薄穿孔铝板制成的反射器，滤过自然光而不造成眩光。拱顶和墙壁之间有一个玻璃条带，以明确后者的非结构性作用。该条带柱脚处宽 9 英寸，柱头处宽 4 英寸。

“我把玻璃条带放在不属于结构的构件之间，因为连接件是装饰的开始，而这必须与单纯的装饰区分开来。装饰是对连接件的崇拜。”

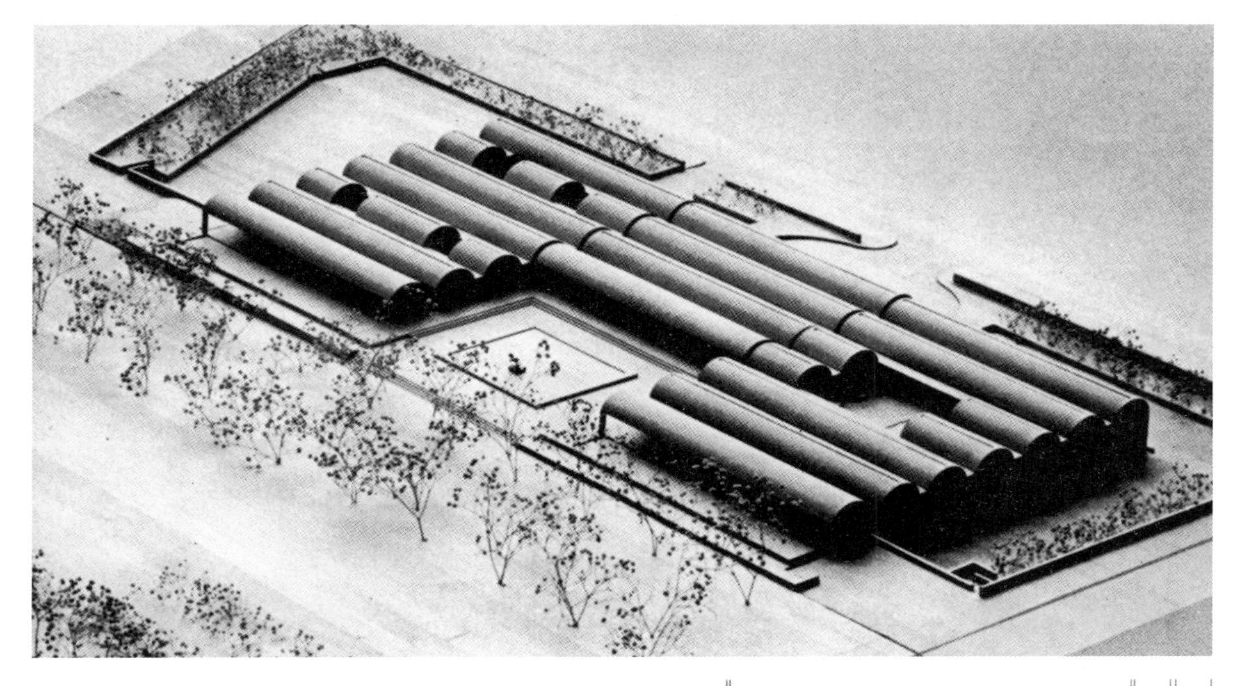

“C”形平面：第一版

KAM. 29

场地模型透视图，绘于 1968 年秋。

在 1968 年的夏天，“C”形平面的三部分得以深化：夏季的“H”形平面（KAM. 21）的建筑被分为南北两部分，两者之间为四开间的入口，此举将南北长度增加了 60 英尺，并将走廊转了 90°。这样一来，建筑就有了两个入口：从一层西侧庭院进入的主入口和从下层东停车场进入的后勤入口。每个长拱顶长 125 英尺，宽 25 英尺。

KAM. 30

场地平面图，绘于 1968 年 9 月 25 日，展示了现状树木、入口庭院，左边的方形倒影池和右边的停车场。

“除了从展览室上方的缝隙中开出的天窗外，我以直角与拱顶相切，形成对位的庭院，它们向天空敞开，尺寸和几何特征都经过计算。根据我所预计它们的比例、褶皱，或它们的天空反射面，或水面反射面，将它们标记为绿色庭院、黄色庭院和蓝色庭院。”

KAM. 31

主入口处一层平面图。

“1”为门廊；
“2”为广场 / 入口庭院；
“3”为入口长廊；
“4”为通往下层的楼梯；
“5”为书店和商店；
“6”为卫生间；
“7”为图书馆；
“8”为画廊；
“9”为采光井；
“10”为两层保存室的上层部分；
“11”为礼堂；
“12”为小吃店；
“13”为厨房。

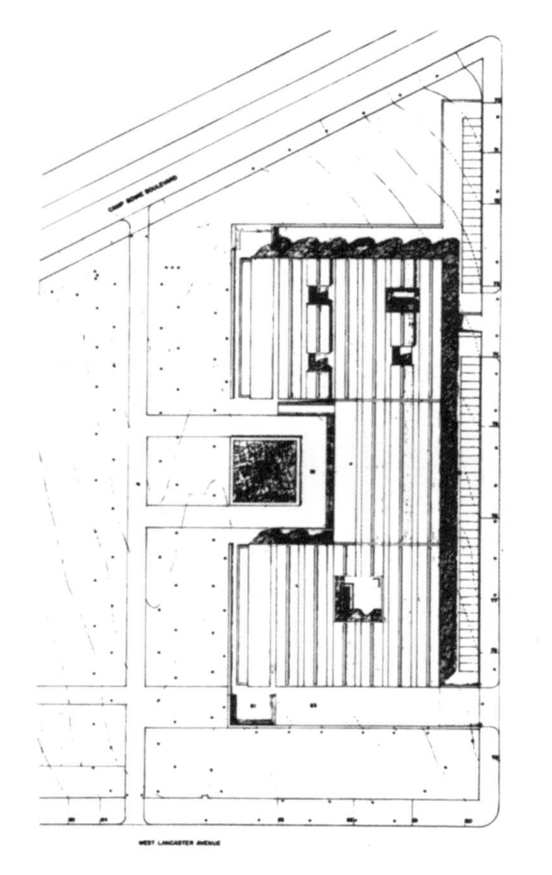

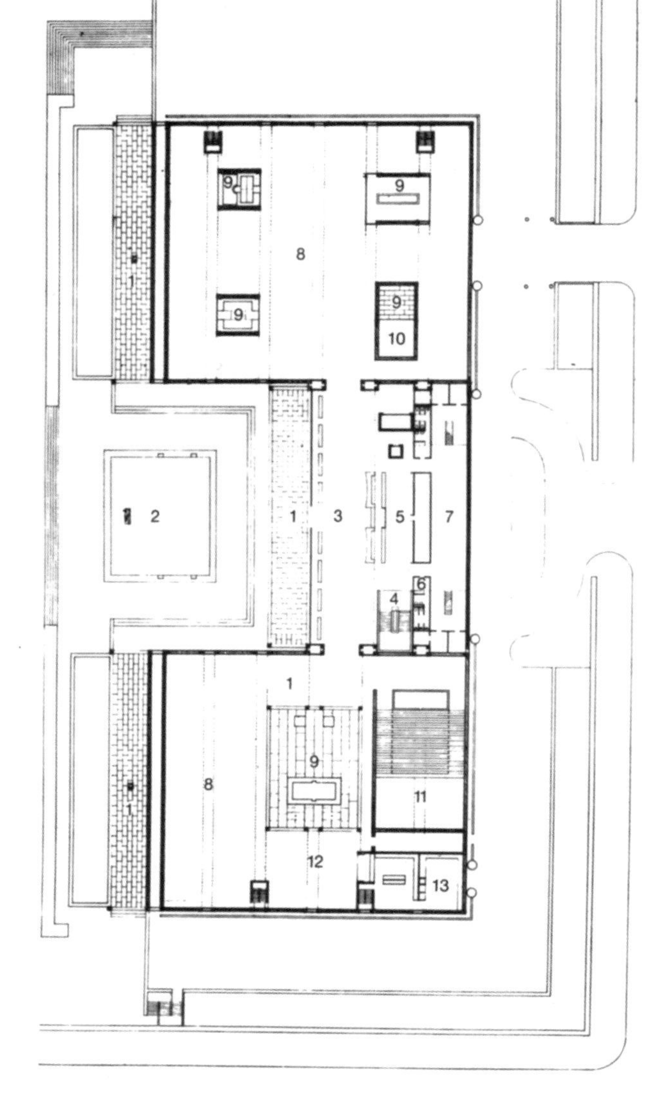

“C”形平面：第二版 / 最终版

KAM. 32

场地平面图，绘于 1969 年春，展示了 6 个开间的最终发展方案。从 1969 年初到 1969 年夏天，最终方案得以确定。在这一阶段，拱顶的数量和大小都有所减少，16 个拱顶，每个拱顶的尺寸为 104 英尺 ×23 英尺，而非先前的 18 个拱顶，每个 150 英尺 ×25 英尺。可以分别从鲍伊营大道和西兰卡斯特大道直接进入北侧和南侧的门廊。场地的东北角增加了一个冷却塔，建筑的北侧增加了游客停车场。

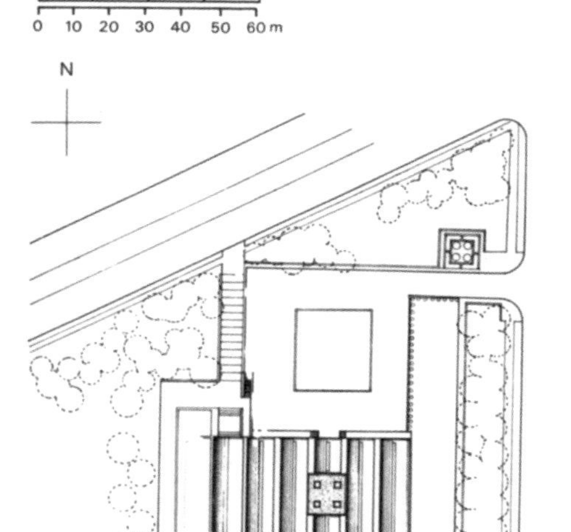

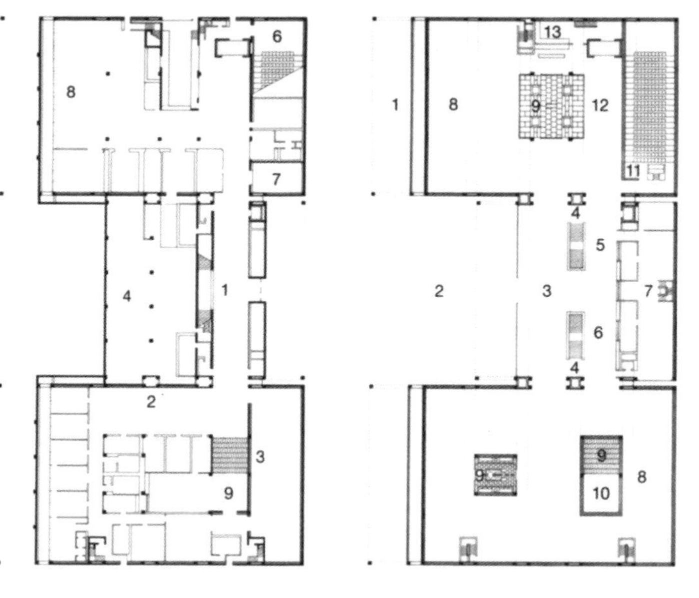

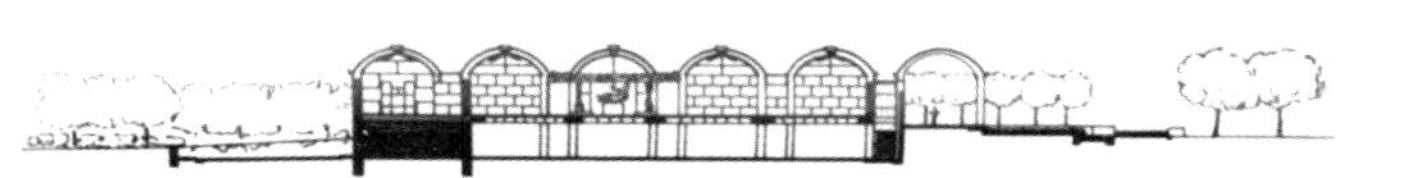

KAM. 33

后勤入口处的地下室平面图，绘于 1969 年。

“1”为入口大厅；
“2”为行政管理处；
“3”为储藏室；
“4”为工作坊；
“5”为保存室；
“6”为礼堂；
“7”为设备间；
“8”为画廊；
“9”为采光井。

（KAM. 34、KAM. 35 图注在下一页）

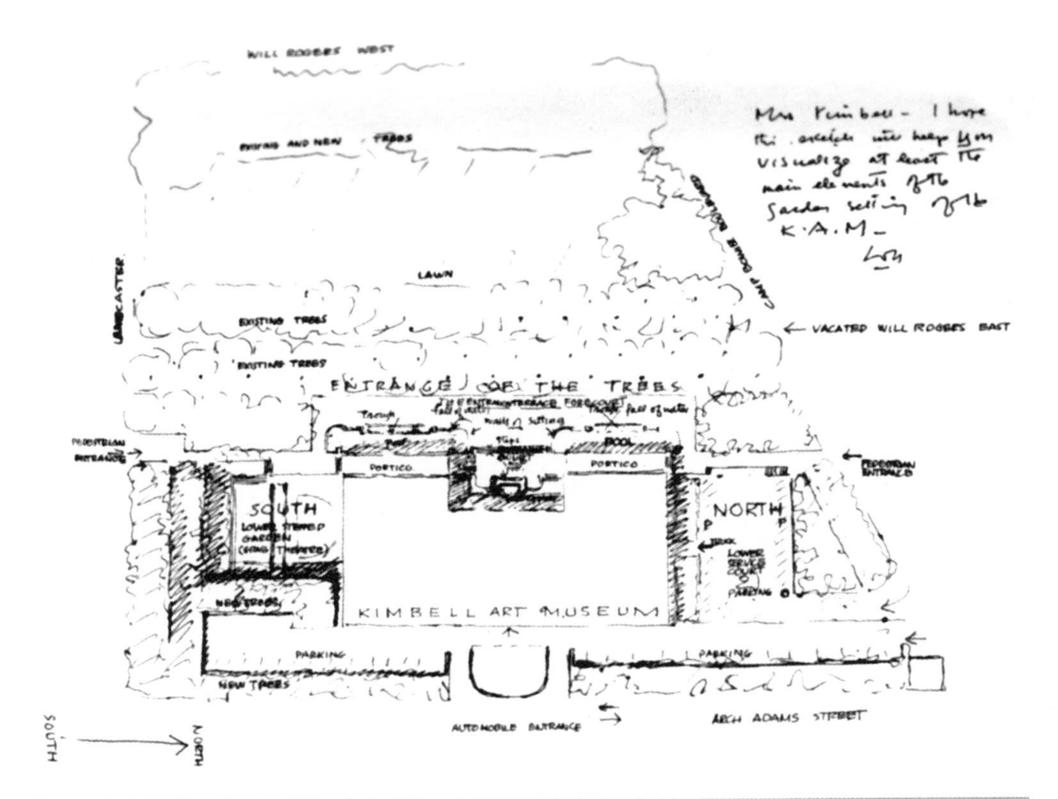

KAM. 34

主入口处的一层平面图，绘于 1969 年。

“1”为门廊；
“2”为广场；
“3”为入口长廊；
“4”为通往下层的楼梯；
“5”为书店；
“6”为商店；
“7”为图书馆，位于上方夹层；
“8”为画廊；
“9”为采光井；
“10”为两层保存室的上层部分；
“11”为礼堂；
“12”为小吃店；
“13”为厨房。

KAM. 35

横剖面，绘于 1969 年夏。

“混凝土的结构作用是把东西撑起来。柱子相互分开，这之间的空间必须被充满。因此要使用石灰华。石灰华是一种填充材料，它是一种墙体材料，是封闭的材料……”

KAM. 36

场地平面草图，绘于 1969 年 6 月 25 日。“金贝尔夫人，我希望这份草图能帮助您想象出美术馆花园的主要场景。”

在另一封信中，康解释了博物馆的花园设置。

“亲爱的金贝尔夫人。1969 年 6 月 25 日，星期三。

“树林的入口也是步行的入口，它连接着鲍伊营大道和西兰卡斯特大道。两个开放的门廊在露台的入口两侧。在每个门廊的前面是一个倒影池，池水不断滴落在一个大约 70 英尺长、2 英尺深的盆内。水声很轻。阶梯式的入口庭院穿过门廊与倒影池，设有一座喷泉，人们围它而坐，这个轴线设计是门廊池子的来源。西侧的草坪是欣赏建筑的好视角。

“南部花园位于花园入口下 10 英尺处，可由阶梯式草坪到达，也可以坐在草坪上，观看戏剧、音乐或舞蹈表演，建筑的拱形轮廓成为舞台的背景。当不再使用时，它似乎只是一个花园，不时有雕塑安置其中。

“北部花园虽然大体上是功能性的，但设计了大量的树木来遮挡和平衡建筑物的南北。

“汽车入口和停车场也在地下层，与阿奇亚当斯街平行。这一端也有树木的衬托，用树荫遮蔽停车。为此我们必须选择习性能够保护车顶的合适树木。”

KAM. 37

从西南方向看入口庭院、门廊和反射天光的倒影池。

“你可知道这些门廊的奇妙之处在哪？它们是如此没有必要。”

KAM. 38

摄于入口大厅长廊的内景，展示了带有“自然照明装置”的摆线形拱顶、空调管道和通往采光井的通道（在右侧）。拱顶下方的地板是白橡木的，管道下方的地板则是石灰华的。

“建筑师最有价值的工作是对自然的呈现。建筑师最大的乐趣来自当他意识到自己从直观角度获得了一些东西的时刻。”

KAM. 39

从鲍伊营大道看北立面。

“得益于开放的门廊，所以在进入建筑之前，建筑是如何构成的已然清清楚楚。这也是文艺复兴时期建筑所实现的，尽管建筑本身并不需要拱廊，但将拱廊给予了街道。因此，门廊就在那里，与室内的构成如出一辙，墙上没有悬挂任何绘画的义务，这是一种对建筑的认识。当你看到这个建筑和门廊时，它是一种给予。它并不是程式化的，而是自然出现的。混凝土和石灰华的结合使建筑成为一个整体——当然不完全是这样，因为我们想通过材料的使用表现建筑结构，混凝土总是结构性的，石灰华总是填充性的。”

贝斯圣殿（1966—1972 年）

韦斯特切斯特郡（Westchester County），纽约州

1966 年春天，韦斯特切斯特郡北部贝斯犹太教会的理事联系了路易斯 · 康，希望为他们现有的教会学校设计一个扩建项目。康于 1967 年 3 月 8 日被委托设计一座集圣堂、教会学校和社交厅于一体的建筑，该建筑将建在东贝德福德路（East Bedford Road）附近的一片名为“格里利森林”（Greely Woods）的小树林里。康从波兰和俄罗斯古老的木制教堂中获取灵感，将扩建部分作为一个独立的建筑来构思。施工于1967 年秋启动，1972 年5 月5 日举行落成典礼，扩建部分在世人面前亮相。

第一版：1966 年

TBC. 1—2

立面草图，展示了扩建的三层楼是独立的，但与现有的教会学校相辅相成。

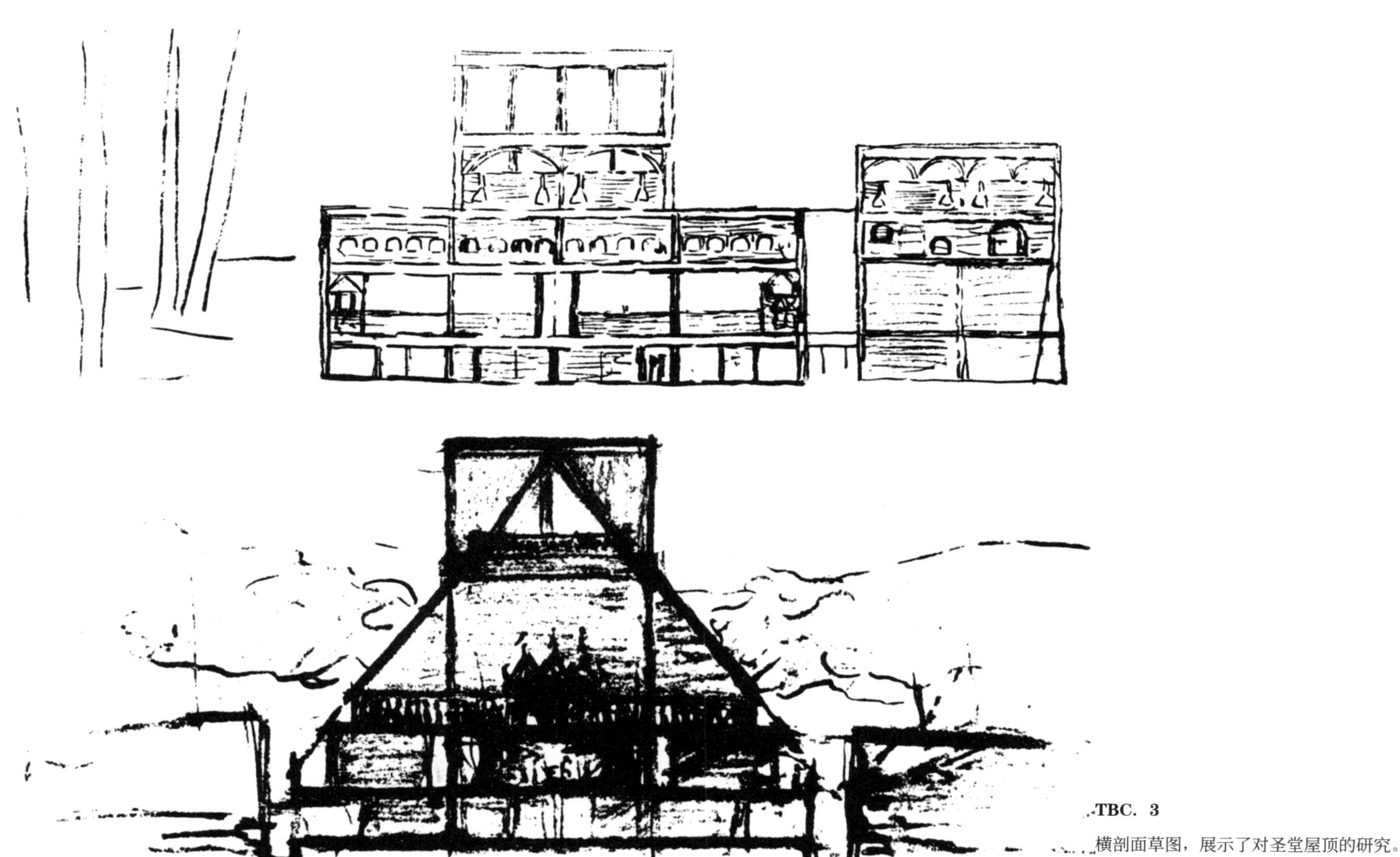

TBC. 3

横剖面草图，展示了对圣堂屋顶的研究。

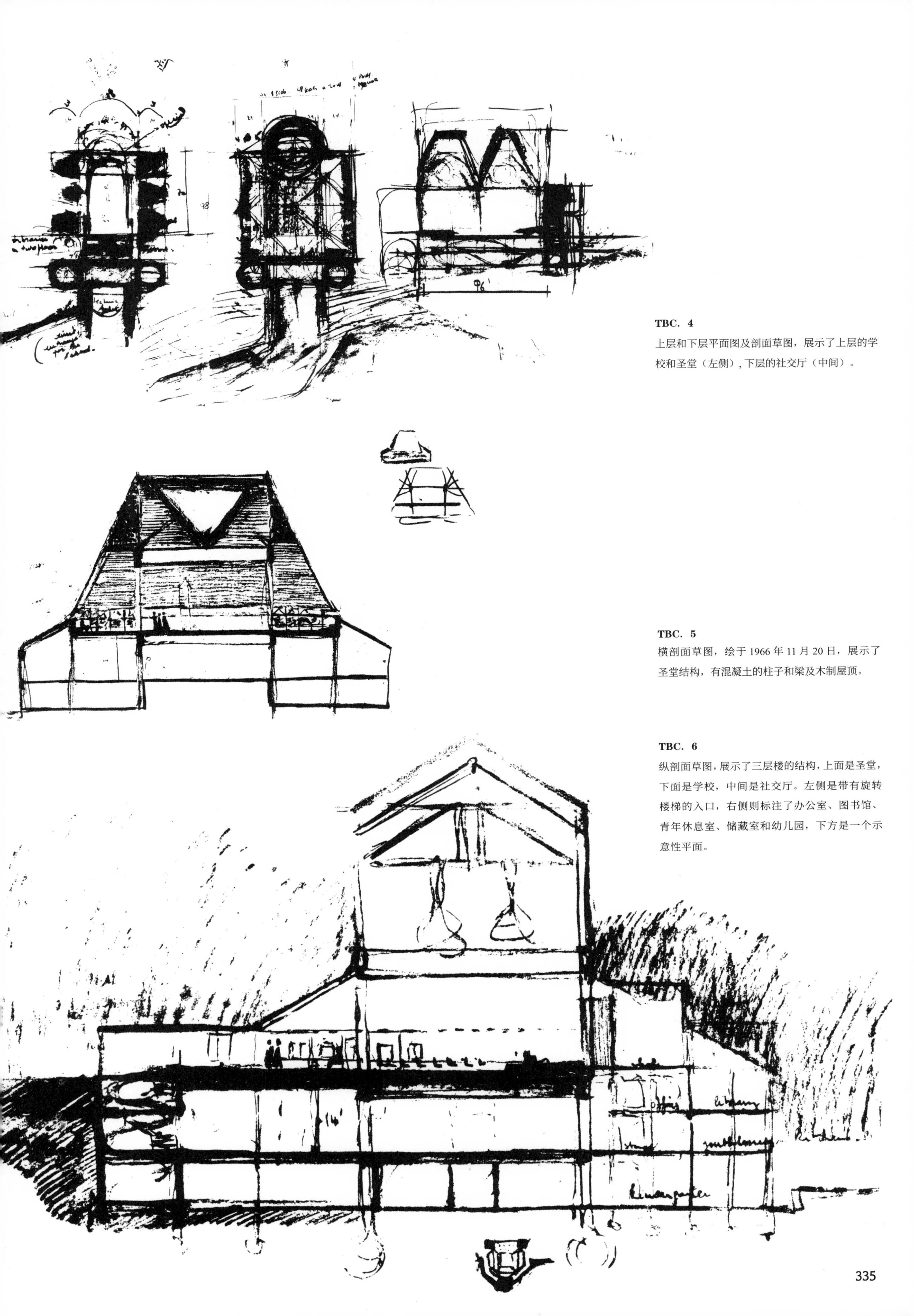

TBC. 4

上层和下层平面图及剖面草图，展示了上层的学校和圣堂（左侧），下层的社交厅（中间）。

TBC. 5

横剖面草图，绘于 1966 年 11 月 20 日，展示了圣堂结构，有混凝土的柱子和梁及木制屋顶。

TBC. 6

纵剖面草图，展示了三层楼的结构，上面是圣堂，下面是学校，中间是社交厅。左侧是带有旋转楼梯的入口，右侧则标注了办公室、图书馆、青年休息室、储藏室和幼儿园，下方是一个示意性平面。

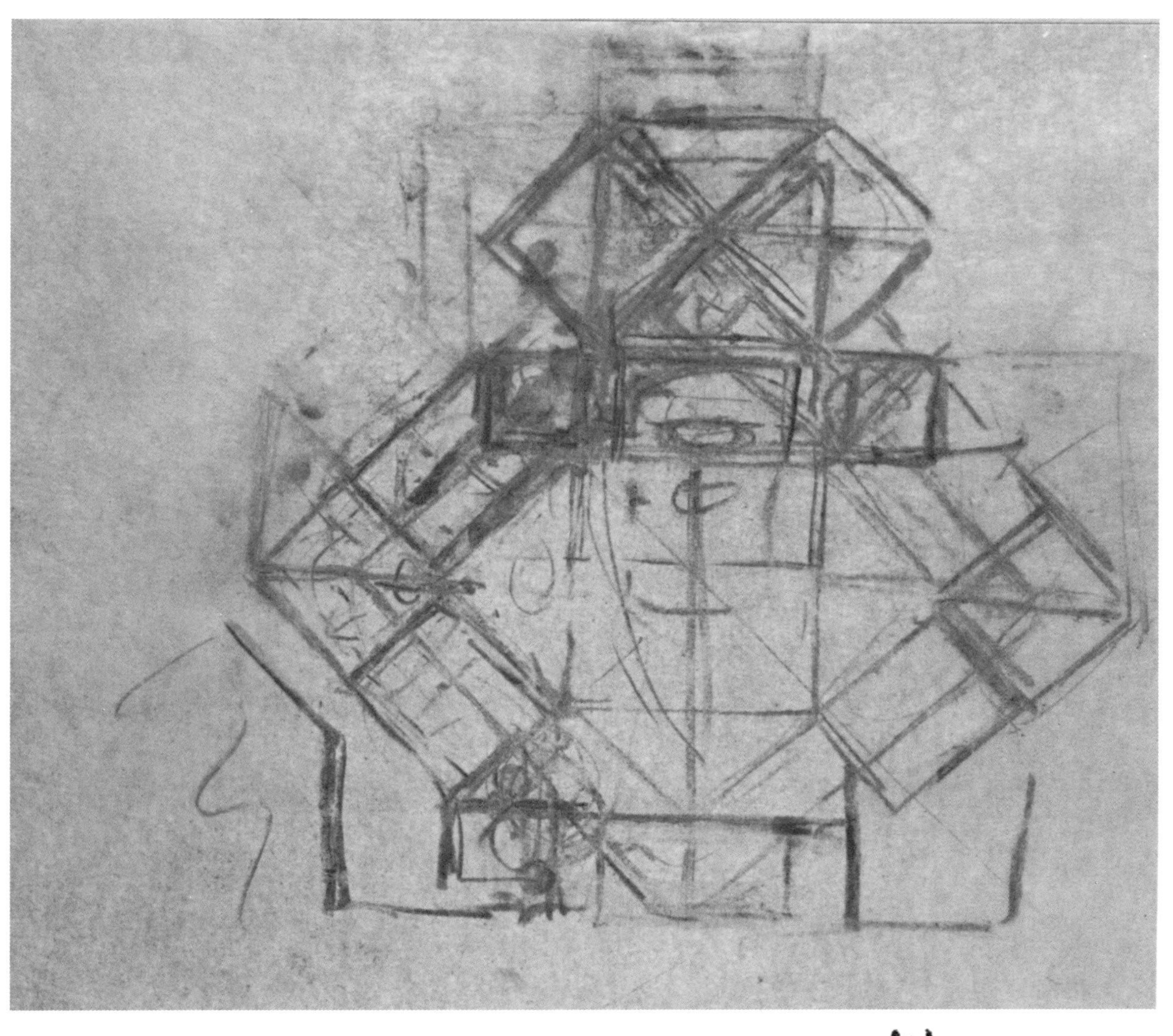

第二版：1967 年

TBC. 7

平面草图。

“伊夫（Eve）

“我们应该在这上面下功夫，直到我们能对这个建筑感到满意。我想今晚就把它发出去。我将在傍晚时分回来。如果你能画出一些带有尺寸的图纸，那么今晚就有可能送出一份手绘草图，否则就只能明天才发出了。我今天会给罗森先生打电话。”

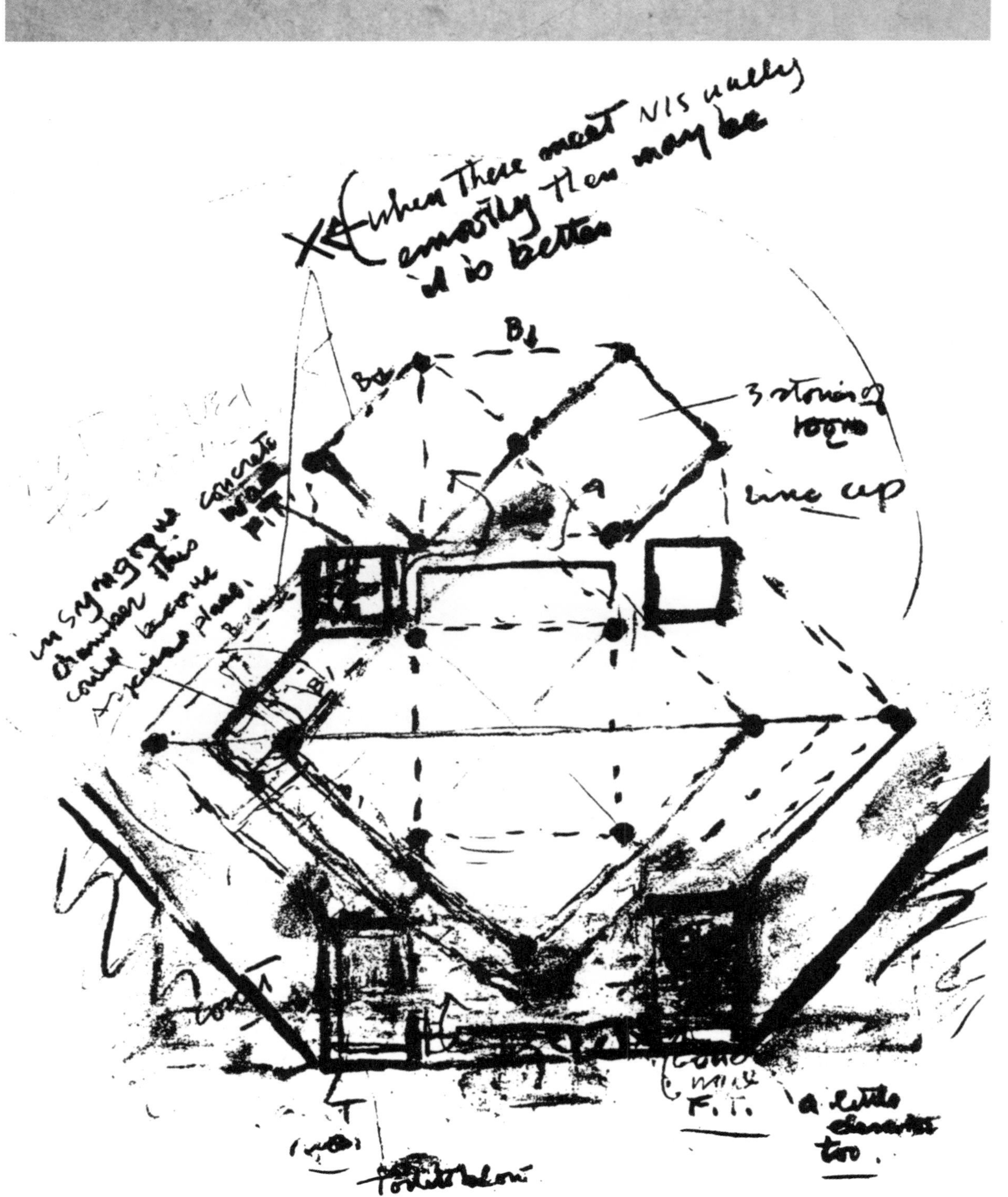

TBC. 8

平面草图，绘于 1967 年 10 月 25 日，展示了混凝土柱的布局和结构概念。

从上至下的注释如下：

“这些在视觉上相遇时可能会更好。”

“在犹太会堂中，这个房间可以成为一个特殊的场所，标记为 B。”

（康将这个场所描述为“回廊”——一个可以在圣堂周围冥想的地方。）

“混凝土墙”。

“三层楼的房间”。

“排列起来”。

“下方的卫生间”。

“这里也有一个小电梯”。

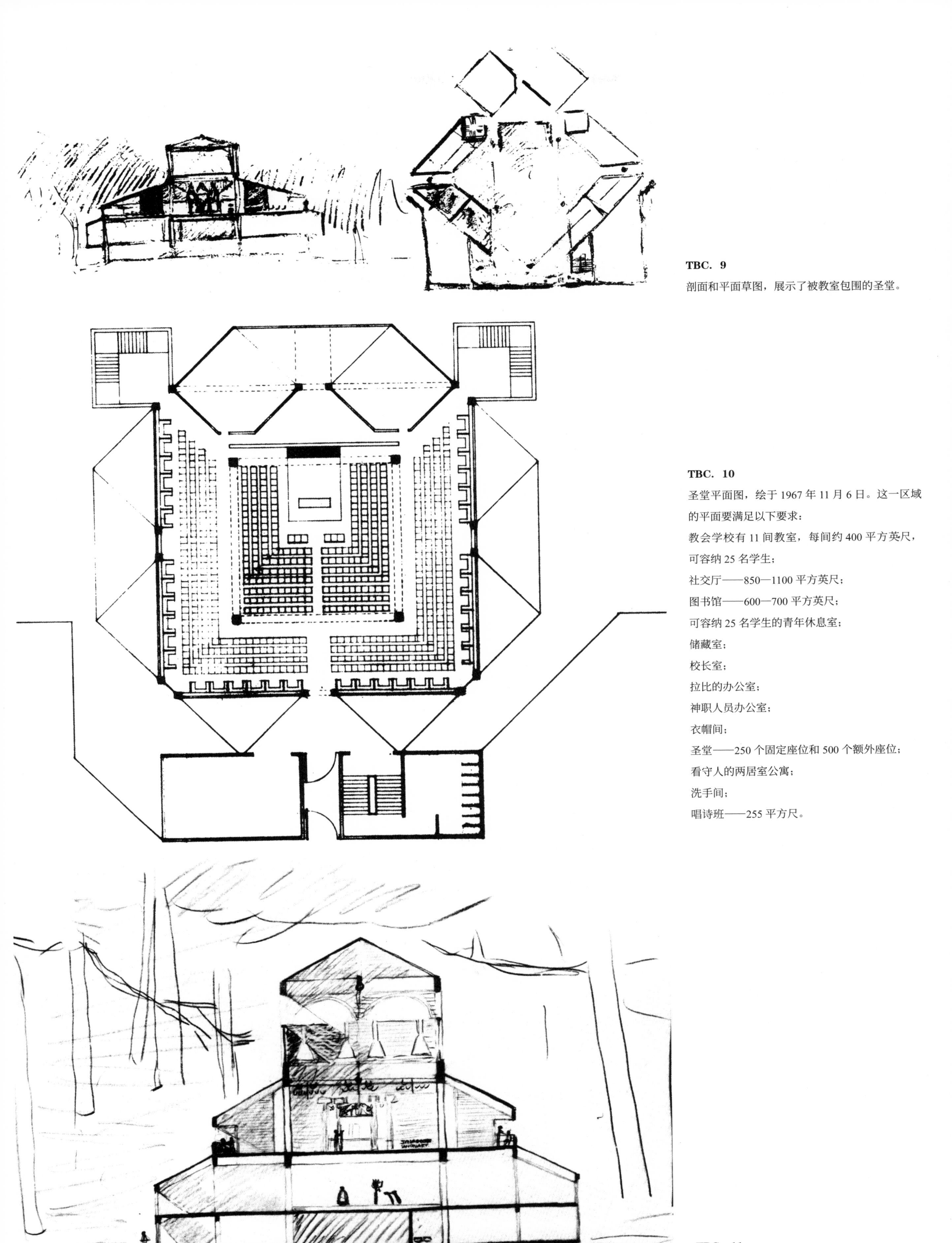

TBC. 9

剖面和平面草图，展示了被教室包围的圣堂。

TBC. 10

圣堂平面图，绘于1967年11月6日。这一区域的平面要满足以下要求：

教会学校有11间教室，每间约400平方英尺，可容纳25名学生；

社交厅——850—1100平方英尺；

图书馆——600—700平方英尺；

可容纳25名学生的青年休息室；

储藏室；

校长室；

拉比的办公室；

神职人员办公室；

衣帽间；

圣堂——250个固定座位和500个额外座位；

看守人的两居室公寓；

洗手间；

唱诗班——255平方尺。

TBC. 11

横剖面草图，绘于1967年11月7日，展示了圣堂屋顶、天光开口和壁龛，圣堂层面的"回廊"。"横剖面展示了所有的树木。"

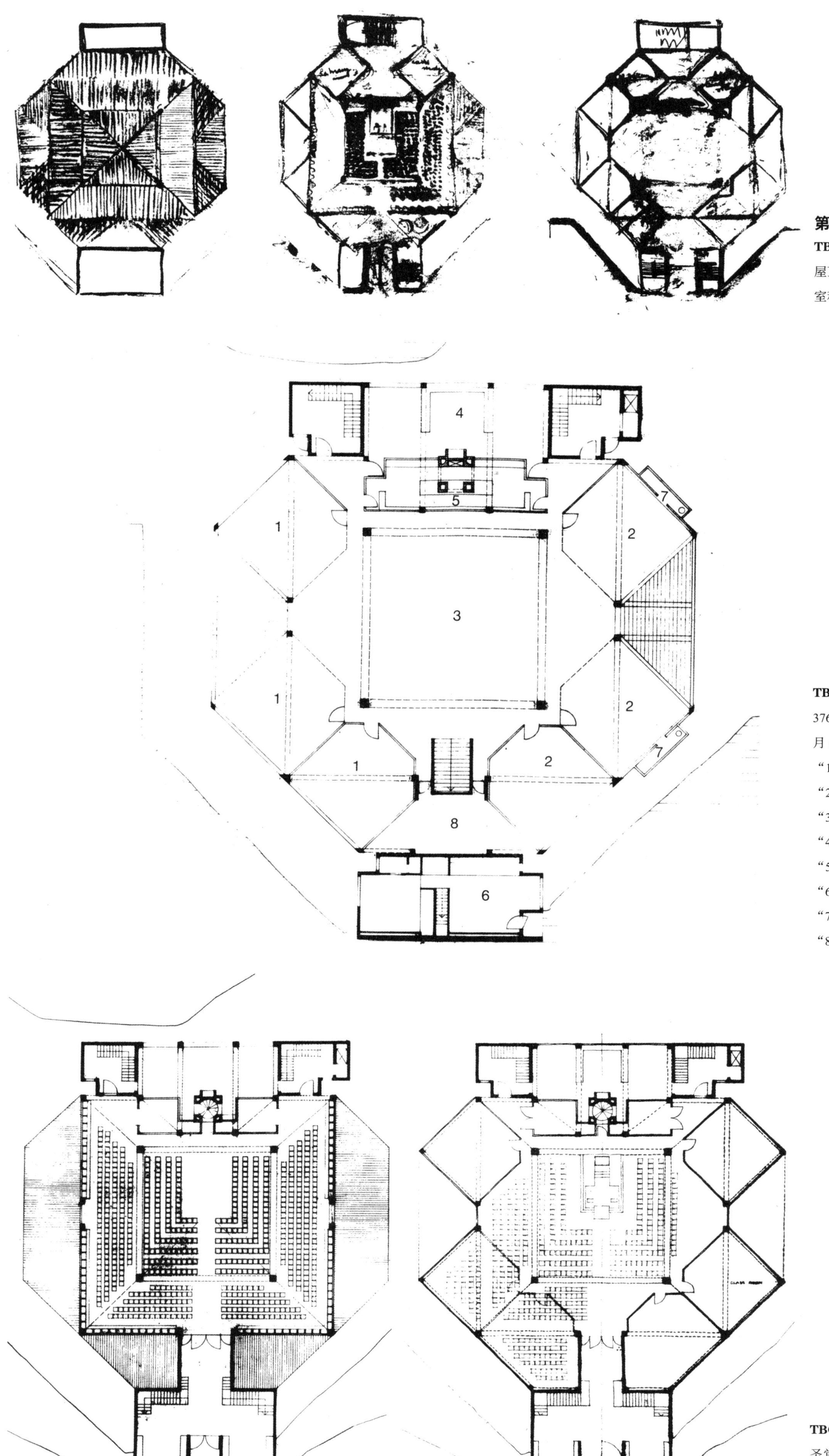

第三版：1968 年

TBC. 12

屋顶、圣堂和社交厅层平面图，展示了方形圣堂室和八角形建筑。

TBC. 13

376 英尺高度处的社交厅平面图，绘于 1968 年 6 月 6 日，虚线表示屋顶支撑结构。

“1” 为教室；

“2” 为幼儿园；

“3” 为社交厅；

“4” 为青年休息室；

“5” 为茶水间；

“6” 为公寓；

“7” 为卫生间；

“8” 为储藏室。

TBC. 14—15

圣堂层平面，绘于 1968 年 6 月 6 日和 1969 年 5 月 12 日，教室区域用于增加额外的座位。

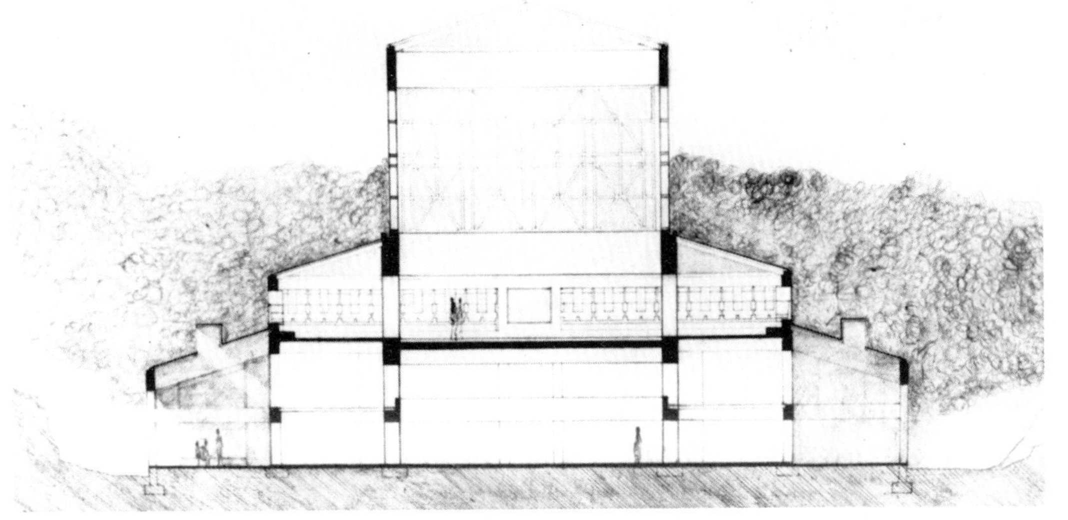

TBC. 16

横剖面图，绘于 1968 年 6 月 6 日，展示了圣堂上方高高的祭坛华盖和圣堂下方两层高的社交厅。

TBC. 17

透视草图，展示了圣堂穹顶上的华盖。

康说：“没有什么比临时性的东西更永久的了。”他指的是他设计的放置有《妥拉》（圣经卷轴）的约柜。

TBC. 18

西南立面草图，左侧是入口，右侧是办公室和图书馆，中间是圣堂和学校。

TBC. 19

透视草图，从北面看，展示了入口和右边的通道

“仰视入口大楼和从它向上和向下延伸的犹太会堂。”

“它在树木笼罩的环境中。”

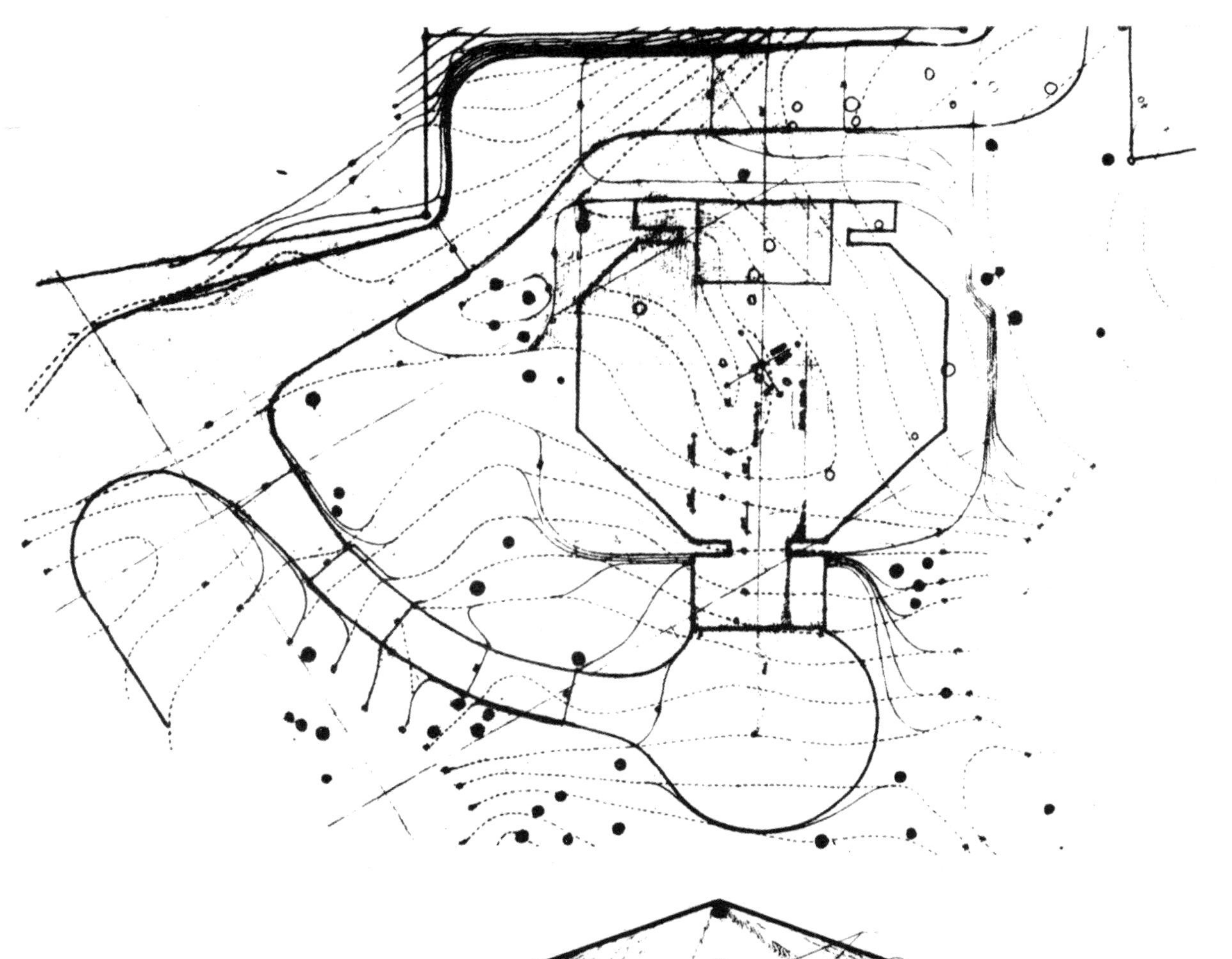

TBC. 20

场地平面图，绘于 1969 年 10 月 20 日，展示了现状树木和场地等高线。停车场（左侧，未见）来自东贝德福德路的引道（右上方）和入口区（底部）尊重地形。

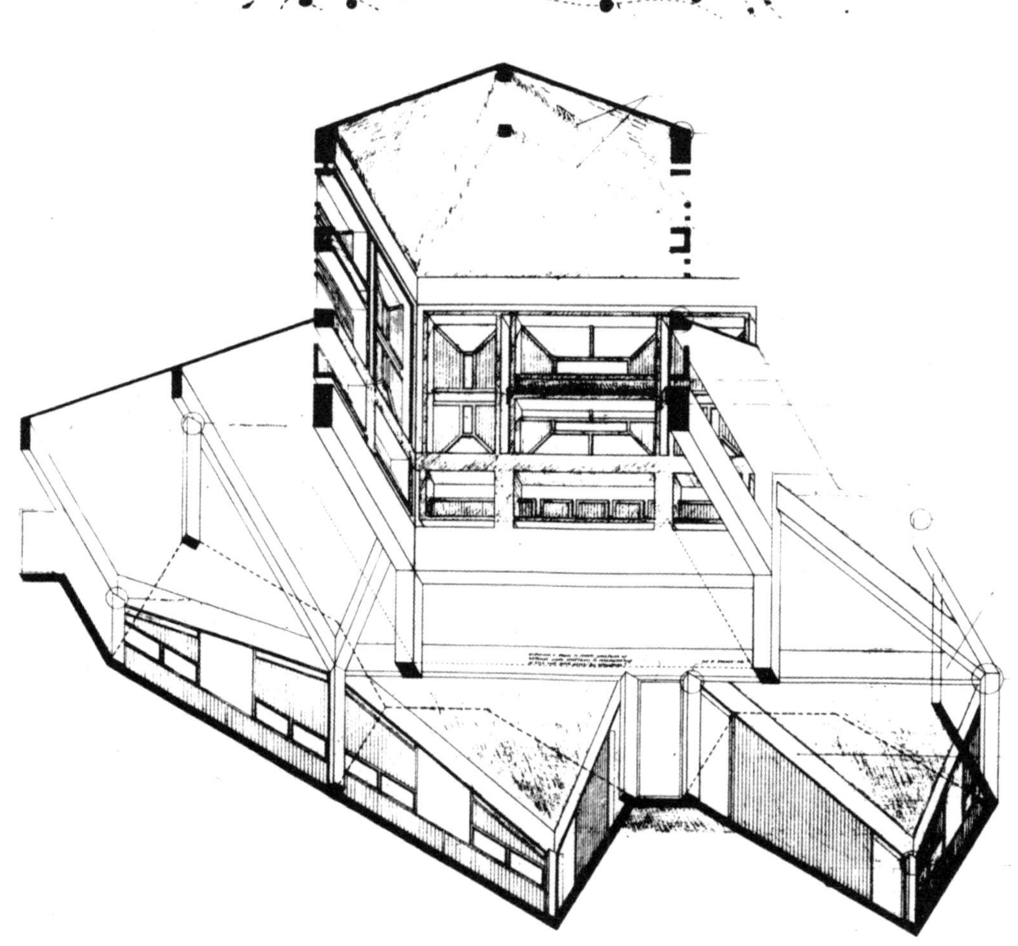

第四版：1969 年 8 月 31 日

TBC. 21

轴测图，展示了圣堂和华盖部分的结构。

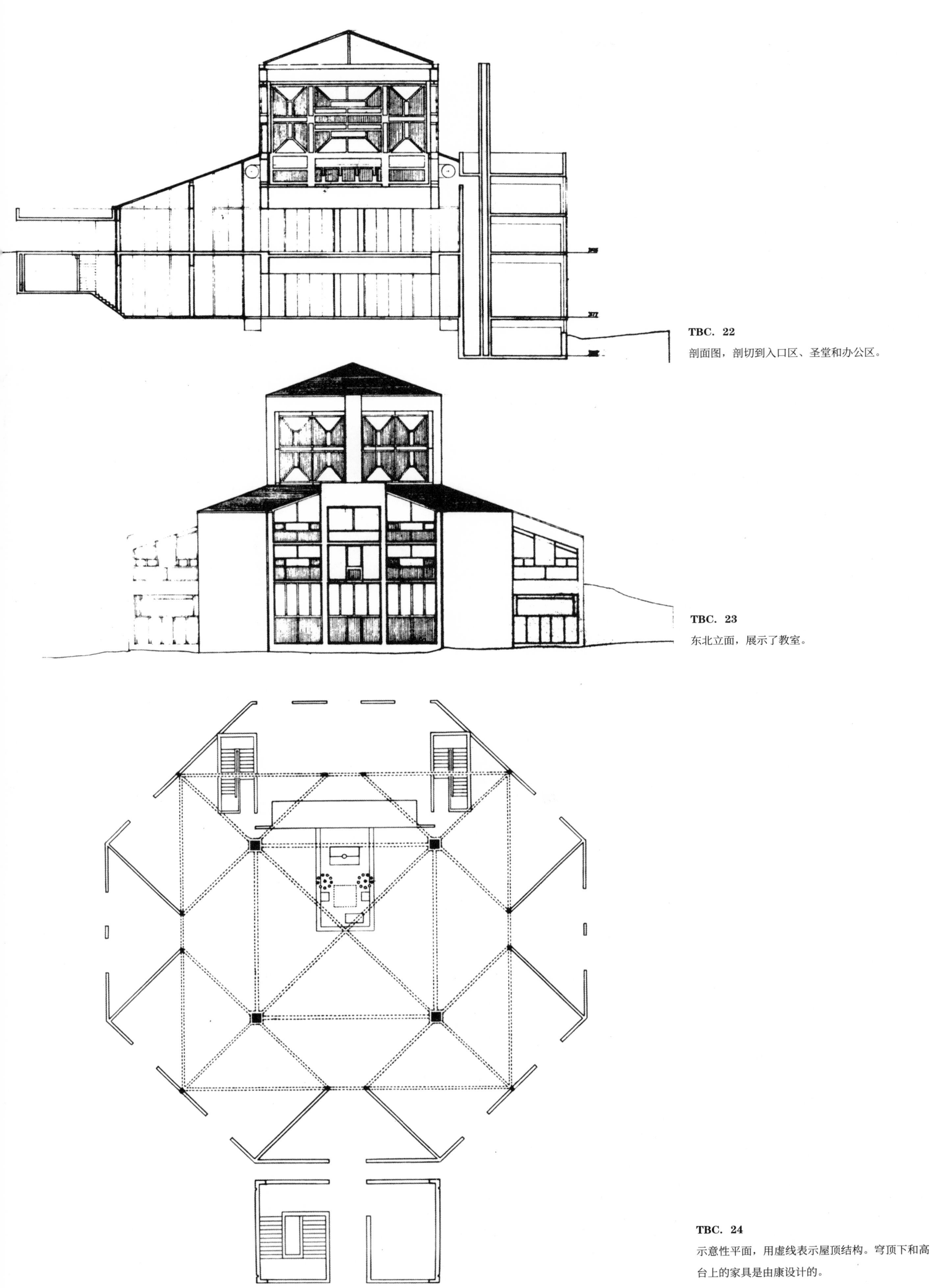

TBC. 22

剖面图，剖切到入口区、圣堂和办公区。

TBC. 23

东北立面，展示了教室。

TBC. 24

示意性平面，用虚线表示屋顶结构。穹顶下和高台上的家具是由康设计的。

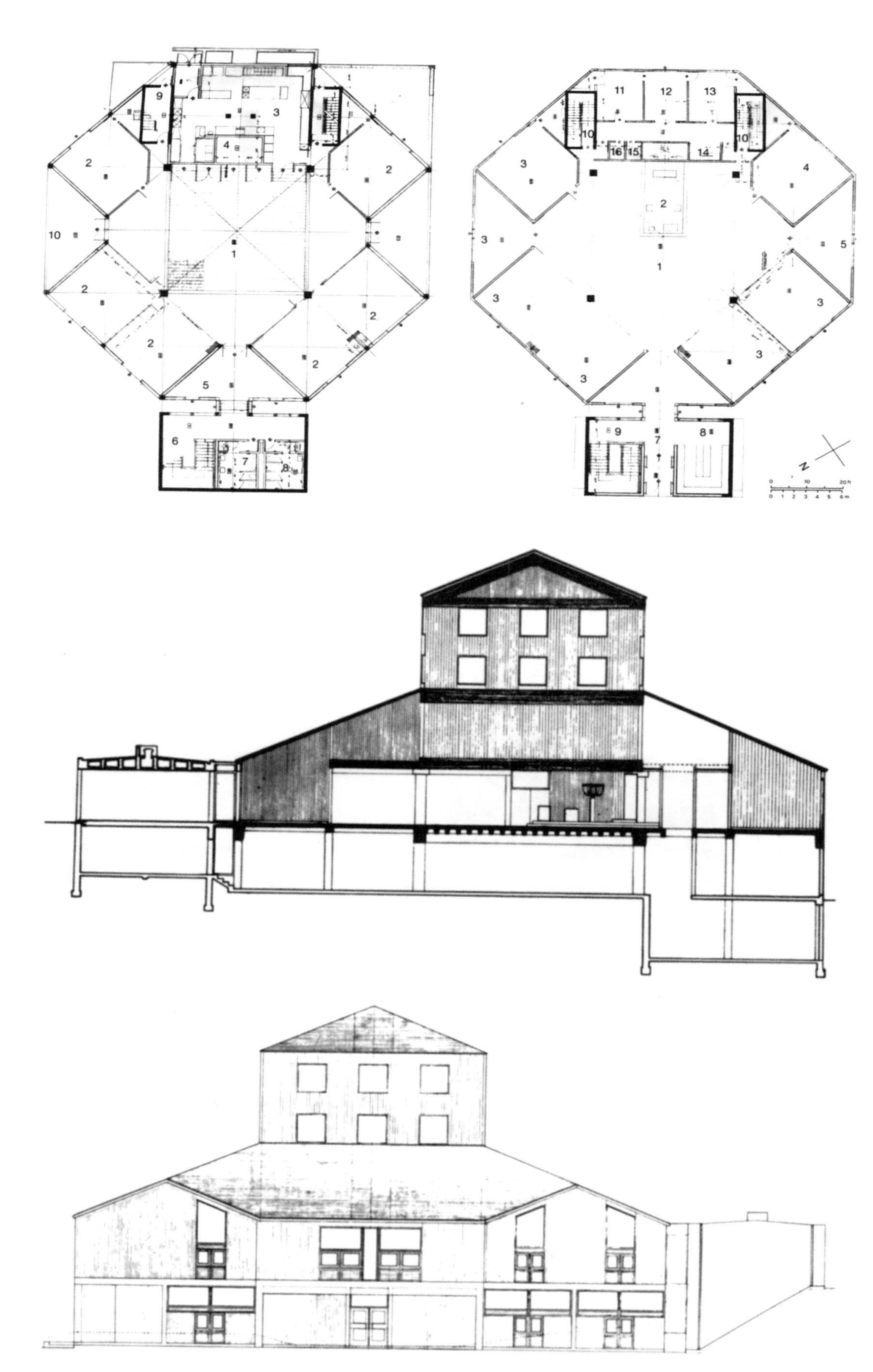

TBC. 25

社交厅平面图，最底层，绘于 1970 年 5 月。

“1”为社交厅（中间有木地板）；
“2”为教室；
“3”为厨房；
“4”为管井；
“5”为大厅；
“6”为主楼梯；
“7”为男卫生间；
“8”为女卫生间；
“9”为服务楼梯；
“10”为门廊。

TBC. 26

圣堂平面图，上层，展示了教室是圣堂的一部分。

“1”为圣堂；
“2”为高台；
“3”为教室；
“4”为图书馆；
“5”为儿童图书馆；
“6”不明，疑似为前厅；
“7”为门厅；
“8”为衣帽间；
“9”为主楼梯；
“10”为服务楼梯；
“11”为拉比的办公室；
“12”为神职人员办公室；
“13”为校长室；
“14”为油印室；
“15”为卫生间；
“16”为储藏室。

TBC. 27

纵剖面图，展示了对层压木梁以及利用中间层使圣殿成为单层的可能性的研究。

TBC. 28

东北立面，绘于 1970 年 8 月，展示了右侧入口。

TBC. 29

东北视图。

在 1972 年 5 月 5 日的落成典礼上，康说：

“这个建筑在预算范围内的建成，使它成为一个更伟大的建筑。它呈现出了我的所有想法，在任何方面都没有超过，以非常简单的方式——谦逊的方式——如此地适合我们的宗教，来实现这座建筑。为此我深感欣慰。

“我想说，我有这样的印象，我应该这样说，唯恐让你知道，这可能超出了我的预想，但我在这里感到了巨大的连续性。在我看来，这栋建筑在纸上看起来从未像现在这般。随着人们的聚集，这个场所业已形成。我看到在盛大节日到来时，每个人都在场，建筑也起到了作用。这确实是整体的一部分。事实上，我们如此合理和明智地使学校成为圣堂的一部分，使这个地方比你用所有的空间把它们分开，只等着某一天，只是一两天或盛大节日时才使用重要得多。我很高兴我们一直非常节俭，这正是学习的基础。

“现在我还想说，在感受伟大的连续性时——人们一定能感受到，当你在犹太会堂时，你一定会说——它是否配得上圣堂？虽然它只是圣殿的一个分支，但我知道人们一定会感觉到犹太会堂是圣堂的一部分……过去一直如此，将来仍将如是。正是这种感觉反映了起源，而起源是对后续所有事物的确认。

“我想我们已经捕捉到了它，尽管是以谦逊的方式来建造这样一个场所。

“我认为有一种连续性贯穿了我们所做的一切。这就是达·芬奇所说的——‘心正则头正，心歪则头歪’。”

希尔中央中学（1967—1974年）

纽黑文市（New haven），康涅狄格州

1967 年 4 月，纽黑文市重建局（当地公共机构）聘请路易斯 · 康为顾问，为希尔重建和再开发项目提供技术咨询，并进行初步调研。该项目包括 714 英亩的土地，位于哥伦比亚大道以南，霍华德和华盛顿大道之间。

委员会的工作包括：

审查规划提案。

协助当地机构制订规划，并建立标准、管制和城市设计目标。

为该地块编制土地使用规划，以及形成一个具体的建筑方案。

使用规划如下：

为中低收入家庭和老年人提供私人住房，为家庭和老年人提供社会住房；

一所公立中学，包括图书馆，以及其他社区设施；

一个邻里中心，最终作为学校的一部分；

一所公立小学（从幼儿园到 4 年级）；

一个男孩俱乐部；

停车设施；

必要的街道系统改造。

康将这个复杂的项目分为以下几类：

对 714 英亩的场地进行总体规划；

20 英亩的中心场地的规划和分期建设，包括修复、新建住房、初中和小学以及一个男孩俱乐部；

现有建筑物的修复；

新住房的提案；

中学和小学的提案；

男孩俱乐部的提案。

1970 年 4 月，他的办公室中正进行着希尔中心区 21 英亩的设计和规划工作，其中包括对 25 栋现有建筑的修复；

220 个新的居住单元，以便保留老房子并将其与拟建的房屋和公寓联系起来；

5—8 年级的中学，位于哥伦布大道附近；

幼儿园至 4 年级的小学，位于德威特和帕特南街（Dewitt and Putnam Streets）附近。

在七年的项目推敲和完善过程中，康准备了多个方案，在此介绍其中 3 个。最终，在他去世后，只有希尔中央中学在小幅修改了他的设计后得以建成（参照 HRR．21—HRR．30）。

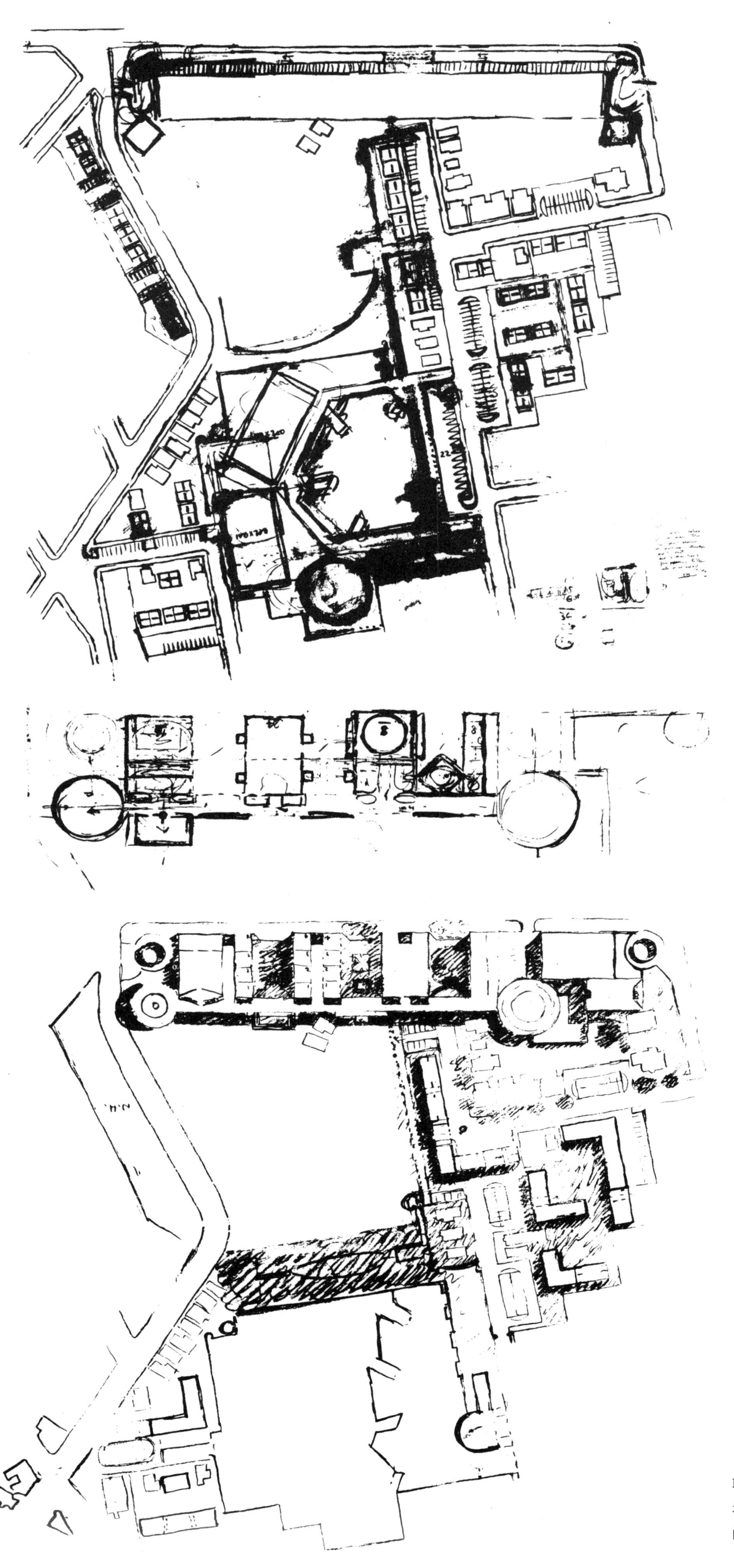

第一版方案：1967—1968 年 3 月

HRR. 1

场地平面草图，展示了拟建的中学是一个与哥伦布大道平行的线性体量（上方）；小学是一个位于德威特和帕特南街角的不规则体量（右下方）；两个矩形体量（每个 100 英尺 ×200 英尺）设置体育设施；停车场与现有街道平行；以及移位后的华盛顿大道（左侧）。

HRR. 2

平面草图，中学，绘于 1968 年 1 月 6 日。

HRR. 3

场地平面草图，上方是中学，右下方是小学；中间是体育设施；右侧是新住房。

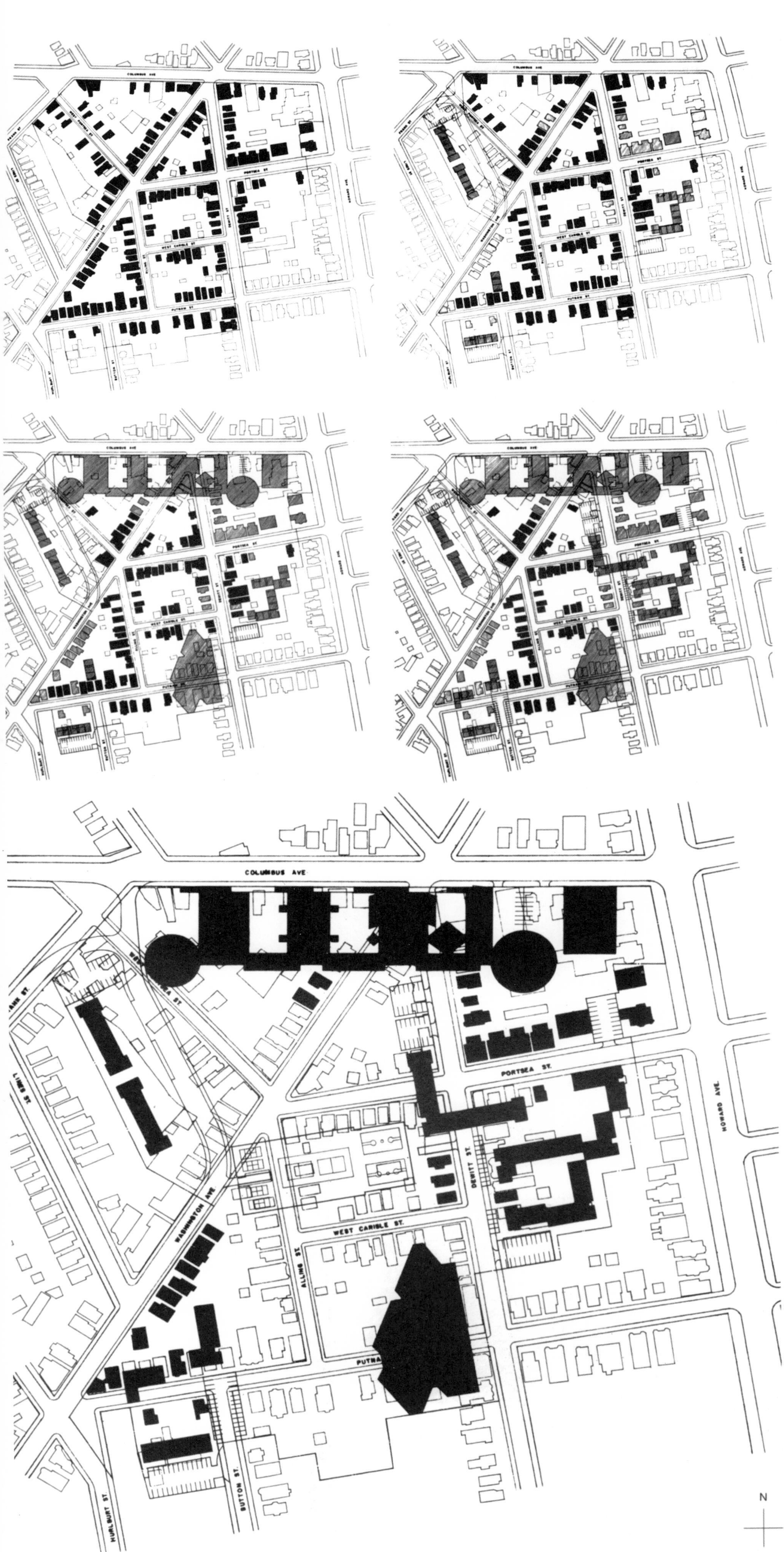

汇报图纸：1968 年 3 月 13 日

HRR. 4—8

场地平面图，展示了哥伦布大道以南 714 英亩场地的 5 个修复阶段；右侧是霍华德大道，左上方是移位后的华盛顿大道。最终阶段包括修复后的房屋、新住房、初中和小学、体育设施，以及两所学校之间的大型操场和停车场（参照 HRR. 16—20）。

以下草图让人想到康在东杨树区和米尔克里克重建项目（East Poplar and Mill Creek Redevelopment）中的努力，即保留具有历史和美学价值的建筑特质，以便与新建筑形成一个有意义的实体。

HRR. 9

透视草图。

HRR. 10

透视草图，从霍华德大街沿波特西街（Portsea Street）向西看，背景是地下通道。

HRR. 11

透视草图，从波特西街向西望向与德威特街交叉口附近的地下通道。

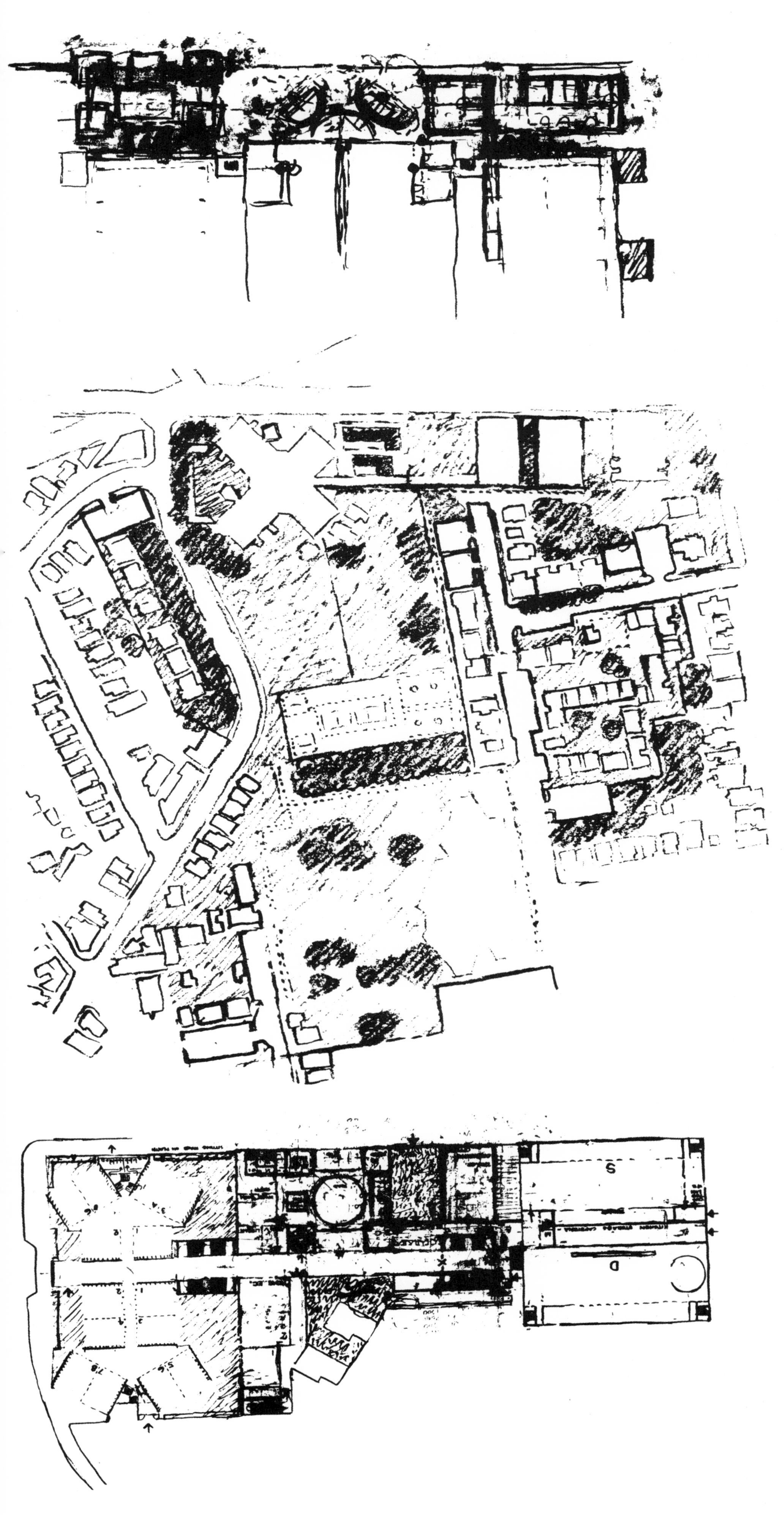

第二版方案：1968 年 4 月至 12 月

HRR. 12

平面草图，展示了对中学空间组织的研究：左侧是教室；右侧是行政管理处、礼堂 / 体育馆；中间是艺术室、图书馆、会议室。

HRR. 13

场地平面草图，绘于 1968 年 6 月 12 日，十字形的中学教室在左上方；图书馆和行政管理处紧挨着教室；礼堂 / 体育馆和男孩俱乐部在右上方；小学在下方；体育设施在两校之间。

该研究表现出保持华盛顿大道开放的意图。

HRR. 14

中学一层平面草图，绘于 1968 年 12 月 12 日，左边是教室；图书馆围绕着圆形庭院；右边是社区办公室、商店（S）、食堂及厨房（D）。

HRR. 15

从西侧看模型，左边是中学；右边是小学；中间是操场。

汇报图纸：1968 年 12 月 17 日

HRR. 16—20

场地平面图，展示了 714 英亩场地的 5 个修复阶段（参照 HRR. 4—8）。

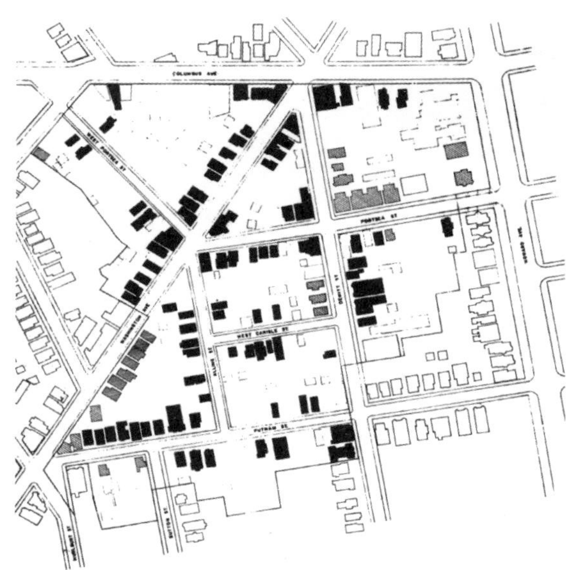

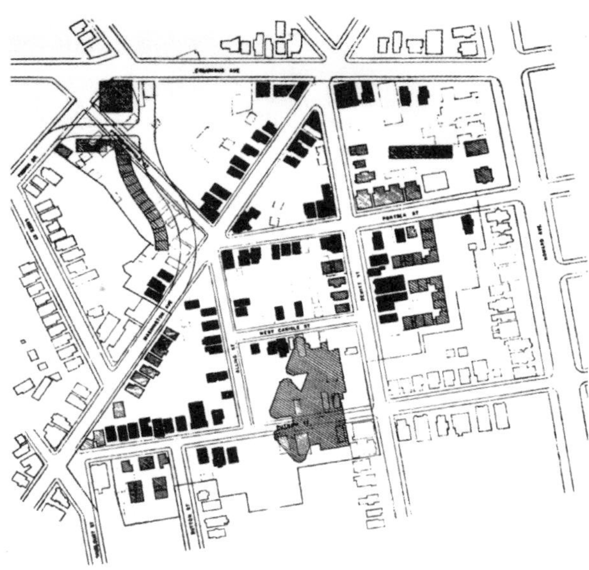

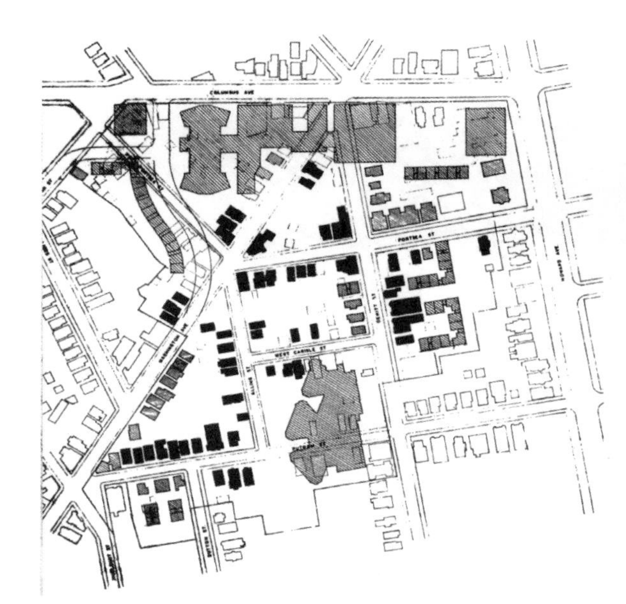

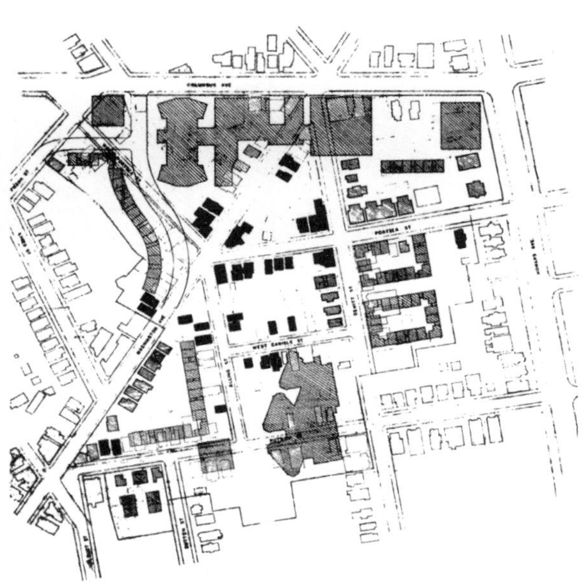

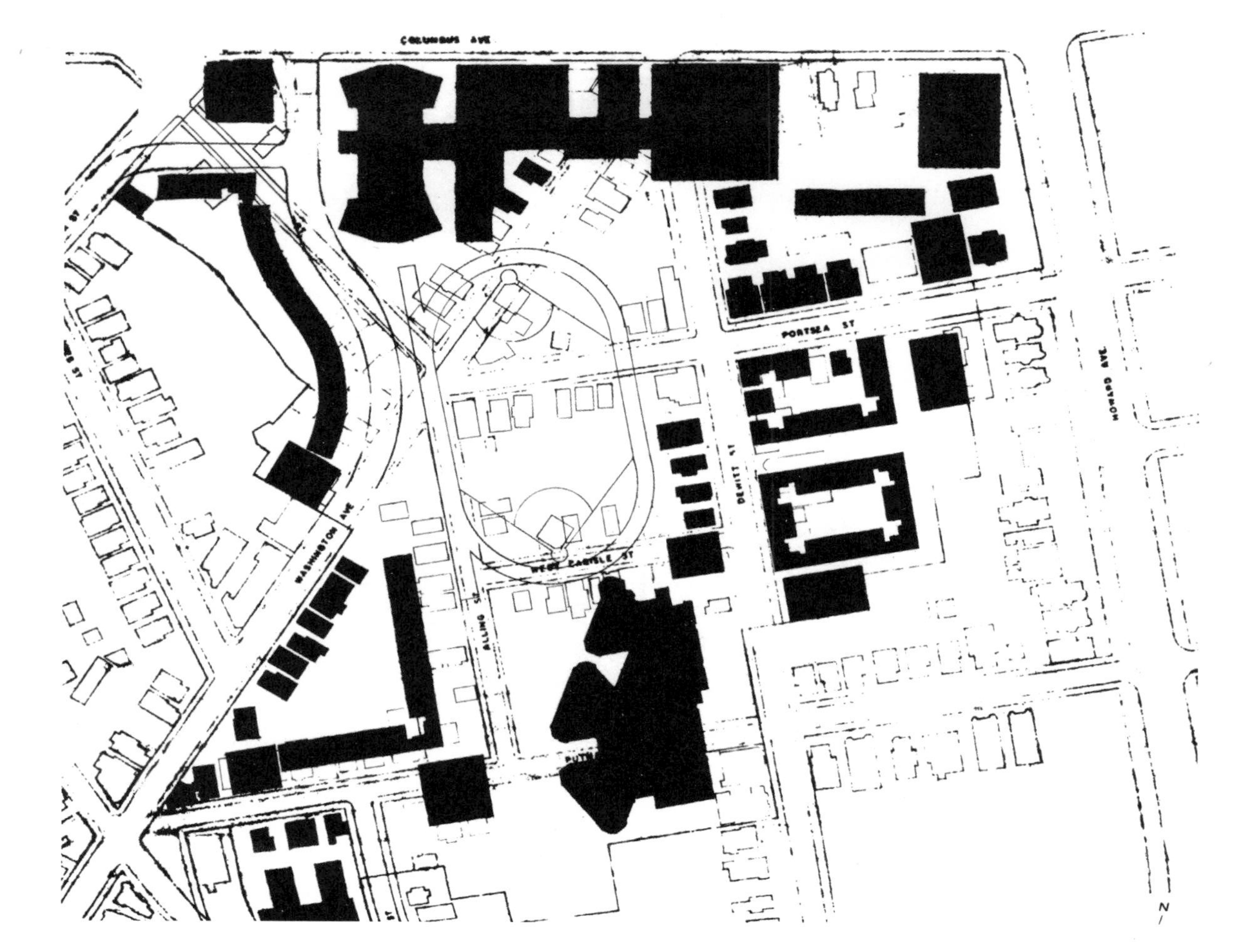

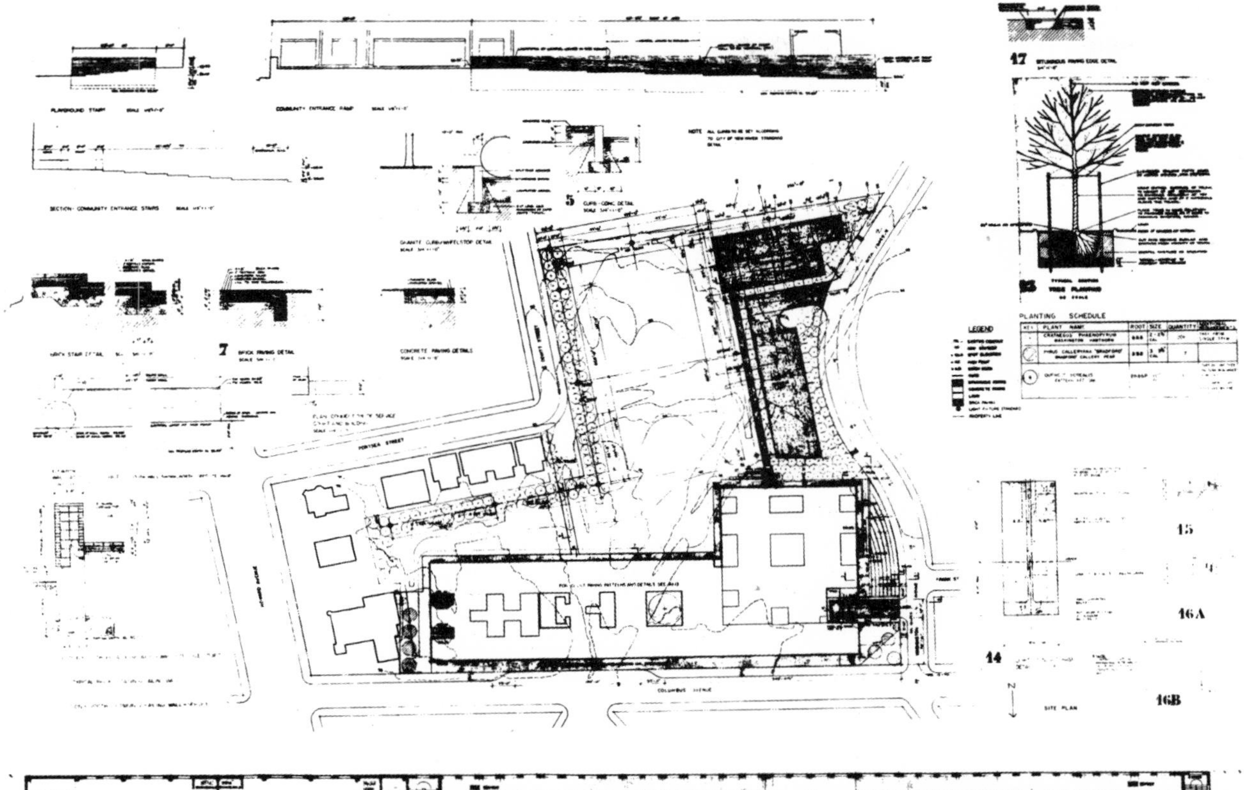

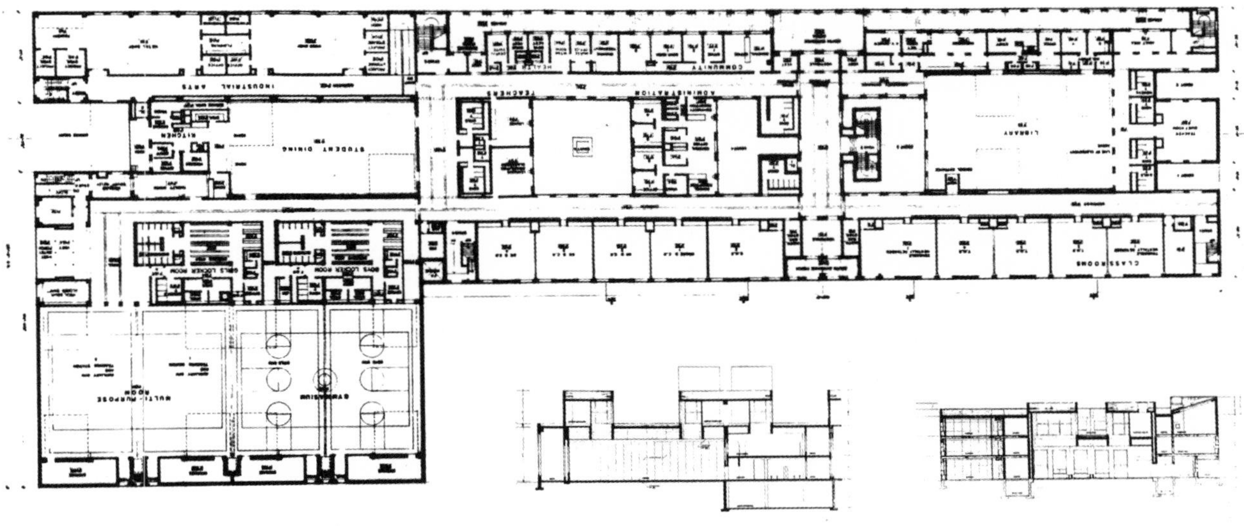

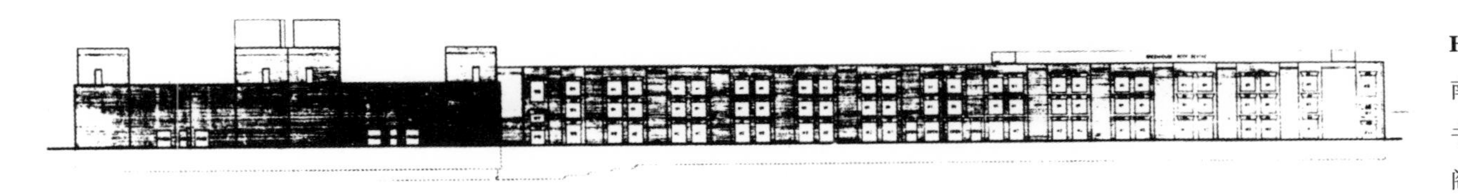

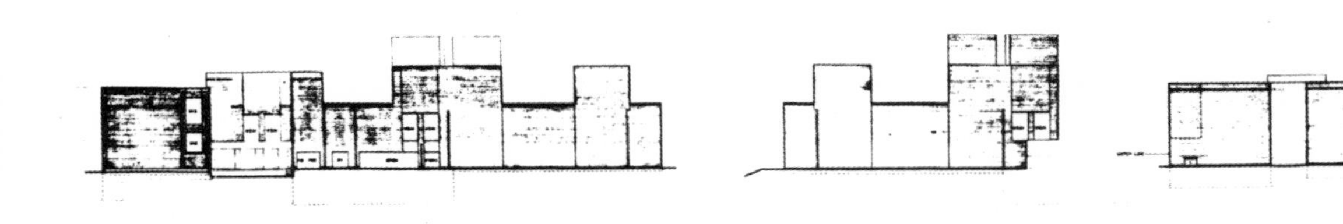

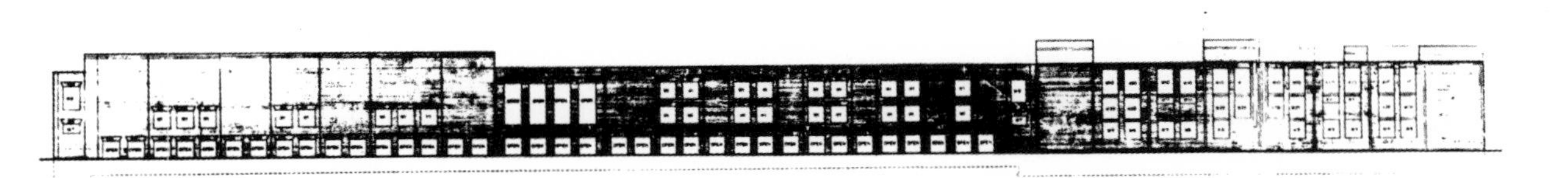

最终版：希尔中央中学

工作图纸：1974 年 1 月 10 日。

HRR. 21

场地平面图和细部，展示了哥伦布大道以南，霍华德大道（左侧）和华盛顿大道（右侧）之间的L 形教学楼；树木的种植细部位于右上方（参照 YAG. 19，第 74 页）；楼梯位于左侧和上方。华盛顿大道以东的黑色区域被设计为游戏区（上方）和停车场（下方）。

HRR. 22

一层平面图，左下方为体育馆和多功能厅；左上方为学生餐厅、服务区、木工和金属车间、厨房、男女生更衣室以及西侧入口门廊；右下方为带有南侧中央入口门廊的教室；右上方为主入口门廊在北侧的行政管理处和社区办公室；图书馆位于教室侧翼的北部（右侧）。

HRR. 23

南北向横剖面，朝西，剖切到体育馆和更衣室；右边的学生餐厅和木工房未被展示出来。上方是阁楼的设备间；设备间在地下室；左边是储藏室；右边是走廊；特殊教室在二楼。

HRR. 24

南北向横剖面，朝西，剖切到教室翼、走廊和图书馆，展示了图书馆上方的花园庭院、右上方的阁楼设备间和温室，以及地下室的服务通道。

HRR. 25

南立面。

HRR. 26

西立面。

HRR. 27

东立面，展示了体育馆立面。

HRR. 28

东立面，左侧为教室翼立面；右侧为行政翼立面。

HRR. 29

北立面。

HRR. 30

透视草图，绘于 1973 年，展示了南立面，夹层设备塔（左侧）操场（原色）。

赫尔瓦犹太会堂（1968—1974 年）

耶路撒冷（Jerusalem），以色列 / 巴勒斯坦

在 1948 年以色列和阿拉伯的战争之后，约旦人摧毁了旧犹太区（耶路撒冷城墙内六分之一的区域），包括大约 60 座犹太小教堂。其中旧赫尔瓦犹太会堂和周围的建筑均被完全摧毁，该地区被称为犹太街。1967 年 6 月，约旦人再次袭击了耶路撒冷的旧犹太区。

1967 年 10 月，赫尔瓦犹太会堂财产租赁的持有人萨洛蒙（Salomon）先生写信给康，邀请他去耶路撒冷："……我试图确保分配到足够的区域，即旧赫尔瓦犹太会堂的院子和比这多一点的部分……它完全是一片废墟……当你在 12 月到来时，地面将被清理干净，所有细节都可提供。"

1967 年 12 月 18 日，康抵达耶路撒冷并逗留了几天，参观了遗址和周边地区。1968 年 3 月 18 日，康写信给萨洛蒙先生："我一直在思考赫尔瓦犹太会堂的精神与建筑，我计划在 6 月带着第一个设计方案来以色列。"

同一天，他还写信给耶路撒冷市市长："为了开展赫尔瓦附近的环境研究，从赫尔瓦通往西墙（West Wall）的状况与空间应该有明确的感受……现在最重要的是掌握场地的全部信息……我将……带着我的第一个研究去以色列。"

康于 1968 年 7 月 24 日离开费城，带着他的第一份方案，在赴印度和巴基斯坦（孟加拉国）的途中前往以色列（参照 HUS. 1—HUS. 9）。

1969 年 1 月 3 日，萨洛蒙先生写信给康："……要斟酌的并非是否应该恢复赫尔瓦的原貌或采纳你的方案，而是是否应该让这个地方保持现在的状态或废墟。"

1969 年 2 月 25 日，康接到了以总理为首的耶路撒冷部长委员会的通知，要求他继续规划新的犹太会堂。

1969 年 7 月 4 日，约 70 位来自世界各地的杰出人士组成了耶路撒冷委员会[包括康、布鲁诺 · 泽维（Bruno Zevi）、野口勇、理查德 · 巴克敏斯特-富勒（R. Buckminster-Fuller）、亚普 · 巴克马（Jaap Bakema）、菲利普 · 约翰逊（Philip Johnson）和刘易斯 · 芒福德（Lewis Mumford）]，研究城市及其周边地区的美学、文化和人类需求，决定新的赫尔瓦建筑的规模和天际线应与历史景观相协调，并允许和鼓励表达自由。

在赫尔瓦犹太会堂近 7 年的设计过程中，康形成了 3 个不同的方案：第一个方案在 1968 年 7 月完成；第二个和第三个方案在 1972 年年中完成。

1973 年，市长要求他规划赫尔瓦纪念广场（花园）。

1973 年 12 月 28 日，市长在给康的信中写道："我深信，一旦纪念花园的工作启动，关于建造赫尔瓦犹太会堂的决定就会更容易达成。"

最终，在康去世后（1974 年 3 月 17 日），市长于 1974 年 4 月 8 日写信给康的夫人："我曾与路易讨论过将赫尔瓦犹太会堂的平面和文件移交给以色列博物馆的问题。对于我们博物馆的设计部来说，这将是一个重要的补充，因为路易的作品是对一个伟大人物的纪念。这一点尤为重要，因为令我们深感遗憾的是，这些平面的深度还不足以施工。"

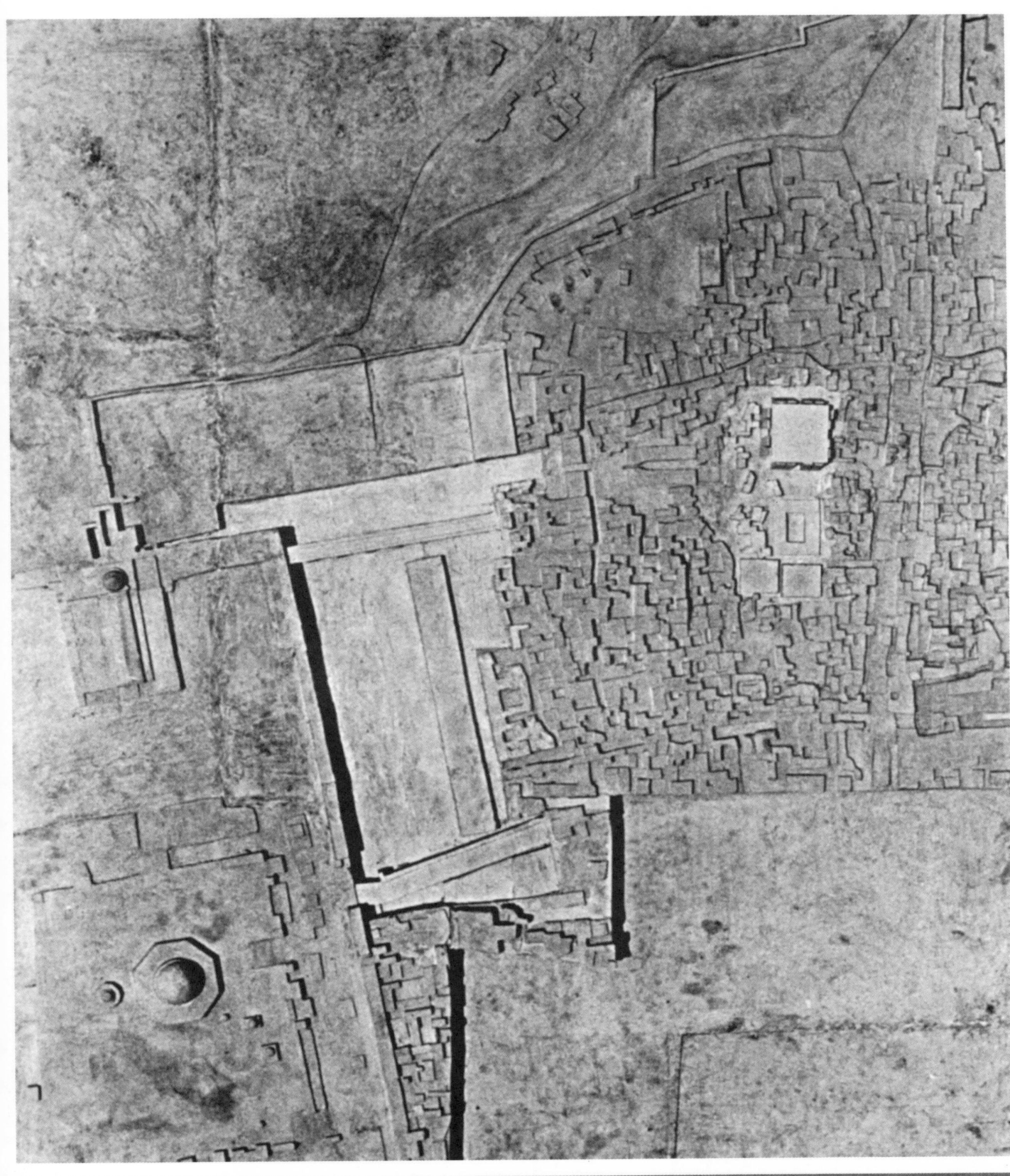

第一个方案：1968年

HUS. 1—2

场地模型的平面和立面图，展示了犹太区现状：左下方是西墙和奥纳尔清真寺（Ornar Mosque），右上方是赫尔瓦犹太会堂的地段。

HUS. 3

从西面看场地模型，展示了中间的赫尔瓦犹太会堂和右下方的阿勒-阿克萨清真寺（Al-Aksa Mosque）。

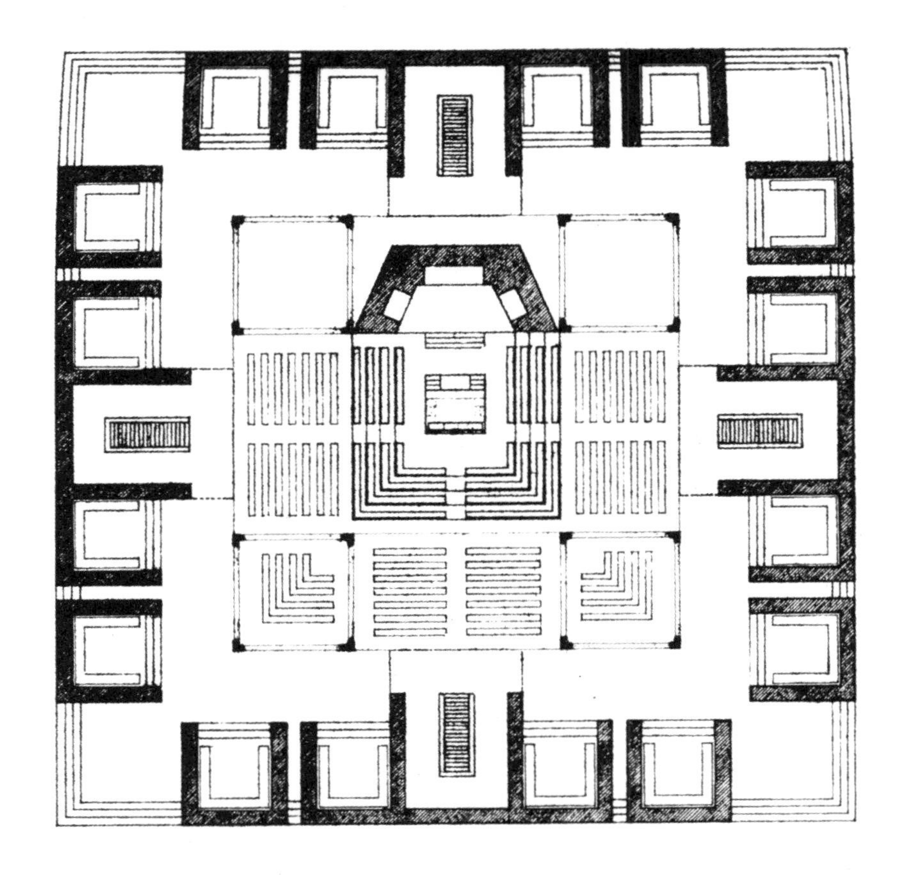

HUS. 4—5

一层和二层平面图。

“我把赫尔瓦想象成一个新的建筑，主要是因为我是一个艺术家，而非一个考古学家。当然，我不想把新的赫尔瓦建在旧的上面，但我想象着旧犹太会堂的墙壁为新的建筑围合出一个花园，与它相邻，但仍是一个独立的实体。新建筑应该由两栋建筑组成——外室吸收太阳光和热量，内室给人一种独立但相关联的效果。内室将是一个单独的房间，落在4个点上……有一些壁龛，在某些仪式上会举行蜡烛仪式……通过石头上的壁龛可以看到外部。这些石头16英尺见方，内室10英尺见方。这些石头像西墙的石头一样，将是金色的；内室则是银色的。它们之间的空间将允许足够的光线从外室进入，并完全围绕着外室。此外将有一个休息室，人们也可以从那里看到内室中举行的仪式。建筑物的构造就像大树上的叶子，使光线能够过滤到内部。”（1968年7月）

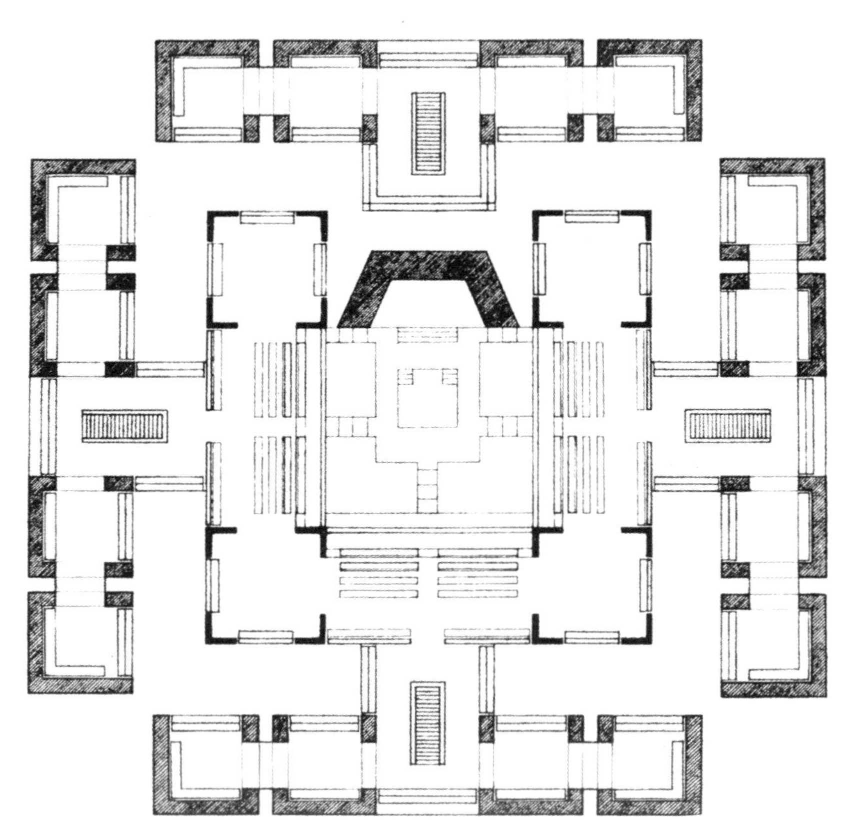

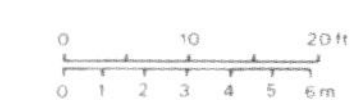

HUS. 6

模型视图，同时展示了内室和外室，内室由4个支撑屋顶的方形空心柱组成。

“石头，我打算用和西墙的石头一样的石头，大的，不是小的石头，而是越大越好，越巨大越好……

“对于混凝土，如果它做得漂亮，它就是最好的材料之一；如果它做得好像要覆盖的效果，忽视了所有技术细节，它也会非常差。当然，我也打算留下园丁。”

HUS. 7

模型的内视图，从顶部看，没有屋顶，展示了内部的房间。

“犹太会堂的内室是一个60英尺×60英尺的房间，我认为尺寸非常适宜。无论4个人或200个人，在那里祈祷时都能感到舒适。”

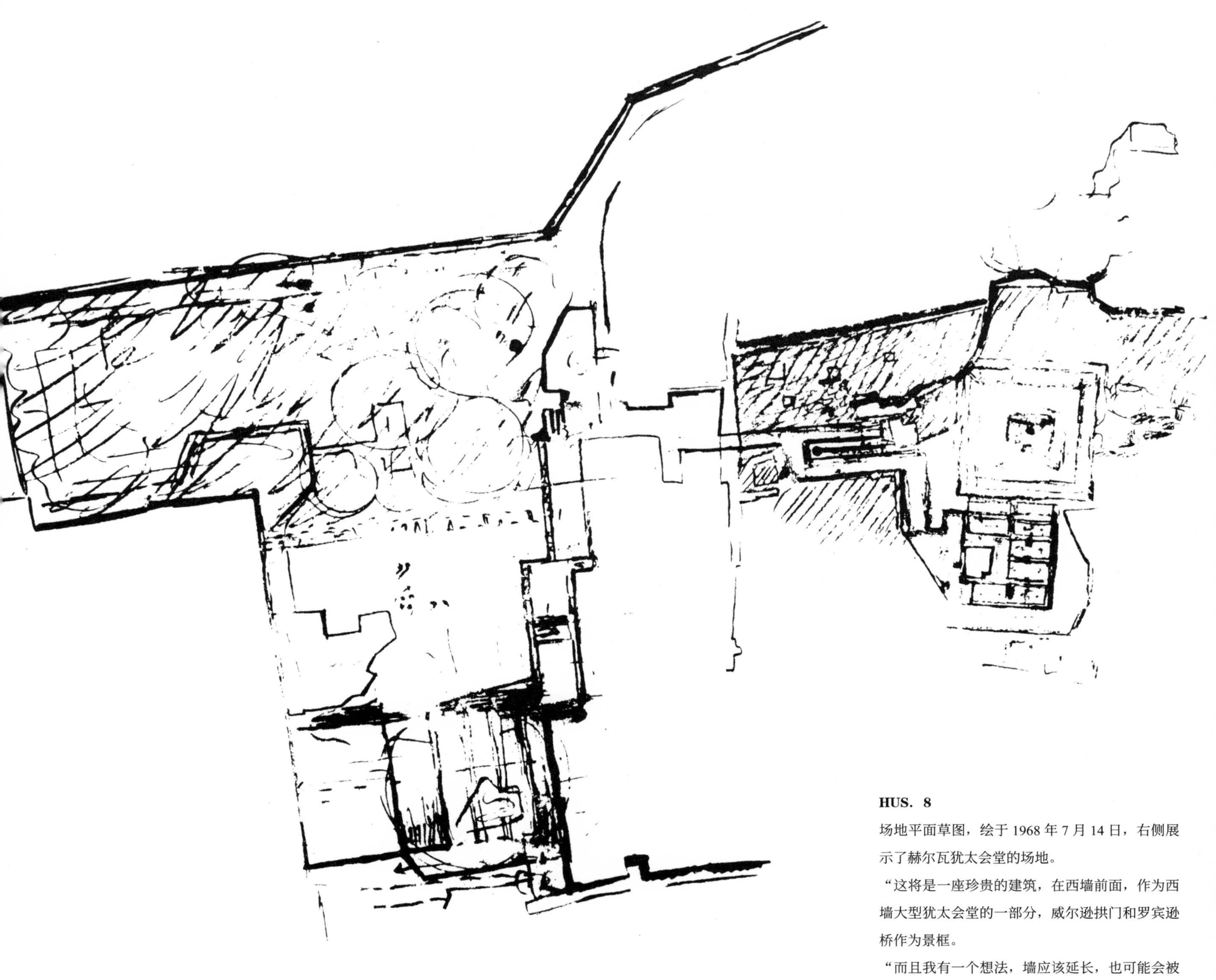

HUS. 8

场地平面草图，绘于1968年7月14日，右侧展示了赫尔瓦犹太会堂的场地。

“这将是一座珍贵的建筑，在西墙前面，作为西墙大型犹太会堂的一部分，威尔逊拱门和罗宾逊桥作为景框。

“而且我有一个想法，墙应该延长，也可能会被清洁，降得更低。在它的对面，有一些先知学校，一个可以举行所有宗教的研讨会的地方。下面会有阴凉处，这样做礼拜的人就可以待在对面的阴凉处。”

HUS. 9

剖面草图，绘于1968年7月15日，展示了对石塔、内室和屋顶的研究。

HUS. 10

剖面草图，绘于1969年6月19日，展示了内室和屋顶。

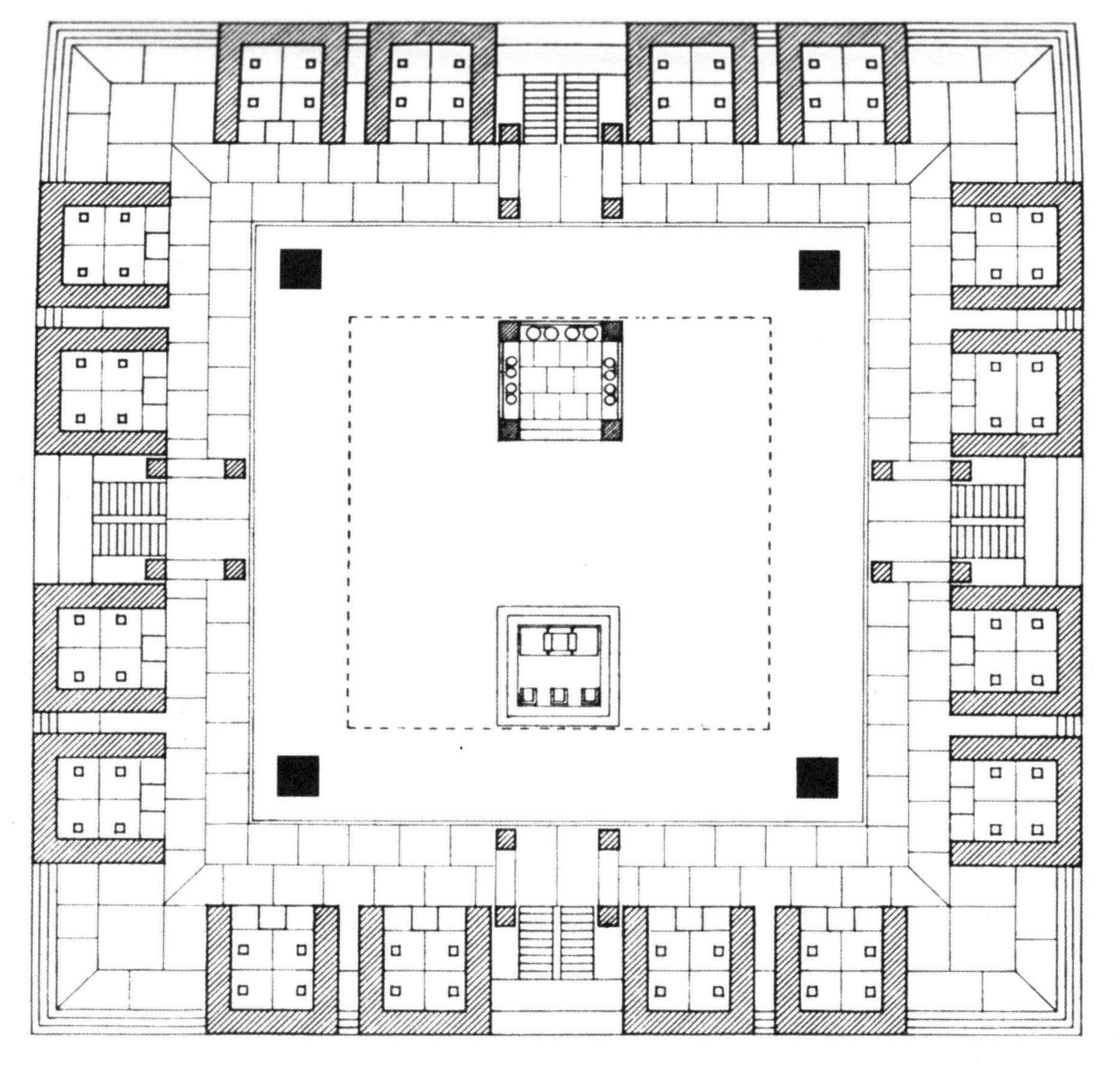

第二个方案

HUS. 11—12

一层和二层平面图。

“……一个非常浅的阳台，环绕四周，由四面的楼梯进入。这样如果需要，甚至可以在阳台上举行仪式。但我没有把它做成这样，而是像其他街道一样，是一个明确的阳台，因为这里可以成为一个观察点，同时也是一个特意为之的阳台。”

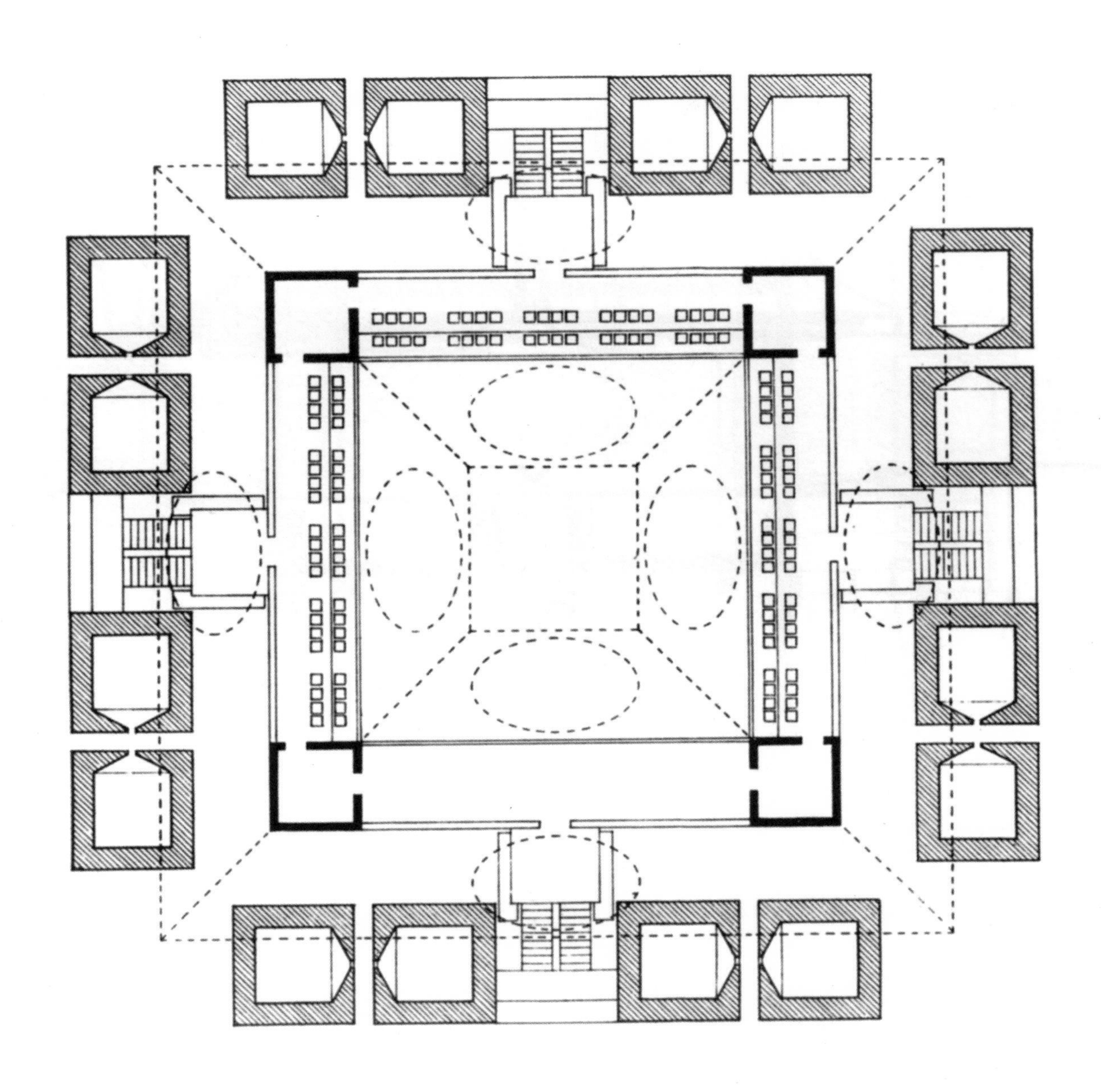

HUS. 13

剖面草图，绘于 1972 年，展示了内室和外室。

“我意识到烛光在犹太教中扮演着重要角色。石塔用于烛光仪式，并有面向内室的壁龛。我觉得这是宗教来源的延展，也是犹太教实践的扩展。”

HUS. 14

场地剖面草图，左边是拟建的赫尔瓦犹太会堂，右边是奥纳尔清真寺。

康画这幅草图是为了阐释他的方案将如何融入穹顶、岩石和周边其他区域的整体天际线。

第三个方案

HUS. 15

平面和剖面草图，展示了对内室屋顶的研究。

HUS. 16—17

剖面草图，展示了开放和封闭版本的内室拱顶。

HUS. 18

剖面图，展示了内部的混凝土和外部的石头建筑。

“……内墙倾向于触及外墙……

“……光线从这些孔射入，轻微地，也从这种窗户进来向上……”

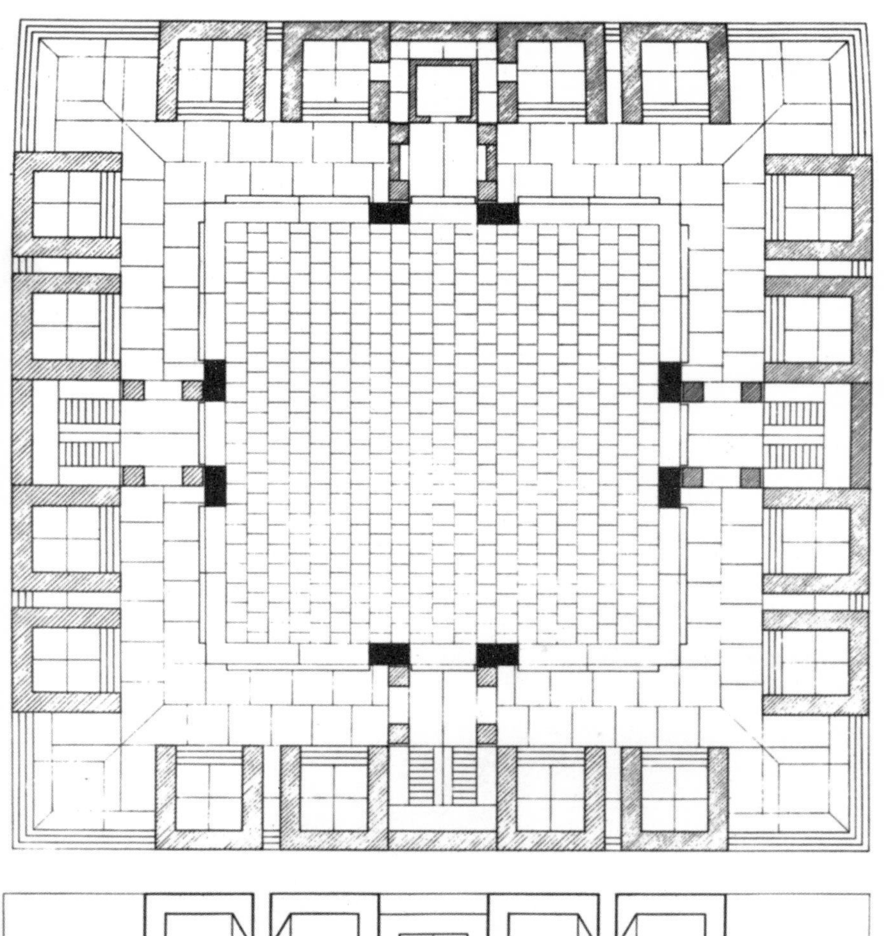

HUS. 19—20

一层和二层平面图。

“这个房间应该更加普通，我觉得。更加深入时，你不知道应该走向何方，因此你可以说它是概括了一个房间新的开端，使其在实际中成为一种仪式，让今天的以色列国对宗教不同的态度得以体现。因此，即使是《妥拉》或约柜，也不在我现在看到的这些房间里，而是在其中一个壁龛里，非常到位。一个重要的部分是，它在哪里，以及在哪可以取出，如同过去有游行时从约柜中取出一般。因此约柜就在那里，除却被精心安置于某处，它不需要在某个特定位置……可以建一个约柜，一个房间般的约柜，或者你可以说整个犹太会堂就是一个约柜……一个非常珍贵的建筑。”

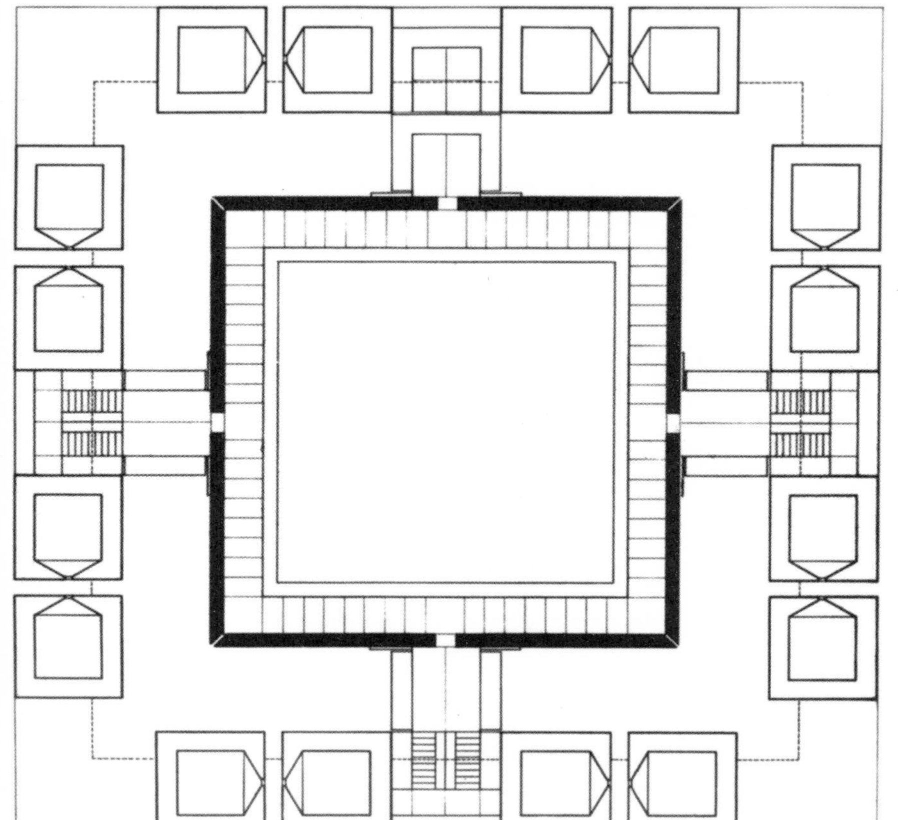

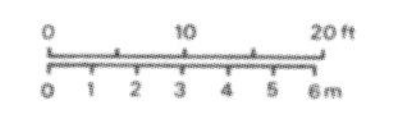

HUS. 21

模型视图，展示了有角部入口的外室。

“石头只是一种材料，如果使用得当，它可以变得像天使一样仁慈。”

“从这里到顶部的60英尺是一种建筑表现。这是保护犹太会堂、建筑的问题……你根据天气和人的需要建造建筑，这在这里是合适的。我希望每座建筑都是这样建造的。有着深深的门廊和内部空间，这样你就能感受到凉爽。这是一种耶路撒冷的自然建筑。”

议会大厦和双年展馆(1968—1974年)

威尼斯，意大利

在1968年3月18日的一封信中，康写道：“我被邀请在今年6月的威尼斯双年展上展出我的作品。”

与此同时，威尼斯双年展的组织者也找到了康，希望他能在威尼斯设计一个文化中心。

在三年的时间里，康在两个不同的场地提出了两个方案。第一个方案包括位于贾尔迪尼双年展花园（Giardini della Biennale）的议会大厦和双年展馆。第二个方案仅包括位于阿森纳附近的加莱亚泽运河（Canale della Galeazze）的议会大厦。第二个项目的造价已经控制在预算范围内，得到了当地委员会的批准，但由于缺少经费而未能建成。康告诉他的结构顾问奥古斯特·科缅丹特博士，他不会为这个项目收取个人费用；这将是他送给威尼斯市的礼物。

第一个方案

PCB. 1

威尼斯市模型的平面图，展示了议会大厦和双年展馆位于贾尔迪尼双年展花园的右侧。

PCB. 2

场地平面草图，中间是议会大厦；右上方是
年展馆；下方是圣马可皮亚泽塔（Bacino di S.
Marco）；右侧是圣埃莱娜河（Rio di S. Elena）。
“过去的大师们是我最为尊敬的老师：布鲁内莱
基（Brunelleschi）、布拉曼特（Bramante）、米
朗琪罗（Michelangelo）。”
“于我而言，被邀请到威尼斯工作是一种荣誉，
为勒·柯布西耶为这个城市做了如此重要的设计。
虽然我从未接受过勒·柯布西耶的亲自教导，但
一直将他视作我的导师。他不是一个临摹过往的人
在他身上，建筑精神失去了过往的连续性。”

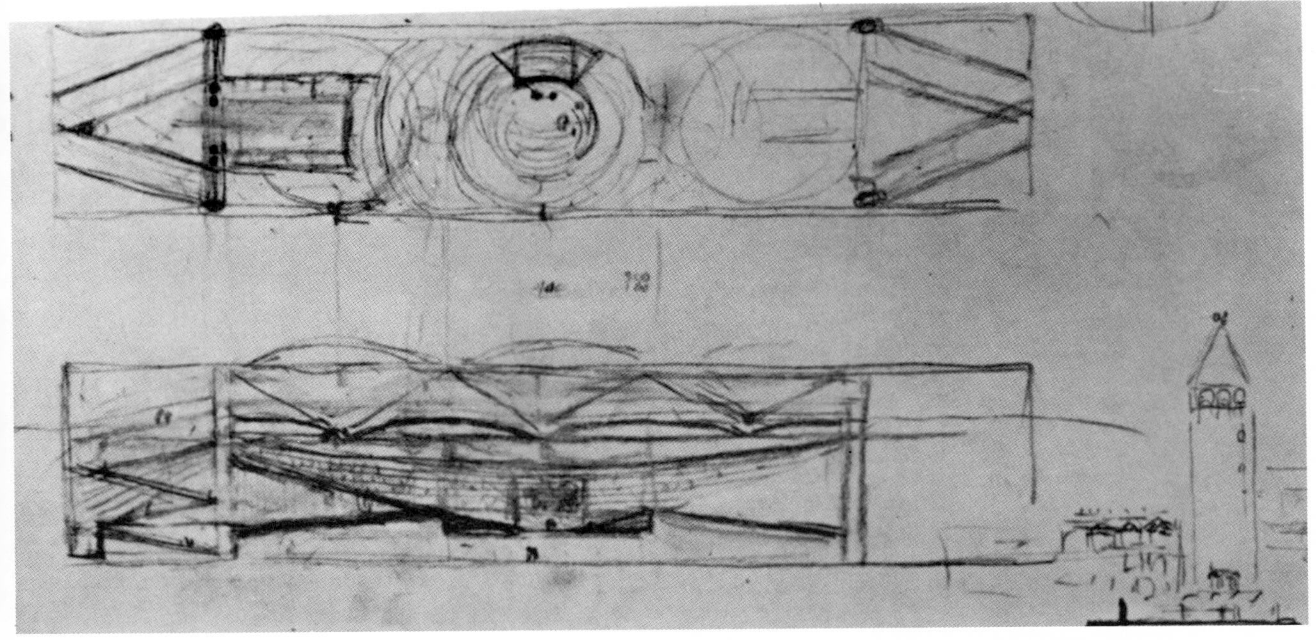

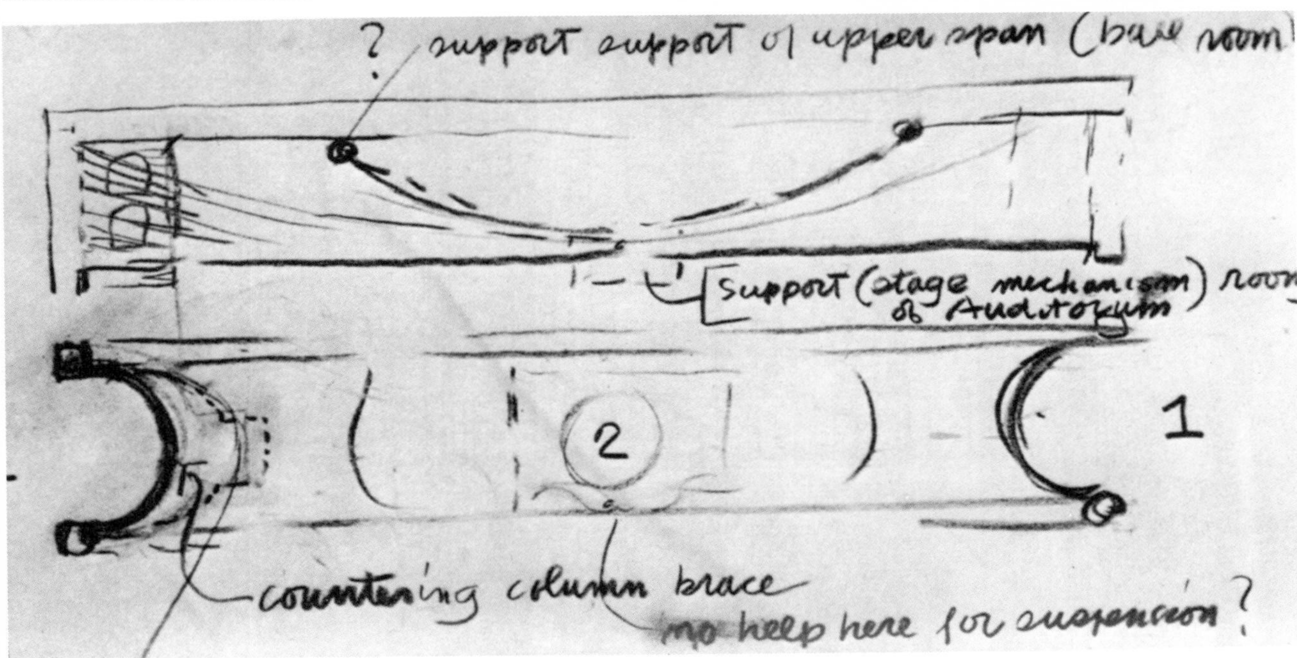

PCB. 3—4

平面和剖面草图，展示了由两个上部塔支撑的大跨度悬挂结构。由于威尼斯的土壤条件极差，基岩很深，建筑物会下沉。康考虑为议会大厦设计一个很长的跨度（大约 400 到 500 英尺），以减少基础的数量。

“威尼斯是一个‘快乐的’建筑，与这个地方的整体一致的是，每个建筑都对其他建筑有所贡献。在威尼斯建造的建筑师设计自己的项目时，必须考虑这种和谐。我不断地思考，仿佛我在问每一座我深爱的威尼斯建筑，它们是否愿意接受我加入它们的整体。”

注释从上到下为：

“上层跨度（舞厅）的支撑”；

“机房（礼堂的舞台装置）”；

“反柱支撑”；

“这里没有给悬挂物的帮助？”；

“这个虚线区域可以作为你想从楼梯电梯室到舞厅的路径，并协助第一部分”；

“我们喜欢这样（目前）”。

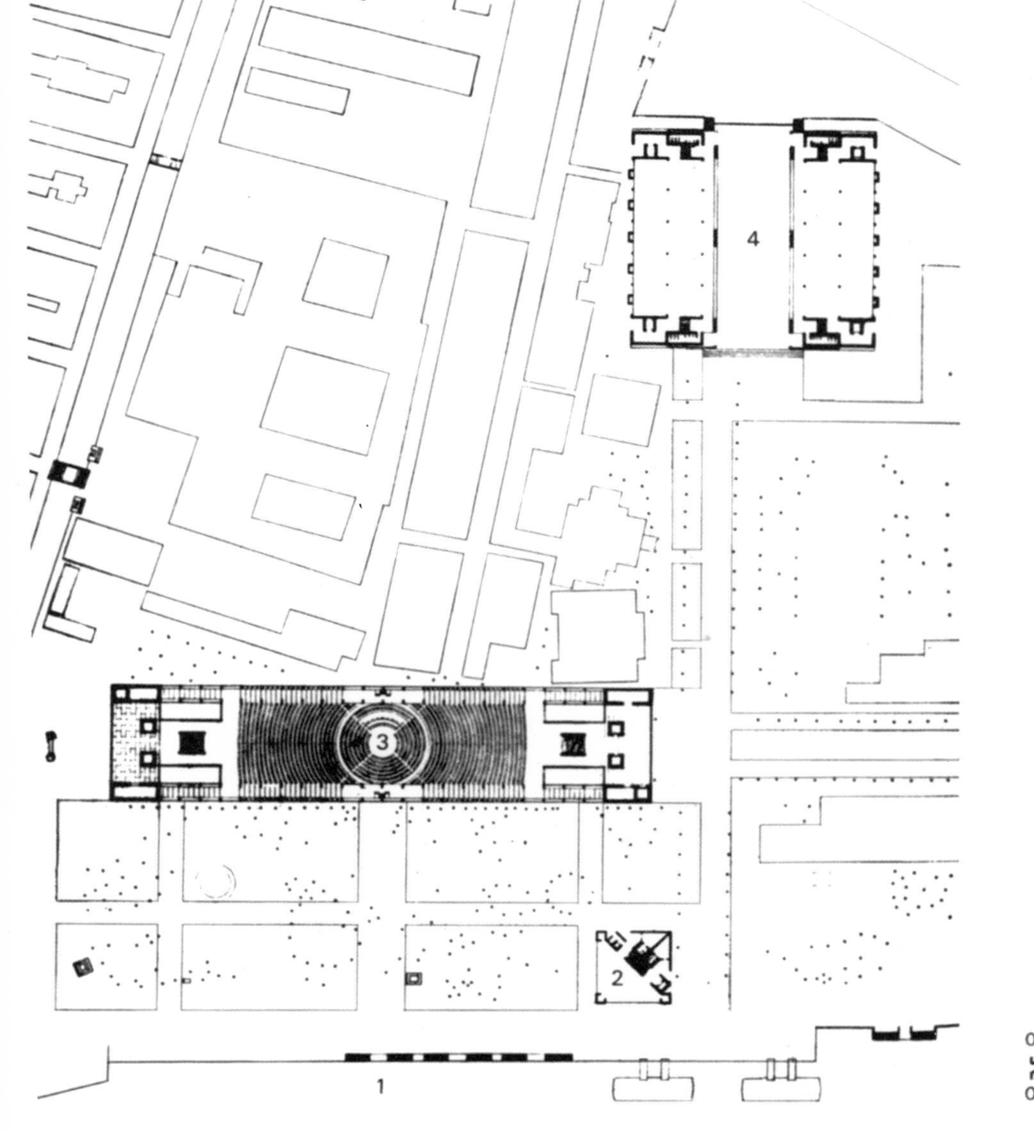

PCB. 5

场地平面，绘于 1968 年冬。

“1”为圣马可皮亚泽塔；

“2”为入口；

“3”为议会大厦（Palazzo dei Congressi），位于二楼；

“4”为双年展馆。

“双年展馆由两部分组成，面向彼此，被一个广场分割。广场的两端都是开放的，一个是运河的拓宽部分，为双年展提供了一个宽阔的水上入口；另一个是花园，这使得花园延伸进广场。每个部分都有 200 英尺长，60 英尺高。每一侧的地面上都有工作室和商店，它们也将为任何可能的主题提供庭院装饰服务。一层有展览馆，二楼有艺术家的书房。

“这个 80 英尺宽的广场可以通过两扇 50 英尺高、40 英尺宽的移动门在两端关闭。一个玻璃和金属框架的可移动屋顶可以闭合广场。

“潟湖旁的入口建筑高 50 英尺，是标志性建筑，它将彰显议会大厦的内涵。它将作为一个信息中心，并包括其他服务，如餐厅等。花园应该是一个树丛中的休憩之所，应该提供更多的草地（没有栅栏）和可坐的地方。它应该是一个公园，而非一个规整的花园。”

PCB. 6

透视图，展示了议会大厦二层的内部景观。

“我可以把议会大厦看作一个圆形的剧院——人们在那里看人，它不像一个电影院——人们在那里看表演。我的第一个想法是，不管场地的形状如何，都要做这么多同心圆，中间有一个核心。因为场地又长又窄，我干脆把剧院切成圆形，有两个平行的切口，它仍然可以在各处保持良好的可视性。”

“因此，大堂里将看到人来人往。会议厅有微微的曲线，以保留它是微微倾斜、像广场一样真实的街道。人们可能会想起锡耶纳的帕力奥广场（Palio Campo），该广场的设计也是为了使其具有市民剧院的特征。”

PCB. 7

场地模型图，从西边看，右边是议会大厦；左上方是双年展馆。

“这些建筑应该全年频繁使用，作为一个自由的自我监督的学院，作为一个自由参与和交流的社区；双年展的精神取决于在其中的经历、讨论与工作。当每两年一次举办双年展时，这些建筑仍将被用于展览。”

PCB. 8

场地模型平面图，展示了贾尔迪尼双年展花园场地上的议会大厦、双年展馆和入口；下方是圣马可皮亚泽塔；右上方是圣埃莱娜河；左侧是圣朱塞佩运河（Rio di S．Giuseppe）。

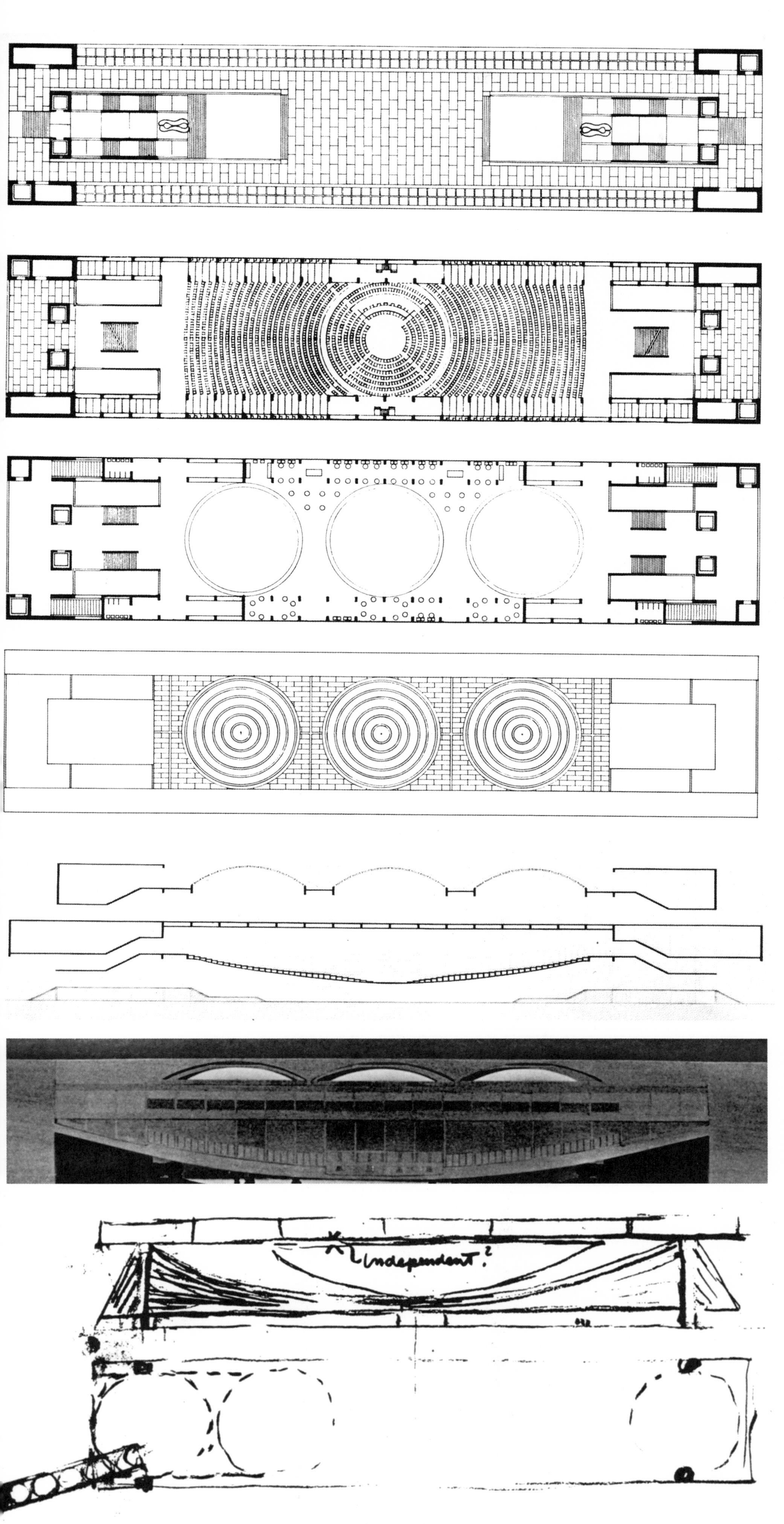

PCB. 9

入口处一层平面图。

“地面（第一）层是一个被礼堂底部覆盖的广场，在这里你可以感受到结构的横跨。”

PCB. 10

大堂层二层平面图。

“在大厅的每一侧都有两条街道（15 英尺宽）通往座位。这两条街道实际上是在承载结构的梁的内部。这些街道贯穿于礼堂的整个长边，并与二楼的接待大厅相通。大厅可以容纳 2400 人，但它可以分成两个独立的部分，可容纳 1500 人。

“最后，中央部分可以与礼堂的其他部分分开，作为一个可容纳 500 人的圆形剧院。通往座位的小路上设有壁龛，人们可以从大堂中走出来，在此分别议事。”

PCB. 11

接待大厅层的三层平面图。

“第二（三）层的接待大厅也如同一个长广场，上面有 3 个圆顶。穹顶是由不锈钢环和实心玻璃制成的，外部用铅板覆盖，就像圣马可的穹顶一样。穹顶也意味着大厅可以被分成 3 个房间，它们的大小与上方穹顶的直径有关（70 英尺）。在这个大厅的两侧，有一连串的房间，这些房间也是支撑梁的一部分。”

PCB. 12

屋顶层的四层平面图。

“第三（四）层是屋顶，天空是天花板。在这里，你可以看到 3 个穹顶，它们再次将这个露台分成 3 个部分。围住屋顶的护栏通过 3 个月牙形的开口向威尼斯和潟湖的景色开放。在露台上，你将再次在两侧看到有顶的壁龛，人们可以在那里得到荫蔽。”

PCB. 13

纵剖面。

“整个结构是带有大理石细部的钢筋混凝土，被设计成一座吊桥。两端分别由两根柱子支撑，楼梯和电梯也在此处到达各层。在这两个支撑部分，还有其他不同用途的房间。会议厅长 460 英尺，高 78 英尺，宽 100 英尺。”

PCB. 14

模型的立面图，展示了一个带有悬挂式会议厅和箱形大梁框架的备选版本。奥古斯特·科缅丹特博士否定了箱形大梁框架上的 3 个拱形大开口，因为它们位于框架的受压部分。

第二个方案

PCB. 15—16

平面和剖面草图，展示了由两个上部塔支撑的大跨度悬挂结构（参照 PCB. 3—4）。

出于经济性的考量，地基的数量必须降到最低。这意味着只有两个露天沉箱将沉入基岩，大约在地下 180 英尺。为了应对沉箱之间的长距离，开发了一个悬挂系统和箱形后张力框架组合。悬挂系统将承载议会大厦；接待大厅将在两个铰链式箱体框架内。

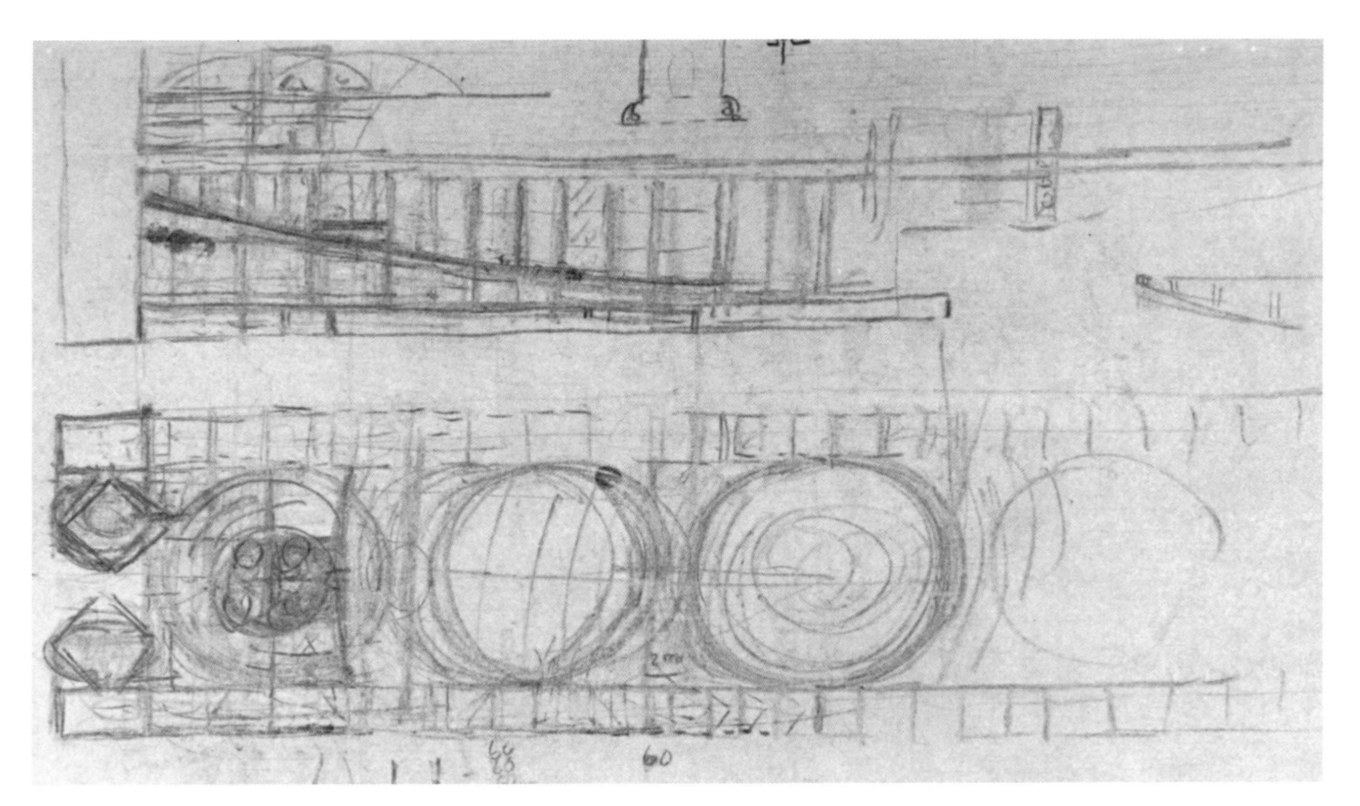

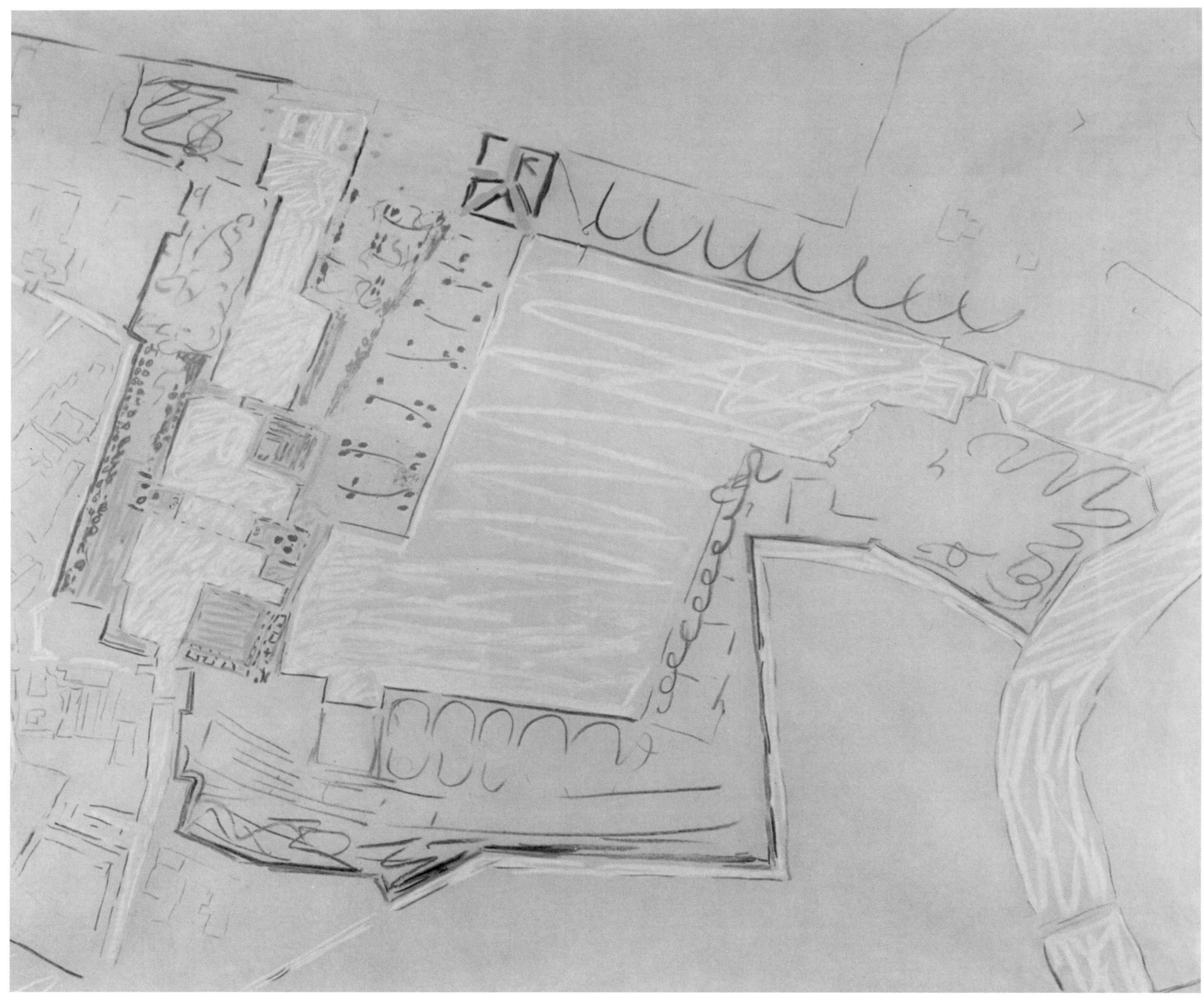

PCB. 17

场地平面草图，展示了左侧的议会大厦作为桥梁横跨加莱亚泽运河；右侧是圣彼得运河（Canale di S. Pietro）。

（彩色图片参见 446 页）

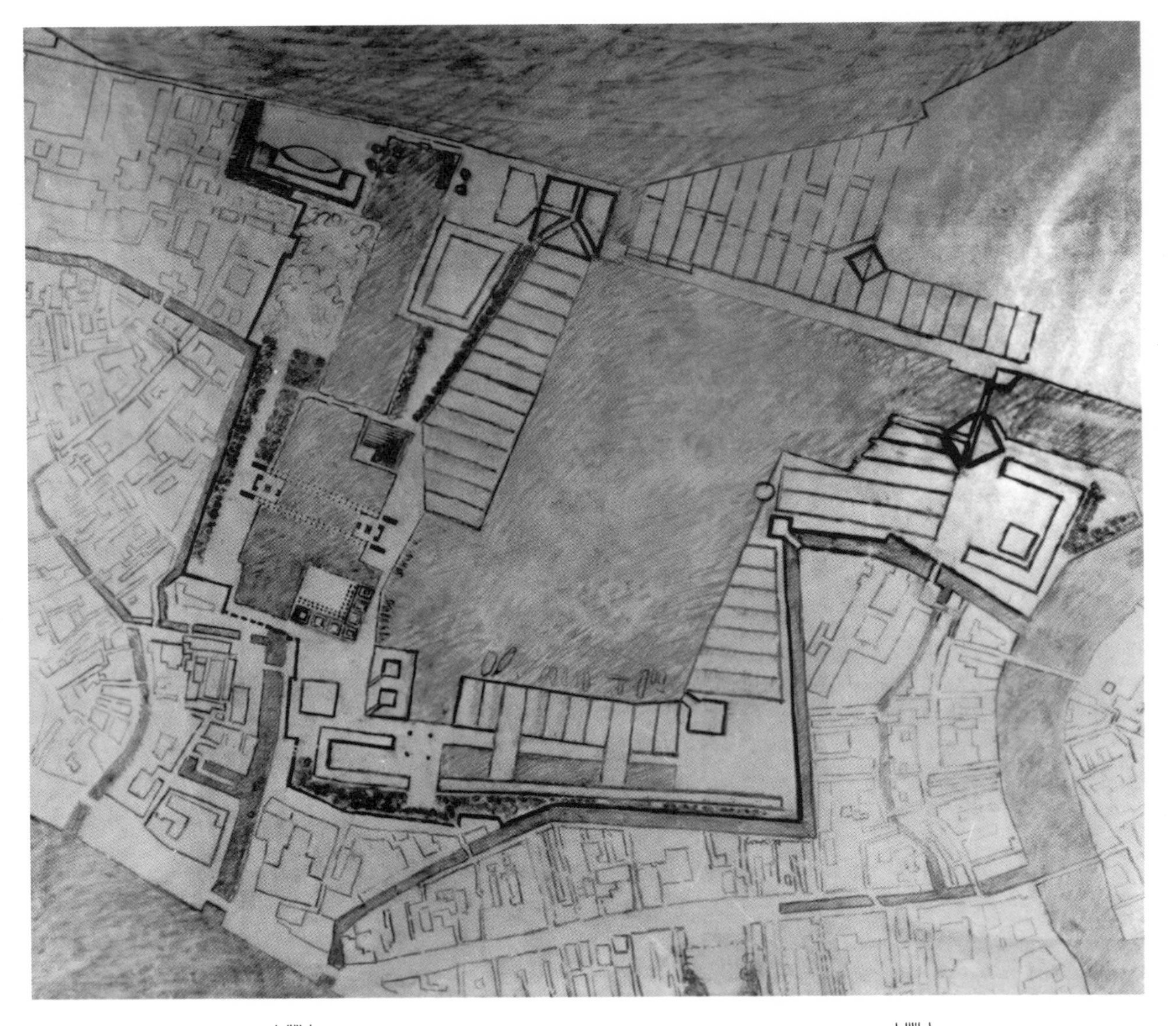

PCB. 18

场地平面草图，展示了达塞纳格兰德（Darsea Grande）区域。这里曾经是达塞纳塔楼旁一个热闹的造船区。

这一版议会大厦方案展示了左边中间的两个大会堂支架立于加莱亚泽运河两岸；右边是圣彼得运河，左下方是圣马可皮亚泽塔。

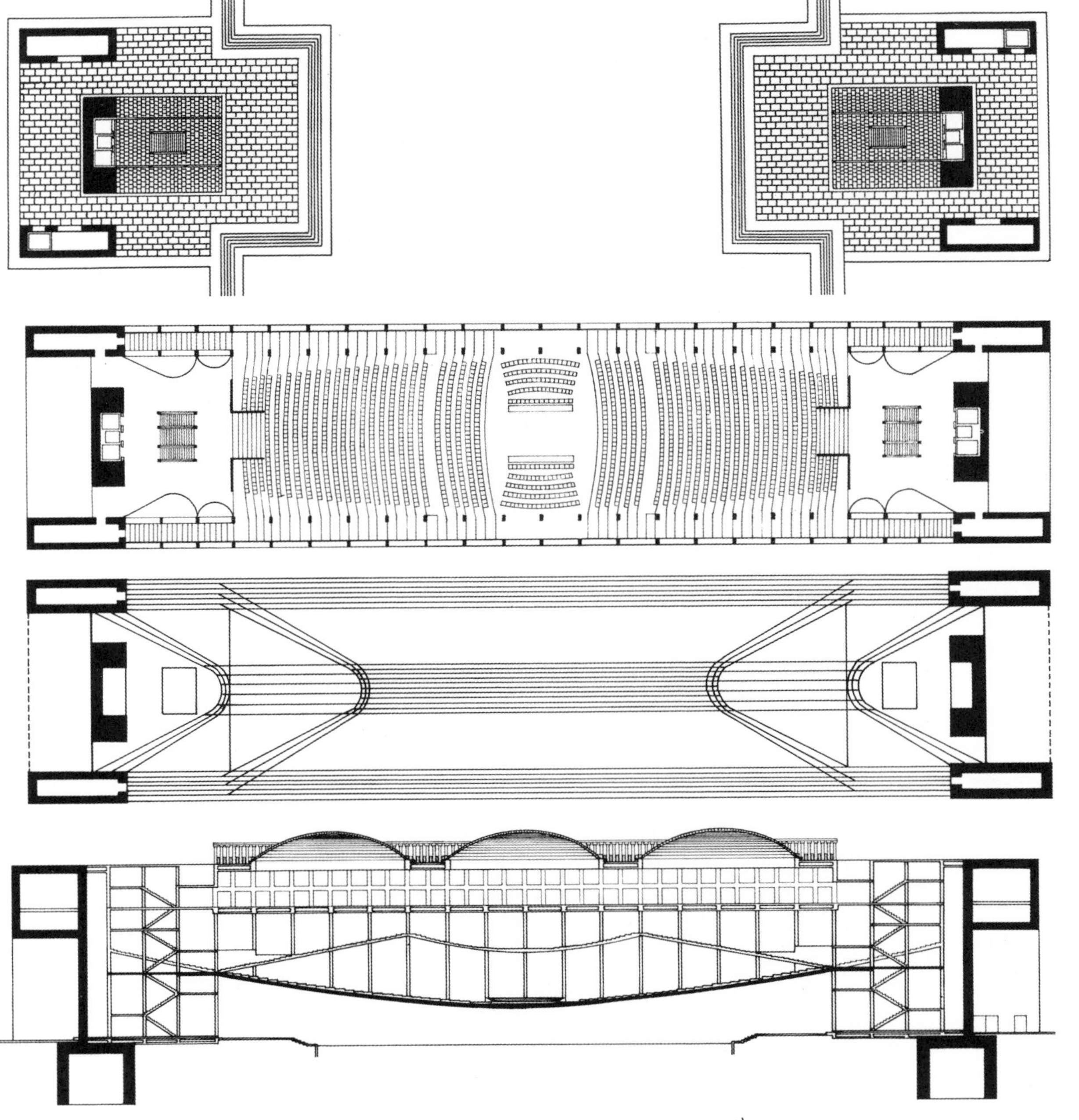

PCB. 19

入口处的一层平面图，位于加莱亚泽运河两边，展示了从沉箱中升起的空心柱。

PCB. 20

二层平面图，悬挂式大会堂，可容纳 2500 人。

PCB. 21

结构框架示意图，展示了悬挂缆绳的位置。

PCB. 22

纵剖面图（与 PCB. 13 相比较），展示了带有悬挂式大会堂的箱形梁框架。该建筑长 480 英尺，宽 112 英尺，高出水面 80 英尺。缆绳拉伸的主要结构是清水混凝土。屋顶护栏，即包含 3 个接待室和舞厅的箱形护栏，由方形大理石柱组形成韵律，可以看到周围城市和潟湖的景色。支撑大厅玻璃的是抛光不锈钢。

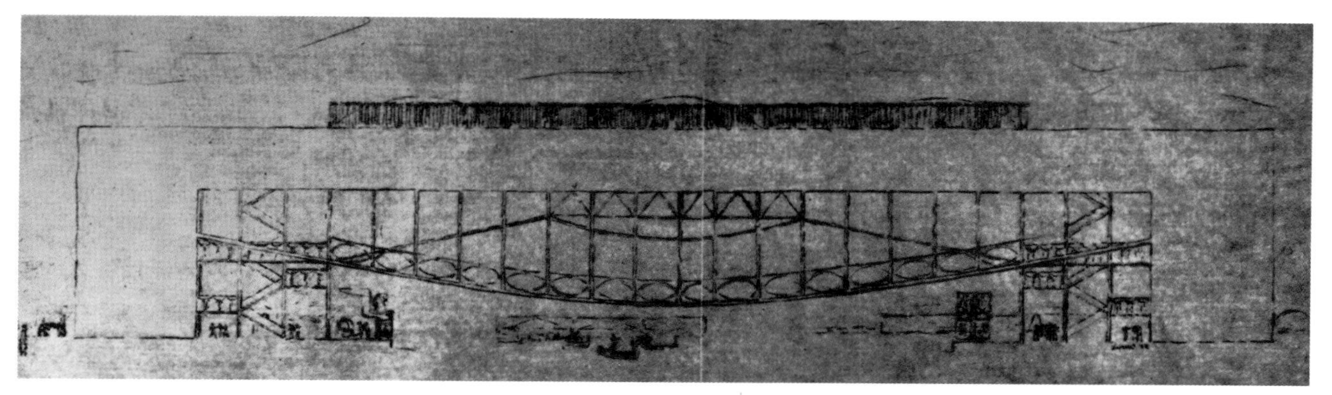

PCB. 23
立面草图，展示了悬空大厅和箱形大梁框架。

PCB. 24
场地模型图，从北面看，展示了右边议会大厦横跨了加莱亚泽运河，左边是阿森纳码头。

PCB. 25
场地平面草图。
（彩色图片参见 446 页）

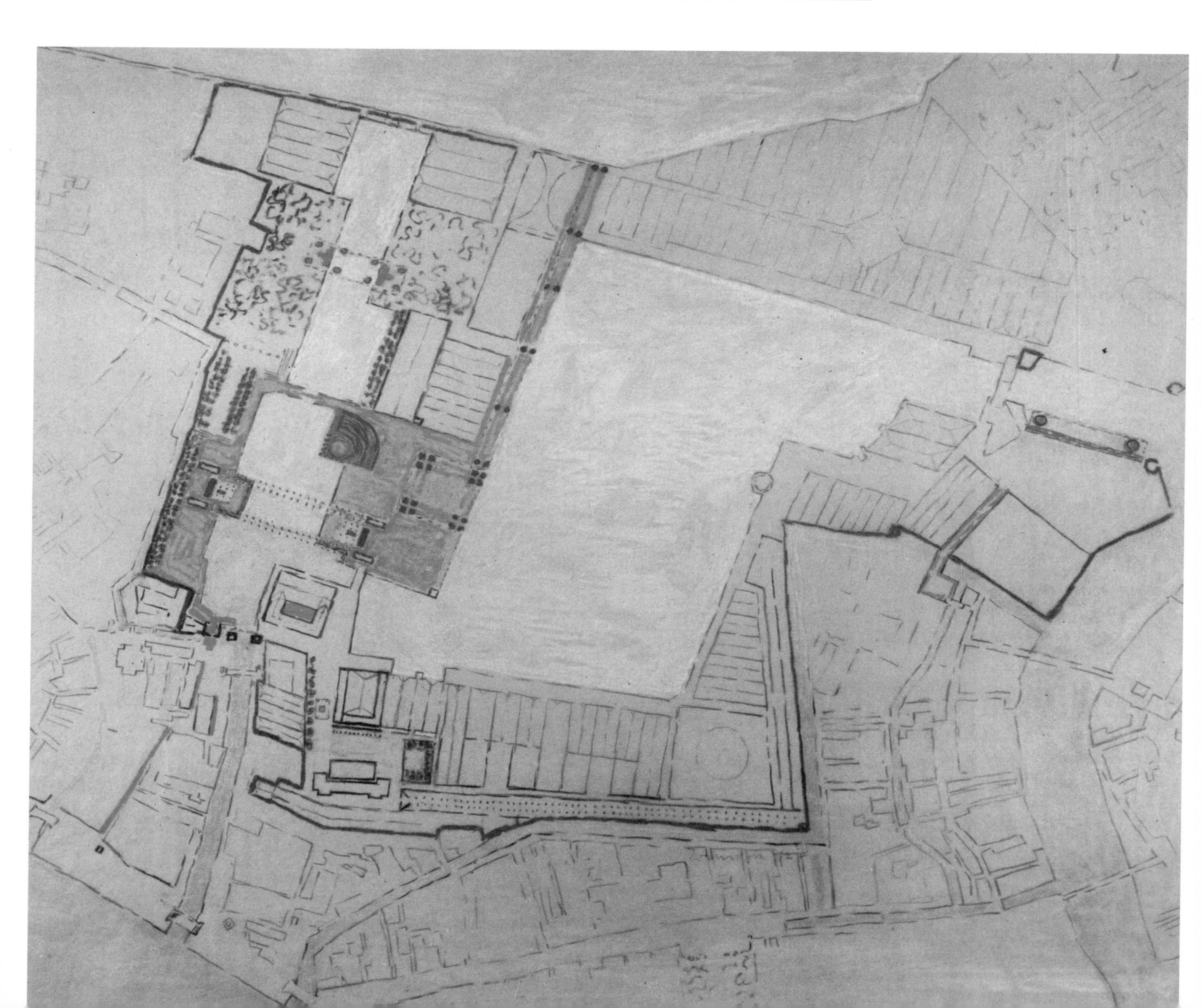

双电影院（1969—1970 年）

费城，宾夕法尼亚州

1969 年，马克斯·拉奥（Max Raao）先生委托康设计了位于桑瑟姆（Sansom）街 202123 号的双电影院。

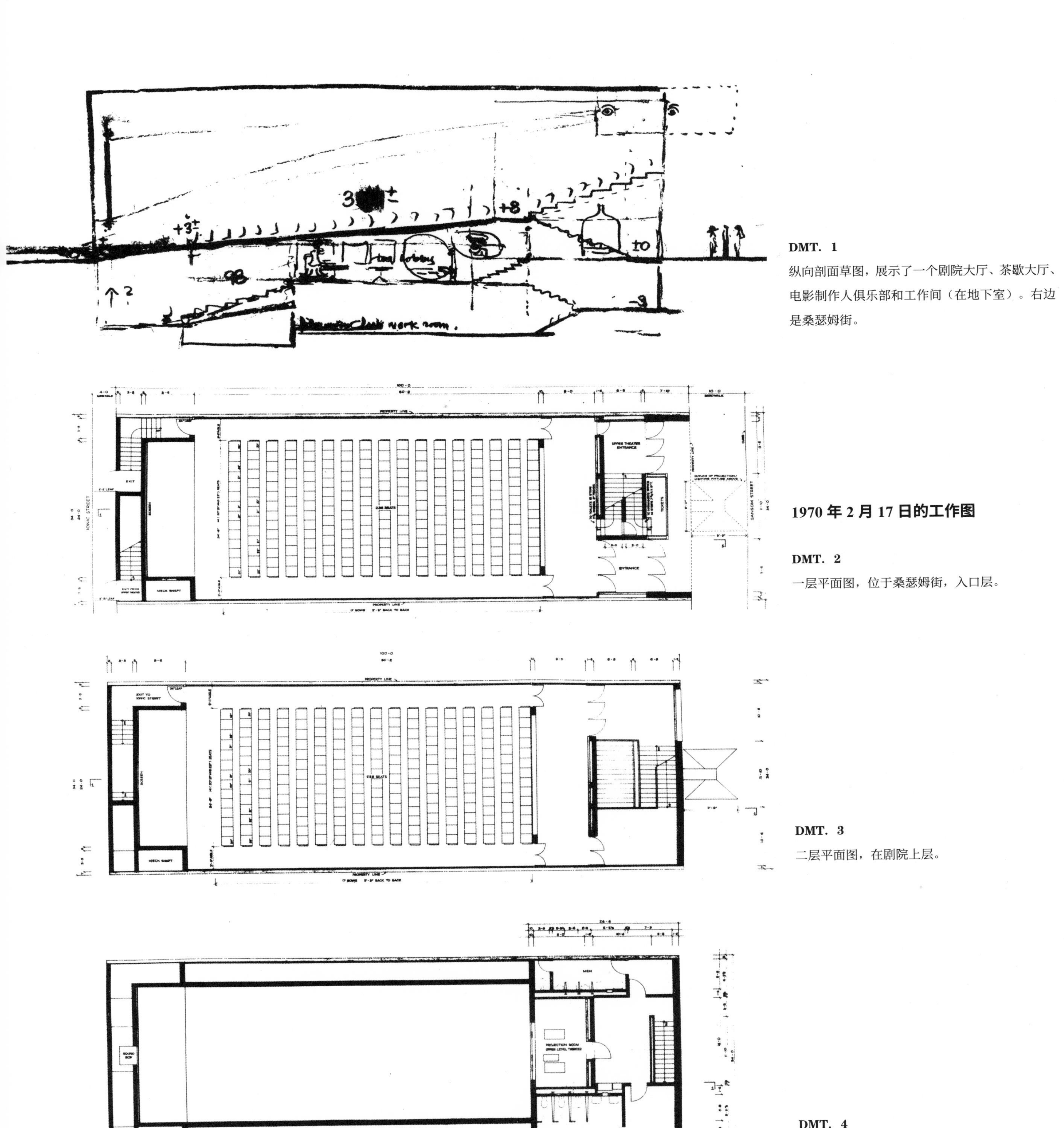

DMT. 1

纵向剖面草图，展示了一个剧院大厅、茶歇大厅、电影制作人俱乐部和工作间（在地下室）。右边是桑瑟姆街。

1970 年 2 月 17 日的工作图

DMT. 2

一层平面图，位于桑瑟姆街，入口层。

DMT. 3

二层平面图，在剧院上层。

DMT. 4

夹层平面图，位于放映室上层。

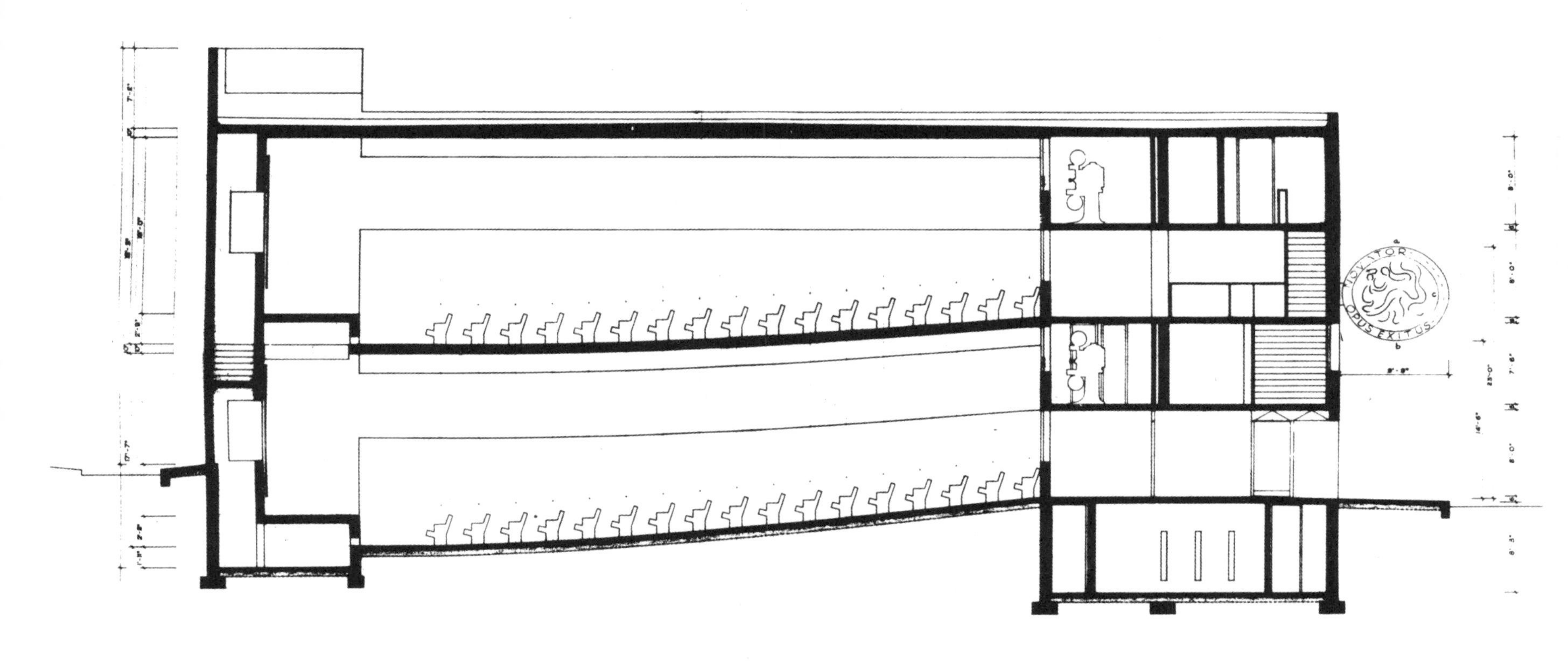

DMT. 5
纵向剖面图，两个同样大小的剧场叠加在一起（右侧为桑瑟姆街入口）。

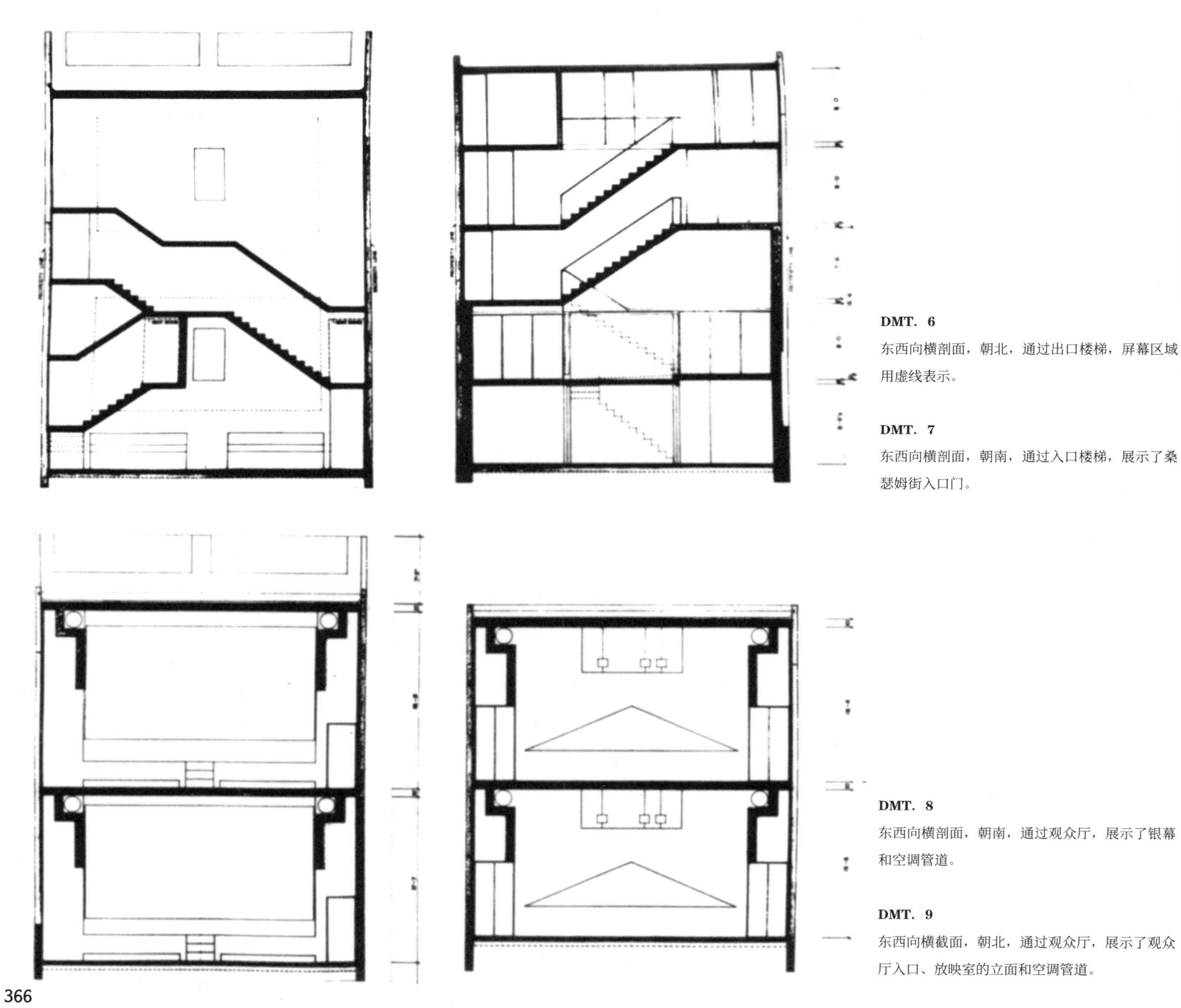

DMT. 6
东西向横剖面，朝北，通过出口楼梯，屏幕区域用虚线表示。

DMT. 7
东西向横剖面，朝南，通过入口楼梯，展示了桑瑟姆街入口门。

DMT. 8
东西向横剖面，朝南，通过观众厅，展示了银幕和空调管道。

DMT. 9
东西向横截面，朝北，通过观众厅，展示了观众厅入口、放映室的立面和空调管道。

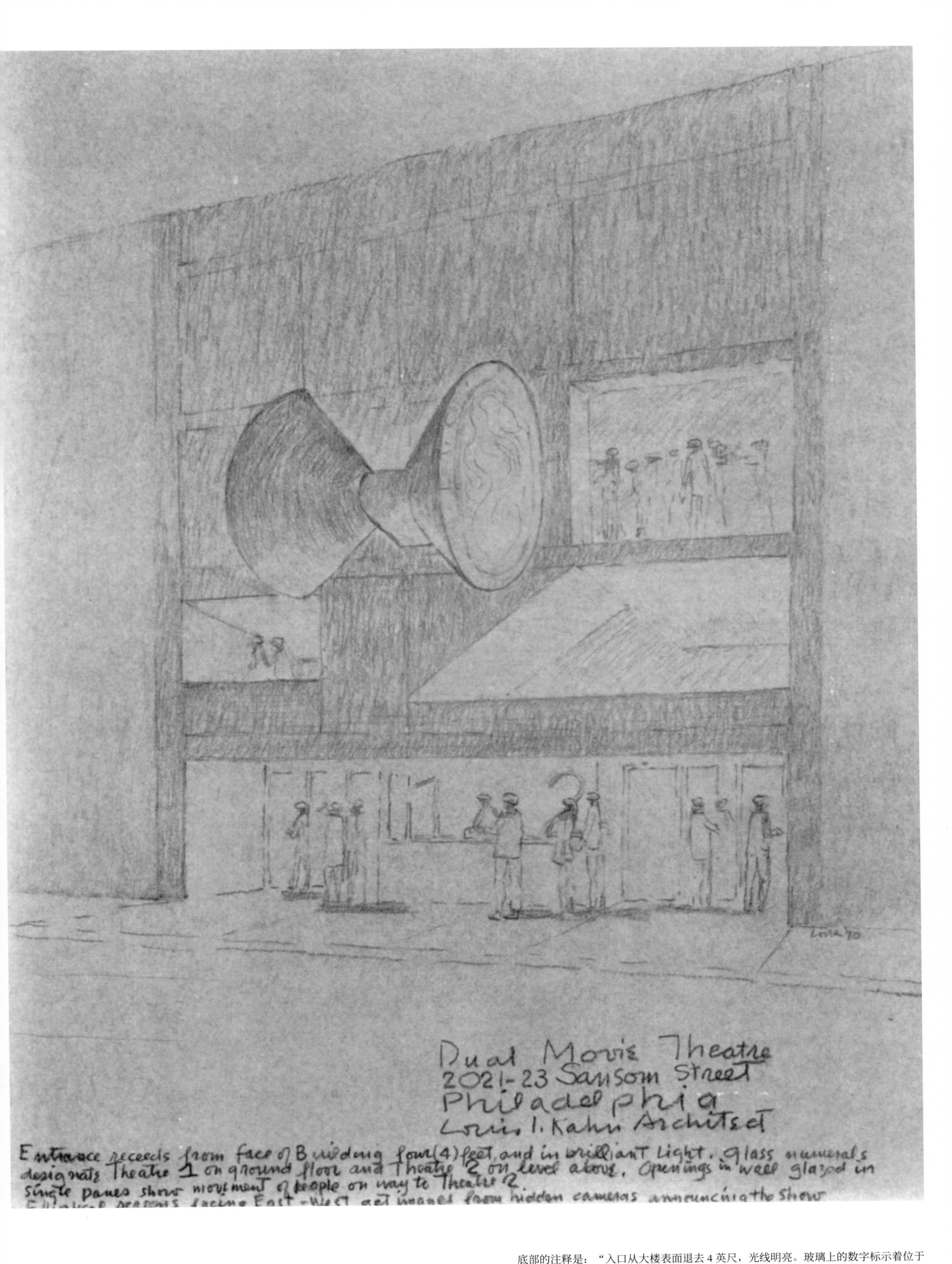

Dual Movie Theatre
2021-23 Sansom Street
Philadelphia
Louis I. Kahn Architect
Entrance recedes from face of Building four (4) feet, and in brilliant light. Glass numerals
designate Theatre 1 on ground floor and Theatre 2 on level above. Openings in wall glazed in
single panes show movement of people on way to Theatre 2

DMT. 10

1970 年 7 月绘，桑瑟姆街立面草图，展示了南入口立面（原图为彩色）。

底部的注释是：“入口从大楼表面退去 4 英尺，光线明亮。玻璃上的数字标示着位于底层的 1 号剧场和位于上层的 2 号剧场。单层玻璃幕墙的开口展示了前往 2 号剧院的人。”“朝向东西的椭圆银幕从广播节目的隐藏摄像机中获取图像。”

莱斯大学——艺术中心（1969—1970年

休斯敦，得克萨斯州

1969年10月，康受莱斯大学董事会的委托，为一个艺术中心进行设计方案研究。策划包括建筑学院、艺术和艺术史系、艺术学院、牧羊人音乐学院和一个2500座的礼堂。

康在1970年6月向董事会的建筑委员会提交了他的方案。他对他提出的方案的估算大约是4000万美元（他被要求在600万美元的预算下工作）。这个项目被放弃了。

RAC. 1—5

总平面草图，展示了方德伦图书馆（Fondren Library）以西的场地，内有“已婚家庭住房”“面向田野的花园”“停车场”。

康在探索现有街道和建筑的几何形状，试图为整体空间秩序中包含的交通和停车问题找到一个合适的解决方案。

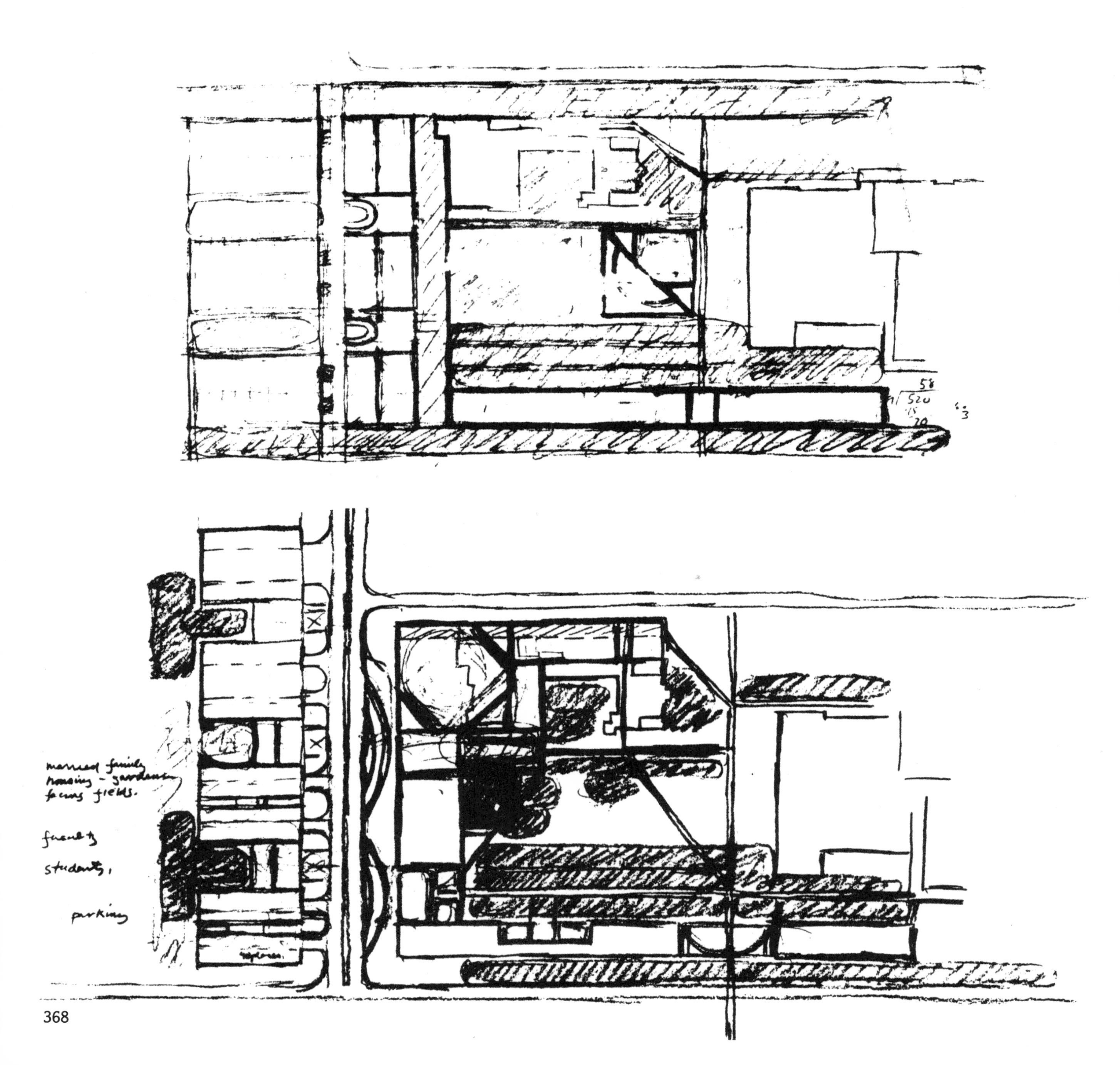

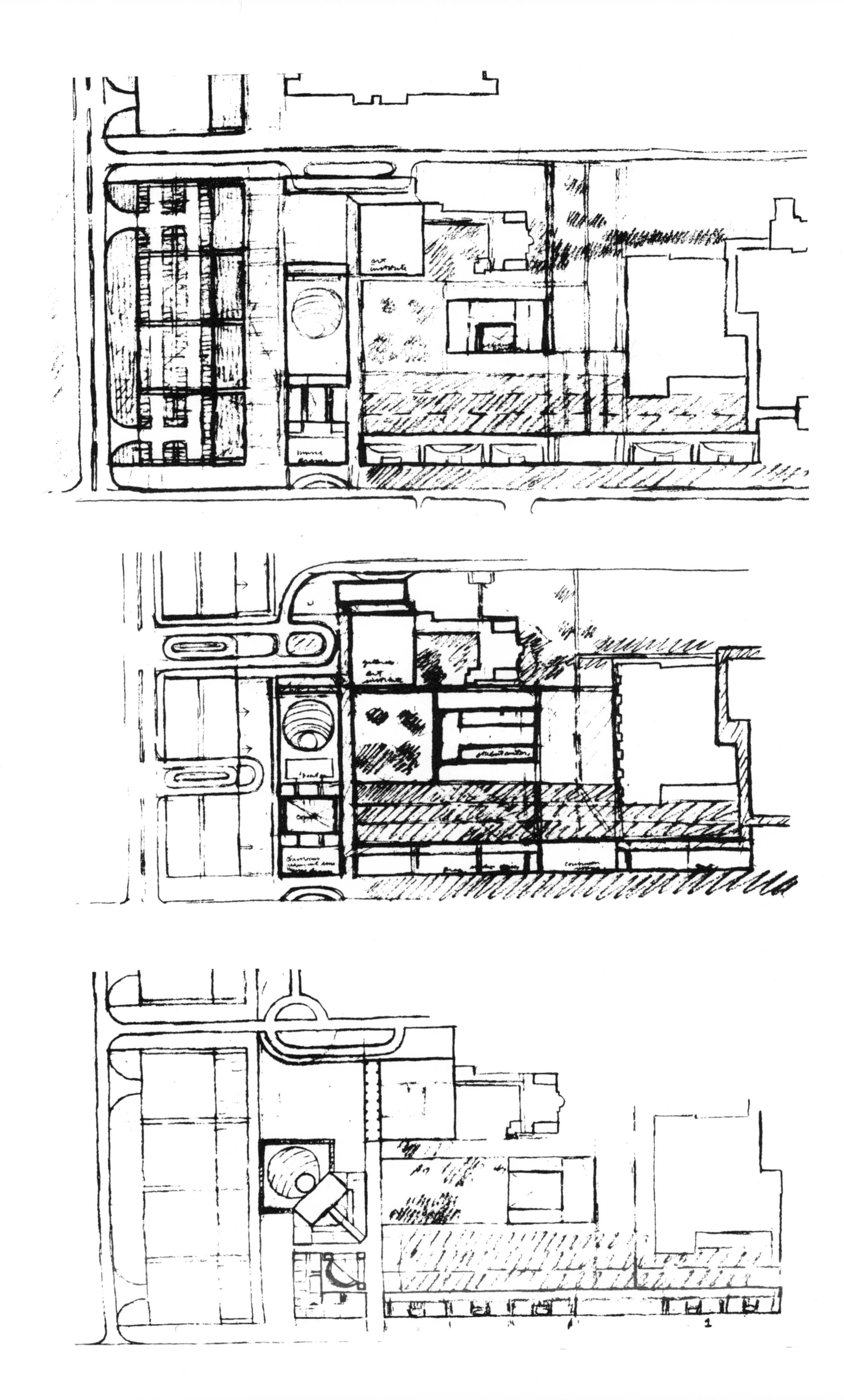

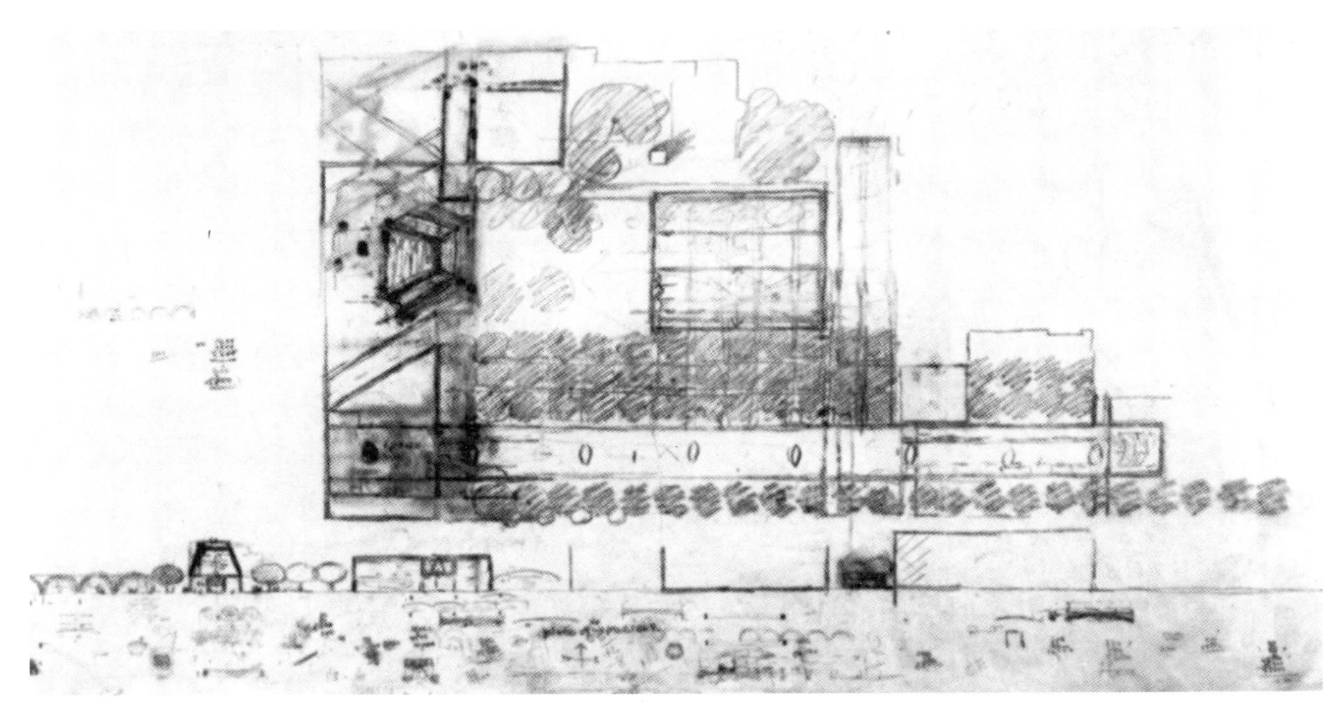

RAC. 6

总平面图和剖面草图。艺术和建筑大楼在底部，中间是新礼堂和大学中心，左边是艺术博物馆。

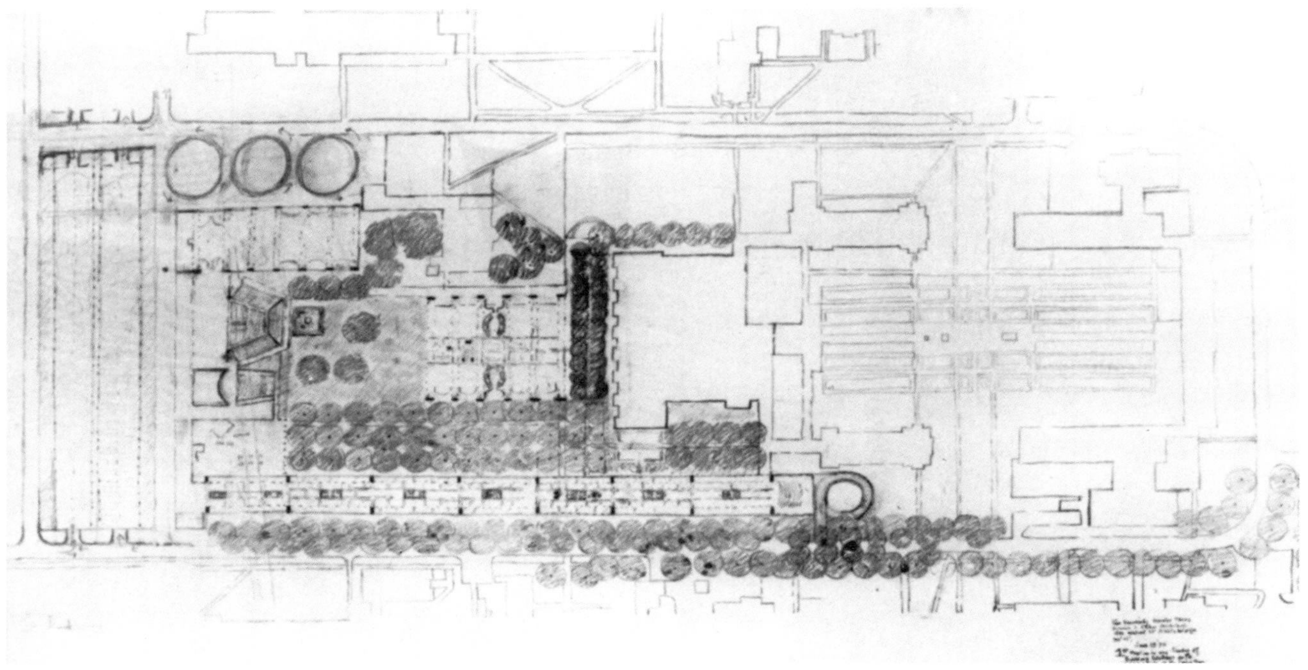

RAC. 7

总平面草图，绘于 1969 年 6 月 29 日，展示了“社交场所和表达学院与场所拟用地上的建筑系的初步研究”。

现有的方德伦图书馆位于中心；拟建的艺术与筑大楼在底部；两个礼堂在左侧；新大学中心中间；艺术博物馆在左上方，有 3 个圆形停车场

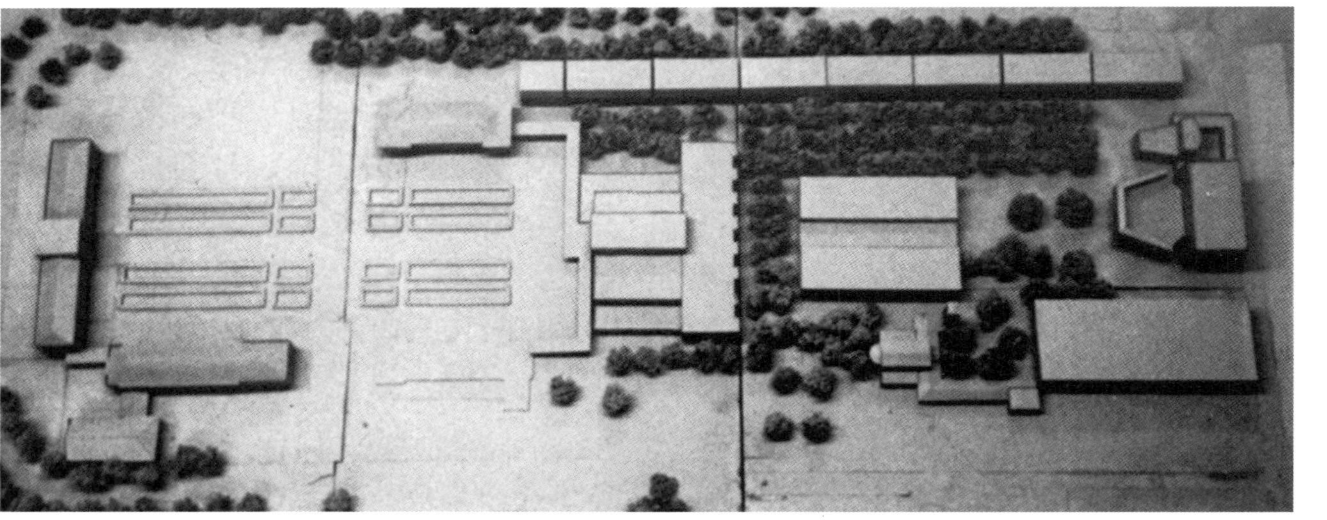

RAC. 8

场地模型的平面图，展示了现有及拟建的建物。左边是方德伦图书馆、右边是礼堂和停车施，顶部是艺术和建筑大楼，中间是大学中心，右下角是艺术博物馆。艺术和建筑大楼由 7 个小相同的矩形单元组成，在其东端有一个演厅。康提议拆除莱斯纪念中心（Rice Memoria Center），在原址上建造艺术博物馆。

RAC. 9

从南边看场地模型。

耶鲁大学英国艺术与研究中心（1969—1974 年）

纽黑文市，康涅狄格州

1969 年年底，慈善家和艺术品收藏家保罗 · 梅隆（Paul Mellon）找到康做美术馆设计，以存放他打算向耶鲁大学展示的英国艺术藏品。他取得了约克街（York Street）和商业街之间礼拜堂街（Chapel Street）上的城市地块，对面是埃格顿 · 斯沃特（Egerton Swartwout）于 1927 年建造的耶鲁旧美术馆、康在 1953 年建造的新美术馆以及保罗 · 鲁道夫（Paul Rudolf）于 1961 年建造的艺术与建筑大楼。这种布局的问题是，耶鲁大学的校园将失去更多的商业地产，城市失去了宝贵的税收基础。此外，学生们（其中许多人当时住在礼拜堂街上的商店上方）见证了城市街道生活和校园附近廉价住房的消失。康作为建筑师很好地理解了这些问题，从而达成了一种解决方案，将 16%的首层面积用于商业并征税。而后面和上面的画廊将不征税。

“在建造梅隆中心（Mellon Center）时，位于教堂街另一侧的建筑被拆除了。该项目被设想为从商业街一直到约克街，然后超过教堂的位置。梅隆中心将与周边建筑紧密相连，构成未来的艺术聚集地。”

在两年（1969—1971 年）的设计发展和完善中，康提出了三个方案：第一个方案在 1970 年夏天；第二个方案在 1971 年 1 月；第三个方案在 1971 年年底。施工开始于 1973 年，在他去世后，由佩雷基亚和迈耶（Pellecchia and Meyers）公司监督完工。

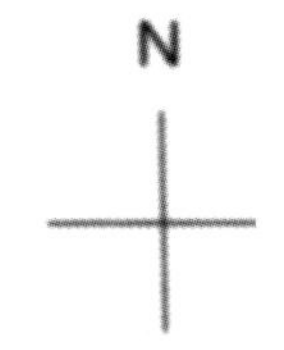

YCB. 1
总平面，教堂街南部梅隆中心的主画廊层：从左到右分别是旧美术馆、新美术馆（康设计）和约克街对面的艺术与建筑大楼。

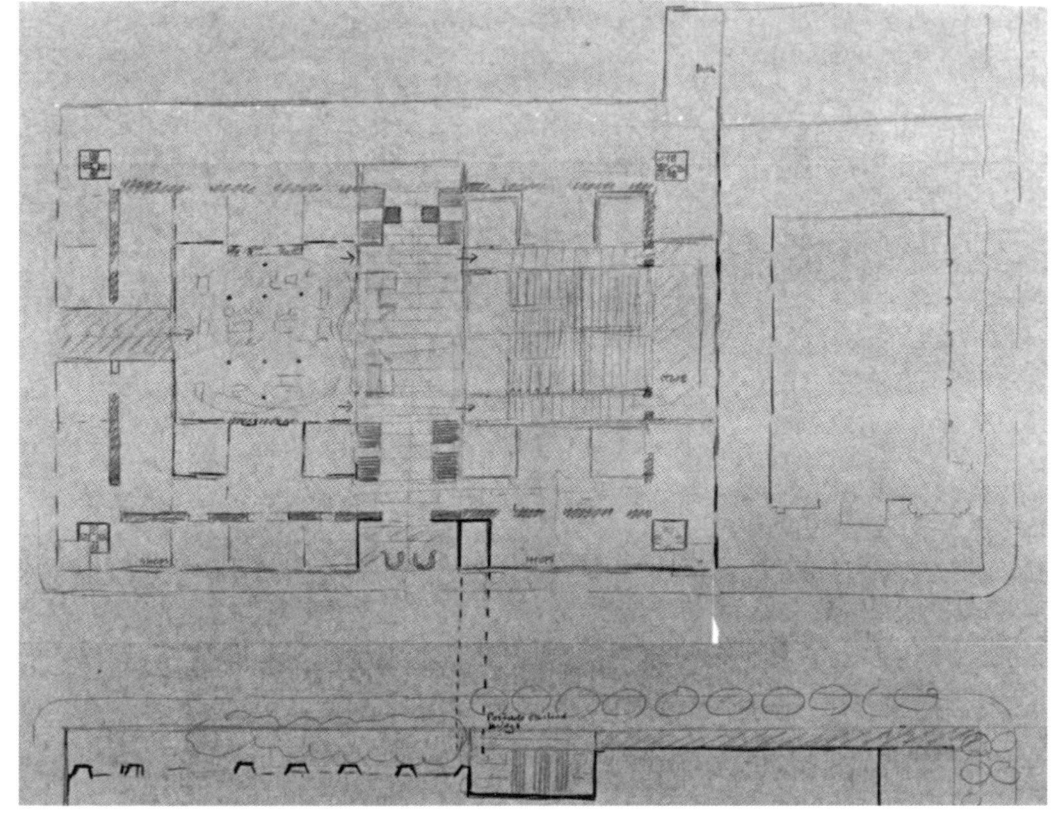

第一个方案

YCB. 2

一层平面图草图，入口层，绘于1970年2月4日
右侧是现存的教堂。礼拜堂街上方的一座桥（虚
线）连接梅隆艺术中心和旧美术馆。入口位于建
筑的中间，位于礼堂和主要展览空间之间。

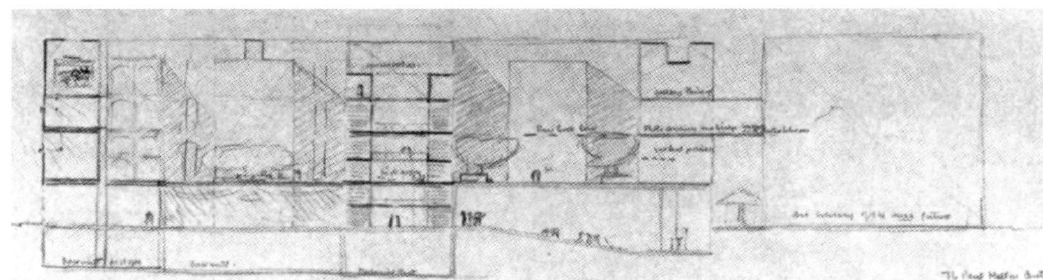

YCB. 3

纵剖面草图，朝东北，穿过庭院、入口大厅和报
告厅。绘于1970年2月4日，展示了"珍本层"；
右边是照片档案室和通往未来图书馆的桥（将安
置在现有的教堂内）。

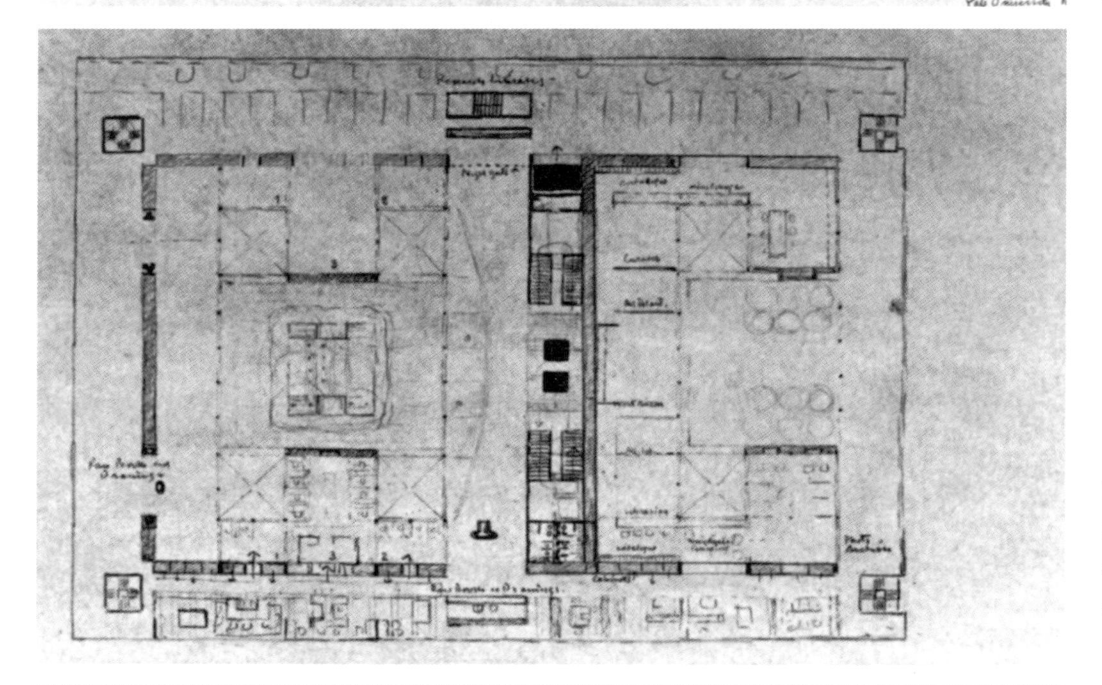

YCB. 4

二楼平面图草图，在研究图书馆层。绘于1970
年2月22日，展示珍本和绘图部在底部和左边；
右边是管理部门；研究图书馆提供了一个夜间门
（虚线）在顶部。

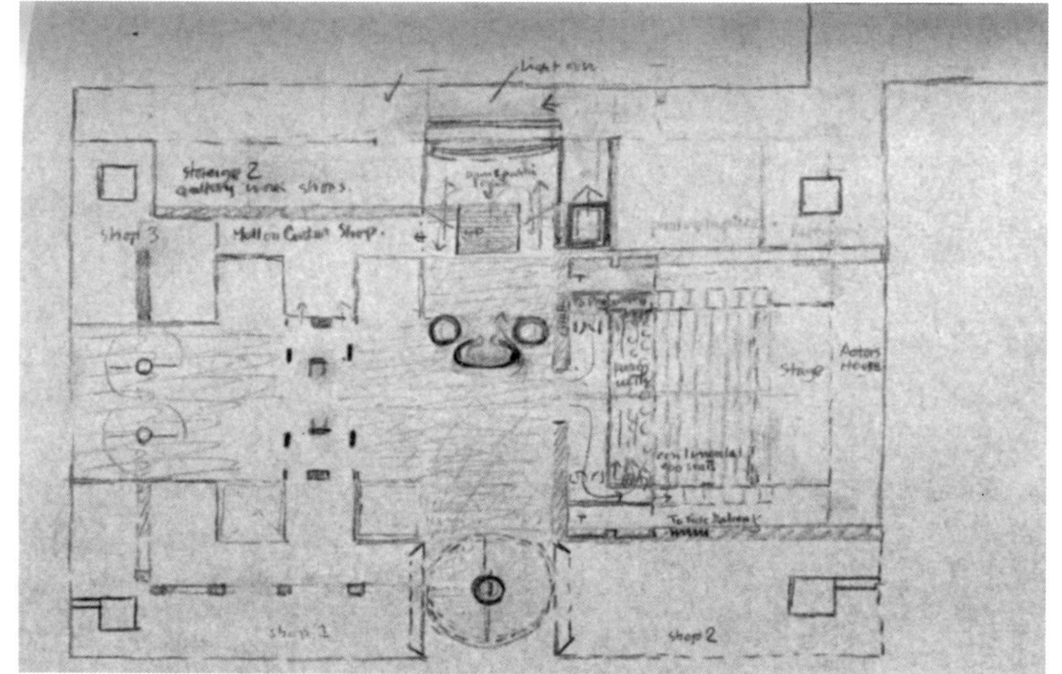

YCB. 5

一层平面图草图，在入口层，展示了建筑的两个
入口：一个在礼拜堂街，另一个在商业街。

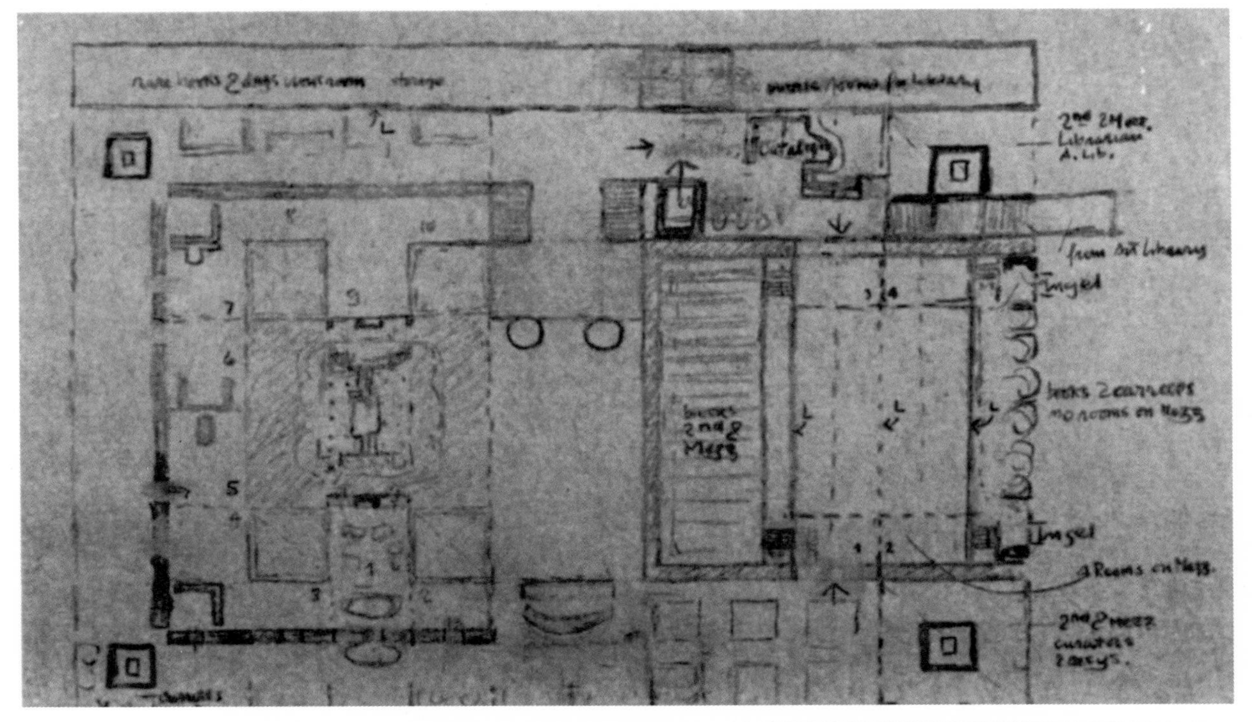

YCB. 6

二层平面草图，展示了左上角为“珍本和绘画室”；“书籍杂志”堆在书房的中间；“研读间”在最下面；“艺术画廊”在右上方。

“每一座建筑都是一座房子，不管它是参议院，还是单纯的住宅。

“当你身处其中的时候，房间才是最重要的。整个建筑与你所在的房间相比毫无意义。如果你认为一个平面是房间组成的社会，无论它的职责是什么，以及它以何种方式补充他人的职责，那么平面就开始变得重要，你可以向他人传达这种精神。它触动每个人。

“这并不是建筑师为了让事情顺利而进行的神秘操作。他有一种赋予奇迹生命的超能力，那就是意识到房间是建筑的开端。

“这点在梅隆艺术馆的顶层很好地实现了。下层有正在展出的画作。它们总是与自然光有关，但不一定需要顶光。”

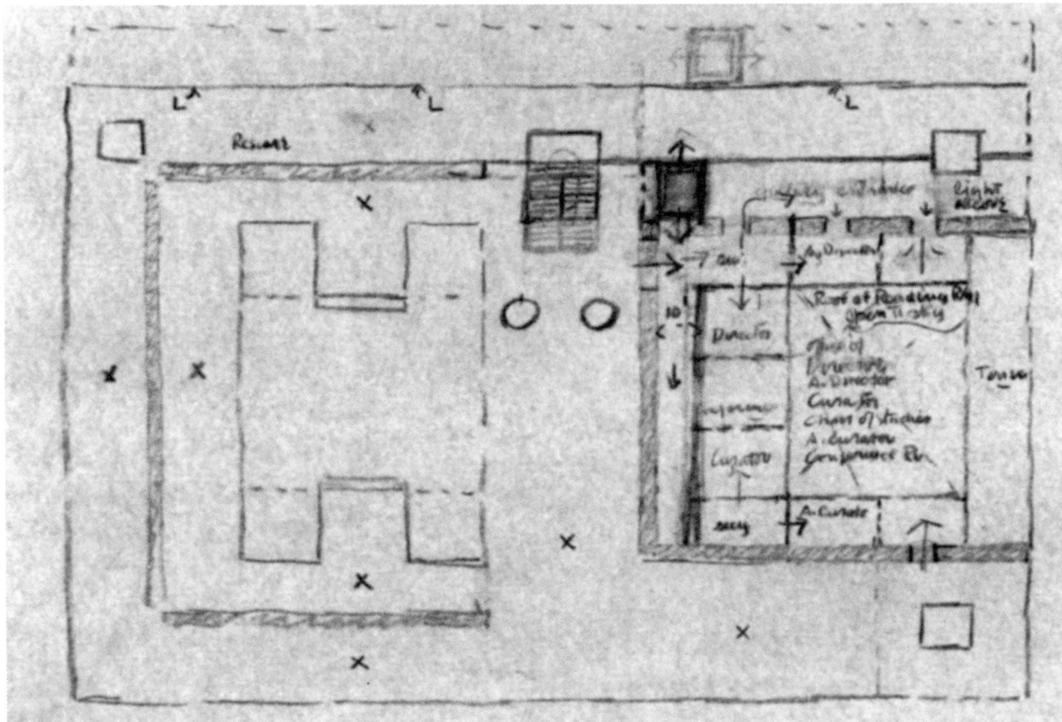

YCB. 7

平面草图，展示了右侧为行政管理区，左上方为“保留”区。

YCB. 8

立面和剖面草图，展示了礼拜堂街的入口，以及右侧连接未来图书馆的桥。

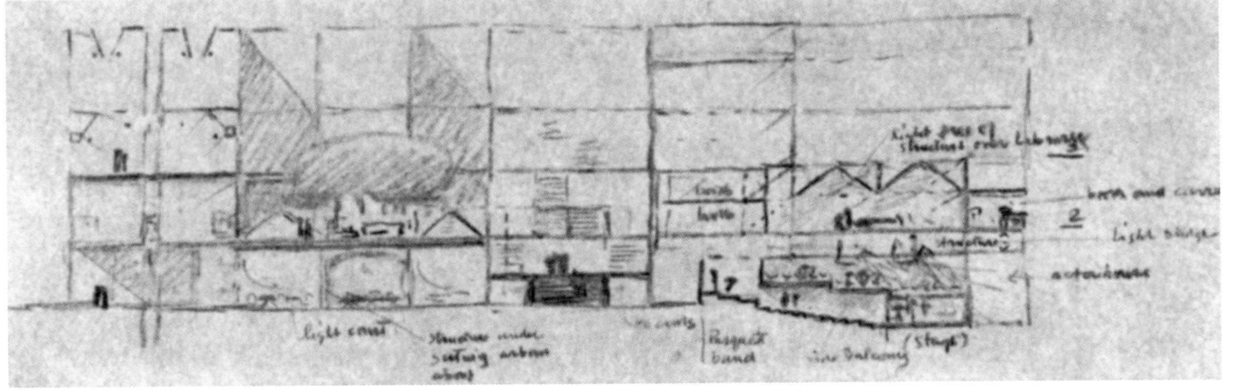

YCB. 9

纵向剖面草图，展示了楼梯左侧为中央大厅的天窗，右侧为图书馆下方的礼堂。

“图书馆上方的光不受结构的制约。”

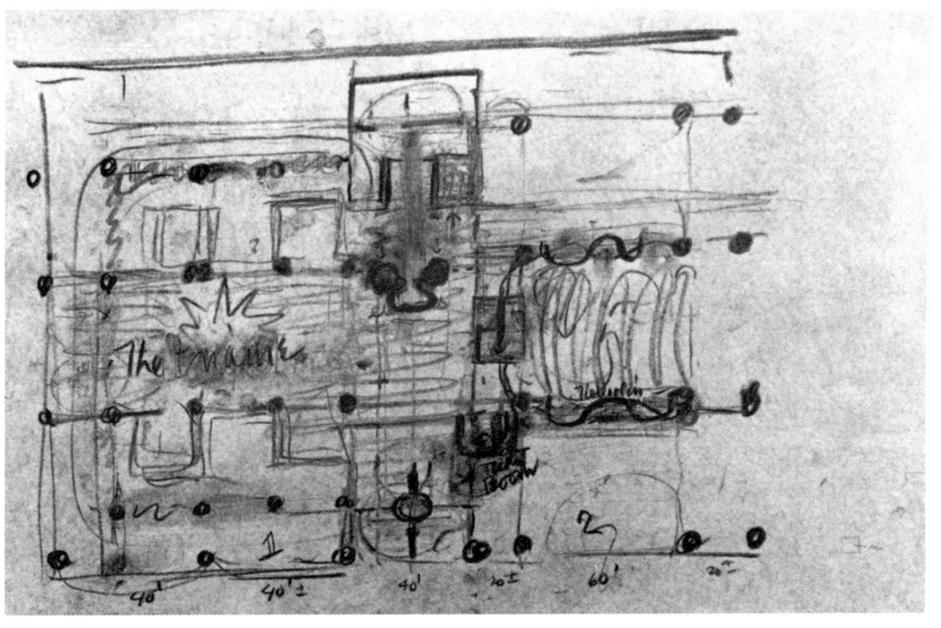

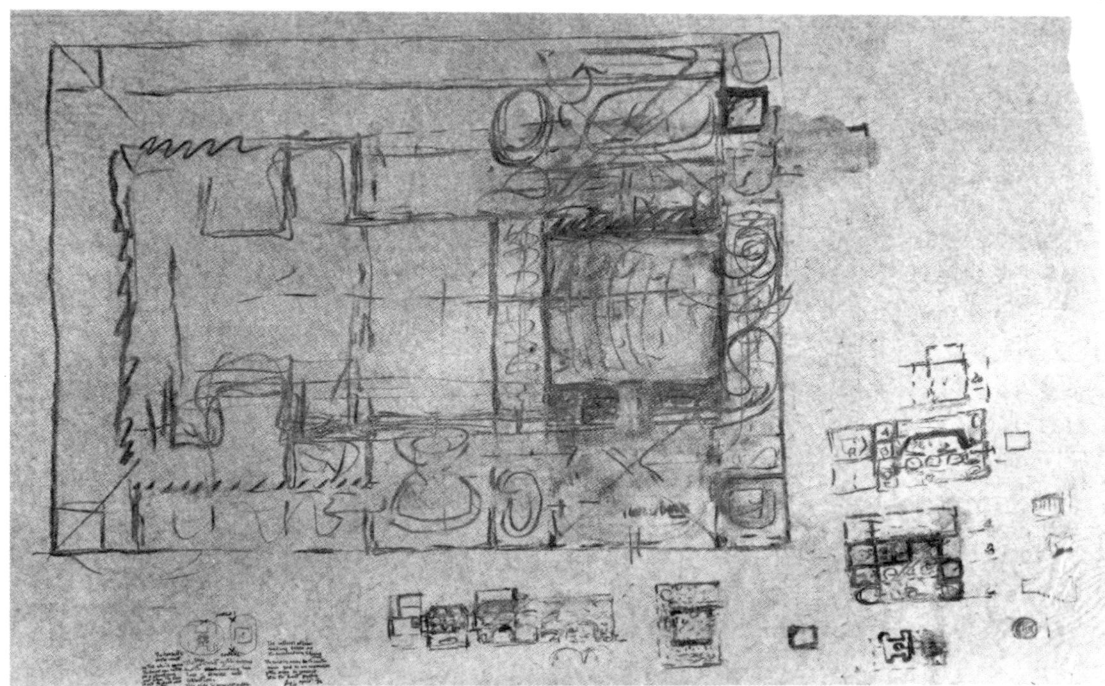

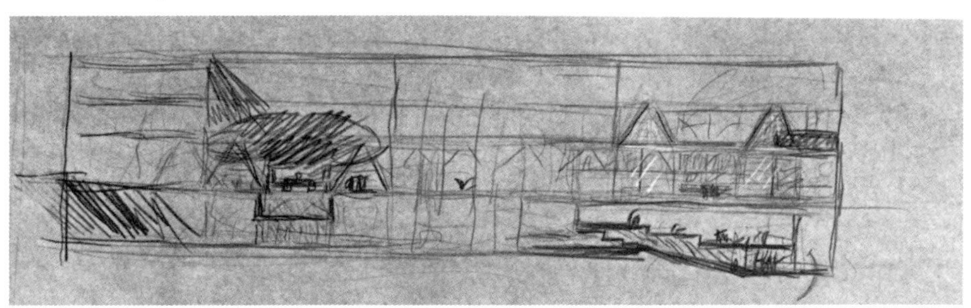

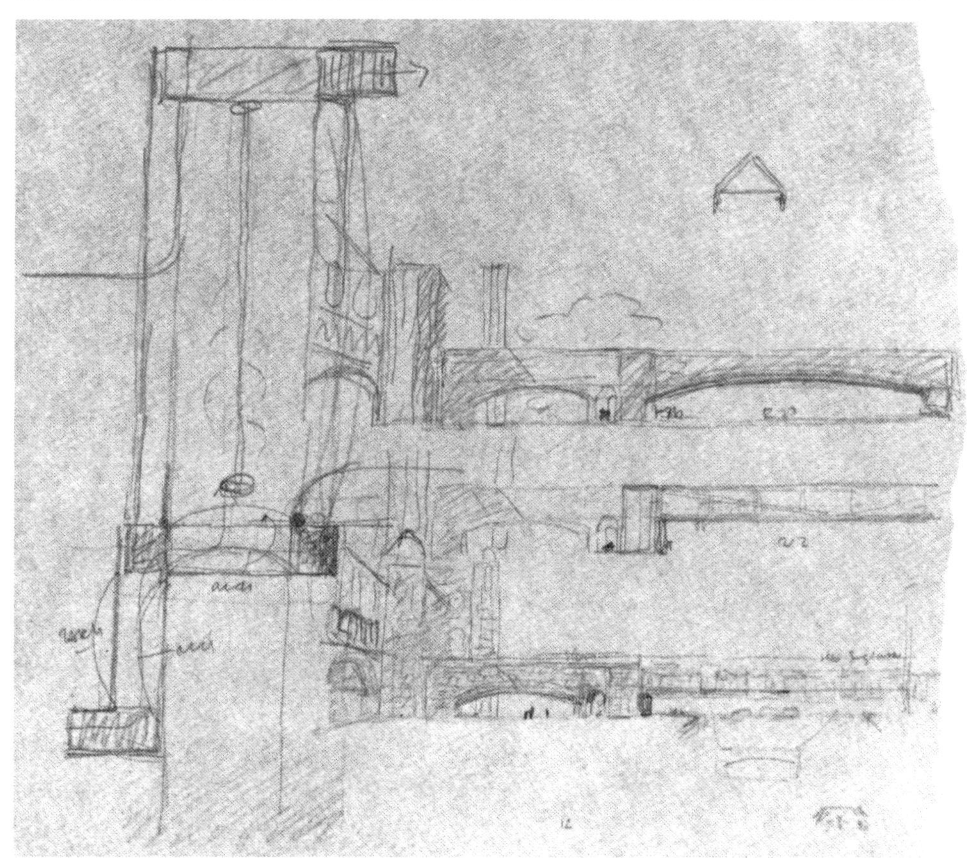

YCB. 10

一层平面草图，在入口层，展示了对圆柱网格的研究；入口大厅；中央大厅和礼堂用“小提琴”表示。

YCB. 11

平面和剖面草图，绘于 1970 年 4 月，展示了对庭院的研究。

底部的注释为：

“玫瑰花种在院子里，这样当下雪的时候，雪就会落下来……当太阳出来的时候，花就有了一个栖身之处。”

“房间的阳光庭院和周围高大的厅堂回廊和藏品。这一侧在某种程度上是公共的。”

“室内中庭阅览室和周围的图书馆。”

“作为中心的阅读区似乎很好地表达了整个区域。它是最不公共的。”

YCB. 12

纵剖面草图（参考 YCB. 9）。

YCB. 13

剖面草图，展示了梅隆中心和旧艺术馆之间横跨礼拜堂街的连桥研究。

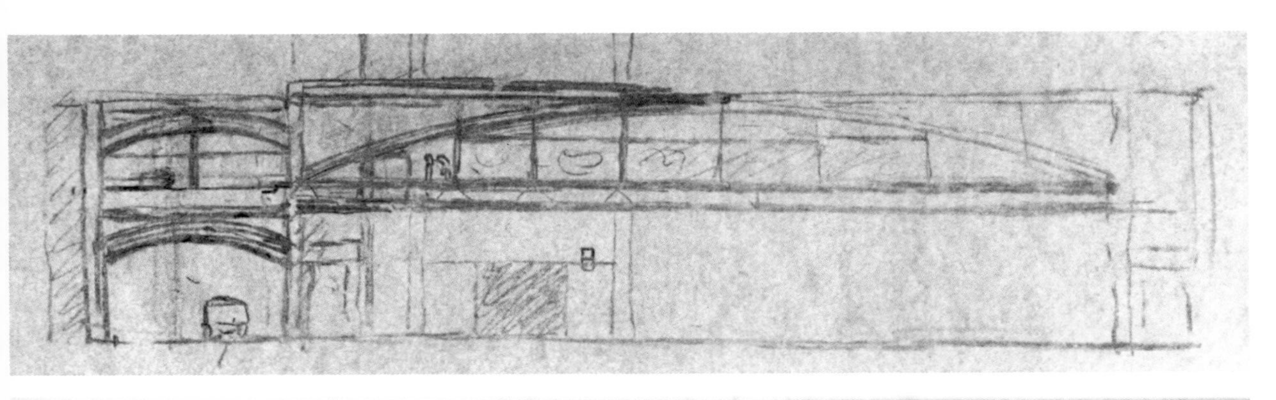

YCB. 14

东南立面草图，展示了商业街的入口亭和左边的卡车场（参见 YCB. 30）。

YCB. 15

二层平面草图，图书馆层。

圆形楼梯元素首次出现在建筑中心。

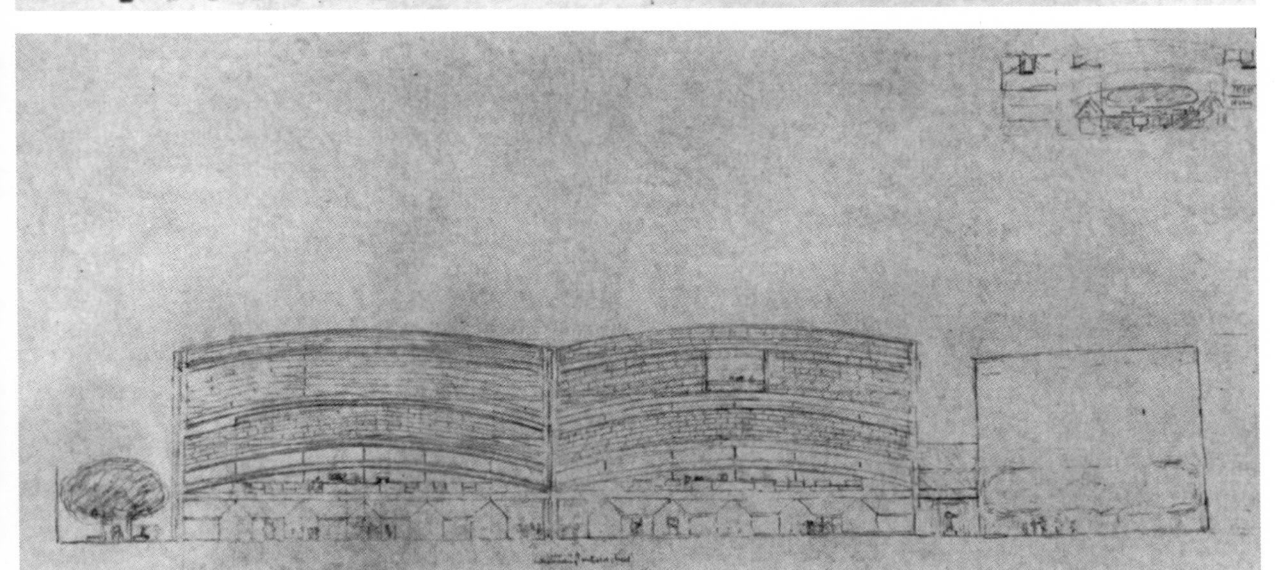

YCB. 16

东北教堂街立面草图，右侧展示了未来的艺术图书馆取代现有的教堂；商业街在左边。“帕拉佐·梅隆（Pallazzo Mellone）”。

右上角的小草图展示了穿过主庭的横剖面。

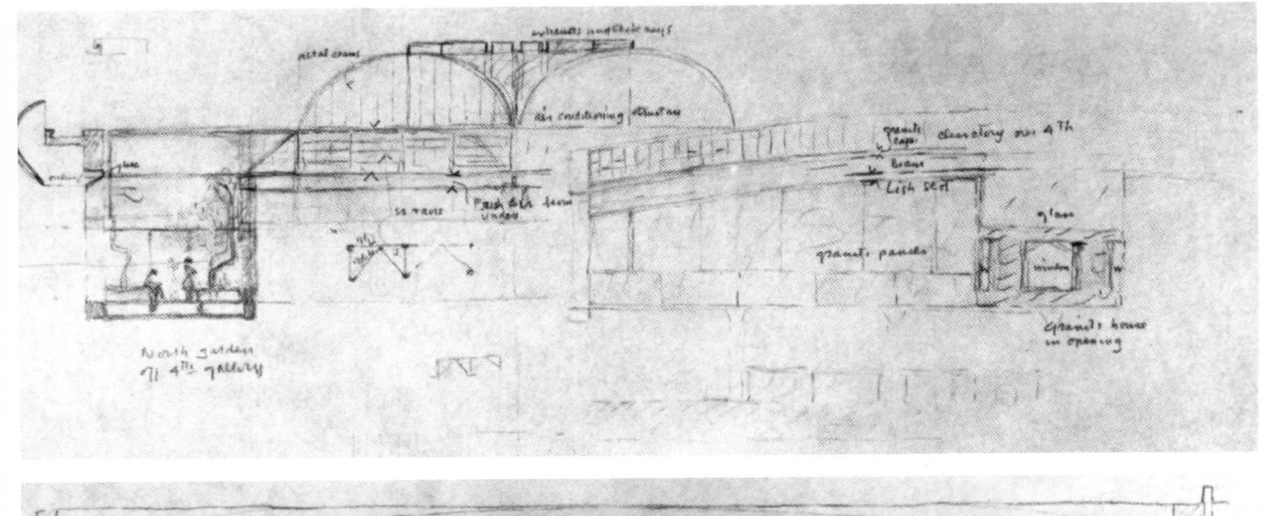

YCB. 17

部分剖面图和立面草图，展示了教堂和屋顶的灯光。左边是“第四条走廊外的北花园”；中间是“空调、结构、新鲜空气、排气管和烟囱”；右边是“第四条走廊上的透明层”“梁”“花岗岩板”“玻璃”“窗户”和“花岗岩挂在开口处”。

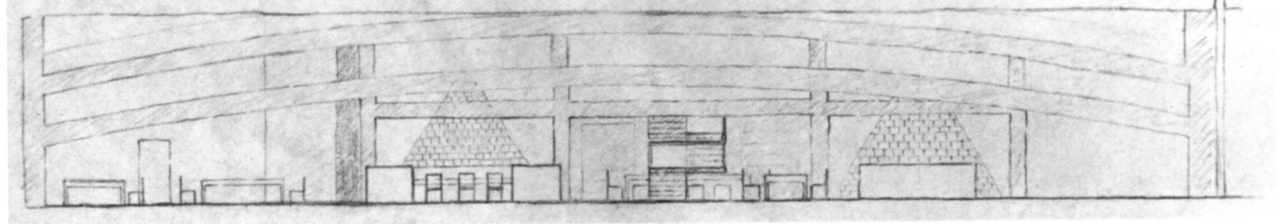

YCB. 18

纵剖面草图。

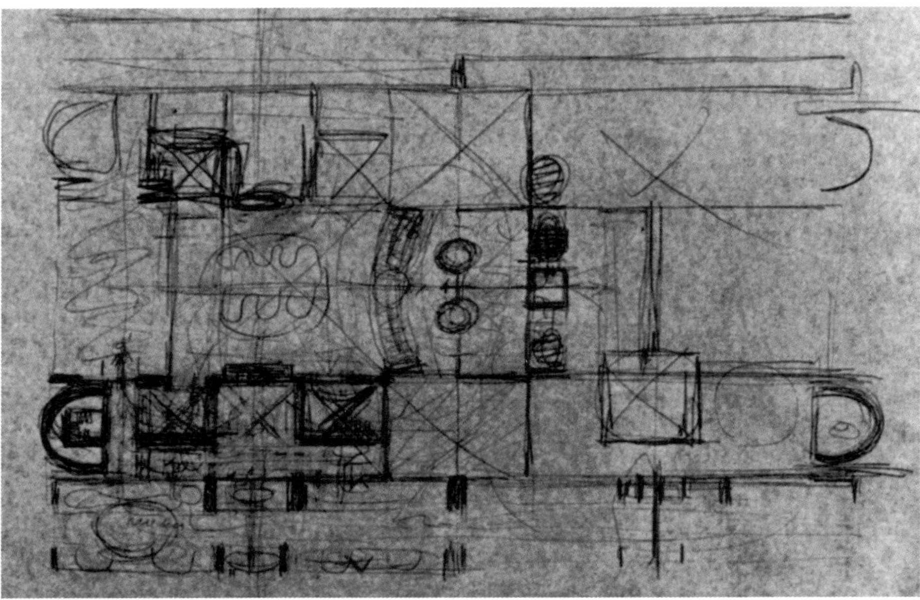

YCB. 19

东北立面，从教堂街看去（参考 YCB. 24）。

“另一个特点是两栋建筑之间的接合处，我强调接合缝并赋予其戏剧效果，使得这里有两个入口，而不是通常的一个入口。我觉得这本身就是一种美的呈现，而不是功能上的必要。”

YCB. 20

平面草图，入口层。

“埃德加隆·沃尔克（Edgarond Volker）。”

“我将在周一早上 8 点到。”

“我希望星期天晚上 10 点左右从得克萨斯回来，届时不妨做做评审，我也可以做一些立面图。无论如何，都应该以基本的方式为每一层做新的配置。我给卡洛斯（Carlos）留了一张便条。”

YCB. 21

透视草图，展示了画廊。

“当太阳不出来的时候，心情就是一天的心情，而绘画每天都以不同的方式存在。在一个沉闷的早晨，梅隆先生看到这幅画时很是欣赏，而必须靠近这幅画才能看清它。他又表示，当早上起来看周围的东西时，他也必须靠近它们，因为这里不是博物馆。而这给了他住宅的感觉。”

YCB. 22

模型的平面视图，左边是商业街，右边是拟建的图书馆，底部是现有的美术馆。

YCB. 23

从高街看模型，展示了主庭院。

YCB. 24

从东南方向看模型，展示了梅隆中心，面向礼拜堂街对面的旧美术馆。背景为艺术和建筑大楼。

第二个方案

YCB. 25—26

剖面草图，绘于1970年12月10日，展示了对照明和机械设备管道的研究（参见YCB. 17）。

“建筑的服务设备达到很高的成本，相当于建筑成本的一半。而所做的一切都是为了隐藏那一半。

“优质材料被迫换成煤渣砖的灾难之所以发生，只是因为必须用于建筑服务的设备变得越来越重要、越来越昂贵。

“我们必须给它一个合理的表达。

“如果我们能够在结构中给出机械设备的独立空间，呈现出自己的美学，正如空间有自己的美一样，那么我们将把建筑从各种隐藏设备的手段中解脱出来。

“在梅隆英国艺术与研究中心，我试图更生动地表达这一点。在最初的研究中，有一些外部的设备看起来是独立的。不同性质的设备是用来送风的，用来排风的，用来制造你想要的建筑内部空气的机器。”

YCB. 27—28

内部透视草图，展示了五楼的画廊空间。

“书本、绘画、素描之间的密切关系——这就是房间里收藏的品质。房间是用混凝土柱子和板制成的。这些板带有回风，所以画廊里没有杂物。但是空气立管是暴露的，它们就像空间里的富兰克林炉。”

YCB. 29

研究模型的视图，展示了屋顶结构、照明设施、机械设备管道空间，以及五楼的画廊空间。

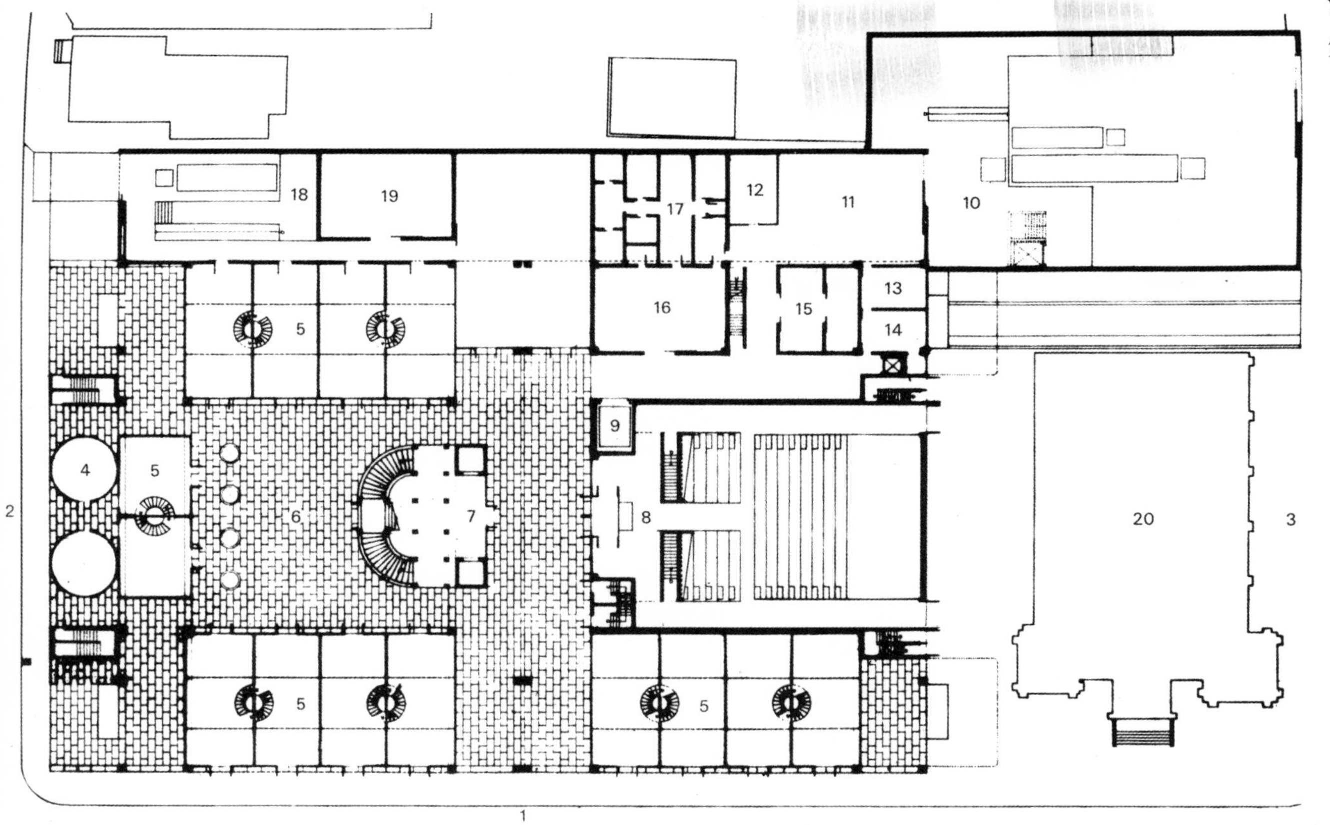

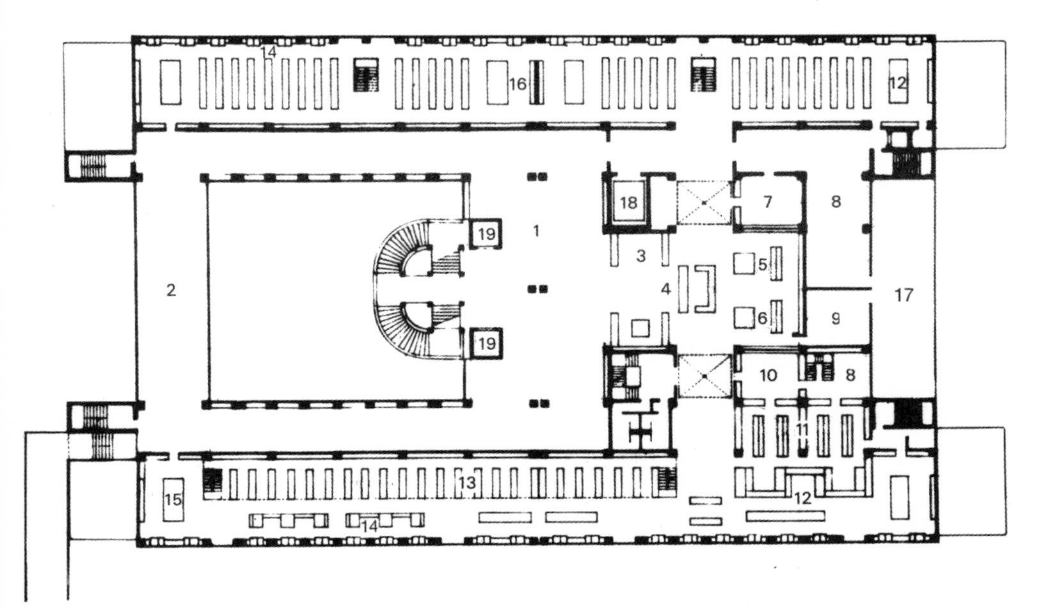

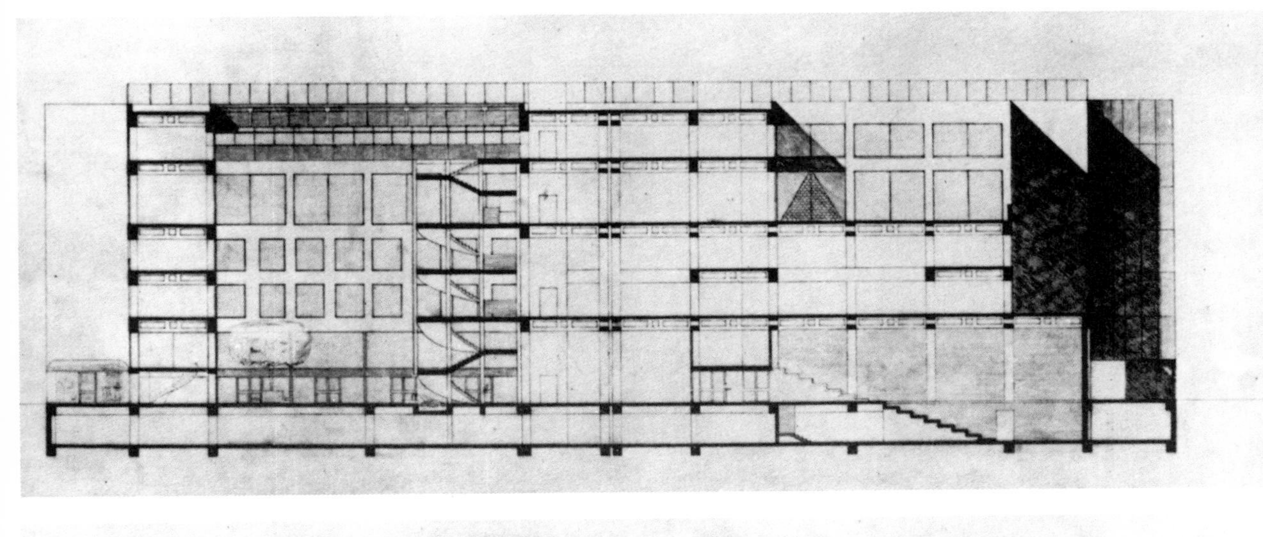

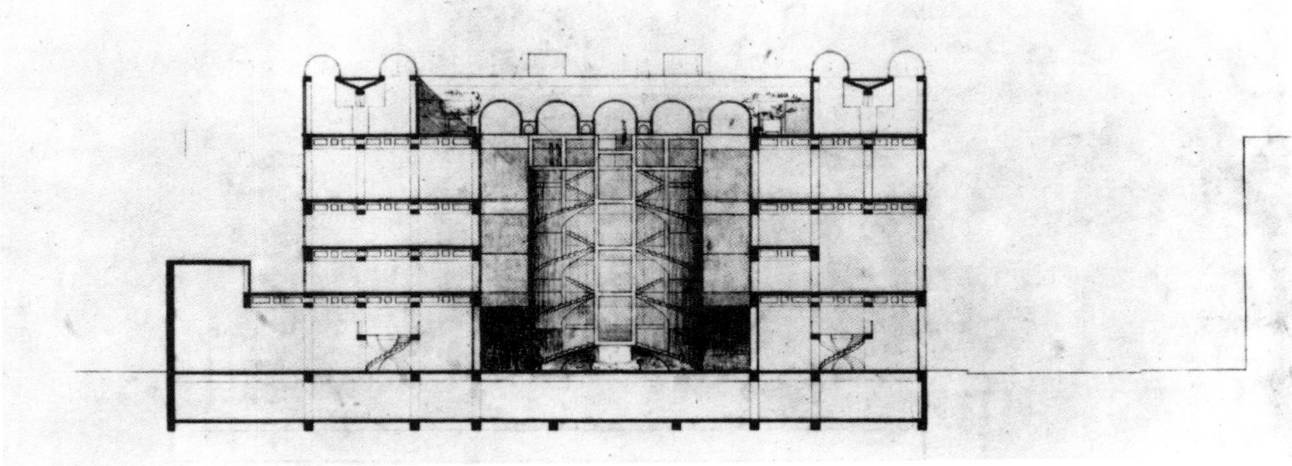

YCB. 30

第一层平面图，入口层，绘于1971年1月5日。
“1”为礼拜堂街；
“2”为商业街；
“3”为约克街；
“4”为售货亭；
“5”为商店；
“6”为庭院；
“7”为梅隆中心入口大厅；
“8”为报告厅；
“9”为货运电梯；
“10”为梅隆中心卡车停靠处；
“11”为接纳处；
“12”为主管办公室；
“13”为登记处；
“14”为登记仓库；
“15”为登记档案室；
“16”为摄影工作室；
“17”为暗室；
“18”为商店、卡车停靠处；
“19”为储存室；
“20”为现有的教堂／改造为剧院。

“人行道上的商店从耶鲁大学学生的普遍感受中得到启发。我觉得他们没有忘记这条街购物特色的延续性是很合理的。因此，我把较低的楼层用于商业活动，而建筑在上面。”

YCB. 31

二层平面图，参考资料库层，绘于1970年12月21日。
“1”为临时展览；
“2”为展览；
“3”为图录卡片；
“4”为控制室；
“5”为期刊室；
“6”为新购物品室；
“7”为图书管理员办公室；
“8”为工作室；
“9”为图书管理员助理办公室；
“10”为版画策展人办公室；
“11”为版画和绘画工作室；
“12”为读物储藏室；
“13”为珍本储藏室；
“14”为阅览室；
“15”为珍本策展助理办公室；
“16”为参考资料库；
“17”为阳台；
“18”为货梯；
“19”为客梯。

YCB. 32

纵剖面，朝东北，通过中央庭院和演讲厅，绘于1971年1月5日。

YCB. 33

绘于1970年12月21日，横剖面，朝东南，穿过卡车停靠处、店铺和中央广场，展示了主厅、环形楼梯和五层的画廊空间。

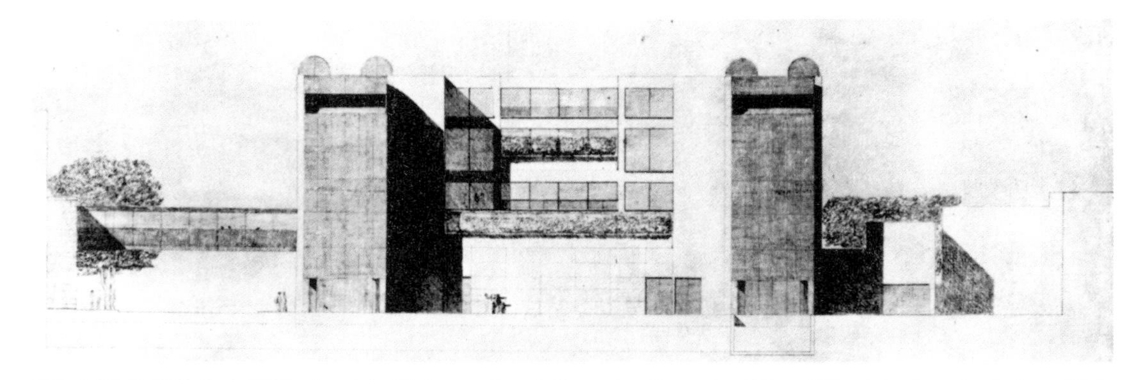

YCB. 34

西北立面，左边是礼拜堂衔上的桥。

YCB. 35—36

室内透视草图，展示了两层楼高的图书馆空间。

“梅隆中心的设计灵感来自卡尔卡松城堡，就像医学大楼（Medical Towers）一样。

“这座建筑是由混凝土框架组成的，由于采用了维兰德尔（Virandel）结构的地板和墙体，跨度很大。当我们需要大跨度的时候，维兰德尔从一层到另一层穿过了整体，释放出自由的跨度。商店所在的下方区域跨度高达 80 英尺，因此上下建筑之间没有直接的结构关系。这个想法是为了尽可能地解放该地区的行人活动，解放商店，使他们的安排不受柱子的限制。

“我减少了一层，使书籍区域和图画区域之间的关系更好。这里收藏了绘画、珍本、版画和原画。通过把书放置在一层，画廊放置在上层，我更能够表达书和画之间的联系。

“画也是书，谁会为书埋单？

“没有人付。你只为印刷付费，因为书是心灵的奉献。”

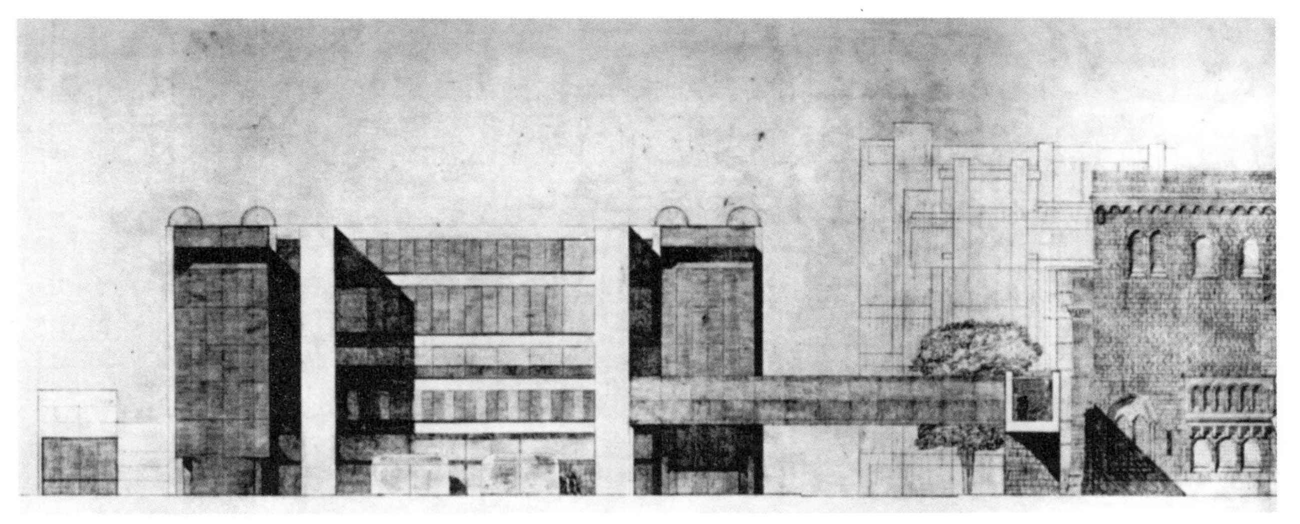

YCB. 37
从商业街看到的东南立面，展示了梅隆中心和旧美术馆通过一座桥连接在教堂街上。背景是艺术和建筑大楼。

YCB. 38
从商业街看去的模型，展示了带有圆形楼梯的主庭院及两边的机械塔。康后来说：“这些末端结构是机械塔。它们包含了所有的机械设备，这些设备与建筑的每一层都是相通的。”
“由于成本过高，我不得不放弃这些，尽管我认为放弃的是一些在建筑表达可能性中有意义的东西。”

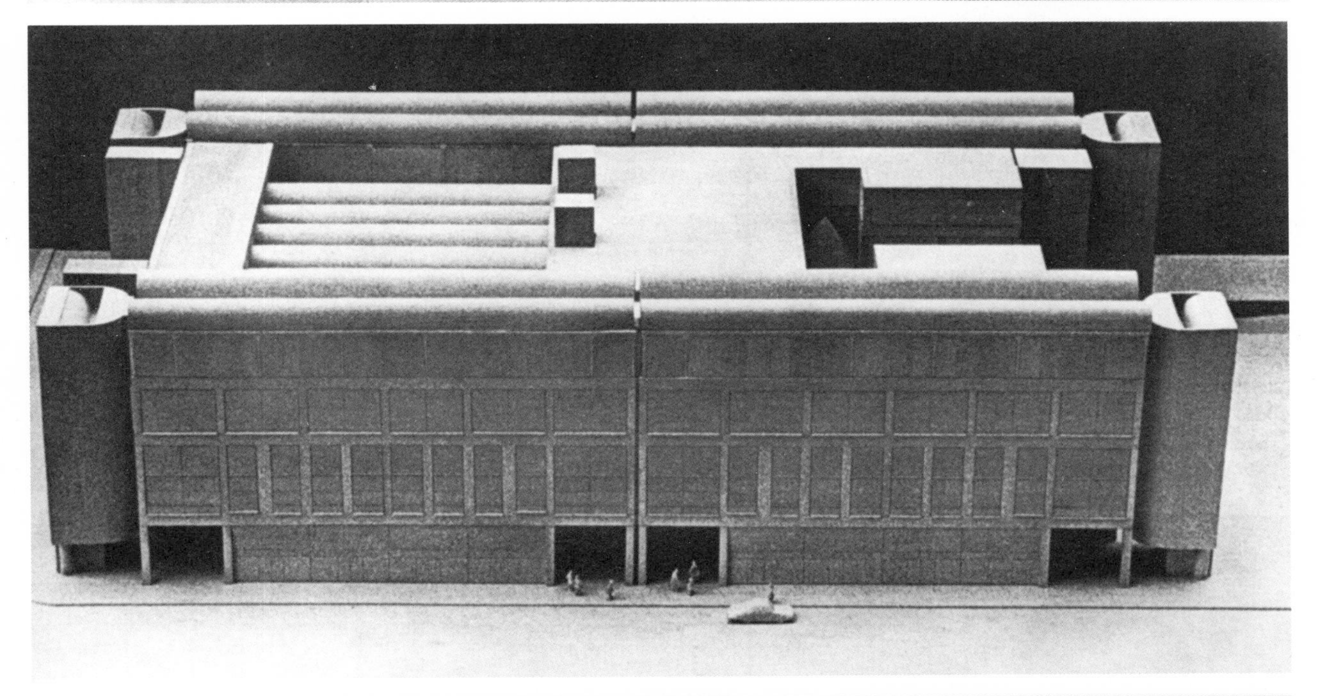

YCB. 39
从东北看模型，展示了屋顶和教堂街入口立面。

YCB. 40
从东南（前景是商业街）看模型，展示了梅隆中心和旧美术馆是由礼拜堂街上的一座桥连接起来的。

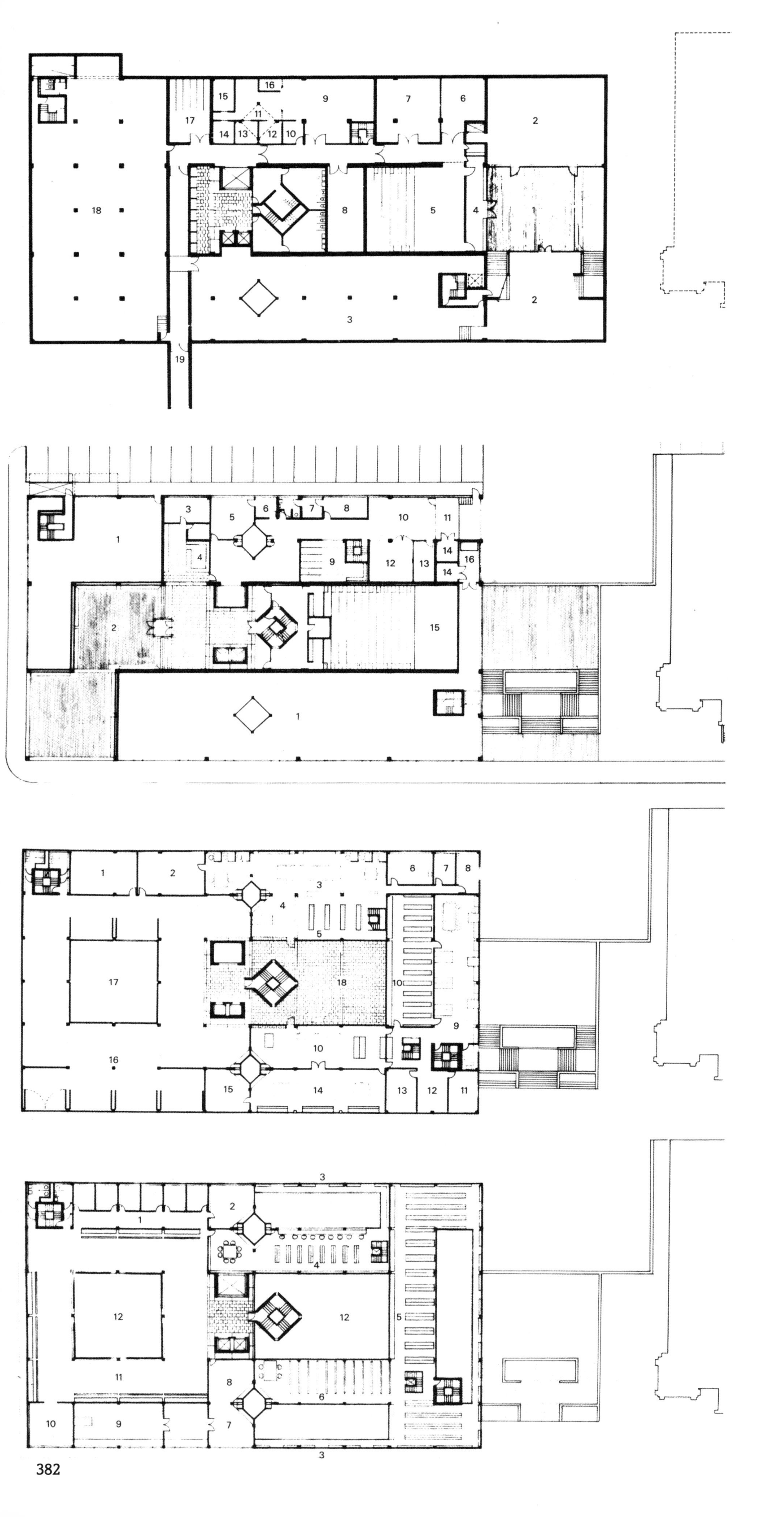

YCB. 41

地下室平面图。

“1”为低处的庭院；
“2”为店铺；
“3”为商业储存室；
“4”为庭院大厅；
“5”为演讲室；
“6”为绘画商店；
“7”为木工工作室；
“8”为条箱储存室；
“9”为摄影室；
“10”为办公室；
“11”为最终处理室；
“12”为色彩处理室；
“13”为化学混合室；
“14”为黑白处理室；
“15”为黑白印刷室；
“16”为胶片室；
“17”为长期艺术收藏品储存室；
“18”为机械室；
“19”为通往耶鲁美术馆的路。

YCB. 42

一层平面图。

“1”为商店；
“2”为庭院；
“3”为公共教育室；
“4”为销售办公室；
“5”为登记档案室；
“6”为办公室；
“7”为储物柜；
“8”为警卫休息室；
“9”为临时储存室；
“10”为运输和接收处；
“11”为交货台；
“12”为艺术品处理室；
“13”为负责人办公室；
“14”为垃圾房；
“15”为演讲厅；
“16”为商业装卸区。

YCB. 43

二层平面图。

“1”为学生/职员休息室；
“2”为研讨间；
“3”为阅读室；
“4”为照片档案室；
“5”为参考资料库室；
“6”为工作室；
“7”为秘书室；
“8”为图书管理员办公室；
“9”为打印和绘图室；
“10”为珍本收藏室；
“11”为策展室；
“12”为秘书室；
“13”为助理策展室；
“14”为珍本阅读室；
“15”为缩微胶卷阅读和打字室；
“16”为公共展示室；
“17”为庭院；
“18”为展览庭院。

YCB. 44

三层平面图。

“1”为研究室；
“2”为研究主任办公室；
“3”为阳台；
“4”为照片档案库；
“5”为珍本室；
“6”为框图室；
“7”为编织和制框室；
“8”为展览准备室；
“9”为纸本保存室；
“10”为休息室；
“11”为公共展示室；
“12”为庭院。

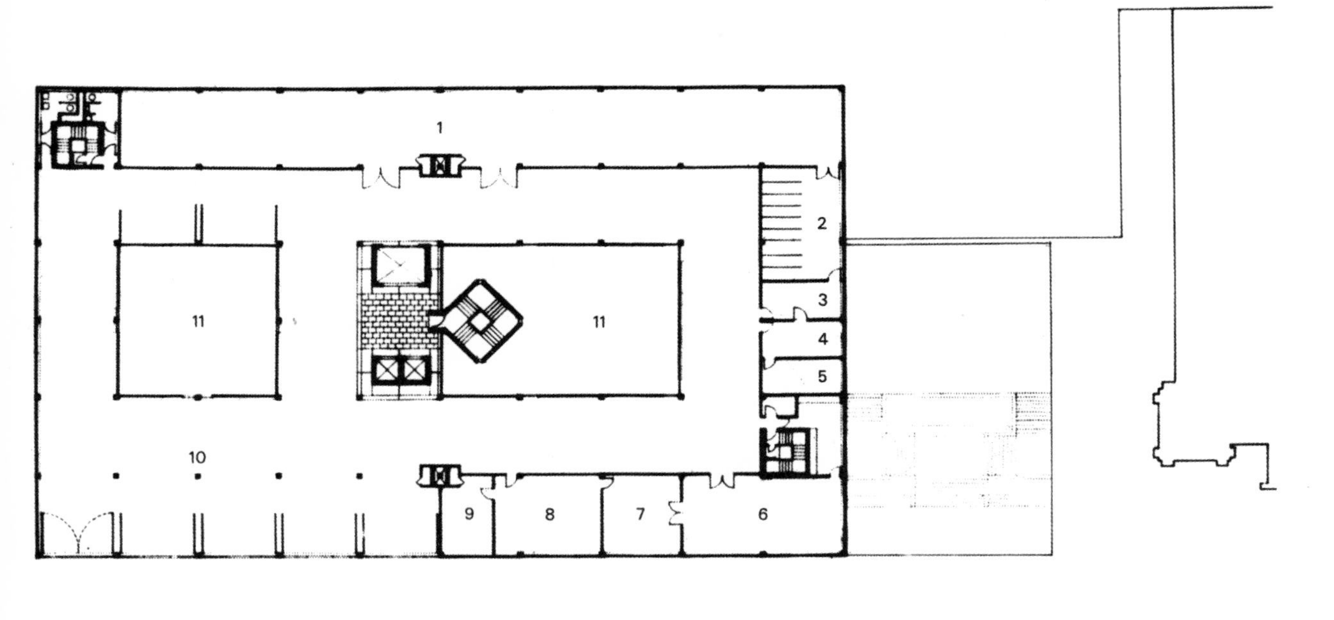

YCB. 45

四层平面图。

“1”为研究画廊；

“2”为研究仓库；

“3”为绘画策展室；

“4”为秘书室；

“5”为策展助理室；

“6”为会议室；

“7”为主任办公室；

“8”为秘书室；

“9”为主任助理室；

“10”为公共展示区；

“11”为庭院。

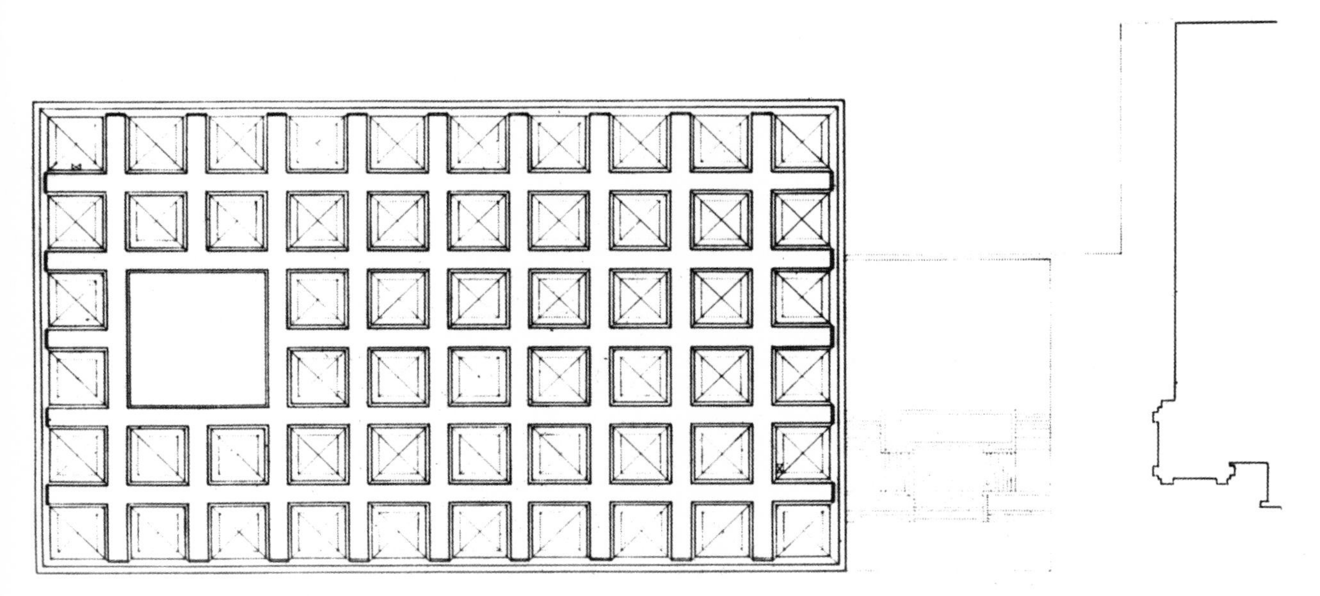

YCB. 46

屋顶平面。

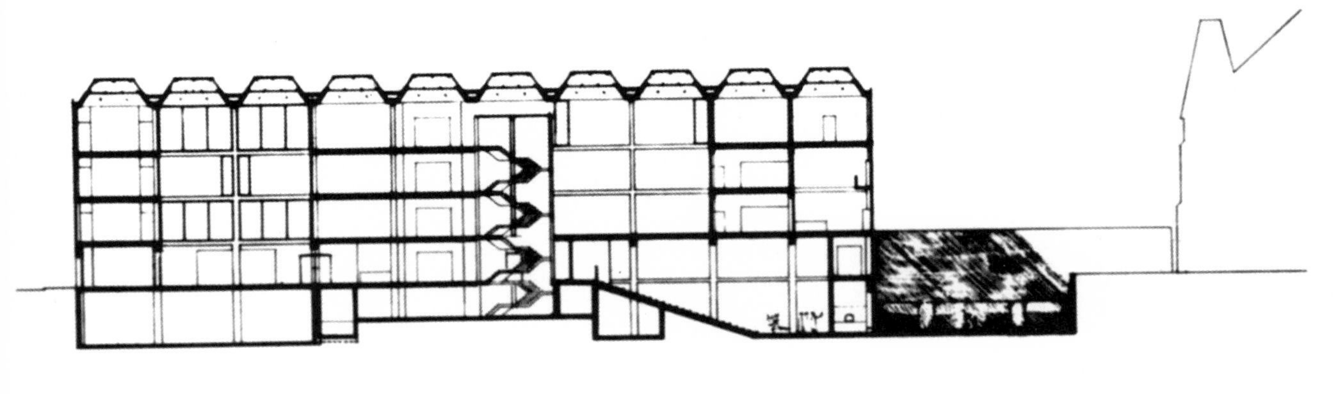

YCB. 47

纵向剖面，面向东北，通过主庭院、展览馆、演讲厅和地下广场。

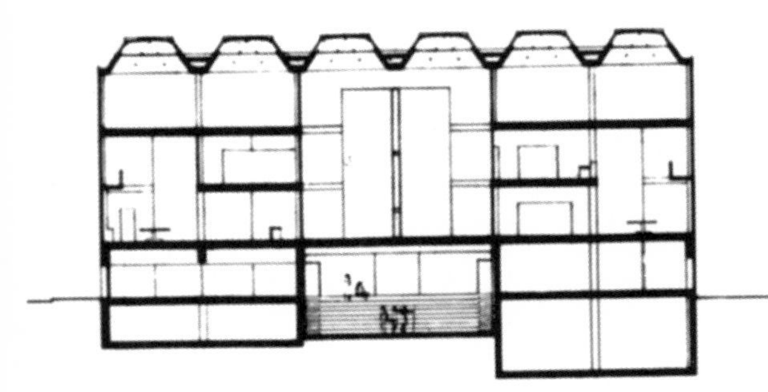

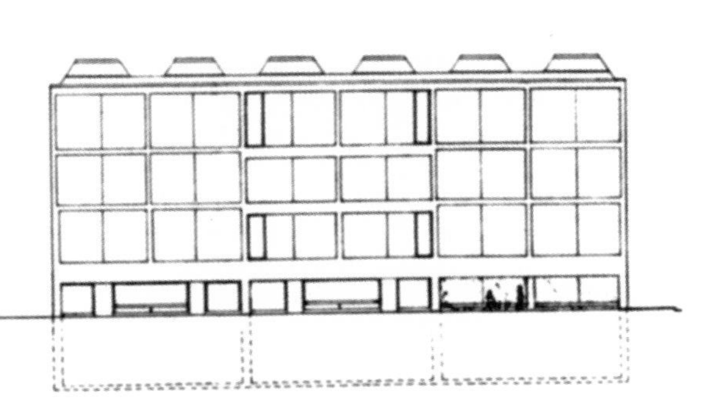

YCB. 48

横剖面，面向西北，穿过商业商店、珍本阅览室、画廊、展览馆和演讲厅。

YCB. 49

商业街东南立面。

YCB. 50

礼拜堂街东北立面，展示了现有教堂在右侧。

YCB. 51

室内透视草图，绘于 1971 年，展示了有菱形楼梯和天窗的主展场。

“这个想法是要从中央空间获取尽可能多的光，这样两侧外围空间会有双侧采光。我使四周的空间根据内部需要开窗。

“遮阳板挡住了北侧光线。它看起来很糟糕。它有一个穹顶，可以在墙上反射出均匀的光，北侧光线是用于艺术工作室的，因为它是一个固定的光源。但它也有最有害的光。挡板会防止眩光。穿过这里的光线比穿过金贝尔艺术博物馆固定装置的光伤害小。”

YCB. 52

从东南方向看模型，展示了左边是梅隆中心，入口位于商业街和礼拜堂街的拐角处。在项目开发的这一阶段，礼拜堂街的桥被取消了。

“内部是木质的：窗户有百叶窗，你可以关上并挂上画。外部避免了立柱之间的沉重结构，它由亚光不锈钢制成——就像锡一样。”

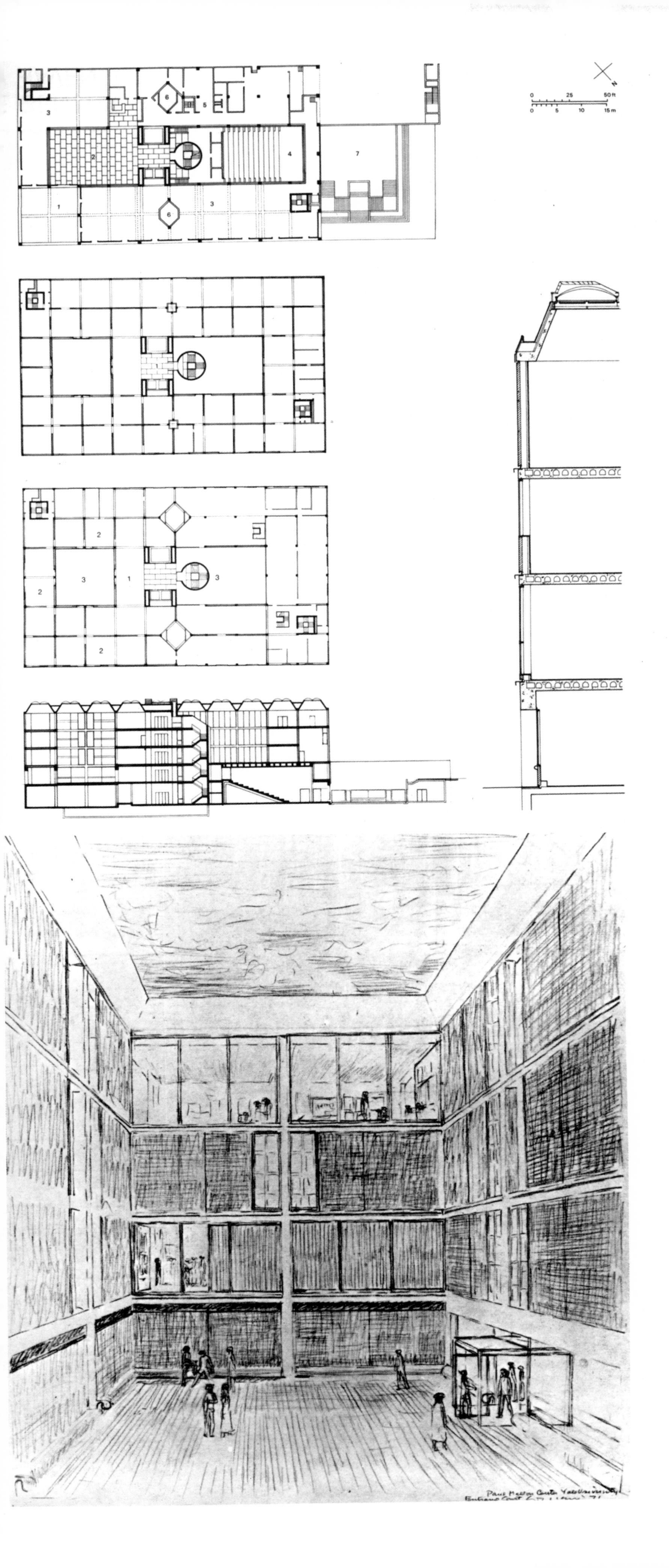

第三个方案：最终版

YCB. 53

一层平面图，入口层。

“1”为有屋顶的入口阳台；

“2”为阳台；

“3”为工作室；

“4”为礼堂；

“5”为服务处；

“6”为空调系统；

“7”为低处的庭院和地下室的工作间。

YCB. 54

三层平面图。

“梅隆艺术中心被设想成6m×6m房间，有些房间连在一起。在没有分隔的地方，柱子间隔是6m×6m的。柱子是一种房间秩序的来源，通过它们产生房间的感觉。即使没有分隔，柱子会告诉你墙在哪里遗漏了，而柱子取代了它。

“从某种意义来说，柱子是墙分开的地方。”

YCB. 55

四层平面图。

“1”为门厅；

“2”为画廊；

“3”为灯光庭院。

“我之前有个方案，把设备放在外面。但它没有实现，因为它被证明是昂贵的。我想要它的金属和外观一样，不锈钢，锡的特征。”

YCB. 56

纵剖面，朝东北，通过入口庭院、门厅、圆形楼梯、展览庭院、报告厅和地下广场。

YCB. 57

典型的墙截面细部，展示了空心混凝土楼板、不锈钢外墙板、窗、北侧光的遮光板。

YCB. 58

内部透视草图，绘于1971年，展示了入口庭院。

“在浇筑混凝土时，我用的是木头模板，你用得越多就越好用。在模板交接的地方，我在第一层胶合板上做了一个切口，使混凝土渗出来，而胶合板最外层并没有完全被切穿。当混凝土浇筑时，在接缝处可以向外流动而没有阻力……我意识到如果你能让它流出一些，那么在节点处就不会有瑕疵，也不会有蜂窝孔。”

YCB. 59

透视图，绘于 1971 年 10 月，展示了梅隆中心的西北立面和地下广场。左边是旧美术馆。

“在任何时候我都无法聚集所有的力量，因为梅隆比沃斯堡（Fort Worth）复杂得多。

“在梅隆，土地受到限制，对空间的要求更高。所以我必须做点什么，而不是把所有的东西都放在一层楼里。当时有很多压力——耶鲁的税收问题，以及如何满足城市对场地内被非商业用途所干扰的商业用地需求，开设商店的想法是好的。

“这条街是经协同的房间。一个社区房间，其墙壁属于捐助者；天花板是天空。

“会议室一定要通到街上，也是约定的地方。”

YCB. 60

入口庭院，展示了 4 层楼高的房间和顶灯罩。

“你进入一个很大的开放空间，上面有顶盖，商店第一层延伸过来。虽然此时没有梅隆中心的入口，但是当你进入楼内购物时，可以看到梅隆中心。这是一个有顶盖的吃喝玩乐之地。”

YCB. 61

从西边看，可以看到耶鲁美术馆、旧美术馆和梅隆中心。梅隆中心的混凝土框架、金属填充材料和透明玻璃与教堂街对面两个画廊的立面形成对比。

YCB. 62

从西边看，展示了梅隆中心及其卡车停靠处和停车场。

“街道有进入建筑的趋势。

“街道，只有人行道是行人的路是不够的，今天有更多的人和要求更自由的活动，而不仅仅是沿着街道的简单线性运动。”

巴尔的摩内港综合体（1970—1973 年）

巴尔的摩，马里兰州

1969 年 10 月 31 日，汉默曼组织（Hammerman Organisation）执行副总裁乔纳斯·布罗迪（Jonas Brodie）写信给康：

“……如果我们获得了内港项目的酒店—办公大楼—商业和休闲综合楼的开发权（康在一周前参观过该场地），我们将与你们签订合同协议，为该项目提供所有必要的建筑和相关服务。”该项目是查尔斯中心（Charles Center）计划的一部分——巴尔的摩市规划委员会提出的市中心开发项目，占地 22 英亩，总投资 1.27 亿美元。

1971 年 6 月，汉默曼组织告知路易斯·康，他们被选中来巴尔的摩内港项目开发 15a、22 和 23 区，包括位于普拉特街（Pratt Street）和莱特街（Light Street）交叉路口以南的 6.5 英亩土地。

在最初两年的设计深化和完善过程中，康准备了两个不同的方案。而在 1972 年年底，汉默曼决定让康与巴林格公司（Ballinger Company）的建筑师和工程师合作。

1973 年 4 月 27 日，卡恩写信给汉默曼先生：“随函附上最终发票 80099.71 美元。这是根据我们 1971 年 6 月 18 日的协议提供的专业服务应付款的余额（总计 246258.3 美元）。我向您保证，将继续关注巴尔的摩内港开发的成功。”然而，康的项目没有实现。

IHD. 1

市区鸟瞰图，向北望，中间是 L 形场地，右边是港口盆地，左边是火车站。

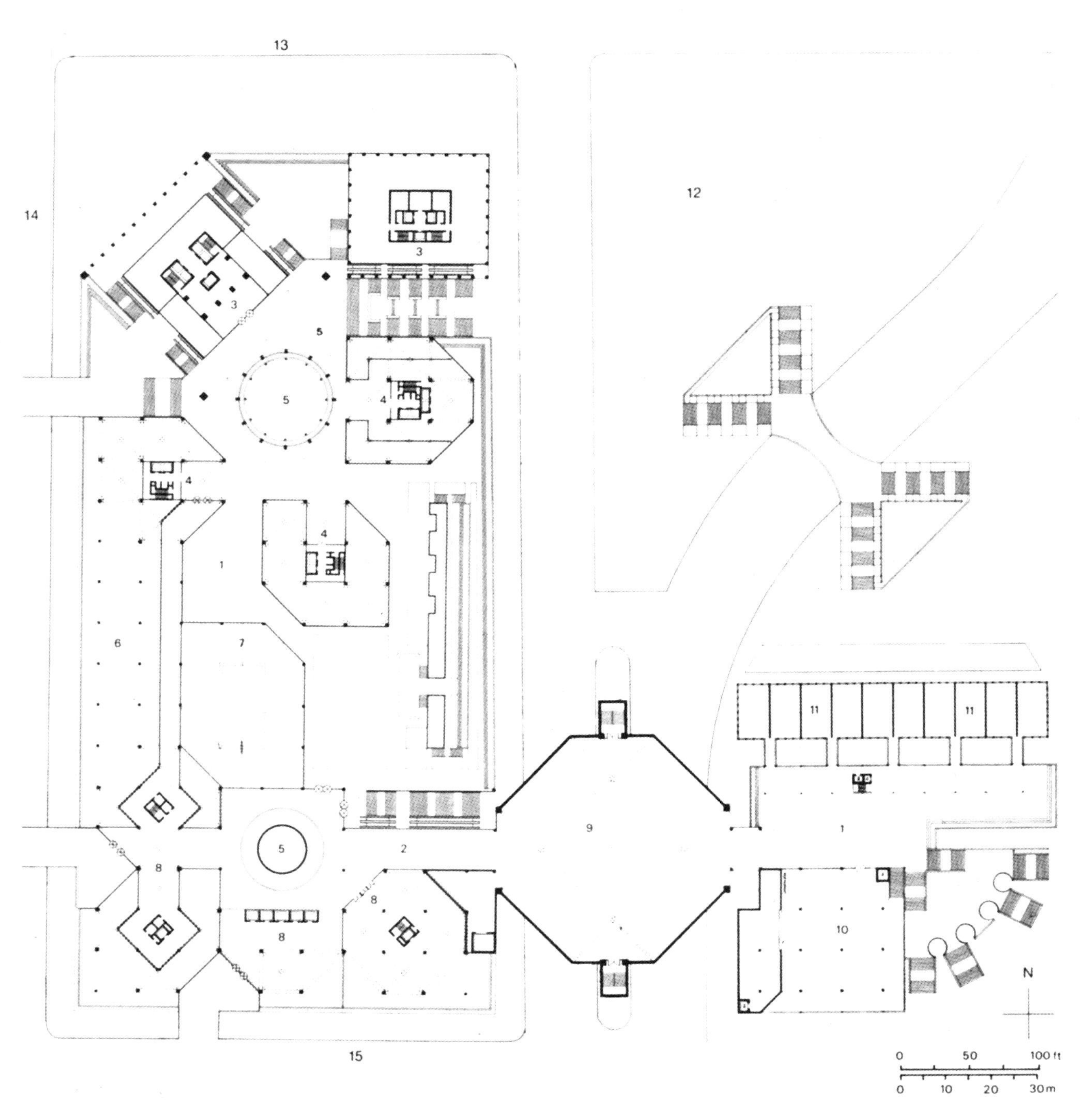

第一个方案：1971 年

IHD. 2

1971 年 11 月 19 日绘，四层平面图，广场层。

“1”为广场；

“2”为带顶长廊；

“3”为办公楼；

“4”为公寓楼；

“5”为采光井；

“6”为购物区；

“7”为健身俱乐部；

“8”为酒店；

“9”为购物（上方有宴会厅、下方是莱特街）；

“10”为餐厅；

“11”为联排房；

“12”为山姆·史密斯将军纪念碑（General Sam Smith Monument）；

“13”为普拉特街；

“14”为查尔斯街（Charles Street）；

“15”为康威街（Conway Street）。

“这都是商铺之后的走道。宴会厅成了一个桥，赋予整个场地特点，并为它带来了记忆。宴会厅下方的通道两边是更多的商店。与这条通道相连的建筑通往海港广场，再回到酒店。酒店有一个购物中心连接着各个建筑的广场入口。”

IHD. 3

绘于 1971 年，透视草图，广场层，展示了地下停车楼左侧的圆形灯光井，右边的一幢公寓楼，还有一座连接两者的桥梁。采光井的圆形屋顶作为连接公寓楼和办公楼的人行通道。

IHD. 4

透视图，展示了从光街到广场的东入口，位于公寓大楼（左）和办公楼（右）之间。

IHD. 5

透视草图，绘于1971年，向南看：中间是带电梯井的酒店大楼；底部是带游泳池的广场；右边是公寓楼；左边是莱特街上空的宴会厅。

“主要的想法是形成大量的可用空间。转换结构更令人愉悦，因为它揭示了建筑的建造方式。它们在花坛上有丰富的细节，我们想为商店提供更自由的空间来展示它们的展品。我们想在建筑之间形成相互交织的关系，这样视线不会被遮挡。这样使得建筑有了很多个面，而不仅仅是4个面：旅馆、公寓和办公楼都能彼此尊重。”

IHD. 6

场地模型立面图，东南方向，左侧为酒店建筑，中心背景为公寓和办公建筑群，前方是宴会厅、餐厅和排屋。

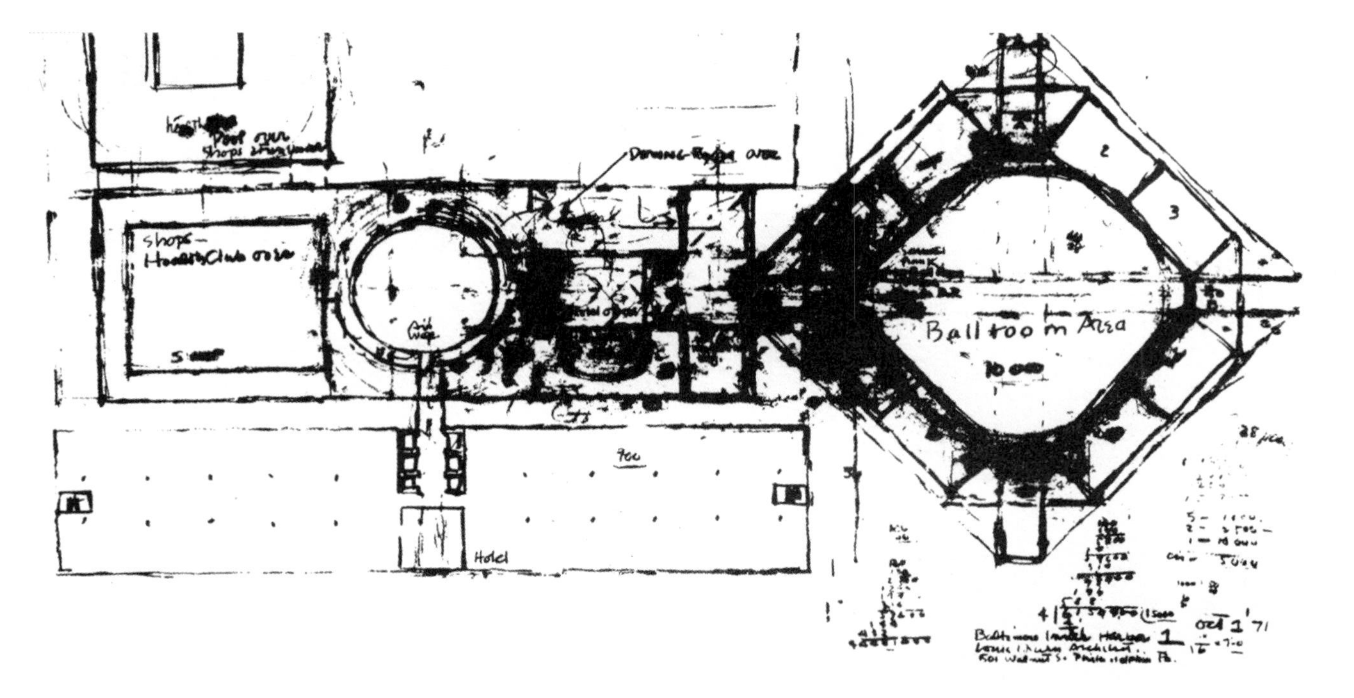

IHD. 7

平面草图，绘于 1971 年 10 月 1 日。右侧展示了“宴会厅面积 1 万平方米”，左侧为“商店—健身俱乐部”；下方为“酒店”，“通风井”（圆形）在左边中间；“餐厅在上”，通风井右侧为“酒店办公室”“接待台”。

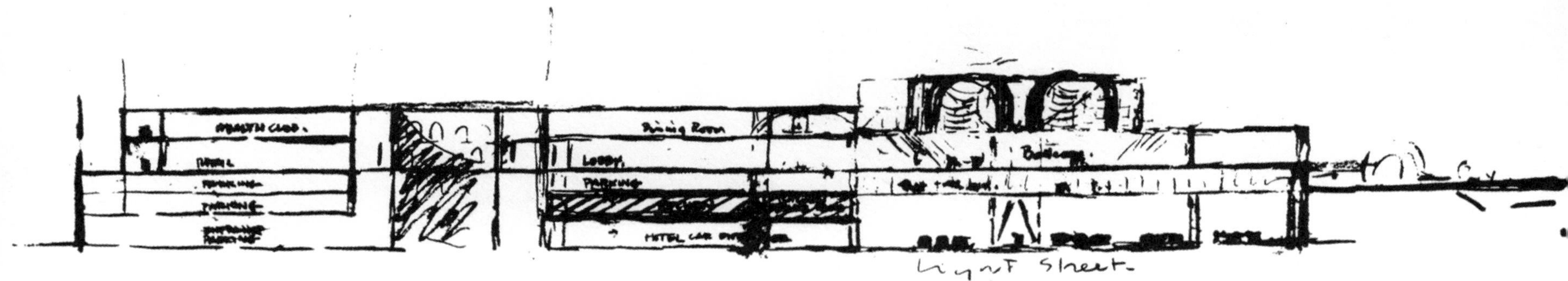

IHD. 8

东西剖面草图，朝南，通过“宴会厅”（右侧）。健身俱乐部、零售、停车场、入口在左侧，餐厅、大堂、停车场、厨房、厨房服务室、酒店汽车入口位于中央，圆形采光井除外，绘于 1971 年 10 月 1 日。

IHD. 9

透视草图，绘于 1971 年，展示了具有半透明屋顶的宴会厅。

IHD. 10

透视图，绘于1971年，展示了广场的入口：左侧为办公楼；右侧为公寓楼。

IHD. 11

平面草图，绘于1971年8月18日。

“公寓楼不适应现场条件。

“（左）的基本平面并不重要，这些平面的原则是重要的。”

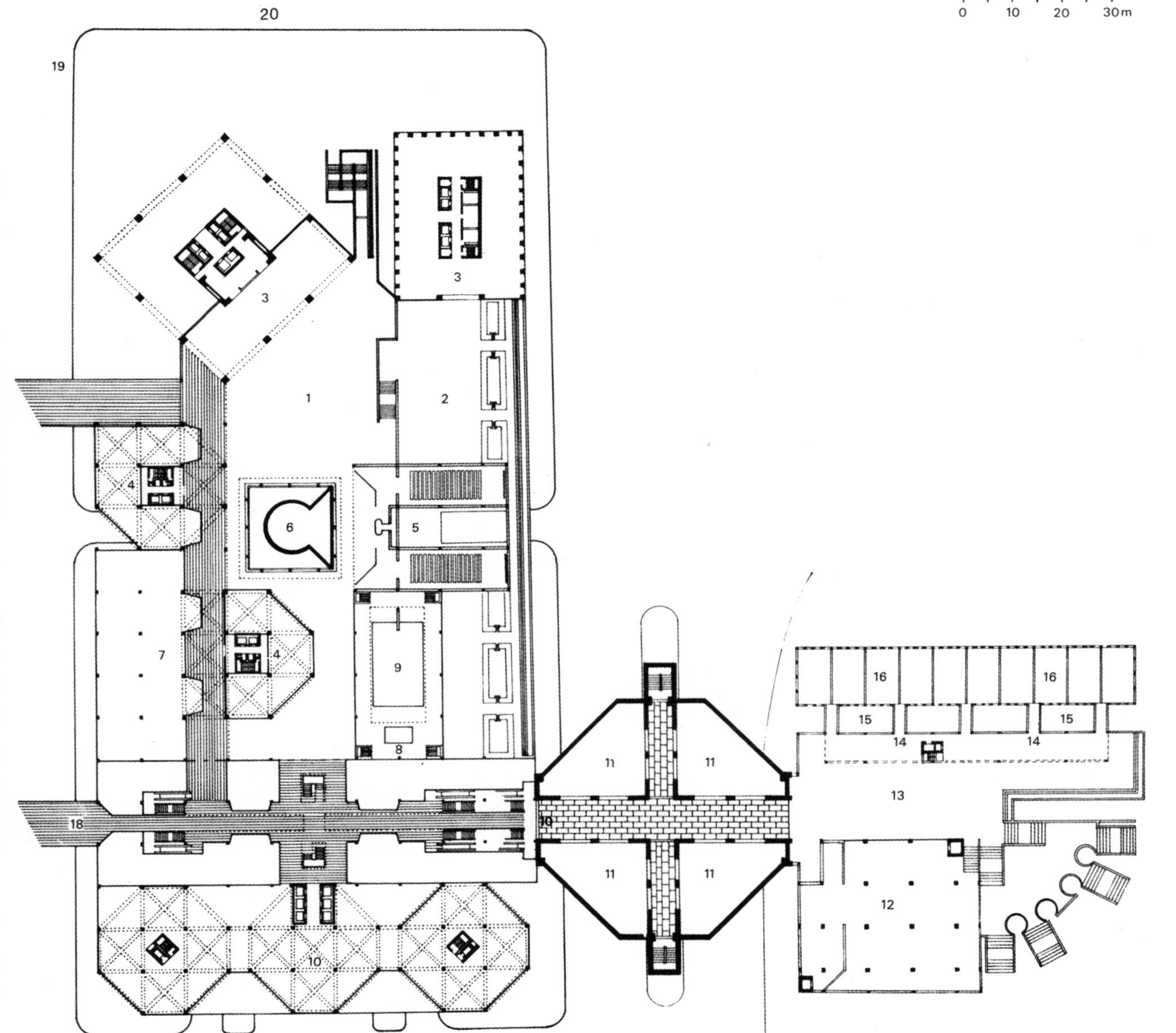

第二个项目：1971年

IHD. 12

四层平面图，广场层。

“1”为广场；

“2”为露台；

“3”为办公楼；

“4”为公寓楼；

“5”为剧院；

“6”为采光井（停车场在下）；

“7”为购物区域；

“8”为健身俱乐部；

“9”为游泳池；

“10”为酒店；

“11”为购物区域（上方的宴会厅和下方的莱特街）；

“12”为餐厅；

“13”为广场（下面有停车场和商业区）；

“14”为桥；

“15”为井；

“16”为联排房屋；

“17”为康威街；

“18”为连接西侧项目的桥；

“19”为查尔斯街；

“20”为普拉特街。

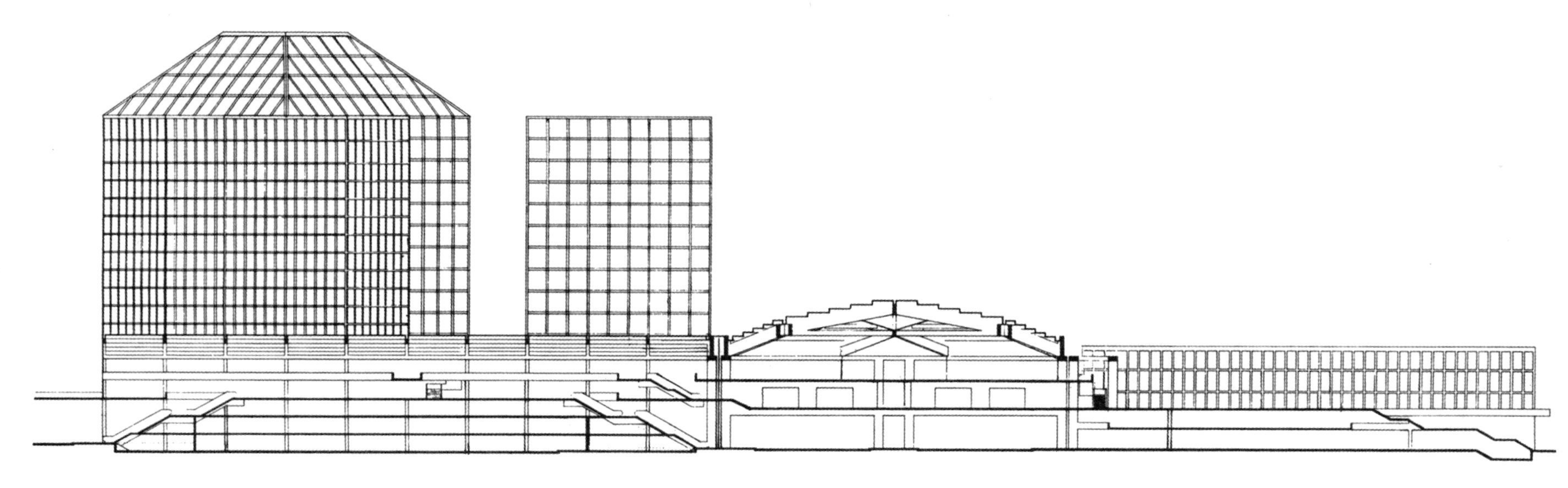

IHD. 13

绘于 1972 年 6 月 8 日，东西剖面，朝南，穿过宴会厅和停车场。左边是背景中的公寓和办公大楼，大桥连接到西侧项目的左侧，右边是排屋的立面（背景）。

IHD. 14

透视草图，绘于 1972 年，从西北看，展示了普拉特街和查尔斯街交叉口的办公大楼，左边是港口盆地。

计划生育中心（1971—1974 年）

加德满都，尼泊尔

1970 年，路易斯·康受尼泊尔皇家政府委托，为皇家政府计划生育和母婴健康项目设计中央办公大楼。场地是城墙外的旧宫殿附近的三角形土地。中央办公大楼的净建筑面积为 36000 平方英尺。康于 1970 年 11 月考察了该场地，并提议在场地外围设置几个公共机构，以便创建一个中央广场，提供礼堂、公共花园和其他公共设施，即“功能中心”。

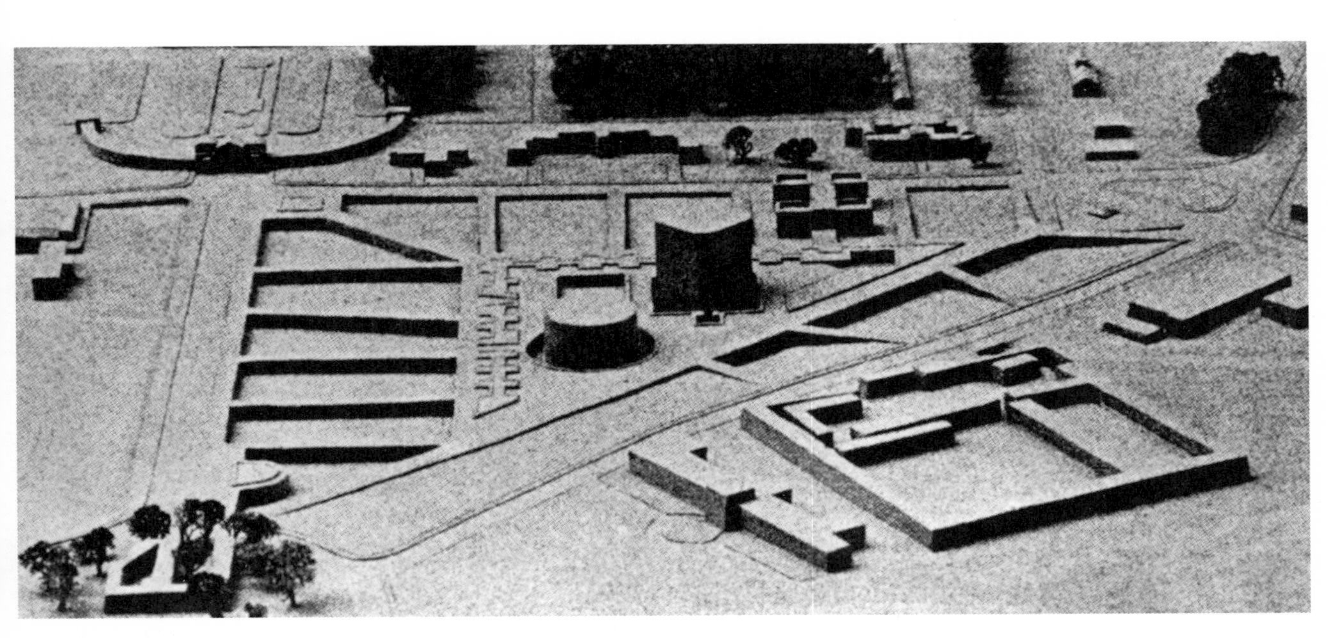

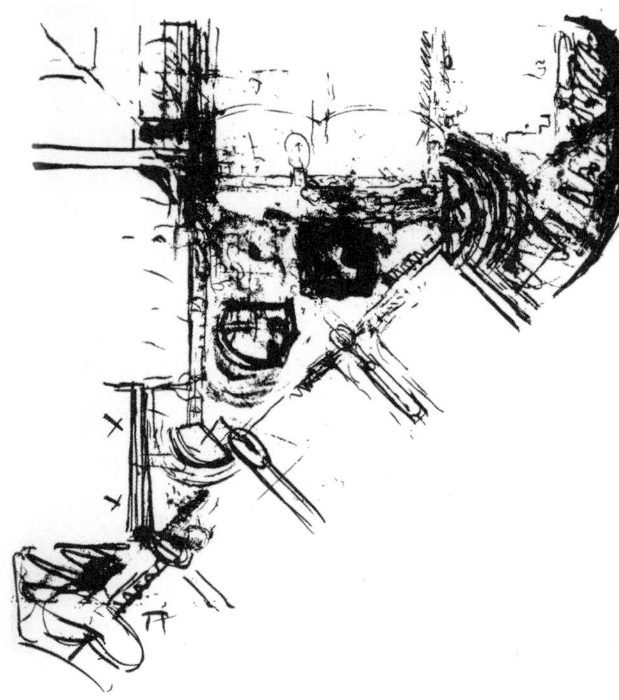

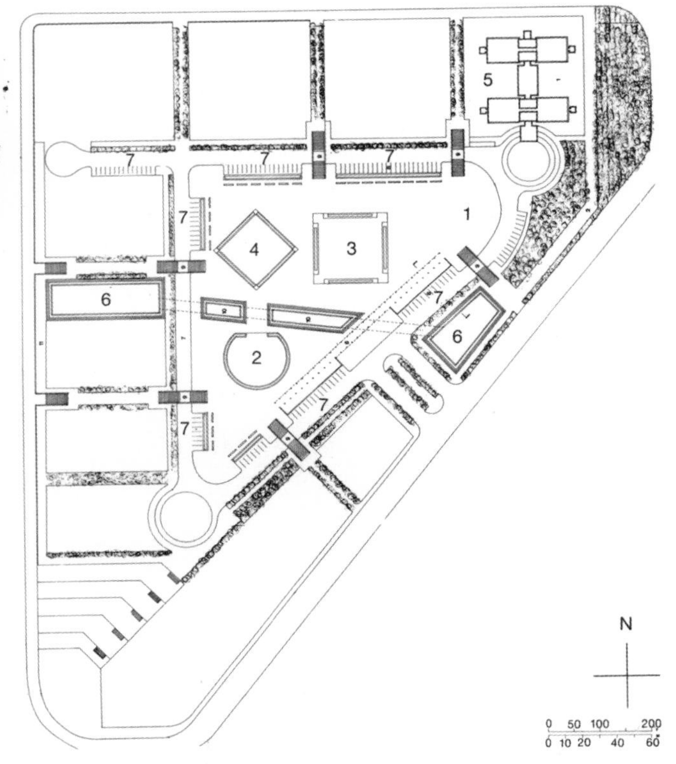

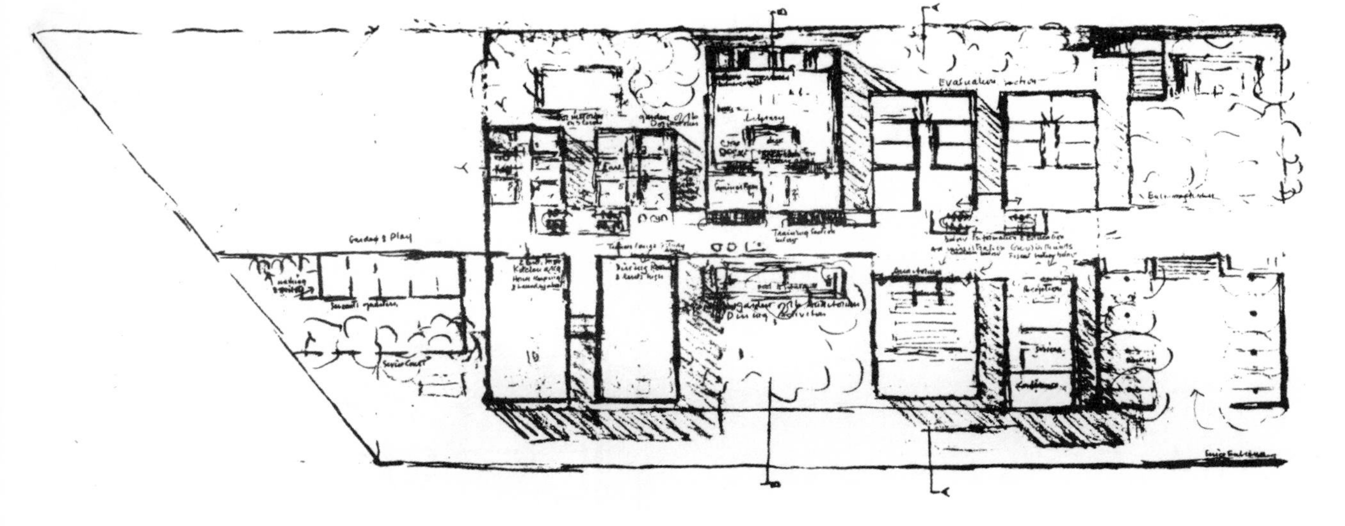

FPC. 1

模型，从南看，展示了“功能中心”：位于中央三角形广场上的圆柱形礼堂和立方体的秘书区。而作为中心办公楼和培训中心之一的建筑则位于中心三角形场地的边缘右上方。

FPC. 2

总平面图，展示了对中心三角形广场的研究。

FPC. 3

总平面图。

“1”为三角广场；

“2”为礼堂；

“3”为秘书区；

“4”为广场花园；

“5”为中心办公楼和培训中心；

“6”为连通水池；

“7”为停车场。

FPC. 4

1971 年 8 月 28 日的平面草图，展示了三角形场地北边的中心办公楼和培训中心综合大楼各个部分的分配情况。草图上的注释从左至右依次为：

“洗手间”；

“花园及游乐场所”；

“用人房”；

“服务庭院”；

“2 层高厨房区，上层有住房和洗衣房”；

“3 层宿舍”；

“宿舍的花园”；

“交叉通风井”；

“餐厅——2 层高”；

“学员休息室，上层有学习室”；

“图书馆”；

“研读间之间的书”；

“研读间”；

“走廊上方的教室”；

“研讨室”；

“下层的培训区”；

“游泳池周围的场地”；

“礼堂和用餐活动的规则形花园”；

“评价区”；

“在信息和教育区之下”；

“礼堂”；

“下层为食堂”；

“下层为财政区”；

“后勤接待处”；

“服务”；

“会议”；

“入口花园”；

“停车场”；

“后勤入口”。

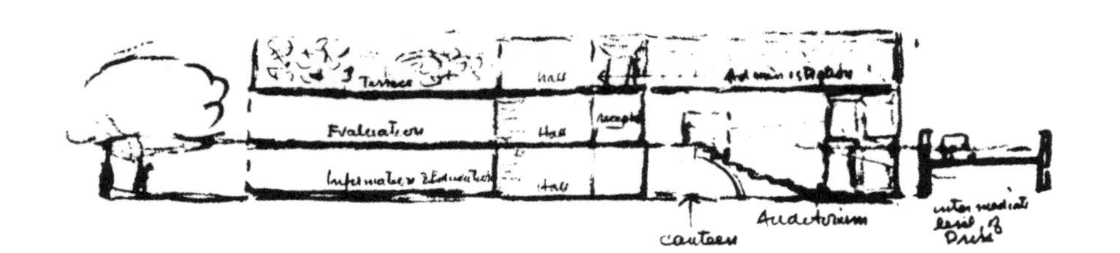

FPC. 5

横剖面草图，朝西，通过“礼堂”，展示了左侧“信息和教育区”“评估区”和“露台”，中间“大厅”，右上方“管理区”，右侧“车行道的中间层”。

FPC. 6

横剖面，朝西，穿过“图书馆”，展示了左侧是“图书夹层”和“培训区”，右侧是“规则形花园到礼堂和餐厅”“街道层”和“车行道的中间层”。

FPC. 7

东立面草图，从左至右展示了“入口客厅花园”“入口门廊”“街道停车位”和“地下层，街道标高在上方10英尺”。

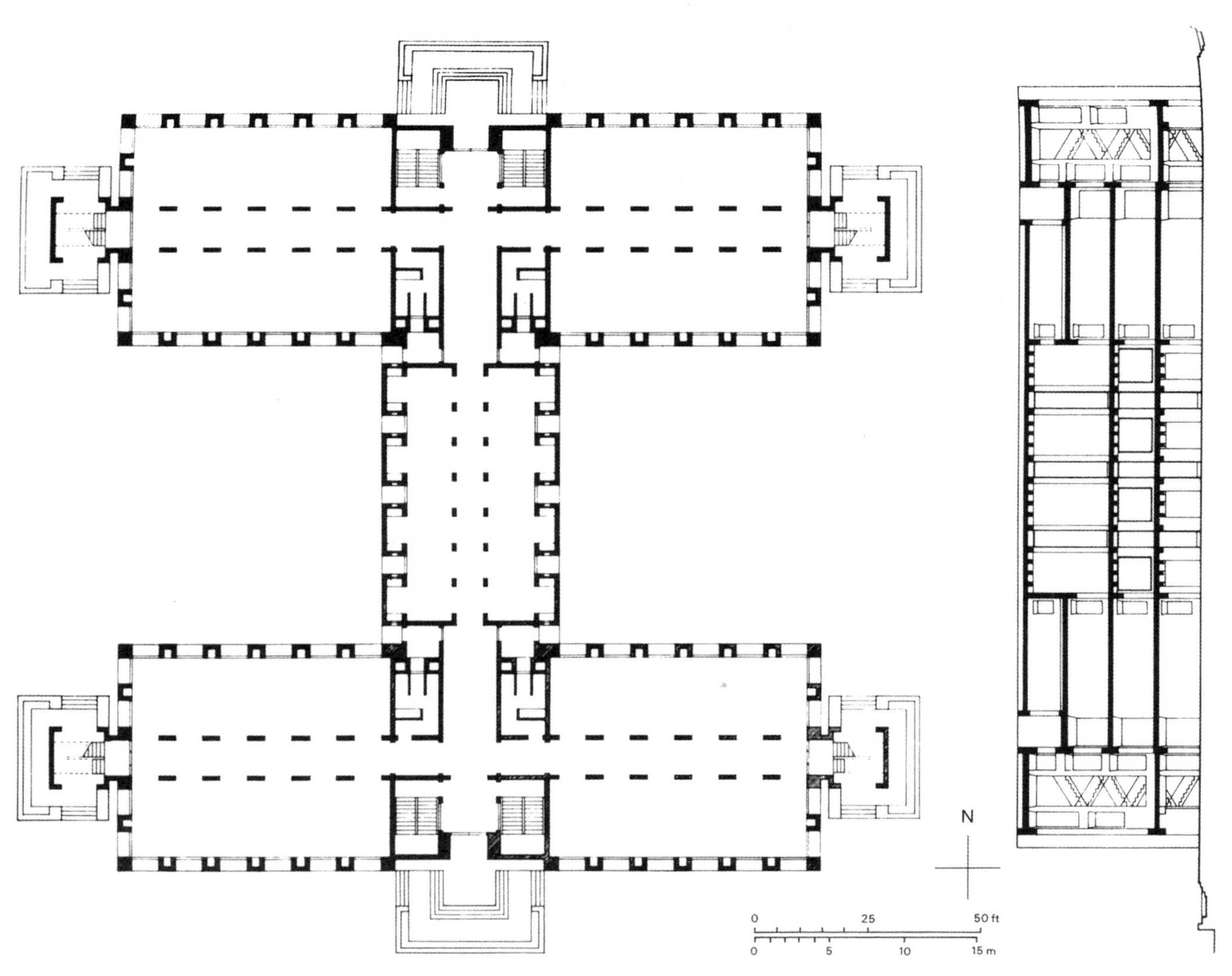

FPC. 8

一层平面图。

“中央办公室区和培训区在结构上是相同的；每个都在南北两侧有两翼，在中央核心的侧面。中央核心容纳了入口大厅，为接待、休息、展览、楼梯和厕所提供了空间。”

“各翼的外部结构已成为一系列可容纳储物柜的墙壁，并设有用于通风和排气、电气和管道以及屋顶排水的垂直立管空间。这种结构系统还形成了用于保护窗户的凹槽区域，并在结构内提供额外的支撑，以抵御横向地震力。”

“内部空间根据需要用板式隔墙细分。”

“建筑物的中央部分连接了中心办公楼和培训中心，且以底楼为两层高的图书馆，二楼为两层高的多功能礼堂。”

“中心办公楼和培训中心之间的内部流通是通过一楼的走廊。建筑的结构系统方案是钢筋混凝土。”

施工方法采用裸露的混凝土梁板系统，以制成用于地板和屋顶施工的方格顶棚。

FPC. 9

北南剖面，通过入口和礼堂。

FPC. 10

模型，从西南看。

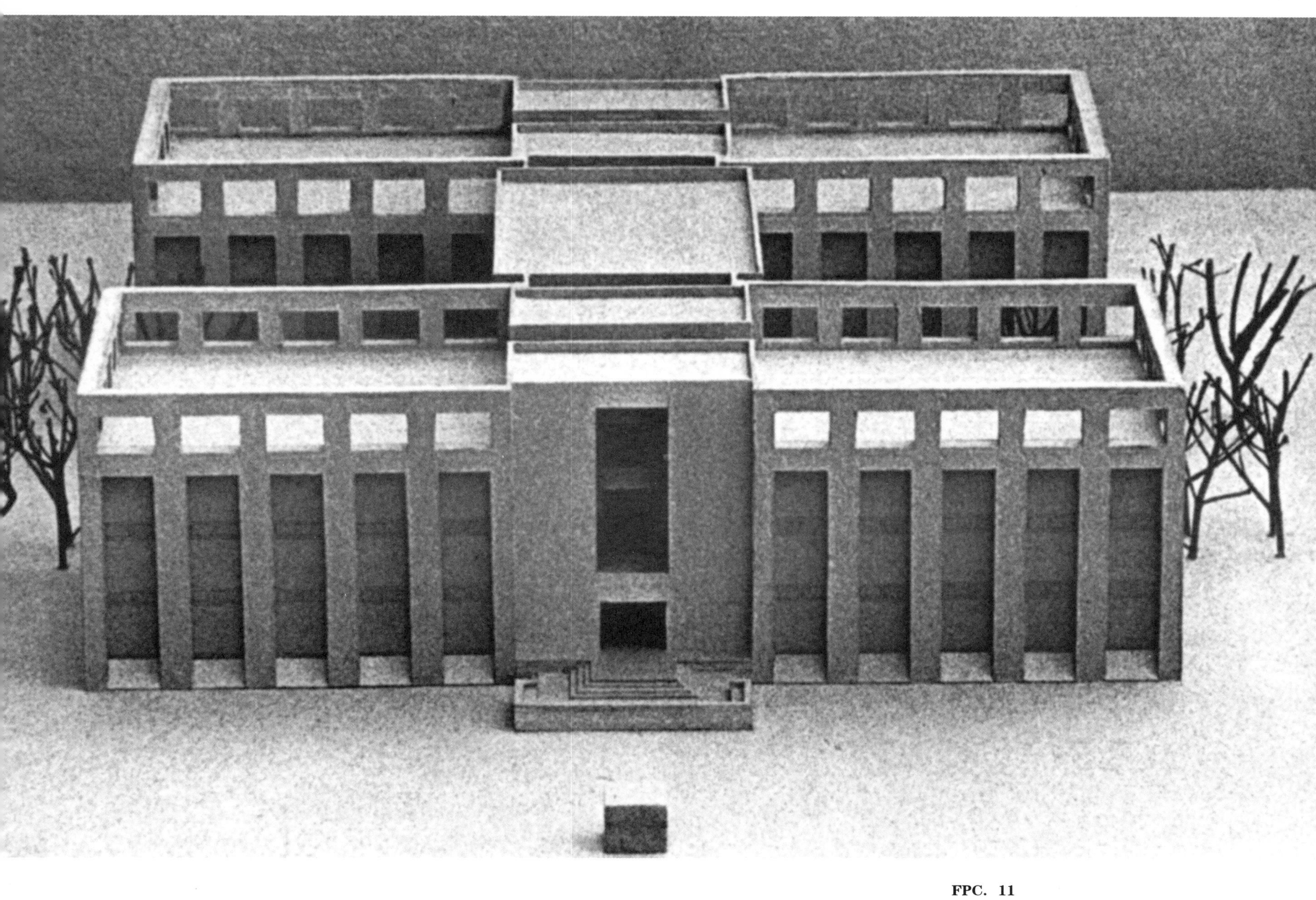

FPC. 11

模型，从南看。

FPC. 12

从南看。

1972 年 6 月绘，尼泊尔政府决定仅建设该建筑物的行政楼一侧。

1972 年 11 月，康写给美国国际开发署署长：

“第一阶段的建筑提供了入口和办公室的空间。但现在为第二阶段保留的礼堂打开了合作的大门，这是美国关于社会可行性的核心思想。”

科曼住宅（1971—1973年）

蒙哥马利，宾夕法尼亚州

1971年，路易斯·康受委托在怀特马什镇（Whitemash Township）相邻的两个地块上设计两套住宅：一套是哈罗德（Harold）和林恩·霍尼克曼（Lynn Honickman）的，另一套是史蒂夫·科曼夫妇（Steve Korman）的。在这两个项目中，康都将就寝区和起居区分开。这是康自20世纪40年代初以来住宅设计一直持续的主要因素之一。只有科曼住宅建成。

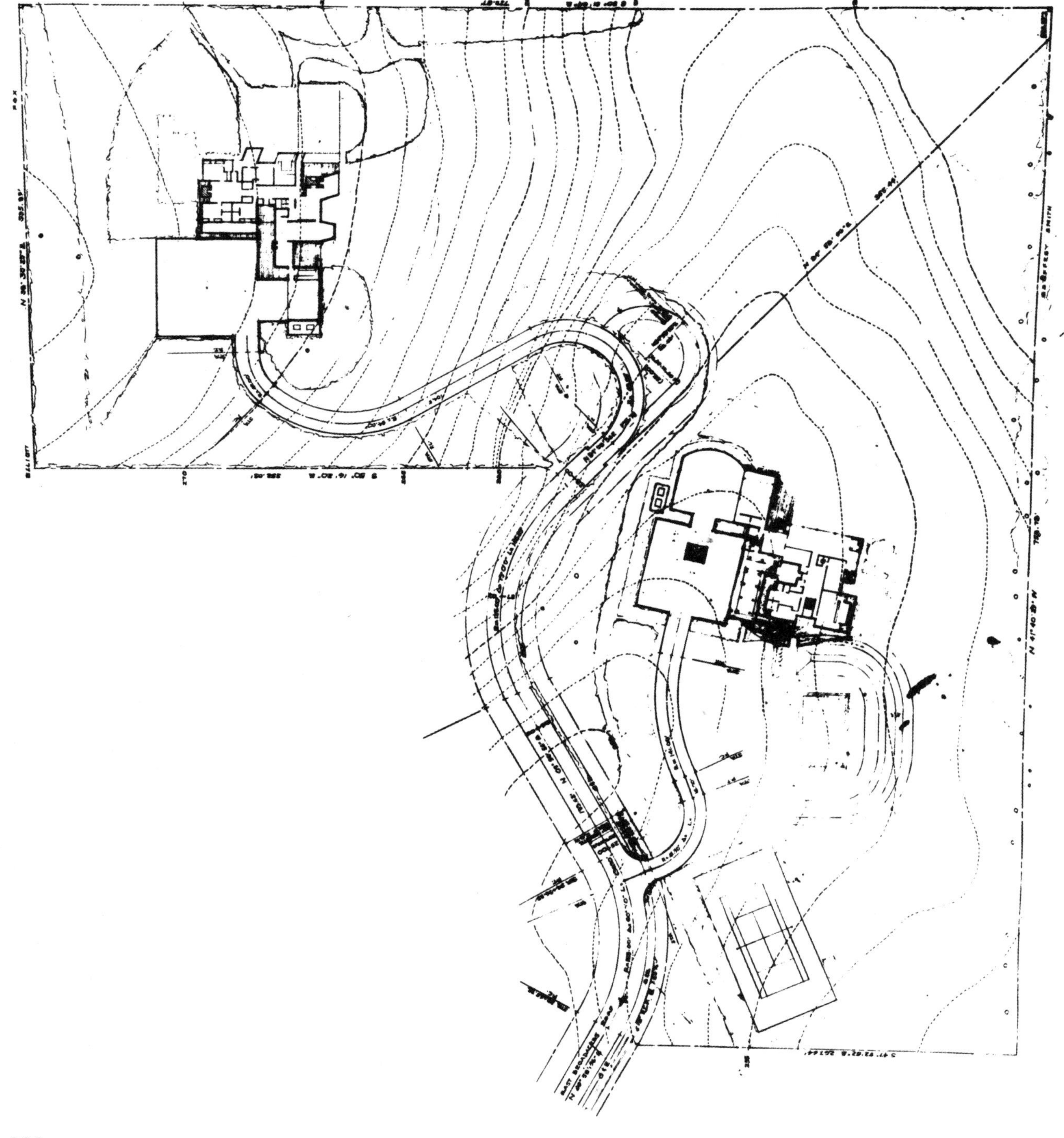

HOH. 1

总平面图，展示了在东布罗德克斯路（East Broadacres Road）的两个相邻地块上的两栋房屋：左上角是霍尼克曼住宅，右下角是科曼住宅。

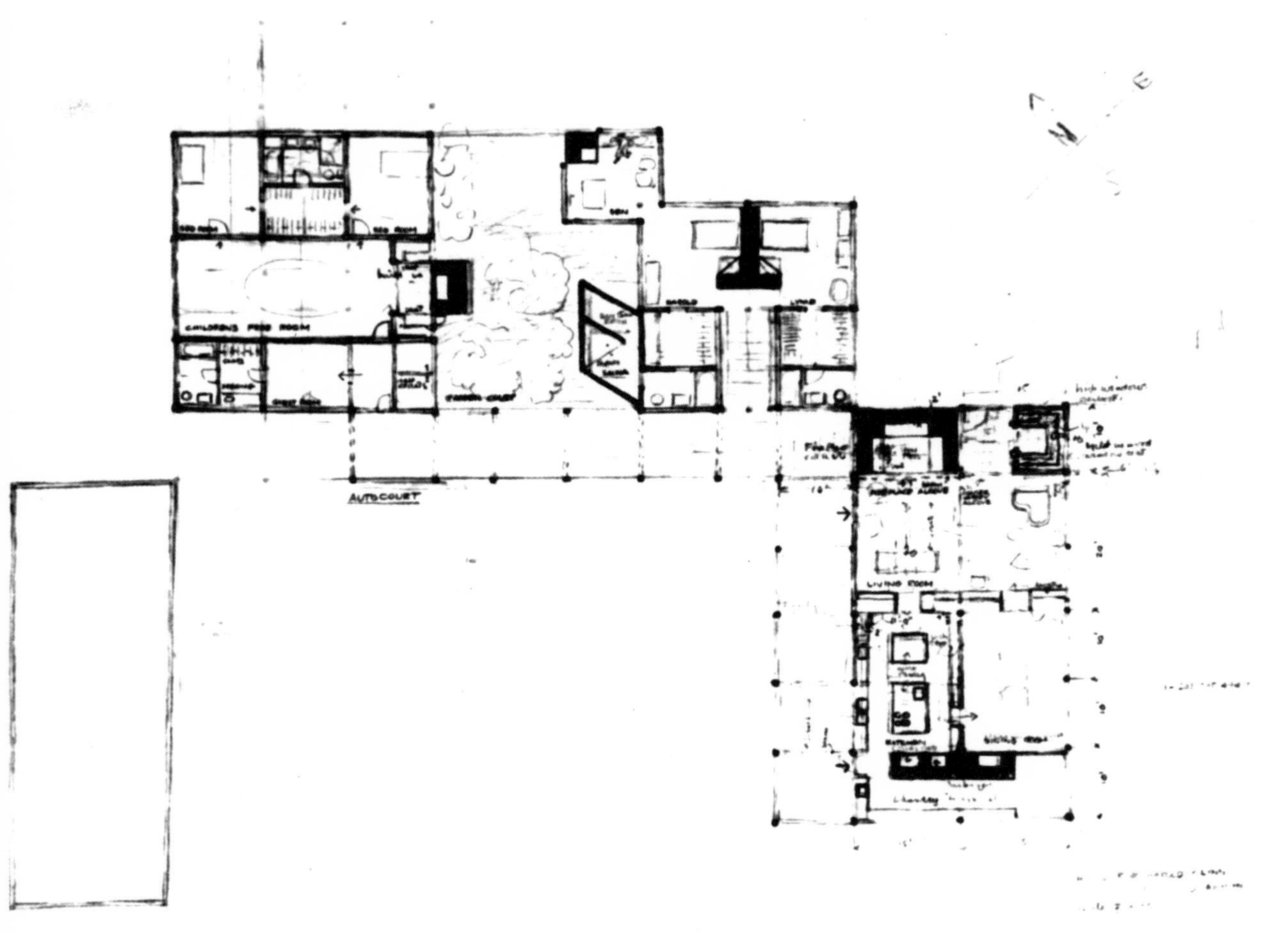

HOH. 2

一层平面图，绘于1971年7月30日，展示了左上角是就寝区，右边是生活区，由一个花园庭院隔开；前者分为两个较小的区域，一个是父母区，另一个是孩子区。

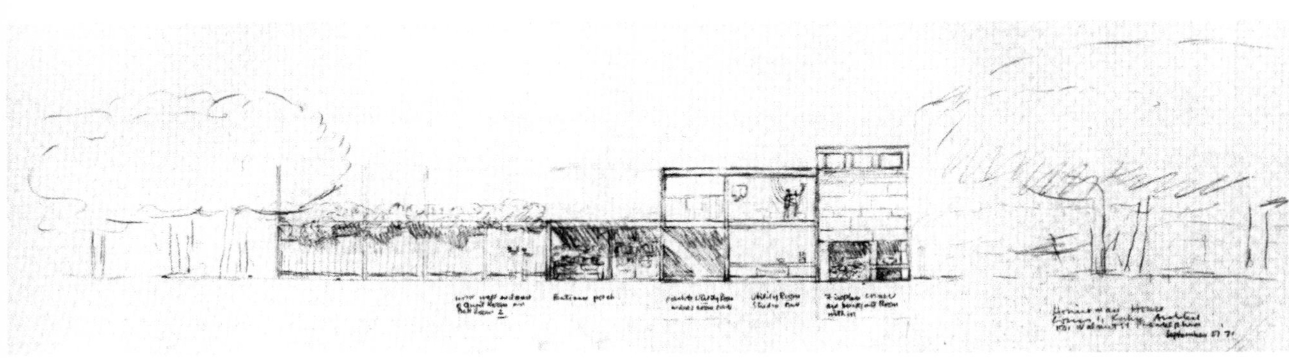

HOH. 3

西北立面草图，绘于1971年9月22日，展示了右侧居住区和左侧单层就寝区面积分配的替代方案研究。

从左到右的注释是：

“客房和二号房间的木墙围栏”；

“门廊”；

“门廊到杂物间，用人房”；

“杂物室，工作室上方”；

“壁炉角，内有早餐室”。

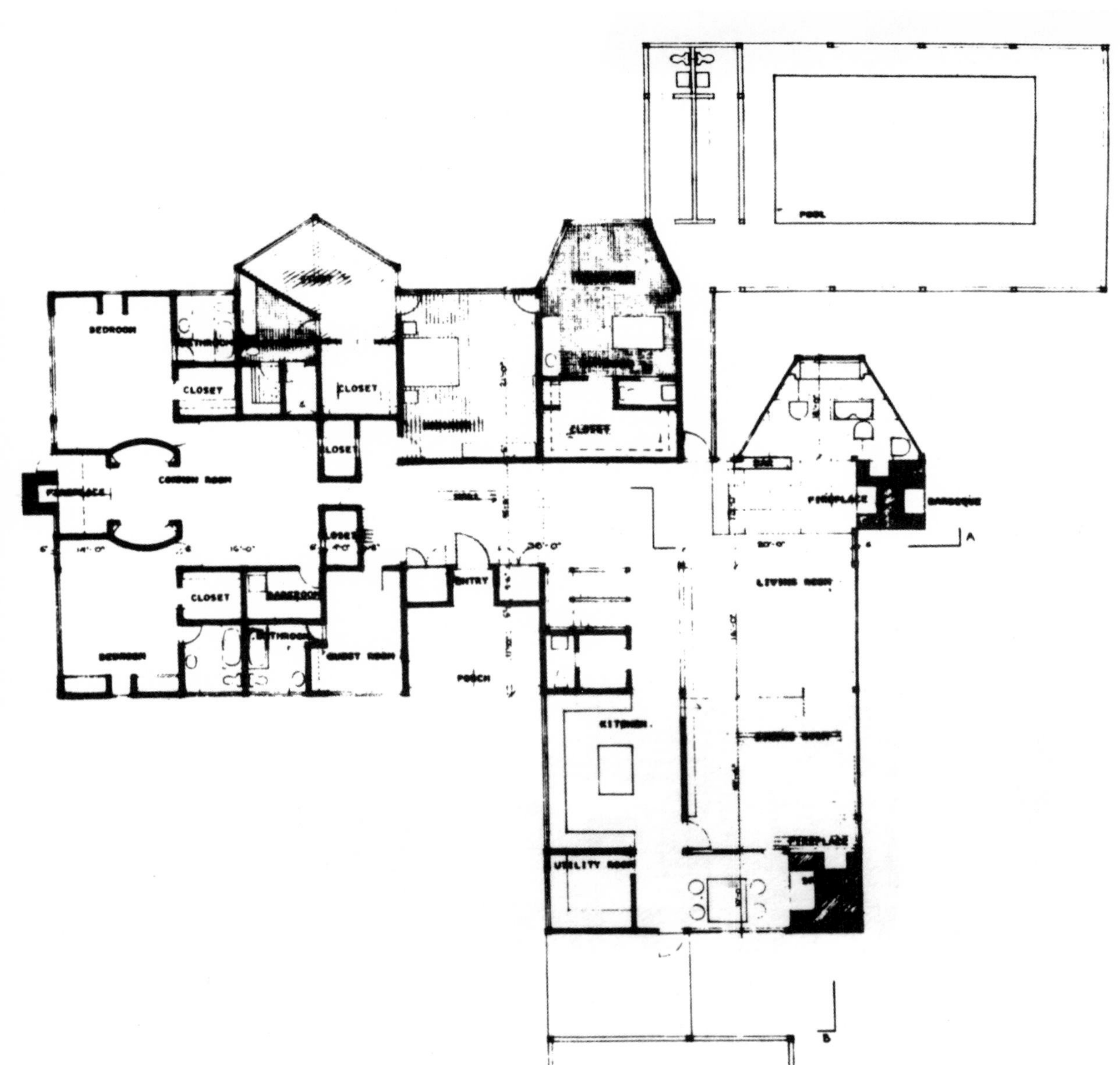

HOH. 4

一层平面图，绘于1973年3月14日，左边是就寝区，右边是生活区，用入口分开。

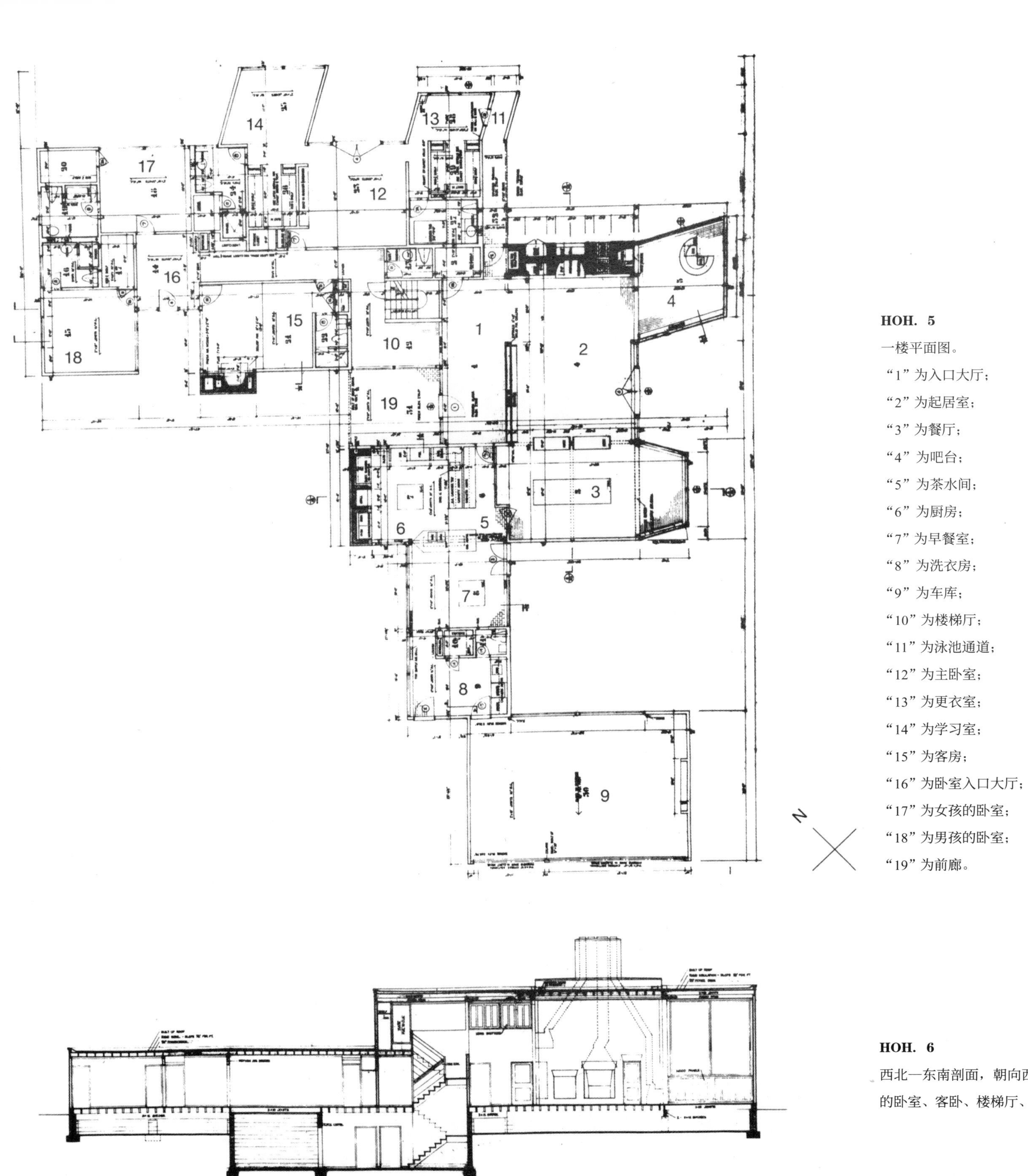

HOH. 5
一楼平面图。
“1”为入口大厅；
“2”为起居室；
“3”为餐厅；
“4”为吧台；
“5”为茶水间；
“6”为厨房；
“7”为早餐室；
“8”为洗衣房；
“9”为车库；
“10”为楼梯厅；
“11”为泳池通道；
“12”为主卧室；
“13”为更衣室；
“14”为学习室；
“15”为客房；
“16”为卧室入口大厅；
“17”为女孩的卧室；
“18”为男孩的卧室；
“19”为前廊。

HOH. 6
西北—东南剖面，朝向西南，从左到右通过男孩的卧室、客卧、楼梯厅、入口大厅、客厅、吧台。

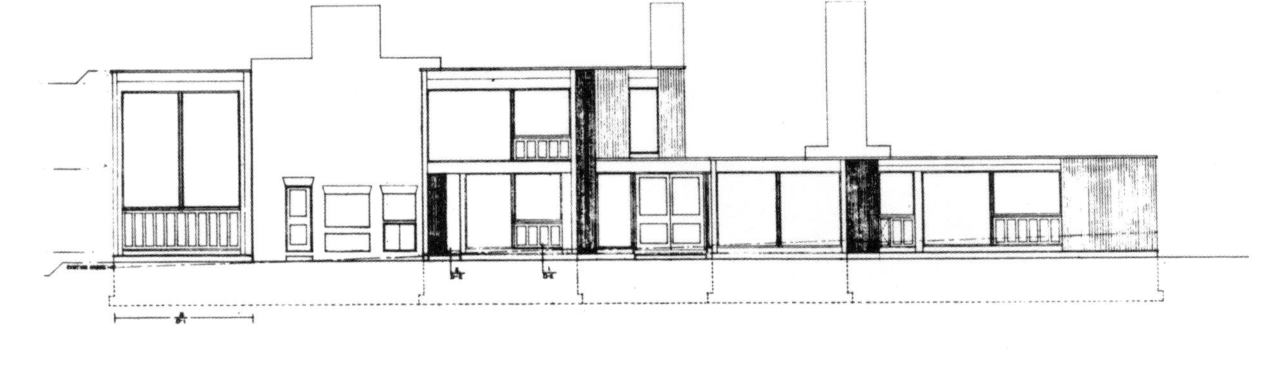

HOH. 7
东北立面，左侧为两层高的生活区，右侧为低矮的单层卧室区。

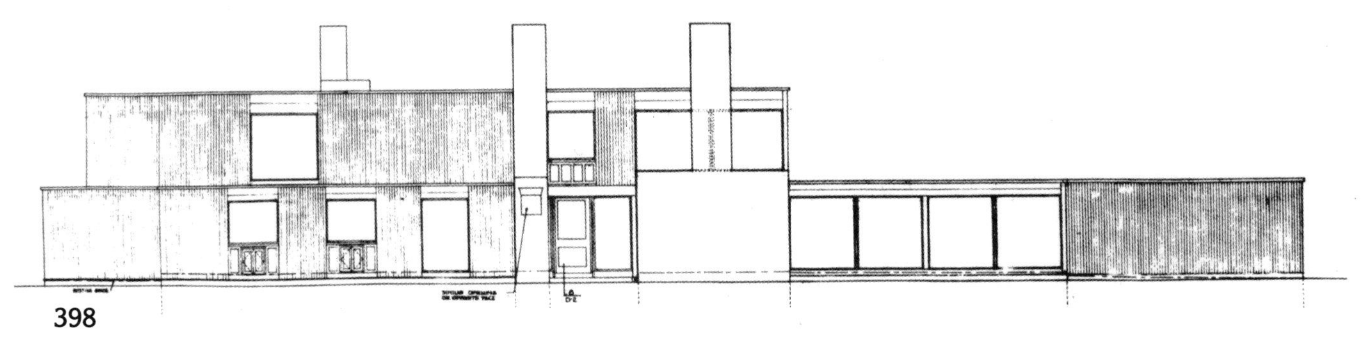

HOH. 8
西北立面，前景为低矮的卧室区、车库、早餐室、洗衣房，背景为较高的生活区。注意房屋外墙特有的瓶形烟囱。

科曼住宅（1971—1973 年）

蒙哥马利，宾夕法尼亚州

位于怀特马什镇的科曼住宅，是康设计的最后一批私人住宅项目。在该项目中很容易观察到康设计的住宅的鲜明特征：通过入口区将居住区和就寝区分隔开；有两层高的生活区；设服务井道；被服务空间和服务空间有所区别；壁炉占主导地位。

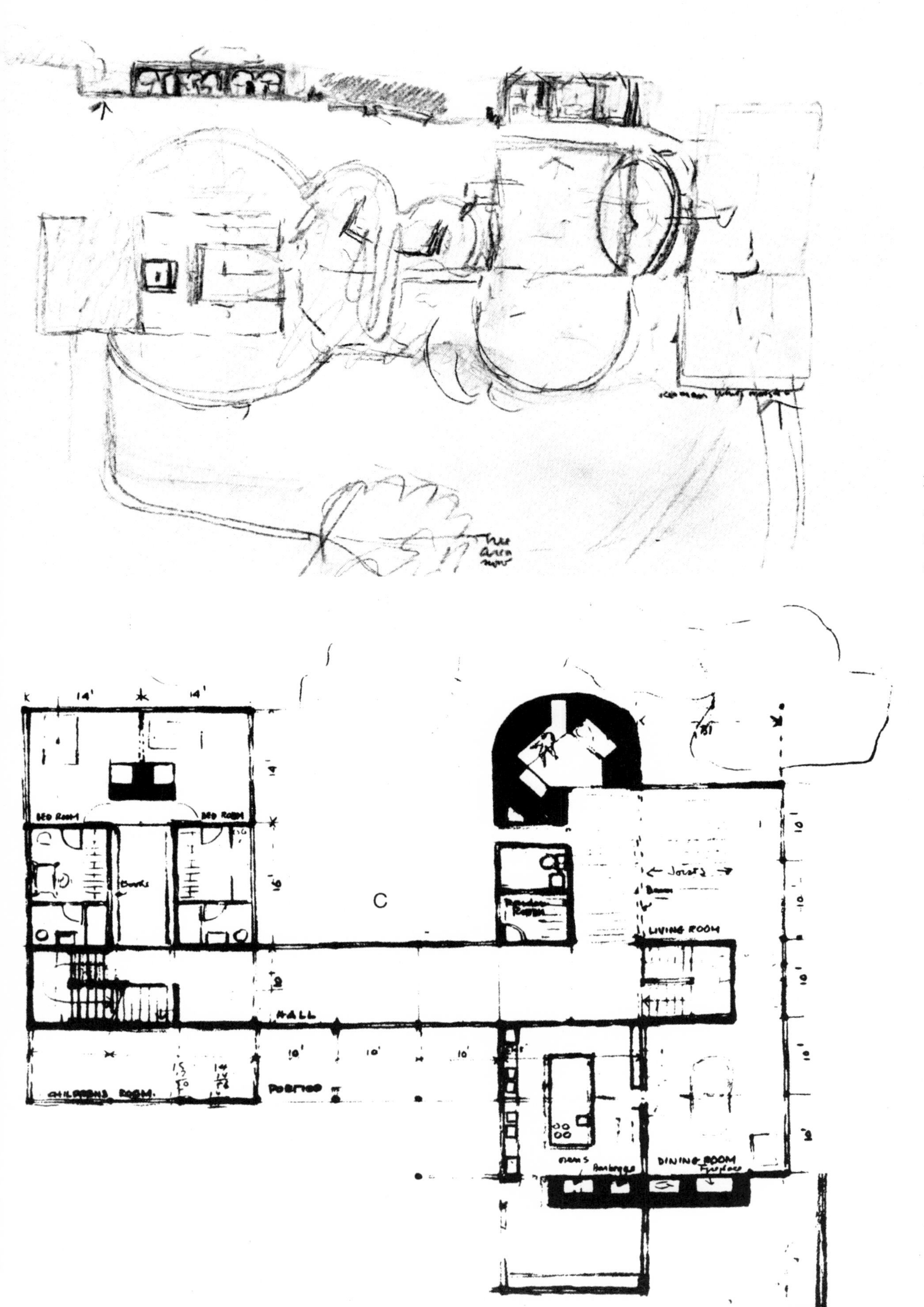

KOH. 1

总平面图和剖面图，绘于 1971 年 8 月 30 日，展示了被花园庭院隔开的就寝区和生活区。左侧是生活区，右侧是就寝区。

KOH. 2

一层平面图草图，绘于 1971 年 7 月 30 日，展示了由大厅连接的睡眠区和生活区，每个区域都有自己的楼梯。

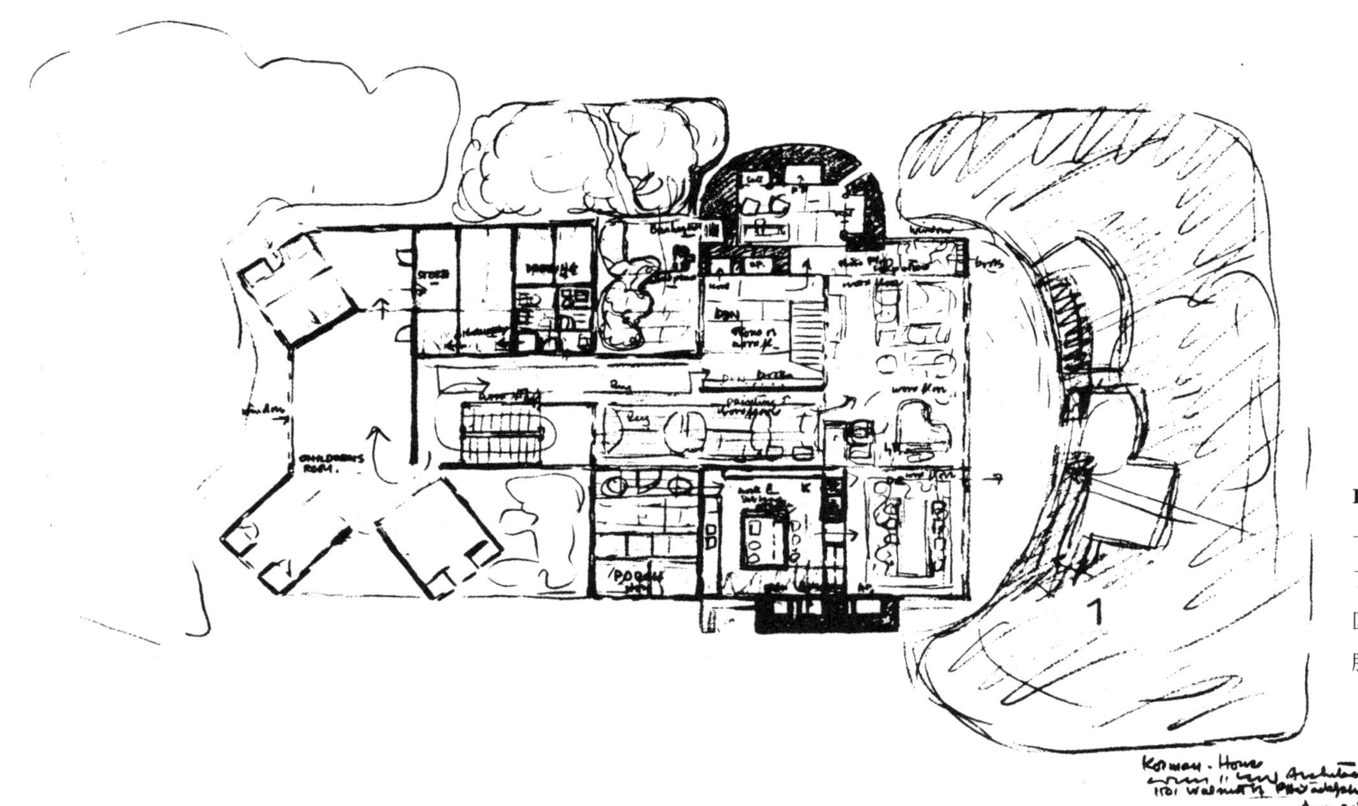

KOH. 3

一层平面图草图，绘于 1971 年 8 月 20 日，展示了一个楼梯厅将就寝区和生活区联系起来。就寝区域被设计为十字形平面，具有 3 个卧室和洗衣、服务区，占据了十字架的 4 个侧翼。

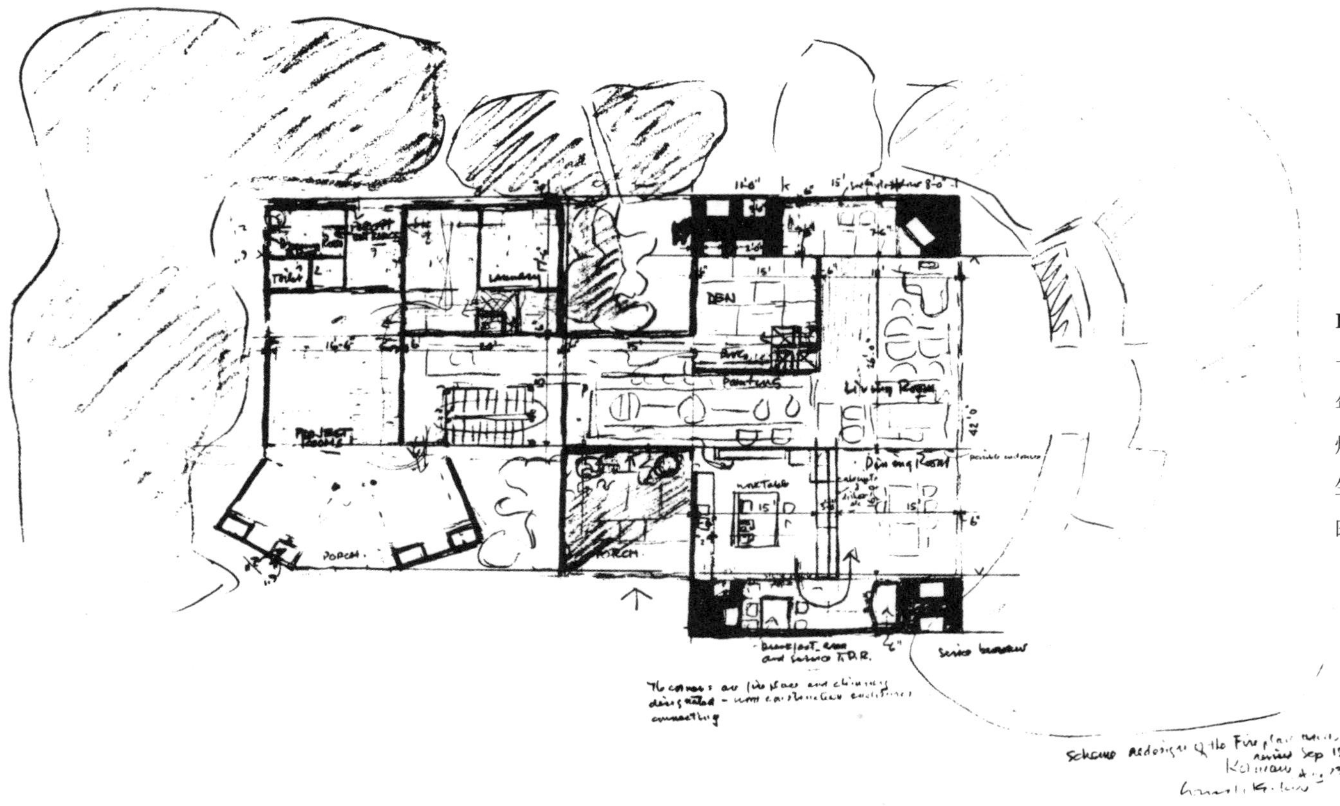

KOH. 4

一层平面图草图，绘于 1971 年 8 月 13 日（1971 年 9 月 15 日修改），展示了在其角落有 4 个壁炉的生活区：“壁炉区的方案重新设计。”

生活区底部的注释是“角落是指定的壁炉和烟囱——由木结构的末端相连”。

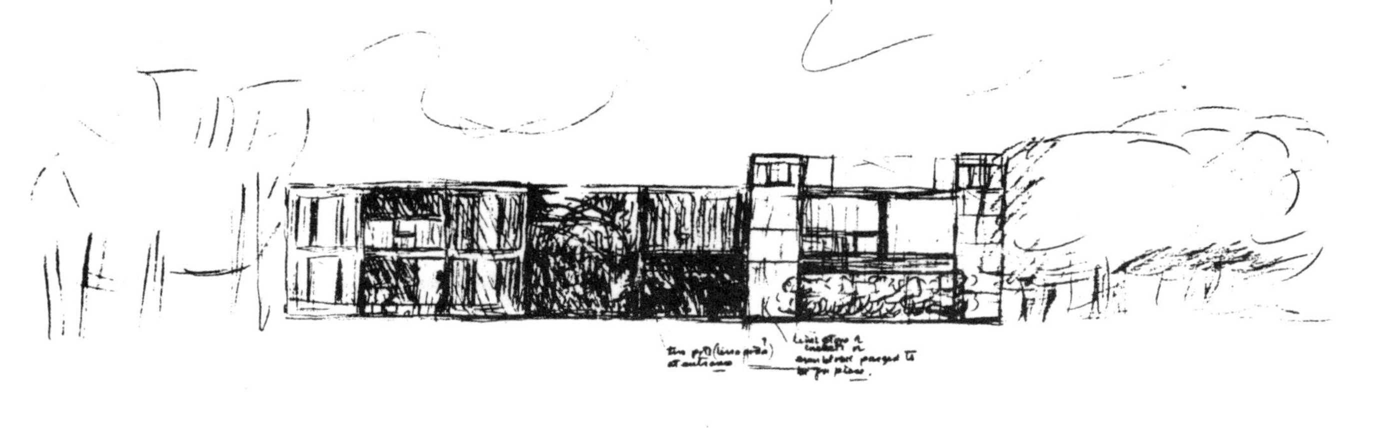

KOH. 5

入口处立面草图。

“入口处为两盆（……）”

“石灰石或混凝土甚至块状物包装成一块。”

KOH. 6

起居室立面草图。

“可能在开间每 ±10 英寸处设玻璃门。”

右下角的注释为：“环顾四周有门廊和布景的封闭花园。”

“有书房和茶室的生活区和餐厅位于 2 楼，可俯瞰该空间”。

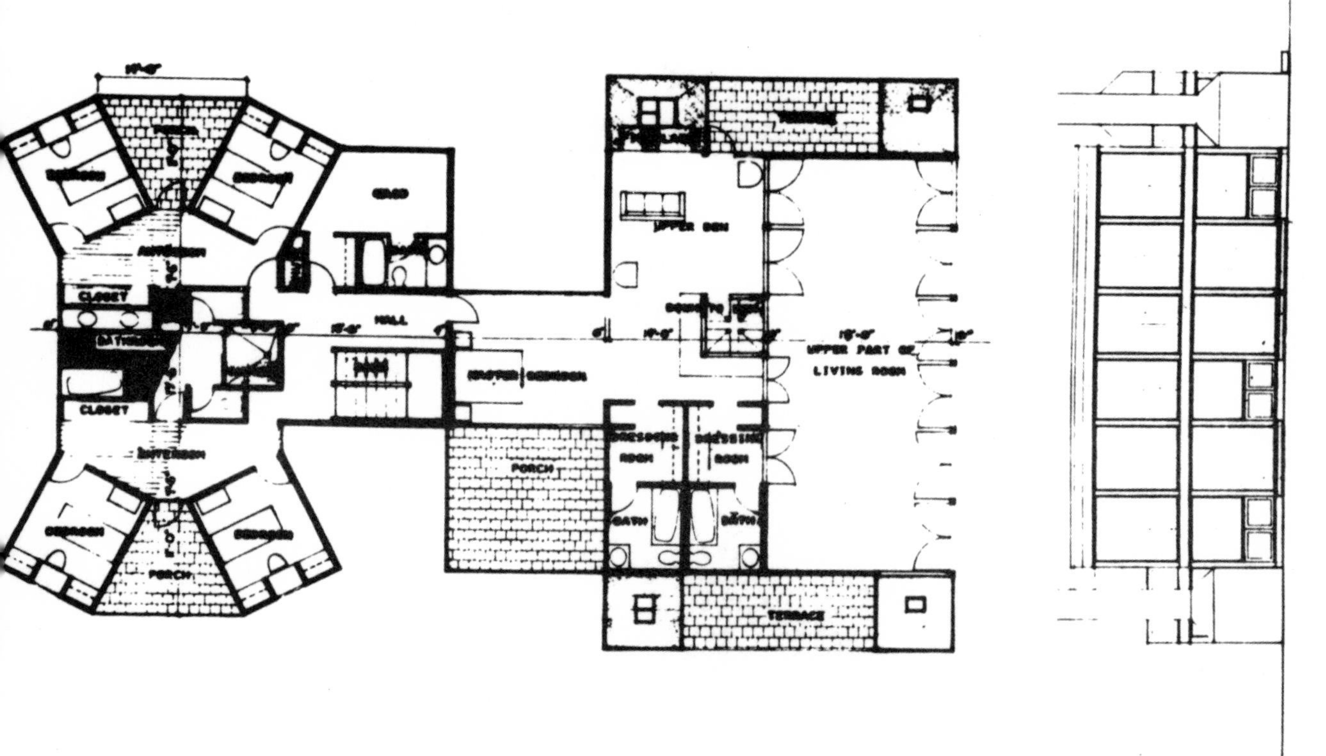

1972 年 3 月 11 日版本

KOH. 7

二层平面图，展示了左边是有 4 间卧室、两个前厅和中间厕所的就寝区；左边是有客厅的生活区（18 英尺 ×40 英尺）、露台和 4 个烟囱。

KOH. 8

西南立面。

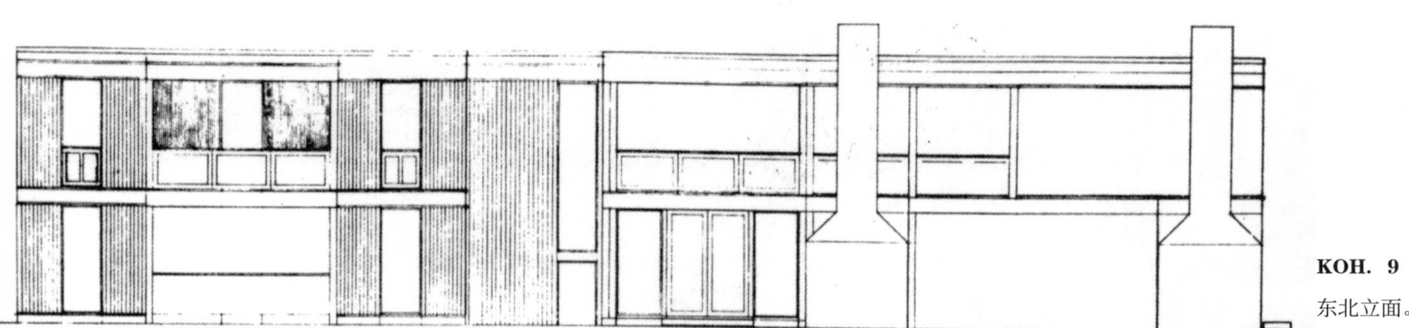

KOH. 9

东北立面。

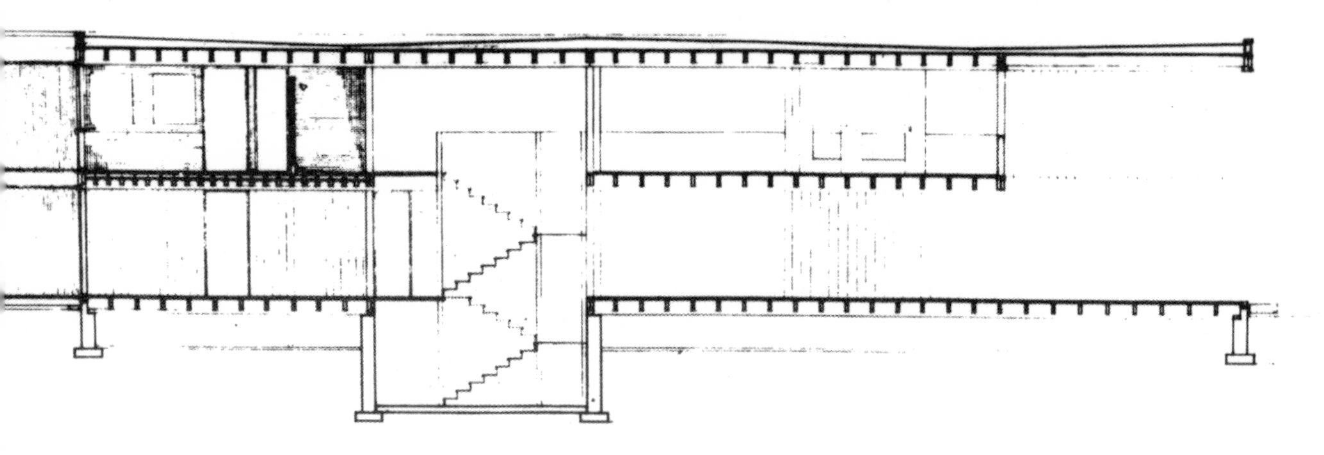

KOH. 10

西北—东南纵剖面，面向东北，从左至右贯穿厕所区、楼梯厅、入口厅、客厅。

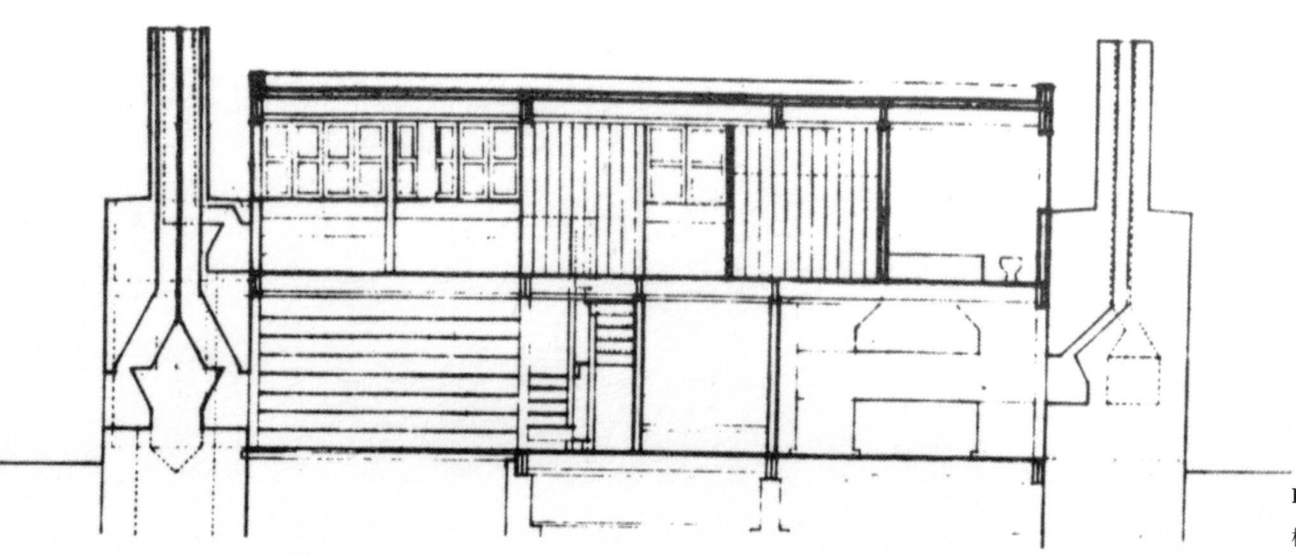

KOH. 11

横剖面，穿过生活区，面向东南。

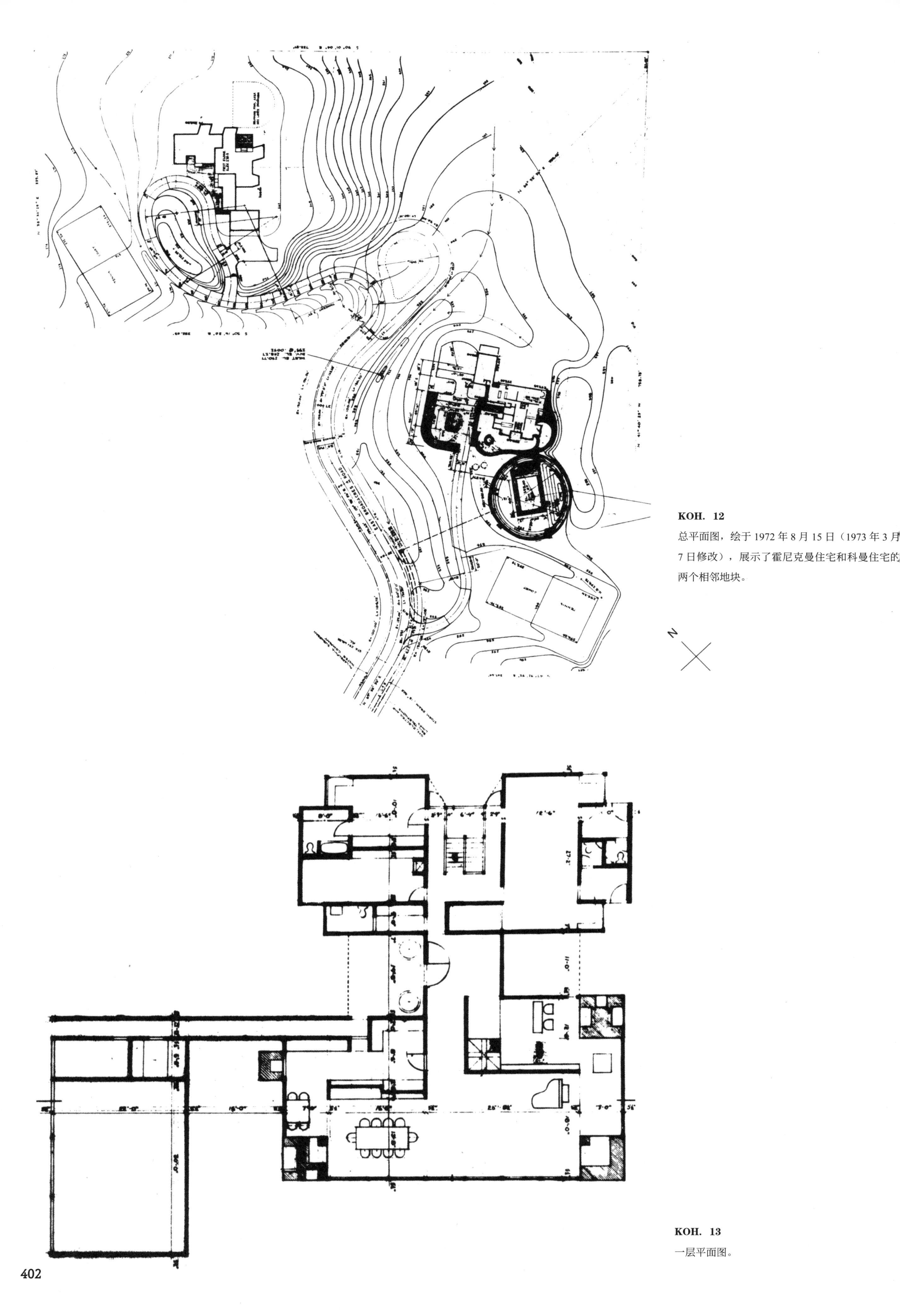

KOH. 12

总平面图，绘于1972年8月15日（1973年3月7日修改），展示了霍尼克曼住宅和科曼住宅的两个相邻地块。

KOH. 13

一层平面图。

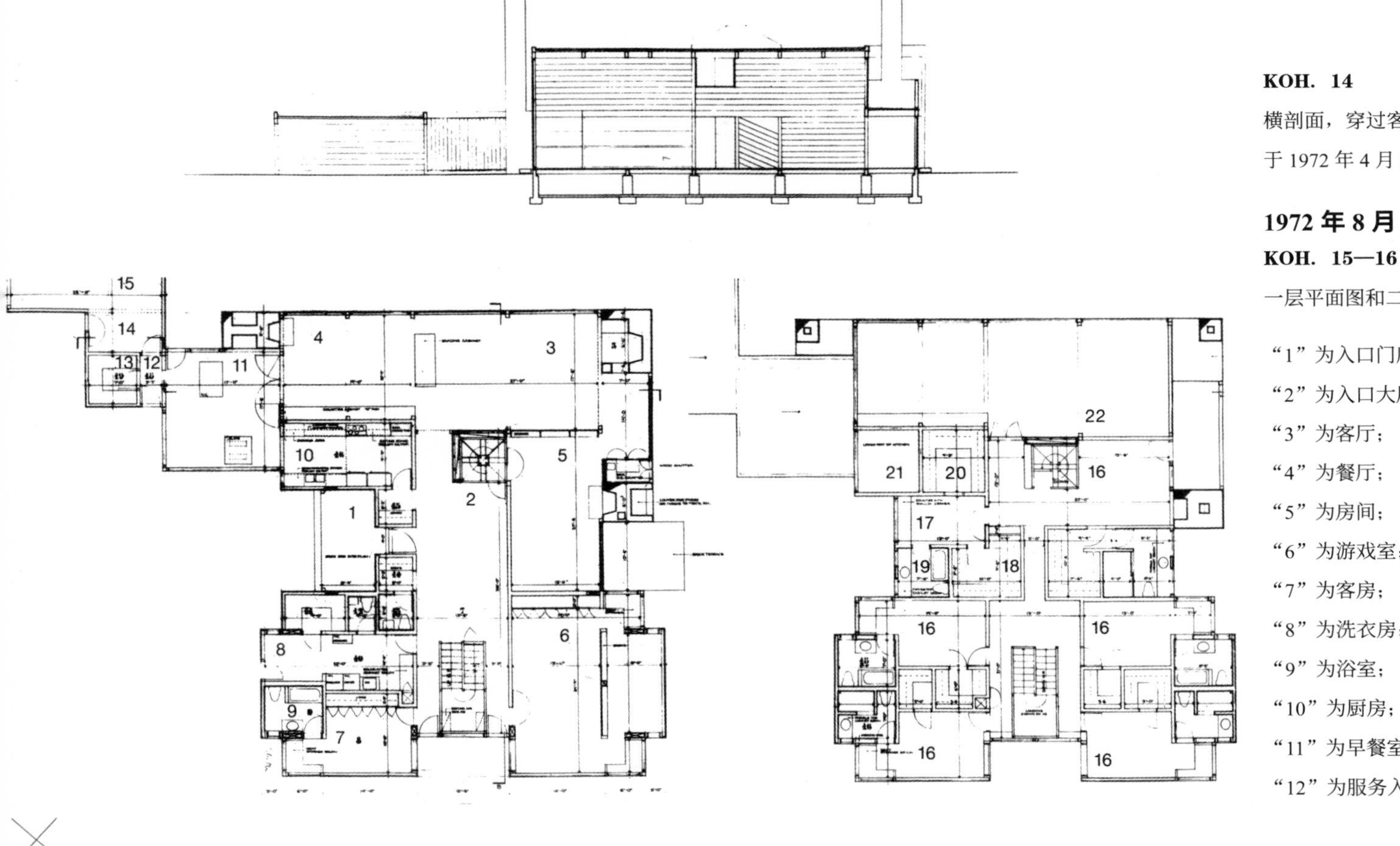

KOH. 14

横剖面，穿过客厅（右侧）和车库的横截面，绘于1972年4月29日。

1972年8月5日版本

KOH. 15—16

一层平面图和二层平面图。

"1"为入口门廊；"2"为入口大厅；"3"为客厅；"4"为餐厅；"5"为房间；"6"为游戏室；"7"为客房；"8"为洗衣房；"9"为浴室；"10"为厨房；"11"为早餐室；"12"为服务入口；"13"为贮藏室；"14"为自行车存放处；"15"为车库；"16"为卧室；"17"为衣帽间；"18"为壁橱；"19"为浴室；"20"为存储室；"21"为厨房的上部；"22"为客厅/餐厅的上部。

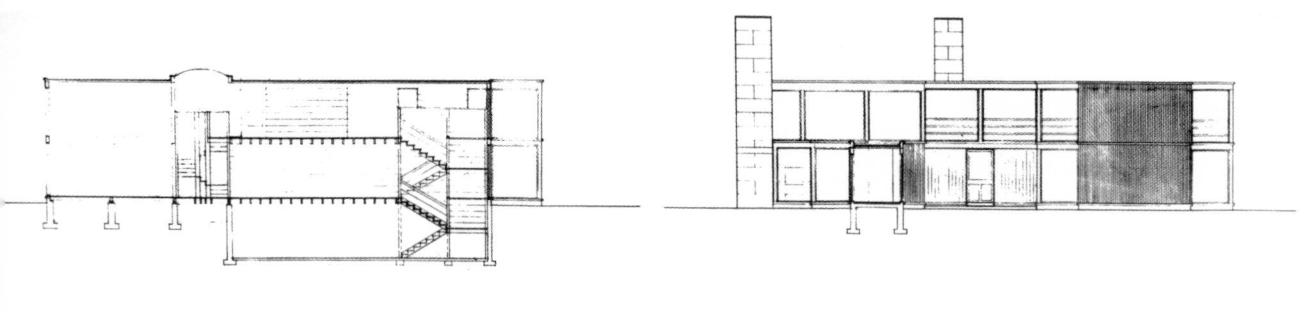

KOH. 17

东北—西南纵剖面，面向西南，从左到右穿过客厅/餐厅、服务楼梯、入口大厅和主楼梯。

KOH. 18

西北入口立面（车库未标出）。

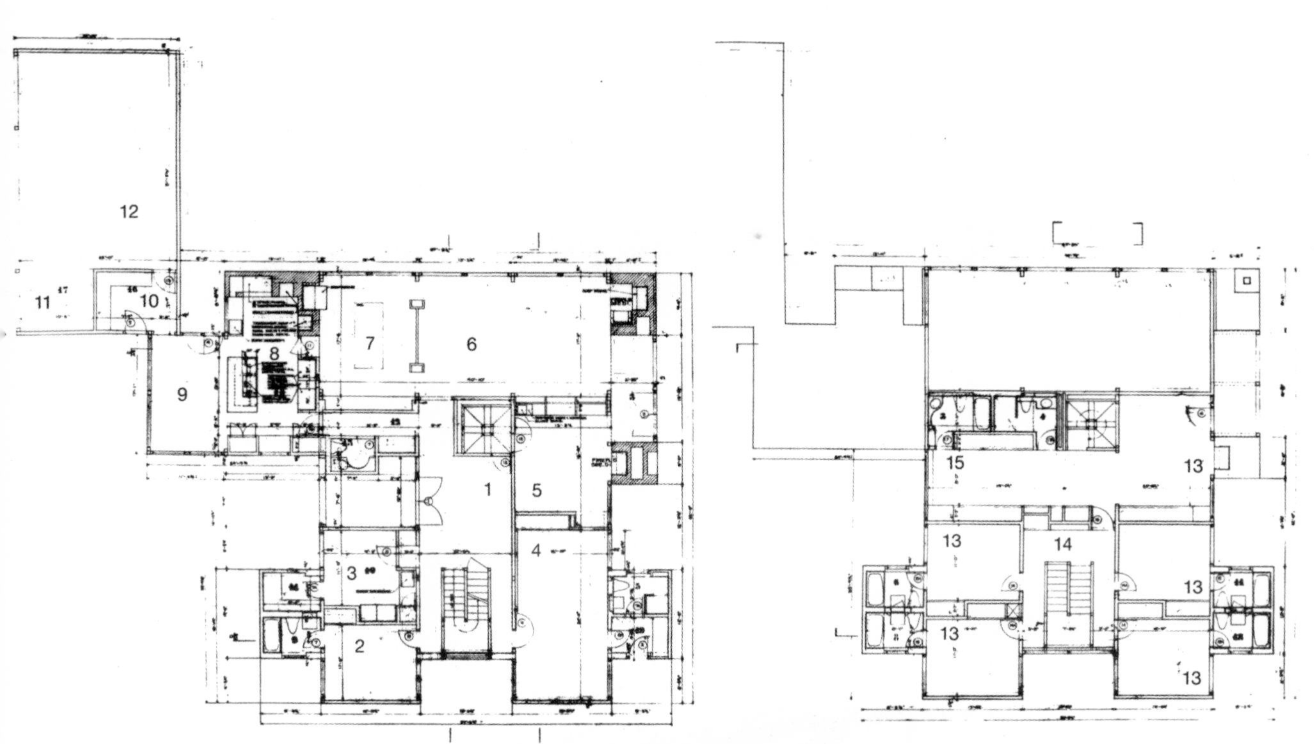

最终方案：建成

绘于1972年10月3日（1973年4月13日修改）。

KOH. 19—20

一层平面图和二层平面图。

"1"为入口；"2"为客房；"3"为洗衣房；"4"为游戏室；"5"为房间；"6"为客厅；"7"为餐厅；"8"为厨房；"9"为早餐厅；"10"为储物间；"11"为自行车存放处；"12"为车库；"13"为卧室；"14"为大厅；"15"为衣帽区。

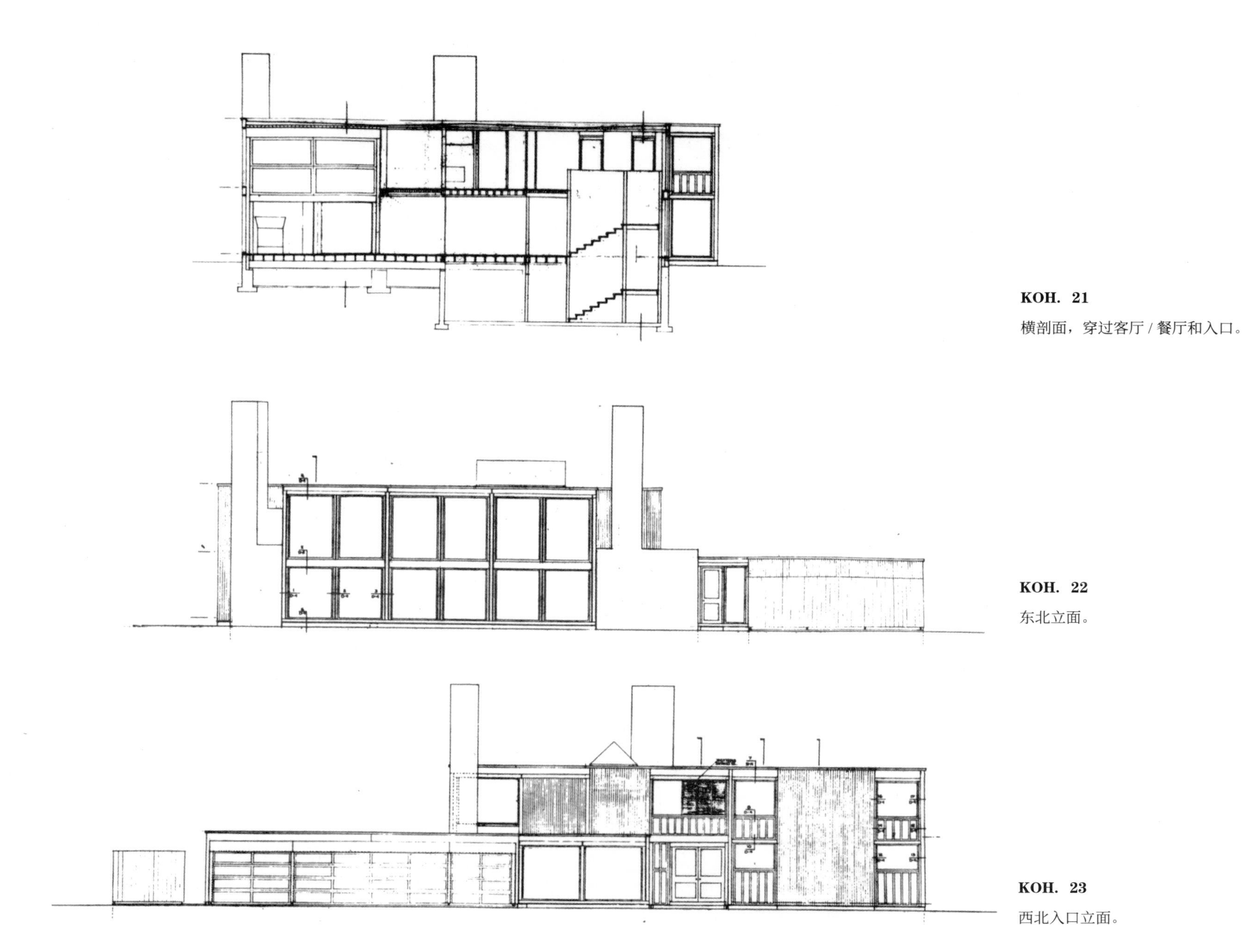

KOH. 21

横剖面，穿过客厅 / 餐厅和入口。

KOH. 22

东北立面。

KOH. 23

西北入口立面。

KOH. 24

从西面看，展示了中间是入口，左侧是车库，右侧是就寝区。

沃尔夫森工程中心（1971—1974 年）

特拉维夫，以色列

1971 年 4 月，康受委托在特拉维夫大学校园设计机械和运输工程中心。综合楼位于约 7 万平方英尺的区域中，可满足以下需求：

650 名本科生；

170 名毕业生；

160 名教职员工；

100 个中心行政人员和服务人员。

这些建筑物应包含：

10 个大型教室，每间教室可容纳 50 名学生；

92 个教职工办公室；

1 个电脑中心；

6 个实验室；

8 间研讨室；

1 间阅览室；

2 个绘图室和工作室；

21 个行政办公室；

7 间机房；

6 间双人房；

2 个其他房间。

在完善设计的 3 年时间里，康提出了 3 个方案。第 3 个方案被接受且实施，并在他去世后（1974 年 3 月）建成。

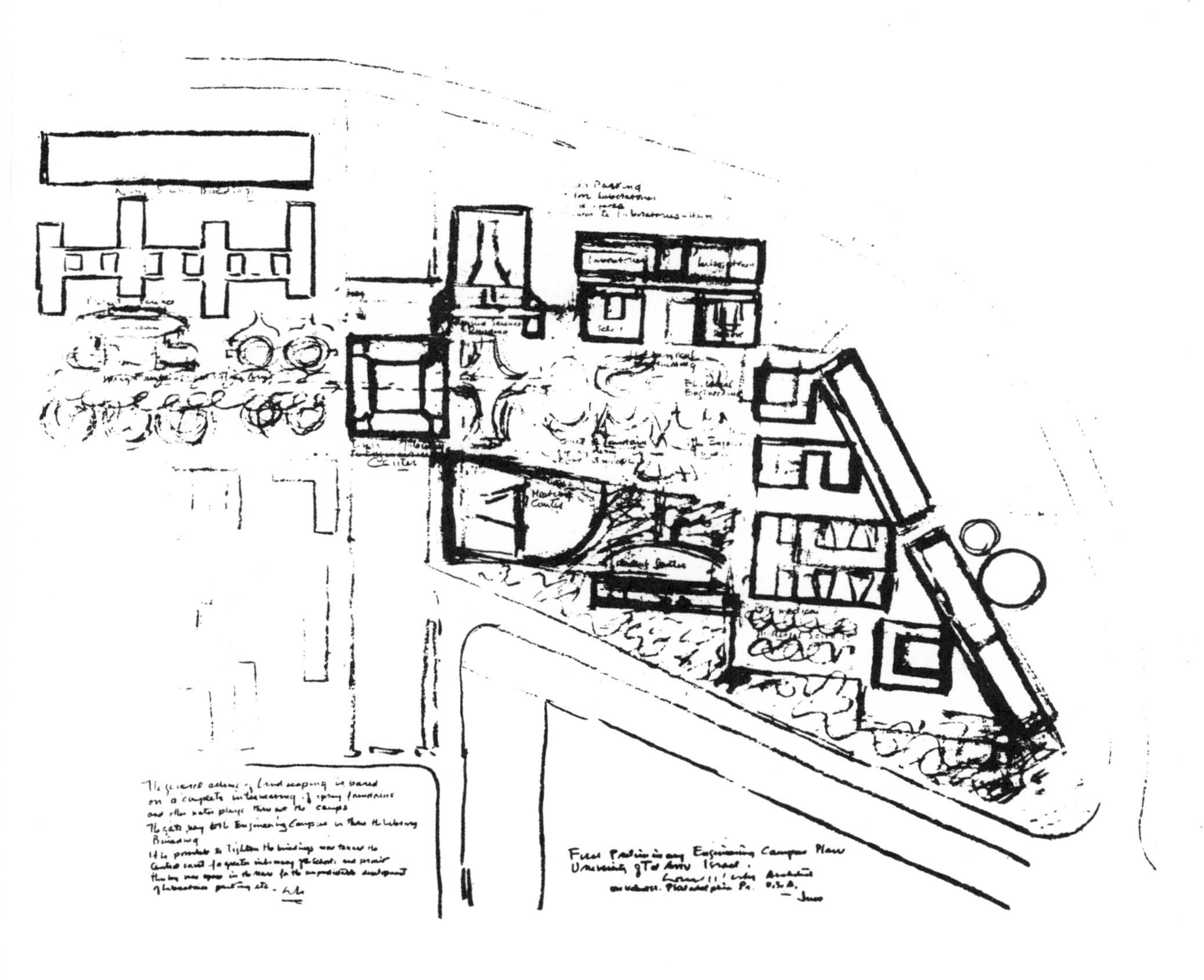

WEC. 1

绘于 1971 年 6 月，现场规划草图。展示了“第一张工程校园初步规划图”（原图局部为彩色）。

“景观设计的总体方案是以整个校园内喷泉和其他水景的完整交织为基础的。”

“通往工程校园的门户是图书馆大楼。”

“有可能让建筑物更向中央庭院收紧……进入许多学院，并在那里为实验室、停车场等不可预测的发展留出更多空间。”

WEC. 2

总平面图。绘于 1971 年 6 月，右侧展示了新迁的机械工程师大楼。

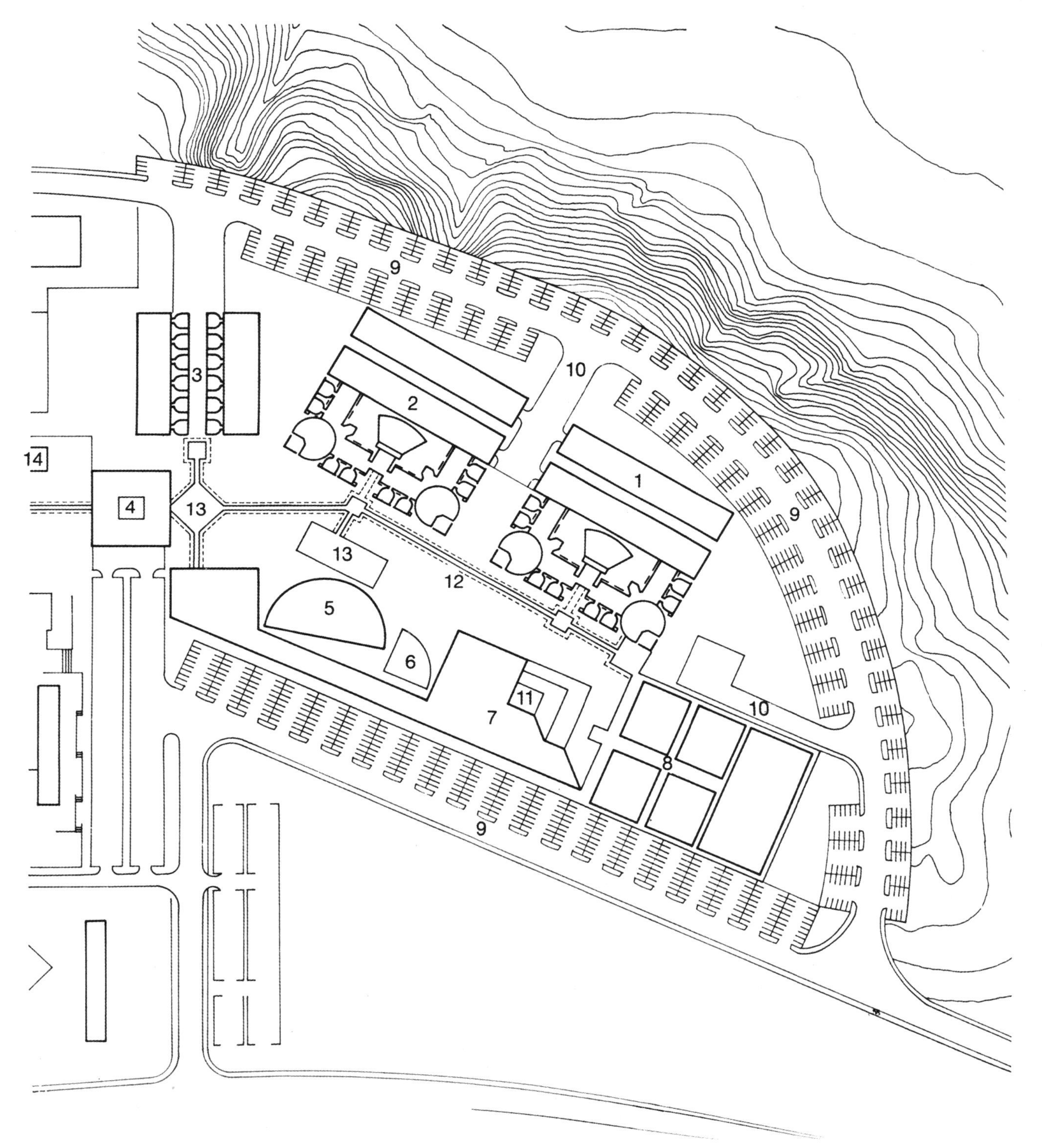

第一个方案：1971—1972 年

WEC. 3

总平面图。

“1”为电气和计算机科学大楼；

“2”为机械科学馆；

“3”为应用科学大楼；

“4”为综合科学图书馆；

“5”为礼堂；

“6”为露天剧场；

“7”为学生中心；

“8”为生物工程大楼；

“9”为停车场；

“10”为服务驱动器；

“11”为下沉式花园庭院；

“12”为遮阳下沉道；

“13”为低处的庭院；

“14”为发电厂。

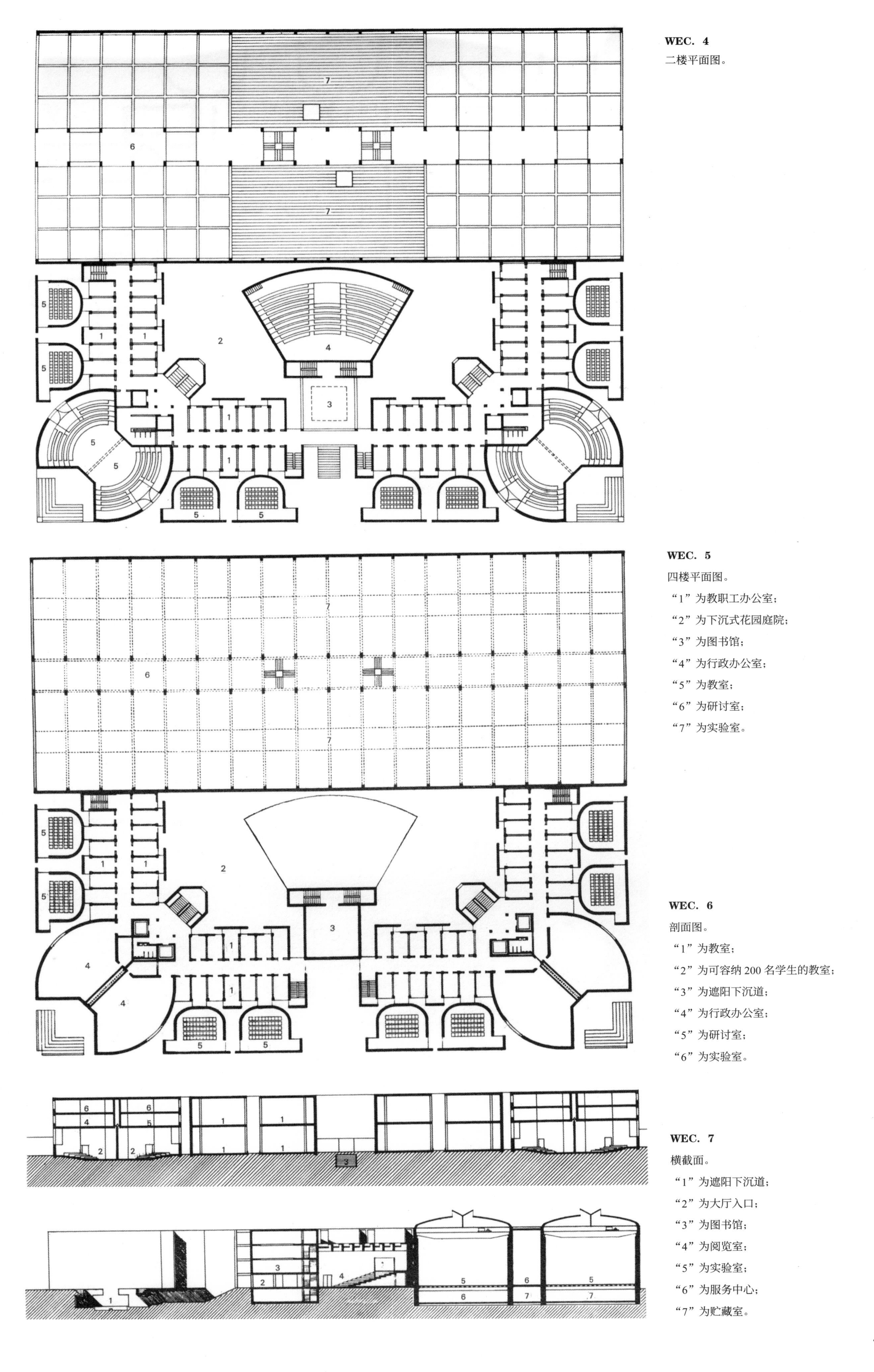

WEC. 4

二楼平面图。

WEC. 5

四楼平面图。

“1”为教职工办公室；

“2”为下沉式花园庭院；

“3”为图书馆；

“4”为行政办公室；

“5”为教室；

“6”为研讨室；

“7”为实验室。

WEC. 6

剖面图。

“1”为教室；

“2”为可容纳200名学生的教室；

“3”为遮阳下沉道；

“4”为行政办公室；

“5”为研讨室；

“6”为实验室。

WEC. 7

横截面。

“1”为遮阳下沉道；

“2”为大厅入口；

“3”为图书馆；

“4”为阅览室；

“5”为实验室；

“6”为服务中心；

“7”为贮藏室。

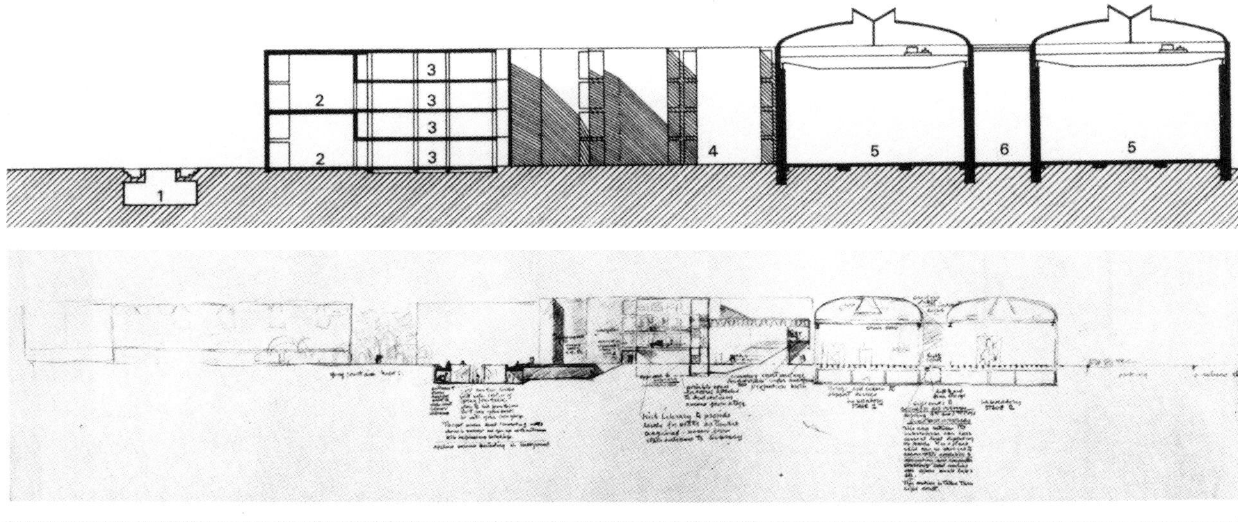

WEC. 8

横截面。

“1”为遮阳下沉道；

“2”为教室；

“3”为教职工办公室；

“4”为下沉式花园庭院；

“5”为实验室；

“6”为服务中心。

WEC. 9

横剖面，穿过实验室、阅览室、图书室、遮阳下沉道。

WEC. 10

东北部的模型视图。

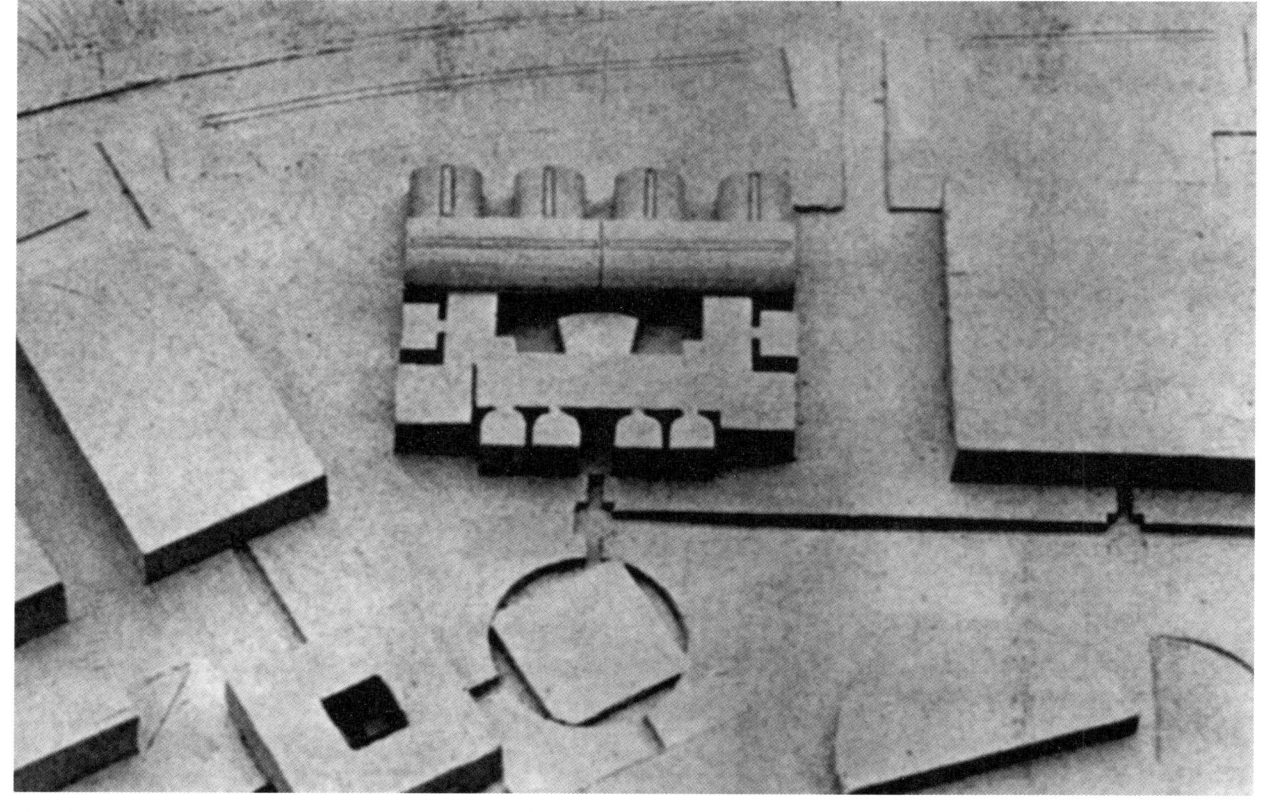

第二个方案：1972—1973 年

WEC. 11

从西部看场地模型，左下方展示了科学图书馆楼，应用科学楼位于左上方，礼堂位于右下方，生物工程大楼位于右上方，机械工程大楼位于顶部中心。

WEC. 12

西立面草图，绘于 1973 年 1 月 20 日，展示了教室的立面。

WEC. 13

东立面草图，绘于 1973 年 1 月 20 日，展示了下层和上层实验室都有圆环形的顶棚。

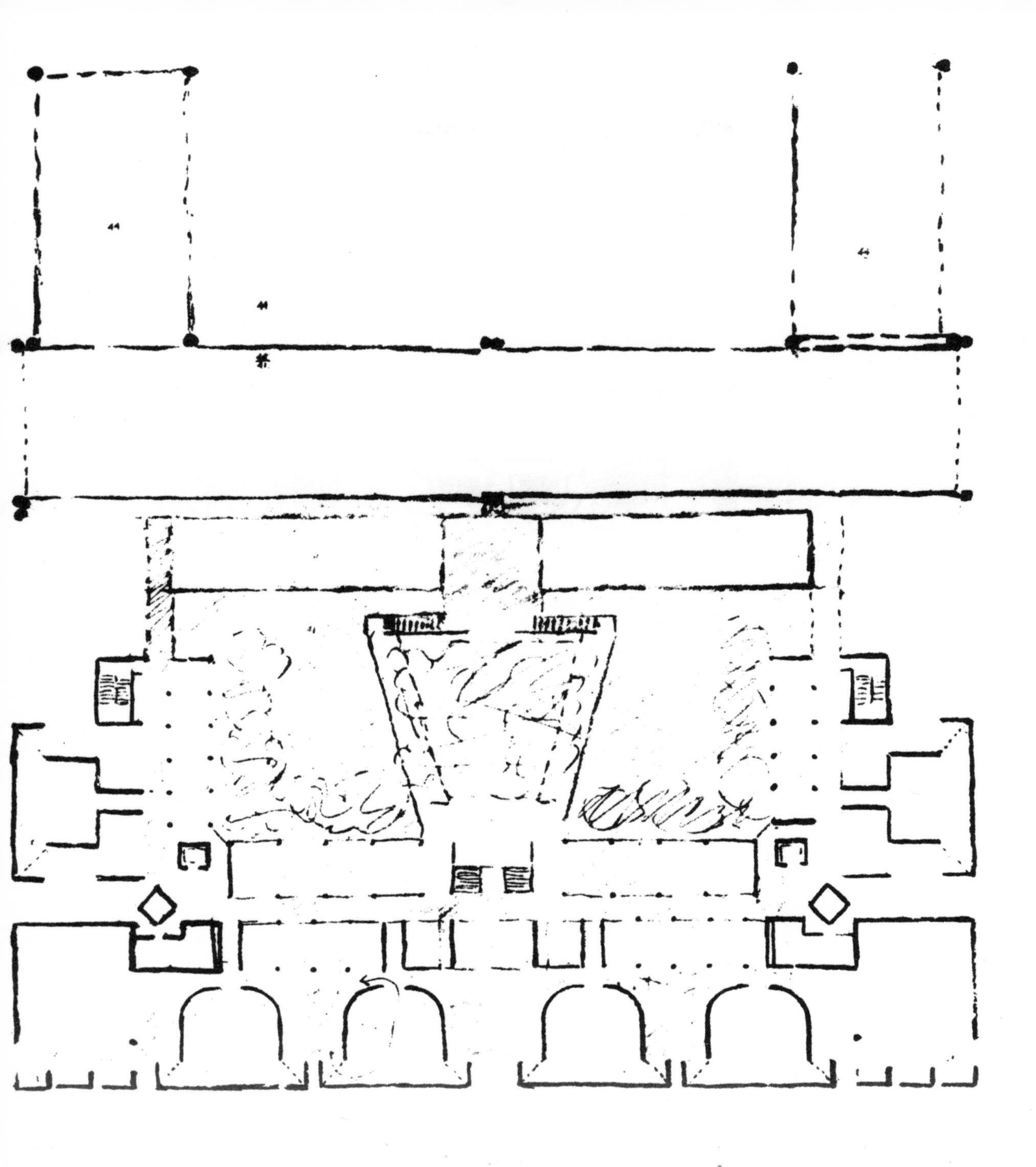

第三个方案：1973 年

建成。

WEC. 14

平面草图。

在这一发展阶段，实验室面积已大大减少。

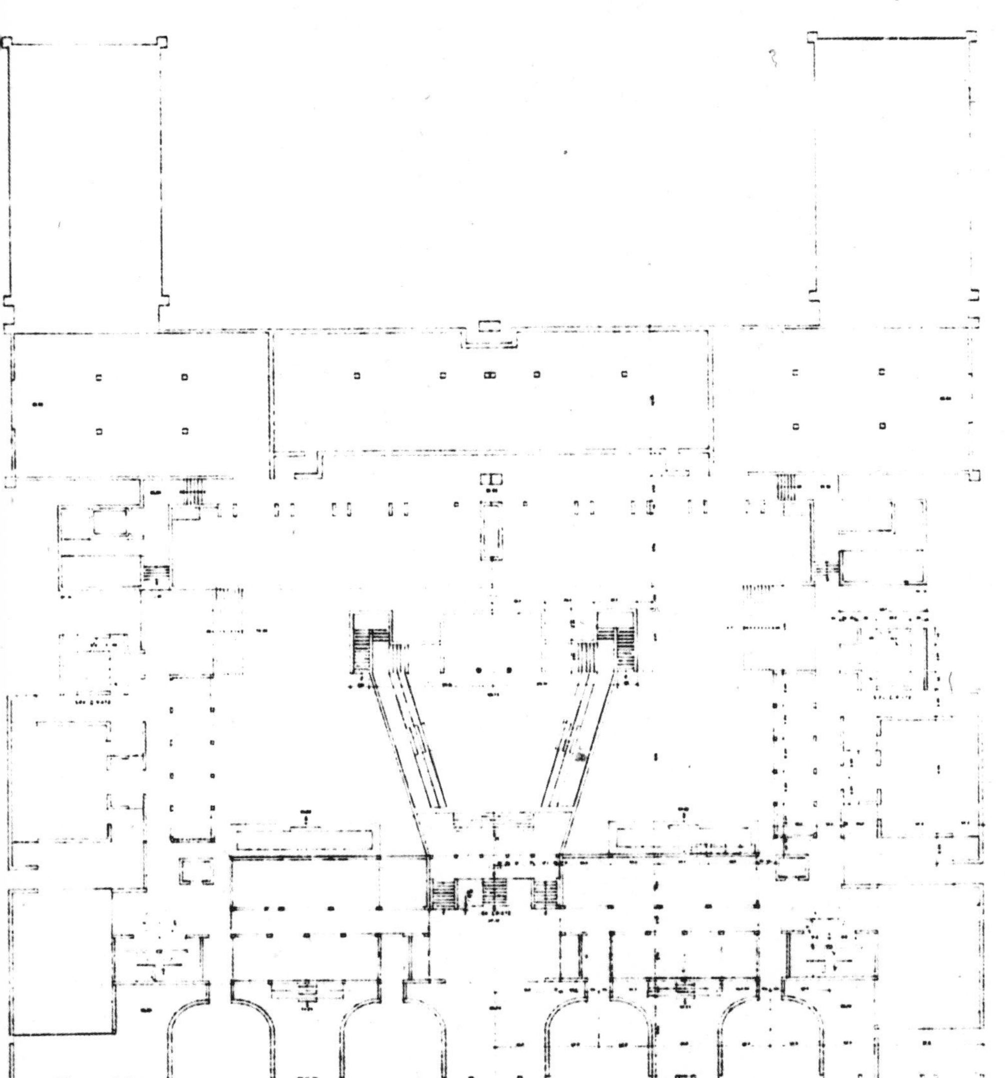

WEC. 15

一层平面图，绘于 1973 年 8 月 25 日。

WEC. 16

东西向横剖面，朝南，绘于 1973 年 8 月 25 日，通过礼堂。

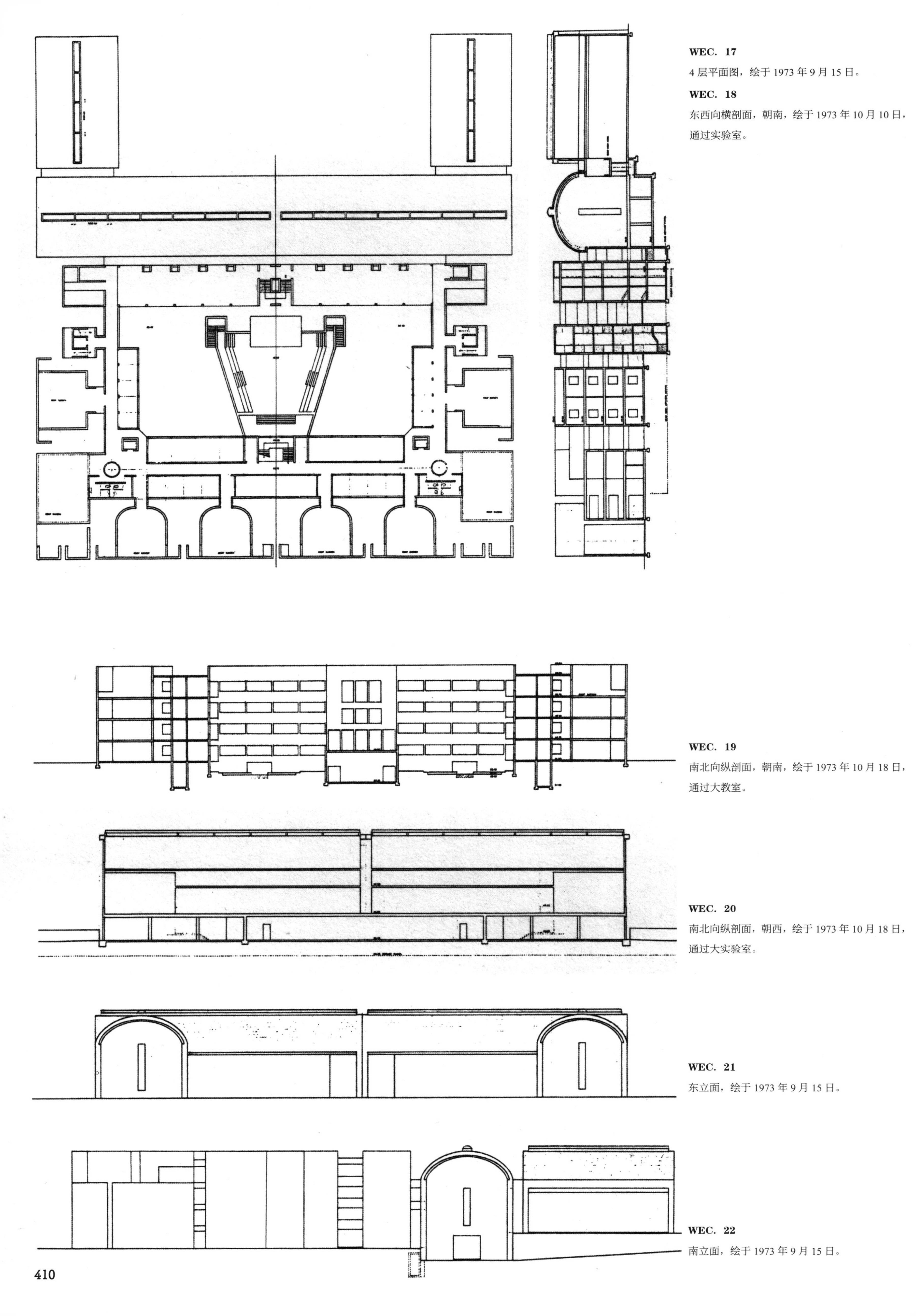

WEC. 17

4层平面图，绘于1973年9月15日。

WEC. 18

东西向横剖面，朝南，绘于1973年10月10日，通过实验室。

WEC. 19

南北向纵剖面，朝南，绘于1973年10月18日，通过大教室。

WEC. 20

南北向纵剖面，朝西，绘于1973年10月18日，通过大实验室。

WEC. 21

东立面，绘于1973年9月15日。

WEC. 22

南立面，绘于1973年9月15日。

政府大楼山——公寓及酒店（1971—1974 年）

耶路撒冷，以色列 / 巴勒斯坦

当康设计哈尔瓦犹太会堂（Hervah Synagogue）时，耶路撒冷市市长在 1971 年 3 月写信给他："……耶路撒冷市政府将向你提出北面政府山的计划。政府山的斜坡，即从城市可以看到的那些部分。"

1973 年，一个当地承包商提议在耶路撒冷南部政府大楼山东北坡，离现有政府大楼附近 80 杜南（dunam，约 20 英亩）土地上建造一个密集的公寓和酒店综合楼，被市议会拒绝。康在 1974 年 3 月去世前提出了 4 种不同的设计草图和研究模型。

GAH. 1

总平面草图，展示了树丛中的政府大楼，右侧是拟建的公寓—酒店综合楼，底部是有小群的阿拉伯房屋的阿布-托尔区（Abu-Tor），左上方是圣殿山。

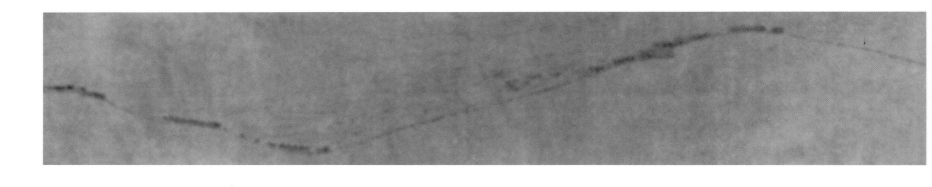

GAH. 2

场地剖面图，展示了有橄榄树的政府住宅山的台状斜坡，以及右侧拟建的公寓—酒店综合楼的示意图部分。

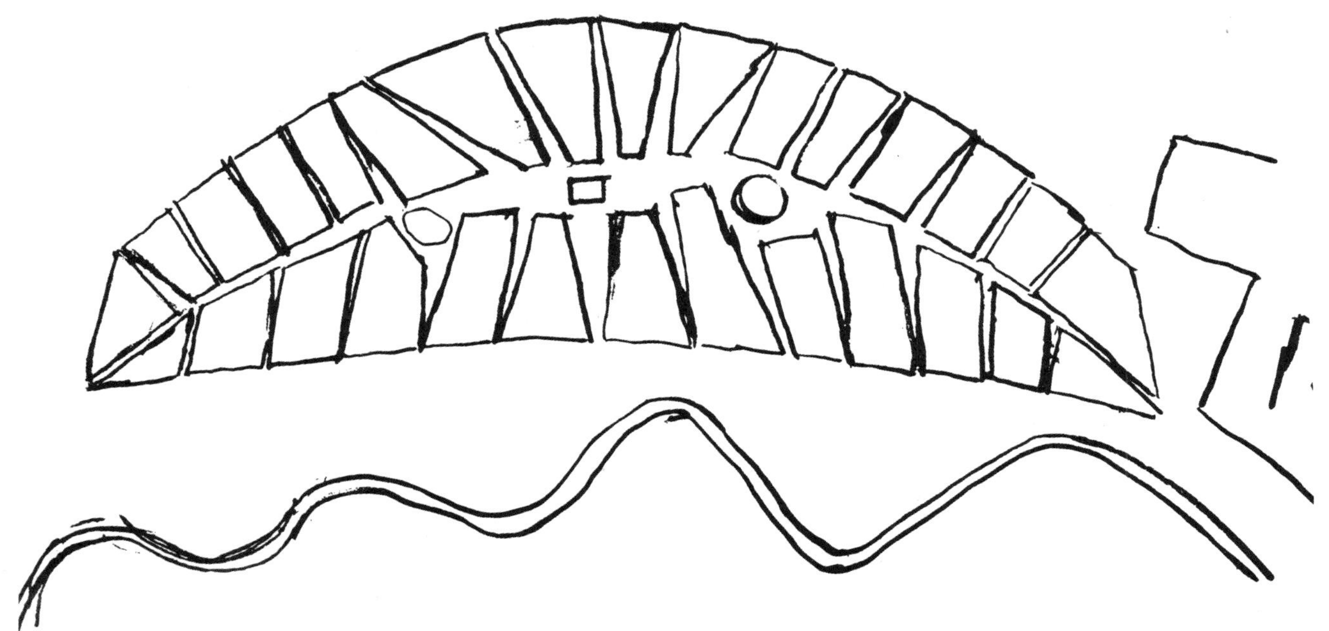

GAH. 3

平面草图，“头皮屑”。

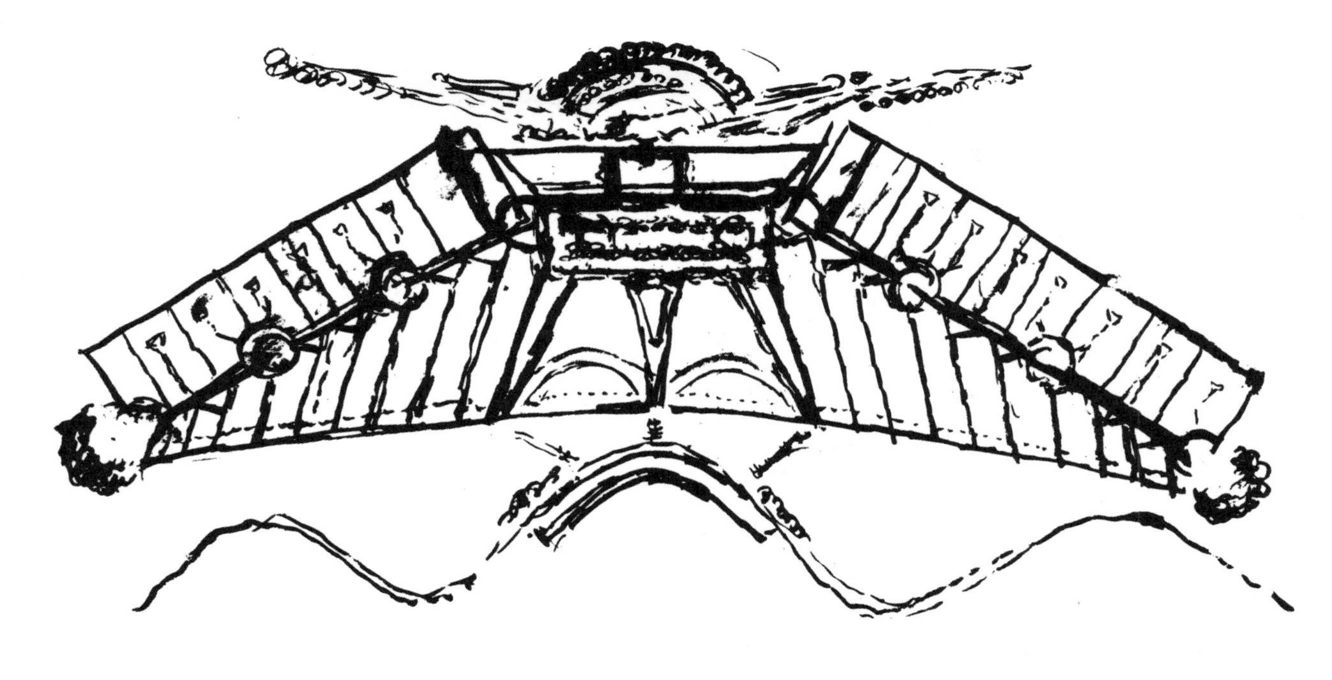

GAH. 4—5

平面草图，展示了顶部的酒店综合楼和山坡上的公寓楼。

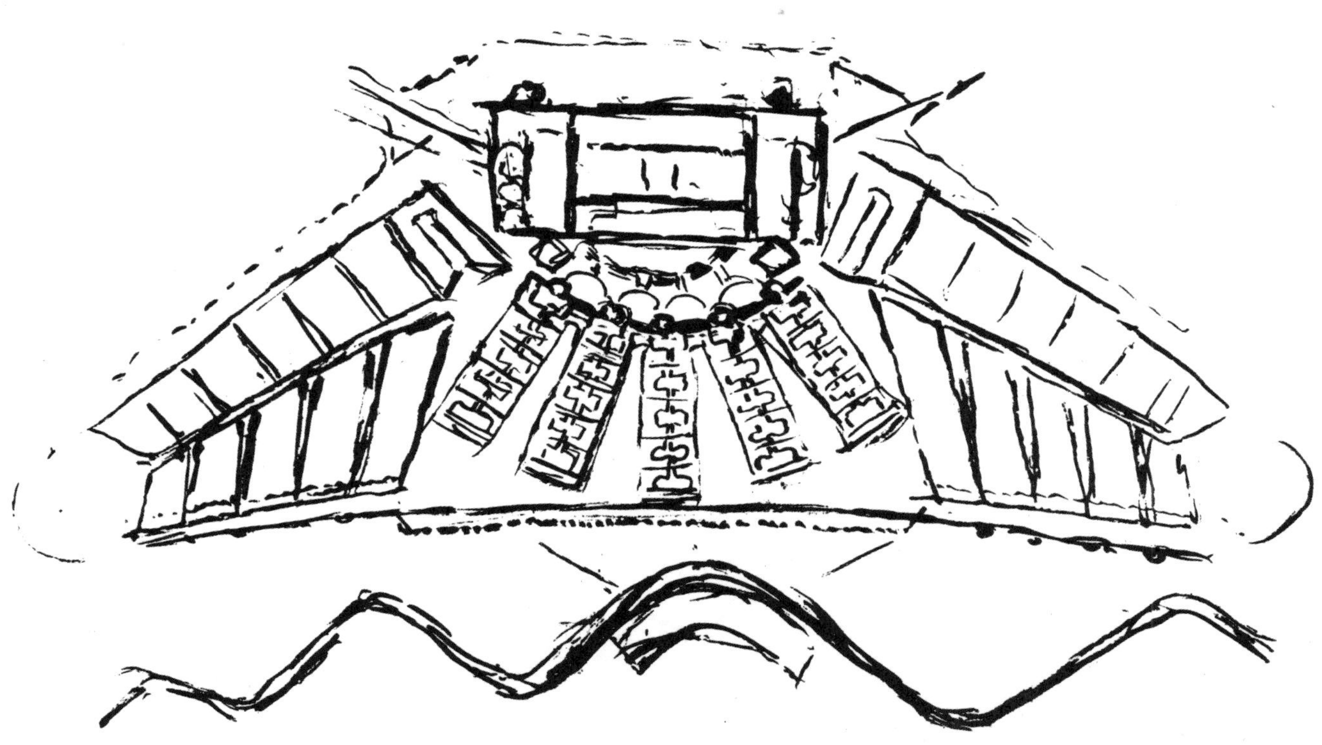

GAH. 6—7

两个模型的视图，展示了对联排公寓的替代方案研究。

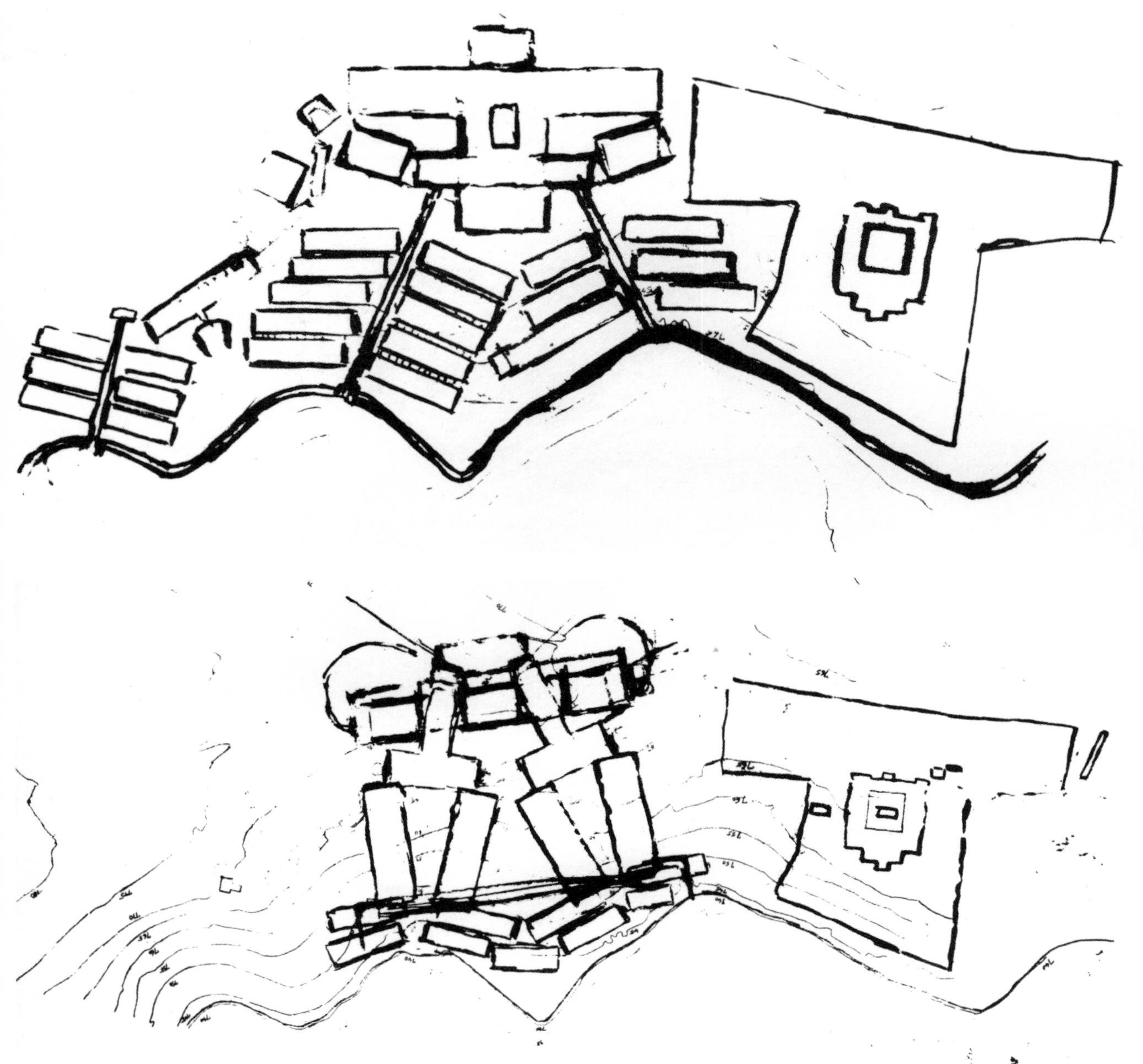

GAH. 8—10

平面草图，展示了对酒店综合楼和排屋布置的替代方案研究。

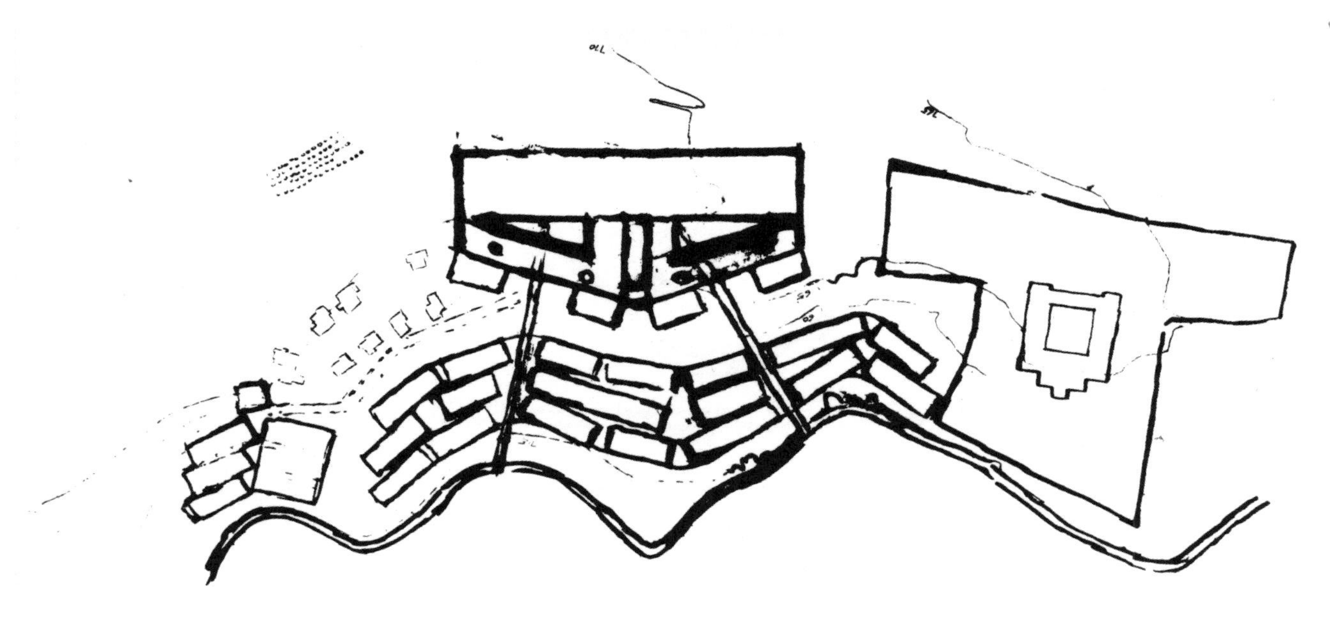

GAH. 11
研究模型图。

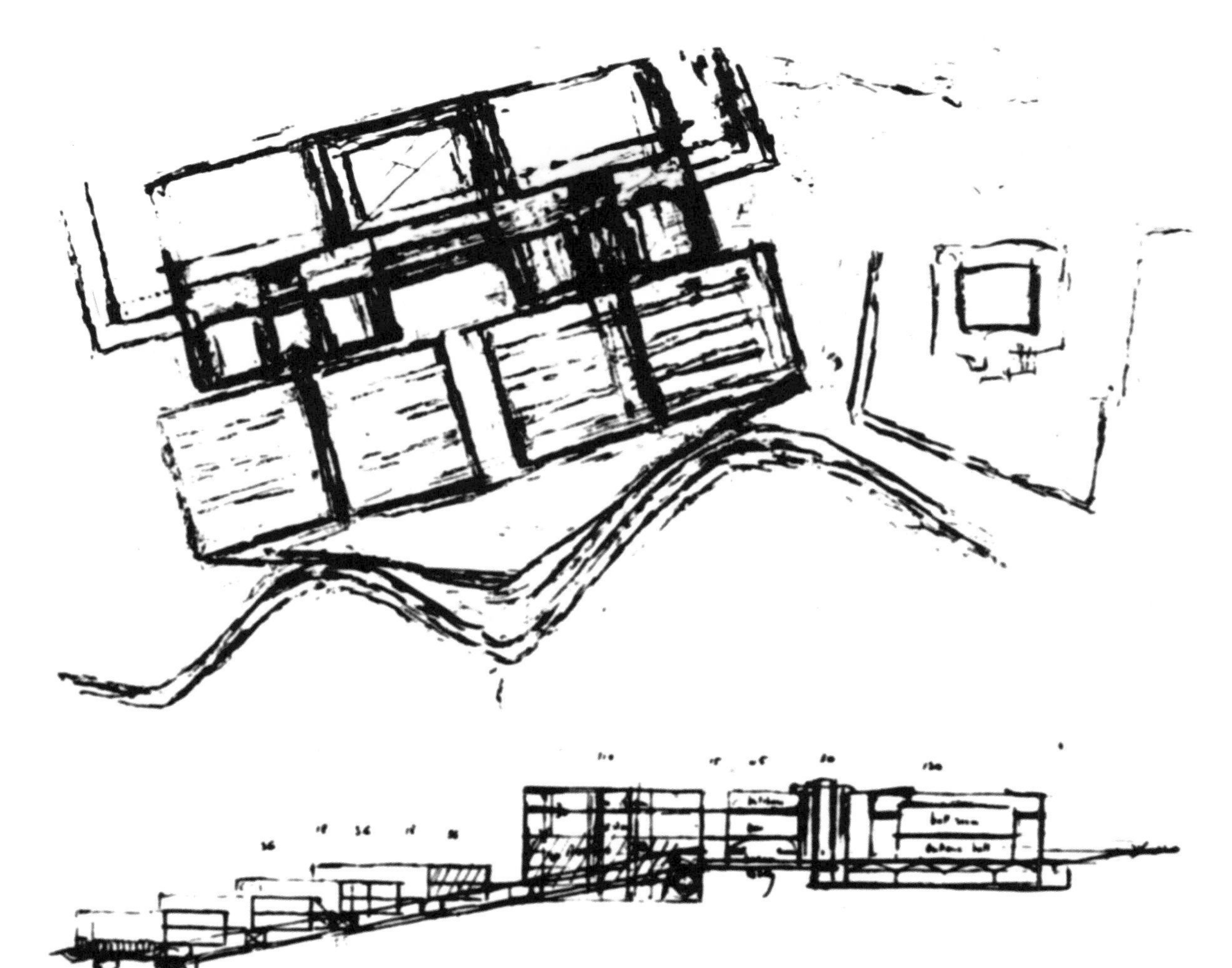

最终版本：1971 年

未建成。

GAH. 12
平面草图，绘于 1973 年 3 月。

GAH. 13
剖面草图，右侧展示了“门厅”和“宴会厅”，中间是“厨房”“酒吧”和“大堂”，左侧为“房间”，作为山上较高楼层的酒店建筑的一部分，右侧是位于山低处的公寓楼。

GAH. 14

剖面图，展示了酒店综合楼的不同布局。

GAH. 15

模型视图，左侧展示了公寓—酒店综合楼，右侧展示了现有的政府大楼。

GAH. 16

场地模型视图，右侧展示了公寓—酒店综合楼；政府大楼藏在树林中。左上方展示了一个带有马蹄形剧场的方形文化中心。

神学联盟研究生院图书馆（1972—1974 年）

伯克利，加利福尼亚州

1971 年 7 月 30 日，图书馆建筑师检索委员会主席写信给康：“神学联盟研究生院是一个由 3 所罗马天主教神学院、6 所新教学校和一个犹太教研究中心组成的综合体，旨在培养男女神职人员和宗教领域的牧师和教学人员。该院利用与加州大学伯克利分校合作开发的资源，从这些学校的藏书中建立了统一的图书馆。这就需要一个新的图书馆设施，该建筑物位于加利福尼亚大学北侧的位置和空间将成为整个神学联盟研究生院的焦点。虽然我们正处于大楼筹资的早期阶段，但我们争取在 1975 年完工。”

在大约 3 个月的时间里（1973 年 7 月至 10 月），康提交了两个设计方案和一个模型。由于他于 1974 年 3 月突然去世，该项目由当地建筑师深化，并进行了一些修改。

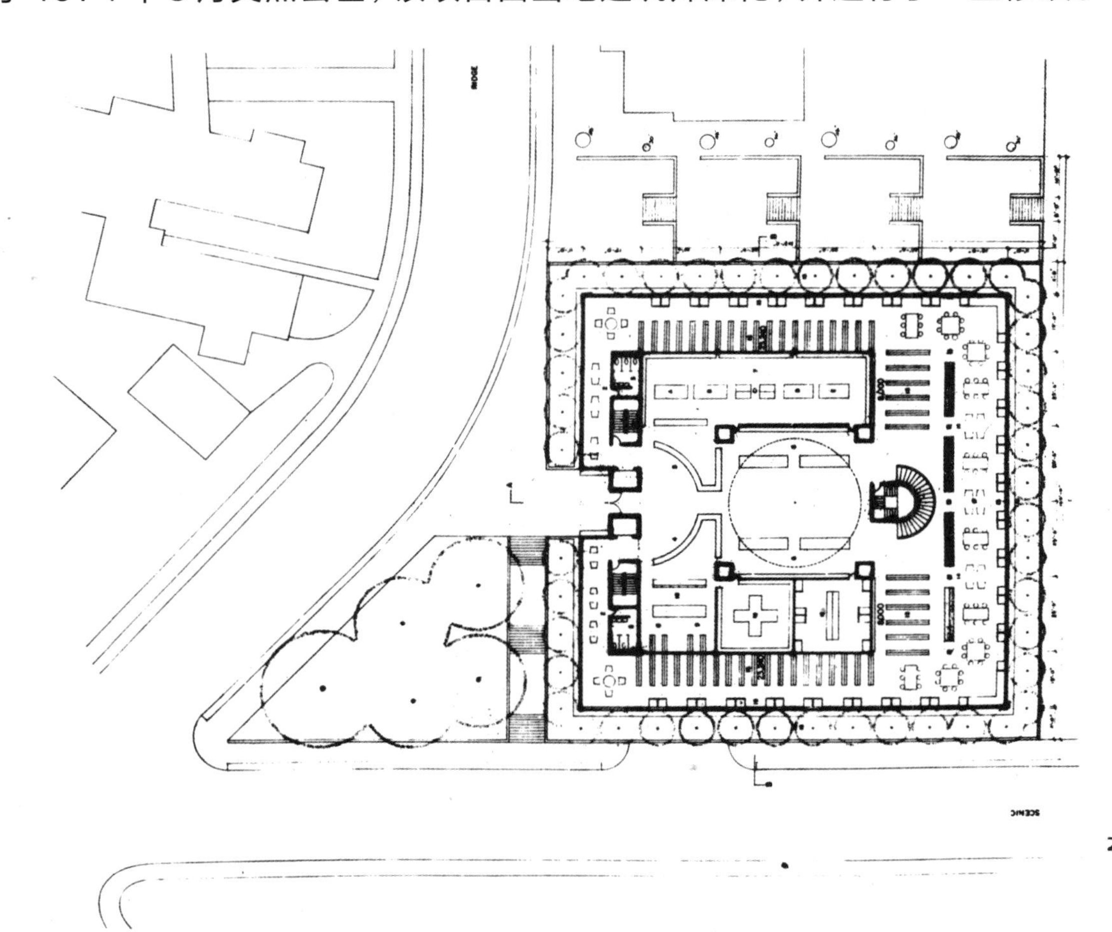

第一个方案：1973 年 7 月 25 日

GUL. 1

总平面图，展示了在里奇街（Ridge Street）以南和景观道（Scenic Drive）以东的拟建图书馆的入口层平面。

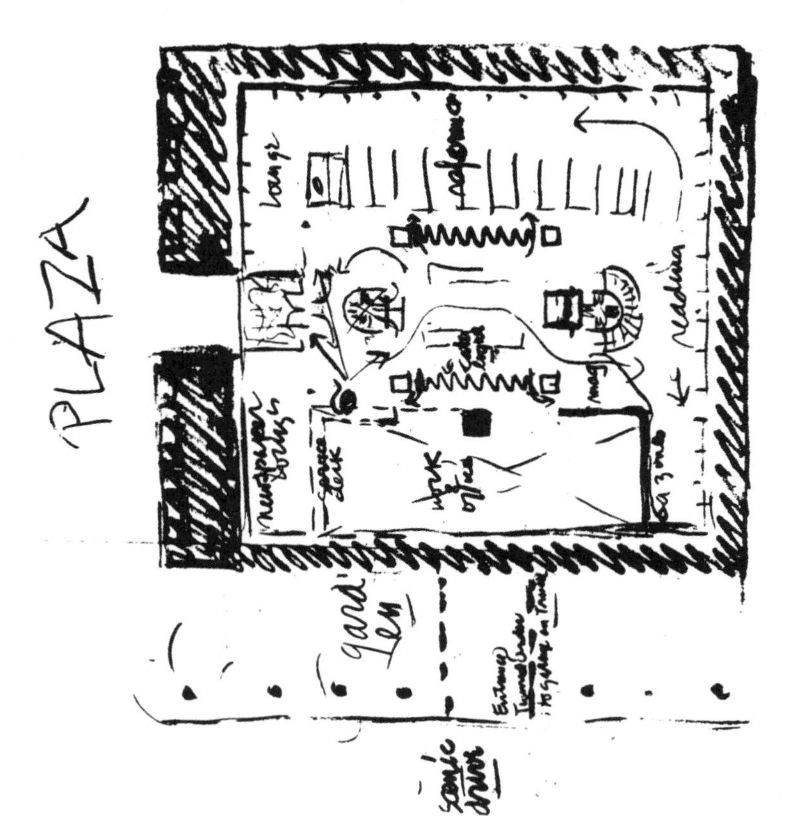

GUL. 2

平面草图，展示了在图书馆周围的“广场”和“花园”，底部是“景观道”和“入口、隧道、车库和卡车”。

区域的内部组织标记为：左边是“报纸休息室、服务台”和“休息室”；中间是“工作室和办公室、目录室”和“参考资料室”；右侧是“阅览室”。

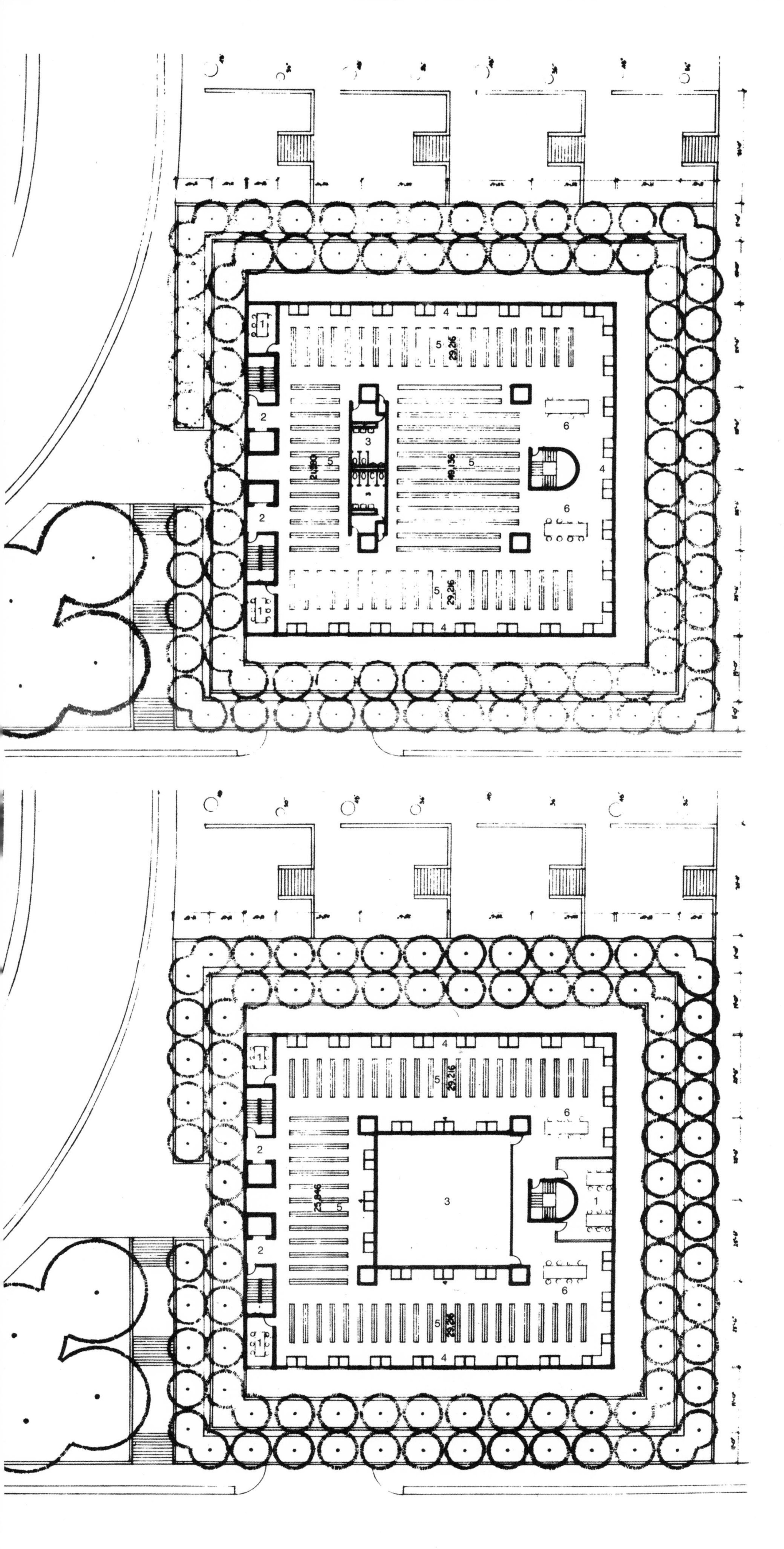

GUL. 3

三层平面图。

从耶路撒冷回来后，康提议因地制宜种植柠檬树。

“1”为小组学习室；

“2”为前庭；

“3”为厕所；

“4”为研习间；

“5”为书库；

“6”为阅读室。

GUL. 4

四层平面图。

“1”为小组学习室；

“2”为前庭；

“3”为庭院；

“4”为阅读桌；

“5”为书库；

“6”为阅读室。

“我希望这些计划能够受到广泛的批评，以便进行更正，使方案得到批准，并用于筹集资金。”康于1973年8月致信主席。

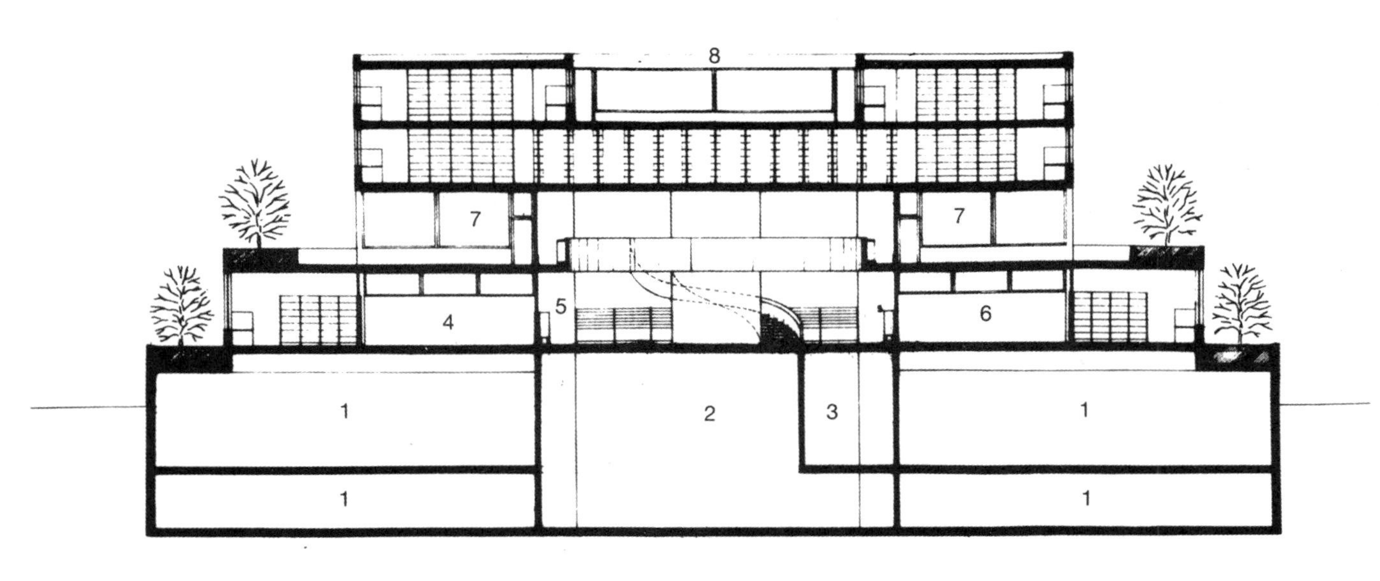

GUL. 5

东西横剖面，朝北，通过中央庭院。

“1”为停车位；

“2”为机械室；

“3”为库房；

“4”为技术设备；

“5”为目录室；

“6”为打字室；

“7”为门廊；

“8”为庭院。

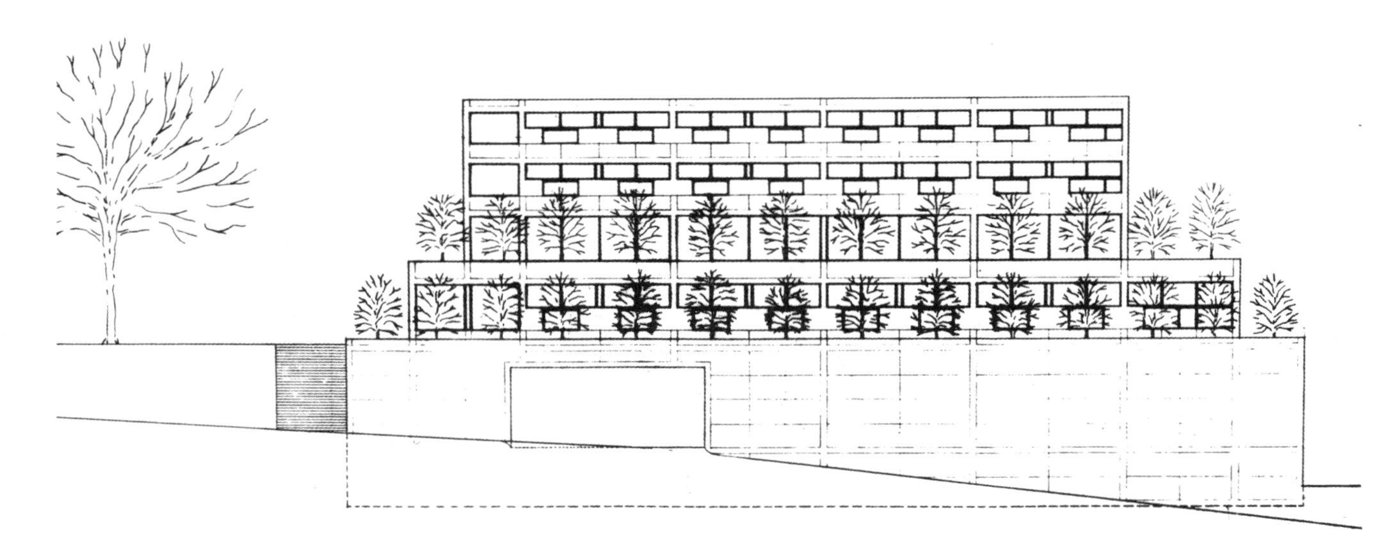

GUL. 6

西立面，展示了停车楼是图书馆的最高处；前景是景观道，左侧有车库入口，一楼和二楼有一排柠檬树。

第二个方案：1973 年 10 月 30 日

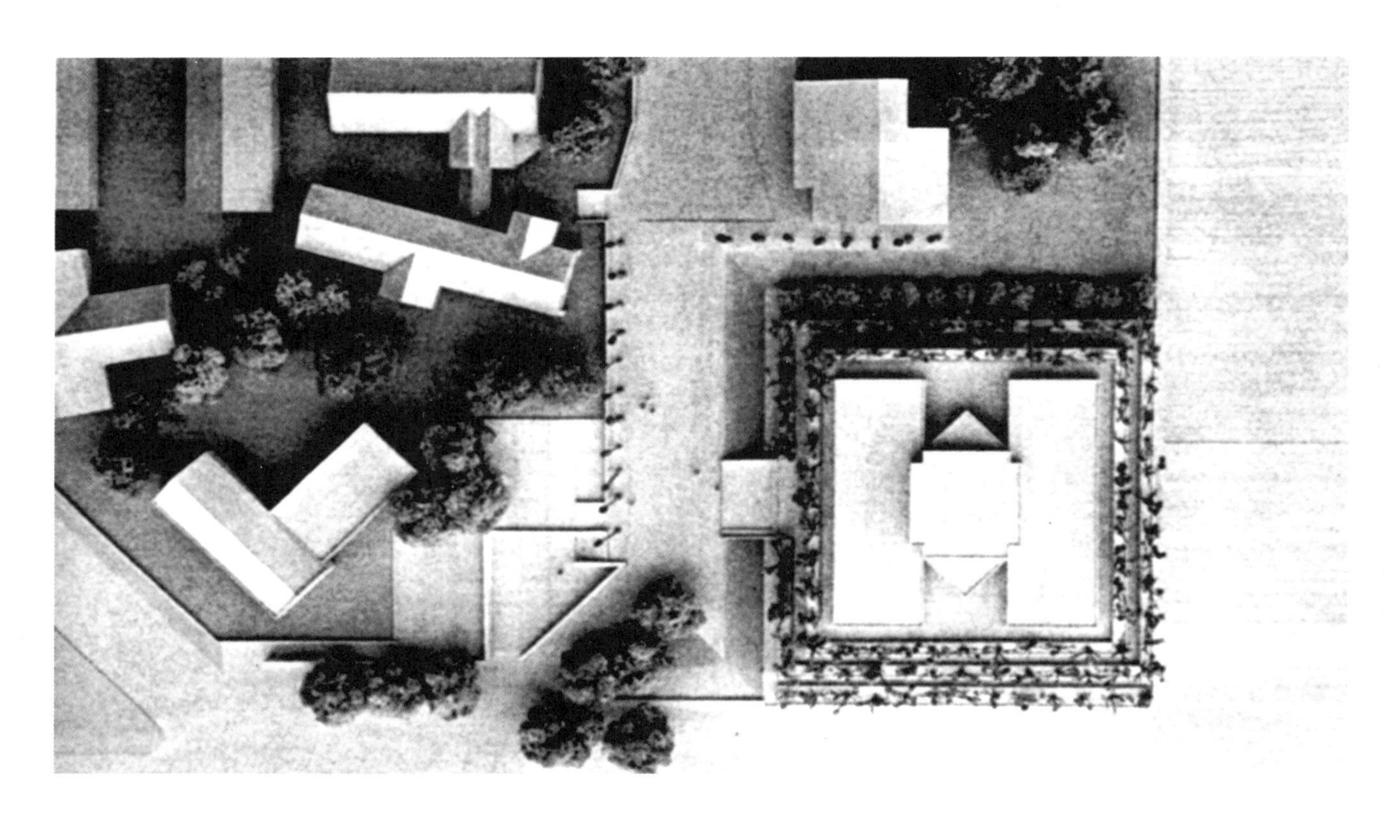

GUL. 7

场地模型的平面图（景观道位于底部），展示了里奇街是左侧广场入口的一部分。

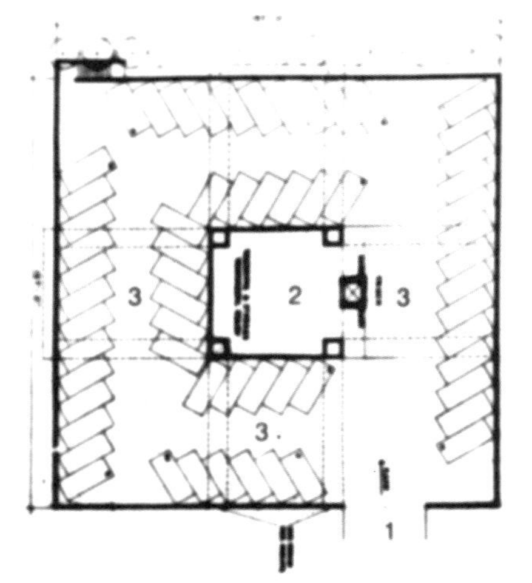

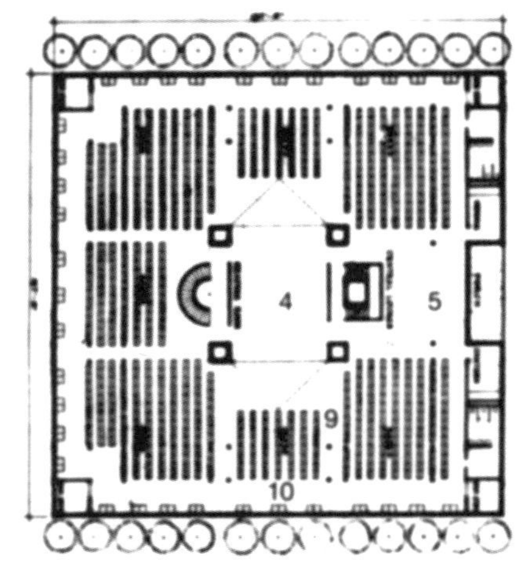

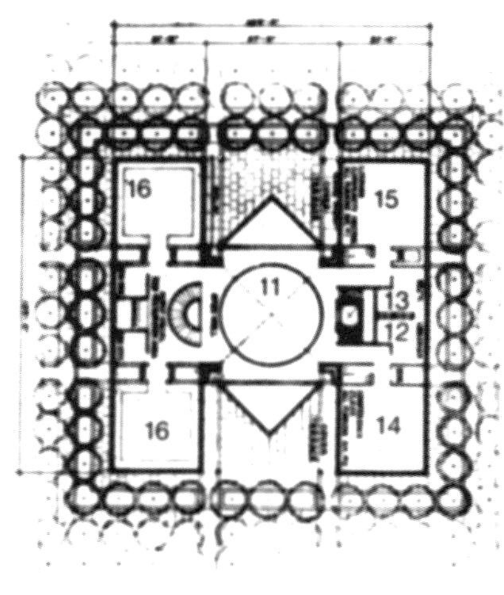

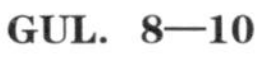

GUL. 8—10

停车场平面图，上下两层。

“1”为匝道；

“2”为接收和存储室（下方是机械室）；

“3”为停车场；

“4”为阅览室；

“5”为中央休息室；

“6”不明，疑似为门廊；

“7”不明，疑似为食堂；

“8”不明，疑似为自动售货机；

“9”为书库；

“10”为阅览桌；

“11”为露明井；

“12”为馆员室；

“13”为秘书处；

“14”为会议室、教室、多功能室；

“15”为休息室、集体会议室、多功能室；

“16”为视听和微缩胶卷区。

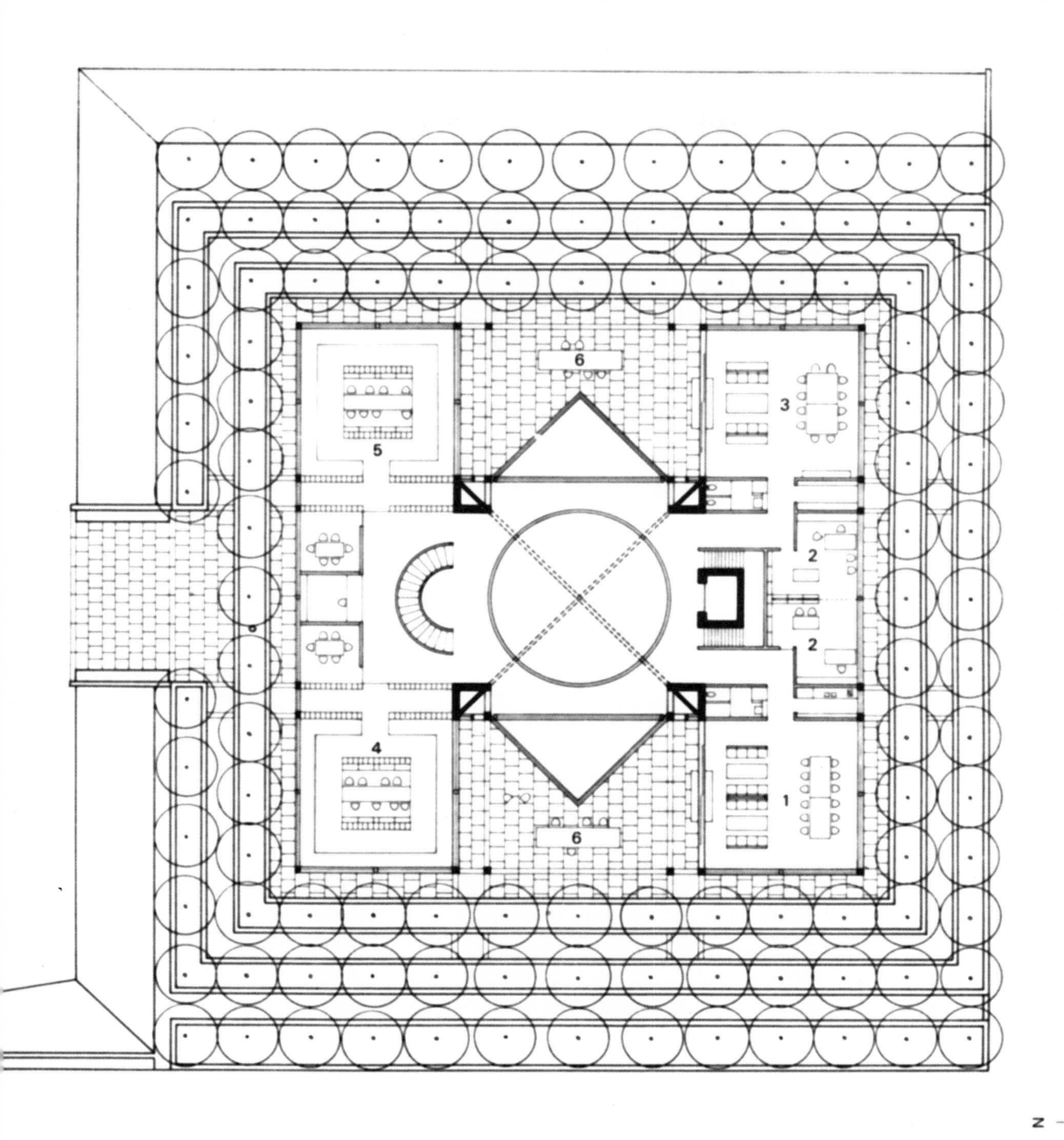

GUL. 11

上层平面图。

“1” 为休息室；

“2” 为办公室；

“3” 为会议室；

“4” 为视听室；

“5” 为缩微胶卷区；

“6” 为茶园。

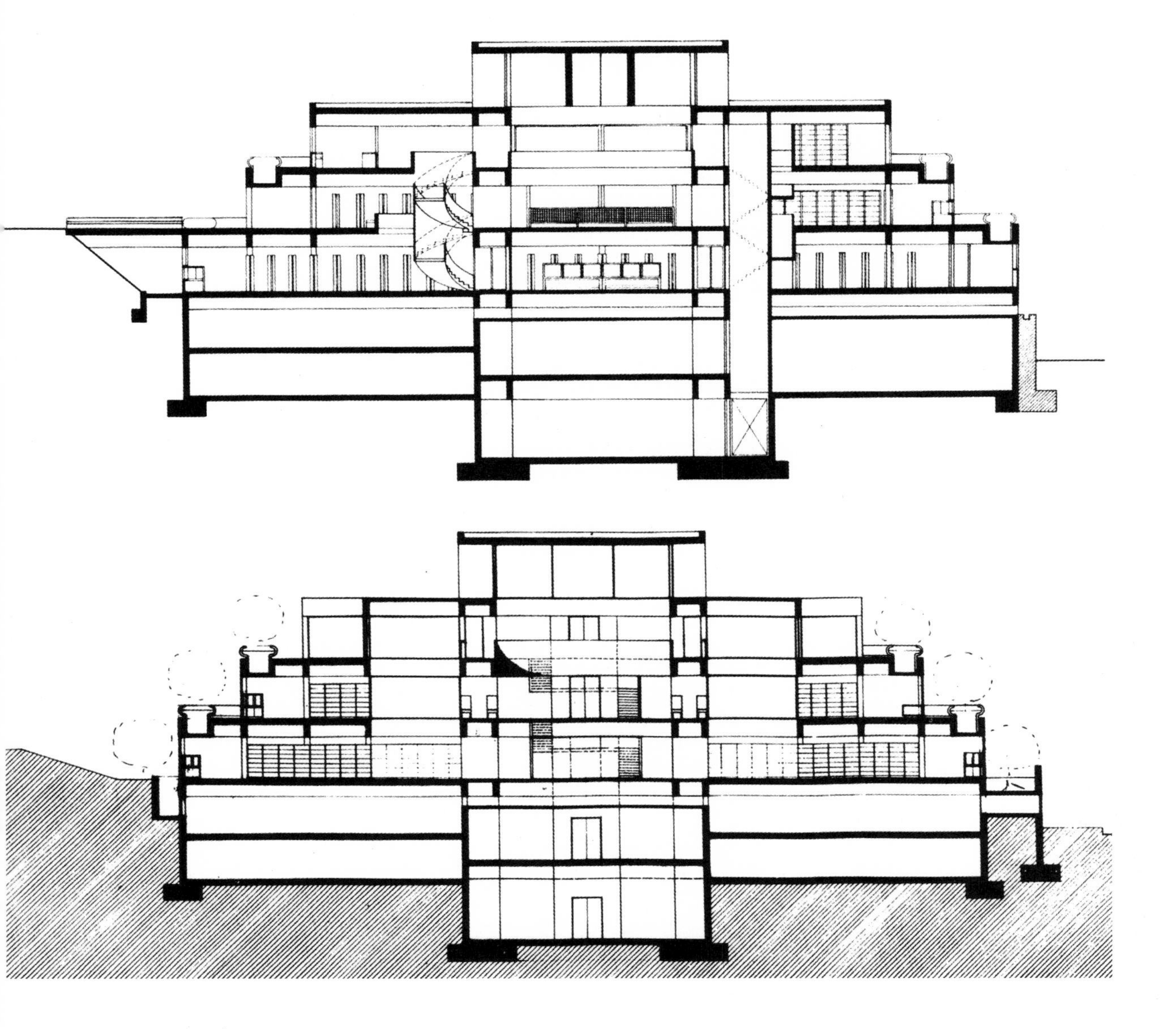

GUL. 12

南北平面图，朝西，通过中央庭院，左侧是里奇街入口。

GUL. 13

东西段，朝北，通过中央庭院，右侧为景观道。

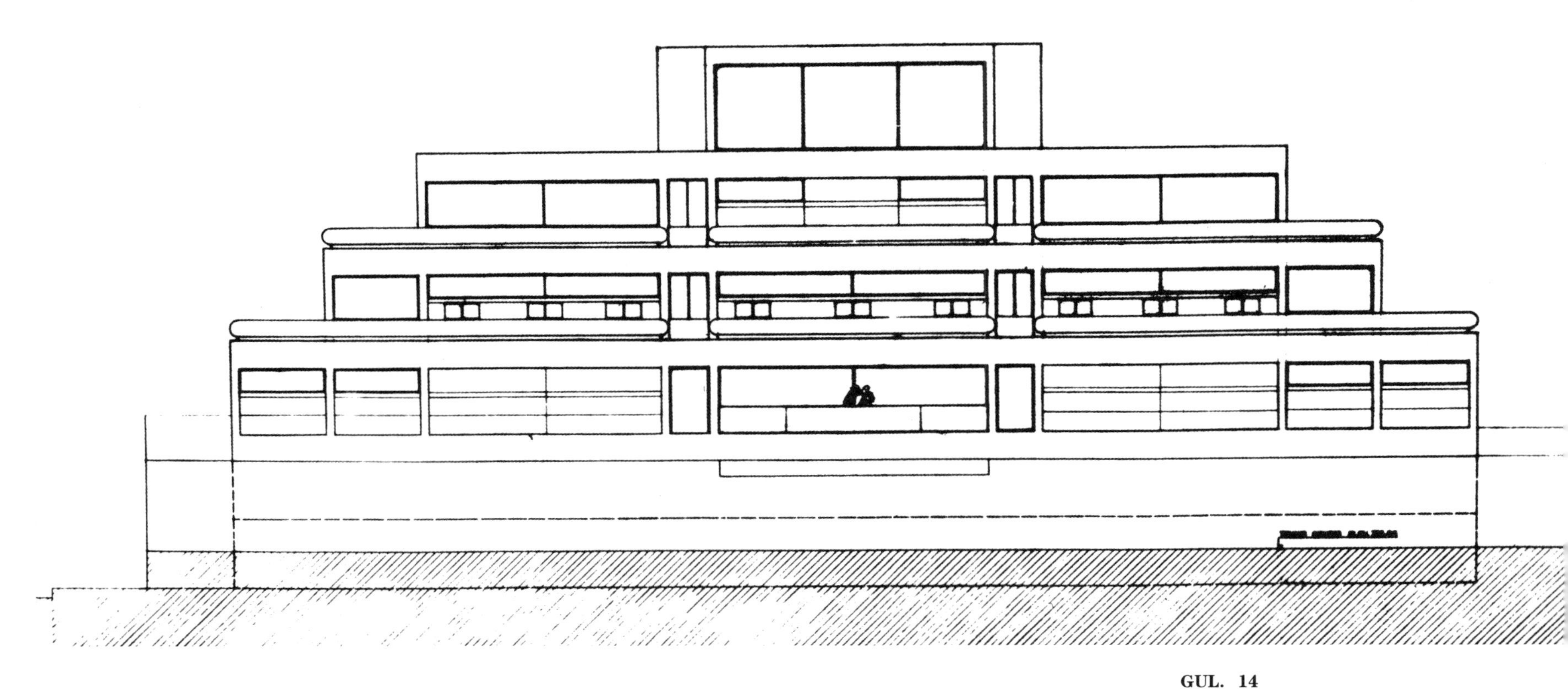

GUL. 14

南立面，左侧为景观道。

GUL. 15

透视草图，展示了从里奇街和景观道西北交叉口看图书馆的景色。

“建筑是一种天堂，一种空间环境，对我来说非常重要。建筑是世界中的世界。可以将礼拜场所、住所或其他人造场所形象化的建筑必须忠实于其本质。思想必须是活的，如果它死了，建筑就死了。”1972 年秋。

波科诺艺术中心（1972—1974 年）

卢塞恩县，宾夕法尼亚州

1972 年，宾夕法尼亚州商务部委托康设计波科诺艺术中心。它位于一处将要被利哈伊峡谷州立公园（Lehigh Gorge State Park）收购的地段——在波科诺山脚下，位于美国保护区（U. S. Reservation）的南部，靠近弗朗西斯沃尔特水库大坝（Francis E. Walter Reservoir Dam）和州狩猎地（State Game Land）的北部。

“该项目将为夏季音乐节剧院（Summer Festival Theater）及其周围地区的 9000 人提供座位，并在利哈伊河（Lehigh River）的卡本县（Carbon County）一侧和卢塞恩县（Luzerne County）一侧提供 1000 个停车位。”

“参观艺术中心的游客预计将沿着目前的道路来到此处。该路从宾夕法尼亚 940 道伸出，以 35 号收费公路交会处东为起点。”

1973 年，康设计了一个基地模型的方案，但由于他在 1974 年 3 月突然去世，该方案没有进一步深化。

PAC. 1

总平面草图，1972 年绘，展示了左侧是弗朗西斯沃尔特水库大坝，中间是利哈伊河；拟建的波科诺艺术中心位于中心顶部。

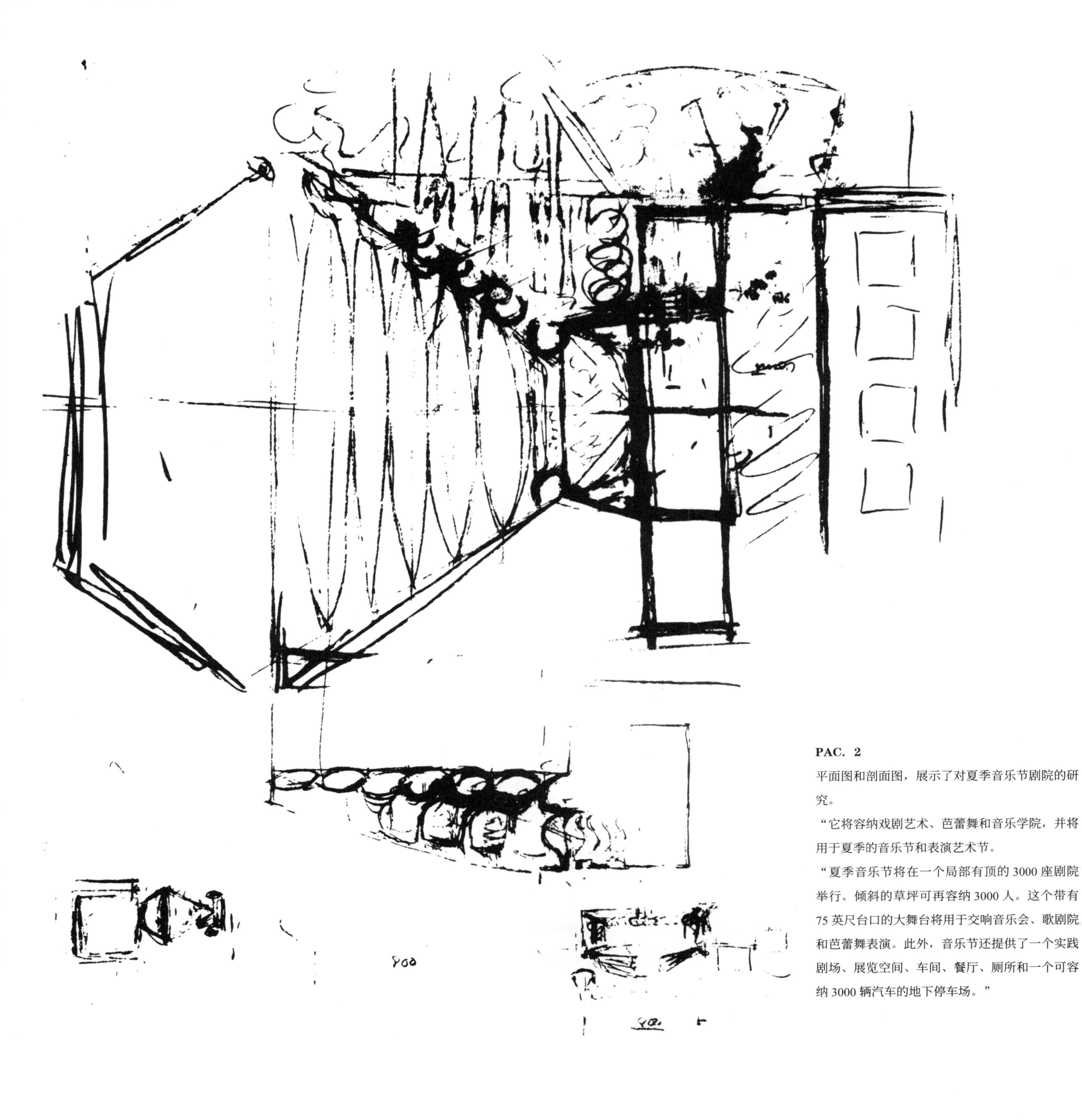

PAC. 2

平面图和剖面图，展示了对夏季音乐节剧院的研究。

“它将容纳戏剧艺术、芭蕾舞和音乐学院，并将用于夏季的音乐节和表演艺术节。

“夏季音乐节将在一个局部有顶的3000座剧院举行。倾斜的草坪可再容纳3000人。这个带有75英尺台口的大舞台将用于交响音乐会、歌剧院和芭蕾舞表演。此外，音乐节还提供了一个实践剧场、展览空间、车间、餐厅、厕所和一个可容纳3000辆汽车的地下停车场。”

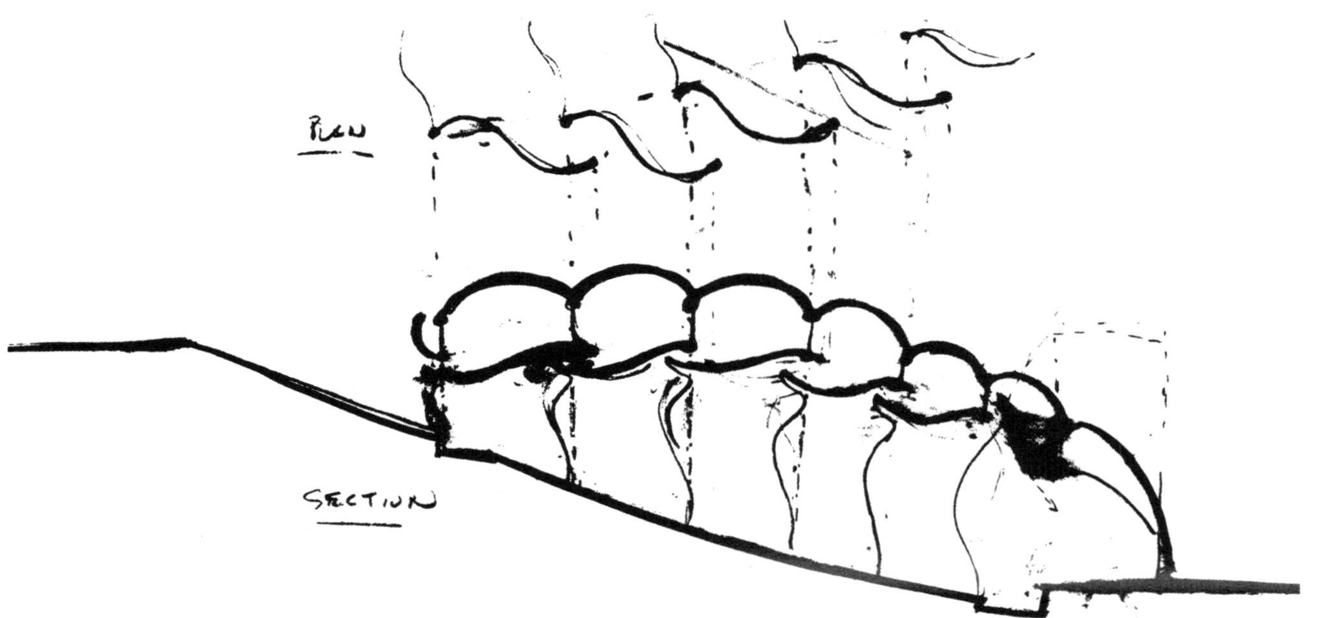

PAC. 3

剖面图，展示了对夏季音乐节剧院屋顶的研究。

“当我看到平面图的细节时，我看到了空间的结构。当我在音乐中看到符号时，我看到了声音和时间的结构。”

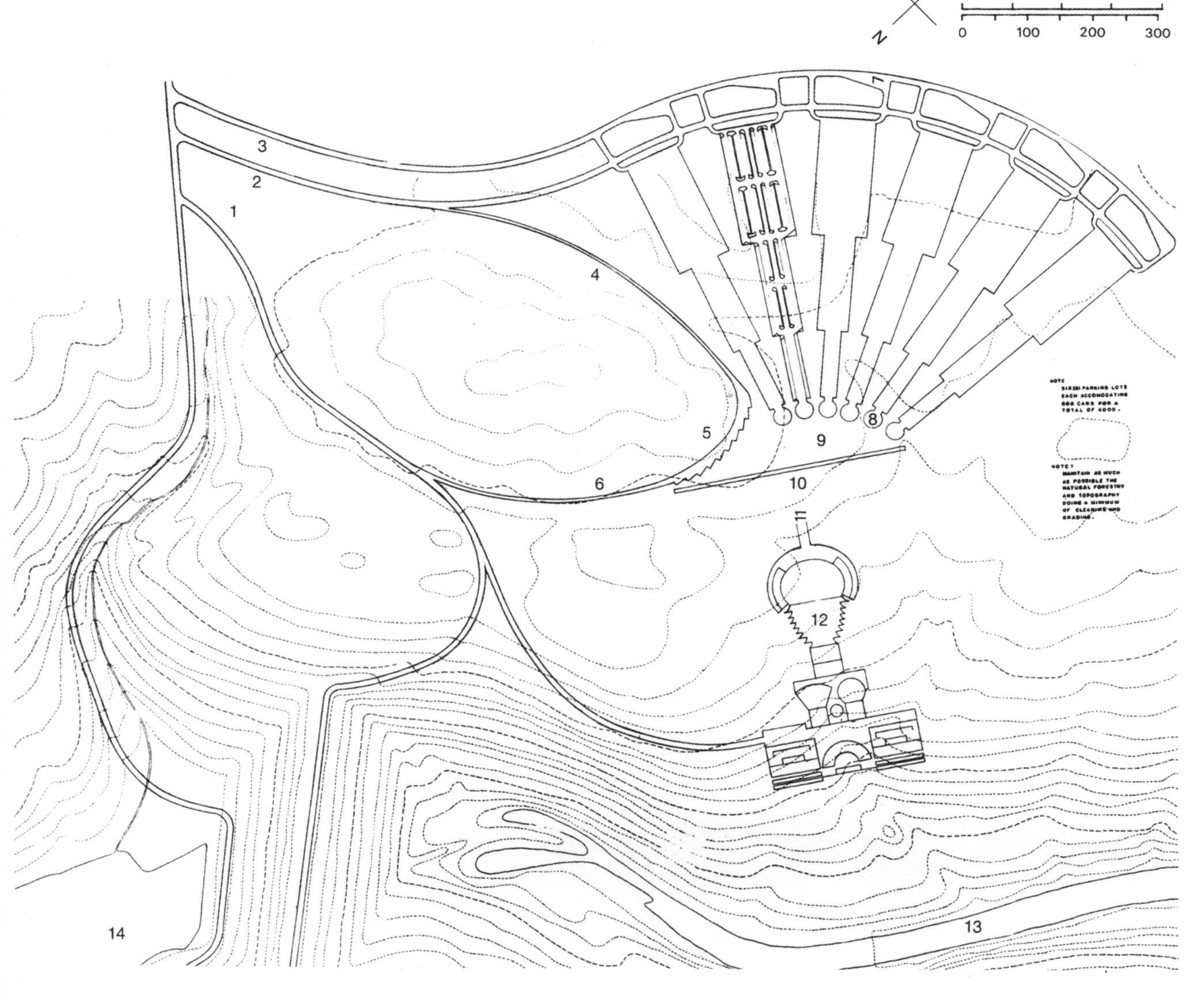

PAC. 4

总平面图。

“1”为现有道路；

“2”为单向入口（两车道）；

“3”为单向出口（两车道）；

“4”为公交车驶入车道；

“5”为公交车停车场；

“6”为公交车出口车道；

“7”为合并车道；

“8”为乘客换乘圈（直径 30 英尺）；

“9”为景观广场；

“10”为入口拱廊；

“11”为一系列通往中心的路径；

“12”为波科诺艺术中心；

“13”为利哈伊河；

“14”为弗朗西斯沃尔特水库（常规池水位：1300 英尺）。

“注释：

停车场每个可容纳 666 辆汽车，总共 4000 辆。”

“注释：

尽量保持天然林和地形，以减少砍伐，保持地面平整。”

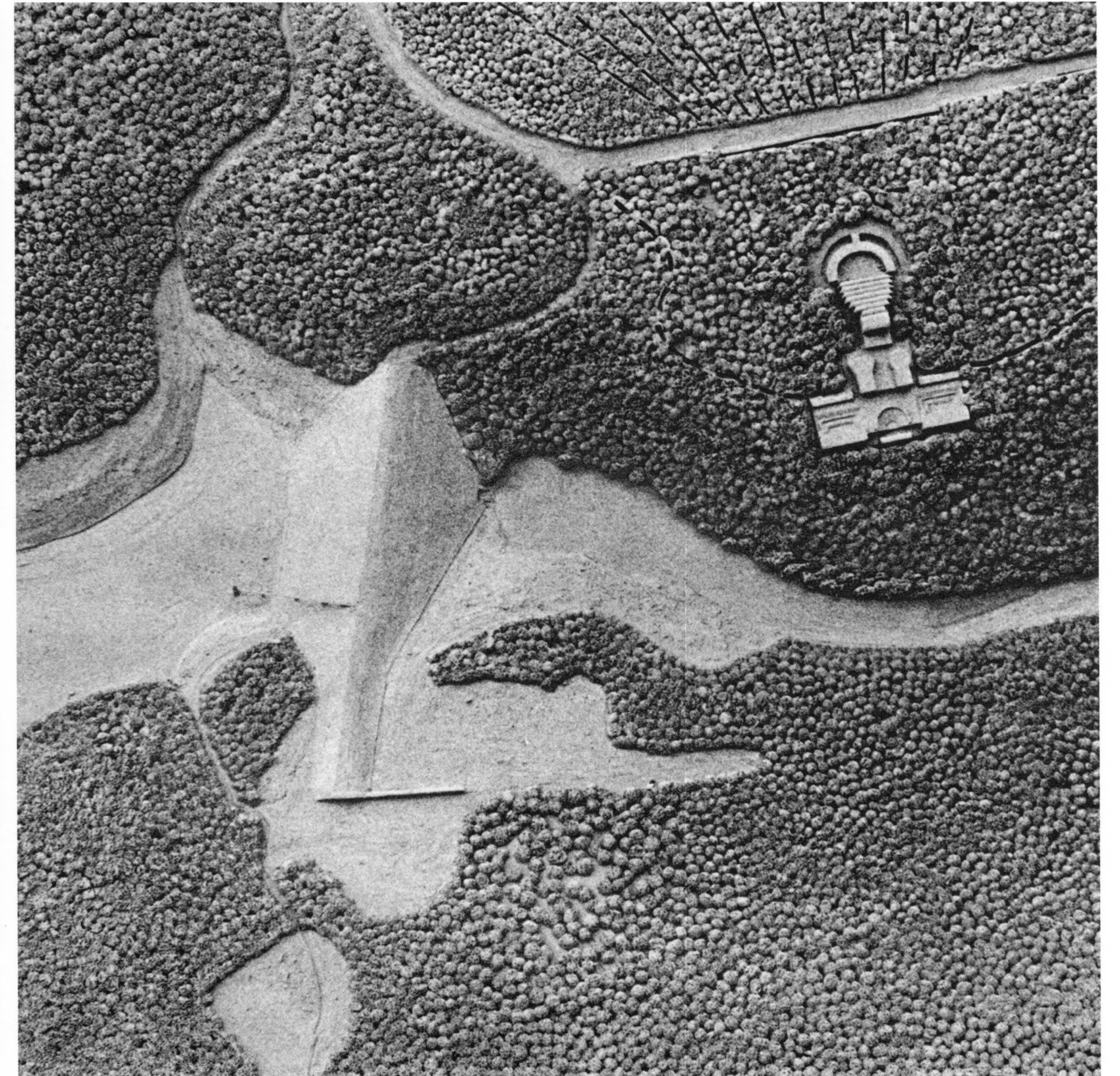

PAC. 5

场地模型平面图。

“……项目建筑的总建筑面积约为 32.5 万平方英尺，将为夏季音乐节剧院提供 9000 个座位，并在另外两个剧院为 1600 名观众提供座位。

“需要为这些设施以及舞台屋、演员室、布景间、餐饮服务，以及各种艺术家、教师和学生的学院提供足够的交通。”1973 年 12 月。

PAC. 6

南北场地纵剖面，朝东，穿过夏季音乐节剧院，绘于1973年，展示了左侧的入口拱廊、右边的两个小剧院和露天剧院之一。

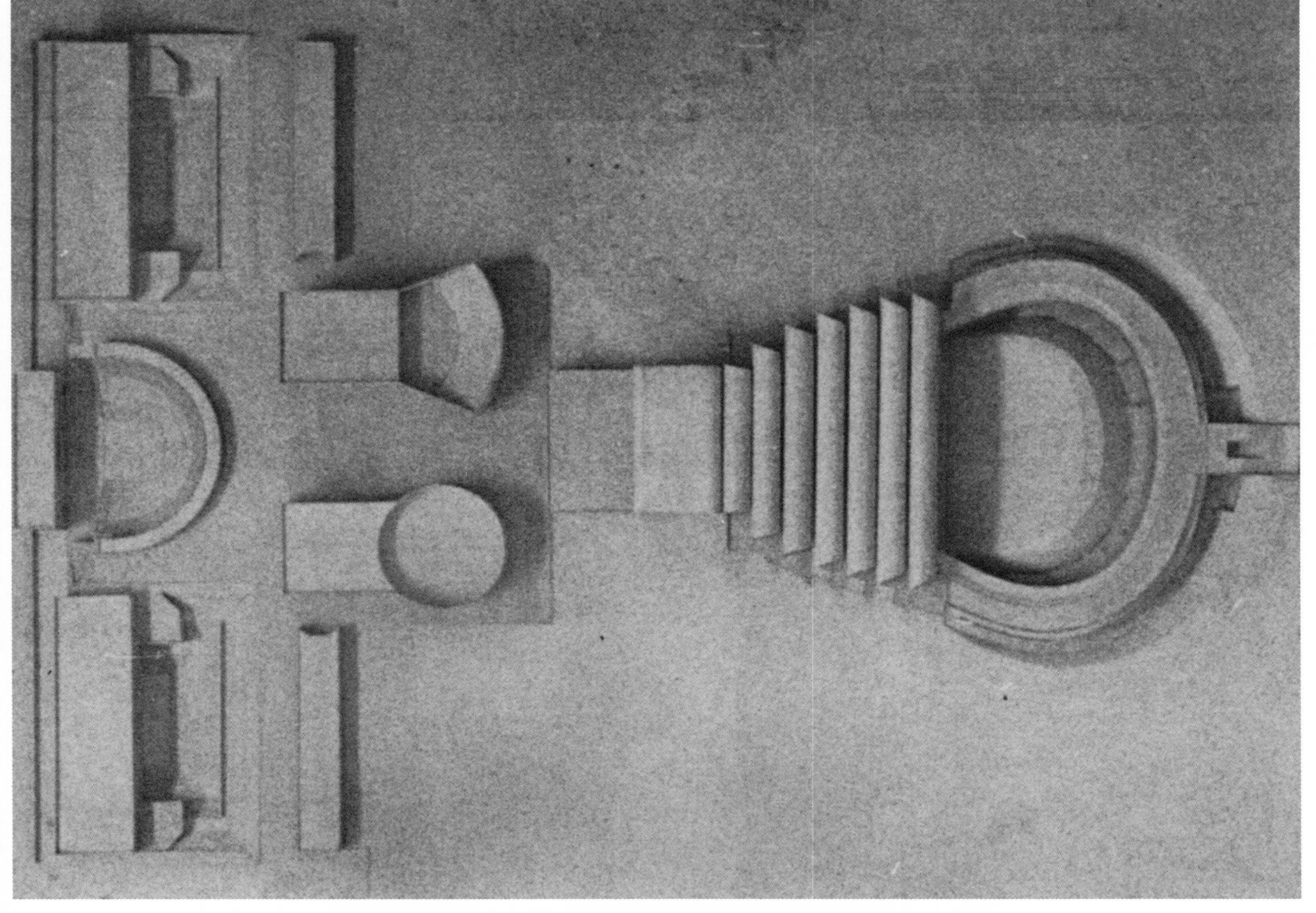

PAC. 7

场地模型图，从西看，左侧展示了利哈伊河、弗朗西斯沃尔特水库和大坝，右侧展示了波科诺艺术中心。

PAC. 8

模型平面图，绘于1973年12月。在右侧展示了波科诺艺术中心入口拱廊，夏季音乐节剧院位于中间，两个小型剧院和两个露天剧院在右边。

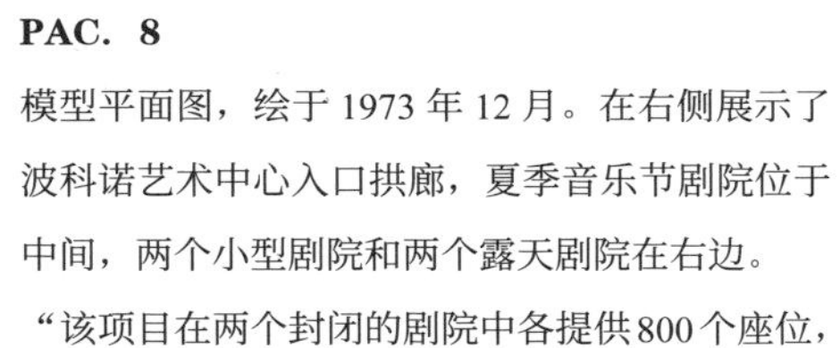

“该项目在两个封闭的剧院中各提供800个座位，为一小批不同类型的艺术家提供研究学院、练习室、研讨会、餐厅和辅助设施。”

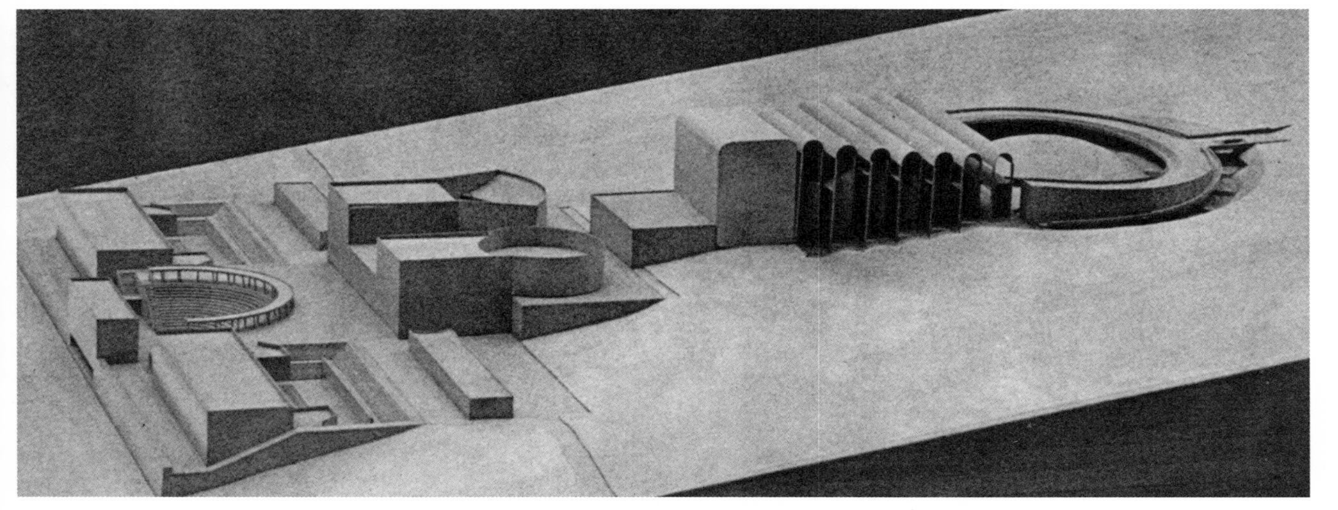

PAC. 9

模型，从西面看，展示了右上方是入口拱廊，左下方是带辅助设施的露天剧场，中间是剧场。

阿巴斯-阿巴德行政中心 (1973—1974 年)

德黑兰，伊朗

1973 年，路易斯 · 康和丹下健三被要求为阿巴斯-阿巴德行政中心（Abbas-abad Center）准备建筑方案，作为德黑兰附近地区发展方案的一部分。

项目包括：

行政楼、办公楼、城市购物中心、酒店、国家工业发展中心大楼、新市政厅、歌剧院、城市广场、诊所、停车场、教育楼、康乐设施、清真寺。

康和丹下健三各自准备方案; 而在他们的方案展示给德黑兰市长之前，康便去世了。

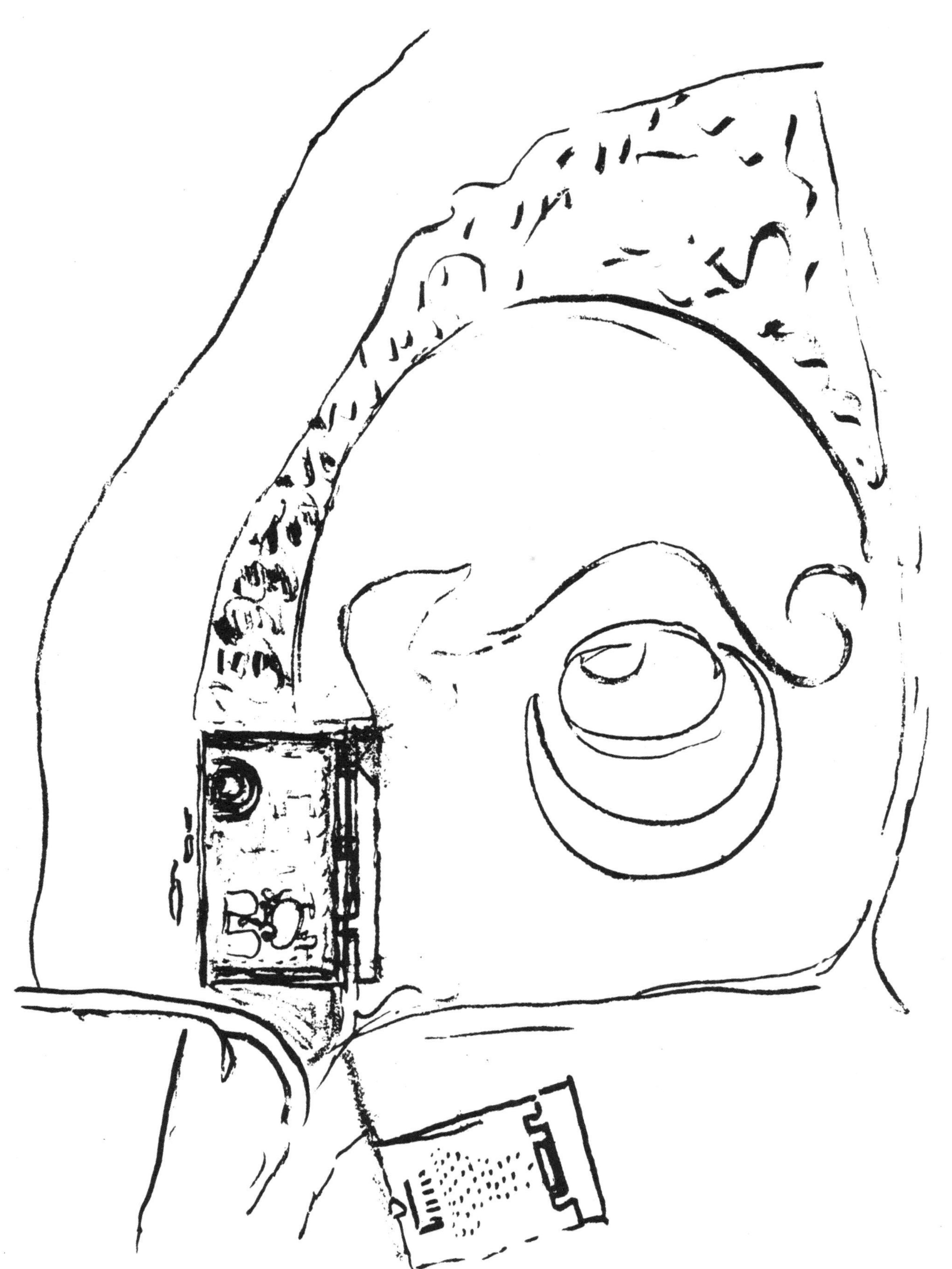

AAC. 1

总平面草图，展示了左下方的阿巴斯-阿巴德行政中心。

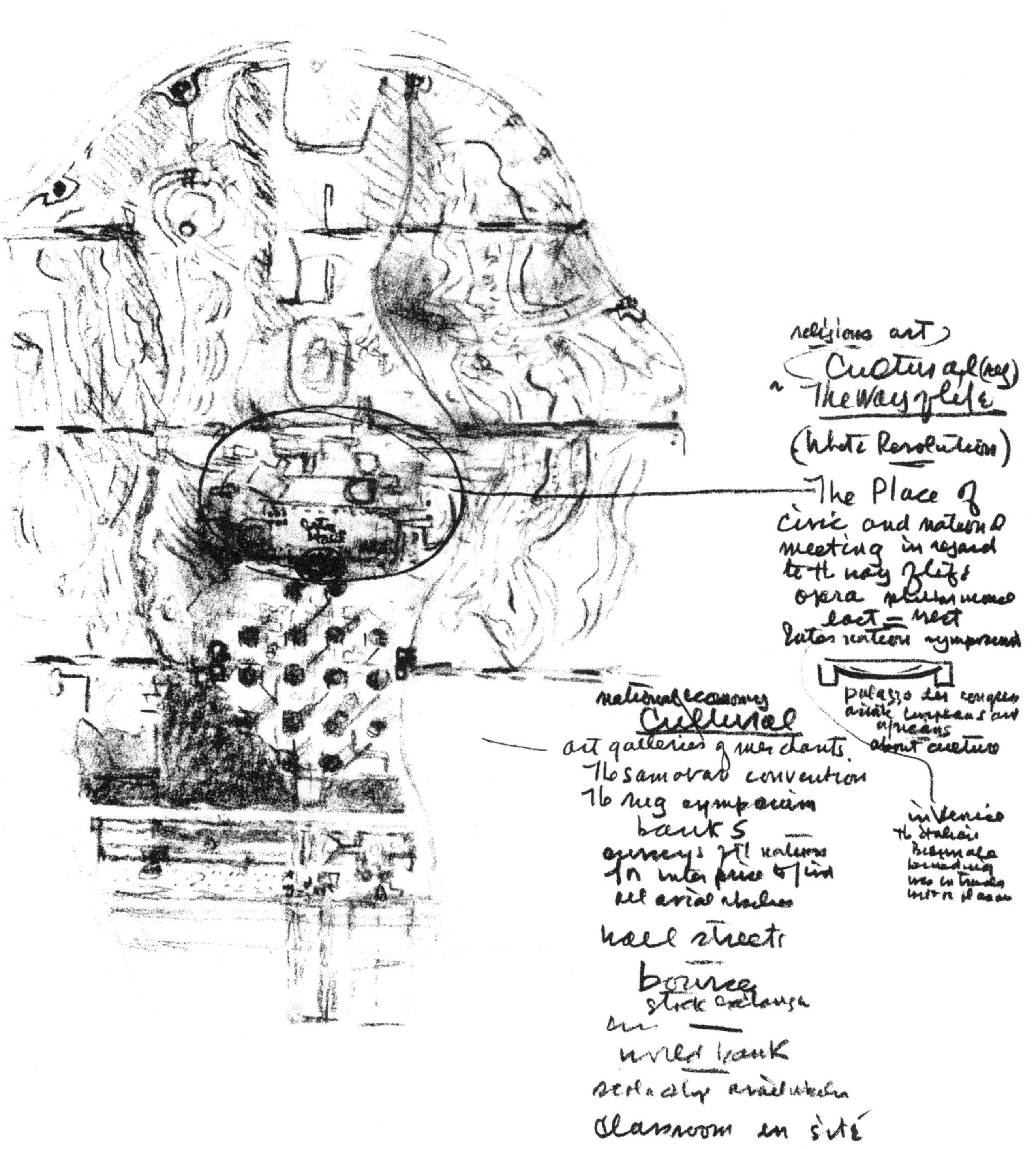

AAC. 2

总平面草图，展示了场地向山上延伸，作为生活区。

右侧标注：

“宗教艺术”；

“文化的”；

“生活方式”；

“（白色革命）”；

“举行全国会议的场所”；“歌剧院交响乐团”；

“东—西”；

“国际研讨会”；

“国会大厦”；

“亚裔欧洲人和非洲人，关于文化”；

“在威尼斯，意大利双年展建筑是宫殿的入口单元”；

“国家资源”；

“文化的”；

“商人艺术馆”；

“萨莫瓦尔习俗”；

“地毯专题讨论会”；

“银行”；

“为企业寻找可用资源的国民普查”；

“华尔街”；

“交易所”；

“股票交易”；

“世界银行”；

“学术可行性”；

“现场教室”。

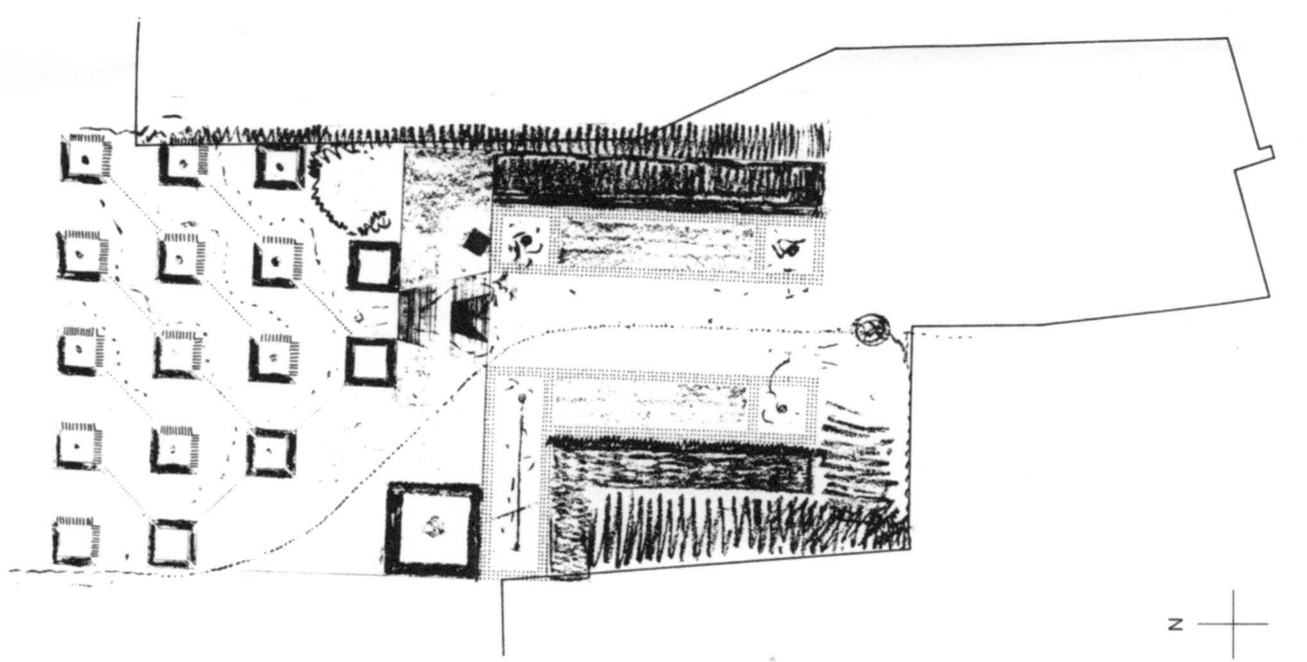

AAC. 3

总平面草图，展示了底部方形的清真寺；右侧是矩形公园；左侧是代表商业办公室的方块。

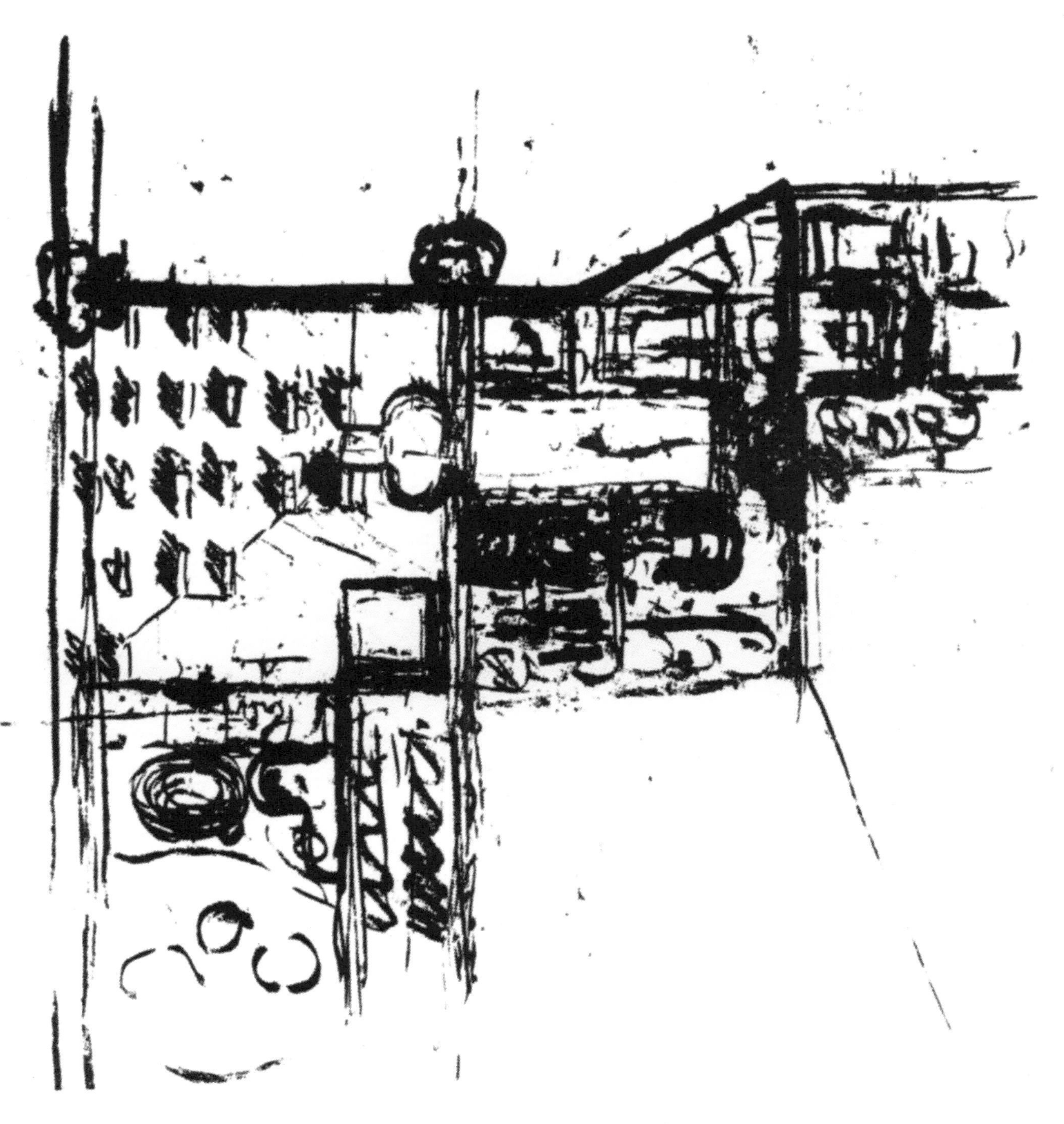

AAC. 4

总平面草图，展示了左上角为商业办公街区，广场位于顶部中心，左下角是广场、清真寺和歌剧院，通过左侧的路将住宅区与商业和行政区分开。

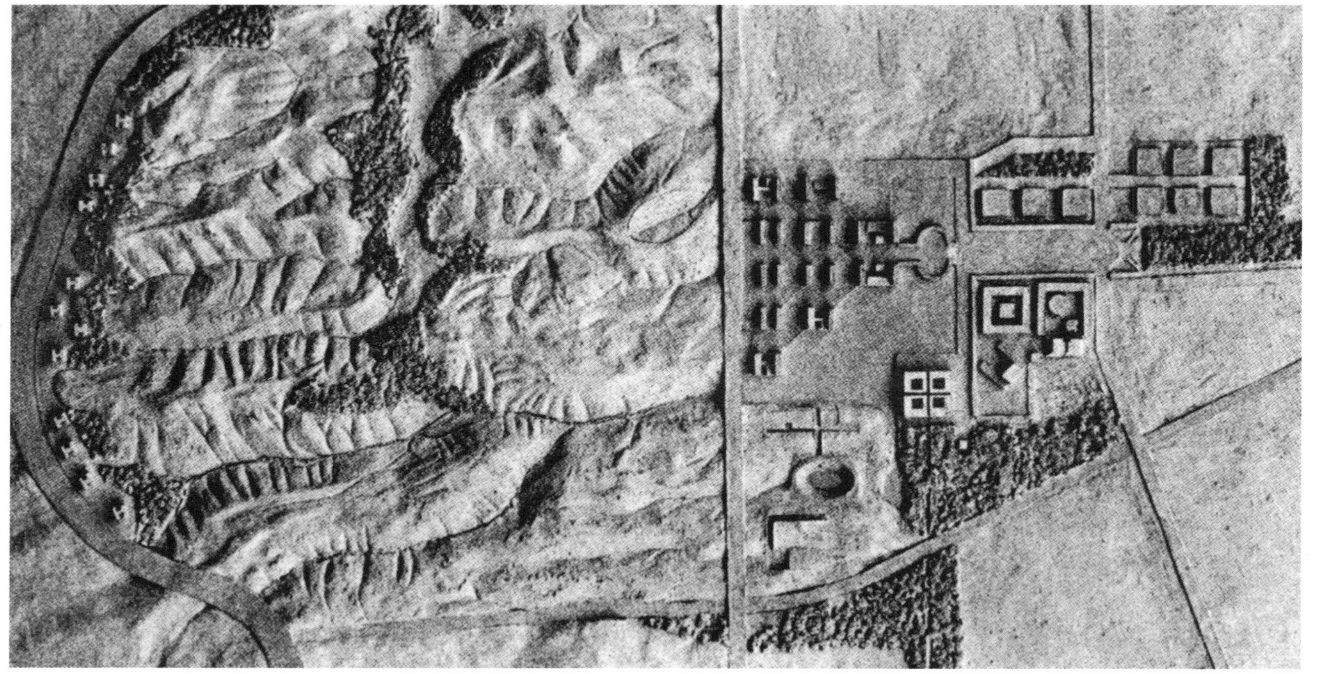

AAC. 5

场地模型的平面图，在右侧展示了商业和行政区域，左侧为预留住宅的山地。

AAC. 6

场地模型，从西看。

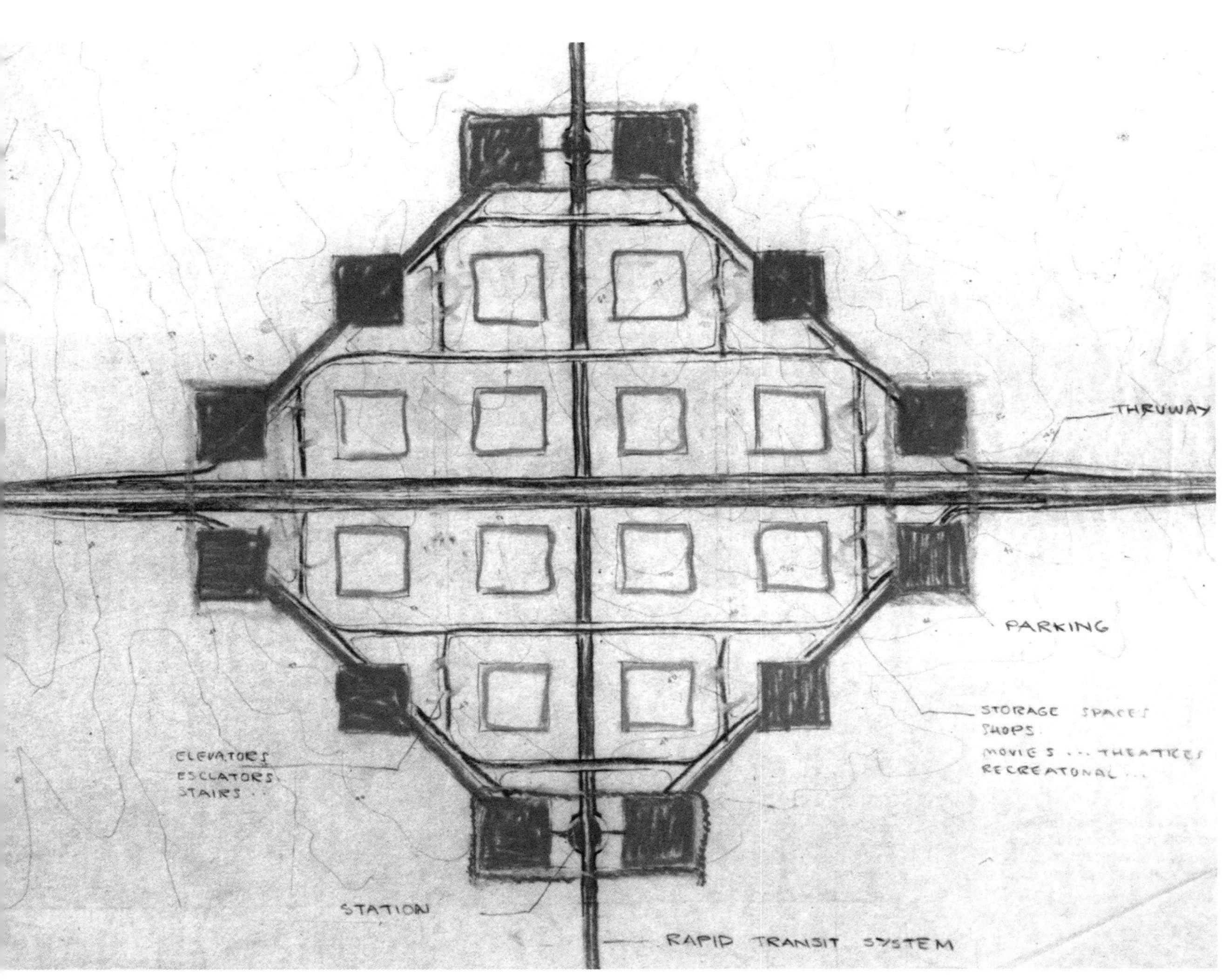

AAC. 7

平面草图，展示了对商业建筑和停车场的交通交叉路口的研究（彩色图片参见 447 页）。

AAC. 8—10

平面草图，展示了对水塘和水道的研究，并将其作为中心的结构要素（彩色图片参见 447—448 页）。

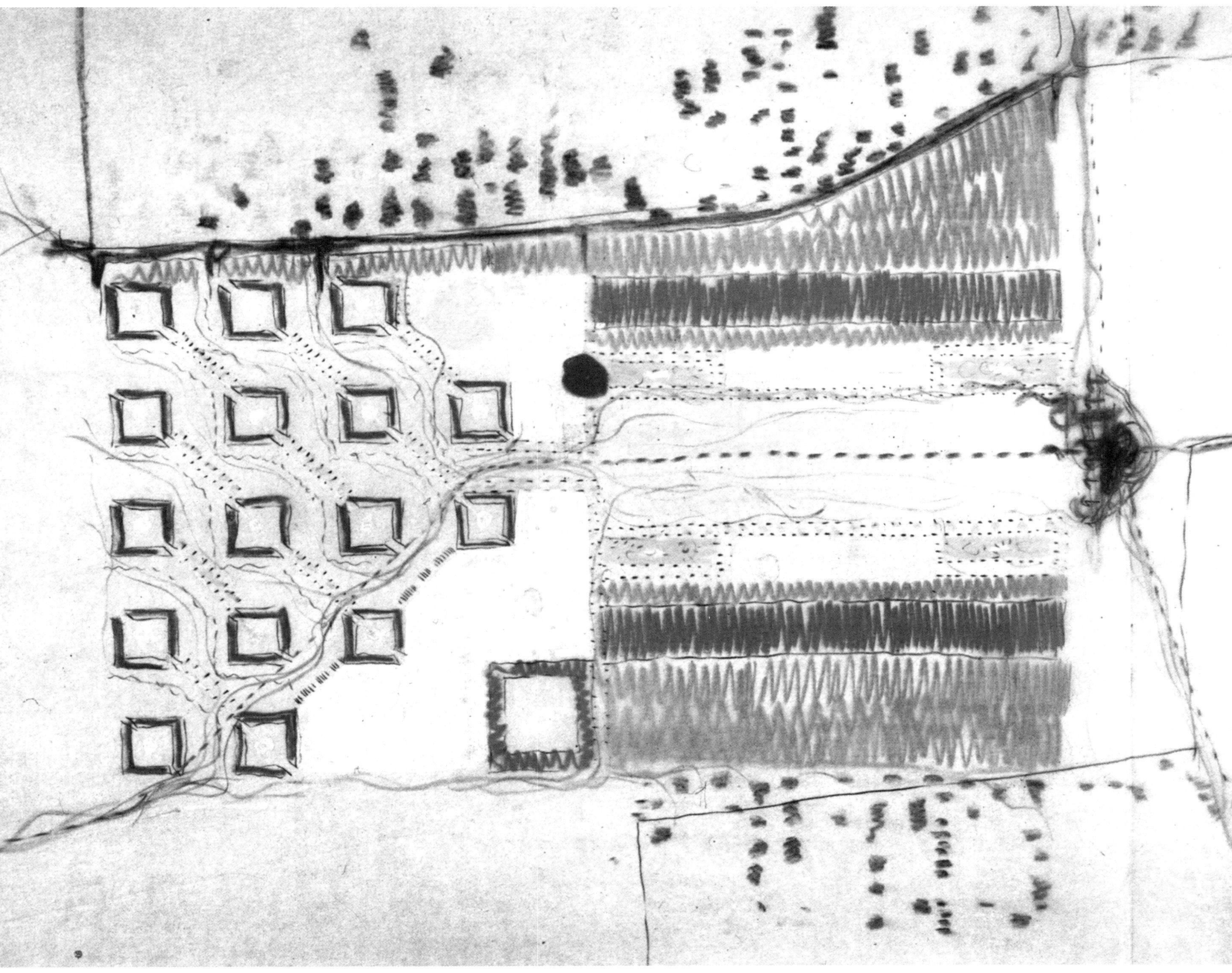

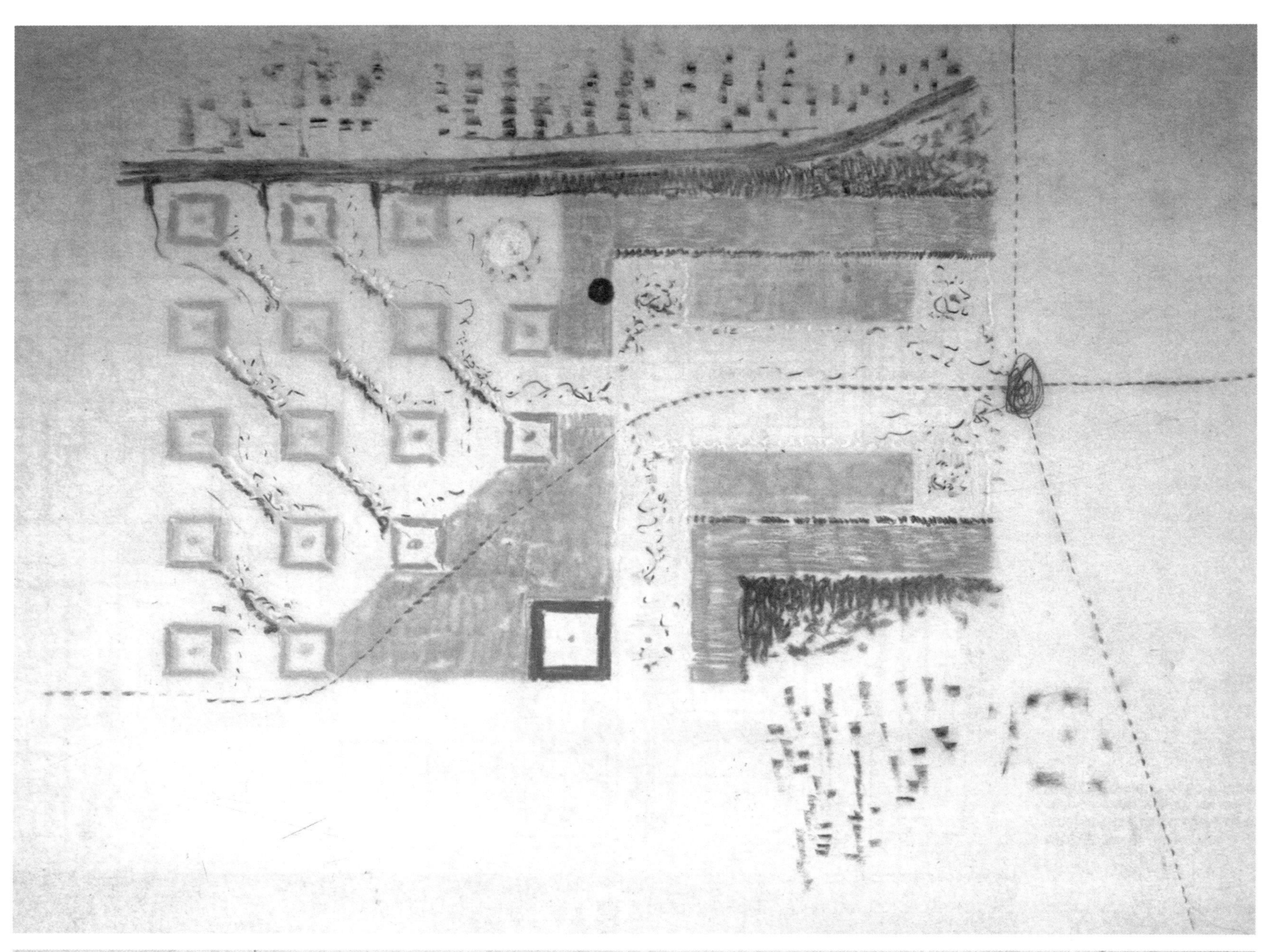

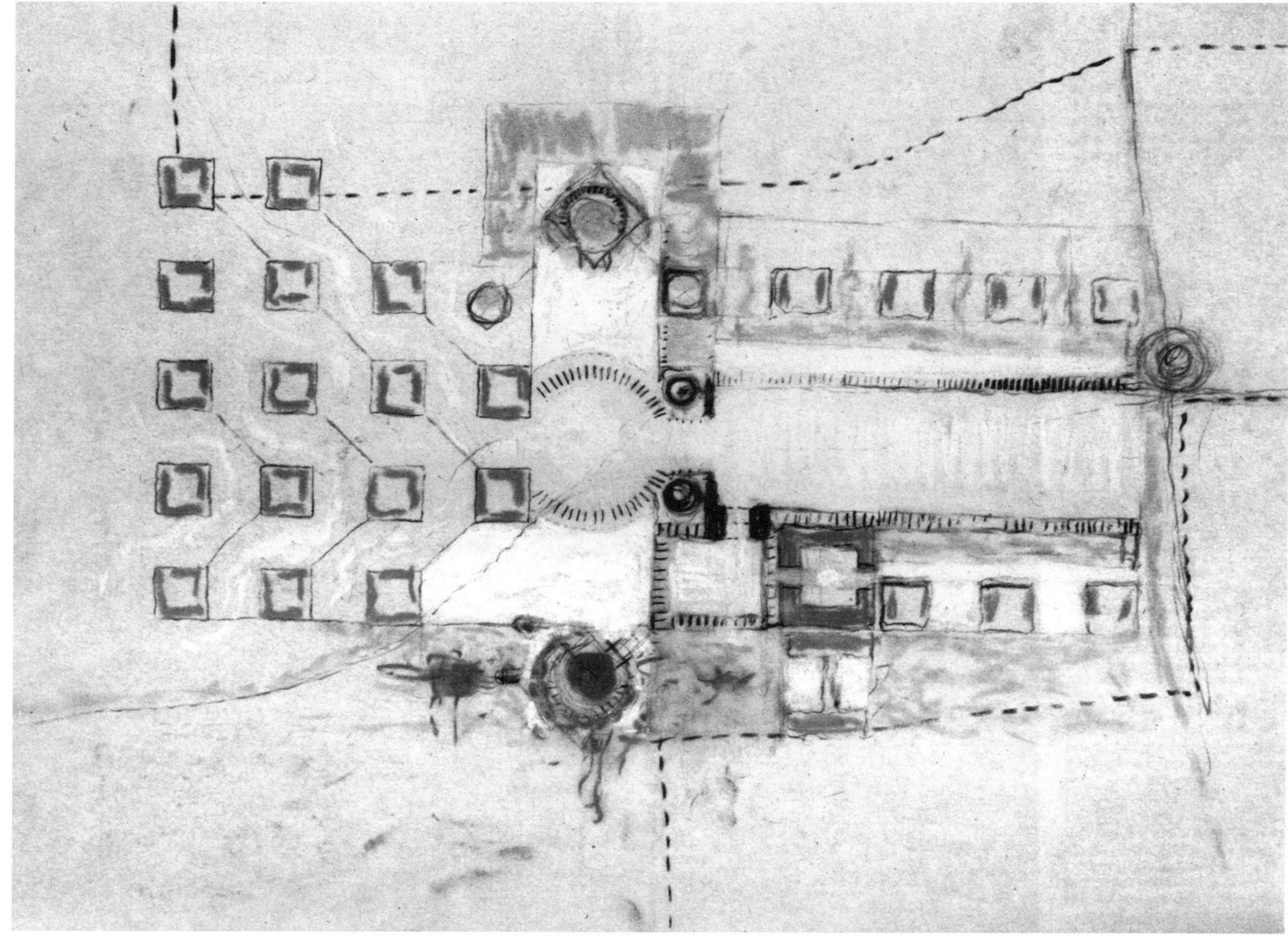

梅尼尔基金会艺术中心（1973—1974 年）

休斯敦，得克萨斯州

1973 年，梅尼尔基金会公司（Menil Foundation inc.）的德 · 梅尼尔夫人（Mrs. de Menil）和斯旺夫人（Mrs. Swan）委托路易斯 · 康为他们的艺术中心准备一个方案。该方案位于休斯敦郊区于彭（Yupon）街和曼德尔（Mandel）街、苏尔 · 罗斯（Sul Ross）和布拉纳德（Branard）街之间。康为两个方案准备了草图和暂定计划。由于他的突然逝世，该项目无法继续进行。后来，德 · 梅尼尔夫人任命皮亚诺 · 彼得 · 赖斯（Piano Peter Rice）设计美术馆，后于该地建成。

MAC. 1
场地鸟瞰图，展示了罗思科礼拜堂（Rothko Chapel）街区；罗思科教堂位于中心。

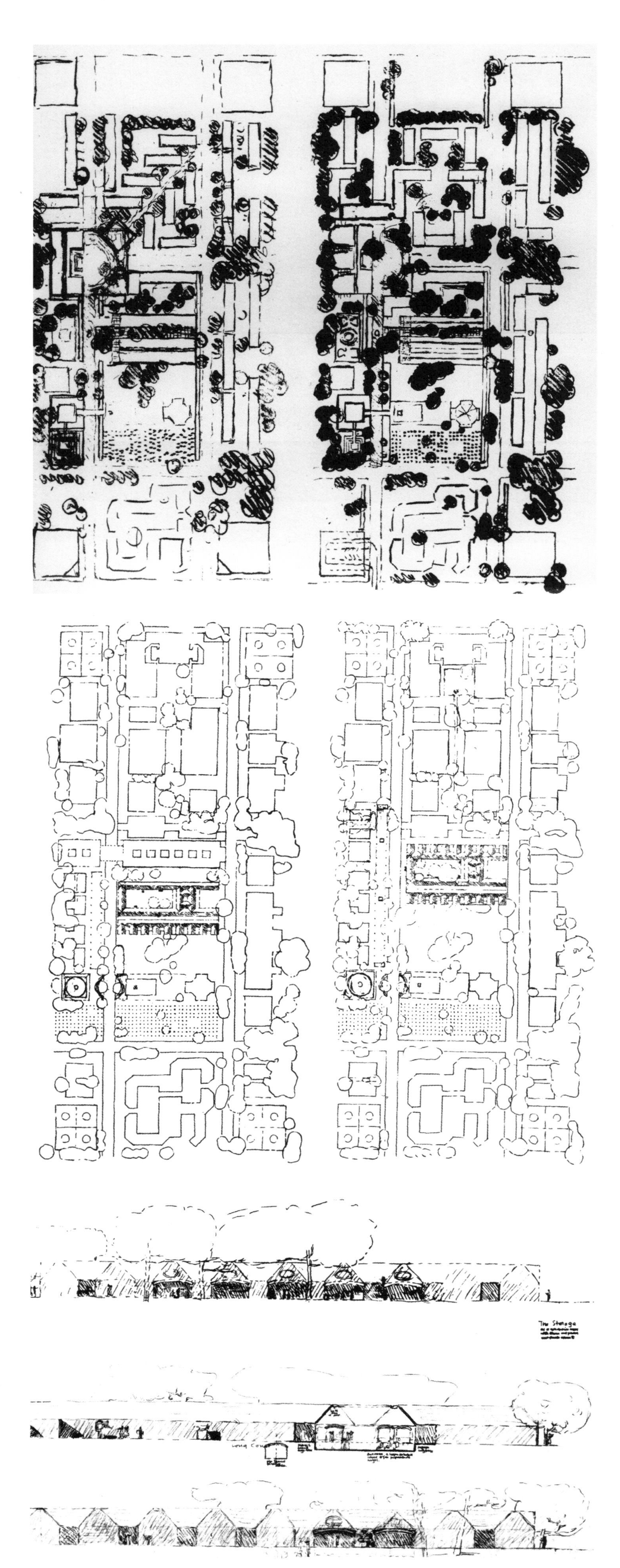

MAC. 2—3

总平面草图，展示了罗思科教堂街区的总体发展方案。

MAC. 4—5

总平面图，展示了艺术中心和罗思科教堂。它们界定了中央开放空间。

MAC. 6

西立面草图。

“作为展览室的储藏室，带凹槽和门廊，西立面方案 2。”

MAC. 7

南北剖面，朝东，展示了“仓库”的立面。

注释如下：

“降低礼堂或较大的展览，使其高度相称”；

右侧为“通向长廊的通道”；

左侧为“大房间周围的通道”；

“长庭院”之外的中下层为“现有公用设施的管状隧道”；

上方为“高峰期的光源”。

MAC. 8

东立面草图。

“储藏室，面向小教堂的一侧。”

1976 年二百周年纪念——独立广场（1971—1974 年）

费城，宾夕法尼亚州

1972 年，约翰 · 加勒里（John A. Gallery，首席顾问）、鲍尔（Bower）和弗雷德利（Fradley）、埃什巴赫（Eshbach）、格拉斯（Glass）、凯尔（Kale）和合伙人；路易斯 · 康、米切尔 · 朱古拉事务所、墨菲 · 利维 · 沃曼（Murphy Levy Wurman）、罗伯特 · 文丘里（Robert Venturi）和城市工程师公司（Urban Engineers Inc. ）被选中合作制定费城二百年纪念计划。路易斯 · 康的方案被选为最终展示。

康单独准备了一份方案，将独立广场作为机构大会总部，以纪念费城签署《独立宣言》二百周年。

“这是我的城市。”

“当我还是个孩子的时候，我去独立广场写生。我回忆起我是多么热爱美国历史，这里就是美国历史的中心。”

“衡量一个城市的标准是它的制度——不是它的交通系统，不是它的某些机械的服务，而是一个人能否找到一个可以表达自己的地方。一个有舞蹈天赋的人，只要他有感觉，就可以自学拉丁文或其他任何科目。城市应该让每个人都有机会培养自己的才能。这座城市在美国城市中以艺术闻名——绘画、雕塑、写作。”

“我对城市没有什么理论，除了我们能非常敏感地不断意识到需要新的机构。”

“我身后是独立广场。在它建成之前，它是一个有争议的点，因为这个建筑挤在周围开发的建筑中，其规模与街道有关。现在它被赋予了一个更光荣的位置，就好像这个广场是独立厅的庆典。现在它已经比刚开始建造时的样子老了一点，它开始有了自己的权利；而之前每个人都认为，包括我自己在内，它不应触及周围的任何建筑物，但应使之与其他建筑物相契合，就好像这是城市发展中的事件一样。这个广场证明了这个城市有很多人，不仅仅是我自己。他们都有自己的愿望。”1971 年 5 月。

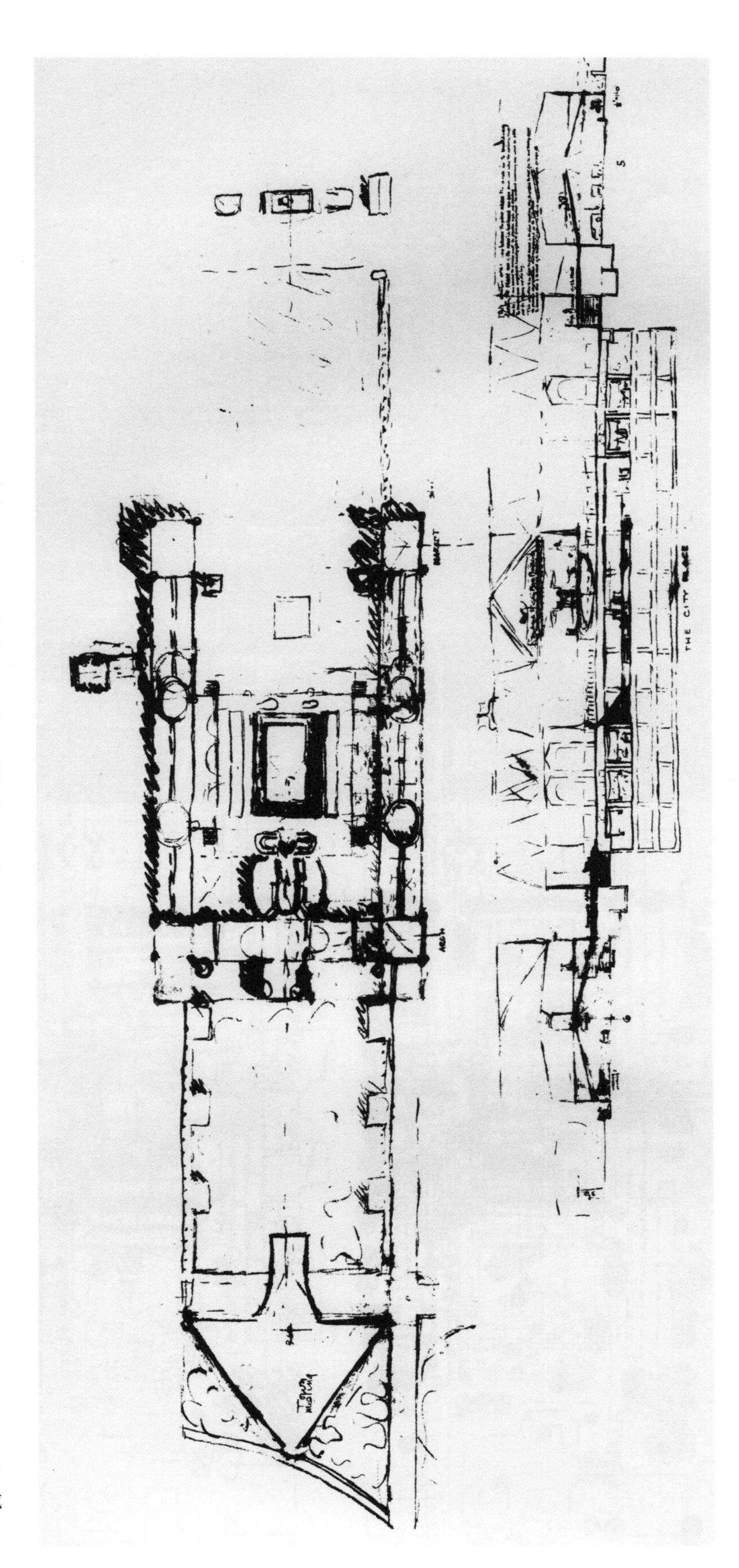

BIM. 1

平面和剖面草图。

注释：

“城镇会议”（位于左下角）。

“拱门”和“市场”街之间“与平台高度相对应的坡道上升起的平台”。

“走路，停车？”

“阳光”。

“广场长廊”（右下角）。

“拱门街为会议、研讨会、学校、工作室、接待处、贵宾楼等城市广场大楼”（到剖面草图的顶部中心）。

“中心区域。可以成为购物中心及附近社区中的人们享用午餐的地方，也可以是……特殊商店。它可以成为户外活动……流行的音乐和舞蹈”（右上角）。

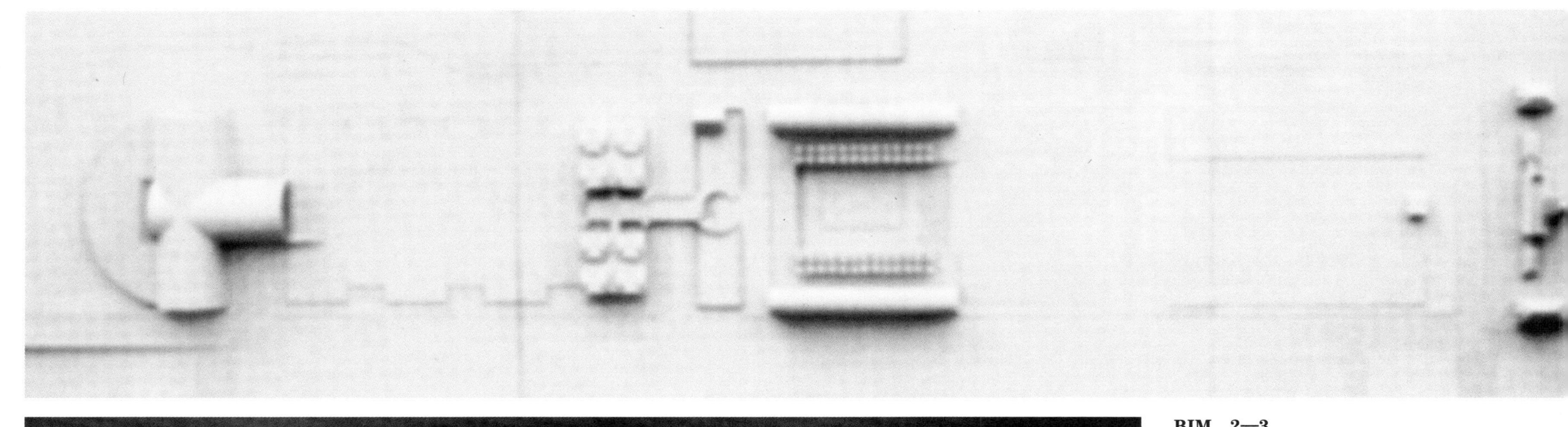

BIM. 2—3

场地模型的平面图和立面图，展示了右侧的独立厅。

“提议在独立广场上建造一组永久性建筑。其中将有各种房间，形成一个由会议、研讨会、意见会、交流和规划组成的社会，通过沟通和规划，可以重新启发并加强我们现有的机构，并促成创新的新可用性（机构）。”

“建造这些建筑物是为了纪念我们的《独立宣言》，该宣言激励我们的机构表达和支持我们的生活方式，希望通过新的认识传达其奇迹和收益。它可以作为让其他国家真正了解美国的开端，并从国际交流中认识到衡量一个国家的标准是通过其机构的质量和特点。一个由美国先进公民组成的赞助团体将组成第一届国会。在二百周年纪念日期间，这个场地和建筑可以举办机构国际大会。这些会议可以邀请所有年龄段的人参加。他们来自学校和社团，表达他们对学习的渴望，对满足的渴望，对提供幸福的渴望。”

BIM. 4

从南看模型，展示了在顶部的独立厅，在底部的机构所在地。

“当空间规划需要时，我们提出了临时的、轻型的和可移动的结构。”

“切斯纳特街和市场街之间的公园空间保持原状。”

“市场街和拱门街之间的公园空间位于砖砌拱廊的地方，是两个长长的摆线形（cycloid）屋顶建筑的位置。它们位于当前下沉汽车库入口的上方。”

“与两侧拱门相辅相成的是国会最初的建筑。拱门之间的中心空间被降为一个下沉庭院，第一层停车场被转换成补充和类似的用途。这些建筑和这个庭院都连在一座桥上。这座桥位于庭院的轴线上，桥横跨拱门街，两侧是两座会议室。建筑的位置是为了避免失去广场的特色。广场的建筑师必须是一个固定的顾问。”

“除了两座会议建筑和桥，拱门街和竞赛街之间的公园空间都保持了原样。有一座人行桥，形成了一座建筑的入口。从赛马街开始，向富兰克林桥（the Franklin Bridge）区域延伸。这是一个简洁的带玻璃窗的大型区域，用于在高架桥上放置各种展品。建筑下面是一个大型礼堂和相关的空间。”

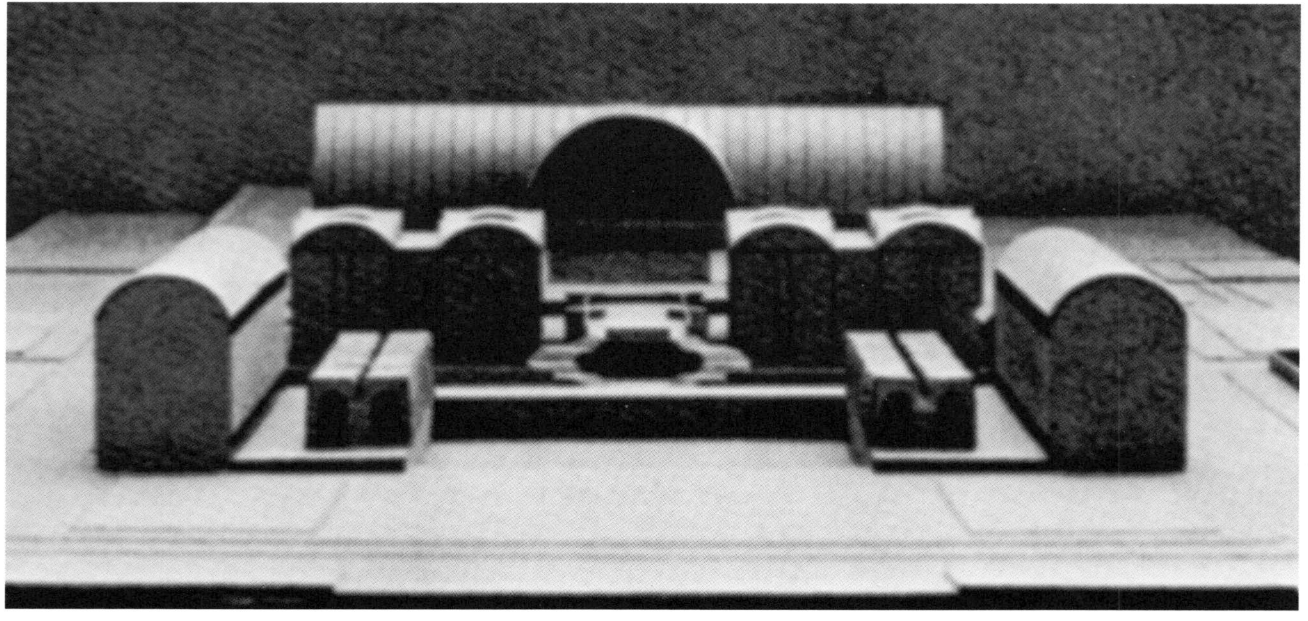

BIM. 5

从市场街往北看模型。

1976 年二百周年纪念——博览会（1971—1974 年）

费城，宾夕法尼亚州

“城市就是这样一个地方，一个小男孩穿过城市时，可能会看到一些东西，这些东西会告诉他一生想做什么。”

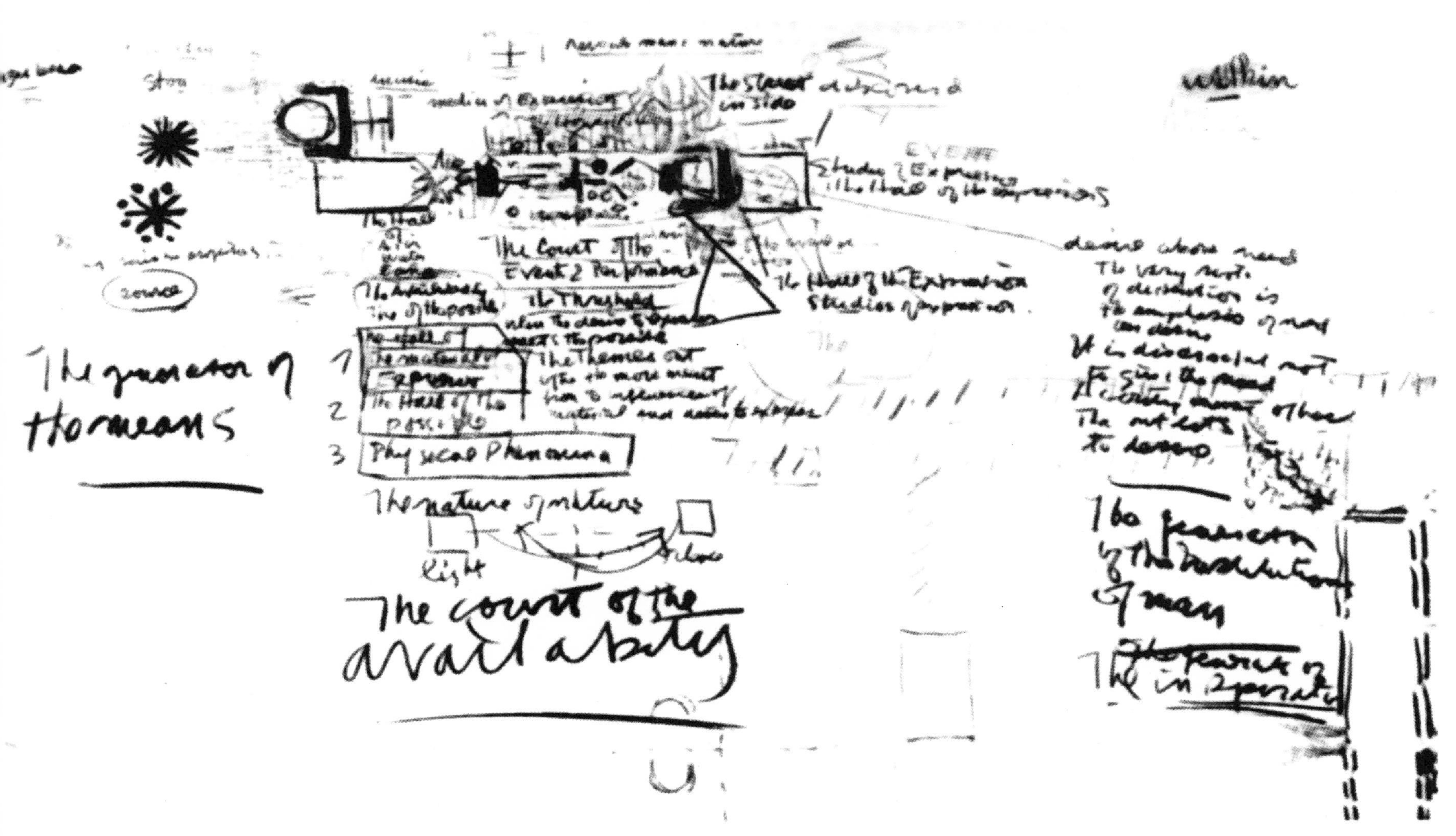

BIE. 1—3

总平面草图。

“城市是充满可用性的地方。”

“城市从一个简单的居住地变成了聚集机构的地方。在机构之前是自然地约定——共同的意识（单纯的立足点是对定居的自信——初始机构）。”

“环境的不断变化，每时每刻都是不可预测的，扭曲了自然约定具有启发性的开端。”

“城市除了是可用性的所在地，还有什么？它们在城市中是相通的，这种相通就是城市的价值。今天，分歧是公开的。它源于对尚未制造、尚未表达的东西的渴望。仅有的需求来自已知的事物，只供给缺乏的东西不会带来持久的快乐。世界需要第五交 响曲吗？贝多芬需要吗？他渴望它，现在世界需要它。这种欲望带来了新的需要。我对特雷舍尔德（Treshold）的感觉就是这种意识的一部分，在这里，存在的意愿、表达的意愿与可能的意愿相遇。这些点就是可用性。”

“衡量一个地方生活的伟大程度，必须来自其机构的特点，通过它们对更新和新约定的渴望（渴望而不是需要，因为它来自此，渴望是尚未制成的生活意志的根基）。”

“可利用的庭院（街道）”。

“特雷舍尔德，表达的欲望与可能的相遇”。

“欢乐的中心、乐趣的中心、生活的意志”。

“可用性广场”。

“人类与自然资源的地方（街道）”。

“特雷舍尔德，灵感”。

“主题”。

“表达渴望的地方”。

“建筑具有围合的多面性，它是街道围合而成的，像一朵展开的花的晨与夜。”

“我们的自由和民主意识使我们成为所有国家中向其人民提供便利的最富有的国家。这些可利用的地方构成了生活方式。”

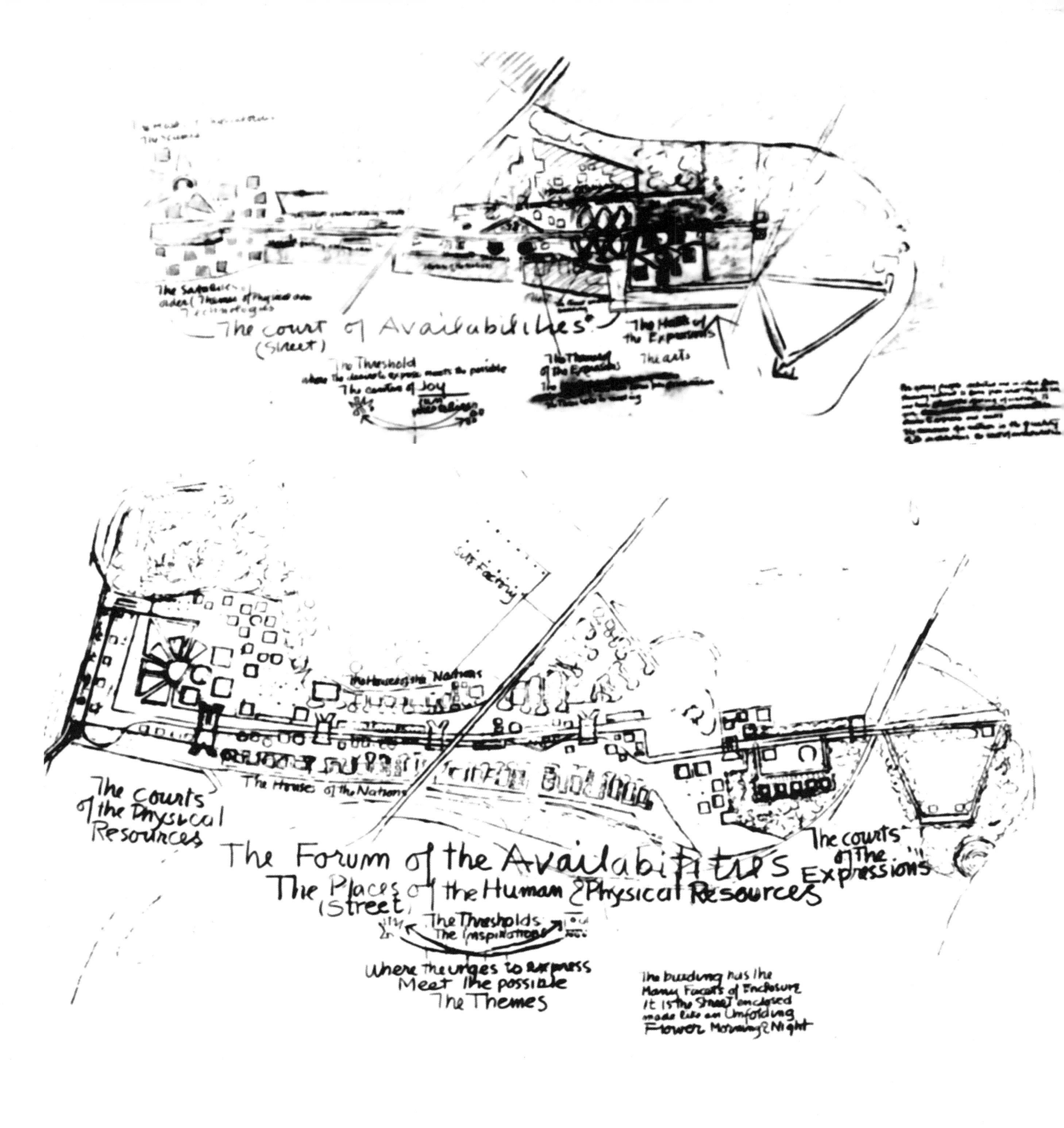

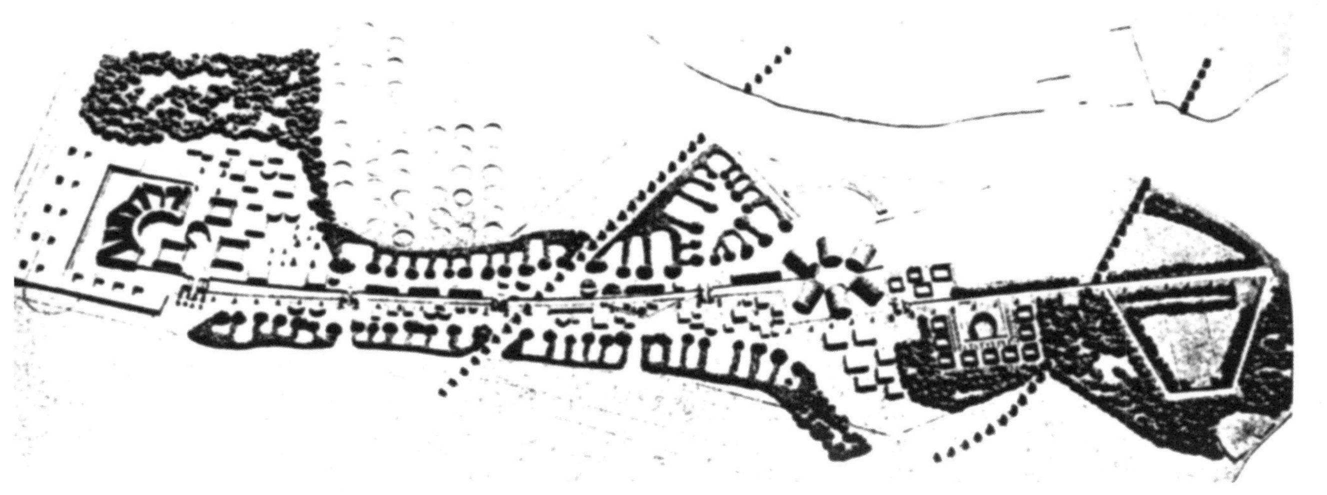

BIE. 4

模型总平面图。

“特拉华州二百周年纪念。”

“美国大厦（The American Building）是一条封闭的街道，长达几千英尺，供所有国民使用。这里有来自儿童和成年人的启发，他们被邀请制定计划，为所有人带来新的可用性。”

“这个水晶般吸引人的大楼将呈现出一个简单的形象。这里面将是各种事件发生的地方，以及各种与有序服务联系在一起的结构。”

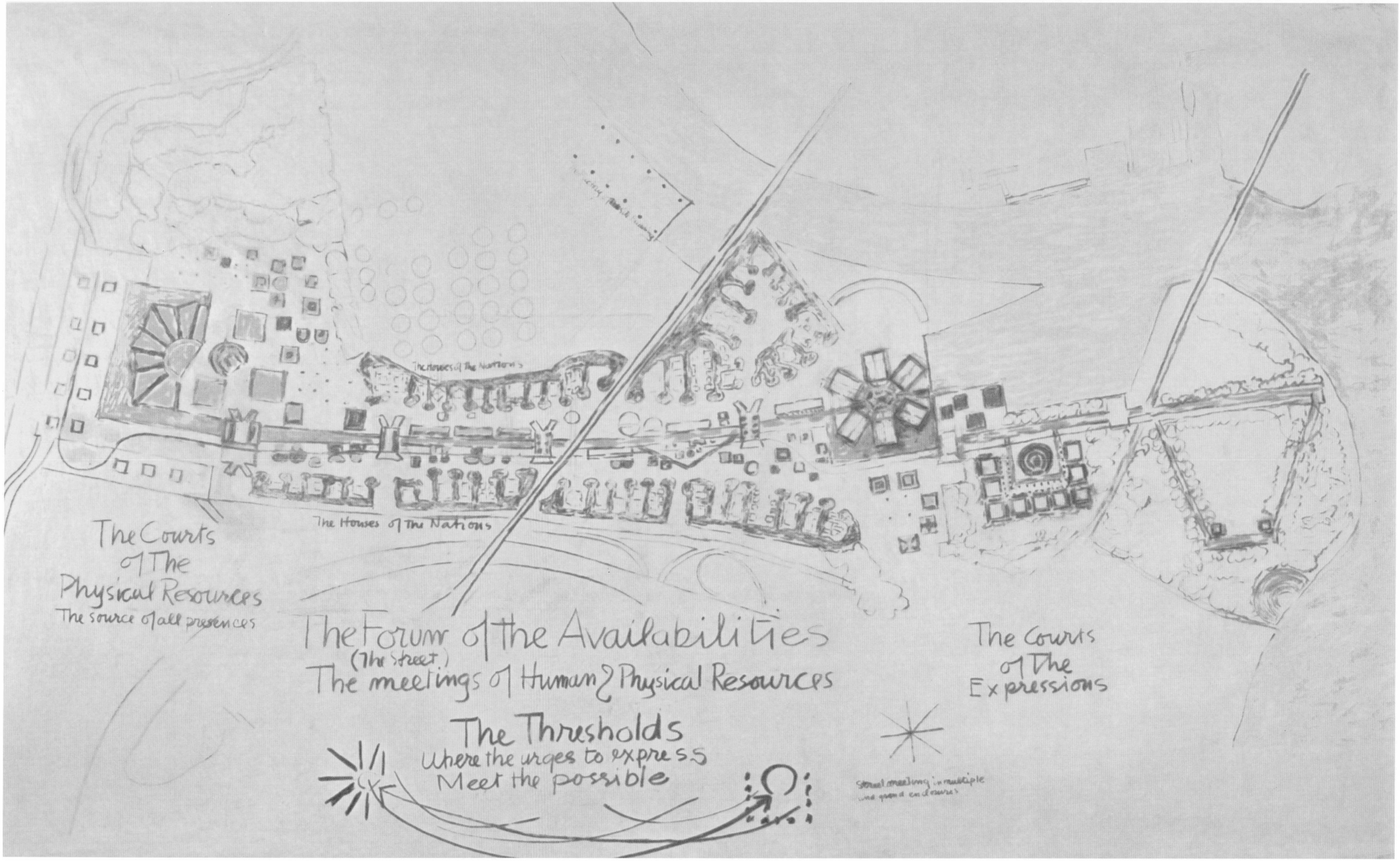

BIE. 5

总平面草图。（原尺寸：183.3 厘米 ×98.5 厘米。）

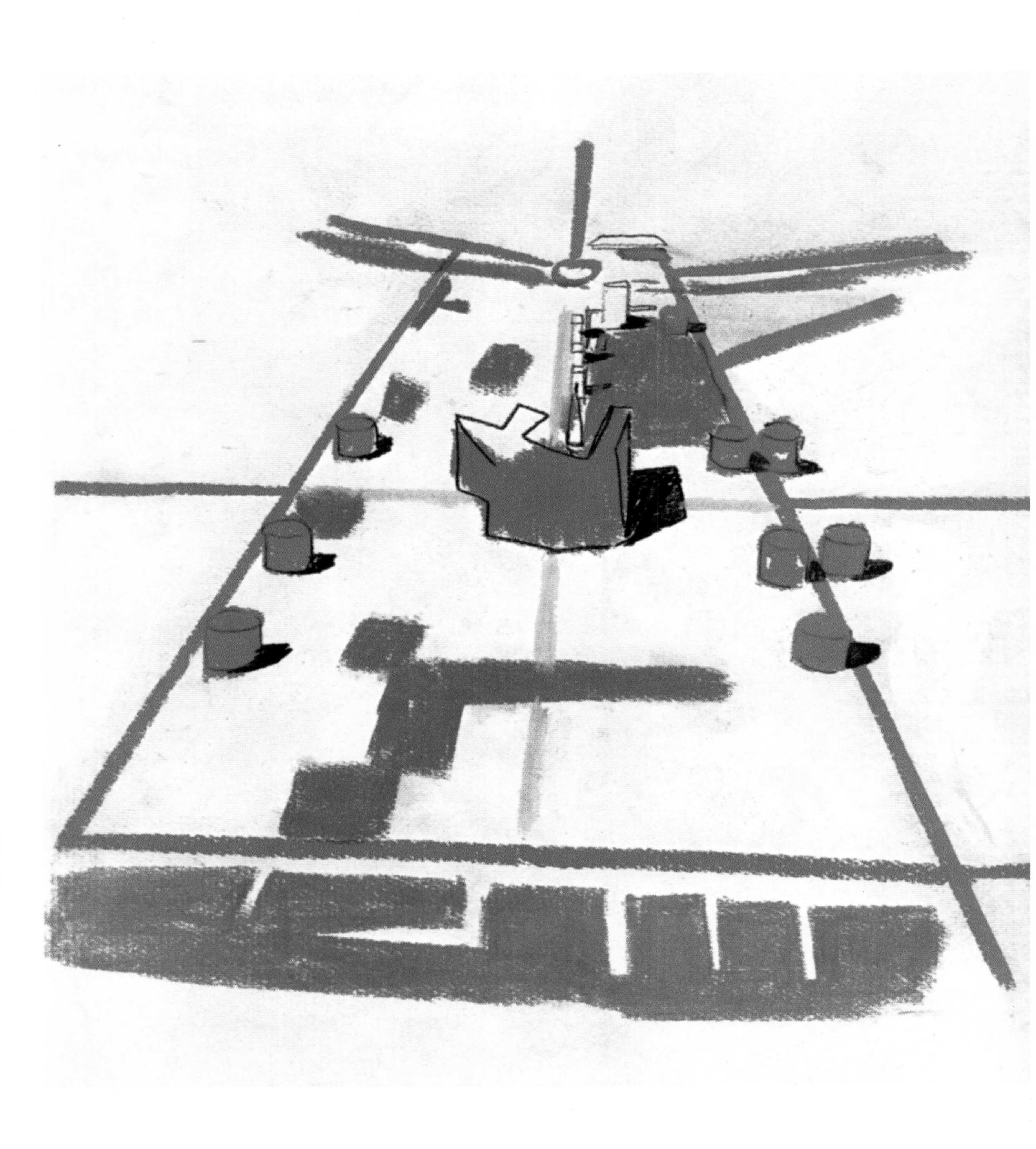

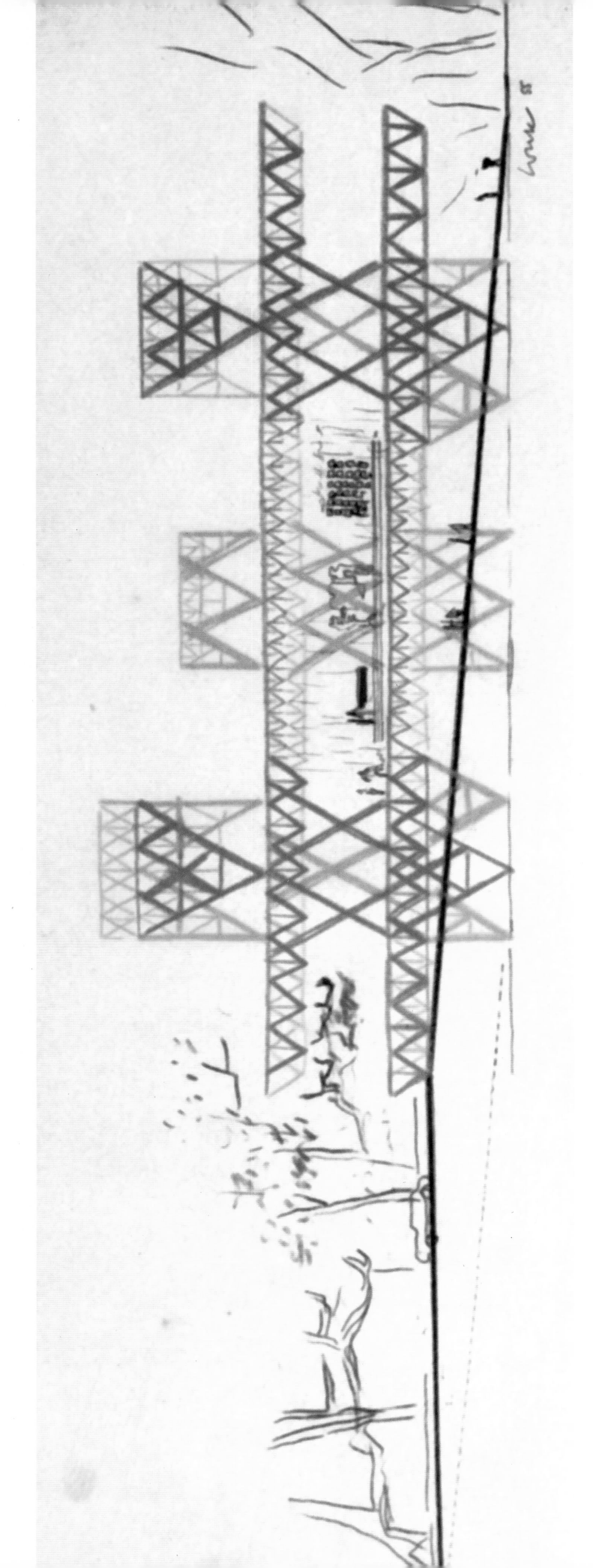

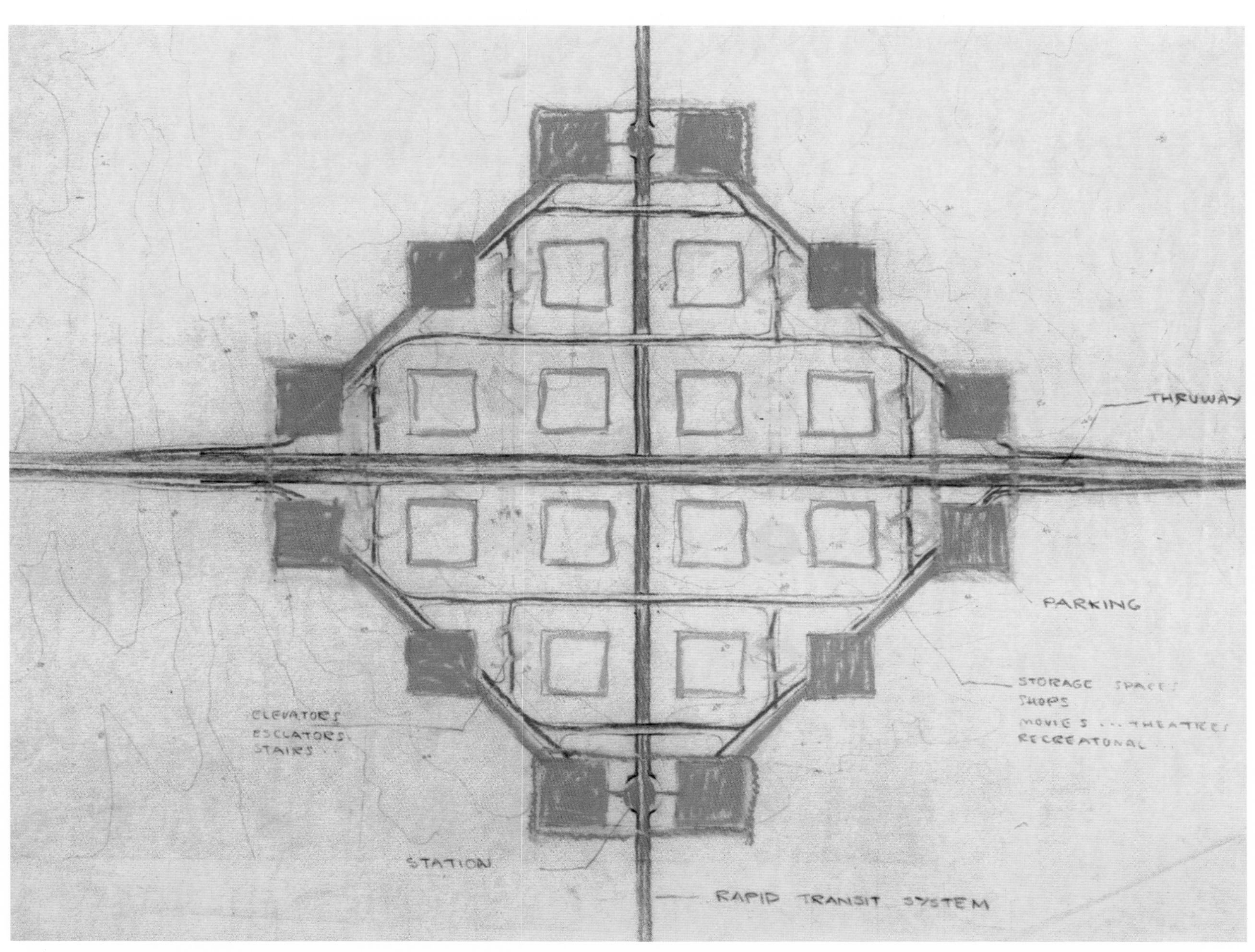
THRUWAY
PARKING
STORAGE SPACES
SHOPS
MOVIES ... THEATRES
RECREATONAL
ELEVATORS
ESCALATORS
STAIRS
STATION
RAPID TRANSIT SYSTEM

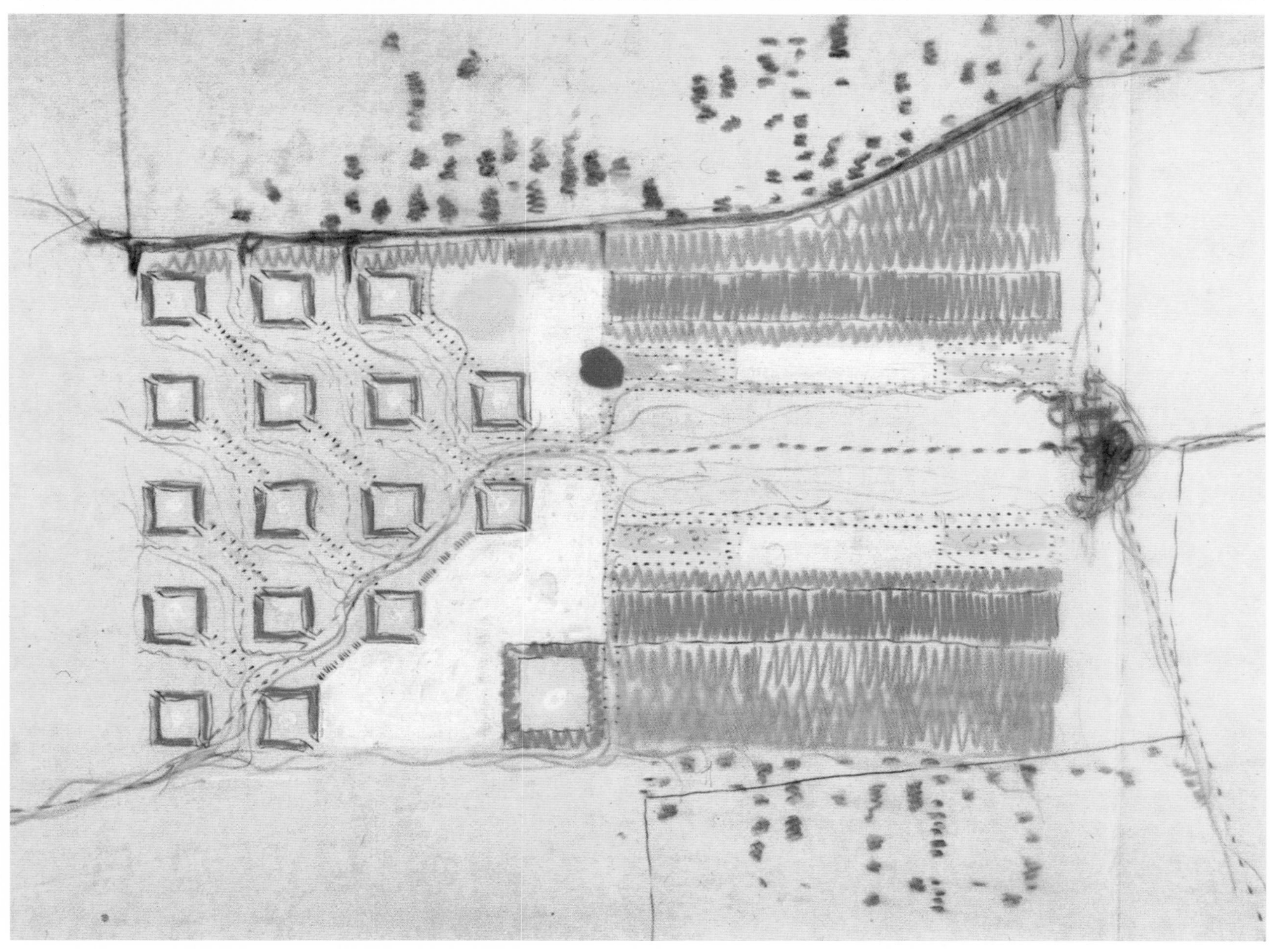

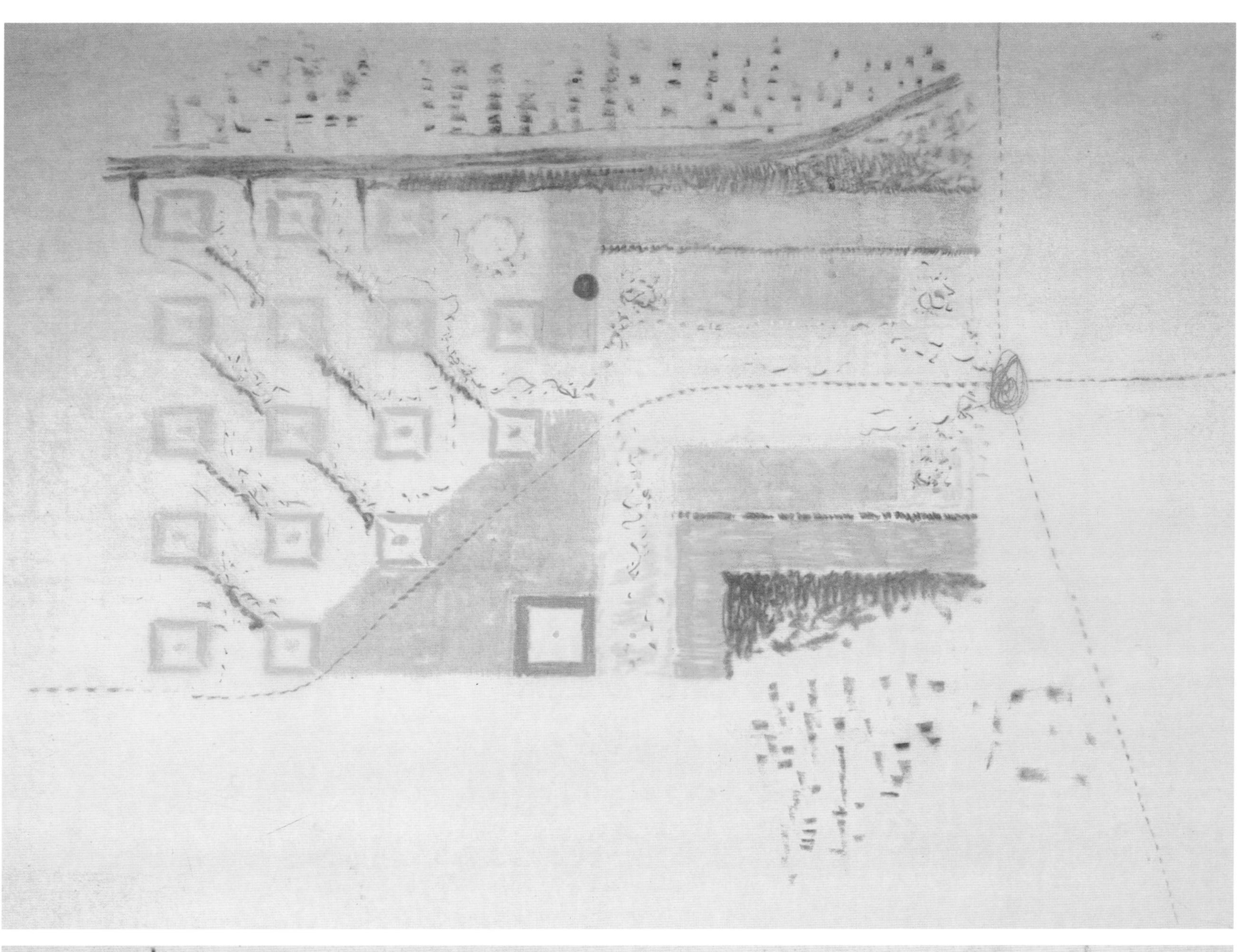

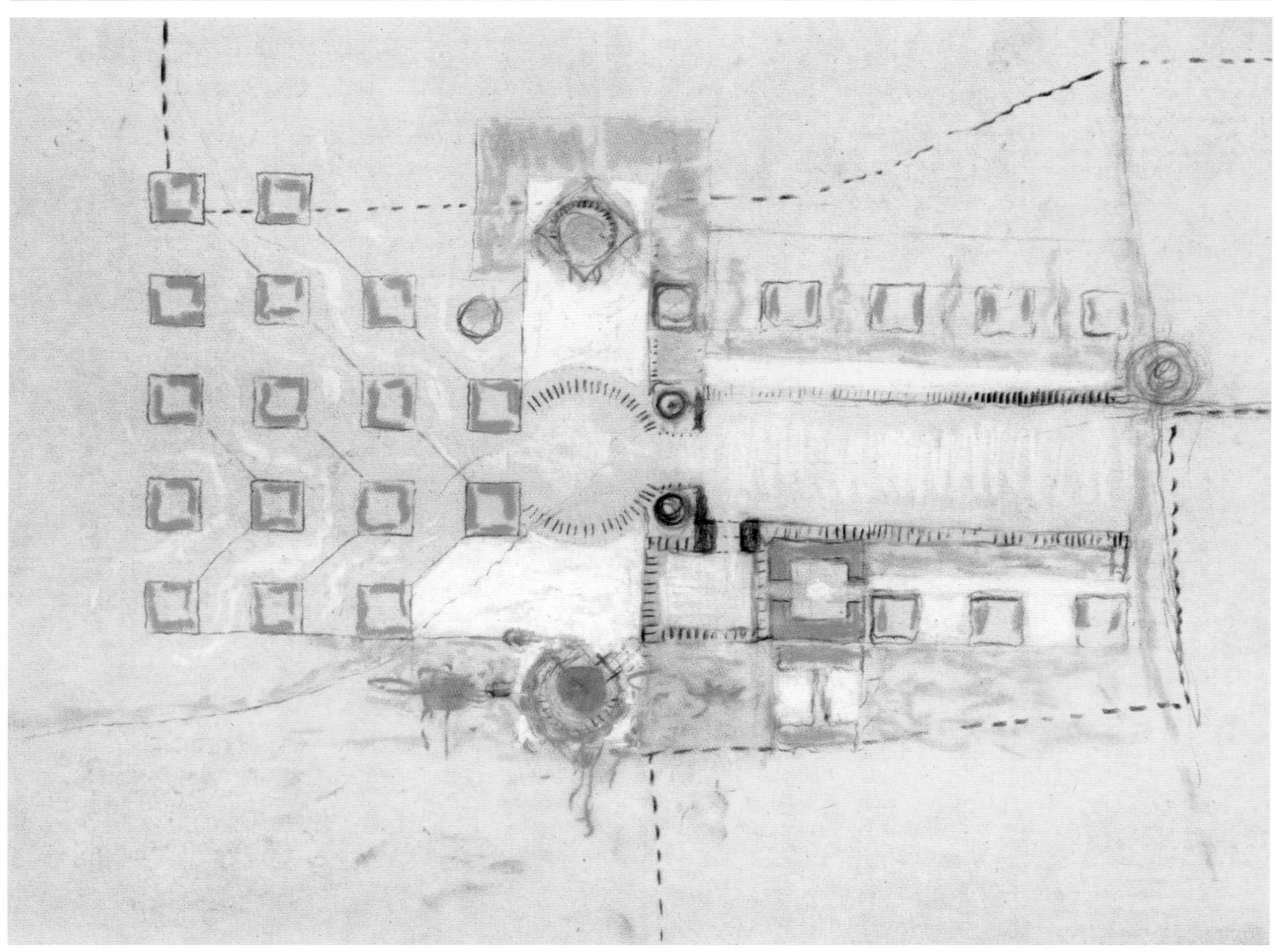